기본 개념은 물론
실전에 꼭 필요한
도형 감각,
사고력까지!

초등 도형 한 권으로 총정리

나정흠 지음

초등
고학년용

에듀인사이트

기본 개념은 물론 실전에 꼭 필요한 도형 감각, 사고력까지

초등 도형 한 권으로 총정리

초판 1쇄 발행 2017.03.06 | 초판 6쇄 발행 2024.11.27 | 지은이 나정흠 | 펴낸이 한기성 | 펴낸곳 에듀인사이트(인사이트)
기획 · 편집 신승준, 남소영 | 본문 디자인 문선희 | 표지 디자인 오필민 | 조판 아트미디어 | 인쇄 · 제본 천광인쇄사
등록번호 제2002-000049호 | 등록일자 2002년 2월 19일 | 주소 서울시 마포구 연남로5길 19-5
전화 02-322-5143 | 팩스 02-3143-5579 | 홈페이지 http://edu.insightbook.co.kr
페이스북 http://www.facebook.com/eduinsightbook | 이메일 edu@insightbook.co.kr
ISBN 978-89-6626-716-3 63410

책값은 뒤표지에 있습니다. 잘못 만들어진 책은 바꾸어 드립니다.
정오표는 http://edu.insightbook.co.kr/library에서 확인하실 수 있습니다.

"우리 애는 계산은 그런대로 잘하는데 어려운 도형 문제만 들어가면 손도 못 대니 어찌하면 좋을까요?"

요즈음 수학 공부는 너무 양적인 문제풀이에 치중하는 경향이 있습니다. 수학을 곧잘 한다는 학생조차 그야말로 '미친 듯이' 문제만을 풀어대는 친구들이 많습니다. 문제풀이 요령에 정말 익숙한 아이들입니다. 그러나 아쉽게도 이런 학생 가운데 수학의 개념이나 원리에 대해 스스로 고민해 본 경험을 가진 학생들은 그리 많아 보이지 않습니다. 예를 들어 더하기와 곱하기가 섞여 있으면 왜 곱하기를 먼저 하는지, 직사각형의 넓이는 왜 (가로)×(세로)인지, 원주율은 무엇을 의미하는지 등과 같이 기본적인 개념들을 곰곰히 생각해 본 경험 말입니다.

공식 위주로 외워 문제를 푸는 게 몸에 밴 아이들이 중학교에 가서는 논리적인 흐름을 철저히 따라야 하는 도형의 합동이나 성질, 닮음의 증명 같은 곳에서 심각한 어려움을 느낍니다. '수포자'를 많이 만들어내는 이들 단원을 그래서 '절망의 늪'이라고 부른다죠?

분명히 도형 영역을 어려워하는 아이들이 있습니다. 이미 상당한 선수 학습이 이루어진 학생 가운데에서도 이런 친구들이 있습니다. 찾아온 이런 친구들에게 저는 이미 배운 내용이더라도 도형의 기초인 점, 선, 면부터 다시 천천히 공부하게 합니다. 그리고 개념을 일방적으로 설명해주기보다는 활동 상황을 던져 주고 그 활동을 따라 하면서 스스로 개념을 깨치도록 기다려 줍니다. 필요한 경우에는 전개도를 직접 그려 접어보게 하거나 정육면체의 단면을 이해시킬 때에는 도토리묵을 직접 잘라서 확인하게도 하고, 색종이를 오려 칠교 조각을 만들어 보게도 합니다. 그래도 계속 틀리는 문제는 비슷한 문제를 만들어 보게 하지요. 이렇게 하면 너무 진도가 느린 것이 아니냐고 반문할 수 있지만, 기본이 튼튼해지면 고난도 문제도 손쉽게 소화하는 것을 지켜보면서 이 길이 더 빠른 길이라는 것을 확신하게 되었습니다.

〈초등 도형 한 권으로 총정리〉는 저의 이런 문제의식과 다년간의 교육 경험을 기반으로 만들어진 책입니다. 기본적으로 도형에 어려움을 겪는 아이들, 문제풀이는 잘해도 도형 개념이 바로 서 있지 않은 아이들, 짧은 시간 안에 사고력과 도형 감각이 필요한 아이들을 위해 오랫동안 교육 현장에서 실험했고, 성공적으로 보완해온 도형 학습의 핵심 노하우를 최대한 담으려고 하였습니다.
지면상의 어려움이 있어 그 많은 활동, 특히 직접 만들어 보고 만져 보아야 할 것들을 모두 제시할 수 없었지만 '적어도 천천히 생각하는 길'로 안내하는 책은 된 것 같아 만족합니다.

서두에서도 말했지만 요즘 수학 공부는 지나치게 문제풀이에 치우치는 것 같습니다. 하지만 예나 지금이나 수학 공부의 기본은 잘 풀리지 않는 문제를 '생각하고 또 생각해, 그것을 풀어내는 기쁨'을 맛보게 하는 것입니다. 한 문제를 더 풀게 하기 보다는 한 문제를 스스로 풀게 했다는 것에 더 중요한 가치를 두어야 아이의 수학 공부에 힘이 생긴다는 것을 마지막으로 당부하면서 저의 인사말을 대신합니다.

2017년 2월 나정흠

중학교에서도 통하는 실전 도형 감각 기르기

기초적인 내용은 물론 중, 상급의 사고력 문제까지 단계별로 차근차근 계통적으로 풀어내는 **《초등 도형 한 권으로 총정리》**. 도형 기초가 부족한 친구들은 기본 개념부터 차근차근 풀다 보면 어느덧 도형에 대한 자신감을 느끼게 됩니다. 또 기본은 있으나 성적이 잘 안 나오는 친구에게는 도형에서 요구되는 도형 감각이 무엇인지 친절하게 알려줍니다.

HOW 1 그려보고 조작하면서 손에 익숙해지면 도형은 쉽다.

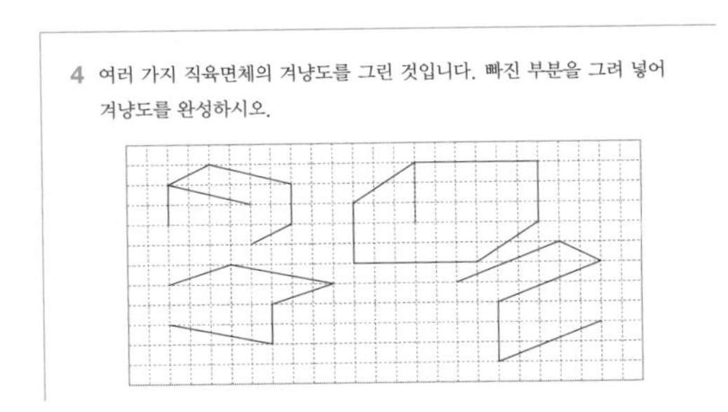
4 여러 가지 직육면체의 겨냥도를 그린 것입니다. 빠진 부분을 그려 넣어 겨냥도를 완성하시오.

각도기나 자 또는 모눈 등을 이용해 원이나 평면도형, 입체도형들을 그려본 적이 있습니까? 이제까지 눈으로만 문제를 풀었다면 지금부터는 맨손 또는 도구를 이용해 직접 도형을 그려봅시다. 어렵게만 느껴졌던 도형의 개념과 성질들이 훨씬 친숙하게 느껴질 것입니다. 52개 주제에 다양한 활동이 있어 도형 이해가 훨씬 쉽습니다.

HOW 2 도형 개념에 대해서는 '왜?'라고 물어야 한다.

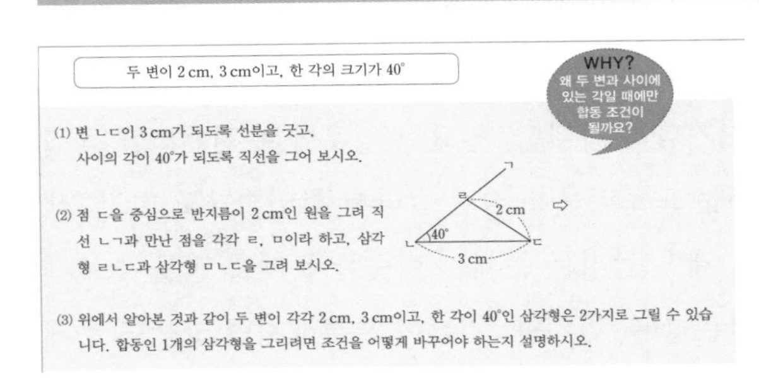
두 변이 2 cm, 3 cm이고, 한 각의 크기가 40°

WHY? 왜 두 변과 사이에 있는 각일 때에만 합동 조건이 될까요?

(1) 변 ㄴㄷ이 3 cm가 되도록 선분을 긋고, 사이의 각이 40°가 되도록 직선을 그어 보시오.

(2) 점 ㄷ을 중심으로 반지름이 2 cm인 원을 그려 직선 ㄴㄱ과 만난 점을 각각 ㄹ, ㅁ이라 하고, 삼각형 ㄹㄴㄷ과 삼각형 ㅁㄴㄷ을 그려 보시오.

(3) 위에서 알아본 것과 같이 두 변이 각각 2 cm, 3 cm이고, 한 각이 40°인 삼각형은 2가지로 그릴 수 있습니다. 합동인 1개의 삼각형을 그리려면 조건을 어떻게 바꾸어야 하는지 설명하시오.

중학교에서 맞닥뜨리게 될 도형의 성질과 관련된 문제들. 그 기초는 초등학교 도형에서 이미 배운 것들입니다. 하지만 그런 성질들이 어떻게 나왔는지 모르고 공식으로만 무작정 외웠다면 기본 개념은 말할 것도 없고 그 어렵다는 증명 문제에서 막히게 됩니다. 이 책에서는 중학교에서 마주하게 될 여러 도형의 성질 가운데 가장 기본적인 개념들을 '왜?'라는 코너에서 다룹니다. 무작정 공식을 외울 것이 아니라 왜 이러한 공식이 나왔는지를 알게 된다면 어려운 도형 문제도 충분히 풀어낼 수 있습니다.

HOW 3 연산과 논리만으로 해결할 수 없는 도형 감각을 길러야 한다.

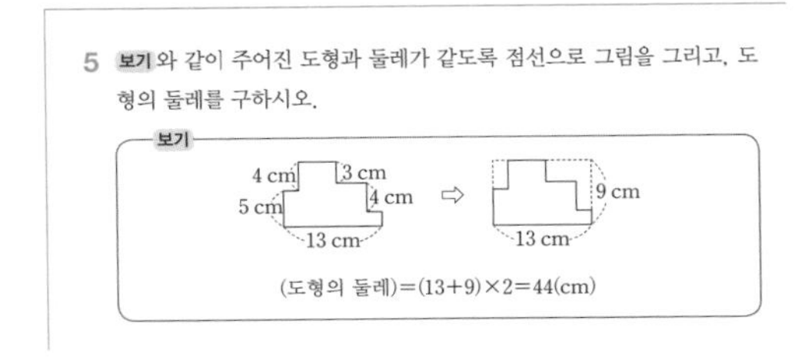
5 보기와 같이 주어진 도형과 둘레가 같도록 점선으로 그림을 그리고, 도형의 둘레를 구하시오.

보기

(도형의 둘레)=(13+9)×2=44(cm)

도형이 어려운 이유는 일정한 부분에서는 감각적이고 직관적인 선택이 필요하기 때문입니다. 왼쪽 그림에서 도형의 둘레를 구하는 것을 오른쪽처럼 바꿔 생각할 수 있는 도형 감각이 필요한 이유가 여기에 있습니다. 이것을 사고력이라고도 하고 도형 감각이라고도 하는데 일정한 훈련을 통하면 충분히 만들 수 있는 능력입니다. 이 책은 52개의 테마로 다양한 도형 감각을 기를 수 있도록 만들었습니다.

수학에 강해지려면 '스스로 푸는 힘'을 키워라
-문제해결력을 키우는 실천 방법 5가지-

무작정 문제를 풀기보다는 어떻게 개념이 나왔는지를 생각해 보자.

이 책은 분명 정리 교재의 성격도 있지만 가능한 학생들이 자주 틀리고 혼동하는 개념과 문제들을 중심으로 엮었습니다. 따라서 무작정 문제를 풀고 확인하는 것에 그치지 말고 이 책에서 제시하는 다양한 활동을 차근차근 따라 하면서 어떻게 이런 개념이 나왔는지를 이해하려고 노력해야 합니다.

문제를 풀 때 가능한 그림을 그리면서 풀어 보자.

수학에서 어떤 상황을 간단한 그림으로 나타내는 "모형화" 과정은 매우 중요합니다. 그림을 그리면 반은 풀었다고 할 만큼 그냥 생각만 하는 것보다 학습 효과가 훨씬 높습니다. 그리고 그림을 그릴 때는 자나 보조 도구를 사용하지 않는 습관을 들여야 고학년이 되어도 도형이나 그래프를 잘 그릴 수 있습니다.

빨리 푸는 것보다 스스로 푸는 것에 가치를 두자.

틀린 문제는 체크(✓) 표시한 후 한 꼭지가 끝난 후 재차 시도해보고, 그래도 또 틀린 문제는 이중 체크(✓✓)를 한 다음 2~3일 지난 후에 다시 한 번 풀어 봅시다. 이런 방식으로 3번 이상 틀린 문제를 풀고 끝내 맞추어내는 연습이 쌓이면 수학 문제를 풀어내는 능력이 향상됩니다.

맞춘 문제라도 정답과 해설을 읽어 보자.

여러 가지 방식으로 상황을 바라보는 것, 즉 다양한 방식으로 문제를 해결하는 것은 사고력 향상에 매우 도움이 됩니다. 수학 교육의 본질은 다양한 경우의 수를 논리적으로 생각해내는 능력이고 이것이 결국 높은 수준의 문제해결력을 키우는 방법입니다. 본인이 풀어낸 방식과 해답이 제공하는 풀이가 다르다면 둘 다 읽어보고 이해하는 것이 좋습니다.

계속 풀어도 풀지 못한 문제는 스스로 문제를 만들어 보자.

개념을 이해했다고 생각했는데도 계속 풀리지 않거나 틀리는 문제는 개념을 다시 확인하고 이해한 후에 문제를 스스로 만들어 봅니다. 자신이 문제를 만드는 것만큼 좋은 공부법은 없습니다. 간단한 문제부터 시작해 점차 복잡한 문제를 만들다 보면 문제풀이에서 내가 건너뛴 부분이 무엇인지 파악하게 됩니다.

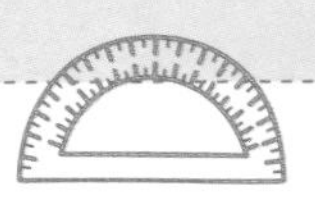

다양한 개념 활동과 감각 훈련으로 도형 공부에 눈을 뜬다!

그려보고 조작하는 활동이 도형 감각을 깨운다!
먼저 활동하고 그 활동의 결과로서 개념들을 받아들여 보세요. 훨씬 생생하게 도형 개념들이 다가옵니다.

'왜?'라고 묻는 순간, 도형 이해가 한 단계 업그레이드!
공식을 까먹어도 공식을 유도한다는 말이 있습니다. 도형의 원리나 성질을 유도할 수 있다면 수학은 훨씬 재밌는 공부가 됩니다.

실전에 강한 알뜰한 꿀팁!
오랜 강의에서 우러나온 저자의 실전 노하우를 도움말로 만나보세요.

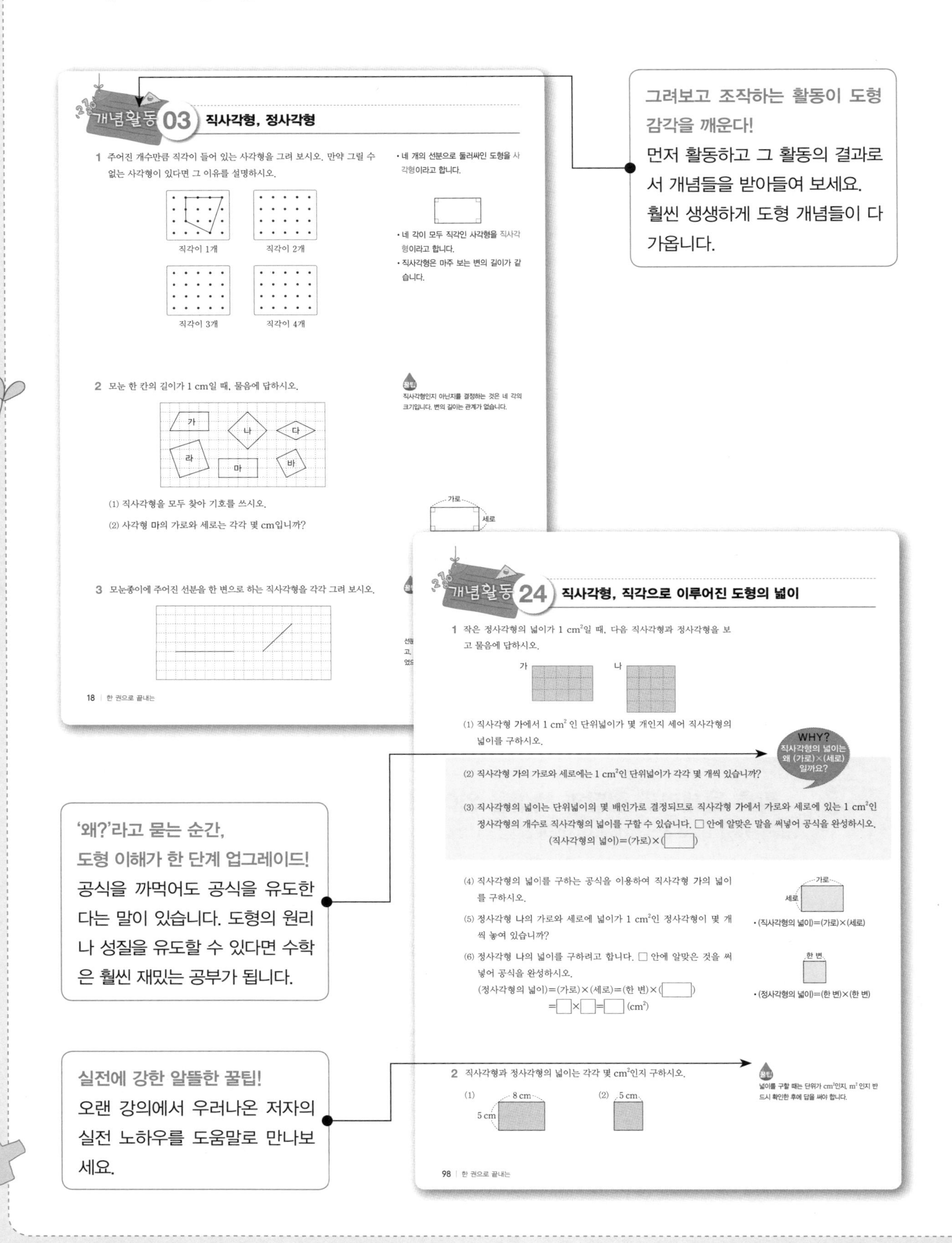

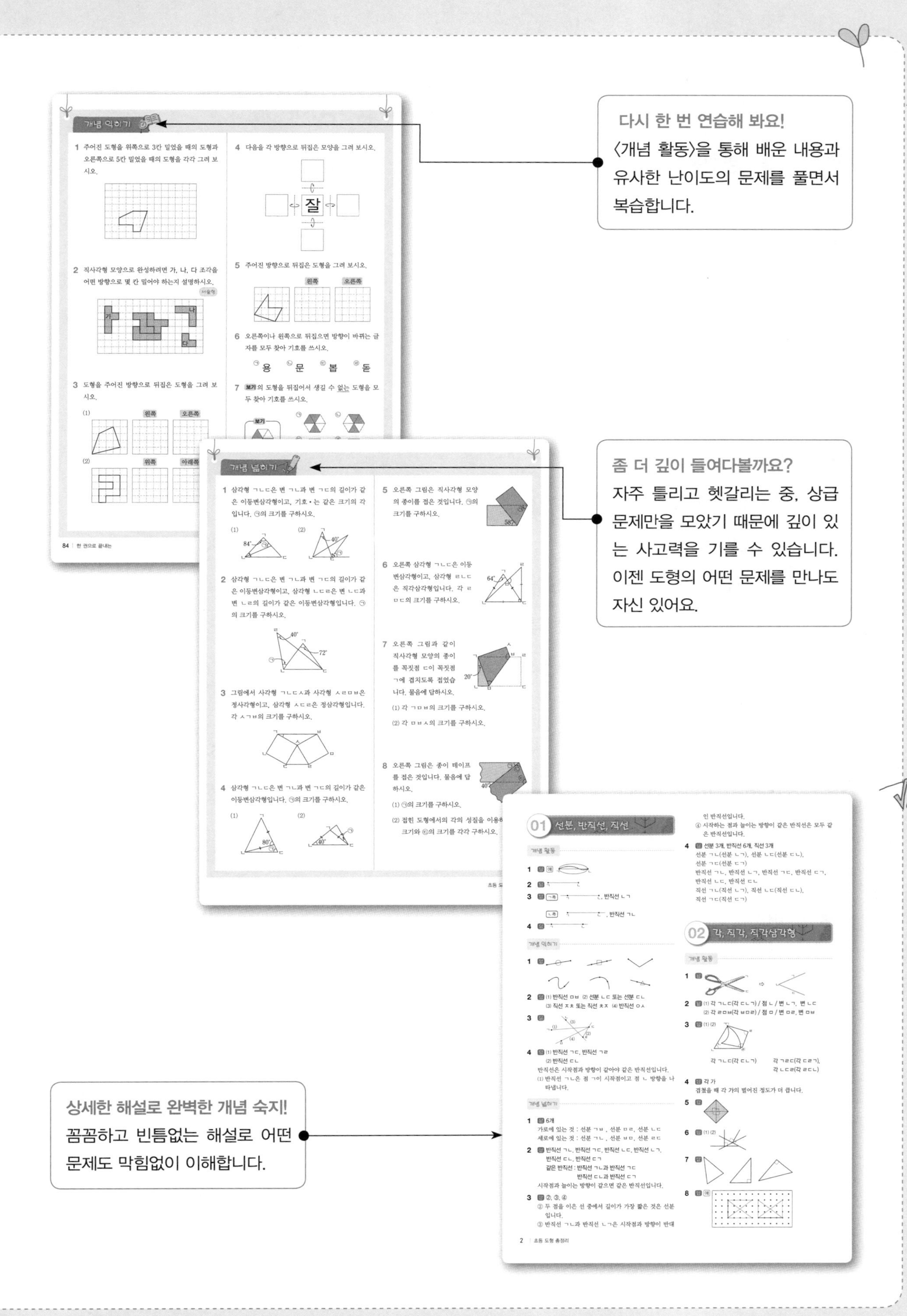
개념 익히기
다시 한 번 연습해 봐요!
〈개념 활동〉을 통해 배운 내용과 유사한 난이도의 문제를 풀면서 복습합니다.
개념 넓히기
좀 더 깊이 들여다볼까요?
자주 틀리고 헷갈리는 중, 상급 문제만을 모았기 때문에 깊이 있는 사고력을 기를 수 있습니다. 이젠 도형의 어떤 문제를 만나도 자신 있어요.
01 선분, 반직선, 직선
02 각, 직각, 직각삼각형
상세한 해설로 완벽한 개념 숙지!
꼼꼼하고 빈틈없는 해설로 어떤 문제도 막힘없이 이해합니다.

중학교에서도 통하는 초등 도형의 핵심 주제 52

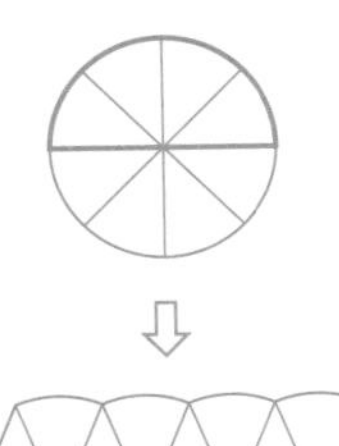

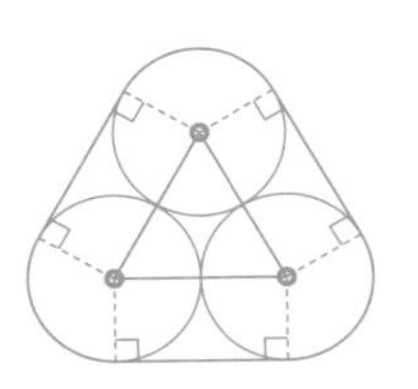

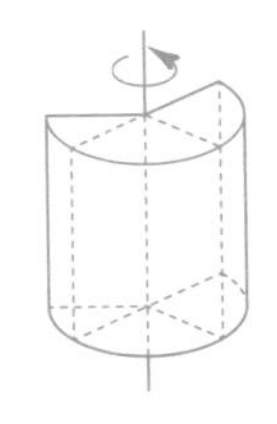

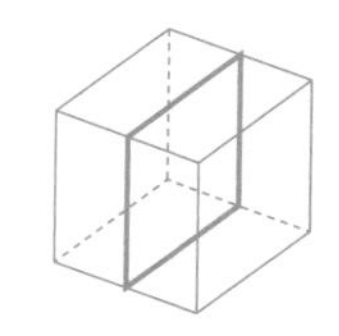

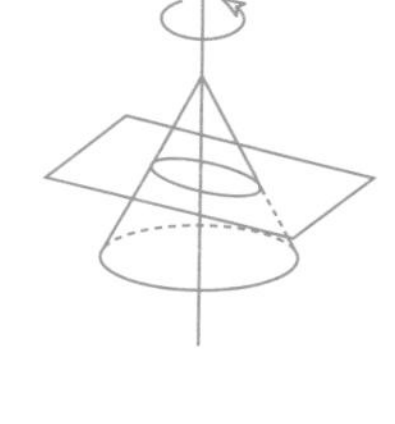

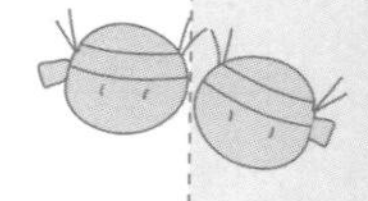

일일 체크리스트

매일매일 하나의 주제로 초등 도형 마스터

가벼운 마음으로 시작해 보세요. 매일 하나의 주제를 공부한다 생각하면 부담도 크지 않습니다.
하나의 주제를 공부할 때마다 체크리스트에 체크 표시(✓)하고 날짜 또한 적어 보세요.
공부에는 왕도가 없지만 규칙적이고 꾸준한 공부는 결코 배신하지 않습니다.

✓	번호	주제	날짜
☐	01	선분, 반직선, 직선	
☐	02	각, 직각, 직각삼각형	
☐	03	직사각형, 정사각형	
☐	04	원	
☐	05	각도와 각의 분류	
☐	06	각도의 합과 차	
☐	07	수직과 수선	
☐	08	평행과 평행선	
☐	09	평행선 사이의 각	
☐	10	다각형의 각의 크기의 합	
☐	11	각의 크기에 따른 삼각형의 분류	
☐	12	변의 길이에 따른 삼각형의 분류	
☐	13	도형의 개수 찾기	
☐	14	사다리꼴, 평행사변형	
☐	15	마름모, 직사각형, 정사각형	
☐	16	사각형 사이의 관계	
☐	17	다각형, 정다각형	
☐	18	대각선	
☐	19	여러 가지 도형에서의 각도	
☐	20	도형 밀기, 뒤집기	
☐	21	도형 돌리기	
☐	22	도형의 둘레	
☐	23	단위넓이를 사용한 넓이	
☐	24	직사각형, 직각으로 이루어진 도형의 넓이	
☐	25	평행사변형, 삼각형의 넓이	
☐	26	사다리꼴, 마름모의 넓이	

✓	번호	주제	날짜
☐	27	여러 가지 다각형의 넓이	
☐	28	도형의 합동과 그 성질	
☐	29	합동인 삼각형 그리기	
☐	30	선대칭도형과 점대칭도형	
☐	31	선대칭도형의 성질	
☐	32	점대칭도형의 성질	
☐	33	직육면체와 정육면체, 겨냥도	
☐	34	직육면체의 성질	
☐	35	직육면체의 전개도	
☐	36	각기둥	
☐	37	각뿔	
☐	38	각기둥과 각뿔의 전개도	
☐	39	쌓기나무	
☐	40	쌓기나무의 위, 앞, 옆에서 본 모양	
☐	41	쌓기나무 전체의 모양	
☐	42	조건에 맞는 모양	
☐	43	직육면체의 겉넓이	
☐	44	직육면체의 부피	
☐	45	쌓기나무의 겉넓이와 부피	
☐	46	원의 둘레	
☐	47	원의 넓이	
☐	48	원기둥과 원기둥의 전개도	
☐	49	원기둥의 겉넓이와 부피	
☐	50	원뿔과 구	
☐	51	회전체	
☐	52	입체도형의 단면	

중학 수학 대비를 위한
완벽한 도형 길잡이!

초등 도형 한 권으로 총정리

01 ~ 52

시작합니다

개념활동 01 선분, 반직선, 직선

1 점 ㄱ과 점 ㄴ을 지나는 선을 여러 가지 모양으로 4가지만 그려 보시오.

2 꺾이거나 구부러지지 않게 선을 긋는 것을 '곧게' 선을 긋는다고 합니다. **1**에서 그은 선 중에서 두 점을 지나도록 '곧게 그은 선'이 있습니까? 없다면 두 점 ㄱ과 ㄴ을 곧게 이은 선으로 그어 보시오.

ㄱ ㄴ

- 두 점을 곧게 이은 선을 선분이라 하고, 점 ㄱ과 점 ㄴ을 곧게 이은 선분을 선분 ㄱㄴ 또는 선분 ㄴㄱ이라고 읽습니다.

3 두 점 ㄱ, ㄴ을 잇는 선분을 긋고, 그 선을 점 ㄱ쪽, 점 ㄴ쪽으로 각각 늘여서 그어 보시오. 그리고 각 도형의 이름을 읽어 보시오.

ㄱ쪽 ㄱ ㄴ

ㄴ쪽 ㄱ ㄴ

- 한 점에서 한쪽으로 끝없이 늘인 곧은 선을 반직선이라 하고, 점 ㄱ에서 시작하여 점 ㄴ을 지나는 반직선을 반직선 ㄱㄴ이라고 읽습니다.

꿀팁

반직선은 시작하는 점과 늘이는 방향에 따라 반직선의 이름이 달라지는 것에 주의해야 합니다. 반직선 ㄱㄴ과 반직선 ㄴㄱ은 다릅니다.

4 두 점 ㄱ, ㄴ을 잇는 선분을 긋고, 그 선을 양쪽으로 끝없이 늘여서 그어 보시오.

ㄱ ㄴ

- 양쪽으로 끝없이 늘인 곧은 선을 직선이라 하고, 점 ㄱ과 점 ㄴ을 지나는 직선을 직선 ㄱㄴ 또는 직선 ㄴㄱ이라고 읽습니다.

개념 익히기

1 선분은 ○표, 반직선은 △표, 직선은 □표로 도형에 표시하시오.

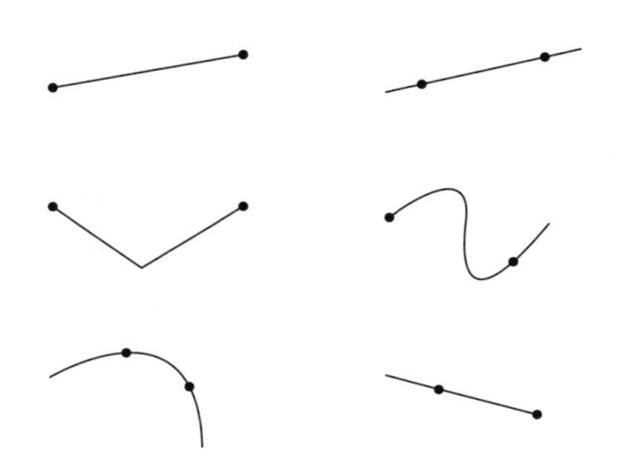

2 도형의 이름을 읽어 보시오.

(1) 

(2) 

(3) 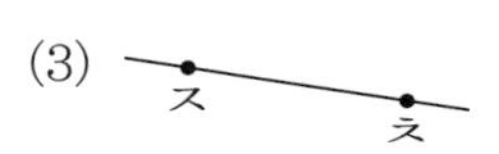

(4)
ㅅ ㅇ

3 주어진 점을 이용하여 다음 도형을 그려 보시오.

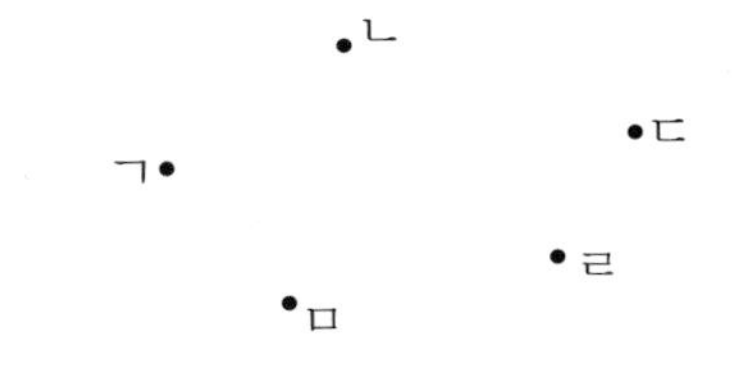

(1) 선분 ㄱㄷ　　(2) 반직선 ㄹㄷ

(3) 직선 ㄴㄹ　　(4) 반직선 ㄷㅁ

4 도형에서 찾을 수 있는 반직선 중에서 다음 반직선과 같은 반직선의 이름을 모두 쓰시오.

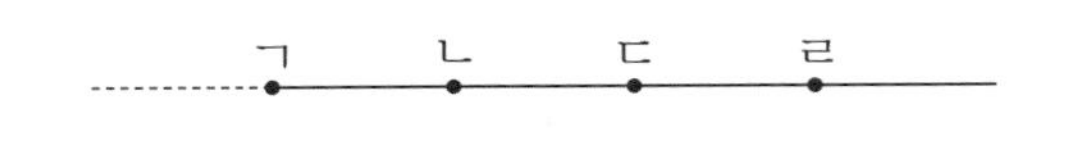

(1) 반직선 ㄱㄴ　　(2) 반직선 ㄷㄱ

개념 넓히기

1 도형에서 찾을 수 있는 선분은 모두 몇 개입니까?

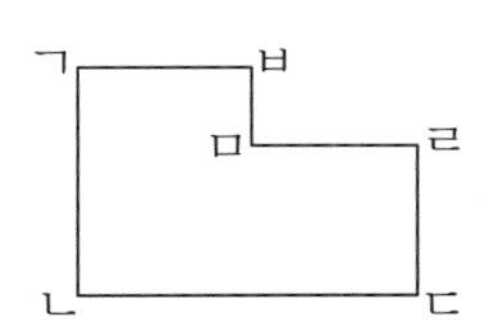

2 도형에서 찾을 수 있는 반직선을 모두 쓰고 같은 반직선을 찾아 보시오.

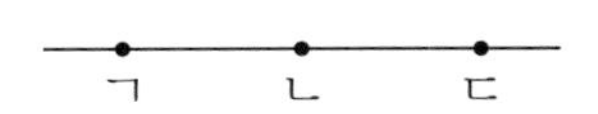

3 옳지 <u>않은</u> 것을 모두 고르시오.

① 선분 ㄱㄴ과 선분 ㄴㄱ은 같습니다.

② 두 점을 이은 선 중에서 길이가 가장 짧은 것은 직선입니다.

③ 반직선 ㄱㄴ을 반직선 ㄴㄱ이라고 읽을 수 있습니다.

④ 시작하는 점이 같은 반직선은 모두 같은 반직선입니다.

⑤ 한 점을 지나는 직선은 무수히 많습니다.

4 세 점 중에서 두 점을 이어서 그을 수 있는 선분, 반직선, 직선의 개수를 각각 구하시오.

개념활동 02 각, 직각, 직각삼각형

1 가위를 벌려서 벌어진 중심을 기준으로 다음과 같이 점선을 따라 그려 보시오.

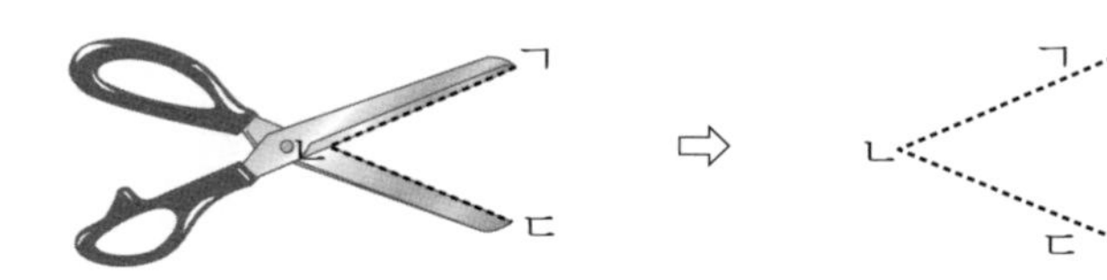

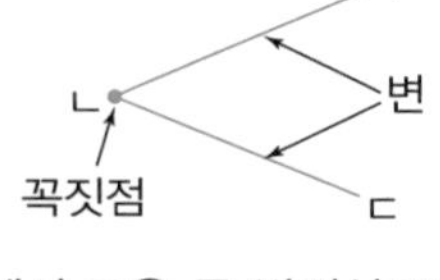

• 한 점에서 그은 두 반직선으로 이루어진 도형을 각이라고 합니다. 위의 각에서 점 ㄴ을 꼭짓점이라 하고, 반직선 ㄴㄱ과 반직선 ㄴㄷ을 변이라고 합니다. 이 각을 각 ㄱㄴㄷ 또는 각 ㄷㄴㄱ이라고 읽습니다.

2 각을 읽고, 각의 꼭짓점과 변을 각각 쓰시오.

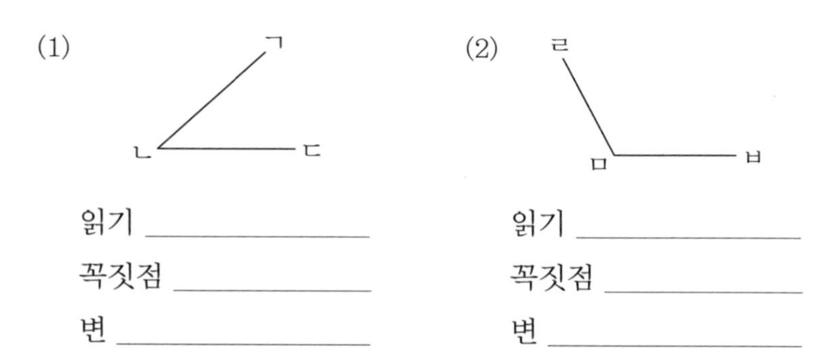

(1)
읽기 ____________
꼭짓점 ____________
변 ____________

(2)
읽기 ____________
꼭짓점 ____________
변 ____________

각을 읽을 때 각의 꼭짓점을 가운데에 넣어 읽는 것이 중요합니다.

3 도형에서 각을 모두 찾아 표시하고 각을 읽어 보시오.

(1)

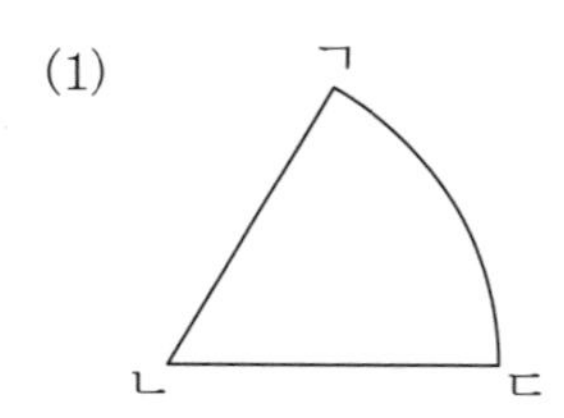

(2)

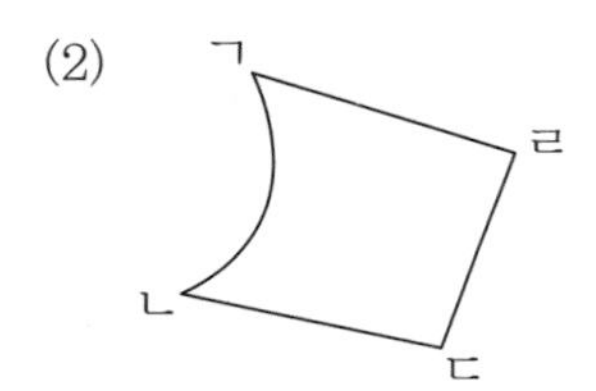

• 각 표시하기

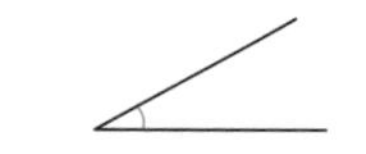

두 변 사이에 그림과 같이 표시합니다.

도형에서는 각의 변이 반직선이 아닌 선분이 될 수도 있습니다.

4 투명 종이를 사용하여 각의 크기를 비교하려고 합니다. 각 **가**의 본을 떠서 각 **나**에 꼭짓점과 한 변을 겹쳐 비교하여 각 **가**와 각 **나** 중에서 어느 것이 더 큰지 알아보시오.

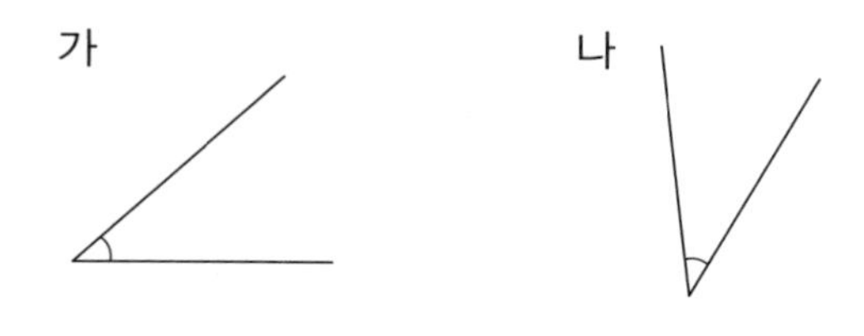

• 각의 두 변이 벌어진 정도를 각의 크기라고 합니다.

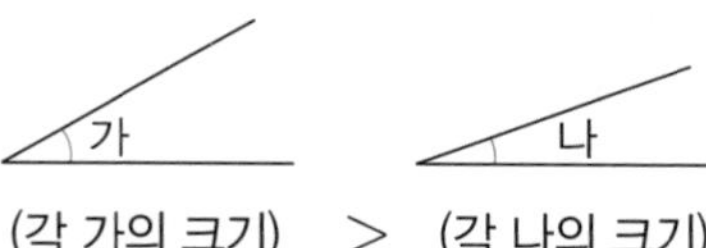

(각 가의 크기) > (각 나의 크기)

각의 크기는 그려진 변의 길이와 관계없이 두 변이 벌어진 정도가 큰 것이 더 큰 각입니다.

5 색종이를 그림과 같이 완전히 겹쳐지도록 두 번 접었다 펼치고, 접힌 부분을 점선으로 나타내었습니다. 접어서 생기는 직각을 모두 찾아 ∟로 나타내시오.

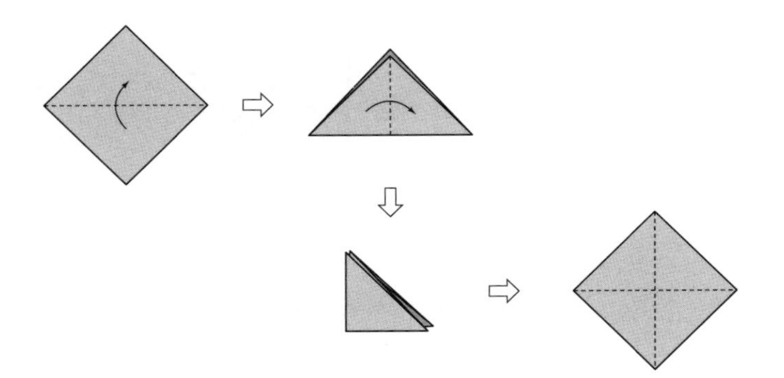

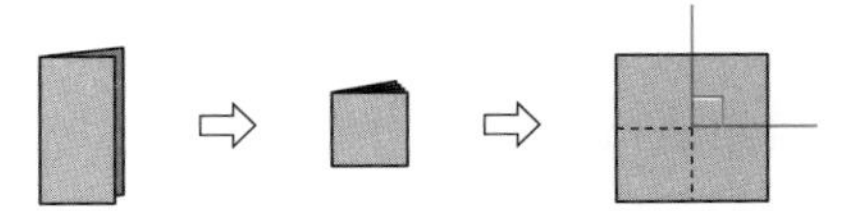

• 종이를 반듯하게 두 번 접었다가 펼쳤을 때 생기는 위와 같은 각을 직각이라고 합니다.

6 도형에서 직각을 모두 찾아 ∟로 나타내시오.

(1)

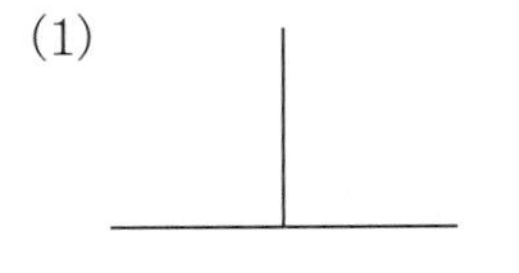

(2)

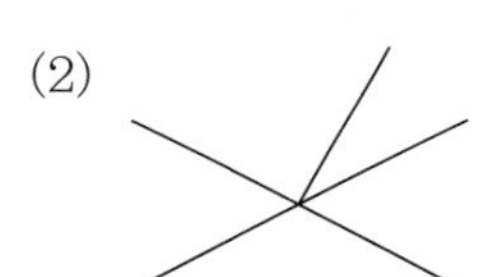

비스듬히 있는 직선에서 직각을 찾는 것이 어려울 수 있으므로 먼저 직각을 예상한 다음 직각 삼각자로 확인하는 연습을 합니다.

7 직각이 한 개 들어 있는 삼각형을 모두 찾아 ∟로 나타내시오..

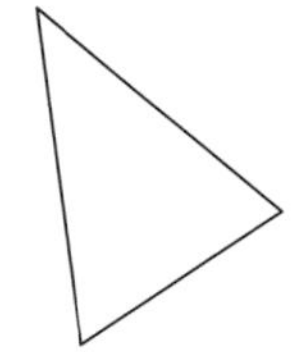

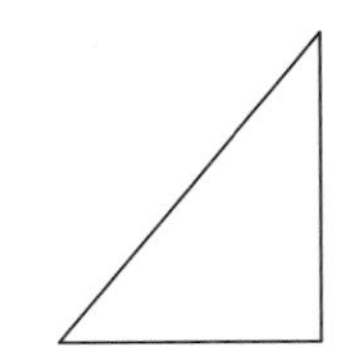

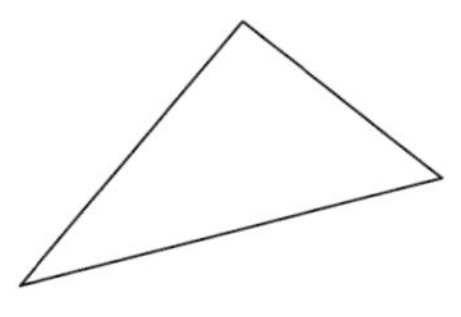

• 세 개의 선분으로 둘러싸인 도형을 삼각형이라고 합니다.

• 삼각형을 둘러싸고 있는 선분을 변이라 하고, 변과 변이 만나는 점을 꼭짓점이라고 합니다.

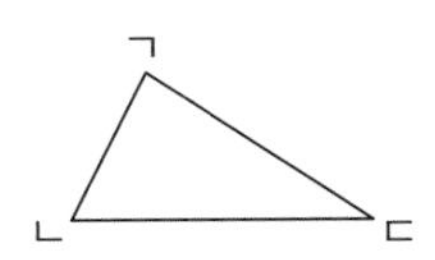

꼭짓점 : 점 ㄱ, 점 ㄴ, 점 ㄷ

변 : 변 ㄱㄴ, 변 ㄴㄷ, 변 ㄱㄷ

8 점 종이에 주어진 선분이 직각삼각형의 한 변이 되도록 직각삼각형을 각각 그려 보시오.

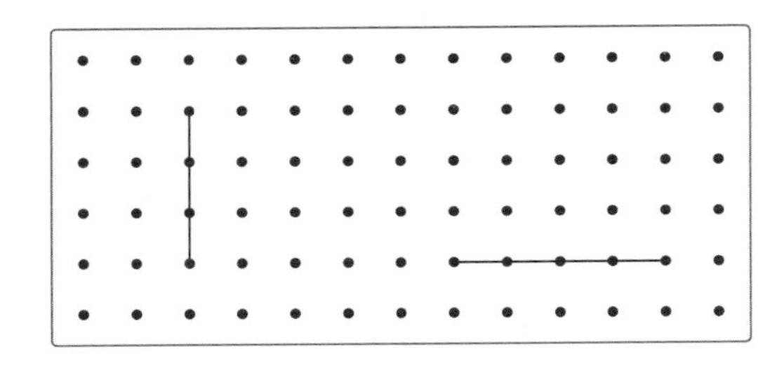

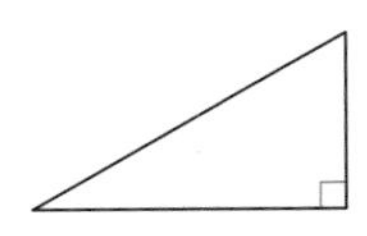

• 삼각형의 3개의 각 중에서 한 각이 직각인 삼각형을 직각삼각형이라고 합니다.

직각삼각형 안의 직각이 똑바로 되어 있지 않고 회전되어 있는 경우도 생각해 봅니다.

개념 익히기

1 도형은 각이 아닙니다. 그 이유를 설명하시오.

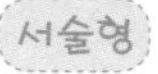

(1)

(2)

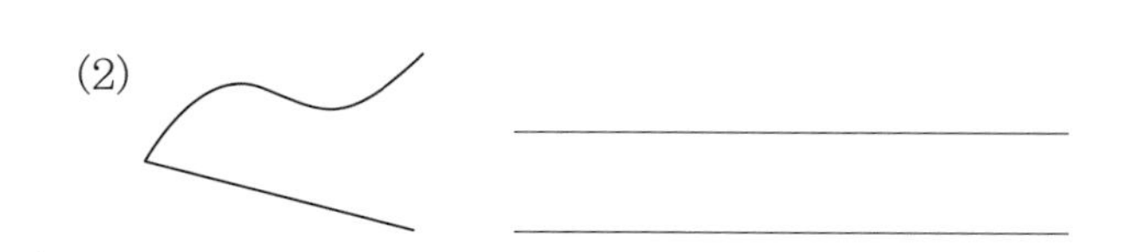

2 도형에서 각을 모두 찾아 표시하고, 각을 읽어 보시오.

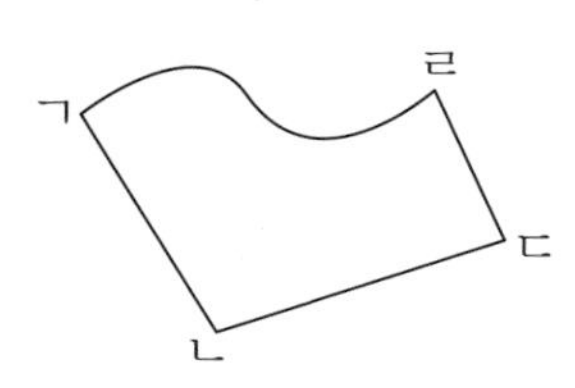

3 왼쪽 각보다 크기가 작은 각을 그려 보시오.

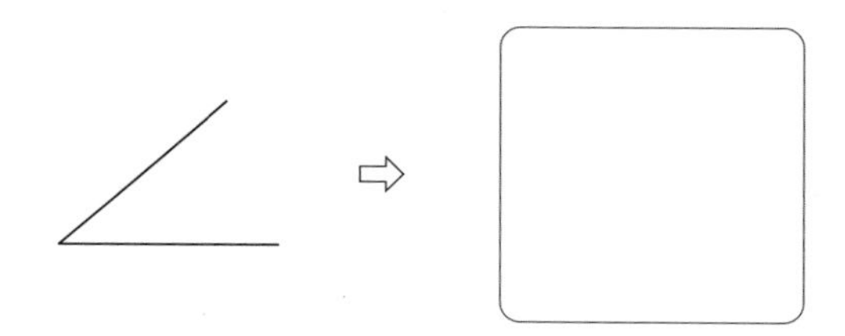

4 각의 크기가 작은 것부터 차례로 기호를 쓰시오.

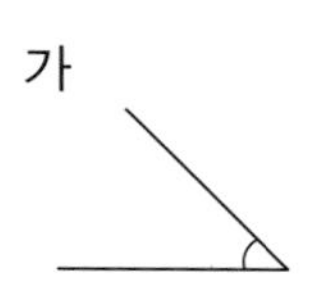

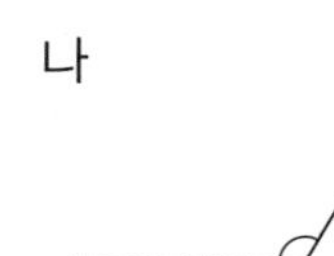

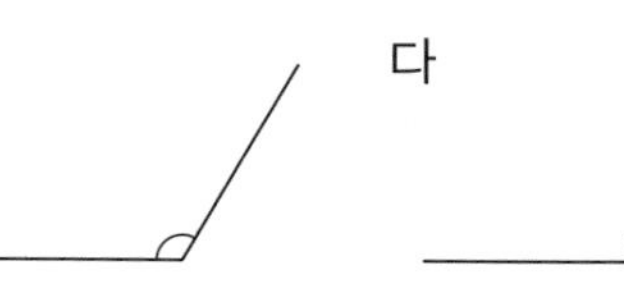

5 직각삼각형을 모두 찾아 기호를 쓰시오.

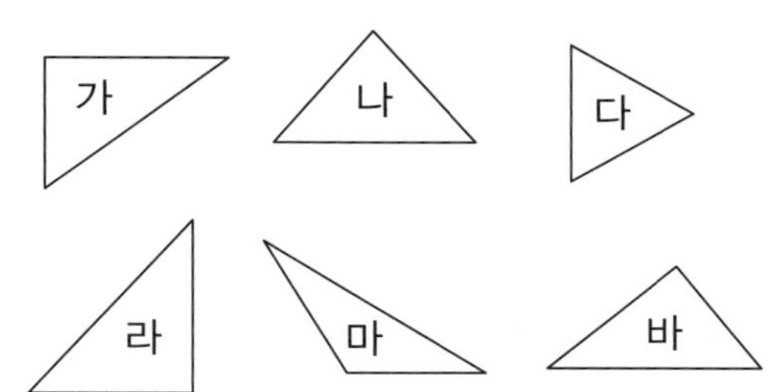

6 삼각자를 사용하여 다음 선분을 한 변으로 하는 직각을 그려 보시오.

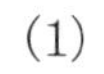

(1)

(2)

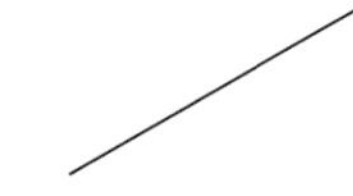

7 도형에서 직각은 모두 몇 개 있습니까? (단, 도형 안에 있는 직각만 생각합니다.)

(1)

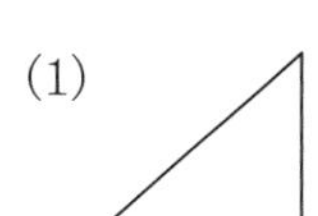

(2)

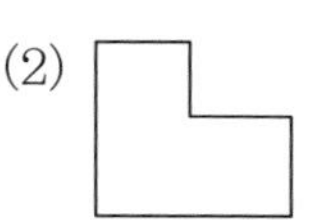

(3)

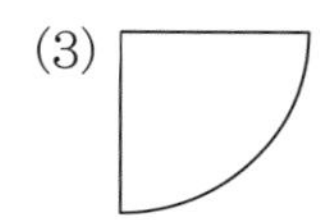

(4)

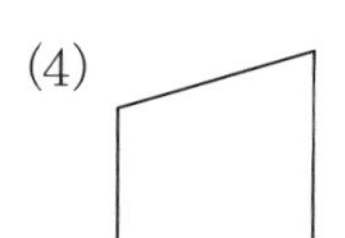

(5)

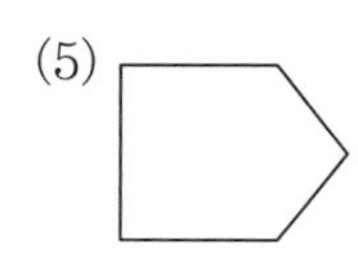

8 시계의 두 바늘이 이루는 작은 쪽의 각이 직각인 시각을 모두 고르시오.

① 2시 ② 3시 ③ 7시
④ 9시 ⑤ 8시 30분

개념 넓히기

1 도형 안에서 찾을 수 있는 각은 모두 몇 개입니까?

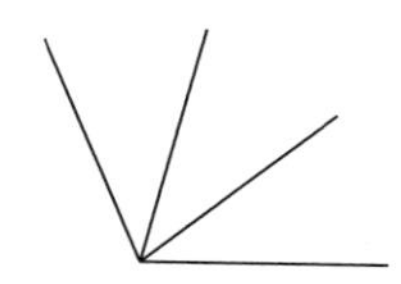

2 도형에서 직각을 찾아 ㄴ로 나타내고, 직각을 읽어 보시오.

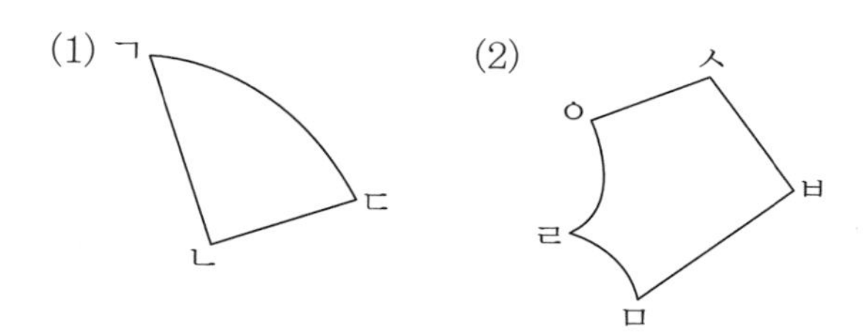

3 점을 이용하여 주어진 각을 각각 그리고 도형에 기호를 써넣으시오.

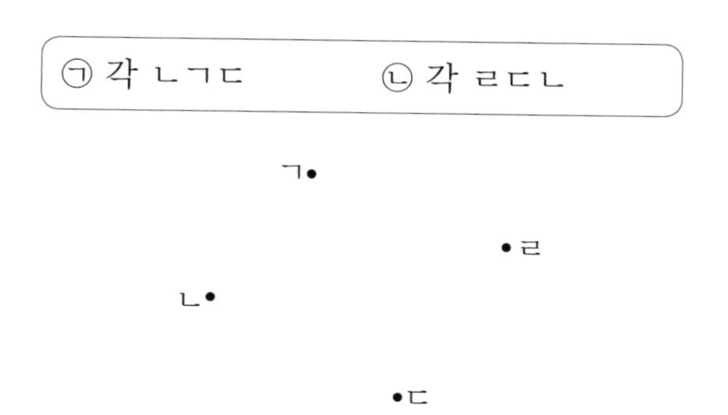

4 도형에서 각을 모두 찾아 표시하고, 각을 읽어 보시오.

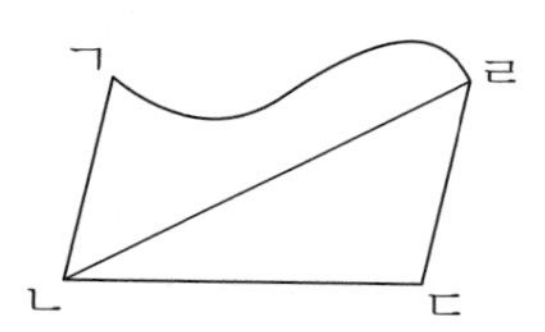

5 삼각형 ㄱㄴㄷ의 꼭짓점 ㄱ을 옮겨 직각삼각형을 만들려고 합니다. 꼭짓점 ㄱ을 어떤 점으로 옮겨야 합니까?

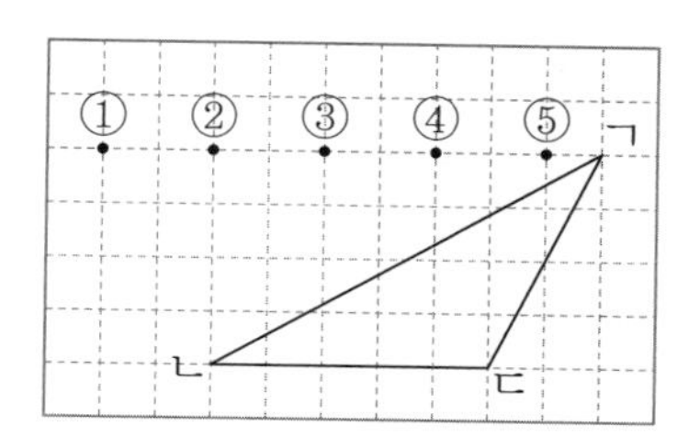

6 색종이를 두 번 잘라 직각삼각형 3개가 나오도록 자르는 선을 그어 보시오.

7 도형에서 찾을 수 있는 직각삼각형은 모두 몇 개입니까?

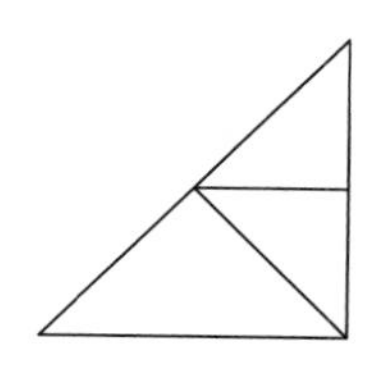

8 점 종이에 주어진 선분을 한 변으로 하는 직각삼각형을 2가지 그려 보시오. (단, 돌리거나 뒤집어서 모양이 같으면 한 가지로 생각합니다.)

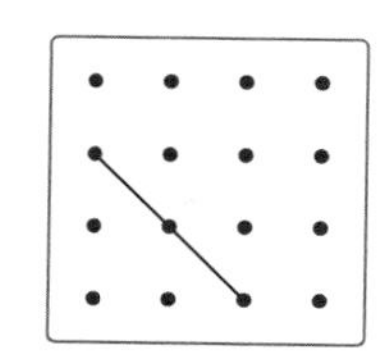

개념활동 03 직사각형, 정사각형

1 주어진 개수만큼 직각이 들어 있는 사각형을 그려 보시오. 만약 그릴 수 없는 사각형이 있다면 그 이유를 설명하시오.

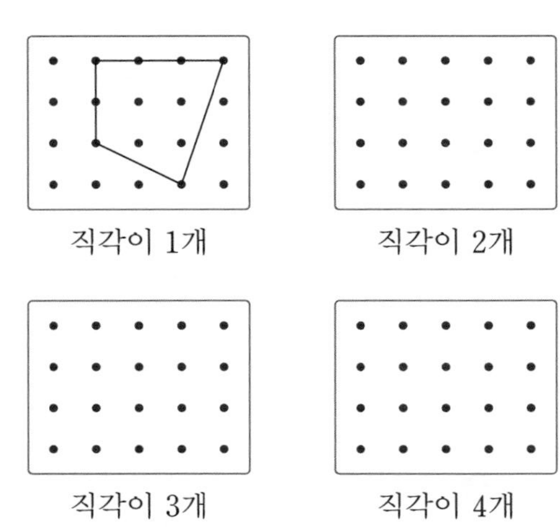

- 네 개의 선분으로 둘러싸인 도형을 사각형이라고 합니다.

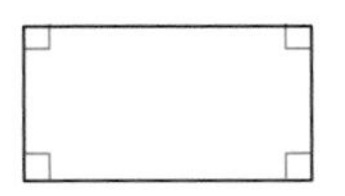

- 네 각이 모두 직각인 사각형을 직사각형이라고 합니다.
- 직사각형은 마주 보는 변의 길이가 같습니다.

2 모눈 한 칸의 길이가 1 cm일 때, 물음에 답하시오.

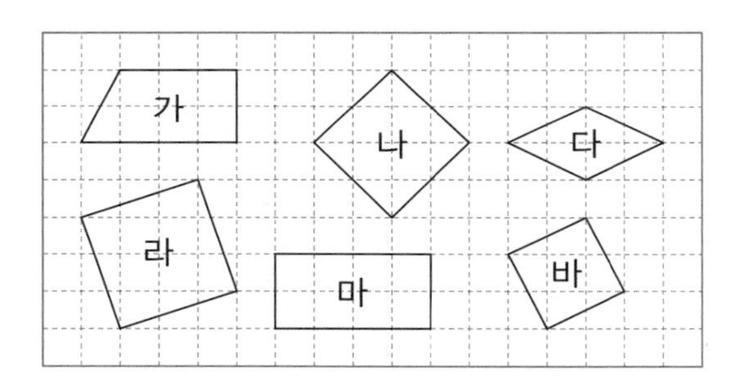

(1) 직사각형을 모두 찾아 기호를 쓰시오.

(2) 사각형 마의 가로와 세로는 각각 몇 cm입니까?

직사각형인지 아닌지를 결정하는 것은 네 각의 크기입니다. 변의 길이는 관계가 없습니다.

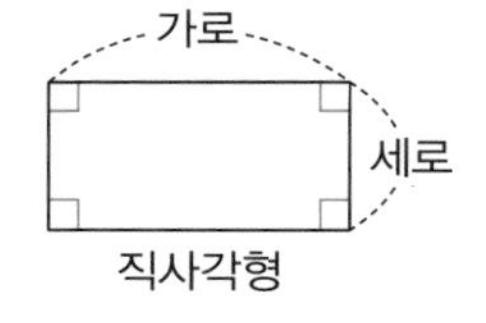

3 모눈종이에 주어진 선분을 한 변으로 하는 직사각형을 각각 그려 보시오.

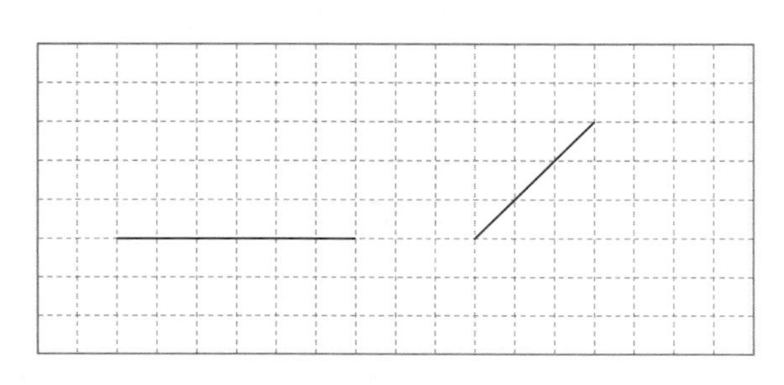

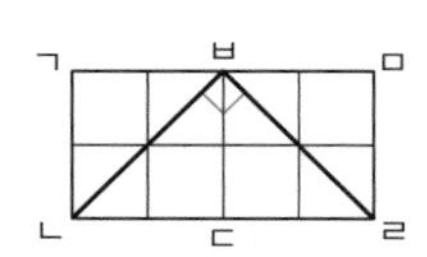

선분 ㄴㅂ은 사각형 ㄱㄴㄷㅂ을 반으로 나누었고, 선분 ㅂㄹ은 사각형 ㅂㄷㄹㅁ을 반으로 나누었으므로 각 ㄴㅂㄹ은 직각입니다.

4 직사각형 모양의 종이를 그림과 같이 접어서 자른 다음 펼쳐서 만들어진 사각형은 네 변의 길이가 같고 네 각이 모두 직각입니까? 그렇다면 이유를 설명하시오.

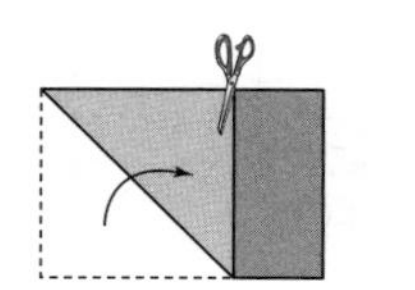

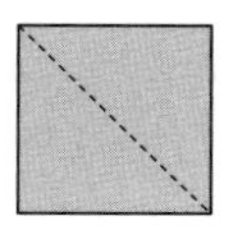

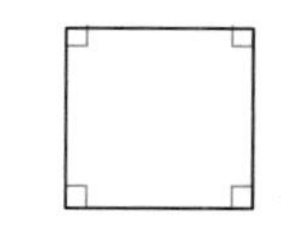
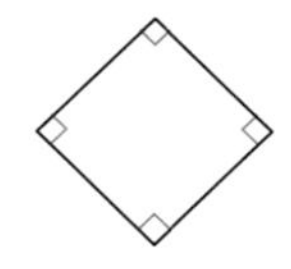

• 네 각이 모두 직각이고 네 변의 길이가 같은 사각형을 정사각형이라고 합니다.

5 모눈 종이에 주어진 선분을 한 변으로 하는 정사각형을 각각 그려 보시오.

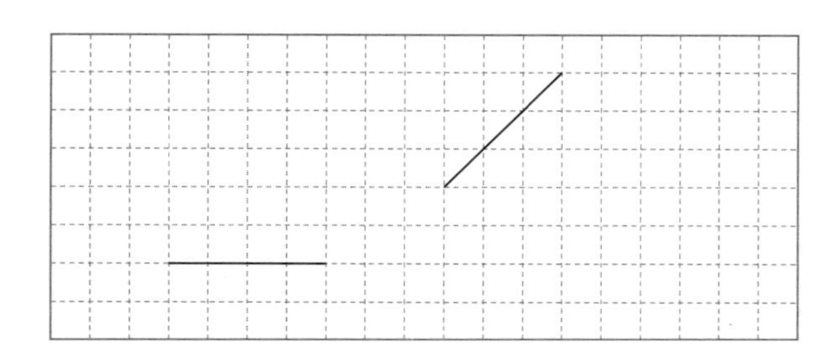

6 사각형을 보고 물음에 답하시오.

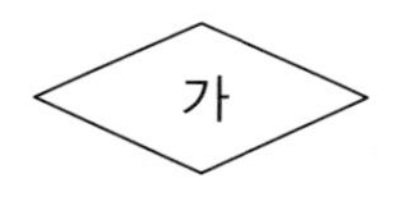

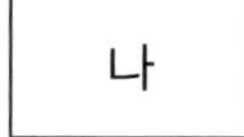

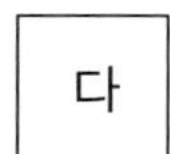

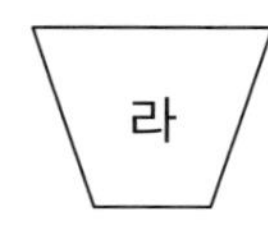

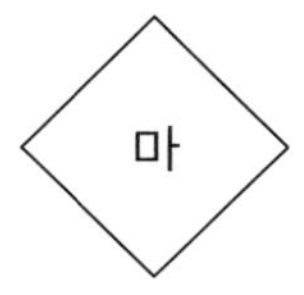

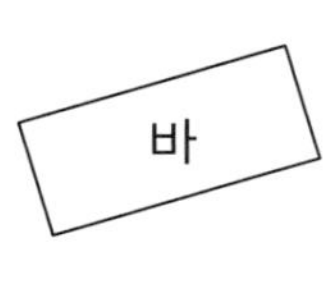

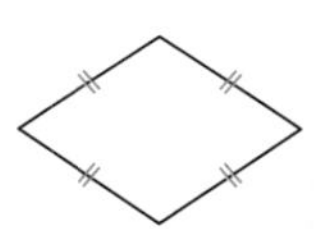

참고로 네 변의 길이가 같은 사각형을 마름모라고 합니다.

(1) 네 각이 직각인 사각형을 모두 찾아 기호를 쓰시오.

(2) 네 변의 길이가 같은 사각형을 모두 찾아 기호를 쓰시오.

(3) 직사각형과 정사각형을 모두 찾아 기호를 쓰시오.

직사각형: ______________, 정사각형: ______________

(4) 직사각형을 정사각형이라고 할 수 있습니까? 또 정사각형을 직사각형이라고 할 수 있습니까? 그 이유를 설명하시오.

정사각형은 네 각이 모두 직각이고 네 변의 길이가 같으므로 직사각형이기도 합니다.

개념 익히기

1 도형을 보고 물음에 답하시오.

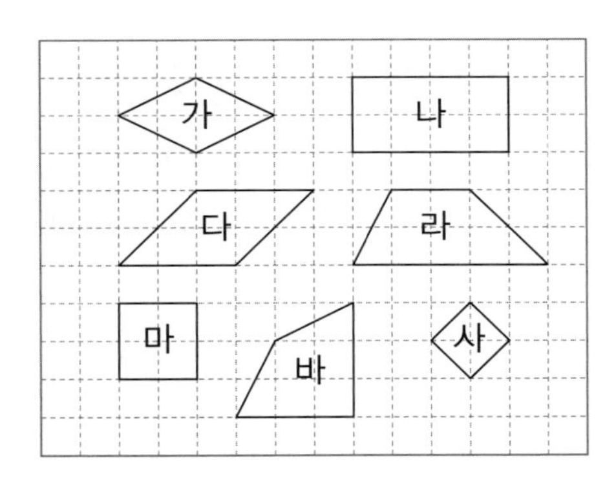

(1) 사각형 가, 사의 공통점은 무엇입니까?

(2) 사각형 나, 마의 공통점은 무엇입니까?

(3) 직사각형을 모두 찾아 기호를 쓰시오.

(4) 정사각형을 모두 찾아 기호를 쓰시오.

2 바르게 설명한 것은 어느 것입니까?

① 직사각형은 항상 이웃하는 변의 길이가 같습니다.
② 직각삼각형은 세 변의 길이가 모두 같습니다.
③ 네 변의 길이가 같은 사각형을 정사각형이라고 합니다.
④ 네 각의 크기가 같은 사각형을 정사각형이라고 합니다.
⑤ 정사각형은 직사각형이라고 할 수 있습니다.

3 왼쪽 도형을 보고 ㉠이 될 수 있는 것에 모두 ○표 하시오.

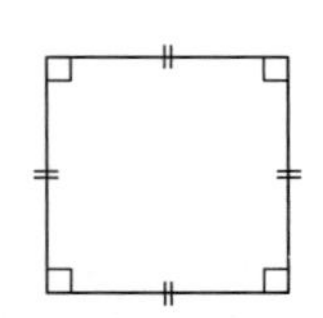

이 도형은 ㉠이라고 할 수 있습니다.

(사각형, 직각삼각형, 직사각형, 정사각형)

4 직사각형과 정사각형을 보고 □ 안에 알맞은 수를 써넣으시오.

(1)

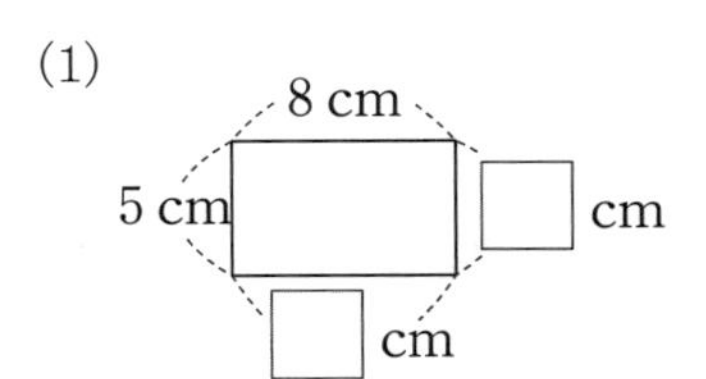

(2)

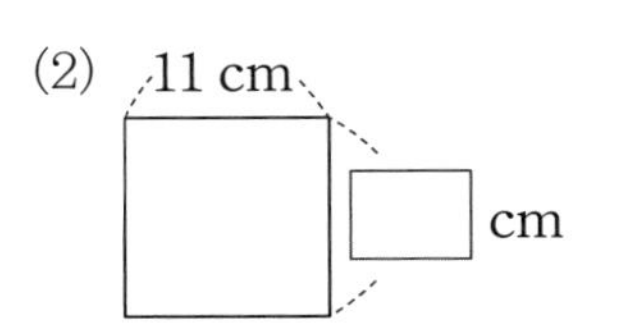

5 오른쪽 도형이 정사각형이 아닌 이유를 설명하시오. 서술형

6 네 변의 길이의 합이 56 cm인 정사각형의 한 변의 길이는 몇 cm입니까?

7 그림과 같은 직사각형 모양의 색종이를 잘라 가장 큰 정사각형을 만들려고 합니다. 만든 정사각형의 한 변의 길이를 몇 cm로 하면 됩니까?

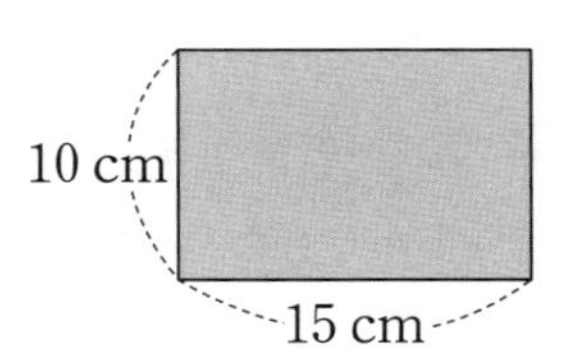

1 틀린 곳을 찾아 바르게 고치시오.

(1) 네 변의 길이가 같은 사각형은 정사각형입니다.

(2) 같은 모양의 직각삼각형 2개로 정사각형을 만들 수 있습니다.

(3) 직사각형은 정사각형이라고 할 수 있습니다.

(4) 직사각형의 마주 보는 꼭짓점을 이어 선을 긋고 선을 따라 자르면 언제나 직각삼각형 4개가 만들어집니다.

2 주어진 선분을 한 변으로 하는 정사각형을 각각 그려 보시오.

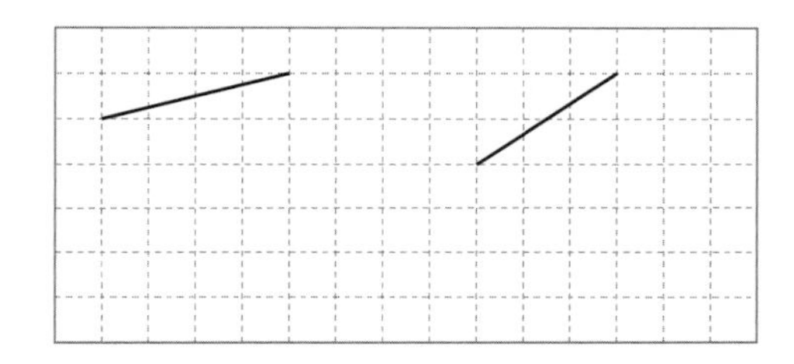

3 한 변이 20 cm인 정사각형 모양의 색종이를 가로 5 cm, 세로 4 cm인 직사각형 모양으로 잘랐을 때, 직사각형은 몇 개까지 만들 수 있습니까?

4 정사각형 모양의 색종이 3개를 그림과 같이 이어 붙였을 때 색칠한 선의 길이를 구하시오.

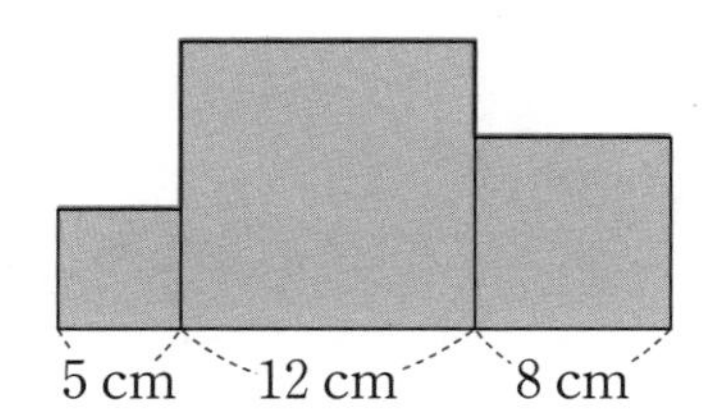

5 그림과 같은 직사각형 모양의 종이를 남는 부분이 없도록 잘라 가능한 한 큰 정사각형 여러 개를 만들려고 합니다. 몇 개를 만들 수 있는지 그림에 나타내어 보시오.

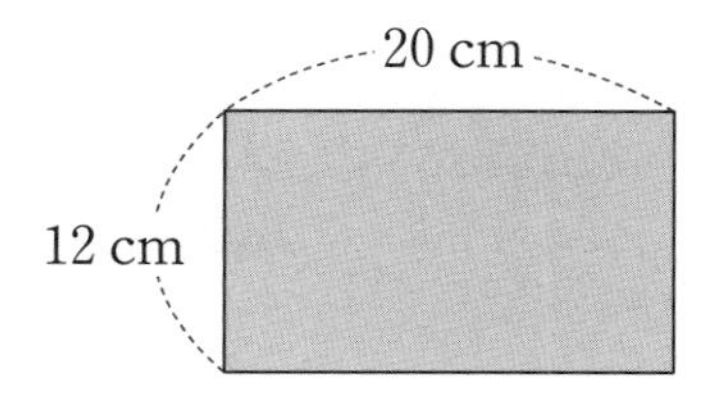

6 아래 그림에서 ㉮, ㉯, ㉰가 모두 정사각형일 때, 색칠한 부분을 둘러싼 네 변의 길이의 합은 몇 cm입니까?

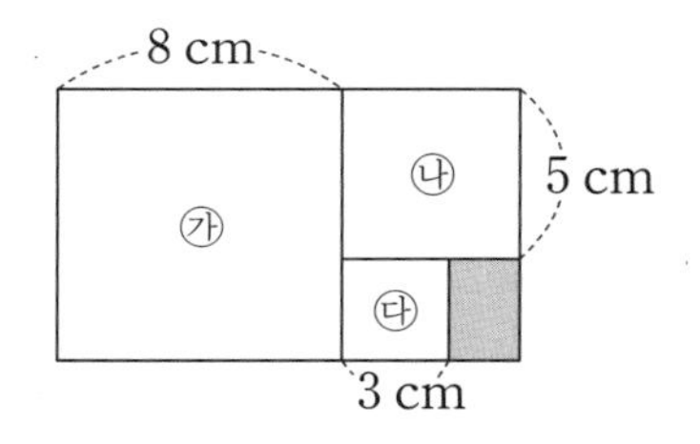

7 정사각형 모양의 색종이를 그림과 같이 두 번 접었다 펼쳐서 접혔던 부분을 점선으로 나타내었습니다. 물음에 답하시오.

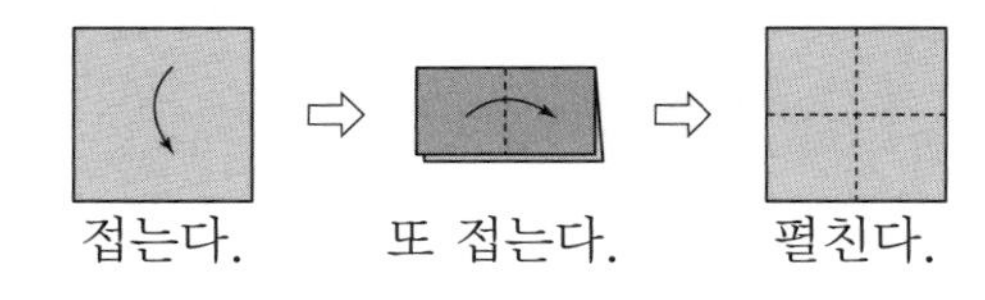

(1) 찾을 수 있는 정사각형은 모두 몇 개입니까?

(2) 찾을 수 있는 직사각형은 모두 몇 개입니까?

개념활동 04 원

1 그림과 같이 점 ㅇ에 이쑤시개의 끝을 대고 방향을 바꾸어 가면서 여러 개의 점을 찍어 보시오. 점을 아주 많이 찍고 점끼리 이으면 어떤 모양이 됩니까?

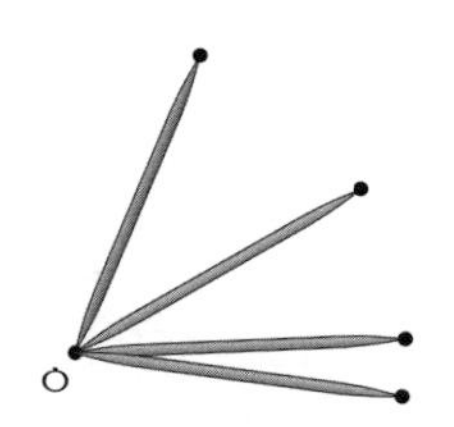

• 평면 위에서 한 점으로부터 같은 거리에 있는 점들의 모임을 원이라고 합니다. 이때 고정된 점 ㅇ을 원의 중심(원의 가장 안쪽에 있는 점)이라 하고, 원의 중심과 원 위의 한 점을 이은 선분을 원의 반지름이라고 합니다.

2 점 ㅇ은 원의 중심이고, 반지름이 2 cm인 원입니다. 물음에 답하시오.

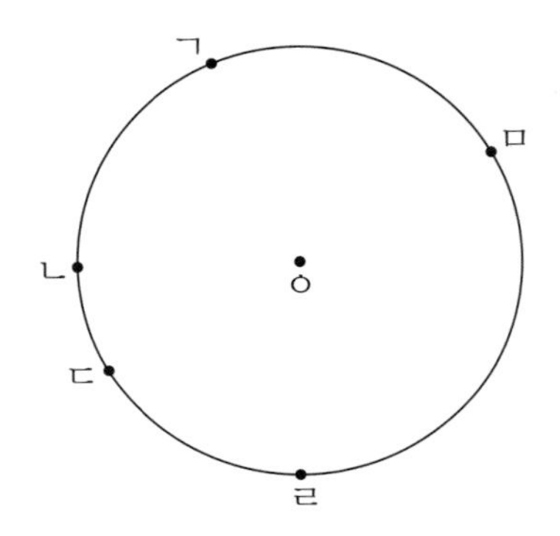

(1) 점 ㄱ, 점 ㄴ, 점 ㄷ, 점 ㄹ, 점 ㅁ을 이어 여러 개의 선분을 긋고, 각 선분의 길이를 재어 보시오.

선분 ㄱㄷ __________ cm, 선분 ㄴㄷ __________ cm,

선분 ㄷㄹ __________ cm, 선분 ㄷㅁ __________ cm

(2) 길이가 가장 긴 선분은 어느 것입니까? 그 선분은 원의 중심을 지납니까?

(3) 위의 원에서 지름은 몇 개 더 그을 수 있습니까?

(4) 반지름은 몇 개 그을 수 있습니까?

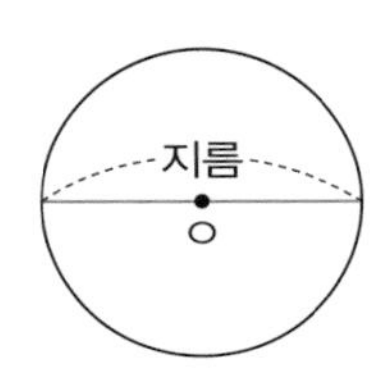

• 원 위의 두 점을 이은 선분 중 원의 중심을 지나는 선분을 원의 지름이라고 합니다.

3 컴퍼스를 사용하여 점 ㅇ을 원의 중심으로 하고 반지름이 1 cm인 원을 그리고, 물음에 답하시오.

• ㅇ

(1) 원의 반지름은 몇 cm입니까?

(2) 원의 지름은 몇 cm입니까?

(3) 원의 지름과 반지름 사이의 관계를 설명하시오.

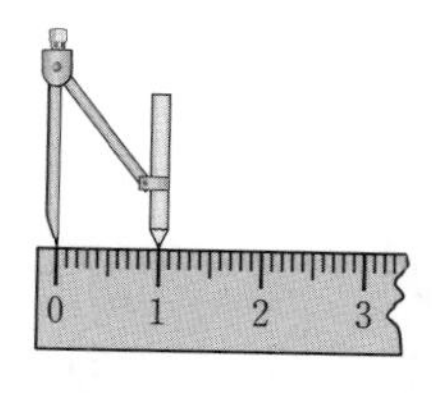

① 컴퍼스를 자에 대고, 1 cm가 되도록 컴퍼스를 벌립니다.

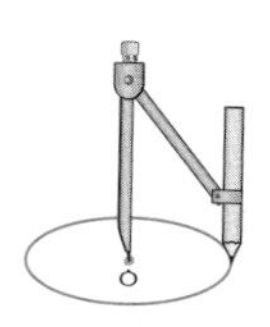

② 컴퍼스의 침을 점 ㅇ에 꽂고 연필을 돌려 원을 그립니다.

4 왼쪽과 같은 모양을 컴퍼스를 사용하여 다음 순서에 따라 오른쪽 빈 곳에 그려 보시오.

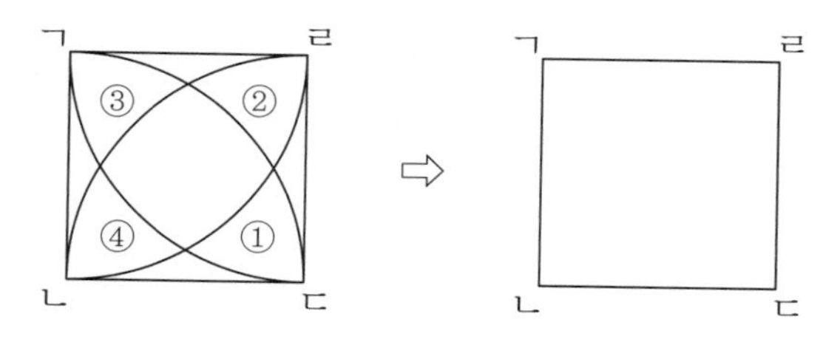

(1) 점 ㄱ을 원의 중심으로 하고, 정사각형의 한 변을 반지름으로 하는 원을 그려 ①을 완성해 보시오.

(2) 같은 방법으로 점 ㄴ, 점 ㄷ, 점 ㄹ을 원의 중심으로 하고, 정사각형의 한 변을 반지름으로 하는 사분원 ②, ③, ④를 완성해 보시오.

(3) 위의 도형에서 찾을 수 있는 원의 중심은 모두 몇 개입니까?

꿀팁

반원(半圓) : 원 전체의 $\frac{1}{2}$에 해당하는 원의 일부

사분원(四分圓) : 원 전체의 $\frac{1}{4}$에 해당하는 원의 일부

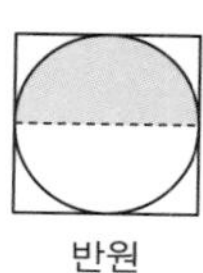
반원

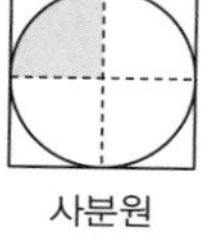
사분원

5 오른쪽 모양을 그리기 위해서 컴퍼스의 침을 꽂아야 할 곳을 모두 찾아 점을 찍어 보시오.

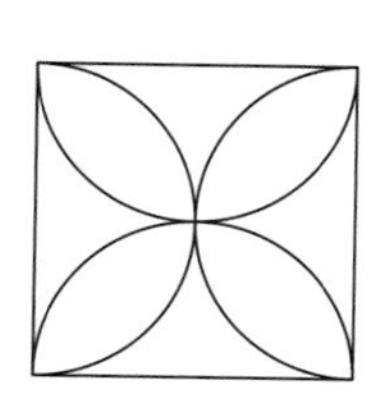

꿀팁

원의 일부분을 보고도 원의 중심을 찾을 수 있어야 합니다. 따라서 각 곡선을 원의 일부분으로 하여 원의 반지름이나 지름이 되는 선분을 찾은 다음, 컴퍼스의 침을 꽂는 연습을 합니다.

개념 익히기

1 옳은 것을 모두 고르시오.

① 원 위의 두 점을 이은 선분을 지름이라고 합니다.

② 원의 중심과 원 위의 한 점을 이은 선분을 반지름이라고 합니다.

③ 반지름은 지름의 2배입니다.

④ 원에서 그을 수 있는 가장 긴 선분은 지름입니다.

⑤ 한 원에는 지름이 한 개뿐입니다.

2 지름이 16 cm인 원을 그릴 때, 컴퍼스의 침과 연필 사이의 거리는 몇 cm로 해야 합니까?

3 그림에서 점 ㅇ은 원의 중심입니다. 지름인 선분을 찾아 쓰시오.

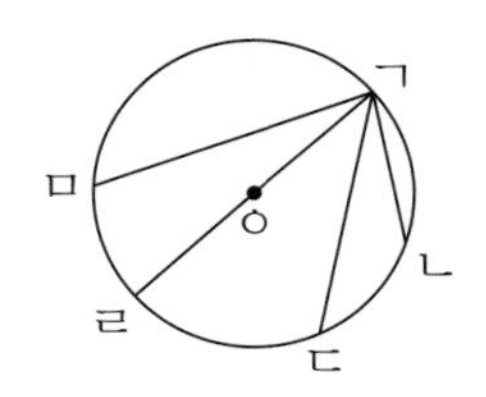

4 그림에서 점 ㅇ은 원의 중심입니다. 원의 지름과 반지름은 각각 몇 cm입니까?

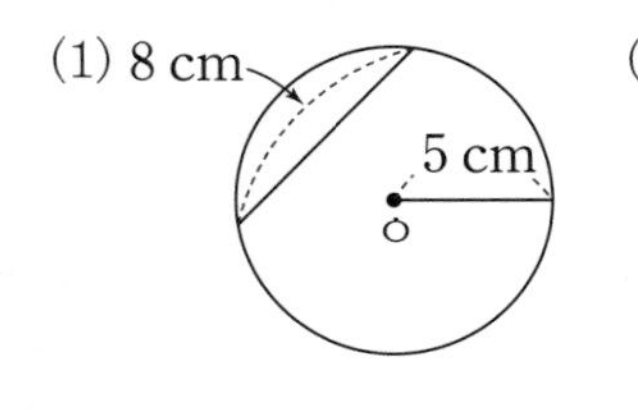

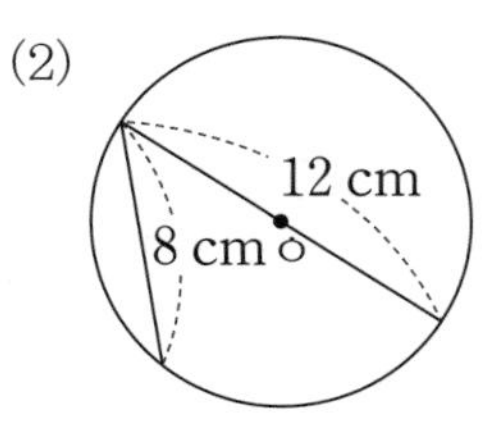

5 가장 큰 원은 어느 것입니까?

① 지름이 13 cm인 원

② 반지름이 7 cm인 원

③ 지름이 12 cm인 원

④ 원의 중심에서 원 위의 한 점까지 이은 선분이 8 cm인 원

⑤ 원 안의 가장 긴 선분이 15 cm인 원

6 도형에서 선분 ㄱㄴ의 길이는 몇 cm입니까?

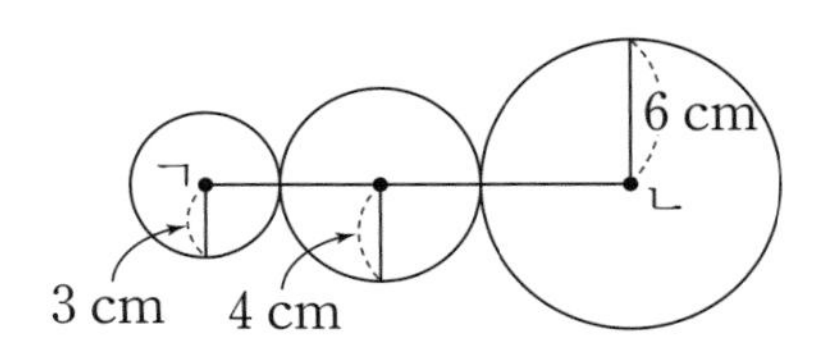

7 작은 원 2개의 크기는 서로 같습니다. 작은 원의 반지름은 몇 cm입니까?

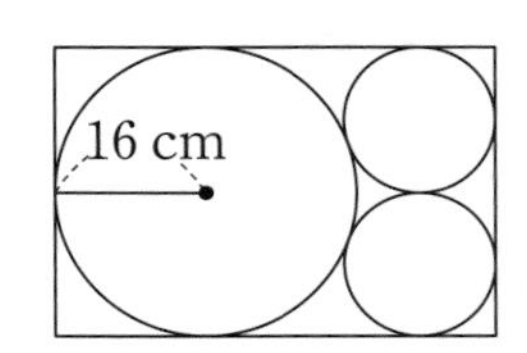

8 컴퍼스를 사용하여 다음과 같은 모양을 그리고, 이 모양에서 찾을 수 있는 원의 중심은 모두 몇 개인지 구하시오.

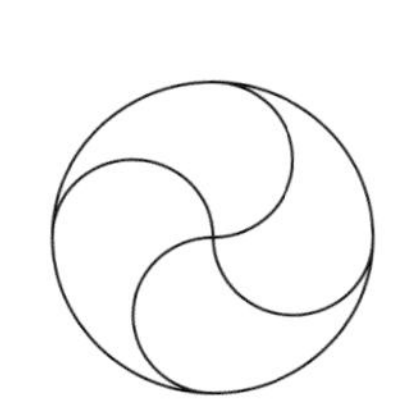  

개념 넓히기

1 점 ㅇ은 원의 중심이고, 삼각형 ㄱㄴㅇ의 세 변의 길이의 합은 14 cm입니다. 선분 ㄱㄴ의 길이가 4 cm일 때, 이 원의 반지름은 몇 cm입니까?

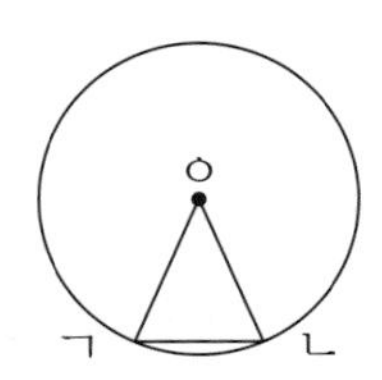

2 원을 이용하여 그린 모양입니다. 원의 중심을 모두 찾아 표시하시오.

(1)

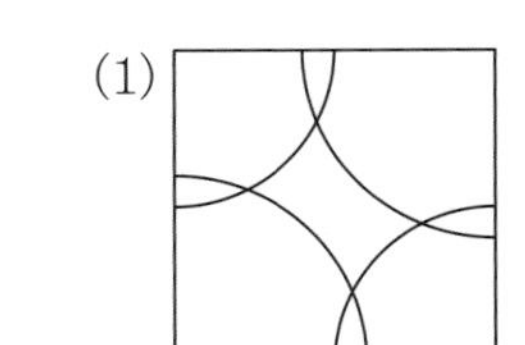

(2)

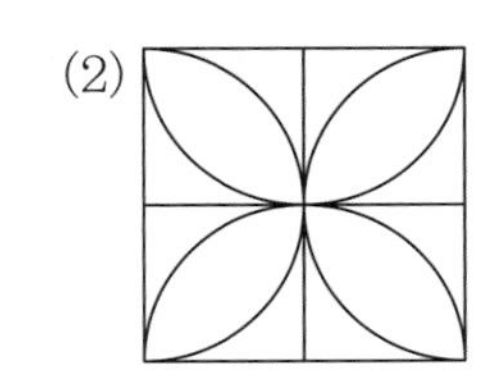

3 다음과 같은 모양을 그리기 위해서 컴퍼스의 침을 꽂아야 할 곳은 모두 몇 군데입니까? 또 모양에 그 점을 찍어 나타내시오.

(1)

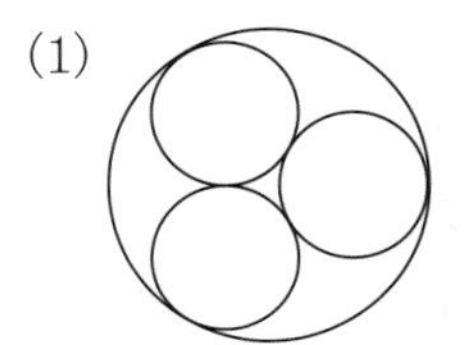

(2)

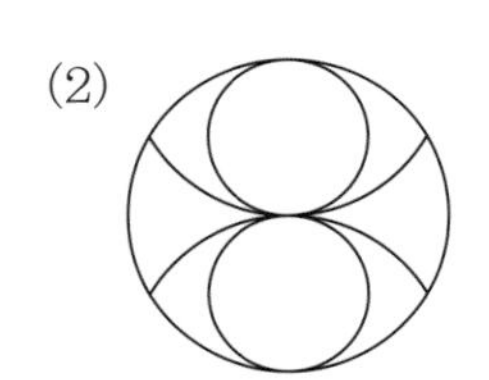

4 지름이 8 cm인 원 3개를 겹치지 않게 이어 붙여 그린 것입니다. 점 ㄱ, 점 ㄴ, 점 ㄷ이 각각 원의 중심일 때, 삼각형 ㄱㄴㄷ의 세 변의 길이의 합은 몇 cm입니까?

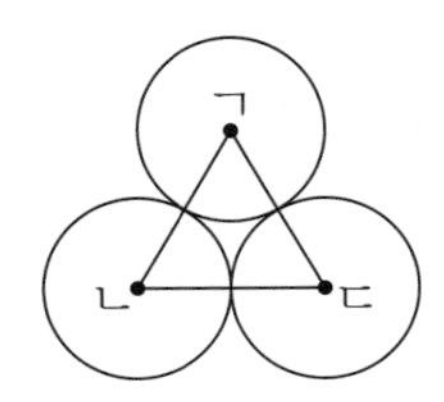

5 원의 중심을 옮기면서 그린 그림이 아닌 것을 찾아 기호를 쓰시오.

㉠

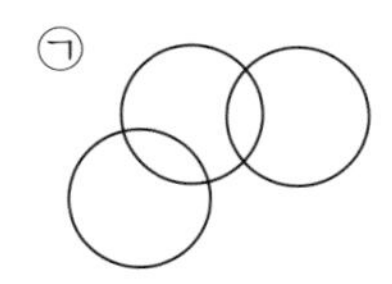

㉡

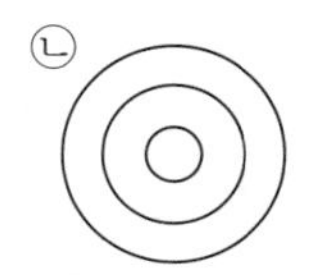

㉢

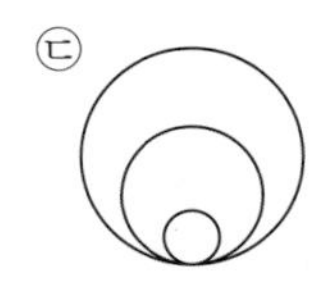

6 그림에서 가장 큰 원의 지름은 몇 cm입니까?

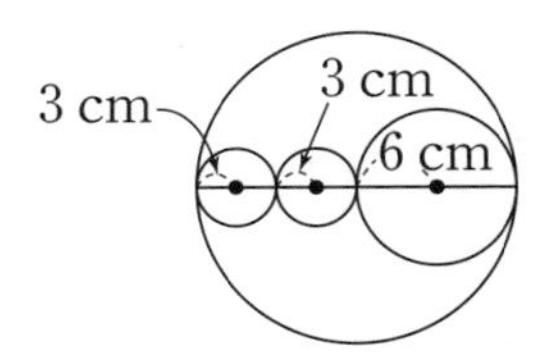

7 크기가 같은 원 5개를 서로 중심이 지나도록 겹쳐서 그린 것입니다. 물음에 답하시오.

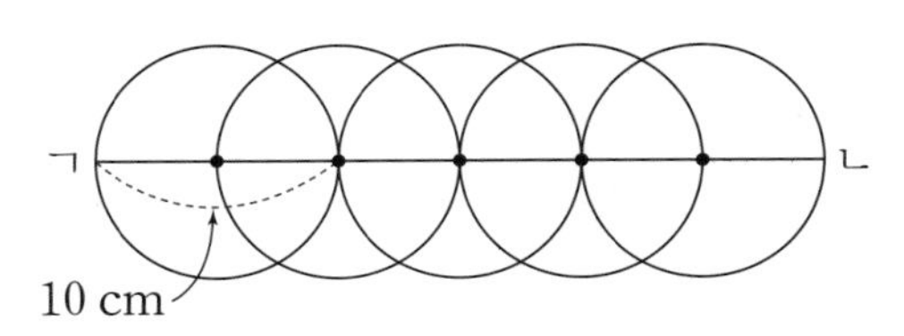

(1) 선분 ㄱㄴ의 길이는 몇 cm입니까?

(2) 원 7개를 같은 방법으로 붙였을 때, 선분 ㄱㄴ의 길이는 몇 cm입니까?

8 도형에서 삼각형 ㄱㄴㄷ의 세 변의 길이의 합은 몇 cm입니까?

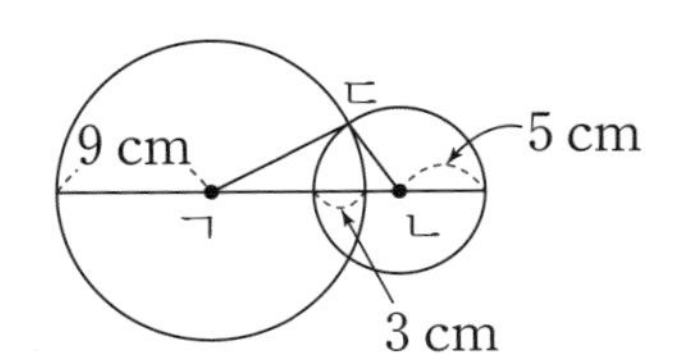

개념활동 05 각도와 각의 분류

1 각 가보다 크기가 큰 각 나를 주어진 선분을 각의 변으로 하여 그리고, 물음에 답하시오.

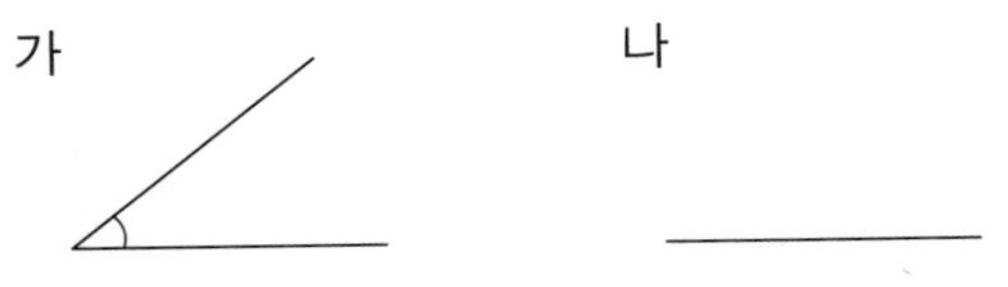

(1) 크기가 큰 각을 그리는 방법은 무엇입니까?

(2) 큰 각은 작은 각보다 얼마나 더 큰 지 알 수 있습니까?

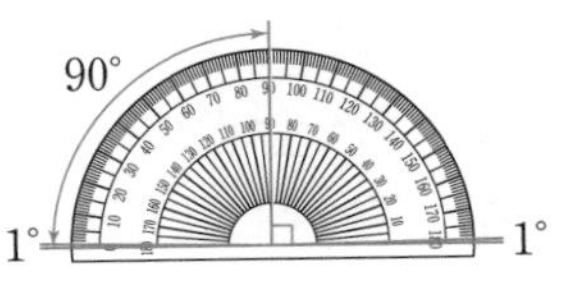

• 각의 크기를 각도라고 합니다. 직각을 똑같이 90으로 나눈 하나를 1도라 하고, 1° 라고 씁니다. 따라서 직각은 90° 이므로 일직선에서 이루어지는 각도는 180°입니다.

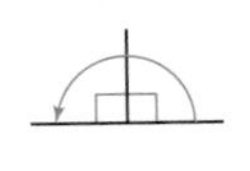

2직각=180°

4직각=360°

2 직각으로 주어진 다음 각과 같은 각도를 쓰시오.

(1) 2직각

(2) 3직각

(3) 4직각

(4) 6직각

3 각도기를 사용하여 각의 크기를 읽는 방법을 보고, 주어진 각의 크기를 읽어 보시오.

(1)

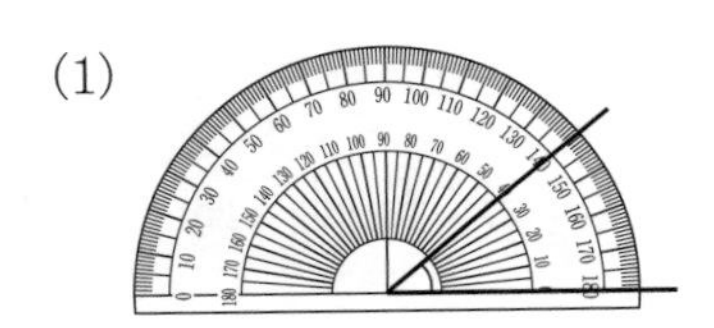

(2)

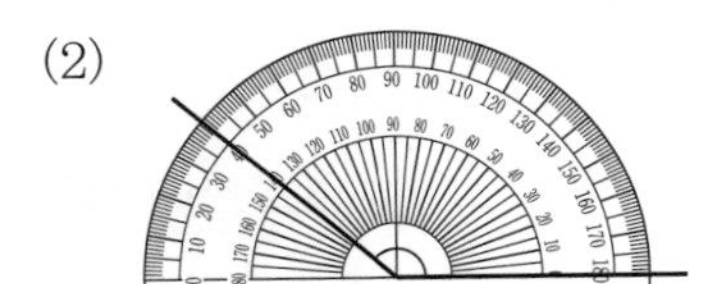

• 각도 재는 방법

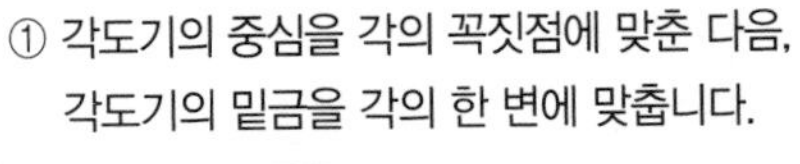

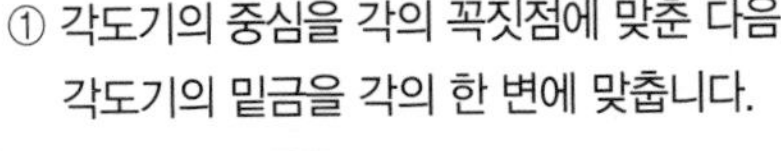

① 각도기의 중심을 각의 꼭짓점에 맞춘 다음, 각도기의 밑금을 각의 한 변에 맞춥니다.

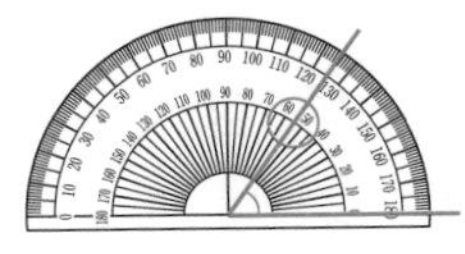

② 나머지 각의 변이 닿은 눈금을 읽습니다. 위의 각도는 55°입니다.

4 각도기를 사용하여 각도를 재어 보시오.

(1)

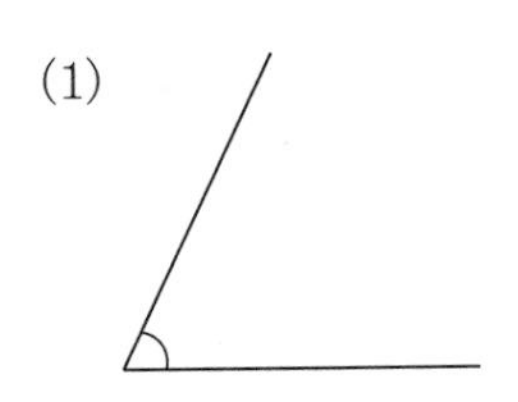

(2)

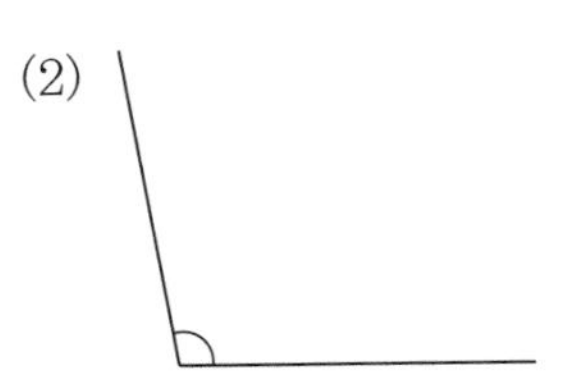

각도기를 사용할 때에는 구하는 각의 방향에 따라 아래 또는 위의 각도기 눈금을 적절히 사용할 줄 알아야 합니다.

5 선분 ㄱㄴ을 이용하여 주어진 각도와 크기가 같은 각을 그려 보시오.

(1) 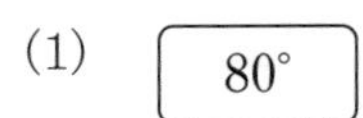

80°

(2) 

135°

ㄱ —————— ㄴ

• 크기가 60°인 각 그리기

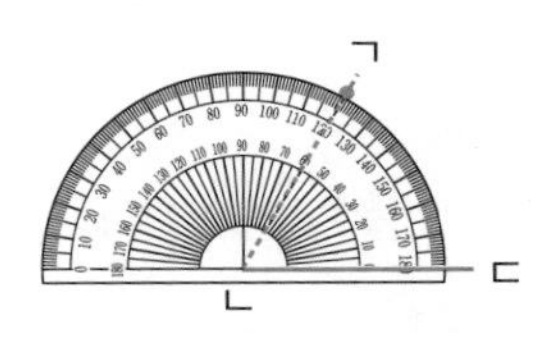

각도기에서 60°가 되는 눈금 위에 점 ㄱ을 찍고, 점 ㄴ과 점 ㄱ을 이어 각 ㄱㄴㄷ을 완성합니다.

⇨ 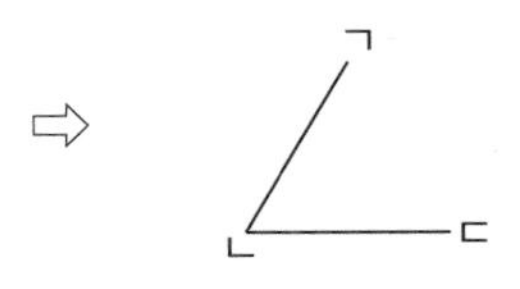

6 각도기를 사용하여 주어진 각의 크기를 재어 보고, 물음에 답하시오.

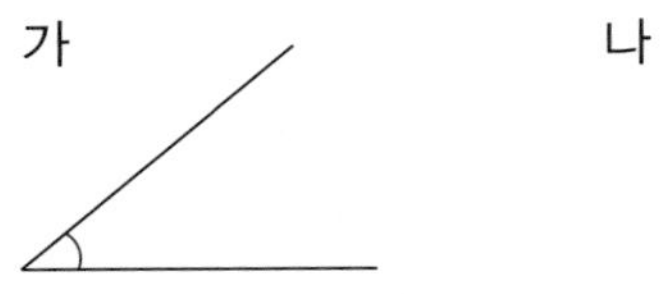

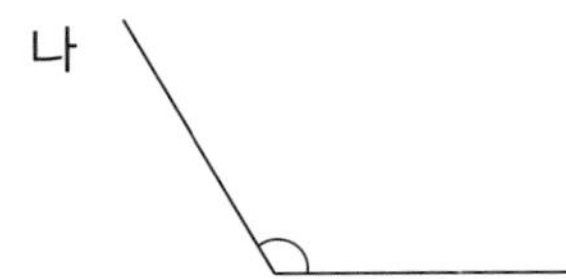

(1) 각 **가**의 크기는 몇 도입니까? 90°와 크기를 비교하여 보시오.

(2) 각 **나**의 크기는 몇 도입니까? 90°와 크기를 비교하여 보시오.

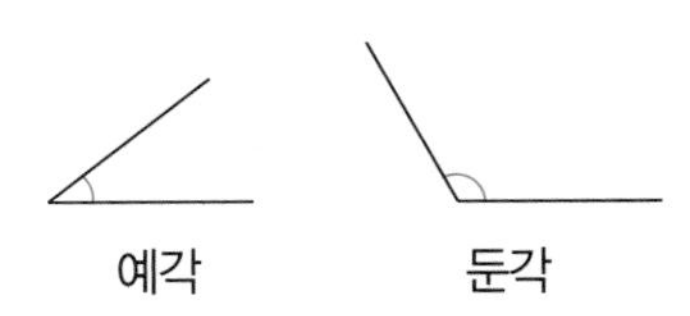

• 0°보다 크고 90°보다 작은 각을 예각, 90°보다 크고 180°보다 작은 각을 둔각이라고 합니다.

7 주어진 각이 '예각'인지, '직각'인지, '둔각'인지 쓰시오.

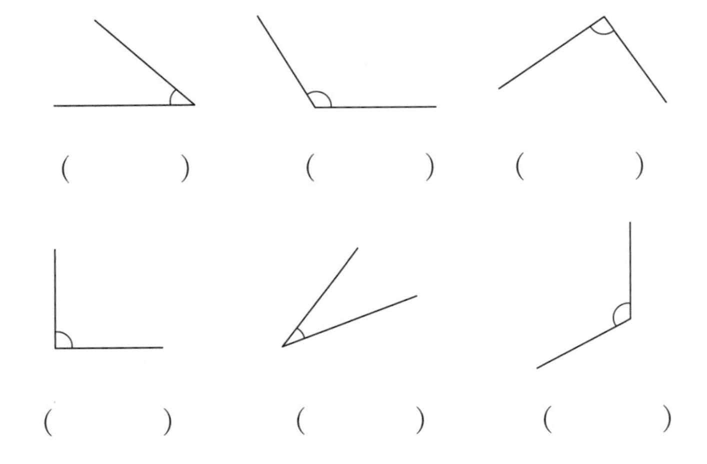

( ) ( ) ( )

( ) ( ) ( )

꿀팁

둔각은 90°보다 크지만 180°를 넘어갈 수 없습니다.

개념 익히기

1 두 각의 크기를 바르게 비교한 것은 어느 것입니까?

①
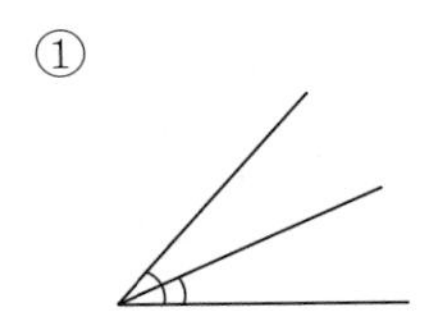

②
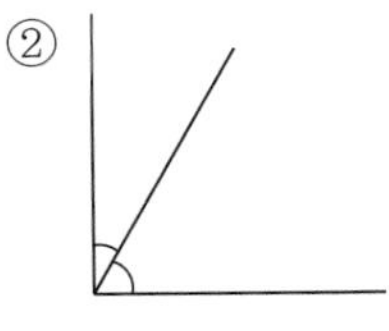

③
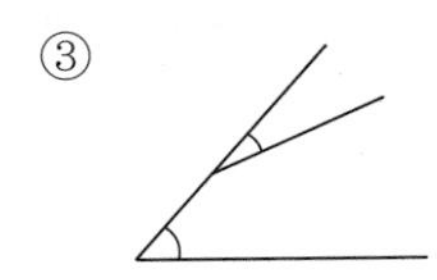

④
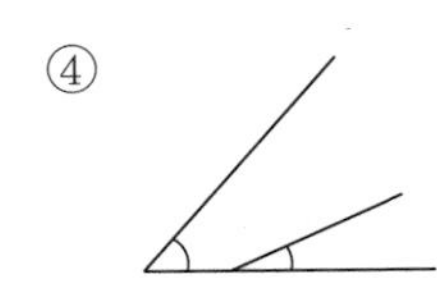

2 각의 크기가 큰 것부터 차례로 기호를 쓰시오.

㉠ 2직각	㉡ 198°	㉢ 87°
㉣ 3직각	㉤ 44°	

3 각도기를 사용하여 오른쪽 각 ㄱㄴㄷ의 크기를 재는 과정입니다. 각도를 재는 순서에 맞게 차례로 기호를 쓰시오.

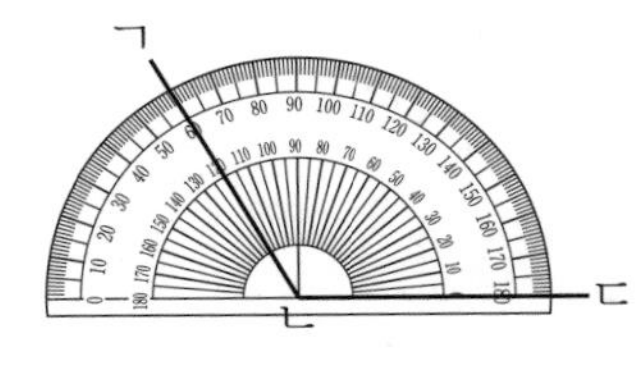

㉠ 각도기의 밑금을 변 ㄴㄷ에 맞춥니다.
㉡ 각 ㄱㄴㄷ의 크기는 120°입니다.
㉢ 각의 꼭짓점 ㄴ에 각도기의 중심을 맞춥니다.
㉣ 변 ㄱㄴ이 닿은 눈금을 읽습니다.

4 각도기를 사용하여 각도를 재어 보시오.

(1)
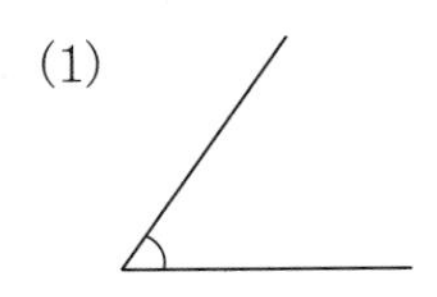

(2)

5 각도를 잘못 읽은 것을 모두 찾아 기호를 쓰시오.

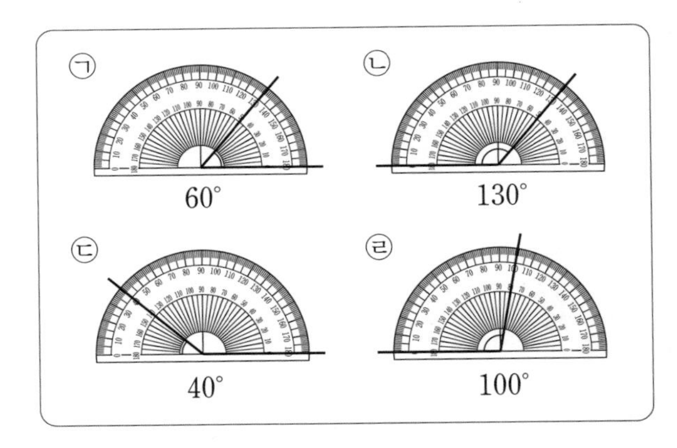

6 각에 대한 설명으로 틀린 것을 모두 쓰고, 틀린 곳을 찾아 바르게 고치시오.

① 직각과 90°는 각의 크기가 같습니다.
② 직각을 똑같이 90으로 나눈 하나를 1도라고 합니다.
③ 90°보다 작은 각을 예각이라고 합니다.
④ 2직각은 180°입니다.
⑤ 90°보다 큰 각을 둔각이라고 합니다.

7 점 ㄱ을 각의 꼭짓점으로 하여 주어진 각도와 크기가 같은 각을 그려 보시오.

(1) 70°

(2) 125°

ㄱ

ㄱ

8 예각은 ○표, 둔각은 △표 하시오.

30°	45°	114°	180°
90°	103°	82°	57°

1 1°의 크기를 바르게 표현한 것은 어느 것입니까?

① 1직각의 $\frac{1}{90}$ ② 1직각의 $\frac{1}{180}$

③ 2직각의 $\frac{1}{90}$ ④ 2직각의 $\frac{1}{360}$

⑤ 4직각의 $\frac{1}{180}$

2 각도를 읽어 보시오.

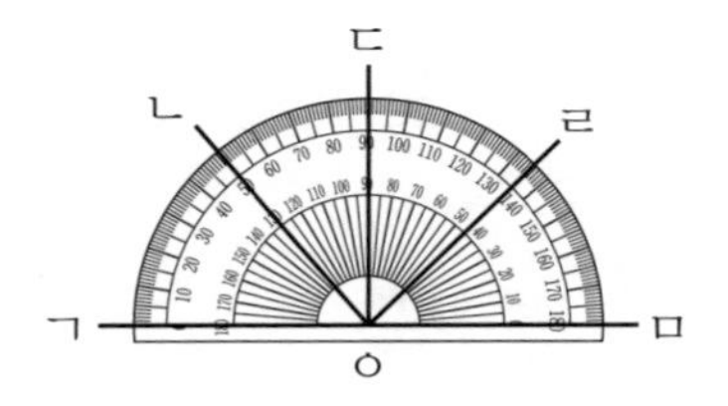

(1) 각 ㄱㅇㄴ (2) 각 ㄱㅇㄹ

(3) 각 ㅁㅇㄴ (4) 각 ㄴㅇㄹ

3 다음 선분의 점 ㄱ에서 30°, 점 ㄴ에서 100°가 되도록 각을 그려 삼각형을 완성해 보시오.

4 선분 ㄱㄴ에서 각 ㄷㅇㄴ의 크기가 각 ㄷㅇㄱ의 크기의 4배가 되도록 선분 ㄷㅇ을 그은 것입니다. 각 ㄷㅇㄱ과 각 ㄷㅇㄴ의 각도를 각각 구하시오.

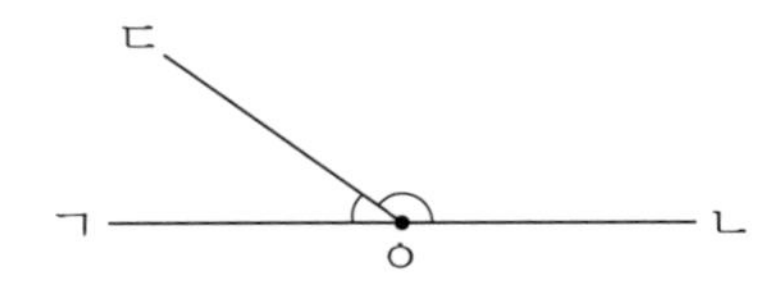

5 도형에서 찾을 수 있는 예각과 둔각은 각각 몇 개입니까?

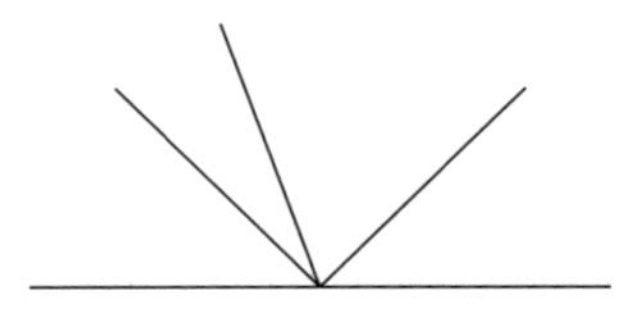

6 각 ㄴㅅㄹ이 직각인 도형입니다. 도형에서 찾을 수 있는 둔각은 모두 몇 개입니까?

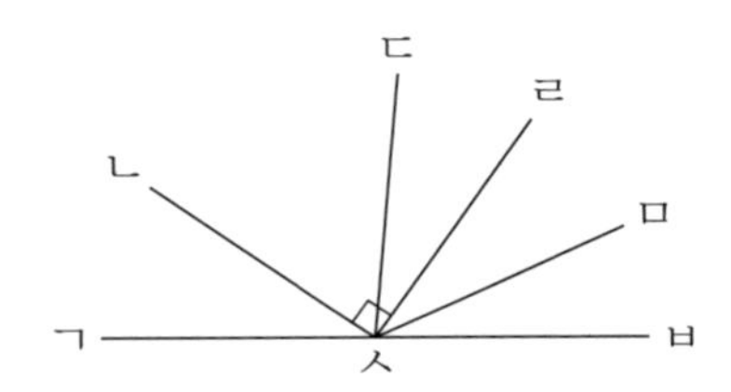

7 시계의 긴바늘과 짧은바늘이 이루는 작은 쪽의 각이 예각, 직각, 둔각 중 무엇인지 쓰시오.

(1) 2시 45분 (2) 10시

(3) 8시 30분 (4) 9시 30분

8 지금 시각이 4시입니다. 긴바늘이 7직각 움직이면 몇 시 몇 분이 됩니까?

개념활동 06 각도의 합과 차

1 크기가 40°인 각과 70°인 각을 보고 물음에 답하시오.

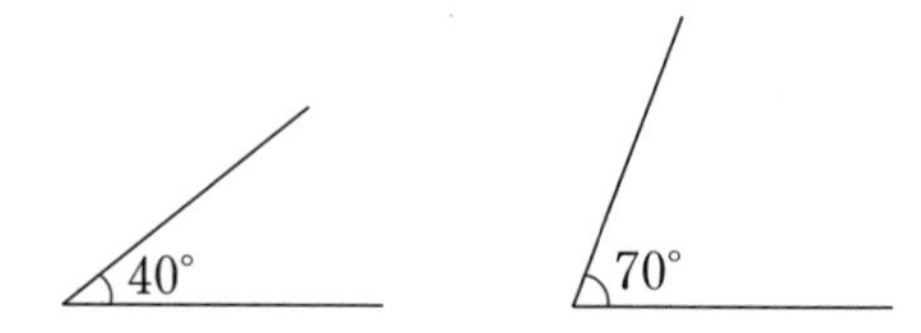

(1) 그림과 같이 두 각을 이어 붙이면 큰 각이 생깁니다. 이 큰 각의 크기를 재어 두 각도의 합을 식으로 나타내어 보시오.

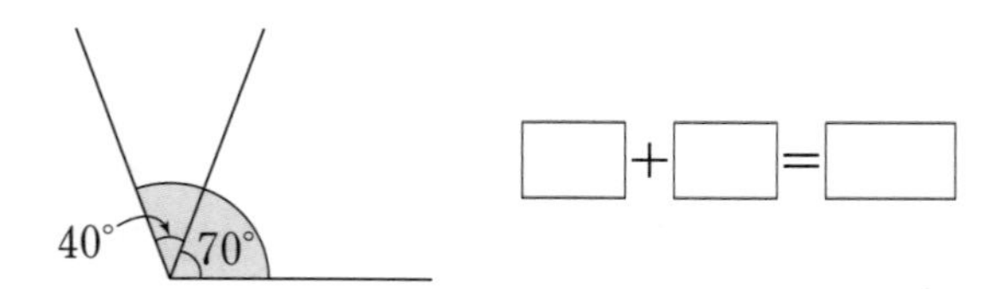

(2) 그림과 같이 70°인 각과 40°인 각의 꼭짓점과 변을 겹치면 작은 각의 크기만큼을 빼고 남은 작은 각이 생깁니다. 이 작은 각의 크기를 재어 두 각의 차를 식으로 나타내어 보시오.

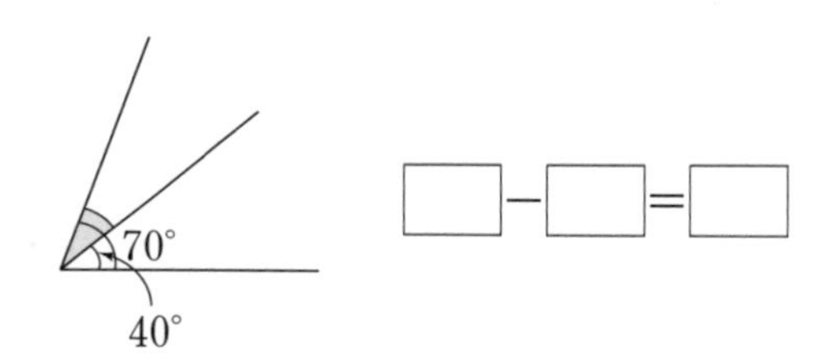

2 종류가 다른 직각 삼각자 2개를 이어 붙이거나 겹쳐 보고, 물음에 답하시오.

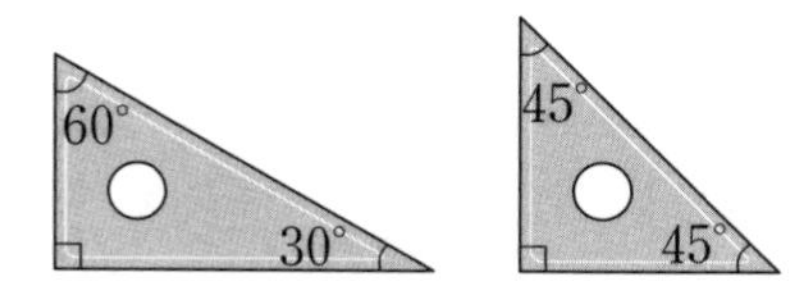

(1) 직각 삼각자를 그림과 같이 이어 붙이거나 겹쳐서 만든 각도를 식을 써서 구하시오.

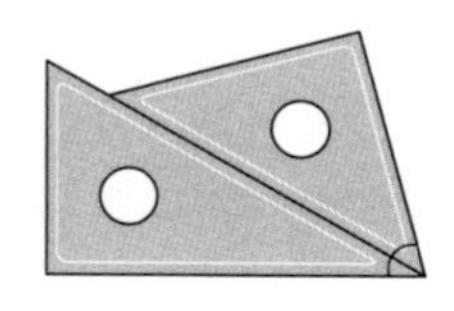

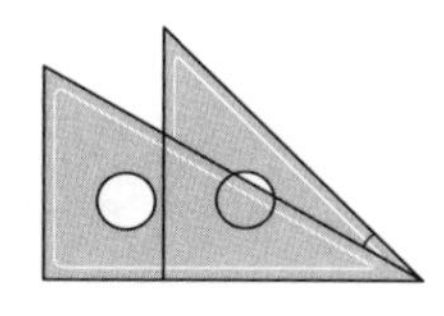

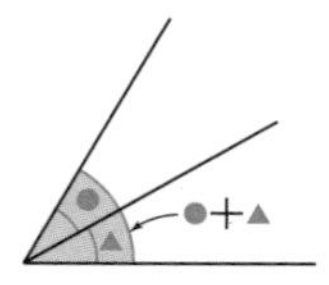

각의 꼭짓점과 한 변이 겹쳐지도록 하고, 두 각의 합은 이어 붙인 각을 하나의 각으로 생각합니다.

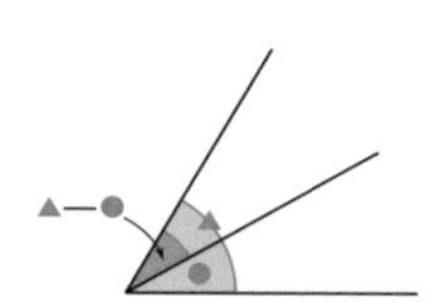

각의 한 변을 겹친 다음 작은 각의 크기를 빼고 남은 것이 두 각도의 차임을 이해하는 것이 중요합니다.

각도의 합과 차는 겹치거나 이어 붙여서 각도의 합과 차를 이해하고 나면, 자연수의 덧셈과 뺄셈과 같은 방법으로 계산한 다음 숫자 뒤에 °를 붙여줍니다.

직각 삼각자를 사용하여 각도의 합과 차를 이해하는 것은 매우 중요하므로 두 가지 종류의 직각 삼각자의 각도를 외워두는 것이 좋습니다.

(2) 직각 삼각자 2개를 사용하여 주어진 각을 만들어 보고, 직각 삼각자를 사용한 그림으로 그려 보시오.

각도의 합: 120°	각도의 차: 15°

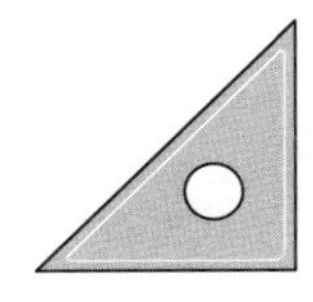

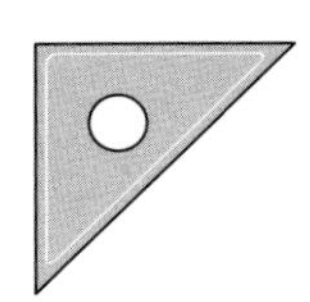

30°, 60°, 45°, 90°를 사용하여 주어진 각을 만드는 방법을 식으로 생각한 다음 직각 삼각자로 각도의 합과 차를 만들어 봅니다.

3 다음 그림에서 맞꼭지각을 찾아 쓰시오.

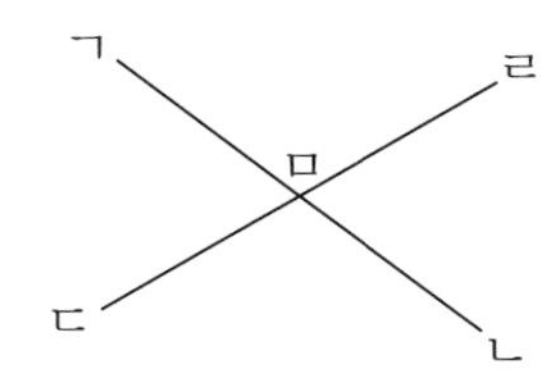

각 ㄱㅁㄷ과 각 (　　　　　)

각 ㄱㅁㄹ과 각 (　　　　　)

- 두 직선이 한 점에서 서로 만날 때, 서로 마주 보는 두 각을 맞꼭지각이라고 합니다.
- 맞꼭지각의 크기는 항상 같습니다.

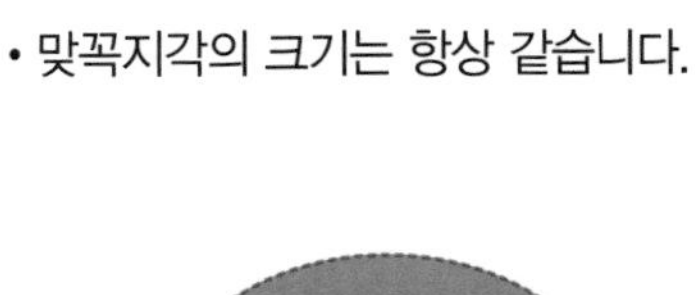

4 맞꼭지각의 크기가 같음을 설명하는 것입니다. □ 안에 알맞게 써넣으시오.

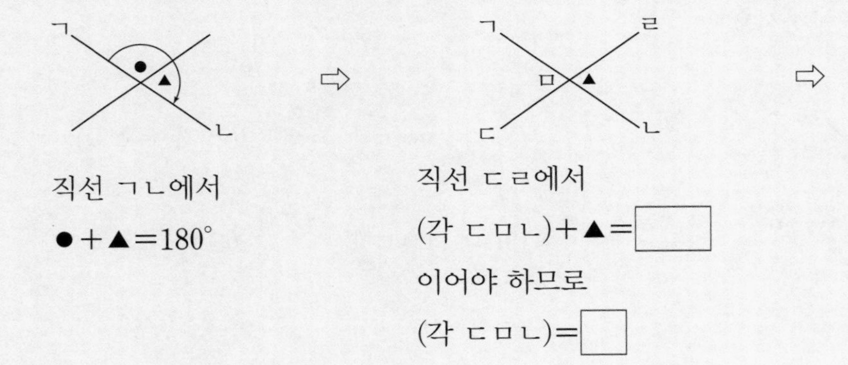

직선 ㄱㄴ에서

●+▲=180°

직선 ㄷㄹ에서

(각 ㄷㅁㄴ)+▲=□

이어야 하므로

(각 ㄷㅁㄴ)=□

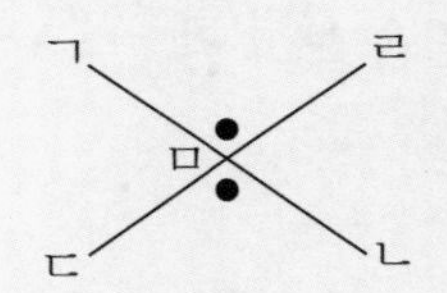

따라서 각 ㄱㅁㄹ과

각 □은 맞꼭지각으로 서로 같습니다.

⇨ (각 ㄱㅁㄷ)=(각 □)

5 오른쪽 도형을 보고 물음에 답하시오.

(1) 각 ㄴㅇㄷ은 어떤 두 직선이 만나서 생긴 각입니까?

(2) 각 ㄴㅇㄷ의 맞꼭지각은 어떤 각이고 몇 도입니까?

(3) 각 ㄴㅇㄹ은 어떤 두 직선이 만나서 생긴 각입니까?

(4) 각 ㄴㅇㄹ의 맞꼭지각은 어떤 각이고 몇 도입니까?

맞꼭지각은 2개의 직선이 만나서 생기는 각이므로 맞꼭지각을 찾을 때는 어떤 선이 꺾여서 생긴 각인지 주의하여 각의 변을 찾아야 합니다.

개념 익히기

1 두 각도의 합과 차를 나타내는 그림을 그리고 합과 차를 각각 구하시오.

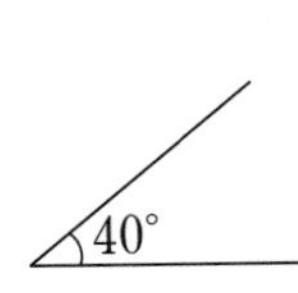

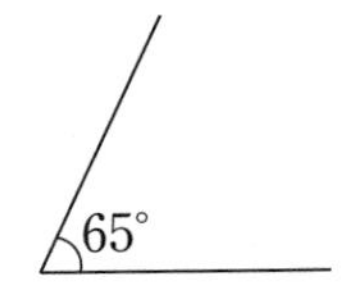

2 각도의 합과 차를 구하시오.

(1) 30°+45°　　(2) 15°+48°

(3) 90°−28°　　(4) 152°−38°

(5) 3직각−100°　　(6) 300°−2직각

3 그림을 보고 각 ㄱㄴㄷ의 크기를 구하시오.

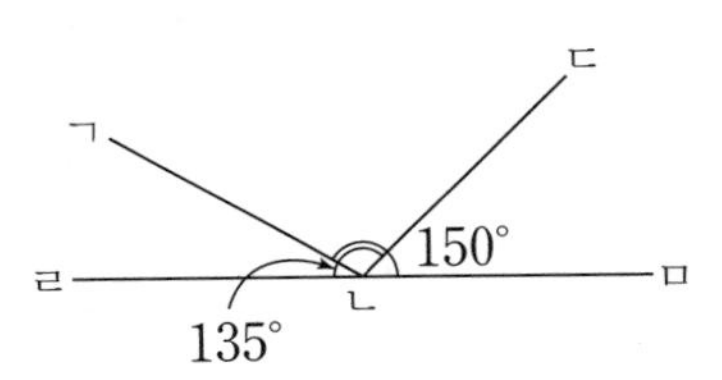

4 □ 안에 알맞은 각도를 써넣으시오.

(1)
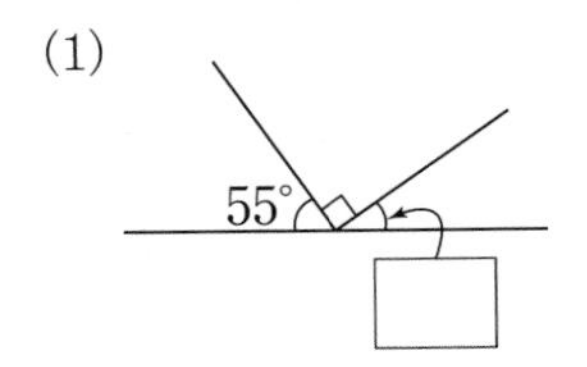

(2)
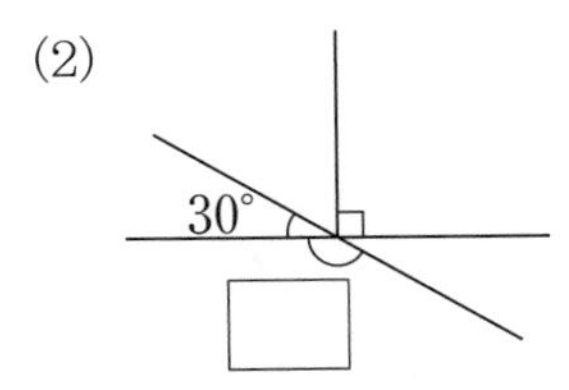

5 직각 삼각자 2개를 이어 붙이거나 겹쳐서 생기는 각 중에서 색칠된 부분의 각의 크기를 구하시오.

(1)
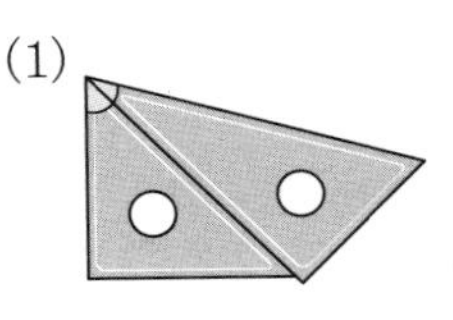

(2)
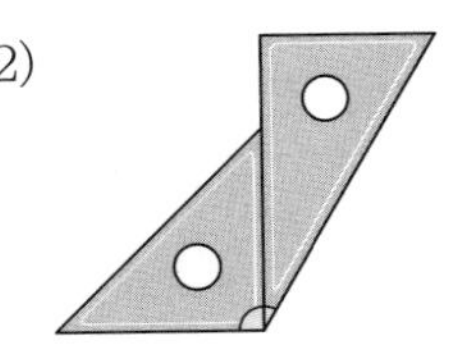

(3)

(4)
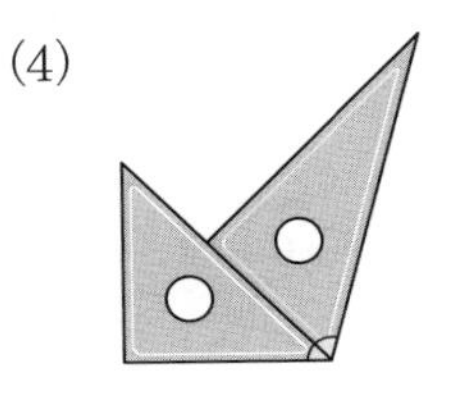

6 그림에서 주어진 각의 맞꼭지각을 찾아 쓰시오.

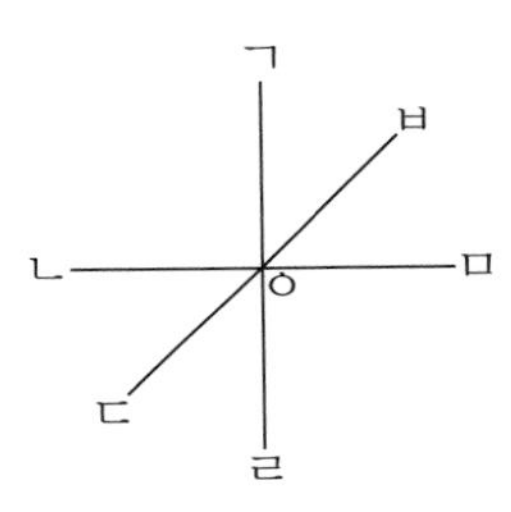

(1) 각 ㄱㅇㄴ　　(2) 각 ㄷㅇㄹ

(3) 각 ㄱㅇㄷ　　(4) 각 ㄴㅇㅂ

7 그림에서 ㉠의 크기를 구하시오.

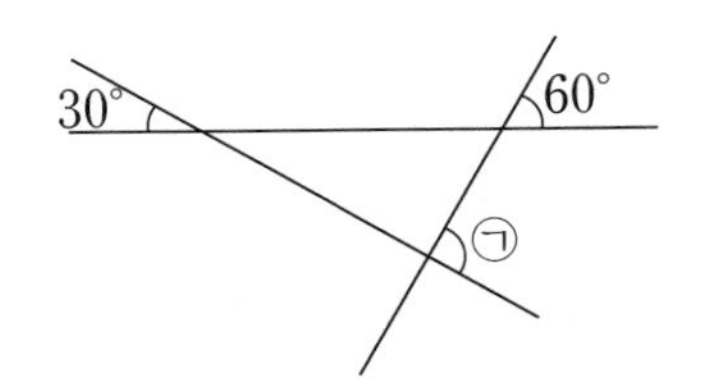

개념 넓히기

1 □ 안에 알맞은 각도를 써넣으시오.

(1)

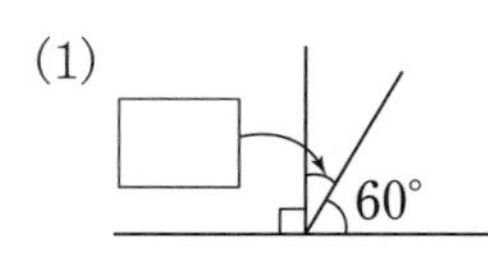

(2)

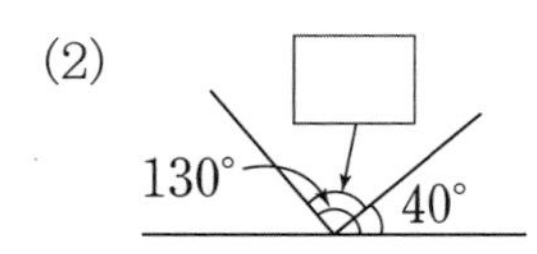

(3)

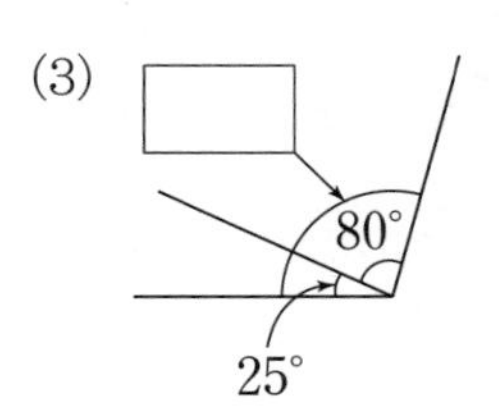

(4)

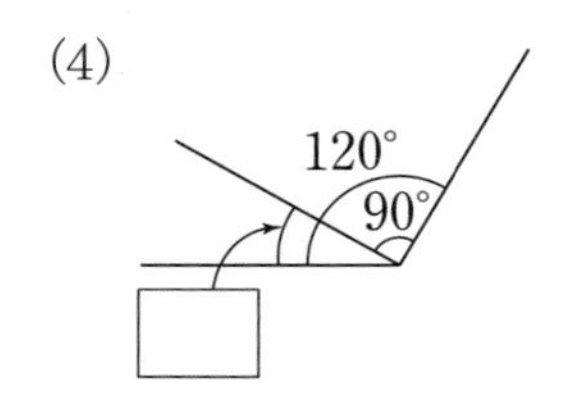

2 □ 안에 알맞은 각도를 써넣으시오.

(1)

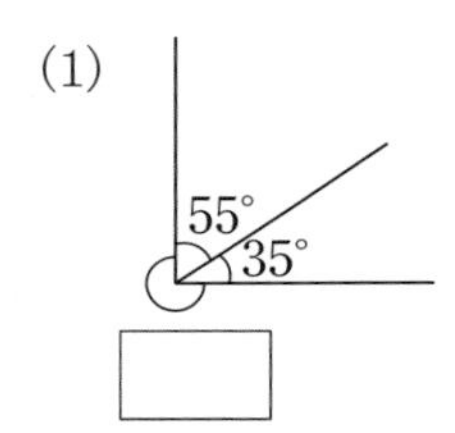

(2)

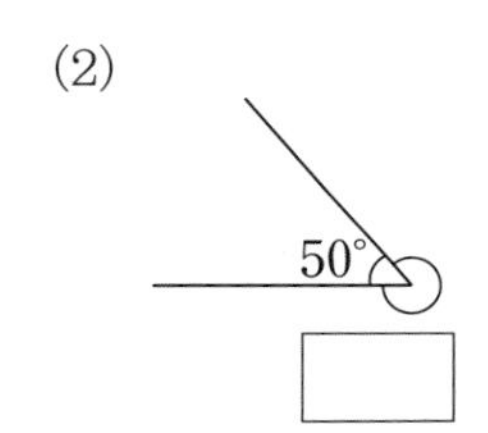

3 그림을 보고 물음에 답하시오.

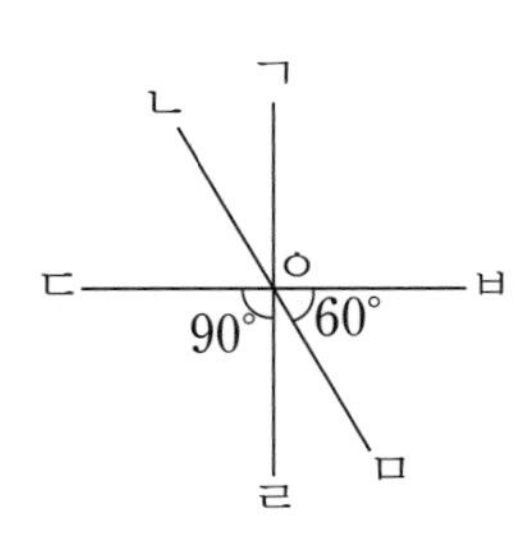

(1) 각 ㄹㅇㅁ의 크기를 구하시오.

(2) 각 ㄱㅇㅂ의 크기를 구하시오.

(3) 각 ㄴㅇㅂ의 크기를 구하시오.

4 2직각을 6등분한 것입니다. 물음에 답하시오.

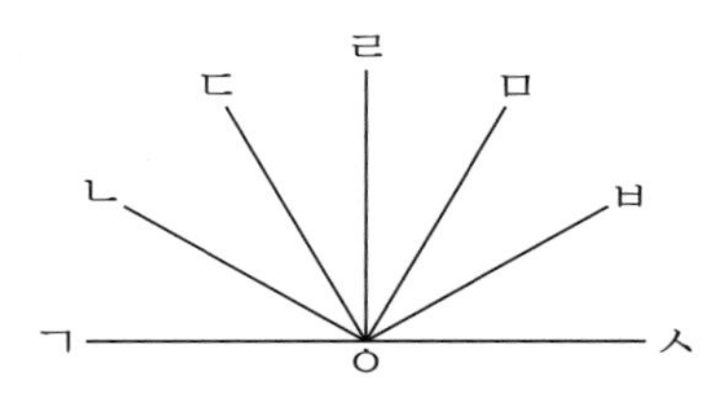

(1) 각 ㄱㅇㄴ은 몇 도입니까?

(2) 각 ㄴㅇㅂ은 몇 도입니까?

5 그림과 같이 직사각형 모양의 종이를 접었습니다. 각 ㄴㅁㄷ의 크기는 몇 도입니까?

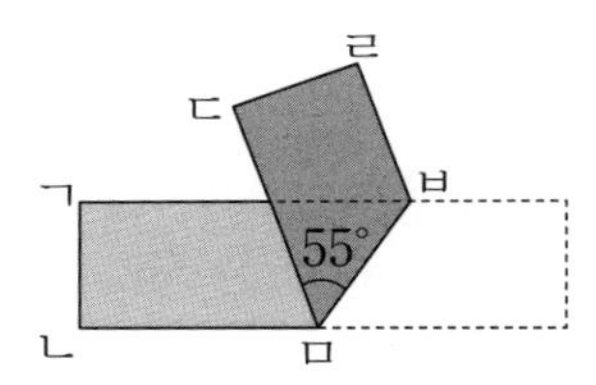

6 직선 가와 직선 나가 만나서 생긴 ㉠과 ㉡의 크기를 각각 구하시오.

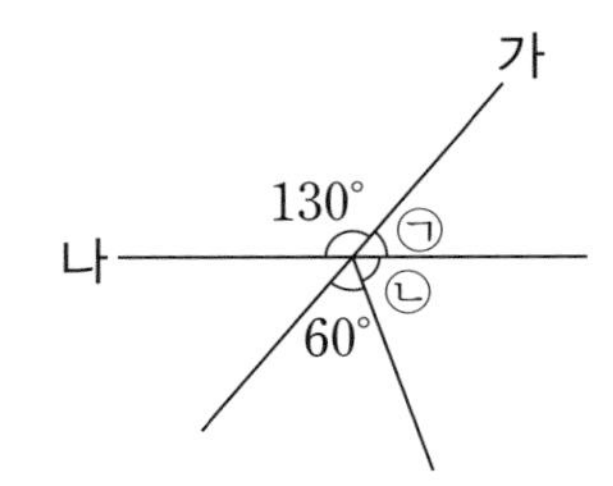

7 두 직각 삼각자를 사용하여 만든 다음 두 각 ㉠과 ㉡을 구하시오.

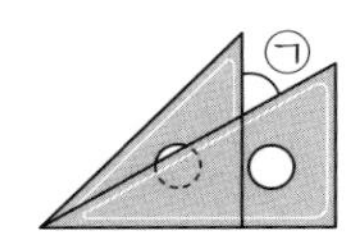

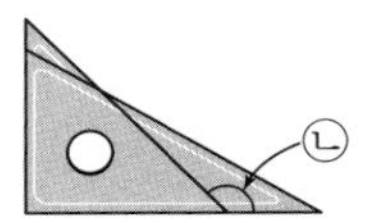

개념활동 07 수직과 수선

1 점 ㄱ과 점 ㄴ, 점 ㄷ, 점 ㄹ을 이어 직선 ㄱㄴ, 직선 ㄱㄷ, 직선 ㄱㄹ을 긋고 물음에 답하시오.

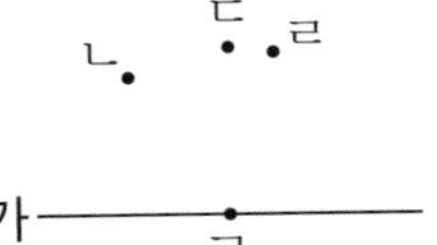

(1) 각 직선이 직선 가와 이루는 작은 각의 크기를 재어 보시오.

직선 ㄱㄴ: ______, 직선 ㄱㄷ: ______, 직선 ㄱㄹ: ______

(2) 직선 가에 대한 수선은 어느 것입니까?

2 그림에서 두 직선이 수직이 되는 곳을 찾아 ⊾로 표시하시오.

(1)

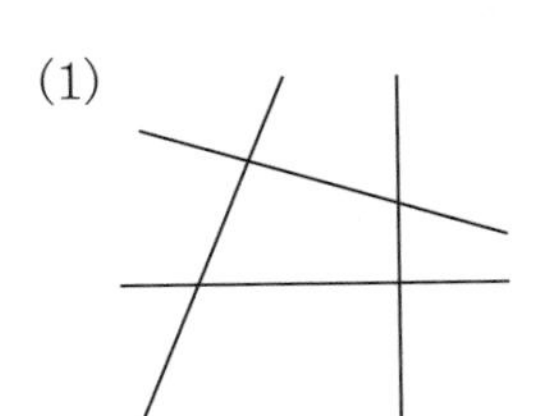

(2)

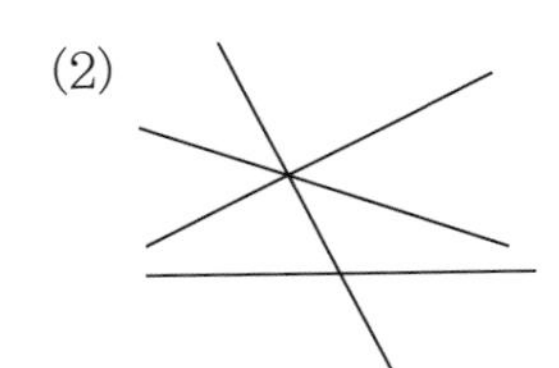

3 직각 삼각자를 사용하여 직선 가에 수직인 직선을 그어 보시오.

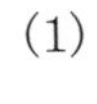

(1)

(2)

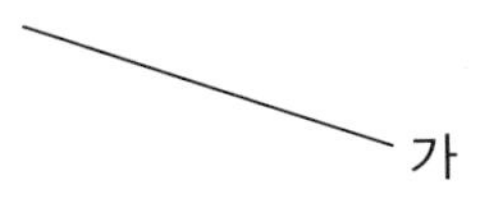

4 직각 삼각자를 사용하여 점 ㄱ을 지나면서 직선 가에 수직인 직선을 그어 보시오.

(1) (2)

• 두 직선이 만나서 이루는 각이 직각일 때, 두 직선은 서로 수직이라고 합니다. 직선 가와 직선 나는 서로 수직입니다.

• 두 직선이 서로 수직으로 만나면 한 직선을 다른 직선에 대한 수선이라고 합니다. 직선 나는 직선 가에 대한 수선이고, 직선 가는 직선 나에 대한 수선입니다.

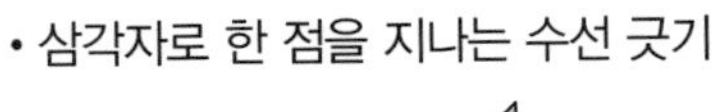

• 삼각자로 한 점을 지나는 수선 긋기

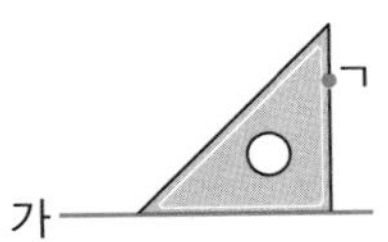

① 직각 삼각자의 직각을 낀 한 변을 직선 가에 맞춥니다.

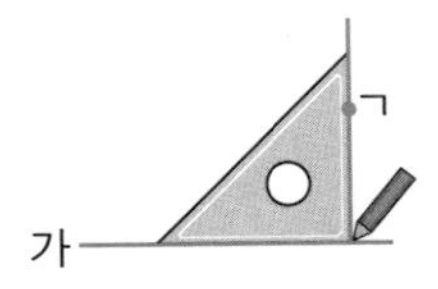

② 직각을 낀 다른 한 변이 점 ㄱ을 지나도록 직각 삼각자를 놓은 후 선을 긋습니다.

5 직각 삼각자를 사용하여 각 도형에서 꼭짓점 ㄱ을 지나고 변 ㄴㄷ에 수직인 선분을 그어 보시오.

(1)

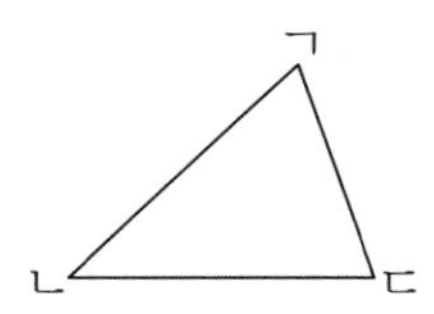

(2)

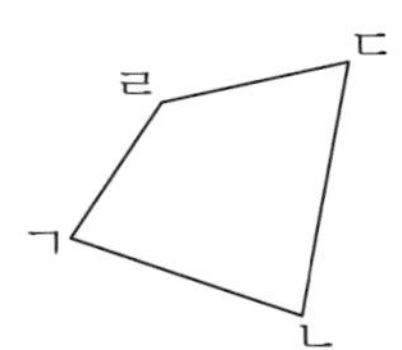

6 각도기를 사용하여 직선 가에 수직인 직선을 그어 보시오.

(1)

(2)

7 각도기를 사용하여 점 ㄱ을 지나면서 직선 가에 수직인 직선을 그어 보시오.

(1)

가

(2) • ㄱ

8 각도기를 사용하여 각 도형에서 꼭짓점 ㄱ을 지나고 변 ㄴㄷ에 수직인 선분을 그어 보시오.

(1)

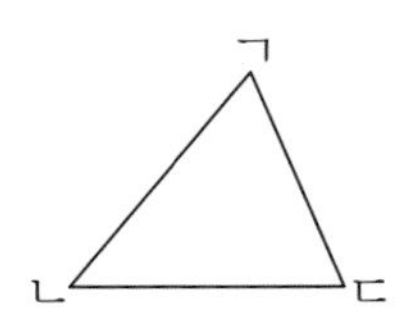

(2)

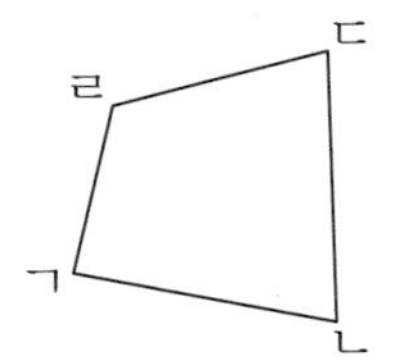

• 각도기로 한 점을 지나는 수선 긋기

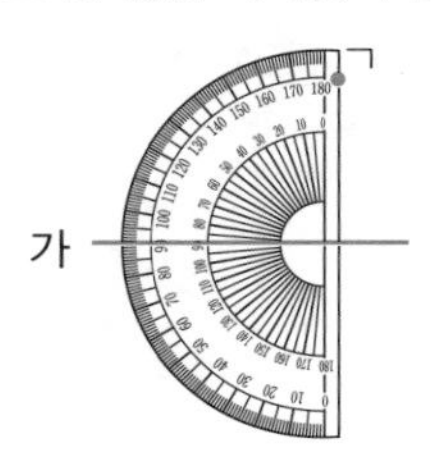

① 각도기에서 90°가 되는 눈금을 직선 가와 일치시키고 각도기의 밑변이 점 ㄱ을 지나도록 맞춥니다.

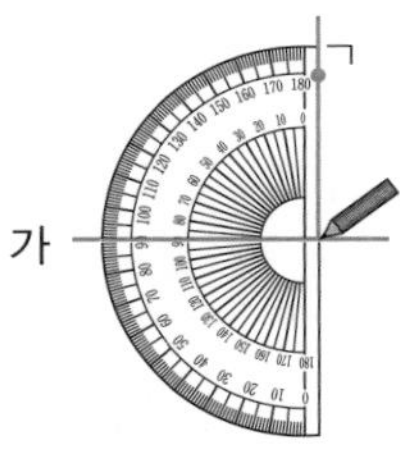

② 각도기의 밑금을 따라 선을 긋습니다.

개념 익히기

1 두 직선이 서로 수직인 것은 어느 것입니까?

① 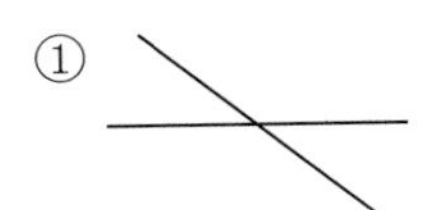

② 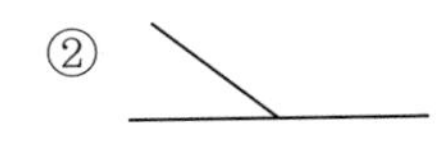

③ 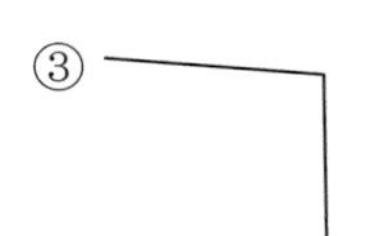

④ 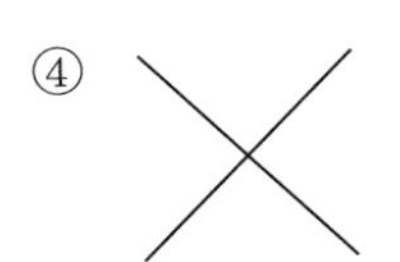

2 직각 삼각자를 사용하여 직선 **가**에 대한 수선을 바르게 그은 것은 어느 것입니까?

① 

② 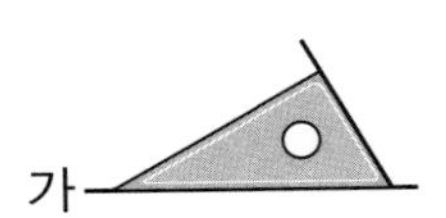

③ 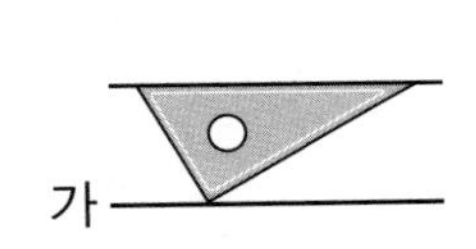

④ 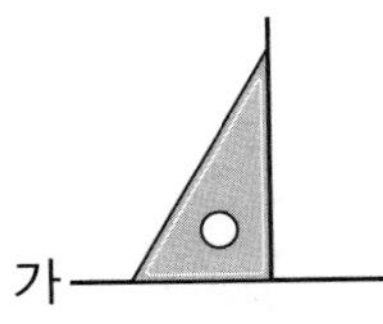

3 그림을 보고 물음에 답하시오.

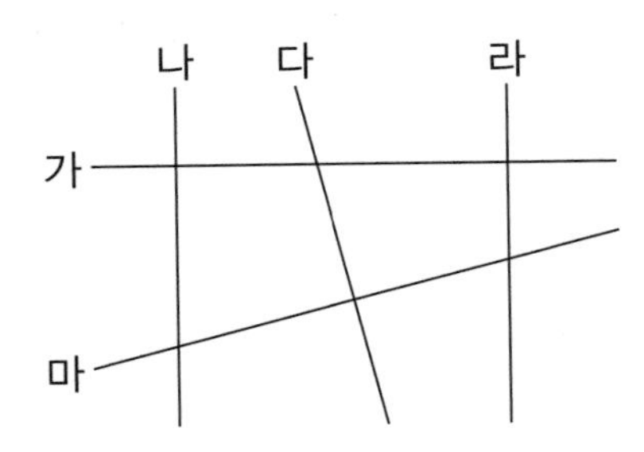

(1) 직선 **가**와 수직인 직선을 모두 고르시오.

(2) 직선 **다**에 대한 수선은 어느 것입니까?

4 도형에서 변 ㄱㄴ과 수직인 변은 몇 개입니까?

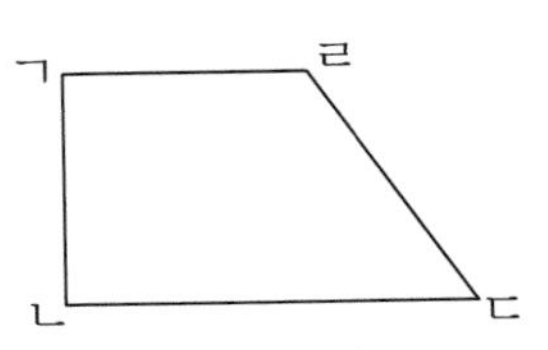

5 점 ㄱ을 지나고 직선 **가**에 대한 수선을 몇 개 그을 수 있습니까?

6 그림을 보고 물음에 답하시오.

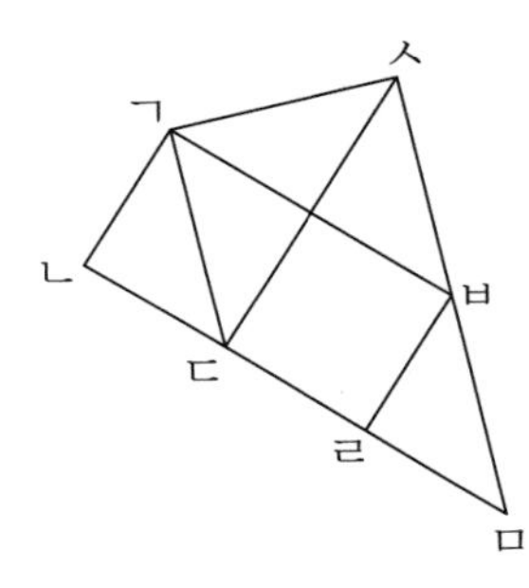

(1) 선분 ㄱㅅ에 대한 수선은 모두 몇 개입니까?

(2) 변 ㄴㄹ에 대한 수선이 되는 선분을 모두 쓰시오.

7 점 ㄱ에서 직선 **가**에 수직인 선분과 직선 **나**에 수직인 선분을 각각 그어 보시오.

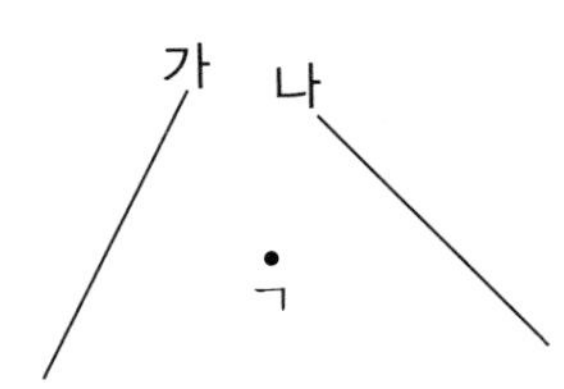

개념 넓히기

1 수직인 변이 없는 도형을 모두 찾아 기호를 쓰시오.

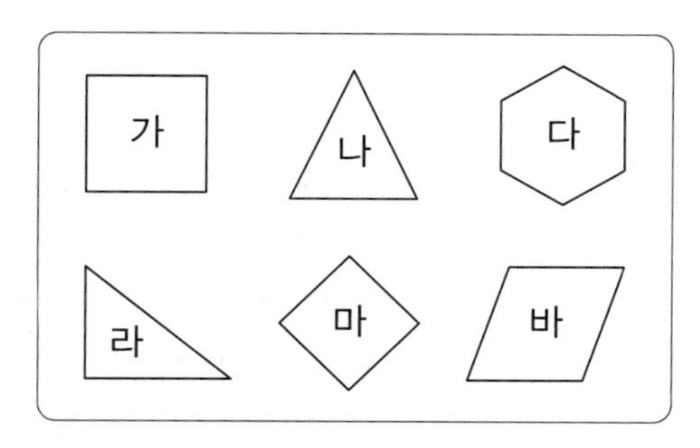

2 직선 가와 직선 나가 서로 수직일 때, ㉠과 ㉡의 크기의 합은 몇 도입니까?

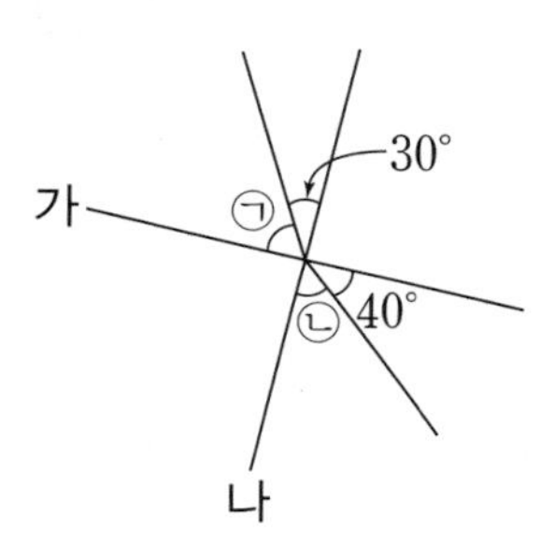

3 직선 가와 직선 나 사이를 3등분 한 것입니다. 직선 가와 직선 나가 서로 수직일 때, ㉠의 크기를 구하시오.

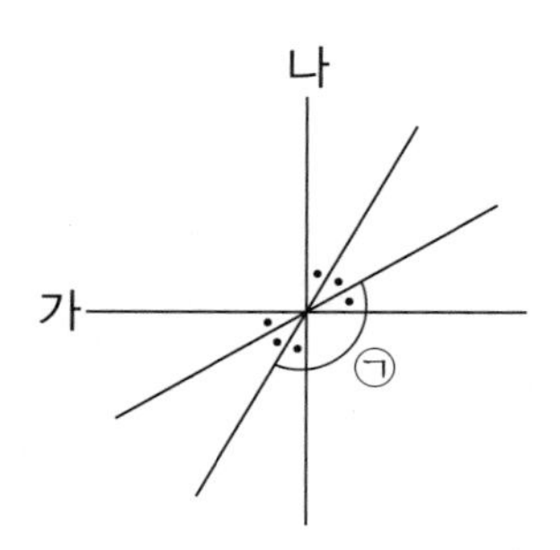

4 직선 가와 직선 나는 서로 수직입니다. ㉠과 ㉡의 각도의 차가 40°일 때, ㉠과 ㉡은 각각 몇 도입니까?

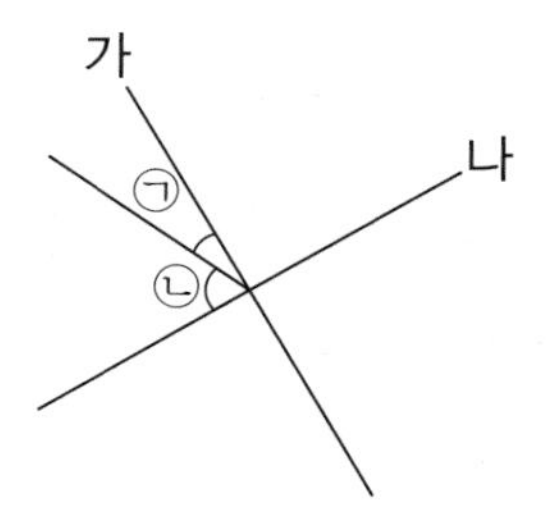

5 변 ㄱㅁ에 대한 수선은 모두 몇 개입니까?

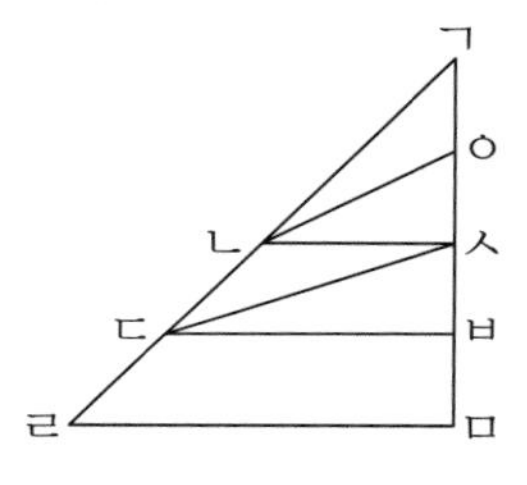

6 사각형 안의 점 ㅇ에서 각 변에 그을 수 있는 수선은 모두 몇 개입니까?

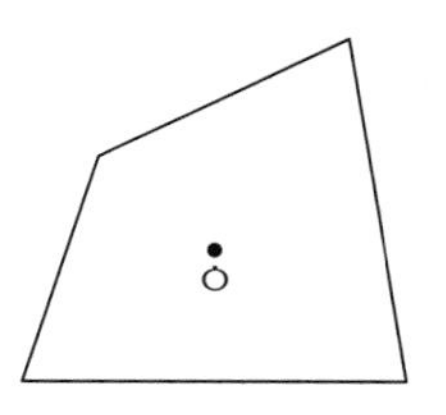

7 점 ㄱ에서 가능한 각 변에 그을 수 있는 수선을 모두 그어 보시오.

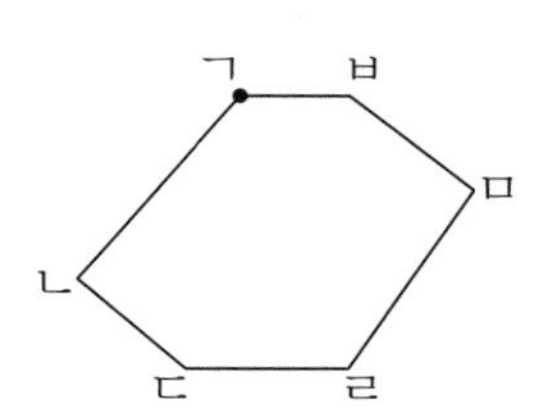

개념활동 08 평행과 평행선

1 그림을 보고, 물음에 답하시오.

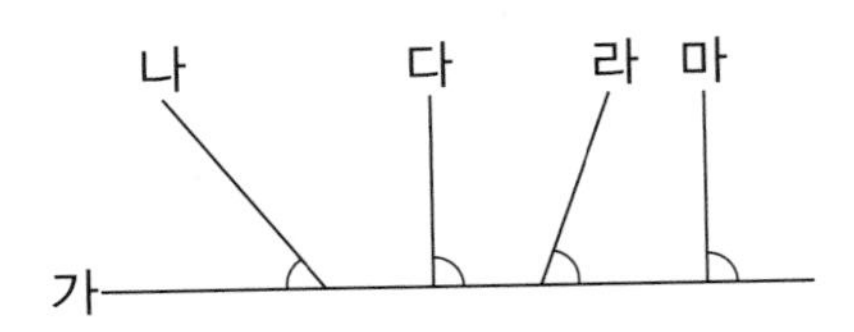

(1) 표시된 각의 크기를 도형 안에 써넣으시오.

(2) 직선 가에 수직인 직선은 어느 것입니까?

(3) 직선 가에 수직인 두 직선은 서로 만납니까?

(4) 평행한 두 직선을 찾아 기호를 쓰시오.

2 그림에서 평행선을 모두 찾아보시오.

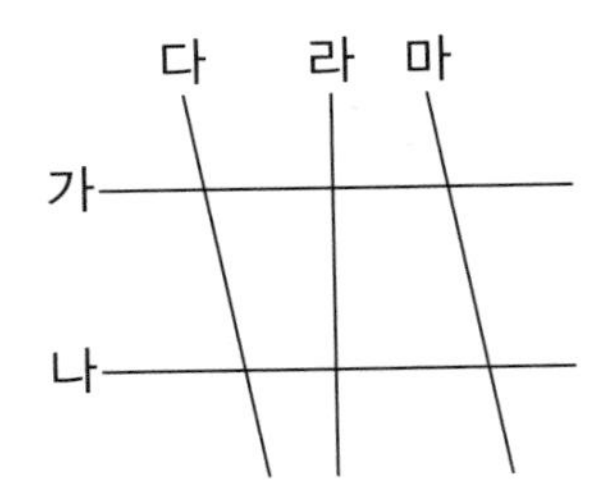

3 각도기를 사용하여 점 ㄱ을 지나고 직선 가에 평행한 직선을 그어 보시오.

(1)

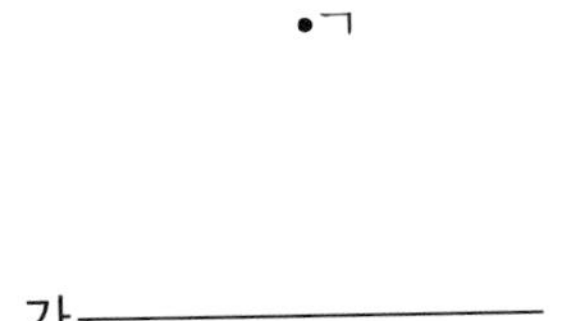

(2)

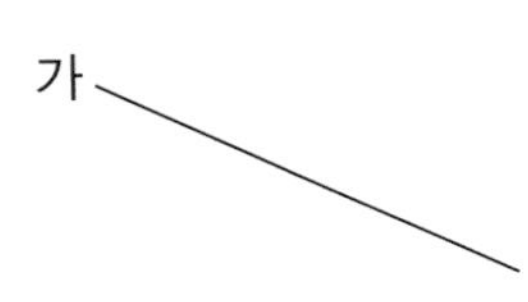

4 직각 삼각자를 사용하여 점 ㄱ을 지나고 직선 가에 평행한 직선을 그어 보시오.

(1) (2)

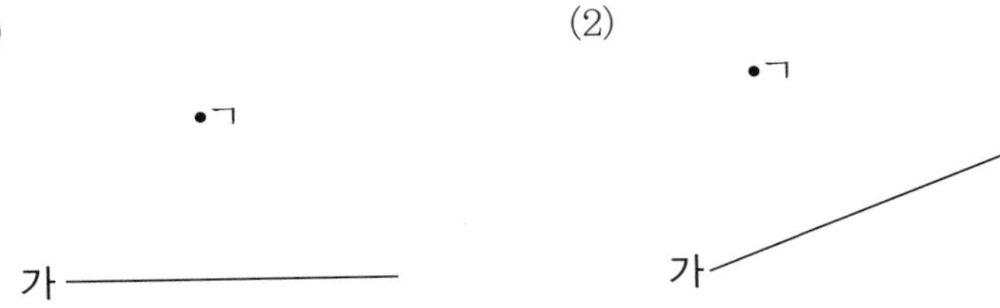

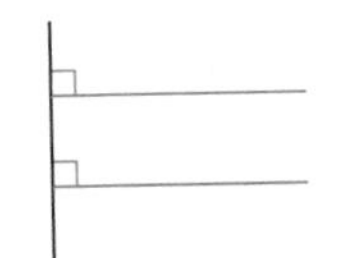

• 한 직선에 수직인 두 직선을 그었을 때, 그 두 직선은 서로 만나지 않습니다. 이와 같이 서로 만나지 않는 두 직선을 평행하다고 합니다. 이때 평행한 두 직선을 평행선이라고 합니다.

• 각도기로 평행선 긋기

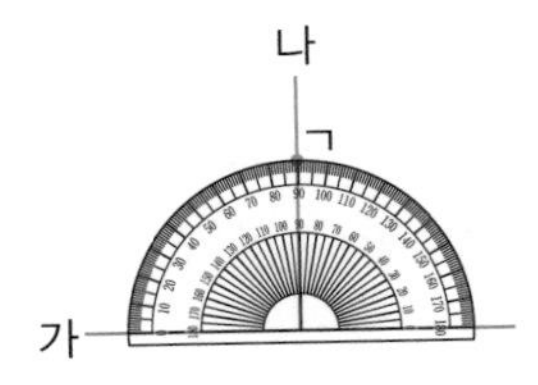

① 점 ㄱ을 90°가 되는 부분에 맞추고 직선 가에 수직인 직선 나를 긋습니다.

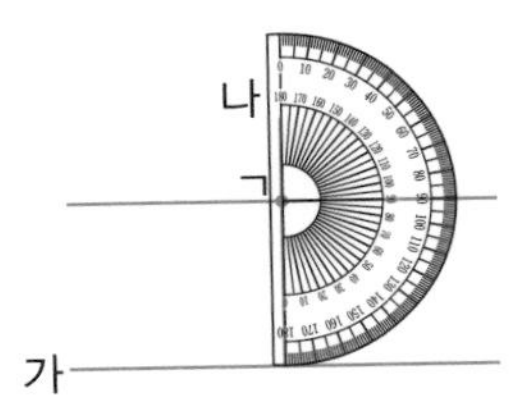

② 같은 방법으로 직선 나에 수직인 직선을 그어 직선 가에 평행한 직선을 긋습니다.

• 삼각자로 평행선 긋기

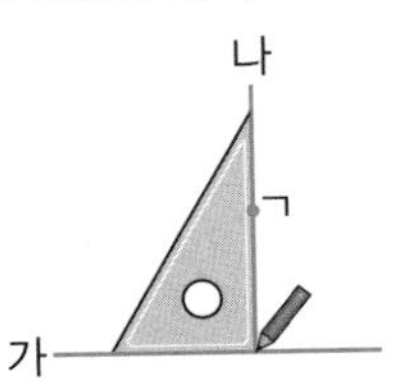

① 점 ㄱ을 지나고, 직선 가에 수직인 직선 나를 긋습니다.

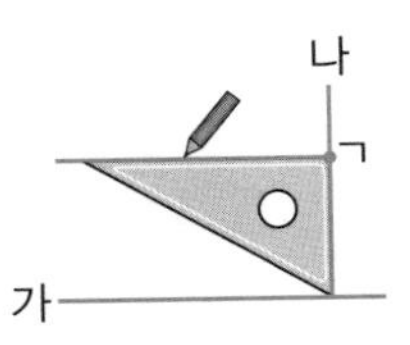

② 직선 나와 점 ㄱ에 직각 삼각자의 직각을 낀 부분을 맞추고, 직선 가에 평행한 직선을 긋습니다.

5 주어진 두 선분을 사용하여 다음 조건에 맞는 사각형을 그려 보시오.

(1) 마주 보는 한 쌍의 변이 평행　(2) 마주 보는 두 쌍의 변이 평행

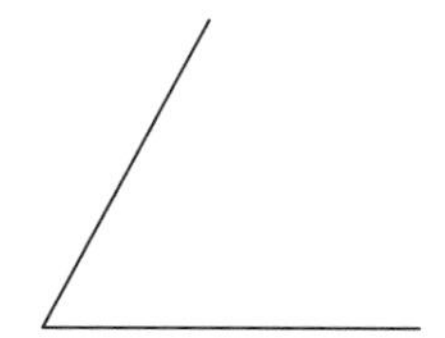

6 직선 가와 직선 나는 서로 평행한 직선입니다. 물음에 답하시오.

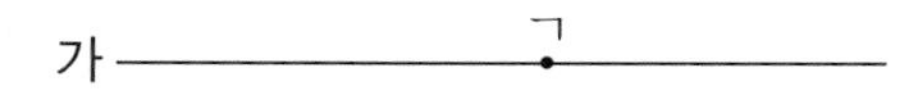

(1) 점 ㄱ에서 선분 ㄱㄴ, 선분 ㄱㄷ, 선분 ㄱㄹ을 각각 긋고, 선분의 길이를 각각 재어 보시오.

(2) (1)에서 그은 선분 중 길이가 가장 짧은 선분은 어느 것입니까?

(3) 평행선 사이의 거리는 몇 cm입니까?

평행한 두 직선 사이에는 길이가 다른 셀 수 없이 많은 선분을 그을 수 있습니다. 그중 가장 길이가 짧은 선분은 평행한 두 직선에 모두 수직인 선분입니다.

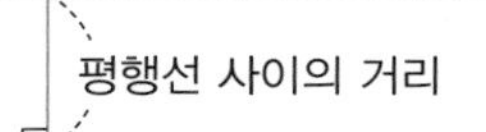

• 평행선의 한 직선에서 다른 직선에 수선을 그었을 때, 이 수선의 길이를 평행선 사이의 거리라고 합니다.

7 그림을 보고 물음에 답하시오.

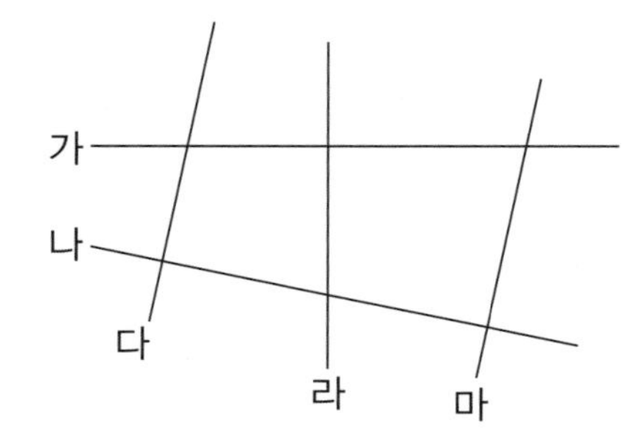

(1) 직선 나에 대한 수선을 모두 찾아보시오.

(2) 평행선을 찾아보시오.

(3) 평행선 사이의 거리는 몇 cm입니까?

개념 익히기

1 그림을 보고 물음에 답하시오.

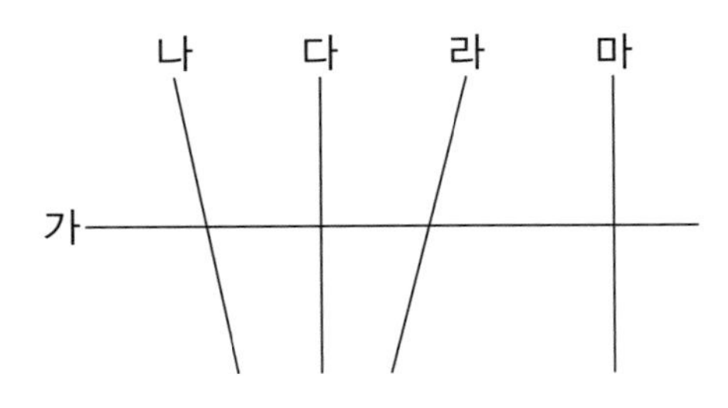

(1) 직선 가에 대한 수선을 모두 쓰시오.

(2) 서로 평행한 두 직선을 찾아 쓰시오.

2 오른쪽 그림을 보고 □ 안에 알맞은 말을 써넣으시오.

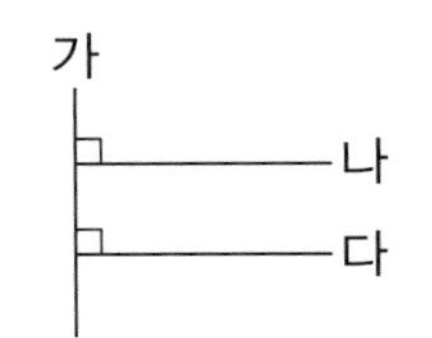

(1) 직선 나와 직선 다는 직선 가에 □입니다.

(2) 두 직선 나와 다는 서로 만나지 않으므로 □합니다.

(3) 직선 나와 직선 다를 □이라 합니다.

3 직각 삼각자를 사용하여 평행선을 바르게 그을 수 있는 것을 모두 찾아 기호를 쓰시오.

㉠

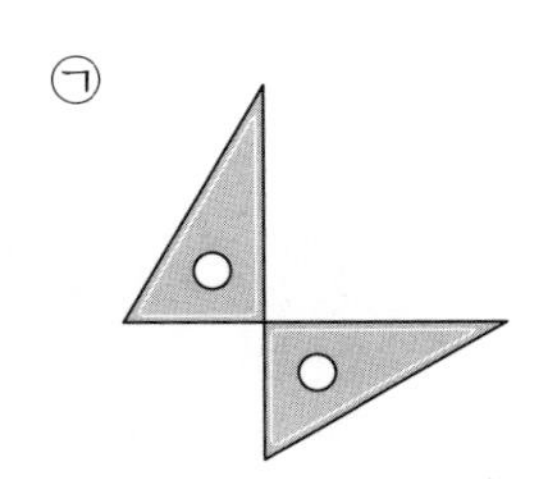

㉡

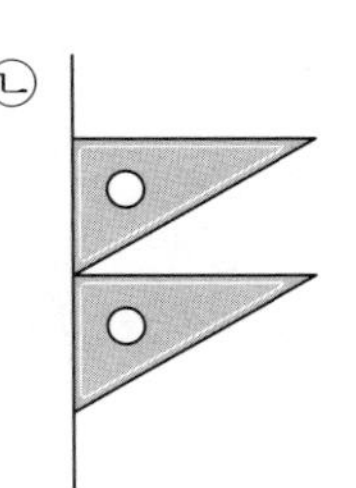

㉢

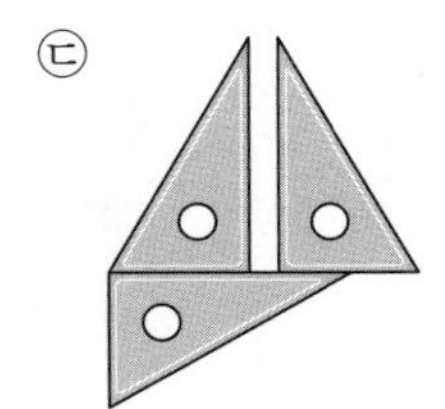

㉣

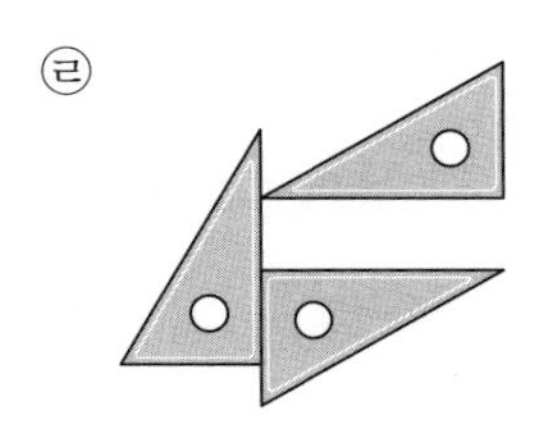

4 점 종이에 주어진 선분과 평행하고 길이가 같은 선분을 각각 그어 보시오.

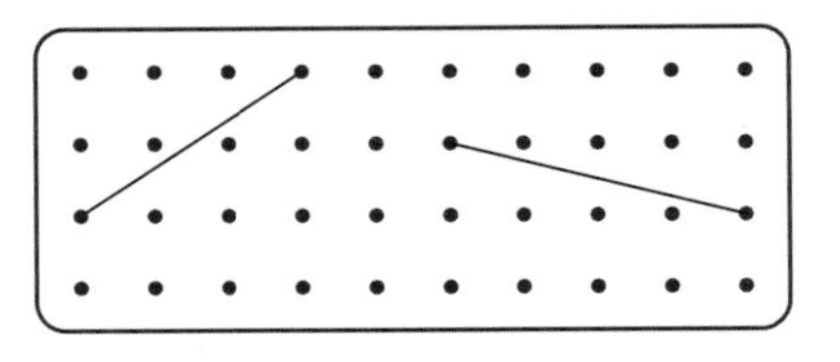

5 도형에서 평행한 변은 모두 몇 쌍입니까?

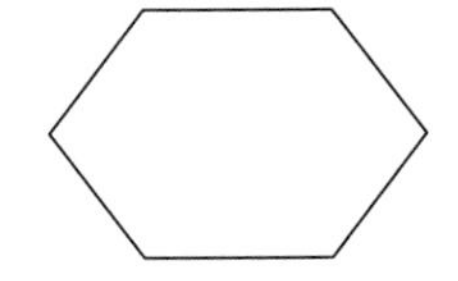

6 두 직선 가와 나는 서로 평행합니다. 물음에 답하시오.

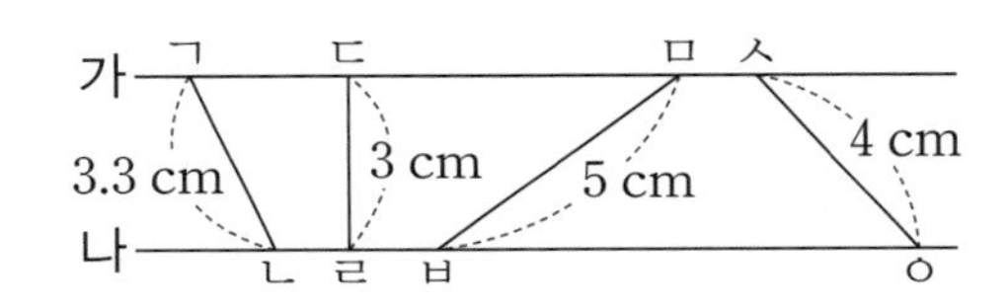

(1) 두 직선 가와 나에 수직인 선분은 어느 것입니까?

(2) 평행선 사이의 거리는 몇 cm입니까?

7 평행선을 찾아 평행선 사이의 거리를 재어 보시오.

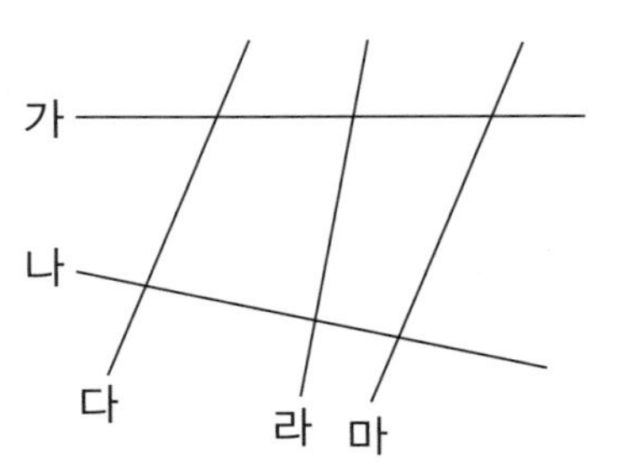

개념 넓히기

1 서로 평행한 직선을 모두 찾아보시오.

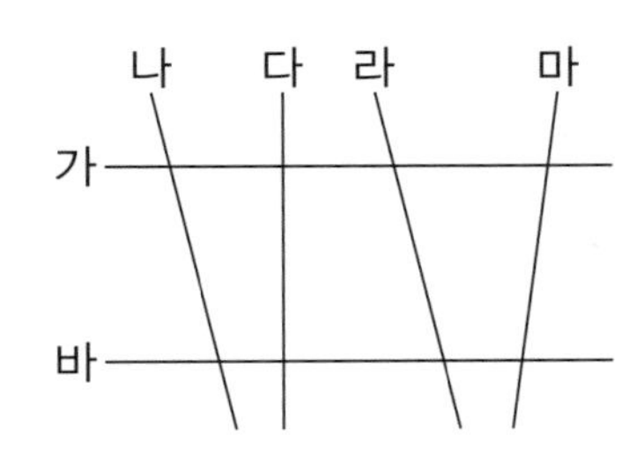

2 점 ㄱ을 지나고 직선 가에 수직인 직선을 나, 점 ㄱ을 지나고 직선 가와 평행한 직선을 다라고 할 때, 직선 나와 직선 다를 각각 그리고 두 직선 나와 다의 관계를 설명하시오. 서술형

•ㄱ

3 점 ㄱ을 지나고 변 ㄴㄷ에 평행하면서 길이가 2.5 cm인 변 ㄱㅁ을 그어 오각형 ㄱㄴㄷㄹㅁ을 완성하시오.

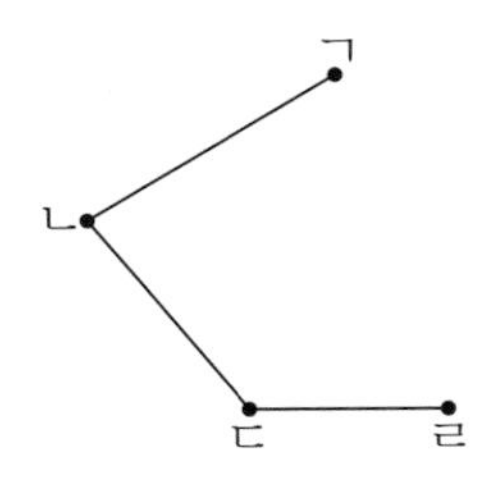

4 평행선 사이의 거리가 무엇인지 설명하시오.

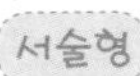

5 육각형에서 점 ㄴ을 지나고 변 ㄱㅂ과 평행하면서 변 ㅂㅁ에 수직인 선분을 그어 보시오.

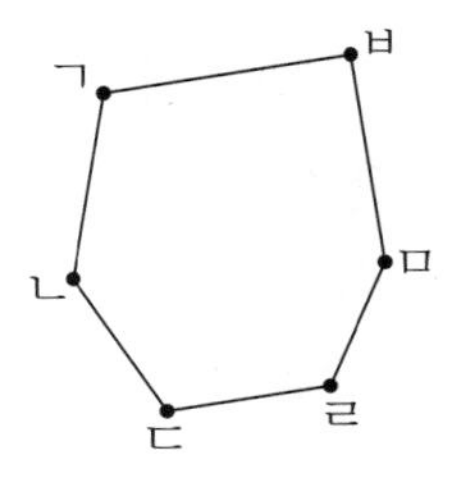

6 그림에서 찾을 수 있는 평행선은 모두 몇 쌍입니까?

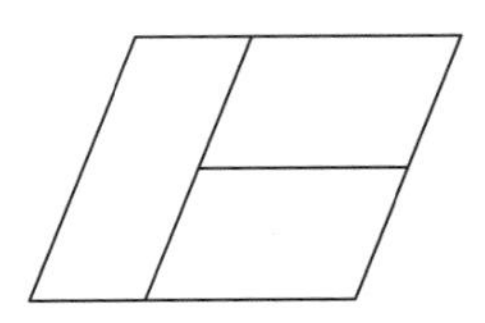

7 바르게 설명한 것을 모두 고르시오.

① 한 직선에 평행한 직선은 1개입니다.
② 한 직선에 평행한 두 직선은 서로 수직입니다.
③ 한 직선에 수직인 두 직선은 서로 평행합니다.
④ 한 점을 지나고 한 직선과 수직인 직선은 1개입니다.
⑤ 한 점을 지나고 한 직선과 평행한 직선은 셀 수 없이 많습니다.

8 도형에서 서로 평행한 변 ㄱㄴ과 변 ㅇㅅ 사이의 거리를 구하려고 합니다. 길이를 알아야 할 변을 모두 찾아 쓰시오.

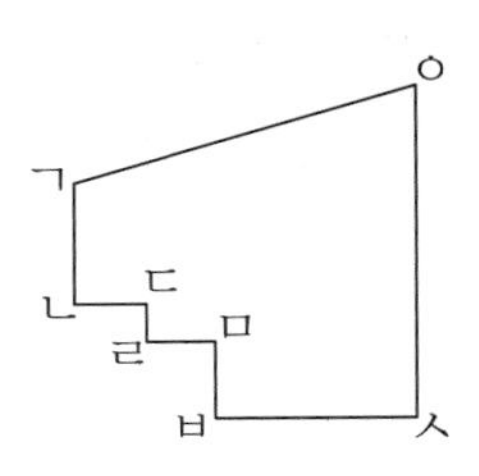

개념활동 09 평행선 사이의 각

1 오른쪽 그림과 같이 두 직선과 한 직선이 만나면 8개의 각이 생깁니다. 물음에 답하시오.

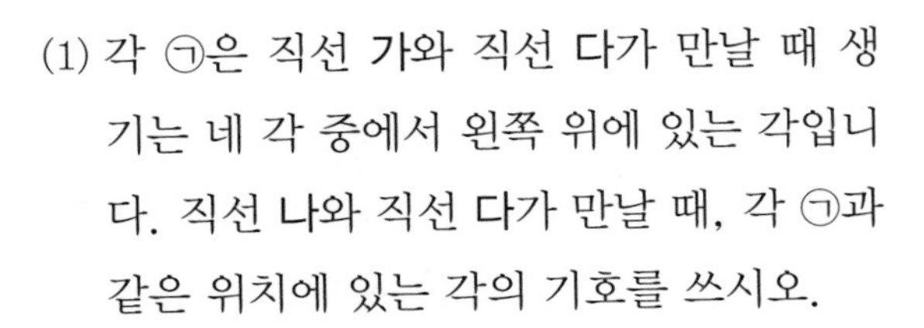

(1) 각 ㉠은 직선 **가**와 직선 **다**가 만날 때 생기는 네 각 중에서 왼쪽 위에 있는 각입니다. 직선 **나**와 직선 **다**가 만날 때, 각 ㉠과 같은 위치에 있는 각의 기호를 쓰시오.

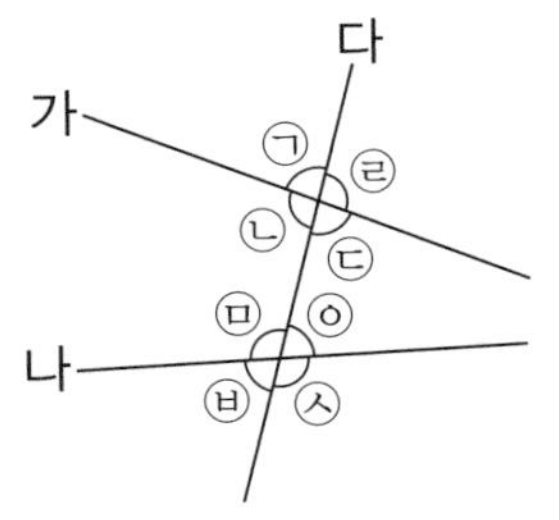

(2) 각 ㉡에 대하여 각 ㉧은 직선 **다**에 대하여 서로 엇갈린 위치에 있는 각입니다. 각 ㉢에 대하여 엇갈린 위치에 있는 각의 기호를 쓰시오.

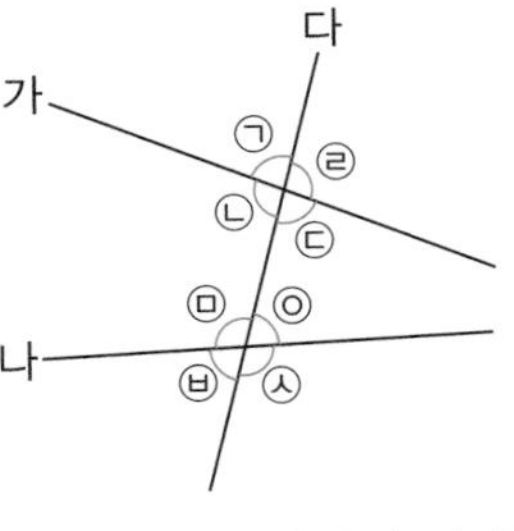

각 ㉠과 각 ㉤, 각 ㉡과 각 ㉥
각 ㉣과 각 ㉧, 각 ㉢과 각 ㉦

• 두 직선이 다른 한 직선과 만날 때, 같은 위치에 있는 각을 **동위각**이라 합니다.

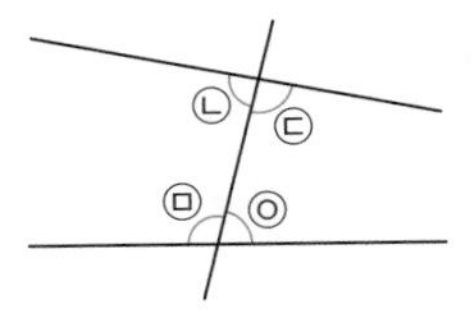

각 ㉡과 각 ㉧, 각 ㉢과 각 ㉤

• 두 직선이 다른 한 직선과 만날 때, 반대쪽에 있는 각, 즉 엇갈린 위치에 있는 각을 **엇각**이라고 합니다.

2 두 직선 **가**, **나**와 다른 직선 **다**가 만날 때 다음을 구하시오.

(1) 각 ㉠의 동위각

(2) 각 ㉣의 동위각

(3) 각 ㉢의 엇각

(4) 각 ㉣의 엇각

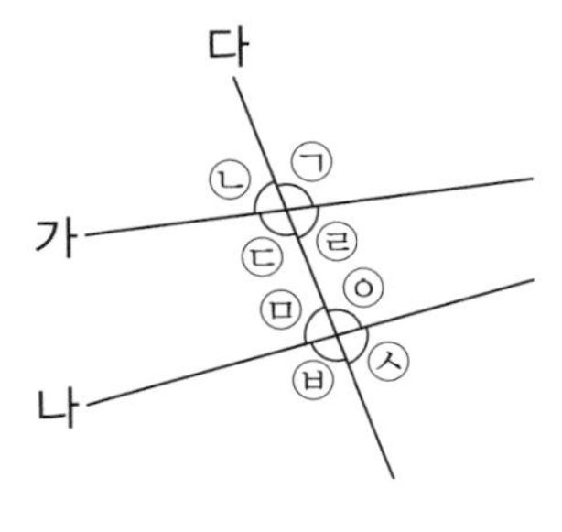

3 오른쪽과 같이 평행하지 않은 두 직선 **가**와 **나**가 다른 직선 **다**와 만날 때, 물음에 답하시오.

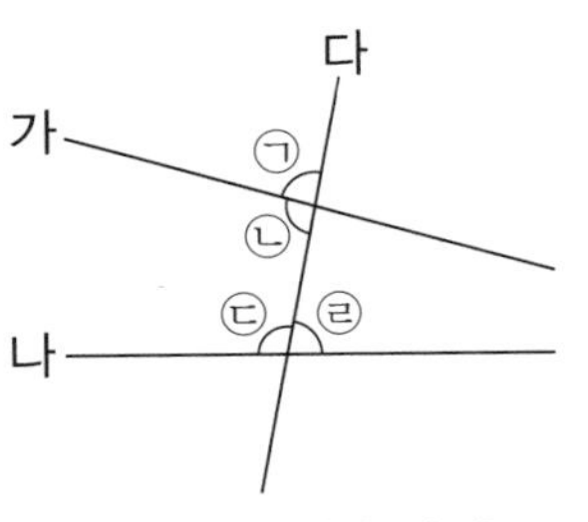

꿀팁
두 직선과 다른 한 직선이 만나서 생기는 엇각은 평행선 사이에 있는 각이므로 위의 2쌍 뿐임에 주의해야 합니다.

(1) 각 ㉠과 그 동위각 ㉢의 각도를 재어 보시오. 크기가 서로 같습니까?

(2) 각 ㉡과 그 엇각 ㉣의 크기를 재어 보시오. 크기가 서로 같습니까?

(3) 두 직선이 평행하지 않을 때, 동위각과 엇각의 크기는 각각 같습니까?

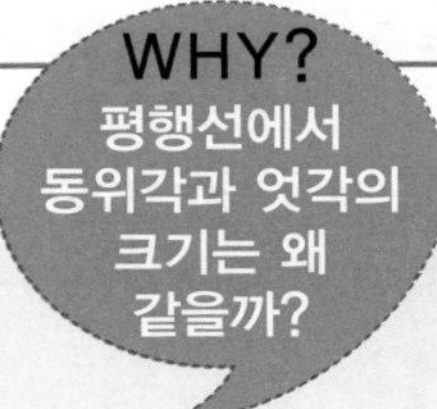

4 평행한 두 직선 가와 나가 다른 직선 다와 그림과 같이 만날 때 □ 안에 알맞은 기호를 써넣으시오.

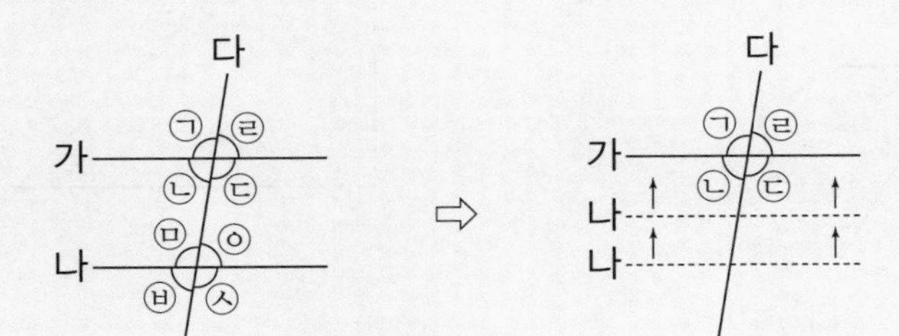

(1) 직선 나를 직선 가 방향으로 그대로 밀면 직선 가와 완전히 포개어지므로 동위각의 크기는 서로 같습니다.

각 ㉠=각 □, 각 ㉡=각 □, 각 ㉢=각 □, 각 ㉣=각 □

(2) 두 직선이 만날 때 맞꼭지각의 크기는 서로 같습니다.

각 ㉠=각 □,각 ㉣=각 □

(3) 각 ㉠과 각 ㉤이 동위각으로 같으므로 각 ㉠=각 ㉢=각 ㉤,

각 ㉣과 각 ㉧은 동위각으로 같으므로 각 ㉡=각 ㉣=각 □입니다.

따라서 엇각의 크기는 서로 같습니다.

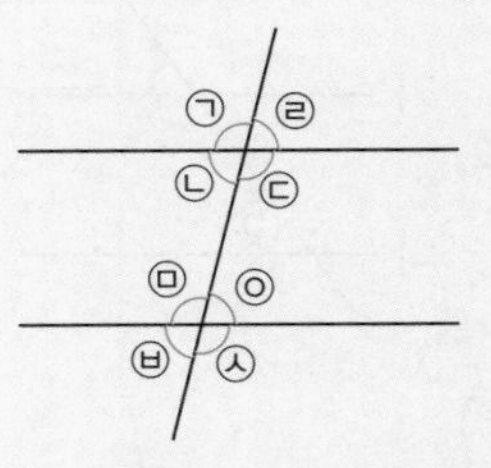

• 한 쌍의 평행선과 다른 한 직선이 만날 때 생기는 동위각과 엇각의 크기는 각각 같습니다.

• 동위각과 엇각의 크기가 같으면 두 직선은 평행합니다.

5 평행한 두 직선 가와 나가 직선 다와 만날 때 □ 안에 알맞은 각도를 써넣으시오.

(1)

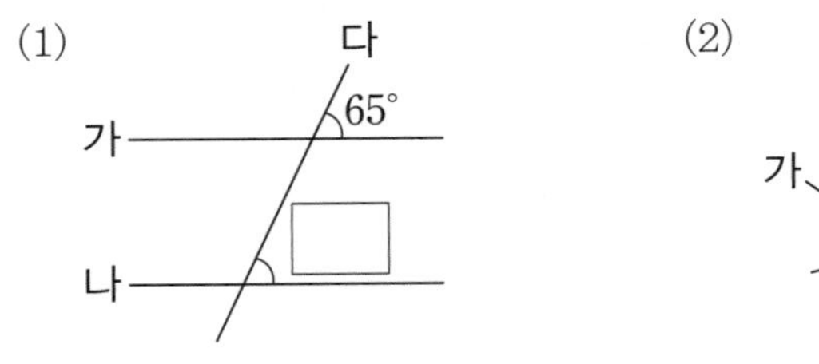

(2)

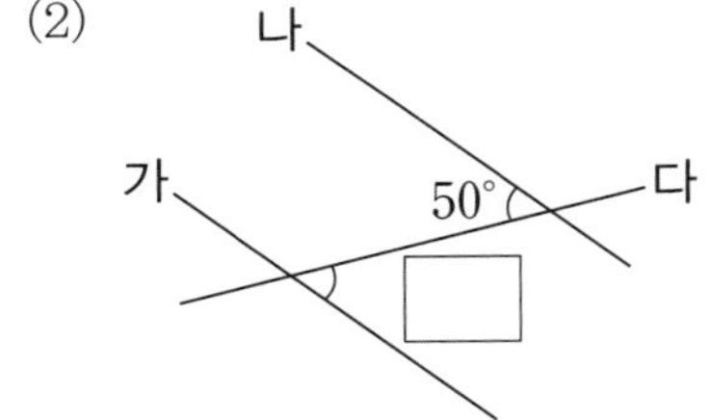

6 두 직선 가와 나가 평행할 때 동위각과 엇각의 크기가 같다는 것을 이용하여 ㉠의 크기를 구하려고 합니다. 물음에 답하시오.

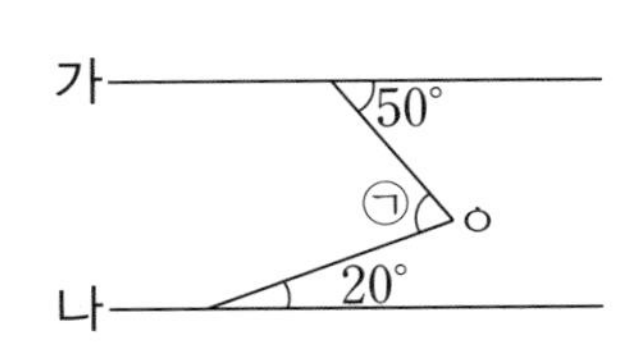

(1) 직선 가와 나에 평행하고 점 ㅇ를 지나는 직선 다를 그어 보시오.

(2) 직선 가의 50°의 엇각과 직선 나의 20°의 엇각에 각도를 각각 써넣으시오.

(3) ㉠의 크기를 구하시오.

개념 익히기

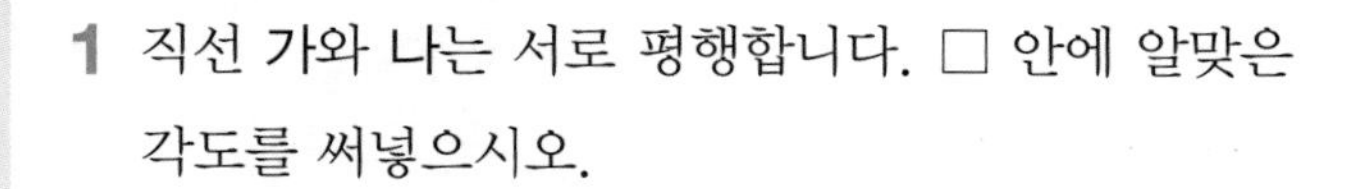

1 직선 가와 나는 서로 평행합니다. □ 안에 알맞은 각도를 써넣으시오.

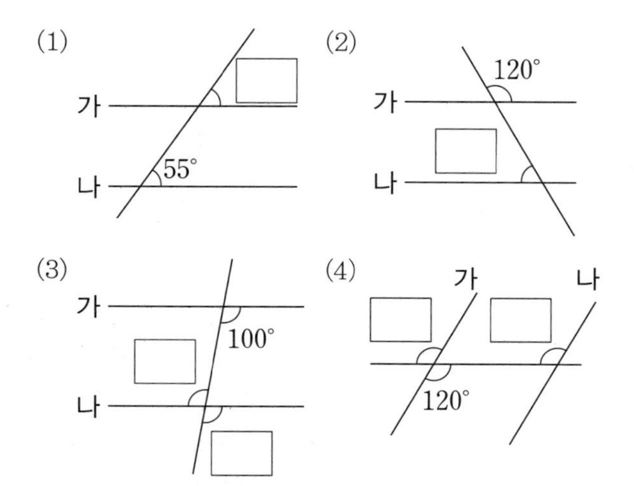

2 직선 가와 직선 나, 직선 다와 직선 라는 각각 평행합니다. □ 안에 알맞은 각도를 써넣으시오.

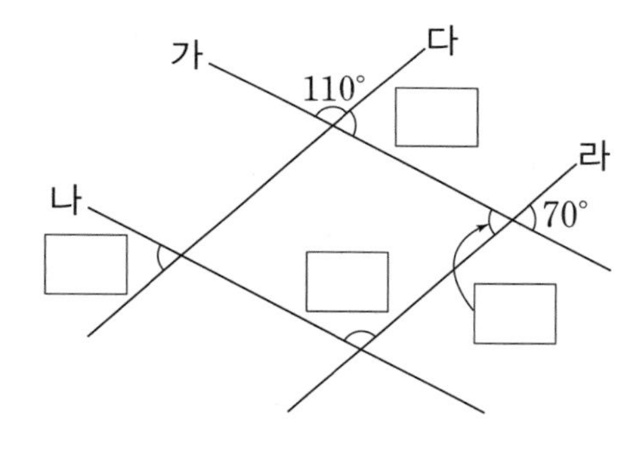

3 직선 가와 직선 나가 평행할 때, 각 ㉠과 크기가 같은 각을 모두 찾아 로 표시하시오.

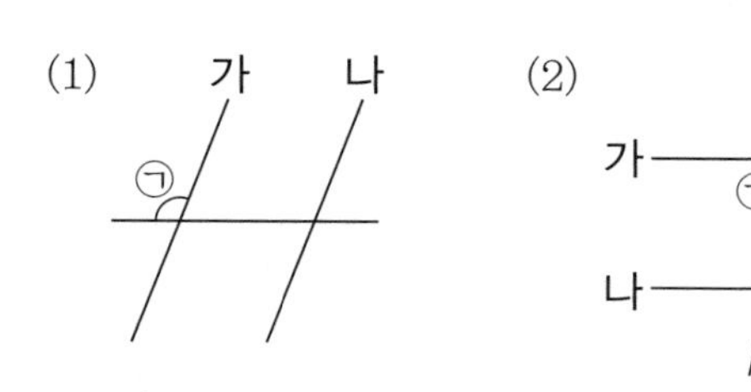

4 도형에서 변 ㄱㄹ과 변 ㄴㄷ이 서로 평행할 때, ㉠의 크기를 구하시오.

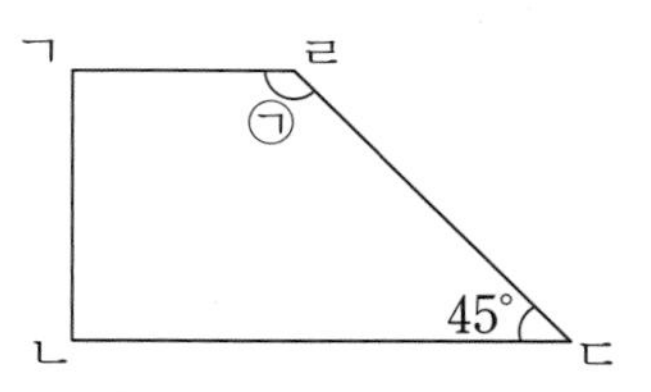

5 두 직선 가와 나가 서로 평행할 때 ㉠의 크기를 구하시오.

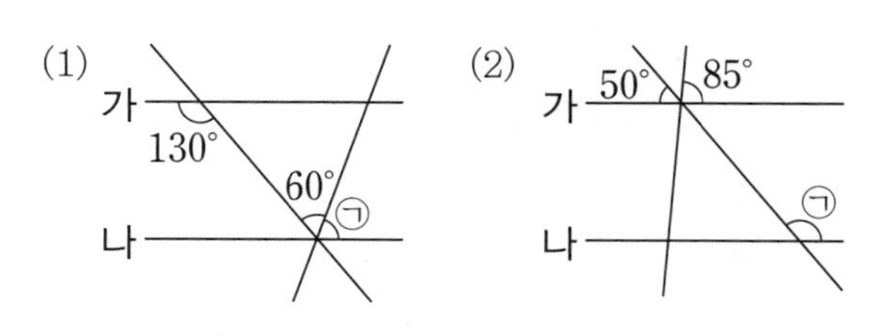

6 세 직선 가, 나, 다는 서로 평행합니다. ㉠과 ㉡의 크기의 합을 구하시오.

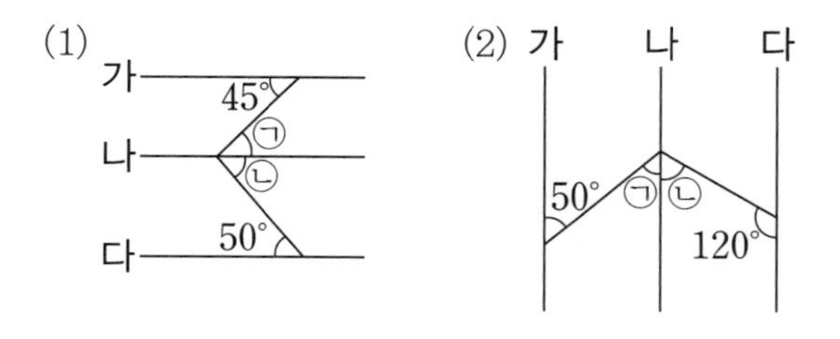

7 두 직선 가와 나가 서로 평행할 때 ㉠의 크기를 구하시오.

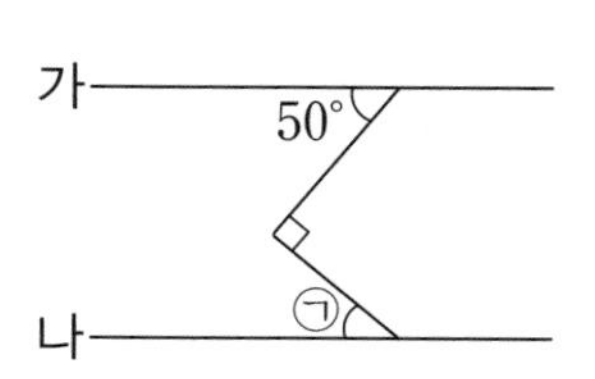

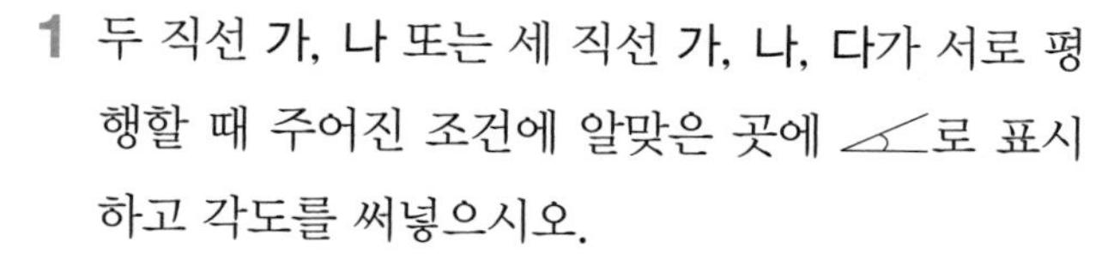

1 두 직선 가, 나 또는 세 직선 가, 나, 다가 서로 평행할 때 주어진 조건에 알맞은 곳에 ◿로 표시하고 각도를 써넣으시오.

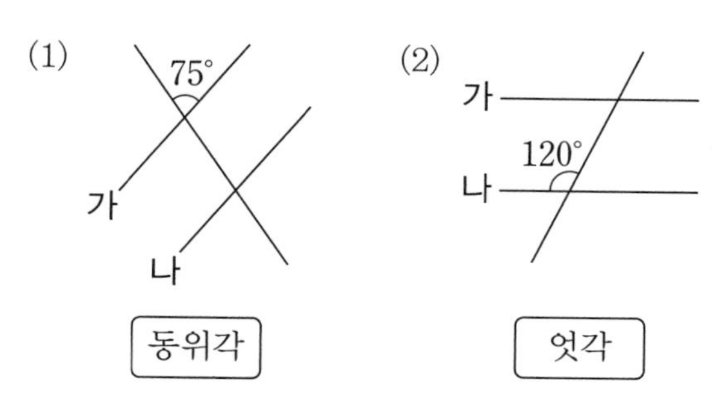

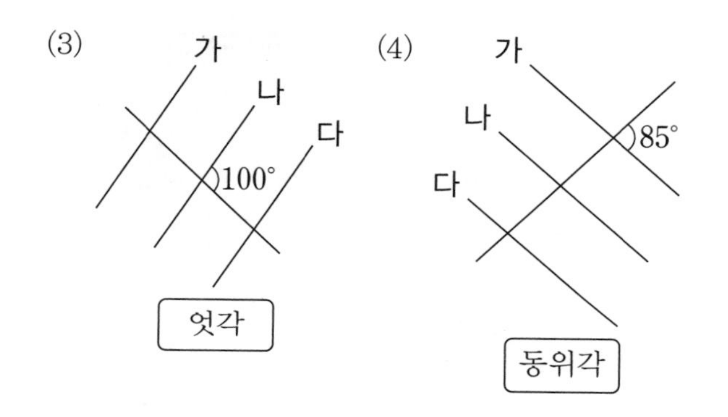

2 직선 가와 직선 나, 직선 다와 직선 라는 서로 평행합니다. ㉠과 크기가 같은 각을 모두 찾아 ◿로 표시를 하시오.

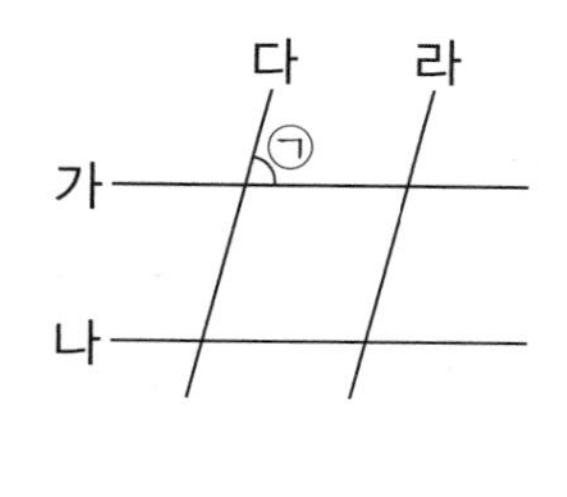

3 두 직선 가와 나가 평행할 때, 다음을 구하시오.

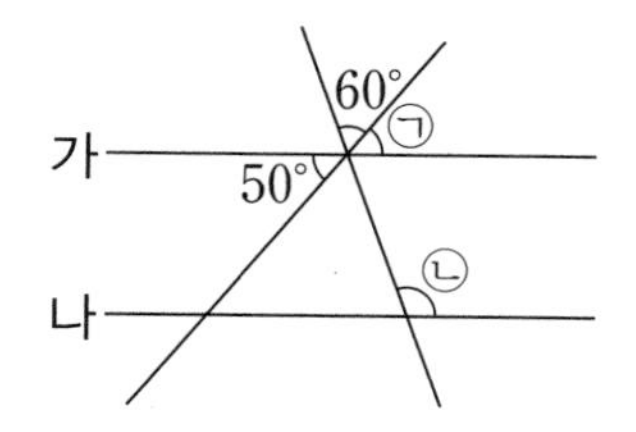

(1) ㉠의 크기를 구하시오.

(2) ㉡의 크기를 구하시오.

4 두 직선 가와 나가 서로 평행할 때 ㉠의 크기를 구하시오

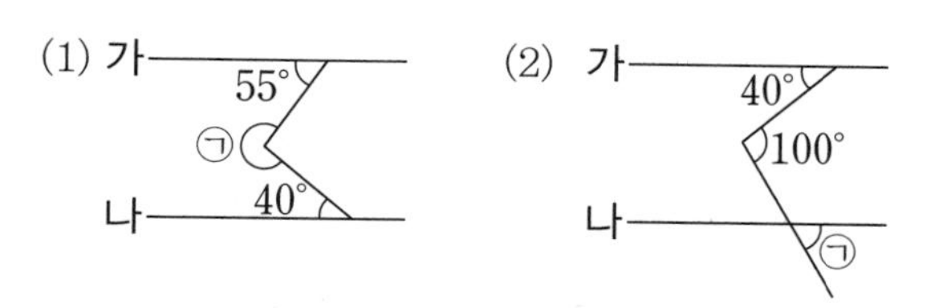

5 두 직선 가와 나가 평행할 때 ㉠의 크기를 구하시오.

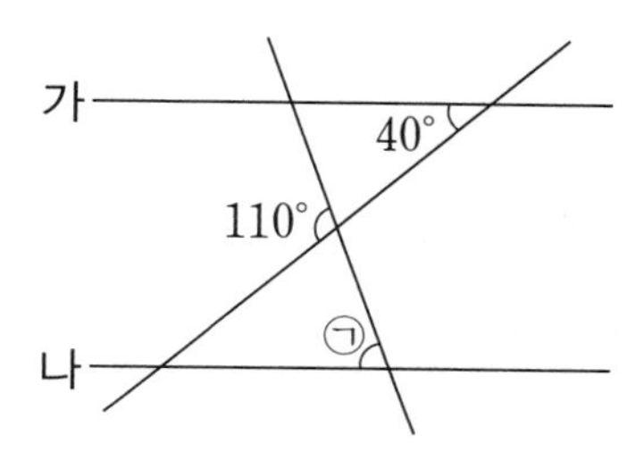

6 세 직선 가, 나, 다가 서로 평행할 때 ㉠, ㉡, ㉢의 크기를 구하시오.

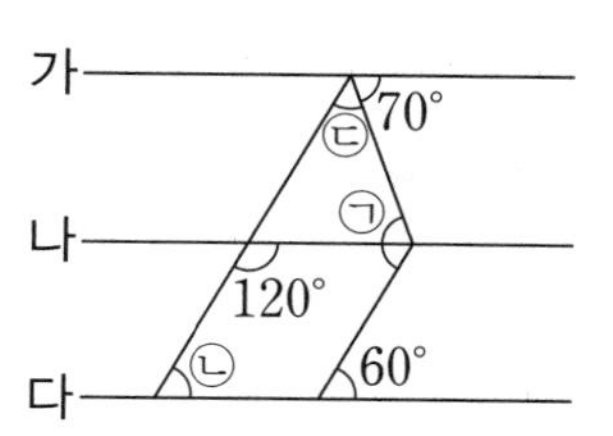

7 직선 가와 직선 나, 직선 라와 직선 마가 각각 서로 평행할 때, ㉠의 크기를 구하시오.

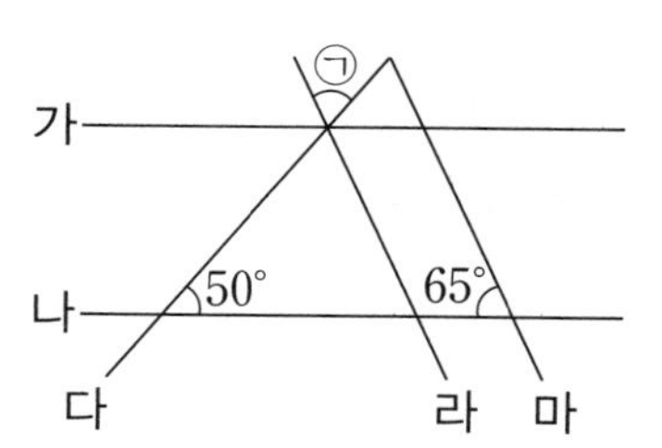

개념활동 10 다각형의 각의 크기의 합

1 종이에 삼각형을 그리고, 가위로 오린 후 삼각형을 다음과 같이 잘라서 세 각의 꼭짓점이 한 점에 모이도록 붙여 보고 물음에 답하시오.

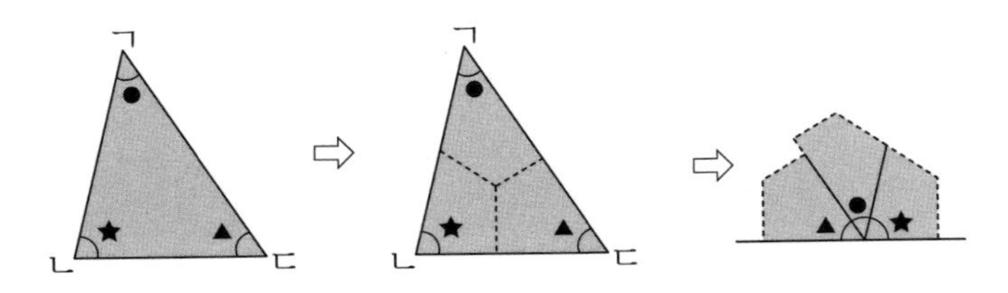

(1) 세 각이 한 점에 모이도록 이어 붙인 부분이 직선이 됩니까?

(2) 삼각형의 세 각의 크기의 합은 몇 도입니까?

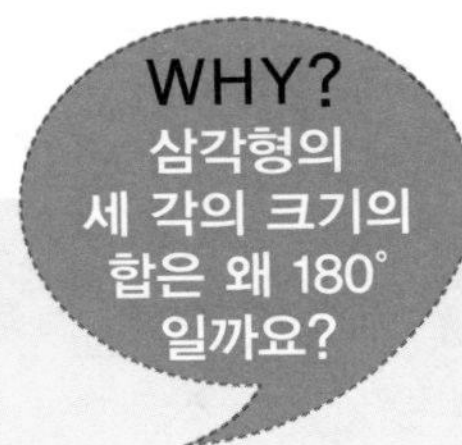

2 삼각형의 세 각의 크기의 합이 180°임을 설명하는 것입니다. □ 안에 알맞게 써넣으시오.

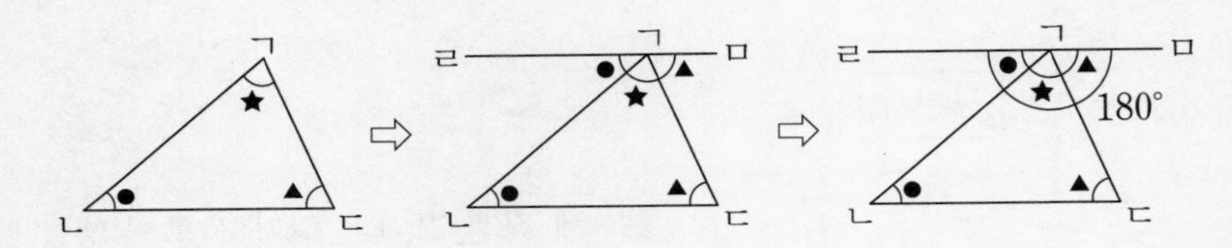

점 ㄱ을 지나고 변 ㄴㄷ에 평행한 직선 ㄹㅁ을 그으면 평행선 사이의 엇각은 서로 같으므로
(각 ㄹㄱㄴ)=(각 □), (각 ㅁㄱㄷ)=(각 □)입니다.
따라서 ●+★+▲은 일직선이 되므로 삼각형의 세 각의 크기의 합은 ●+★+▲=□입니다.

3 종이에 사각형을 그리고, 가위로 오린 후 사각형을 다음과 같이 잘라서 네 각의 꼭짓점이 한 점에 모이도록 붙여 보고 물음에 답하시오.

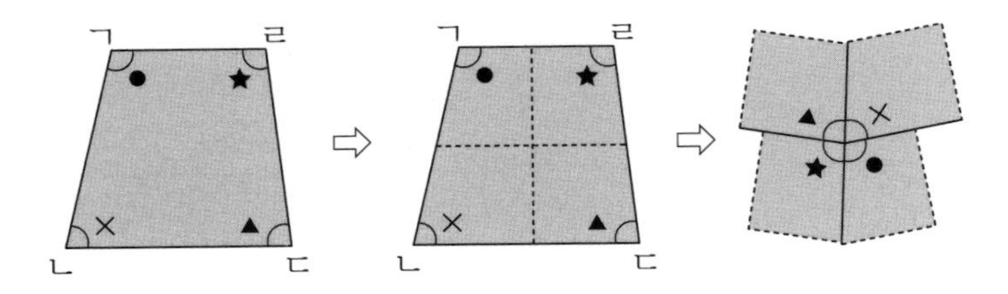

(1) 네 각이 한 점에 모이도록 이어 붙인 부분이 빈틈없이 메꾸어집니까?

(2) 사각형의 네 각의 크기의 합은 몇 도입니까?

WHY?
사각형의 네 각의 크기의 합은 왜 360°일까요?

4 사각형 ㄱㄴㄷㄹ에서 점 ㄱ과 점 ㄷ을 잇는 선분을 긋고, 물음에 답하시오.

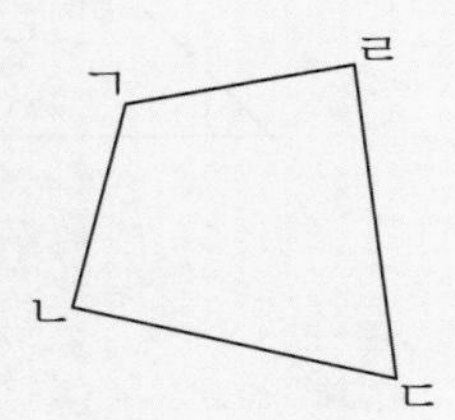

(1) 사각형 ㄱㄴㄷㄹ은 몇 개의 삼각형으로 나누어집니까?

(2) 삼각형 ㄱㄴㄷ과 삼각형 ㄱㄷㄹ의 세 각의 크기의 합은 각각 몇 도입니까?

(3) 사각형 ㄱㄴㄷㄹ의 네 각의 크기의 합은 두 삼각형의 세 각의 크기의 합을 더 한 것입니다. 사각형의 네 각의 크기의 합을 구하시오.

WHY?
다각형의 모든 각의 크기의 합을 구하는 공식은 어떻게 나왔을까요?

5 다각형의 모든 각의 크기의 합을 구하는 방법입니다. 물음에 답하고 □ 안에 알맞게 써넣으시오.

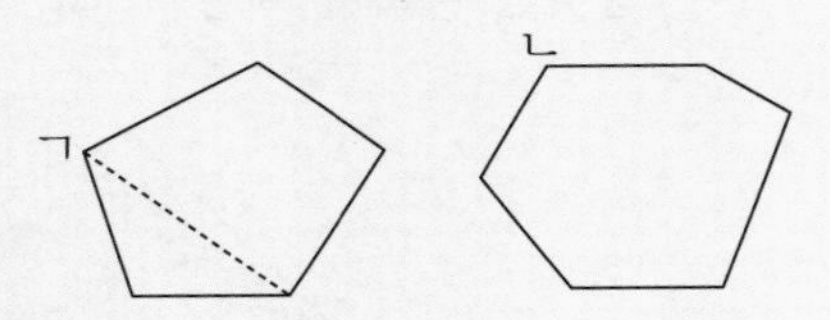

(1) 오각형과 육각형의 한 꼭짓점 ㄱ, ㄴ에서 이웃한 점을 제외하고 다른 꼭짓점에 선을 모두 그어 보시오. 몇 개의 삼각형으로 각각 나누어집니까?

(2) 선을 그어 만들어지는 삼각형의 수는 도형의 변의 개수보다 항상 2가 작습니다. 다각형의 모든 각의 크기의 합을 구하면

(사각형)=(삼각형 2개)=$180^\circ \times (4-2) = 360^\circ$

(오각형)=(삼각형 3개)=$180^\circ \times (5-2) = 540^\circ$

(육각형)=(삼각형 □개)=$180^\circ \times (□-2) =$ □

⋮

(★각형)=(삼각형 □개)=$180^\circ \times$(□)

(3) 위의 공식을 이용하여 십각형의 모든 각의 크기의 합을 구하시오.

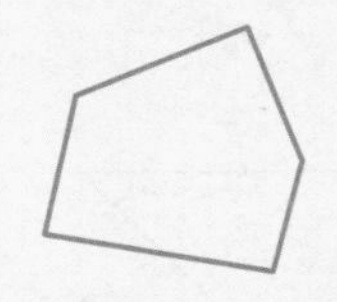

• 선분으로만 둘러싸인 도형을 다각형이라고 합니다. 이 도형을 변의 수에 따라 변이 3개이면 삼각형, 4개이면 사각형, 5개이면 오각형 등으로 부릅니다.

• 다각형에서 이웃하지 않은 두 점을 이은 선분을 대각선이라고 합니다.

개념 익히기

1 삼각형의 세 각의 크기의 합을 알아보기 위해 삼각형을 접은 것입니다. 그림을 보고 삼각형의 세 각의 크기의 합을 구하는 방법을 설명하시오. 서술형

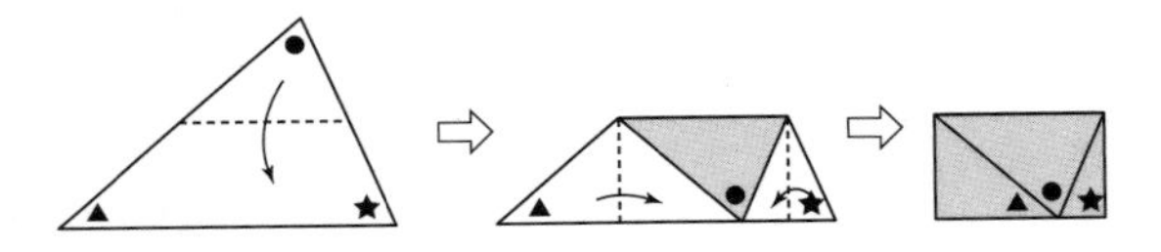

2 주어진 각도로 삼각형을 그리려고 합니다. 삼각형을 그릴 수 없는 사람은 누구입니까?

지선	65°, 50°, 65°
민우	50°, 50°, 70°
현주	60°, 60°, 60°

3 □ 안에 알맞은 각도를 써넣으시오.

(1)

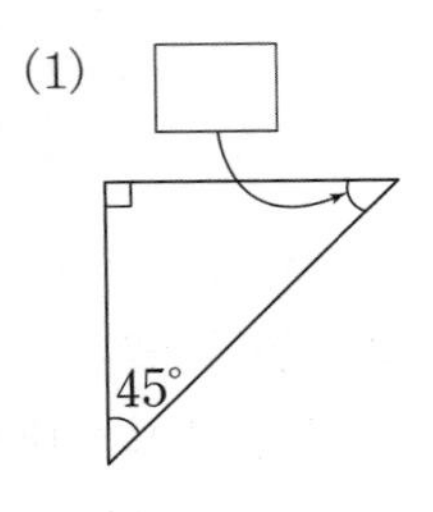

(2)

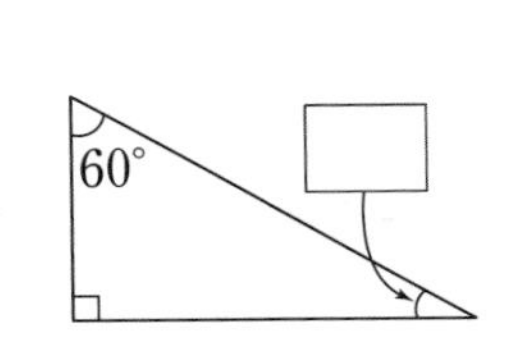

(3)

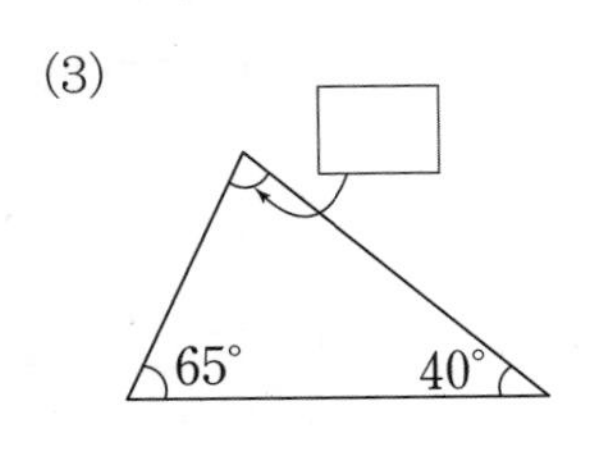

(4)

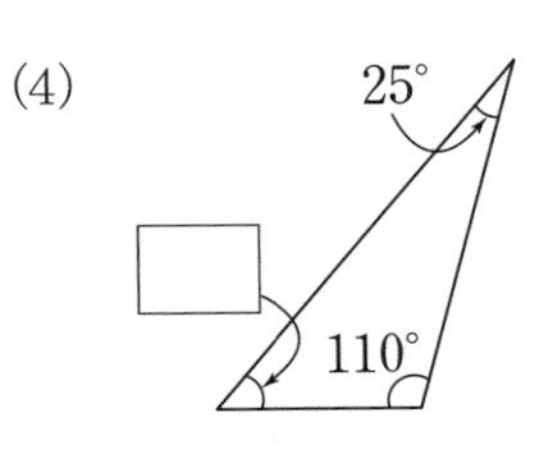

(5)

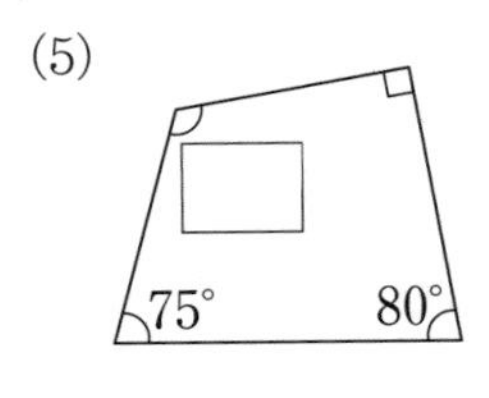

(6)

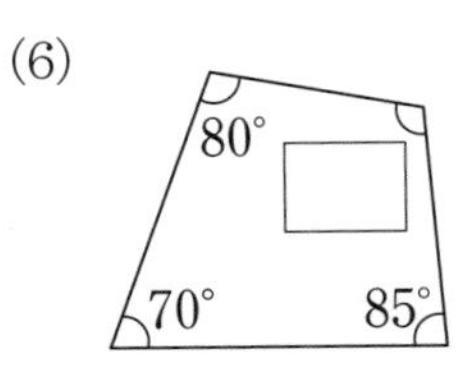

4 도형에서 ㉠의 크기를 구하시오.

(1)

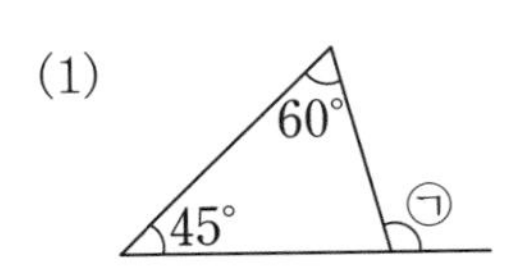

(2)

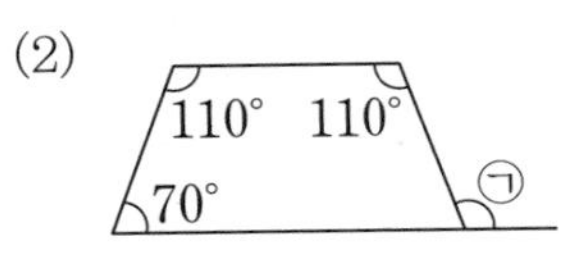

5 그림과 같이 직사각형 모양의 종이를 접었습니다. □ 안에 알맞은 각도를 써넣으시오.

(1)

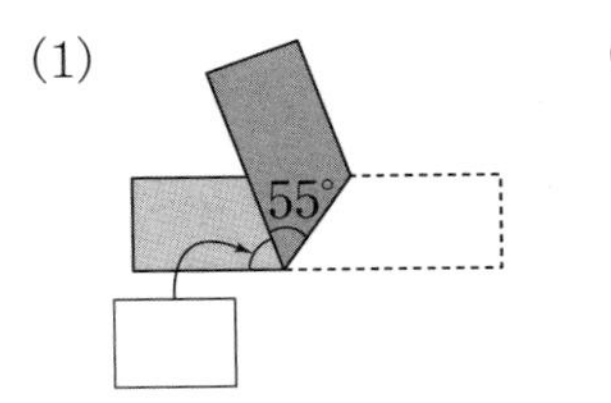

(2)

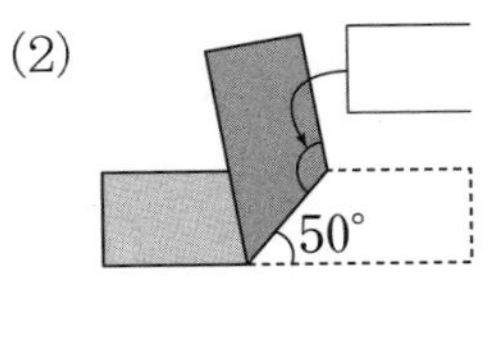

6 삼각자 2개를 다음과 같이 놓았습니다. □ 안에 알맞은 각도를 써넣으시오.

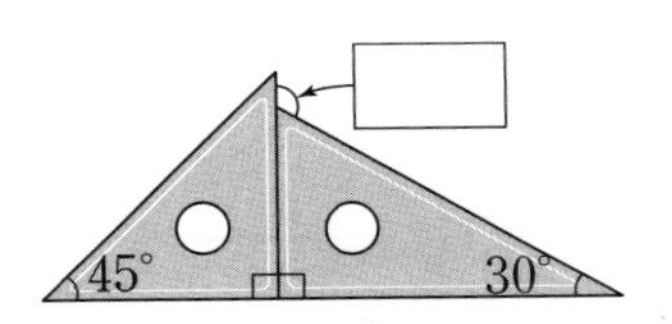

7 다음을 이용하여 주어진 도형의 모든 각의 크기의 합을 구하시오.

삼각형의 세 각의 크기의 합은 180°입니다.

(1)

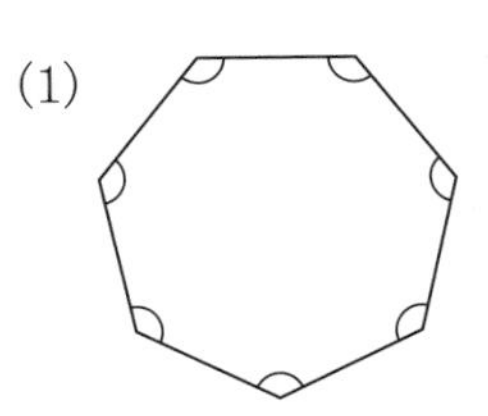

(2)

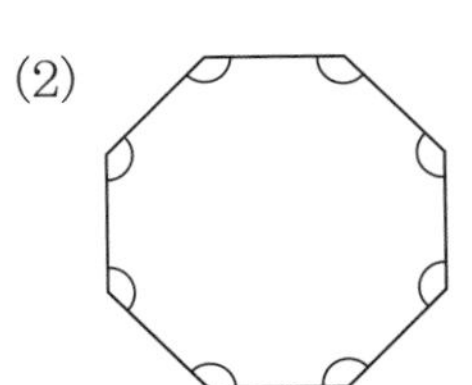

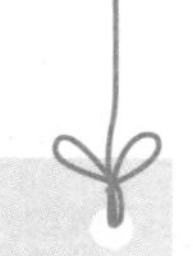

개념 넓히기

1 □ 안에 알맞은 각도를 써넣으시오.

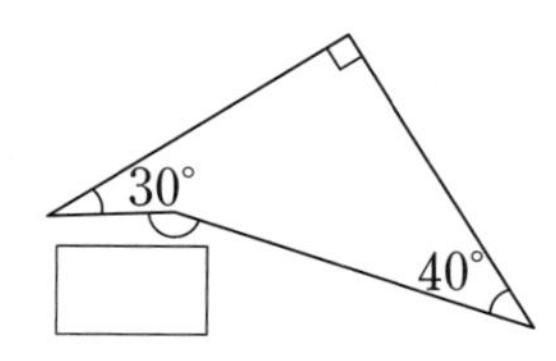

2 그림과 같이 삼각형 모양으로 종이를 접었다가 펼쳐서 사각형 모양을 만들었습니다. ㉠의 크기를 구하시오.

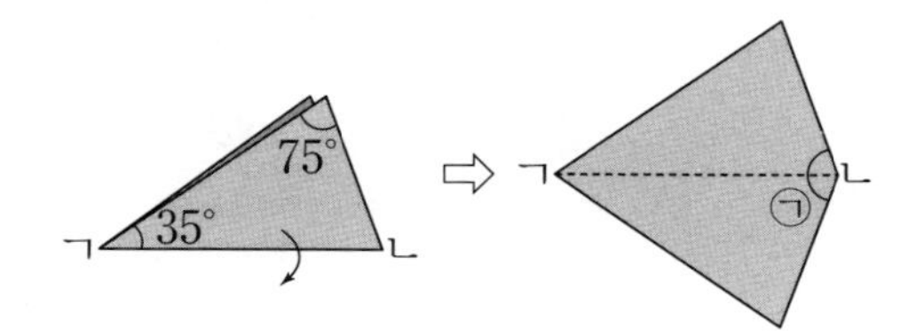

3 ㉠의 크기를 구하시오.

(1) (2)

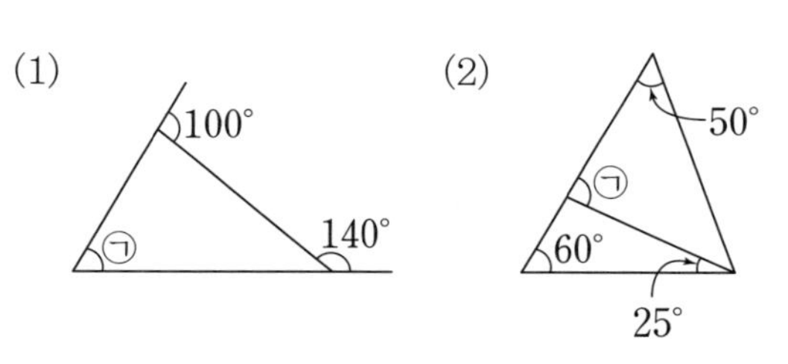

4 그림에서 각 ㅂㅁㄷ의 크기는 몇 도입니까?

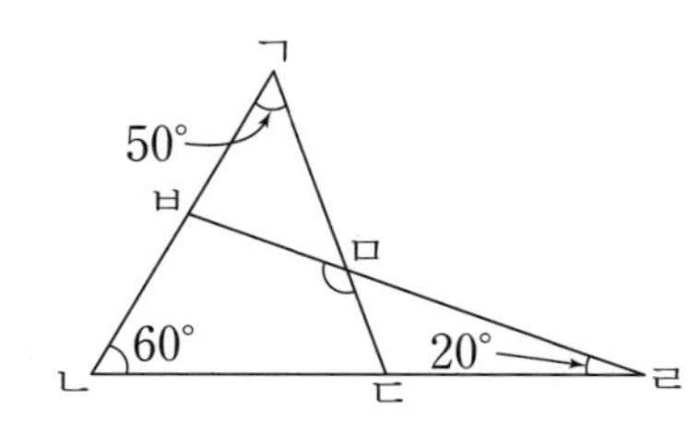

5 삼각형 ㄱㄴㄷ에서 ㉢은 ㉡의 3배입니다. ㉡, ㉢의 크기를 각각 구하시오.

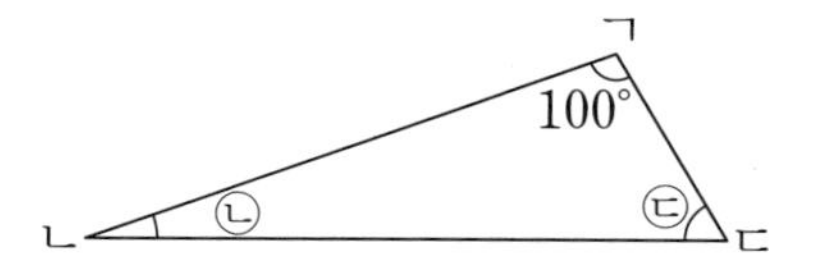

6 그림과 같이 삼각형 모양의 종이를 접었을 때 각 ㄷㄱㅁ의 크기를 구하시오.

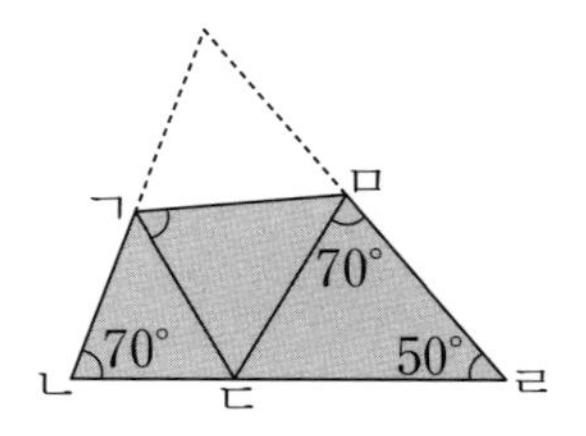

7 도형에 표시된 모든 각의 크기의 합을 구하시오.

(1) (2)

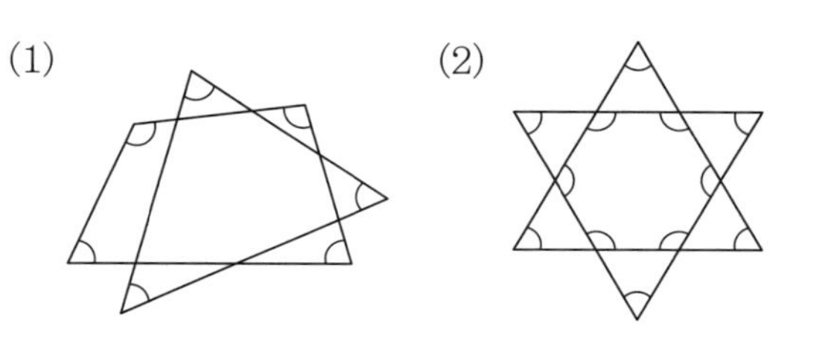

8 그림에서 각 ㉠의 크기를 구하시오.

(1) (2)

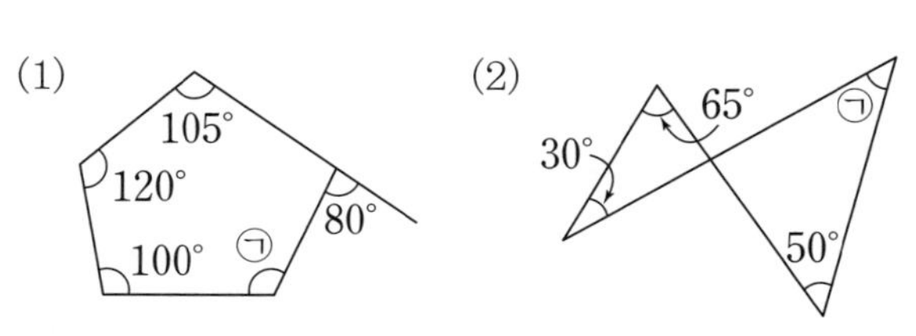

개념활동 11 각의 크기에 따른 삼각형의 분류

1 삼각형을 각의 크기에 따라 분류하려고 합니다. 도형 안에 예각은 ㊀예, 직각은 ㊀직, 둔각은 ㊀둔을 써넣고 물음에 답하시오.

가 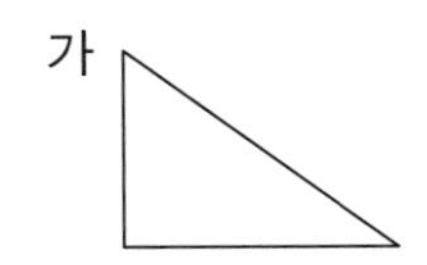 나 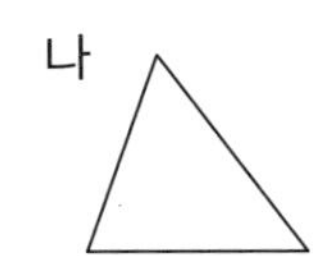 다 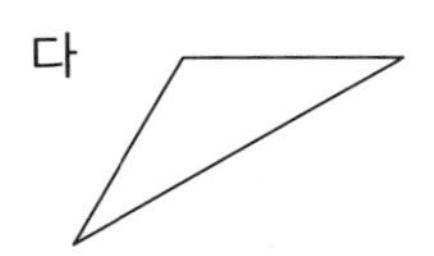

(1) 둔각이 있는 삼각형에는 둔각이 몇 개 있는지 쓰고, 둔각이 1개인 이유를 삼각형의 세 각의 합을 이용하여 설명하시오.

(2) 직각이 있는 삼각형에는 직각이 몇 개 있는지 쓰고, 직각이 1개인 이유를 삼각형의 세 각의 합을 이용하여 설명하시오.

(3) 삼각형 가와 다는 예각이 2개인 삼각형입니다. 이 삼각형을 예각삼각형이라고 할 수 없는 이유를 설명하시오.

• 한 각이 직각인 삼각형을 직각삼각형이라고 합니다.

• 삼각형의 세 각 중에서 한 각이 둔각인 삼각형을 둔각삼각형, 세 각이 모두 예각인 삼각형을 예각삼각형이라고 합니다.

2 주어진 삼각형을 조건에 맞도록 변형하여 그려 보시오.

(1) 예각삼각형으로 변형

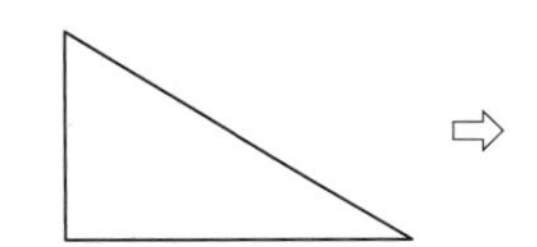 ⇨

(2) 직각삼각형으로 변형

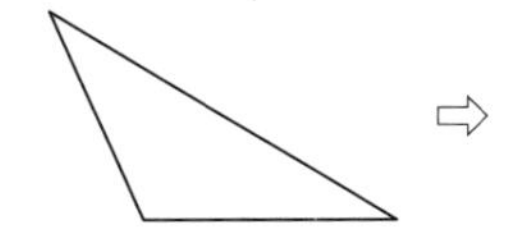 ⇨

(3) 둔각삼각형으로 변형

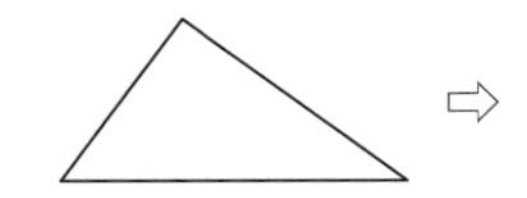 ⇨

3 다음 각도로 이루어진 삼각형이 어떤 삼각형인지 쓰시오.

(1) 30°, 40°, 110°　　(2) 40°, 40°, 100°

(3) 25°, 65°, 90°　　(4) 70°, 85°, 25°

예각삼각형은 반드시 세 각이 모두 예각인 삼각형임에 주의해야 합니다.

개념 익히기

1 알맞은 말을 ( ) 안에서 찾아 ○표 하시오.

> 예각삼각형은 (한 각, 두 각, 세 각)이 예각인 삼각형이고, 둔각삼각형은 (한 각, 두 각, 세 각)이 둔각인 삼각형입니다.

2 주어진 선분의 양 끝점과 한 점을 이어 예각삼각형을 그리려고 합니다. 어떤 점을 이어야 합니까?

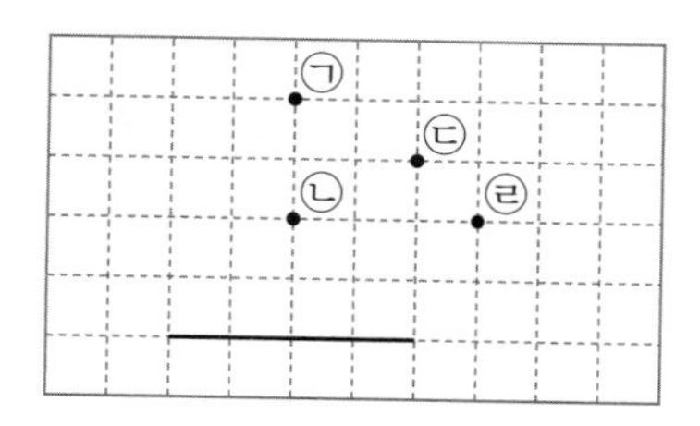

3 주어진 삼각형을 각의 크기에 따라 분류하여 이름을 쓰시오.

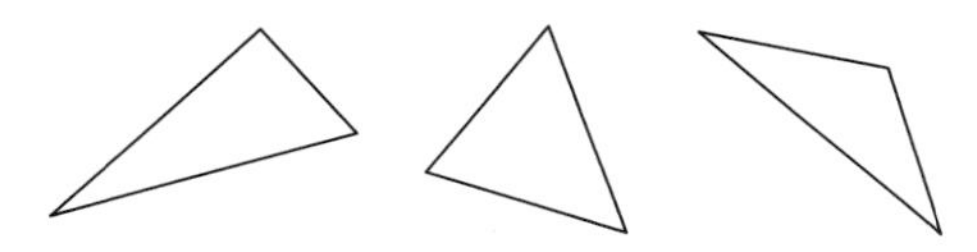

4 삼각형의 세 각의 크기가 다음과 같을 때, 둔각삼각형을 모두 찾아 기호를 쓰시오.

㉠ 45°, 67°, 68°	㉡ 100°, 24°, 56°
㉢ 90°, 72°, 18°	㉣ 92°, 43°, 45°

개념 넓히기

1 옳지 않은 것을 찾아 바르게 고치시오.

① 직각삼각형은 직각이 한 개인 삼각형입니다.
② 예각삼각형, 둔각삼각형은 삼각형의 모양에 따라 삼각형을 분류한 것입니다.
③ 예각삼각형은 예각이 2개보다 많은 삼각형입니다.
④ 둔각은 90°보다 크고 180°보다 작은 각이고, 둔각이 한 개인 삼각형이 둔각삼각형입니다.
⑤ 한 각의 크기가 45°인 직각삼각형의 다른 한 각은 45°입니다.

2 선을 따라 그릴 수 있는 삼각형 중에서 주어진 조건에 맞는 삼각형의 개수는 각각 모두 몇 개입니까?

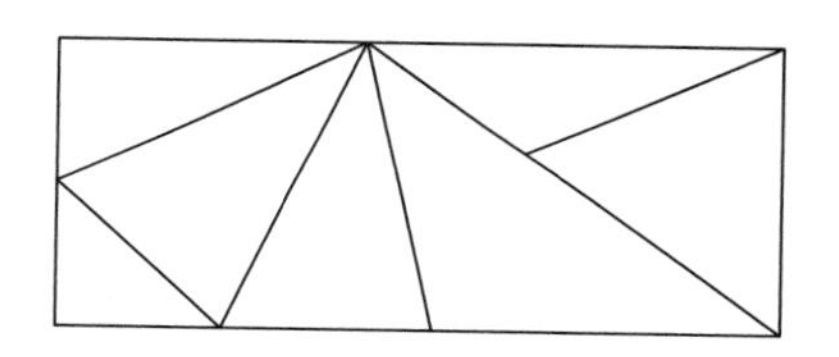

(1) 예각삼각형
(2) 직각삼각형
(3) 둔각삼각형

3 삼각형의 두 각이 각각 55°, 35°일 때, 이 삼각형은 예각삼각형, 직각삼각형, 둔각삼각형 중 어느 것입니까?

4 일정한 간격의 점 종이에 있는 선분을 한 변으로 하는 둔각삼각형을 모두 그려 보시오.

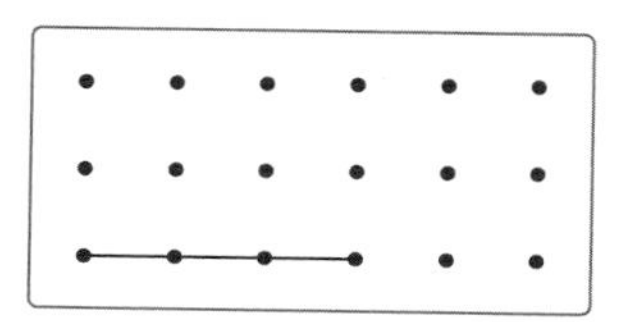

개념활동 12 변의 길이에 따른 삼각형의 분류

1 삼각형을 변의 길이에 따라 분류하려고 합니다. 물음에 답하시오.

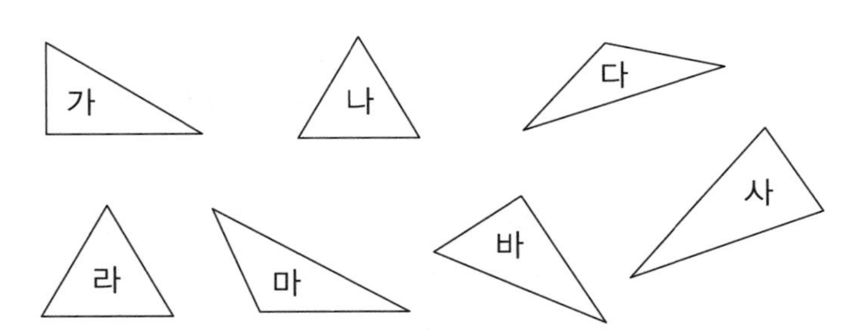

(1) 삼각형의 변의 길이를 재어 두 변의 길이가 같은 삼각형을 모두 찾아 기호를 쓰시오.

(2) 삼각형의 변의 길이를 재어 세 변의 길이가 같은 삼각형을 모두 찾아 기호를 쓰시오.

• 두 변의 길이가 같은 삼각형을 이등변삼각형이라고 합니다.
이등변이란 한자로 두 이(二), 같을 등(等), 가 변(邊)으로 두 변의 길이가 같다는 뜻입니다.

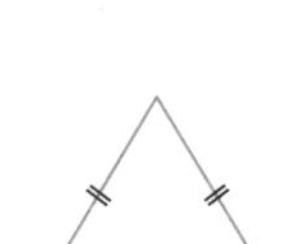

• 세 변의 길이가 같은 삼각형을 정삼각형이라고 합니다.

2 색종이로 다음과 같이 삼각형을 만들어 보고, 물음에 답하시오.

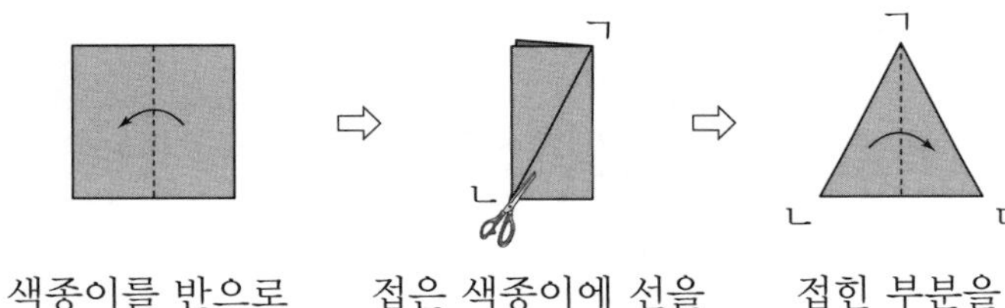

색종이를 반으로 접습니다. ⇨ 접은 색종이에 선을 그어 자릅니다. ⇨ 접힌 부분을 펼칩니다.

(1) 삼각형 ㄱㄴㄷ이 이등변삼각형인 이유를 설명하시오.

(2) 이등변삼각형 ㄱㄴㄷ에서 각 ㄱㄴㄷ과 크기가 같은 각을 쓰시오.

(3) (2)와 같이 답한 이유를 설명하시오.

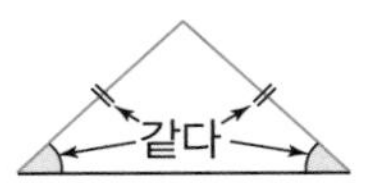

• 이등변삼각형은 두 변의 길이가 같고, 길이가 같은 두 변의 아래에 있는 각(밑각)의 크기도 같습니다.

3 주어진 선분을 한 변으로 하는 이등변삼각형을 그려 보시오.

(1)

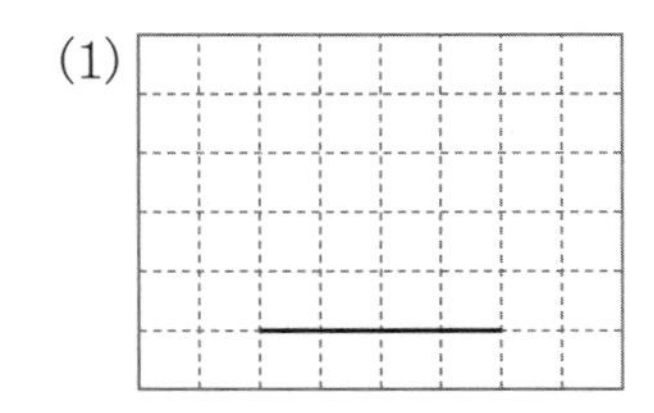

(2)

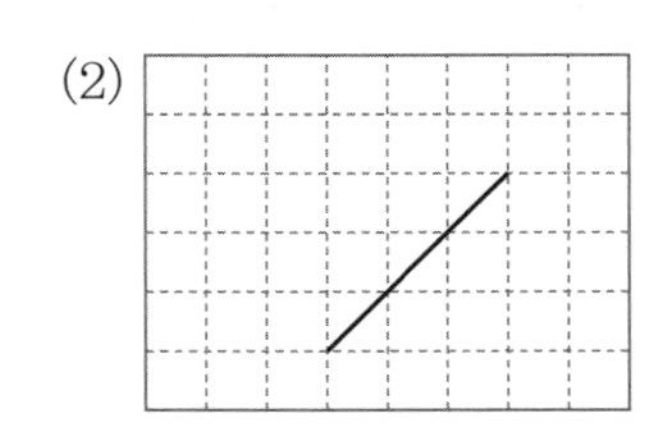

4 자와 컴퍼스를 사용하여 세 변의 길이가 모두 2 cm인 삼각형 ㄱㄴㄷ을 그려 보고, 물음에 답하시오.

• 한 변이 2 cm인 정삼각형 그리기

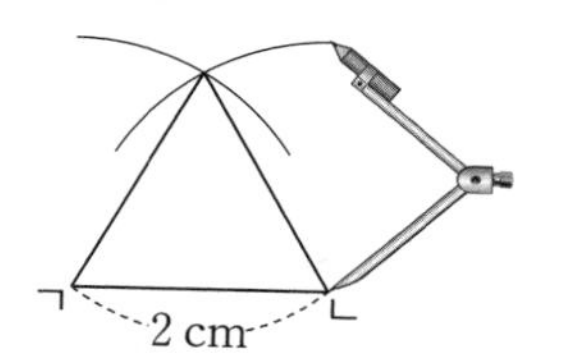

① 길이가 2 cm인 선분 ㄱㄴ을 긋고, 컴퍼스를 사용하여 점 ㄱ에서 길이가 반지름이 2 cm인 원의 일부분을 그립니다.

② 점 ㄴ에서 반지름이 2 cm인 원의 일부분을 그린 다음 만난 점을 이어 삼각형 ㄱㄴㄷ을 그립니다.

(1) 삼각형 ㄱㄴㄷ이 정삼각형인 이유를 설명하시오.

(2) 두 변의 길이가 같으면 이등변삼각형입니다. 정삼각형은 이등변삼각형입니까?

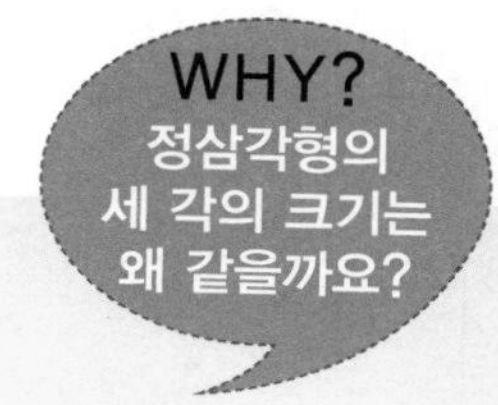

(3) 정삼각형 ㄱㄴㄷ의 세 각의 크기가 모두 같음을 설명하는 것입니다. 크기가 같은 각을 찾아 □ 안에 알맞게 써넣으시오.

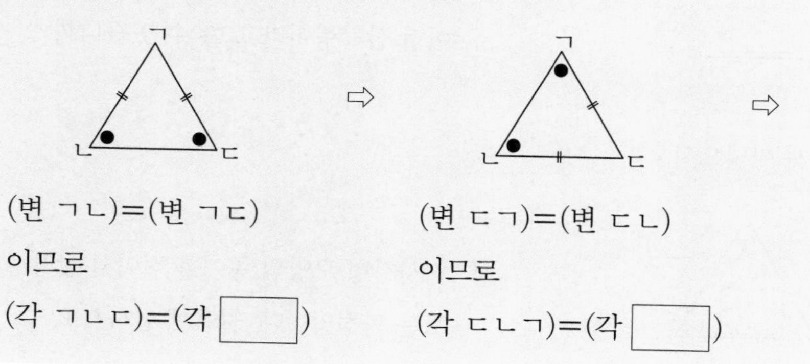

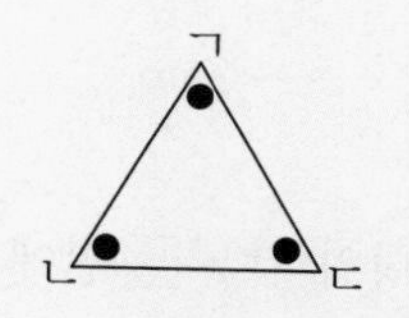

(변 ㄱㄴ)=(변 ㄱㄷ) 이므로 (각 ㄱㄴㄷ)=(각 □)

(변 ㄷㄱ)=(변 ㄷㄴ) 이므로 (각 ㄷㄴㄱ)=(각 □)

따라서 정삼각형의 세 각의 크기는 모두 같습니다.

(4) 삼각형의 세 각의 크기의 합은 180°입니다. 정삼각형의 한 각의 크기를 구하시오.

꿀팁

정삼각형은 이등변삼각형의 성질을 이용해 각의 크기가 모두 같다는 것을 확인할 수 있습니다.

5 이등변삼각형과 정삼각형입니다. □ 안에 알맞게 써넣으시오.

(1)

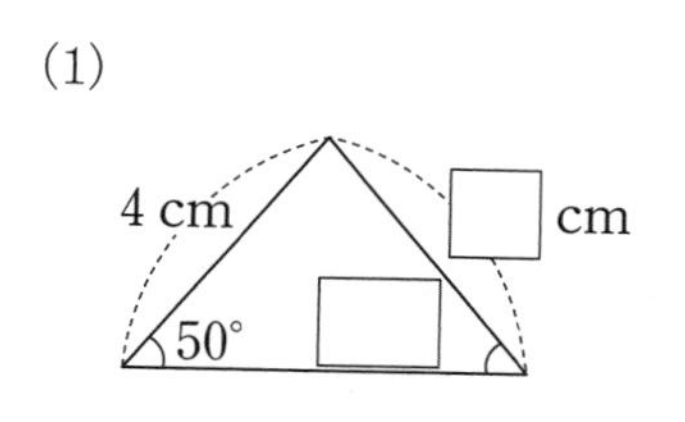

(2)

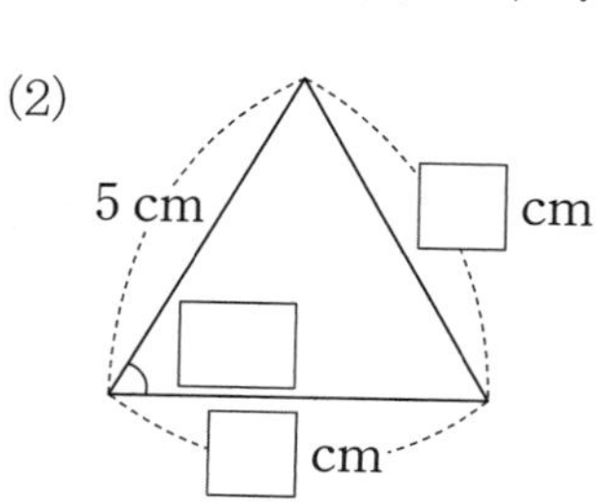

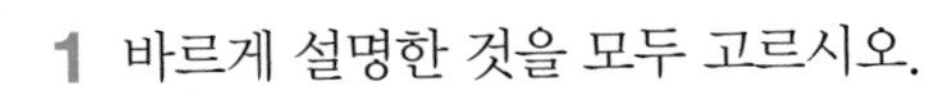

1 바르게 설명한 것을 모두 고르시오.

① 세 변의 길이가 같은 삼각형은 이등변삼각형이 아닙니다.

② 모든 정삼각형은 모양이 같습니다.

③ 정삼각형은 이등변삼각형이라고 할 수 있습니다.

④ 이등변삼각형은 두 각의 크기가 같습니다.

⑤ 정삼각형은 세 변의 길이는 같지만 세 각의 크기는 다릅니다.

2 이등변삼각형입니다. □ 안에 알맞은 각도를 써넣으시오.

(1)

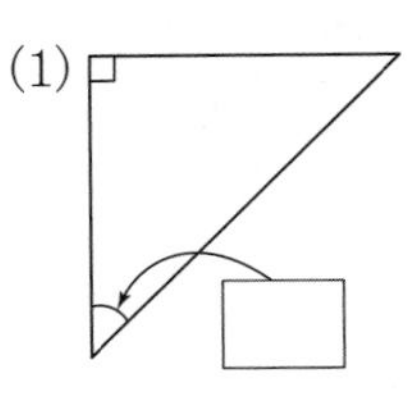

(2)

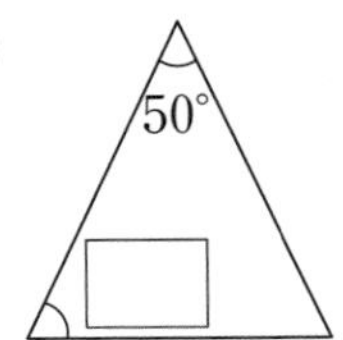

3 정삼각형입니다. □ 안에 알맞게 써넣으시오.

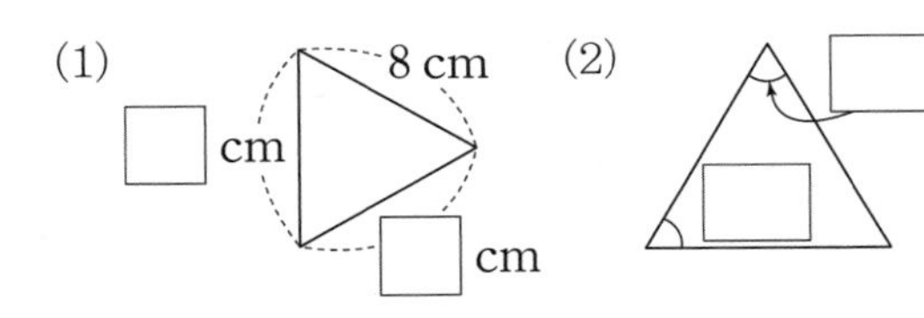

4 길이가 36 cm인 철사 2개를 각각 남김없이 사용하여 이등변삼각형 1개와 정삼각형 1개를 만들려고 합니다. 변 ㄱㄴ의 길이와 변 ㄹㅁ의 길이를 각각 구하시오.

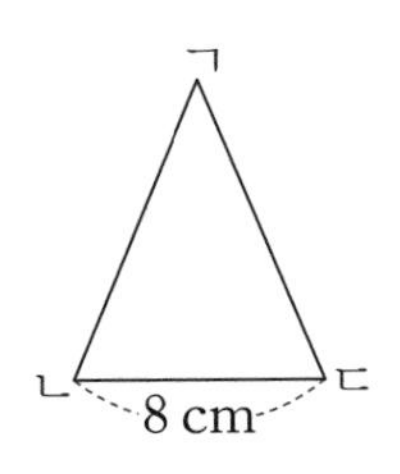

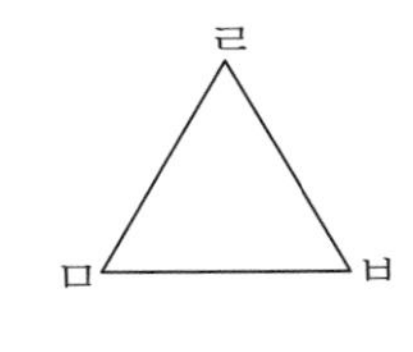

5 다음과 같이 정사각형 모양의 색종이를 접었다 폈습니다. 삼각형 ㅁㄴㄷ이 정삼각형인 이유를 설명하시오. 서술형

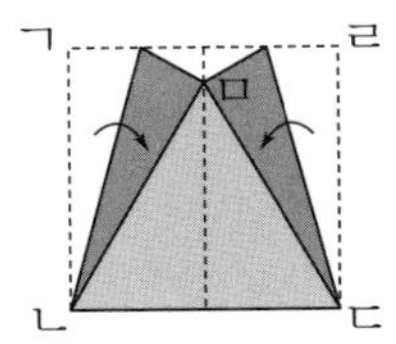

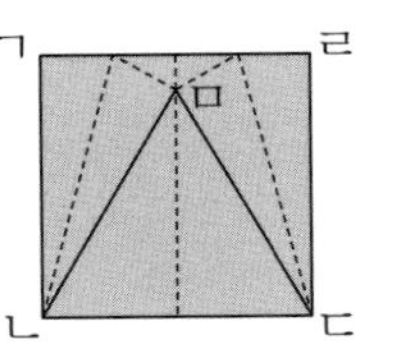

색종이를 반으로 접었다 펼친 중심선에 점 ㄱ, 점 ㄹ이 닿도록 접으면 점 ㅁ이 생깁니다.

삼각형 ㅁㄴㄷ을 그립니다.

6 삼각형을 각의 크기에 따라 분류할 때, 정삼각형은 어떤 삼각형이라고 할 수 있습니까?

7 직사각형 모양의 종이를 접어서 삼각형 ㅁㅂㅅ을 만드는 과정입니다. 물음에 답하시오.

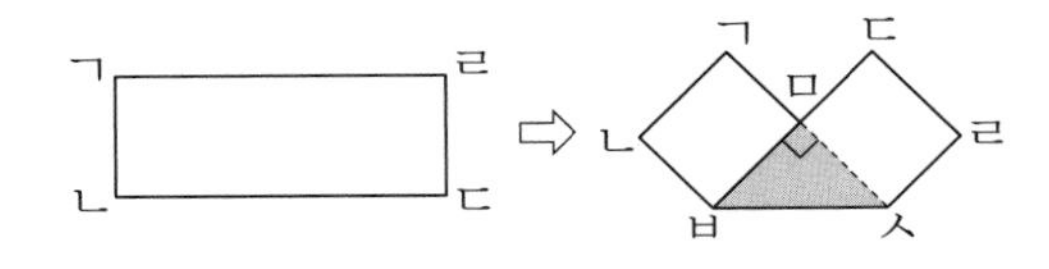

(1) 변 ㅁㅂ은 직사각형의 어느 변과 길이가 같습니까?

(2) 변 ㅁㅅ은 직사각형의 어느 변과 길이가 같습니까?

(3) 변 ㅁㅂ의 길이와 변 ㅁㅅ의 길이는 같습니까?

(4) 삼각형 ㅁㅂㅅ은 어떤 삼각형입니까?

개념 넓히기

1 삼각형에 대한 설명으로 옳은 것은 어느 것입니까?

① 이등변삼각형에서 어떤 두 각의 크기도 같습니다.

② 세 각이 모두 90°인 삼각형을 정삼각형이라고 합니다.

③ 직각이등변삼각형의 직각이 아닌 한 각의 크기는 45°입니다.

④ 정삼각형은 한 각만 예각입니다.

⑤ 이등변삼각형은 예각삼각형입니다.

2 주어진 삼각형과 관계있는 것을 **보기**에서 모두 찾아 기호를 쓰시오.

보기

㉠ 이등변삼각형　　㉡ 직각삼각형
㉢ 정삼각형　　㉣ 예각삼각형
㉤ 둔각삼각형

(1) 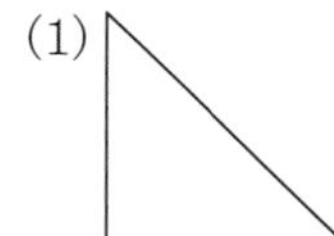

(2) 

3 오른쪽 이등변삼각형과 세 변의 길이의 합이 같은 정삼각형을 만들려고 합니다. 한 변을 몇 cm로 해야 합니까?

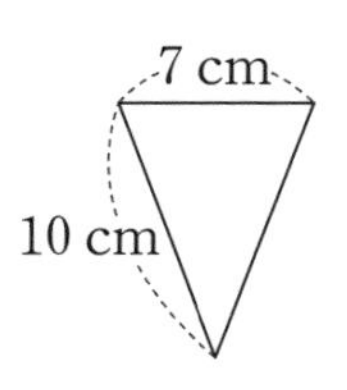

4 주어진 선분을 한 변으로 하는 서로 다른 이등변삼각형을 각각 그려 보시오.

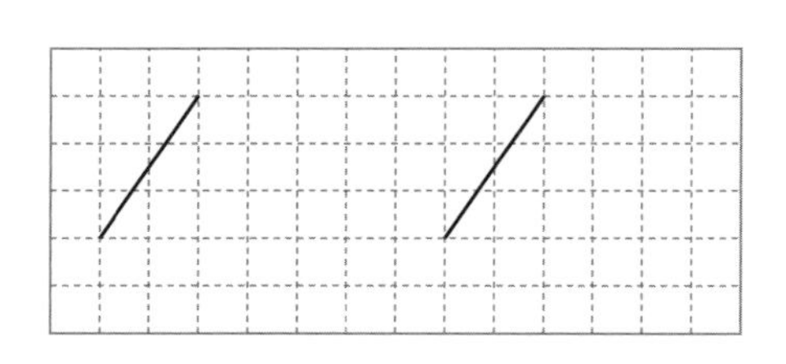

5 오른쪽 그림과 같은 직각삼각형 2개를 겹치지 않게 이어 붙여서 만들 수 없는 삼각형은 어느 것입니까?

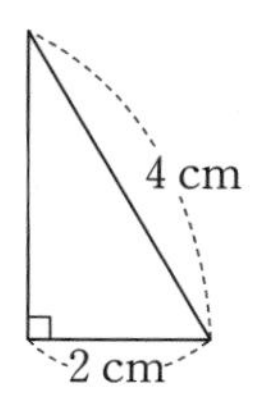

① 이등변삼각형

② 직각삼각형

③ 정삼각형

④ 예각삼각형

⑤ 둔각삼각형

6 원의 중심인 점 ㅇ을 한 꼭짓점으로 하는 삼각형 ㅇㄱㄴ을 그렸습니다. 각 ㄱㅇㄴ의 크기를 구하시오.

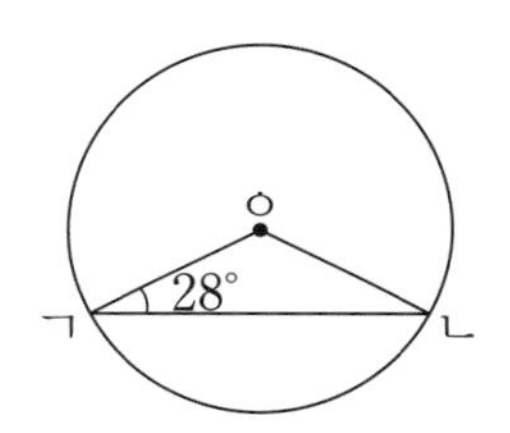

7 삼각형에서 변 ㄱㄴ의 길이를 구하고 삼각형 ㄱㄴㄷ이 될 수 있는 삼각형의 종류를 모두 쓰시오.

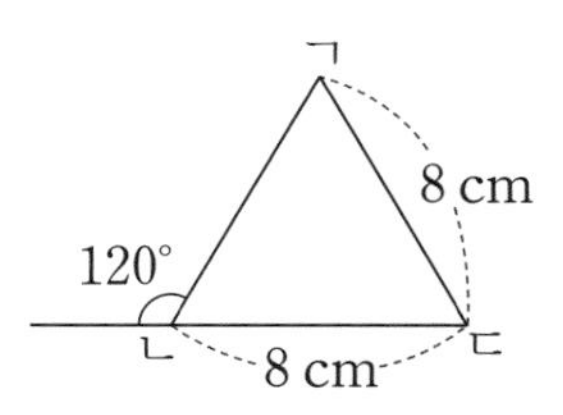

8 삼각형 ㄱㄹㄷ은 정삼각형이고, 삼각형 ㄱㄴㄷ은 직각삼각형입니다. 선분 ㄴㄹ의 길이를 구하시오.

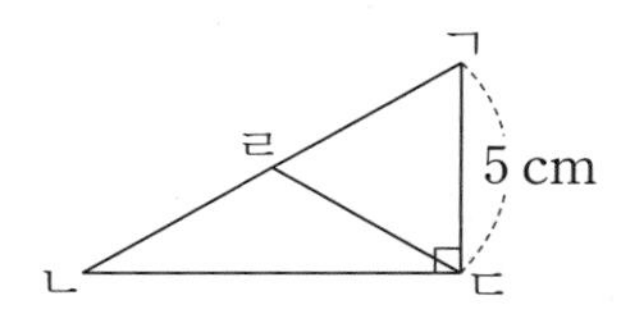

개념활동 13 도형의 개수 찾기

1 도형 가, 나를 보고 물음에 답하시오.

(1) 도형 **가**에서 찾을 수 있는 각의 개수를 알아보려고 합니다. 표의 빈칸에 알맞은 수를 써넣으시오.

가

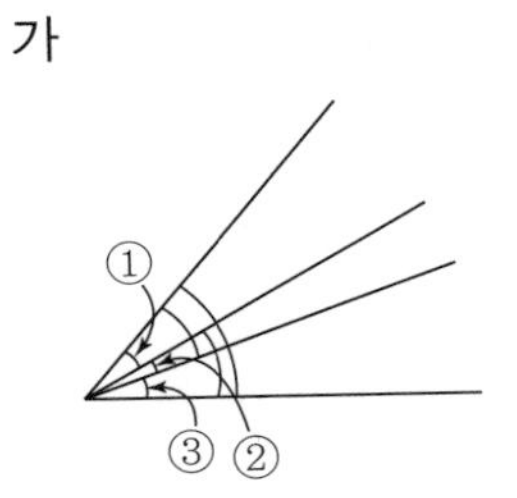

나

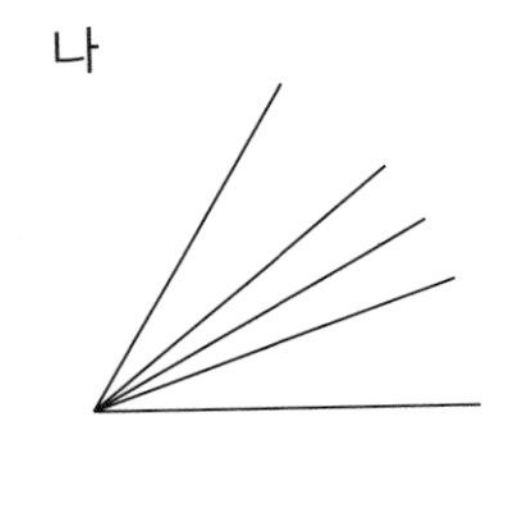

각	구성	각의 개수(개)
각 1개로 된 각	①, ②, ③	3
각 2개로 된 각	①+②, ②+③	
각 3개로 된 각	①+②+③	

꿀팁
각을 여러 개 합치면 또 다른 각을 만들 수 있는데 그냥 구하면 혼동되므로 숫자를 각각 써서 숫자의 구성으로 각을 생각하면 각을 찾을 수 있습니다.

(2) 모든 각의 개수는 각이 3개일 때, 다음과 같은 식으로 나타낼 수 있습니다. 찾을 수 있는 규칙을 쓰시오.

$$3+\square+\square=\square$$

(3) 규칙을 이용하여 도형 **나**에서 찾을 수 있는 각의 개수를 구하시오.

2 주어진 도형에서 찾을 수 있는 삼각형의 개수를 구하려고 합니다. 물음에 답하시오.

꿀팁
숫자를 써넣는 이유는 중복되는 것이 없이 개수를 다 찾으려고 하는 것이므로 필요한 경우에 사용하도록 합니다.

가

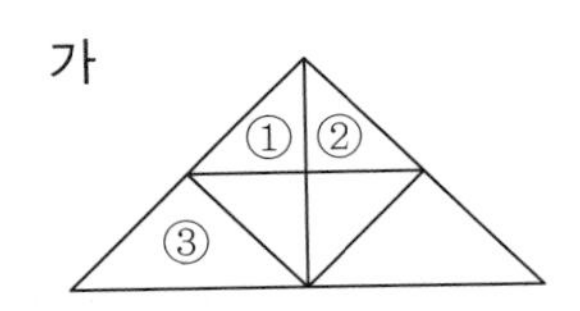

나

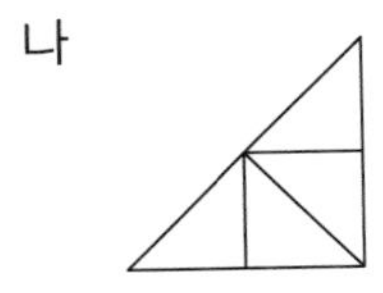

(1) 도형 **가**의 삼각형마다 번호를 써넣고, 조건에 맞도록 빈칸을 채우시오.

삼각형	구성	삼각형의 개수(개)
삼각형 1개로 된 삼각형	①, ②, ③, ④, ⑤, ⑥	6
삼각형 2개로 된 삼각형	①+②,	
삼각형 3개로 된 삼각형		
삼각형 6개로 된 삼각형		

(2) 도형 **가**에서 찾을 수 있는 삼각형의 개수를 구하시오.

(3) 도형 **나**에서 찾을 수 있는 삼각형의 개수를 구하시오.

3 주어진 도형에서 찾을 수 있는 정사각형의 개수를 구하려고 합니다. 물음에 답하시오.

가 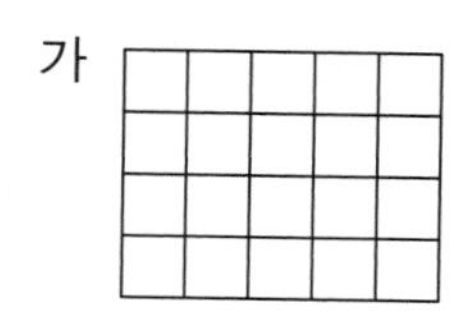 나 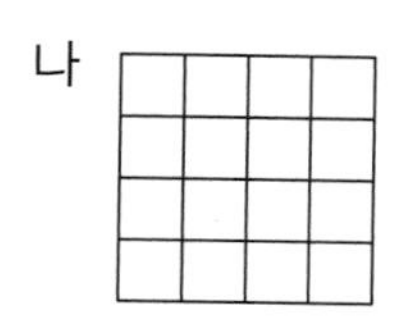

(1) 도형 **가**에서 찾을 수 있는 정사각형의 종류를 점선으로 그리고 개수를 구하는 식을 각각 쓰시오.

정사각형의 개수를 찾기 전에 주어진 도형에서 찾을 수 있는 정사각형의 모양이 무엇인지 먼저 생각하고, 그냥 개수를 구하기보다 개수 사이의 규칙을 찾도록 해야 합니다.

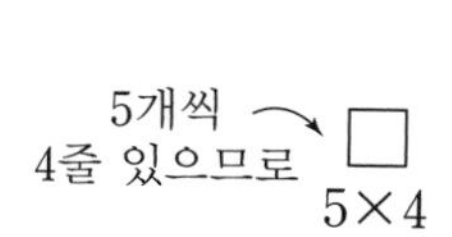

5×4

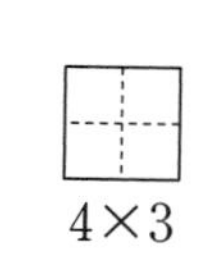
4×3

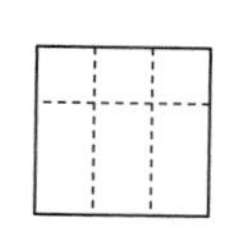

(2) 도형 **가**에서 찾을 수 있는 정사각형의 개수를 구하시오

(3) (1)에서 찾은 규칙을 이용하여 도형 **나**에서 찾을 수 있는 정사각형의 개수를 구하시오

4 찾을 수 있는 정삼각형의 개수를 구하려고 합니다. 물음에 답하시오.

가 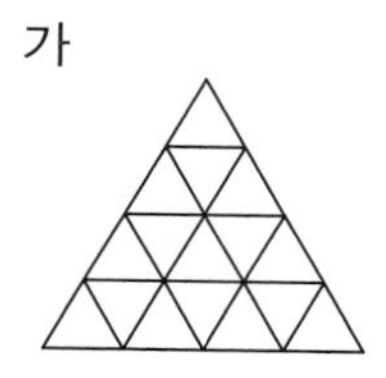 나 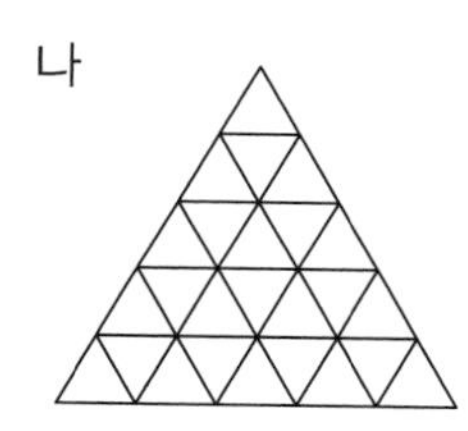

(1) 도형 **가**에서 찾을 수 있는 정삼각형의 종류를 점선으로 그린 다음 개수를 구하는 식을 각각 쓰고, 찾을 수 있는 정삼각형의 개수를 구하시오.

정삼각형을 뒤집은 모양의 정삼각형도 잊지 않고 찾아야 합니다.

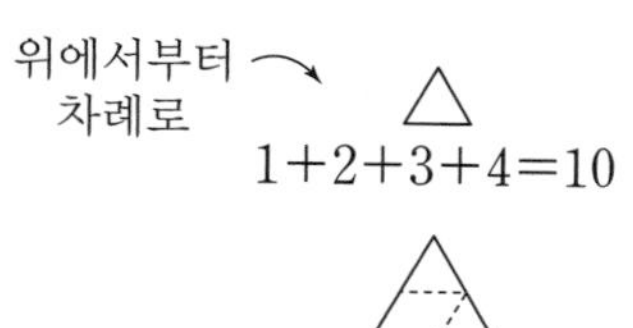

1+2+3+4=10

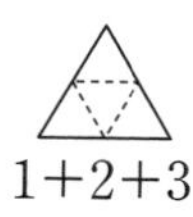
1+2+3

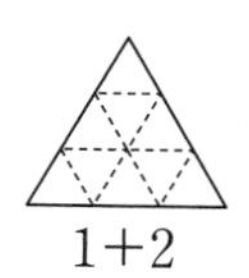
1+2

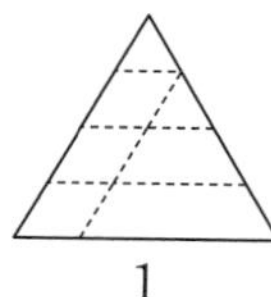
1

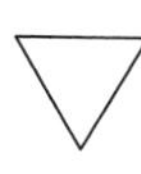

(2) (1)에서 찾은 규칙을 이용하여 도형 **나**에서 찾을 수 있는 정삼각형의 개수를 구하시오.

개념 익히기

1 도형에서 찾을 수 있는 삼각형은 모두 몇 개입니까?

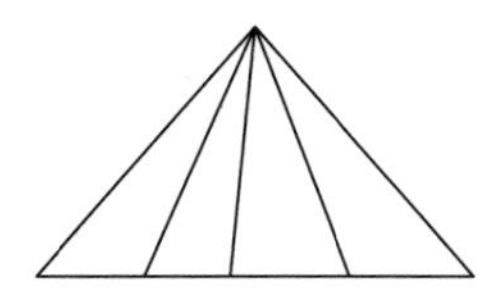

2 도형에서 찾을 수 있는 삼각형은 모두 몇 개입니까?

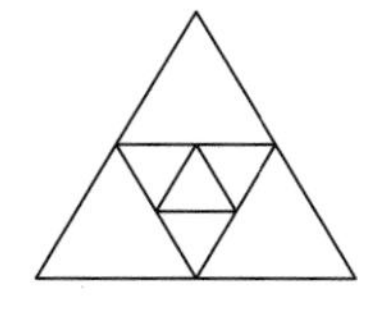

3 도형에서 찾을 수 있는 직각삼각형은 모두 몇 개입니까?

(1)

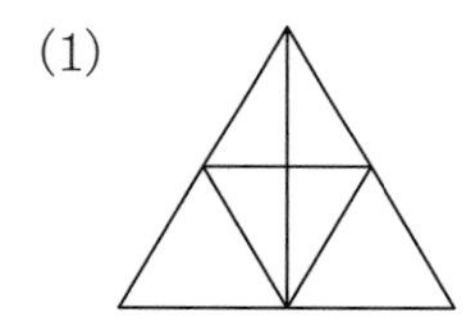

(2)

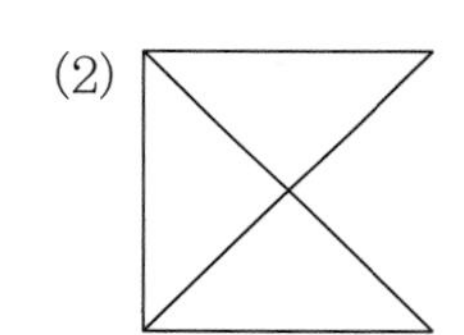

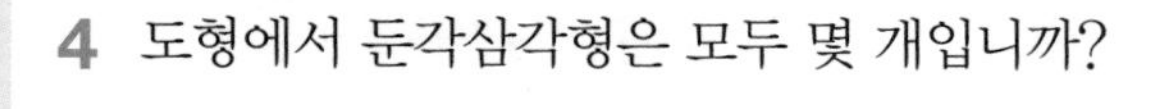

4 도형에서 둔각삼각형은 모두 몇 개입니까?

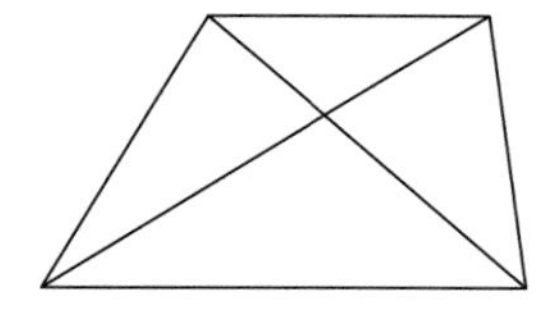

5 도형에서 찾을 수 있는 정사각형의 개수를 규칙을 찾아 식을 써서 구하시오.

(1)

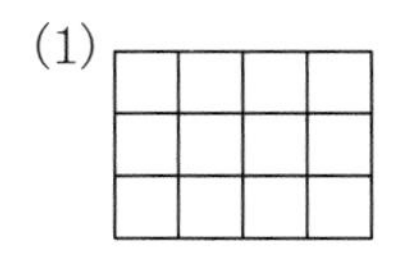

(2)

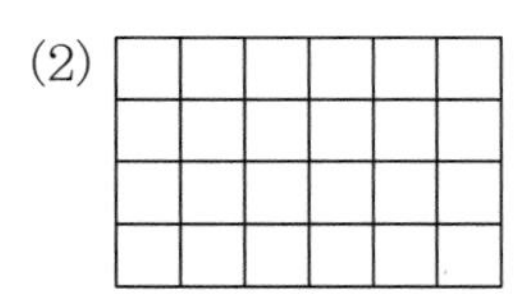

6 도형에서 찾을 수 있는 정삼각형은 모두 몇 개입니까?

(1)

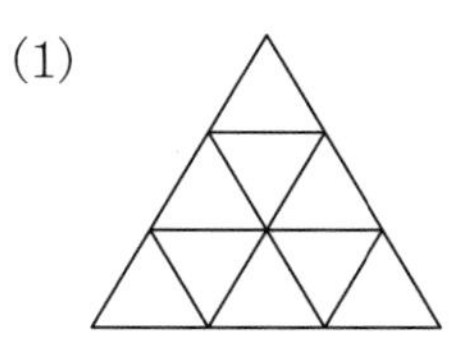

(2)

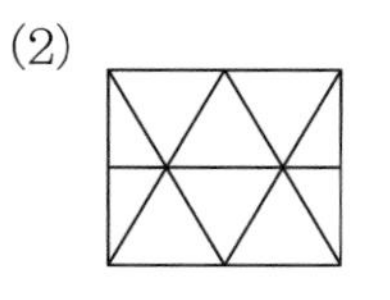

7 그림이 같이 점이 일정한 간격으로 10개 있습니다. 물음에 답하시오.

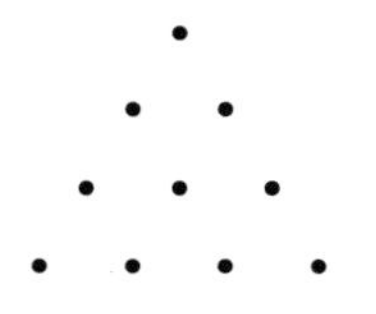

(1) 점을 이어 그릴 수 있는 정삼각형의 종류를 그려 보시오. 모두 몇 가지입니까?
(단, 돌려서 같은 모양은 한 가지로 생각합니다.)

(2) 점을 이어 그릴 수 있는 모든 정삼각형의 개수를 구하시오.

개념 넓히기

1 도형에서 찾을 수 있는 삼각형은 모두 몇 개입니까?

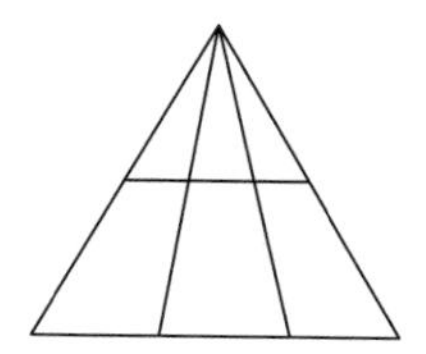

2 정사각형 모양의 색종이에 선을 그은 것입니다. 찾을 수 있는 삼각형은 각각 몇 개입니까?

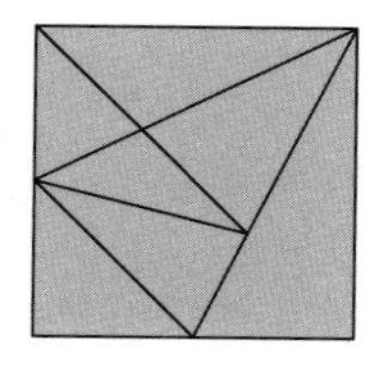

- 예각삼각형: 개
- 둔각삼각형: □개
- 직각삼각형: 개

3 도형에서 찾을 수 있는 직각삼각형은 모두 몇 개입니까?

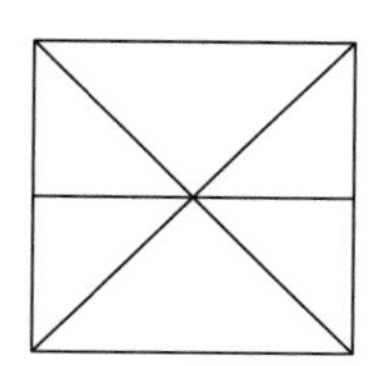

4 정사각형에 주어진 개수만큼 직각삼각형을 찾을 수 있게 선을 그어 보시오.

(1) 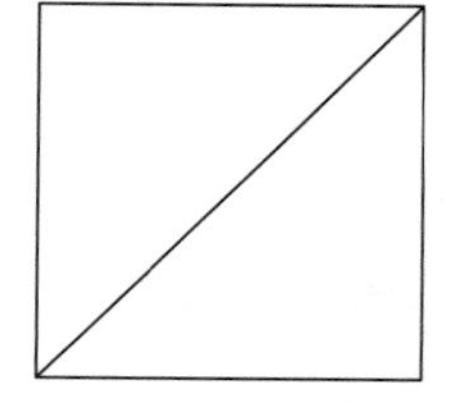

직각삼각형 6개

(2) 

직각삼각형 7개

5 도형에서 찾을 수 있는 삼각형은 모두 몇 개입니까?

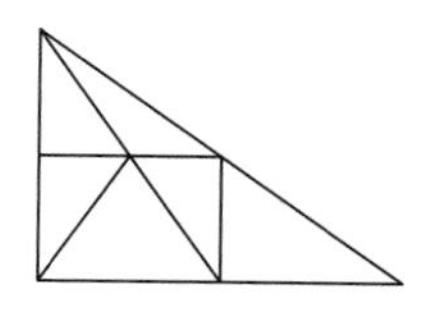

6 직각삼각형 모양의 색종이를 3번 잘라서 직각삼각형 3개와 직사각형 1개를 만들려고 합니다. 어떻게 자르면 되는지 선분을 그어 보시오.

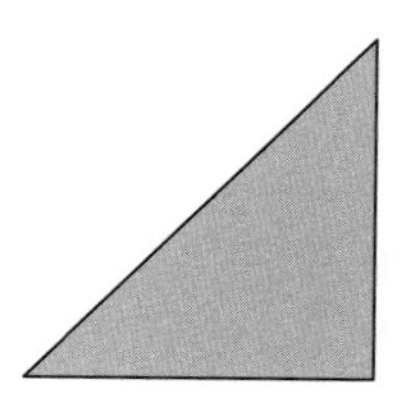

7 그림에서 찾을 수 있는 정사각형은 모두 몇 개입니까?

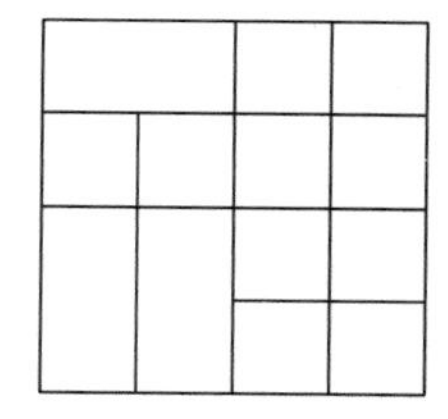

8 도형에서 찾을 수 있는 정사각형은 모두 몇 개입니까?

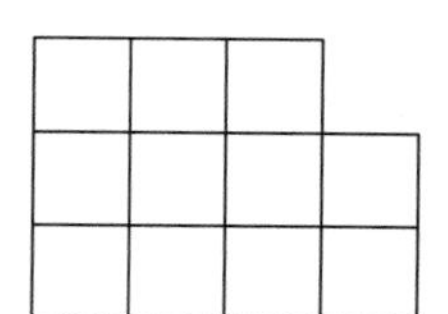

개념활동 14 사다리꼴, 평행사변형

1 도형을 보고 물음에 답하시오.

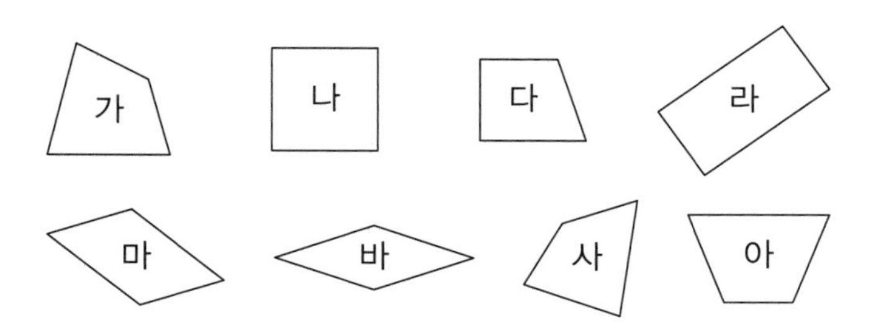

(1) 평행한 변이 한 쌍이라도 있는 사각형을 모두 찾아 기호를 쓰시오.

(2) 평행한 변이 한 쌍도 없는 사각형을 모두 찾아 기호를 쓰시오.

(3) 마주 보는 두 쌍의 변이 서로 평행한 사각형을 모두 찾아 기호를 쓰시오.

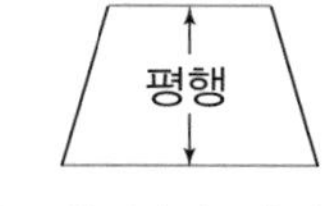

• 마주 보는 한 쌍의 변이 서로 평행한 사각형을 사다리꼴이라고 합니다.

2 조건에 맞는 사다리꼴을 그려 보시오.

(1) 마주 보는 한 쌍의 변이 각각 2 cm, 3 cm인 사다리꼴

(2) 평행하지 않는 두 변의 길이가 같은 사다리꼴

3 사다리꼴 ㄱㄴㄷㄹ의 꼭짓점 ㄹ을 옮겨서 두 쌍의 변이 서로 평행한 사각형 ㄱㄴㄷㅁ을 그리고, 물음에 답하시오.

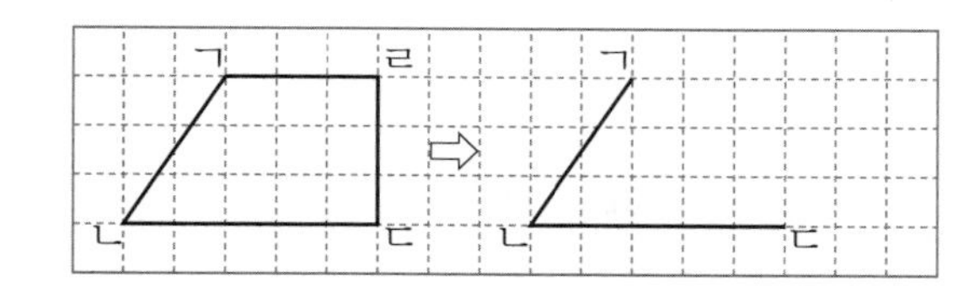

(1) 사각형 ㄱㄴㄷㄹ과 사각형 ㄱㄴㄷㅁ에서 서로 평행한 변은 각각 몇 쌍입니까?

(2) 사각형 ㄱㄴㄷㄹ은 평행사변형이라고 할 수 있습니까? 없다면 그 이유를 설명하시오.

(3) 사각형 ㄱㄴㄷㅁ은 사다리꼴이라고 할 수 있습니다. 그 이유를 설명하시오.

평행

• 마주 보는 두 쌍의 변이 서로 평행한 사각형을 평행사변형이라고 합니다.

• 평행사변형은 두 쌍의 변이 평행하므로 사다리꼴이라고 할 수 있지만 사다리꼴은 한 쌍의 변만 평행하므로 평행사변형이라고 할 수 없습니다.

4 모눈종이에 그려진 평행사변형을 보고 물음에 답하시오.

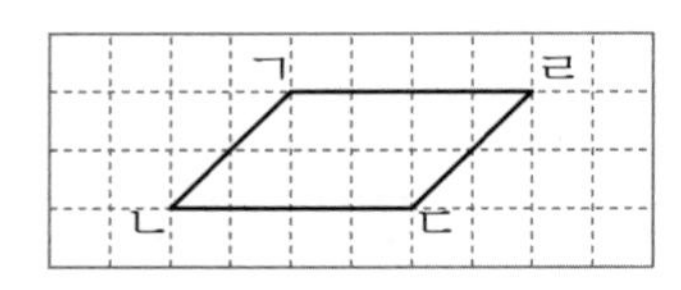

• 평행사변형은 마주 보는 변의 길이가 같고, 마주 보는 각의 크기도 같습니다.

(1) 평행사변형의 마주 보는 변의 길이가 같은 이유를 설명하시오.

(2) 평행사변형의 마주 보는 각의 크기가 같은 이유를 설명하시오.

5 평행사변형에서 마주 보는 각의 크기가 항상 같음을 설명하는 것입니다. □ 안에 알맞은 각을 써넣으시오.

WHY?
평행사변형의 마주 보는 두 각의 크기는 왜 같을까요?

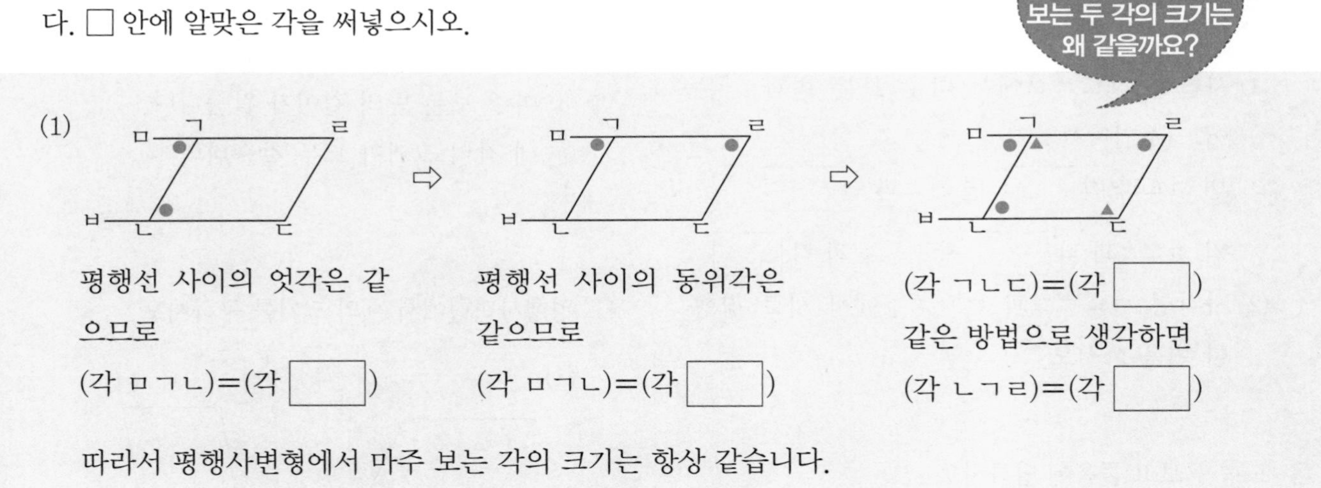

(2) 각 ㄱㄴㄷ과 이웃한 각 ㄴㄱㄹ의 합 ●+▲는 몇 도입니까?

(3) 각 ㄱㄴㄷ과 이웃한 각 ㄴㄷㄹ의 합 ●+▲는 몇 도입니까?

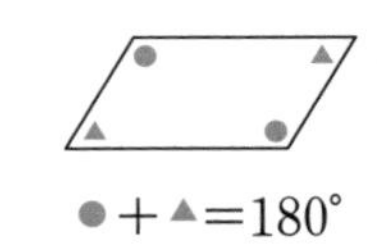

●+▲=180°

평행사변형에서 이웃한 두 각의 크기의 합은 180°입니다.

6 평행사변형입니다. □ 안에 알맞게 써넣으시오.

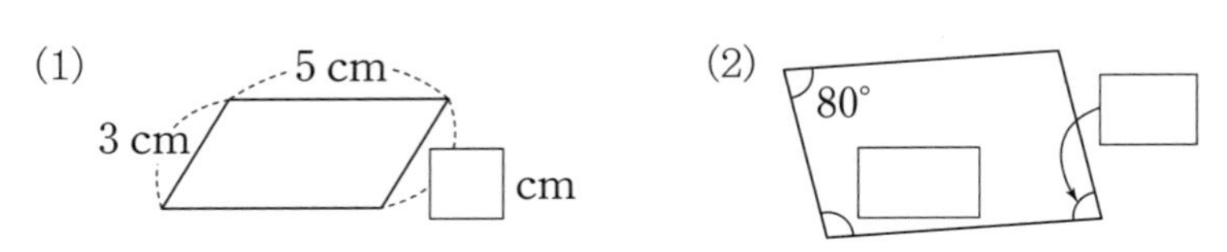

개념 익히기

1 □ 안에 알맞게 써넣으시오.

> 평행사변형은 마주 보는 □가 같고,
> 마주 보는 □가 같습니다.
> 평행사변형에서 이웃하는 두 각의 크기의 합은 □입니다.

2 사각형을 보고 물음에 답하시오.

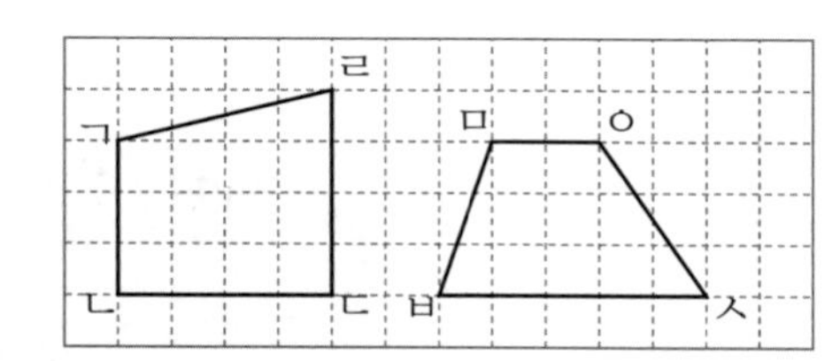

(1) 사각형 ㄱㄴㄷㄹ에서 마주 보는 변과 각은 어느 것입니까?

변 ㄱㄴ과 변 □, 변 ㄱㄹ과 변 □

각 ㄱㄴㄷ과 각 □, 각 ㄴㄱㄹ과 각 □

(2) 사각형 ㄱㄴㄷㄹ과 ㅁㅂㅅㅇ에서 서로 평행한 변을 쓰시오.

3 도형을 보고 물음에 답하시오.

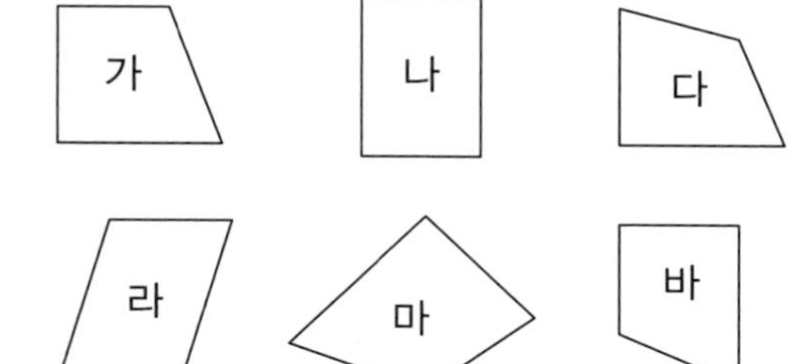

(1) 사다리꼴을 모두 찾아 기호를 쓰시오.

(2) 평행사변형을 모두 찾아 기호를 쓰시오.

4 주어진 도형이 되도록 그림을 완성하시오.

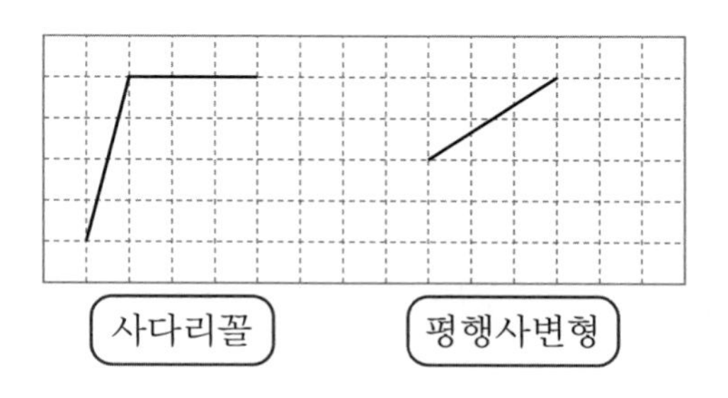

5 평행사변형에 대한 설명으로 <u>틀린</u> 것은 어느 것입니까?

① 이웃하는 두 각의 크기의 합은 180°입니다.
② 마주 보는 두 쌍의 변이 서로 평행합니다.
③ 마주 보는 각의 크기가 같습니다.
④ 마주 보는 변의 길이가 같습니다.
⑤ 네 각의 크기가 모두 같습니다.

6 평행사변형에서 ㉠의 크기를 구하시오.

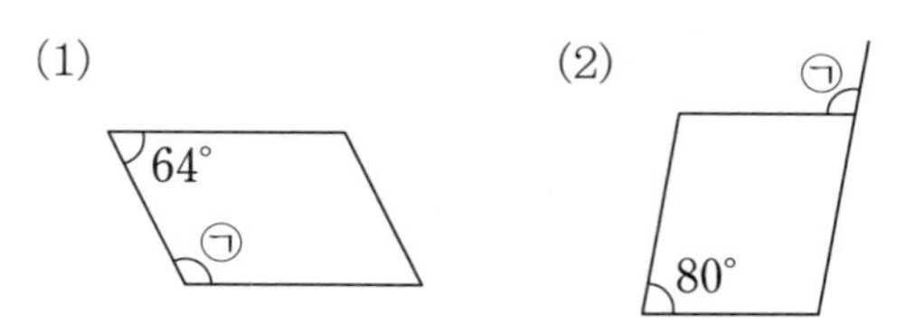

7 평행사변형의 네 변의 길이의 합이 42 cm일 때, □ 안에 알맞은 수를 써넣으시오.

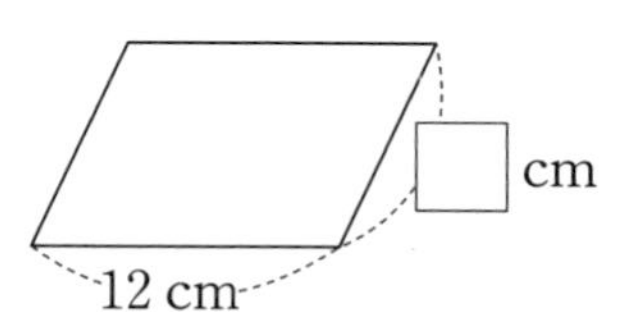

개념 넓히기

1 그림에서 어느 한 점을 이어 사다리꼴을 만들려고 합니다. 사다리꼴이 되는 점을 모두 찾아 쓰시오.

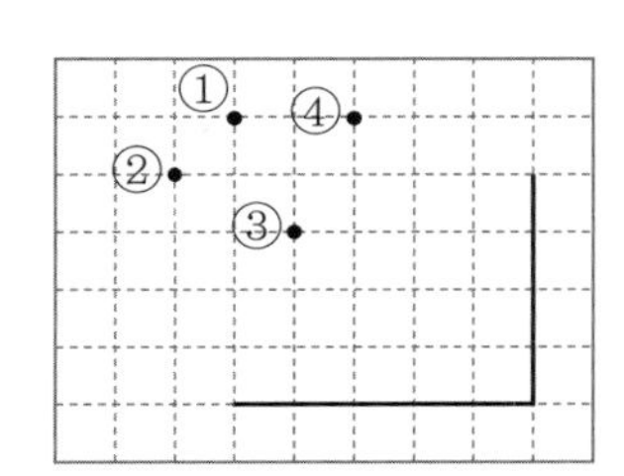

2 평행하지 않은 두 변의 길이가 같은 사다리꼴 ㄱㄴㄷㄹ을 보고 물음에 답하시오.

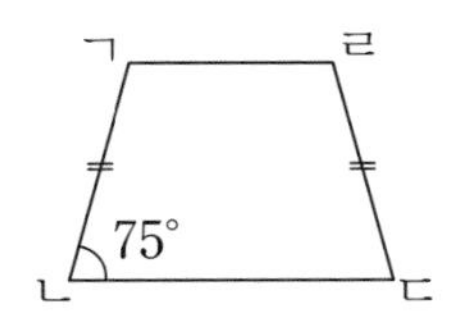

(1) 꼭짓점 ㄹ에서 변 ㄱㄴ과 평행한 선을 그어 변 ㄴㄷ과 만나는 점을 ㅁ이라고 하시오.

(2) 각 ㄹㅁㄷ의 동위각은 어느 각입니까?

(3) 삼각형 ㄹㅁㄷ은 어떤 삼각형입니까?

(4) 각 ㄹㄷㄴ의 크기는 몇 도입니까?

3 똑같은 사다리꼴 2개를 사용하여 항상 만들 수 있는 도형은 어느 것입니까?

① 정삼각형　② 평행사변형
③ 이등변삼각형　④ 마름모
⑤ 직사각형

4 □ 안에 알맞은 각도를 써넣으시오.

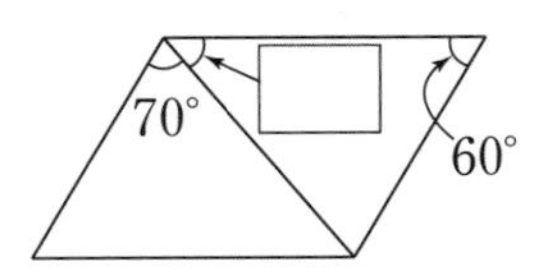

5 직사각형 ㄱㄴㄷㄹ과 평행사변형 ㅁㄴㄷㅂ을 겹쳐 놓은 것입니다. 선분 ㄱㅁ의 길이는 몇 cm입니까?

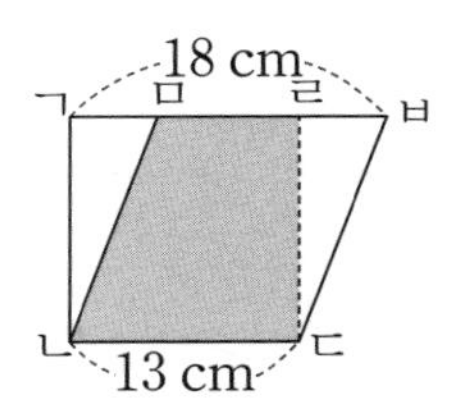

6 사각형 ㄱㄴㄷㅅ과 사각형 ㅂㄷㄹㅁ은 평행사변형입니다. 각 ㄷㅅㅂ의 크기를 구하시오.

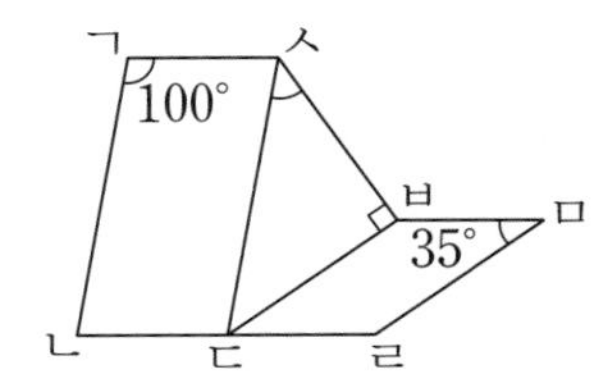

7 도형에서 찾을 수 있는 크고 작은 평행사변형은 모두 몇 개입니까?

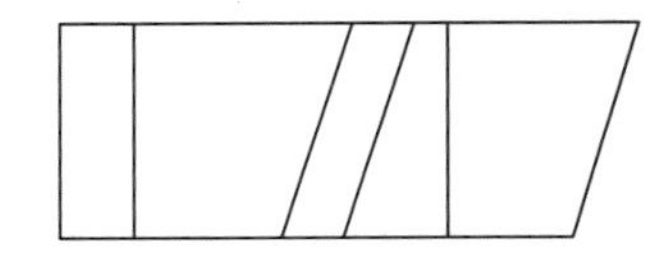

8 사각형 ㄱㄴㄷㄹ이 항상 평행사변형이라고 할 수 <u>없는</u> 경우를 찾아 그 예를 그림으로 나타내시오.

① 각 ㄱㄴㄷ의 크기와 각 ㄱㄹㄷ의 크기가 같습니다.

② 변 ㄱㄴ과 변 ㄹㄷ의 길이가 같습니다.

③ 각 ㄴㄱㄹ과 각 ㄱㄴㄷ의 크기의 합은 180° 입니다.

④ 변 ㄱㄹ과 변 ㄴㄷ이 평행하고, 변 ㄱㄴ과 변 ㄹㄷ이 평행합니다.

⑤ 변 ㄱㄴ과 변 ㄹㄷ의 길이가 같고, 변 ㄱㄹ과 변 ㄴㄷ의 길이가 같습니다.

개념활동 15 마름모, 직사각형, 정사각형

1 도형을 보고 물음에 답하시오.

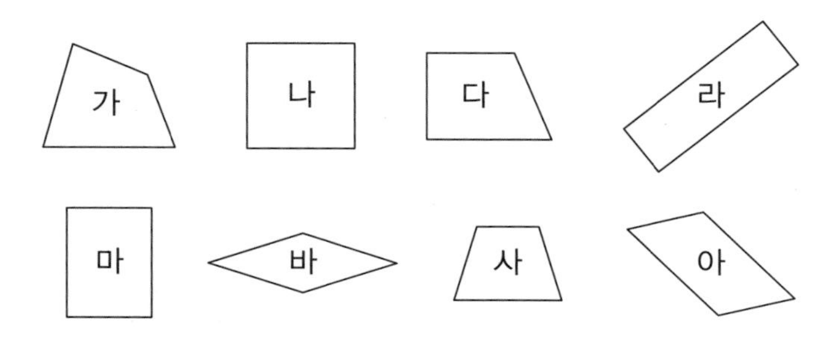

(1) 네 변의 길이가 모두 같은 사각형을 모두 찾아 기호를 쓰시오.

(2) 네 각이 모두 직각인 사각형을 모두 찾아 기호를 쓰시오.

(3) 네 각이 모두 직각이고 네 변의 길이가 모두 같은 사각형을 찾아 기호를 쓰시오.

2 주어진 선분을 두 변으로 하는 마름모 ㄱㄴㄷㄹ을 그리고 물음에 답하시오.

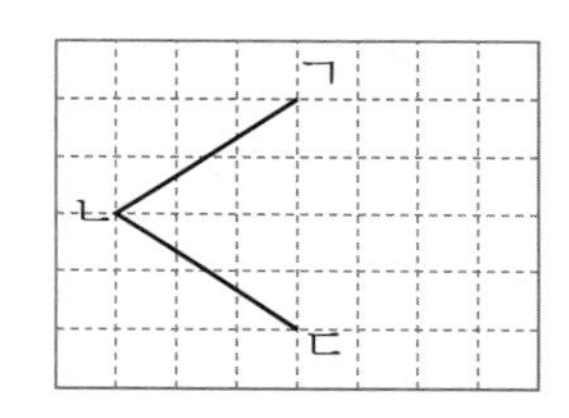

(1) 변 ㄱㄴ, 변 ㄴㄷ과 평행한 변은 각각 어느 것입니까? 마름모는 평행사변형입니까?

(2) 평행사변형은 마주 보는 변의 길이가 같고, 마주 보는 각의 크기가 같습니다. 위 마름모는 마주 보는 각의 크기가 같습니까?

(3) 마름모는 어떤 사각형이라고 할 수 있습니까? 모두 찾아 ○표 하시오.

(사다리꼴, 평행사변형, 직사각형, 정사각형)

3 도형은 마름모입니다. □ 안에 알맞게 써넣으시오.

(1)

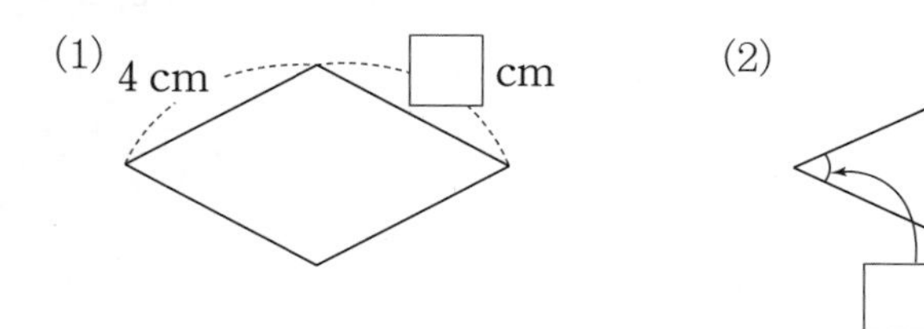

(2)

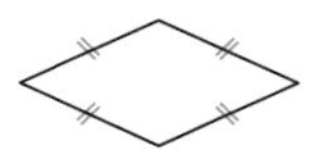

• 네 변의 길이가 모두 같은 사각형을 마름모라고 합니다.

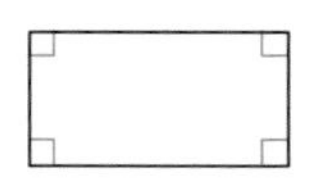

• 네 각이 모두 직각인 사각형을 직사각형이라고 합니다.

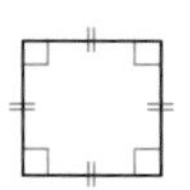

• 네 각이 모두 직각이고 네 변의 길이가 모두 같은 사각형을 정사각형이라고 합니다.

꿀팁

마름모는 평행사변형이므로 마주 보는 각의 크기가 같음을 이용합니다.

꿀팁

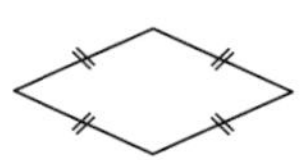

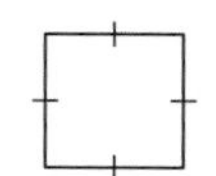

마름모를 왼쪽과 같은 모양으로만 생각하는 경우가 많은데 각의 크기와 관계없이 네 변의 길이만 같으면 마름모입니다.

4 주어진 선분을 두 변으로 하는 직사각형과 정사각형을 그리고 물음에 답하시오.

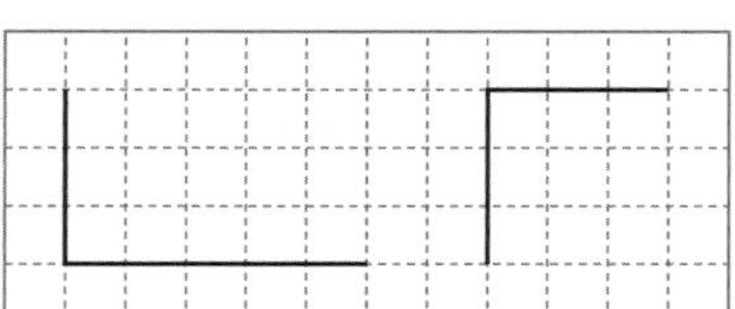

(1) 두 사각형의 네 각이 모두 직각입니까?

(2) 직사각형은 마주 보는 몇 쌍의 변이 평행합니까? 직사각형은 평행사변형이라고 할 수 있습니까?

(3) 정사각형은 네 각이 모두 직각입니까? 정사각형은 직사각형이라고 할 수 있습니까?

(4) 정사각형은 네 변의 길이가 모두 같습니까? 정사각형은 마름모라고 할 수 있습니까?

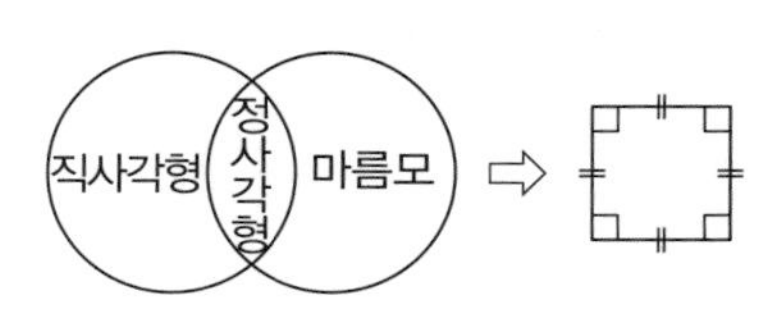

• 정사각형은 네 각이 직각이므로 직사각형이고, 네 변의 길이가 같으므로 마름모입니다.

5 다음을 보고 주어진 사각형의 조건이 될 수 있는 것을 모두 찾아 기호를 쓰시오.

> ㉠ 네 각이 모두 직각입니다.
> ㉡ 네 변의 길이가 모두 같습니다.
> ㉢ 마주 보는 두 쌍의 변이 서로 평행합니다.
> ㉣ 마주 보는 각의 크기가 같습니다.
> ㉤ 마주 보는 변의 길이가 같습니다.

(1) 직사각형 (   ) (2) 마름모 (   )

(3) 정사각형 (   )

6 주어진 조건에 맞도록 □ 안에 알맞은 수를 써넣으시오.

(1) 네 변의 길이의 합이 32 cm인 직사각형

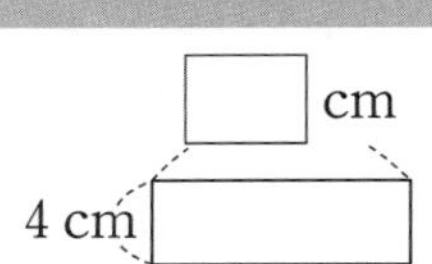

(2) 네 변의 길이의 합이 56cm인 정사각형

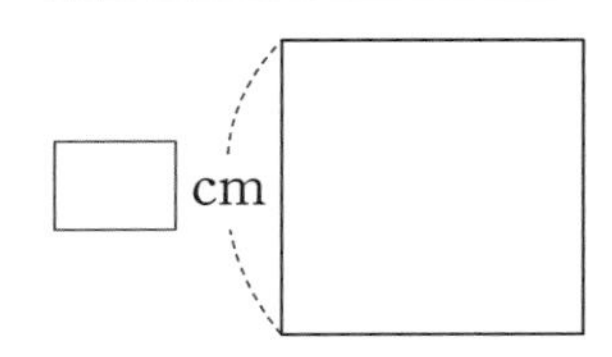

개념 익히기

1 도형을 보고 물음에 답하시오.

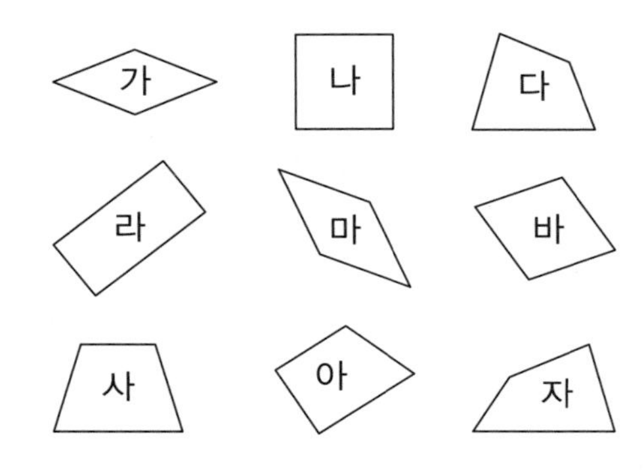

(1) 평행사변형을 모두 찾아 기호를 쓰시오.

(2) 마름모를 모두 찾아 기호를 쓰시오.

(3) 직사각형을 모두 찾아 기호를 쓰시오.

2 바르게 설명한 것은 ○표, 잘못 설명한 것은 ×표 하시오.

(1) 직사각형은 마주 보는 두 쌍의 변이 서로 평행합니다. (　　　　)

(2) 정사각형은 마주 보는 두 변의 길이가 같습니다. (　　　　)

(3) 정사각형은 마주 보는 두 각의 크기가 같습니다. (　　　　)

(4) 마름모는 네 각의 크기가 직각입니다.
(　　　　)

(5) 직사각형은 네 변의 길이가 모두 같습니다.
(　　　　)

3 도형은 마름모입니다. □ 안에 알맞게 써넣으시오.

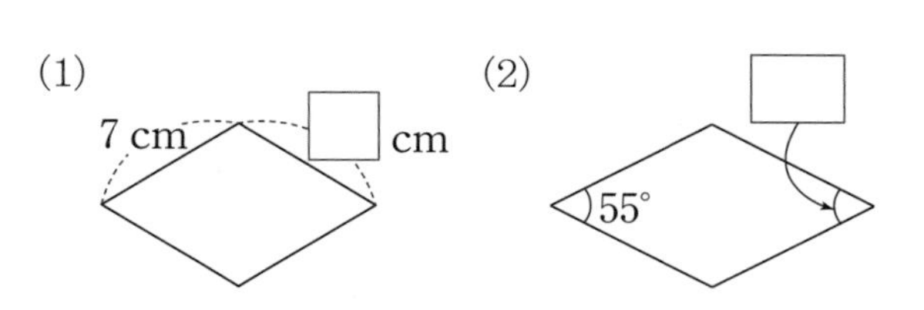

4 오른쪽 도형은 다음 중 어떤 도형이라고 할 수 없는지 모두 고르시오.

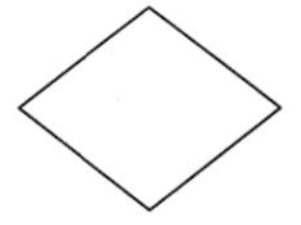

① 사다리꼴　② 평행사변형
③ 직사각형　④ 마름모
⑤ 정사각형

5 해성이는 50 cm의 띠를 사용하여 직사각형을 만들었습니다. 한 변이 8 cm이면 길이가 다른 한 변은 몇 cm입니까?

6 마름모는 평행사변형이라고 할 수 있지만 평행사변형은 마름모라고 할 수 없습니다. 그 이유를 설명하시오. 서술형

7 철사를 사용하여 다음과 같은 직사각형을 만들었습니다. 이 철사를 남김없이 사용하여 가장 큰 마름모를 만들려면 마름모의 한 변은 몇 cm로 해야 합니까?

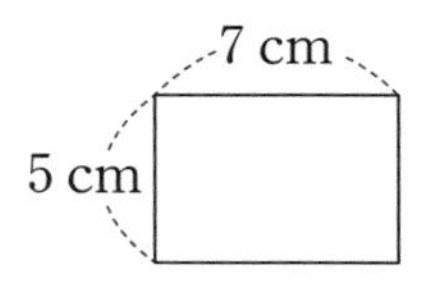

8 도형은 정삼각형 정사각형,마름모를 겹치지 않게 이어 붙인 것입니다. 이 도형의 바깥쪽 변의 길이의 합은 몇 cm입니까?

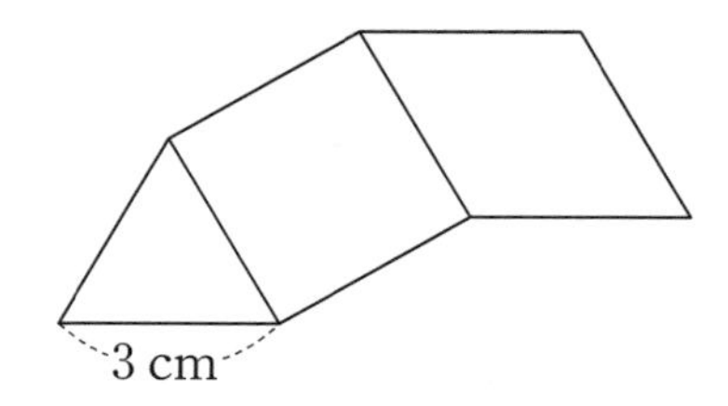

개념 넓히기

1 직사각형의 성질을 모두 찾아 기호를 쓰시오.

> ㉠ 네 각의 크기가 모두 같습니다.
> ㉡ 마주 보는 한 쌍의 변만 서로 평행합니다.
> ㉢ 마주 보는 두 쌍의 변이 서로 평행합니다.
> ㉣ 네 변의 길이가 모두 같습니다.
> ㉤ 네 각이 모두 직각이고 네 변의 길이가 모두 같습니다.

2 가로가 24 cm, 세로가 18 cm인 직사각형을 가장 큰 정사각형 모양으로 자르려고 합니다. 정사각형의 한 변을 몇 cm로 해야 합니까? (단, 길이는 자연수로 합니다.)

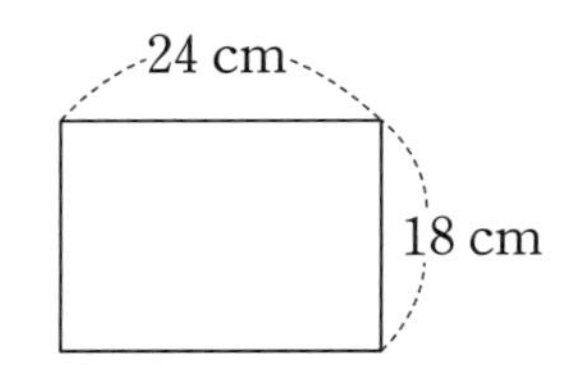

3 그림에서 사각형 ㄱㄴㅅㅁ과 ㅂㅅㄷㅇ은 정사각형입니다. 변 ㅁㅂ의 길이를 구하시오.

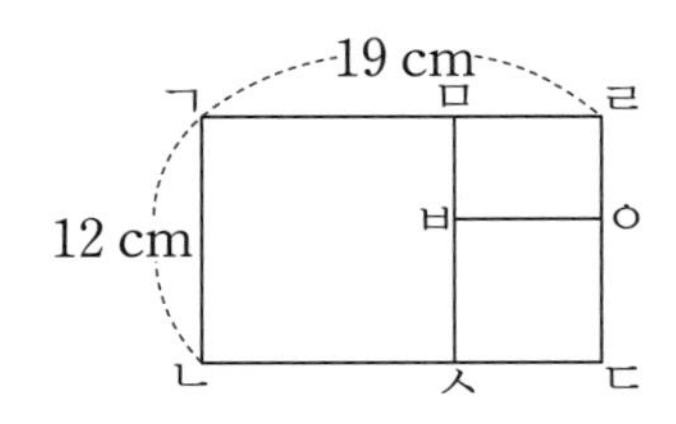

4 보기와 같이 정사각형 모양의 종이를 한 번 접어 사다리꼴을 만들 수 있습니다. 정사각형을 마름모로 만들려면 최소한 몇 번을 접어야 합니까? (단, 적어도 한 번은 접어야 합니다.)

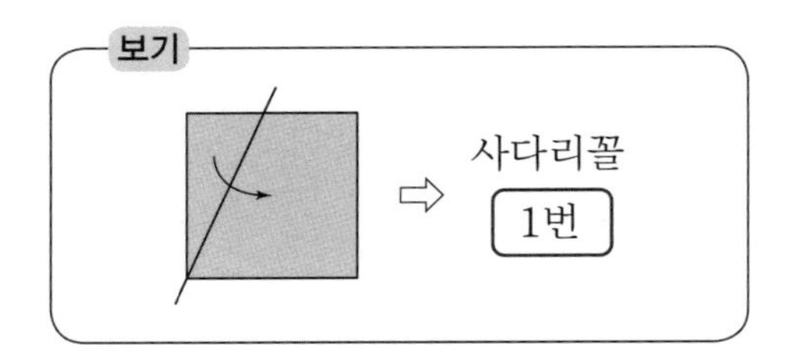

5 정사각형 ㄱㄴㄷㄹ과 정삼각형 2개를 겹치지 않게 이어 붙인 것입니다. 각 ㅁㅅㄷ의 크기는 몇 도입니까?

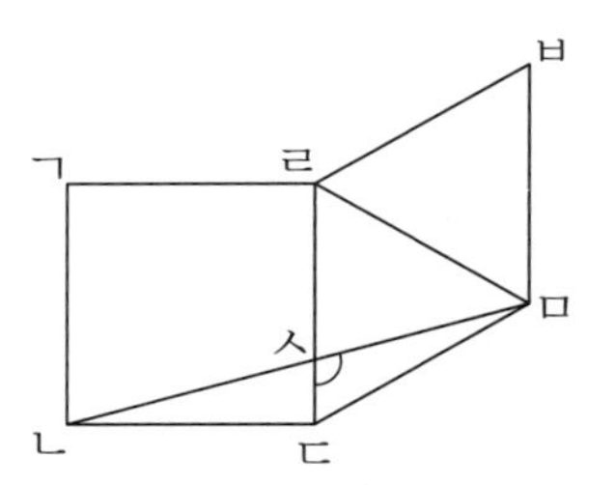

6 그림은 똑같은 모양의 마름모 2개를 겹치지 않게 이어 붙인 것입니다. □ 안에 알맞은 각도를 써넣으시오.

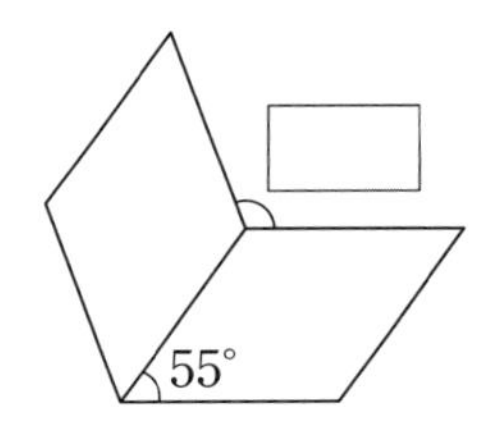

7 마름모 ㄱㄴㄷㄹ을 잘라서 평행사변형 ㅁㄷㅂㄱ을 만들었습니다. 각 ㄱㅁㄷ의 크기는 몇 도입니까?

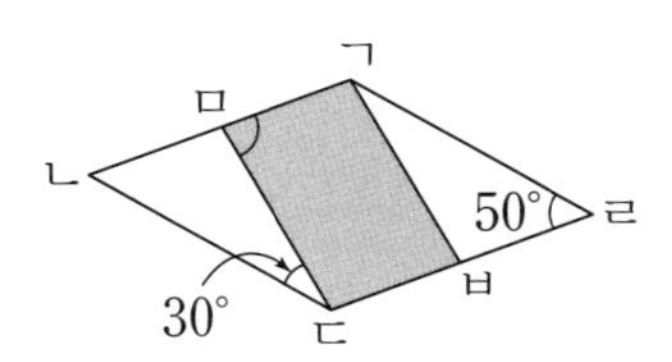

8 보기와 같이 다음 두 직각삼각형을 변끼리 이어 붙여서 만들 수 있는 도형을 모두 그리고, 도형의 이름을 쓰시오.

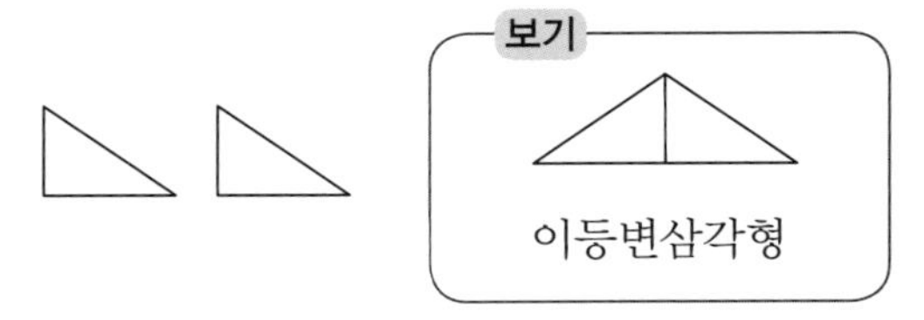

개념활동 16 사각형 사이의 관계

1 보기와 같이 조건에 맞는 사각형의 이름을 쓰고 알맞은 도형을 찾아 기호를 쓰시오.

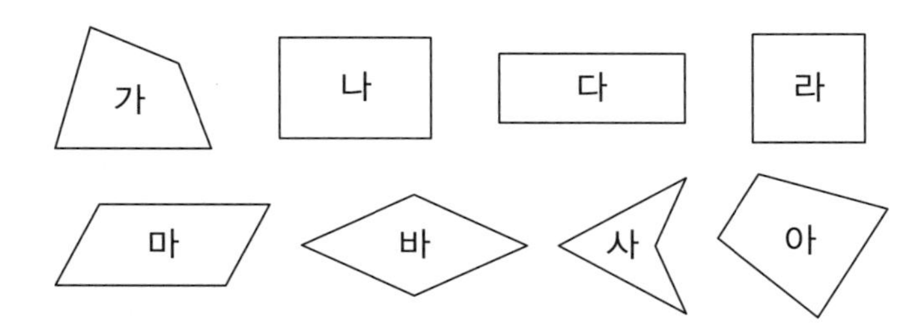

(1) 한 쌍의 변이라도 평행한 사각형

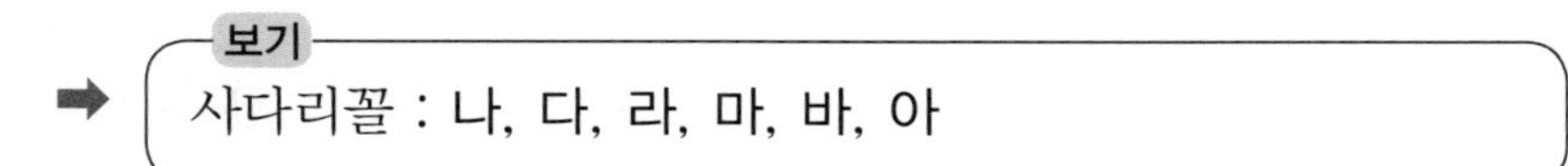

(2) 두 쌍의 변이 평행한 사각형

(3) 네 각이 모두 직각인 사각형 (4) 네 변의 길이가 모두 같은 사각형

(5) 네 각이 모두 직각이고 네 변의 길이가 모두 같은 사각형

• 사각형 사이의 관계

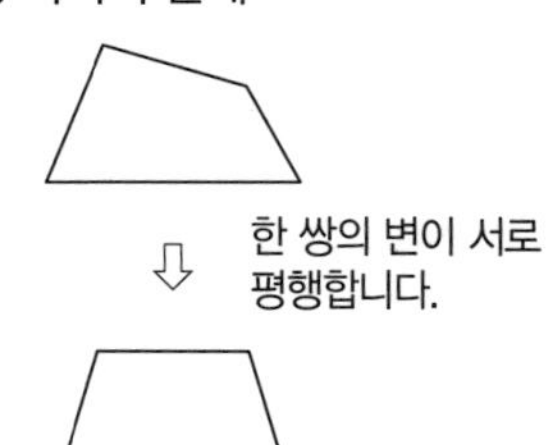

두 쌍의 변이 서로 평행합니다.

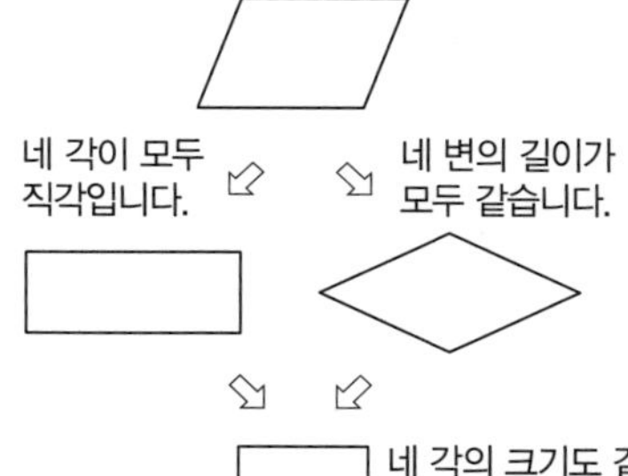

네 각의 크기도 같고, 네 변의 길이도 모두 같습니다.

2 주어진 도형이 될 수 있는 사각형을 보기에서 모두 찾아 기호를 도형 안에 써넣으시오.

보기

㉠ 사다리꼴 ㉡ 평행사변형 ㉢ 마름모
㉣ 직사각형 ㉤ 정사각형

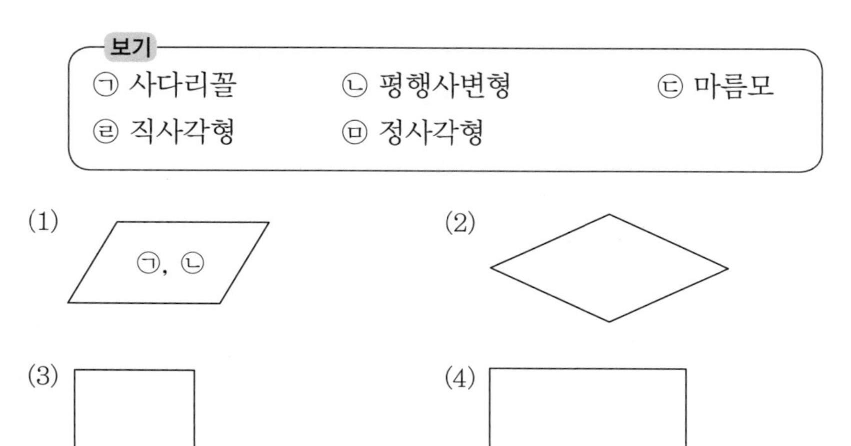

개념 익히기

1 도형을 보고 물음에 답하시오.

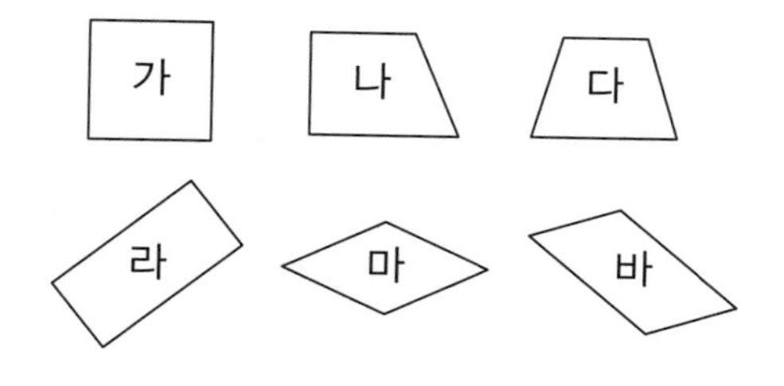

(1) 평행사변형이라고 할 수 있는 것을 모두 찾아 기호를 쓰시오.

(2) 마름모라고 할 수 있는 것을 모두 찾아 기호를 쓰시오.

(3) 직사각형라고 할 수 있는 것을 모두 찾아 기호를 쓰시오.

(4) 정사각형을 찾아 기호를 쓰시오.

2 옳은 것을 모두 찾아 기호를 쓰시오.

㉠ 평행사변형은 사다리꼴입니다.
㉡ 직사각형은 정사각형입니다.
㉢ 마름모는 사다리꼴입니다.
㉣ 평행사변형은 마름모입니다.
㉤ 정사각형은 마름모입니다.
㉥ 사다리꼴은 평행사변형입니다.

3 주어진 조건에 맞는 사각형을 그리고 이름을 쓰시오.

(1) 직각을 가진 마름모

(2) 직각을 가진 평행사변형

개념 넓히기

1 조건을 모두 만족하는 사각형의 이름을 모두 쓰시오.

• 마주 보는 두 쌍의 각의 크기가 같습니다.
• 네 변의 길이가 모두 같습니다.

2 사각형 사이의 관계를 그림으로 나타낸 것입니다. 가, 나에 알맞은 조건을 찾아 기호를 차례로 쓰시오.

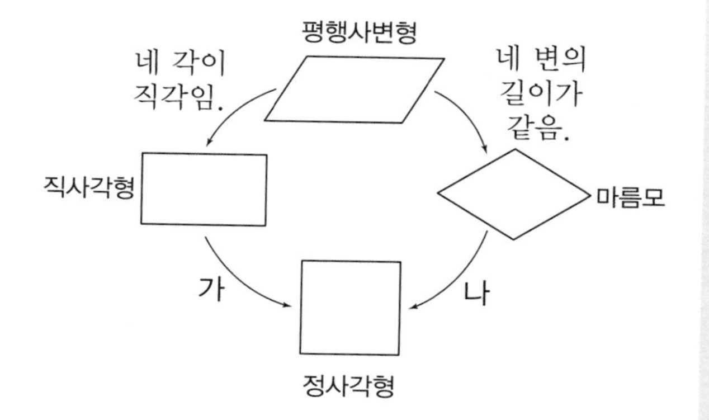

㉠ 네 각이 모두 직각입니다.
㉡ 한 쌍의 변이 모두 평행합니다.
㉢ 두 쌍의 변이 모두 평행합니다.
㉣ 네 변의 길이가 모두 같습니다.

3 옳은 것을 모두 고르시오.

① 한 각의 크기가 90°인 평행사변형은 직사각형입니다.

② 마주 보는 각의 크기의 합이 180°인 평행사변형은 마름모입니다.

③ 이웃하는 두 변의 길이가 같은 평행사변형은 정사각형입니다.

④ 이웃하는 두 변의 길이가 같은 직사각형은 정사각형입니다.

⑤ 한 각의 크기가 90°인 마름모는 정사각형입니다.

개념활동 17 다각형, 정다각형

1 주어진 선분의 개수로 둘러싸인 도형을 그려 보시오.

(1) 선분 5개　　　(2) 선분 7개

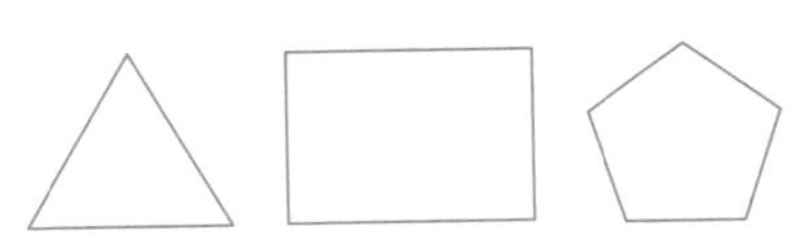

• 선분으로만 둘러싸인 도형을 다각형이라고 합니다. 이 도형을 변의 개수에 따라 변이 3개이면 삼각형, 4개이면 사각형, 5개이면 오각형 등으로 부릅니다. 여기서 둘러싸여 있다는 것은 모든 선분이 연결되어 있다는 것을 뜻합니다.

2 도형을 보고 물음에 답하시오.

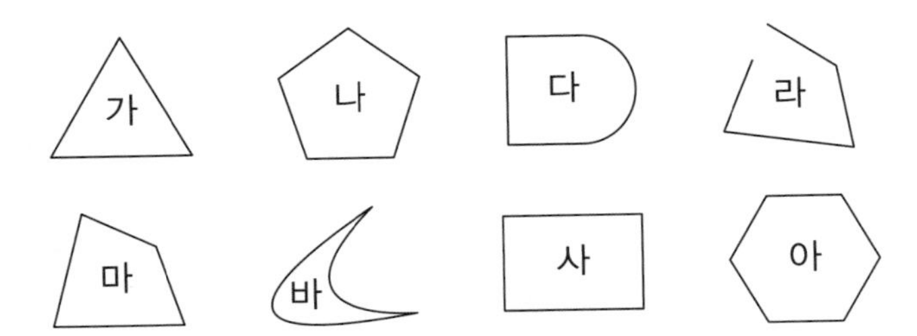

(1) 다각형이 아닌 것을 모두 찾아 기호를 쓰고 그 이유를 설명하시오.

(2) 도형 **가**는 삼각형이고, 도형 **마**와 **사**는 사각형입니다. 이러한 도형의 이름은 무엇을 기준으로 정해진 것입니까? 도형 **나**와 **아**의 이름을 차례로 쓰시오.

(3) 도형 **가**, **나**, **아**의 변의 길이는 어떠합니까? 또, 도형 **가**, **나**, **아**의 각의 크기는 어떠합니까?

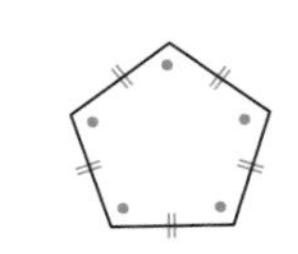

• 변의 길이가 모두 같고, 각의 크기가 모두 같은 다각형을 정다각형이라고 합니다.

3 도형을 보고 물음에 답하시오.

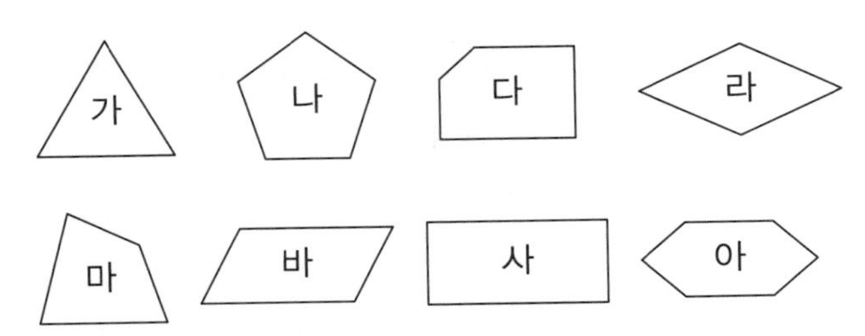

(1) 주어진 다각형의 이름대로 분류하여 기호를 쓰시오.

삼각형 (　　　　　　　　　), 사각형 (　　　　　　　　　),

오각형 (　　　　　　　　　), 육각형 (　　　　　　　　　),

(2) 정다각형을 모두 골라 기호를 쓰시오.

4 주어진 도형이 정다각형이 아닌 이유를 설명하시오.

(1)

(2)

(3)

5 정팔각형의 한 각의 크기를 구하려고 합니다. 물음에 답하시오.

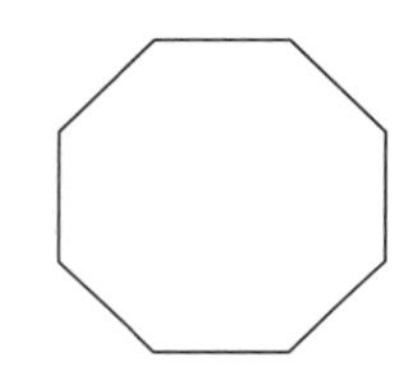

(1) 정팔각형의 한 꼭짓점에서 선을 그어 만든 삼각형은 모두 몇 개입니까?

(2) 삼각형의 세 각의 크기의 합은 180°입니다. 정팔각형의 모든 각의 크기의 합을 구하시오.

(3) 정다각형의 각의 크기는 모두 같습니다. 정팔각형의 한 각의 크기를 구하시오.

정삼각형, 정오각형, 정육각형, 정팔각형 등의 정다각형을 색종이로 접어 보는 것은 정다각형을 이해하는 데 많은 도움이 됩니다. 인터넷을 검색하면 접는 방법이 다양하게 나와 있으니 참고하여 접어 보세요.

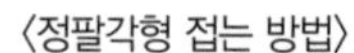
〈정팔각형 접는 방법〉

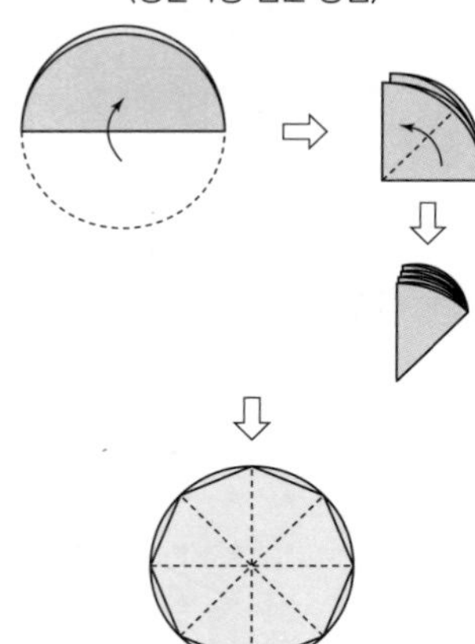

6 오른쪽 정오각형을 보고 물음에 답하시오.

(1) 정오각형은 몇 개의 삼각형으로 나누어집니까?

(2) 정오각형의 모든 각의 크기의 합은 몇 도입니까?

(3) 정오각형의 한 각의 크기는 몇 도입니까?

모든 각의 크기의 합을 구할 때, 왜 그 공식이 나왔는지를 기억하면 공식을 잊었을 때도 구할 수 있습니다. 단순히 공식을 외우지 않는 것이 바람직합니다.

개념 익히기

1 도형을 보고 물음에 답하시오.

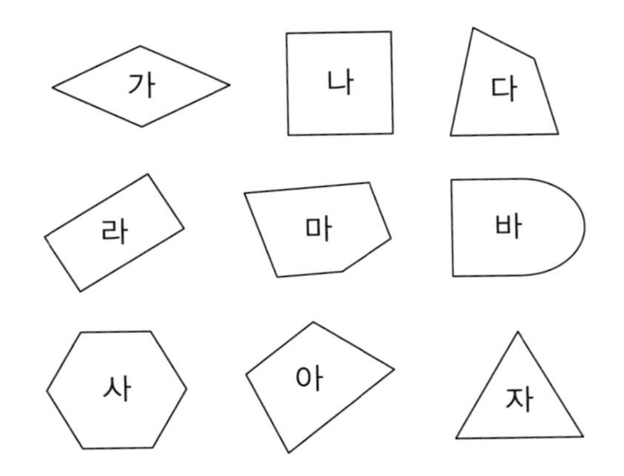

(1) 다각형이 아닌 것을 찾아 기호를 쓰고 이유를 설명하시오.

(2) 도형 마와 사의 이름을 차례로 쓰시오.

(3) 정다각형을 모두 찾아 기호를 쓰시오.

(4) 라는 정다각형이 아닙니다. 그 이유를 설명하시오. 서술형

2 주어진 선분을 이용하여 다각형을 그려 보시오.

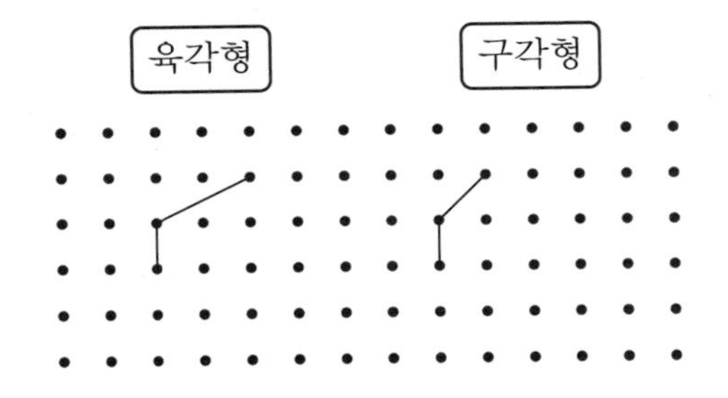

3 도형이 다각형이 아닌 이유를 설명하시오. 서술형

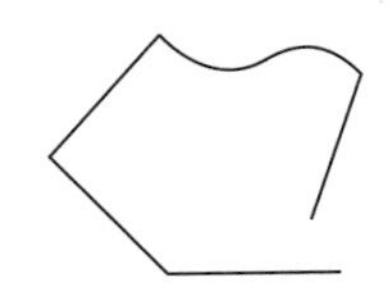

4 주어진 표지판을 보고 다각형의 이름을 쓰시오.

(1)

(2)

(3)

(4)

5 정십이각형의 한 각의 크기를 구하시오.

6 다음을 읽고 ㉠, ㉡에 알맞은 것을 쓰시오.

- 한 변이 8 cm인 정구각형의 모든 변의 길이의 합은 ㉠ cm입니다.
- 정십각형의 한 각의 크기는 ㉡입니다.

7 한 변이 8 cm이고, 모든 변의 길이의 합이 56 cm인 정다각형의 이름은 무엇입니까?

개념 넓히기

1 다각형에 대한 설명으로 옳지 않은 것을 찾아 그 이유를 설명하시오.

① 선분으로 이루어진 도형입니다.
② 직사각형은 모든 각의 크기가 같으므로 정다각형입니다.
③ 다각형은 변의 개수에 따라 이름이 정해집니다.
④ 정다각형은 변의 길이가 모두 같은 도형입니다.
⑤ 정다각형은 모든 각의 크기가 같습니다.

2 도형 가, 나, 다, 바는 정삼각형 조각들을 붙여 만든 도형이고, 도형 라는 한 각의 크기가 30°인 마름모입니다. 조건에 맞는 도형을 만들어 보시오.

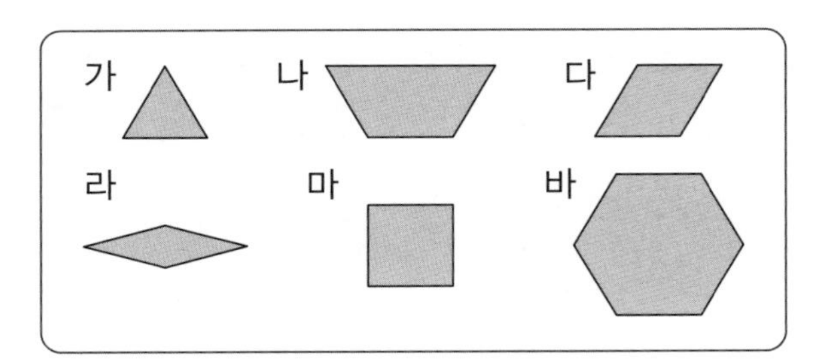

(1) 두 조각을 이어 붙여 팔각형을 만들어 보시오.

(2) 위의 도형의 조각들을 이용해 도형 바를 만드는 경우를 3개 그려 보시오. (단, 위 도형 조각들이 여러 개 있습니다.)

3 도형이 정다각형이 아닌 이유를 설명하시오.

(1) (2)

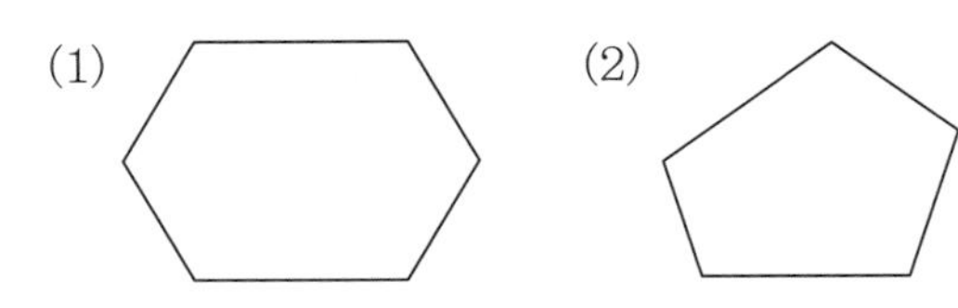

4 오른쪽 도형을 보고 물음에 답하시오.

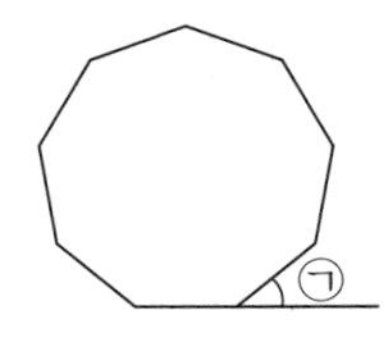

(1) 정구각형의 모든 각의 크기의 합은 몇 도입니까?

(2) 정구각형의 한 각의 크기는 몇 도입니까?

(3) ㉠의 크기를 구하시오.

5 정오각형과 평행사변형을 겹치지 않게 이어 붙인 것입니다. ㉠과 ㉡의 크기를 각각 구하시오.

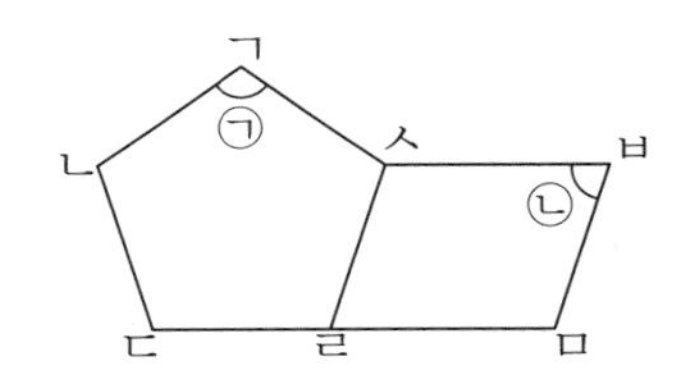

6 정다각형의 모든 각의 크기의 합이 2520°인 정다각형의 이름을 쓰시오.

7 변의 길이가 모두 같은 정육각형과 정팔각형의 한 변을 겹치지 않게 이어 붙인 것입니다. ㉠의 크기를 구하시오.

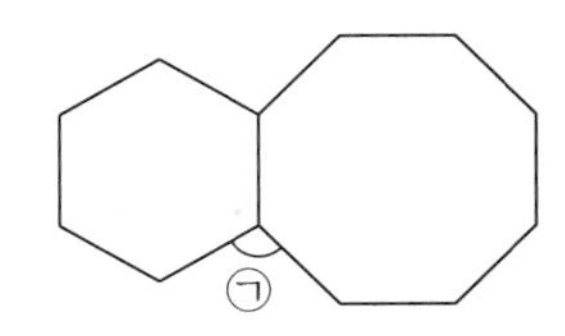

개념활동 18 대각선

1 다각형을 보고 물음에 답하거나 □ 안에 알맞게 써넣으시오.

• 다각형에서 이웃하지 않은 두 꼭짓점을 이은 선분을 대각선이라고 합니다. 모든 대각선은 두 번씩 겹쳐집니다.

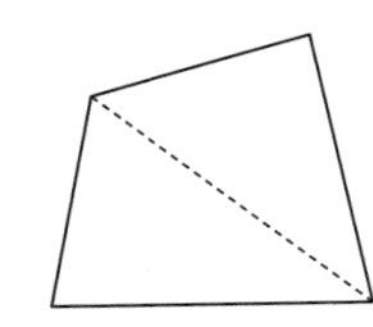

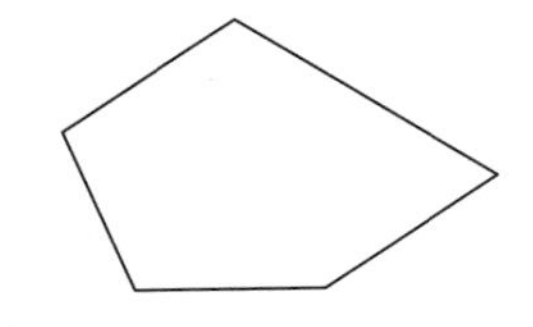

(1) 사각형의 꼭짓점에서 이웃하지 않은 두 꼭짓점을 이어 보시오. 몇 개의 선을 그을 수 있습니까?

(2) (1)과 같이 오각형에서 그을 수 있는 선을 모두 그어 보시오. 몇 개입니까?

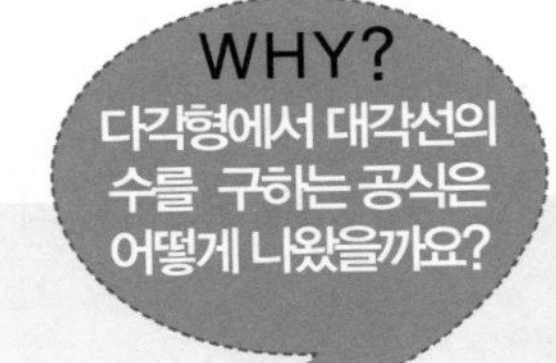

(3) 육각형의 한 꼭짓점인 점 ㄱ에서 대각선을 그었습니다. 변의 수보다 몇 개가 적습니까?

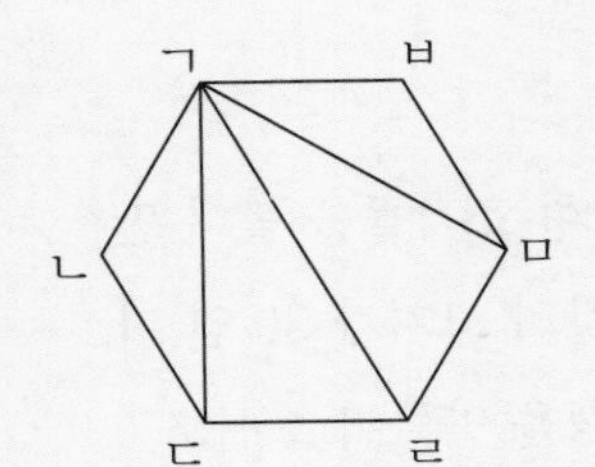

(4) 육각형의 꼭짓점은 6개이므로 6개의 꼭짓점에서 그을 수 있는 대각선의 수는
(한 꼭지점에서 그을 수 있는 대각선 개수)×(꼭짓점의 수)=(6−3)×□(개)
대각선 ㄱㄷ은 대각선 ㄷㄱ과 같고, 대각선 ㄱㄹ은 대각선 ㄹㄱ과 같습니다.
이와 같이 모든 대각선은 2번씩 겹쳐지므로
(모든 대각선의 개수)=(6−3)×6÷□=□(개)입니다.

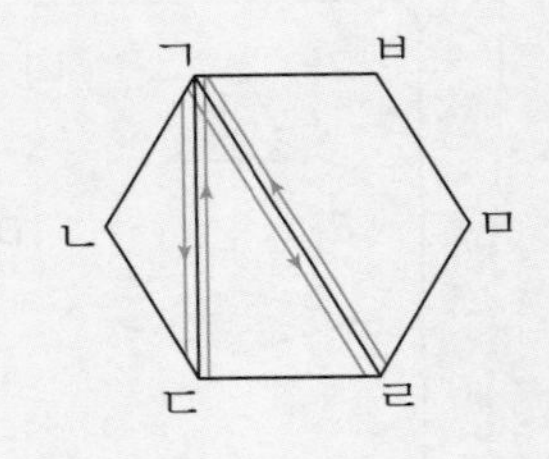

(5) ★각형의 한 꼭짓점에서 그을 수 있는 대각선의 수는 (□−3)개이고, 모든 대각선은 2번씩 겹쳐지므로 ★각형의 모든 대각선의 수는 (□−3)×★÷□입니다.

2 구각형의 대각선의 개수를 구하려고 합니다. 물음에 답하시오.

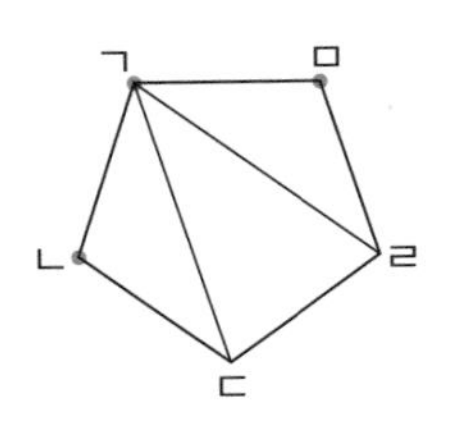

(1) 구각형의 한 꼭짓점에서 그을 수 있는 대각선은 몇 개입니까?

(2) 구각형의 꼭짓점은 모두 몇 개입니까?

(3) 구각형의 모든 꼭짓점에서 그을 수 있는 대각선은 몇 개입니까?

(4) 구각형에서 그은 대각선은 2번씩 겹쳐집니다. 따라서 구각형의 대각선은 몇 개입니까?

• 한 꼭짓점에서 그을 수 있는 대각선은 자기 자신과 이웃한 두 점을 제외하므로 전체 꼭짓점의 수보다 3 작습니다.

3 **보기**와 같이 주어진 도형에 대각선을 모두 그어 보고 물음에 답하시오.

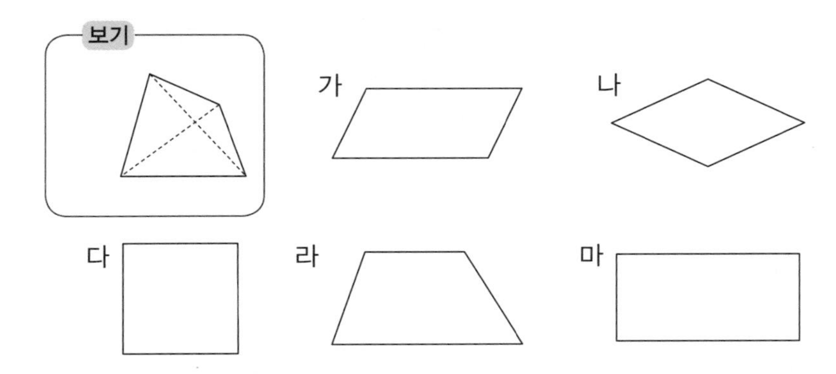

(1) 두 대각선의 길이가 같은 사각형을 모두 찾아 기호를 쓰시오.

(2) 두 대각선이 서로 수직으로 만나고 서로를 이등분하는 사각형을 모두 찾아 기호를 쓰시오.

(3) 두 대각선의 길이가 같고, 서로 수직으로 만나며 서로를 이등분하는 사각형을 찾아 기호를 쓰시오.

(4) 빈칸에 알맞은 것에 ○표 하시오.

	사다리꼴	평행사변형	마름모	직사각형	정사각형
두 대각선의 길이가 같습니다.					
두 대각선이 서로 수직으로 만납니다.					
두 대각선이 서로를 이등분합니다.					

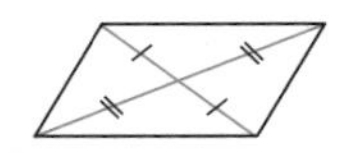

• 평행사변형은 두 대각선이 서로를 이등분합니다.

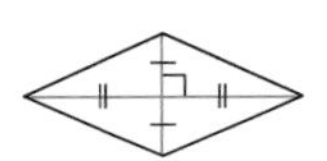

• 마름모는 두 대각선이 서로 수직으로 만나고, 서로를 이등분합니다.

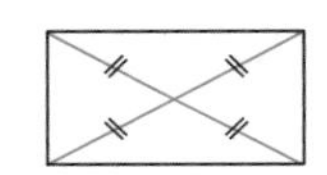

• 직사각형은 두 대각선의 길이가 같고, 서로를 이등분합니다.

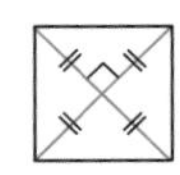

• 정사각형은 두 대각선의 길이가 같고, 서로 수직으로 만납니다. 또 두 대각선이 서로를 이등분합니다.

4 **보기**에서 각 도형의 대각선의 성질을 찾아 기호를 쓰시오.

보기
㉠ 두 대각선의 길이가 같습니다.
㉡ 한 대각선이 다른 대각선을 이등분합니다.
㉢ 두 대각선이 서로 수직입니다.

(1) 평행사변형 (2) 직사각형

(3) 마름모 (4) 정사각형

1 □ 안에 알맞은 말을 써넣으시오.

> 다각형에서 [　　　　] 두 꼭짓점을 이은 선분을 대각선이라고 합니다.

2 도형에서 대각선을 모두 찾아 선분의 이름을 쓰시오.

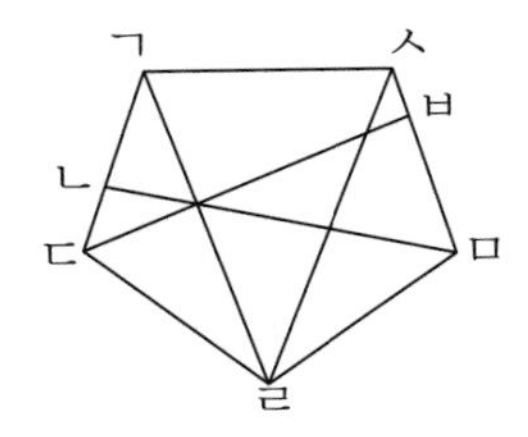

3 사각형에 대각선을 모두 그어 보고 물음에 답하시오.

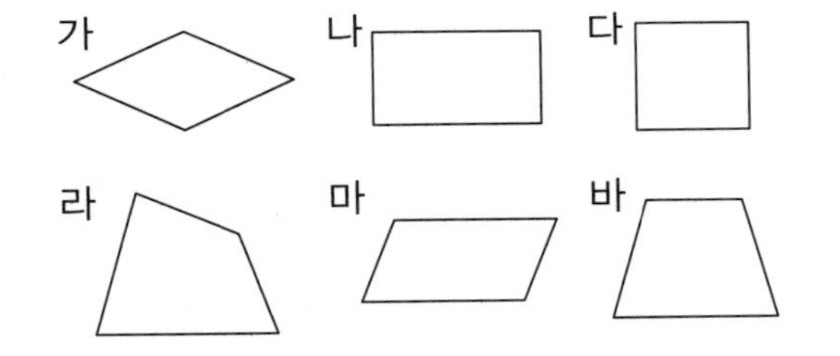

(1) 두 대각선의 길이가 다른 것을 모두 찾아 기호를 쓰시오.

(2) 두 대각선의 길이가 같은 것을 모두 찾아 기호를 쓰시오.

(3) 한 대각선이 다른 대각선을 이등분하는 것을 모두 찾아 기호를 쓰시오.

(4) 두 대각선이 서로 수직인 것을 모두 찾아 기호를 쓰시오.

4 대각선을 그을 수 없는 도형을 찾아 기호를 쓰시오.

> ㉠ 사다리꼴　　㉡ 평행사변형
> ㉢ 직각삼각형　　㉣ 마름모
> ㉤ 정사각형　　㉥ 직사각형

5 두 대각선의 길이의 합을 구하시오.

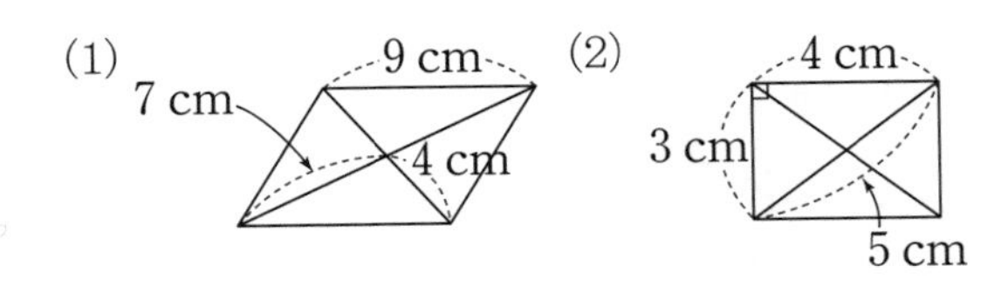

6 한 변의 길이가 8 cm인 정사각형 모양의 색종이를 그림과 같이 접어서 접힌 부분의 길이가 반이 되도록 잘랐습니다. 물음에 답하시오.

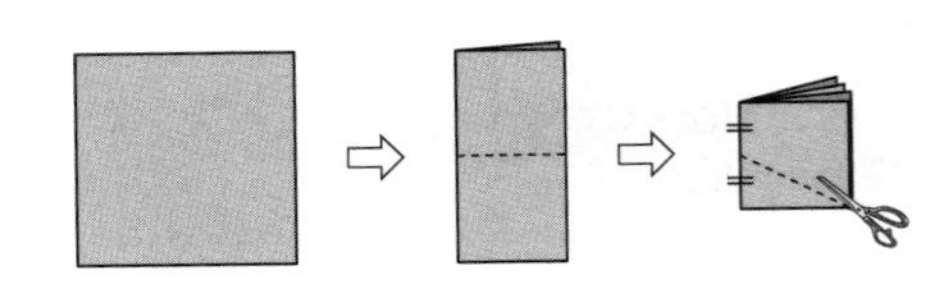

(1) 자른 것을 펼쳤을 때 생기는 도형의 이름은 무엇입니까?

(2) 펼친 도형의 긴 대각선의 길이는 몇 cm입니까?

(3) 펼친 도형의 짧은 대각선의 길이는 몇 cm입니까?

개념 넓히기

1 바르게 설명한 것은 ○표, 잘못 설명한 것은 ×표 하시오.

(1) 대각선이 5개인 다각형은 오각형입니다.

(2) 두 대각선이 수직으로 만나고, 길이가 같은 사각형은 마름모입니다.

(3) 평행하지 않은 두 변의 길이가 같은 사다리꼴에서 두 대각선의 길이는 같습니다.

(4) 평행사변형의 두 대각선의 길이는 같습니다.

(5) 직사각형의 두 대각선은 서로 수직입니다.

2 주어진 도형의 대각선의 성질을 모두 쓰시오. 서술형

(1) 평행사변형

(2) 직사각형

(3) 마름모

(4) 정사각형

3 도형을 보고 물음에 답하시오.

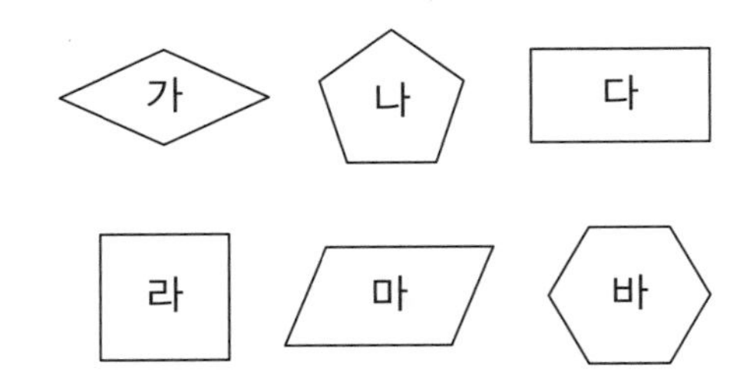

(1) 두 대각선의 길이가 같은 사각형을 모두 찾아 기호를 쓰시오.

(2) 한 대각선이 다른 대각선을 반으로 이등분하는 것을 모두 찾아 기호를 쓰시오.

(3) 두 대각선이 서로 수직인 것을 모두 찾아 기호를 쓰시오.

(4) 한 대각선이 다른 대각선을 이등분하고, 수직인 것을 모두 찾아 기호를 쓰시오.

4 대각선의 수를 나타낸 것입니다. 규칙을 찾아 빈칸에 알맞은 수를 써넣고 십각형의 대각선은 몇 개인지 구하시오.

다각형	삼각형	사각형	오각형	육각형	칠각형
대각선의 수(개)	0	2	5		

5 정오각형에 대각선을 그었습니다. 물음에 답하시오.

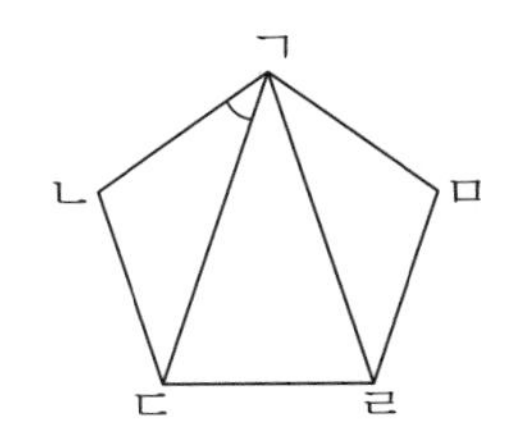

(1) 정오각형의 한 각의 크기는 몇 도입니까?

(2) 삼각형 ㄱㄴㄷ은 어떤 삼각형입니까?

(3) 각 ㄴㄱㄷ의 크기를 구하시오.

6 주어진 조건을 만족하는 다각형에 대한 설명으로 옳지 않은 것을 모두 고르시오.

> ㉠ 변의 길이가 모두 같습니다.
> ㉡ 각의 크기가 모두 같습니다.
> ㉢ 한 각의 크기가 135°입니다.

① 대각선은 27개입니다.

② 변이 8개입니다.

③ 모든 각의 크기의 합은 1800°입니다.

④ 한 꼭짓점에서 7개의 대각선을 그을 수 있습니다.

⑤ 정팔각형입니다.

개념활동 19 여러 가지 도형에서의 각도

1 오른쪽 삼각형 ㄱㄴㄷ은 정삼각형이고, 삼각형 ㄹㄴㄷ은 변 ㄴㄷ과 변 ㄷㄹ의 길이가 같은 이등변삼각형입니다. 물음에 답하시오.

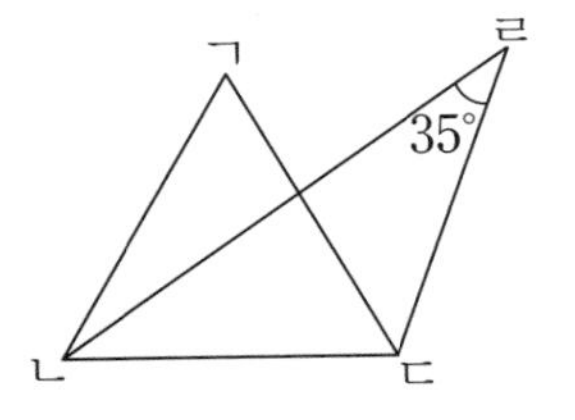

(1) 삼각형 ㄱㄴㄷ의 세 각의 크기는 각각 몇 도입니까? 삼각형 안에 각도를 써넣으시오.

(2) 각 ㄷㄹㄴ의 크기가 35°일 때, 각 ㄷㄴㄹ의 크기는 몇 도입니까? 이때 사용된 성질을 쓰시오.

(3) 각 ㄴㄷㄹ의 크기와 각 ㄱㄷㄹ의 크기를 각각 구하시오.

꿀팁
정삼각형의 세 각의 크기가 같은 것과 이등변삼각형의 길이가 같은 두 변 아래에 있는 두 각의 크기가 같음을 이용합니다.

2 오른쪽 두 삼각형은 이등변삼각형입니다. 물음에 답하시오.

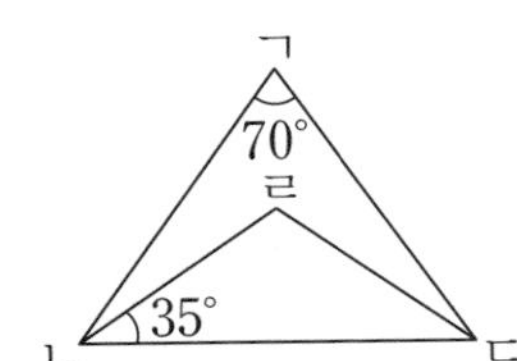
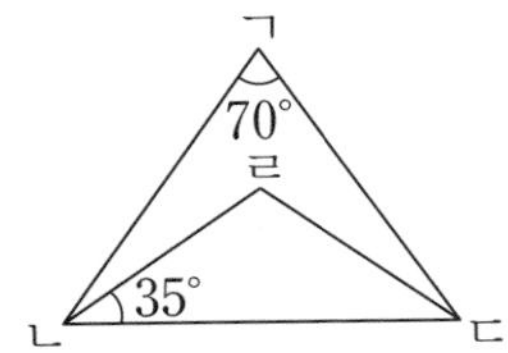

(1) 길이가 같은 변과 크기가 같은 각을 삼각형 안에 표시하시오.

(2) 각 ㄹㄴㄷ과 각 ㄹㄷㄴ의 크기의 합은 몇 도입니까? 각 ㄴㄹㄷ의 크기를 구하시오.

(3) 각 ㄱㄴㄷ의 크기와 각 ㄱㄴㄹ의 크기를 각각 구하시오.

꿀팁
이등변삼각형 문제를 해결할 때는 먼저 크기가 같은 각을 표시해 놓고 시작합니다.

3 오른쪽 그림은 직사각형 모양의 종이를 접은 것입니다. 물음에 답하시오.

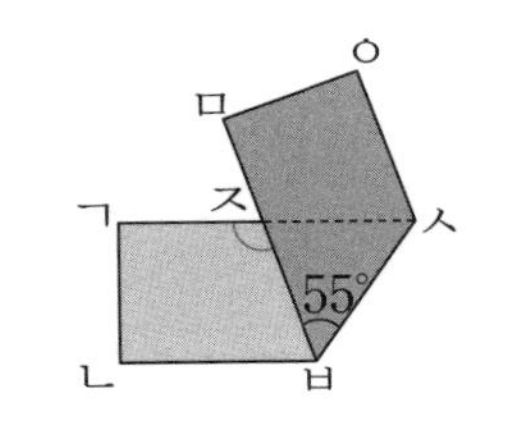

(1) 종이를 접기 전의 직사각형 ㄱㄴㄷㄹ을 점선으로 그리고 기호를 써넣으시오.

(2) 종이를 접기 전의 모양에서 각 ㅁㅂㅅ과 크기가 같은 각을 쓰고, 그 각의 크기를 구하시오.

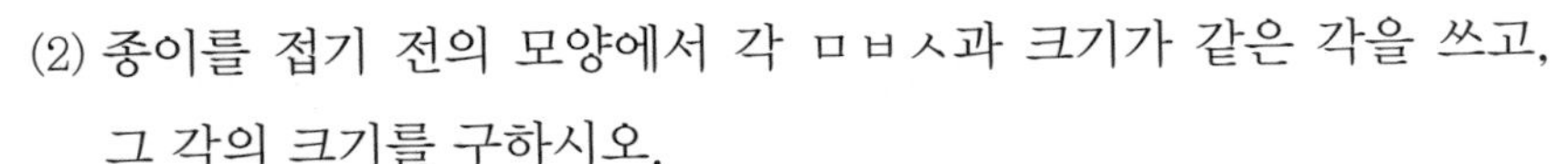

(3) 각 ㅁㅂㄴ의 크기를 구하시오.

(4) 각 ㄱㅈㅂ의 크기를 구하시오.

꿀팁

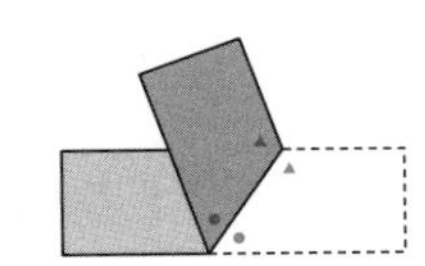

종이를 접었다 펼쳐서 생기는 도형에서 각도를 구하는 문제는 접기 전의 도형을 점선으로 그려 놓고, 접힌 부분의 각의 크기가 같음을 이용하여 같은 크기의 각을 표시하면 쉽게 문제를 풀 수 있습니다.

4 오른쪽 그림은 정삼각형 모양의 종이를 접은 것입니다. 물음에 답하시오.

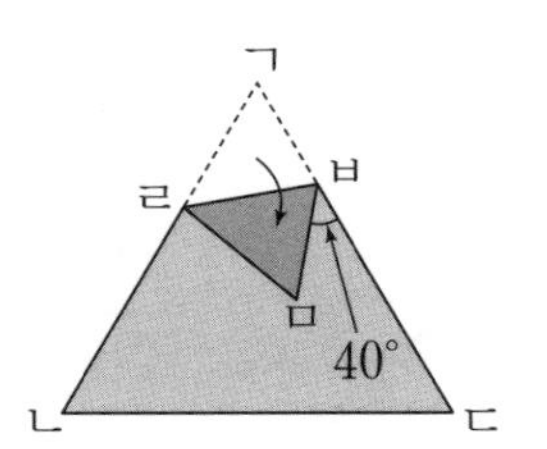

(1) 정삼각형의 한 각의 크기는 60°입니다. 삼각형 안에 각도를 써넣으시오.

(2) 각 ㄱㅂㄹ과 각 ㄹㅂㅁ의 크기가 같은 이유를 설명하고 각의 크기를 구하시오.

(3) 각 ㄹㅁㅂ의 크기는 몇 도입니까?

(4) 각 ㅁㄹㅂ의 크기를 구하시오.

꿀팁

도형을 접으면 접혀서 생긴 도형이 처음 도형과 같다는 것에 주의합니다.

5 오른쪽 삼각형 ㄱㄴㅁ은 정삼각형이고, 사각형 ㅁㄴㄷㄹ은 정사각형입니다. 물음에 답하시오.

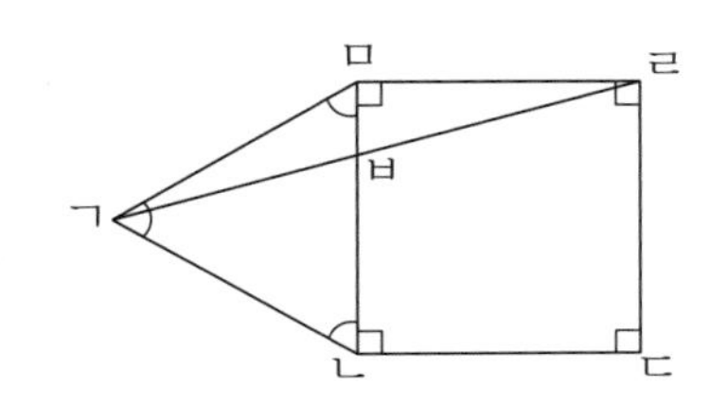

(1) 길이가 같은 변을 찾아 표시하시오.

(2) 정삼각형과 정사각형의 성질을 이용하여 알 수 있는 각의 크기를 도형 안에 모두 써넣으시오.

(3) 각 ㄱㅁㄹ은 몇 도입니까?

(4) 삼각형 ㅁㄱㄹ은 어떤 삼각형인지 쓰고 각 ㅁㄱㄹ의 크기를 구하시오.

(5) 각 ㄱㅂㅁ의 크기를 구하시오.

꿀팁

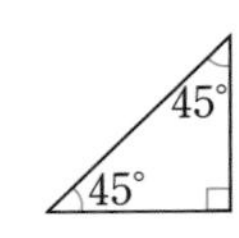

정다각형이나 직각이등변삼각형과 같이 각의 크기가 주어지지 않아도 각의 크기를 알 수 있는 것은 각의 크기나 변의 길이를 표시해 놓고 문제를 푸는 것이 좋습니다.

6 오른쪽 그림은 정사각형과 정육각형을 겹치지 않게 이어 붙인 것입니다. 물음에 답하시오.

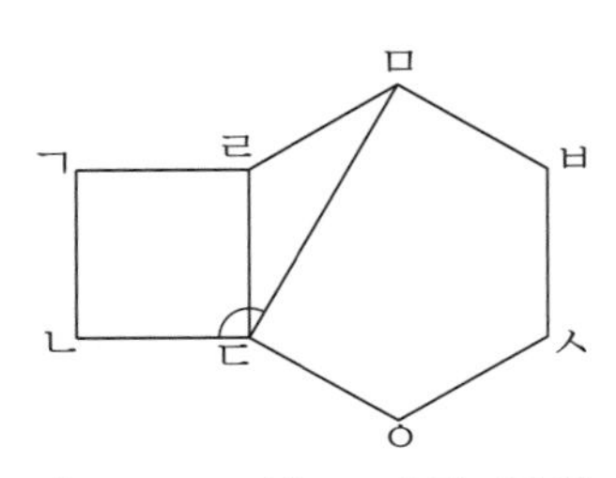

(1) 각 ㅁㄹㄷ의 크기는 몇 도입니까?

(2) 삼각형 ㄹㄷㅁ은 어떤 삼각형인지 쓰고 각 ㄹㄷㅁ의 크기를 구하시오.

개념 익히기

1 이등변삼각형에서 ㉠의 크기를 구하시오.

(1)

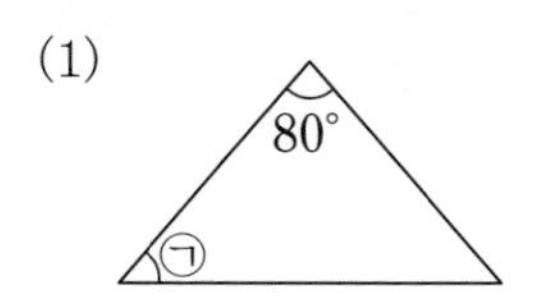

(2)

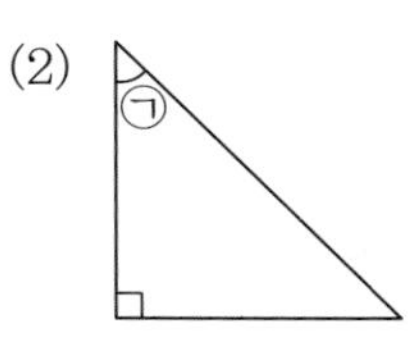

(3)

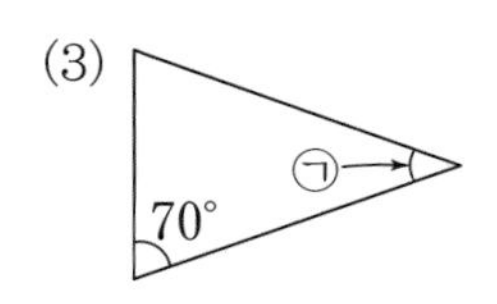

(4)

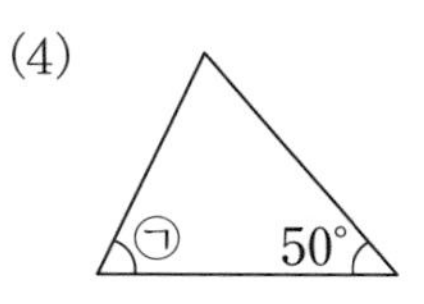

2 삼각형 ㄱㄴㄷ과 삼각형 ㄱㄷㄹ은 이등변삼각형입니다. 물음에 답하시오.

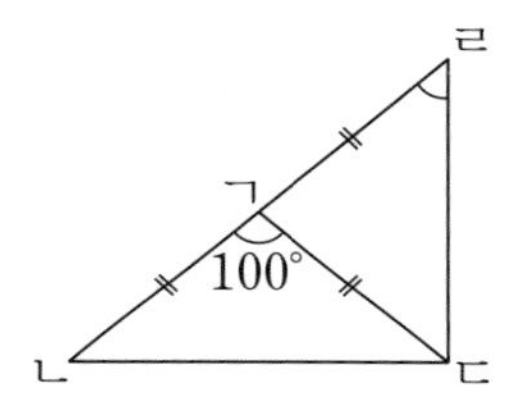

(1) 각 ㄱㄴㄷ의 크기는 몇 도입니까?

(2) 각 ㄹㄱㄷ의 크기를 이용하여 각 ㄱㄹㄷ의 크기를 구하시오.

3 변 ㄱㄴ과 변 ㄱㄷ의 길이가 같은 이등변삼각형에서 각 ㄱㄴㄹ과 각 ㄹㄴㄷ의 크기가 같습니다. 각 ㄴㄹㄷ의 크기를 구하시오.

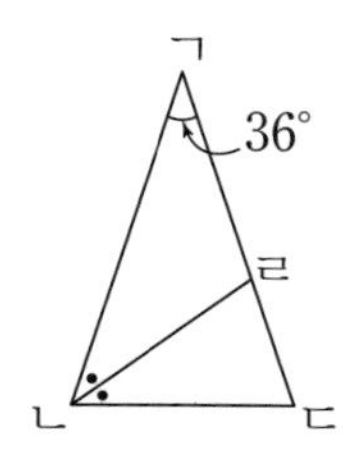

4 직사각형 모양의 종이를 접은 것입니다. ㉠의 크기를 구하시오.

(1)

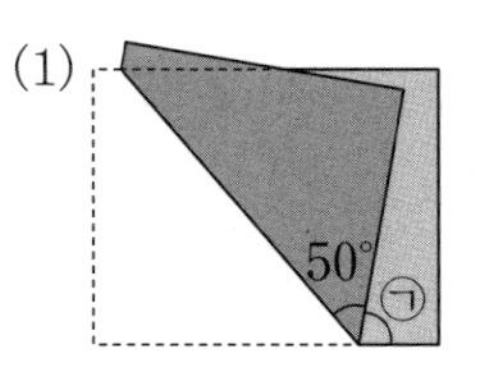

(2)

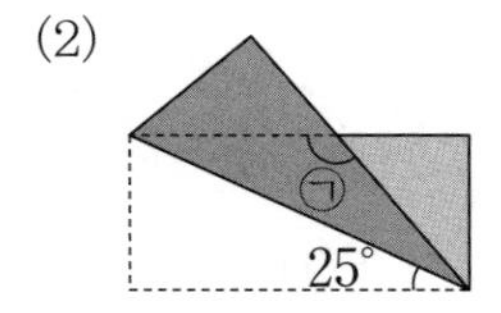

5 직사각형 모양의 종이를 그림과 같이 접었더니 겹친 부분이 정삼각형이 되었습니다. □ 안에 알맞은 각도를 써넣으시오.

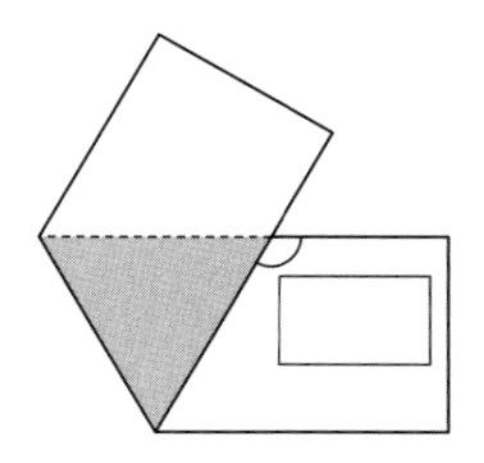

6 마름모 ㄱㄴㄷㄹ과 정삼각형 ㄱㄹㅁ을 겹치지 않게 붙인 것입니다. 각 ㄷㅁㄹ의 크기를 구하시오.

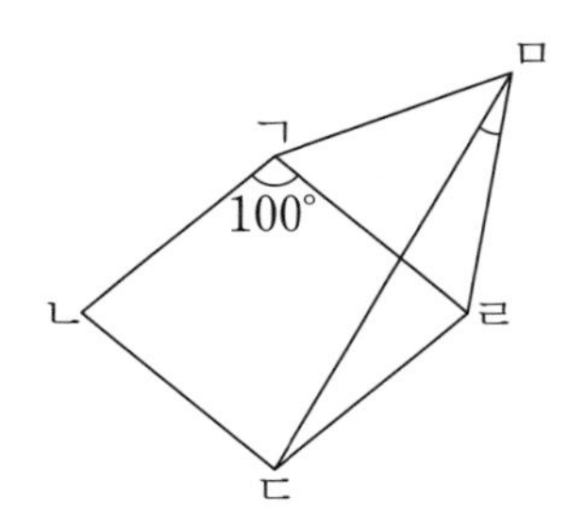

7 그림과 같이 두 직각 삼각자를 겹쳐 놓았습니다. ㉠과 ㉡의 크기를 각각 구하시오.

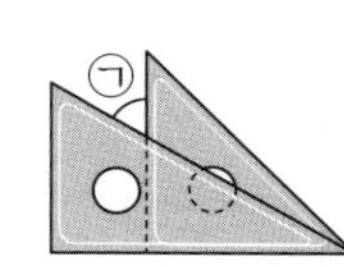

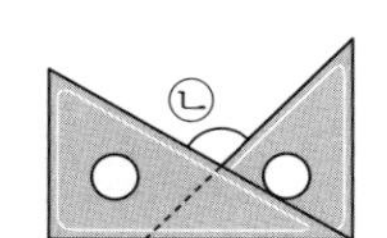

개념 넓히기

1 삼각형 ㄱㄴㄷ은 변 ㄱㄴ과 변 ㄱㄷ의 길이가 같은 이등변삼각형이고, 기호 •는 같은 크기의 각입니다. ㉠의 크기를 구하시오.

(1)

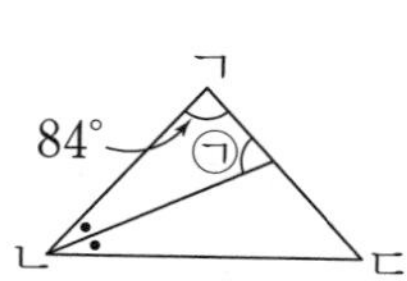

(2)

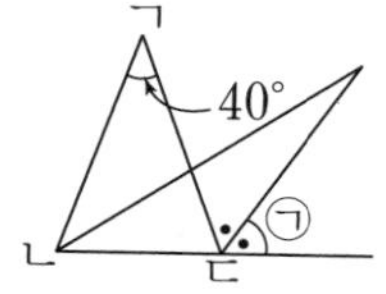

2 삼각형 ㄱㄴㄷ은 변 ㄱㄴ과 변 ㄱㄷ의 길이가 같은 이등변삼각형이고, 삼각형 ㄴㄷㄹ은 변 ㄴㄷ과 변 ㄴㄹ의 길이가 같은 이등변삼각형입니다. ㉠의 크기를 구하시오.

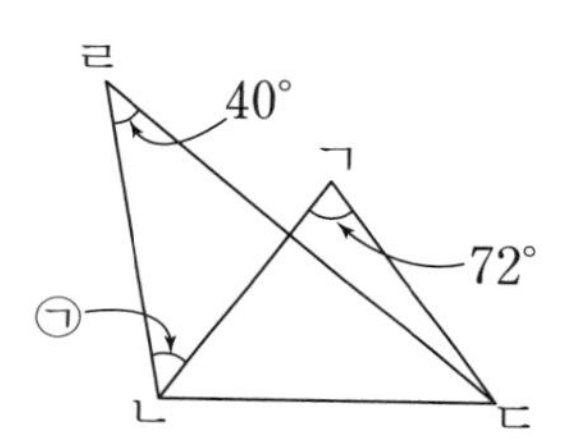

3 그림에서 사각형 ㄱㄴㄷㅅ과 사각형 ㅅㄹㅁㅂ은 정사각형이고, 삼각형 ㅅㄷㄹ은 정삼각형입니다. 각 ㅅㄱㅂ의 크기를 구하시오.

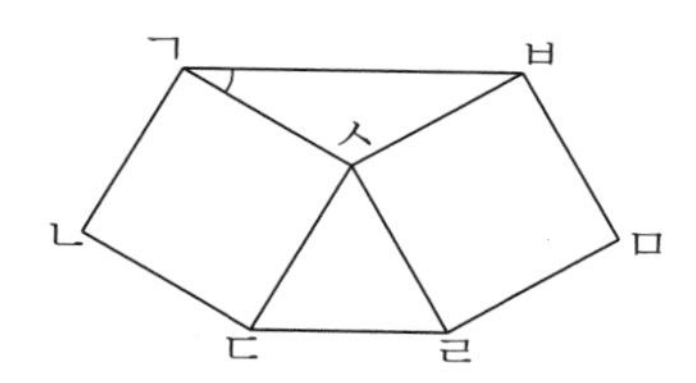

4 삼각형 ㄱㄴㄷ은 변 ㄱㄴ과 변 ㄱㄷ의 길이가 같은 이등변삼각형입니다. ㉠의 크기를 구하시오.

(1)

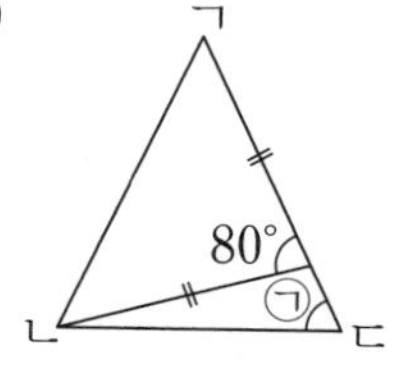

(2)

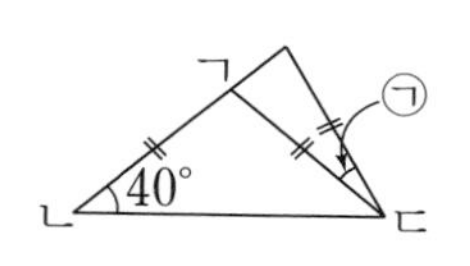

5 오른쪽 그림은 직사각형 모양의 종이를 접은 것입니다. ㉠의 크기를 구하시오.

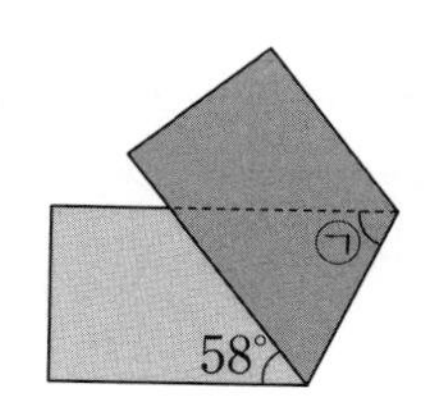

6 오른쪽 삼각형 ㄱㄴㄷ은 이등변삼각형이고, 삼각형 ㄹㄴㄷ은 직각삼각형입니다. 각 ㄹㅁㄷ의 크기를 구하시오.

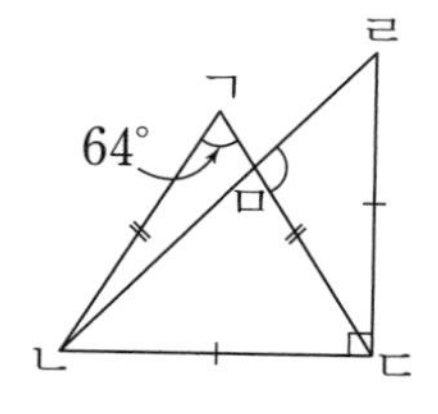

7 오른쪽 그림과 같이 직사각형 모양의 종이를 꼭짓점 ㄷ이 꼭짓점 ㄱ에 겹치도록 접었습니다. 물음에 답하시오.

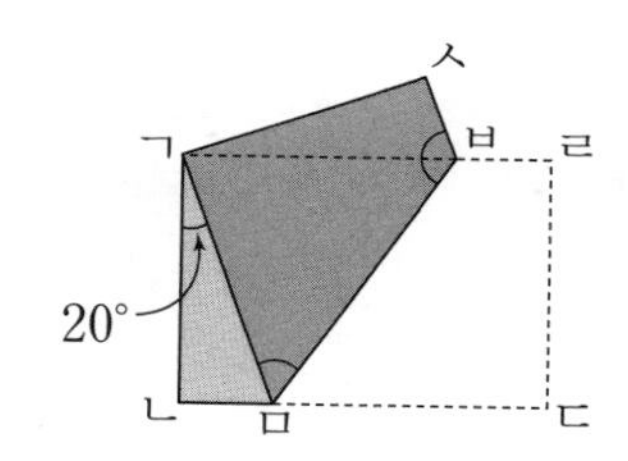

(1) 각 ㄱㅁㅂ의 크기를 구하시오.

(2) 각 ㅁㅂㅅ의 크기를 구하시오.

8 오른쪽 그림은 종이 테이프를 접은 것입니다. 물음에 답하시오.

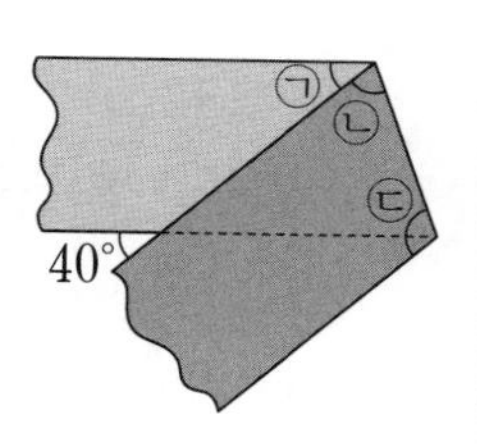

(1) ㉠의 크기를 구하시오.

(2) 접힌 도형에서의 각의 성질을 이용하여 ㉡의 크기와 ㉢의 크기를 각각 구하시오.

개념활동 20 도형 밀기, 뒤집기

1 도형을 보고 물음에 답하시오.

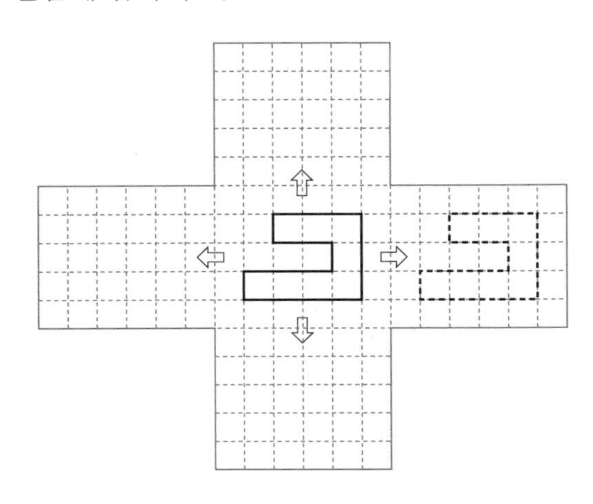

(1) 도형을 오른쪽으로 밀었을 때의 도형을 점선을 따라 그려 보시오.

(2) 도형을 왼쪽, 위쪽, 아래쪽으로 밀었을 때의 도형을 각각 그려 보시오.

(3) 도형을 여러 방향으로 밀었을 때 도형의 모양과 크기가 변합니까?

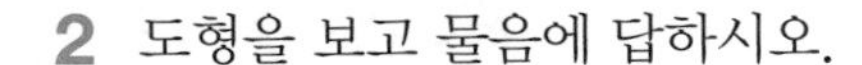

2 도형을 보고 물음에 답하시오.

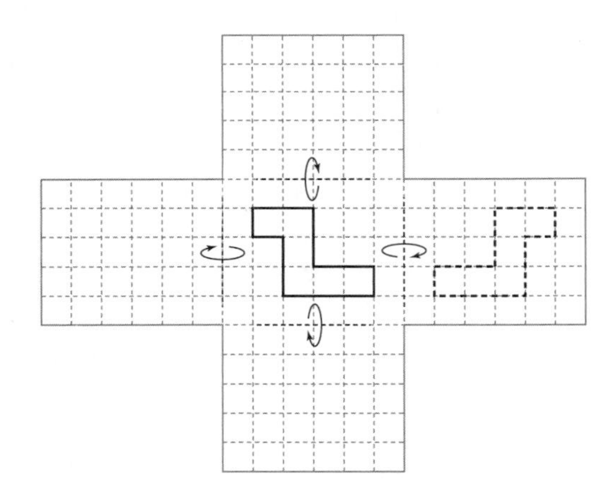

(1) 도형을 오른쪽으로 뒤집은 도형을 점선을 따라 그려 보시오. 처음 도형과 어떤 점이 어떻게 달라졌습니까?

(2) 도형을 왼쪽으로 뒤집은 도형을 그려 보시오. 오른쪽과 왼쪽으로 뒤집은 도형은 서로 같습니까?

(3) 도형을 위쪽, 아래쪽으로 뒤집은 도형을 각각 그려 보시오. 처음 도형과 어떤 점이 어떻게 달라졌습니까?

(4) 도형을 위쪽과 아래쪽으로 뒤집은 도형은 서로 같습니까?

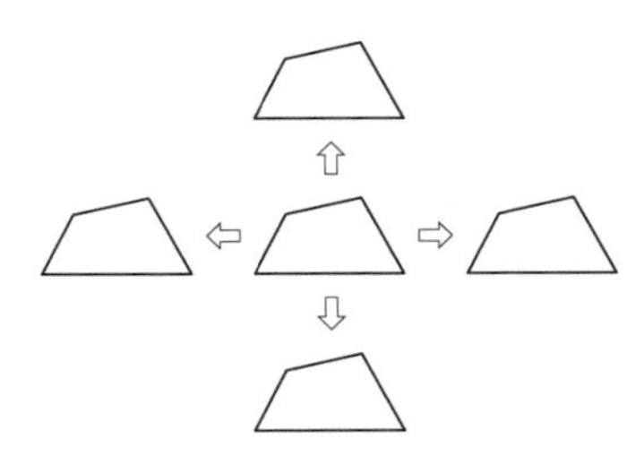

• 도형을 오른쪽, 왼쪽, 위쪽, 아래쪽으로 밀어도 모양이나 방향은 변하지 않으므로 밀기를 할 때 처음 도형의 모양이나 방향이 변하지 않도록 주의합니다.

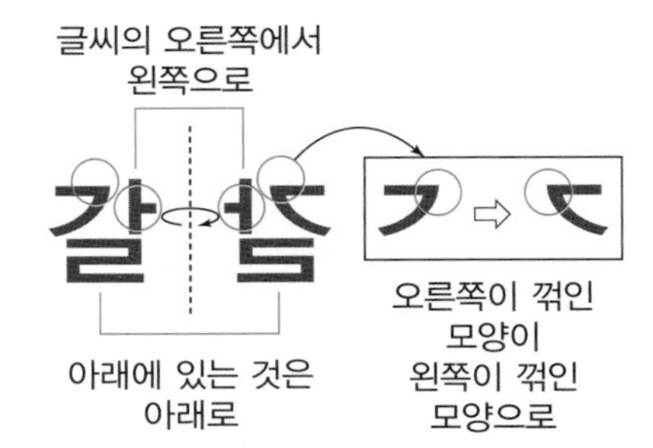

도형을 왼쪽 또는 오른쪽으로 뒤집으면 도형의 왼쪽 부분은 오른쪽으로, 오른쪽 부분은 왼쪽으로 바뀝니다.

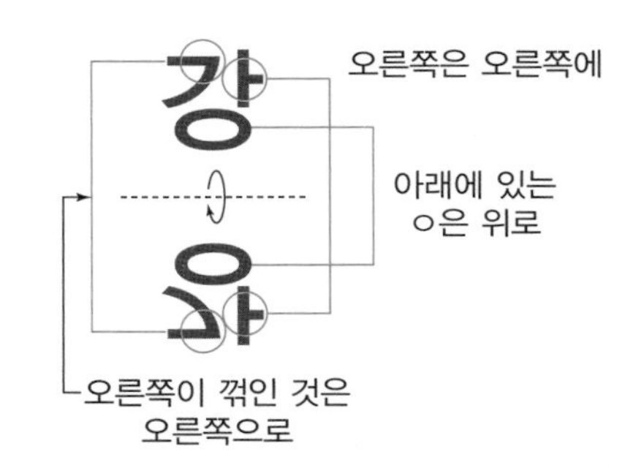

도형을 위쪽 또는 아래쪽으로 뒤집으면 도형의 위쪽 부분은 아래쪽으로, 아래쪽 부분은 위쪽으로 바뀝니다.

• 뒤집기를 할 때 알아야 할 것

① 도형을 왼쪽으로 뒤집은 도형과 오른쪽으로 뒤집은 도형은 서로 같습니다.

② 도형을 위쪽으로 뒤집은 도형과 아래쪽으로 뒤집은 도형은 서로 같습니다.

3 정사각형을 변끼리 이어 붙여서 만든 조각들을 밀거나 뒤집어서 직사각형 모양을 만들려고 합니다. 물음에 답하시오

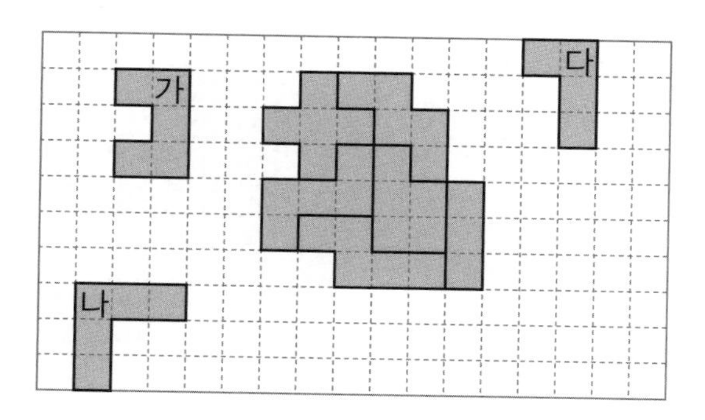

(1) 도형 **가**를 채우려면 어느 방향으로 뒤집고, 어느 방향으로 몇 칸 밀어야 합니까?

(2) 도형 **나**를 채우려면 어느 방향으로 뒤집고, 어느 방향으로 몇 칸 밀어야 합니까?

(3) 도형 **다**를 채우려면 어떻게 움직여야 하는지 방법을 설명하시오.

먼저 비어 있는 곳에 채울 모양이 무엇인지 알아보고, 어떻게 밀거나 뒤집어야 하는지 생각해 봅니다.

• 여러 방향으로 뒤집기

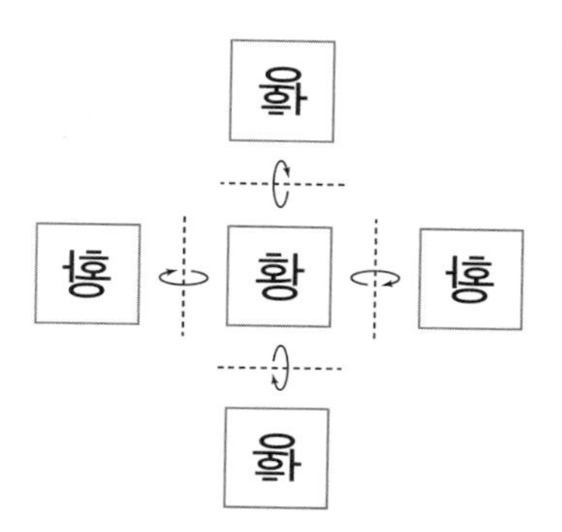

① 오른쪽, 왼쪽으로 뒤집으면 오른쪽에 있던 것은 왼쪽으로, 왼쪽에 있던 것은 오른쪽으로 바뀝니다.

② 위쪽, 아래쪽으로 뒤집으면 위에 있던 것은 아래로, 아래에 있던 것은 위로 바뀝니다.

4 도형을 주어진 방향으로 뒤집은 도형을 그려 보시오.

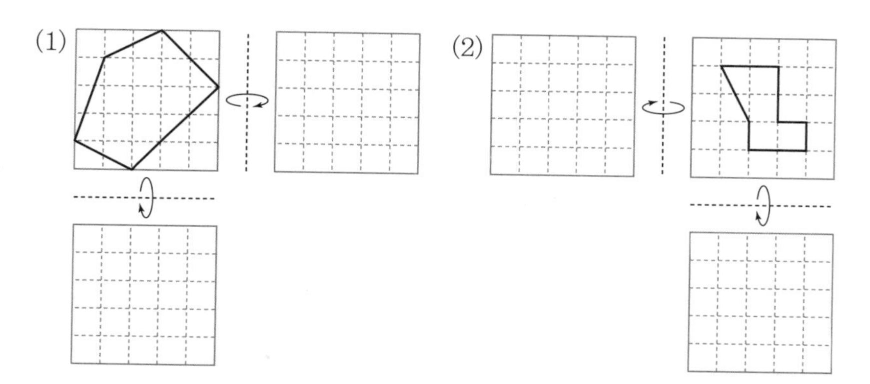

5 주어진 도형을 오른쪽으로 3번 뒤집은 도형을 그리고, 다시 위쪽으로 4번 뒤집은 도형을 각각 그려 보시오.

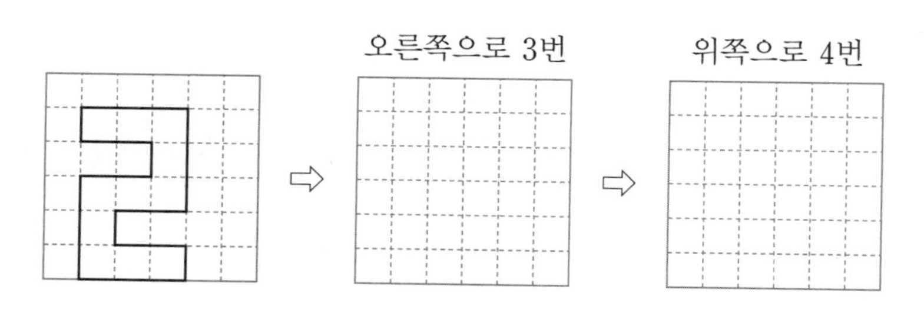

뒤집기에서 ㄹ은 오른쪽으로 뒤집으나 위쪽으로 뒤집으나 다음 모양이 되므로 외워두면 편리합니다.

홀수 번 뒤집으면 도형이 변하지만 짝수 번 뒤집으면 도형이 변하지 않고 처음 도형 그대로입니다.

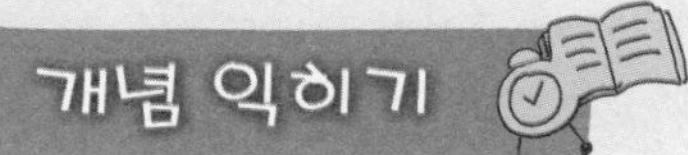

1 주어진 도형을 위쪽으로 3칸 밀었을 때의 도형과 오른쪽으로 5칸 밀었을 때의 도형을 각각 그려 보시오.

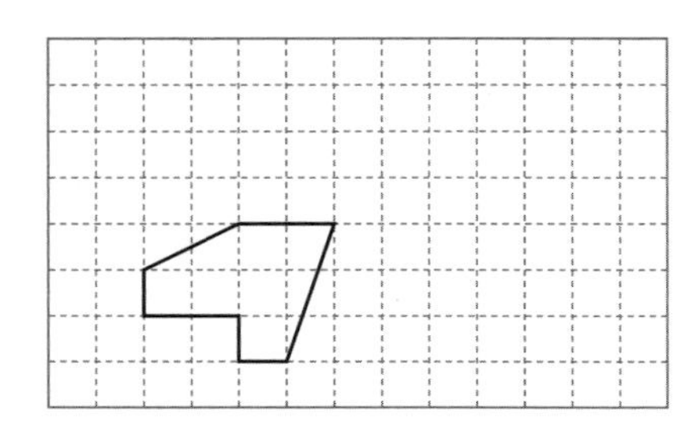

2 직사각형 모양으로 완성하려면 가, 나, 다 조각을 어떤 방향으로 몇 칸 밀어야 하는지 설명하시오.

서술형

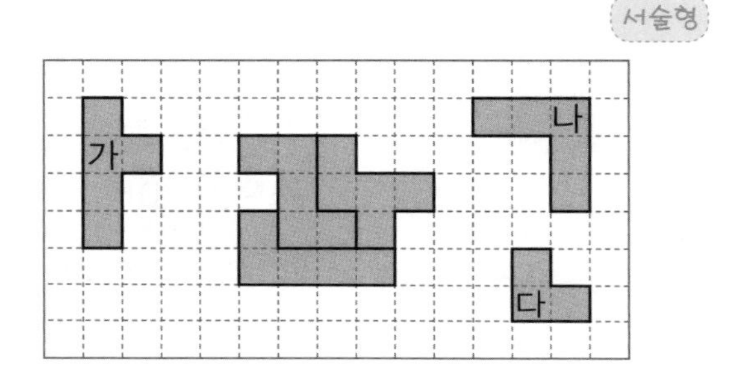

3 도형을 주어진 방향으로 뒤집은 도형을 그려 보시오.

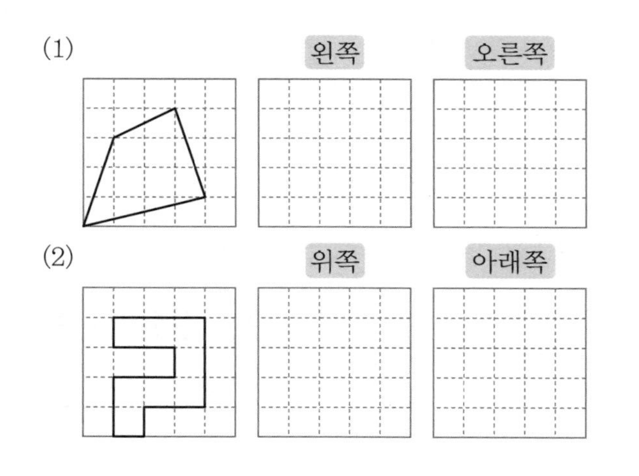

4 다음을 각 방향으로 뒤집은 모양을 그려 보시오.

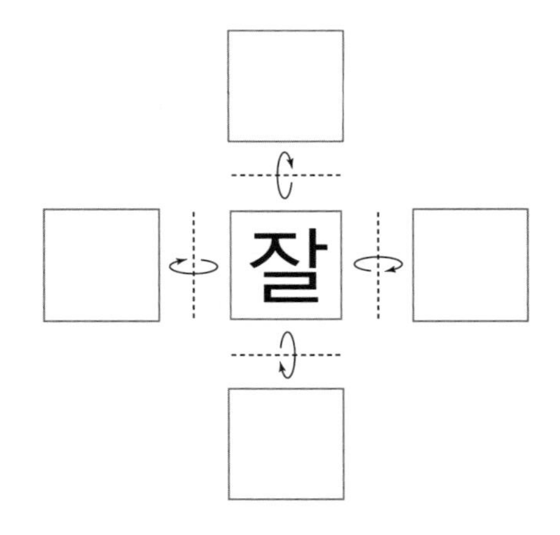

5 주어진 방향으로 뒤집은 도형을 그려 보시오.

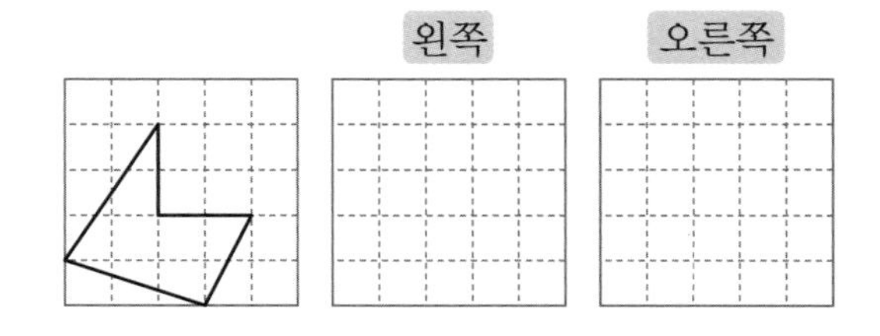

6 오른쪽이나 왼쪽으로 뒤집으면 방향이 바뀌는 글자를 모두 찾아 기호를 쓰시오.

7 보기 의 도형을 뒤집어서 생길 수 없는 도형을 모두 찾아 기호를 쓰시오.

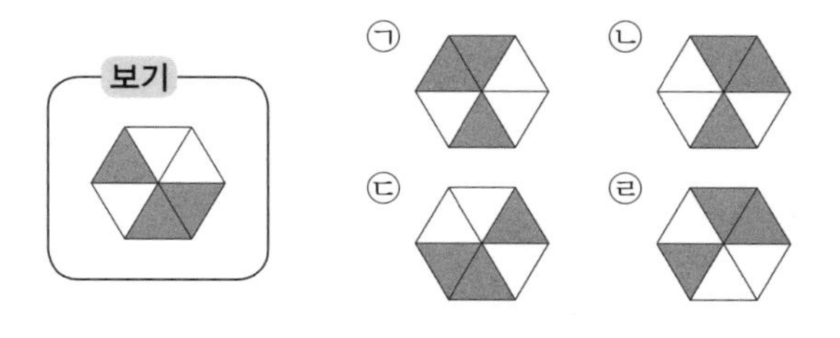

8 오른쪽으로 뒤집어도 같은 글자가 되는 것을 모두 찾아 쓰시오.

ABDHIKMNOS

개념 넓히기

1 오른쪽 도형을 아래쪽으로 뒤집은 도형을 그리고 다시 왼쪽으로 뒤집은 도형을 그려 보시오.

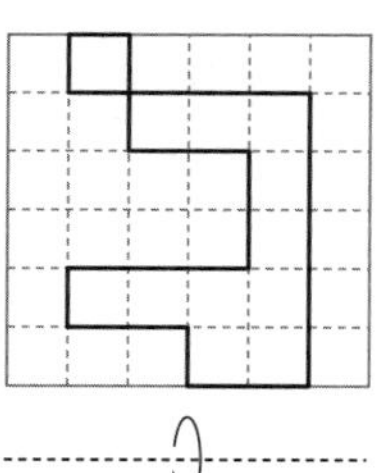

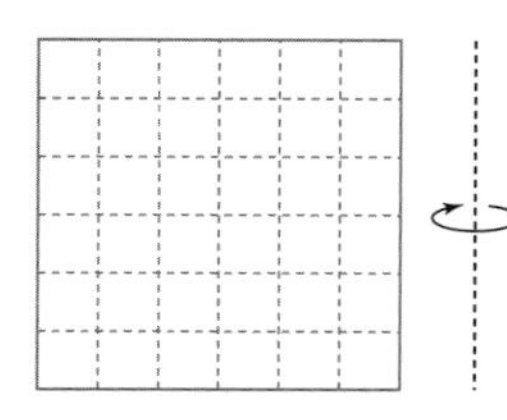

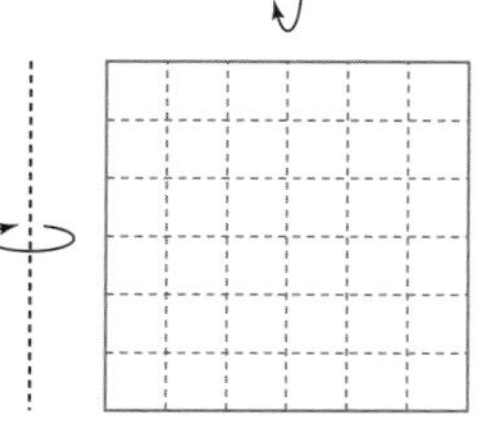

2 도장을 찍었을 때 나타나는 모양이 오른쪽과 같아지려면 도장을 어떻게 새겨야 하는지 그려 보시오.

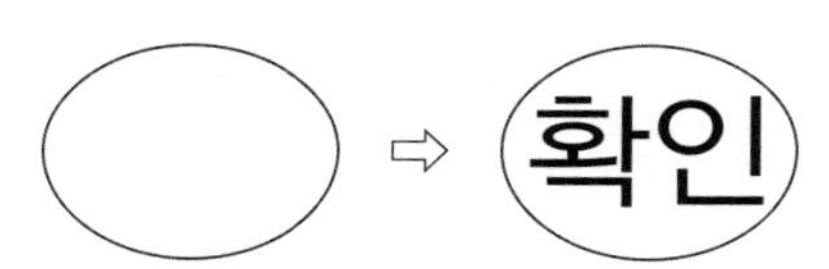

3 도형을 오른쪽으로 뒤집고, 다시 아래쪽으로 뒤집은 도형을 그려 보시오.

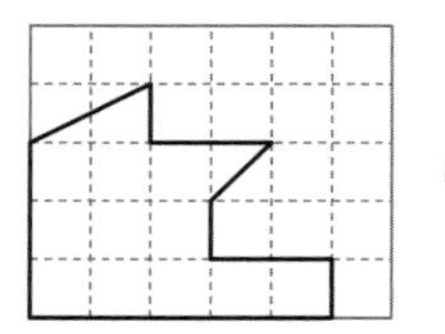

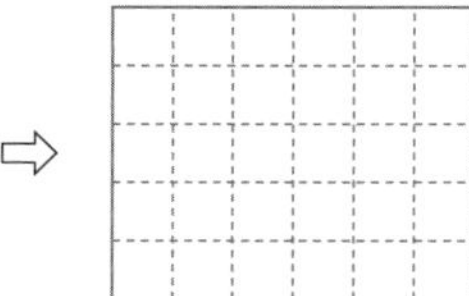

4 도형 나는 도형 가를 움직여서 생긴 도형입니다. 도형 가를 어떻게 움직인 것인지 설명하시오. 서술형

가

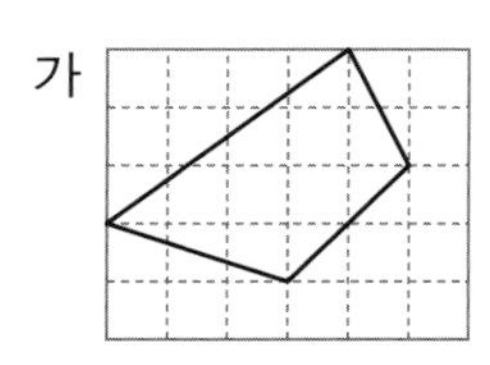

나

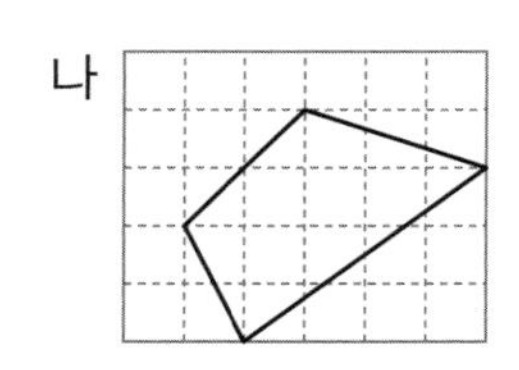

5 왼쪽 도형을 위쪽으로 4번 뒤집고 다시 오른쪽으로 3번 뒤집은 도형을 그려 보시오.

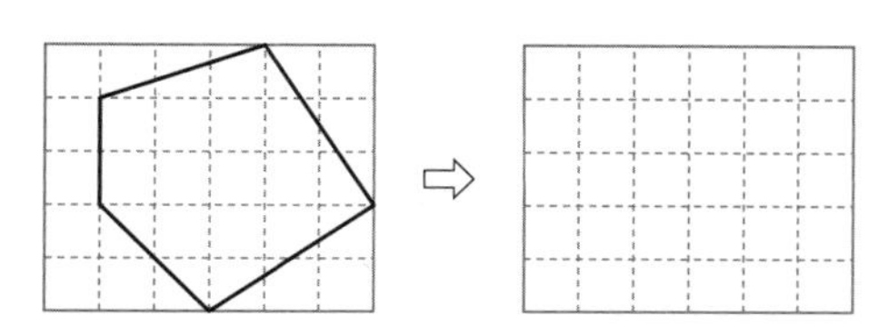

6 다음은 전자 숫자로 된 덧셈식을 오른쪽으로 뒤집어서 생긴 식과 아래쪽으로 뒤집어서 생긴 식을 쓰고, 각각 계산하여 합을 구하시오.

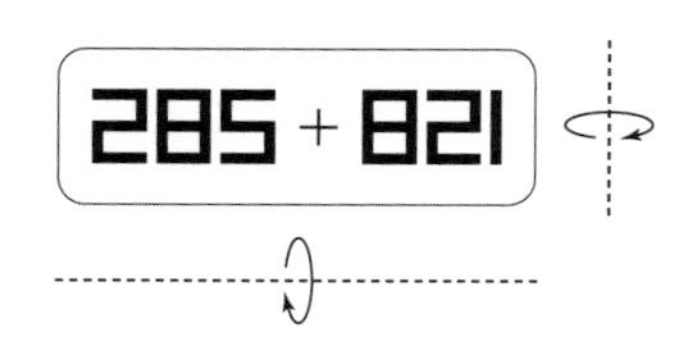

7 유리창에 코팅지를 칼로 오려 붙여서 밖에서 볼 때 오른쪽과 같은 그림이 보였다면, 안에서 볼 때 유리창에 붙인 코팅지에 그려진 모양을 그려 보시오.

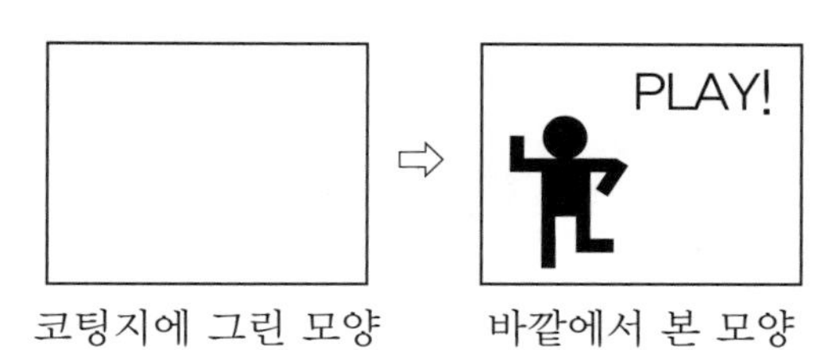

8 오른쪽 도형이 거울에 비친 도형을 그리고, 그것을 다시 위쪽으로 뒤집은 도형을 그려 보시오.

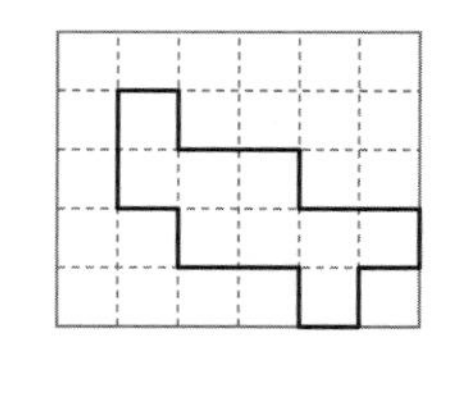

거울에 비친 도형 ⇨ 위쪽으로 뒤집은 도형

개념활동 21 도형 돌리기

1 도형을 여러 방향으로 돌릴 때, 주어진 도형의 아래쪽 부분과 왼쪽 부분이 어느 쪽으로 바뀌는지 나타낸 그림입니다. 물음에 답하시오.

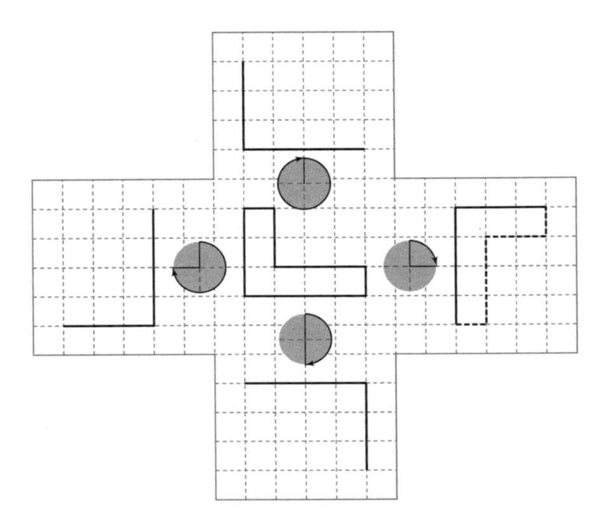

(1) 도형을 시계 방향으로 직각만큼 돌렸을 때의 도형을 점선을 따라 그려 보시오. 처음 도형과 어떤 점이 어떻게 달라졌습니까?

(2) 도형을 시계 방향으로 직각의 2배만큼 돌렸을 때의 도형을 주어진 선을 기준으로 그려 보시오. 처음 도형과 어떤 점이 어떻게 달라졌습니까?

(3) 도형을 시계 방향으로 직각의 3배만큼 돌렸을 때의 도형을 그려 보시오. 처음 도형과 어떤 점이 어떻게 달라졌습니까?

(4) 도형을 시계 방향으로 한 바퀴 돌렸을 때의 도형을 그려 보시오. 처음 도형과 어떤 점이 어떻게 달라졌습니까?

(5) 도형을 시계 반대 방향으로 주어진 도형을 위와 같이 돌린 도형을 그려 보고 시계 방향으로 돌리는 경우와 비교하여 보시오.

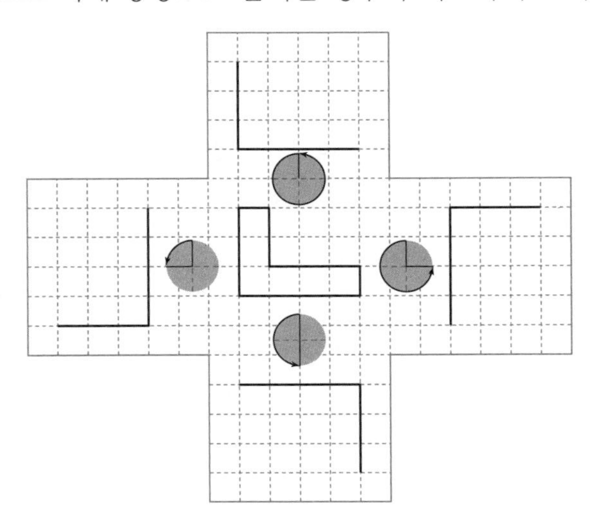

• 돌리기를 할 때 도형에서 기준선을 정해 놓고 돌리기를 하면 좀더 쉽게 알 수 있습니다.

① 시계 방향으로 직각만큼 돌리기

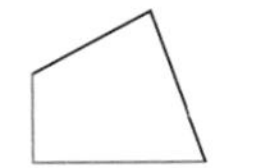
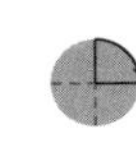
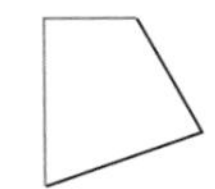

위쪽은 오른쪽, 오른쪽은 아래쪽으로 방향이 바뀝니다.

② 시계 방향으로 직각의 2배만큼 돌리기

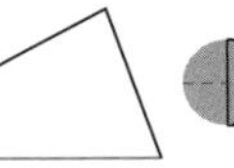

=
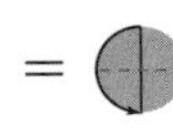

시계 반대 방향으로 직각의 2배만큼 돌린 도형과 같습니다.
위쪽은 아래쪽, 아래쪽은 위쪽, 오른쪽은 왼쪽, 왼쪽은 오른쪽으로 모든 방향이 바뀝니다.

③ 시계 방향으로 직각의 3배만큼 돌리기

=
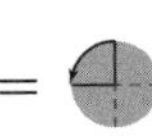
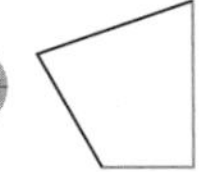

시계 반대 방향으로 직각만큼 돌린 도형과 같습니다.
위쪽은 왼쪽, 오른쪽은 위쪽으로 바뀝니다.

④ 시계 방향으로 한 바퀴 돌리기

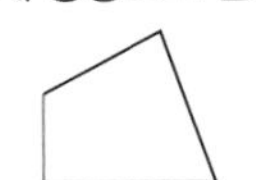
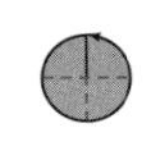

처음 도형과 같아집니다

2 왼쪽 도형을 와 같이 돌리면 오른쪽과 같은 도형이 됩니다. 돌리기 전의 도형을 점선을 따라 그려 보고 물음에 답하시오.

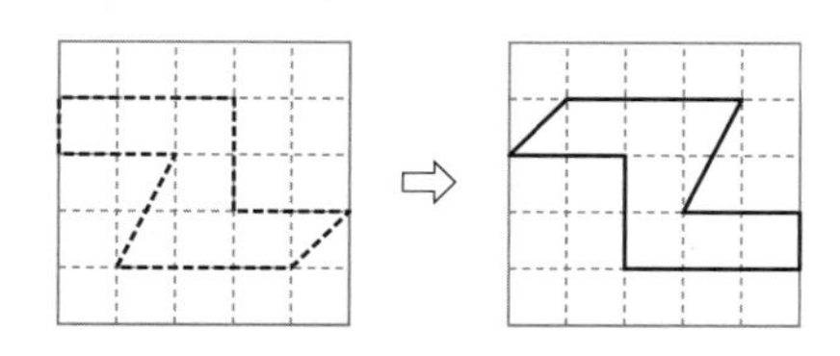

(1) 도형을 와 같이 돌린 도형은 오른쪽과 왼쪽이 바뀝니까? 처음 도형을 오른쪽으로 뒤집은 도형을 그려 보시오.

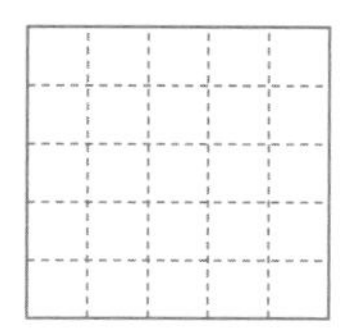

(2) 도형을 와 같이 돌린 도형은 위쪽, 아래쪽이 바뀝니까? (1)에서 그린 도형을 위쪽으로 뒤집은 도형을 그려 보시오. 처음 도형과 같습니까?

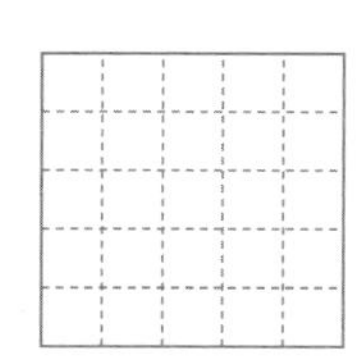

(3) 도형을 와 같이 돌리는 것은 어떻게 뒤집은 것과 같은지 설명하시오.

꿀팁
돌리기와 뒤집기의 관계

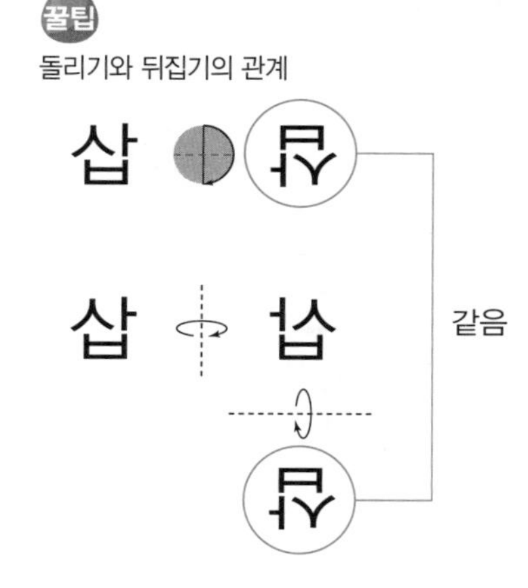

• 와 같이 돌린 도형은 도형의 오른쪽과 왼쪽이 바뀌고 위쪽과 아래쪽이 바뀌게 됩니다. 따라서 오른쪽(왼쪽)으로 한 번 뒤집고, 다시 위쪽(아래쪽)으로 한 번 뒤집은 도형과 같습니다.

= +

3 도형을 보고 물음에 답하시오.

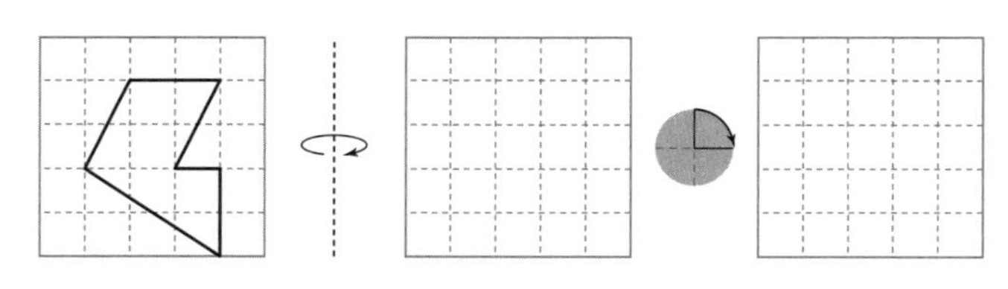

(1) 도형을 오른쪽으로 뒤집은 도형을 가운데에 그려 보시오.

(2) (1)과 같이 뒤집은 도형을 다시 와 같이 돌린 도형을 오른쪽에 그려 보시오.

• 돌리기에서는 시계 방향과 시계 반대 방향으로 돌린 것 중에서 어떤 것이 서로 같은지 알아두면 복잡한 문제를 풀 때 편리합니다.

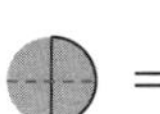 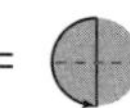 

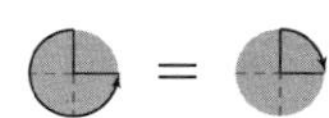

4 도형 가를 한 번 돌린 후 한 번 뒤집어서 나온 도형이 나입니다. 어떻게 움직인 것인지 설명하시오.

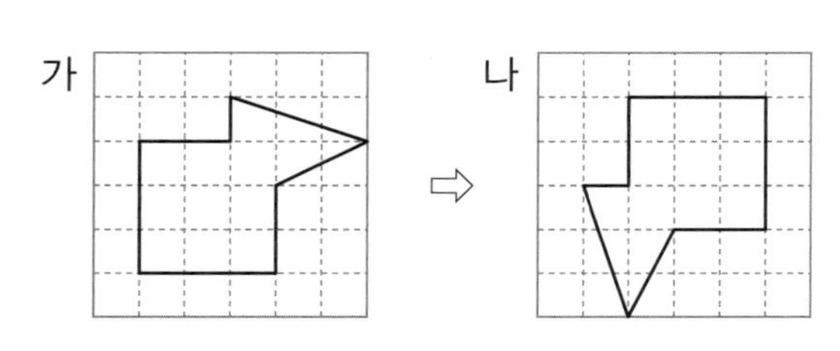

꿀팁
돌리기에서 ㄹ은 오른쪽으로 직각의 2배만큼 돌리거나 왼쪽으로 직각의 2배만큼 돌리거나 둘 다 도형이 변하지 않는다는 것을 외워두면 편리합니다.

개념 익히기

1 도형을 주어진 방향으로 각각 돌린 도형을 그려 보시오.

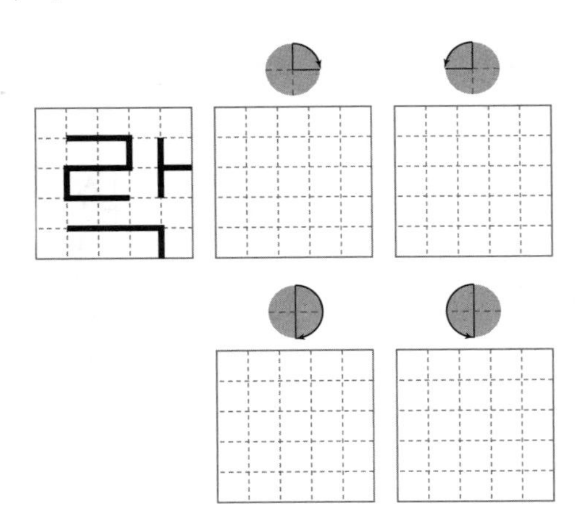

2 도형 나, 다는 도형 가를 일정한 규칙으로 움직인 것입니다. 어떤 규칙인지 설명하시오. 서술형

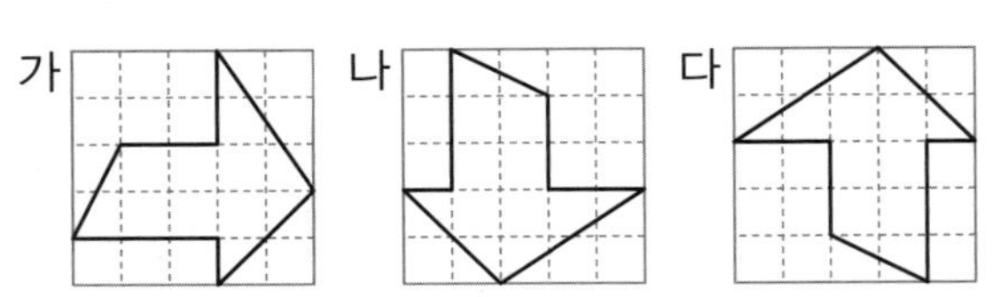

3 오른쪽 도형을 돌렸을 때의 도형이 아닌 것을 찾아 기호를 쓰시오.

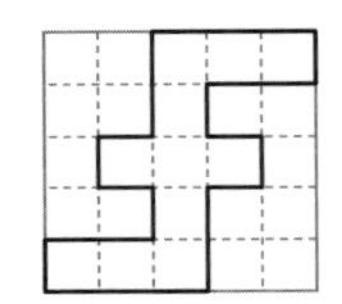

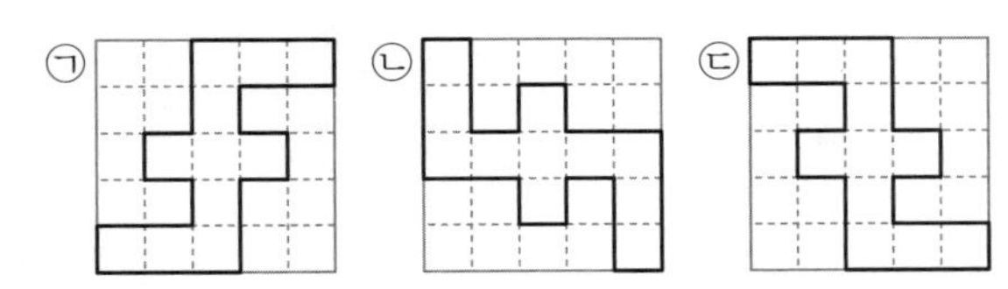

4 주어진 숫자 중에서 와 같이 돌렸을 때, 숫자가 되는 것을 모두 고르시오.

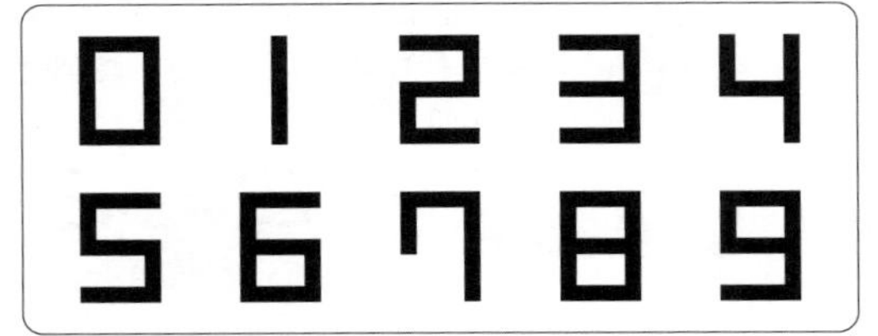

5 오른쪽 도형을 여러 방향으로 돌린 도형을 나타낸 것입니다. 보기 에서 알맞은 방향을 모두 찾아 기호를 쓰시오.

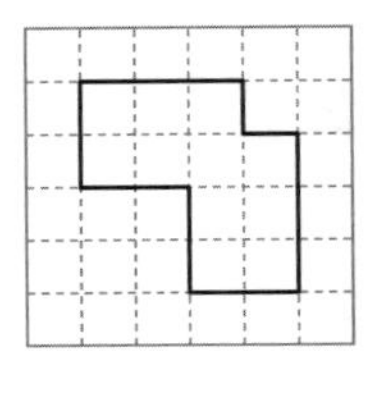

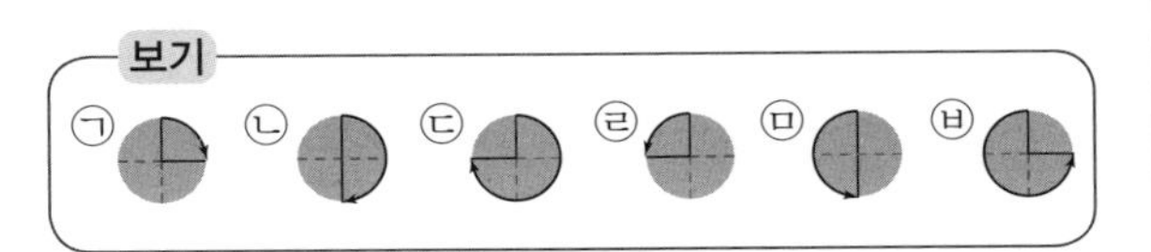

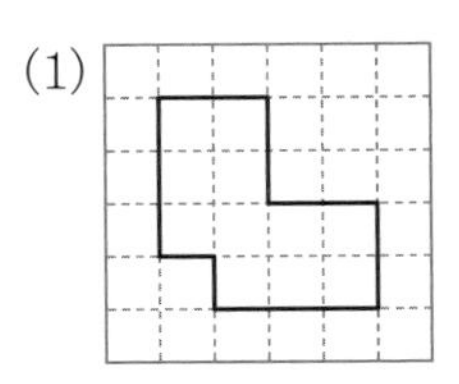

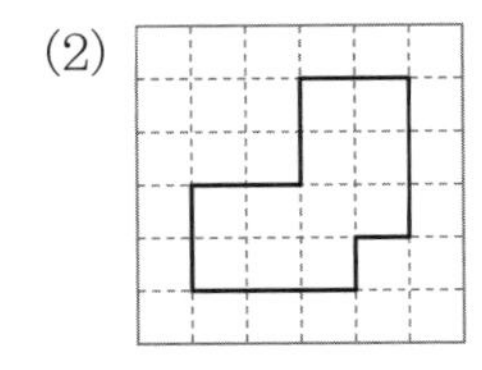

6 직사각형 모양의 빈 틈을 채우기 위해서 도형 가와 나는 어떻게 움직여야 하는지 쓰시오.

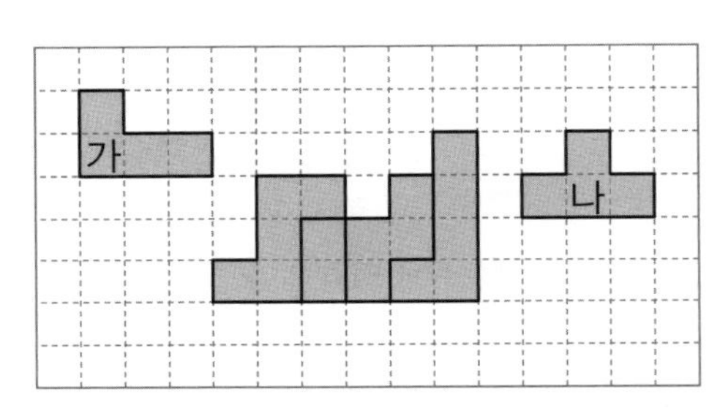

7 각 도형을 와 같이 2번 돌렸을 때, 처음 도형과 같아지는 도형을 찾아 기호를 쓰시오.

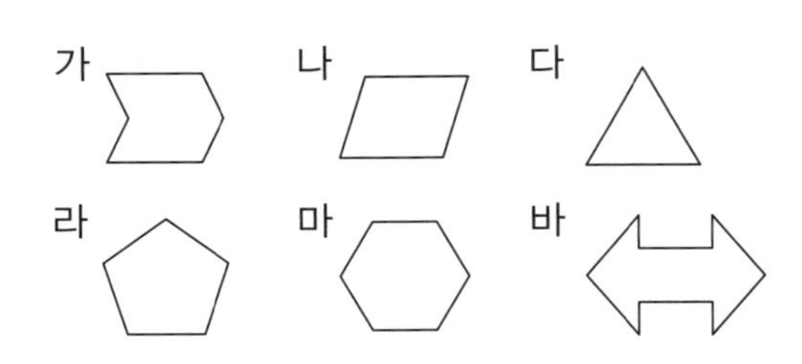

8 주어진 글자를 와 같이 돌린 것을 쓰시오.

북극곰 ⇨ ☐

개념 넓히기

1 왼쪽 도형을 뒤집기와 돌리기를 한 번씩 하였더니 오른쪽 도형과 같이 되었습니다. 뒤집기와 돌리기를 어떻게 하였는지 설명하시오.

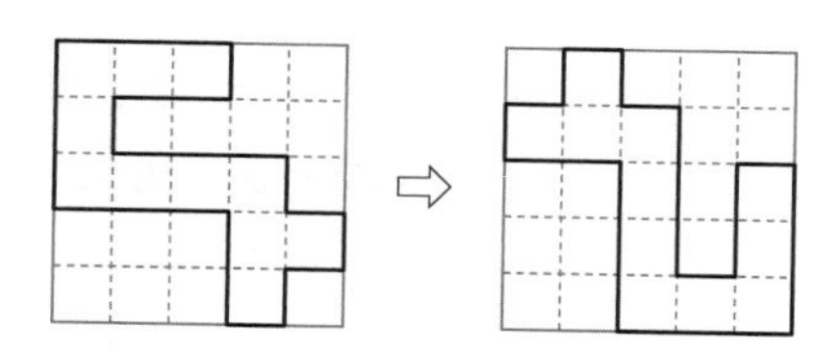

2 옳지 않은 것을 모두 골라 바르게 고치시오.

① 도형을 오른쪽으로 뒤집은 도형과 왼쪽으로 뒤집은 도형은 다릅니다.

② 도형을 오른쪽으로 72번 뒤집은 도형은 처음 도형과 같습니다.

③ 도형을 와 같이 돌리기를 하면 오른쪽, 왼쪽, 위쪽, 아래쪽의 위치가 모두 바뀝니다.

④ 도형을 아래쪽으로 한 번, 왼쪽으로 한 번 뒤집은 도형과 와 같이 돌린 도형은 같습니다.

⑤ 도형을 와 같이 돌린 도형과 와 같이 돌린 도형은 같습니다.

3 보기 와 같이 숫자 중에서 3개를 골라서 만든 500보다 큰 세 자리 수를 와 같이 돌렸을 때 600보다 큰 세 자리 수가 되는 수를 모두 쓰시오.

(단, 보기 의 수는 제외합니다.)

0 1 2 5 6

보기

506 → 905

4 도형을 보고 물음에 답하시오.

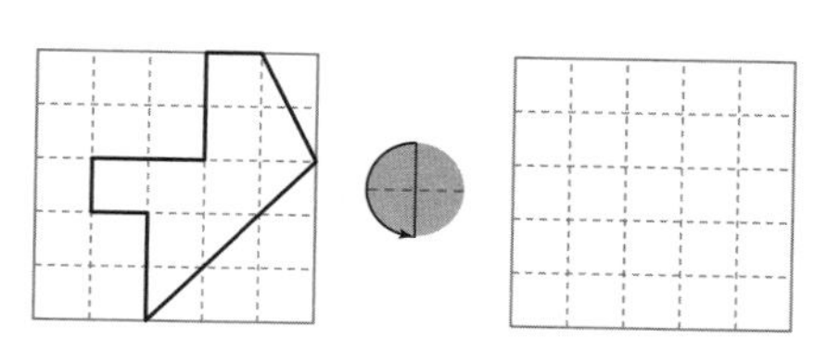

(1) 도형을 와 같이 돌린 도형을 그려 보시오.

(2) 와 같이 돌린 도형과 같은 도형을 뒤집기만을 사용해서 만들려면 어떻게 해야 하는지 설명하시오.

5 도형을 주어진 조건대로 움직였을 때 결과가 같아지는 것을 찾아 기호를 쓰시오.

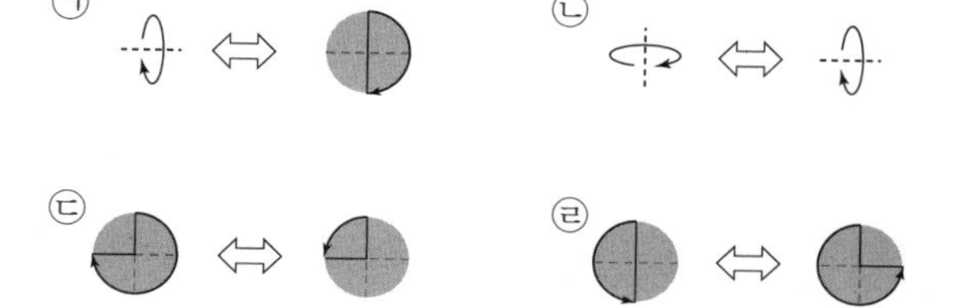

6 주어진 도형을 와 같이 15번 돌리고, 와 같이 돌렸을 때 생기는 도형을 그려 보시오.

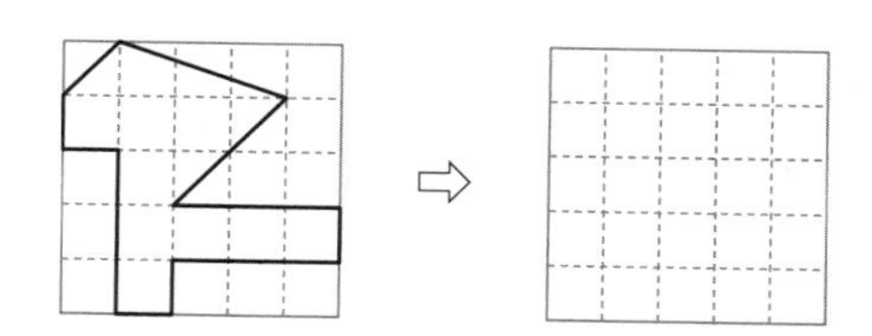

7 도형을 와 같이 돌린 다음 오른쪽으로 뒤집은 도형을 그리고, 처음 도형을 어떤 방법으로 한 번 이동한 것과 같은지 설명하시오. 서술형

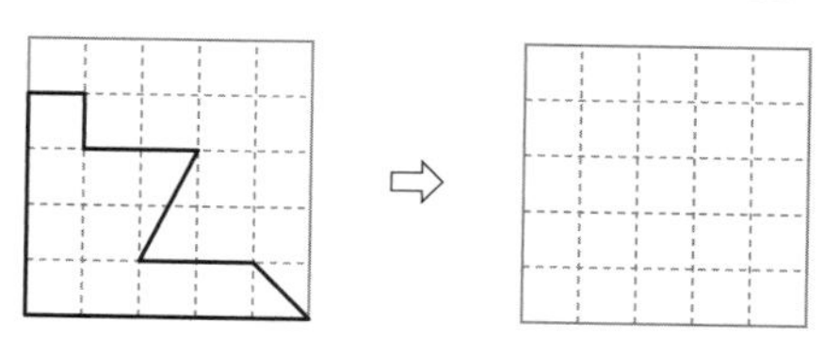

개념활동 22 도형의 둘레

1 한 칸의 길이가 1 cm인 모눈입니다. 주어진 선분을 이용하여 도형을 둘러싼 변의 길이가 다음과 같도록 도형을 완성해 보시오.

(1) 둘러싼 변의 길이가 18 cm　　(2) 둘러싼 변의 길이가 16 cm

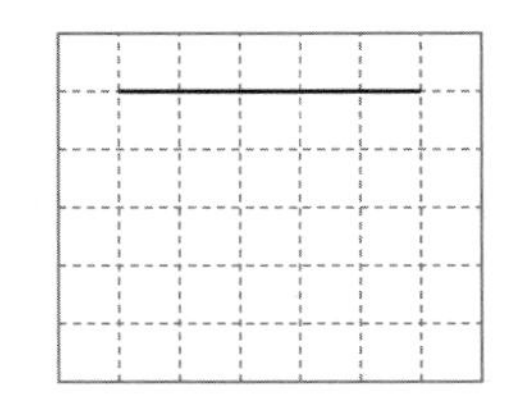
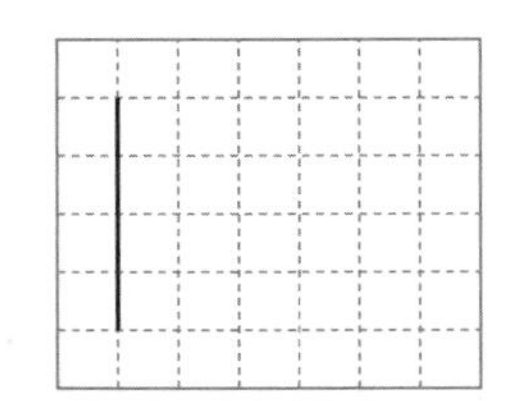

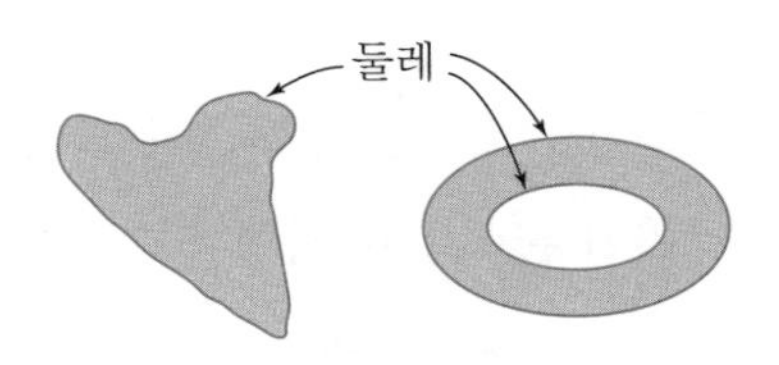

• 평면에서 도형을 둘러싼 것의 길이를 도형의 둘레라고 합니다.
둘레라고 하면 흔히 변으로 둘러싸인 것만 생각하는데 곡선이나 가운데 뚫린 것도 상관없이 둘레라고 할 수 있습니다.

2 사각형의 둘레를 구하려고 합니다. □ 안에 알맞은 수를 써넣으시오.

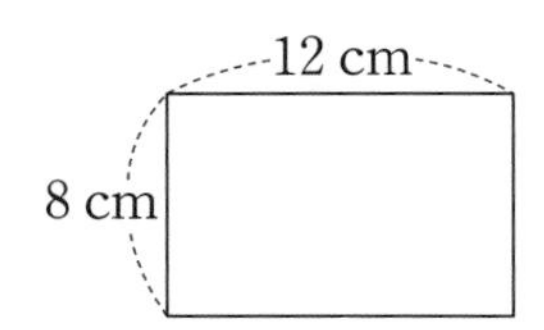

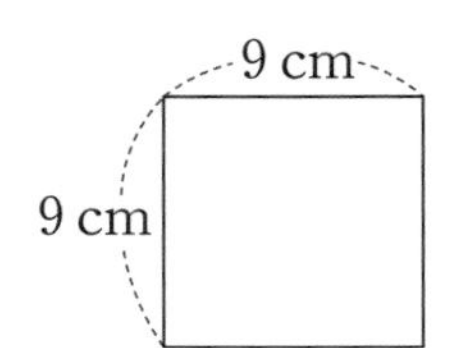

(1) 직사각형과 정사각형의 둘레를 모든 변의 길이의 합으로 구하시오.

(직사각형의 둘레) $=\square+\square+\square+\square=\square$ (cm)

(정사각형의 둘레) $=\square+\square+\square+\square=\square$ (cm)

(2) 마주 보는 변의 길이가 같음을 이용하여 직사각형의 둘레를 구하시오.

(직사각형의 둘레) $=$ (가로) $+$ (세로) $+$ (가로) $+$ (세로)

$=\{$(가로) $+$ (세로)$\}\times 2$

$=(\square+\square)\times 2=\square$ (cm)

(3) 네 변의 길이가 같음을 이용하여 정사각형의 둘레를 구하시오.

(정사각형의 둘레) $=$ (한 변) $+$ (한 변) $+$ (한 변) $+$ (한 변)

$=$ (한 변) $\times 4$

$=\square\times 4=\square$ (cm)

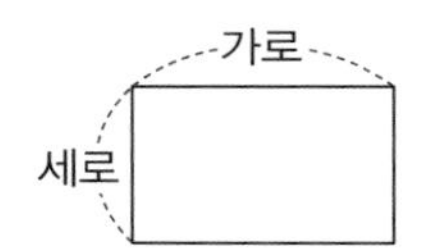

• (직사각형의 둘레)
$=\{$(가로$+$세로)$\}\times 2$

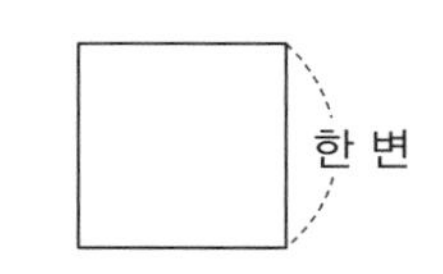

• (정사각형의 둘레) $=$ (한 변) $\times 4$

3 모눈 한 칸의 길이가 1 cm일 때, 둘레가 다음과 같은 도형을 그려 보시오.

(1) 둘레가 14 cm인 직사각형　　(2) 둘레가 12 cm인 정사각형

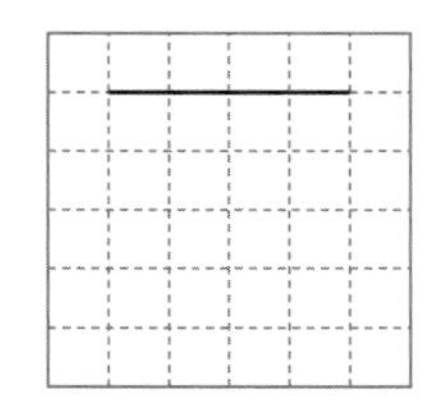
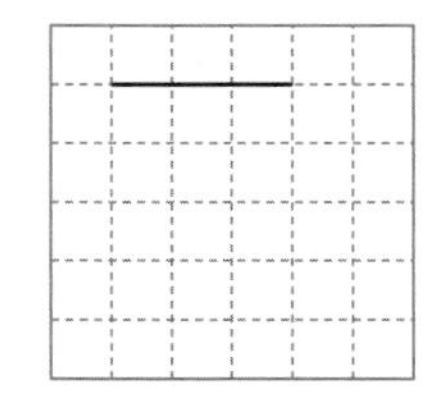

4 한 개의 길이가 1인 막대 18개를 가로에 6개, 세로에 3개를 놓아 직사각형을 그렸습니다.

(1) 가로 막대 3개를 아래로 한 칸, 세로 막대 1개를 왼쪽으로 3개의 길이만큼 옮긴 그림을 완성하여 보시오. 처음 도형의 둘레와 새로 만든 도형의 둘레는 각각 얼마입니까?

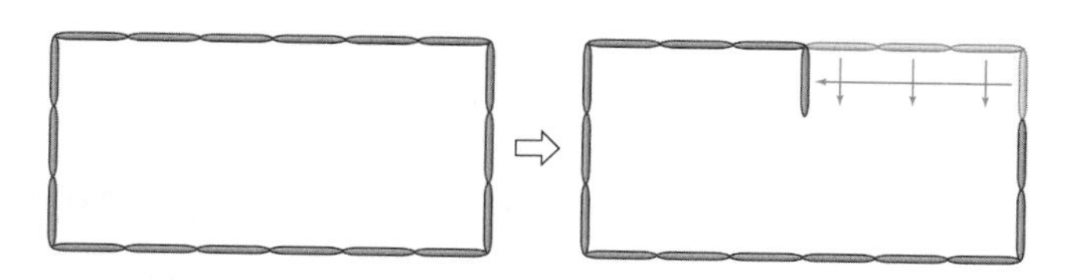

(2) 처음 직사각형의 막대를 2개 움직여서 움푹 파인 모양을 만들려고 합니다. 비어 있는 부분이 없도록 막대를 추가하여 그려 보시오. 몇 개의 막대가 더 필요합니까?

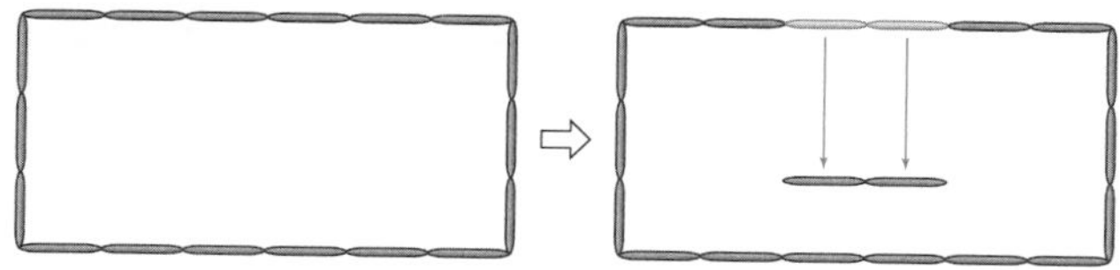

(3) (2)에서 새로 만든 도형의 둘레는 얼마입니까? 처음 도형의 둘레보다 얼마나 더 깁니까?

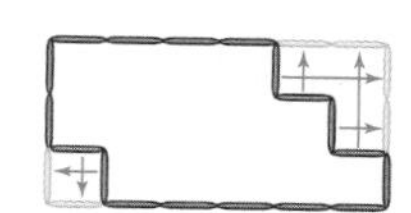

직각으로 꺾인 도형은 변을 이동하여 직사각형으로 만들어 둘레를 구합니다. 막대가 움직였지만 막대의 수가 늘어나거나 줄어들지 않았으므로 직사각형의 둘레는 움직이기 전의 도형의 둘레와 같습니다.

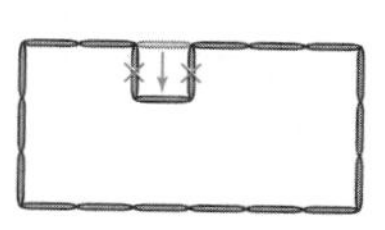

움푹 파인 도형의 둘레는 파인 부분의 양쪽 부분의 길이만큼을 둘레에 추가하여 구합니다. 막대가 추가되었음을 꼭 기억하세요.

5 **보기**와 같이 주어진 도형과 둘레가 같도록 점선으로 그림을 그리고, 도형의 둘레를 구하시오.

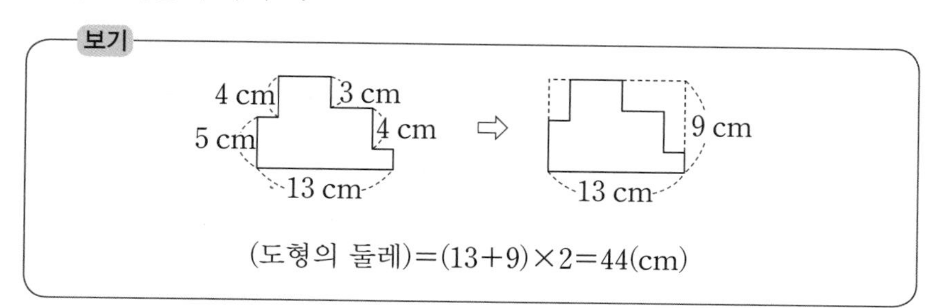

(도형의 둘레)=(13+9)×2=44(cm)

(1)

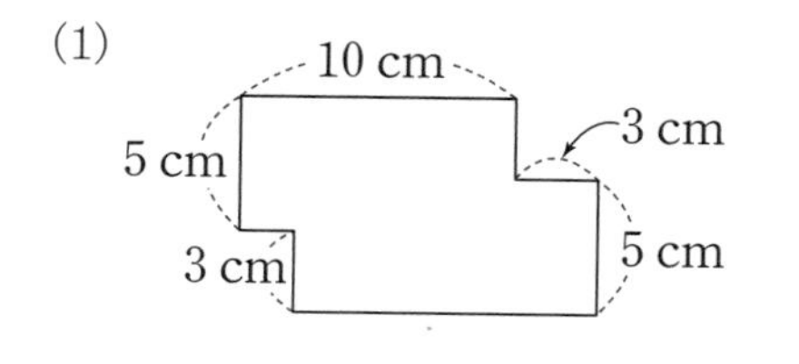

(2)

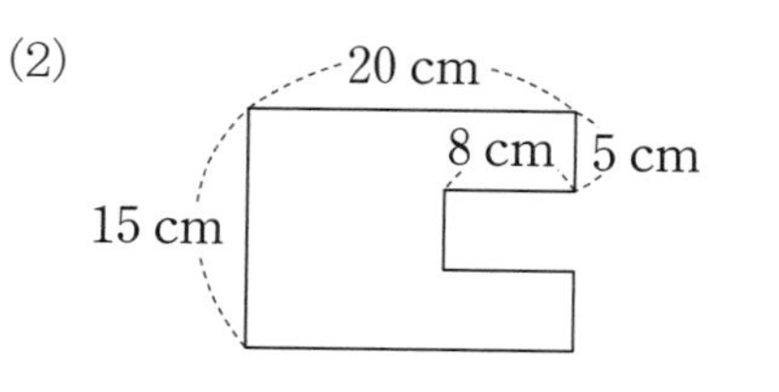

계단식으로 꺾이거나 파인 모양은 먼저 직사각형 모양으로 만든 다음에 둘레를 구합니다.

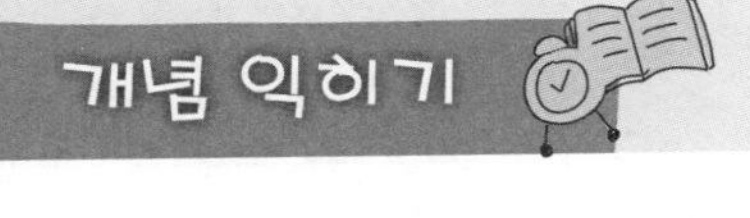

1 도형에서 작은 정삼각형의 한 변이 1 cm일 때, 도형의 둘레를 구하시오.

(1)

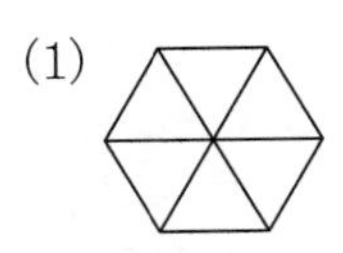

(2)

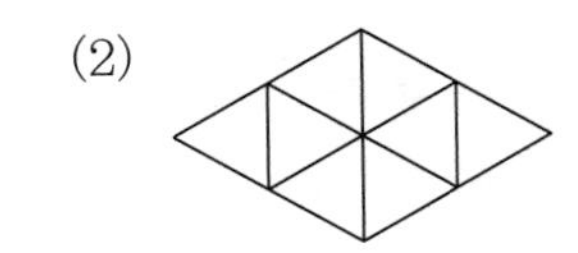

2 직사각형과 정사각형의 둘레를 구하시오.

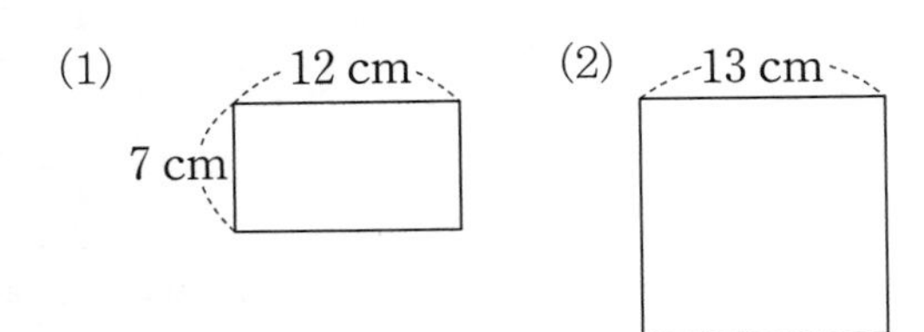

3 도형에서 작은 정사각형의 한 변이 2 cm일 때, 도형의 둘레를 구하시오.

(1)

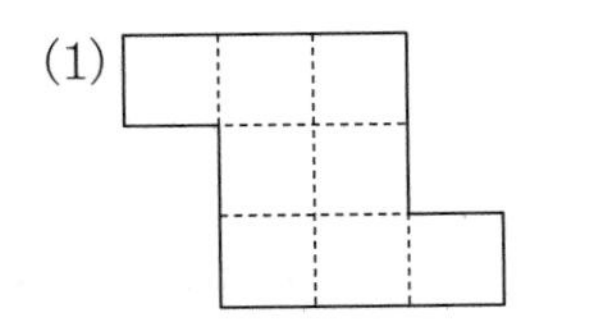

(2)

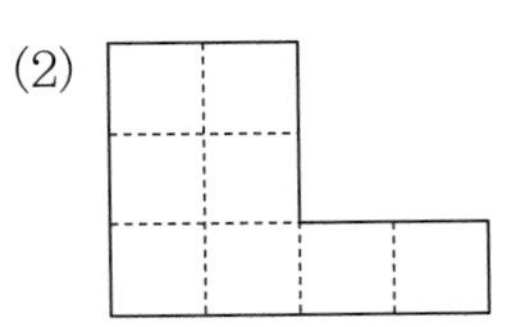

4 둘레가 36 cm인 정사각형의 한 변은 몇 cm입니까?

5 직사각형과 정사각형의 둘레가 같을 때, 정사각형의 한 변은 몇 cm입니까?

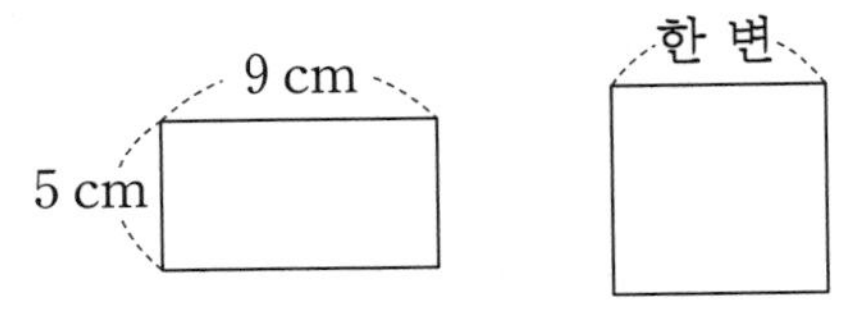

6 그림과 같이 직사각형 모양의 종이에서 정사각형 모양의 종이를 2장 잘라내었습니다. 색칠한 부분의 둘레를 구하시오.

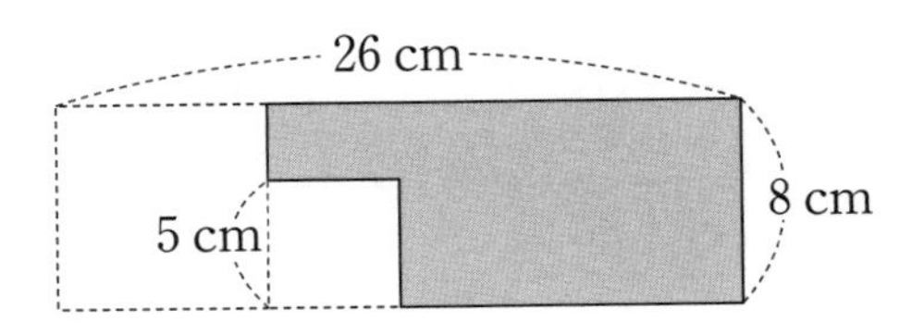

7 도형의 둘레를 구하시오.

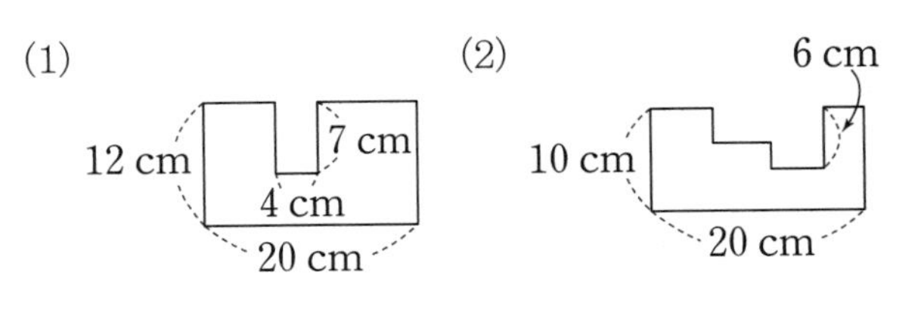

8 한 변이 4 cm인 정사각형을 겹치지 않게 이어 붙여서 그림과 같은 도형을 만들었습니다. 이 도형의 둘레는 몇 cm입니까?

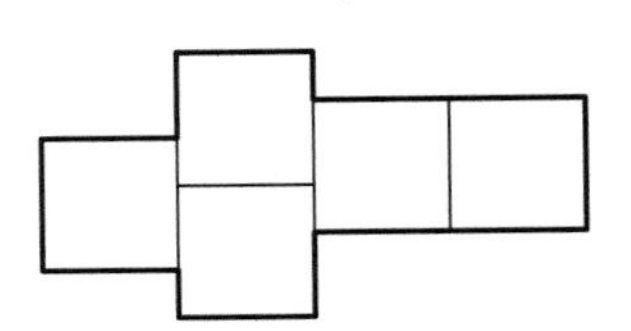

개념 넓히기

1 직사각형의 둘레가 24 cm이고 세로가 5 cm일 때, 가로는 몇 cm입니까?

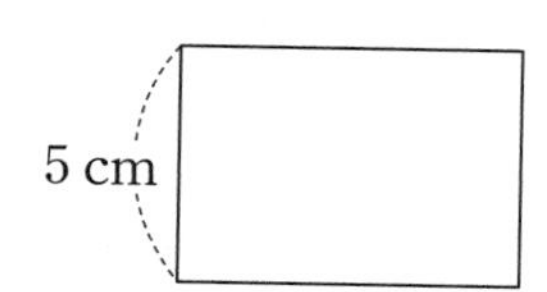

2 한 변이 8 cm인 철사로 된 정사각형을 펴서 가로가 10 cm인 직사각형을 만들려고 합니다. 세로를 몇 cm로 해야 합니까?

3 한 변의 길이가 모두 같은 정사각형 3개와 정삼각형 3개를 그림과 같이 이어 붙여 만든 도형의 둘레를 구하시오.

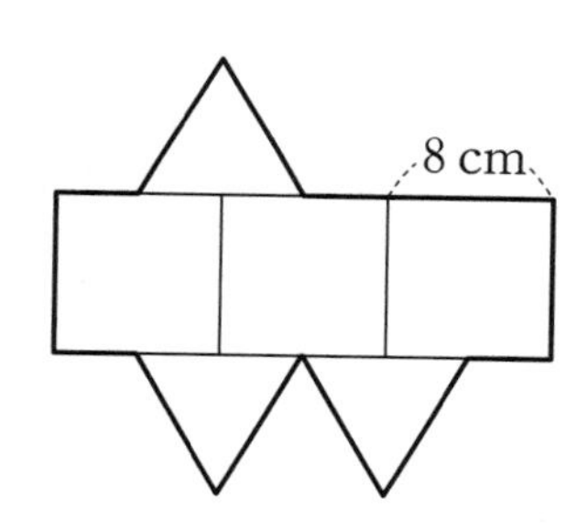

4 한 변이 6 cm인 색종이를 그림과 같이 접어서 한 변이 1 cm인 정사각형 모양으로 잘라내었습니다. 물음에 답하시오.

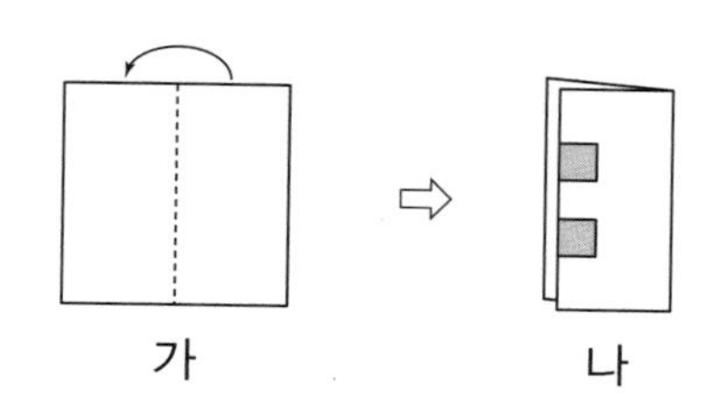

(1) 접힌 선은 점선으로, 잘라낸 선은 실선으로 하여 펼쳤을 때의 모양을 가에 그려 보시오.

(2) 잘라내고 펼친 후의 도형의 둘레를 구하시오.

5 오른쪽 도형의 둘레를 구하시오.

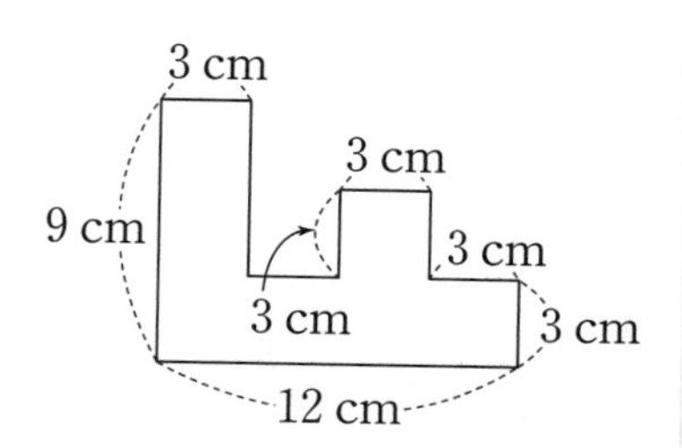

6 한 변이 1 cm인 정사각형 12개를 변끼리 이어 붙여 직사각형을 만들려고 합니다. 물음에 답하시오.

(1) 만들 수 있는 직사각형의 종류를 모두 그려 보시오. (단, 뒤집거나 돌린 모양은 한 가지로 봅니다.)

(2) 둘레가 가장 큰 직사각형의 둘레는 몇 cm입니까?

7 한 칸의 길이가 1 cm인 모눈 위에 둘레가 14 cm인 도형을 3가지 그려 보시오. (단, 직사각형은 제외합니다.)

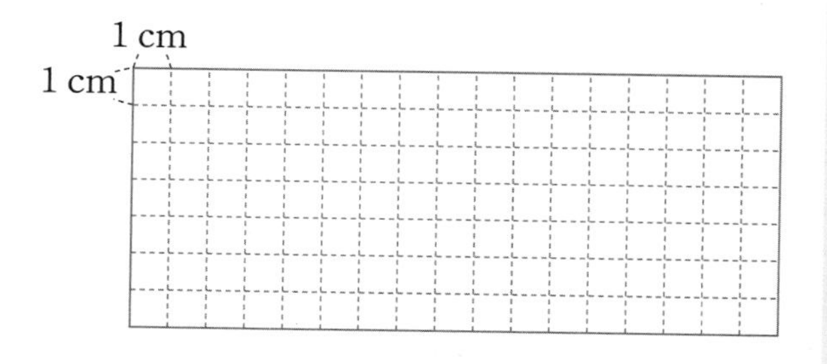

8 직사각형에서 한 변이 5 cm인 정삼각형 2개와 정사각형 1개를 잘라낸 도형입니다. 도형의 둘레는 몇 cm입니까?

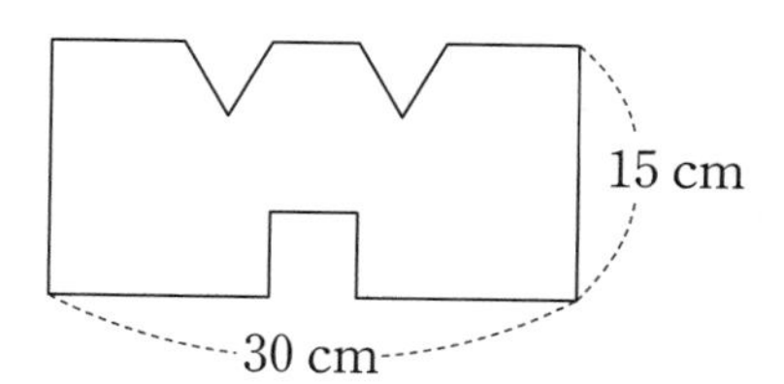

개념활동 23 단위넓이를 사용한 넓이

1 가, 나, 다의 넓이를 비교하려고 합니다. 물음에 답하시오.

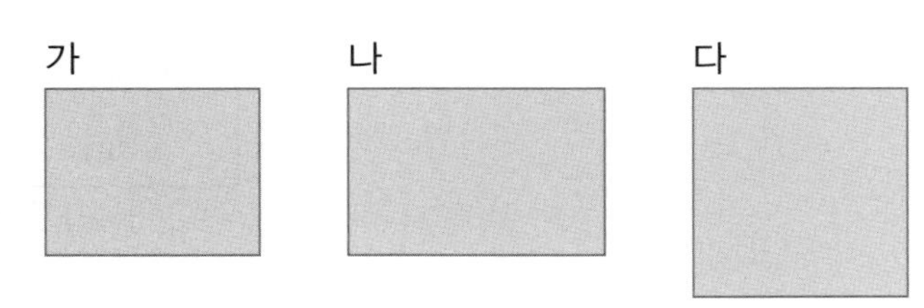

(1) 투명 종이로 본을 떠서 두 도형을 겹쳐 보면 가와 나 중에서 어느 것이 더 넓습니까? 또, 얼마나 더 넓은지 알 수 있습니까?

(2) 투명 종이로 본을 떠서 두 도형을 겹쳐 보면 나와 다 중에서 어느 것이 얼마나 더 넓은지 알 수 있습니까?

(3) 주어진 단위넓이를 사용하여 사각형 나, 다는 단위넓이의 몇 배인지 숫자로 나타내어 보고, 넓이를 비교하시오.

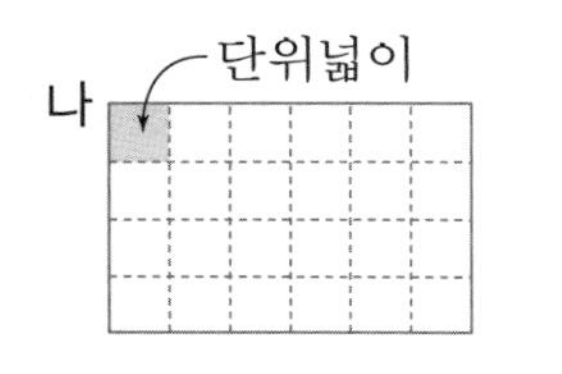

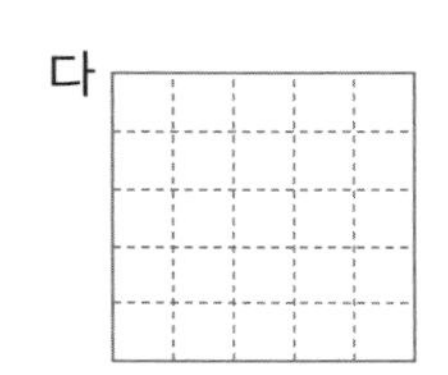

(4) 주어진 단위넓이를 사용하여 사각형 나와 다는 단위넓이의 몇 배인지 그림을 그려 알아보시오.

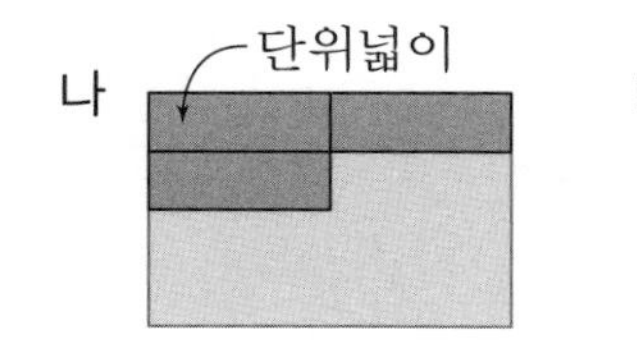

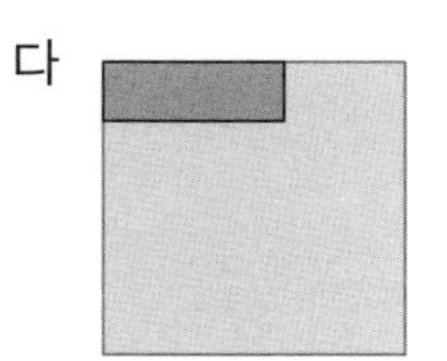

(5) (3)과 (4)의 단위넓이 중에서 넓이를 비교하기에 더 좋은 것은 어느 것인지 쓰고 그 이유를 설명하시오.

• 넓이를 재는 데 기준이 되는 넓이를 단위넓이라고 합니다. 단위넓이는 도형의 넓이를 비교할 때, 어느 것이 얼마나 더 넓은지 정확하게 비교하는 데 기준이 됩니다.

단위넓이는 도형의 넓이를 재기 위한 것이므로 단위넓이를 사용하여 재었을 때, 남는 부분이 있거나 모자라는 부분이 없도록 정해야 합니다.

단위넓이는 넓이를 잴 수 있는 기본단위이므로 재는 사람이 마음대로 정하여 잴 수 있습니다. 하지만 재는 사람에 따라 단위넓이의 크기가 달라지므로 모든 사람들이 넓이를 똑같이 나타내기 위해서는 같은 단위넓이를 사용하는 것이 바람직합니다.

2 가장 작은 정사각형의 한 변이 1 cm일 때, 도형 가, 나의 넓이를 구하려고 합니다. □ 안에 알맞게 써넣으시오.

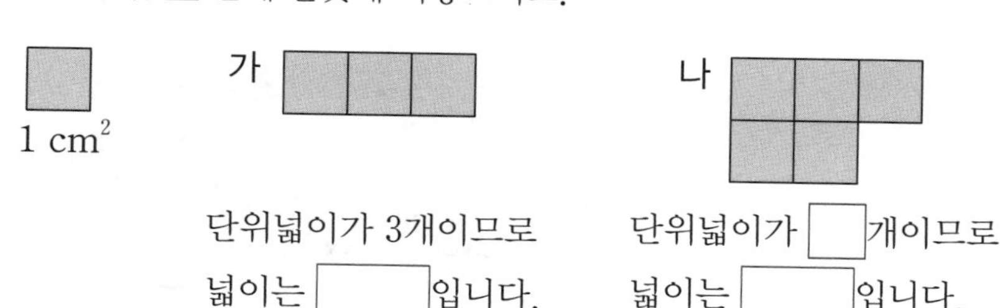

단위넓이가 3개이므로 넓이는 □입니다.

단위넓이가 □개이므로 넓이는 □입니다.

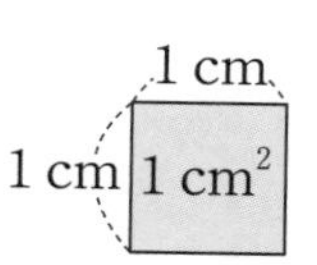

• 한 변이 1 cm인 정사각형의 넓이를 $1\ cm^2$ 라 쓰고 1 제곱센티미터라고 읽습니다.

3 모눈의 가장 작은 정사각형의 한 칸이 $1\ cm^2$일 때, 도형 가, 나에서 색칠한 부분의 넓이를 구하려고 합니다. 물음에 답하시오.

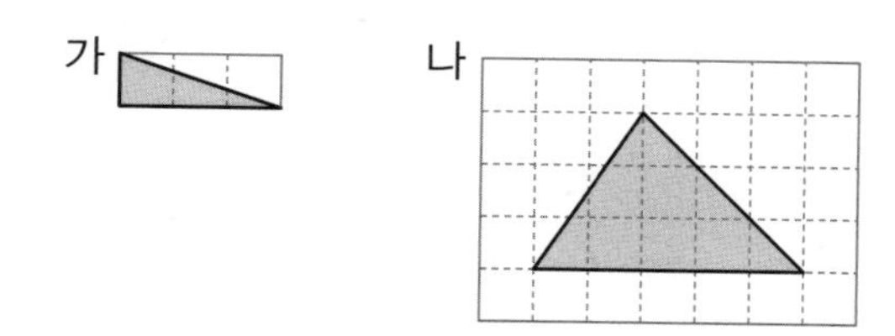

(1) 가에서 색칠한 부분은 정사각형 3개의 반입니다. 색칠한 부분의 넓이는 얼마입니까?

(2) 나에서 색칠한 부분은 가로와 세로가 각각 몇 칸인 직사각형 넓이의 반입니까? 색칠한 부분의 넓이를 구하시오.

4 한 칸의 길이가 1 cm인 정사각형을 가로, 세로에 100개씩 늘어놓아 만든 커다란 정사각형이 있습니다. 물음에 답하시오.

(1) 커다란 정사각형의 한 변의 길이는 작은 정사각형이 100개이므로 100 cm, 즉 1 m입니다. 큰 정사각형은 작은 정사각형 몇 개의 넓이와 같습니까?

(2) 작은 정사각형의 넓이는 $1\ cm^2$입니다. 큰 정사각형의 넓이를 단위를 사용하여 나타내어 보시오.

$100\times$□$=$□$(cm^2)=$□(m^2)

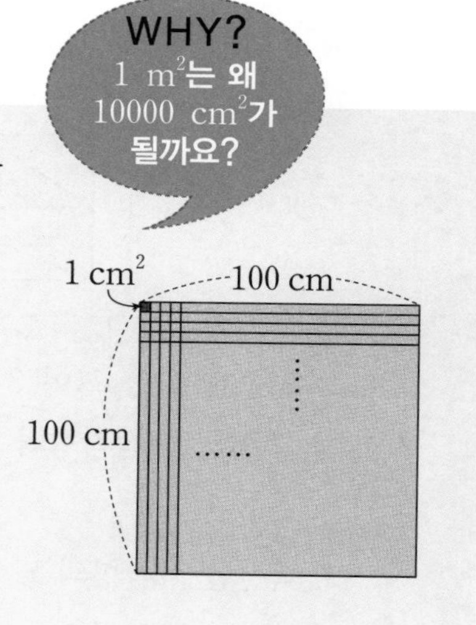

5 □ 안에 알맞은 수를 써넣으시오.

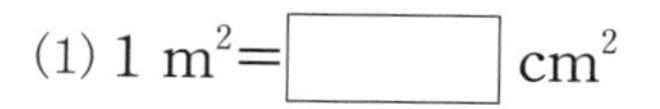

(1) $1\ m^2=$□cm^2

(2) $20000\ cm^2=$□m^2

(3) □$cm^2=40\ m^2$

(4) $23\ m^2=$□cm^2

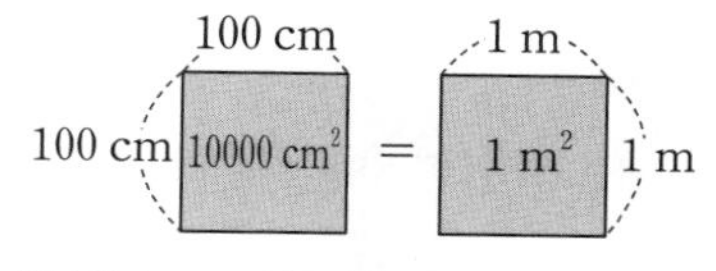

• 한 변이 1 m인 정사각형의 넓이를 $1\ m^2$ 라 쓰고 1 제곱미터라고 읽습니다.

$1\ m^2=10000\ cm^2$

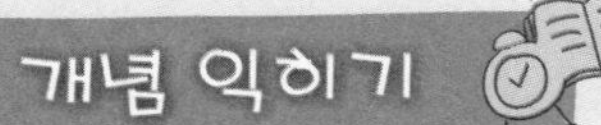

1 단위넓이가 1일 때, 주어진 도형은 단위넓이의 몇 배입니까?

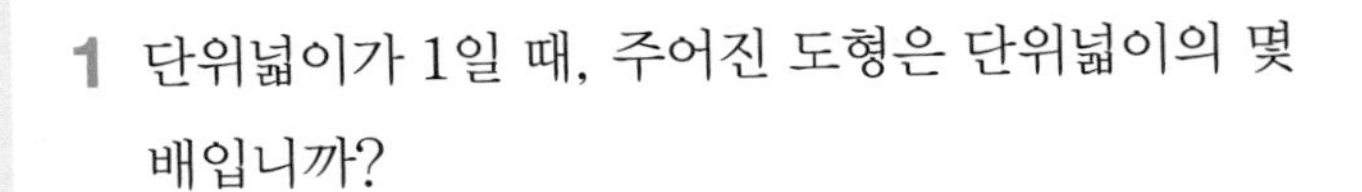

(1) 단위넓이

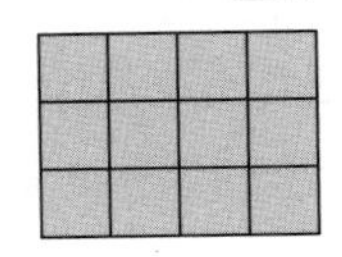

(2) 단위넓이

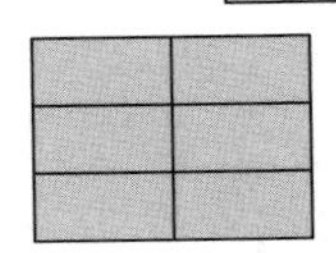

2 단위넓이가 1 cm^2일 때, 색칠한 도형의 넓이는 몇 cm^2입니까?

(1)

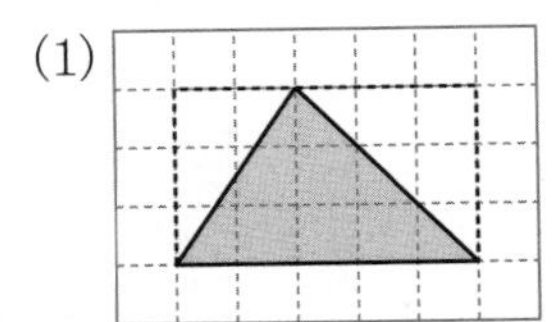

(2)

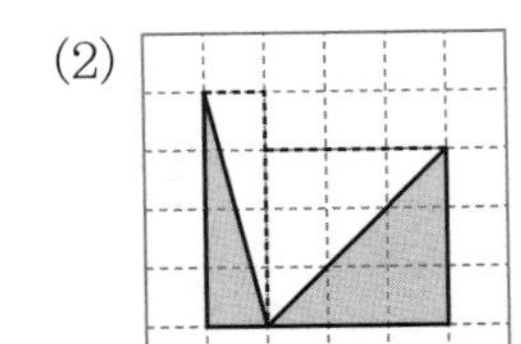

3 모눈 한 칸의 길이가 1 cm일 때, 주어진 도형의 넓이를 구하려고 합니다. 물음에 답하시오.

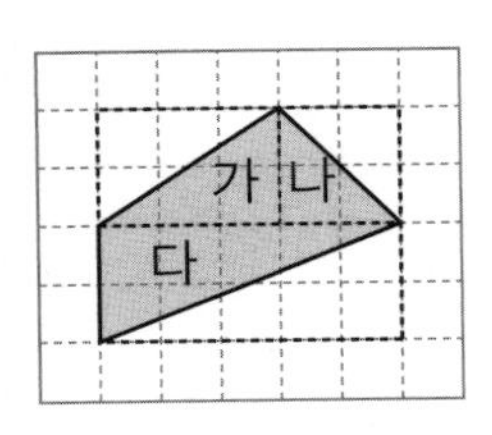

(1) 도형에 선을 그어 3개의 삼각형으로 나누었습니다. 각 삼각형의 넓이를 구하시오.

(2) 색칠한 사각형의 넓이를 세 삼각형의 넓이의 합으로 구하시오.

(3) 색칠한 사각형의 넓이를 가장 큰 사각형에서 색칠하지 않은 부분의 넓이를 빼어 구하시오.

4 모눈 한 칸의 길이가 1 cm일 때, 넓이가 다른 도형을 2개 고르시오.

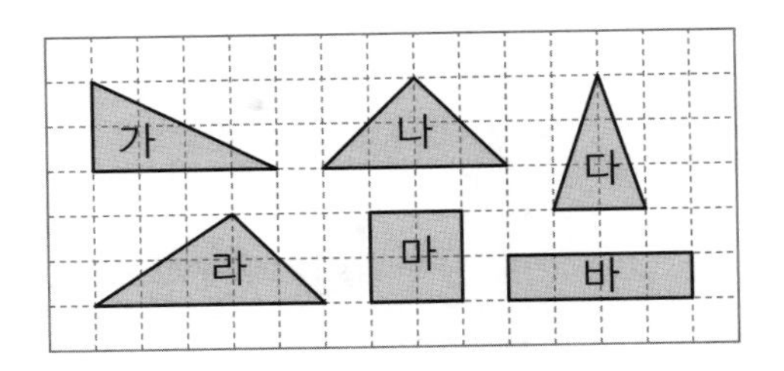

5 모눈 한 칸의 넓이가 1 cm^2일 때, 도형의 넓이가 8 cm^2인 서로 다른 도형 3개를 그려 보시오.

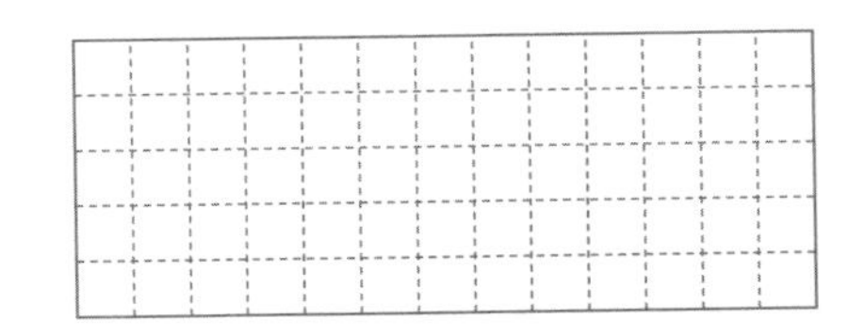

6 □ 안에 알맞은 수를 써넣으시오.

(1) 1 m^2= □ cm^2

(2) 3 m^2= □ cm^2

(3) 50000 cm^2= □ m^2

(4) 100000 cm^2= □ m^2

7 모눈 한 칸의 길이가 1 cm일 때, 도형의 넓이를 구하시오.

(1)

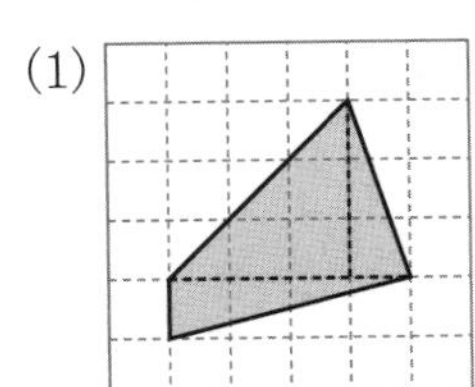

(2)

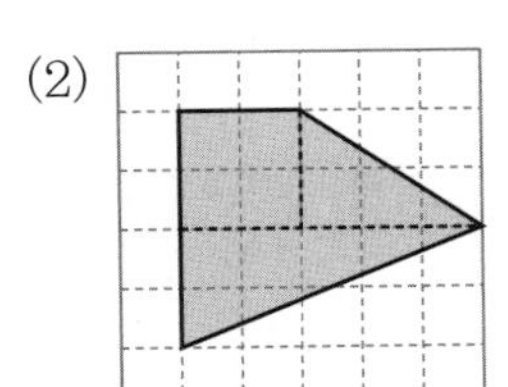

개념 넓히기

1 한 칸의 넓이가 1 cm^2 인 모눈종이에 그려져 있는 도형의 넓이를 구하시오.

(1)
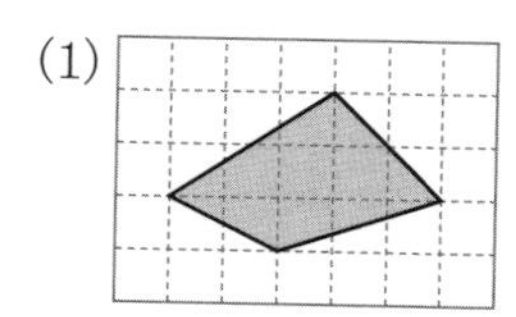

(2)
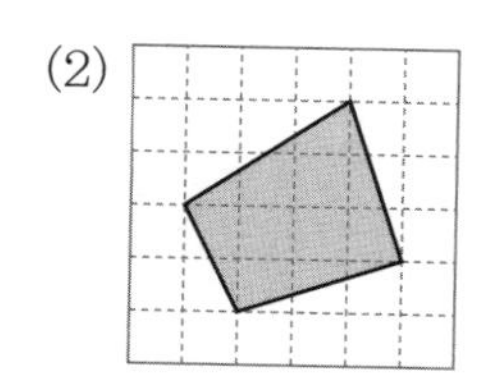

2 모눈 한 칸의 넓이가 2 cm^2일 때, 색칠한 도형의 넓이를 구하시오.

(1)
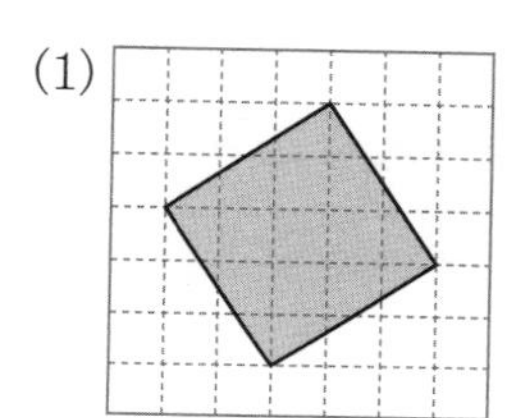

(2)
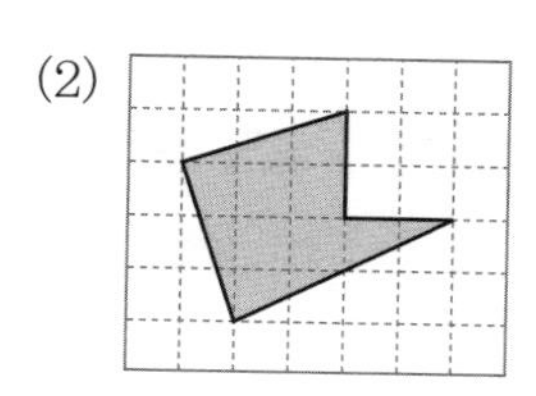

3 모눈 한 칸의 길이가 1 cm일 때, 색칠한 부분의 넓이는 몇 cm^2입니까?

(1)
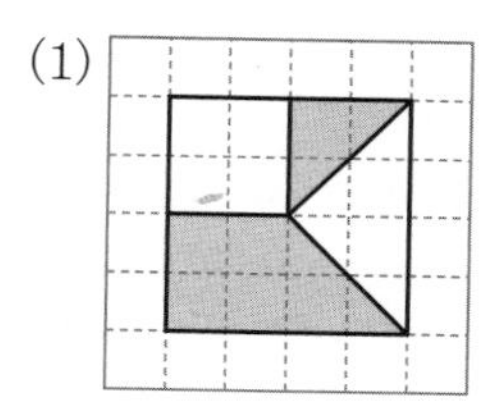

(2)
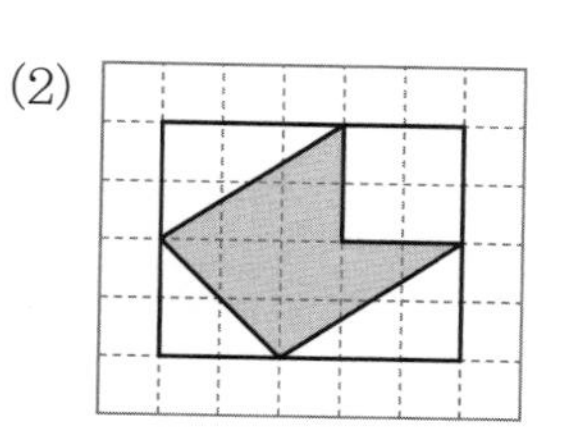

(3)
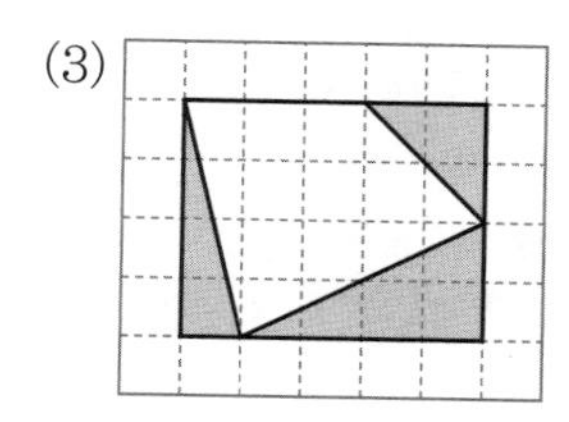

(4)
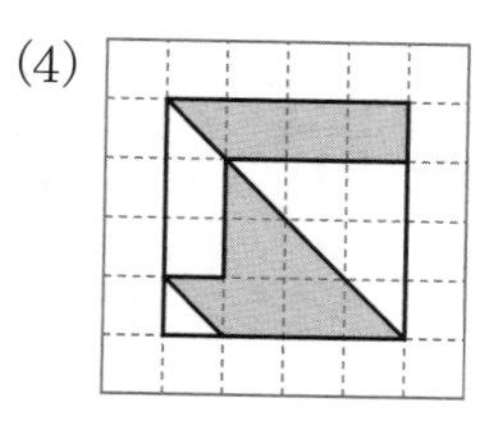

4 모눈 한 칸의 넓이가 1 cm^2일 때 넓이가 4 cm^2인 정사각형을 이용하여 넓이가 2 cm^2인 정사각형을 그려 보시오.

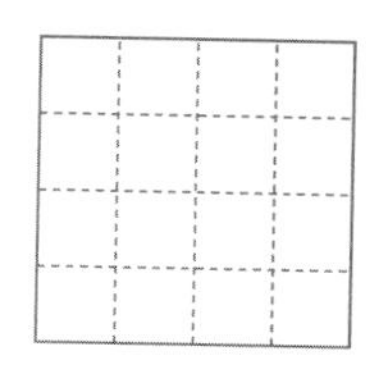

5 넓이가 가장 큰 것은 어느 것입니까?

① 90 m^2 ② 890000 cm^2
③ 9200 cm^2 ④ 90000 cm^2
⑤ 0.9 m^2

6 모눈 한 칸의 길이가 1 m일 때, 도형의 넓이는 몇 cm^2입니까?

(1)
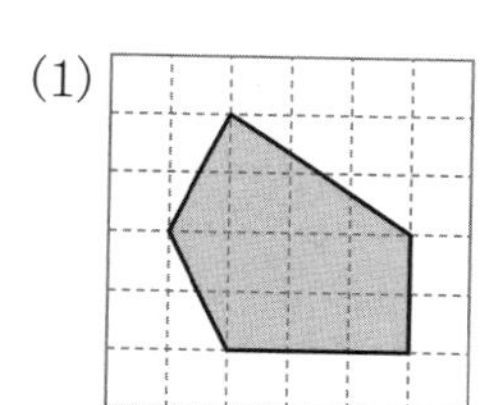

(2)
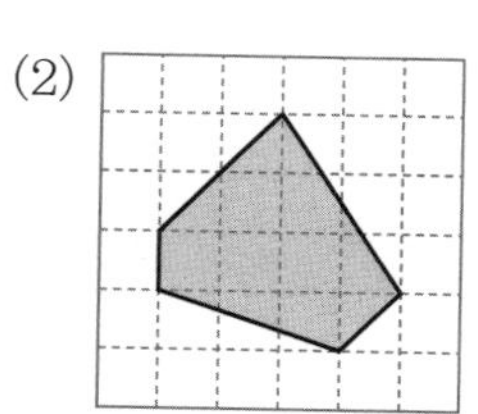

7 모눈 한 칸의 넓이가 1 cm^2일 때 도형의 넓이가 5 cm^2인 오각형과 6 cm^2인 육각형을 각각 1개씩 그려 보시오.

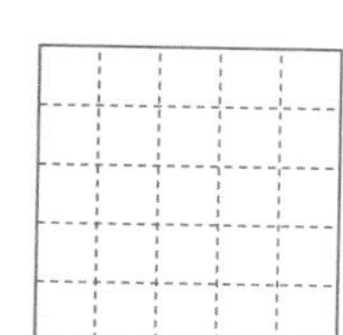
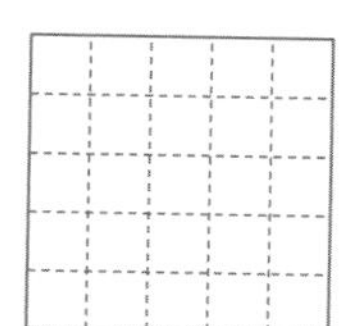

직사각형, 직각으로 이루어진 도형의 넓이

1 작은 정사각형의 넓이가 1 cm^2일 때, 다음 직사각형과 정사각형을 보고 물음에 답하시오.

가 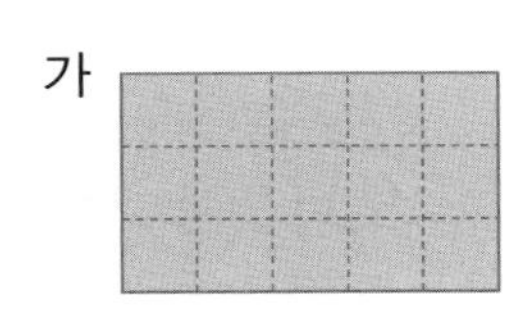 나 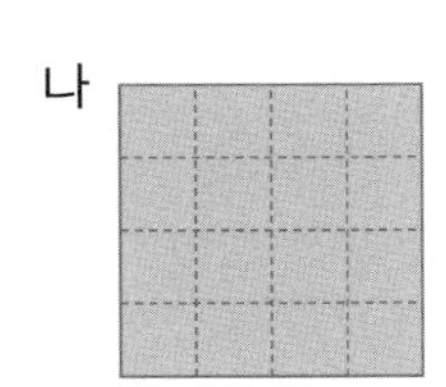

(1) 직사각형 **가**에서 1 cm^2 인 단위넓이가 몇 개인지 세어 직사각형의 넓이를 구하시오.

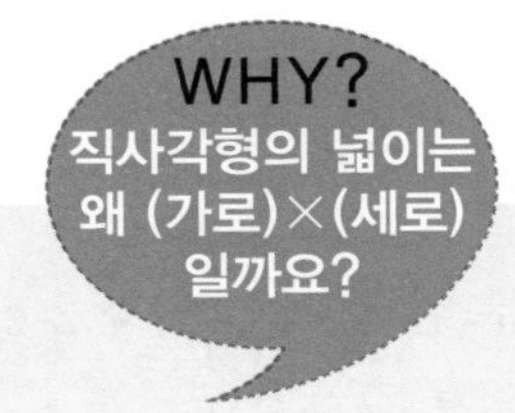

(2) 직사각형 **가**의 가로와 세로에는 1 cm^2인 단위넓이가 각각 몇 개씩 있습니까?

(3) 직사각형의 넓이는 단위넓이의 몇 배인가로 결정되므로 직사각형 **가**에서 가로와 세로에 있는 1 cm^2인 정사각형의 개수로 직사각형의 넓이를 구할 수 있습니다. □ 안에 알맞은 말을 써넣어 공식을 완성하시오.

(직사각형의 넓이)=(가로)×(□)

(4) 직사각형의 넓이를 구하는 공식을 이용하여 직사각형 **가**의 넓이를 구하시오.

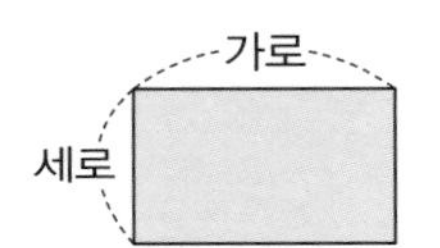

• (직사각형의 넓이)=(가로)×(세로)

(5) 정사각형 **나**의 가로와 세로에 넓이가 1 cm^2인 정사각형이 몇 개씩 놓여 있습니까?

(6) 정사각형 **나**의 넓이를 구하려고 합니다. □ 안에 알맞은 것을 써넣어 공식을 완성하시오.

(정사각형의 넓이)=(가로)×(세로)=(한 변)×(□)
=□×□=□ (cm^2)

• (정사각형의 넓이)=(한 변)×(한 변)

2 직사각형과 정사각형의 넓이는 각각 몇 cm^2인지 구하시오.

(1) 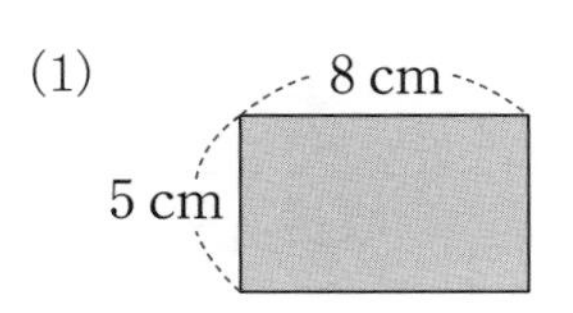

(2) 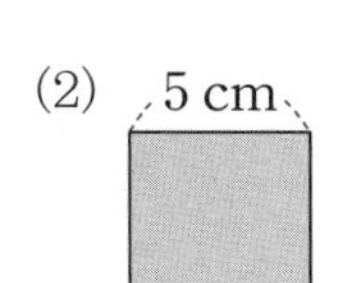

넓이를 구할 때는 단위가 cm^2인지, m^2 인지 반드시 확인한 후에 답을 써야 합니다.

3 도형 **가**의 넓이를 2가지 방법으로 구하려고 합니다. 물음에 답하시오.

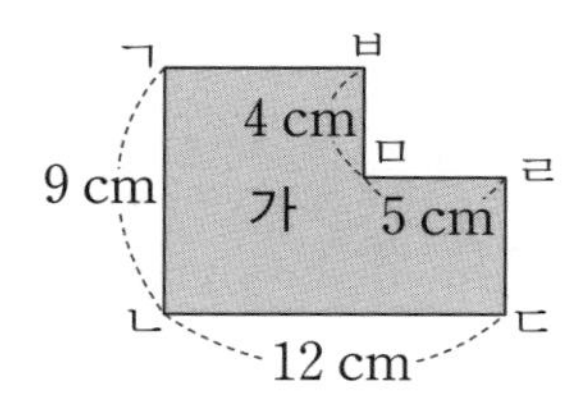

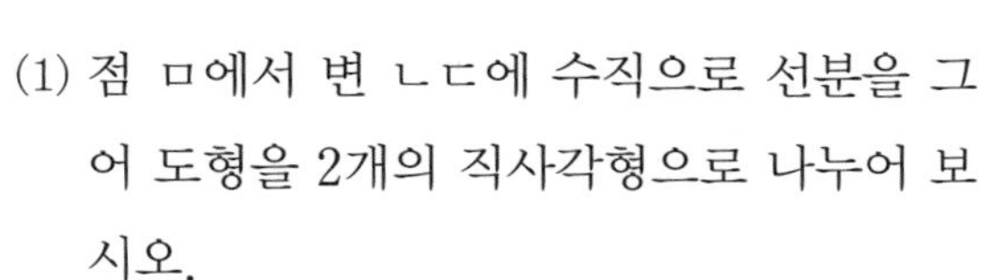

(1) 점 ㅁ에서 변 ㄴㄷ에 수직으로 선분을 그어 도형을 2개의 직사각형으로 나누어 보시오.

(2) 2개의 직사각형의 넓이의 합으로 도형 **가**의 넓이를 구하시오.

(3) 2개의 직사각형의 넓이의 차로 도형 **가**의 넓이를 구하시오.

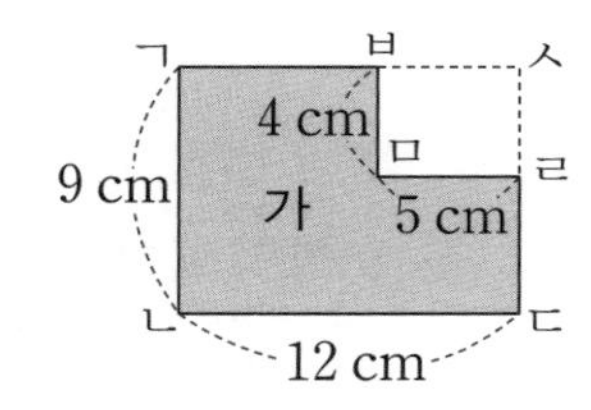

• 도형의 넓이를 구하는 방법

① 더하여 구하기

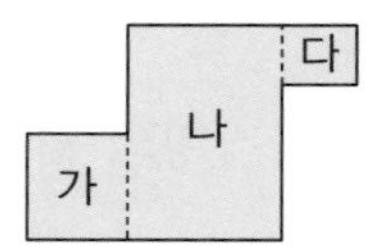

(색칠된 도형의 넓이)
=(가의 넓이)+(나의 넓이)+(다의 넓이)

② 빼어 구하기

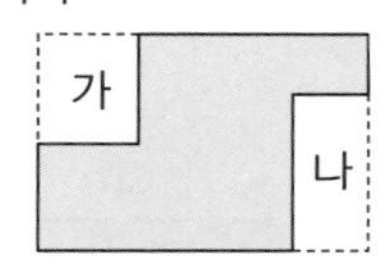

(색칠된 도형의 넓이)
=(전체 넓이)−(가의 넓이)−(나의 넓이)

4 그림과 같이 직사각형 도형에 너비가 2 cm인 틈이 나 있는 도형에서 색칠한 부분의 넓이를 구하려고 합니다. 물음에 답하시오.

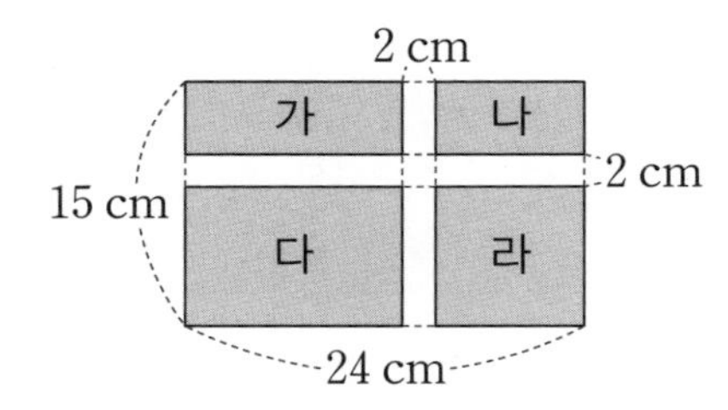

(1) **가**, **나**, **다**, **라**를 모두 틈이 없이 이어 붙였을 때 생기는 직사각형을 그리고, 넓이를 구하시오.

(2) 가로로 나 있는 틈을 아래쪽의 끝으로, 세로로 나 있는 틈을 오른쪽의 끝으로 이동한 그림을 그리고, 넓이의 합을 구하시오.

• 직각으로 이루어진 도형의 넓이를 구하는 방법

① 밀어서 풀기

② 이어 붙여 풀기

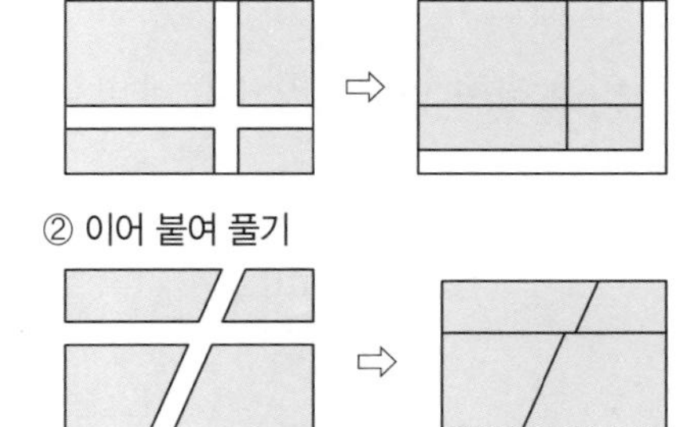

사선으로 틈이 나있는 경우는 밀어서 만든 모양으로 푸는 것보다 전체를 이어 붙여서 푸는 것이 더 편리합니다.

1 □ 안에 알맞은 말을 써넣으시오.

(1) (직사각형의 넓이)=(□)×(세로)

(2) (정사각형의 넓이)=(한 변)×(□)

2 도형의 넓이는 몇 cm^2입니까?

(1)

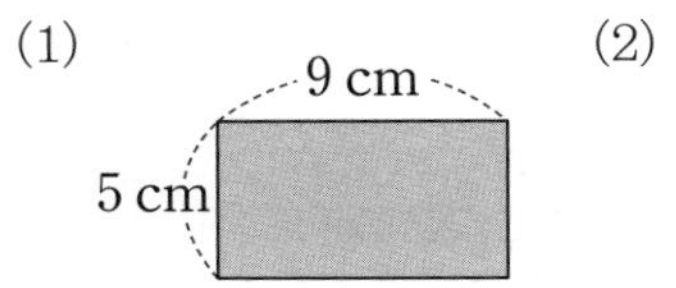

(2)

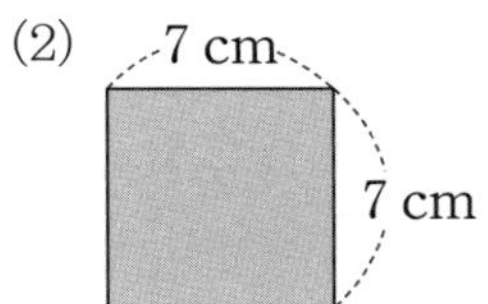

3 도형의 넓이를 주어진 단위로 구하시오.

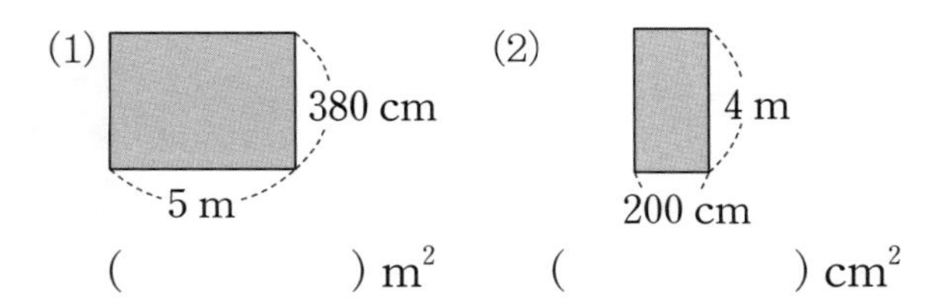

(1) (　　　　) m^2　　(2) (　　　　) cm^2

4 도형의 넓이를 2가지 방법으로 구해 보시오.

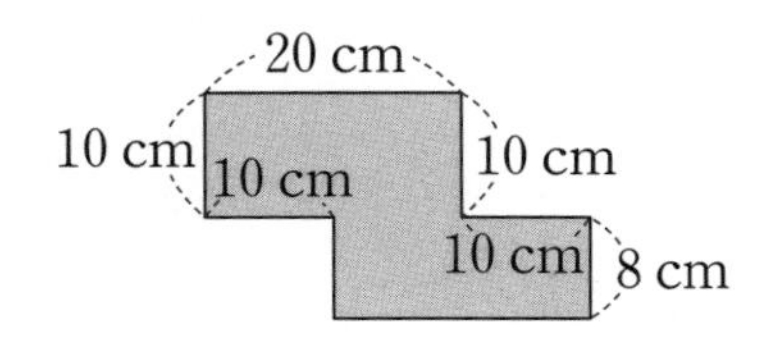

(1) 도형을 2개의 직사각형으로 나누어 넓이의 합으로 주어진 도형의 넓이를 구하시오.

(2) 직사각형의 넓이의 차로 주어진 도형의 넓이를 구하시오.

5 도형의 넓이는 몇 cm^2입니까?

(1)

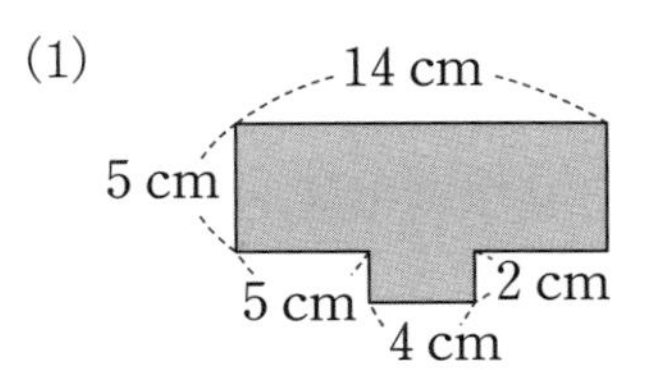

(2)

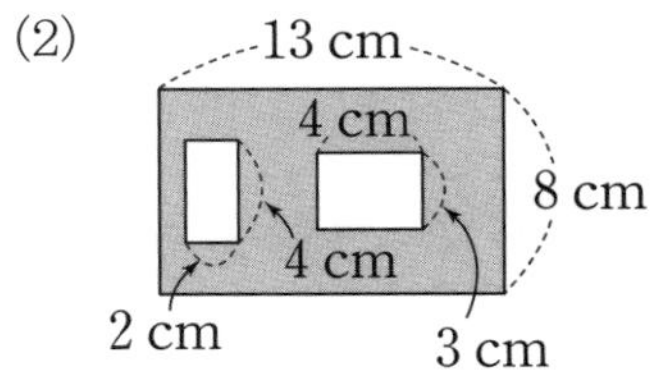

6 정사각형과 직사각형의 둘레는 36 cm로 같습니다. 두 도형의 넓이의 차는 몇 cm^2입니까?

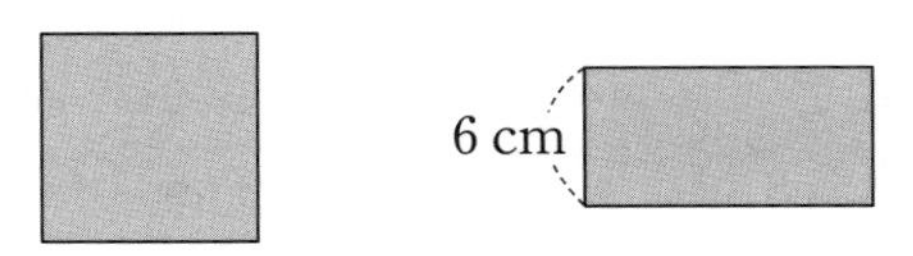

7 가로가 2 m이고, 세로가 180 cm인 직사각형 모양의 식탁이 있습니다. 이 식탁의 넓이는 몇 cm^2입니까?

8 직사각형 모양에 너비가 3 m로 일정한 길이 나 있는 밭에서 길을 제외한 색칠된 부분의 넓이는 몇 m^2입니까?

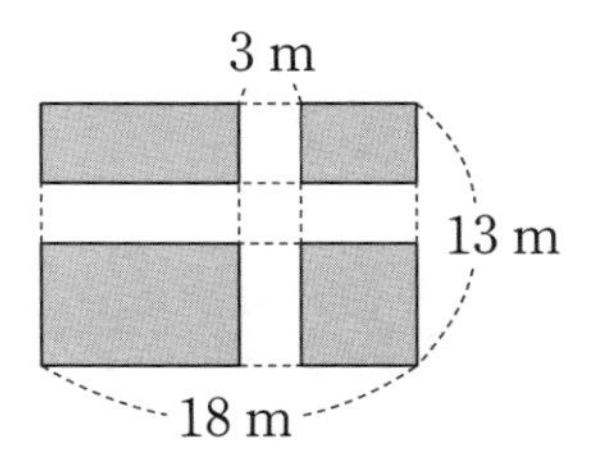

개념 넓히기

1 색칠한 도형의 넓이를 단위에 맞게 구하시오.

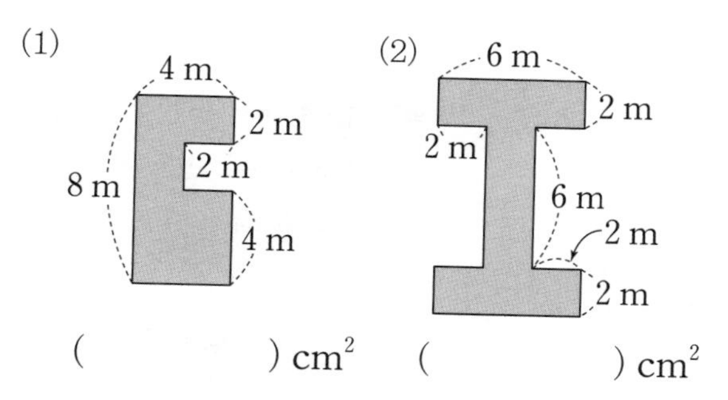

( ) cm^2 ( ) cm^2

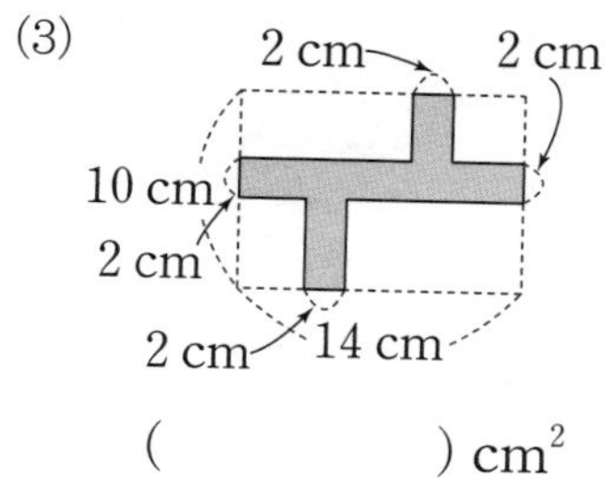

( ) cm^2

2 두 정사각형을 겹쳐 만든 도형입니다. 도형의 넓이를 구하시오.

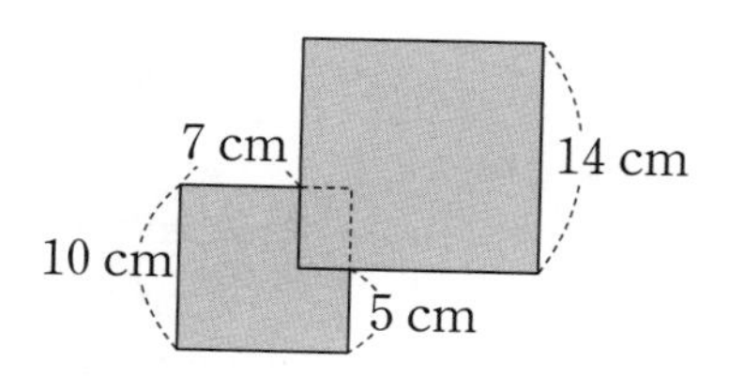

3 둘레가 72 cm인 직사각형이 있습니다. 세로가 가로의 2배일 때, 이 직사각형의 넓이는 몇 cm^2입니까?

4 둘레가 28 cm인 직사각형의 세로는 가로보다 6 cm가 더 깁니다. 이 직사각형의 넓이는 몇 cm^2입니까?

5 색칠된 부분의 4조각을 이어 붙인 그림을 그리고 넓이를 구하시오.

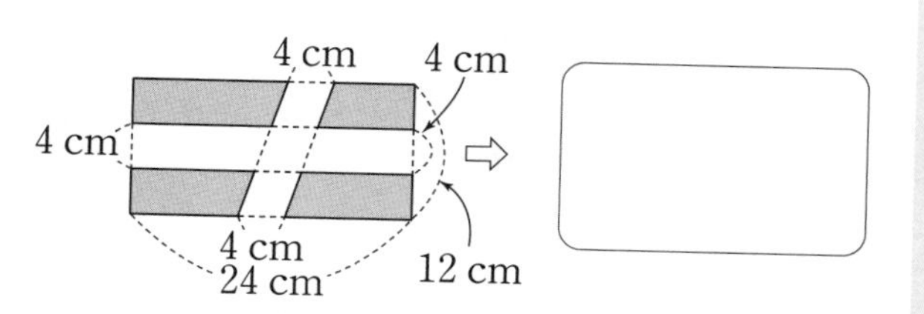

6 한 변이 10 cm인 정사각형 모양의 색종이를 그림과 같이 2 cm씩 겹치게 이어 붙여 직사각형 모양을 만들었습니다. 새로 만든 직사각형의 넓이는 몇 cm^2입니까?

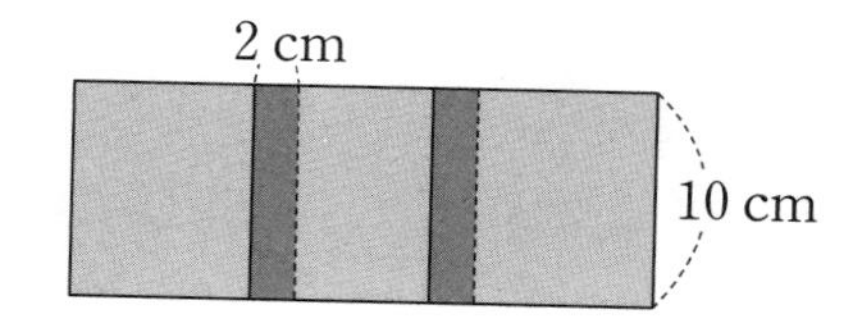

7 가로가 3 m, 세로가 6 m인 바닥에 한 변이 50 cm인 정사각형 모양의 타일을 서로 겹치지 않게 붙이려면 타일은 몇 장 필요합니까?

8 직사각형에서 ㉠과 ㉡의 넓이가 같을 때, 직사각형 ㉠의 가로는 몇 cm입니까?

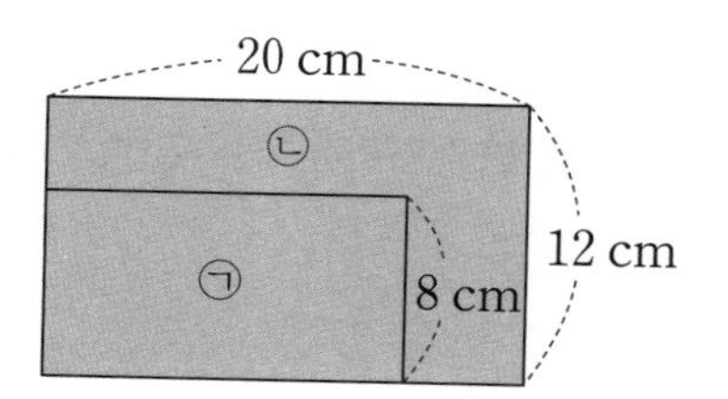

개념활동 25 평행사변형, 삼각형의 넓이

1 평행사변형 ㄱㄴㄷㄹ의 넓이를 구하려고 합니다. 물음에 답하시오.

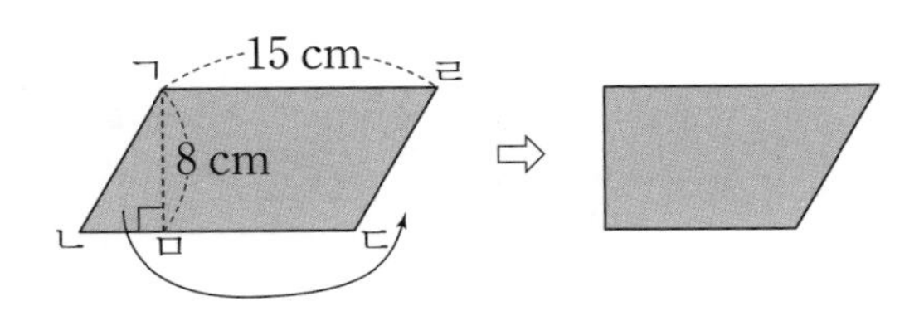

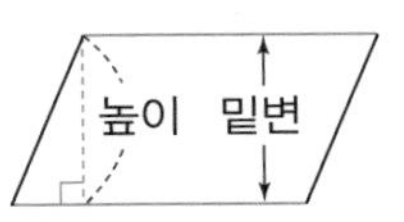

• 평행사변형에서 평행한 두 변을 밑변이라 하고, 두 밑변 사이의 거리를 높이라고 합니다.

(1) 평행사변형의 꼭짓점 ㄱ에서 변 ㄴㄷ에 수선을 그어 만든 삼각형 ㄱㄴㅁ을 화살표 방향으로 옮겨서 오른쪽 도형에 그려 보시오.

(2) 새로 만들어진 도형의 이름은 무엇입니까? 평행사변형과 새로 만들어진 도형의 넓이는 같습니까?

(3) 오른쪽 그림에서 평행사변형의 밑변과 높이를 나타내는 선분을 찾아 쓰시오.

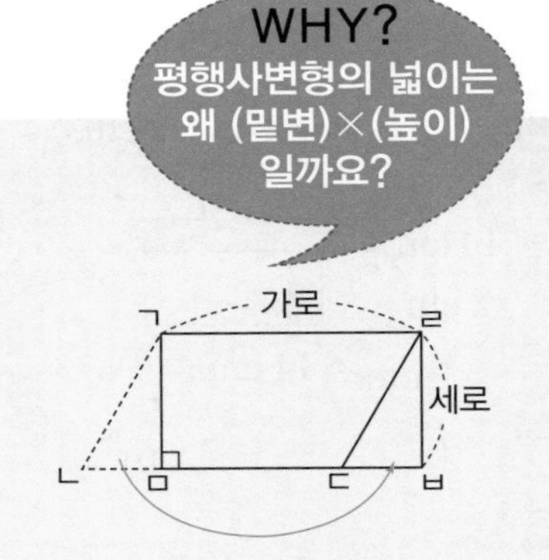

(4) □ 안에 알맞은 말을 써넣어 공식을 완성하시오.

• 평행사변형의 밑변은 직사각형의 □와 같고, 평행사변형의 높이는 직사각형의 □와 같습니다.

• (평행사변형의 넓이)=(직사각형의 넓이)=(가로)×(세로)=(밑변)×(□)

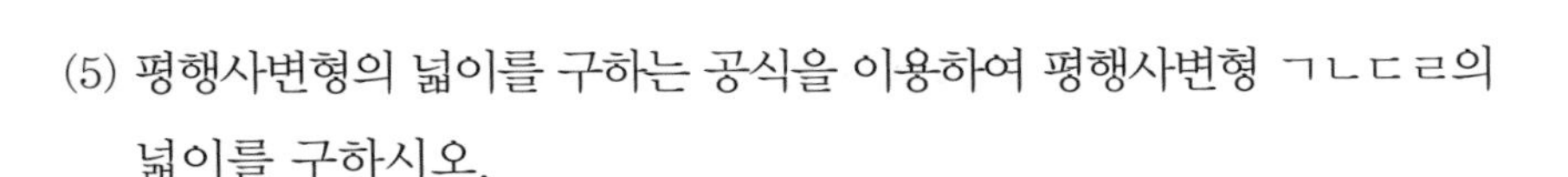

(5) 평행사변형의 넓이를 구하는 공식을 이용하여 평행사변형 ㄱㄴㄷㄹ의 넓이를 구하시오.

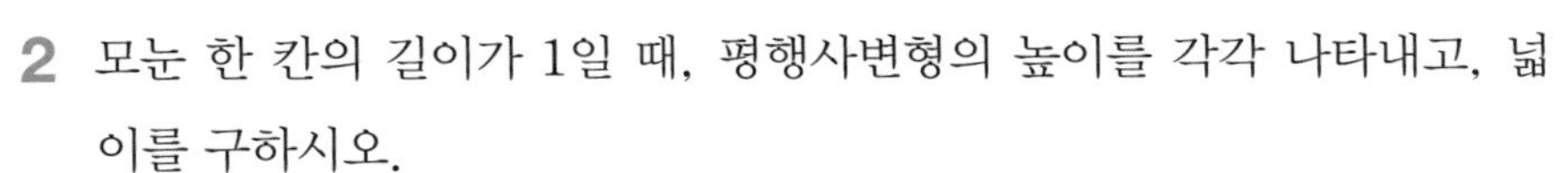

• (평행사변형의 넓이)=(밑변)×(높이)

2 모눈 한 칸의 길이가 1일 때, 평행사변형의 높이를 각각 나타내고, 넓이를 구하시오.

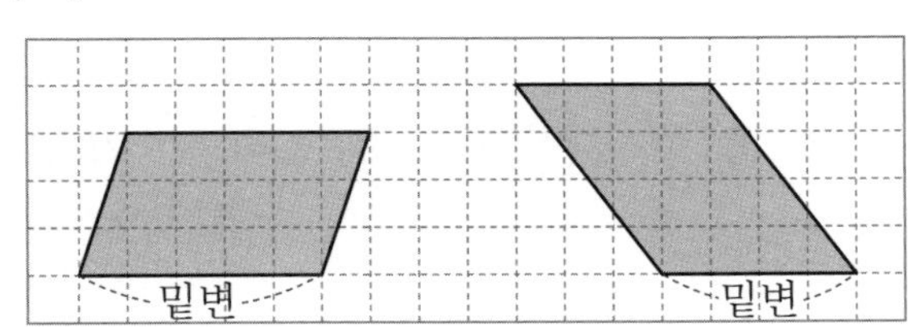

3 주어진 선분을 한 변으로 하여 넓이가 15가 되는 평행사변형을 각각 그려 보시오.

꿀팁

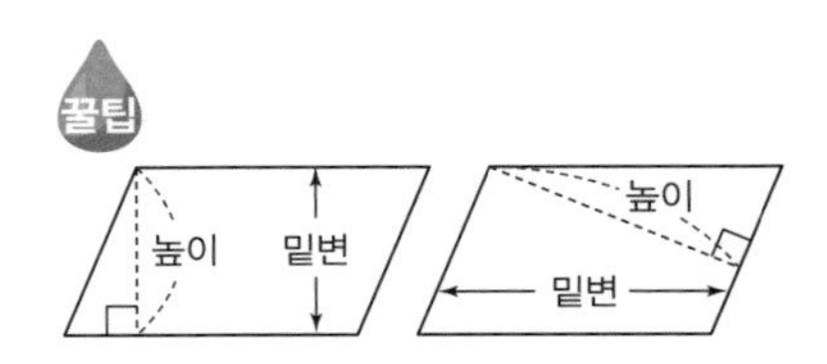

평행사변형에서 높이는 두 밑변에 수직으로 그은 선분의 길이이므로 밑변에 따라 높이는 결정됩니다.

4 모눈 한 칸의 길이가 1 cm일 때, 삼각형의 넓이를 구하려고 합니다. 물음에 답하시오.

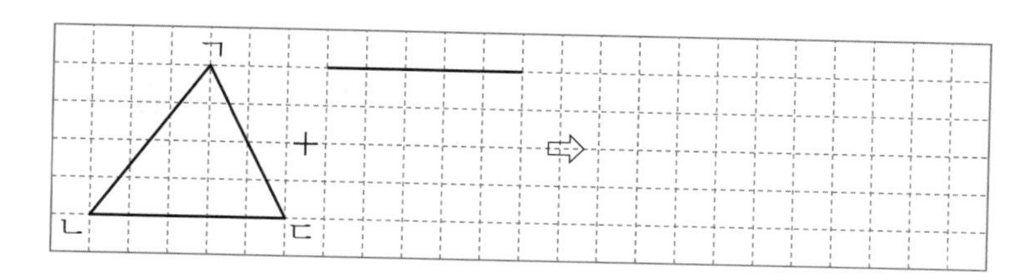

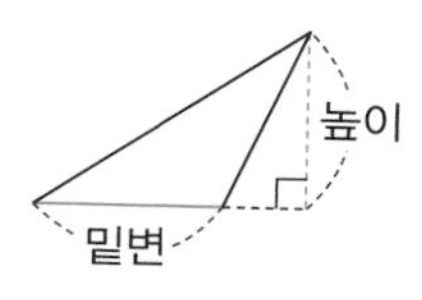

• 삼각형에서 한 변을 **밑변**이라고 하면 밑변과 마주 보는 꼭짓점에서 밑변에 수직으로 그은 선분을 **높이**라고 합니다.

(1) 삼각형 ㄱㄴㄷ을 (반 바퀴 돌리기)와 같이 돌려서 만든 삼각형을 그리고, 2개의 삼각형을 이어 붙여 평행사변형 ㄱㄴㄷㄹ을 그려 보시오.

WHY?
삼각형의 넓이는 왜 (밑변)×(높이)÷2일까요?

(2) 오른쪽 그림에서 삼각형 ㄱㄴㄷ의 꼭짓점 ㄱ에서 변 ㄴㄷ에 수선을 그어 만난 점을 ㅁ이라 하고 삼각형 ㄱㄴㄷ의 밑변과 높이를 각각 써넣으시오.

(3) □ 안에 알맞은 것을 써넣어 공식을 완성하시오.

평행사변형의 밑변은 삼각형의 □과 같고, 평행사변형의 높이는 삼각형의 □와 같습니다. 따라서 평행사변형 ㄱㄴㄷㄹ의 넓이는 삼각형 ㄱㄴㄷ의 넓이의 □배이므로

(삼각형의 넓이)=(평행사변형의 넓이)÷2=(밑변)×(□)÷□

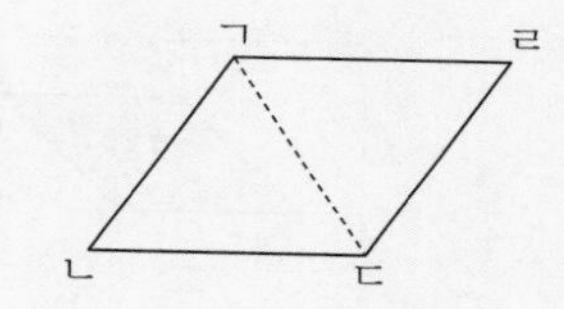

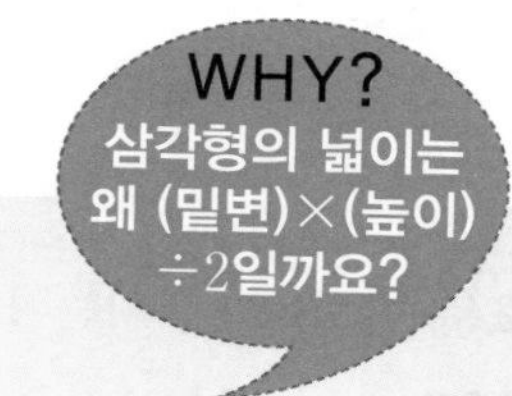

(4) 위의 공식을 사용하여 삼각형 ㄱㄴㄷ의 넓이를 구하시오.

5 삼각형의 넓이를 비교하려고 합니다. 물음에 답하시오.

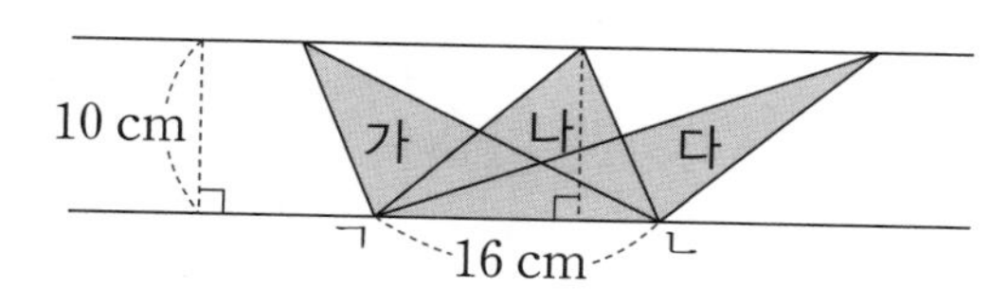

(1) 각 삼각형마다 변 ㄱㄴ을 밑변으로 하고, 삼각형 나와 같이 높이를 나타내어 보시오. 밑변과 높이는 모두 같습니까?

삼각형의 모양은 다르더라도 밑변과 높이가 각각 같은 삼각형의 넓이는 모두 같습니다.

(2) 삼각형의 넓이를 각각 구하시오.

삼각형	가	나	다
넓이(cm^2)			

(3) 삼각형의 넓이와 관련해서 위에서 알 수 있는 사실을 설명하시오.

개념 익히기

1 밑변이 다음과 같을 때 평행사변형과 삼각형의 높이를 나타내시오.

(1)

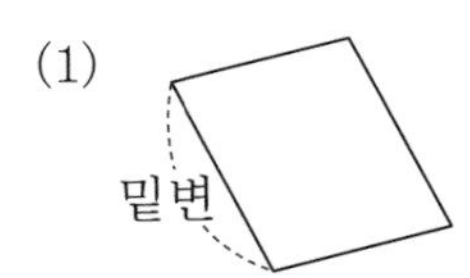

(2)

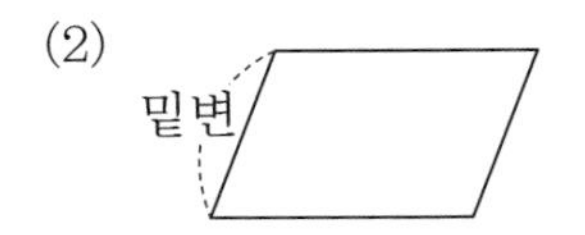

(3)

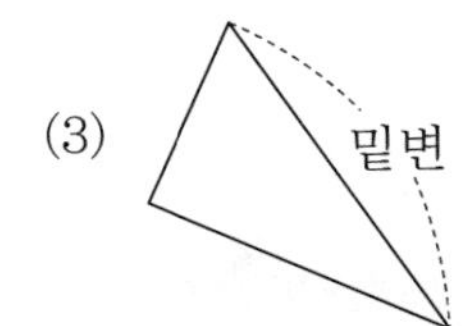

(4)

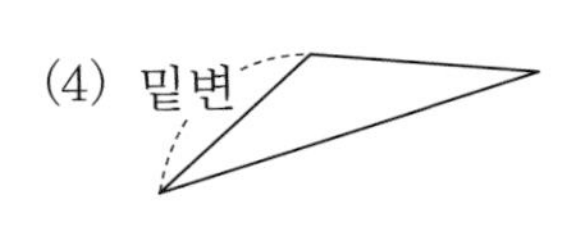

2 모눈 한 칸의 길이는 1입니다. 넓이가 다른 도형을 찾아 기호를 쓰시오.

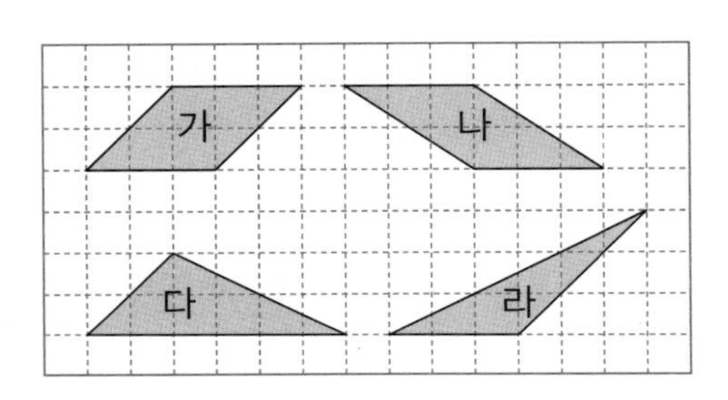

3 도형의 넓이를 구하시오.

(1) (2)

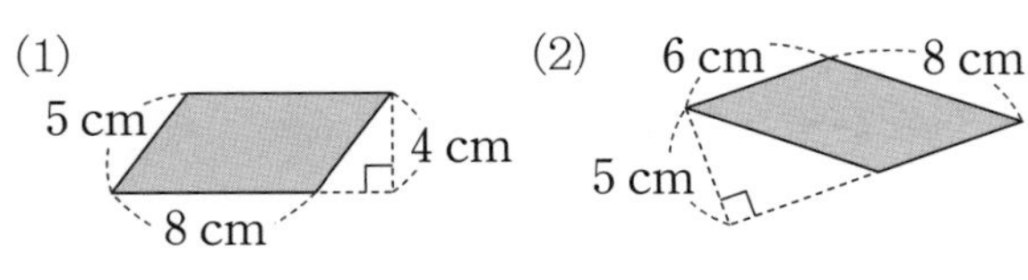

(3)

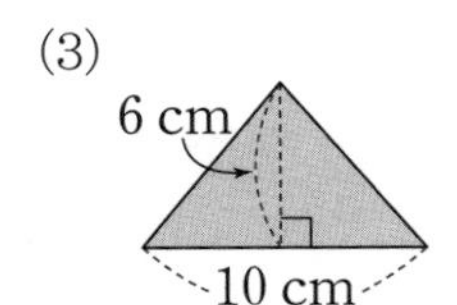

(4)

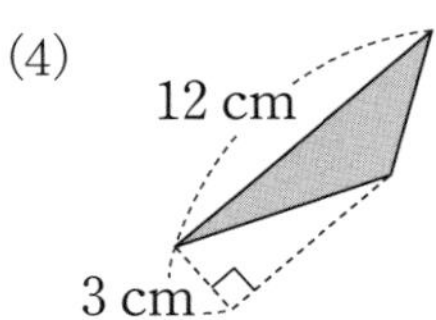

4 밑변이 32 cm, 높이가 20 cm인 평행사변형과 삼각형의 넓이는 각각 몇 cm^2입니까?

5 넓이가 40 cm^2인 삼각형의 밑변이 5 cm일 때, 이 삼각형의 높이는 몇 cm입니까?

6 그림에서 직선 ㄱㄴ과 직선 ㄷㄹ은 서로 평행합니다. 삼각형 ㉠, ㉡, ㉢의 넓이의 합은 몇 cm^2입니까?

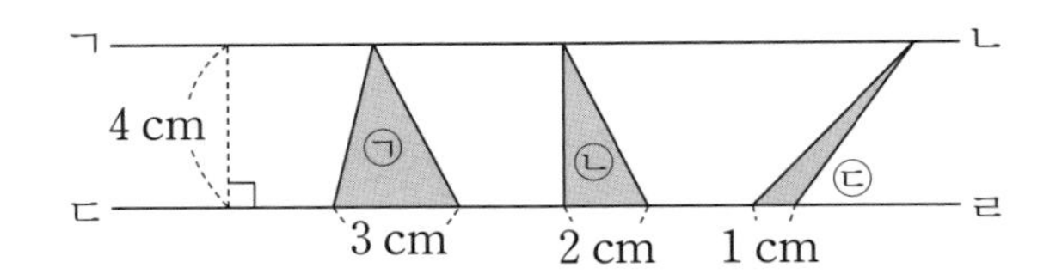

7 평행사변형 ㄱㄴㄷㄹ을 보고 물음에 답하시오.

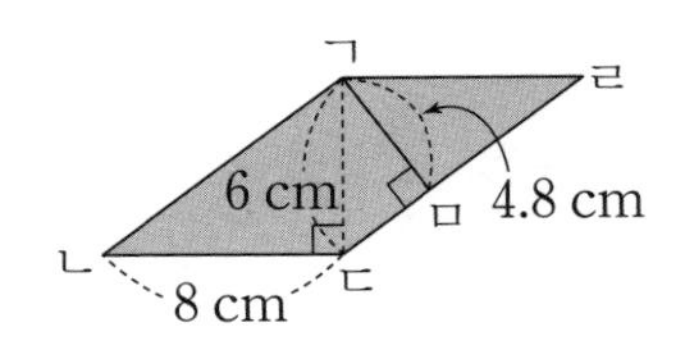

(1) 변 ㄴㄷ을 밑변으로 하여 평행사변형 ㄱㄴㄷㄹ의 넓이를 구하시오.

(2) 평행사변형 ㄱㄴㄷㄹ의 넓이를 이용하여 변 ㄱㅁ을 높이로 할 때의 밑변인 변 ㄷㄹ의 길이를 구하시오.

8 삼각형 ㄱㄴㄷ을 보고 물음에 답하시오.

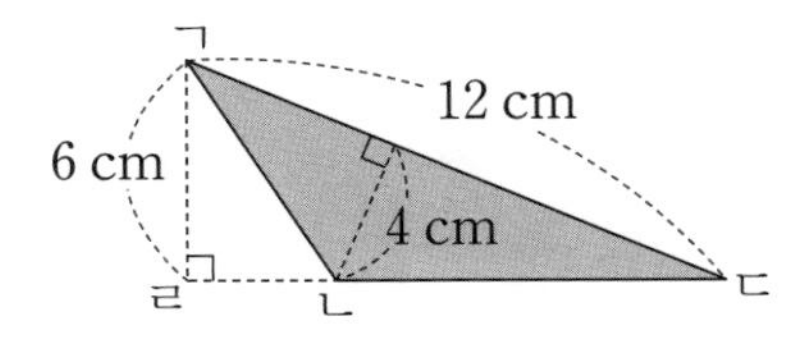

(1) 변 ㄱㄷ을 밑변으로 하여 삼각형 ㄱㄴㄷ의 넓이를 구하시오.

(2) 삼각형 ㄱㄴㄷ의 넓이를 이용하여 변 ㄱㄹ을 높이로 할 때의 밑변 ㄴㄷ의 길이를 구하시오.

개념 넓히기

1 평행사변형의 둘레가 48 cm일 때 물음에 답하시오.

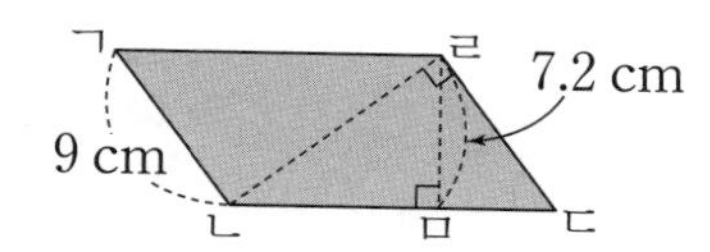

(1) 변 ㄴㄷ의 길이는 몇 cm입니까?

(2) 평행사변형의 넓이는 몇 cm^2입니까?

(3) 선분 ㄴㄹ의 길이는 몇 cm입니까?

2 넓이가 주어진 평행사변형과 삼각형을 보고, □ 안에 알맞은 수를 써넣으시오.

(1) 넓이 : 54 cm^2

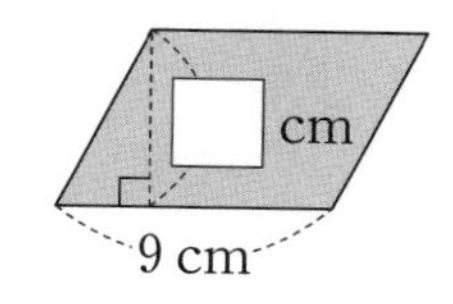

(2) 넓이 : 90 cm^2

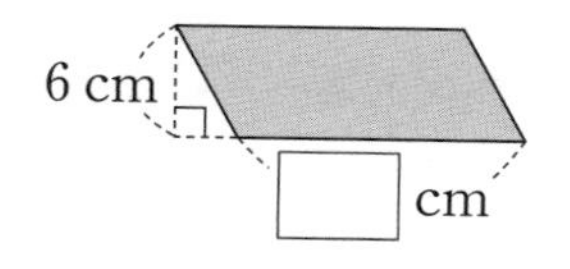

(3) 넓이 : 36 cm^2

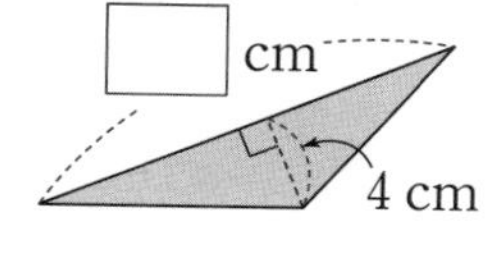

(4) 넓이 : 56 cm^2

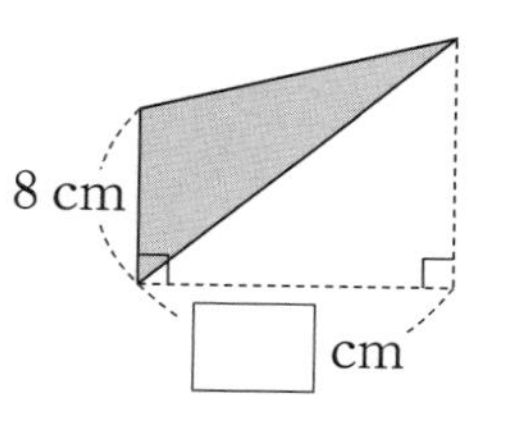

3 모양과 크기가 같은 이등변삼각형 2개를 붙여서 평행사변형을 만들었습니다. 평행사변형의 둘레와 이등변삼각형 1개의 넓이를 구하시오.

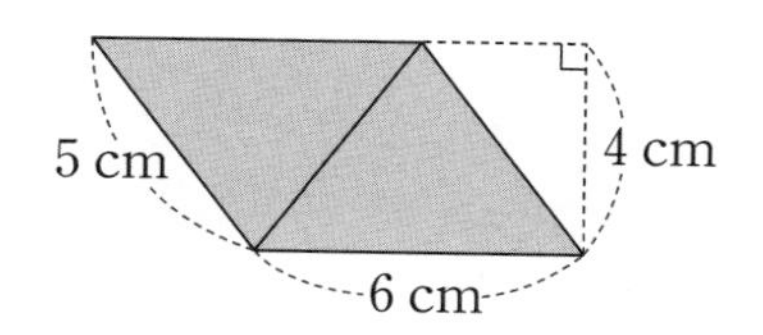

4 평행사변형과 삼각형의 넓이가 같을 때, 삼각형의 높이는 몇 cm입니까?

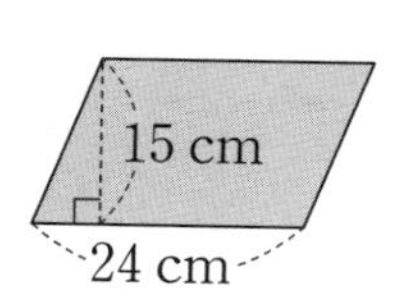

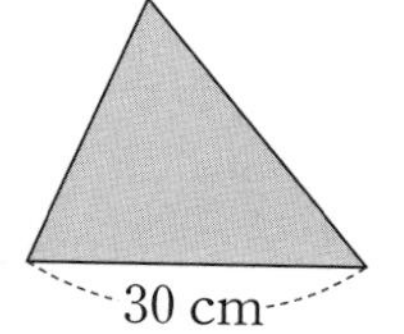

5 삼각형 ㄱㄴㄷ의 넓이는 64 cm^2이고 변 ㄴㄷ의 길이가 선분 ㄱㄹ의 길이의 2배일 때, 선분 ㄱㄹ의 길이는 몇 cm입니까?

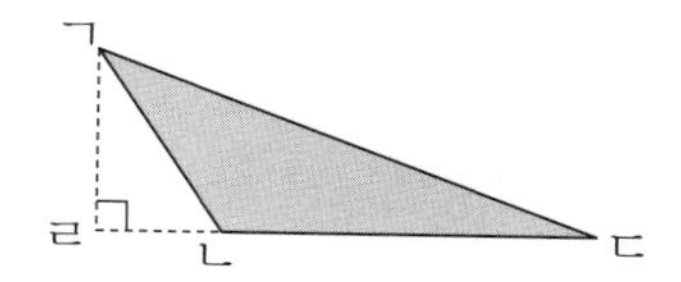

6 그림은 평행사변형 모양의 밭입니다. 이 밭에 폭이 5 m와 3 m로 일정한 도로를 각각 만들었습니다. 도로를 만들고 난 후의 밭의 넓이를 구하시오.

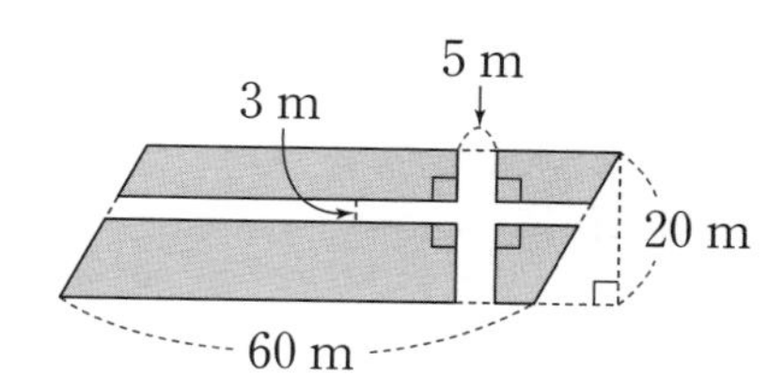

7 평행사변형 ㄱㄴㄷㄹ의 넓이가 96 cm^2일 때, 삼각형 ㅁㄴㅂ의 넓이를 구하시오.

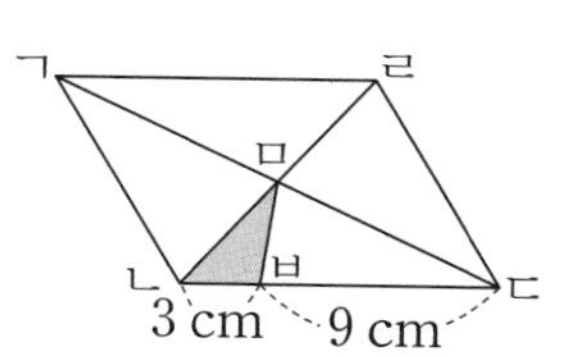

개념활동 26 사다리꼴, 마름모의 넓이

1 모눈 한 칸의 길이가 1 cm일 때, 사다리꼴 ㄱㄴㄷㄹ의 넓이를 구하려고 합니다. 물음에 답하시오.

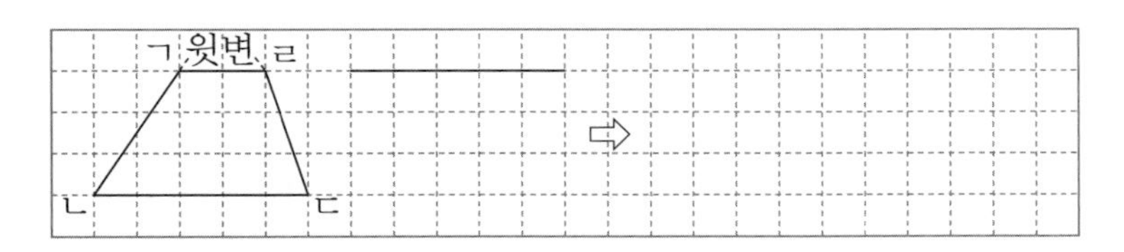

(1) 사다리꼴 ㄱㄴㄷㄹ을 와 같이 돌려서 만든 사다리꼴을 그리고, 2개의 사다리꼴을 이어 붙여 평행사변형을 그려 보시오.

(2) 오른쪽 사다리꼴 ㄱㄴㄷㄹ의 꼭짓점 ㄱ에서 변 ㄴㄷ에 수선을 그어 만난 점을 ㅁ이라 표시하고, 사다리꼴 ㄱㄴㄷㄹ의 윗변, 아랫변, 높이를 각각 쓰시오.

(3) □ 안에 알맞은 것을 써넣어 공식을 완성하시오.

평행사변형의 밑변은 사다리꼴의 {(□)+(□)}과 같고, 평행사변형의 높이는 사다리꼴의 □와 같습니다.

따라서 평행사변형의 넓이는 사다리꼴의 넓이의 □배이므로

(사다리꼴의 넓이)=(평행사변형의 넓이)÷2={(윗변)+(□)}×(□)÷2

(4) 사다리꼴의 넓이를 구하는 공식을 이용하여 사다리꼴 ㄱㄴㄷㄹ의 넓이를 구하시오.

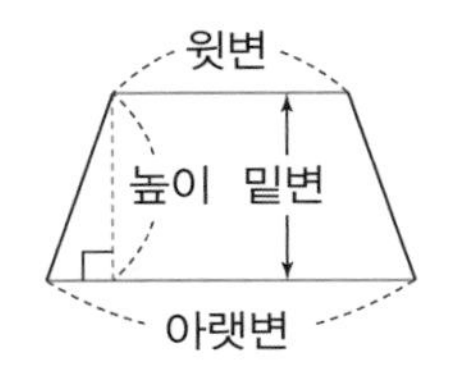

• 사다리꼴에서 평행한 두 변을 밑변이라 하고, 밑변의 위치에 따라 윗변, 아랫변이라고 합니다. 이때 두 밑변 사이의 거리를 높이라고 합니다.

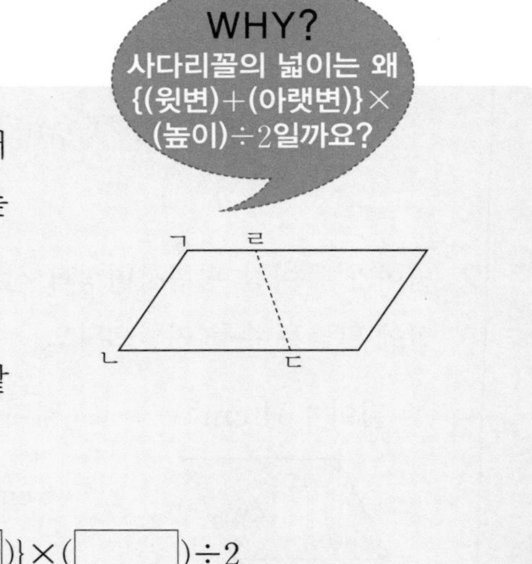

2 사다리꼴의 넓이를 구하시오.

(1)

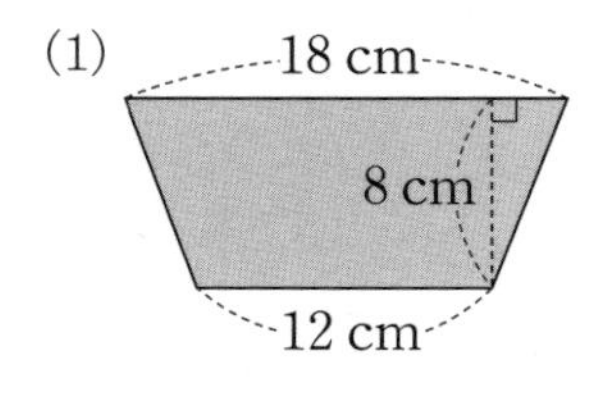

(2)

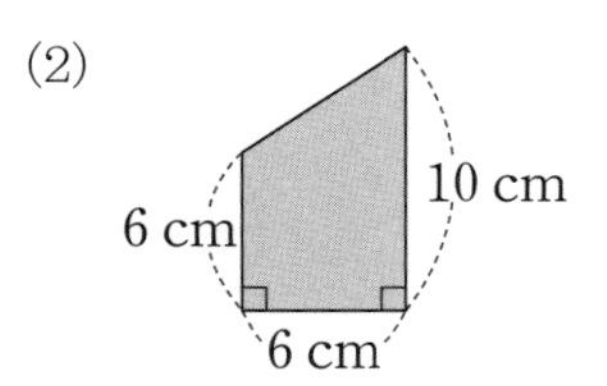

꿀팁

변의 위치가 아래에 있다고 밑변이 아닙니다. 밑변과 아랫변을 혼동하지 않도록 주의해야 합니다.

3 한 칸의 길이가 1 cm인 모눈 위에 넓이가 20 cm^2인 사다리꼴을 그려 보시오.

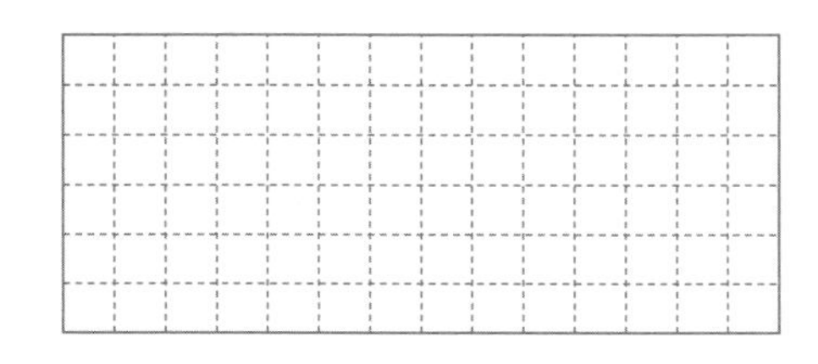

4 모눈 한 칸의 길이가 1 cm일 때, 마름모 ㄱㄴㄷㄹ의 넓이를 구하려고 합니다. 물음에 답하시오.

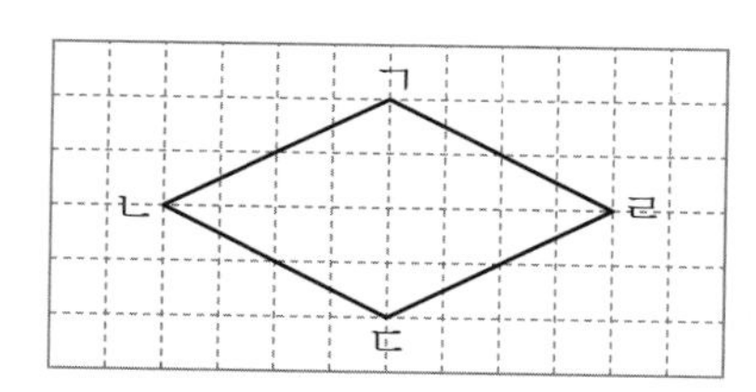

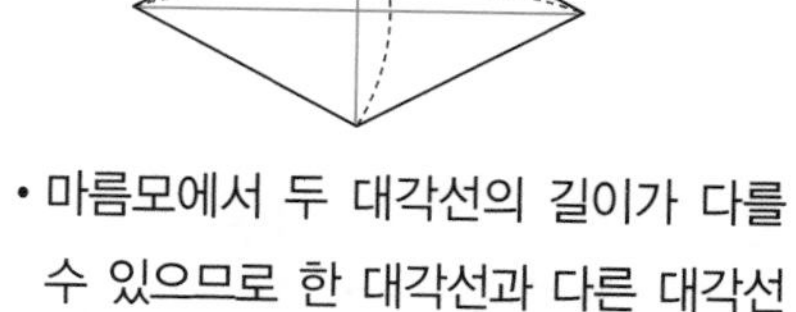

• 마름모에서 두 대각선의 길이가 다를 수 있으므로 한 대각선과 다른 대각선이라고 합니다.

(1) 마름모 ㄱㄴㄷㄹ에서 가로와 세로로 대각선을 그어 보시오.

(2) 점 ㄱ과 점 ㄷ을 각각 지나면서 선분 ㄴㄹ에 평행하고 길이가 같은 선분을 2개 그어 보시오.

(3) (2)에서 그은 2개의 선분을 사용하여 직사각형을 그려 보시오.

(4) □ 안에 알맞은 것을 써넣어 공식을 완성하시오.

직사각형의 가로는 마름모의 한 대각선인 선분 ㄴㄹ과 길이가 같고, 직사각형의 세로는 마름모의 다른 □ 인 선분 ㄱㄷ과 길이가 같습니다.

따라서 직사각형의 넓이는 마름모의 넓이의 □ 배이므로

(마름모의 넓이)=(직사각형의 넓이)÷2=(가로)×(□)÷2

=(한 대각선)×(□)÷□ 입니다.

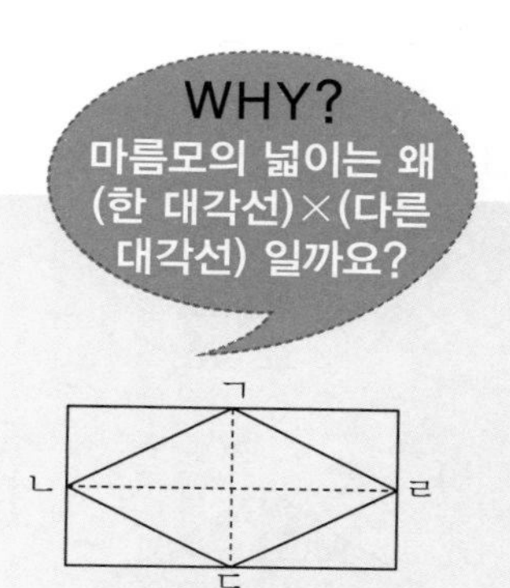

(5) 마름모의 넓이를 구하는 공식을 사용하여 마름모 ㄱㄴㄷㄹ의 넓이를 구하시오.

5 마름모의 넓이를 구하시오.

(1)

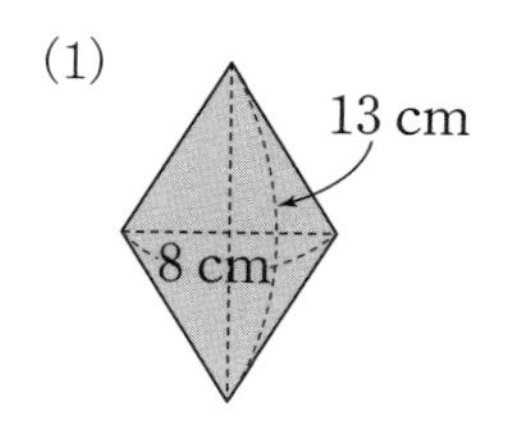

(2)

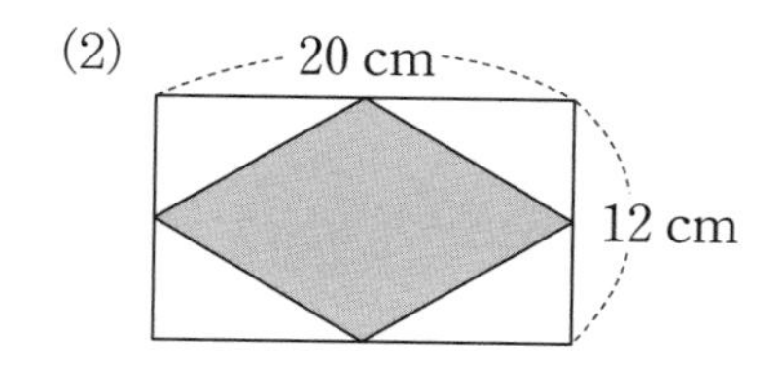

6 한 칸의 길이가 1 cm인 모눈 위에 넓이가 12 cm^2인 마름모를 그려 보시오.

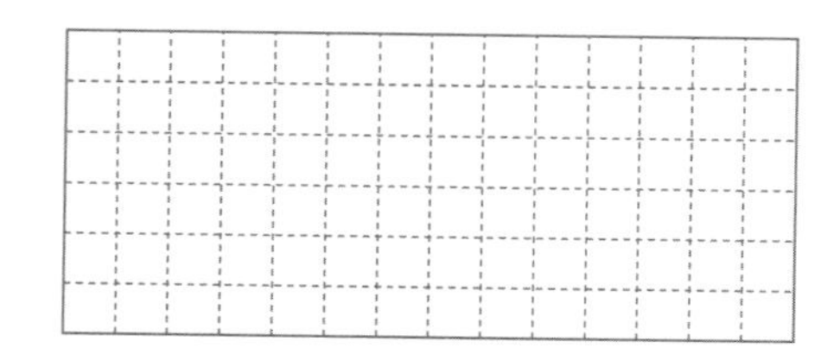

개념 익히기

1 사다리꼴에서 윗변과 아랫변의 길이의 합을 구하시오.

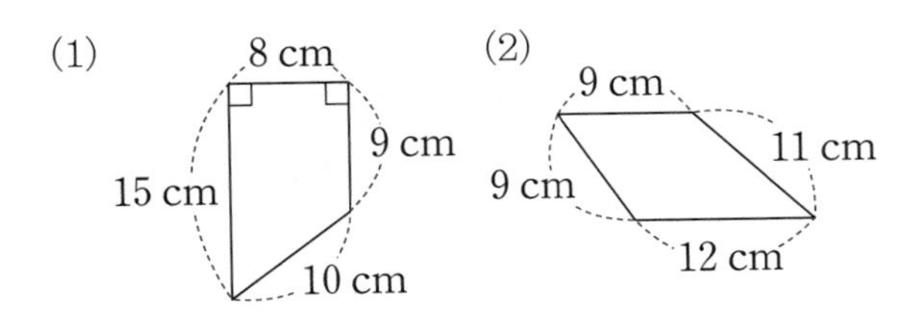

2 사다리꼴과 마름모의 넓이를 구하시오.

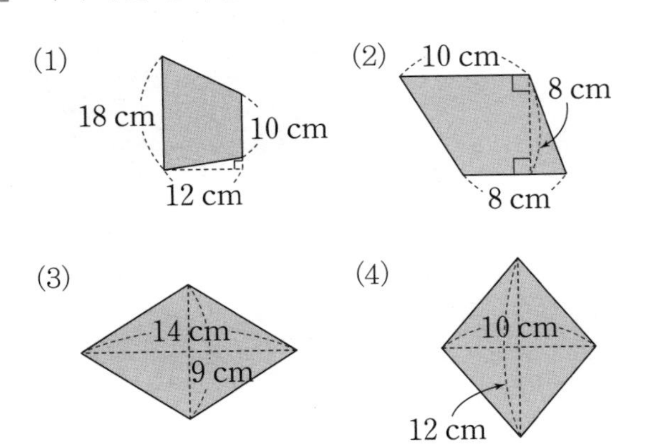

3 사다리꼴과 마름모의 넓이가 같고 마름모의 한 대각선이 12 cm일 때, 마름모의 다른 대각선의 길이는 몇 cm입니까?

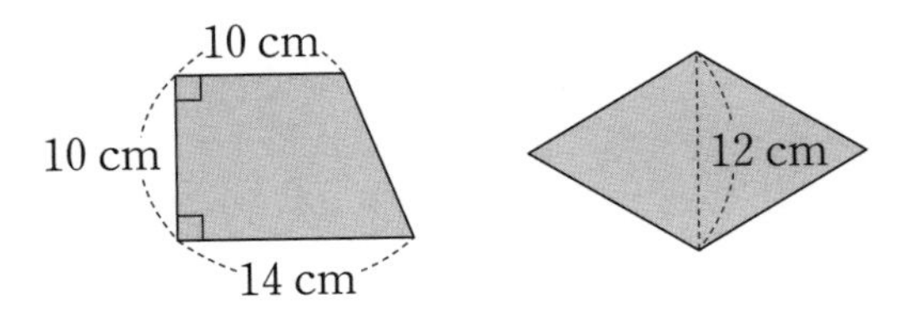

4 사다리꼴의 둘레가 50 cm일 때, 사다리꼴의 넓이는 몇 cm^2입니까?

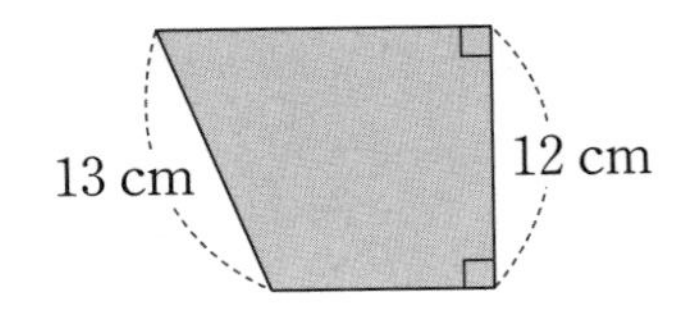

5 오른쪽 사다리꼴의 넓이가 160 cm^2일 때, 물음에 답하시오.

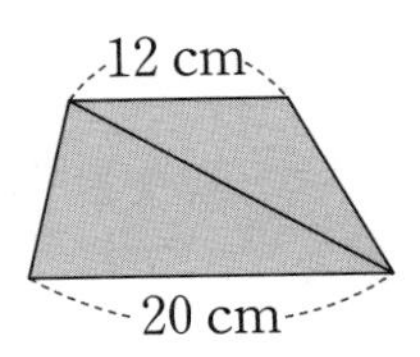

(1) 사다리꼴의 높이를 □라고 하여 사다리꼴의 넓이를 구하는 식을 써 보시오.

(2) 사다리꼴의 높이는 몇 cm입니까?

6 사다리꼴 ㄱㄴㄷㄹ의 넓이가 135 cm^2일 때, 변 ㄱㄴ의 길이는 몇 cm입니까?

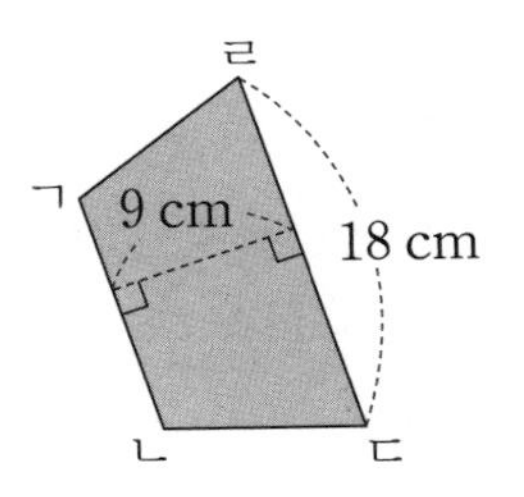

7 도형 안에 있는 사각형은 마름모입니다. 색칠한 부분의 넓이는 몇 cm^2입니까?

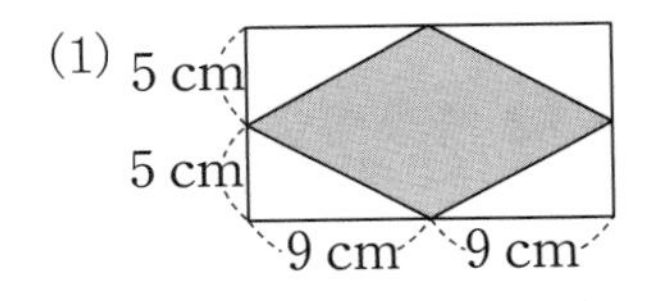

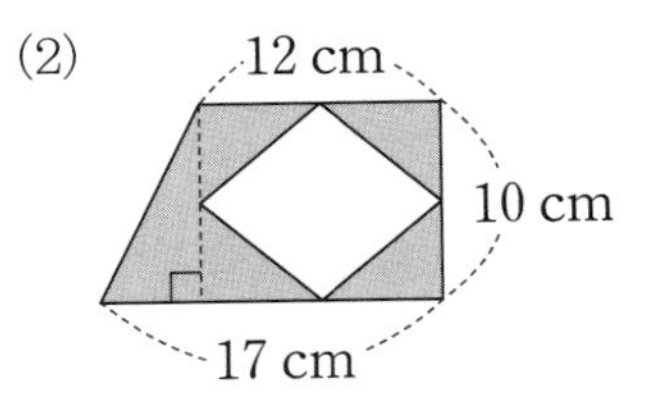

8 직사각형 ㄱㄴㄷㄹ의 넓이가 256 cm^2일 때, 색칠한 두 마름모의 넓이의 합은 몇 cm^2입니까?

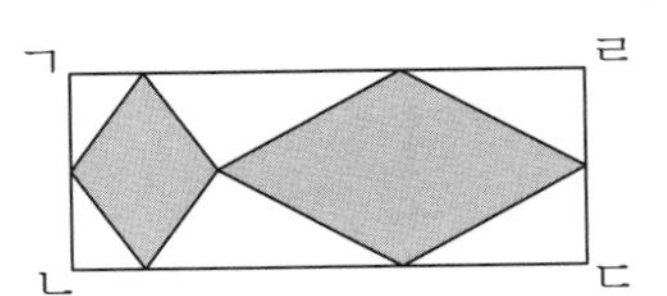

개념 넓히기

1 넓이가 주어진 도형을 보고, □ 안에 알맞은 수를 써넣으시오.

(1) 넓이: 72 cm^2

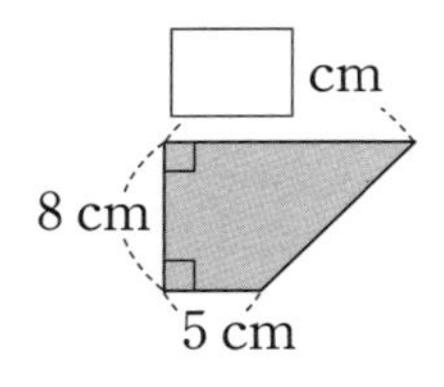

(2) 넓이: 108 cm^2

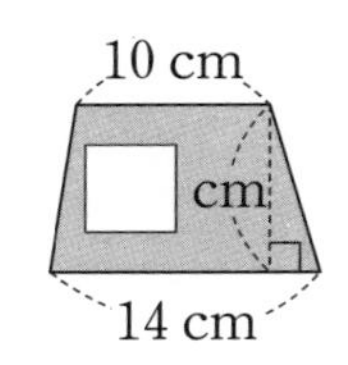

(3) 넓이: 52 cm^2

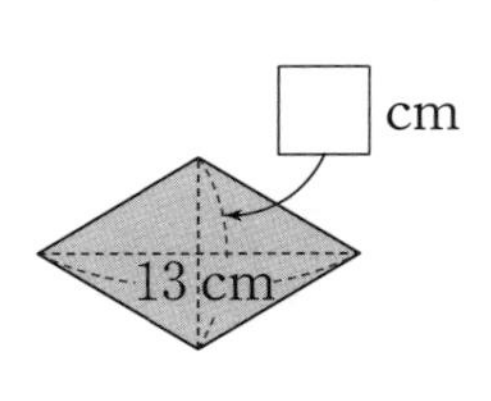

(4) 넓이: 84 cm^2

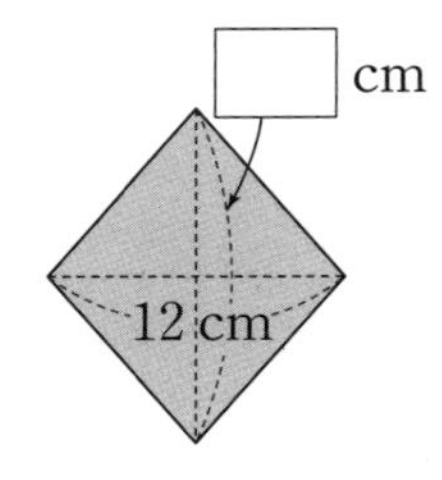

2 사다리꼴 ㄱㄴㄷㄹ의 넓이를 구하려고 합니다. 물음에 답하시오.

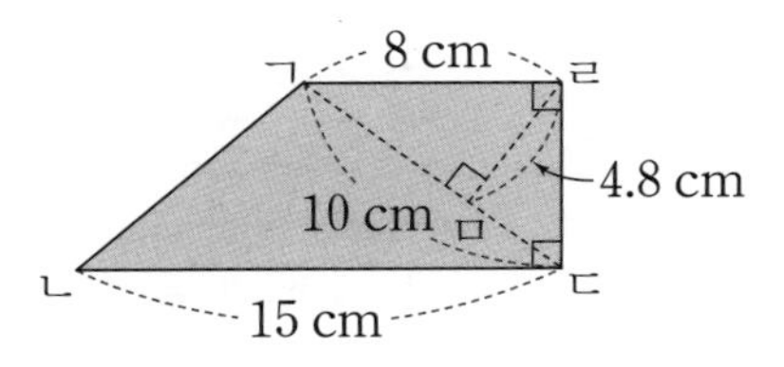

(1) 삼각형 ㄱㄷㄹ의 넓이는 몇 cm^2입니까?

(2) 사다리꼴 ㄱㄴㄷㄹ의 높이는 몇 cm입니까?

(3) 사다리꼴 ㄱㄴㄷㄹ의 넓이를 구하시오.

3 직사각형 모양의 종이를 그림과 같이 접은 다음 접은 선을 따라 잘라서 사다리꼴을 만들었습니다. 삼각형을 잘라내고 남은 사다리꼴의 넓이를 구하시오.

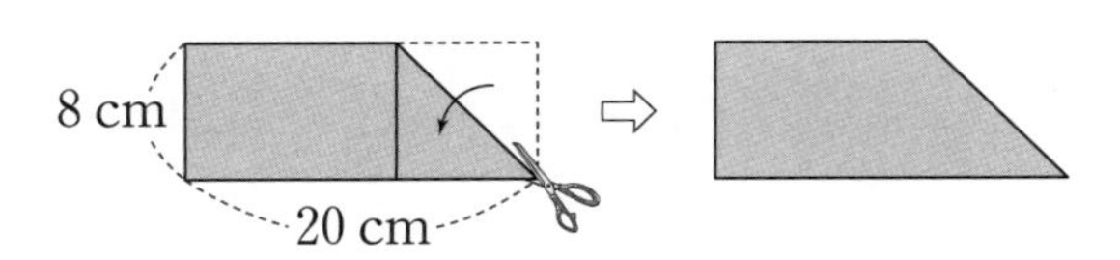

4 사다리꼴 ㄱㄴㄷㄹ에서 선분 ㄱㅁ에 의해 나누어진 2개의 도형의 넓이가 같을 때, 물음에 답하시오.

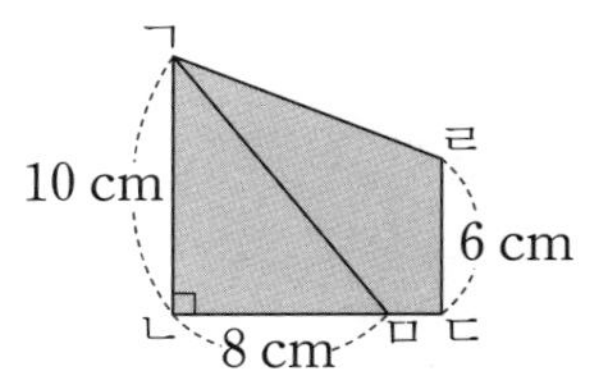

(1) 삼각형 ㄱㄴㅁ의 넓이는 몇 cm^2입니까?

(2) 사다리꼴 ㄱㄴㄷㄹ의 넓이는 몇 cm^2입니까?

(3) 변 ㅁㄷ의 길이는 몇 cm입니까?

5 사다리꼴 ㄱㄴㄷㄹ과 마름모 ㅁㄴㅂㄷ이 그림과 같이 겹쳐 있습니다. 마름모 ㅁㄴㅂㄷ의 넓이가 112 cm^2일 때, 사다리꼴의 ㄱㄴㄷㄹ의 넓이를 구하시오.

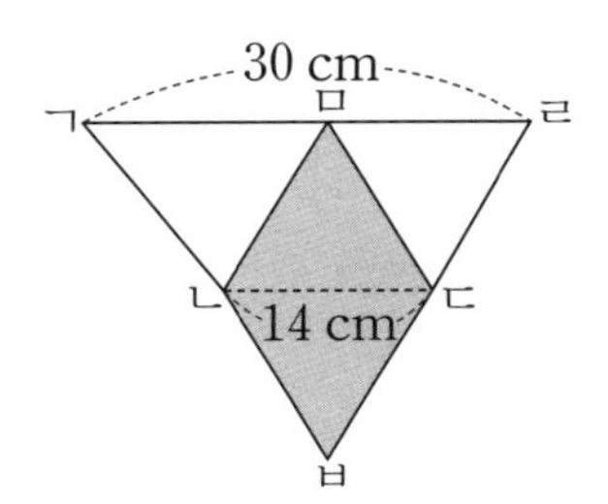

6 똑같은 마름모 2개를 겹쳐서 만든 도형입니다. 이 도형의 넓이를 구하시오.

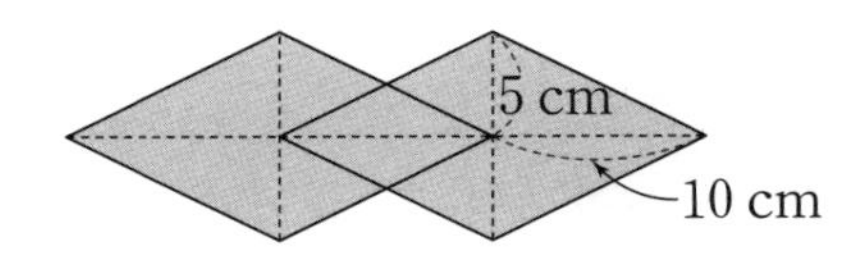

7 사각형 ㅁㄴㄷㄹ이 넓이가 96 cm^2인 마름모일 때, 색칠한 부분의 넓이를 구하시오.

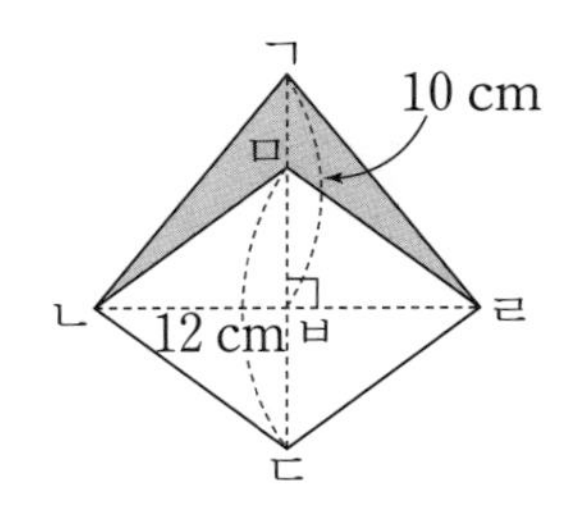

개념활동 27 여러 가지 다각형의 넓이

1 모눈 한 칸의 길이가 1 cm일 때, 다각형의 넓이를 구하려고 합니다. 물음에 답하시오.

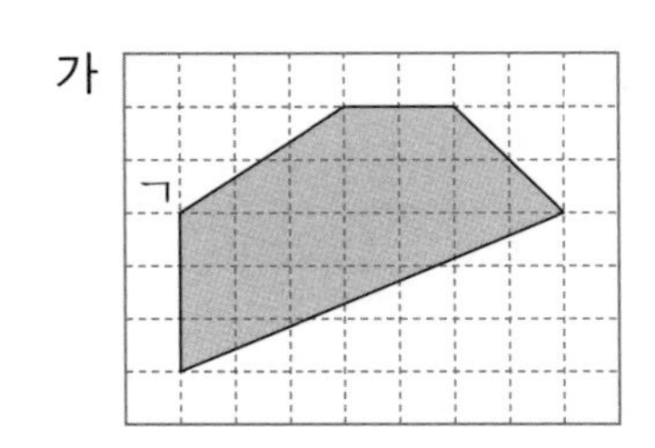

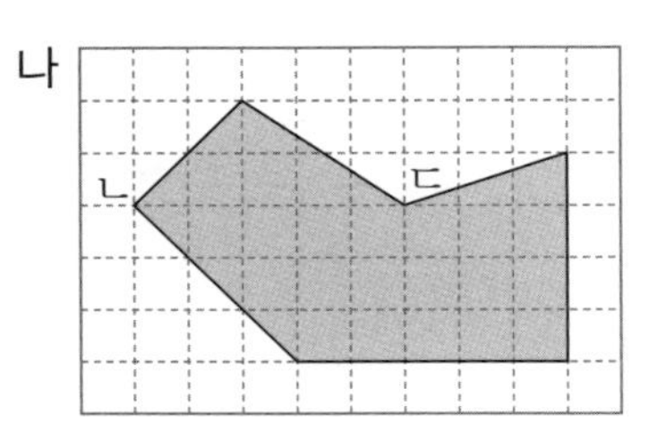

(1) 도형 **가**의 점 ㄱ에서 선분을 그어 사다리꼴과 직각삼각형으로 나누어 보시오.

(2) 사다리꼴과 직각삼각형의 넓이를 구하여 도형 **가**의 넓이를 구하시오.

(3) 도형 **나**의 점 ㄴ과 점 ㄷ에서 각각 선을 그어 삼각형 2개와 평행사변형으로 나누어 보시오.

(4) 삼각형과 평행사변형의 넓이를 구하여 도형 **나**의 넓이를 구하시오.

꿀팁
여러 가지 모양의 다각형의 넓이를 구할 때는 먼저 넓이를 구하는 방법을 이미 알고 있는 직사각형, 평행사변형, 삼각형, 사다리꼴, 마름모 …… 등의 모양으로 나누어 보아야 합니다.

2 점 ㄱ에서 선분을 그어 2개의 도형으로 나눈 다음 넓이를 구하시오.

(1)

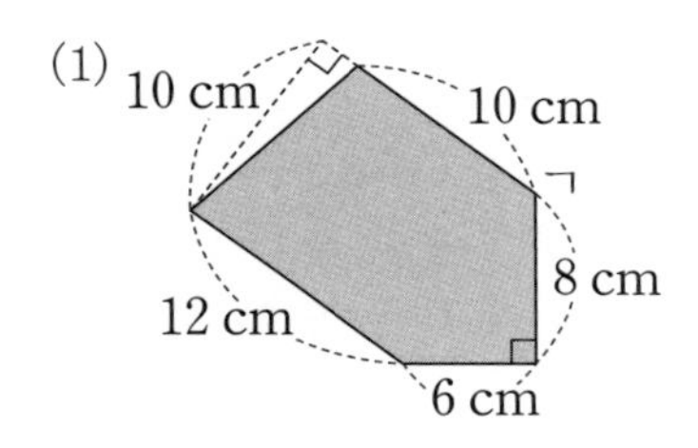

(2)

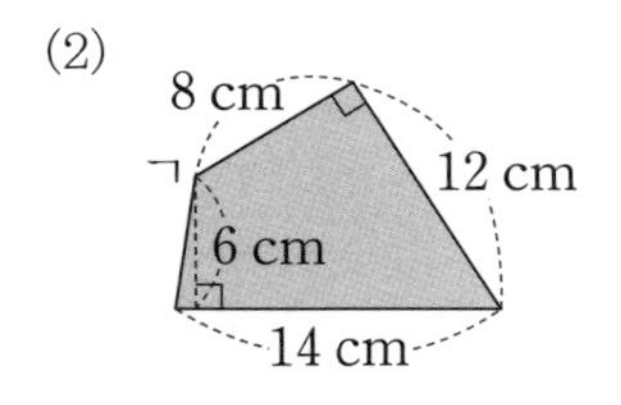

꿀팁
다각형의 넓이를 구할 때, 다각형을 여러 개로 나누어서 나누어진 도형의 합으로 구하거나 전체에서 부분의 도형을 빼어 구하는 방법이 있습니다. 어떤 방법이 편리할 지 선택하여 구하도록 합니다.

3 도형에서 색칠한 부분의 넓이를 구하려고 합니다. 물음에 답하시오.

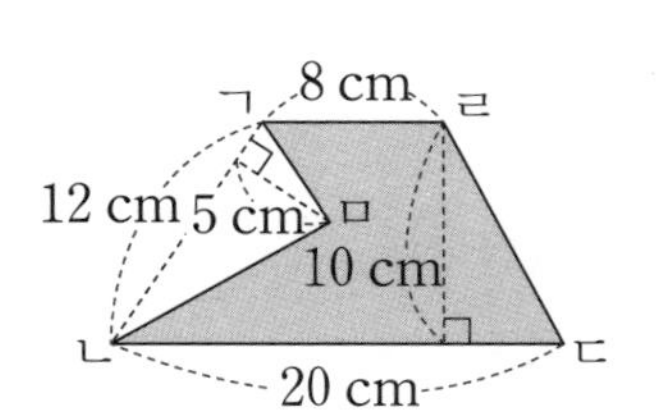

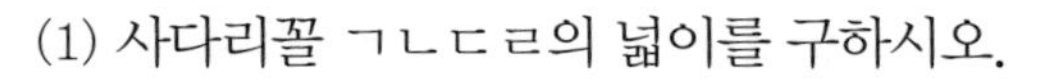
(1) 사다리꼴 ㄱㄴㄷㄹ의 넓이를 구하시오.

(2) 삼각형 ㄱㄴㅁ의 넓이를 구하시오.

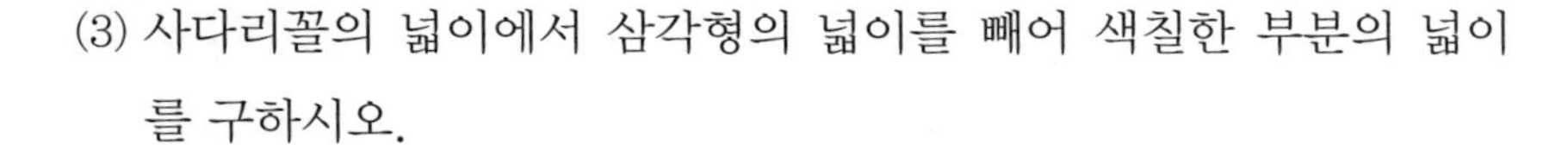
(3) 사다리꼴의 넓이에서 삼각형의 넓이를 빼어 색칠한 부분의 넓이를 구하시오.

4 전체 도형에서 부분 도형을 빼어 색칠한 부분의 넓이를 구하시오.

(1)

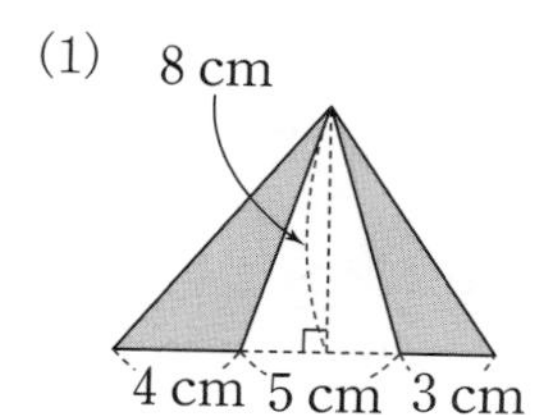

(2)

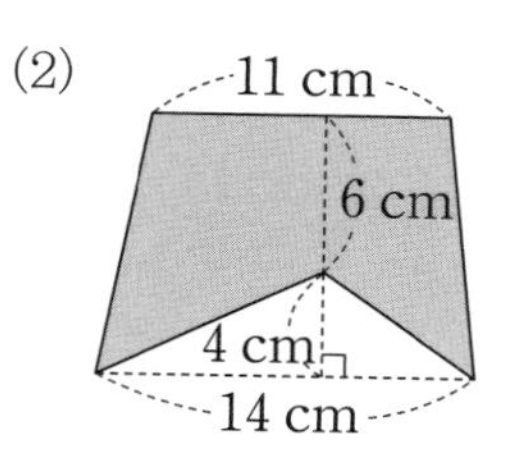

5 도형에서 색칠한 부분의 넓이를 구하려고 합니다. 물음에 답하시오.

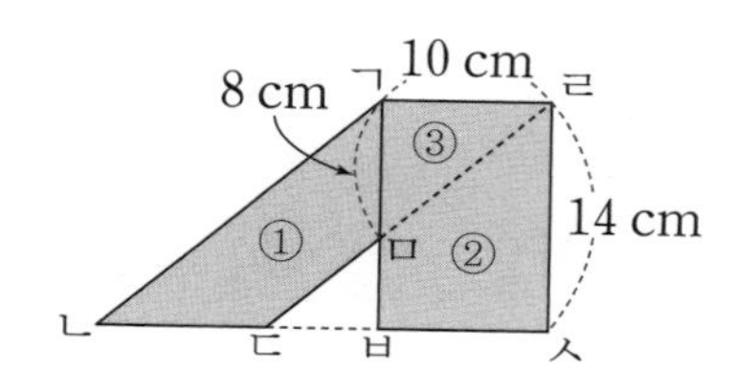

(1) 평행사변형 ㄱㄴㄷㄹ의 넓이와 직사각형 ㄱㅂㅅㄹ의 넓이는 같습니다. 넓이를 각각 구하시오.

(2) 다음 도형을 사용하여 색칠한 부분의 넓이를 구하는 방법을 설명하시오.

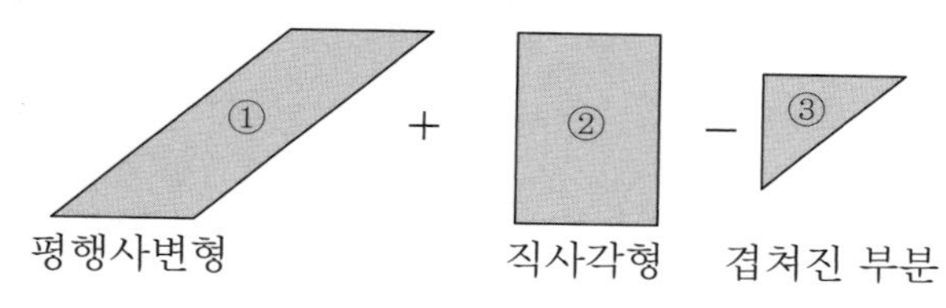

(3) 삼각형 ㄱㅁㄹ의 넓이를 구하시오.

(4) 색칠한 부분의 넓이를 구하시오.

6 색칠한 부분의 넓이를 구하시오.

(1)

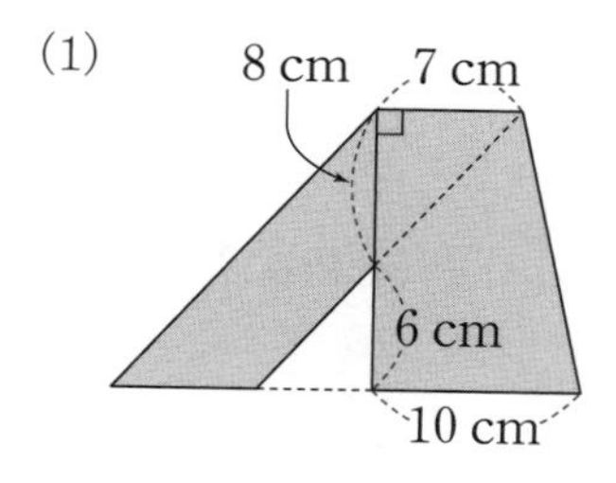

(2)

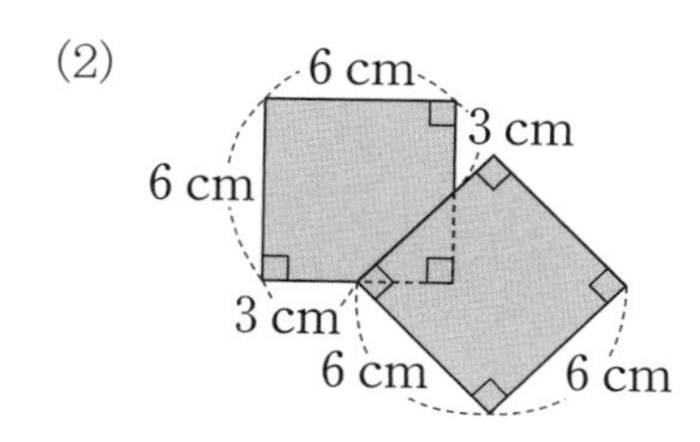

• 가와 나를 겹쳐서 만든 도형에서 넓이 구하기

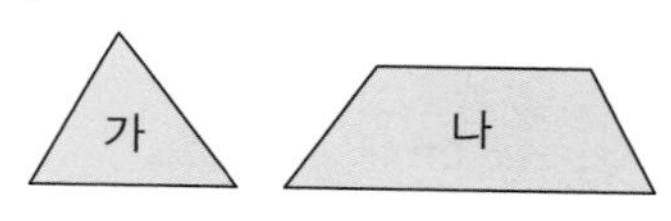

① 전체의 넓이 구하기

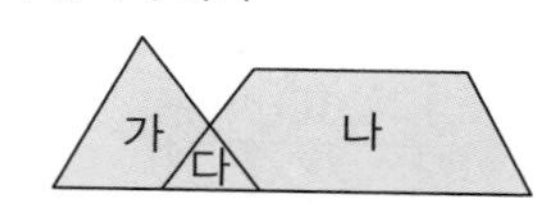

(전체 넓이)
=(가의 넓이)+(나의 넓이)
−(겹쳐진 부분 다의 넓이)

② 색칠한 부분의 넓이 구하기

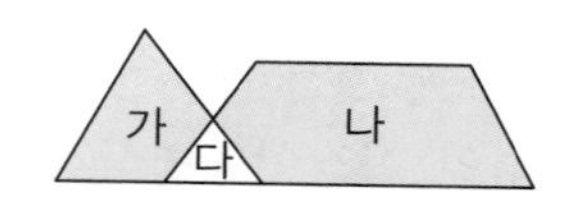

겹쳐진 부분을 두 번 빼야 하므로
(색칠한 부분의 넓이)
=(가의 넓이)+(나의 넓이)
−2×(겹쳐진 부분 다의 넓이)

개념 익히기

1 도형의 넓이를 구하시오.

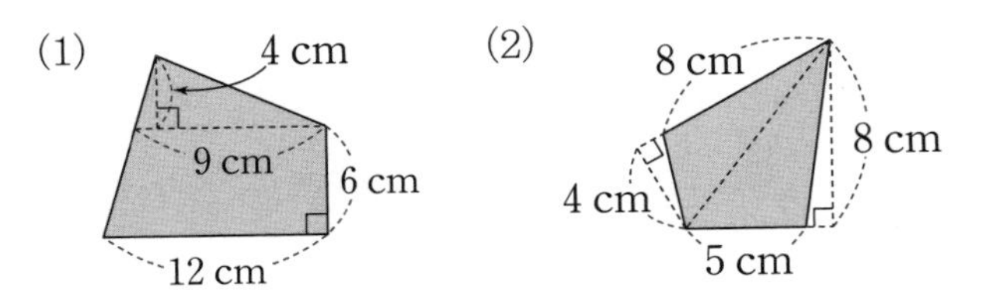

2 꼭짓점 ㄱ에서 선분을 그어 도형을 나눈 다음 색칠한 도형의 넓이를 구하시오.

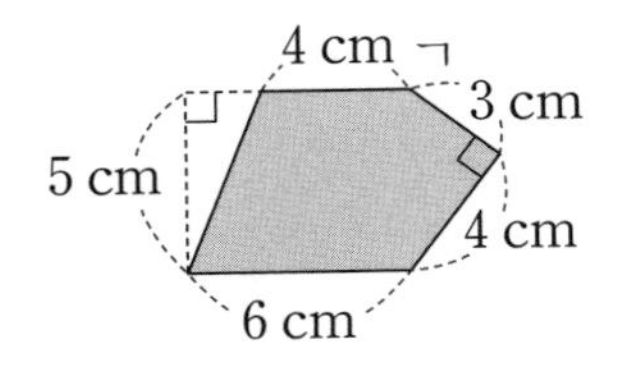

3 색칠한 부분의 넓이를 구하시오.

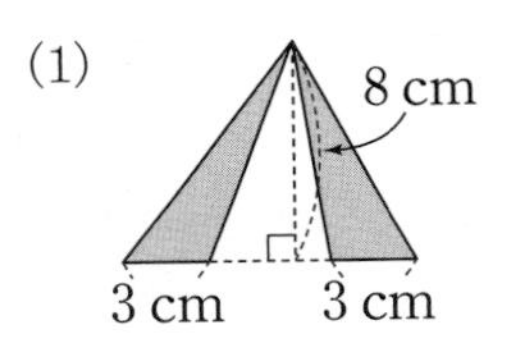

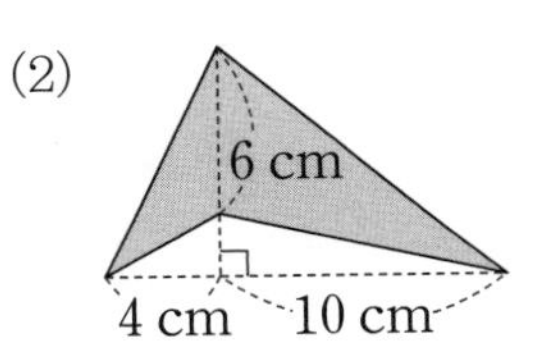

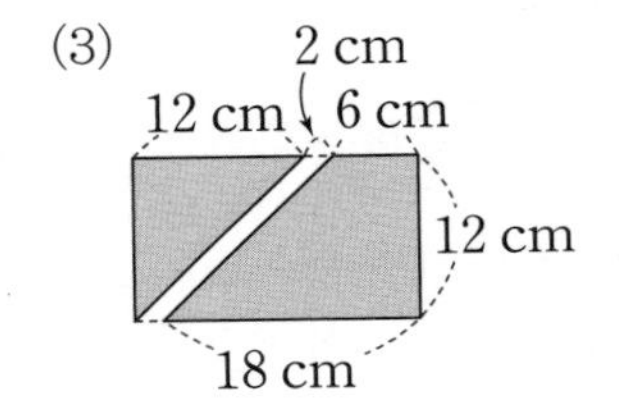

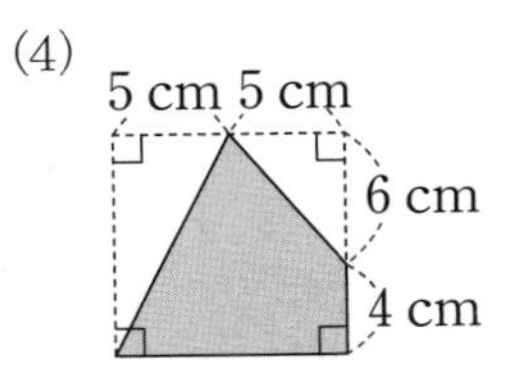

4 삼각형 ㄱㄴㄹ은 직각을 낀 변의 길이가 각각 10 cm인 직각이등변삼각형입니다. 이 도형의 넓이를 구하시오.

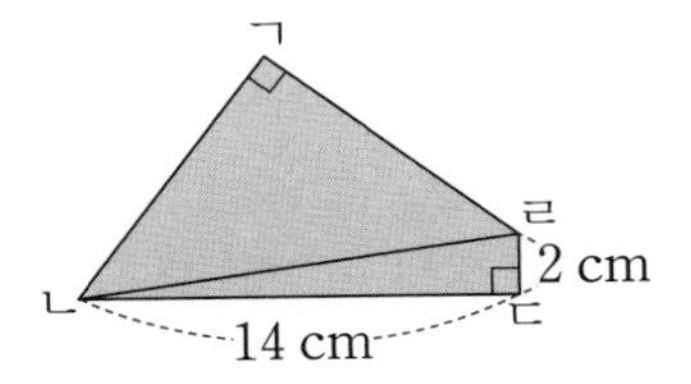

5 다음 도형에서 색칠한 부분의 넓이를 구하시오.

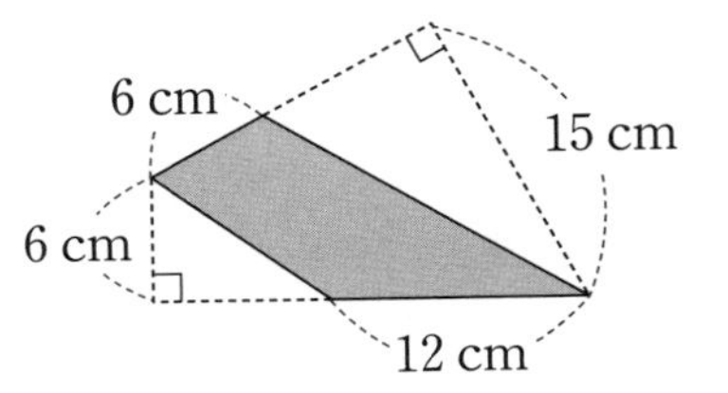

6 직사각형 변 위의 한 점 ㅁ에서 변 ㄴㄷ에 수직인 선을 그었습니다. 물음에 답하시오.

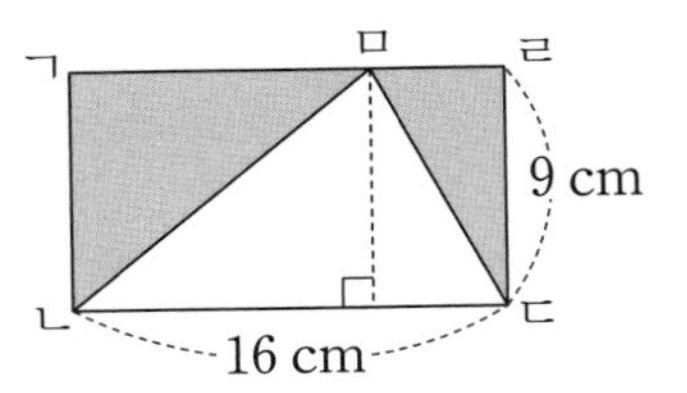

(1) 넓이가 같은 삼각형끼리 각각 ○표, ×표로 나타내시오.

(2) 색칠한 부분의 넓이는 직사각형 넓이의 몇분의 몇입니까? 넓이를 구하시오.

7 도형을 보고 물음에 답하시오.

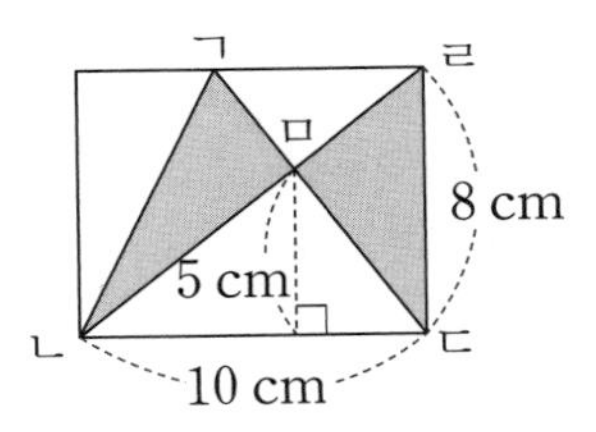

(1) 삼각형 ㄱㄴㄷ의 넓이와 삼각형 ㄹㄴㄷ의 넓이가 같은 이유를 설명하시오. 서술형

(2) 삼각형 ㅁㄴㄷ의 넓이는 몇 cm^2입니까?

(3) 색칠한 부분의 넓이를 구하시오.

개념 넓히기

1 도형에 선분을 그어 색칠한 부분의 넓이를 구하시오.

(1) (2)

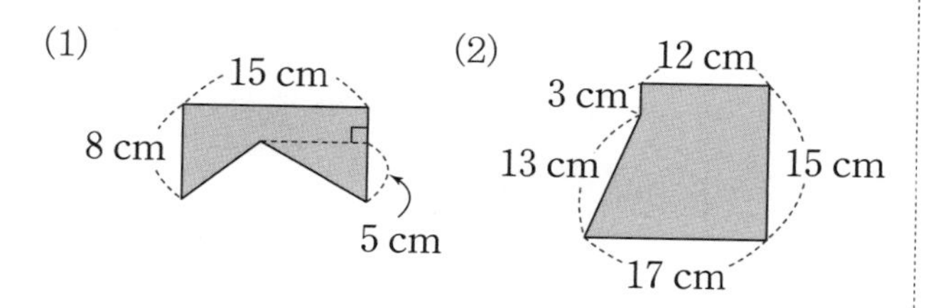

2 색칠한 부분의 넓이를 구하시오.

(1) (2)

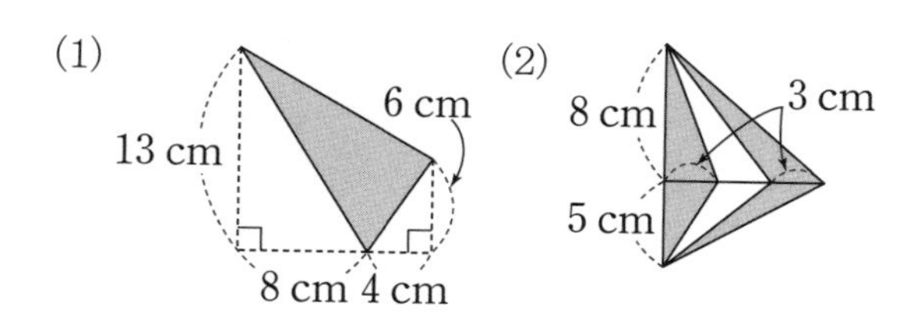

3 도형에서 삼각형 ㄱㄷㅁ의 넓이가 60 cm^2일 때, 삼각형 ㄱㄴㄷ의 넓이는 몇 cm^2입니까?

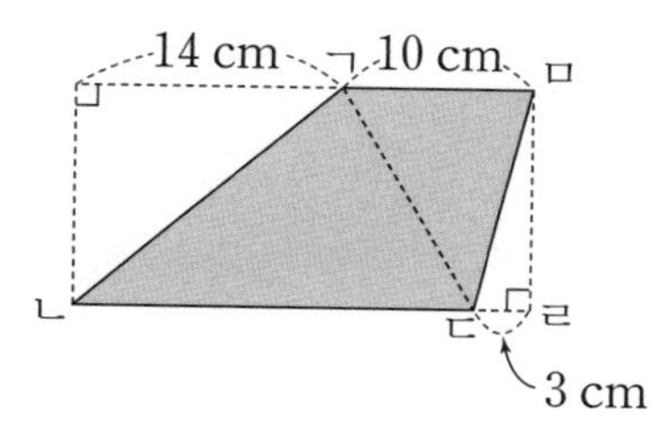

4 삼각형 ㄹㄴㄷ의 넓이가 사각형 ㄱㄴㄷㄹ의 넓이의 $\frac{1}{3}$일 때, 변 ㄱㄴ의 길이를 구하시오.

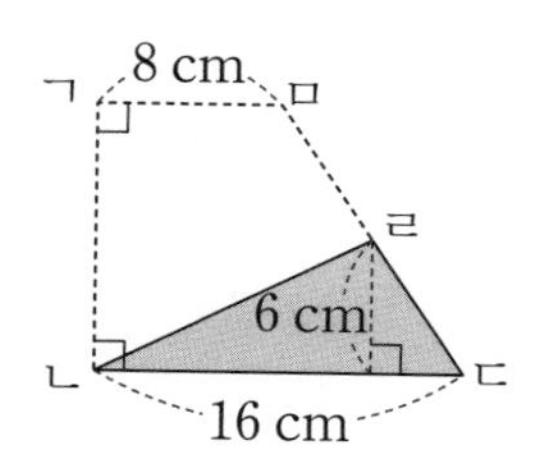

5 사각형 ㄱㄴㄷㄹ에서 점 ㅁ과 점 ㅂ이 선 ㄴㄷ의 길이를 삼등분한 점일 때, 색칠한 부분의 넓이를 구하시오.

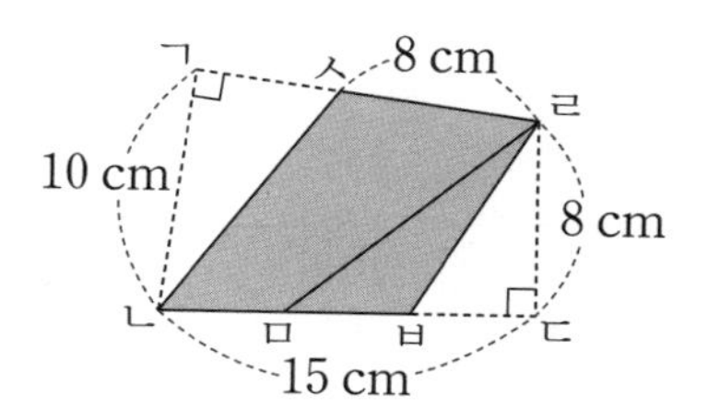

6 오른쪽 도형에서 사각형 ㄱㄴㄷㄹ이 정사각형일 때, 색칠한 부분의 넓이는 몇 cm^2입니까?

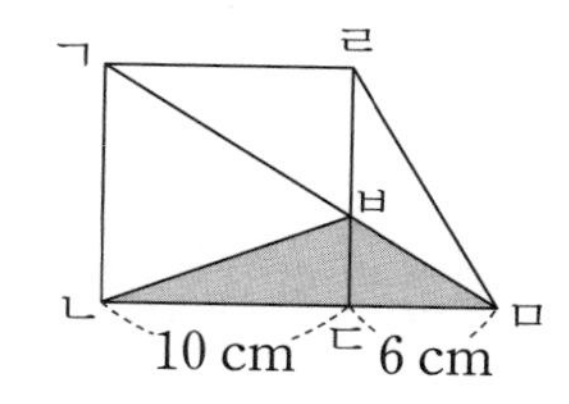

7 그림에서 삼각형 ㄱㄴㄷ과 삼각형 ㄹㅁㅂ은 서로 모양과 크기가 같습니다. 색칠한 부분의 넓이의 합이 40 cm^2일 때, 삼각형 ㅅㅁㄷ의 넓이는 몇 cm^2입니까?

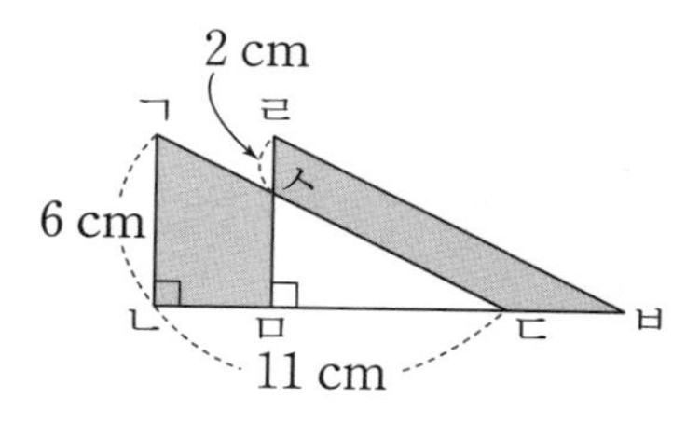

8 마름모 ㄱㄴㄷㄹ 위의 점 ㅁ은 변 ㄴㄷ의 중점이고, 점 ㅂ은 변 ㄱㄹ의 중점입니다. 마름모 ㄱㄴㄷㄹ의 넓이가 54 cm^2일 때, 색칠한 부분의 넓이를 구하시오.

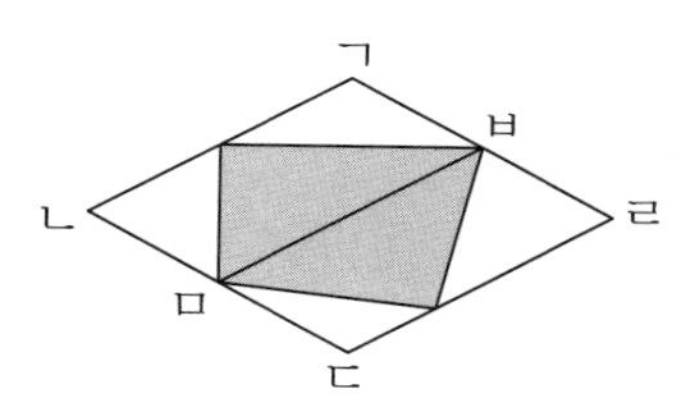

도형의 합동과 그 성질

1 투명 종이로 도형 가, 나의 본을 떠서 가, 나와 완전히 겹쳐지는 도형을 찾아보시오.

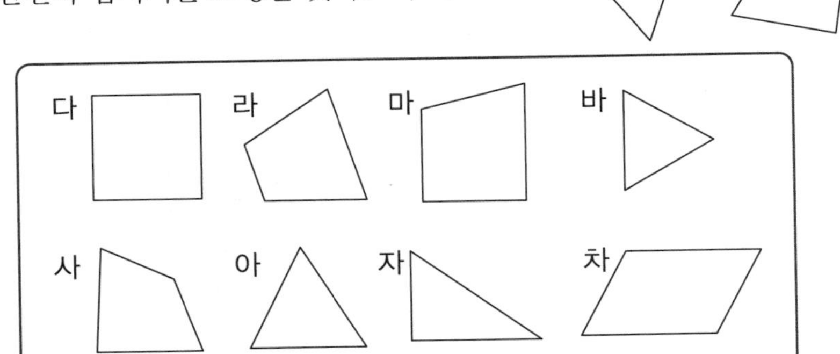

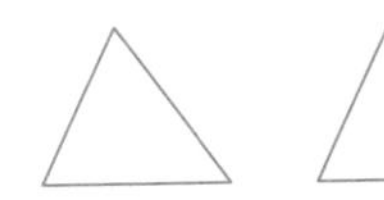

• 모양과 크기가 같아서 포개었을 때, 완전히 겹쳐지는 두 도형을 서로 합동이라고 합니다.

• 합동인 두 도형은 모양과 크기가 모두 같습니다.

2 도형을 보고 물음에 답하시오.

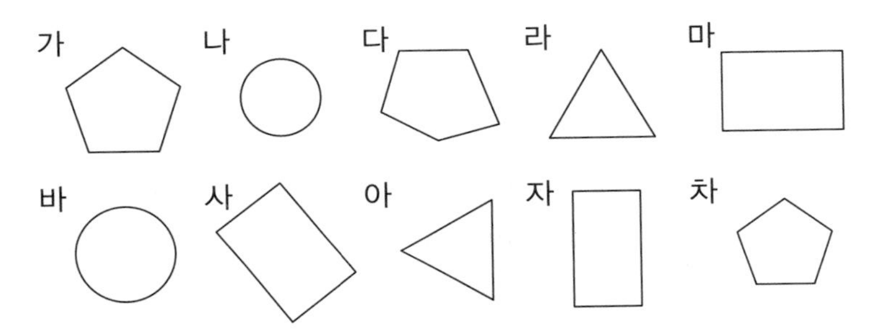

(1) 모양이 같은 쌍을 찾아 모두 합동인지 쓰고 아니라면 그 이유를 설명하시오.

(2) 합동인 도형은 모두 몇 쌍입니까?

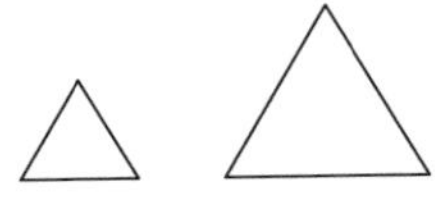

위의 두 정삼각형은 모양은 같지만 크기는 달라서 완전히 겹쳐지지 않습니다. 정다각형과 원은 모양은 모두 같지만 크기가 다를 수 있으므로 합동이 될 수 있는 조건을 생각해야 합니다.

3 보기 와 같이 여러 가지 모양에 선을 하나 그어 합동인 모양 2개를 만들어 보시오.

보기

• 합동인 모양 2개를 만드는 것은 도형을 이등분하는 것과 같습니다.

4 반으로 접은 종이 위에 삼각형을 그리고, 칼로 삼각형을 오려낸 후 종이를 펼쳤습니다. 물음에 답하시오.

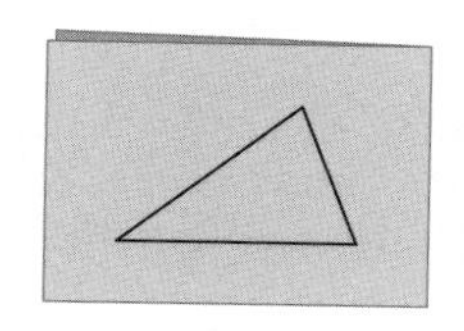  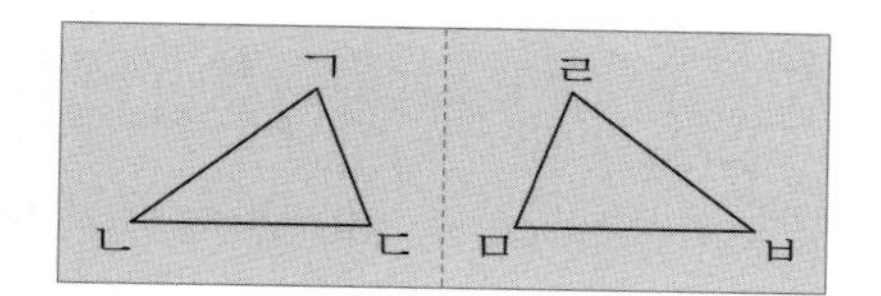

(1) 종이를 펼쳐서 생긴 삼각형 ㄱㄴㄷ과 삼각형 ㄹㅂㅁ은 서로 합동입니까?

(2) 종이를 다시 접으면 두 삼각형은 완전히 겹쳐집니다. 겹쳐지는 점, 변, 각을 각각 쓰시오.

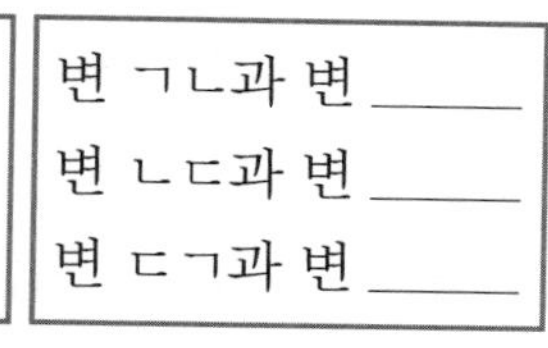

점	변	각
점 ㄱ과 점 ______	변 ㄱㄴ과 변 ______	각 ㄱㄴㄷ과 각 ______
점 ㄴ과 점 ______	변 ㄴㄷ과 변 ______	각 ㄴㄷㄱ과 각 ______
점 ㄷ과 점 ______	변 ㄷㄱ과 변 ______	각 ㄷㄱㄴ과 각 ______

(3) 두 삼각형에서 대응변의 길이는 같습니까?

(4) 두 삼각형에서 대응각의 크기는 같습니까?

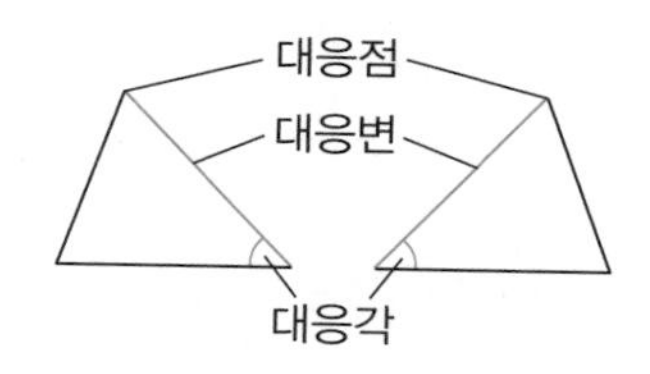

• 합동인 두 도형을 완전히 포개었을 때 겹쳐지는 점을 대응점, 겹쳐지는 변을 대응변, 겹쳐지는 각을 대응각이라고 합니다.

• 합동인 도형의 성질

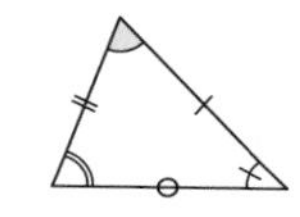 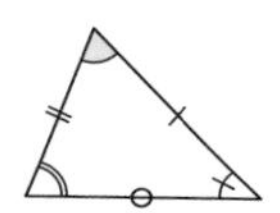

① 합동인 도형에서 대응변의 길이는 서로 같습니다.
② 합동인 도형에서 대응각의 크기는 서로 같습니다.

5 두 사각형은 합동입니다. 물음에 답하시오.

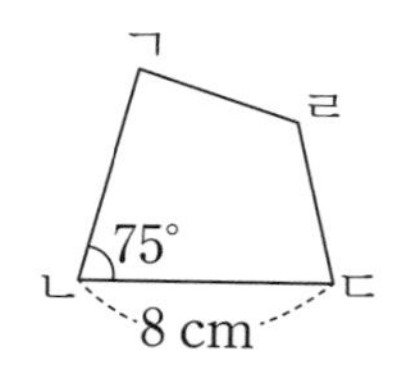

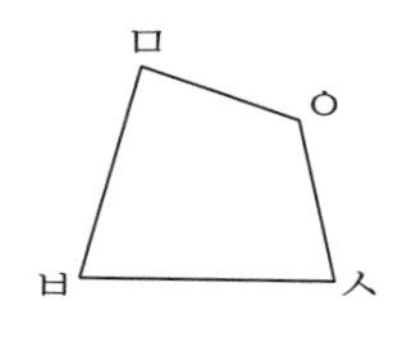

(1) 점 ㄱ의 대응점은 어느 것입니까?

(2) 변 ㄴㄷ의 대응변을 쓰고, 그 길이는 몇 cm인지 구하시오.

(3) 각 ㄱㄴㄷ의 대응각을 쓰고, 그 크기는 몇 도인지 구하시오.

합동인 도형의 대응점, 대응변, 대응각을 쓸 때는 대응점의 순서를 맞추어 쓰는 것이 좋습니다.

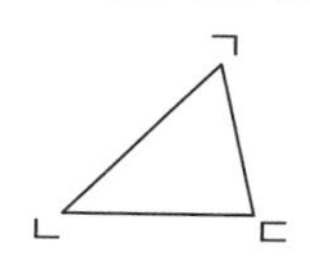

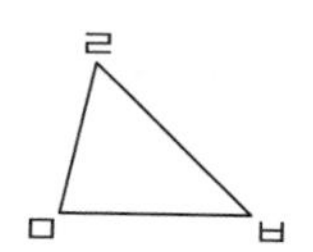

합동인 두 삼각형 ㄱㄴㄷ과 삼각형 ㄹㅂㅁ에서
변 ㄴㄷ 대응변 변 ㅂㅁ
점 ㄴ의 대응점 ㅂ

개념 익히기

1 □ 안에 알맞은 말을 써넣으시오.

> 합동인 두 도형을 완전히 포개었을 때 겹쳐지는 꼭짓점을 ☐, 겹쳐지는 변을 ☐, 겹쳐지는 각을 ☐이라고 합니다.

2 서로 합동인 도형을 모두 찾아 짝지으시오.

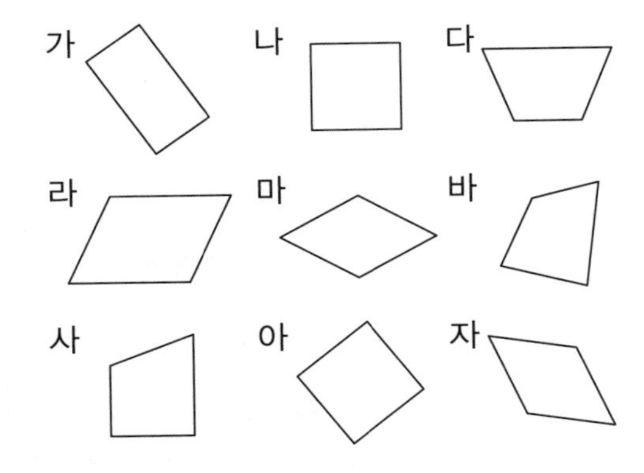

3 두 삼각형은 합동입니다. □ 안에 알맞게 써넣으시오.

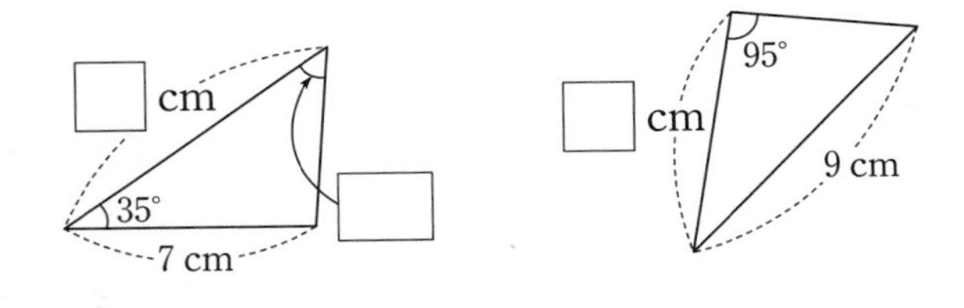

4 두 삼각형은 합동입니다. 물음에 답하시오.

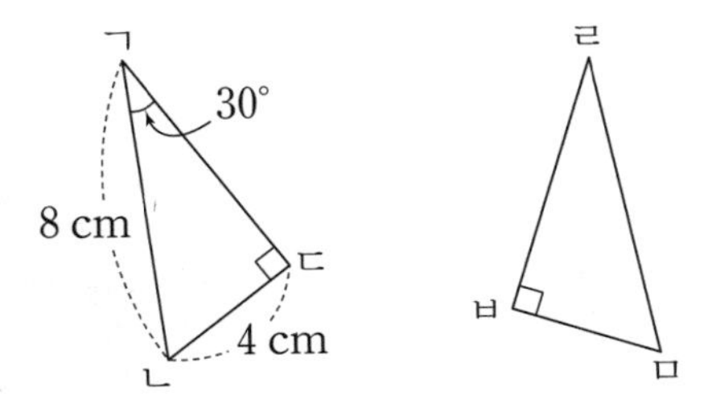

(1) 변 ㄹㅁ의 길이는 몇 cm입니까?

(2) 각 ㄹㅁㅂ의 크기는 몇 도입니까?

5 삼각형 ㄱㄴㄷ과 삼각형 ㄹㄷㄴ은 합동입니다. 물음에 답하시오.

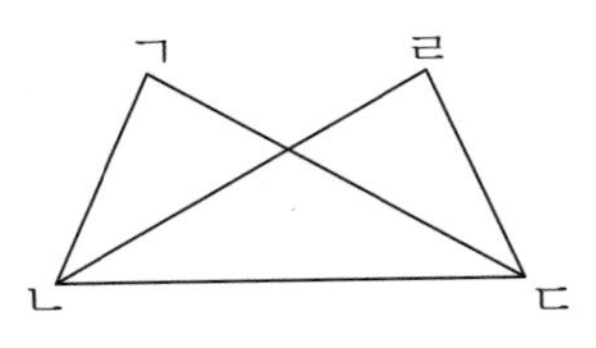

(1) 각 ㄱㄷㄴ의 대응각은 어느 것입니까?

(2) 변 ㄹㄴ의 대응변은 어느 것입니까?

6 합동인 두 도형에 대한 설명으로 옳지 <u>않은</u> 것을 고르시오.

① 합동인 도형은 대응변의 길이가 서로 같습니다.
② 합동인 도형은 대응각의 크기가 서로 같습니다.
③ 합동인 도형은 넓이가 서로 같습니다.
④ 넓이가 같은 도형은 서로 합동입니다.
⑤ 합동인 도형의 둘레는 같습니다.

7 어느 한 직선으로 잘랐을 때 잘린 두 도형이 합동이 되지 <u>않는</u> 것은 어느 것입니까?

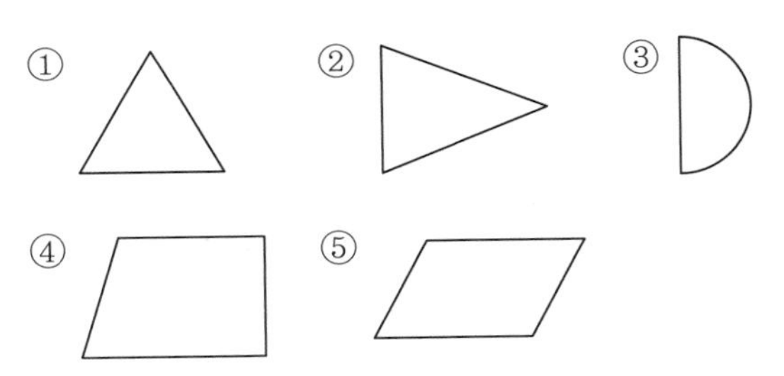

8 합동인 삼각형 2개를 붙여서 만든 도형입니다. 이 도형의 둘레는 몇 cm입니까?

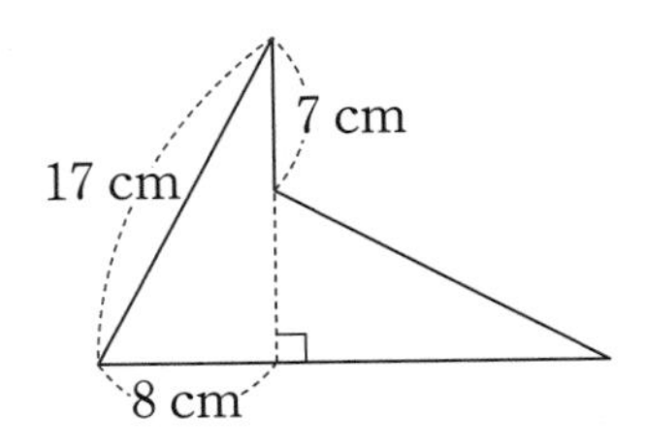

개념 넓히기

1 보기와 같이 정삼각형을 주어진 숫자만큼 합동인 도형으로 나누어지도록 선을 그어 보시오.

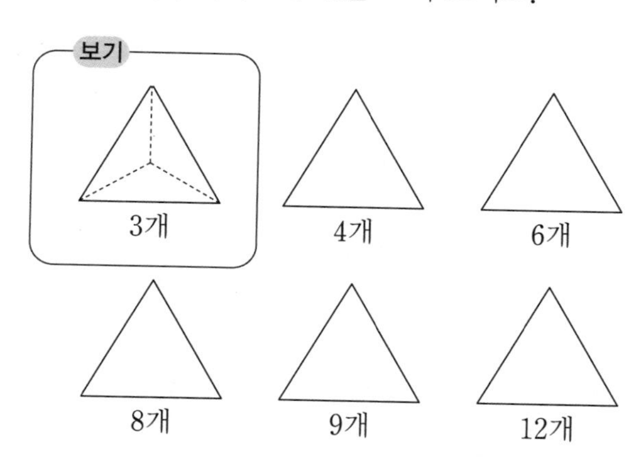

2 넓이가 같을 때, 항상 합동인 도형을 모두 고르시오.

① 원 ② 직각삼각형 ③ 평행사변형
④ 정삼각형 ⑤ 직사각형

3 두 사각형이 합동일 때, 물음에 답하시오.

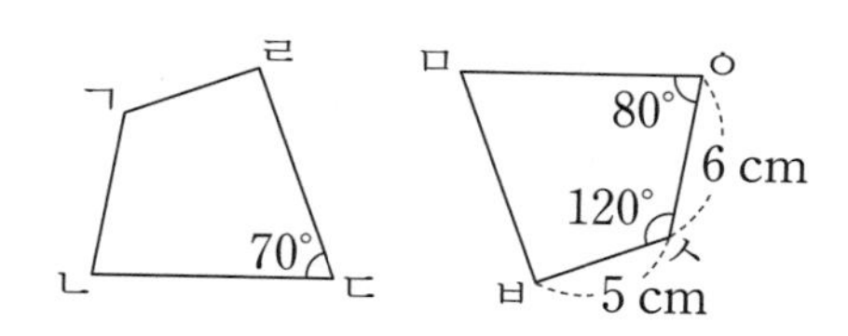

(1) 변 ㄱㄴ의 길이는 몇 cm입니까?
(2) 각 ㄱㄴㄷ의 크기는 몇 도입니까?
(3) 각 ㄱㄹㄷ의 크기는 몇 도입니까?

4 두 사각형이 합동입니다. 사각형 ㄱㄴㄷㄹ의 둘레가 54 cm일 때, 변 ㅇㅅ의 길이와 각 ㅂㅅㅇ의 크기를 각각 구하시오.

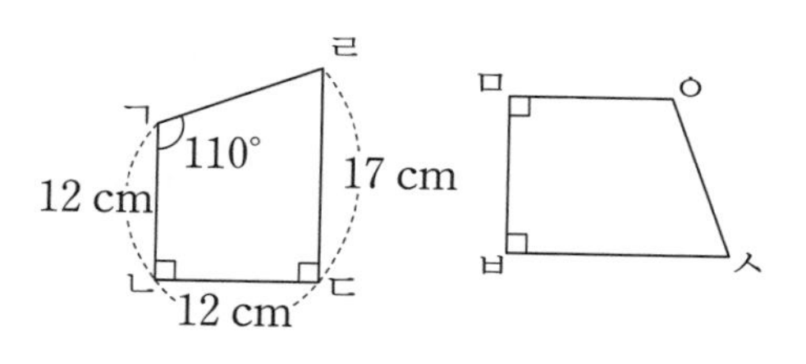

5 두 도형이 항상 합동인 것을 모두 고르시오.

① 한 변의 길이가 같은 두 정사각형
② 둘레가 같은 두 이등변삼각형
③ 반지름이 같은 두 원
④ 넓이가 같은 두 정삼각형
⑤ 네 각의 크기가 같은 두 평행사변형

6 합동인 삼각형 2개를 겹쳐놓은 것입니다. 색칠한 부분의 넓이를 구하시오.

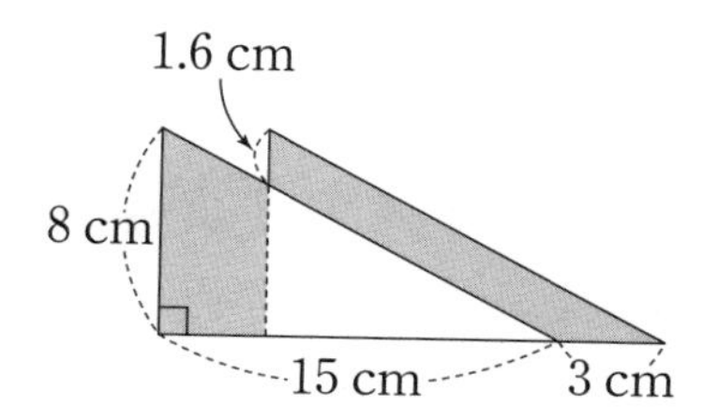

7 삼각형 ㄱㄴㄷ과 삼각형 ㄷㄹㅁ은 합동입니다. 물음에 답하시오.

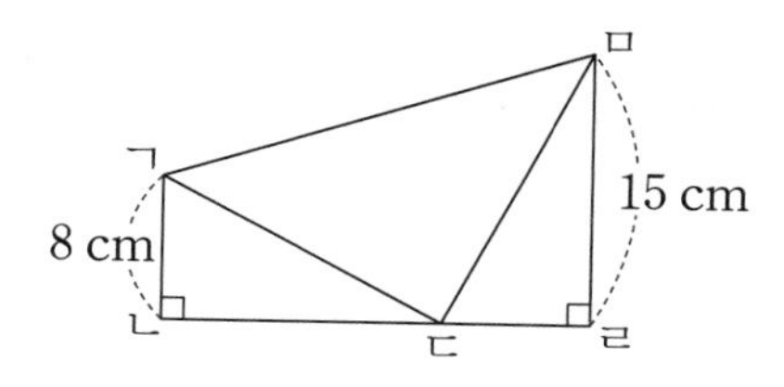

(1) 변 ㄴㄹ의 길이는 몇 cm입니까?
(2) 각 ㄱㄷㅁ의 크기는 몇 도입니까?

8 합동인 두 삼각형을 겹쳐놓은 것입니다. 각 ㉠의 크기를 구하시오.

(1)

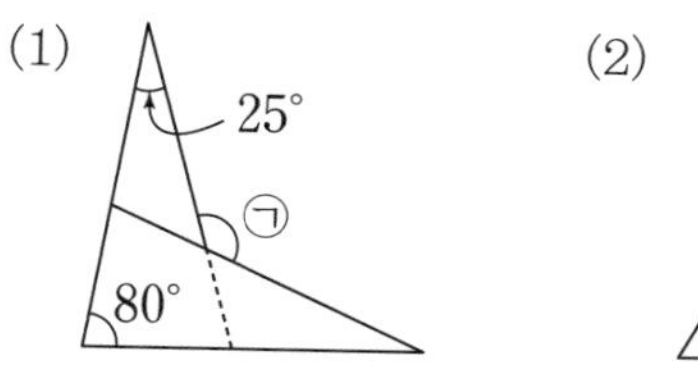

(2)

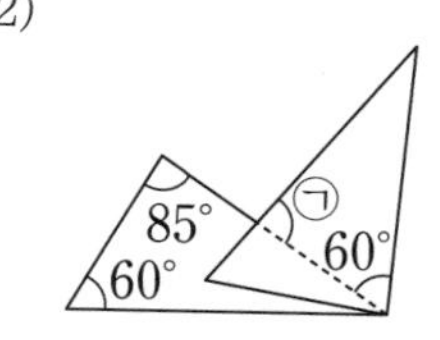

개념활동 29 합동인 삼각형 그리기

1 자와 컴퍼스를 사용하여 주어진 길이를 나타내려고 합니다. 물음에 답하시오.

(1) 선분 위에 점 ㄴ에서 5 cm 떨어진 곳에 자를 사용하여 점 ㄷ을 찍어 보시오.

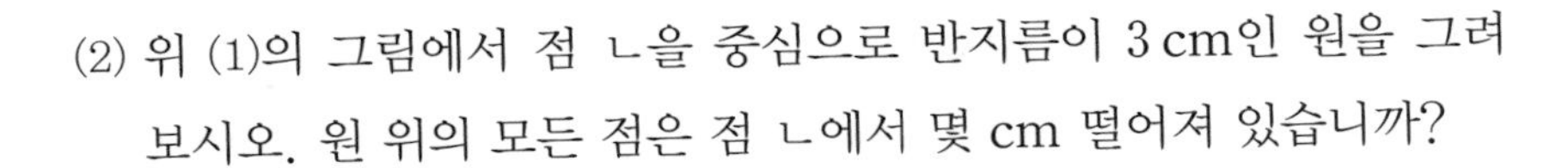

(2) 위 (1)의 그림에서 점 ㄴ을 중심으로 반지름이 3 cm인 원을 그려 보시오. 원 위의 모든 점은 점 ㄴ에서 몇 cm 떨어져 있습니까?

(3) 위 (1)의 그림에서 점 ㄷ을 중심으로 반지름이 4 cm인 원을 그려 보시오. 원 위의 모든 점은 점 ㄷ에서 몇 cm 떨어져 있습니까?

2 세 변이 각각 3 cm, 4 cm, 8 cm인 삼각형과 합동인 삼각형을 그릴 수 있습니까? 그릴 수 없다면 이유를 설명하시오.

3 세 변이 주어진 다음 삼각형과 합동인 삼각형을 그려 보시오.

(1)

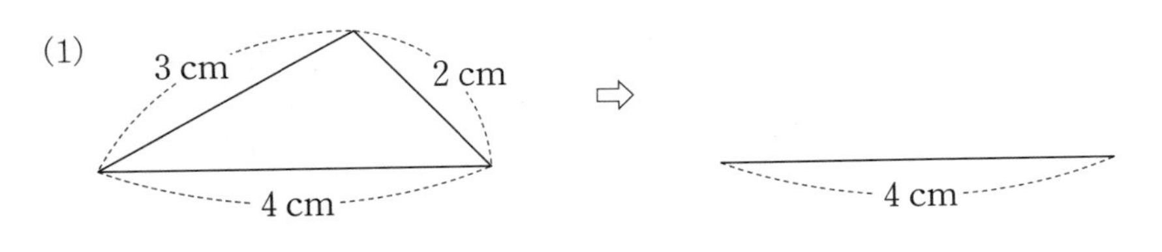

(2)

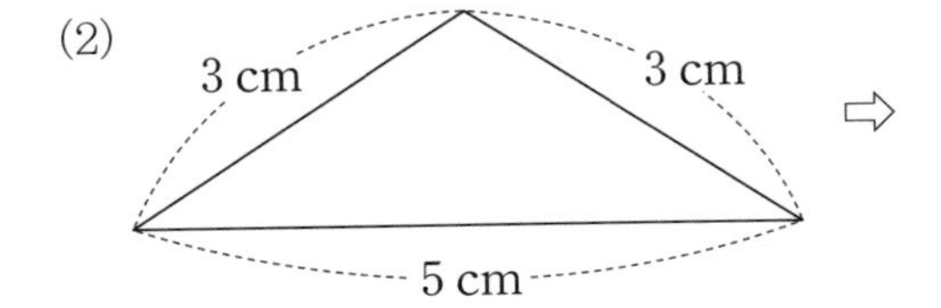

⇨

4 두 변의 길이와 그 사이에 있는 각의 크기가 주어진 다음 삼각형과 합동인 삼각형을 자와 각도기를 사용하여 그려 보시오.

• 삼각형을 그릴 수 있는 조건

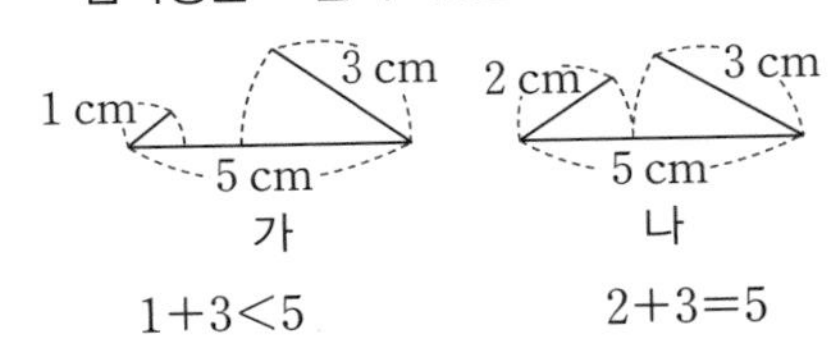

$1+3<5$ $2+3=5$

가와 같이 가장 긴 변이 다른 두 변의 합보다 큰 경우나 나와 같이 가장 긴 변이 다른 두 변의 합과 같은 경우에는 변의 길이가 짧아서 삼각형을 그릴 수 없습니다.

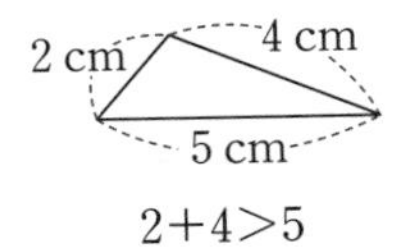

$2+4>5$

따라서 가장 긴 변의 길이가 나머지 두 변의 길이의 합보다 짧은 경우에만 삼각형을 그릴 수 있습니다.

• 세 변이 각각 4 cm, 6 cm, 5 cm인 삼각형 ㄱㄴㄷ을 그리는 방법

① 길이가 6 cm인 선분 ㄴㄷ을 긋습니다.

② 컴퍼스를 사용하여 점 ㄴ을 중심으로 반지름이 4 cm인 원의 일부분을, 점 ㄷ을 중심으로 반지름이 5 cm인 원의 일부분을 그립니다.

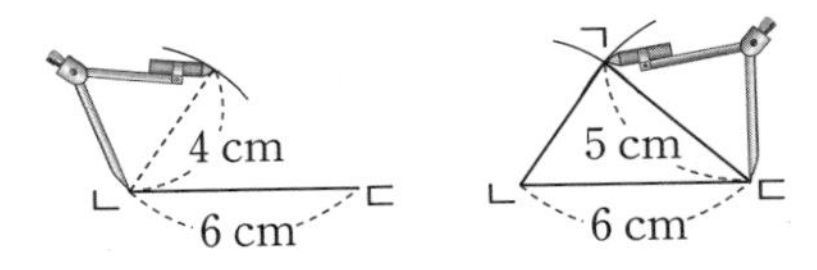

③ 두 원이 만나는 점 ㄱ을 찾아 점 ㄱ과 점 ㄴ, 점 ㄱ과 점 ㄷ을 각각 잇습니다.

• 두 변이 각각 4 cm, 5 cm이고 그 사이에 있는 각이 50°인 삼각형 ㄱㄴㄷ을 그리는 방법

① 길이가 5 cm인 선분 ㄴㄷ을 긋고, 각도기를 사용하여 점 ㄴ을 꼭짓점으로 하고, 크기가 50°인 각을 그립니다.

② 점 ㄴ에서 4 cm인 곳에 점 ㄱ을 찍고, 점 ㄱ과 점 ㄷ을 잇습니다.

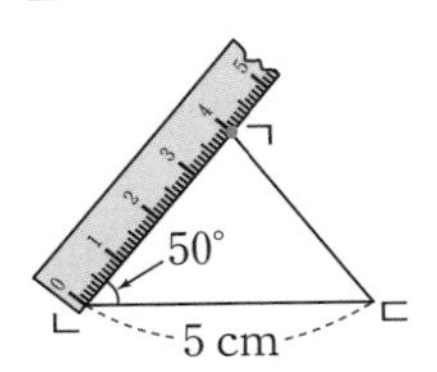

5 두 변의 길이와 한 각의 크기가 주어진 삼각형을 그리려고 합니다. 물음에 답하시오.

두 변이 2 cm, 3 cm이고, 한 각의 크기가 40°

WHY?
왜 두 변과 사이에 있는 각일 때에만 합동 조건이 될까요?

(1) 그림 오른쪽에 변 ㄴㄷ이 3 cm가 되도록 선분을 긋습니다. 그리고 사이의 각이 40°가 되도록 직선을 긋고 점 ㄱ을 써넣으시오.

(2) 점 ㄷ을 중심으로 반지름이 2 cm인 원을 그려 직선 ㄴㄱ과 만난 점을 각각 ㄹ, ㅁ이라 하고, 삼각형 ㄹㄴㄷ과 삼각형 ㅁㄴㄷ을 그려 보시오.

(3) 위와 같이 두 변이 각각 2 cm, 3 cm이고, 한 각이 40°인 삼각형은 다른 모양으로 그릴 수 있으므로 합동인 삼각형을 그릴 수 있는 조건이라 할 수 없습니다. 합동인 삼각형을 그리려면 조건을 어떻게 바꾸어야 하는지 설명하시오.

6 한 변의 길이와 그 양 끝 각의 크기가 주어진 삼각형과 합동인 삼각형을 자와 각도기를 사용하여 그려 보시오.

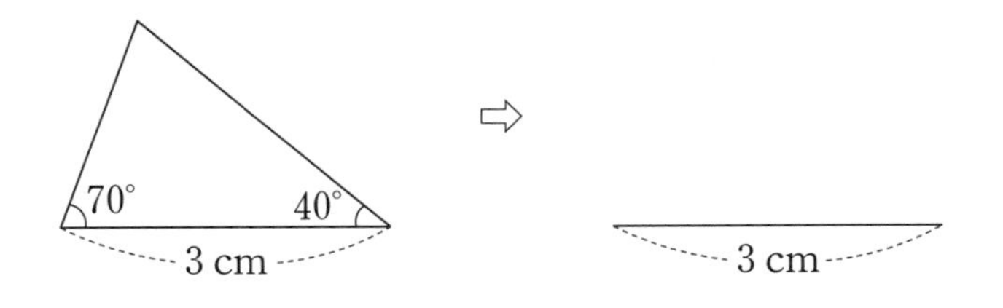

• 한 변이 5 cm이고, 그 양 끝 각이 50°, 70° 인 삼각형을 그리는 방법

① 길이가 5 cm인 선분 ㄴㄷ을 긋습니다.
② 각도기를 사용하여 점 ㄴ을 꼭짓점으로 크기가 50°인 각을, 점 ㄷ을 꼭짓점으로 크기가 70°인 각을 각각 그립니다.
③ 두 각의 변이 만나는 점 ㄱ을 찾아 삼각형을 그립니다.

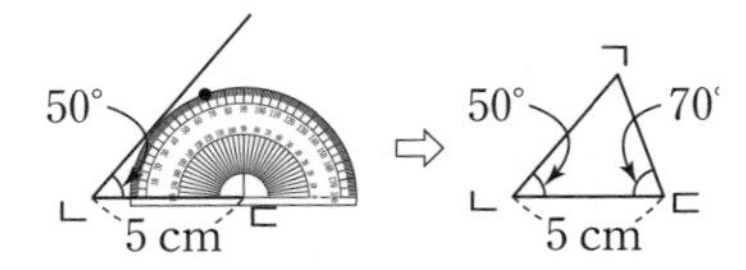

7 삼각형 ㄱㄴㄷ과 합동인 삼각형을 그릴 수 없는 조건을 고르시오.

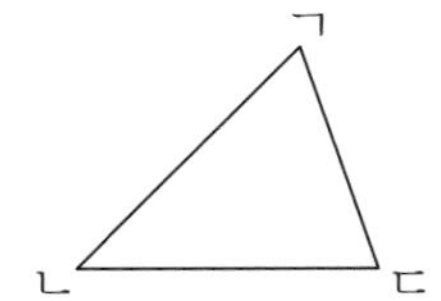

㉠ 세 변의 길이가 각각 4 cm, 5 cm, 6 cm일 때
㉡ (변 ㄱㄴ)=5 cm, (변 ㄴㄷ)=6 cm, (각 ㄱㄴㄷ)=50°일 때
㉢ 세 각의 크기가 각각 50°, 70°, 60°일 때
㉣ (변 ㄴㄷ)= 6 cm, (각 ㄱㄴㄷ)=50°, (변 ㄱㄷㄴ)=60°

• 합동인 삼각형을 그릴 수 있는 조건

① 세 변의 길이가 주어졌을 때
② 두 변의 길이와 그 사이에 있는 각의 크기가 주어졌을 때
③ 한 변의 길이와 그 양 끝 각의 크기가 주어졌을 때

개념 익히기

1 다음 삼각형과 합동인 삼각형을 그릴 때 필요한 준비물 2가지를 찾아 기호를 쓰시오.

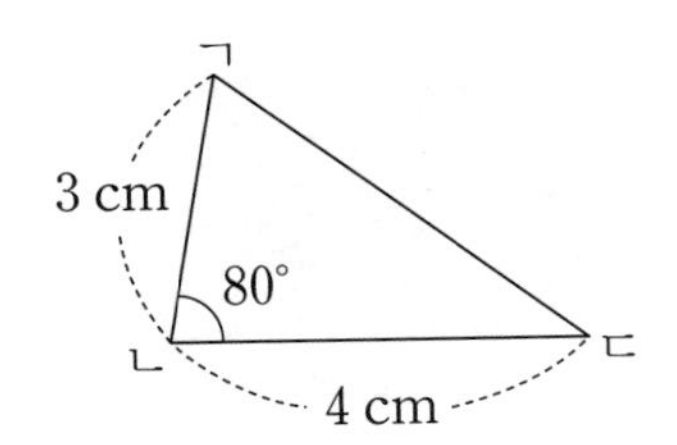

㉠ 자
㉡ 컴퍼스
㉢ 각도기

2 합동인 삼각형을 그릴 수 있는 조건을 알아본 것입니다. □ 안에 알맞은 말을 써넣으시오.

- 세 □가 주어졌을 때
- 두 변의 길이와 □가 주어졌을 때
- □와 양 끝 각의 크기가 주어졌을 때

3 세 변이 각각 2 cm, 3 cm, 4 cm인 삼각형을 그리는 순서에 맞게 기호를 쓰시오.

㉠
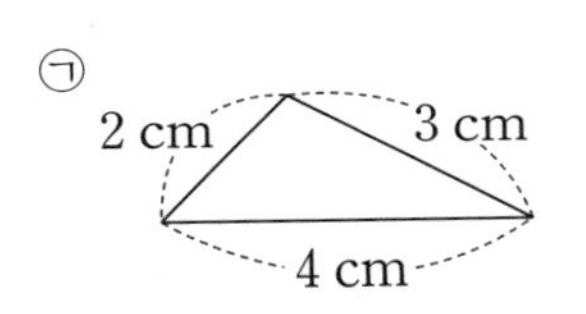

㉡
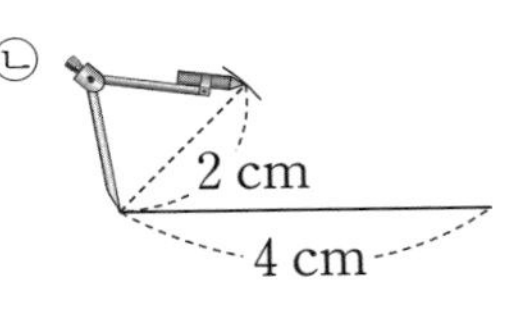

㉢
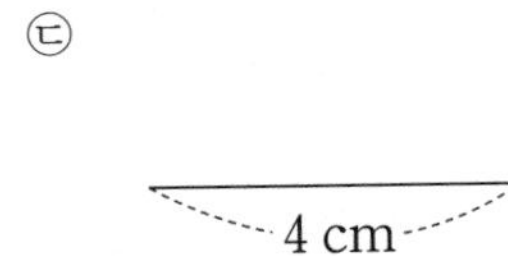

㉣
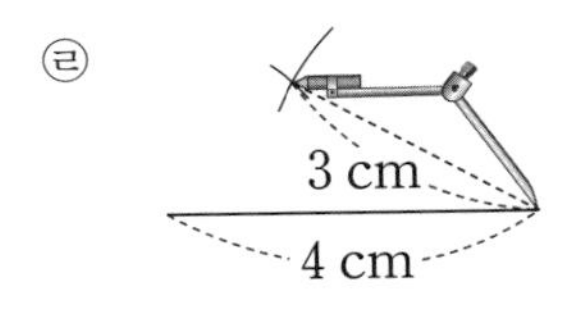

4 다음 조건으로 삼각형을 그릴 수 있는 것은 어느 것입니까?

① 세 변이 각각 7 cm, 4 cm, 3 cm일 때
② 세 변이 각각 3 cm, 7 cm, 3 cm일 때
③ 두 변이 각각 3 cm, 4 cm이고 그 사이에 있는 각이 180°일 때
④ 한 변이 6 cm이고 양 끝 각이 각각 120°, 30°일 때
⑤ 한 변이 10 cm이고, 그 양 끝 각이 각각 90°일 때

5 다음 삼각형과 합동인 삼각형을 그릴 때, 두 번째로 그려야 할 부분은 어느 것입니까?

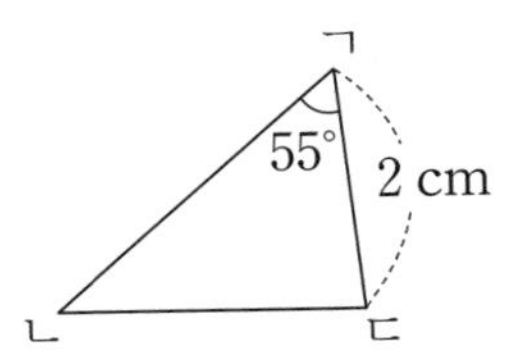

① 변 ㄱㄴ ② 변 ㄴㄷ ③ 변 ㄷㄱ
④ 각 ㄱㄴㄷ ⑤ 각 ㄷㄱㄴ

6 오른쪽 삼각형과 합동인 삼각형을 그리려면 어떤 조건을 이용해야 합니까?

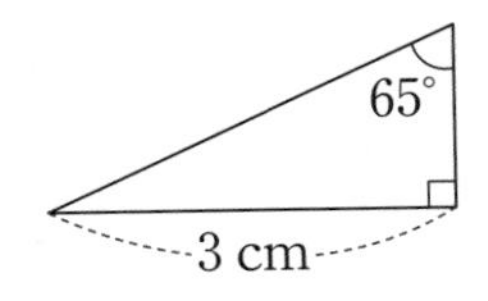

① 세 변의 길이를 알 때
② 두 변의 길이와 그 사이에 있는 각의 크기를 알 때
③ 한 변의 길이와 그 양 끝 각의 크기를 알 때
④ 세 각의 크기를 알 때
⑤ 한 변의 길이와 한 각의 크기를 알 때

7 삼각형 ㄱㄴㄷ을 보고 물음에 답하시오.

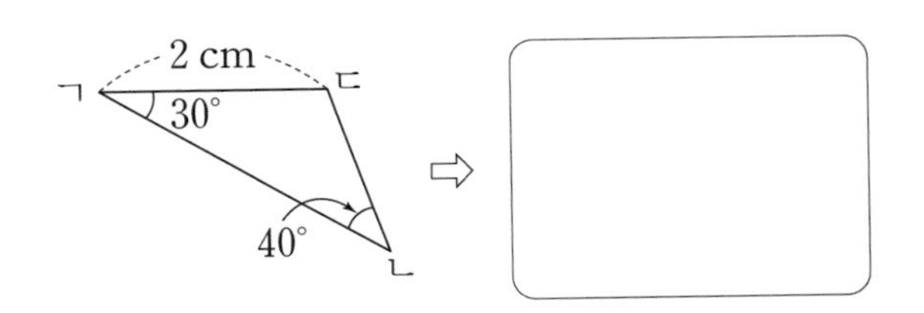

(1) 삼각형 ㄱㄴㄷ과 합동인 삼각형을 그리기 위해서 필요한 조건은 무엇입니까?
(2) 빈 곳에 합동인 삼각형을 그려 보시오.

8 한 변이 6 cm이고, 그 양 끝 각이 각각 60°인 삼각형을 그린다면 다른 두 변의 길이의 합은 몇 cm입니까?

개념 넓히기

1 합동인 삼각형을 그릴 수 없는 경우를 모두 고르고, 그 이유를 설명하시오.

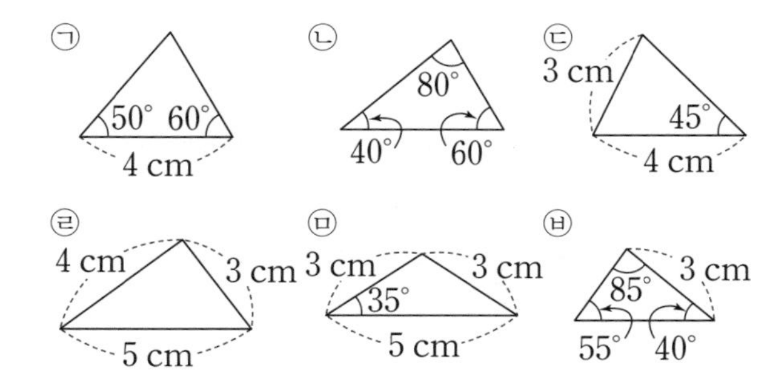

2 두 변이 각각 5 cm, 7 cm이고, 그 사이에 있는 각이 60°인 삼각형을 그리는 방법입니다. 그리는 순서에 맞게 기호를 쓰시오.

> ㉠ 길이가 5 cm인 선분 ㄱㄴ을 긋습니다.
> ㉡ 점 ㄱ과 점 ㄷ을 잇습니다.
> ㉢ 각도기로 점 ㄴ을 꼭짓점으로 하고 크기가 60°인 각을 그립니다.
> ㉣ 점 ㄴ에서 7 cm 거리에 있는 점 ㄷ을 찍습니다.

3 한 변이 8 cm이고, 그 양 끝 각으로 다음에서 2개를 골라 삼각형을 그리려고 합니다. 모두 몇 가지의 삼각형을 그릴 수 있습니까?

> 45°, 120°, 70°, 80°

4 다음과 같은 조건으로는 합동인 삼각형을 그릴 수 없는 이유를 그림을 그려 설명하시오. 서술형

> 한 변이 4 cm이고, 두 각이 50°, 70°

5 다음의 변의 길이와 각의 크기가 주어졌을 때 합동인 삼각형을 그릴 수 없는 것을 모두 찾아 기호를 쓰시오.

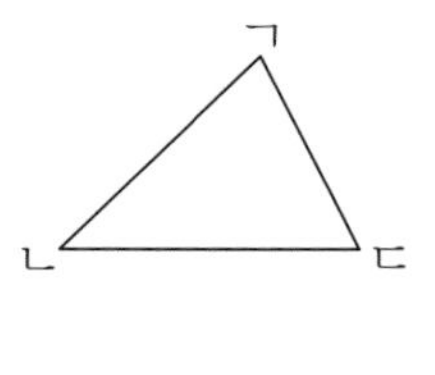

> ㉠ 변 ㄴㄷ, 각 ㄱㄴㄷ, 각 ㄴㄱㄷ
> ㉡ 변 ㄱㄴ, 변 ㄴㄷ, 변 ㄷㄱ
> ㉢ 변 ㄱㄴ, 변 ㄴㄷ, 각 ㄴㄱㄷ
> ㉣ 변 ㄱㄴ, 각 ㄷㄱㄴ, 각 ㄷㄴㄱ
> ㉤ 각 ㄱㄴㄷ, 각 ㄴㄷㄱ, 각 ㄴㄱㄷ

6 그림은 합동인 삼각형을 그리기 위한 어떤 조건을 설명하기 위한 것인지 골라 기호를 쓰시오.

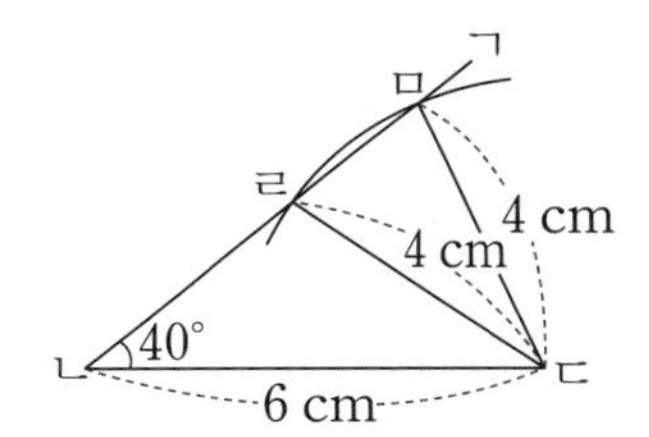

> ㉠ 세 변의 길이가 주어질 때
> ㉡ 두 변의 길이와 그 사이에 있는 각의 크기가 주어질 때
> ㉢ 한 변의 길이와 양 끝 각의 크기가 주어질 때

7 사각형에서 변 ㄱㄴ과 변 ㄴㄷ의 길이가 같습니다. 자, 각도기, 컴퍼스를 사용하여 다음 사각형과 합동인 사각형을 그려 보시오.

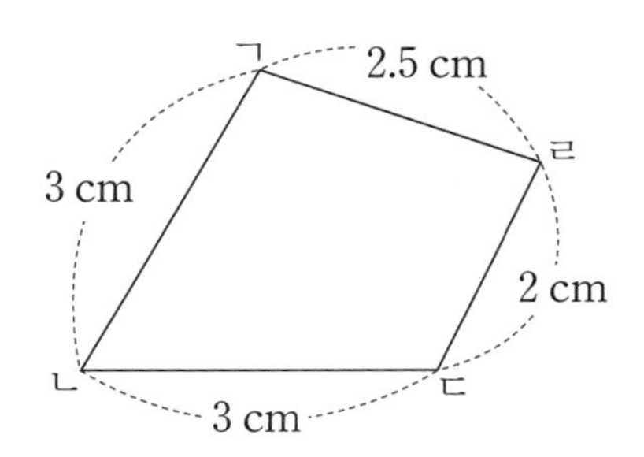

개념활동 30 선대칭도형과 점대칭도형

1 색종이를 반으로 접어서 그림을 그려서 오린 뒤 펼쳤습니다. 물음에 답하시오.

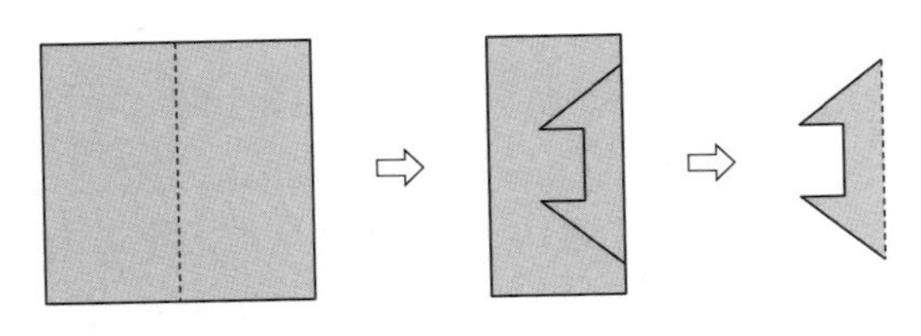

(1) 오려서 만든 도형을 펼친 후의 그림을 완성해 보시오.

(2) 오려서 만든 도형을 접었던 선을 따라 다시 접으면 완전히 겹쳐집니다. 이 선을 그어 보시오.

(3) 이 도형을 어떤 선을 따라 접었을 때, 완전히 겹쳐지도록 하는 선이 또 있습니까? 있다면 선을 그어 보시오.

• 한 직선을 따라 접어서 완전히 겹쳐지는 도형을 선대칭도형이라고 합니다. 이때 그 직선을 대칭축이라고 합니다.

2 도형을 보고 물음에 답하시오.

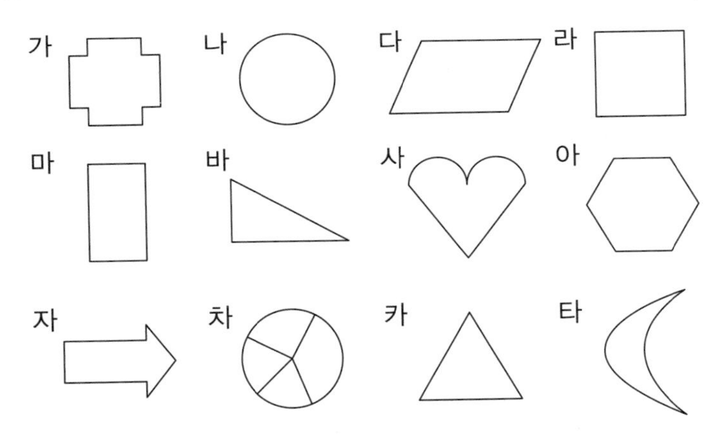

(1) 선대칭도형을 모두 골라 기호를 쓰시오.

(2) 선대칭도형 중에서 대칭축을 그려 보고 대칭축의 개수를 쓰시오.

(3) 도형 라, 아, 카는 정다각형입니다. 정다각형과 대칭축의 개수 사이에서 알 수 있는 관계를 설명하시오.

• 선대칭도형에서 대칭축은 여러 개 있을 수 있으며, 정다각형의 대칭축은 마주 보는 점과 점, 점과 변의 중점, 변의 중점과 중점 등을 연결하여 그을 수 있습니다. 따라서 정다각형의 대칭축은 변 또는 꼭짓점의 개수만큼 그을 수 있습니다.

3 평행사변형 ㄱㄴㄷㄹ을 보고 물음에 답하시오.

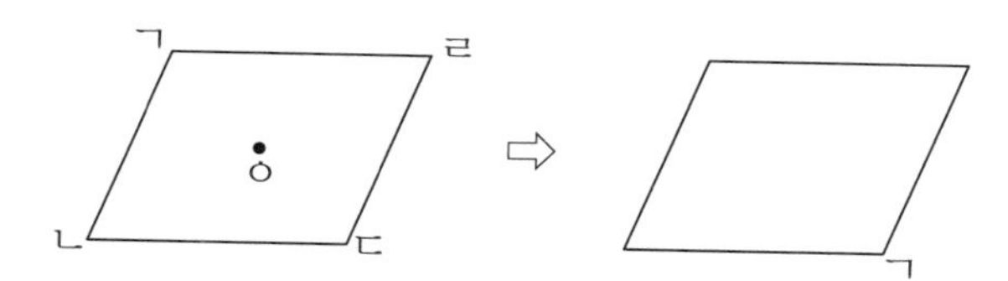

(1) 투명 종이를 이용하여 평행사변형 ㄱㄴㄷㄹ의 본을 떠 보시오.

(2) 점 ㄹ을 중심으로 평행사변형 ㄱㄴㄷㄹ을 돌려 보시오. 처음 평행사변형과 완전히 겹쳐집니까?

(3) 점 ㅇ을 중심으로 평행사변형 ㄱㄴㄷㄹ을 돌려 보시오. 최소 몇 도를 돌렸을 때 처음 평행사변형과 완전히 겹쳐집니까?

(4) 평행사변형 ㄱㄴㄷㄹ을 점 ㅇ을 중심으로 180° 돌렸을 때 각 점의 위치를 오른쪽 도형에 기호로 나타내시오.

(5) 평행사변형 ㄱㄴㄷㄹ은 점대칭도형입니까?

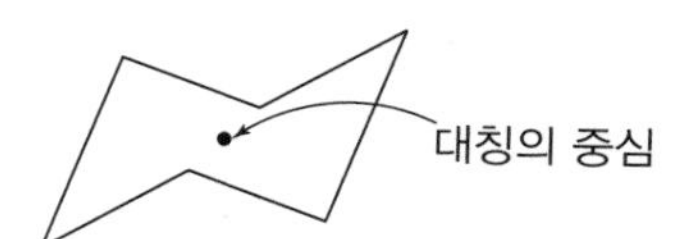

• 한 도형을 어떤 점을 중심으로 180° 돌렸을 때 처음 도형과 완전히 겹쳐지면 이 도형을 점대칭도형이라고 합니다. 이때 그 점을 대칭의 중심이라고 합니다.

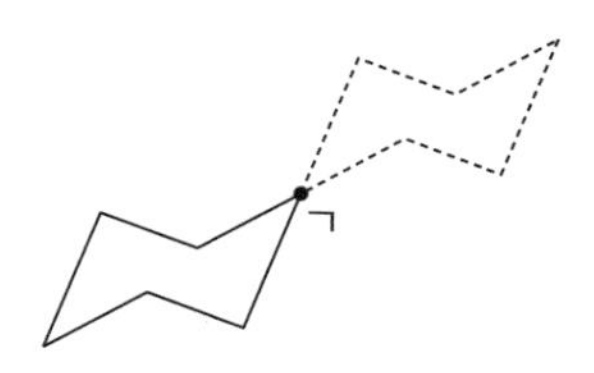

• 위와 같이 점 ㄱ을 중심으로 180° 돌리면 처음 도형과 완전히 겹쳐지지 않습니다. 따라서 어떤 점을 중심으로 180° 돌렸느냐에 따라 점대칭도형이 될 수도 있고, 아닐 수도 있으므로 대칭의 중심을 찾는 것이 중요합니다.

4 주어진 점을 중심으로 180° 돌린 그림을 그려 보시오.

가

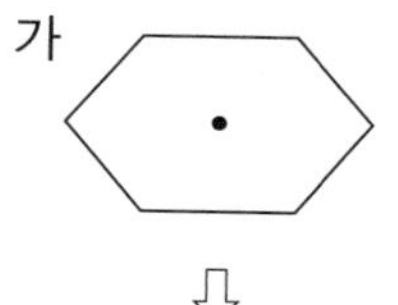

나

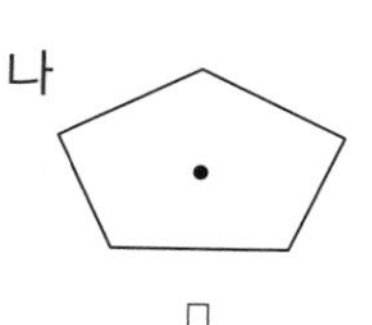

다

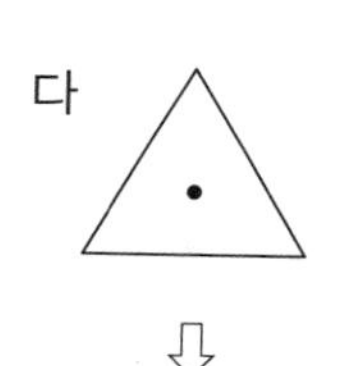

꿀팁

아무런 조건이 없으면 대칭의 중심으로 돌린 도형을 생각하여 점대칭도형임을 구별합니다.

5 점대칭도형을 모두 골라 기호를 쓰시오.

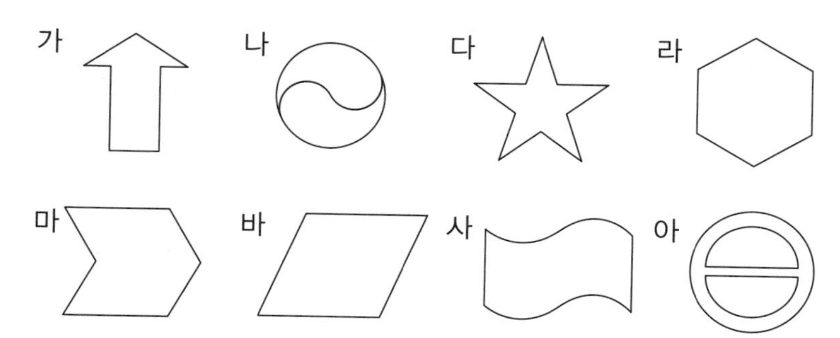

• 180° 돌린 도형은 위, 아래가 바뀌고, 오른쪽, 왼쪽의 위치가 바뀌므로 뒤집기로 그릴 때에는 처음 도형을 위(아래)로 뒤집은 다음 다시 오른쪽(왼쪽)으로 뒤집습니다.

180° 돌리기 ➡ 위 또는 아래로 뒤집고, 옆으로 뒤집기

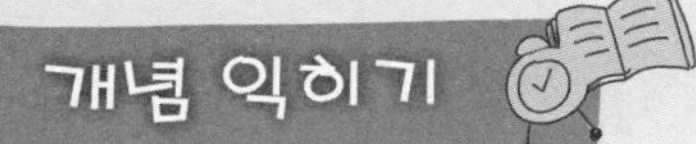

1 선대칭도형을 모두 골라 ○표 하시오.

2 도형을 보고 물음에 답하시오.

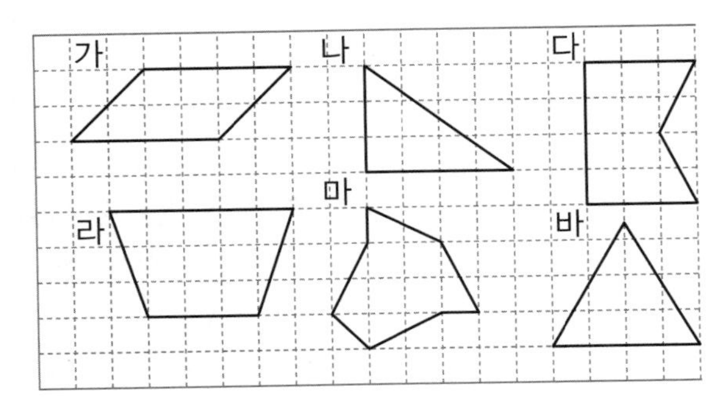

(1) 대칭축이 1개인 선대칭도형을 모두 찾아 기호를 쓰시오.

(2) 대칭축이 여러 개인 선대칭도형을 찾아 기호를 쓰시오.

3 선대칭도형을 찾아 대칭축을 그리고, 대칭축의 개수를 쓰시오.

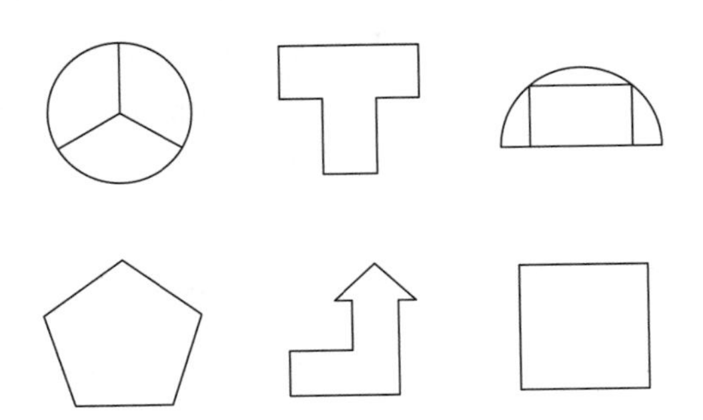

4 도형을 보고 선대칭도형은 '선', 점대칭도형은 '점', 둘 다에 해당하면 '모두'로 나타내시오.

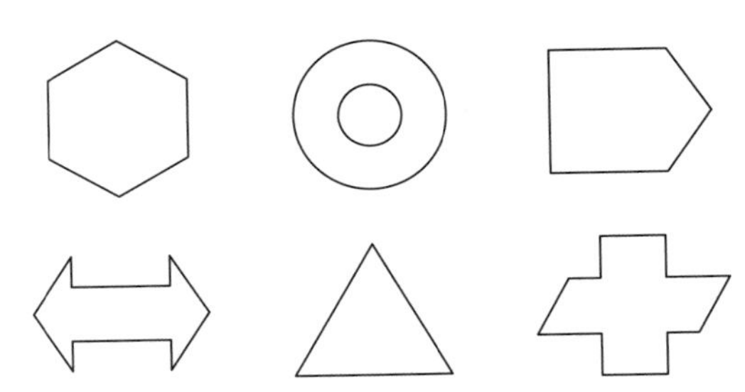

5 옳지 않은 것을 찾아 쓰고, 바르게 고치시오.

① 도형에 따라 대칭축은 여러 개일 수 있습니다.

② 정다각형의 대칭축은 꼭짓점의 개수와 같습니다.

③ 어떤 한 직선으로 접었을 때 완전히 겹쳐지는 도형을 선대칭도형이라고 합니다.

④ 도형을 꼭짓점을 중심으로 180° 돌렸을 때 처음 도형과 완전히 겹쳐지는 도형을 점대칭도형이라고 합니다.

⑤ 선대칭도형을 한 직선을 따라 접었을 때, 완전히 겹쳐지면 그 직선을 대칭축이라고 합니다.

6 알파벳을 보고 물음에 답하시오.

A E N O S

L Z T V X

(1) 선대칭도형인 알파벳을 모두 찾아 쓰고, 대칭축을 그어 보시오.

(2) 점대칭도형을 모두 찾아 쓰시오.

(3) 선대칭도형도 되고, 점대칭도형도 되는 것을 모두 찾아 쓰시오.

개념 넓히기

1 다음 선대칭도형에 대칭축을 모두 그려 보시오.

(1)
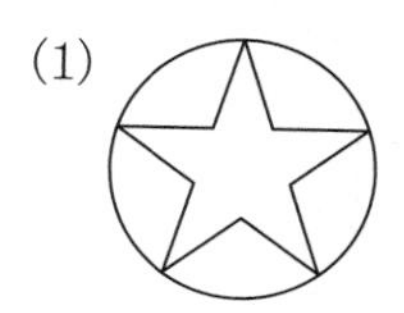

(2)
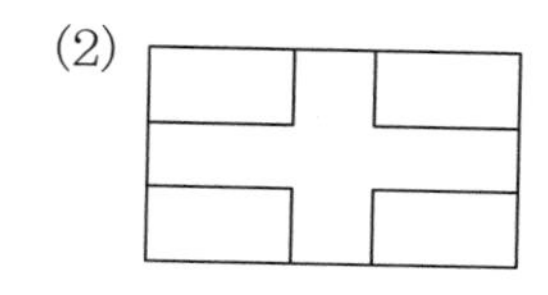

2 선대칭도형에서 대칭축을 모두 고르시오.

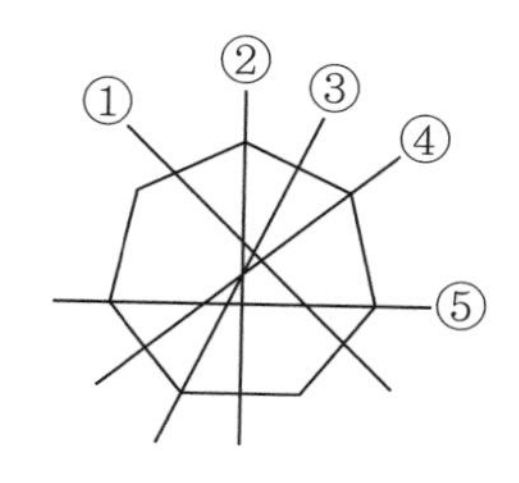

3 선대칭도형도 되고, 점대칭도형도 되는 도형을 모두 찾아 기호를 쓰시오.

㉠ 정삼각형	㉡ 정사각형	㉢ 사다리꼴
㉣ 직사각형	㉤ 마름모	㉥ 평행사변형
㉦ 정육각형	㉧ 원	

4 정사각형 모양 5개를 변끼리 이어 붙여 만든 도형 중에서 보기와 같이 선대칭도형도 되고, 점대칭도형도 되는 것을 찾아 그려 보시오.

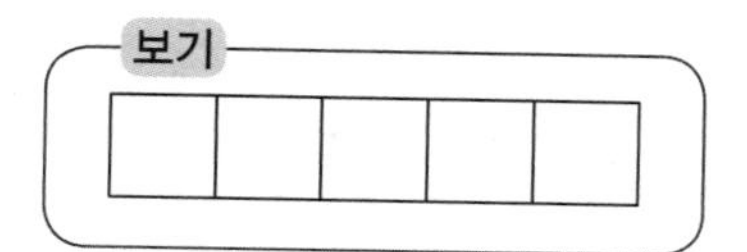

5 글자를 보고 물음에 답하시오.

ㄱ ㄷ ㄹ ㅁ ㅂ
ㅇ ㅈ ㅋ ㅍ ㅎ

(1) 선대칭도형을 찾아 대칭축을 모두 그려 보시오.

(2) 점대칭도형을 모두 고르시오.

(3) 보기와 같이 선대칭도형도 되고, 점대칭도형도 되는 우리말을 찾아 쓰시오.

6 숫자를 보고 물음에 답하시오.

0 1 2 3 4
5 6 7 8 9

(1) 선대칭도형 중에서 대칭축이 가로와 세로 모두 있는 것을 찾아 쓰시오.

(2) 점대칭도형을 모두 고르시오.

(3) 선대칭도형도 되고, 점대칭도형도 되는 것을 모두 고르시오.

(4) 보기와 같이 점대칭도형인 세 자리 수 중에서 200보다 크고 600보다 작은 수를 모두 찾아 쓰시오.

개념활동 31 선대칭도형의 성질

1 모눈 위에 그린 선대칭도형을 보고 물음에 답하시오.

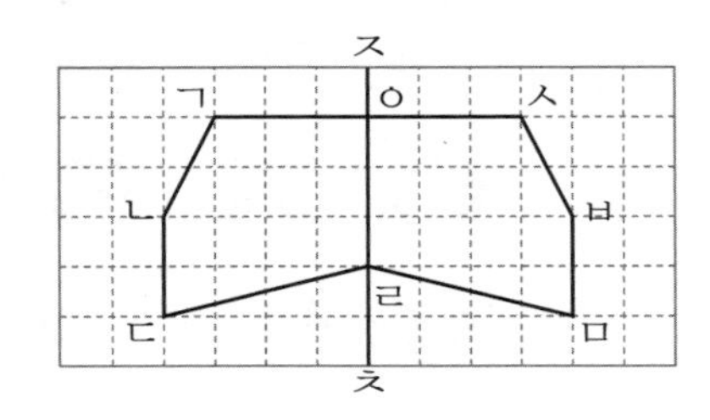

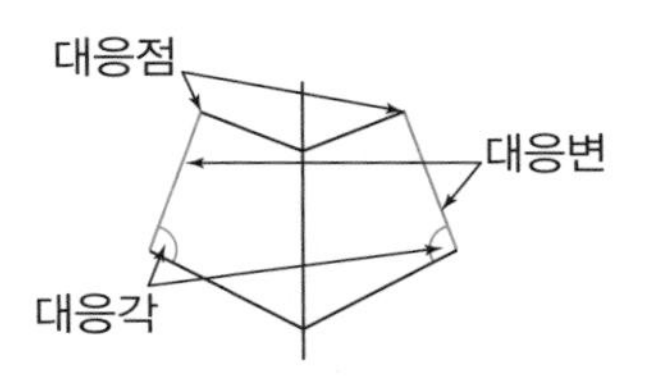

• 한 직선을 따라 접었을 때 완전히 겹쳐지는 점을 대응점, 겹쳐지는 변을 대응변, 겹쳐지는 각을 대응각이라고 합니다.

(1) 대칭축을 중심으로 양쪽에 있는 오각형은 합동입니까?

(2) 대칭축을 중심으로 접었을 때 겹쳐지는 점, 변, 각을 찾아 빈칸에 써넣으시오.

대응점		대응변		대응각	
점 ㄱ	점 ㅅ	변 ㄱㅇ	변 ㅅㅇ	각 ㅇㄱㄴ	각 ㅇㅅㅂ
점 ㄴ		변 ㄱㄴ		각 ㄱㄴㄷ	
점 ㄷ		변 ㄴㄷ		각 ㄴㄷㄹ	
		변 ㄷㄹ			

(3) 대응변의 길이와 대응각의 크기는 각각 같습니까? 같다면 그 이유를 설명하시오.

2 선대칭도형에서 대응점을 이은 선분과 대칭축 사이의 관계를 알아보려고 합니다. 물음에 답하시오.

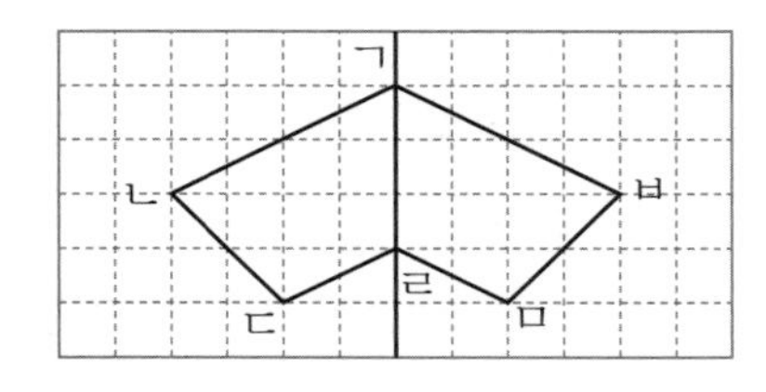

(1) 점 ㄴ과 점 ㄷ의 대응점을 찾아 각각 이어 보시오.

(2) 대칭축에서 점 ㄴ과 점 ㅂ까지의 거리는 같습니까?

(3) 대칭축에서 점 ㄷ과 점 ㅁ까지의 거리는 같습니까?

(4) 대응점을 이은 선분 ㄴㅂ, 선분 ㄷㅁ이 대칭축과 이루는 각의 크기는 각각 몇 도입니까?

• 선대칭도형의 성질

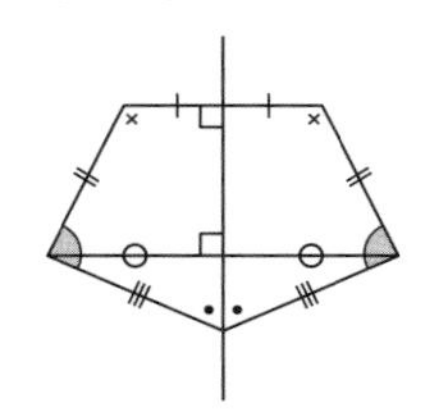

① 대응변의 길이와 대응각의 크기는 각각 같습니다.
② 대응점을 이은 선분은 대칭축과 수직으로 만납니다.
③ 대칭축은 대응점을 이은 선분을 이등분하므로 각각의 대응점에서 대칭축까지의 거리는 같습니다.

3 선분 ㄱㄴ을 대칭축으로 하는 선대칭도형입니다. □ 안에 알맞게 써넣으시오.

(1)

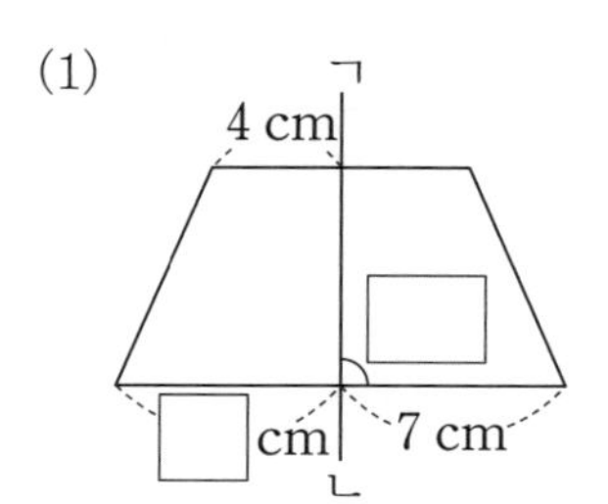

(2)

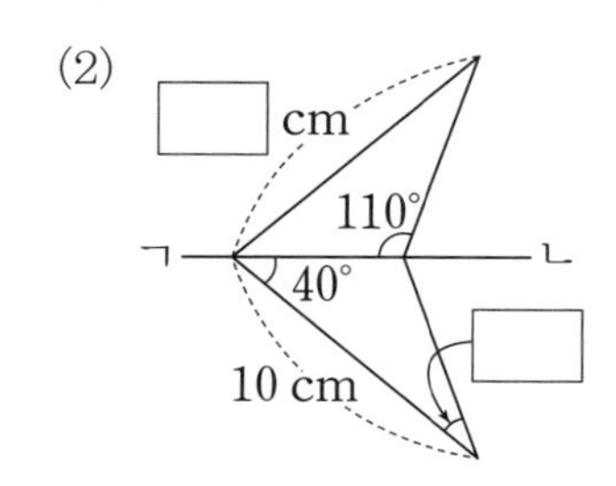

• 선대칭도형에서 대응변의 길이와 대응각의 크기는 각각 같습니다.

• 대칭축은 대응점을 이은 선분을 이등분합니다.

4 선대칭도형을 그리기 위해 점 ㄴ에서 대칭축 ㅂㅅ에 수선을 긋고, 대칭축과 만나는 점을 ㅇ이라 하였습니다. 물음에 답하시오.

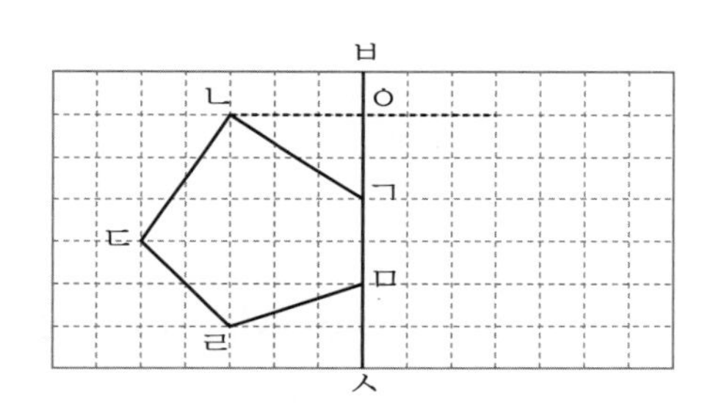

(1) 선분 ㄴㅇ과 선분 ㅇㅈ의 길이가 같도록 점 ㅈ을 찾아 표시하시오.

(2) 같은 방법으로 점 ㄷ, 점 ㄹ의 대응점을 찾아 각각 차례로 점 ㅊ, 점 ㅋ으로 표시하시오.`

(3) 점 ㄱ, 점 ㅈ, 점 ㅊ, 점 ㅋ, 점 ㅁ을 차례로 이어 선대칭도형을 완성하시오.

• 선대칭도형을 그리는 방법

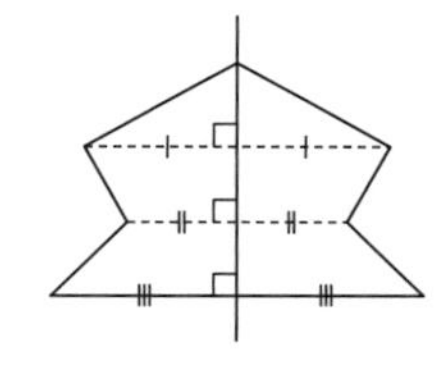

① 각 점에서 대칭축에 수선을 긋습니다.

② 각 점에서 대칭축까지의 거리가 같도록 수선 위에 각 점의 대응점을 찍습니다.

③ 대응점끼리 모두 이어 선대칭도형을 완성합니다.

5 선대칭도형을 완성하시오.

(1)

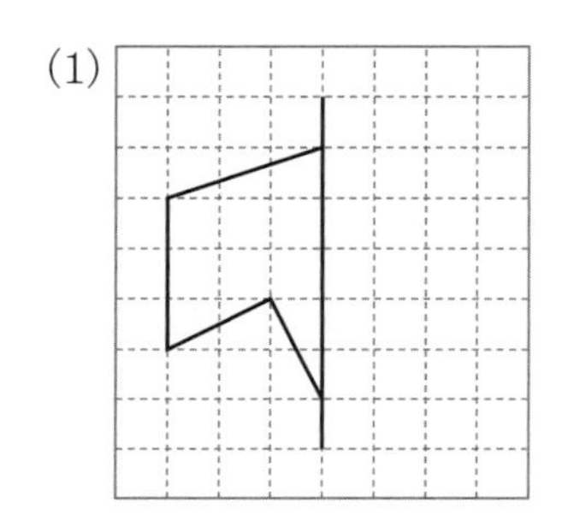

(2)

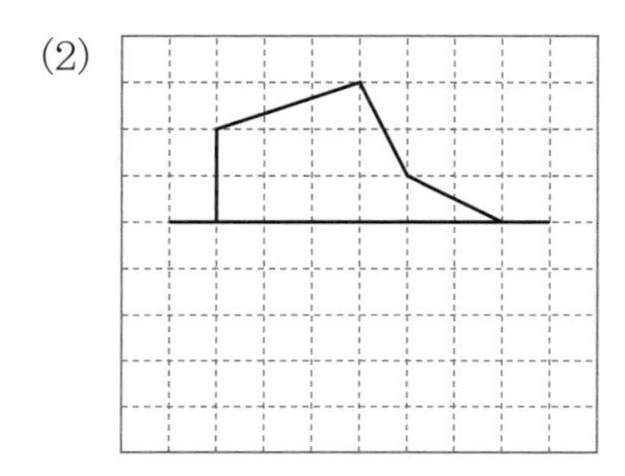

개념 익히기

1 선분 ㅈㅊ을 대칭축으로 하는 선대칭도형입니다. 물음에 답하시오.

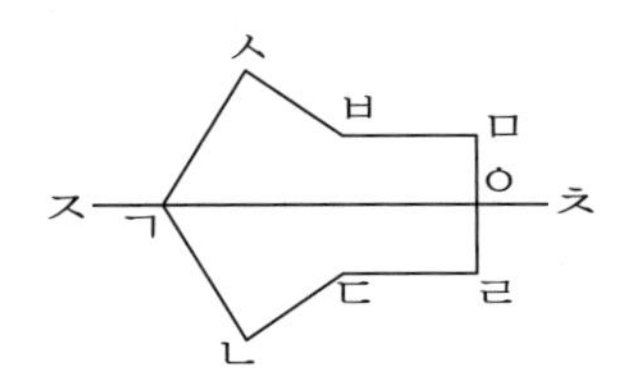

(1) 점 ㄷ의 대응점을 쓰시오.

(2) 변 ㅅㅂ의 대응변을 쓰시오.

(3) 각 ㄱㄴㄷ의 대응각을 쓰시오

2 선분 ㅅㅇ을 대칭축으로 하는 선대칭도형입니다. 물음에 답하시오.

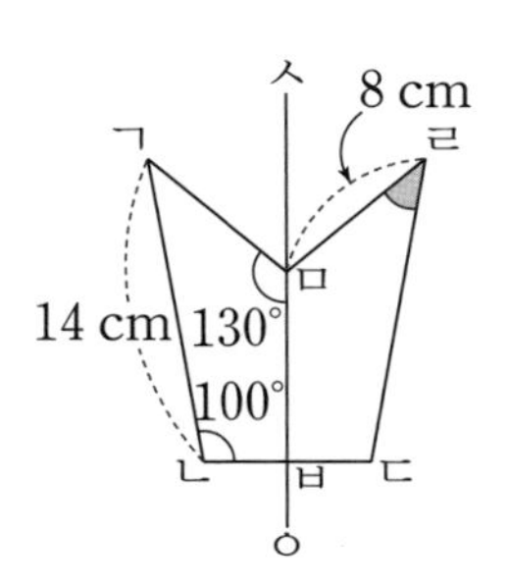

(1) 변 ㄱㅁ의 대응변의 길이는 몇 cm입니까?

(2) 각 ㄷㄹㅁ의 대응각을 쓰시오.

(3) 각 ㄴㅂㅁ의 크기는 몇 도입니까?

(4) 각 ㄷㄹㅁ의 크기는 몇 도입니까?

3 선분 ㅇㅈ을 대칭축으로 하는 선대칭도형입니다. ㉠의 크기를 구하시오.

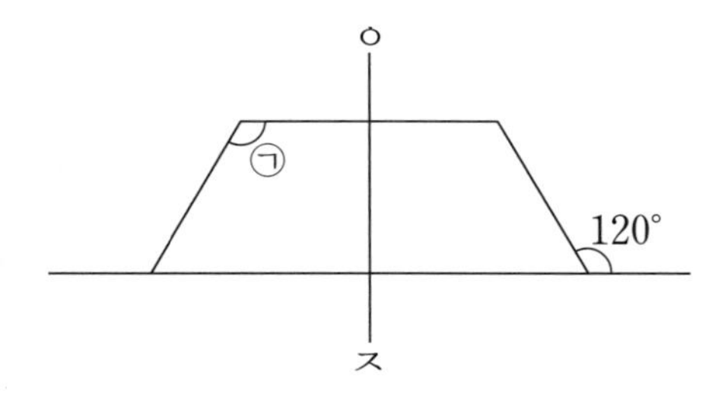

4 선대칭도형이 되도록 그림을 완성하시오.

(1)

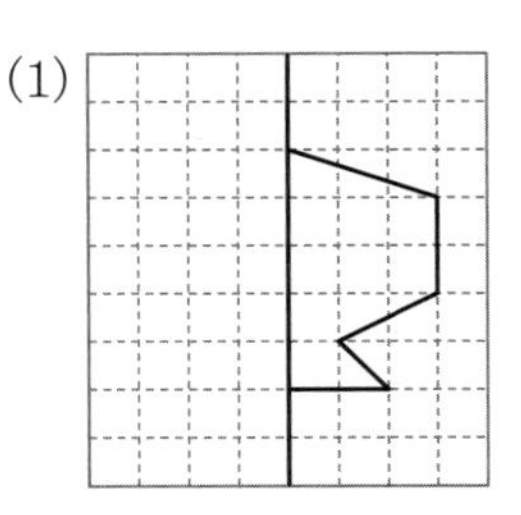

(2)

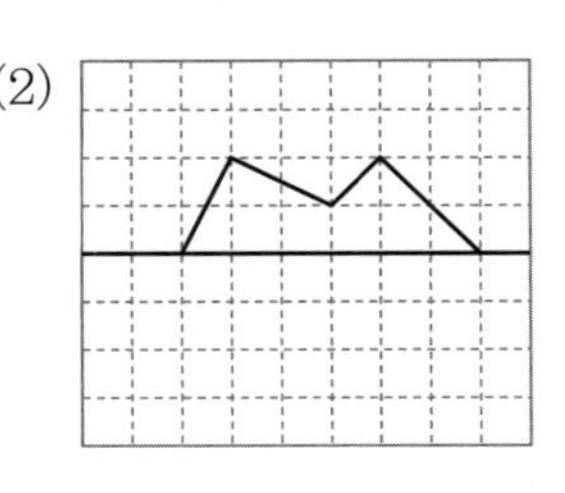

5 직사각형 모양의 종이를 반으로 접어 선을 따라 자른 후 펼쳤습니다. 펼친 그림을 그리고 도형의 둘레를 구하시오.

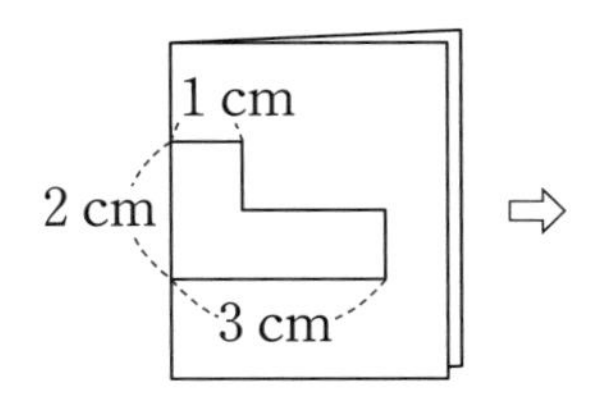

6 모눈 한 칸의 넓이가 1 cm^2일 때, 선대칭도형을 완성하고, 선대칭도형의 넓이를 구하시오.

(1)

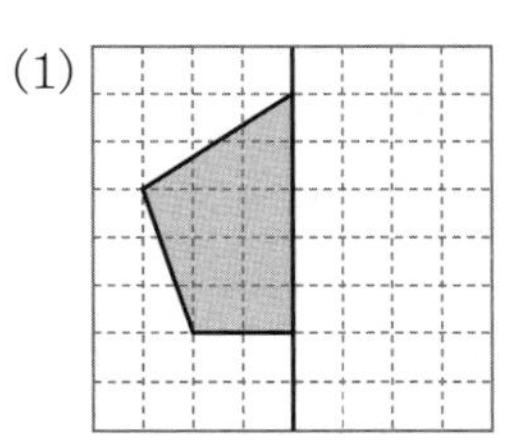

(2)

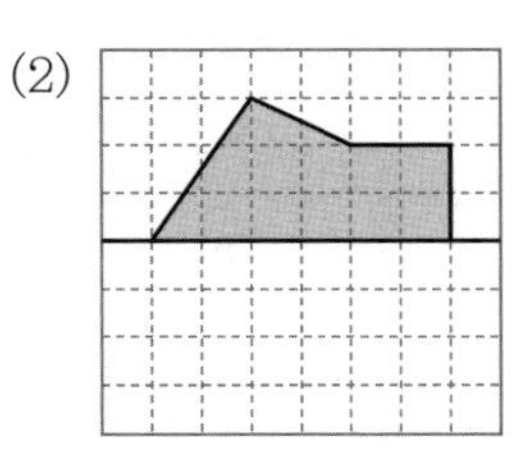

7 사각형 ㄱㄴㄷㄹ은 선대칭도형이고, 둘레는 36 cm입니다. 대칭축을 그리고 변 ㄱㄴ, 변 ㄴㄷ의 길이를 각각 구하시오.

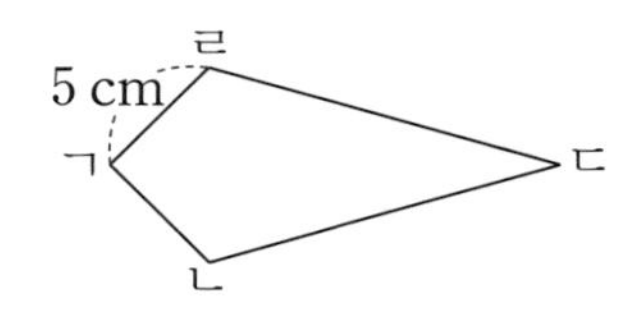

개념 넓히기

1 도형을 보고 물음에 답하시오.

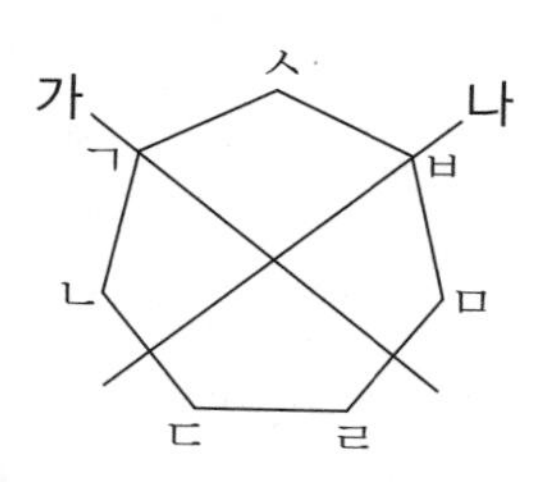

(1) 대칭축이 직선 가일 때, 점 ㄴ의 대응점은 어느 것입니까?

(2) 대칭축이 직선 나일 때, 각 ㄷㄹㅁ의 대응각은 어느 것입니까?

(3) 변 ㅂㅅ의 대응변이 변 ㄹㄷ일 때의 대칭축을 그려 보시오.

2 왼쪽의 종이를 선분 ㅂㄷ으로 접었을 때 육각형 ㄱㄴㄷㄹㅁㅂ은 선대칭도형입니다. 물음에 답하시오.

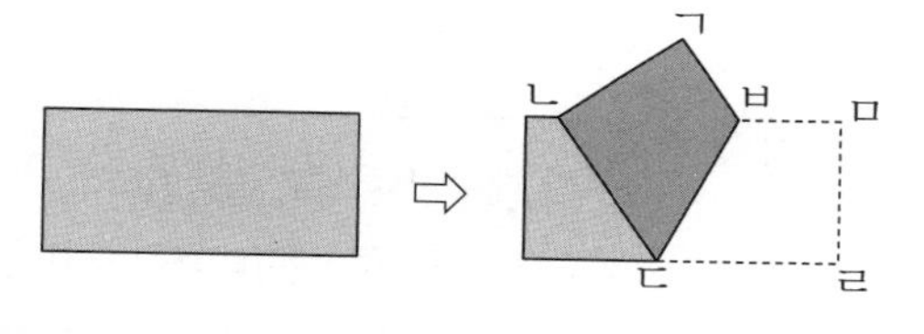

(1) 접은 모양을 그릴 때, 점 ㄱ과 점 ㄴ을 찍는 위치는 선대칭도형의 어떤 성질을 이용한 것입니까? 서술형

(2) 접은 모양을 그리기 위해 점 ㄱ과 점 ㄴ의 위치를 정하는 방법을 그림으로 그려 보시오.

(3) 도형을 선분 ㄱㄴ으로 접은 모양을 선대칭도형의 성질을 이용하여 그려 보시오.

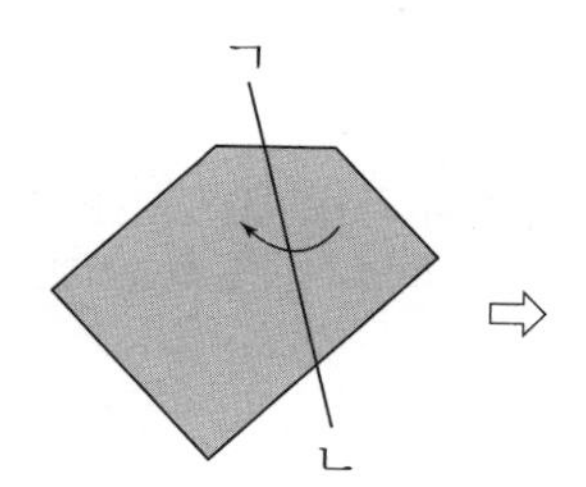

3 선대칭도형이 되도록 그림을 완성하시오.

(1)

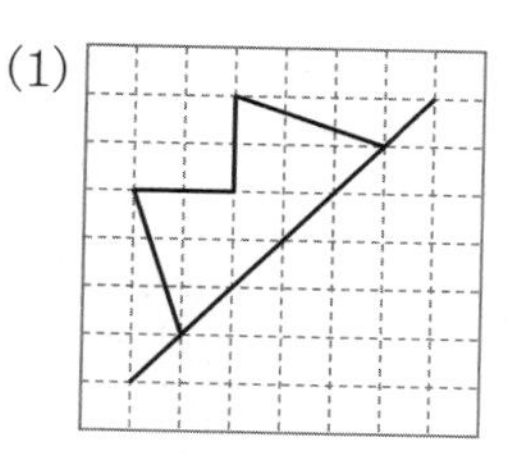

(2)

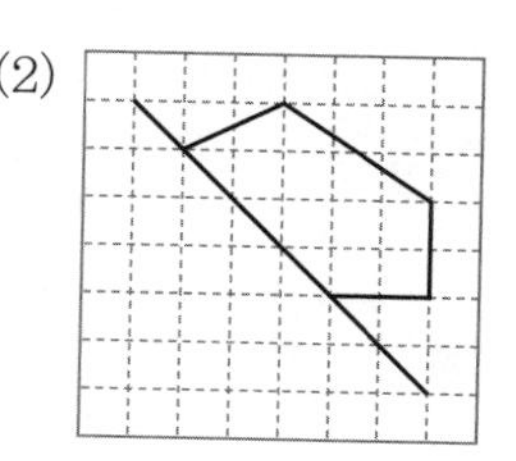

4 사다리꼴 ㄱㄴㄷㄹ이 있습니다. 물음에 답하시오.

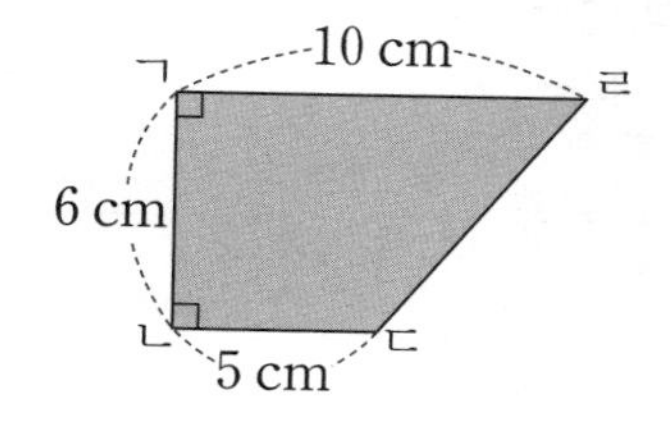

(1) 사다리꼴의 변 ㄷㄹ을 대칭축으로 하는 선대칭도형을 완성하시오

(2) 완성된 선대칭도형의 넓이를 구하시오.

5 이등변삼각형의 넓이를 구하려고 합니다. 다음에 답하시오.

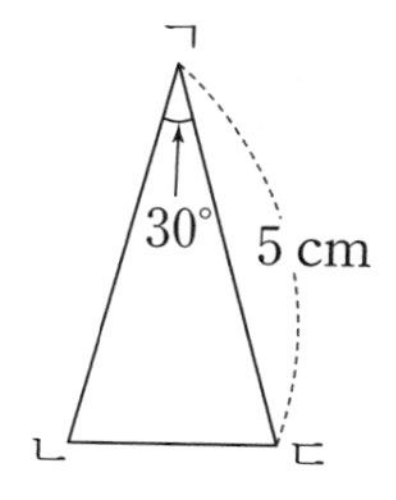

(1) 변 ㄱㄴ을 대칭축으로 하고 점 ㄷ의 대응점을 점 ㄹ이라고 하여 선대칭도형을 완성하시오.

(2) 선분 ㄷㄹ을 그었을 때, 삼각형 ㄱㄹㄷ은 어떤 삼각형입니까?

(3) 변 ㄷㄹ의 길이를 구하시오

개념활동 32 점대칭도형의 성질

1 평행사변형 ㄱㄴㄷㄹ은 점대칭도형입니다. 물음에 답하시오.

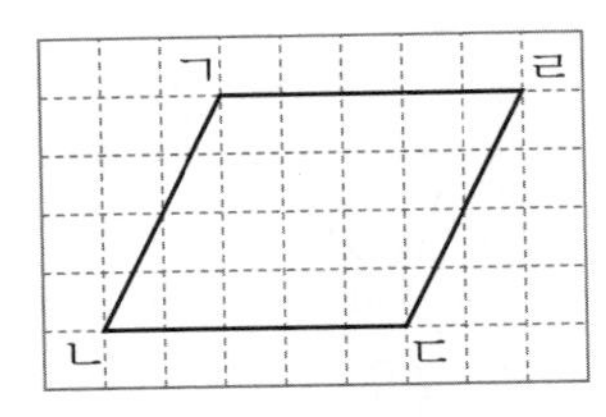

(1) 점대칭도형 ㄱㄴㄷㄹ을 180° 돌렸을 때 겹쳐지는 점, 변, 각을 찾아 빈칸에 써넣으시오.

대응점		대응변		대응각	
점 ㄱ	점 ㄷ	변 ㄱㄴ	변 ㄷㄹ	각 ㄱㄴㄷ	각 ㄷㄹㄱ
점 ㄴ		변 ㄴㄷ		각 ㄴㄷㄹ	
점 ㄷ		변 ㄷㄹ		각 ㄷㄹㄱ	
점 ㄹ		변 ㄹㄱ		각 ㄹㄱㄴ	

(2) 변 ㄱㄴ과 변 ㄴㄷ의 대응변은 어느 것입니까? 대응변의 길이는 같습니까?

(3) 각 ㄱㄴㄷ과 각 ㄹㄱㄴ의 대응각은 어느 것입니까? 대응각의 크기는 같습니까?

(4) 위의 점대칭도형에서 대응점을 각각 잇고, 대칭의 중심을 찾아 점 ㅇ으로 표시하시오.

(5) 선분 ㄱㅇ과 선분 ㄷㅇ의 길이는 같습니까? 선분 ㄴㅇ과 선분 ㄹㅇ의 길이는 같습니까?

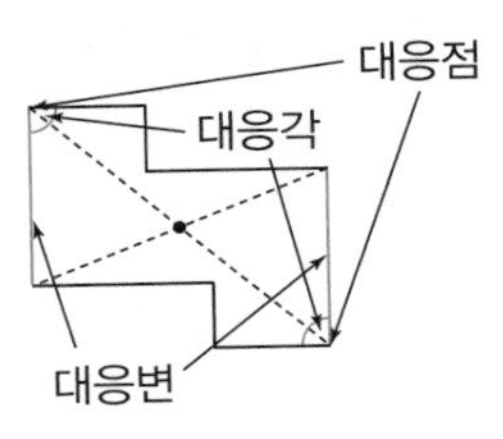

• 어떤 도형을 180° 돌렸을 때 완전히 겹쳐지는 점, 변, 각을 각각 대응점, 대응변, 대응각이라고 합니다.

• 점대칭도형의 성질

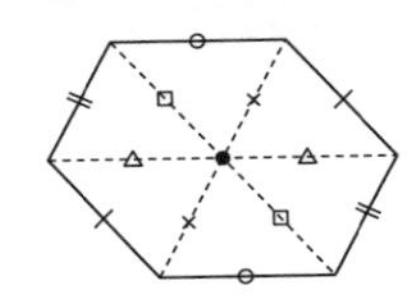

① 대응변의 길이와 대응각의 크기는 각각 같습니다.
② 대응변은 서로 평행합니다.
③ 대칭의 중심은 대응점을 이은 선분을 이등분하므로 각각의 대응점에서 대칭의 중심까지의 거리는 같습니다.

2 점대칭도형의 각 대응점을 점선으로 이어 대칭의 중심을 찾으려고 합니다. 물음에 답하시오.

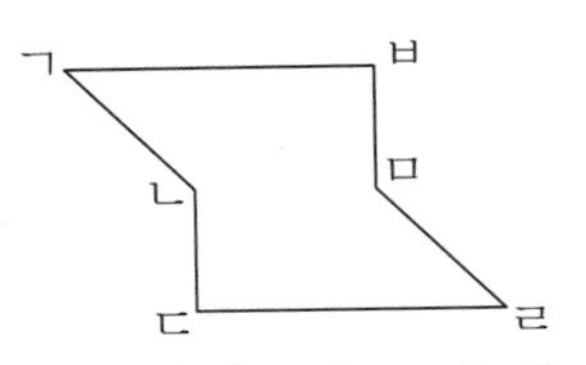

(1) 도형을 180° 돌리면 점 ㄱ은 어느 점과 겹치게 됩니까? 점 ㄱ의 대응점을 찾아 선으로 이어 보시오

(2) 점 ㄴ, 점 ㄷ의 대응점을 찾아 서로 이은 세 선분이 만난 점이 대칭의 중심입니다. 대칭의 중심을 찾아 표시하시오.

점대칭도형을 180° 돌렸을 때, 점 ㄱ은 점 ㄹ과 겹쳐지므로 ㄱ의 대응점은 점 ㄹ입니다. 점 ㄴ의 대응점은 점 ㅁ입니다.

대칭의 중심은 각 대응점을 연결한 선분이 만난 점이므로 먼저 180° 돌렸을 때 겹쳐지는 각 점을 찾아야 합니다.

3 점 ㅇ을 대칭의 중심으로 하는 점대칭도형을 완성하려고 합니다. 물음에 답하시오.

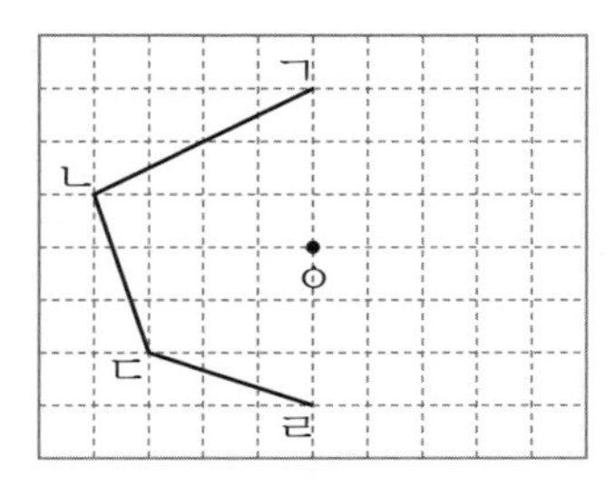

(1) 점대칭도형을 그릴 때는 점대칭도형의 어떤 성질을 이용해야 합니까?

(2) 점 ㄴ에서 대칭의 중심 ㅇ을 지나는 직선을 긋고, 선분 ㄴㅇ과 길이가 같게 되도록 점 ㅁ으로 표시하시오.

(3) 이와 같은 방법으로 점 ㄷ의 대응점을 찾아 점 ㅂ으로 표시하고 점 ㄱ, 점 ㅂ, 점 ㅁ, 점 ㄹ을 차례로 이어 점대칭도형을 완성하시오.

• 점대칭도형 그리는 방법

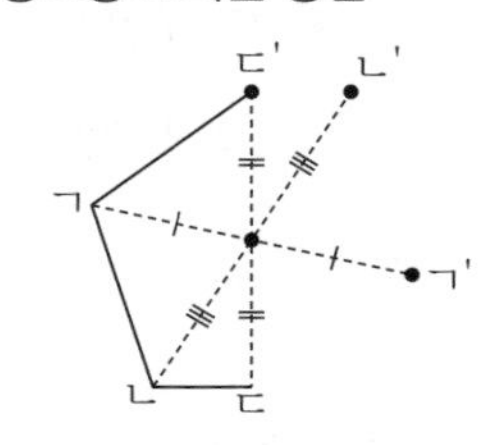

① 각 점에서 대칭의 중심을 지나는 직선을 긋습니다.
② 각 점에서 대칭의 중심까지의 거리가 같도록 직선 위에 각 점의 대응점을 찍습니다.
③ 대응점끼리 모두 이어 점대칭도형을 완성합니다.

4 주어진 점을 대칭의 중심으로 하는 점대칭도형이 되도록 나머지 부분을 완성하시오.

(1)

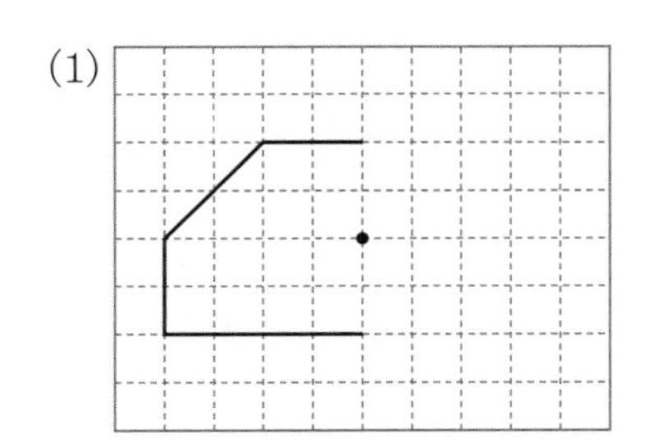

(2)

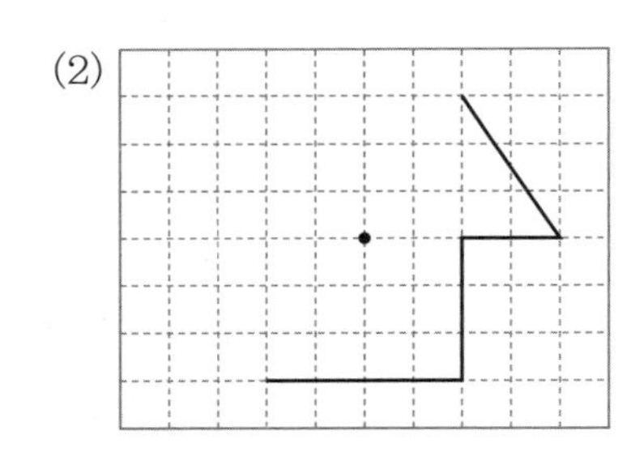

5 점 ㄱ의 대응점이 점 ㄱ′일 때, 물음에 답하시오.

ㄱ
ㄴ
ㄷ
ㄱ′

(1) 점 ㄱ과 점 ㄱ′을 이어서 이등분하는 점을 점 ㅇ으로 표시하시오.

(2) 점 ㄴ에서 점 ㅇ을 잇는 직선을 긋고, 변 ㄴㅇ과 변 ㄴ′ㅇ의 길이가 같도록 점 ㄴ′을 찍으시오.

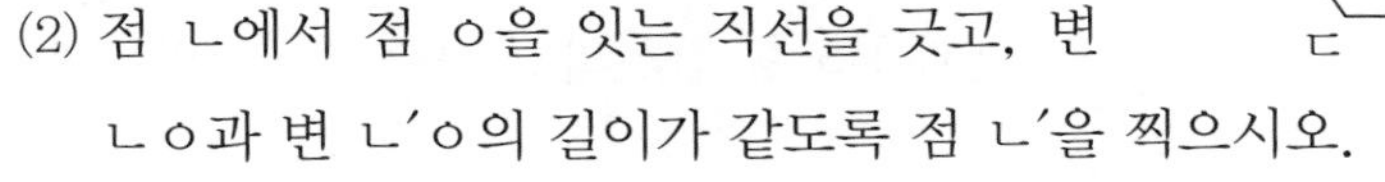

(3) 같은 방법으로 점 ㄷ의 대응점인 점 ㄷ′을 찾아 점대칭도형을 완성하시오.

점대칭도형을 그릴 때 가장 먼저 해야 할 일은 대칭의 중심에서 대응점을 연결하여 길이가 같은 점을 찾는 것입니다.

점 ㄱ의 대응점을 점 ㄱ′, 점 ㄴ의 대응점을 점 ㄴ′…과 같이 나타낼 경우 같은 기호를 찾으면 되므로 쉽게 알 수 있어 혼동되지 않습니다.

개념 익히기

1 종이로 다음과 같은 평행사변형을 그려서 오린 다음 점 ㄹ을 중심으로 180° 돌려 보고 물음에 답하시오.

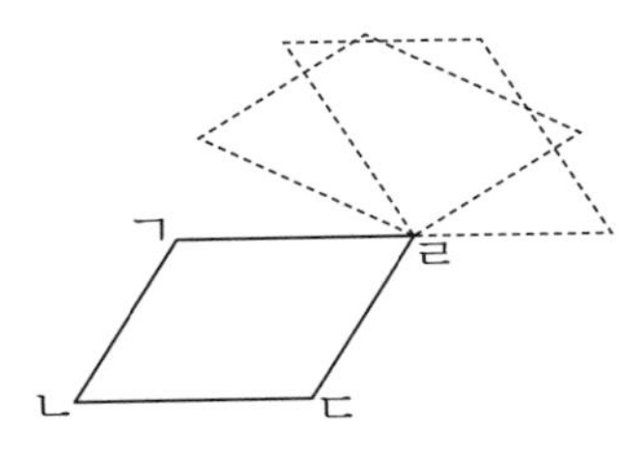

(1) 180° 돌린 그림을 그려 보시오. 점 ㄹ은 대칭의 중심입니까? 아니라면 이유를 설명하시오. 서술형

(2) 평행사변형 ㄱㄴㄷㄹ의 대칭의 중심을 찾아 점 ㅇ을 표시하시오.

2 점 ㅇ을 대칭의 중심으로 하는 점대칭도형입니다. 물음에 답하시오.

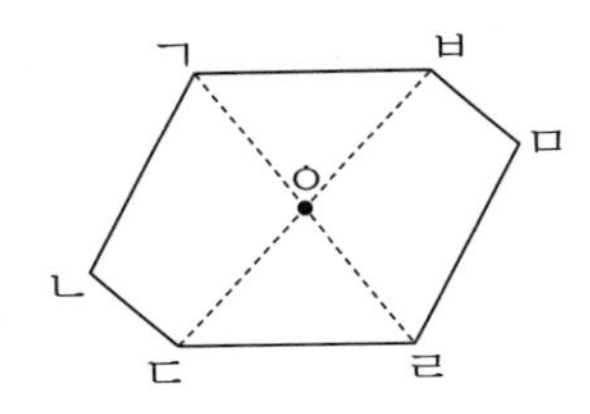

(1) 점 ㄴ의 대응점은 어느 것입니까?

(2) 변 ㄴㄷ의 대응변은 어느 것입니까?

(3) 각 ㄷㄹㅁ의 대응각은 어느 것입니까?

3 점대칭도형의 대응점을 점선으로 이어 대칭의 중심을 찾아 표시하시오.

(1)

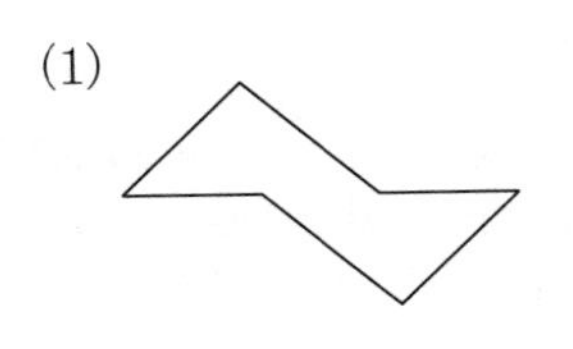

(2)

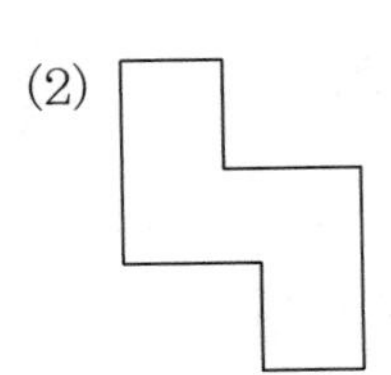

4 점대칭도형입니다. 물음에 답하시오.

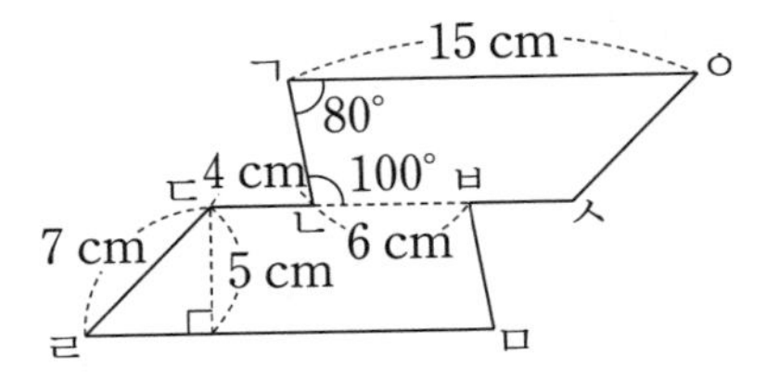

(1) 대칭의 중심을 찾아 점 ㅈ으로 표시하시오.

(2) 변 ㅇㅅ, 선분 ㄴㅅ의 길이는 각각 몇 cm입니까?

(3) 각 ㅂㅁㄹ의 크기는 몇 도입니까?

(4) 점대칭도형의 넓이를 구하시오.

5 점대칭도형이 되도록 그림을 완성하시오.

(1)

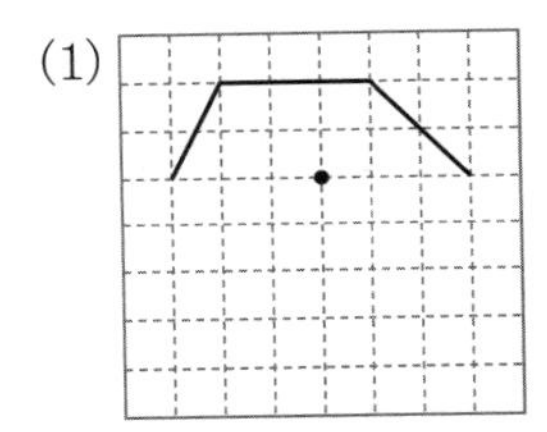

(2)

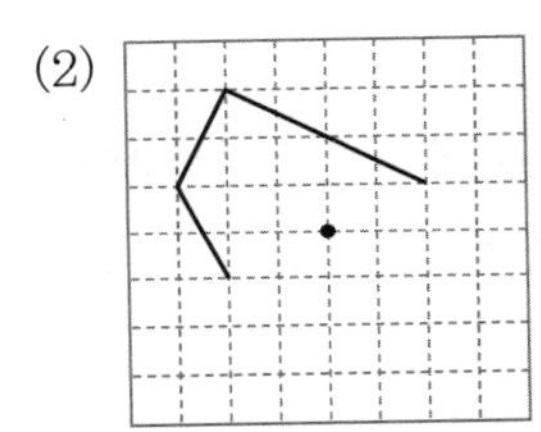

6 점 ㅇ이 대칭의 중심인 점대칭도형입니다. 물음에 답하시오.

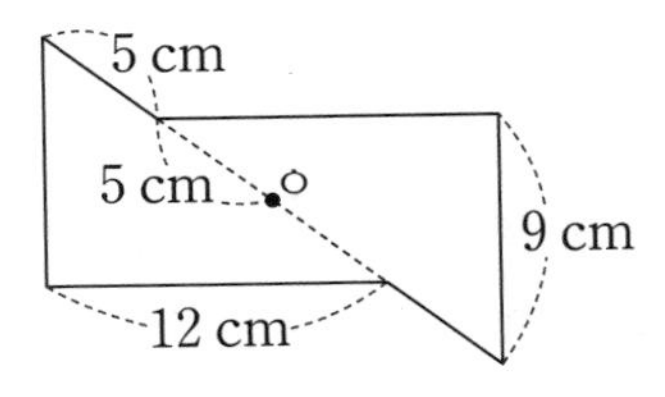

(1) 각 변의 길이를 도형에 표시하시오.

(2) 점대칭도형 전체의 둘레는 몇 cm입니까?

개념 넓히기

1 옳은 것을 모두 고르시오.

① 선대칭도형에서는 대칭축이 대응점을 이은 선분을 수직으로 이등분합니다.

② 점대칭도형에서 각 대응점은 대칭의 중심까지의 이르는 거리는 같고, 같은 방향입니다.

③ 점대칭도형에서 대응점을 이은 선분은 대칭의 중심에 의해 이등분됩니다.

④ 대칭의 중심은 도형에 따라 여러 개일 수 있습니다.

⑤ 점대칭도형에서 대응변은 서로 평행합니다.

2 점대칭도형에서 대응점, 대응변, 대응각을 쓰시오.

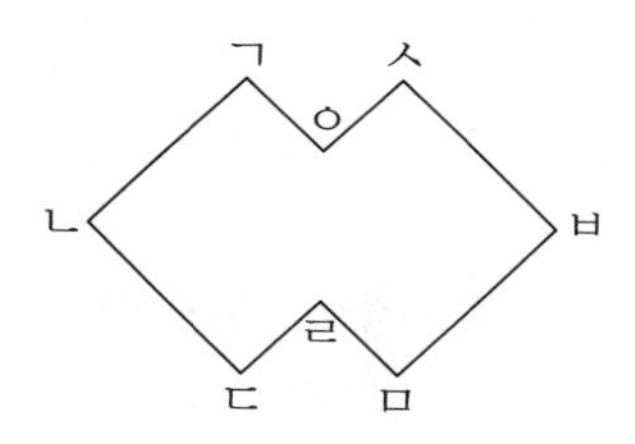

(1) 점 ㅁ의 대응점

(2) 변 ㄴㄷ의 대응변

(3) 각 ㄴㄷㄹ의 대응각

3 점대칭도형에서 사각형 ㄴㄷㄹㅁ의 둘레를 구하시오.

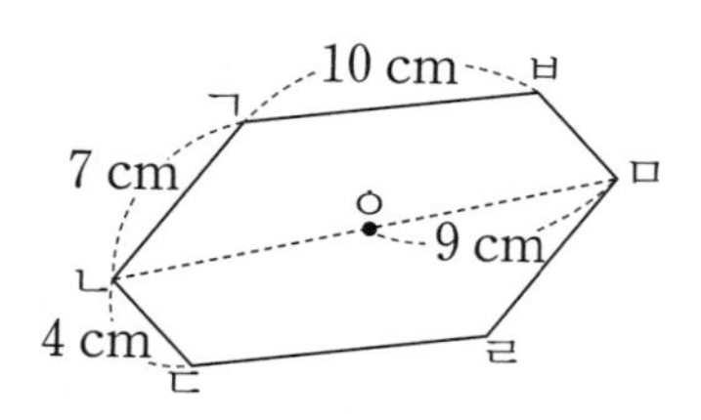

4 모눈 한 칸의 넓이가 1 cm^2일 때 점대칭도형을 완성하고, 점대칭도형의 넓이를 구하시오.

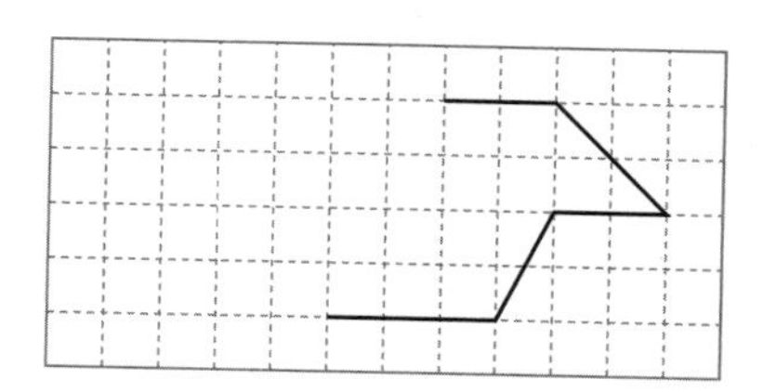

5 점 ㅇ이 대칭의 중심인 점대칭도형의 일부분입니다. 점대칭도형을 완성하고 둘레를 구하시오.

(1)

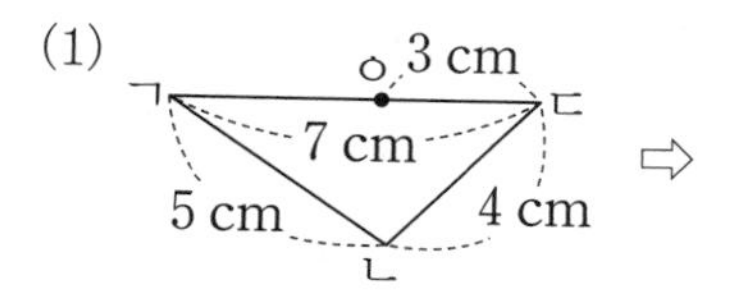

(2)

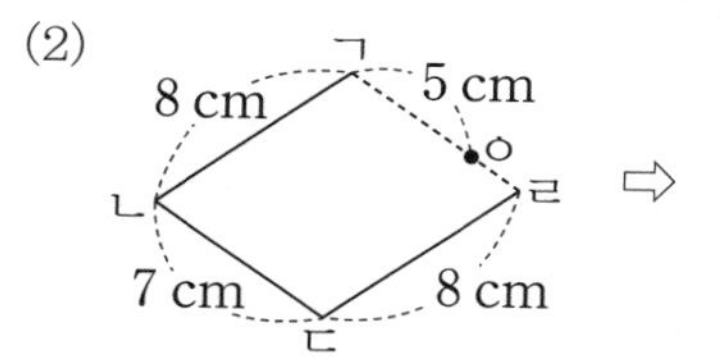

6 원 위에 세 점 ㄱ, ㄴ, ㄷ이 있습니다. 물음에 답하시오.

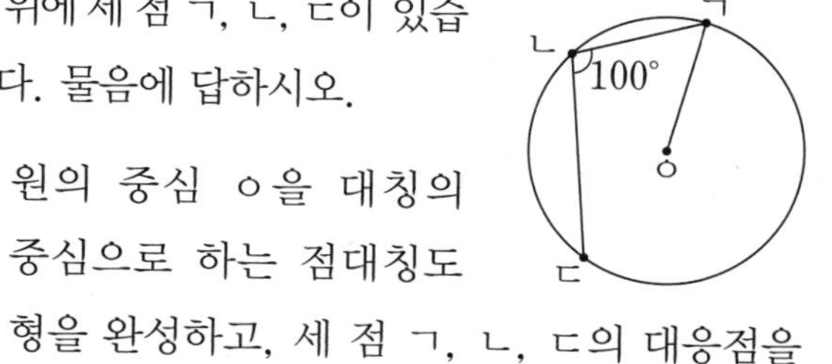

(1) 원의 중심 ㅇ을 대칭의 중심으로 하는 점대칭도형을 완성하고, 세 점 ㄱ, ㄴ, ㄷ의 대응점을 각각 ㄹ, ㅁ, ㅂ으로 표시하시오.

(2) 변 ㄱㄴ의 길이가 반지름과 같을 때, 삼각형 ㄱㄴㅇ은 어떤 삼각형입니까?

(3) 각 ㅂㅁㅇ의 크기는 몇 도입니까?

개념활동 33 직육면체와 정육면체, 겨냥도

1 여러 가지 네모 상자를 보고 물음에 답하시오.

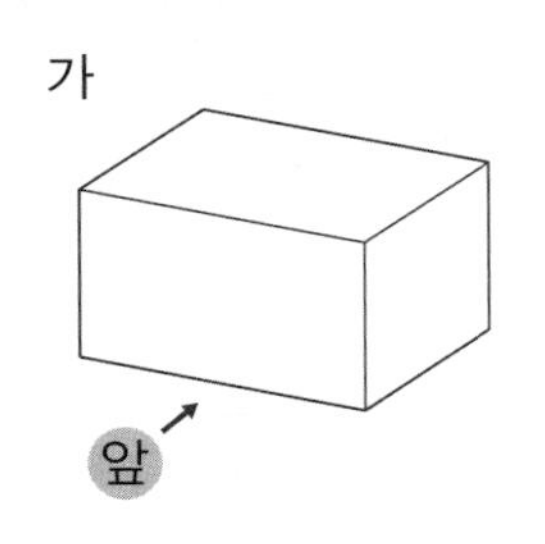

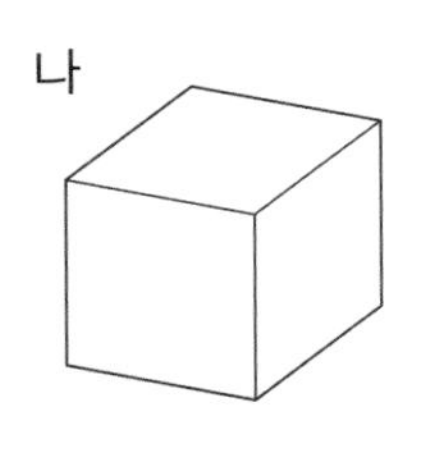

(1) 네모 상자 **가**를 앞에서 본 부분을 색칠해 보시오. 색칠한 부분은 선분으로 둘러싸여 있습니까? 어떤 모양입니까?

(2) 네모 상자 **가**와 **나**에서 보이는 면은 각각 몇 개입니까? 보이는 면을 모두 찾아 ◯표 하시오.

(3) 오른쪽과 같이 면과 면이 만나면 선이 생깁니다. 네모 상자 모양에서 보이는 선을 모두 찾아 ——— 으로 표시하시오. 선은 모두 몇 개입니까?

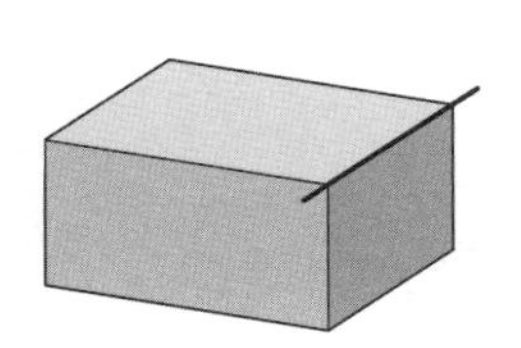

(4) 오른쪽과 같이 선과 선이 만나면 점이 생깁니다. 네모 상자에서 보이는 점을 모두 찾아 • 으로 표시하시오. 점은 모두 몇 개입니까?

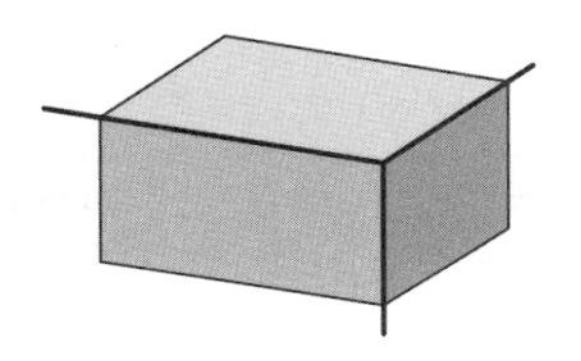

(5) **나** 도형의 모든 면은 어떤 모양입니까? **가** 도형과 **나** 도형의 차이를 설명해 보시오.

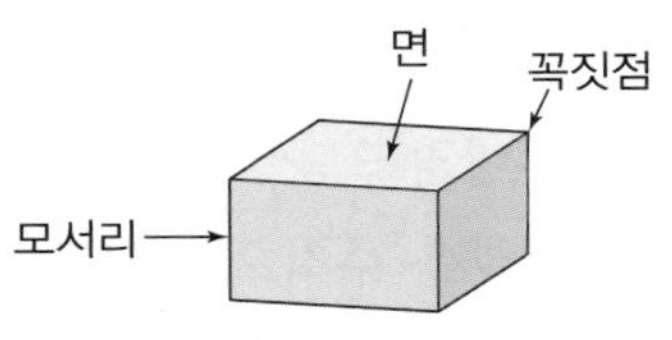

• 그림과 같은 네모 상자 모양에서 선분으로 둘러싸인 부분을 면이라 하고, 면과 면이 만나는 선분을 모서리라고 합니다. 또 모서리와 모서리가 만나는 점을 꼭짓점이라고 합니다.
위의 그림과 같이 직사각형 모양의 면 6개로 둘러싸인 도형을 직육면체라고 합니다.

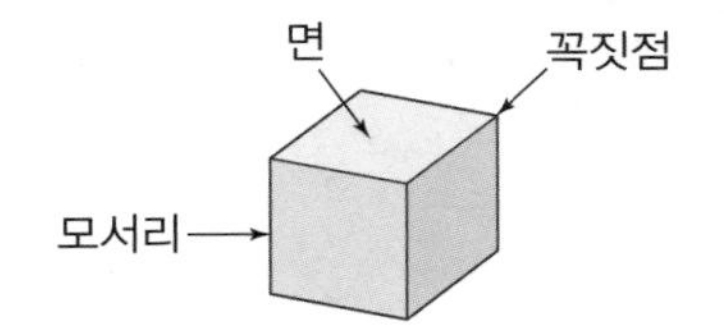

• 정사각형 모양의 면 6개로 둘러싸인 도형을 정육면체라고 합니다.

2 직육면체와 정육면체를 보고 표를 완성하시오.

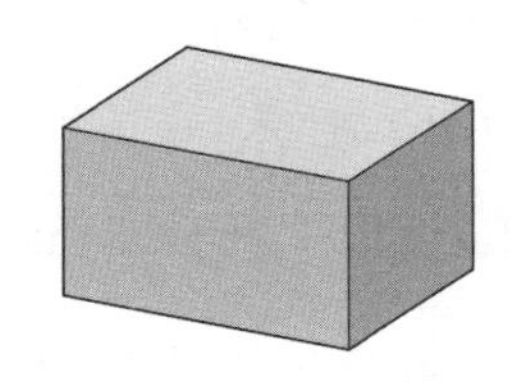

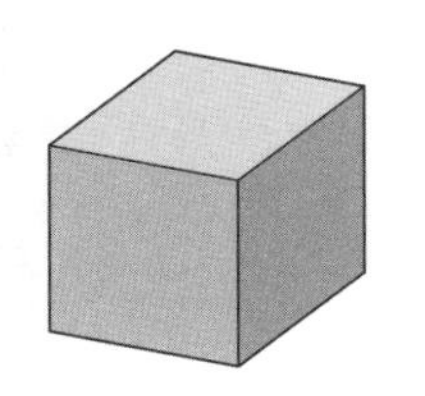

	직육면체	정육면체
면의 수		
모서리의 수		
꼭짓점의 수		

면, 모서리, 꼭짓점 각각의 수를 셀 때에는 보이는 것뿐만 아니라 보이지 않는 것도 모두 세어야 합니다.

3 직육면체와 정육면체의 모양을 잘 알 수 있도록 그림을 그리려고 합니다. 물음에 답하시오.

(1) 보이는 모서리를 실선으로 그려 보시오. 보이는 모서리는 각각 몇 개입니까?

(2) 보이지 않는 모서리를 점선으로 그려 보시오. 보이지 않는 모서리는 각각 몇 개입니까?

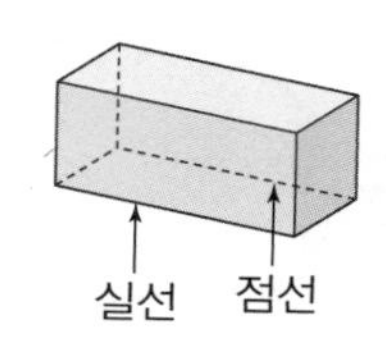

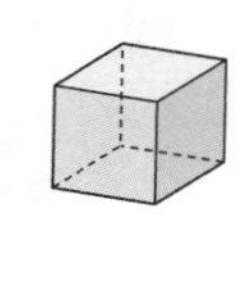

• 직육면체의 모양을 잘 알 수 있도록 하기 위하여 보이는 모서리는 실선으로, 보이지 않는 모서리는 점선으로 그린 그림을 직육면체의 겨냥도라고 합니다.

4 여러 가지 직육면체의 겨냥도를 그린 것입니다. 빠진 부분을 그려 넣어 겨냥도를 완성하시오.

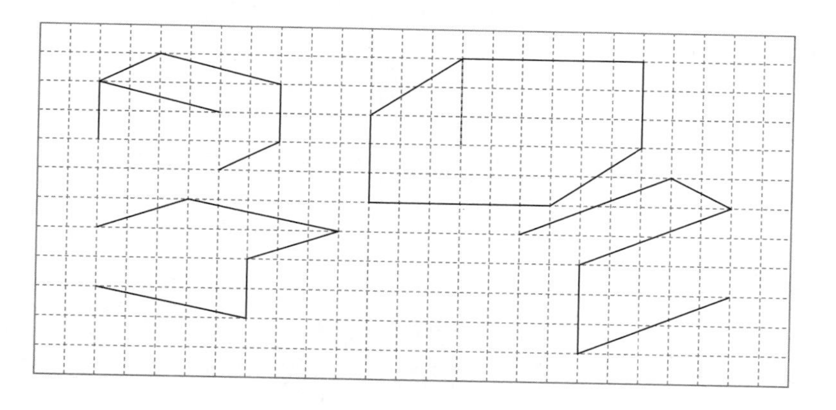

겨냥도를 그릴 때의 주의점

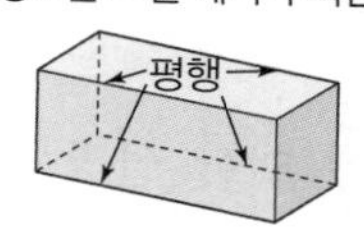

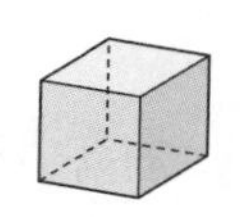

직육면체의 겨냥도를 그릴 때는 마주 보는 모서리끼리 평행하고 길이가 같도록 그려야 합니다. 특히 정육면체를 그릴 때는 직육면체와 구별이 되도록 모서리의 길이가 같아 보이게 그리는 것에 주의합니다.

5 직육면체와 정육면체의 겨냥도를 그리려고 합니다. 빠진 부분을 그려 넣어 겨냥도를 완성하시오.

(1)

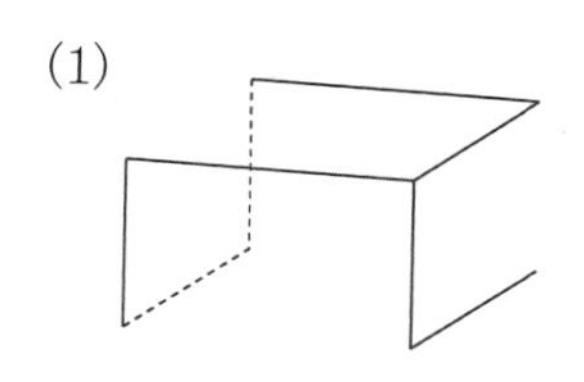

(2)

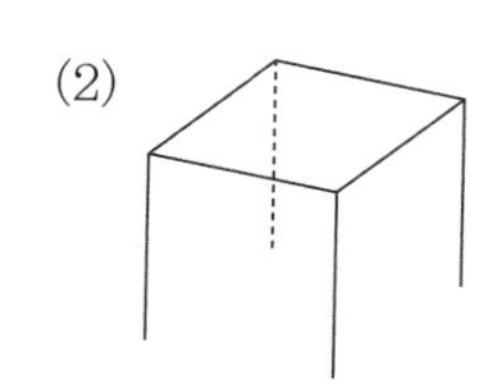

개념 익히기

1 직육면체에 ○표, 정육면체에 △표 하시오.

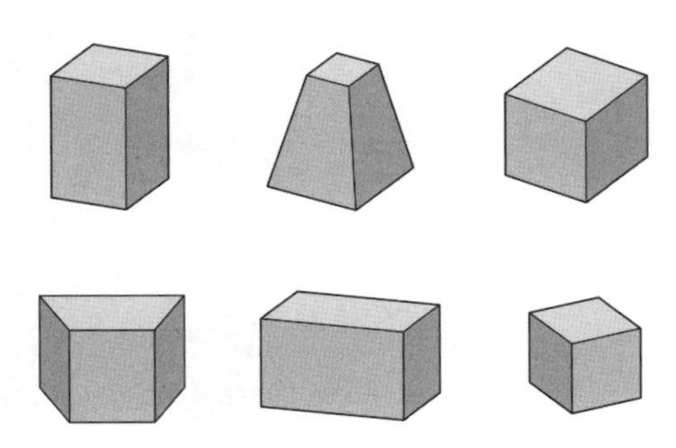

2 직육면체를 보고 □ 안에 알맞은 말을 써넣으시오.

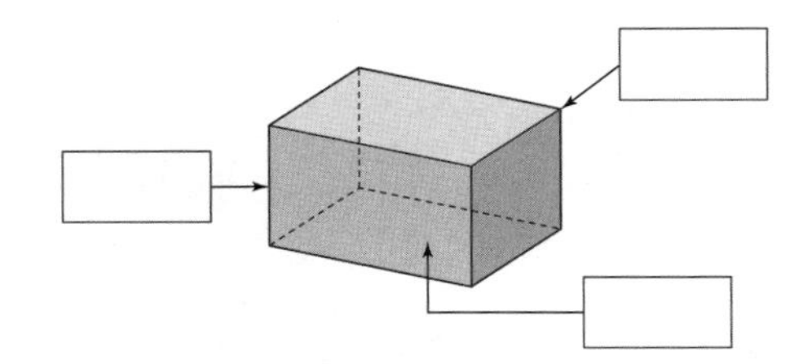

3 직육면체에 대한 설명으로 옳지 않은 것은 어느 것입니까?

① 꼭짓점은 8개입니다.
② 모서리는 12개입니다.
③ 서로 평행한 면이 3쌍 있습니다.
④ 모든 모서리의 길이가 같습니다.
⑤ 위, 앞, 옆 어느 쪽에서 보아도 직사각형 모양입니다.

4 □ 안에 알맞은 수를 써넣으시오.

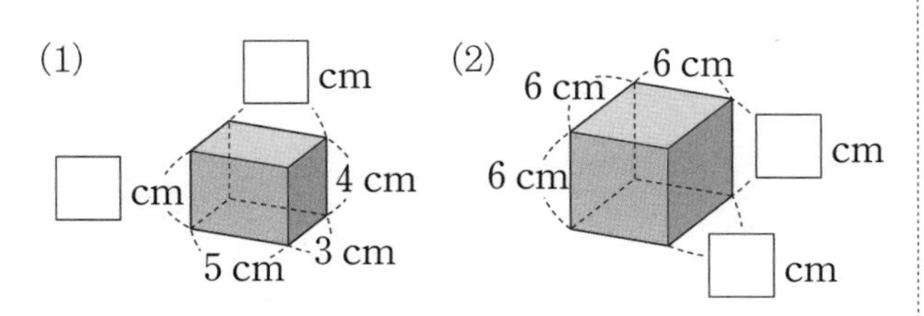

5 직육면체의 겨냥도를 그리는 방법에 대하여 바르게 설명한 것은 어느 것입니까?

① 모서리는 모두 실선으로 그립니다.
② 보이지 않는 모서리는 점선으로 그립니다.
③ 마주 보는 면은 서로 수직이 되게 그립니다.
④ 마주 보는 모서리의 길이는 다르게 그립니다.
⑤ 보이지 않는 모서리를 모두 4개 그립니다.

6 오른쪽 정육면체를 보고 물음에 답하시오.

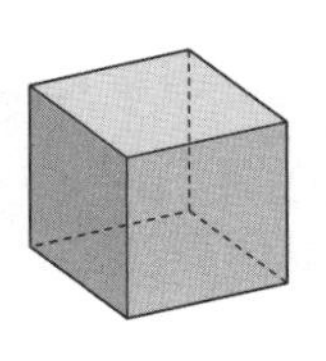

(1) 보이는 모서리는 몇 개입니까?
(2) 보이지 않는 모서리는 몇 개입니까?
(3) 보이는 면은 몇 개입니까?
(4) 보이지 않는 면은 몇 개입니까?

7 직육면체와 정육면체의 모든 모서리의 길이의 합을 각각 구하시오.

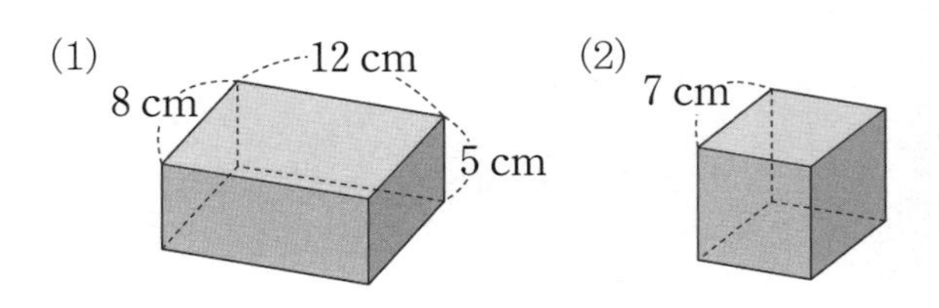

8 직육면체의 겨냥도를 완성하시오.

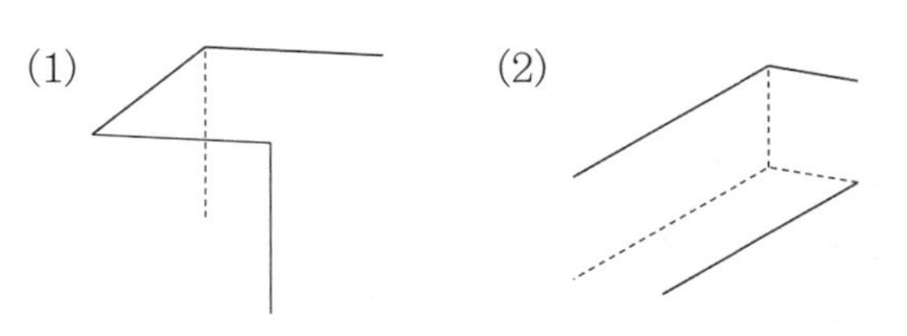

1 직육면체와 정육면체에 대한 설명으로 옳지 않은 것을 모두 고르시오.

① 선과 선이 만나는 선을 모서리라고 합니다.
② 면과 면이 만나는 선을 모서리라고 합니다.
③ 모서리와 모서리가 만나는 점을 꼭짓점이라고 합니다.
④ 직육면체는 위에서 보면 정사각형이고, 옆에서 보면 직사각형입니다.
⑤ 직육면체와 정육면체의 면, 모서리, 꼭짓점의 수는 각각 같습니다.

2 도형에서 면, 모서리, 꼭짓점의 수를 각각 구하시오.

(1)
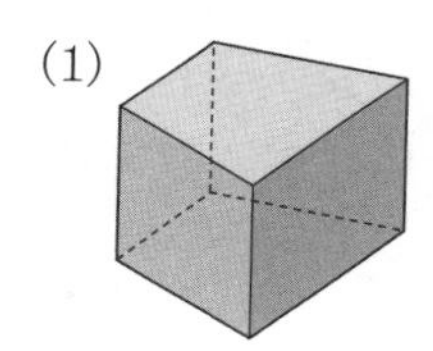

(2)
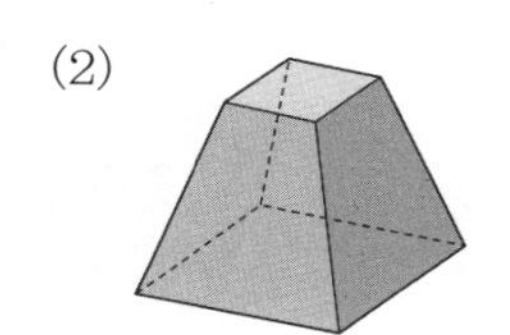

3 직육면체의 모든 모서리의 길이의 합이 144 cm일 때, 모서리 ㄹㅇ의 길이는 몇 cm입니까?

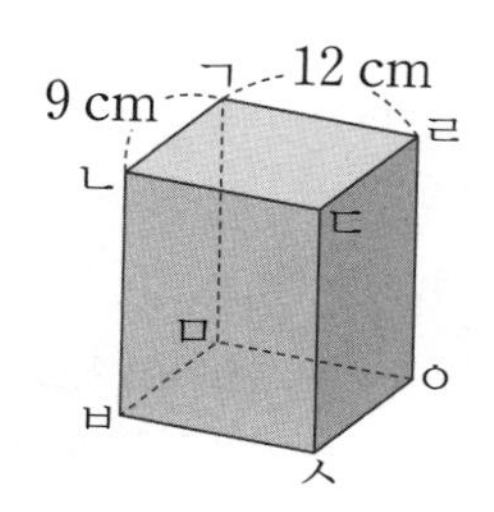

4 서로 다른 모서리의 길이가 각각 5 cm, 6 cm, 8 cm인 직육면체의 겨냥도에서 세 면이 보일 때, 보이는 모서리의 길이의 합과 보이지 않는 모서리의 길이의 합의 차는 몇 cm입니까?

5 직육면체를 위와 옆에서 본 모양입니다. 물음에 답하시오.

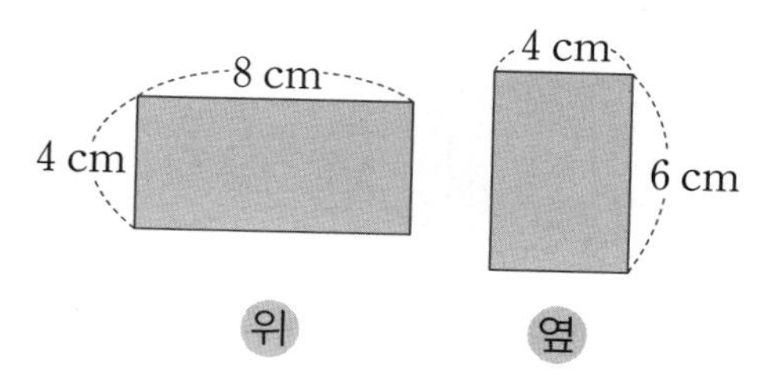

(1) 이 직육면체의 겨냥도를 그리고, 겨냥도에 모서리의 길이를 나타내시오.

(2) 이 직육면체의 모든 모서리의 길이의 합을 구하시오.

6 직육면체 모양의 상자를 그림과 같이 끈으로 묶으려고 합니다. 매듭을 묶는 데 끈이 30 cm 필요하다면 필요한 전체 끈의 길이는 몇 cm입니까?

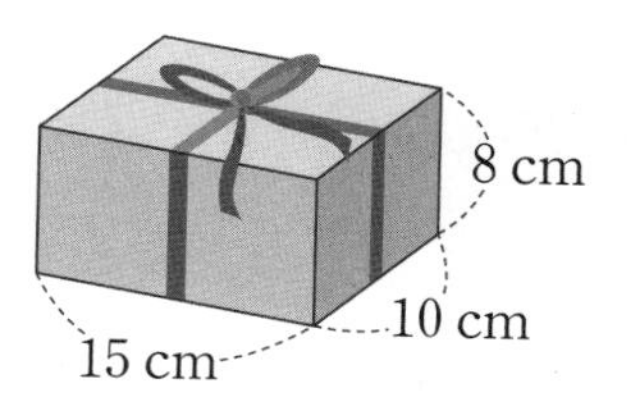

7 물음에 답하시오.

(1) 그림과 같은 정육면체 2개를 옆으로 이어 붙인 도형의 겨냥도를 그려 보시오.

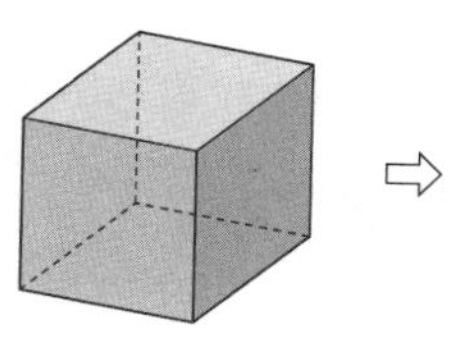

⇨

(2) 2개를 이어 붙여 만든 새로운 직육면체의 모든 모서리의 합이 112 cm일 때, 처음 정육면체의 한 모서리의 길이를 구하시오.

개념활동 34 직육면체의 성질

1 직육면체를 보고 물음에 답하시오.

(1) 직육면체에서 색칠한 면과 마주 보는 면을 찾아 색칠하시오.

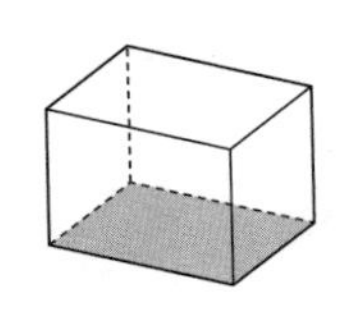
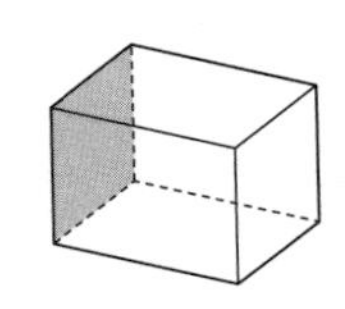
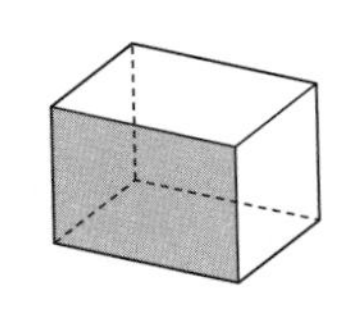

(2) 직육면체에서 색칠한 면과 만나는 면을 모두 찾아 쓰시오.

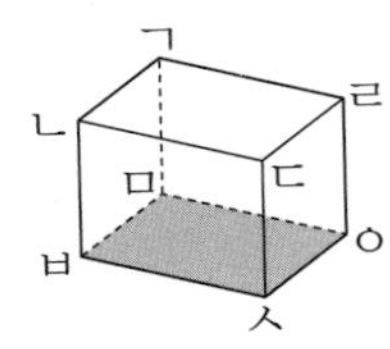

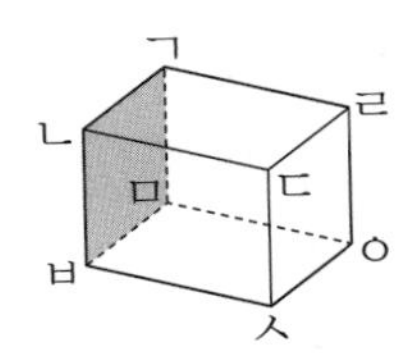

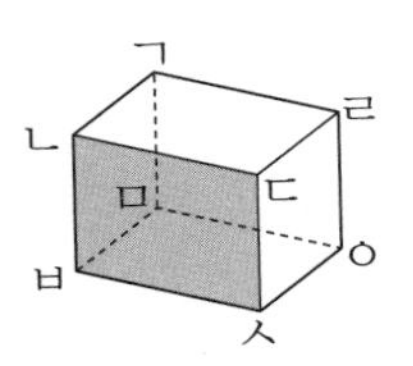

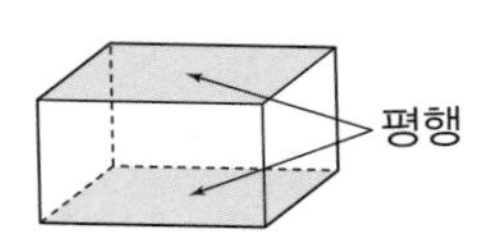

• 직육면체에서 서로 마주 보고 있는 면은 서로 평행합니다.

도형의 기호를 읽을 때는 시계 반대 방향으로 읽습니다.

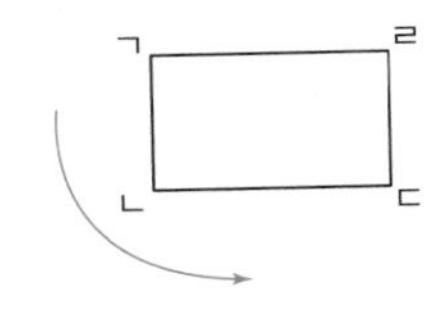

2 오른쪽 직육면체를 보고 물음에 답하시오.

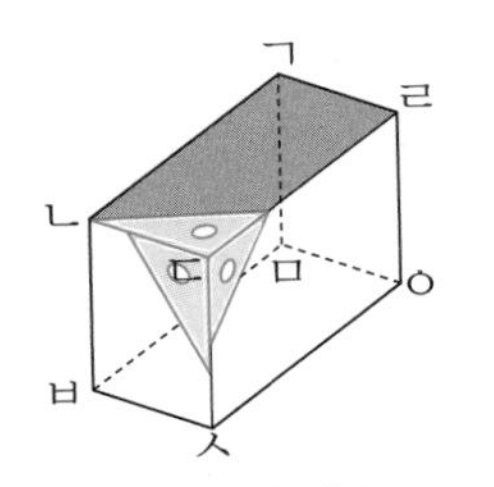

(1) 서로 평행한 면은 모두 몇 쌍입니까?

(2) 꼭짓점을 중심으로 면 ㄱㄴㄷㄹ과 다른 면이 만나는 부분에 직각 삼각자를 대어 보았습니다. 면 ㄱㄴㄷㄹ과 만나는 면들 사이에는 어떤 관계가 있습니까?

(3) 색칠한 면과 만나는 면은 모두 몇 개입니까?

수직

• 직육면체에서 면과 면은 모두 수직으로 만납니다.

3 직육면체와 정육면체를 보고 물음에 답하시오.

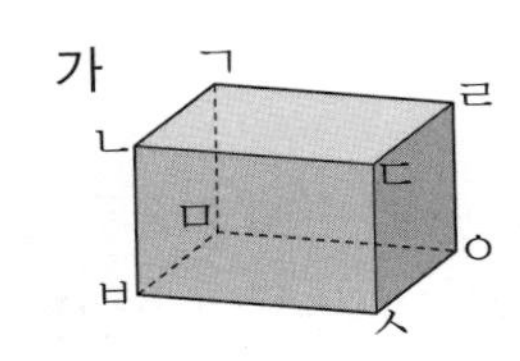

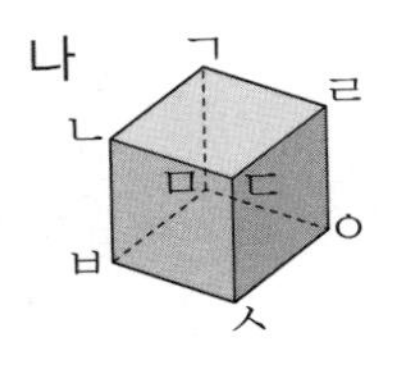

(1) 직육면체 가에서 주어진 면에 평행한 면과 수직인 면을 모두 쓰시오.

• 면 ㄱㅁㅇㄹ과 평행한 면 ⇨

• 면 ㄷㅅㅇㄹ과 수직인 면 ⇨

(2) 정육면체 나에서 주어진 면에 평행한 면과 수직인 면을 모두 쓰시오.

• 면 ㄴㅂㅅㄷ과 평행한 면 ⇨

• 면 ㄱㅁㅇㄹ과 수직인 면 ⇨

직육면체에서 서로 평행한 면은 3쌍이고, 한 면에 수직인 면은 4개입니다.

개념 익히기

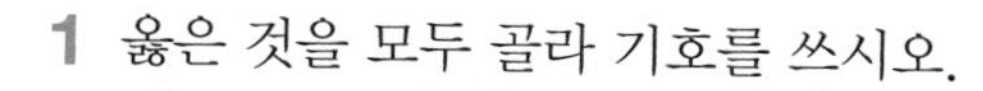

1 옳은 것을 모두 골라 기호를 쓰시오.

㉠ 직육면체는 꼭짓점이 8개입니다.
㉡ 선과 선이 만나면 모서리가 생깁니다.
㉢ 정육면체에서 만나는 면은 서로 수직입니다.
㉣ 직육면체는 마주 보는 면이 서로 평행합니다.
㉤ 직육면체의 모서리의 길이는 모두 같습니다.
㉥ 직육면체를 정육면체라고 할 수 있습니다.
㉦ 정육면체의 모든 면의 크기는 같습니다.
㉧ 직육면체에서 서로 마주 보는 면은 3쌍입니다.

2 직육면체를 보고 색칠한 면에 평행한 면과 수직인 면을 각각 쓰시오.

(1) 평행한 면

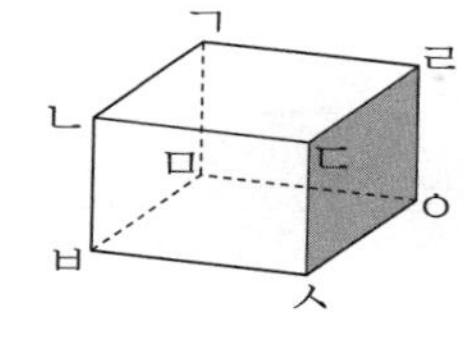

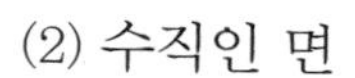

(2) 수직인 면

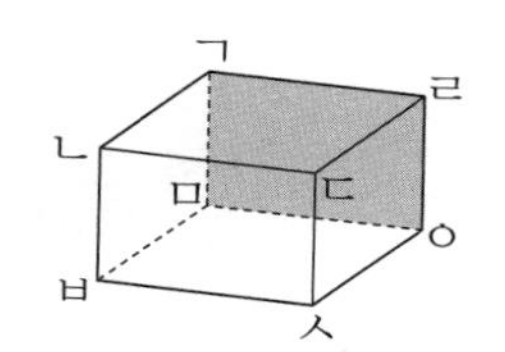

3 직육면체를 보고 물음에 답하시오.

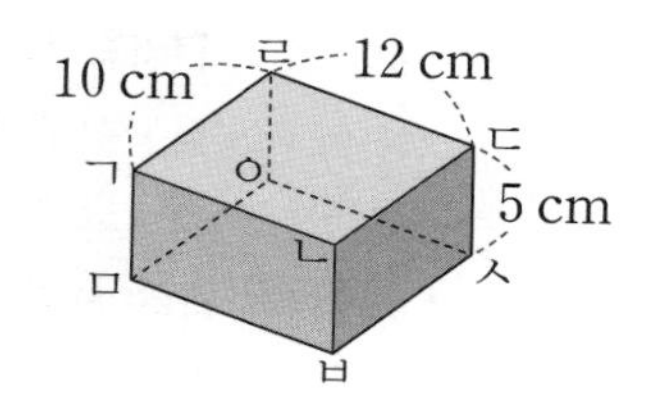

(1) 모서리 ㄱㄴ과 평행한 모서리의 길이의 합을 구하시오. (단, 모서리 ㄱㄴ은 제외합니다.)

(2) 모서리 ㄱㄴ과 수직인 모서리를 모두 찾아 쓰시오.

(3) 면 ㄱㅁㅂㄴ과 평행한 면을 그리고 길이를 써넣으시오.

개념 넓히기

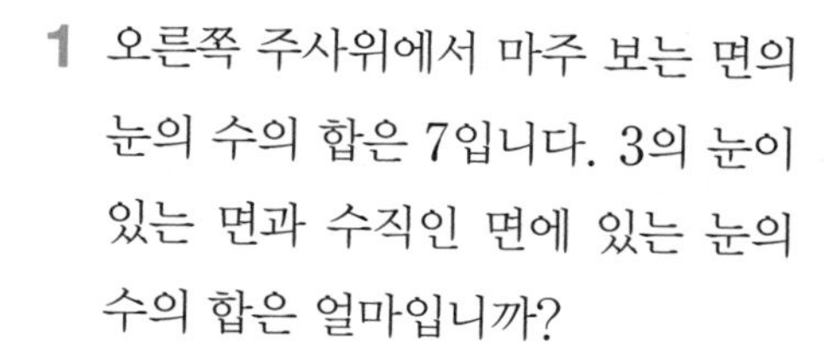

1 오른쪽 주사위에서 마주 보는 면의 눈의 수의 합은 7입니다. 3의 눈이 있는 면과 수직인 면에 있는 눈의 수의 합은 얼마입니까?

2 직육면체를 위와 옆에서 본 모양입니다. 위에서 보이는 면을 한 밑면으로 할 때 옆면과 수직인 면의 모서리의 길이의 합은 몇 cm입니까?

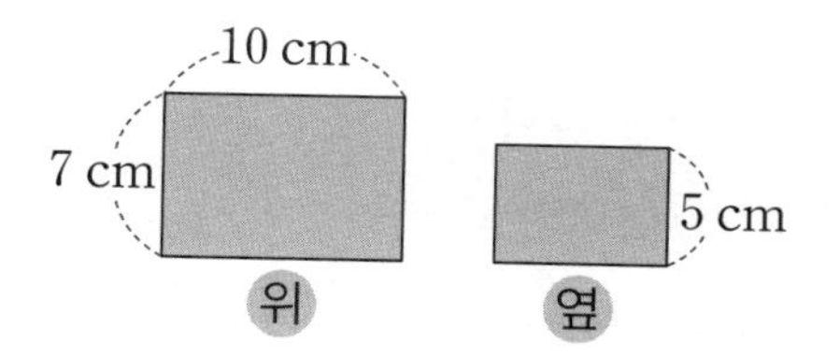

3 그림과 같이 서로 평행한 면의 눈의 수의 합이 7인 주사위를 3개 붙여 놓았습니다. 바닥을 포함하여 겉면의 눈의 수의 합이 가장 크게 될 때의 합을 구하시오.

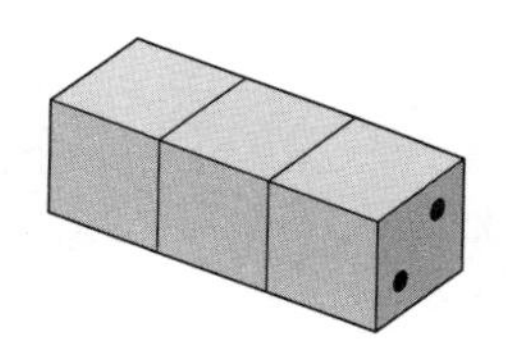

4 해야 할 일을 적은 정육면체를 여러 방향에서 본 것입니다. 물음에 답하시오.

(1) 정육면체의 6면에 써 있는 일을 모두 써 보시오.

(2) 마주 보는 면에 써 있는 것끼리 짝지어 써 보시오.

개념활동 35 직육면체의 전개도

1 직육면체 모양의 상자를 색칠한 모서리를 따라 잘라서 펼쳐 놓으면 오른쪽과 같은 그림이 됩니다. 물음에 답하시오.

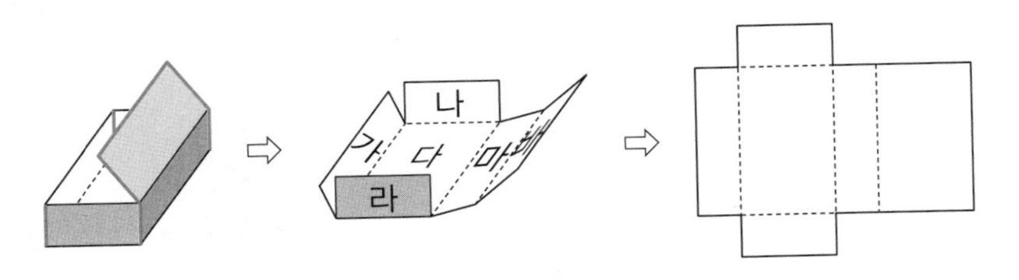

(1) 펼쳐 놓은 그림에 가, 나, 다, 라, 마, 바 각 면의 이름을 써넣고, 모양과 크기가 같은 면끼리 짝을 지어 보시오.

(2) 펼쳐 놓은 그림에서 잘린 부분과 잘리지 않은 부분은 어떻게 구분되어 있습니까?

(3) 그림을 접었을 때 서로 평행한 면끼리 짝을 지어 보시오.

(4) 그림을 접었을 때 면 바와 수직인 면을 모두 쓰시오.

- 직육면체의 모서리를 잘라서 펼쳐 놓은 그림을 직육면체의 전개도라고 합니다.
  전개도에서 잘리지 않은 모서리는 점선으로, 잘린 모서리는 실선으로 나타냅니다.
- 점선은 전개도를 접을 때 접히는 부분이라고 할 수 있습니다.

2 직육면체의 전개도를 보고 물음에 답하시오.

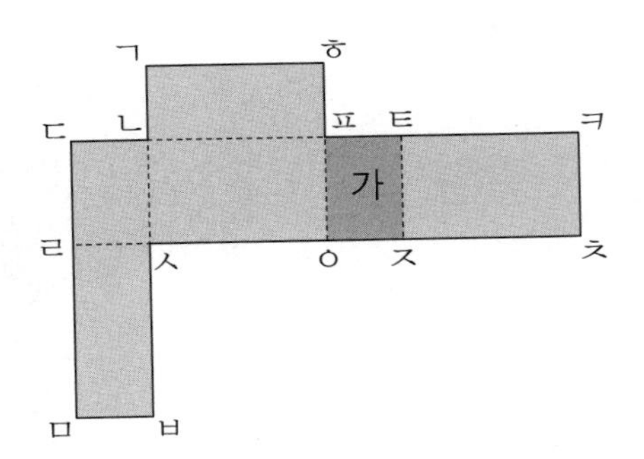

(1) 전개도를 접었을 때 점 ㄱ과 만나는 점을 모두 찾아 쓰시오.

(2) 전개도를 접었을 때 선분 ㄹㅁ, 선분 ㅇㅈ과 맞닿는 선분을 차례로 쓰시오.

(3) 전개도를 접었을 때 면 ㄹㅁㅂㅅ과 평행한 면을 전개도에서 찾아 쓰시오.

(4) 전개도를 접었을 때 면 가와 수직인 면을 모두 전개도에서 찾아 쓰시오.

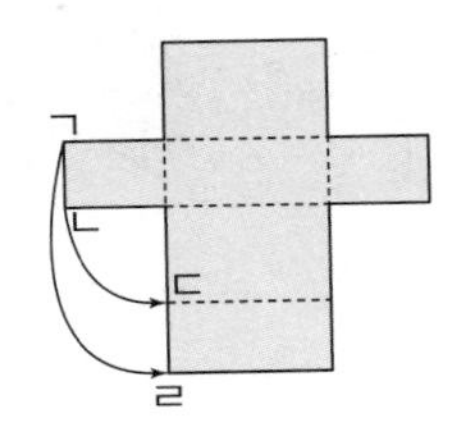

- 전개도를 접을 때 만나는 선분을 찾을 때는 점을 이어 그 점과 연결된 선분을 찾는 것이 편리합니다.
  예 점 ㄴ과 점 ㄷ이 만나므로 그 점에 연결된 선분 ㄱㄴ은 선분 ㄷㄹ과 맞닿게 됩니다.
- 전개도를 접을 때 맞닿는 선분의 길이는 서로 같습니다.

3 직육면체의 겨냥도를 보고 전개도에서 빠진 부분을 그려 넣으시오.

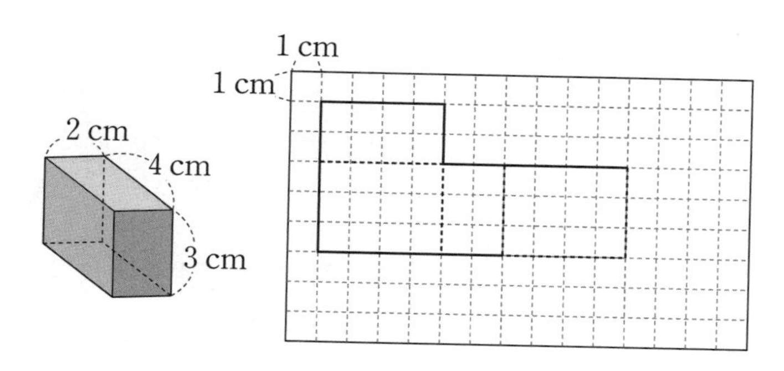

• 전개도는 직육면체의 어느 부분을 잘라서 펼치느냐에 따라서 그림이 달라지므로 기준이 되는 면을 하나 정해 놓고 전개도를 그리는 것이 편리합니다.

4 주어진 도형을 이용하여 정육면체의 전개도를 완성해 보시오.

• 정육면체의 전개도는 모두 11가지가 있습니다. 정사각형을 여러 가지 방법으로 옮겨가면서 전개도를 그려 보는 연습을 하는 것이 전개도를 이해하는 데 도움이 됩니다.

5 투명한 직육면체에 그림과 같이 테이프를 붙였을 때, 물음에 답하시오.

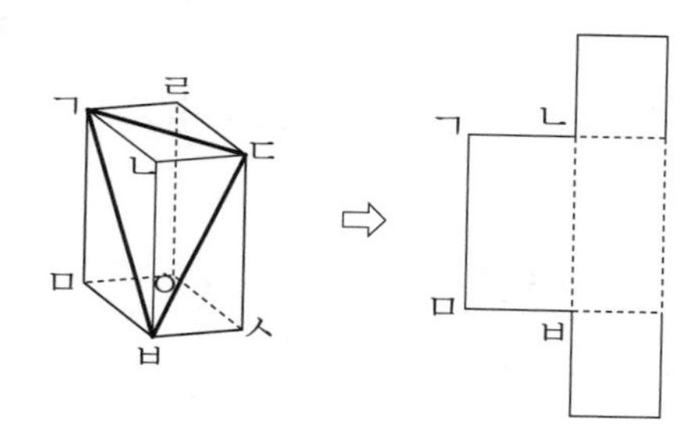

(1) 겨냥도를 보고 면 ㄱㅁㅂㄴ을 잘라 옆으로 펼친 전개도를 완성하고, 전개도에 각 기호를 써넣으시오.

(2) 전개도 위에 점 ㅂ에서 점 ㄱ과 ㄷ에 선을 각각 그어 보시오.

(3) 테이프가 지나간 자리를 전개도에 나타내시오.

• 전개도를 그릴 때 주의점

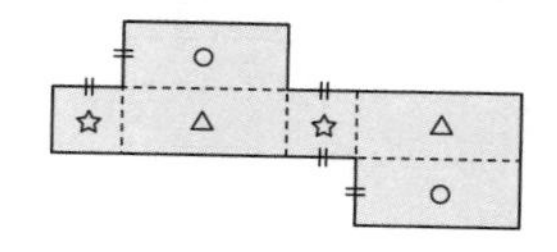

① 바로 옆에 있는 변은 접을 때 서로 만나므로 반드시 길이가 같아야 합니다.

② 평행한 면은 서로 합동이므로 같은 모양으로 그려야 합니다.

③ 잘리는 선은 실선으로, 접히는 선은 점선으로 그려야 합니다.

6 전개도에 기호를 표시하고 전개도를 접어 직육면체를 만들었을 때 직육면체에 나타나는 선을 바르게 그려 넣으시오.

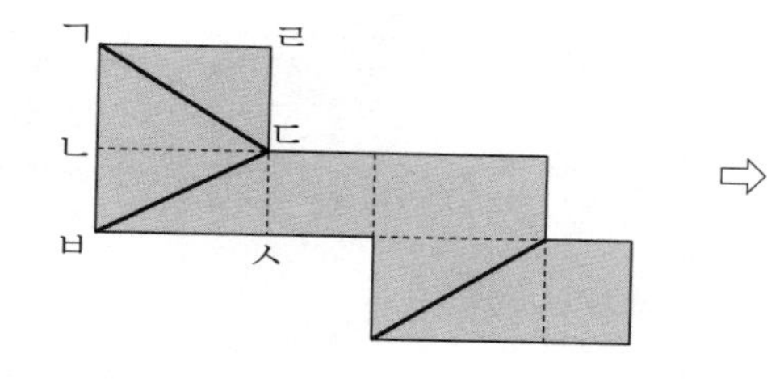

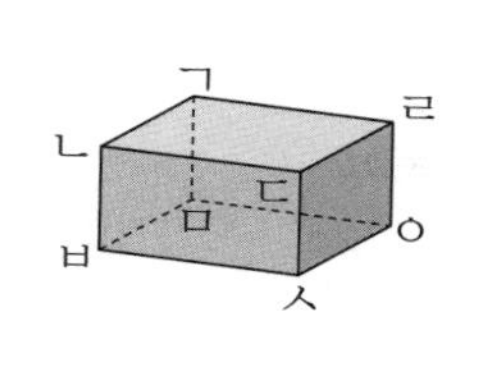

겨냥도를 보고 먼저 전개도에 점을 표시하고, 점끼리 연결할 때 같은 점이 여러 개 있더라도 한 면 위의 점을 이어야 합니다.

개념 익히기

1 옳지 않은 것을 모두 고르시오.

① 직육면체를 펼쳐서 그린 그림을 직육면체의 전개도라고 합니다.

② 직육면체의 전개도에서 잘리지 않은 모서리는 점선으로, 잘린 모서리는 실선으로 나타냅니다.

③ 직육면체의 전개도는 여러 가지로 그릴 수 있지만 정육면체의 전개도는 한 가지입니다.

④ 직육면체에서 한 면과 평행한 면은 1개입니다.

⑤ 직육면체에서 한 면과 수직인 면은 1개입니다.

2 다음 전개도를 접어서 직육면체를 만들었습니다. 물음에 답하시오.

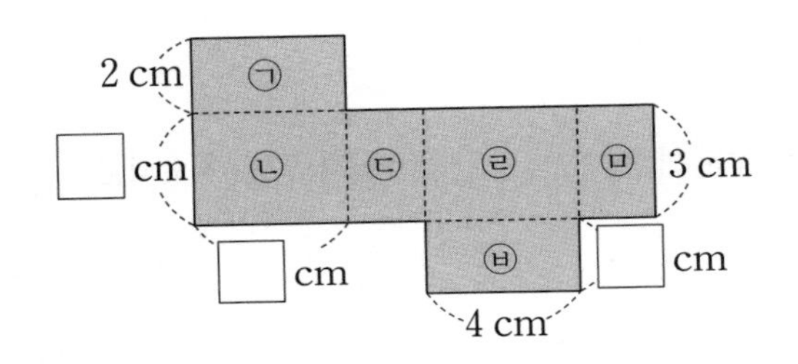

(1) □ 안에 알맞은 수를 써넣으시오.

(2) 면 ㉠, 면 ㉡, 면 ㉢과 평행한 면을 각각 쓰시오.

(3) 면 ㉣과 수직인 면을 모두 쓰시오.

(4) 면 ㉡과 모양과 크기가 같은 면은 몇 개입니까?

3 직육면체를 보고 □ 안에 알맞은 수를 써넣으시오.

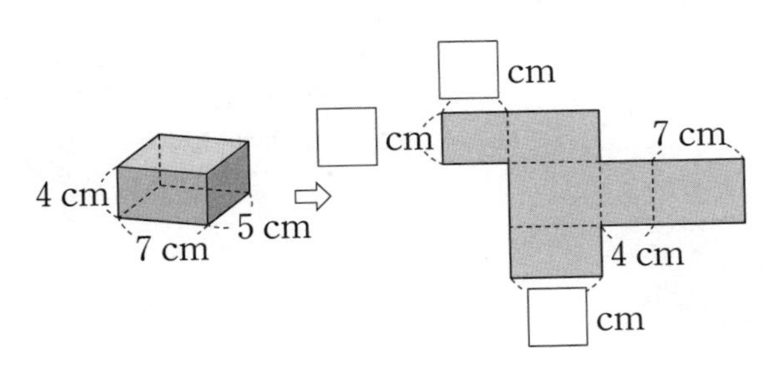

4 직육면체의 전개도를 보고 물음에 답하시오.

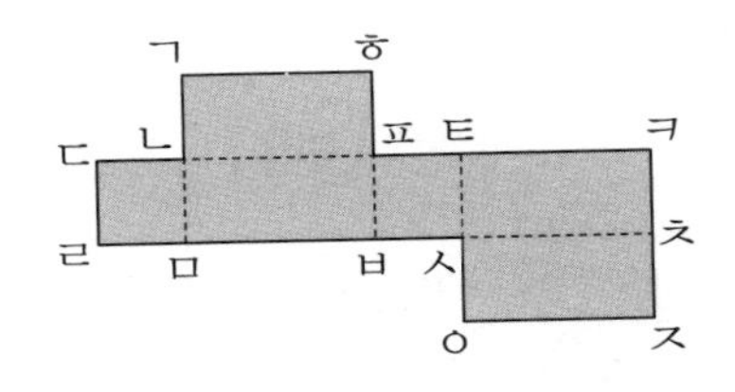

(1) 전개도를 접었을 때 점 ㄹ과 만나는 점을 찾아 쓰시오.

(2) 전개도를 접었을 때 선분 ㄹㅁ과 만나는 선분을 찾아 쓰시오.

(3) 전개도를 접었을 때 면 ㅅㅇㅈㅊ과 평행한 면을 찾아 쓰시오.

(4) 전개도를 접었을 때 면 ㄴㅁㅂㅍ과 수직인 면을 모두 찾아 쓰시오.

5 그림과 같이 상자에 테이프를 붙였습니다. 전개도에 테이프가 지나간 자리를 표시하시오.

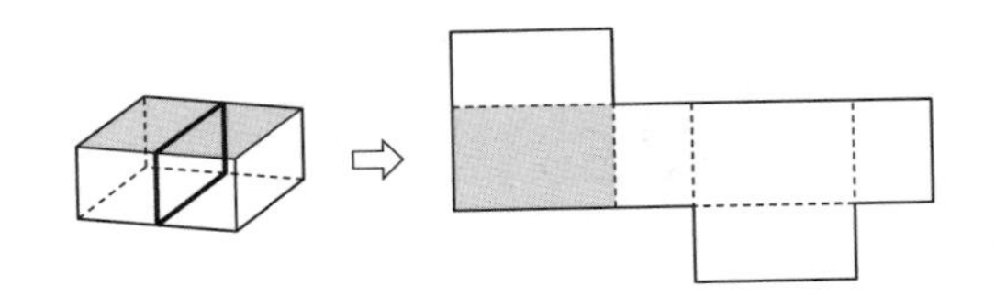

6 정육면체의 전개도가 아닌 것을 골라 기호를 쓰시오.

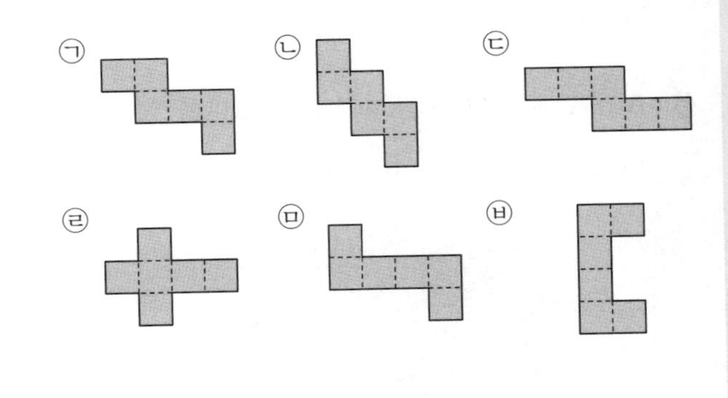

개념 넓히기

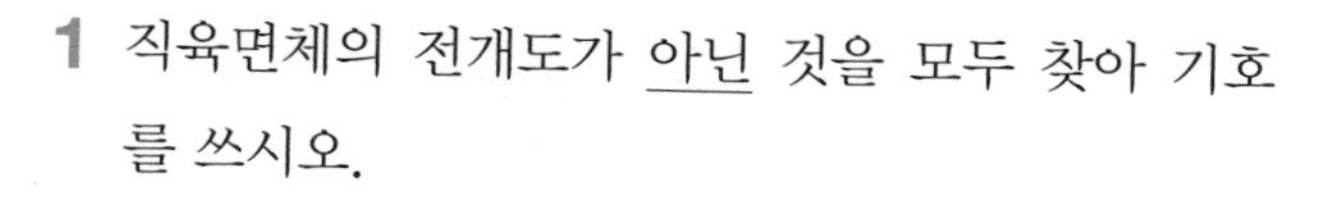

1 직육면체의 전개도가 <u>아닌</u> 것을 모두 찾아 기호를 쓰시오.

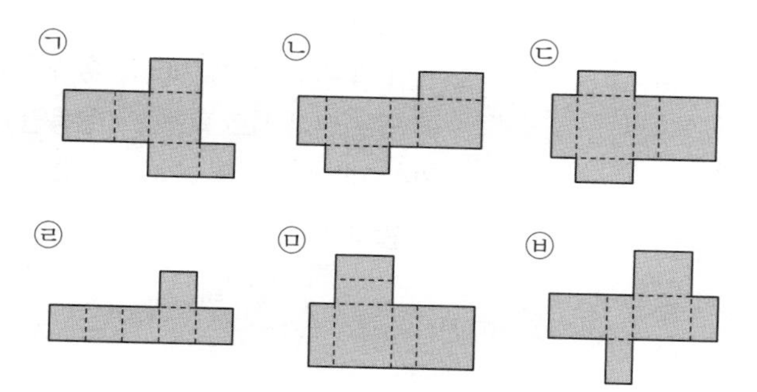

2 전개도로 직육면체를 만들었을 때 물음에 답하시오.

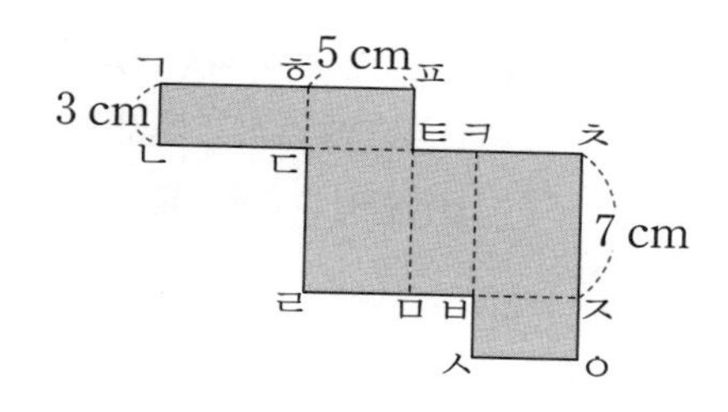

(1) 점 ㅎ과 만나는 점은 어느 것입니까?

(2) 선분 ㄱㅎ, 선분 ㅈㅇ과 만나는 선분을 각각 쓰고 길이를 구하시오.

3 그림은 어느 모서리를 잘라서 펼쳐 놓은 전개도인지 오른쪽 겨냥도에 표시하시오.

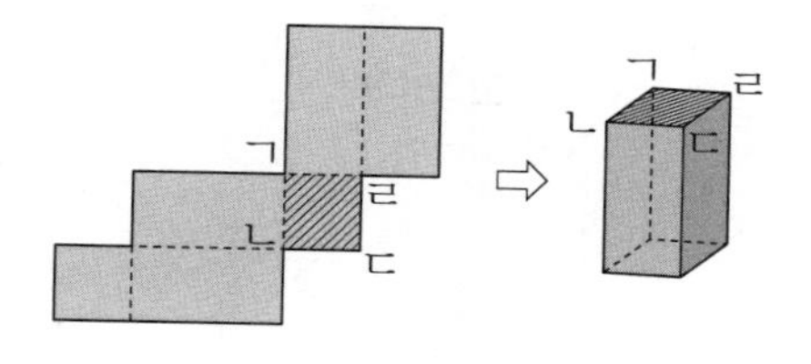

4 직육면체를 여러 방향에서 본 모양입니다. 이 직육면체의 겨냥도와 전개도를 그려 보시오.

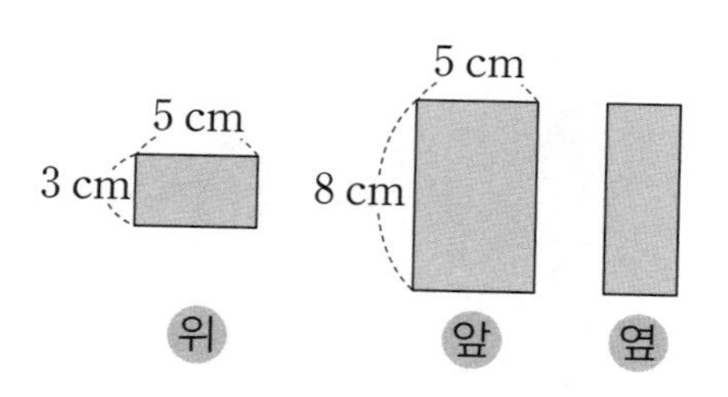

5 전개도로 정육면체를 접을 때, 면 ㉠과 마주 보는 면에 각각 색칠하시오.

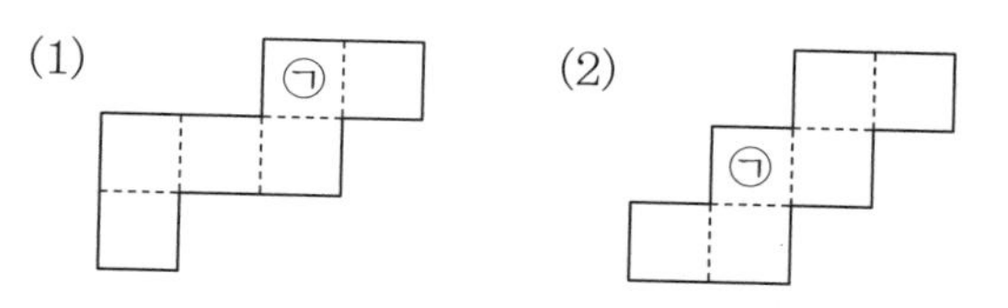

6 전개도로 주사위를 만들려고 합니다. 마주 보는 눈의 수의 합이 7이 되도록 전개도의 빈 곳에 주사위의 눈을 그려 넣으시오.

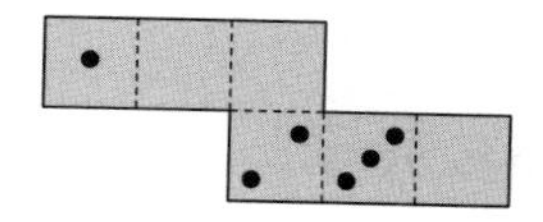

7 그림과 같이 상자의 겉면에 테이프를 붙였습니다. 전개도에 테이프가 지나간 자리를 표시하시오.

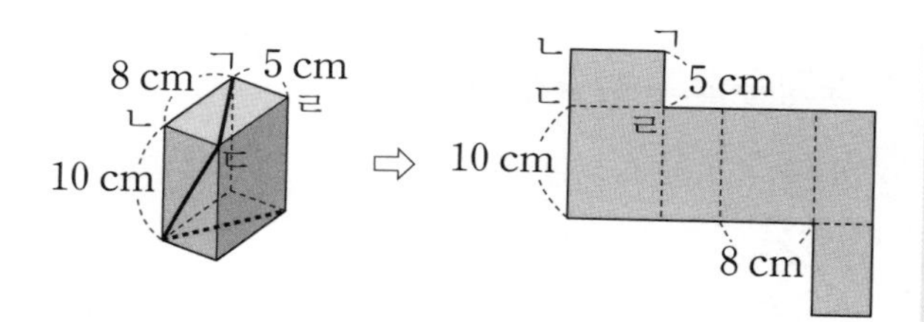

8 가로가 각각 23 cm, 세로가 14 cm인 직사각형 모양의 종이를 잘라 직육면체의 전개도를 만들려고 합니다. 전개도를 완성하고, 전개도를 잘라내고 남은 종이의 넓이의 합을 구하시오.

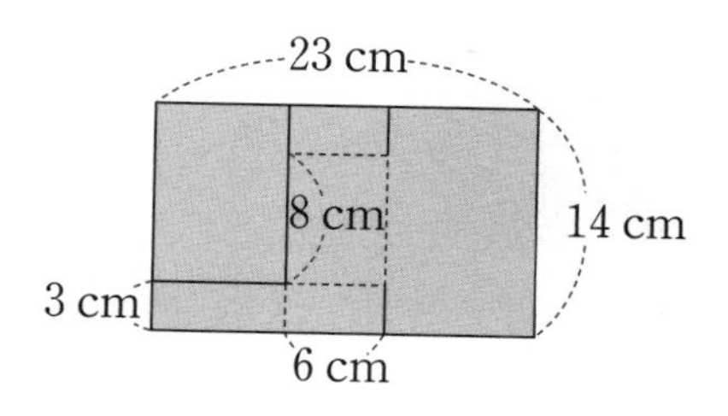

개념활동 36 각기둥

1 입체도형을 보고 물음에 답하시오.

가
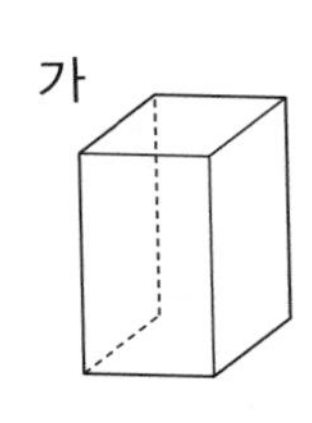
나
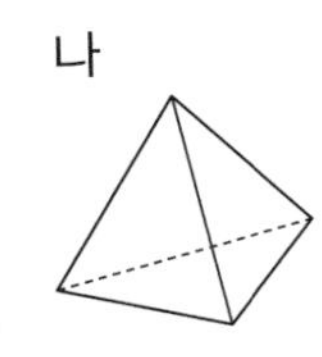
다
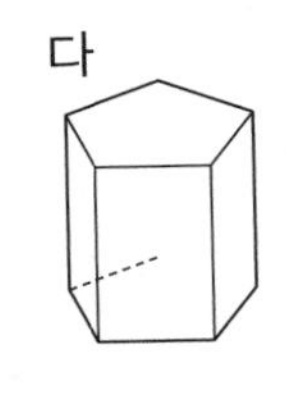
라
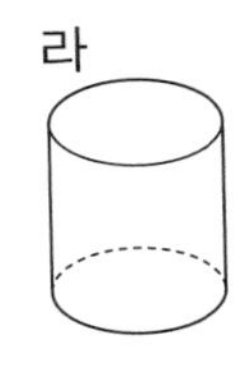
마
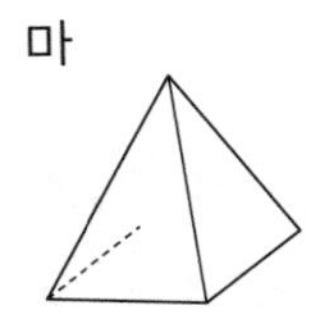
바
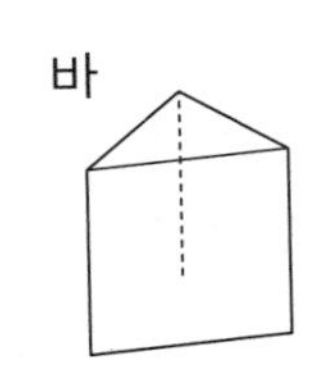
사
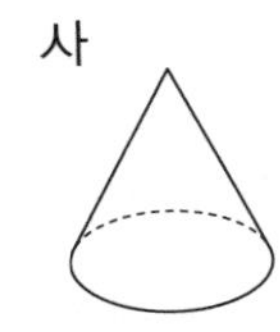
아
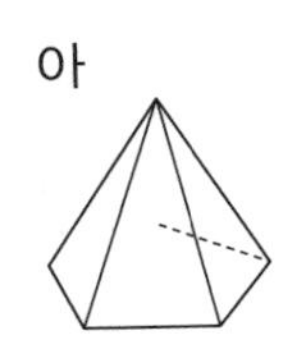

(1) 입체도형에서 보이는 선은 실선으로, 보이지 않는 선은 점선으로 나타내어 겨냥도를 완성하시오.

(2) 입체도형을 기둥 모양과 뿔 모양으로 분류해 보시오.

(3) 위아래에 있는 면이 서로 평행하고 합동인 다각형으로 이루어진 도형을 모두 찾아 기호를 쓰시오.

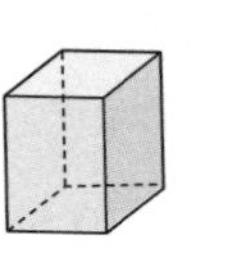
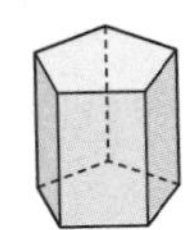

• 위의 그림과 같이 입체도형 중 위아래에 있는 면이 서로 평행하고 합동인 다각형으로 이루어진 도형을 **각기둥**이라고 합니다.

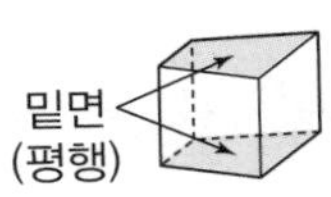

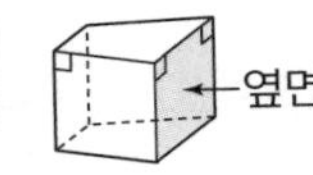

• 각기둥에서 서로 평행하고 나머지 다른 면에 수직인 두 면을 **밑면**이라 하고, 밑면에 수직인 면을 **옆면**이라고 합니다.

2 도형을 보고 물음에 답하시오.

가
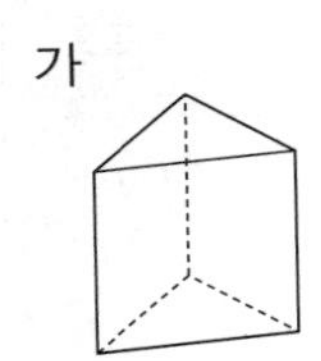
나
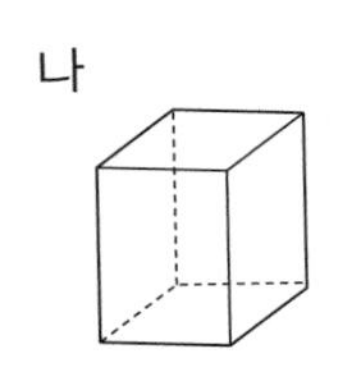
다
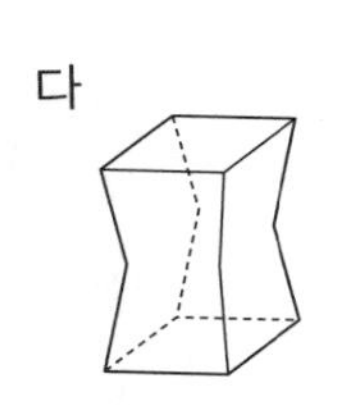
라
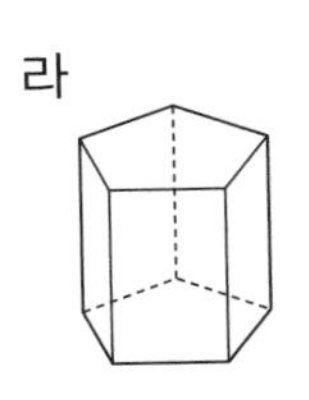

(1) 각기둥을 골라 서로 평행한 두 밑면을 색칠하시오.

(2) 각기둥에서 밑면에 수직인 옆면은 어떤 모양입니까?

(3) 각기둥이 아닌 도형을 찾아 기호를 쓰고 그 이유를 설명하시오.

(4) 각기둥을 찾아 쓰고 밑면의 모양은 어떤 도형인지 쓰시오.

각기둥	가		
밑면 모양			

(5) 각기둥과 각기둥의 이름을 쓰시오.

각기둥			
각기둥의 이름			

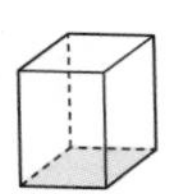

삼각기둥 사각기둥 오각기둥

• 각기둥의 이름은 밑면의 모양에 따라 **삼각기둥, 사각기둥, 오각기둥**……이라고 합니다.

각기둥을 구별하는 방법
① 평행한 두 밑면이 서로 합동인지 확인합니다.
② 옆면이 직사각형인지 확인합니다.

3 각기둥을 보고 물음에 답하시오.

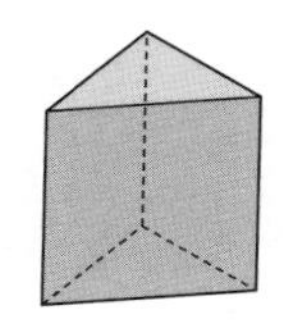
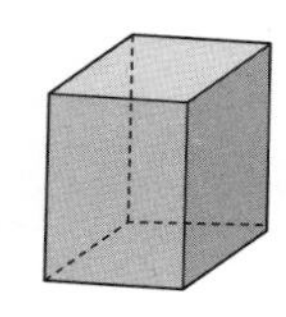
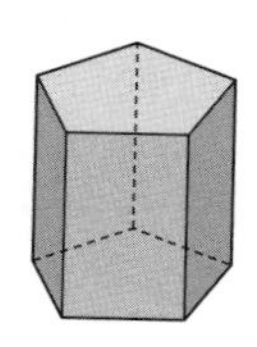

(1) 각기둥을 보고 빈칸에 알맞은 수를 써넣으시오.

도형	밑면의 변의 수	면의 수	꼭짓점의 수	모서리의 수
삼각기둥	3	5	6	9
사각기둥	4			
오각기둥	5			

(2) 각기둥에서 면, 꼭짓점, 모서리의 수는 밑면의 변의 수와 어떤 관계가 있는지 □ 안에 알맞은 수를 써넣고 이유를 설명하시오.

(면의 수)=(한 밑면의 변의 수)+□

(꼭짓점의 수)=(한 밑면의 변의 수)×□

(모서리의 수)=(한 밑면의 변의 수)×□

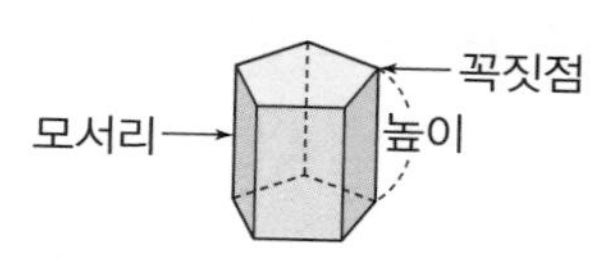

• 각기둥에서 면과 면이 만나는 선분을 모서리라 하고, 모서리와 모서리가 만나는 점을 꼭짓점이라고 하며, 두 밑면 사이의 거리를 높이라고 합니다.

4 각기둥을 보고 물음에 답하시오.

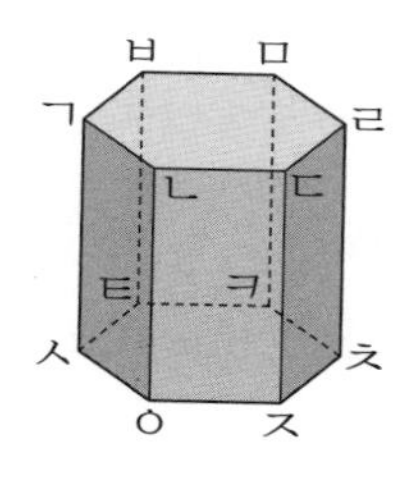

(1) 각기둥의 이름은 무엇입니까?

(2) 각기둥의 옆면의 모양은 모두 어떤 도형입니까?

(3) 각기둥의 면, 모서리, 꼭짓점의 수를 차례로 쓰시오

(4) 각기둥의 높이를 잴 수 있는 모서리를 모두 찾아 쓰시오.

(5) 위의 각기둥은 몇 면체입니까?

각기둥의 이름은 밑면의 모양에 따라 결정되지만 중학교에서는 면의 개수가 4개이면 사면체, 5개이면 오면체……와 같이 면의 개수에 따른 이름도 사용합니다.

밑면의 모양으로 결정	면의 개수로 결정
삼각기둥	오면체
사각기둥	육면체
오각기둥	칠면체

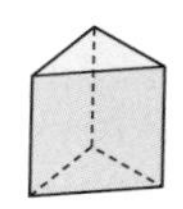
오면체

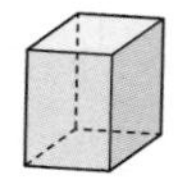
육면체

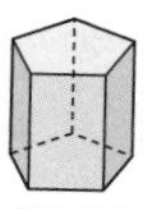
칠면체

개념 익히기

1 도형을 보고 물음에 답하시오.

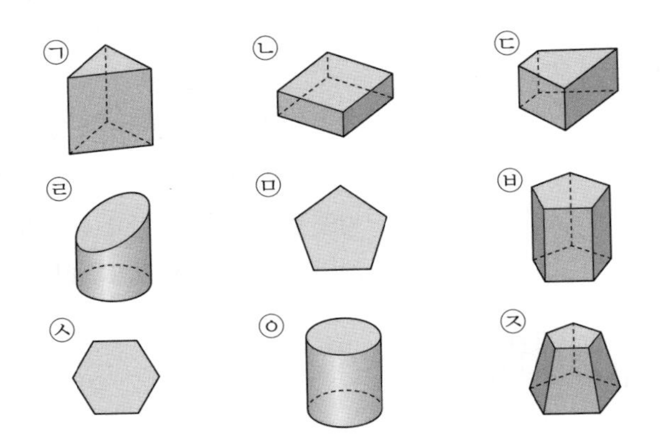

(1) 입체도형을 모두 찾아 기호를 쓰시오.

(2) 입체도형 중에서 위아래에 있는 면이 서로 평행하고 합동인 도형으로 이루어진 것을 찾아 기호를 쓰시오.

(3) 입체도형 중에서 위아래에 있는 면이 서로 평행하고 합동인 다각형으로 이루어진 도형을 찾아 기호를 쓰시오.

(4) 각기둥을 모두 찾아 기호를 쓰시오.

(5) 입체도형 중에서 각기둥이 아닌 것을 모두 찾아 기호를 쓰고 각기둥이 아닌 이유를 설명하시오. 서술형

2 도형을 보고 물음에 답하시오.

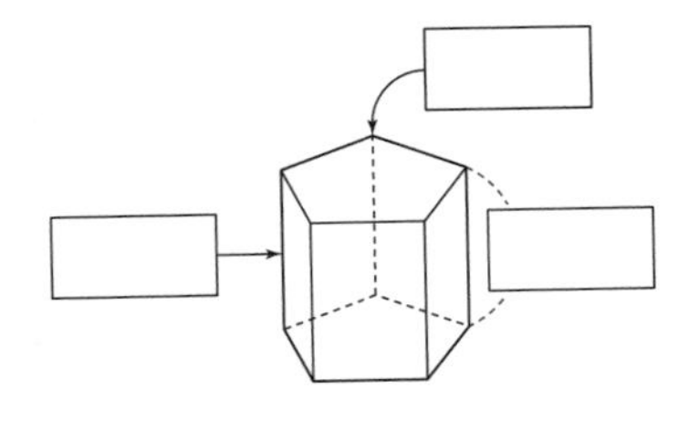

(1) □ 안에 알맞은 말을 써넣으시오.

(2) 밑면에 색칠하시오.

(3) 옆면은 모두 몇 개입니까?

3 각기둥을 보고 물음에 답하시오.

가
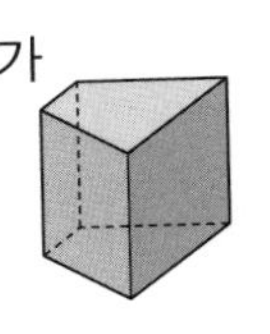
나
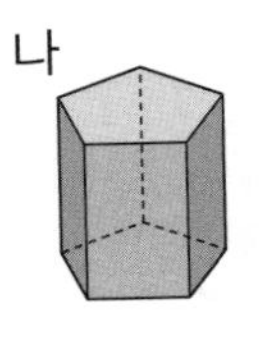
다
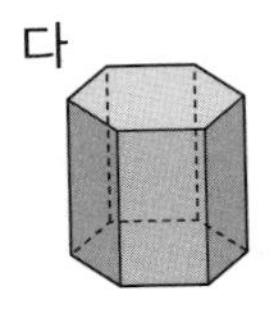

(1) 각기둥의 이름을 각각 쓰시오.

(2) 각기둥의 높이를 잴 수 있는 모서리를 모두 찾아 ○표 하시오.

4 밑면의 모양이 오른쪽과 같은 각기둥의 꼭짓점, 면, 모서리의 수를 각각 써넣으시오.

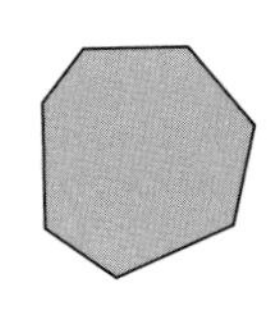

꼭짓점의 수	면의 수	모서리의 수

5 어떤 입체도형에 대한 설명입니까?

- 옆면은 모두 직사각형입니다.
- 두 밑면은 서로 평행하고 합동인 십각형입니다
- 옆면과 밑면은 서로 수직입니다.

6 입체도형을 보고 물음에 답하시오.

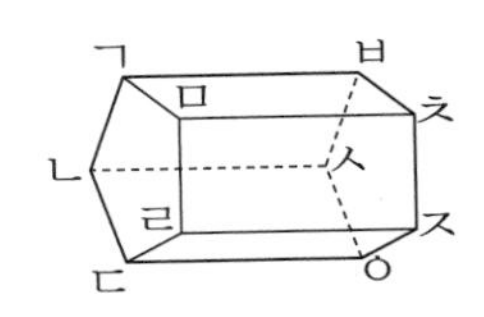

(1) 입체도형의 이름을 쓰시오.

(2) 밑면에 색칠하시오.

(3) 높이를 나타내는 모서리를 한 개만 쓰시오.

개념 넓히기

1 오른쪽 각기둥을 보고 물음에 답하시오.

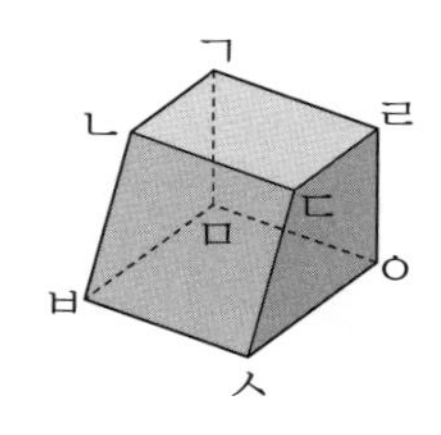

(1) 각기둥의 밑면을 모두 찾아 쓰시오.

(2) 각기둥의 옆면을 모두 찾아 쓰시오.

2 오른쪽 도형은 각기둥의 한 면을 본 것입니다. 이 각기둥의 이름을 쓰시오.

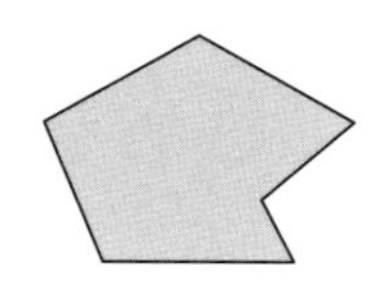

3 오각기둥을 그림과 같이 잘라 두 개의 각기둥을 만들었습니다. 물음에 답하시오.

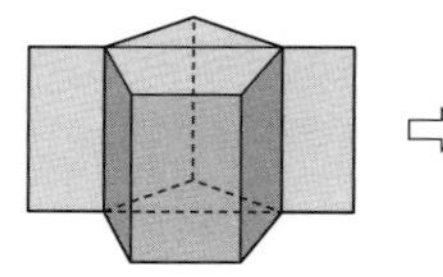
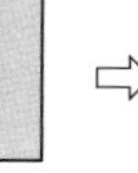

(1) 잘라서 만들어진 두 각기둥의 겨냥도를 각각 그려 보시오.

(2) 두 각기둥의 꼭짓점의 수의 합과 모서리의 수의 합을 각각 구하시오.

4 옆면이 그림과 같은 직사각형 5개로 이루어져 있고, 두 밑면 사이의 거리가 8 cm인 각기둥이 있습니다. 각기둥의 모든 모서리의 길이의 합을 구하시오.

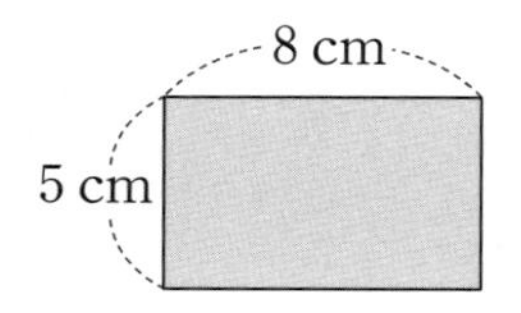

5 정육각형을 두 밑면으로 하는 각기둥입니다. 물음에 답하시오.

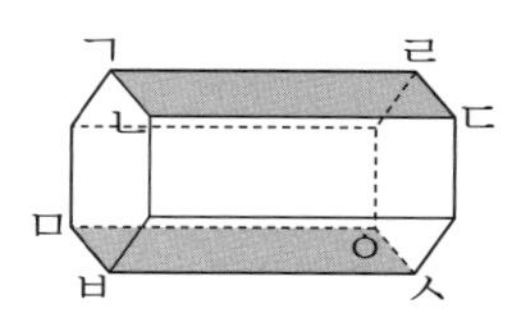

(1) 도형의 이름은 무엇입니까?

(2) 두 밑면이 정육각형이므로 면 ㄱㄴㄷㄹ과 면 ㅁㅂㅅㅇ은 서로 평행하고 합동입니다. 이 두 면이 밑면이 될 수 없는 이유를 설명하시오. 서술형

(3) 도형의 높이를 잴 수 있는 모서리를 한 개만 쓰시오.

6 옆면의 가로가 8 cm, 세로가 10 cm인 직사각형으로 이루어진 각기둥이 있습니다. 이 각기둥의 밑면의 한 변이 8 cm인 정팔각형이라고 할 때, 각기둥의 옆면의 넓이의 합을 구하시오.

7 두 각기둥에서 색칠된 옆면은 합동입니다. 합동인 두 면을 붙여서 새로 만든 입체도형의 면, 꼭짓점, 모서리의 수를 차례로 쓰시오.

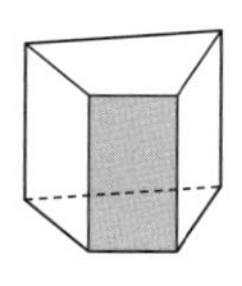
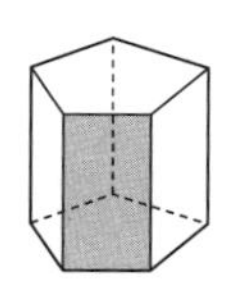

8 다음 물음에 답하시오.

(1) 면이 14개인 각기둥의 모서리의 수를 구하시오.

(2) 꼭짓점의 수와 모서리의 수의 합이 40인 각기둥의 이름을 쓰시오.

개념활동 37 각뿔

1 입체도형을 보고 물음에 답하시오.

가 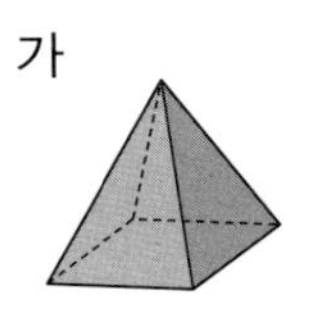 나 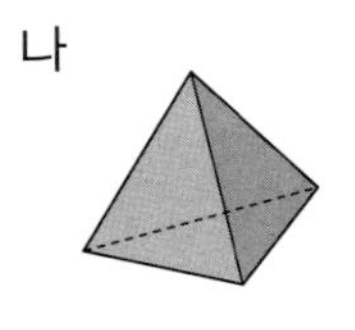 다 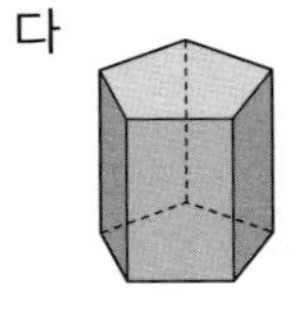 라 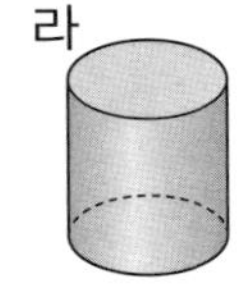

마 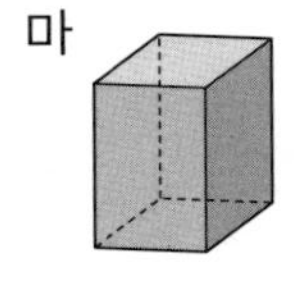 바 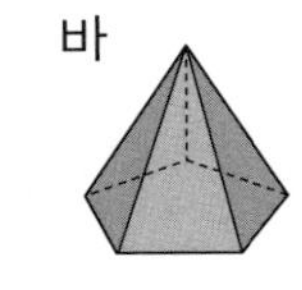 사 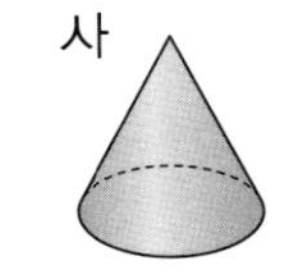 아 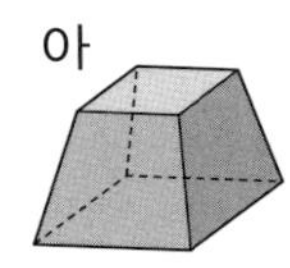 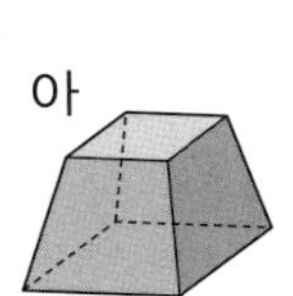

(1) 각기둥을 모두 찾아 기호를 쓰시오.

(2) 뿔 모양인 것을 모두 찾아 기호를 쓰시오.

(3) (2)에서 찾은 도형 중에서 밑면의 모양이 다각형인 것을 모두 찾아 기호를 쓰시오.

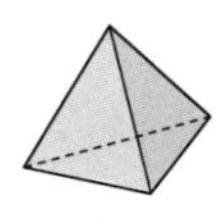 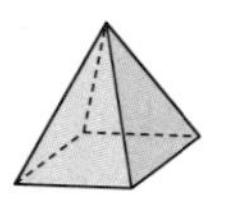

• 입체도형 중 밑에 놓인 면이 다각형이고 옆으로 둘러싼 면이 모두 삼각형인 도형을 **각뿔**이라고 합니다.

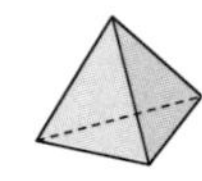 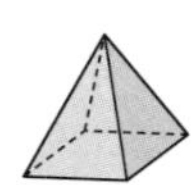 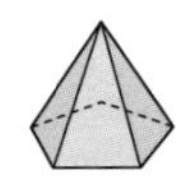

삼각뿔 사각뿔 오각뿔

• 각뿔은 밑면의 모양에 따라 **삼각뿔**, **사각뿔**, **오각뿔**……이라고 합니다.

각뿔의 밑면은 모양에 따라 다르지만 옆면은 모두 삼각형임에 주의합니다.

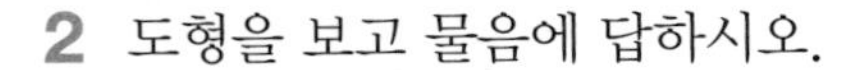

2 도형을 보고 물음에 답하시오.

가 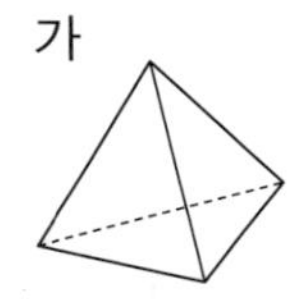 나 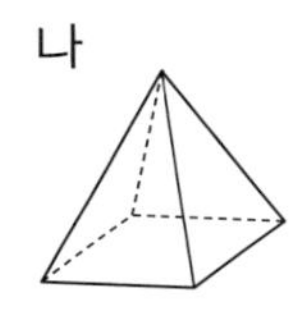 다 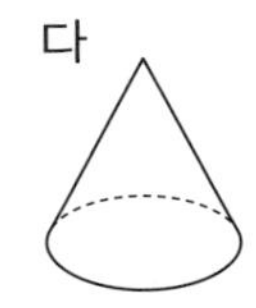 라 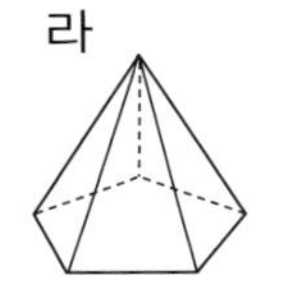

(1) 각뿔을 모두 찾아 밑면에 색칠하시오. 밑면의 모양은 각각 어떤 도형입니까?

(2) 각뿔에서 밑면은 몇 개입니까?

(3) 각뿔에서 옆면의 모양은 어떤 도형입니까?

(4) 각뿔의 이름을 차례로 쓰시오.

(5) 각뿔에서 높이를 바르게 재는 방법을 찾아 ○표 하시오.

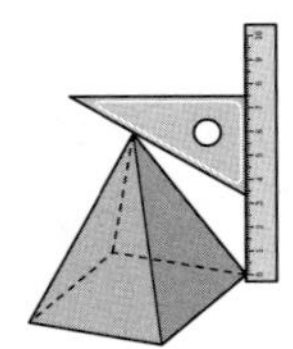 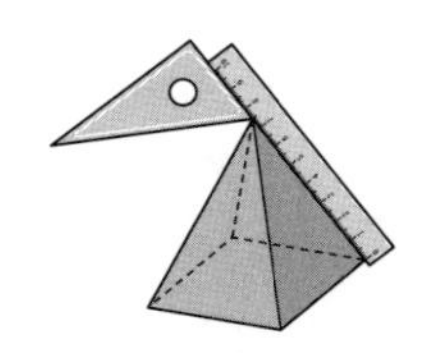 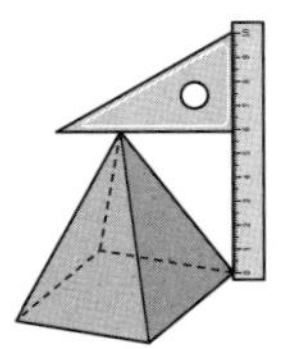

각뿔의 이름은 밑면의 모양에 따라 결정되지만 중학교에서는 면의 수가 4개이면 사면체, 5개이면 오면체……와 같이 면의 개수에 따른 이름도 사용합니다.

밑면의 모양으로 결정	면의 개수로 결정
삼각뿔	사면체
사각뿔	오면체
오각뿔	육면체

3 각뿔을 보고 물음에 답하시오.

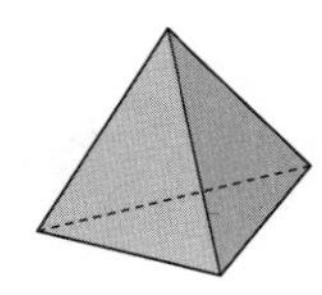 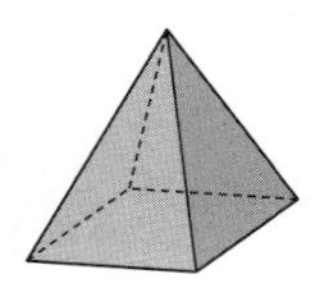 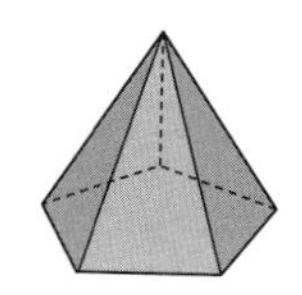

(1) 각뿔을 보고 빈칸에 알맞은 수를 써넣으시오.

도형	밑면의 변의 수	면의 수	꼭짓점의 수	모서리의 수
삼각뿔	3	4	4	6
사각뿔	4			
오각뿔	5			

(2) 각뿔에서 면, 꼭짓점, 모서리의 수는 밑면의 변의 수와 어떤 관계가 있는지 □ 안에 알맞은 수를 써넣고 이유를 설명하시오.

(면의 수)=(밑면의 변의 수)+□

(꼭짓점의 수)=(밑면의 변의 수)+□

(모서리의 수)=(밑면의 변의 수)×□

각뿔의 꼭짓점
모서리
높이
꼭짓점

• 꼭짓점 중에서도 옆면이 모두 만나는 점을 각뿔의 꼭짓점이라 하고, 각뿔의 꼭짓점에서 밑면에 수직인 선분을 높이라고 합니다.

4 각뿔을 보고 물음에 답하시오.

가

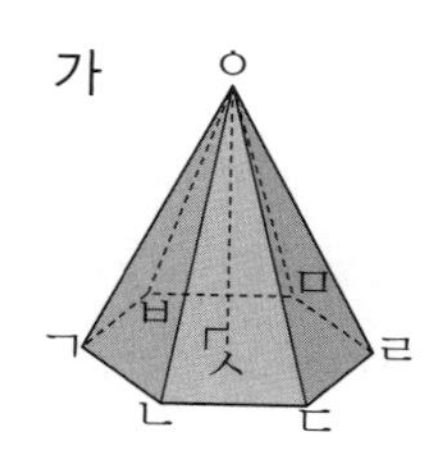

나

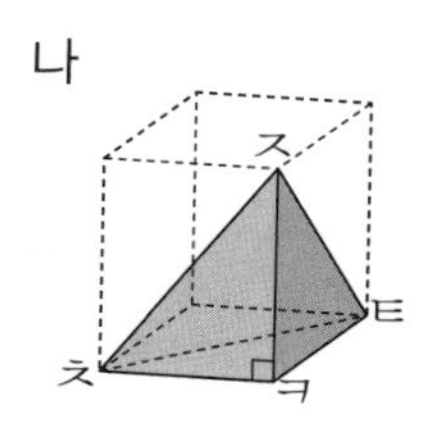

(1) 각뿔 **가**의 이름은 무엇입니까?

(2) 각뿔 **가**의 옆면의 모양은 모두 어떤 도형입니까?

(3) 각뿔 **가**의 면, 꼭짓점, 모서리의 수를 차례로 쓰시오.

(4) 각뿔 **가**, **나**의 높이를 나타내는 선분을 각각 쓰시오. (단, 각뿔 **나**의 밑면은 면 ㅊㅋㅌ입니다.)

(5) 각뿔 **가**와 각뿔 **나**는 각각 몇 면체입니까?

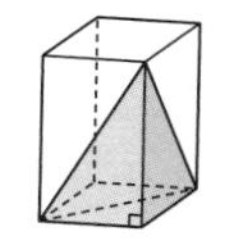 ⇨ 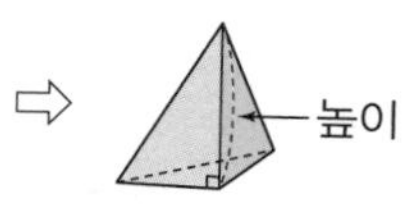

• 위의 그림과 같이 직육면체에서 귀퉁이를 잘라낸 삼각뿔은 직육면체의 높이와 뿔의 높이가 같은 뿔이 됩니다.

1 도형을 보고 물음에 답하시오.

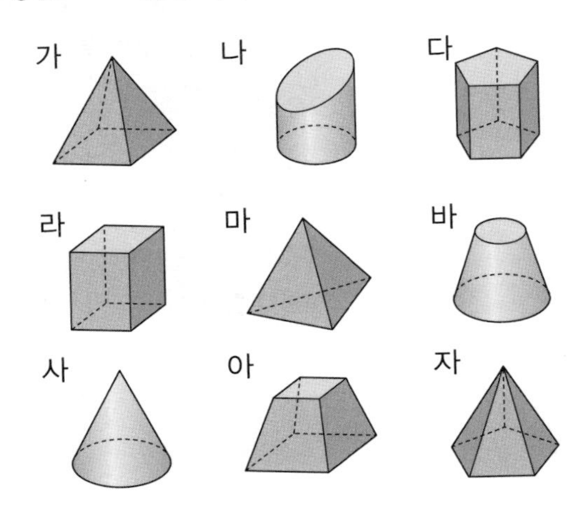

(1) 위아래의 면이 서로 평행하고, 합동인 다각형으로 이루어진 입체도형을 모두 찾아 기호를 쓰시오.

(2) 각뿔을 모두 찾아 기호를 쓰시오.

(3) 도형 **사**와 **아**가 각뿔이 아닌 이유를 각각 설명하시오. 서술형

2 각뿔의 이름은 무엇에 따라 정해집니까?

① 꼭짓점의 수　② 모서리의 수
③ 밑면의 둘레　④ 밑면의 모양
⑤ 옆면의 모양

3 색칠한 면이 밑면인 각뿔입니다. 물음에 답하시오.

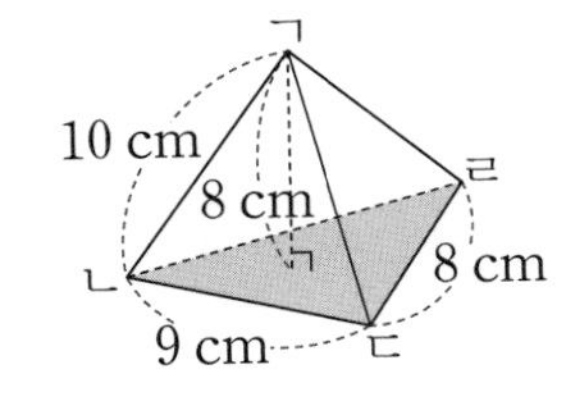

(1) 옆면을 모두 쓰시오.

(2) 각뿔의 꼭짓점은 어느 것입니까?

(3) 각뿔의 높이는 몇 cm입니까?

4 입체도형을 각각 위와 옆에서 본 모양입니다. 이 입체도형의 이름을 쓰시오.

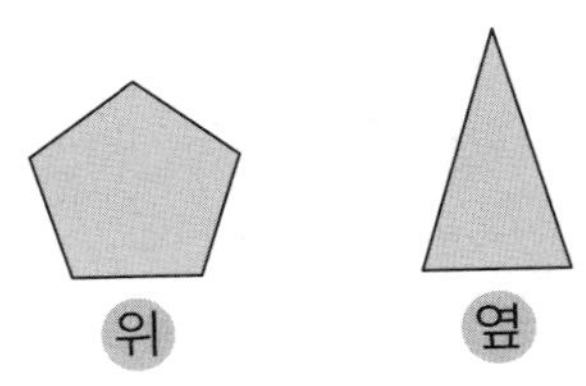

5 밑면의 모양이 오른쪽과 같은 각뿔의 꼭짓점, 면, 모서리의 수를 각각 써넣으시오.

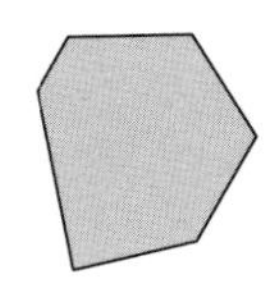

꼭짓점의 수	면의 수	모서리의 수

6 도형을 보고 물음에 답하시오.

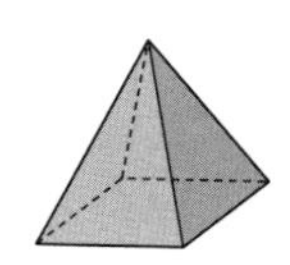
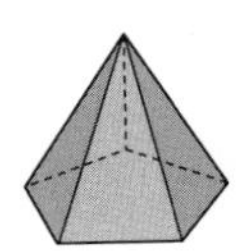
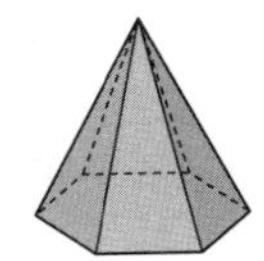

(1) 각 도형의 이름을 차례로 쓰시오.

(2) 각 도형의 옆면의 모양은 어떤 도형입니까?

(3) 세 도형의 모서리의 수의 합을 구하시오.

7 각뿔 중에서 모서리의 수가 가장 적은 도형의 모서리는 몇 개입니까?

8 각뿔의 구성 요소 사이의 관계를 나타낸 것 중 옳지 <u>않은</u> 것을 찾아 기호를 쓰고 바르게 고치시오.

㉠ (모서리의 수)=(밑면의 변의 수)×2
㉡ (꼭짓점의 수)=(밑면의 변의 수)+1
㉢ (면의 수)=(밑면의 변의 수)+2
㉣ (모서리의 수)=(옆면의 수)×2
㉤ (면의 수)=(옆면의 수)+1

개념 넓히기

1 □ 안에 알맞은 말을 써넣으시오.

> • 각기둥에서 서로 평행하고 합동인 두 면을 □이라 하고, 두 밑면 사이의 거리를 □라고 합니다.
> • 각뿔에서 모든 옆면이 만나는 점을 □이라 하고, 각뿔의 꼭짓점에서 밑면에 수직인 선분을 □라고 합니다.

2 입체도형과 그 옆면이 잘못 짝지어진 것을 모두 고르시오.

① 삼각기둥 ⇨ 직사각형
② 삼각뿔 ⇨ 삼각형
③ 정육면체 ⇨ 정사각형
④ 오각뿔 ⇨ 오각형
⑤ 사각기둥 ⇨ 정사각형

3 옆면이 오른쪽과 같은 정육각뿔의 모든 모서리의 길이의 합을 구하시오.

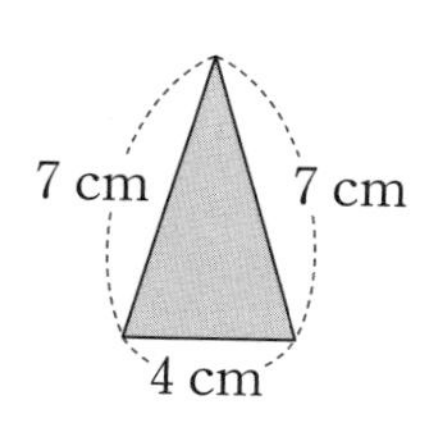

4 조건을 모두 만족하는 입체도형의 이름을 쓰시오.

> ㉠ 모서리가 모두 14개입니다.
> ㉡ 옆면이 모두 삼각형입니다.
> ㉢ 옆면이 한 점에 모여 있습니다.
> ㉣ 밑면의 변의 수는 꼭짓점의 수보다 1이 작습니다.

5 면의 수가 14인 각뿔이 있습니다. 이 각뿔의 모서리의 수는 얼마입니까?

6 ★각기둥과 ★각뿔의 면, 꼭짓점, 모서리의 수에서 찾을 수 있는 규칙을 찾아 빈칸을 알맞게 써넣으시오.

	꼭짓점	면	모서리
★각기둥	★×2		
★각뿔		★+1	

7 모서리의 수가 같은 각기둥과 십오각뿔이 있습니다. 이 각기둥의 꼭짓점의 수를 구하시오.

8 밑면이 직사각형인 사각기둥에서 다음과 같이 꼭짓점 ㄱ, ㄴ, ㄷ을 지나도록 입체도형을 잘라내었습니다. 물음에 답하시오.

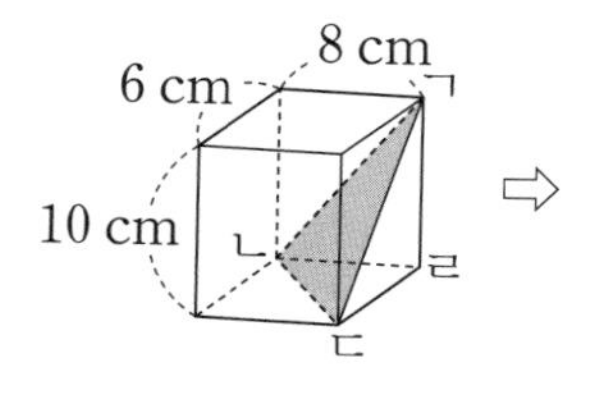

(1) 직육면체에서 잘라낸 도형 중 삼각형 ㄴㄷㄹ을 밑면으로 하는 입체도형의 겨냥도를 그려 보시오.

(2) (1)에서 그린 도형의 이름은 무엇입니까? 그렇게 생각한 이유를 설명하시오. 서술형

(3) 잘라낸 도형의 높이는 몇 cm입니까?
(단, 밑면은 삼각형 ㄴㄷㄹ입니다.)

9 어떤 각기둥의 꼭짓점, 면, 모서리의 수를 합하면 50입니다. 이 각기둥과 밑면의 모양이 같은 각뿔의 이름은 무엇입니까?

개념활동 38 각기둥과 각뿔의 전개도

1 정오각형을 밑면으로 하는 각기둥에서 파란색으로 색칠한 부분의 모서리를 따라 잘라서 펼친 전개도를 완성하시오.

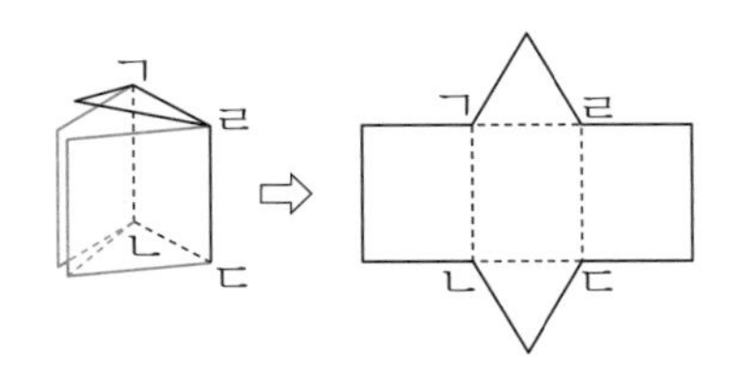

• 각기둥의 모서리를 잘라서 펼쳐 놓은 그림을 각기둥의 전개도라고 합니다.

2 각기둥의 전개도를 다른 방법으로 그리려고 합니다. 물음에 답하시오.

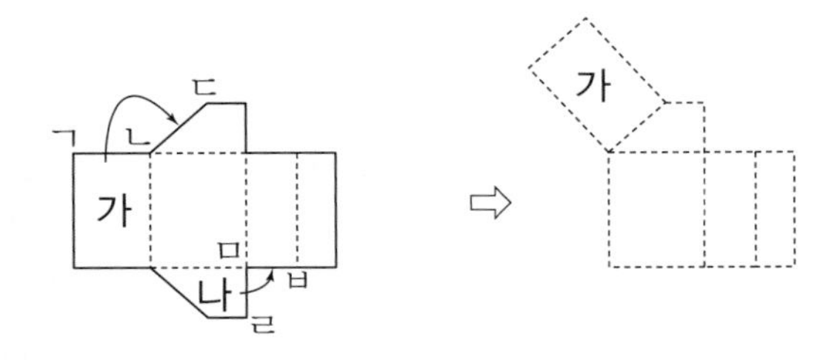

(1) 전개도를 접을 때 변 ㄱㄴ과 변 ㄷㄴ은 서로 맞닿는 변이므로 길이가 같습니다. 면 가를 화살표 방향으로 옮겨서 점선을 따라 그려 보시오.

(2) 길이가 같은 변 ㄹㅁ과 변 ㅂㅁ을 붙이려면 면 나를 오른쪽으로 90° 돌린 모양으로 그리면 됩니다. 면 나를 옮겨서 그려 보시오.

• 다음 전개도를 접으면 점 ㄱ은 점 ㅁ과 만나게 됩니다.
면 라를 면 마로 옮기면 점 ㄴ은 점 ㄷ으로 옮겨지고, 점 ㄱ은 점 ㄹ과 만나게 되므로 점 ㄹ은 점 ㅁ과 만나게 됩니다.

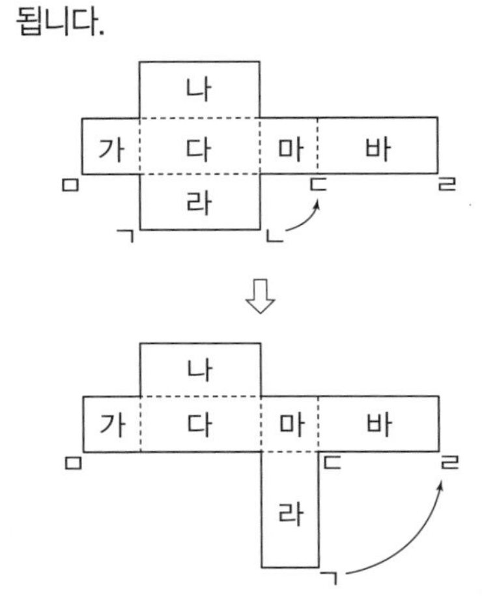

3 각기둥의 겨냥도를 보고 물음에 답하시오.

(1) 면 ㄴㅂㅅㄷ을 기준으로 하여 그린 전개도를 완성해 보시오.

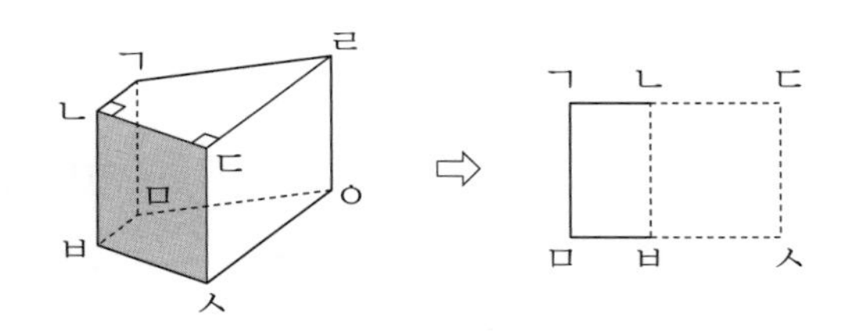

(2) 완성한 전개도를 접었을 때 면 ㄱㄴㄷㄹ과 평행한 면을 전개도에서 찾아 색칠하시오.

(3) 전개도를 접었을 때 면 ㄱㄴㄷㄹ과 수직인 면을 모두 찾아 쓰시오.

(4) 전개도를 접었을 때 각기둥의 높이가 되는 모서리를 모두 쓰시오.

4 색칠한 면을 기준으로 하여 펼친 전개도를 완성하시오.

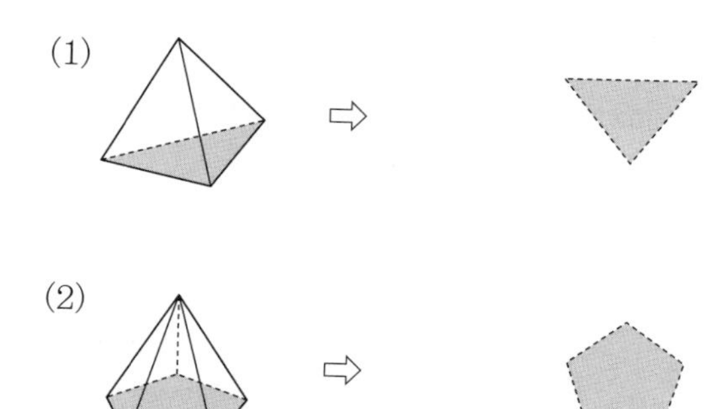

5 밑면이 정사각형인 각뿔의 전개도를 보고 물음에 답하시오.

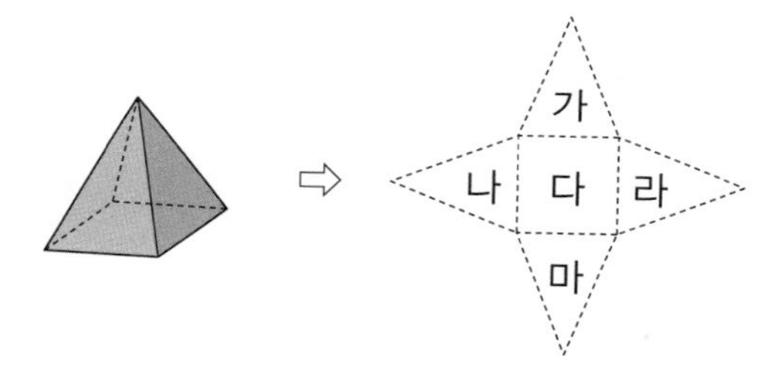

(1) 위의 전개도에 면 나를 면 가의 왼쪽으로 붙인 전개도를 그려 보시오.

(2) 위 (1)의 각뿔의 전개도에서 각뿔의 옆면이 될 수 있는 면에 모두 색칠하시오.

(3) 위의 겨냥도에서 각뿔의 높이를 나타내는 선분을 그려 보시오.

• 전개도는 기본적인 모양을 먼저 그려 보고, 여러 면을 이동하면서 다시 그려 보는 연습을 합니다.

전개도에 따라 감각을 익히기 위해서는 여러 가지 모양의 과자 상자를 뜯어서 다시 만들어보는 연습을 하는 것이 도움이 됩니다.

6 겨냥도에서 색칠된 모서리를 잘라서 펼친 전개도를 그려 보시오.

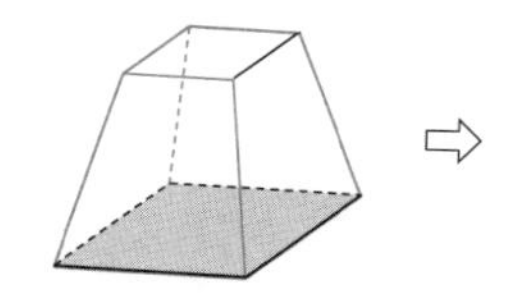

평행한 두 면이 합동이 아니므로 각기둥이 아닙니다. 따라서 옆면의 모양이나 밑면의 모양을 잘 살피면서 접었을 때, 만나는 두 모서리의 길이를 생각하면서 그려야 합니다.

개념 익히기

1 어떤 도형의 전개도입니까?

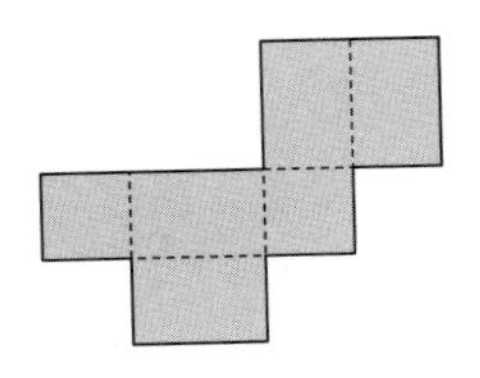

2 오른쪽 전개도를 보고 물음에 답하시오.

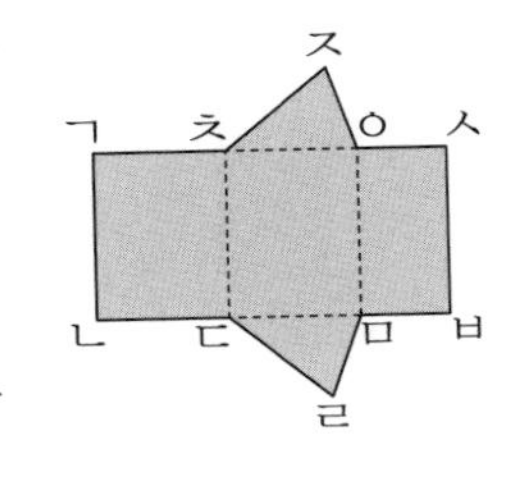

(1) 전개도를 접었을 때 점 ㄹ과 만나는 점을 모두 찾아 쓰시오.

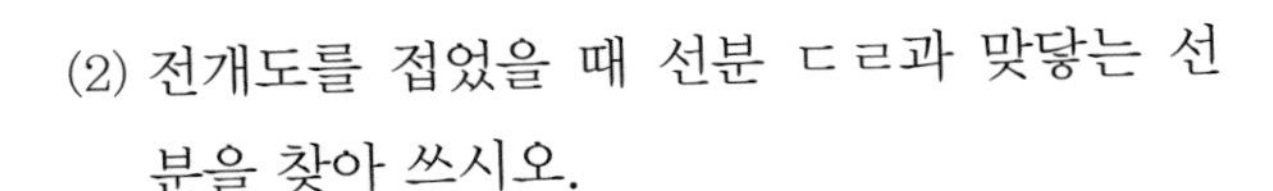

(2) 전개도를 접었을 때 선분 ㄷㄹ과 맞닿는 선분을 찾아 쓰시오.

(3) 전개도를 접었을 때 만들어지는 입체도형의 이름과 모서리의 수를 차례로 쓰시오.

3 정삼각형 4개를 변끼리 이어 붙여 만든 것입니다. 삼각뿔의 전개도가 아닌 것은 어느 것인지 고르고 이유를 설명하시오. 서술형

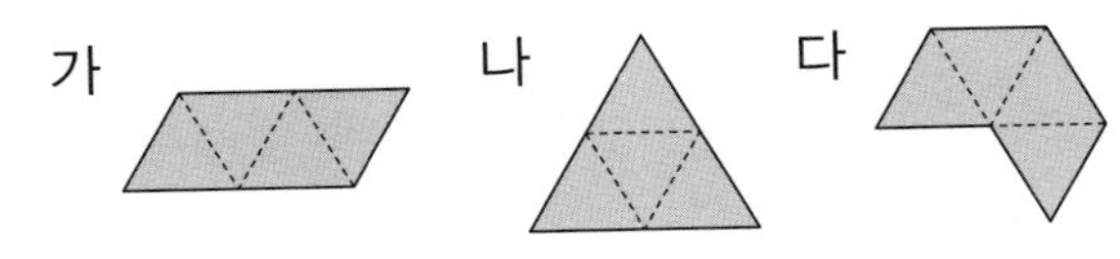

4 전개도에서 꼭짓점 중 각뿔의 꼭짓점이 될 수 있는 곳을 모두 찾아 ○표 하시오.

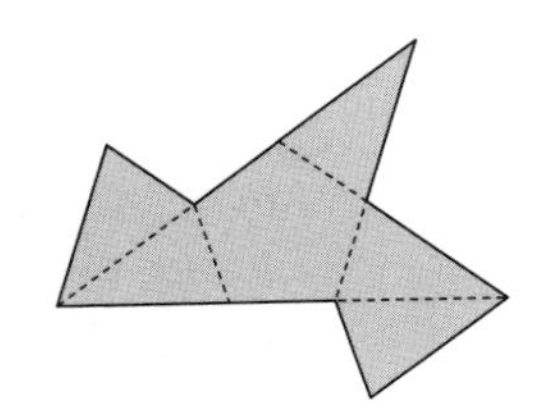

5 오른쪽 전개도를 접어서 각기둥을 만들었을 때, 물음에 답하시오.

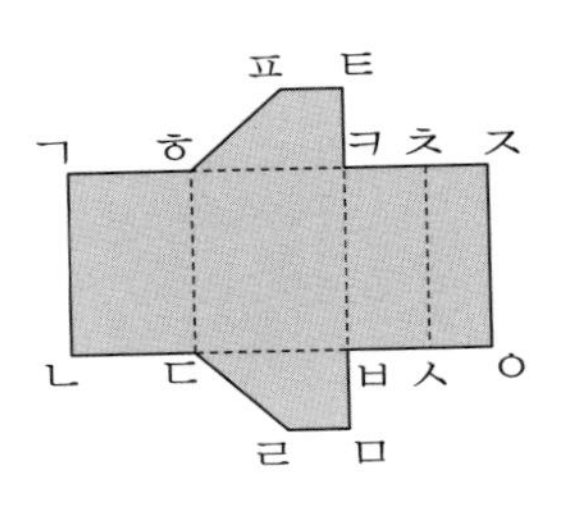

(1) 전개도를 접어서 만들어지는 입체도형의 이름을 쓰시오.

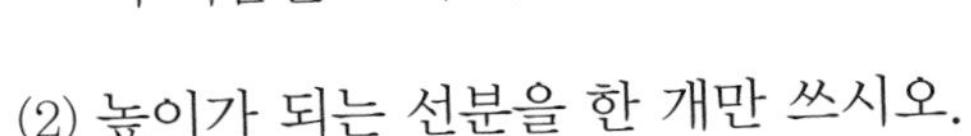

(2) 높이가 되는 선분을 한 개만 쓰시오.

(3) 밑면이 되는 면을 모두 쓰시오.

6 전개도에서 잘못된 부분을 찾아 고치고 이유를 설명하시오. 서술형

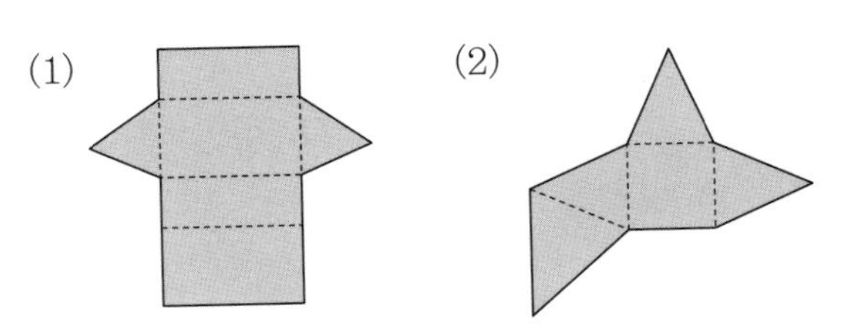

7 전개도를 점선을 따라 접었을 때, 모양이 다른 하나는 어느 것입니까?

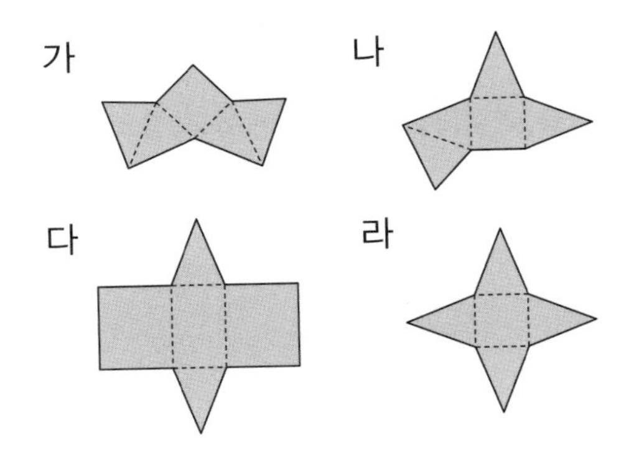

8 오각기둥의 전개도를 2가지 방법으로 그려 보시오.

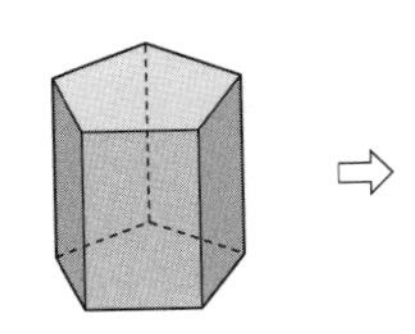

⇨

개념 넓히기

1 어떤 모서리를 잘라서 전개도를 그린 것인지 겨냥도에 표시하시오.

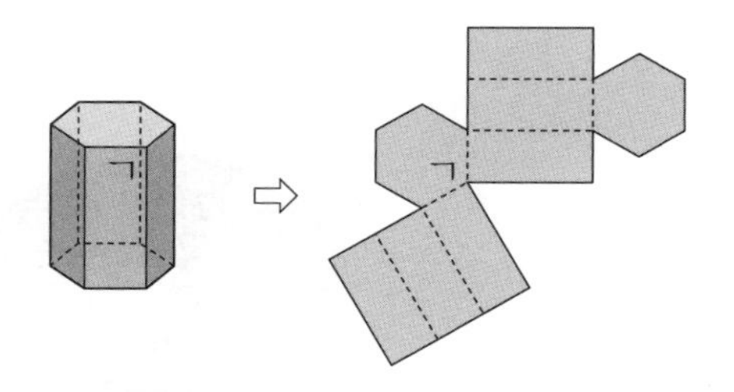

2 전개도를 보고 겨냥도를 그린 다음 물음에 답하시오.

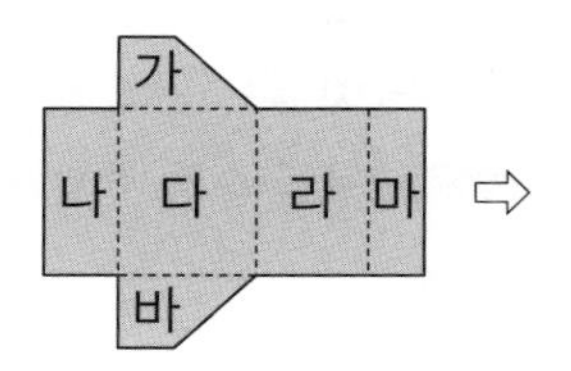

(1) 입체도형의 이름을 쓰시오.

(2) 서로 평행한 면의 쌍을 모두 쓰시오.

(3) 면 가에 수직인 면을 모두 쓰시오.

3 전개도를 보고 물음에 답하시오.

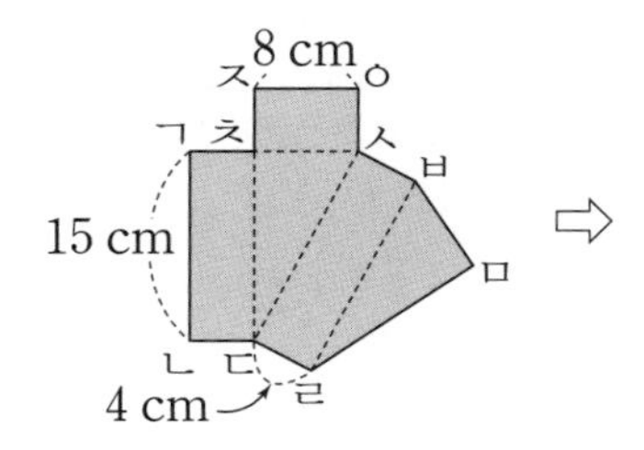

(1) 전개도를 점선을 따라 접었을 때의 겨냥도를 위에 그리고, 도형의 이름을 쓰시오.

(2) 전개도를 접었을 때 점 ㅁ과 만나는 점, 선분 ㄹㅁ과 만나는 선분을 모두 쓰시오.

(3) 만들어진 입체도형에서 높이는 몇 cm입니까?

(4) 전개도의 둘레는 몇 cm입니까?

4 오른쪽 그림은 각기둥의 전개도의 일부분입니다. 물음에 답하시오.

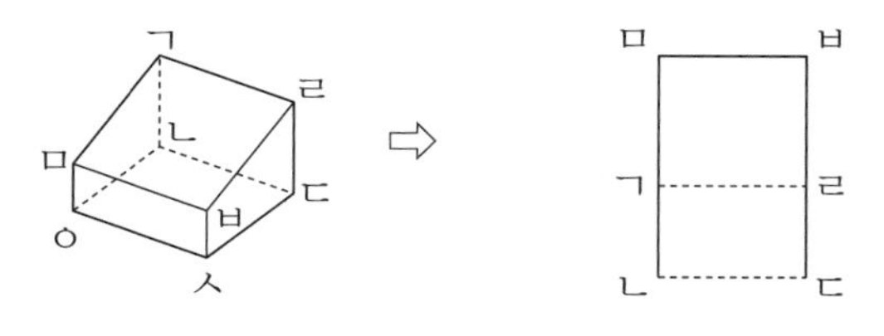

(1) 전개도를 완성하시오.

(2) 전개도를 점선을 따라 접었을 때 각기둥의 높이가 될 수 있는 선분을 전개도에서 찾아 모두 색칠하시오.

5 전개도에서 면 가와 나를 화살표 방향으로 옮겨서 전개도를 그려 보시오.

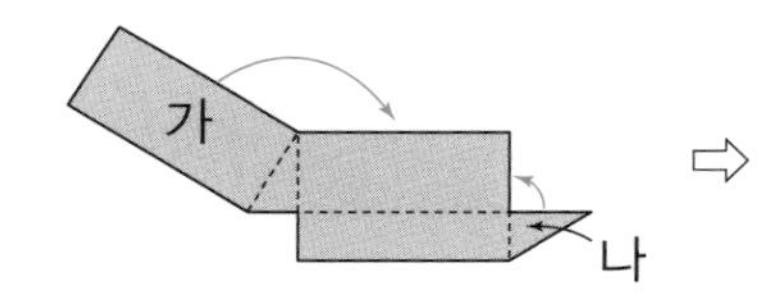

6 각기둥과 각뿔을 앞과 위에서 본 모양입니다. 전개도를 그려 보시오.

(1)

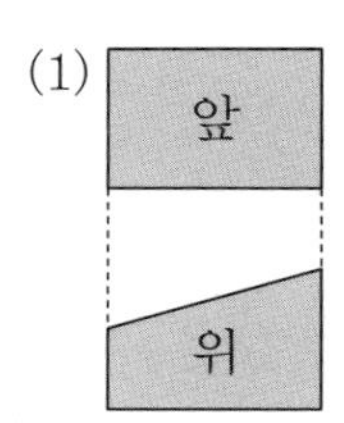

(2)

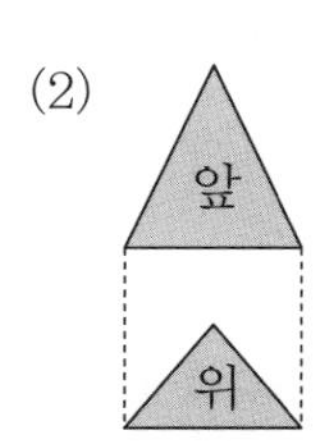

개념활동 39 쌓기나무

1 쌓기나무의 수를 구하려고 합니다. 물음에 답하시오.

가　　　　　　나

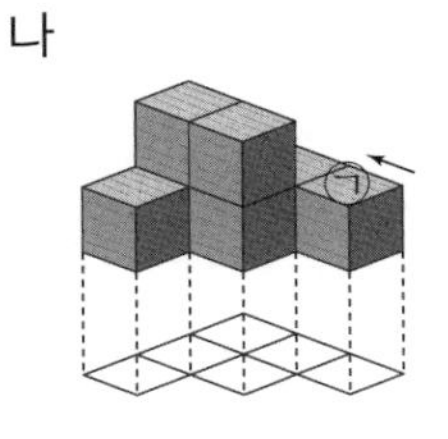

WHY?
왜 쌓기나무 모양에 바닥에 닿는 면을 그려 넣을까요?

(1) **가** 그림에서 쌓기나무 ㉠에 화살표 방향으로 쌓기나무가 몇 개 연결되어 있을 수 있는지 가능한 개수를 모두 쓰시오.

(2) **나** 그림에서 쌓기나무 ㉠에 화살표 방향으로 쌓기나무가 몇 개 연결되어 있는지 알 수 있습니까? 그 이유를 설명하시오.

(3) **가** 그림과 **나** 그림 중에서 어느 것이 쌓기나무의 수를 정확하게 알 수 있습니까?

• 쌓기나무 그림은 같은 것이라도 보는 각도에 따라서 안 보이는 부분이 있을 수 있으므로 바닥에 닿는 면의 모양을 그려주면 쌓기나무의 수를 정확하게 알 수 있습니다.

2 쌓기나무가 몇 개인지 세어 보려고 합니다. 물음에 답하시오.

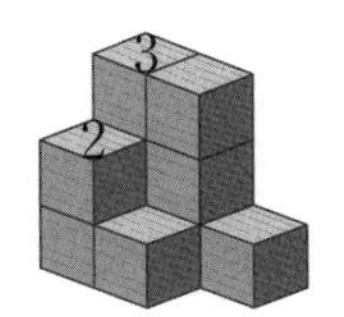

(1) 쌓기나무 모양 위에 각 자리마다 쌓여진 개수를 써 넣으시오.

(2) 바닥에 닿는 면 모양에 각 자리에 쌓인 쌓기나무의 수를 써넣고 사용된 쌓기나무 전체의 개수를 구하시오.

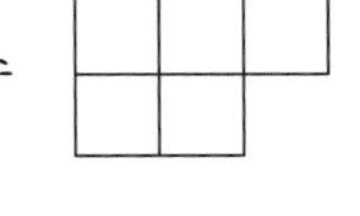

(3) 각 층별로 나누어 층별 쌓기나무의 수와 전체 쌓기나무의 수를 구하시오.

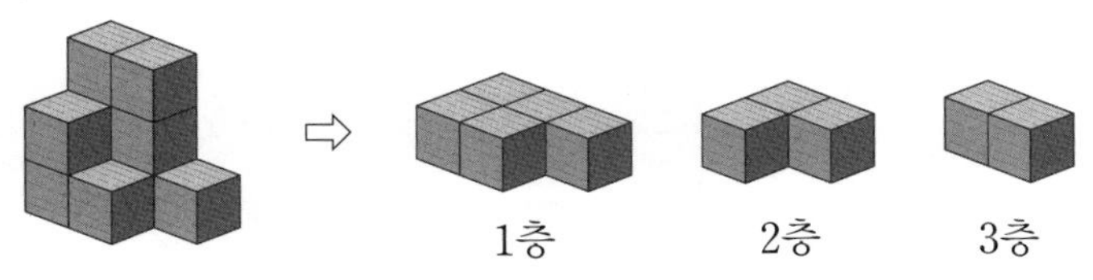

(4) 쌓기나무 ㉠, ㉡을 그림과 같이 옮기면 쌓기나무를 간단한 모양으로 만들 수 있습니다. 사용된 쌓기나무의 수를 세어 보시오.

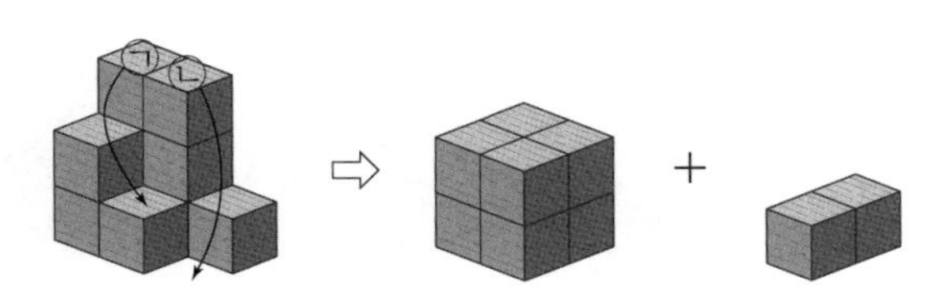

바닥에 닿는 면의 모양에 그 자리에 쌓인 쌓기나무의 수를 써넣는 것은 쌓기나무를 세로로 세는 것과 같습니다. 세로로 세어 합을 구하는 것이 층별로 구하는 것보다 정확한 경우가 많아 주로 이 방법을 사용합니다.

(5) 그림과 같이 가로나 세로 부분으로 나누어 쌓기나무의 수를 구한 다음 합을 구하시오.

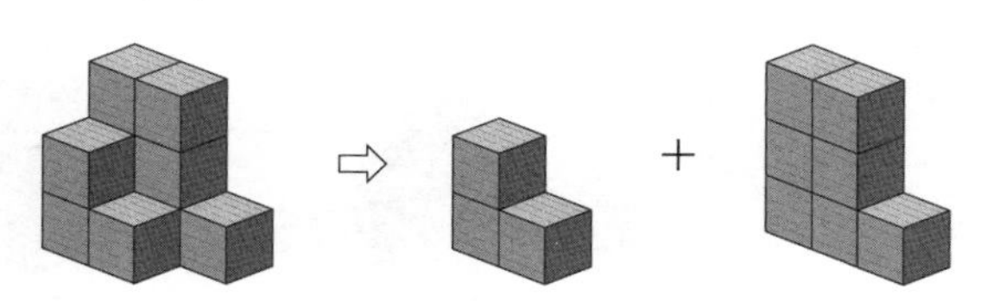

- 쌓기나무의 수 구하는 방법

① 바닥에 닿은 면의 모양을 기준으로 세로로 쌓인 쌓기나무의 수의 합으로 구하기
② 각 층별로 나누어 구하기
③ 여러 가지 방법으로 묶거나 간단한 모양으로 변형하여 구하기

쌓기나무를 가로나 세로로 나누는 경우 간단한 모양으로 만들 수 있는 것으로 나눕니다.

3 쌓기나무 위에 쌓기나무의 개수를 써넣어 쌓기나무 전체의 개수를 구하시오.

(1)

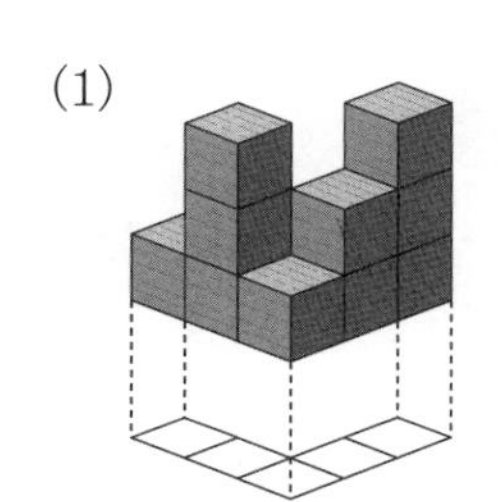

(2)

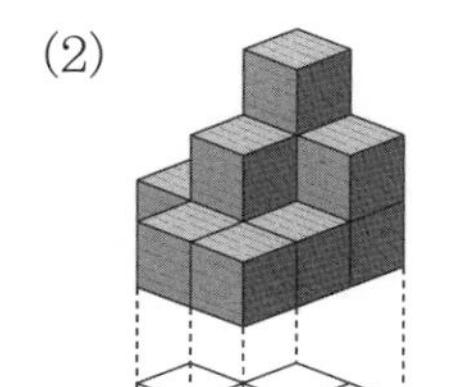

(3)

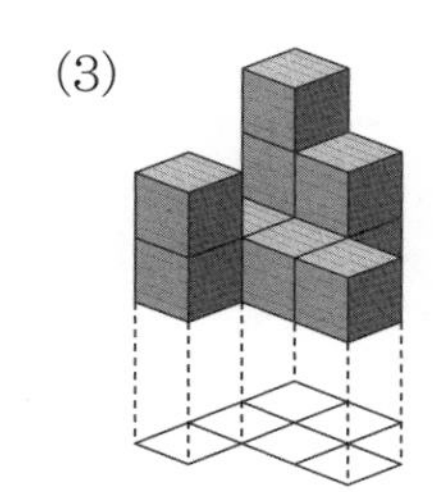

(4)

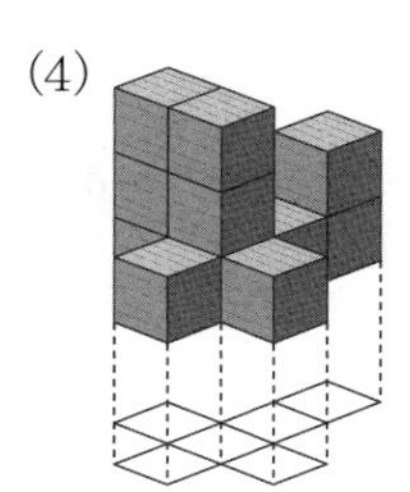

4 오른쪽과 같이 바닥과 벽면에 붙어 있는 쌓기나무 모양이 있습니다. 물음에 답하시오.

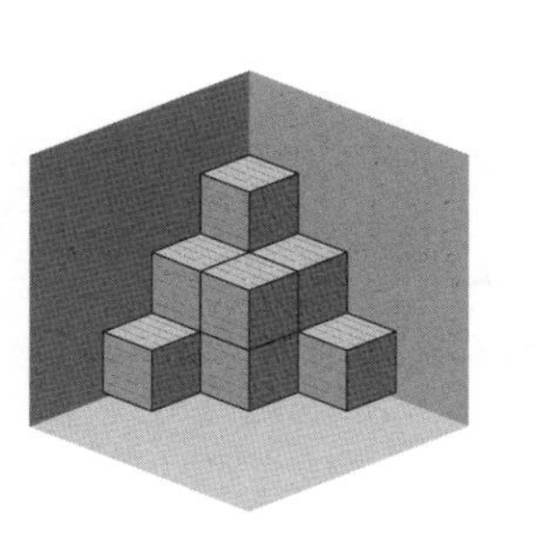

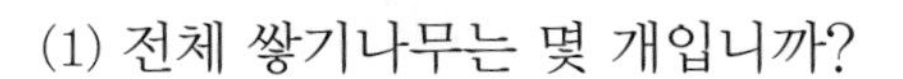

(1) 전체 쌓기나무는 몇 개입니까?

(2) 전체의 개수에서 보이는 것의 개수를 빼어 보이지 않는 쌓기나무의 수를 구하시오.

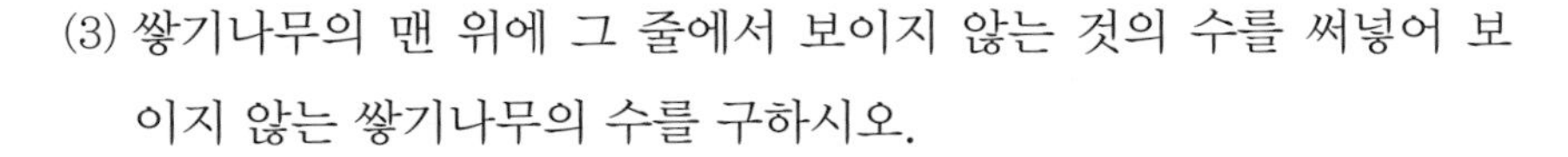

(3) 쌓기나무의 맨 위에 그 줄에서 보이지 않는 것의 수를 써넣어 보이지 않는 쌓기나무의 수를 구하시오.

- 보이지 않는 쌓기나무의 수를 세는 방법

① (전체의 수)−(보이는 쌓기나무의 수)
② 보이지 않는 것을 바로 표시하여 수 세기

1 바닥에 닿는 면 위에 쌓아 올린 쌓기나무의 수를 세어 빈칸에 써넣으시오.

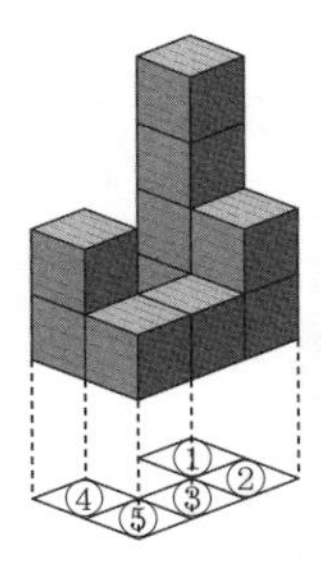

번호	①	②	③	④	⑤
쌓기나무의 수					

2 각 층에 쌓인 쌓기나무의 수를 세어 □ 안에 알맞은 수를 써넣고, 똑같은 모양을 만들기 위해 필요한 쌓기나무는 몇 개인지 구하시오.

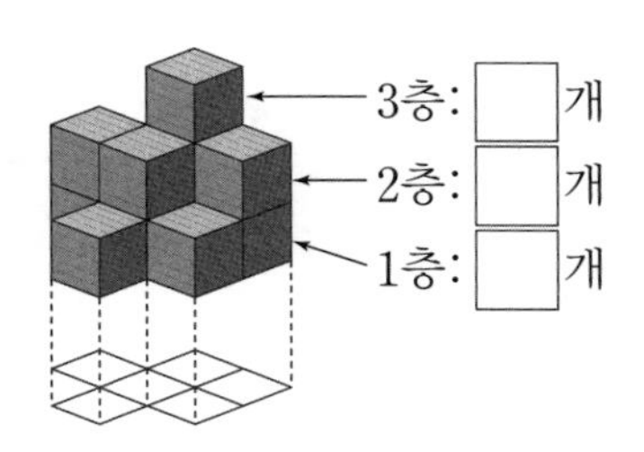

3 면끼리 붙이거나 쌓아 만든 쌓기나무 모양에서 바닥에 닿는 면의 그림이 필요 없는 것을 모두 고르시오.

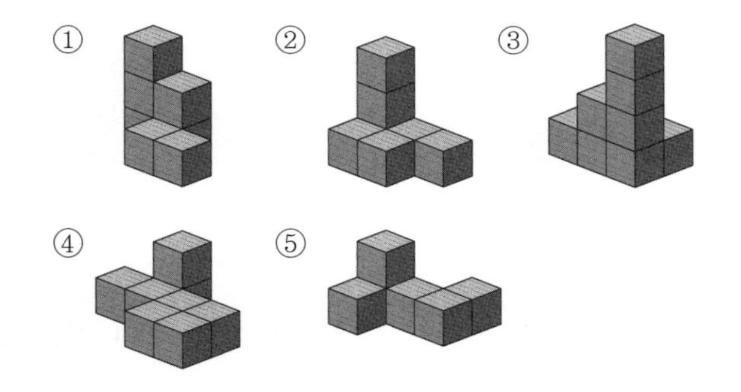

4 쌓기나무를 보고 바닥에 닿는 그림의 각 자리에 쌓인 쌓기나무의 수를 써넣으시오.

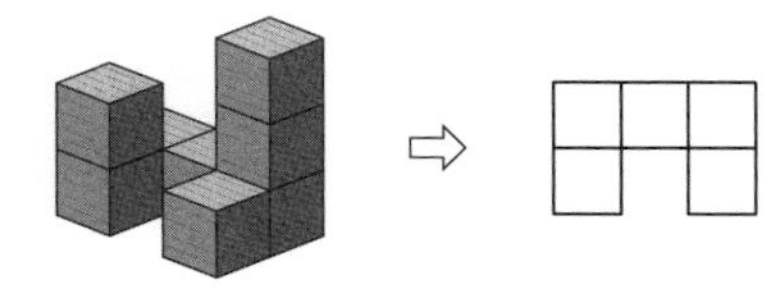

5 똑같은 모양을 만들기 위해 필요한 쌓기나무의 수를 구하시오.

(1)

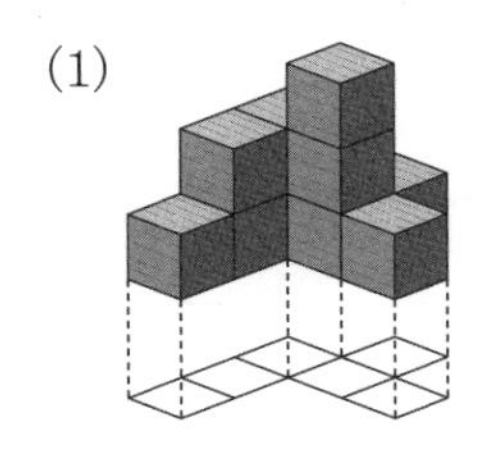

(2)

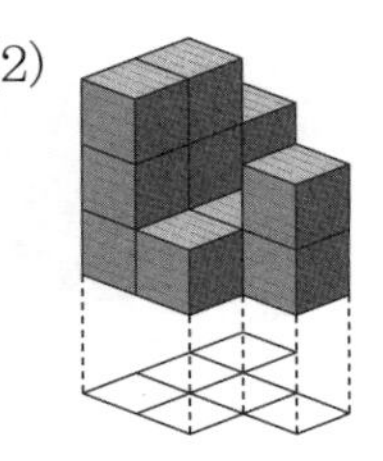

6 쌓기나무를 보고 물음에 답하시오.

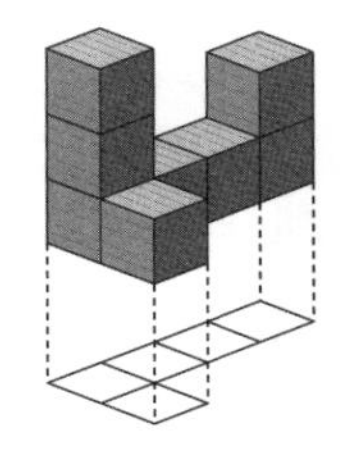

(1) 사용된 쌓기나무는 몇 개입니까?

(2) 쌓기나무의 각 자리를 모두 3층으로 쌓으려면 몇 개의 쌓기나무가 더 필요합니까?

7 바닥에 닿는 면 위의 수만큼 각 자리에 쌓기나무를 쌓으려고 합니다. 쌓기나무 모양에서 쌓기나무가 더 필요한 자리를 모두 고르시오.

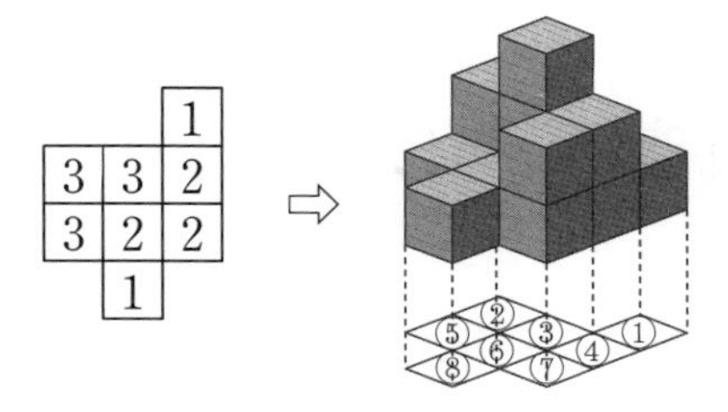

개념 넓히기

1 바닥 닿는 면의 모양에 쌓기나무의 수를 써넣고, 쌓기나무의 수를 구하시오.

(1)

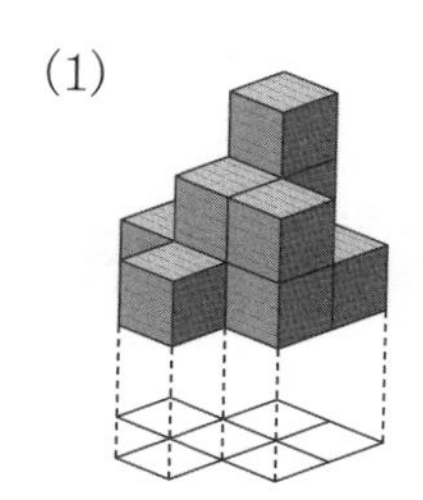

(2)

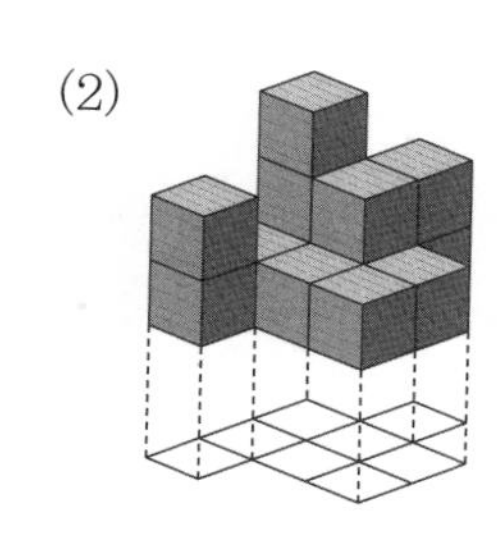

2 쌓기나무 모양에서 맨 아래층을 1층이라 할 때, 2층에 있는 쌓기나무는 몇 개입니까?

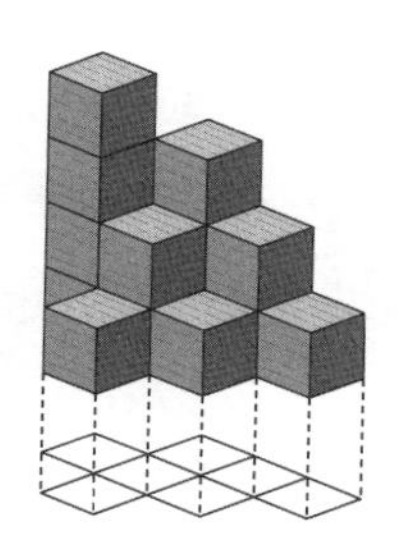

3 쌓기나무의 수를 구하시오.

(1)

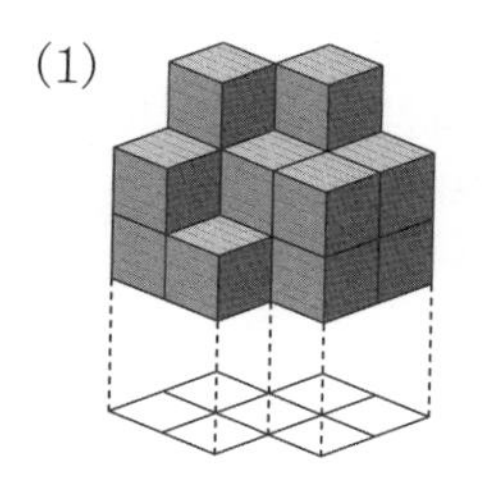

(2)

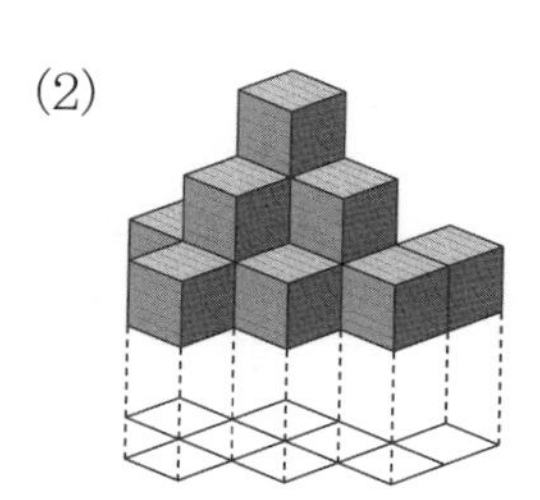

4 쌓기나무에서 색칠한 쌓기나무를 빼면 쌓기나무가 몇 개 남습니까?

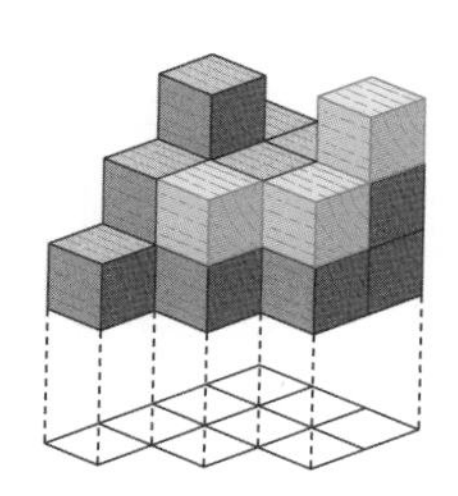

5 오른쪽 쌓기나무를 왼쪽에 쌓은 모양과 똑같이 쌓으려고 합니다. 쌓기나무를 몇 개 더 쌓아야 합니까?

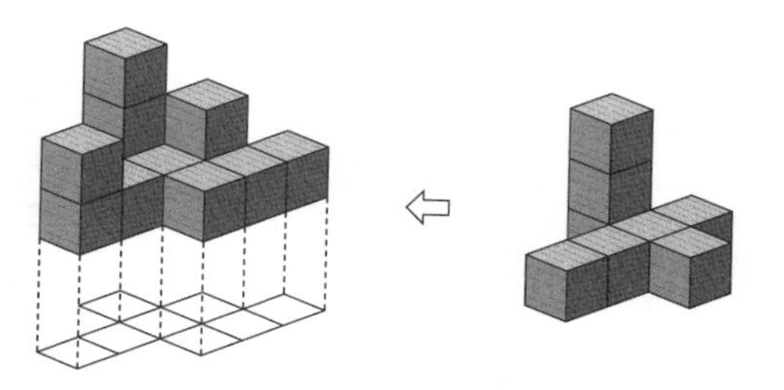

6 바닥에 닿는 면에 있는 수는 그 자리에 쌓아 올린 쌓기나무의 수를 나타낸 것입니다. 각 층에 쌓인 쌓기나무의 수를 빈칸에 써넣으시오.

4	3		
1			2
2	4	3	1

층 수	1층	2층	3층	4층
쌓기나무의 수				

7 왼쪽 쌓기나무에 쌓기나무 몇 개를 더 쌓아야 오른쪽과 같은 정육면체 모양의 쌓기나무가 되겠습니까?

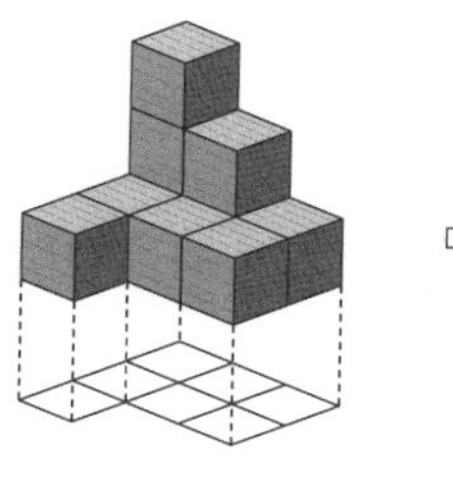

⇨

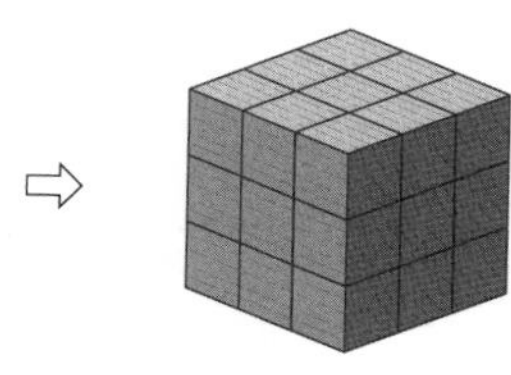

8 오른쪽 그림과 같이 바닥과 벽면에 붙어 있는 쌓기나무 모양이 있습니다. 보이지 않는 쌓기나무는 몇 개입니까?

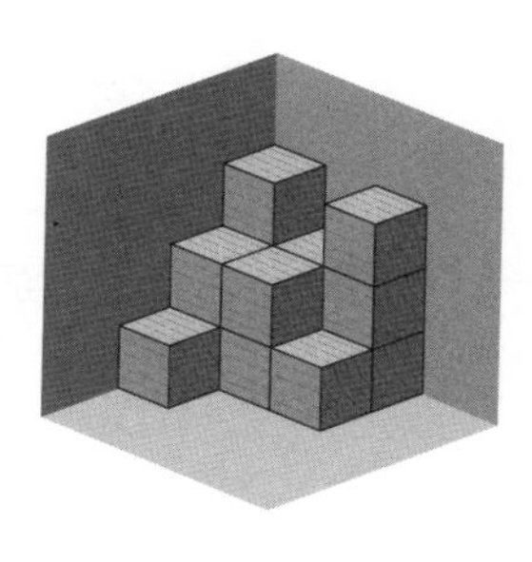

개념활동 40 쌓기나무의 위, 앞, 옆에서 본 모양

1 쌓기나무를 위에서 볼 때 보이는 면에 색칠하고 색칠한 면을 모눈종이에 그린 것입니다. 물음에 답하시오.

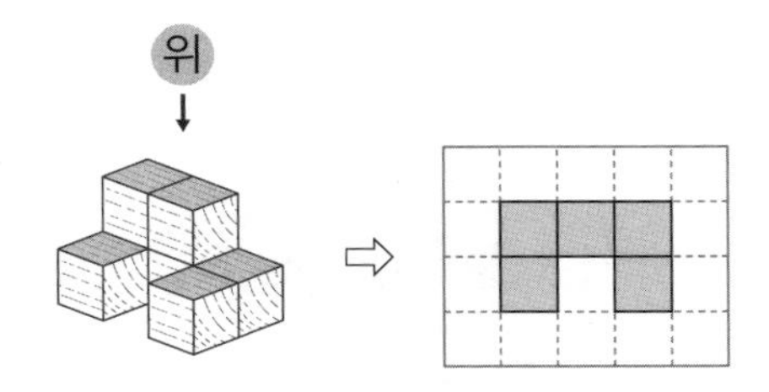

(1) 앞에서 볼 때 보이는 면에 색칠하고 그려 보시오.

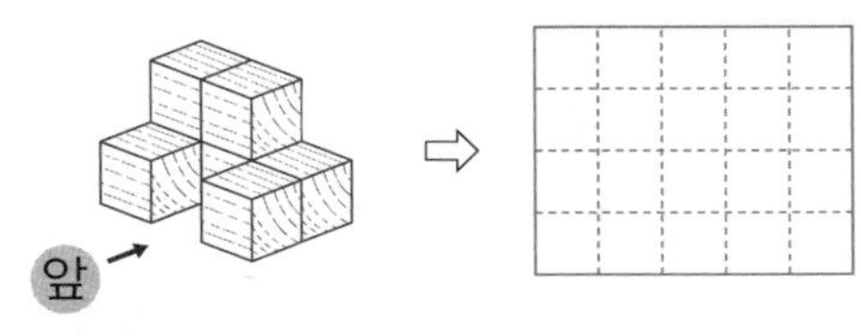

(2) 오른쪽 옆에서 볼 때 보이는 면에 색칠하고 그려 보시오.

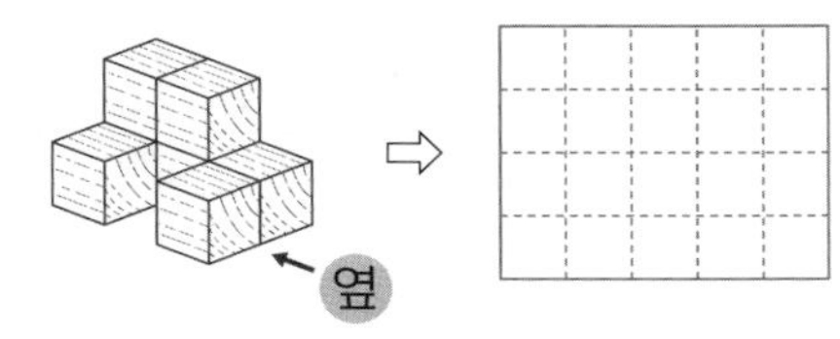

(3) 바닥에 닿는 면의 모양은 위, 앞, 옆에서 본 모양 중에 어느 것과 같습니까?

(4) 위에서 본 모양의 각 자리에 그 자리에 쌓인 쌓기나무의 수를 써넣고, 쌓기나무 전체의 수를 구하시오

특별한 조건이 없는 한 일반적으로 옆에서 본 모양은 오른쪽 옆에서 본 모양으로 생각합니다
왼쪽 옆에서 본 모양은 오른쪽에서 본 모양과 오른쪽, 왼쪽이 바뀐 모양이 됩니다.

• 오른쪽 옆에서 본 모양

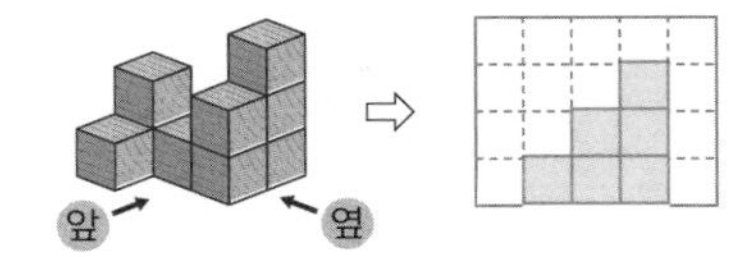

• 왼쪽 옆에서 본 모양

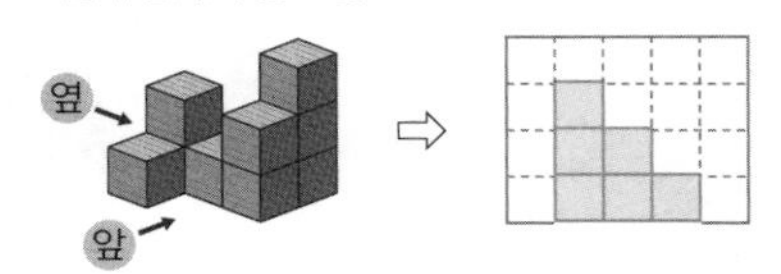

바닥에 닿는 면의 모양은 위에서 본 모양과 항상 같습니다. 쌓기나무는 바닥에 닿는 면 위에 쌓는 것이므로 위에서 본 모양을 아는 것은 매우 중요합니다.

2 쌓기나무를 보고, 위, 앞, 옆에서 본 모양을 그려 보시오.

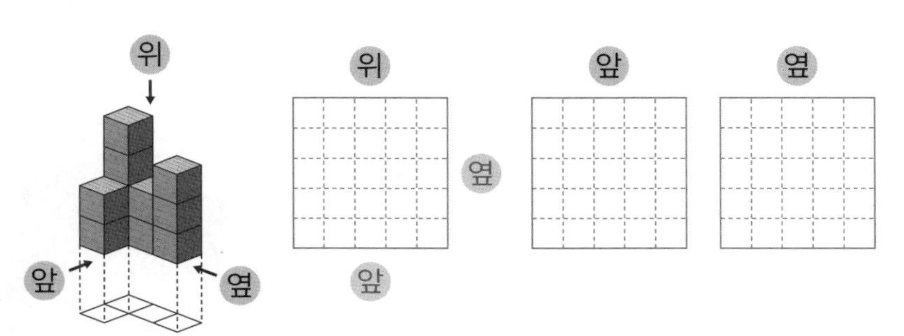

3 □ 안의 숫자는 각 자리 위에 쌓아 올린 쌓기나무의 수입니다. 앞과 옆에서 본 모양을 각각 그려 보시오.

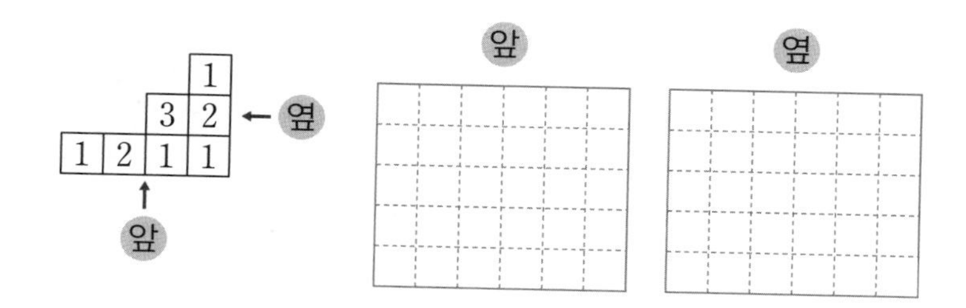

4 여러 가지 모양의 쌓기나무 그림을 그리려고 합니다. 물음에 답하시오.

(1) 먼저 쌓기나무 3개를 이어 붙인 직육면체를 그립니다.
그린 직육면체에 선을 그어 3개의 쌓기나무 그림을 완성하시오.

(2) ①번 쌓기나무 위에 쌓기나무 1개를 쌓은 그림을 그리려면 아래의 왼쪽 그림과 같이 앞에서 본 모양을 그리고, 그 그림에 평행한 선분을 그으면 됩니다. ③번 쌓기나무 위에 쌓기나무 1개를 쌓은 그림을 완성하시오.

(3) ②번과 ③번 뒤에 쌓기나무가 각각 1개씩 붙어 있는 그림을 완성하시오.

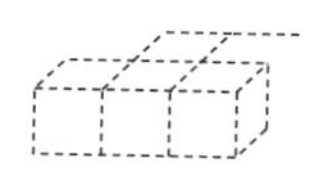

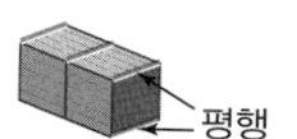

쌓기나무를 그릴 때는 나란히 있는 모서리들은 모두 평행하고 길이가 같도록 그려야 합니다.

5 오른쪽 쌓기나무 모양을 보고 주어진 조건에 맞도록 쌓기나무를 쌓거나 뺀 그림을 그려 보시오.

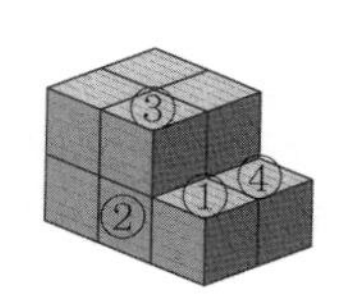

(1) ①번을 뺀 것

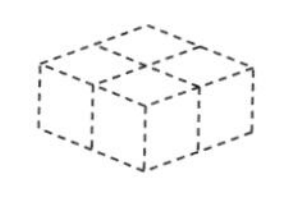

(2) ②번 앞에 1개 붙인 것

(3) ③번을 뺀 것

(4) ④번 위에 2개 쌓은 것

쌓기나무에서 그림을 그리는 것은 매우 중요합니다. 여러 가지 위치로 쌓기나무를 옮겨서 그리는 연습을 많이 해 보도록 합시다.
특히 쌓기나무의 방향을 바꾸어 그리는 연습을 해 보는 것도 좋습니다.

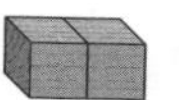

그림을 그릴 때는 가능한 자를 사용하지 않고 그리는 연습을 해야 나중에 잘 그릴 수 있습니다.

1 가장 적은 수의 쌓기나무로 쌓은 모양을 쌓기나무를 보고 위, 앞, 옆에서 본 모양을 그려 보시오.

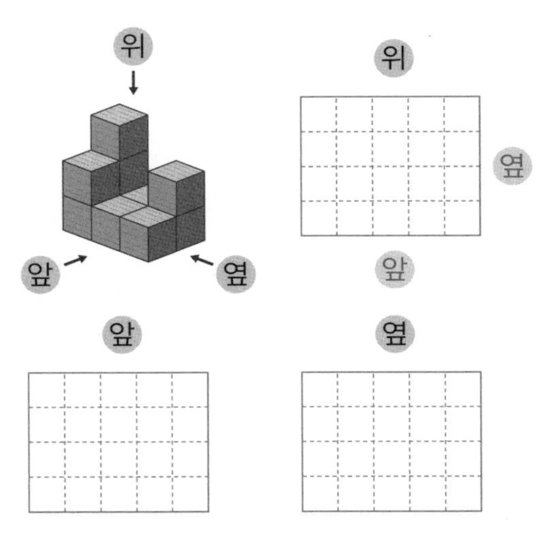

2 왼쪽 모양에서 ○표 한 쌓기나무를 뺀 후 쌓기나무 모양을 앞에서 본 모양을 그려 보시오.

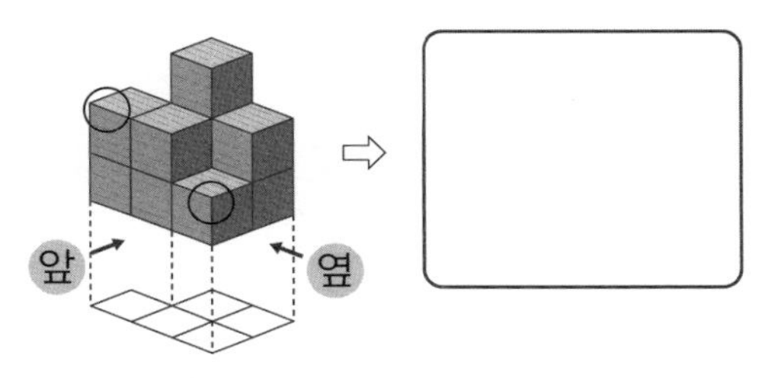

3 쌓기나무로 쌓은 모양을 위, 앞, 옆에서 본 모양입니다. 어떤 모양을 본 것인지 기호를 쓰시오.

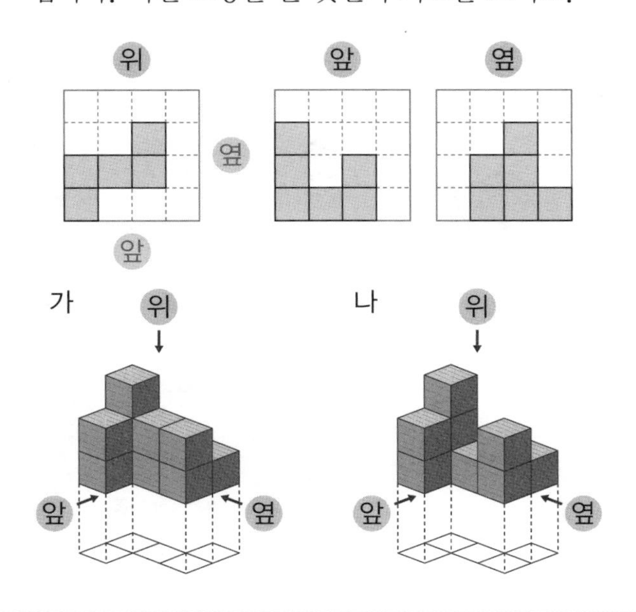

4 오른쪽은 쌓기나무 10개로 만든 모양입니다. 앞과 옆에서 본 모양을 각각 그려 보시오.

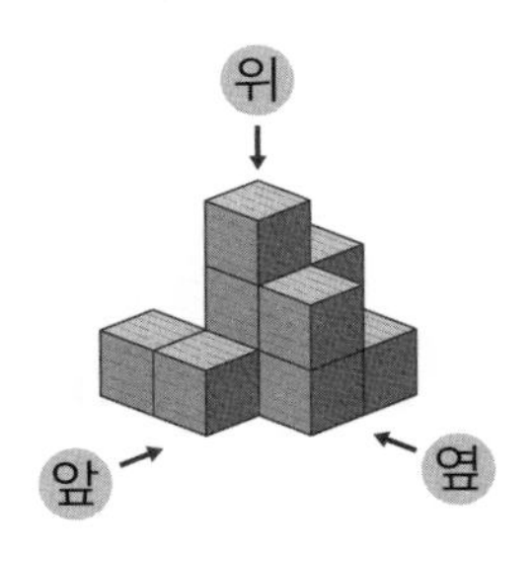

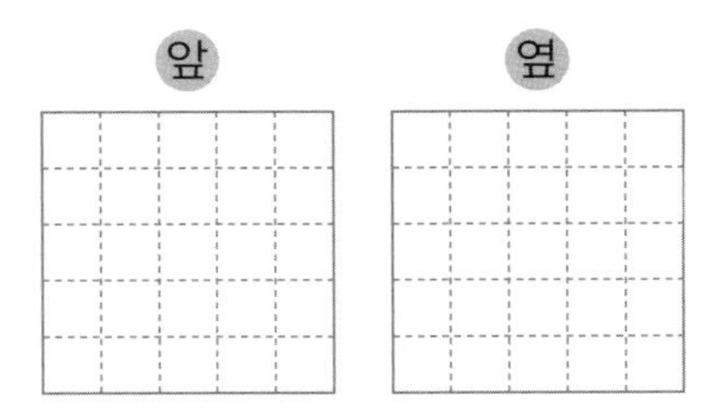

5 가의 앞과 옆에서 본 모양이 같습니다. 앞과 옆에서 본 모양이 가와 같아지려면 나의 바닥에 닿는 면에 어떻게 쌓아야 하는지 각 자리에 쌓기나무의 수를 써넣으시오.

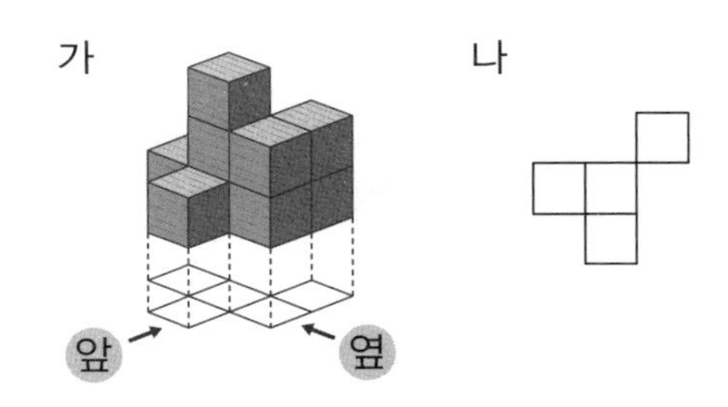

6 다음 조건에 맞는 그림을 그려 보시오.

(1) ①, ②번 위에 쌓기나무를 1개씩 쌓은 그림

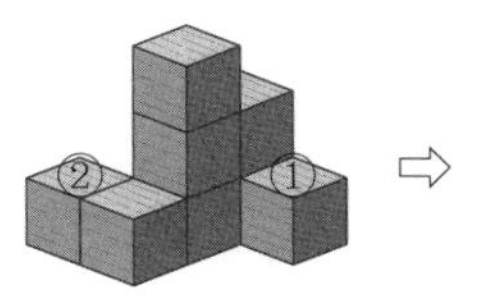

(2) ①, ②번의 쌓기나무를 뺀 그림

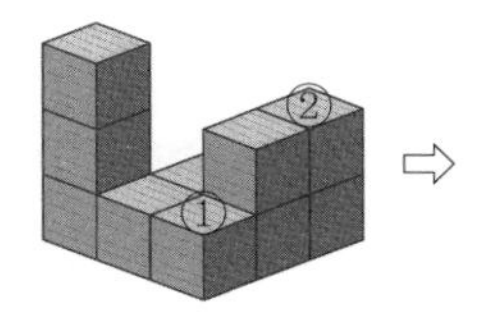

개념 넓히기

1 쌓기나무 9개로 만든 모양입니다. 위, 앞, 옆에서 본 모양을 찾아 □ 안에 위, 앞, 옆을 써넣으시오.

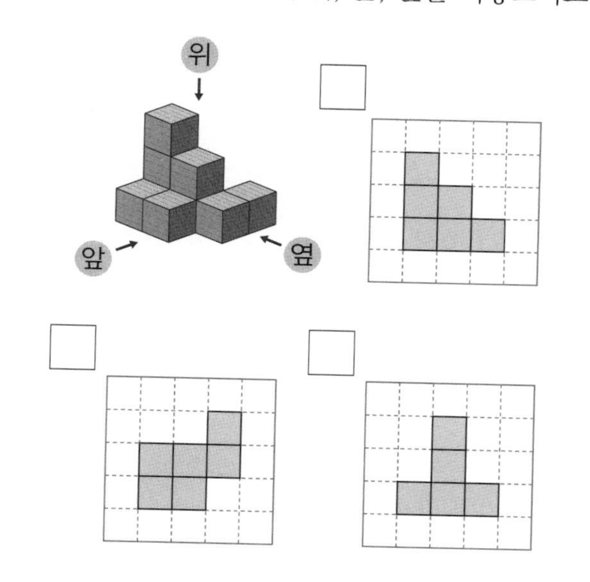

2 쌓기나무로 만든 모양을 보고 옆에서 보았을 때 가능한 것을 2가지 그려 보시오.

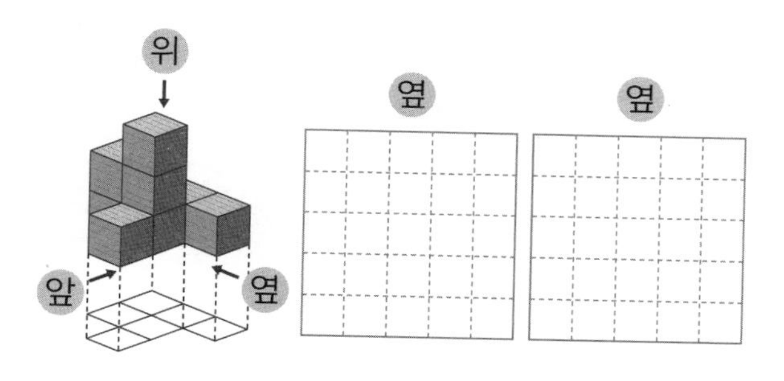

3 쌓기나무로 만든 모양을 위, 앞, 옆에서 본 모양입니다. 물음에 답하시오.

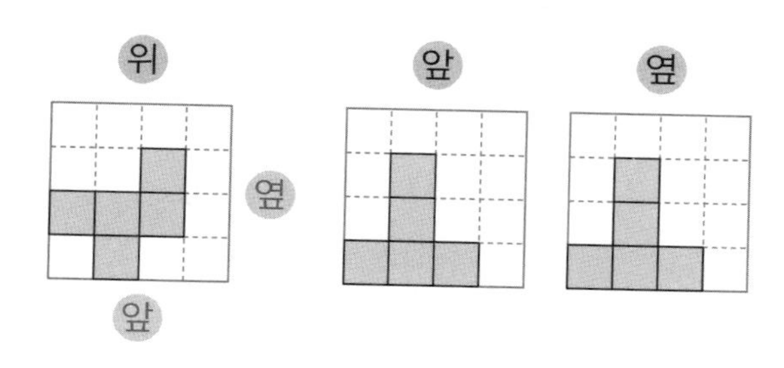

(1) 사용된 쌓기나무의 수를 구하시오.

(2) 쌓기나무 전체의 모양을 그려 보시오.

4 □ 안의 숫자는 그 자리에 쌓아 올린 쌓기나무의 수입니다. 가와 나 중에서 앞과 옆에서 본 모양이 같은 것은 어느 것입니까?

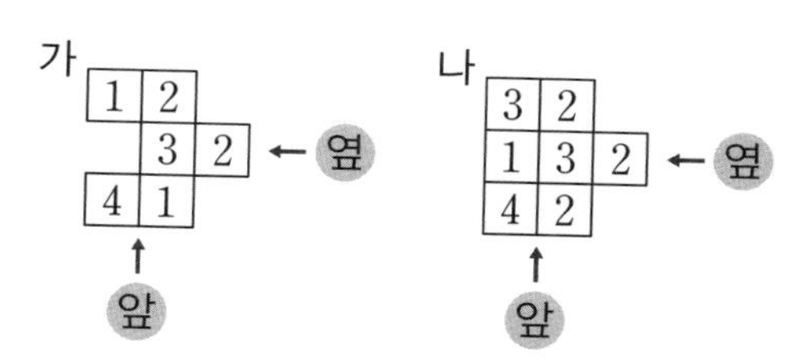

5 오른쪽 쌓기나무에서 위, 앞, 옆에서 본 모양이 변하지 않도록 쌓기나무를 가장 많이 뺄 때 뺄 수 있는 쌓기나무를 모두 찾아 ○표 하시오.

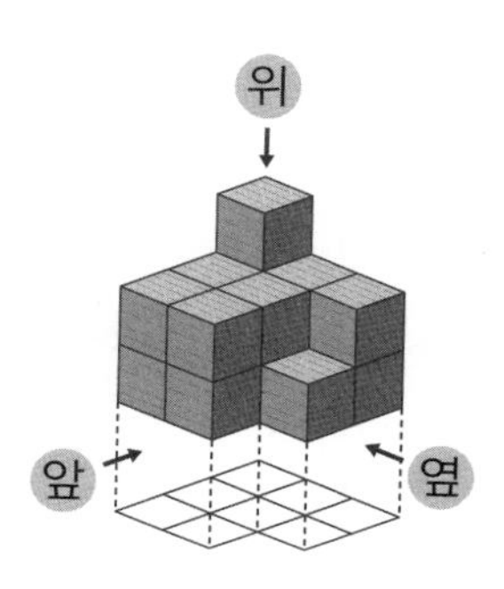

6 쌓기나무 9개로 만든 쌓기나무 모양을 위와 앞에서 본 모양입니다. 모두 몇 가지 경우를 만들 수 있습니까?

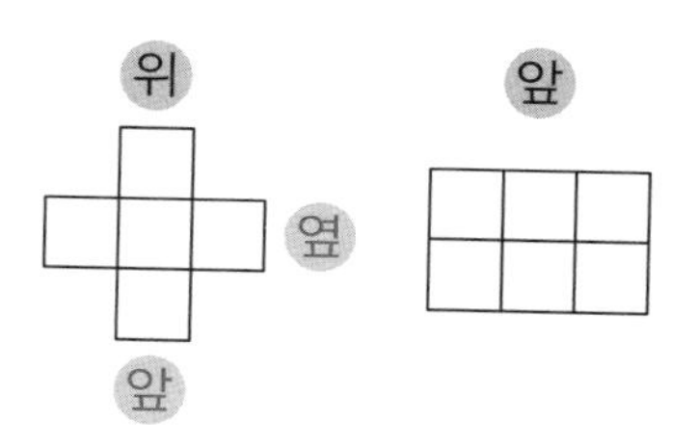

7 왼쪽 모양에서 ○표 한 쌓기나무를 뺀 후의 모양을 그려 보시오.

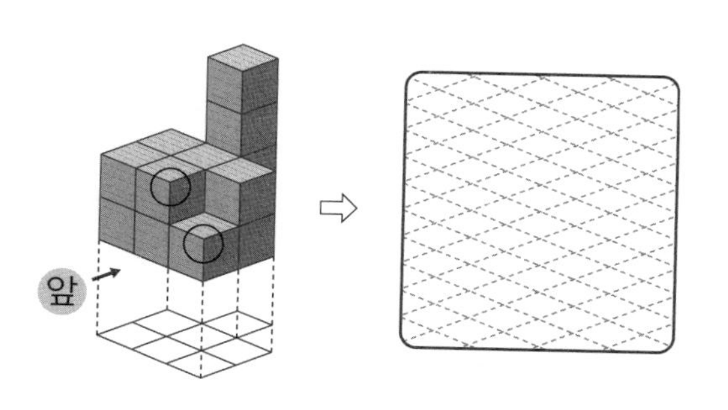

쌓기나무 전체의 모양

1 쌓기나무로 만든 모양을 위, 앞, 오른쪽 옆에서 본 모양입니다. 물음에 답하시오.

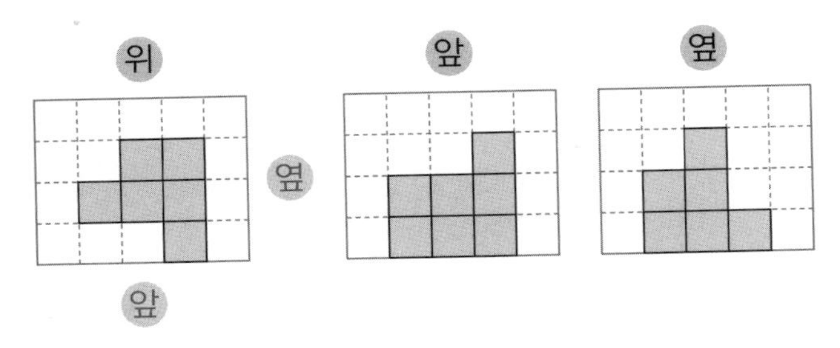

(1) 위에서 본 모양은 몇 층의 모양과 같습니까?

(2) 앞에서 본 쌓기나무의 수는 왼쪽부터 2개, 2개, 3개로 보이므로 위에서 본 쌓기나무의 모양의 아래에 써넣었습니다. 또 옆에서 본 쌓기나무의 수는 왼쪽부터 2개, 3개, 1개로 보이므로 옆에 써넣었습니다. 오른쪽 빈칸에 쌓기나무의 수를 써넣으시오.

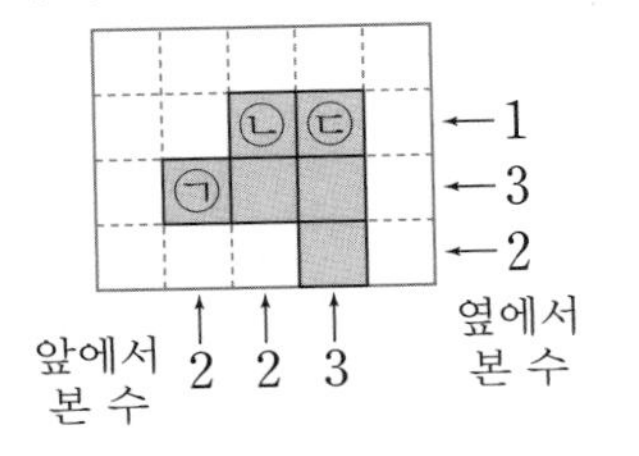

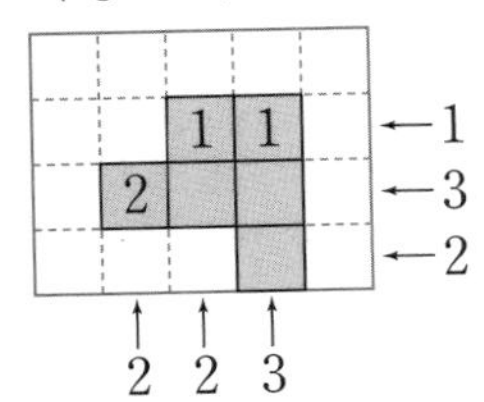

(3) 쌓기나무 전체의 수를 구하시오.

> **꿀팁**
> ㉠의 자리는 쌓기나무 모양을 앞에서 볼 때의 수가 2, 옆에서 볼 때의 수가 3이므로 들어갈 수 있는 수는 2밖에 없습니다. 같은 방법으로 ㉡의 자리에는 옆에서 볼 때의 수가 1개이므로 1이 들어갈 수 밖에 없습니다.

> **꿀팁**
> 위, 앞, 옆의 모습이 나오는 문제는 왼쪽과 같이 위에서 본 모습을 기준으로 아래와 옆에서 보이는 쌓기나무의 수를 적어 비교하면 쉽게 찾을 수 있습니다.

2 쌓기나무로 만든 모양을 위, 앞, 오른쪽 옆에서 본 모양입니다. 위에서 본 모양에 쌓기나무의 수를 써넣어 쌓기나무 전체의 수를 구하고 어떤 모양을 본 것인지 찾아 기호를 쓰시오.

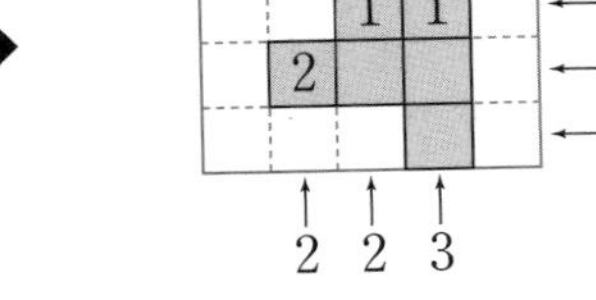

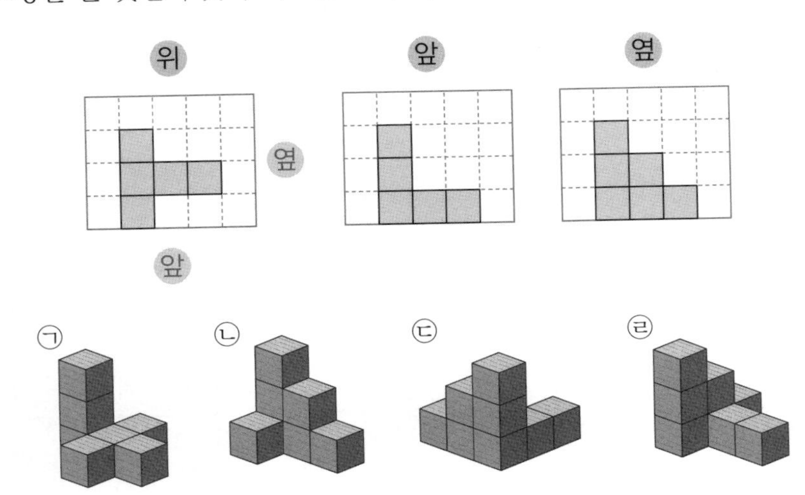

• 쌓기나무의 위, 앞, 옆

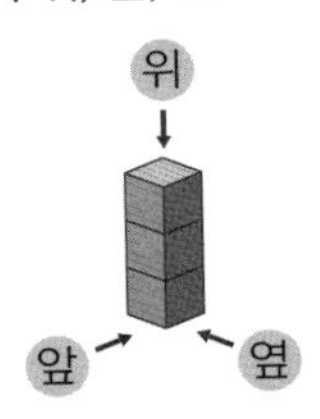

위의 그림과 같이 위, 앞 옆의 방향을 알고 모양을 찾습니다.

3 쌓기나무로 만든 모양을 위, 앞, 오른쪽 옆에서 본 모양입니다. 물음에 답하시오.

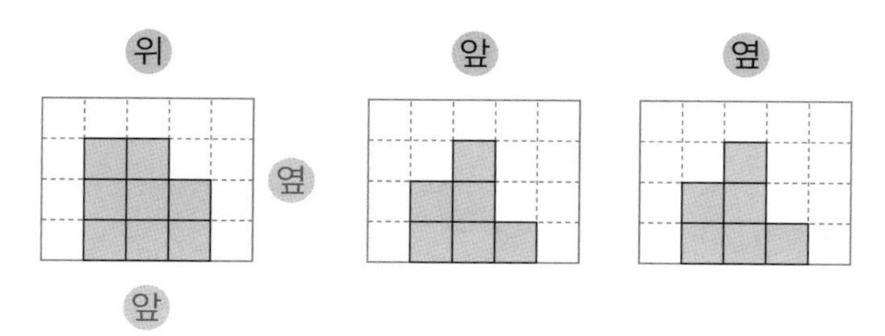

(1) 위에서 본 모양에, 쌓기나무의 수가 가장 많게 되도록 각 자리에 조건에 맞는 수를 써넣으시오.

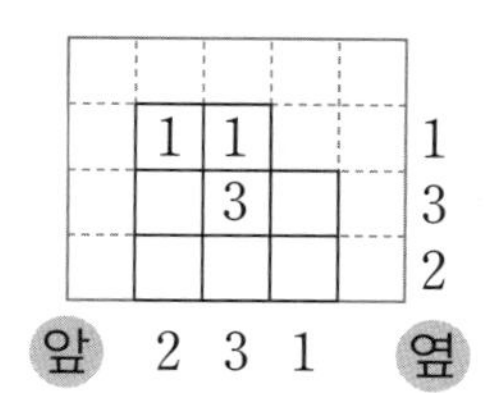

(2) 쌓기나무의 수가 가장 많은 경우는 몇 개입니까?

(3) 쌓기나무의 수가 가장 많은 경우에 위, 앞, 옆에서 본 모양이 변하지 않도록 쌓기나무를 빼어 수가 가장 적게 되도록 빈칸에 알맞은 수를 써넣으시오.

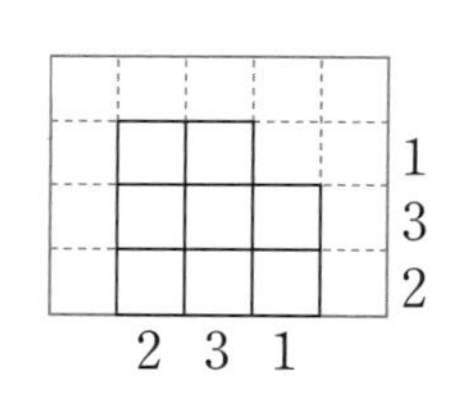

(4) 쌓기나무의 수가 가장 적은 경우는 몇 개입니까?

4 쌓기나무로 만든 모양을 위, 앞, 오른쪽 옆에서 본 모양입니다. 물음에 답하시오.

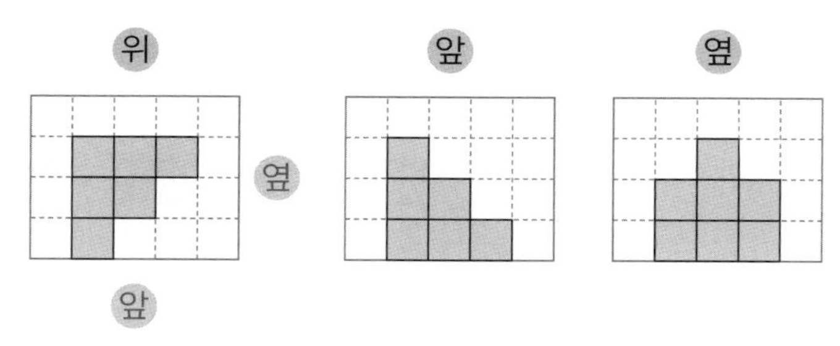

(1) 위에서 본 모양을 그린 다음 쌓기나무의 수가 가장 많은 경우와 가장 적은 경우가 되도록 빈칸에 알맞은 수를 써넣으시오.

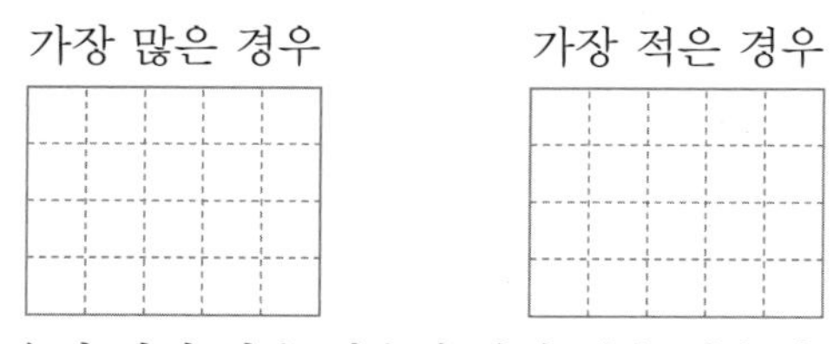

(2) 쌓기나무의 수가 가장 많은 경우와 가장 적은 경우의 차를 구하시오.

꿀팁

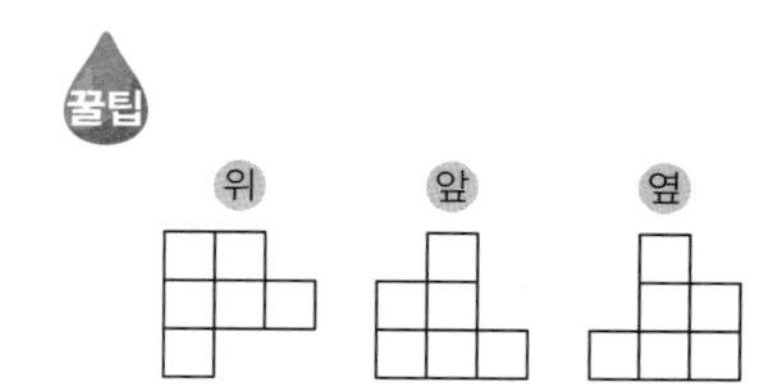

위, 앞, 옆에서 본 모양이 위와 같이 주어진 쌓기나무의 개수가 가장 많을 경우 : 11개

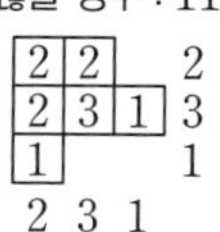

그런데 쌓기나무의 개수가 가장 적은 경우는 위의 그림에서 숫자를 줄여도 앞, 옆에서 본 모양(개수)이 변하지 않도록 숫자를 바꿉니다. : 9개

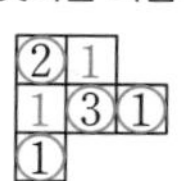

숫자를 줄일 때는 앞과 옆이 만나는 위치에 변화가 없는 숫자를 먼저 쓰고 나머지를 1로 채웁니다.
다음 그림에서 ∨표시된 쌓기나무 2개를 빼내어도 위, 앞, 옆에서 본 모양은 변하지 않습니다.

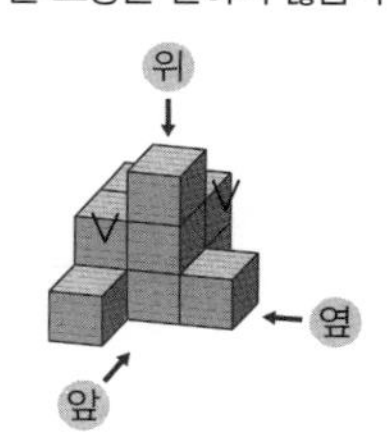

이와 같은 방법으로 가장 적은 쌓기나무의 수를 구할 때에는 먼저 가장 많게 되는 경우를 구한 다음에 위, 앞, 옆에서 본 모양이 변하지 않도록 쌓기나무를 빼어 가장 적은 수를 구하면 됩니다.

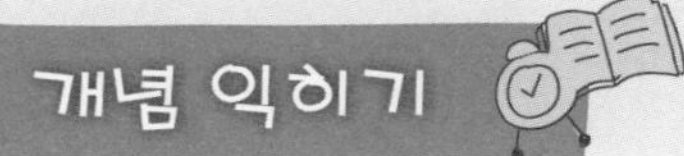

개념 익히기

1 쌓기나무로 만든 모양을 위, 앞, 옆에서 본 모양입니다. 쌓기나무의 수를 구하시오.

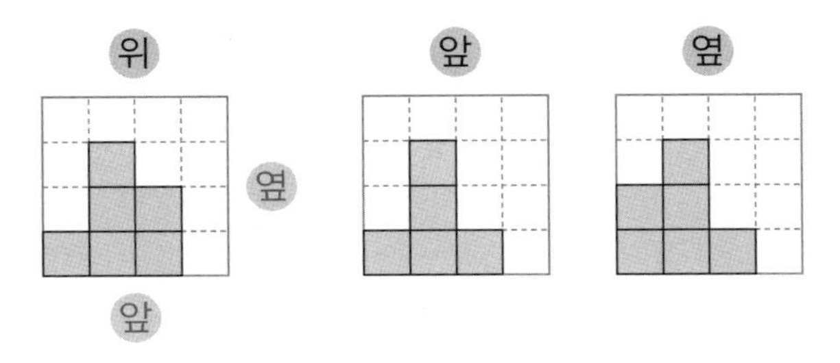

2 오른쪽 모양을 보고 물음에 답하시오.

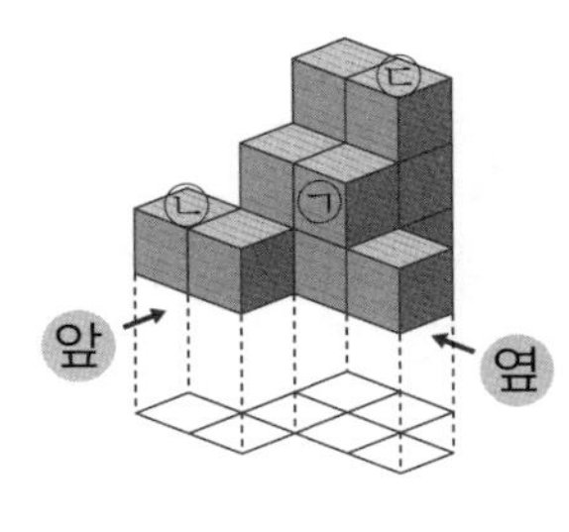

(1) 쌓기나무를 위, 앞, 옆에서 본 모양을 그려 보시오.

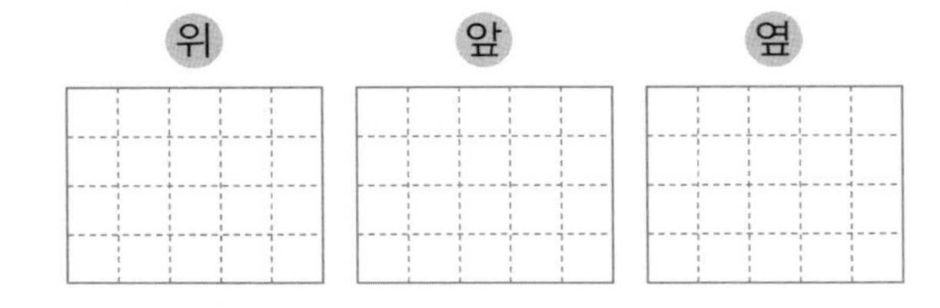

(2) 위, 앞, 옆에서 본 모양이 변하지 않도록 빼낼 수 있는 쌓기나무를 찾아 기호를 쓰시오.

3 쌓기나무로 만든 모양을 위, 앞, 옆에서 본 모양입니다. 어떤 쌓기나무를 본 것인지 찾아 기호를 쓰고, 전체 쌓기나무의 수를 구하시오.

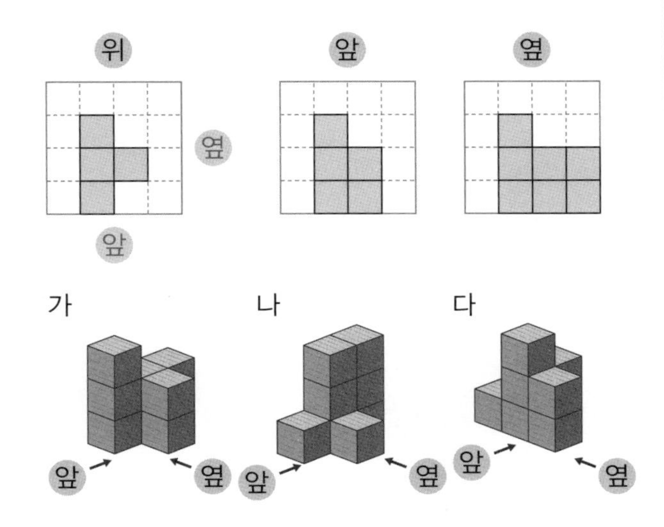

4 쌓기나무로 만든 모양을 위, 앞, 오른쪽 옆에서 본 모양입니다. 물음에 답하시오.

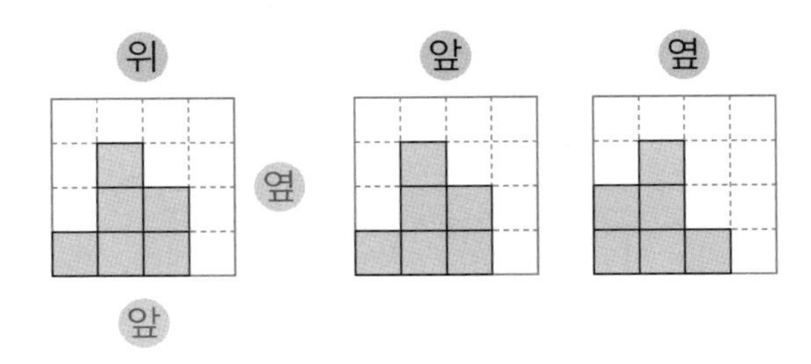

(1) 위에서 본 모양에 앞과 옆에서 본 쌓기나무의 수가 가장 많을 경우를 써넣고 전체 쌓기나무의 수를 구하시오.

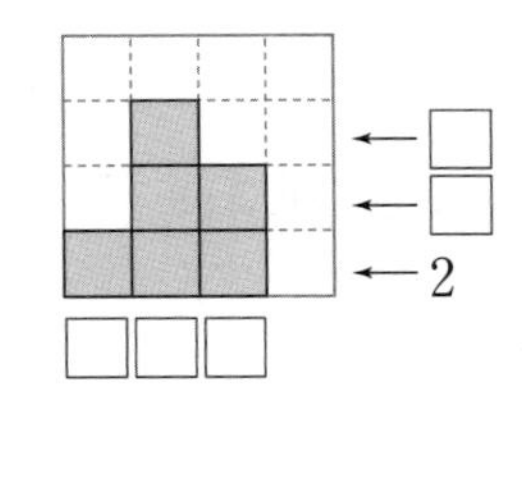

(2) 위에서 본 모양에 앞과 옆에서 본 쌓기나무의 수가 가장 적을 경우를 써넣고 전체 쌓기나무의 수를 구하시오.

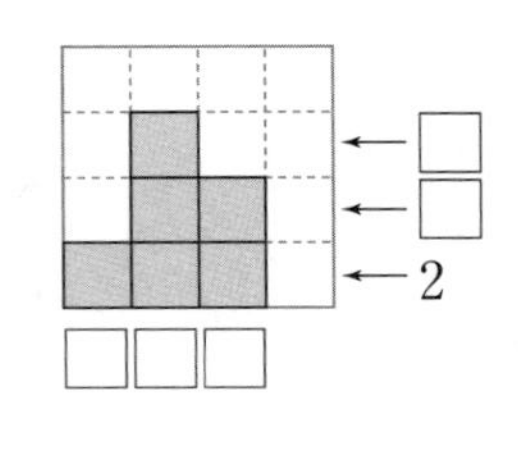

5 쌓기나무를 위, 앞, 옆에서 본 모양입니다. 쌓기나무의 수가 가장 많을 때와 가장 적을 때의 수를 각각 구하시오.

(1)

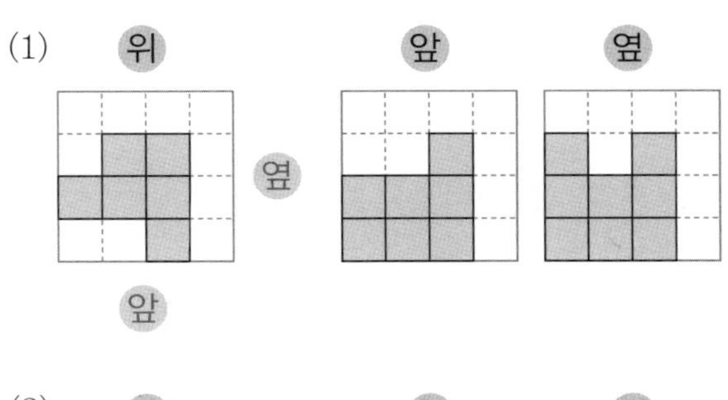

(2)

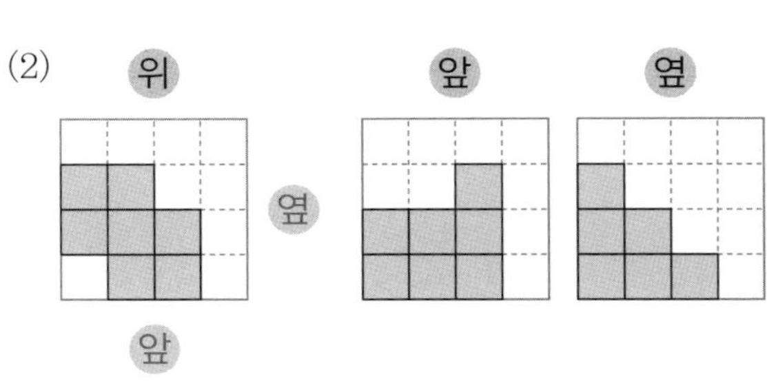

개념 넓히기

1 쌓기나무로 만든 모양을 위, 앞, 옆에서 본 모양입니다. 쌓기나무 전체의 수를 구하시오.

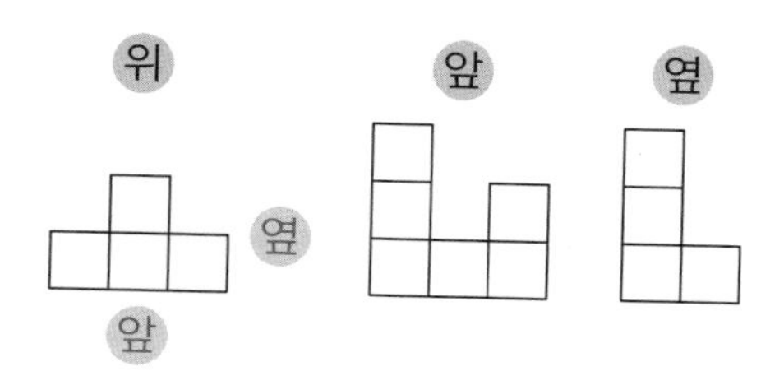

2 쌓기나무로 만든 모양을 위, 앞, 옆에서 본 모양입니다. 쌓기나무 전체의 모양을 그려 보시오.

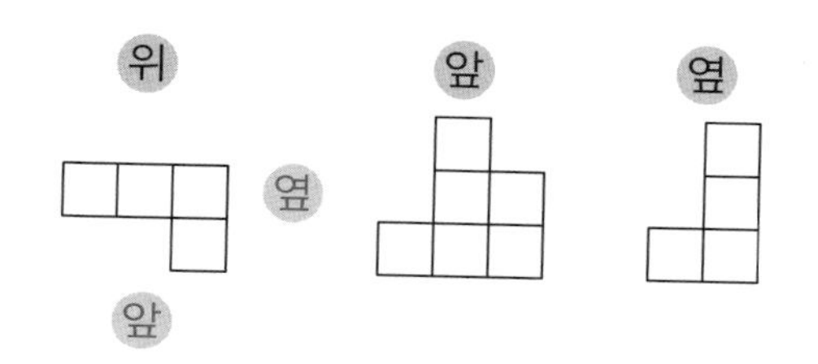

3 오른쪽 쌓기나무에서 위, 앞, 옆에서 본 모양이 변하지 않도록 동시에 빼낼 수 있는 쌓기나무는 몇 개입니까?

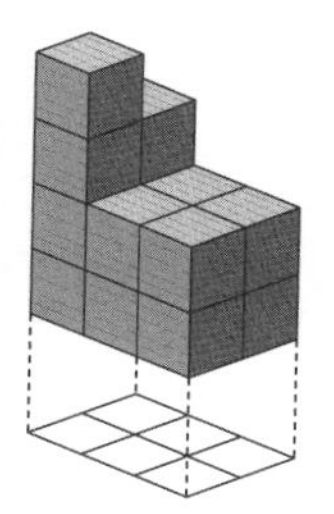

4 쌓기나무 모양을 위와 앞에서 본 모양입니다. 사용된 쌓기나무가 가장 많을 경우와 가장 적을 경우의 개수를 각각 구하시오.

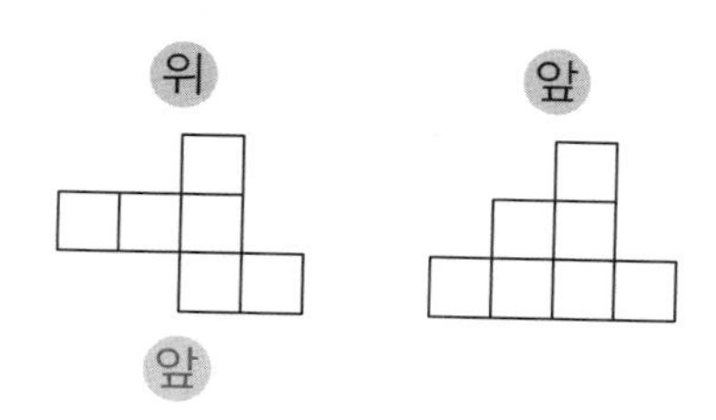

5 위, 앞과 옆에서 본 모양이 다음과 같을 경우, 사용된 쌓기나무의 수가 가장 많은 경우와 가장 적은 경우의 쌓기나무의 수를 각각 구하시오.

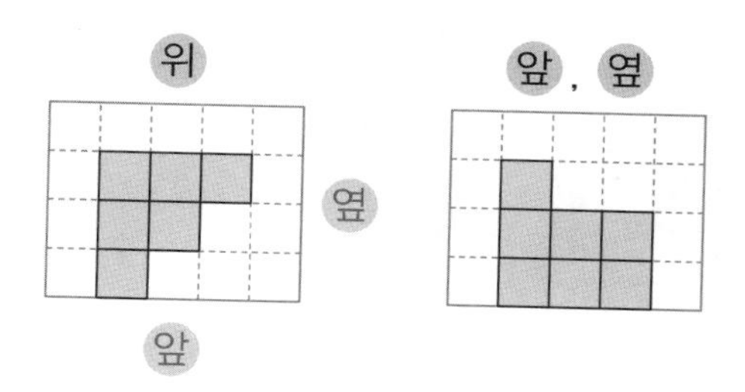

6 쌓기나무로 만든 모양을 위에서 본 모양은 정사각형이고, 앞과 옆에서 본 모양은 그림과 같습니다. 물음에 답하시오.

앞 옆

(1) 쌓기나무의 수가 가장 많을 때 위에서 본 모양을 그려 보고 쌓기나무의 수를 구하시오.

(2) 쌓기나무의 수가 가장 적을 때 위에서 본 모양을 그려 보고 쌓기나무의 수를 구하시오.

7 쌓기나무 6개를 사용하여 다음 조건을 만족하는 경우를 모두 몇 가지 만들 수 있습니까? (단, 돌려서 같은 모양은 한 가지로 생각합니다.)

- 쌓기나무로 쌓은 모양에서 가장 높은 층이 3층입니다.
- 앞과 옆에서 본 모양이 같습니다.
- 위에서 본 모양은 정사각형입니다.

8 쌓기나무를 위, 앞, 옆에서 본 모양이 모두 오른쪽과 같은 모양으로 똑같을 때, 쌓기나무의 수가 가장 많을 경우와 가장 적을 경우를 각각 구하시오.

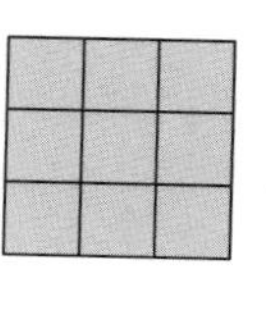

42 조건에 맞는 모양

1 오른쪽과 같은 모양에 연결큐브 1개를 더 붙여서 서로 다른 모양을 만들려고 합니다. 점선 모양을 바탕으로 그림을 완성해 보시오.

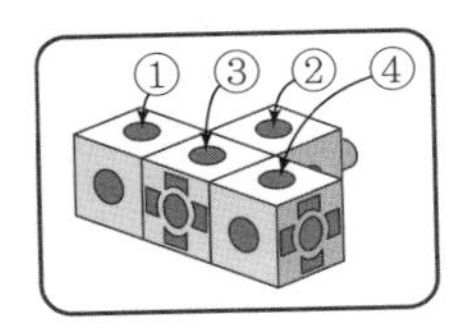

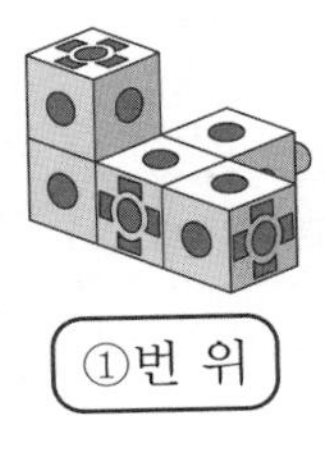

①번 위

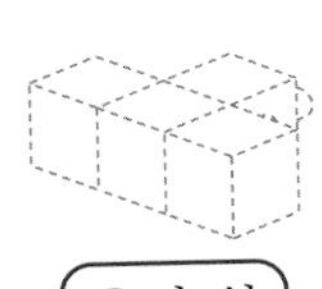

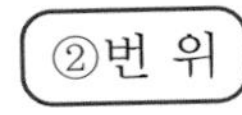

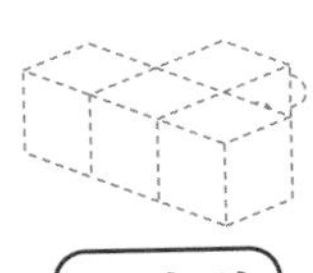

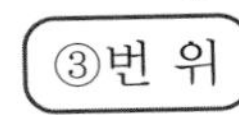

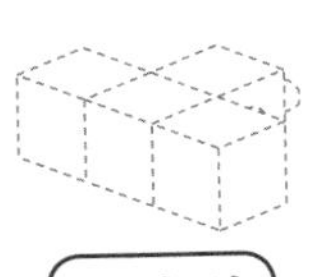

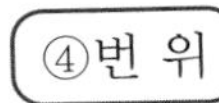

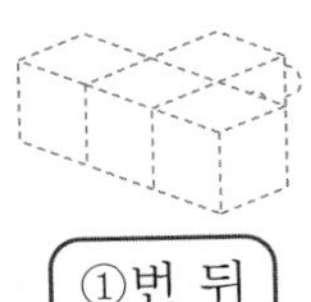

①번 뒤

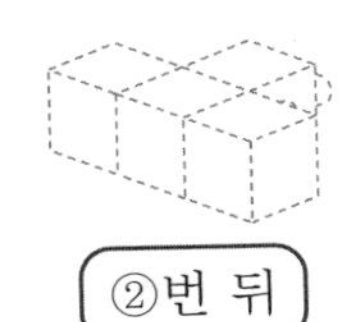

②번 뒤

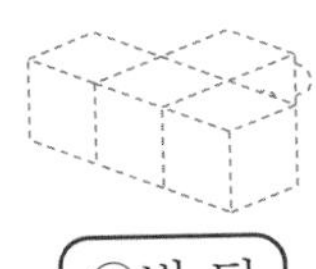

④번 뒤

①번 왼쪽

2 정사각형 3개를 변끼리 이어 붙여 만든 모양에 정사각형 1개를 더 붙여서 만들 수 있는 모양을 모두 그려 보시오. 몇 가지입니까? (단, 돌리거나 뒤집어서 같은 모양이 되면 한 가지로 봅니다.)

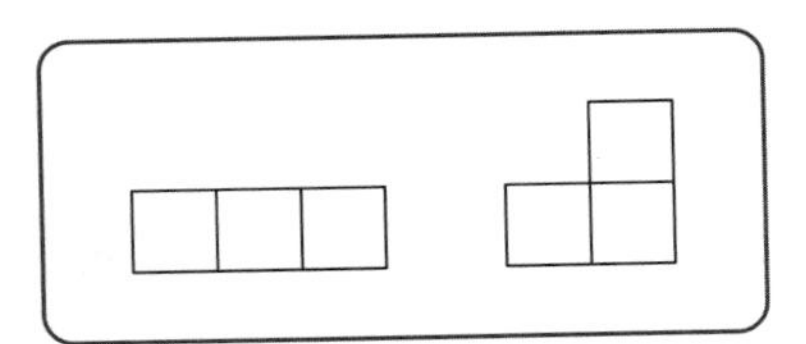

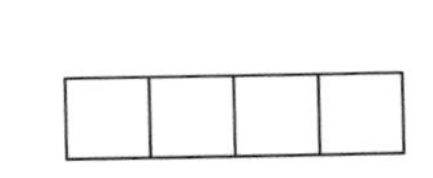

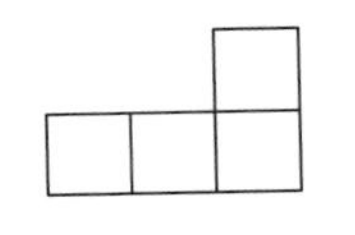

• 정사각형 3개를 변끼리 이어 붙여 만든 모양을 트리미노라고 합니다. 이 정사각형에 1개를 더 붙여 4개로 만든 모양을 테트로미노라고 합니다.

3 위 **2**에서 정사각형으로 만든 모양을 생각하면서 점선으로 주어진 모양을 바탕으로 연결큐브 4개로 만들 수 있는 모양을 그려 보시오. (단, 돌리거나 뒤집어서 같은 모양이 되면 한 가지로 봅니다.)

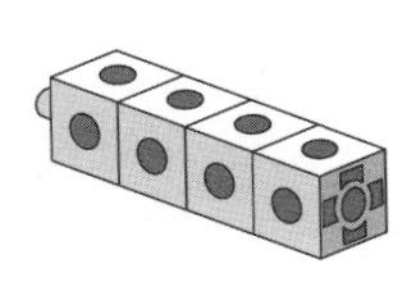

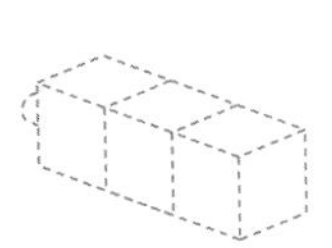

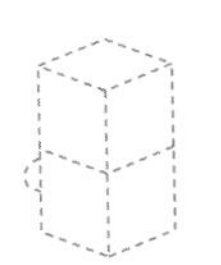

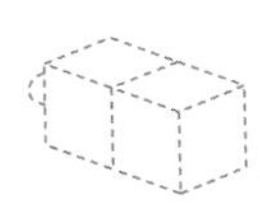

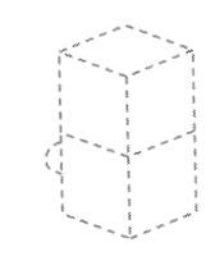

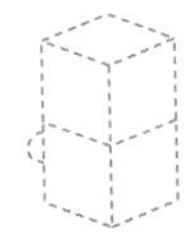

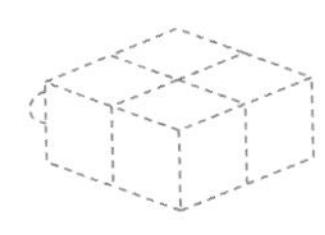

연결큐브와 쌓기나무의 다른 점

쌓기나무 연결큐브

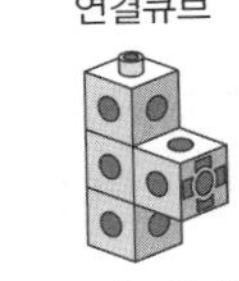

(×) (○)

위와 같이 쌓기나무는 공중에 매달려 있는 형태를 만들 수 없지만 연결큐브는 가능하므로 만들 수 있는 경우의 가짓수가 많아집니다.

개념 익히기

1 오른쪽 모양에 연결큐브 1개를 더 붙여서 만들 수 있는 모양이 아닌 것을 찾아 기호를 쓰시오.

㉡ 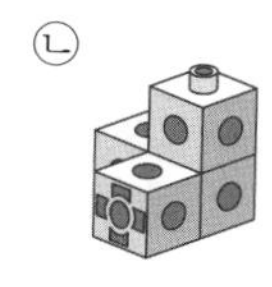

㉢ 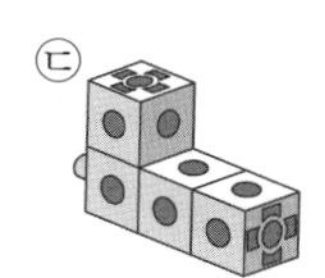

㉣ 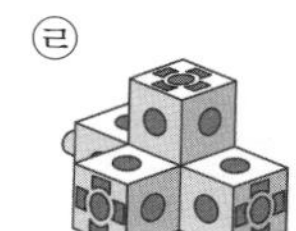

㉤ 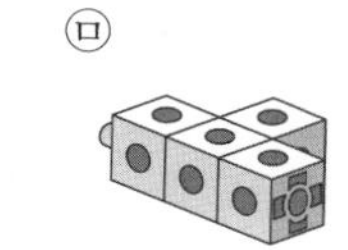

㉥ 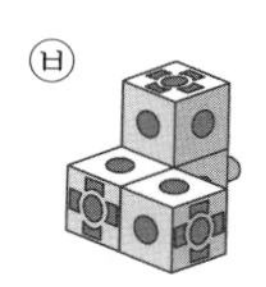

2 주어진 모양에 연결큐브 1개를 더 붙여서 만들 수 있는 모양을 3가지 이상 만들어 보시오.

(1) 

(2) 

3 오른쪽 모양을 만들 수 있는 연결큐브 모양 2개를 찾아 기호를 쓰시오.

㉠ 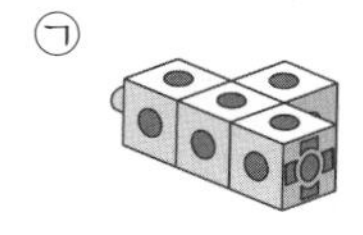

㉡ 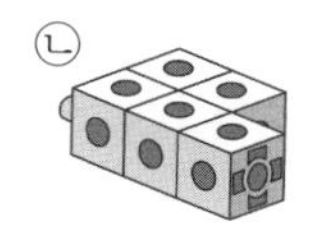

㉢ 

㉣ 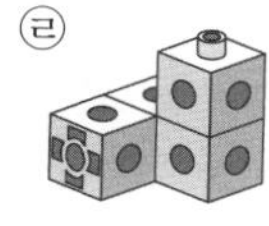

개념 넓히기

1 두 모양으로 만들 수 없는 모양을 찾아 기호를 쓰시오.

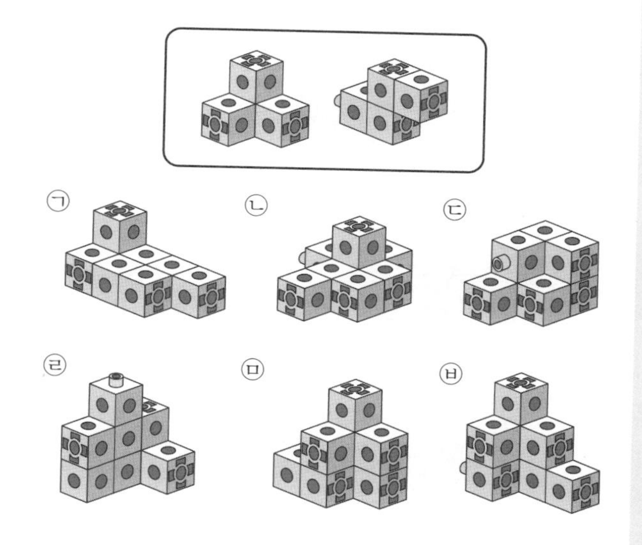

2 2가지 모양으로 만든 것을 모두 찾아 색칠하여 구분하시오.

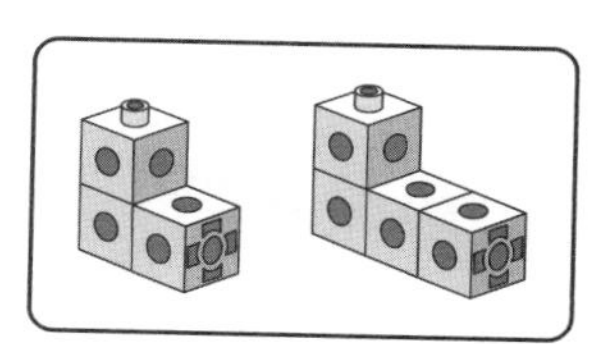

㉠ 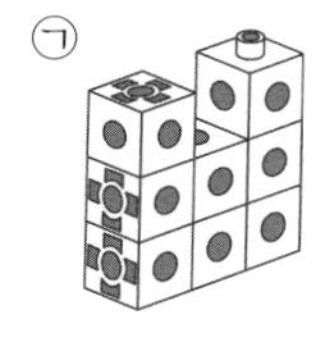

㉡ 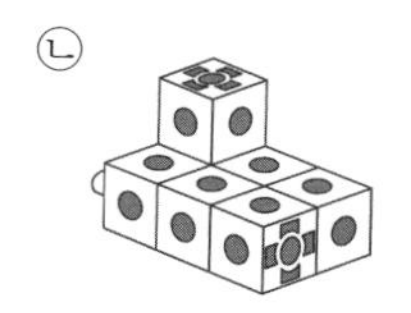

㉢ 

㉣ 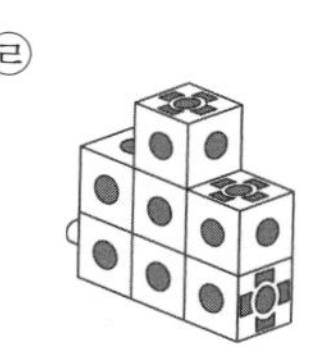

3 연결큐브 4개로 만든 서로 다른 모양 2가지로 그림과 같이 만들었습니다. 공통으로 들어간 모양은 어떤 것인지 찾아 각각 색칠하시오.

직육면체의 겉넓이

1 직육면체 모양의 상자 겉면에 꼭 맞는 포장지를 붙이려고 합니다. 물음에 답하시오.

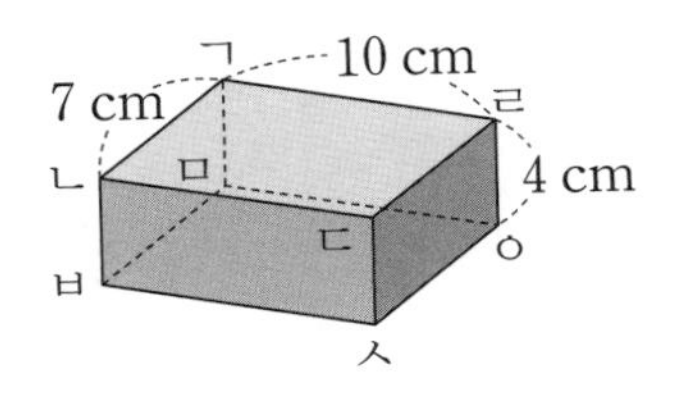

(1) 직육면체 여섯 개 면의 넓이를 각각 구하여 직육면체의 겉넓이를 구하시오.

(면 ㄱㄴㄷㄹ)=________ cm^2 (면 ㅁㅂㅅㅇ)=________ cm^2

(면 ㄴㅂㅁㄱ)=________ cm^2 (면 ㄷㅅㅇㄹ)=________ cm^2

(면 ㄴㅂㅅㄷ)=________ cm^2 (면 ㄱㅁㅇㄹ)=________ cm^2

(2) 위의 직육면체에서 합동인 면은 각각 몇 쌍입니까? 그 모양을 각각 그리고 각 직사각형의 넓이를 구하시오.

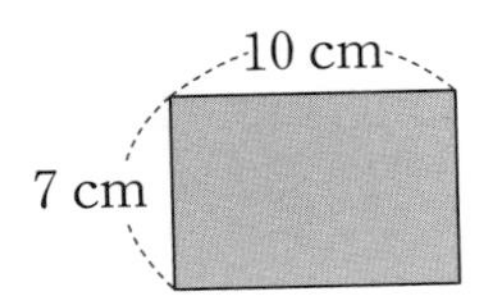

(3) □ 안에 알맞은 식이나 수를 써넣어 직육면체의 겉넓이를 구하시오.

(직육면체의 겉넓이)=(합동인 세 면의 넓이의 합)×2

=(10×7+□+□)×2

=□ (cm^2)

• 직육면체의 겉면의 넓이를 직육면체의 겉넓이라고 합니다. 따라서 직육면체의 겉넓이는 6면의 넓이의 합과 같습니다.

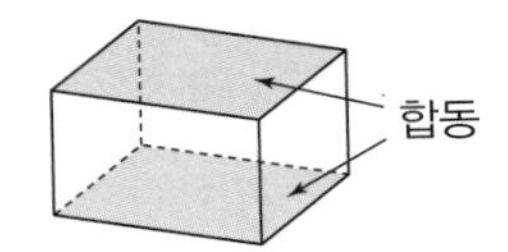

• 직육면체는 서로 마주 보고 있는 직사각형끼리 합동이므로 합동인 세 면의 넓이의 합을 2배 하여 겉넓이를 구할 수도 있습니다.

2 직육면체의 모서리를 잘라서 전개도를 만들었습니다. 다음에 답하시오.

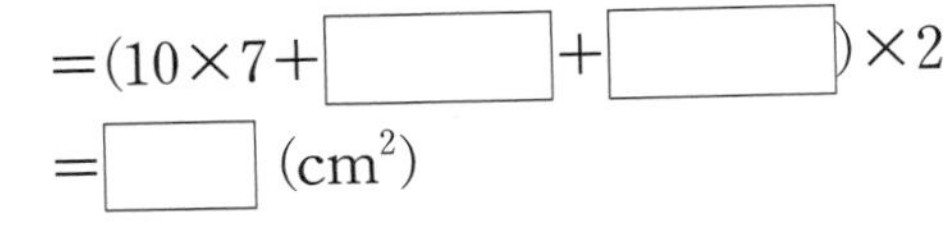
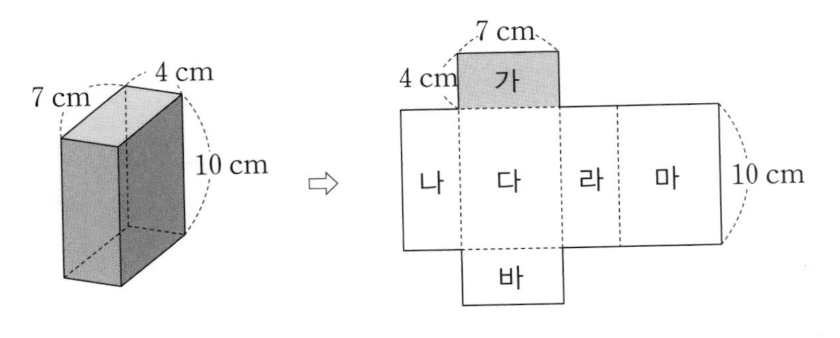

(1) 면 **가**가 한 밑면일 때, 위의 전개도에서 다른 한 밑면에 색칠하고 두 밑면의 넓이의 합을 구하시오.

(2) 전개도를 접었을 때 옆면이 되는 것은 어느 면입니까? 옆면의 넓이의 합을 구하시오.

(3) 직육면체의 겉넓이를 밑면의 넓이와 옆면의 넓이의 합으로 구하시오.

• 직육면체의 전개도의 넓이는 직육면체의 겉넓이와 같으므로 전개도 전체의 넓이를 구하면 직육면체의 겉넓이와 같습니다.

• (직육면체의 겉넓이)
=(합동인 세 면의 넓이의 합)×2
=(한 밑면의 넓이)×2
+(옆면의 넓이의 합)

3 직육면체의 겉넓이를 구하시오.

(1)

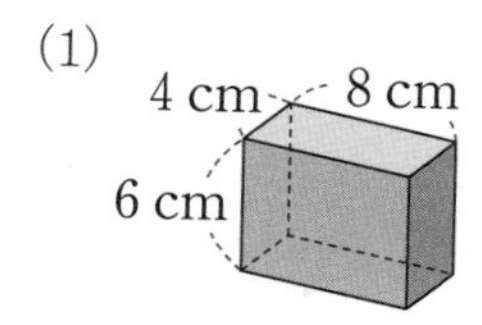

(2)

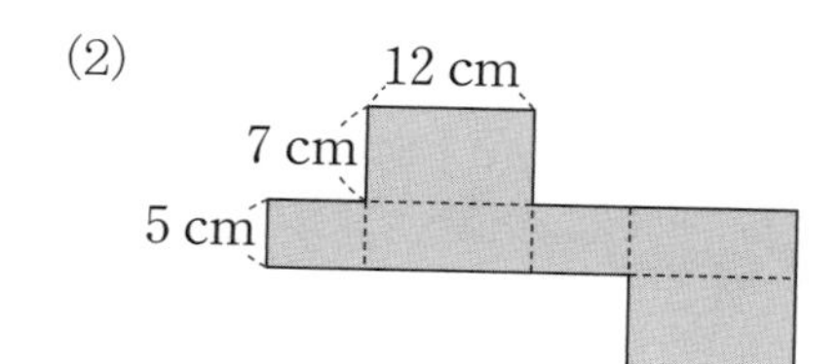

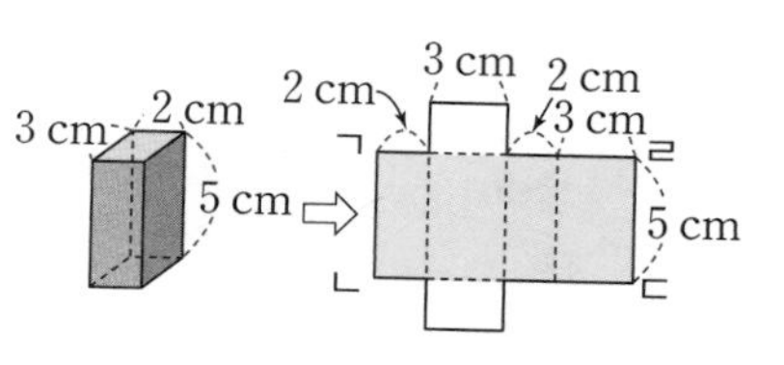

• 전개도에서 옆면 ㄱㄴㄷㄹ의 넓이는 $(2+3+2+3)\times5=50(\text{cm}^2)$이므로 (직육면체의 옆면의 넓이) $=$(밑면의 둘레)$\times$(높이)

4 정육면체의 겉넓이를 구하려고 합니다. 물음에 답하시오.

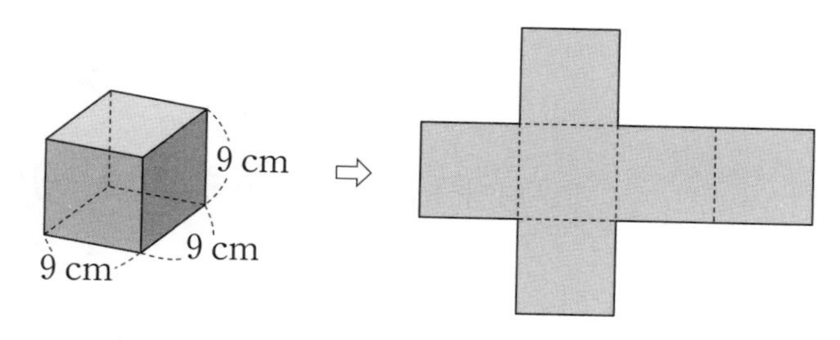

(1) 정육면체의 면은 모두 합동입니까?

(2) 정육면체의 겉넓이는 합동인 여섯 면의 넓이의 합입니다. □ 안에 알맞은 수를 써넣어 정육면체의 겉넓이를 구하시오.

(정육면체의 겉넓이)$=$(한 면의 넓이)$\times6$

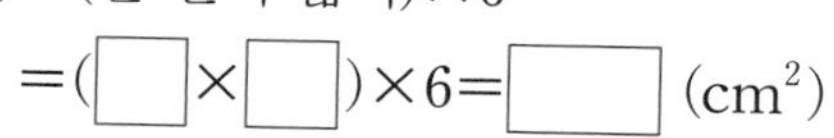

$=(\square\times\square)\times6=\square\ (\text{cm}^2)$

• (정육면체의 겉넓이) $=$(한 면의 넓이)$\times6$

5 정육면체의 겉넓이를 구하시오.

(1)

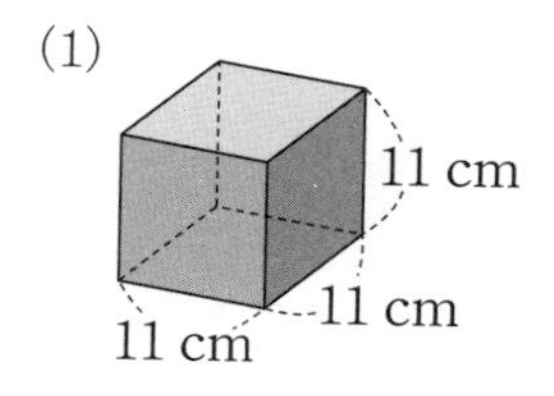

(2)

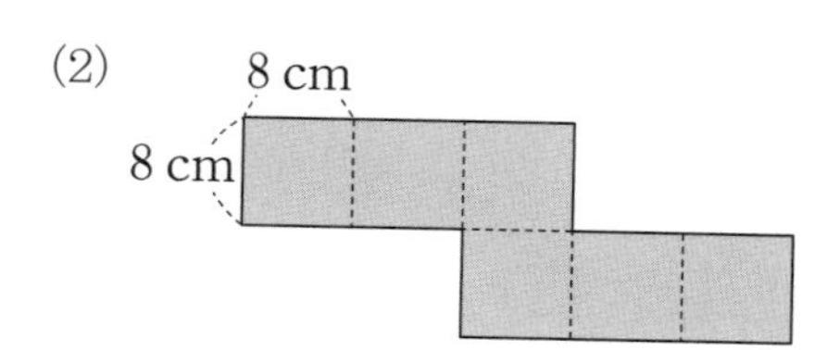

6 가로가 6 cm, 세로가 5 cm, 높이가 4 cm인 직육면체의 겉넓이를 구하려고 합니다. 물음에 답하시오.

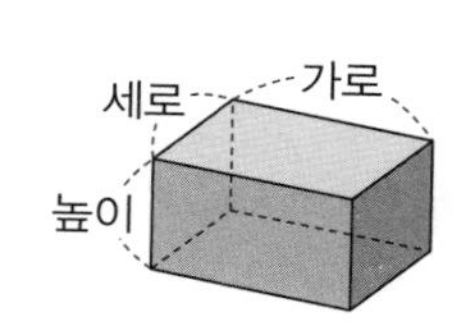

(1) 서로 다른 세 면의 넓이를 각각 구하시오.

(2) 합동인 세 면의 넓이의 합을 이용하여 직육면체의 겉넓이를 구하시오.

개념 익히기

1 직육면체와 정육면체의 겉넓이를 구하시오.

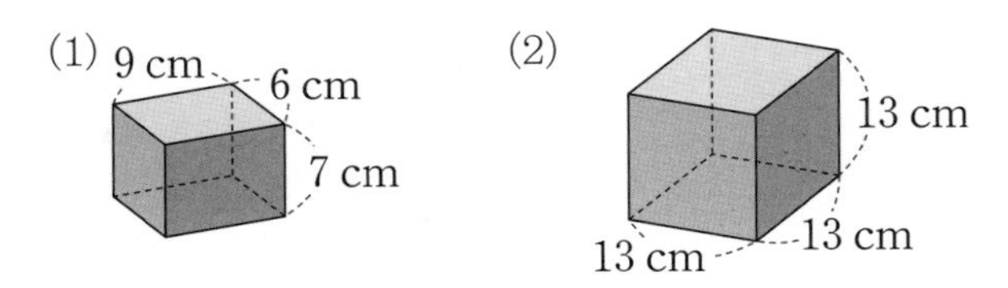

2 직육면체의 전개도를 보고 겉넓이를 구하시오.

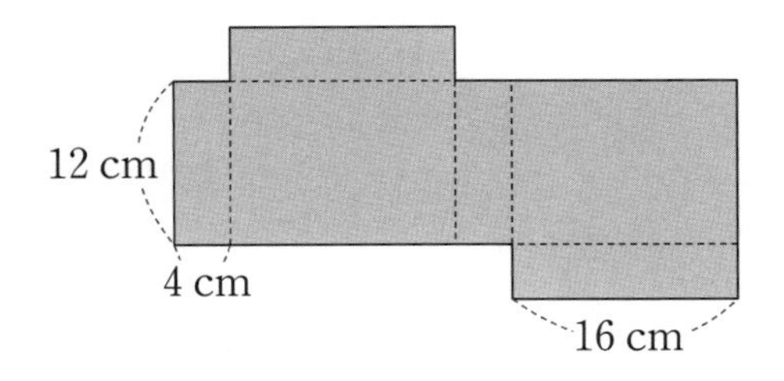

3 서로 다른 세 면의 넓이가 각각 24 cm^2, 32 cm^2, 48 cm^2인 직육면체가 있습니다. 이 직육면체의 겉넓이는 몇 cm^2입니까?

4 직육면체 모양의 과자 상자를 포장하려고 합니다. 필요한 포장지의 넓이는 적어도 몇 cm^2입니까?

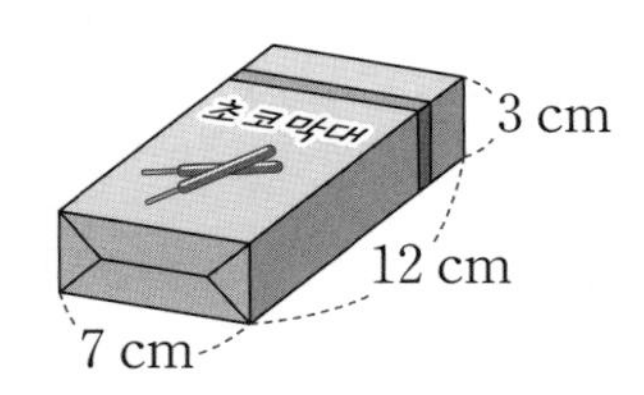

5 가로가 8 cm, 세로가 6 cm, 높이가 10 cm인 직육면체의 겉넓이는 몇 cm^2입니까?

6 정육면체의 겉넓이가 294 cm^2일 때, 이 정육면체의 한 모서리의 길이를 구하시오.

7 입체도형의 겉넓이를 구하시오.

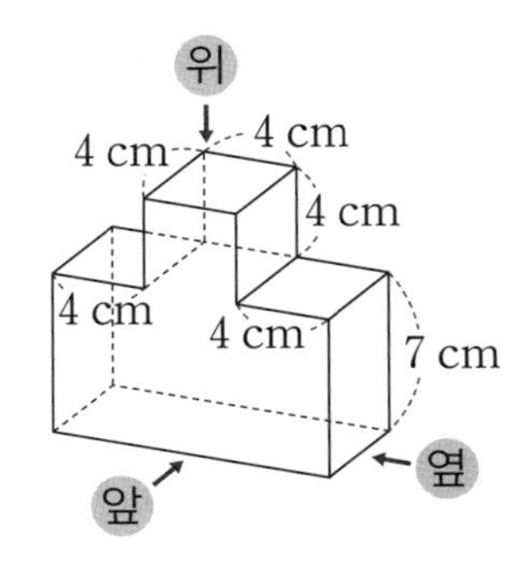

(1) 위에서 보이는 면에 색칠하고 색칠한 면의 넓이의 합을 구하시오.

(2) 오른쪽 옆에서 보이는 면에 색칠하고 색칠한 면의 넓이의 합을 구하시오.

(3) 앞에서 보이는 면에 색칠하고 넓이를 구하시오.

(4) 겉넓이는 위, 앞, 옆에서 본 모양 각각의 넓이의 합을 2배 한 것입니다. 입체도형의 겉넓이를 구하시오.

8 한 면의 둘레가 68 cm인 정육면체의 겉넓이는 몇 cm^2입니까?

9 다음 직육면체와 겉넓이가 같은 정육면체의 한 모서리는 몇 cm입니까?

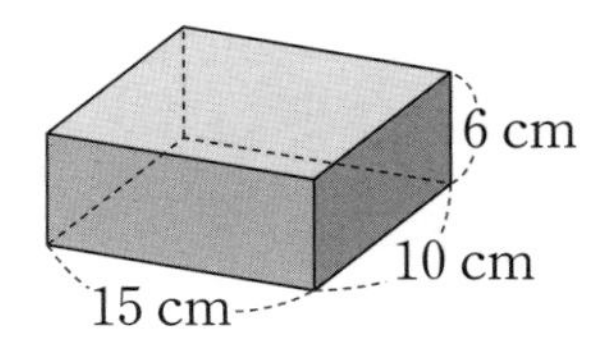

개념 넓히기

1 입체도형의 겉넓이를 구하시오.

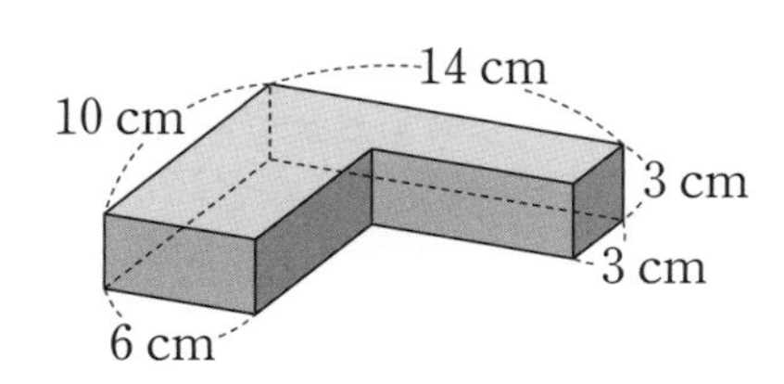

2 한 밑면의 넓이가 18 cm^2이고 밑면의 둘레가 18 cm인 직육면체가 있습니다. 이 직육면체의 높이가 5 cm일 때 겉넓이를 구하시오.

3 한 모서리가 5 cm인 정육면체가 있습니다. 이 정육면체의 밑면의 가로를 2 cm, 세로를 3 cm, 높이를 4 cm만큼 더 늘리면 겉넓이는 몇 cm^2 늘어납니까?

4 전개도로 만들 수 있는 직육면체의 겉넓이가 310 cm^2일 때, □ 안에 알맞은 수를 써넣으시오.

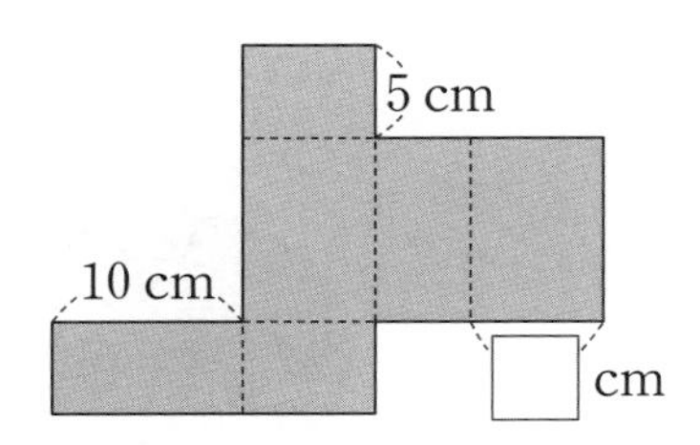

5 오른쪽 직육면체를 잘라 정육면체를 만들려고 합니다. 만들 수 있는 가장 큰 정육면체의 겉넓이는 몇 cm^2입니까?

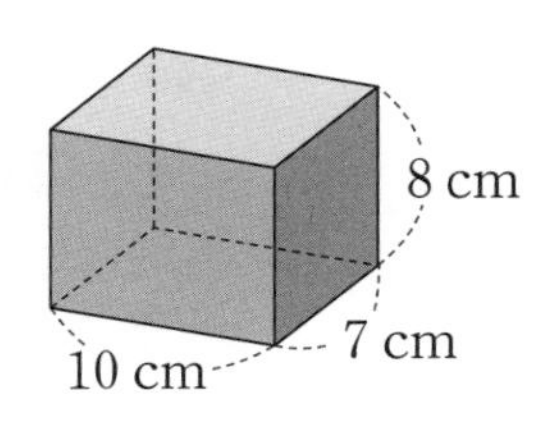

6 직육면체를 잘라서 만든 입체도형의 겉넓이를 구하시오.

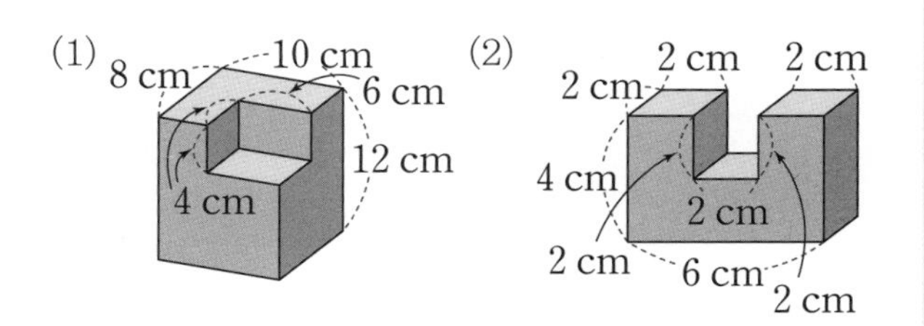

7 한 모서리가 2 cm인 정육면체가 있습니다. 정육면체의 각 모서리의 길이를 3배로 늘인다면 늘인 정육면체의 겉넓이는 처음 정육면체의 겉넓이의 몇 배가 됩니까?

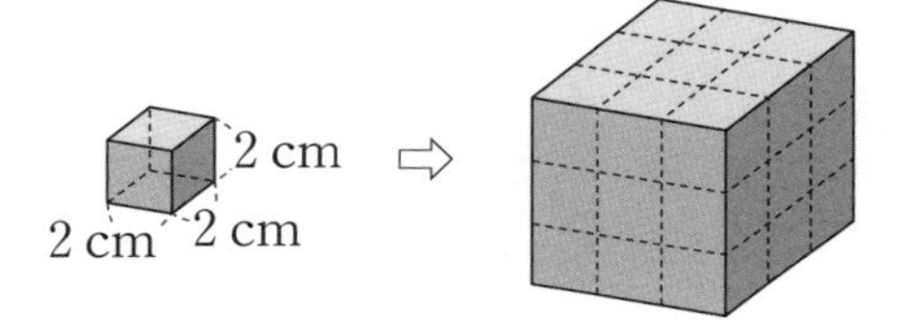

8 면 가는 넓이가 49 cm^2인 정사각형입니다. 이 전개도를 접어 만든 직육면체의 겉넓이를 구하시오.

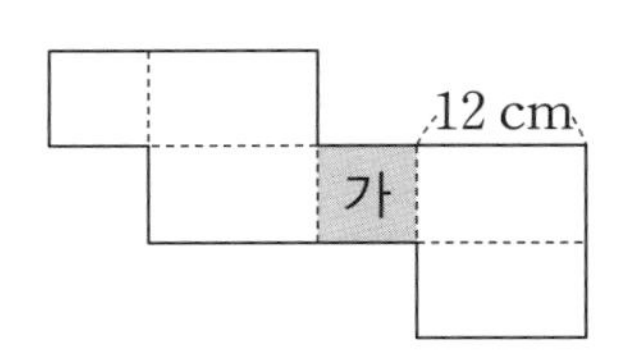

9 오른쪽 그림과 같이 가운데 부분을 정사각형 모양으로 뚫은 입체도형이 있습니다. 물음에 답하시오.

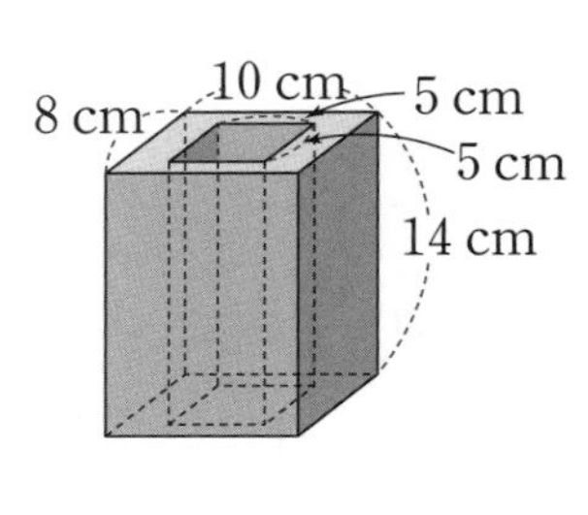

(1) 입체도형에서 바깥쪽 부분의 겉넓이를 구하시오.

(2) 입체도형에서 안쪽 잘라낸 부분의 옆면의 넓이를 구하시오.

(3) 입체도형의 겉넓이를 구하시오.

개념활동 44 직육면체의 부피

1 투명한 두 직육면체 모양의 상자를 보고 물음에 답하시오. (단, 상자의 두께는 생각하지 않습니다.)

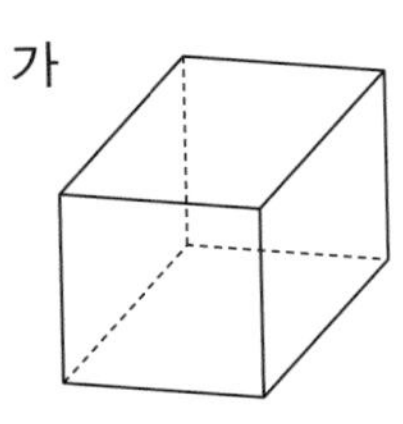

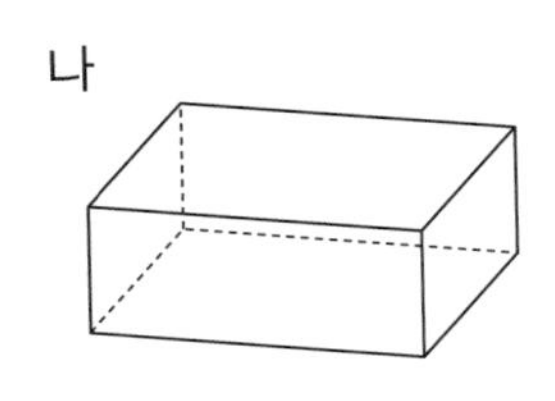

(1) 직육면체 상자 가, 나 중에서 어느 것의 크기가 더 큰 지 알 수 있습니까?

(2) 직육면체 상자 안에 한 모서리가 1 cm인 정육면체의 모양의 쌓기나무를 그림과 같이 가득 채웠습니다. 가, 나의 밑에 있는 면에는 쌓기나무가 각각 몇 개씩 있습니까? 그림으로 그려 보시오.

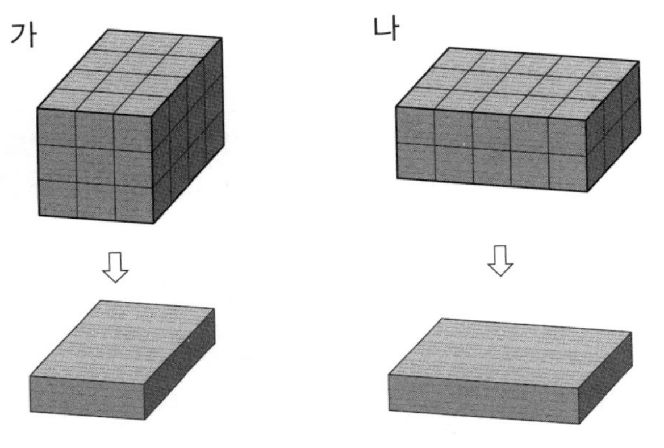

(가의 밑에 있는 면의 개수)
=(가로)×(세로)=________개

(나의 밑에 있는 면의 개수)
=(가로)×(세로)=________개

(3) 직육면체 상자 가, 나 안에 채운 쌓기나무의 개수는 한 층의 쌓기나무 개수의 몇 배입니까?

(4) 직육면체로 쌓은 층수가 2층, 3층……으로 변함에 따라 전체 쌓기나무의 개수가 밑에 있는 면의 쌓기나무 개수의 2배, 3배……로 변합니다. 따라서 직육면체의 부피는 (가로)×(세로)의 개수가 높이의 개수만큼 있는 것과 같습니다. 식으로 나타내어 보시오.

(직육면체의 부피)=(한 밑면의 넓이)×( )
=(가로)×(세로)×( )

(5) 직육면체 상자 가, 나의 부피를 식을 써서 구하시오.

(6) 직육면체 상자 가와 나 중에서 어느 것의 부피가 얼마나 더 큽니까?

• 어떤 물건이 차지하고 있는 공간의 크기를 부피라고 합니다.
한 모서리가 1 cm인 정육면체 부피를 1 cm^3라고 하고, 1 세제곱센티미터라고 읽습니다.

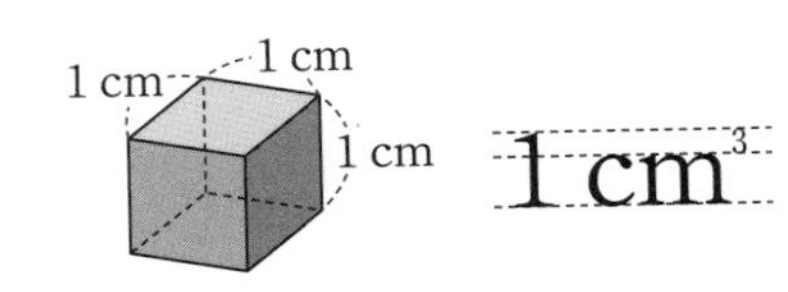

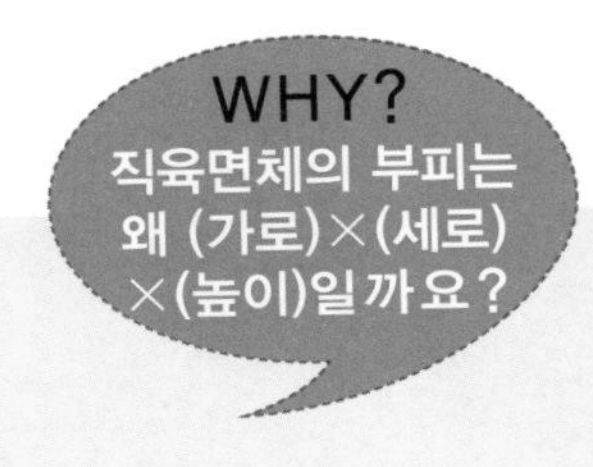

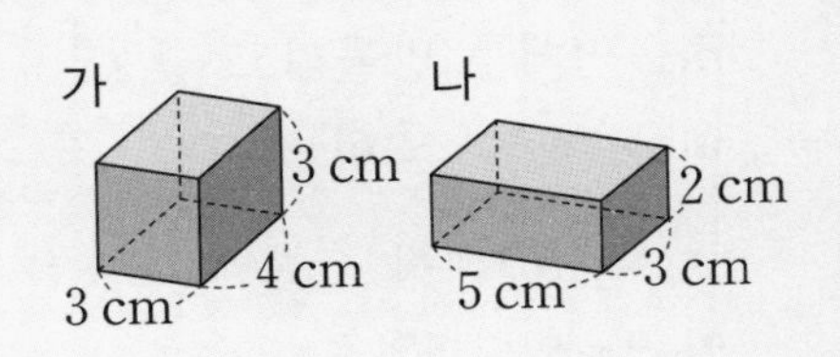

부피를 구할 때는 식을 계산한 다음 단위를 알맞게 썼는지 반드시 확인해야 합니다.

2 직육면체의 부피를 구하시오.

(1)

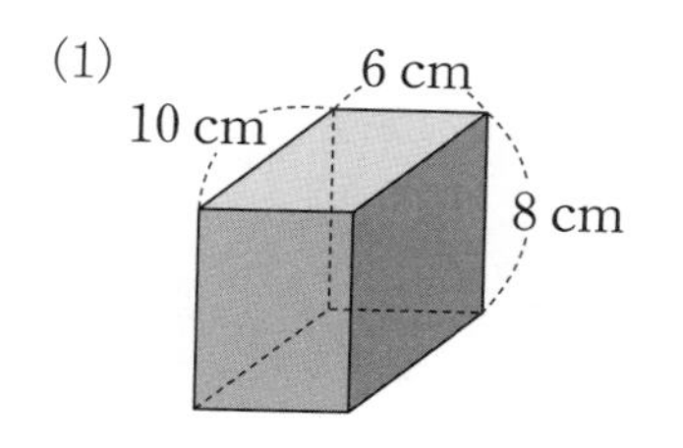

(2)

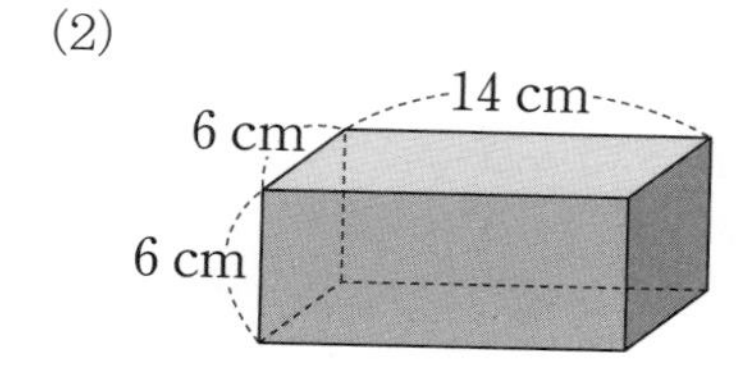

3 왼쪽과 같이 부피가 1 cm^3인 쌓기나무로 쌓은 정육면체를 보고 물음에 답하시오.

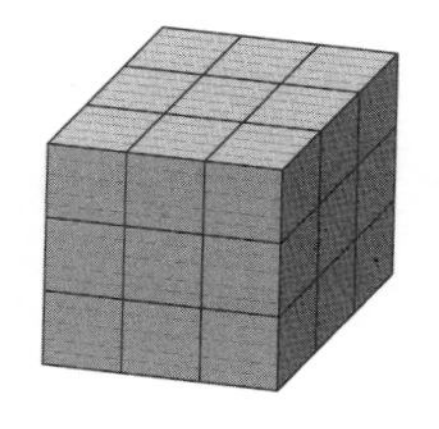

• (정육면체의 부피)
=(가로)×(세로)×(높이)
=(한 모서리)×(한 모서리)
×(한 모서리)

(1) 정육면체는 쌓기나무가 가로와 세로에 각각 몇 개씩 있습니까?

(2) 높이는 몇 층입니까?

(3) 정육면체의 부피를 직육면체의 부피를 구하는 방법을 이용하여 식으로 나타내어 보시오.

(정육면체의 부피)=(한 밑면의 넓이)×(□)
=(한 모서리)×(한 모서리)
×(□)

(4) 정육면체의 부피를 식을 써서 구하시오.

(5) 위의 정육면체는 모서리가 1 cm인 정육면체의 모서리를 3배로 늘인 것과 같습니다. 3배로 늘인 정육면체의 부피는 부피가 1 cm^3인 정육면체의 부피의 몇 배입니까?

4 정육면체와 직육면체의 부피가 같을 때 물음에 답하시오.

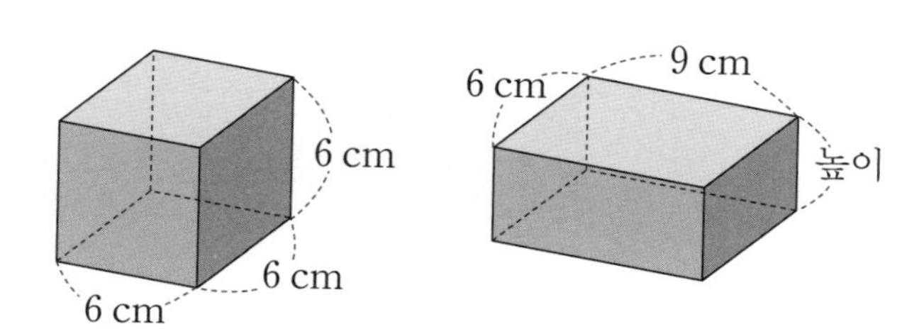

(1) 정육면체의 부피는 몇 cm^3입니까?

(2) 직육면체의 높이는 몇 cm입니까?

정육면체의 모서리를 □배 하면 정육면체의 부피는 □×□×□배가 됩니다.

예 정육면체의 한 모서리를 2배로 늘이면

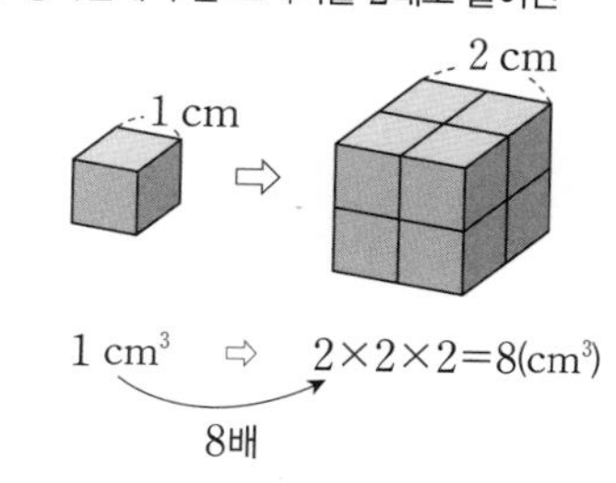

개념 익히기

1 □ 안에 알맞은 것을 써넣으시오.

한 모서리가 1 cm인 정육면체의 부피를 □라 하고 □라고 읽습니다.

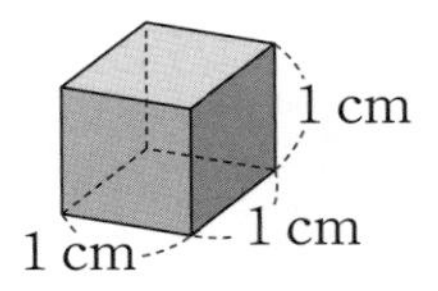

2 직육면체 모양의 상자 가, 나를 크기가 같은 정육면체 모양의 쌓기나무를 사용하여 빈틈없이 가득 채웠을 때, 가, 나 중에서 부피가 더 큰 상자는 어느 것입니까?

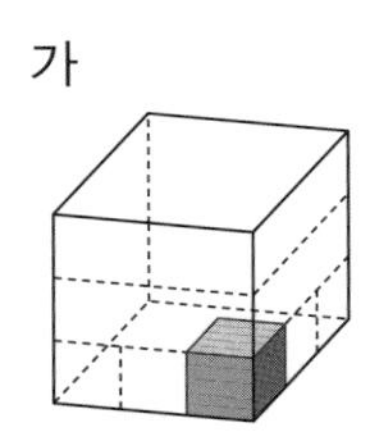

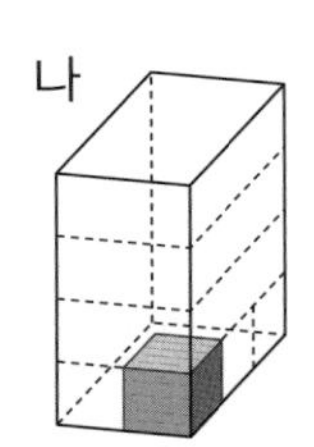

3 직육면체와 정육면체의 부피를 구하시오.

(1)

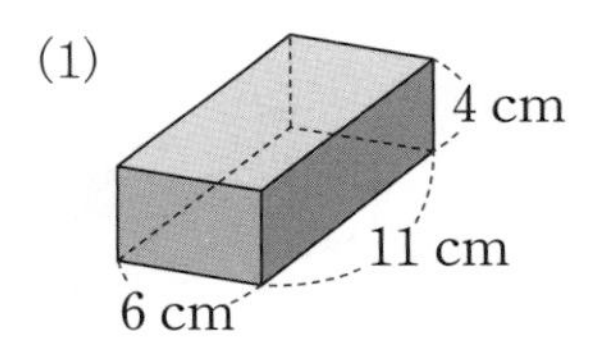

(2)

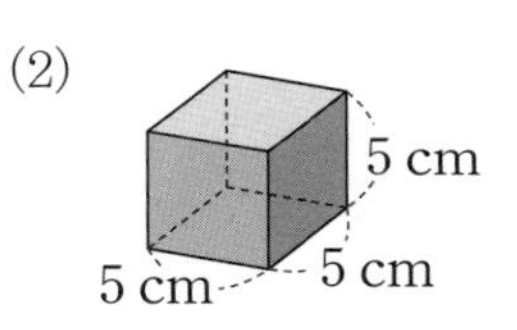

4 전개도를 접어서 만들 수 있는 직육면체의 겉넓이와 부피를 각각 구하시오.

(1)

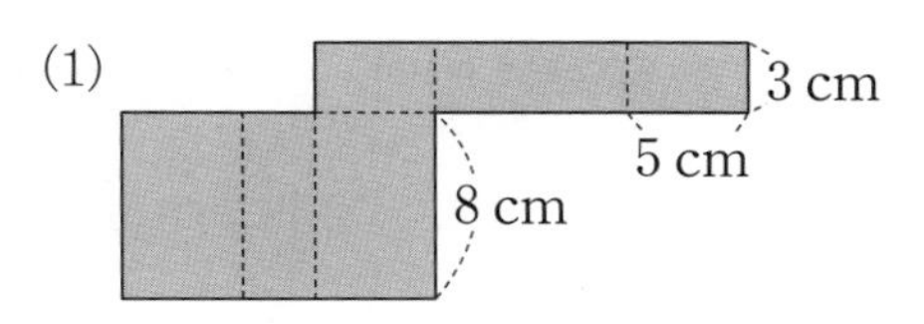

(2)

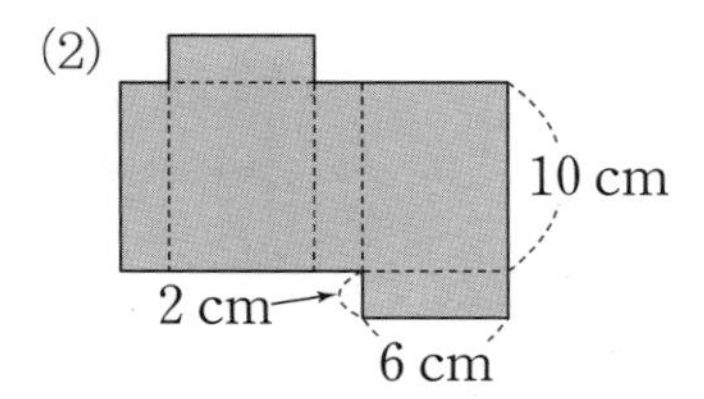

5 밑면의 가로가 12 cm, 세로가 18 cm이고 옆면의 넓이가 300 cm^2일 때, 직육면체의 부피는 몇 cm^2입니까?

6 입체도형의 부피를 구하시오.

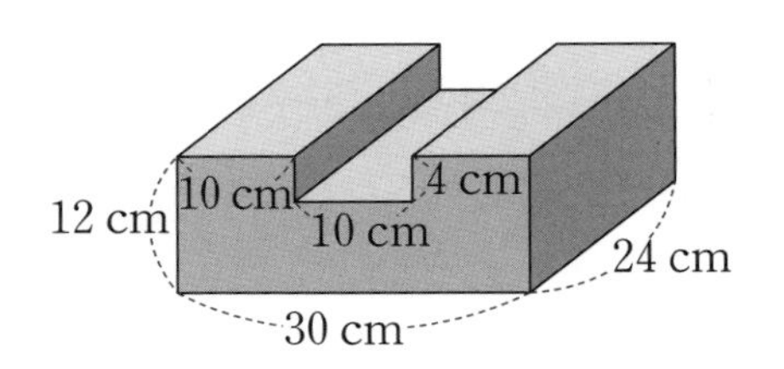

7 왼쪽 직육면체와 오른쪽 정육면체의 부피가 같을 때, 오른쪽 정육면체의 한 모서리의 길이는 몇 cm입니까?

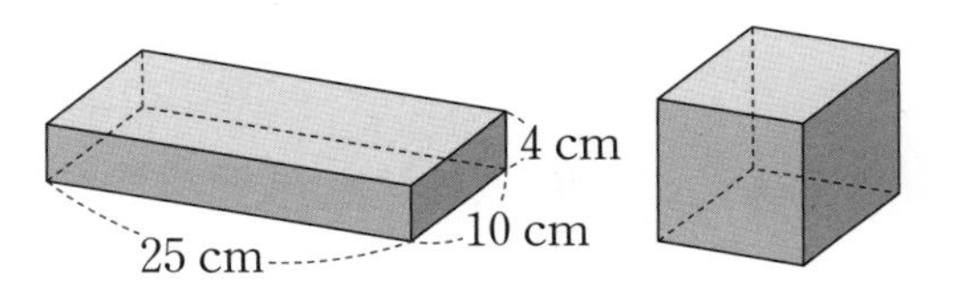

8 각 모서리의 길이를 4 cm씩 늘리면 ㉠과 ㉡ 중 어느 것의 부피가 몇 cm^3 더 커집니까?

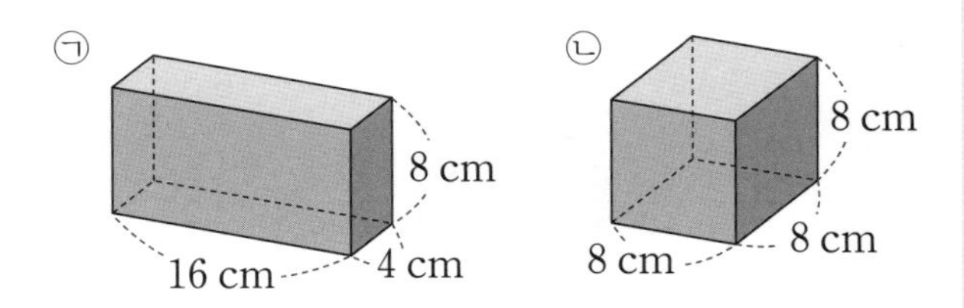

개념 넓히기

1 입체도형의 겉넓이와 부피를 각각 구하시오.

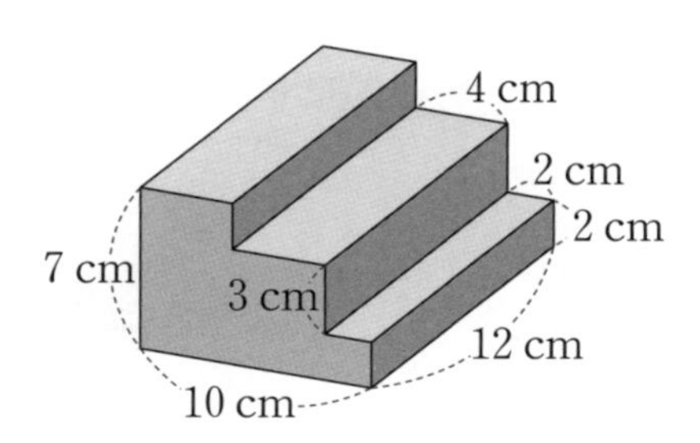

2 직육면체를 앞과 옆에서 본 모양입니다. 이 직육면체의 겉넓이와 부피를 각각 구하시오.

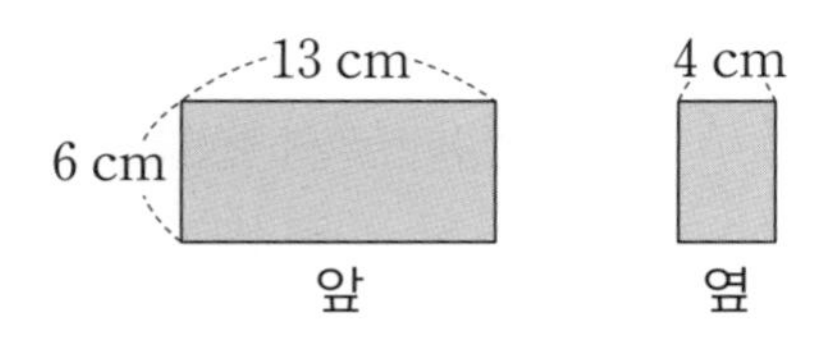

3 가로가 8 cm, 세로가 5 cm인 직육면체의 부피가 280 cm^3일 때, 이 직육면체의 높이를 구하시오.

4 직육면체의 전개도를 이용하여 만든 직육면체의 겉넓이가 166 cm^2일 때, 직육면체의 부피를 구하시오.

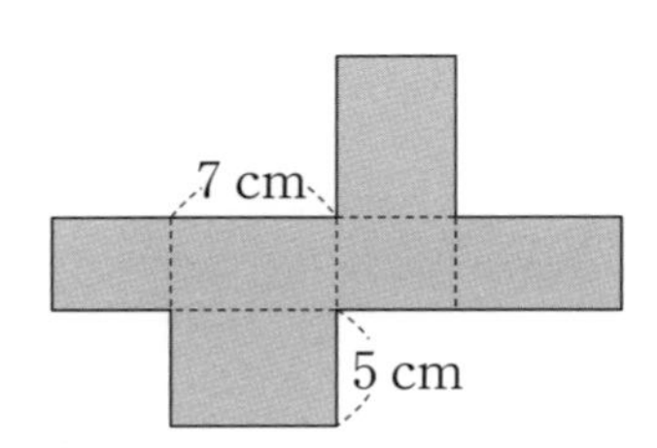

5 부피가 343 cm^3인 정육면체의 겉넓이를 구하시오.

6 직사각형 모양의 철판에서 그림과 같이 색칠한 부분을 잘라내고 뚜껑이 없는 물통을 만들려고 합니다. 물통을 가득 채울 수 있는 물의 부피를 구하시오.

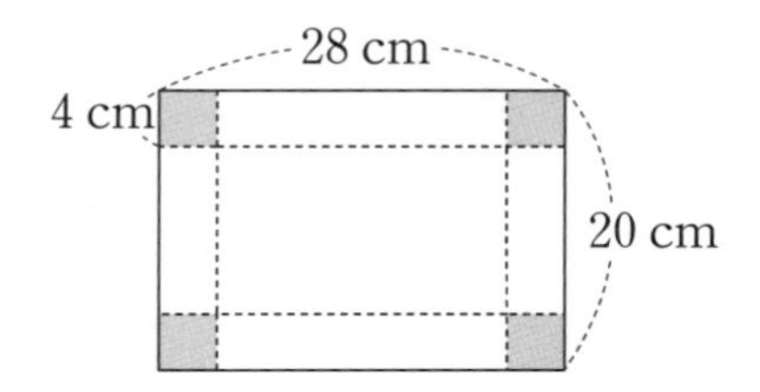

7 직육면체 모양의 상자에 가로 2 cm, 세로 3 cm, 높이 1 cm인 직육면체 모양의 쌓기나무를 가득 채우려고 합니다. 필요한 쌓기나무의 수를 구하시오.

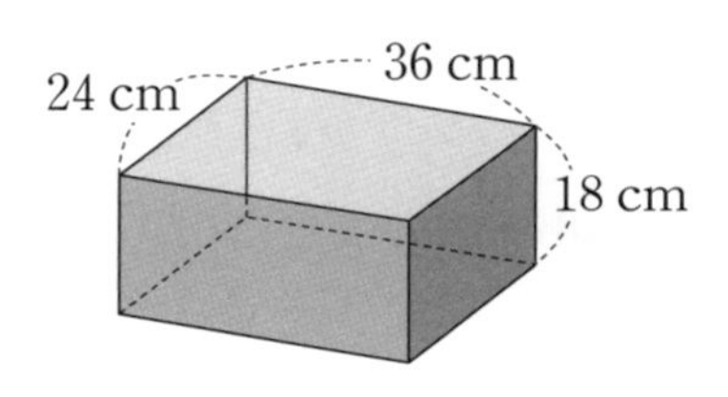

8 직사각형 모양의 포장지를 겹치지 않게 남김없이 잘라 붙여서 정육면체 모양의 상자를 포장하였습니다. 포장한 상자의 부피는 몇 cm^3입니까?

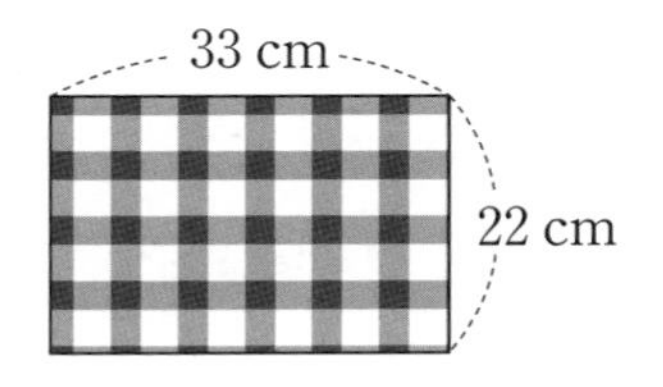

9 안치수가 다음과 같이 주어진 직육면체 모양의 그릇에 돌을 완전히 잠기게 넣었더니 물의 높이가 3 cm만큼 높아졌습니다. 돌의 부피는 몇 cm^3입니까?

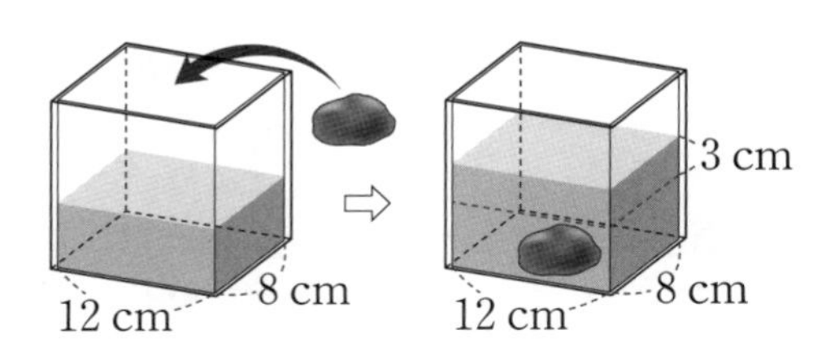

개념활동 45 쌓기나무의 겉넓이와 부피

1 한 면의 넓이가 1 cm^2인 정육면체 모양의 쌓기나무로 만든 오른쪽과 같은 쌓기나무 모양의 겉넓이와 부피를 구하려고 합니다. 물음에 답하시오.

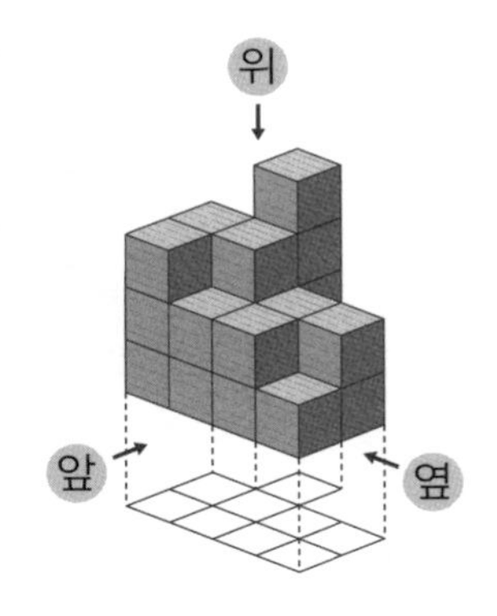

(1) 쌓기나무로 쌓은 모양을 위, 앞, 옆에서 본 모양을 각각 그려 보시오.

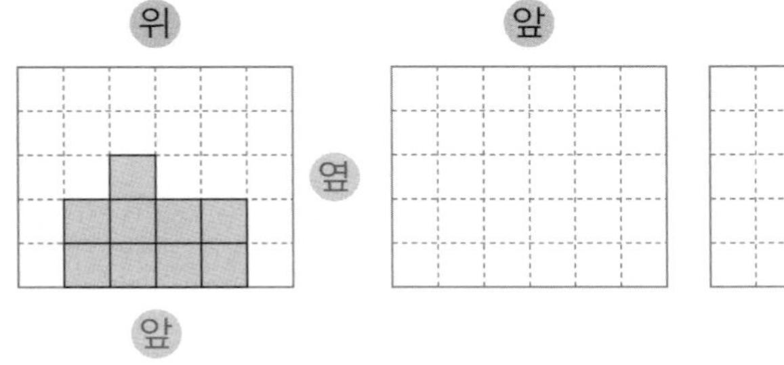

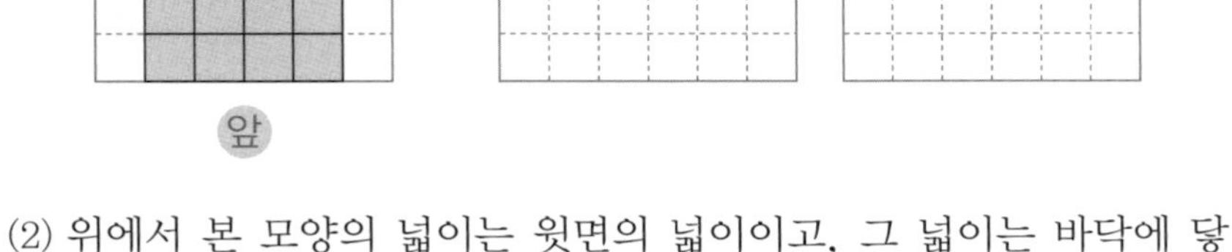

(2) 위에서 본 모양의 넓이는 윗면의 넓이이고, 그 넓이는 바닥에 닿는 면의 넓이와 같습니다. 윗면의 넓이는 몇 cm^2입니까?

(3) 쌓기나무로 쌓은 모양을 위, 앞, 옆에서 본 모양과 넓이가 같은 것은 전체 모양에서 각각 몇 개씩 있습니까?

(4) 쌓기나무로 쌓은 모양을 위, 앞, 옆에서 본 모양을 이용하여 쌓기나무의 겉넓이를 구하시오.

(5) 위 (1)의 위에서 본 모양에 쌓기나무의 수를 써넣어 사용된 쌓기나무 전체의 수를 구하시오.

(6) 쌓기나무의 부피는 몇 cm^3입니까?

2 한 면의 넓이가 1 cm^2인 정육면체 모양의 쌓기나무를 위, 앞, 옆에서 본 모양을 이용하여 쌓기나무의 겉넓이와 부피를 각각 구하시오.

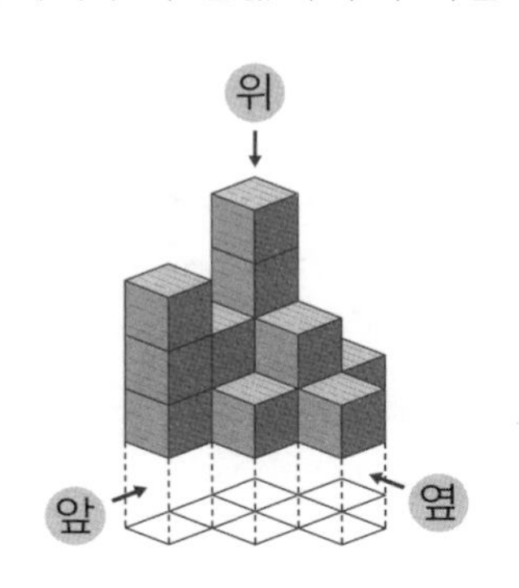

같은 쌓기나무 모양을 왼쪽, 오른쪽에서 본 모양의 방향은 다를 수 있지만 넓이는 같습니다.

예 쌓기나무 한 면의 넓이가 1 cm^2이라면

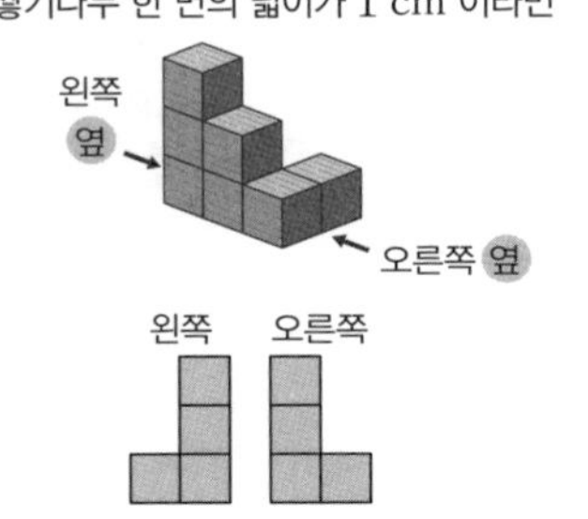

옆에서 본 모양은 각각 다르지만 넓이는 모두 4 cm^2입니다.

• 위, 앞, 옆에서 본 모양은 각각 한 쌍(2개)이므로
(쌓기나무의 겉넓이)
=(위, 앞, 옆에서 본 모양의 넓이의 합)$\times$2

부피가 1 cm^3인 쌓기나무로 만든 모양의 부피는 쌓기나무의 수가 부피를 나타냅니다.

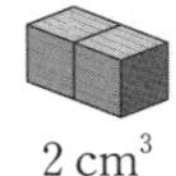

2 cm^3

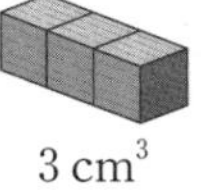

3 cm^3

3 한 모서리가 1 cm인 정육면체 모양의 쌓기나무 12개를 면끼리 이어 붙여 직육면체를 만들려고 합니다. 물음에 답하시오.

(1) 주어진 곱셈식을 보고 쌓기나무 12개로 만들 수 있는 직육면체의 종류를 그리고, 직육면체의 겉넓이를 각각 구하시오.

㉠ 12×1 ㉡ 6×2

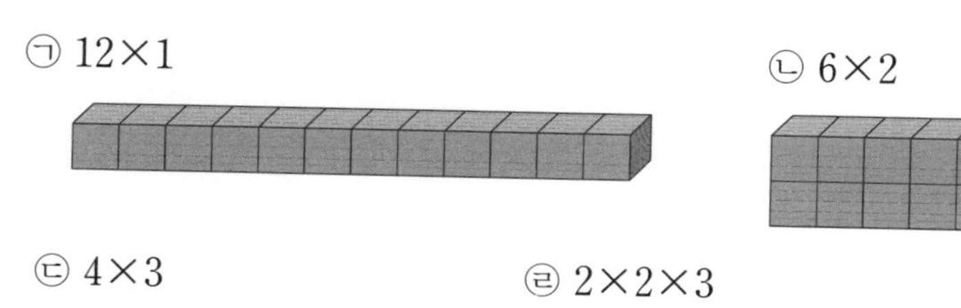

㉢ 4×3 ㉣ $2\times2\times3$

(2) ㉠, ㉡, ㉢, ㉣의 직육면체 중에서 겉넓이가 가장 넓은 것과 가장 좁은 것의 기호를 각각 쓰시오.

• 겉넓이가 가장 넓거나 가장 좁게 쌓기

① 서로 붙는 면의 수가 적을수록 겉넓이가 넓으므로 한 줄로 늘어 놓아 만든 직육면체의 겉넓이가 가장 넓게 됩니다.

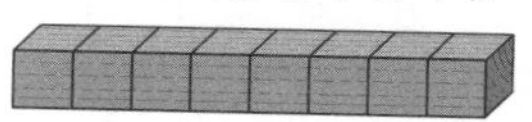

② 서로 붙는 면의 수가 많을수록 겉넓이가 좁으므로 가능한 한 많은 면이 겹쳐지도록 쌓아 만든 직육면체의 겉넓이가 가장 좁게 됩니다.

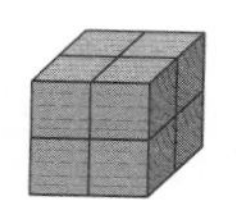

4 한 면의 넓이가 1 cm^2인 쌓기나무 16개로 쌓은 직육면체의 겉넓이 중에서 가장 넓은 경우와 좁은 경우를 그리고, 각각의 겉넓이를 구하시오.

(1) 가장 넓은 경우 (2) 가장 좁은 경우

5 한 면의 넓이가 1 cm^2인 쌓기나무로 정육면체를 만들어 바닥면을 포함한 겉면에 페인트를 칠했습니다. 물음에 답하시오.

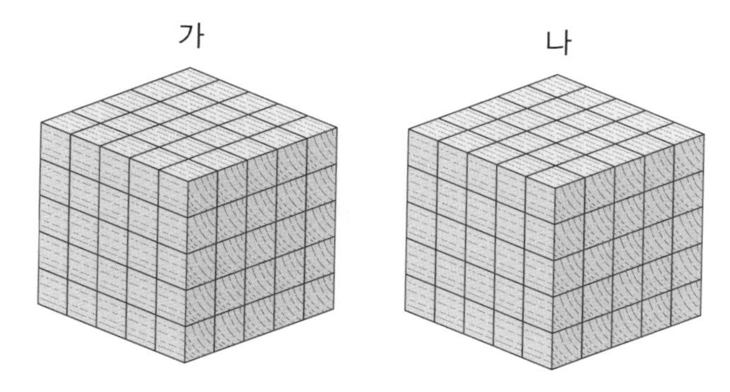

(1) 두 면이 칠해진 쌓기나무를 모두 찾아 그림 가에 ○표 하시오.

(2) 두 면이 색칠된 쌓기나무에서 색칠한 면의 넓이의 합을 구하시오.

(3) 한 면이 칠해진 쌓기나무를 모두 찾아 그림 나에 △표 하시오.

(4) 한 면이 색칠된 쌓기나무에서 색칠한 면의 넓이의 합을 구하시오.

• 겉면에 페인트칠을 한 쌓기나무

① 세 면이 칠해진 것 : 8개

② 두 면이 칠해진 것 :
모서리(12개)를 따라 생깁니다.
⇨ $(4-2)\times12=24$(개)

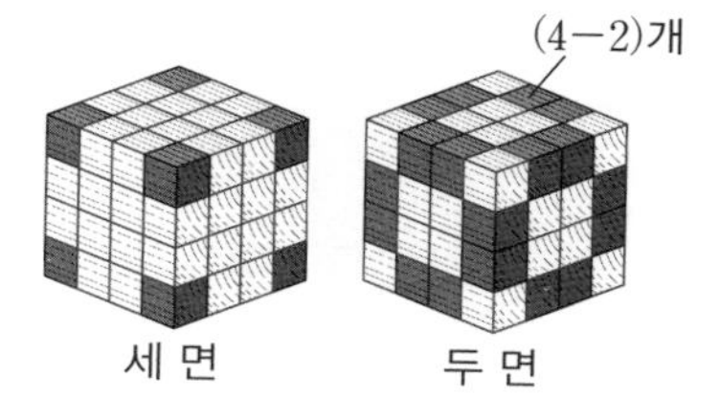

③ 한 면이 칠해진 것 :
면(6개)의 가운데 부분에 생깁니다.
⇨ $(4-2)\times(4-2)\times6=24$(개)

④ 한 면도 칠해지지 않은 것 :
쌓기나무에서 위, 아래, 양 옆을 다 제외하고 남은 것입니다.
⇨ $(4-2)\times(4-2)\times(4-2)=8$(개)

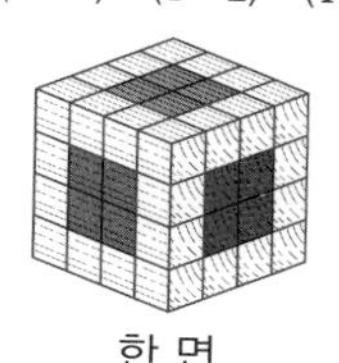

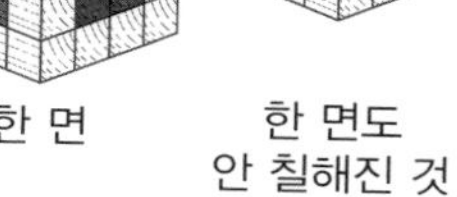

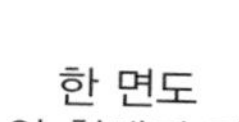

한 면 한 면도 안 칠해진 것

개념 익히기

1 한 면의 넓이가 1 cm^2인 쌓기나무를 가장 적게 사용하여 오른쪽과 같이 쌓았을 때 위, 앞, 옆에서 본 모양을 이용하여 쌓기나무 모양의 부피와 겉넓이를 각각 구하시오.

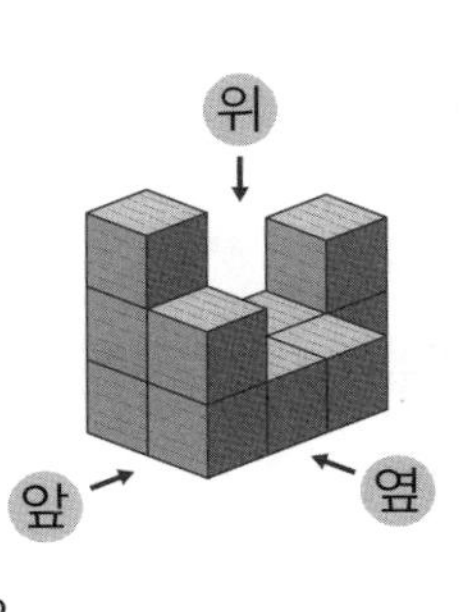

2 한 면의 넓이가 1 cm^2인 쌓기나무를 쌓아서 만든 모양입니다. 겉넓이가 변하지 않도록 쌓기나무를 빼려고 합니다. 물음에 답하시오.

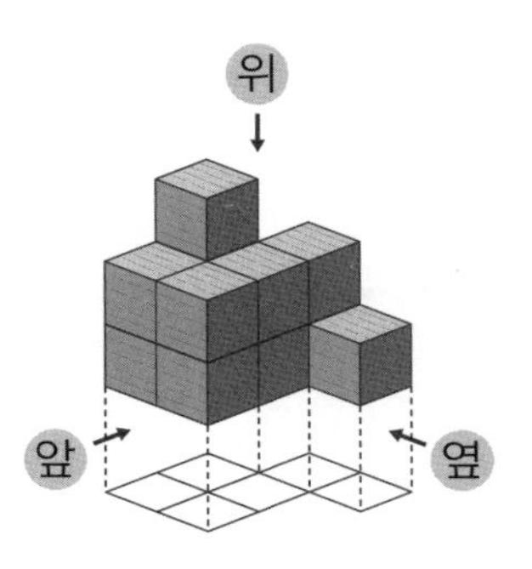

(1) 위, 앞, 옆에서 본 모양을 그리시오.

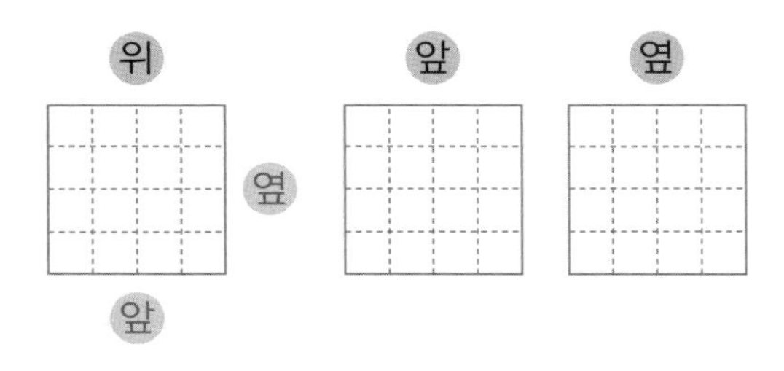

(2) 겉넓이를 구하시오.

(3) 겉넓이가 변하지 않도록 빼낼 수 있는 쌓기나무는 몇 개입니까?

3 바닥에 닿는 면의 그림에 각 자리에 부피가 8 cm^3인 쌓기나무를 쌓은 수를 써넣은 것입니다. 이 쌓기나무 모양의 겉넓이와 부피를 각각 구하시오.

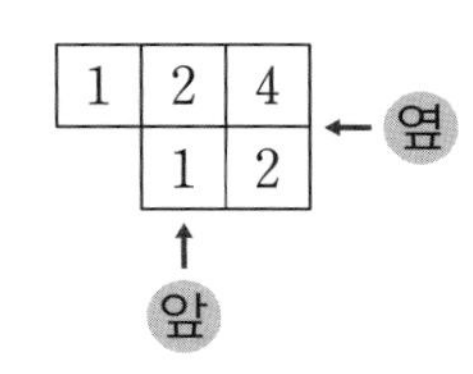

4 한 모서리의 길이가 3 cm인 쌓기나무로 그림과 같이 쌓았을 때, 겉넓이와 부피를 각각 구하시오.

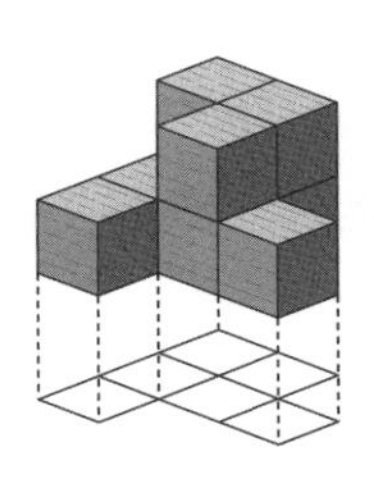

5 한 면의 넓이가 1 cm^2인 쌓기나무 18개를 면끼리 이어 붙여서 여러 가지 쌓기나무 모양을 만들었습니다. 만든 쌓기나무 모양 중 겉넓이가 가장 넓을 때와 좁을 때는 각각 몇 cm^2입니까?

6 오른쪽 그림은 한 면의 넓이가 1 cm^2인 쌓기나무로 정육면체를 만들어 바닥에 닿는 면을 포함한 겉면에 페인트를 칠한 것입니다. 물음에 답하시오.

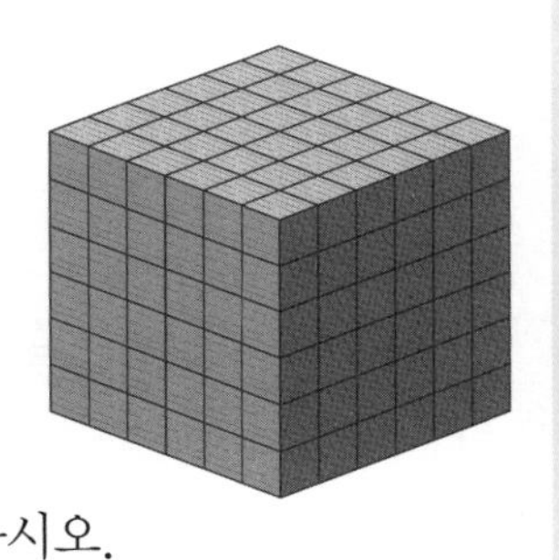

(1) 세 면이 칠해진 쌓기나무에서 색칠된 면의 넓이의 합을 구하시오.

(2) 두 면이 칠해진 쌓기나무에서 색칠된 면의 넓이의 합을 구하시오.

(3) 한 면이 칠해진 쌓기나무에서 색칠된 면의 넓이의 합을 구하시오.

(4) 한 면도 칠해지지 않은 쌓기나무의 각각의 부피의 합을 구하시오.

개념 넓히기

1 부피가 1 cm^3인 쌓기나무로 쌓은 모양의 겉넓이와 부피를 각각 구하시오.

(1)

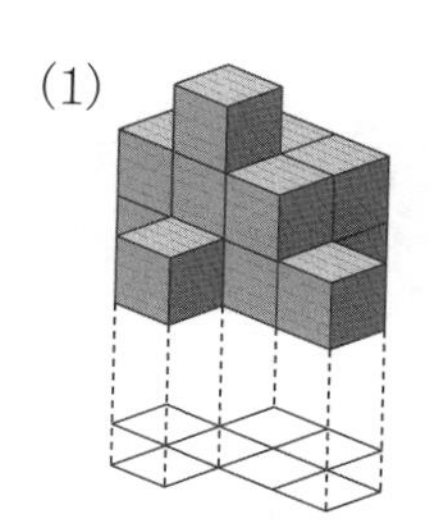

(2)

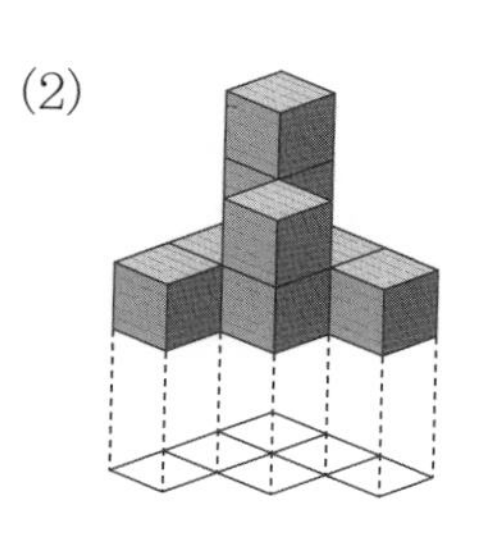

2 한 개의 부피가 1 cm^3인 쌓기나무로 쌓은 것을 위, 앞, 옆에서 본 모양입니다. 쌓기나무 모양의 부피가 가장 큰 경우의 부피를 각각 구하시오.

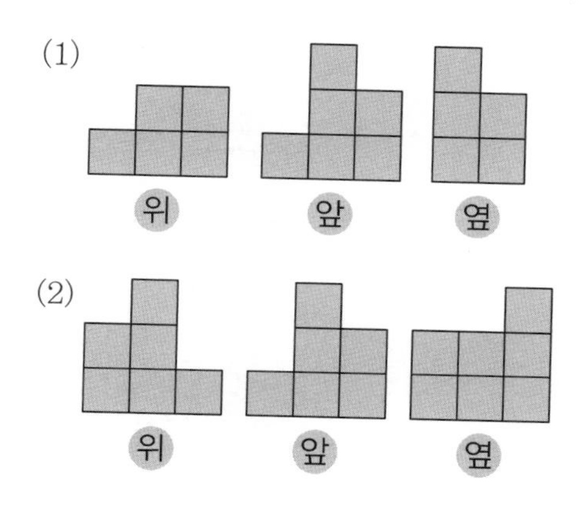

3 쌓기나무로 1층과 2층을 쌓아 오른쪽과 같이 만든 모양의 부피가 162 cm^3일 때, 쌓기나무 1개의 한 모서리의 길이를 구하시오.

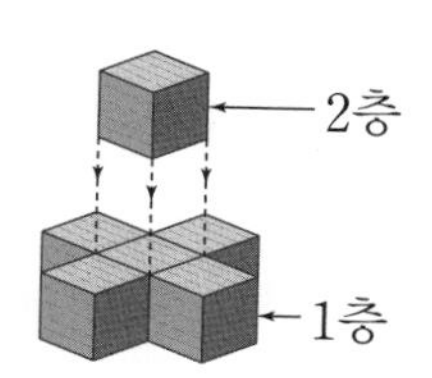

4 한 개의 부피가 1 cm^3인 쌓기나무로 오른쪽과 같이 쌓은 입체도형의 부피를 구하시오. (단, 바닥에 닿는 면에서 색칠한 부분 위에 쌓기나무를 쌓아 올린 것입니다.)

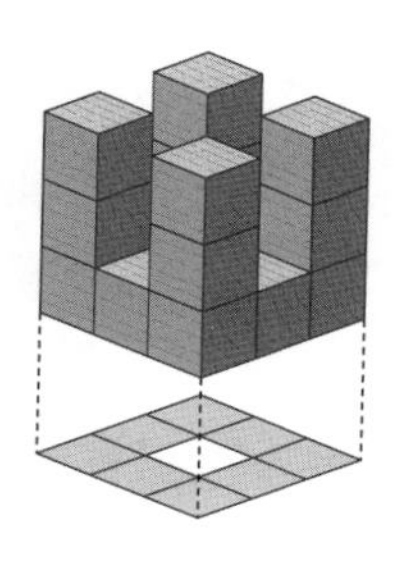

5 오른쪽은 한 면의 넓이가 1 cm^2인 쌓기나무로 만든 모양입니다. 물음에 답하시오. 서술형

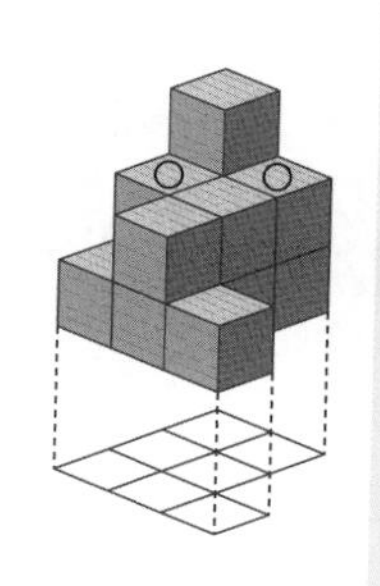

(1) 쌓기나무 모양의 겉넓이와 부피를 각각 구하시오.

(2) ○표 한 쌓기나무 2개를 빼냈을 때의 부피는 몇 cm^3입니까? 부피의 변화를 설명해 보시오.

(3) ○표 한 쌓기나무 2개를 빼냈을 때의 겉넓이는 몇 cm^2입니까? 겉넓이의 변화를 설명해 보시오.

6 한 개의 부피가 1 cm^3인 쌓기나무로 쌓은 왼쪽 모양에서 ○표 한 쌓기나무 2개를 빼냈습니다. 빼낸 후의 쌓기나무 모양의 겉넓이와 부피를 각각 구하시오.

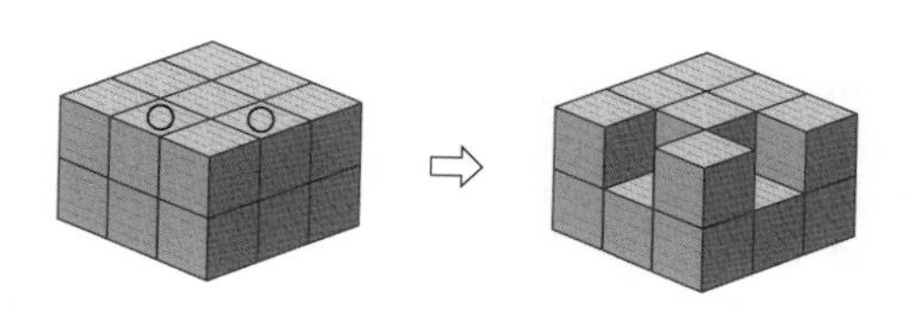

7 오른쪽 그림은 한 면의 넓이가 1 cm^2인 쌓기나무로 직육면체를 만들어 바닥면을 포함한 겉면에 페인트를 칠한 것입니다. 물음에 답하시오.

(1) 두 면이 칠해진 쌓기나무 각각의 부피의 합을 구하시오.

(2) 한 면이 칠해진 쌓기나무 각각의 부피의 합을 구하시오.

개념활동 46 원의 둘레

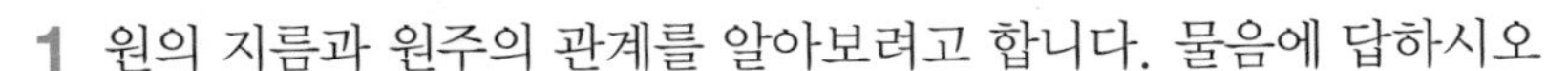

1 원의 지름과 원주의 관계를 알아보려고 합니다. 물음에 답하시오

(1) 컴퍼스로 반지름이 각각 1.5 cm, 2 cm이고 중심이 점 ㄱ, 점 ㄴ인 원을 각각 그려 보시오.

ㄱ　　　　　　　　ㄴ

(2) 끈이나 줄자로 위에 그려 놓은 원의 둘레를 재어 다음 빈칸에 써 넣으시오.

지름	원주	(원주)÷(지름)
3 cm		
4 cm		

(3) 원주는 지름의 약 몇 배입니까?

(4) 원의 크기에 따라 (원주)÷(지름)의 결과는 변합니까?

2 원의 안쪽과 바깥쪽에 각각 정육각형과 정사각형을 그렸습니다. □ 안에 알맞은 수를 써 넣으시오.

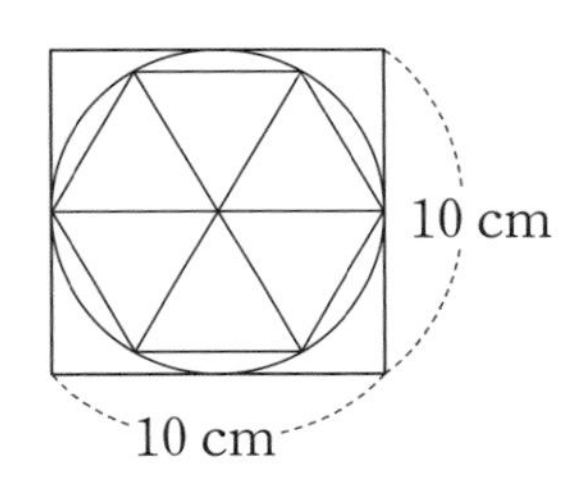

(정육각형의 둘레)=(원의 지름)×3

(정사각형의 둘레)=(원의 지름)×□

⇨ (정육각형의 둘레)<(원주)<(정사각형의 둘레)

□ cm<(원주)<□ cm

따라서 원주는 항상 지름의 3배보다 크고 □배보다 작음을 알 수 있습니다.

3 원주율은 소수 셋째 자리에서 반올림하면 3.14입니다. 원주가 주어졌을 때 지름을 구하는 식을 쓰시오. 또, 지름이 주어졌을 때 원주를 구하는 식을 쓰시오.

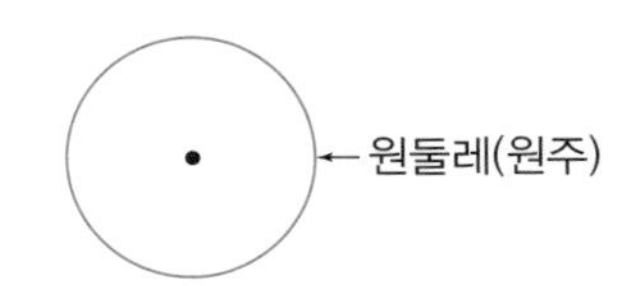

• 원의 둘레를 원둘레 또는 원주라고 합니다. 또 원주의 길이를 간단히 원주라고 합니다.

• 원의 크기와 관계없이 지름에 대한 원주의 비는 항상 일정합니다. 이 비의 값을 원주율이라고 합니다.

(원주율)=(원주)÷(지름)

(원주)=(지름)×(원주율)

=2×(반지름)×(원주율)

예 원주율을 3.14로 생각한 경우

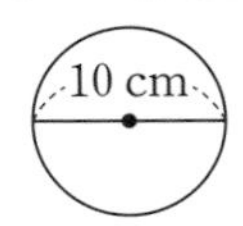

(원주)=10×3.14=31.4(cm)

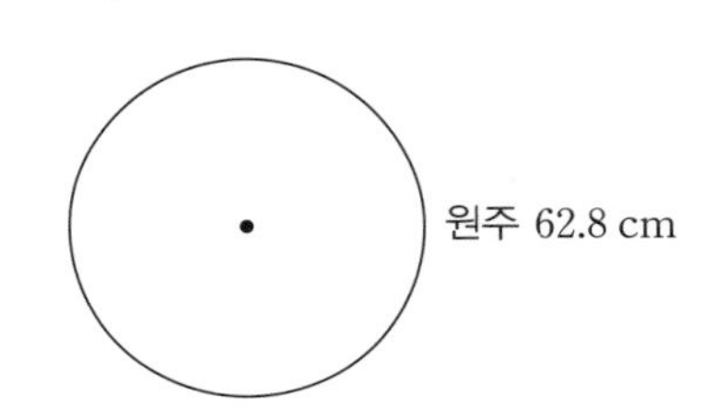

(지름)=62.8÷3.14=20(cm)

4 원주가 다음과 같이 주어진 크기가 다른 원이 있습니다. 지름을 구하시오. (원주율: 3.1)

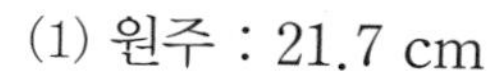
(1) 원주 : 21.7 cm

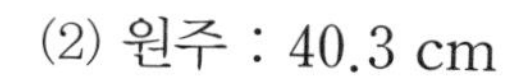
(2) 원주 : 40.3 cm

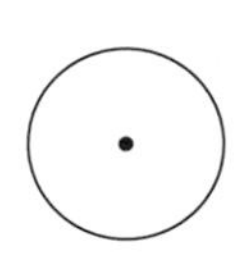

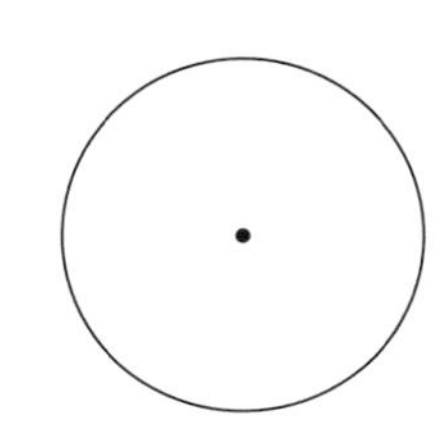

• 원주율을 소수로 나타내면 3.14159265358979⋯⋯ 와 같이 끝없이 써야 합니다.

따라서 원주율을 3.14, 3.1, 3, $3\frac{1}{7}$⋯⋯ 등으로 간단하게 나타내어 사용합니다.

5 지름과 반지름이 주어진 원의 원주를 구하시오. (원주율 : 3.14)

(1) 지름 : 6 cm

(2) 반지름 : 5 cm

꿀팁

원주는 지름에 따라 일정한 비율로 커지므로 지름의 합이 같으면 각 원의 원주의 합도 같습니다.

(①의 길이)=(②+③의 길이)
=(④+⑤+⑥의 길이)

6 가, 나, 다는 모두 점 ㄱ에서 점 ㄴ까지 이르는 반원 모양으로 된 선입니다. 물음에 답하시오. (원주율 : 3.14)

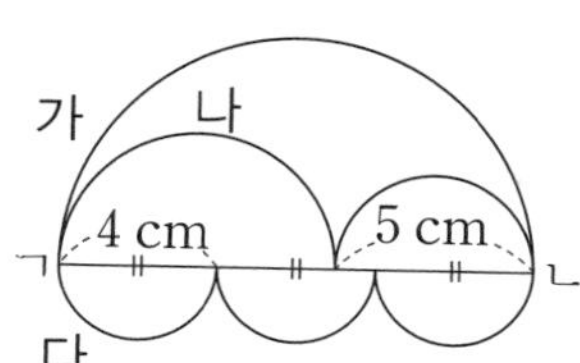

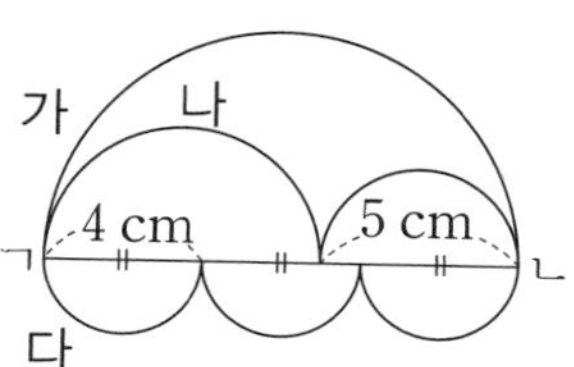

(1) 선 가를 따라 점 ㄱ에서 점 ㄴ까지 가는 길이를 구하시오.

(2) 선 나를 따라 점 ㄱ에서 점 ㄴ까지 가는 길이를 구하시오.

(3) 선 다를 따라 점 ㄱ에서 점 ㄴ까지 가는 길이를 구하시오.

(4) 위의 3가지 방법으로 구한 반원의 원주의 길이를 비교하고 알 수 있는 사실을 설명해 보시오.

• 원의 중심에서 이루어지는 각이 360°인 원의 둘레가 원주이므로 원의 일부분에서 곡선의 길이를 구할 때는 중심에서 이루어지는 각이 몇 도인지에 따라 원주의 길이를 나누면 됩니다.

예 원주율을 3.14로 생각하는 경우

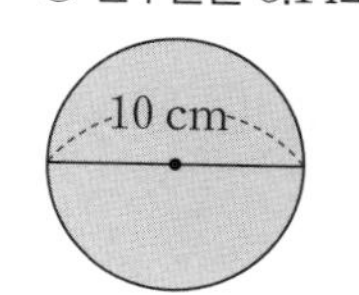

(원주)=10×3.14
=31.4(cm)

사분원 : 원의 $\frac{1}{4}$

(색칠한 길이)=$10\times3.14\times\frac{1}{4}$
=7.85(cm)

7 원주의 일부분인 색칠한 부분의 길이를 알아보려고 합니다. 물음에 답하시오. (원주율 : 3.1)

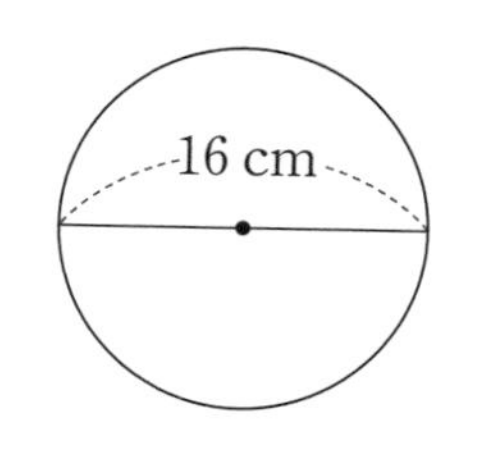

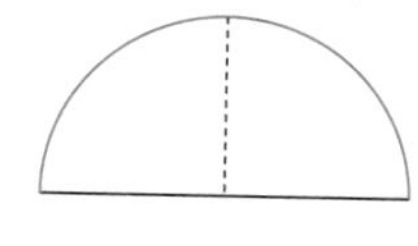

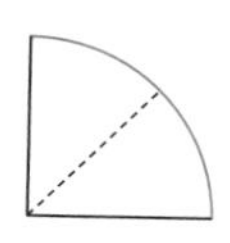

(1) 원주를 구하시오.

(2) 원주의 $\frac{1}{2}$, $\frac{1}{4}$, $\frac{1}{8}$의 길이를 각각 구하시오.

개념 익히기

1 □ 안에 알맞은 말을 써넣으시오.

원의 크기에 관계없이 지름에 대한 원주의 비는 항상 일정합니다.
이 비의 값을 □이라고 합니다.

(원주)=(지름)×(□)

2 원주가 주어진 원의 반지름을 구하시오. (원주율 : 3.1)

(1) 원주 : 37.2 cm (2) 원주 : 86.8 cm

3 길이가 43.4 cm인 철사를 구부려서 원 모양의 고리를 만들려고 합니다. 만들 수 있는 가장 큰 고리의 반지름은 몇 cm입니까? (원주율 : 3.1)

4 원의 원주를 구하시오. (원주율 : 3.1)

(1)

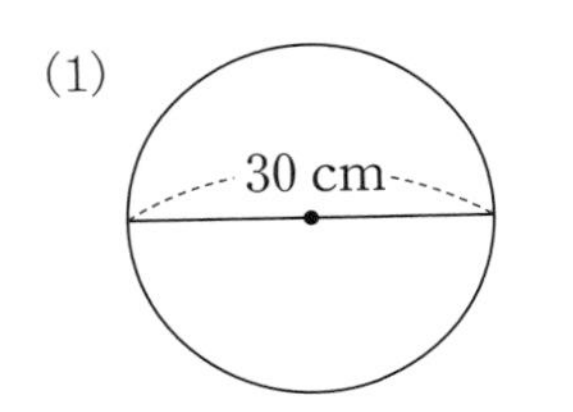

(2)

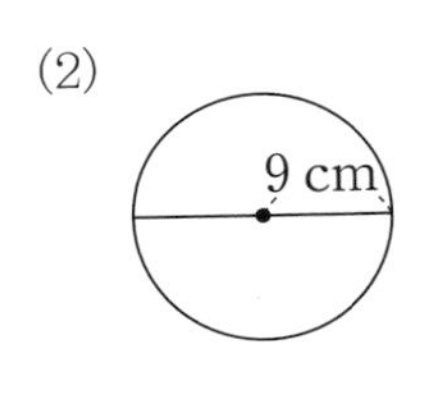

5 오른쪽은 정사각형, 원, 정육각형을 꼭 맞게 그린 것입니다. 물음에 답하시오.

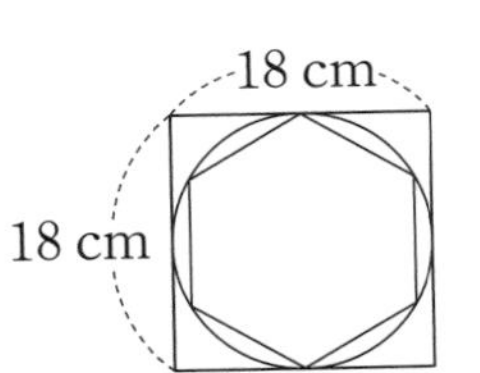

(1) 정사각형의 둘레는 몇 cm입니까?

(2) 정육각형의 마주 보는 꼭짓점끼리 이어 대각선을 그어 보고 정육각형의 둘레를 구하시오.

(3) □ 안에 알맞은 수를 써넣으시오.

(정육각형의 둘레)<(원주)<(정사각형의 둘레)

⇨ (지름)×□<(원주)<(지름)×□

(4) 위 (3)에서 알 수 있는 사실은 무엇입니까?

6 가장 큰 원은 어느 것입니까? (원주율 : 3.1)

㉠ 지름이 8 cm인 원
㉡ 반지름이 4.2 cm인 원
㉢ 둘레가 27.9 cm인 원
㉣ 원주가 13.33 cm인 원

7 반지름이 1.2 cm인 100원짜리 동전을 굴렸더니 앞으로 334.8 cm만큼 나아갔습니다. 동전을 몇 바퀴 굴린 것입니까? (원주율 : 3.1)

8 색칠한 부분의 둘레는 몇 cm입니까? (원주율 : 3)

(1)

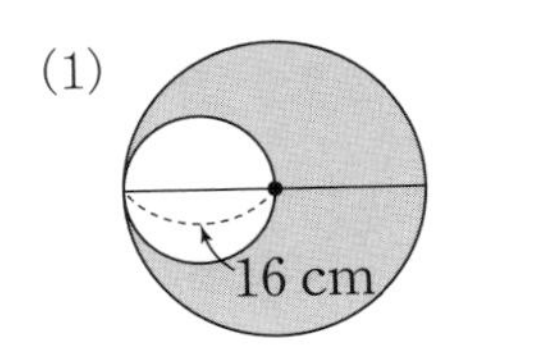

(2)

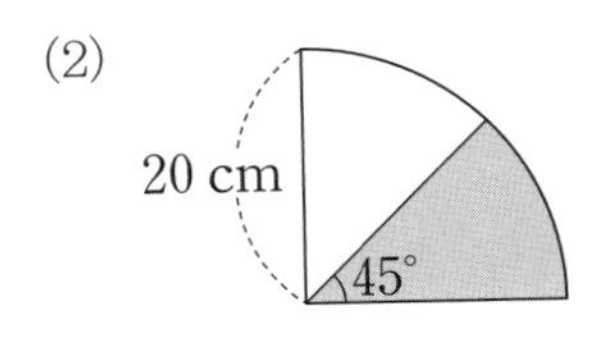

9 오른쪽 그림과 같이 원 모양의 물병 4개를 끈으로 겹치지 않게 묶었습니다. 물음에 답하시오. (원주율 : 3.1)

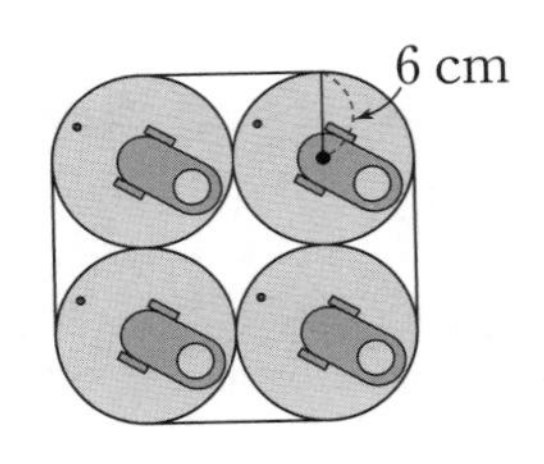

(1) 직선 부분의 끈의 길이의 합을 구하시오.

(2) 곡선 부분의 끈의 길이의 합을 구하시오.

(3) 끈 전체의 길이를 구하시오. (단, 매듭 부분의 길이는 생각하지 않습니다.)

10 오른쪽 그림에서 색칠한 부분의 둘레를 구하시오. (원주율 : 3.1)

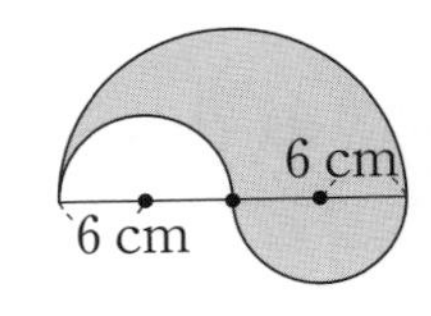

개념 넓히기

1 원주율에 대한 설명 중 옳지 않은 것을 모두 고르시오.

① 원주의 지름에 대한 비는 일정합니다.
② (원주)÷(지름)으로 구합니다.
③ 원의 크기가 커지면 원주율의 크기도 커집니다.
④ 소수로 나타내면 소수점 아래의 수를 끝없이 써야 합니다.
⑤ 원주에 대한 원의 지름의 비율입니다.

2 오른쪽 도형을 보고 물음에 답하시오. (원주율 : 3)

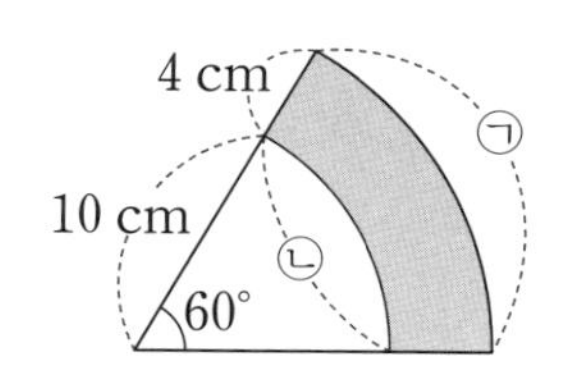

(1) ㉠, ㉡의 길이를 각각 구하시오.

(2) 색칠한 부분의 둘레를 구하시오.

3 색칠한 부분의 둘레를 구하시오. (원주율 : 3.1)

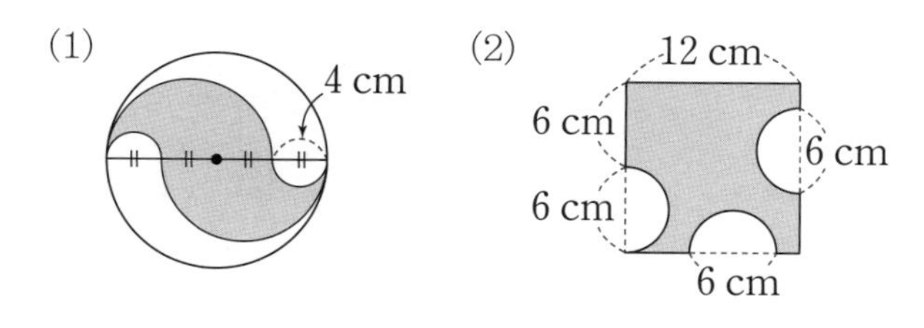

4 ㉮, ㉯ 두 사람이 바퀴의 지름이 각각 60 cm, 70 cm인 자전거를 타고 다음과 같이 출발했습니다. 두 자전거의 바퀴가 각각 30바퀴 돈 지점에서 두 사람이 만났다면 처음에 두 사람이 떨어져 있던 거리는 몇 m입니까? (원주율 : 3)

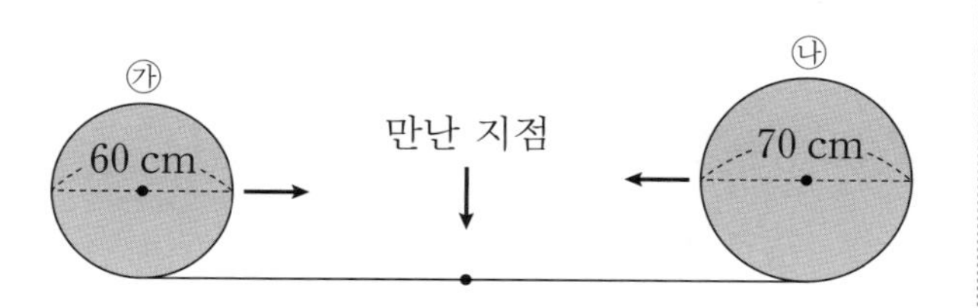

5 둘레가 251.1 cm인 큰 원의 지름이 작은 원의 지름의 3배일 때, 작은 원의 둘레는 몇 cm입니까? (원주율 : 3.1)

6 지름이 8 cm인 통조림 캔 3개를 오른쪽 그림과 같이 테이프로 겹치지 않게 붙여서 묶어 두었습니다. 물음에 답하시오. (원주율 : 3)

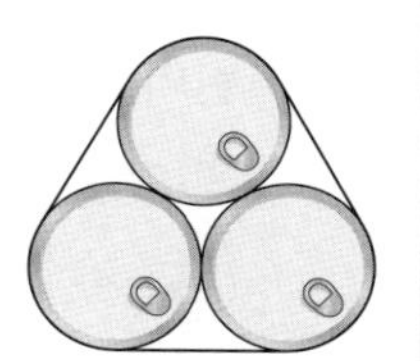

(1) 오른쪽과 같이 세 원의 중심을 이어 그린 삼각형은 어떤 삼각형입니까?

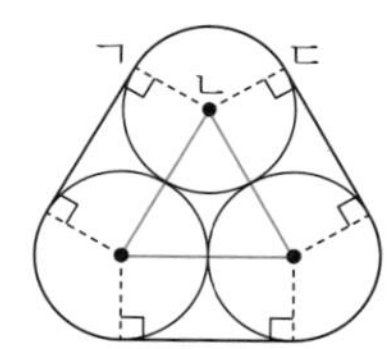

(2) 각 ㄱㄴㄷ의 크기는 몇 도입니까?

(3) 통조림 캔을 묶은 테이프의 길이를 구하시오.

7 육상 경기를 위한 직선 구간과 반원 모양의 곡선 구간으로 되어 있는 트랙이 있습니다. 레인의 폭은 1 m이고, 출발선의 위치는 레인의 안쪽 선을 기준으로 합니다. 물음에 답하시오. (원주율 : 3)

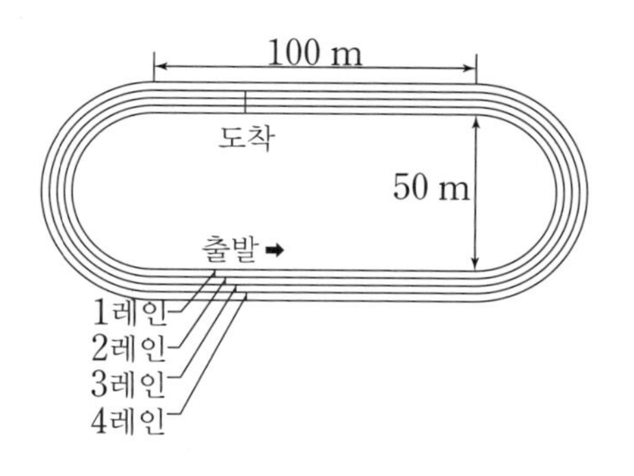

(1) 트랙에서 각 레인의 반원 모양의 곡선 구간의 길이의 합을 각각 구하시오.

(2) 트랙을 한 바퀴 돌 때 4번 레인은 1번 레인보다 몇 m 앞에서 출발해야 공정한 경기가 될 수 있습니까?

개념활동 47 원의 넓이

1 원의 넓이를 어림하는 방법을 알아보려고 합니다. 물음에 답하시오.

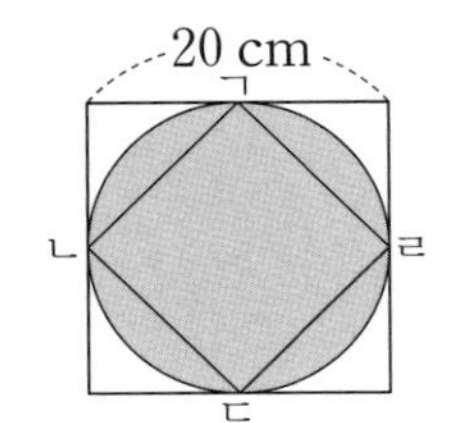

(1) 원 바깥의 정사각형의 넓이는 몇 cm^2입니까?

(2) 원 안의 마름모의 넓이는 몇 cm^2입니까?

(3) 원의 넓이는 마름모보다는 넓고, 정사각형보다는 좁습니다. □ 안에 알맞은 수를 써넣으시오.

(마름모의 넓이)<(원의 넓이)<(정사각형의 넓이)

□ cm^2<(원의 넓이)<□ cm^2

(4) 원의 넓이는 얼마라고 어림할 수 있습니까?

2 반지름이 10 cm인 원을 여러 조각으로 잘라서 변끼리 붙였습니다. 물음에 답하시오.

가

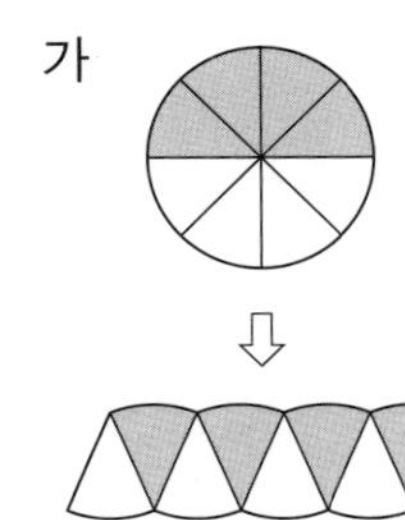

나

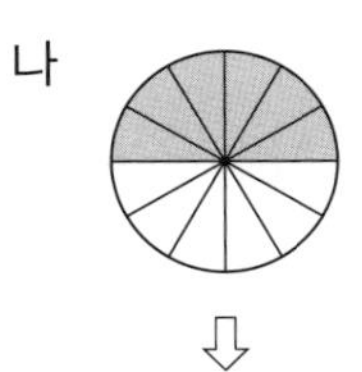

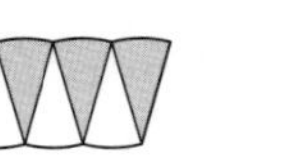

다

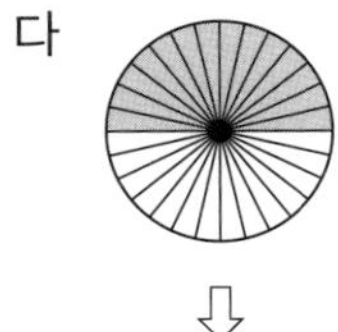

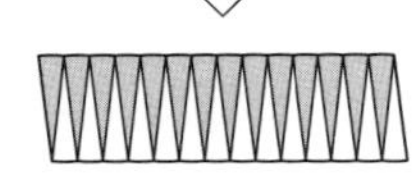

(1) 가, 나, 다와 같이 원을 더 잘게 잘라 가며 붙인 것입니다. 잘게 자를수록 붙인 것은 어떤 도형에 가까워집니까?

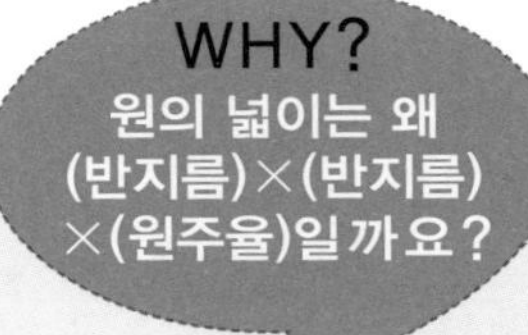

(2) 원의 넓이를 구하는 식을 알아보려고 합니다. 원을 한없이 잘게 잘라 붙여 만든 직사각형의 가로와 세로는 원의 어떤 길이와 각각 같습니까? □ 안에 알맞은 말이나 수를 써넣으시오.

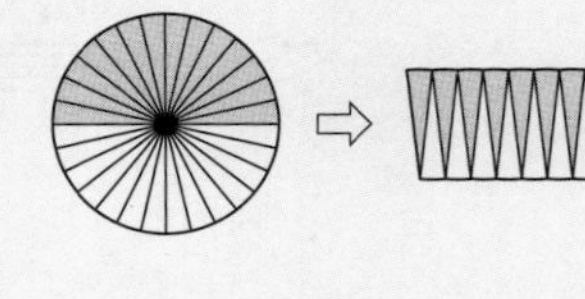

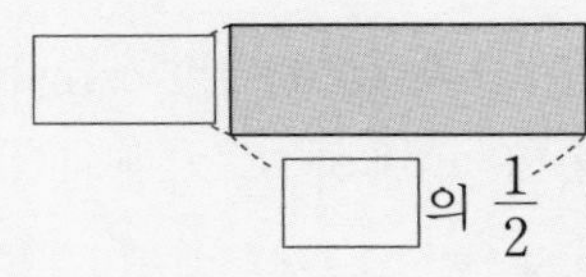

(원의 넓이)=(직사각형의 넓이)=(가로)×(세로)

=(□의 $\frac{1}{2}$)×(□)

=(원주율)×(지름)×$\frac{1}{2}$×(□)

=(반지름)×(□)×(□)

(3) 위 원의 넓이를 공식을 사용하여 구하시오. (원주율 : 3.1)

3 원의 넓이를 구하시오. (원주율 : 3.1)

(1)

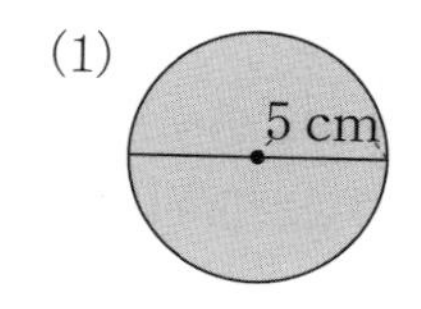

(2)

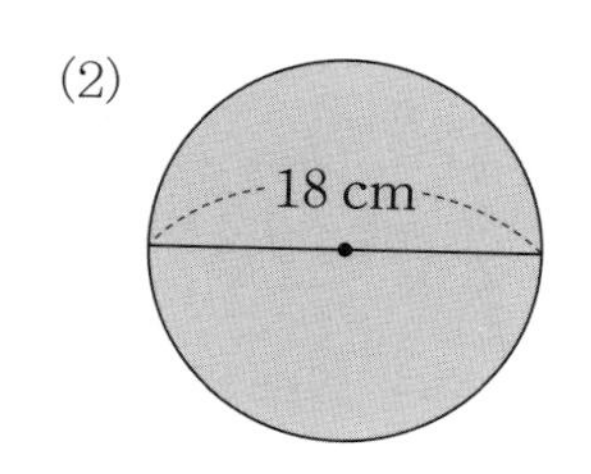

4 정사각형의 점 ㄴ과 점 ㄹ을 중심으로 각각 원의 일부분을 그린 것입니다. 물음에 답하시오. (원주율 : 3.14)

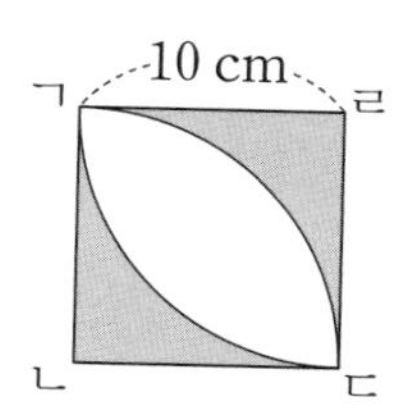

(1) 색칠한 부분의 넓이는 **가** 부분의 넓이를 2배 한 것입니다. **가** 부분의 넓이를 구하시오.

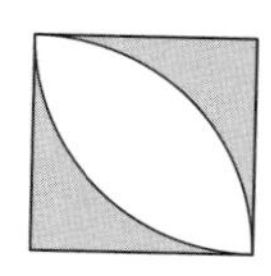 = 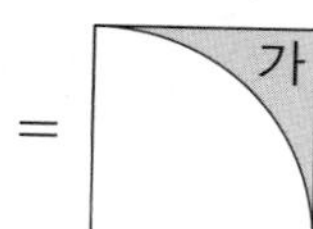

\+ 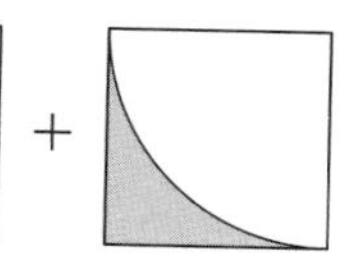

(2) 처음 도형에서 색칠한 부분의 넓이는 몇 cm^2입니까?

• 넓이를 구하는 방법

① 넓이를 나누어 구하기

넓이를 한 번에 구하기 어려운 경우에는 구하기 쉬운 부분의 넓이를 먼저 구한 다음 넓이의 합으로 생각하여 구합니다.

② 도형을 옮겨서 구하기

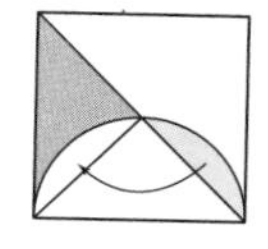  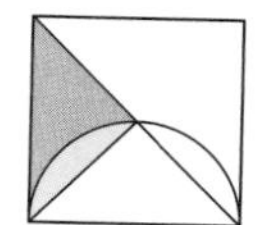

복잡한 모양의 넓이를 구할 때에는 모든 넓이를 직접 구하지 않고, 넓이가 같은 것이 어떤 모양인지 찾아 도형을 옮겨서 간단한 도형으로 만든 후에 넓이를 구합니다.

5 정사각형 안의 세 원은 모두 반원입니다. 물음에 답하시오. (원주율 : 3.1)

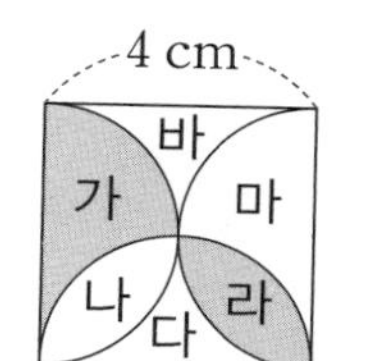

(1) **라** 부분과 넓이가 같은 부분의 기호를 쓰시오.

(2) **라** 부분을 넓이가 같은 부분으로 옮긴 후의 모양을 그리고 색칠하시오.

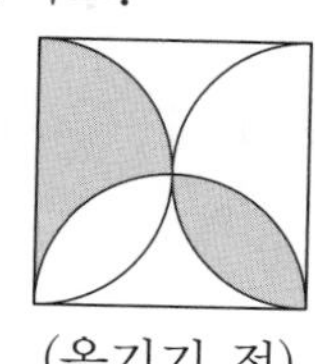
(옮기기 전)

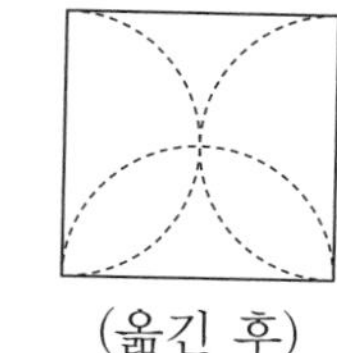
(옮긴 후)

(3) 색칠한 부분의 넓이를 구하시오.

6 색칠한 부분의 넓이를 구하시오. (원주율 : 3)

(1)

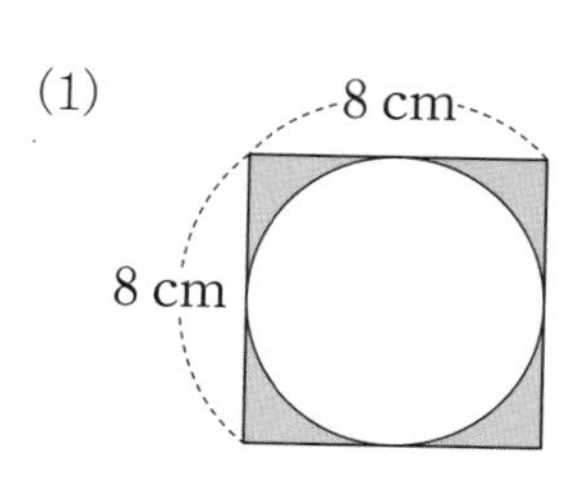

(2)

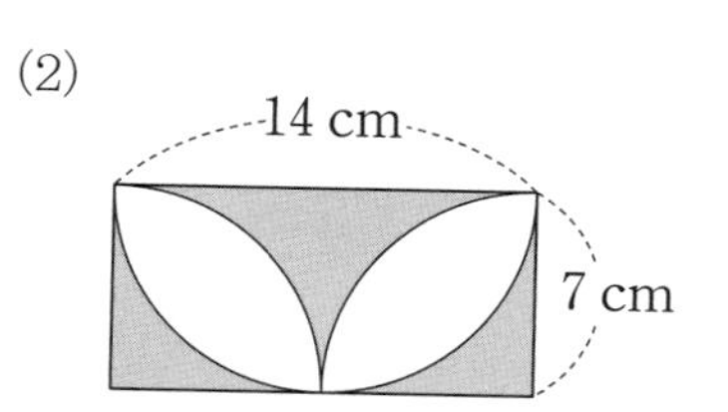

개념 익히기

1 원의 넓이를 구하시오. (원주율 : 3.14)

(1) 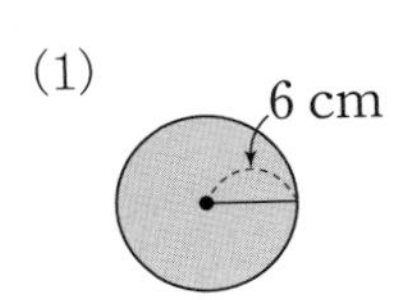

(2) 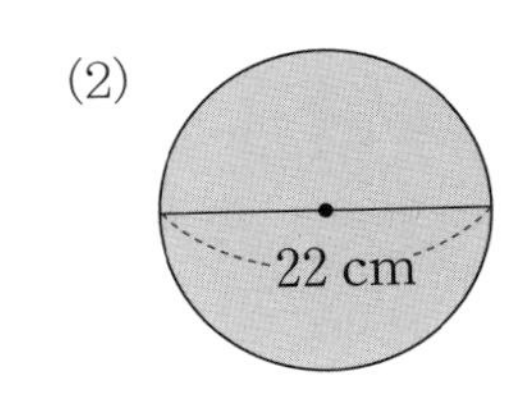

2 한 변이 10 cm인 정사각형에 지름이 10 cm인 원을 그리고 그림과 같이 1 cm 간격으로 점선을 그렸습니다. 원 안의 색칠한 사각형과 원 밖의 색칠한 선을 이용하여 원의 넓이를 어림하려고 합니다. □ 안에 알맞은 수를 써넣으시오.

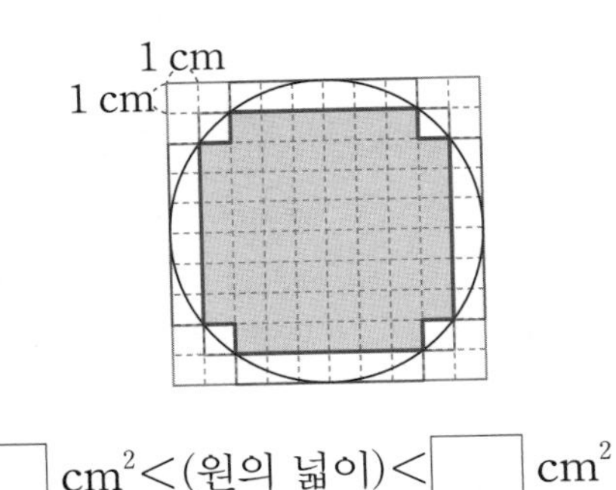

□ cm^2<(원의 넓이)<□ cm^2

3 색칠한 부분의 넓이를 구하시오. (원주율 : 3)

(1) 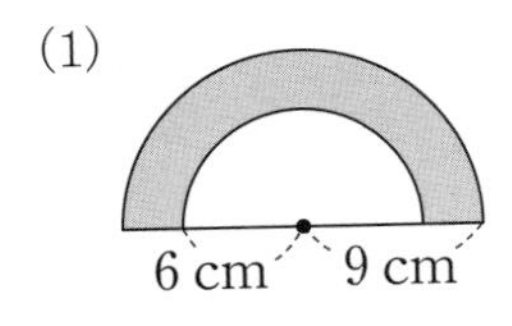

(2) 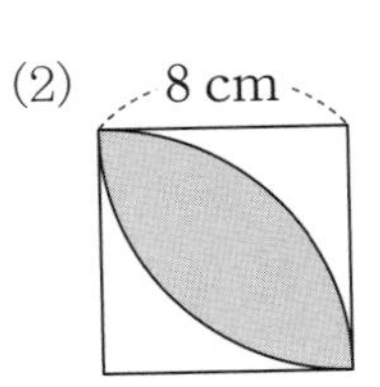

4 넓이가 넓은 원부터 차례대로 기호를 쓰시오. (원주율 : 3.1)

㉠ 반지름이 6 cm인 원
㉡ 지름이 11 cm인 원
㉢ 원주가 16.12 cm인 원
㉣ 넓이가 77.5 cm인 원

5 넓이가 147 cm^2인 원이 있습니다. 이 원의 반지름은 몇 cm입니까? (원주율 : 3)

6 직사각형에서 오려낼 수 있는 가장 큰 원의 넓이는 몇 cm^2입니까? (원주율 : $3\frac{1}{7}$)

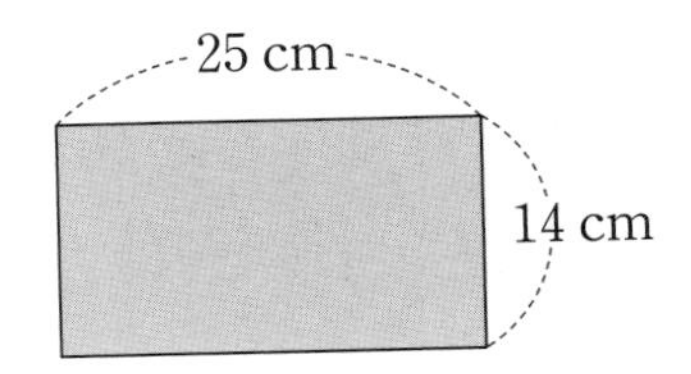

7 오른쪽 그림에서 작은 원 한 개의 원주가 40.3 cm일 때, 큰 원의 넓이를 구하시오. (원주율 : 3.1)

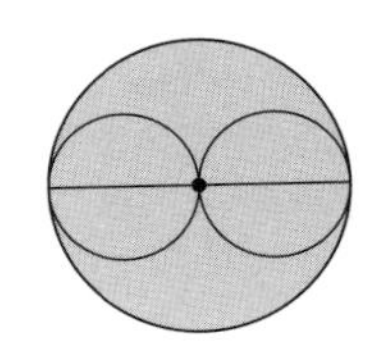

8 오른쪽 도형을 보고 물음에 답하시오. (원주율 : 3.1)

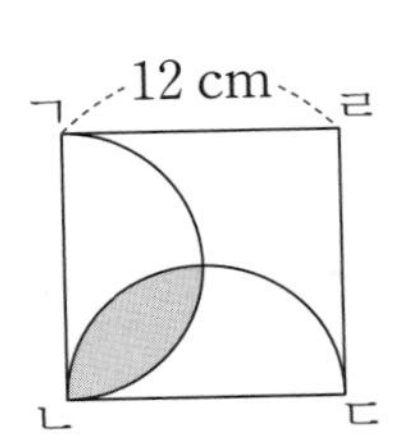

(1) 정사각형에서 선분 ㄱㄷ과 선분 ㄴㄹ을 그어 보시오.

(2) 넓이가 같은 부분을 옮겨서 간단한 모양으로 만들 수 있도록 화살표로 나타내어 보시오.

(3) 색칠한 부분의 넓이를 구하시오.

9 그림과 같이 정사각형 안에 꼭짓점과 두 변의 중점을 중심으로 하는 원의 일부분을 4개 그렸습니다. 색칠한 부분의 넓이를 구하시오. (원주율 : 3)

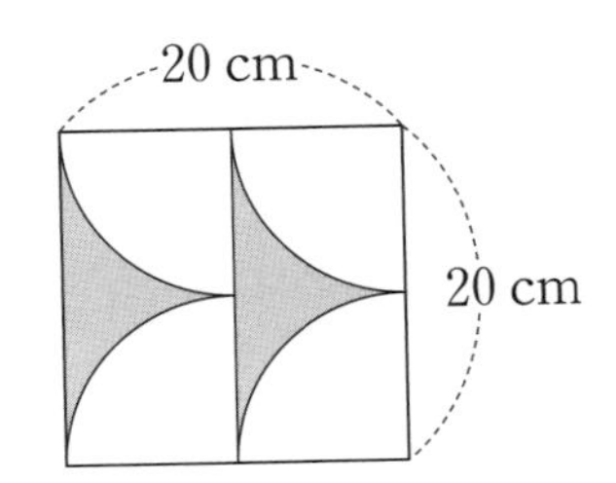

1 색칠한 부분의 넓이를 구하시오. (원주율 : 3)

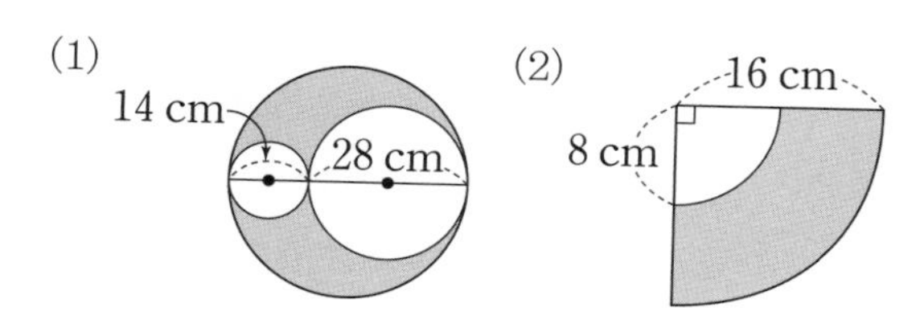

2 오른쪽 그림에서 삼각형 ㄱㄴㄷ은 이등변삼각형입니다. 물음에 답하시오. (원주율 : 3.1)

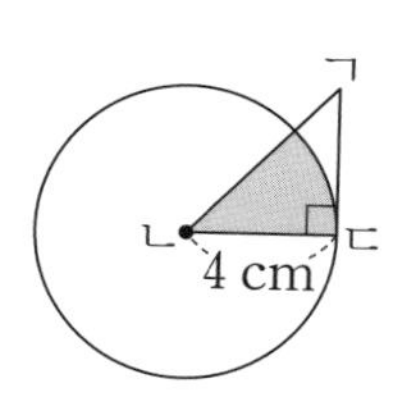

(1) 각 ㄱㄴㄷ은 몇 도입니까?

(2) 색칠한 부분의 넓이를 구하시오.

3 오른쪽 두 원의 지름의 비가 1 : 2일 때, 큰 원의 넓이는 몇 cm^2입니까?

(원주율 : $3\frac{1}{7}$)

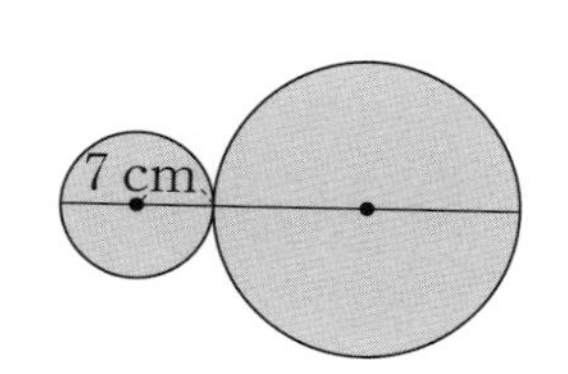

4 그림과 같은 길이의 철사 ㉠, ㉡이 있습니다. 철사 ㉠, ㉡을 사용하여 만들 수 있는 가장 큰 원의 넓이는 각각 몇 cm^2입니까? (원주율 : 3)

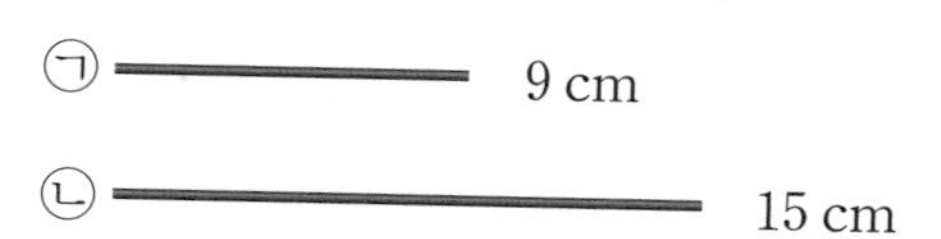

5 도형을 옮겨서 간단한 모양으로 만들어 색칠한 부분의 넓이를 구하시오. (원주율 : 3)

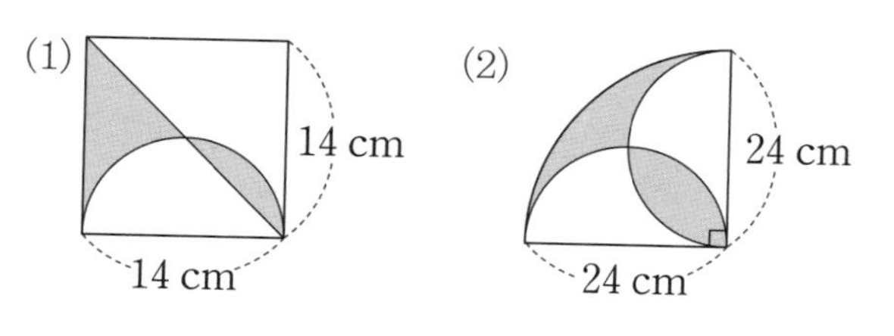

6 오른쪽 그림에서 점 ㄱ, 점 ㄴ, 점 ㄷ은 각각 세 원의 중심입니다. 물음에 답하시오. (원주율 : 3.1)

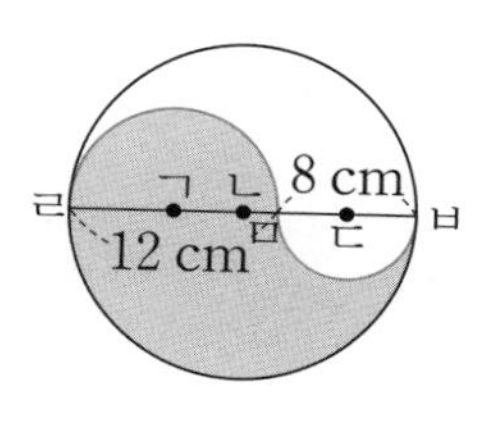

(1) 점 ㄹ에서 원주를 따라 점 ㅁ을 지나 점 ㅂ까지 가는 길이는 무엇과 같습니까?

(2) 색칠한 부분의 둘레를 구하시오.

(3) 색칠한 부분의 넓이를 구하시오.

7 오른쪽 그림과 같이 한 변이 8 cm인 정육각형의 한 꼭짓점을 중심으로 원을 그렸을 때 겹쳐진 부분의 넓이를 구하시오. (원주율 : 3)

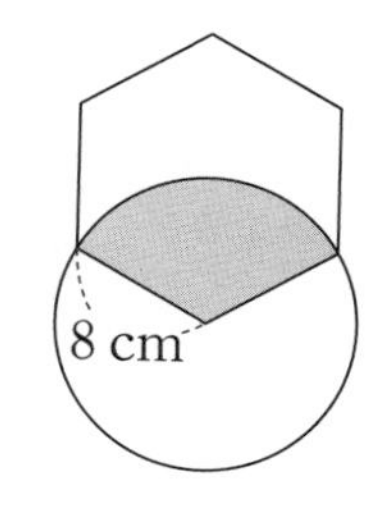

8 가로가 5 m, 세로가 3 m인 직사각형 모양의 벽의 한 모퉁이에 길이가 6 m인 끈으로 강아지가 묶여 있습니다. 벽의 모퉁이에서는 강아지가 남은 끈의 길이만큼 움직일 수 있을 때, 강아지가 움직일 수 있는 부분의 넓이를 구하시오. (원주율 : 3)

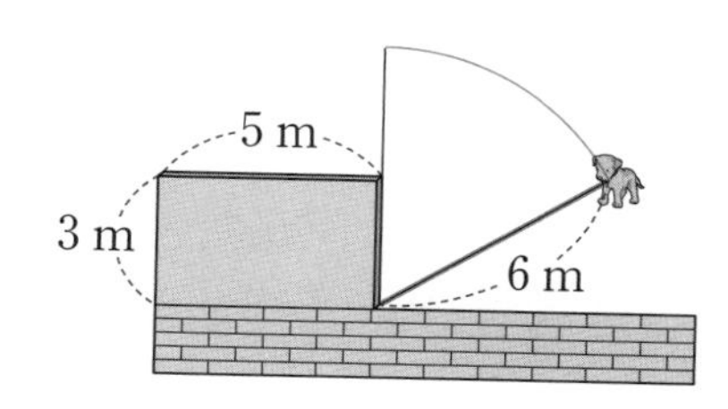

9 오른쪽 그림에서 직사각형 ㄱㄴㄷㄹ과 사분원 ㄱㄴㅁ의 넓이는 같습니다. 물음에 답하시오. (원주율 : 3)

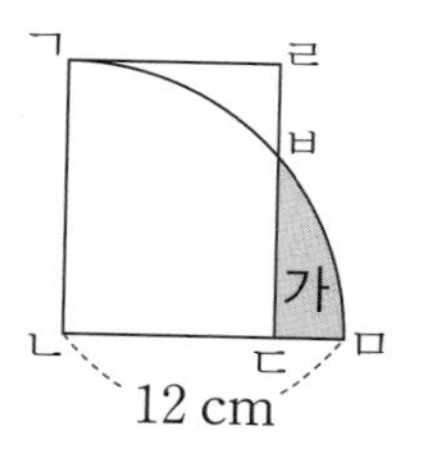

(1) 가 부분과 넓이가 같은 곳을 찾아 색칠하시오.

(2) 사분원 ㄱㄴㅁ의 넓이는 몇 cm^2입니까?

(3) 변 ㄴㄷ의 길이를 구하시오.

48 원기둥과 원기둥의 전개도

1 도형을 보고 물음에 답하시오.

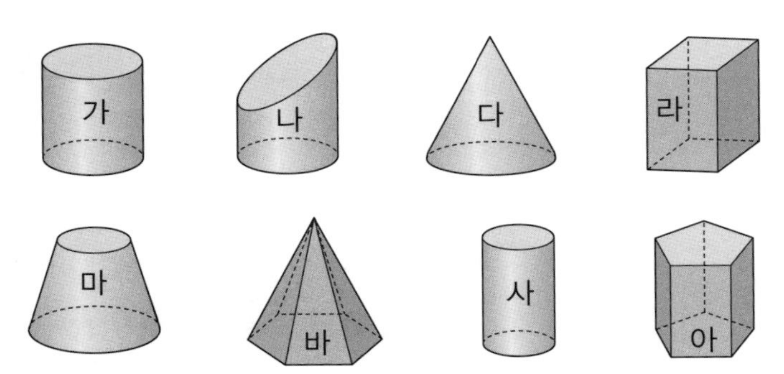

(1) 기둥의 특징을 말하고, 기둥 모양인 것을 모두 찾아 기호를 쓰시오.

(2) (1)에서 찾은 기둥 중에서 위에서 본 모양이 다각형인 기둥과 원인 기둥을 각각 찾아 기호를 쓰시오.

위에서 본 모양	다각형	원
기둥		

(3) 나와 다가 원기둥이 아닌 이유를 각각 설명하시오.

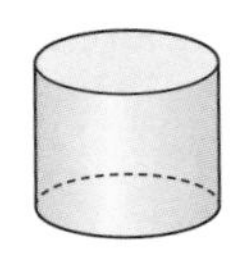

• 둥근기둥 모양의 도형을 원기둥이라고 합니다.

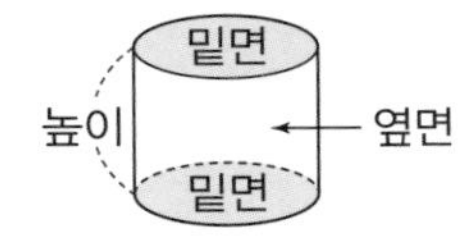

• 원기둥에서 옆을 둘러싼 굽은 면을 옆면이라 하고, 서로 평행하고 합동인 두 면을 밑면이라고 합니다. 또 두 밑면에 수직인 선분의 길이를 높이라고 합니다.

2 도형을 보고 물음에 답하시오.

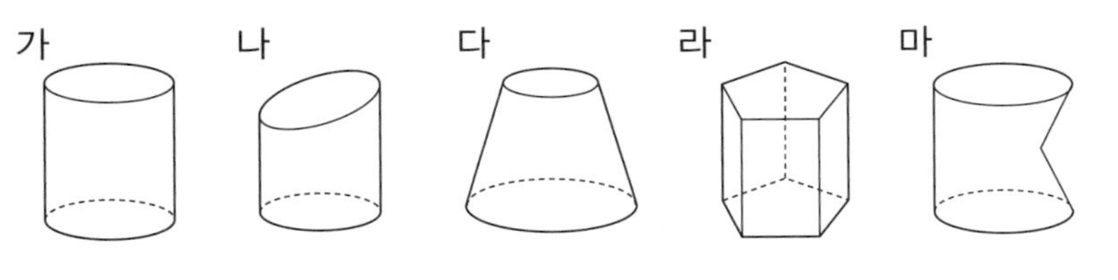

(1) 원기둥을 찾아 서로 평행한 두 밑면에 색칠해 보시오.

(2) 원기둥에서 밑면은 어떤 모양입니까?

(3) 원기둥에서 옆을 둘러싼 굽은 면은 밑면과 서로 어떻게 만납니까?

(4) 원기둥을 옆에서 본 모양은 어떤 모양입니까?

(5) 원기둥에서 두 밑면에 수직인 선분의 길이를 무엇이라고 합니까?

(6) 원기둥이 아닌 것을 찾아 그 이유를 각각 설명하시오.

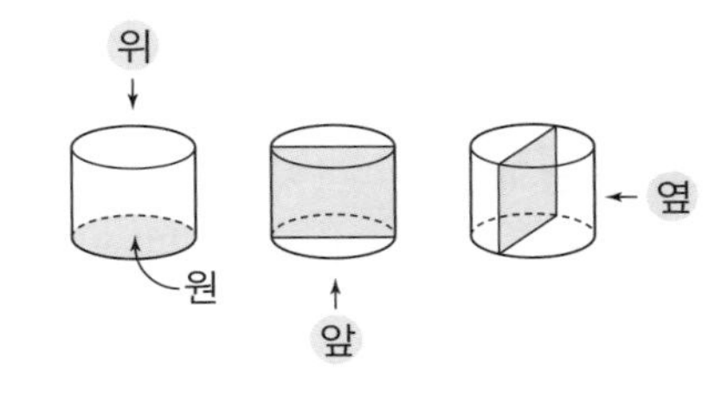

• 원기둥의 특징

① 위에서 보면 원 모양입니다. (밑면의 모양)

② 앞과 옆에서 보면 직사각형 모양입니다. (옆면의 모양)

③ 두 밑면은 서로 평행하고 합동입니다.

3 원기둥을 보고 물음에 답하시오. (원주율 : 3.1)

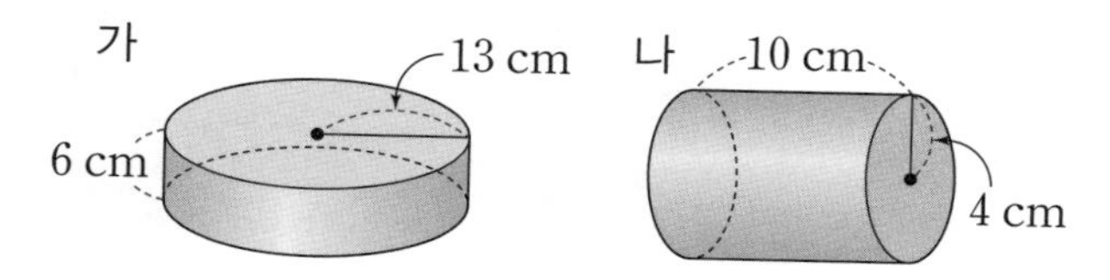

(1) 원기둥 **가**, **나**의 높이를 각각 쓰시오.

(2) 원기둥 **가**, **나**의 밑면의 둘레를 각각 구하시오.

4 원기둥을 그림과 같이 잘라서 펼친 전개도를 점선을 따라 완성하고 물음에 답하시오.

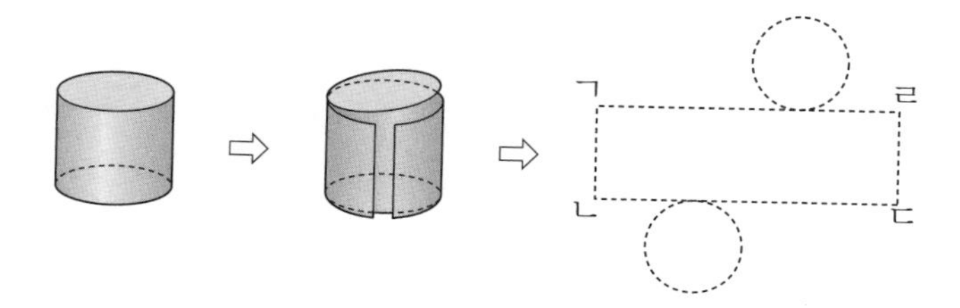

(1) 원기둥의 전개도에서 밑면과 옆면의 모양은 각각 어떤 모양입니까?

(2) 전개도에서 밑면의 둘레와 길이가 같은 선분을 모두 쓰시오.

(3) 전개도에서 원기둥의 높이와 길이가 같은 선분을 모두 쓰시오.

5 원기둥과 전개도를 보고 물음에 답하시오. (원주율 : 3.1)

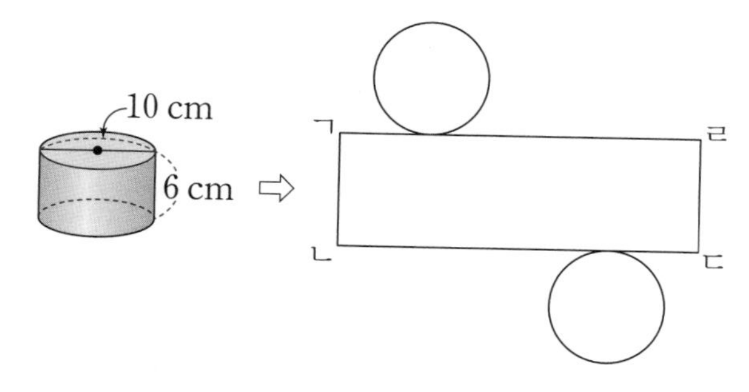

(1) 전개도에서 밑면에 색칠하고, 밑면의 둘레를 구하시오.

(2) 전개도에서 선분 ㄱㄹ, 선분 ㄱㄴ의 길이는 각각 몇 cm입니까?

(3) 원기둥의 옆면을 바닥에 닿게 놓고 2바퀴 굴렸다면 원이 지나간 자리로 생긴 도형은 어떤 모양입니까?

(4) (3)에서 생긴 도형의 넓이를 구하시오.

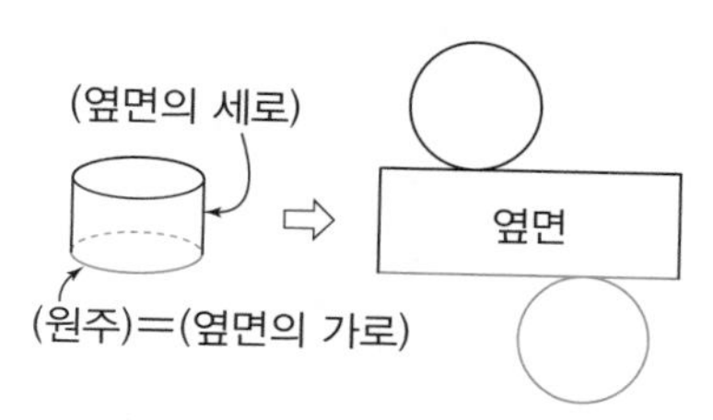

• 원기둥의 전개도에서 원기둥의 밑면의 둘레는 옆면의 가로와 같고, 원기둥의 높이는 옆면의 세로와 같습니다.

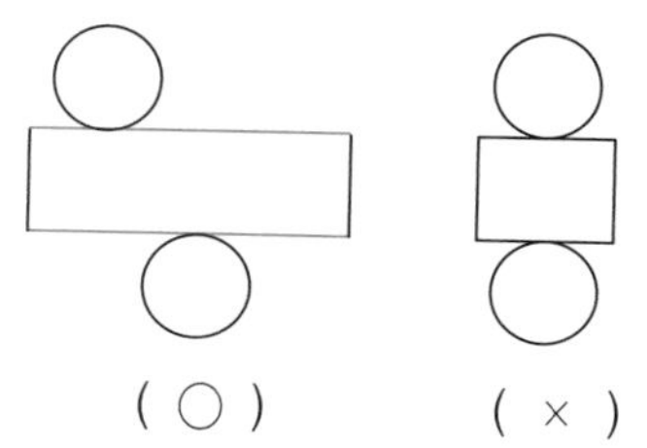

(○)　　(×)

• 전개도를 그릴 때는 밑면의 둘레와 옆면의 가로가 같으므로 옆면의 가로를 지름의 약 3배 정도로 그리도록 합니다.

개념 익히기

1 □ 안에 알맞은 말을 써넣으시오.

원기둥에서 서로 평행하고 합동인 두 면을 □이라 하고, 옆으로 둘러싼 곡면을 □이라고 합니다. 또 원기둥에서 두 밑면에 수직인 선분의 길이를 □라고 합니다.

2 도형을 보고 물음에 답하시오.

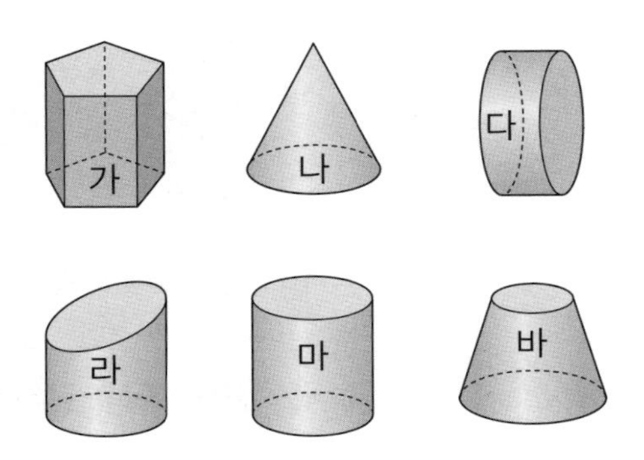

(1) 원기둥의 특징을 써 보시오. 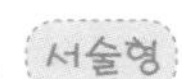

(2) 원기둥을 모두 찾아보시오.

(3) 원기둥에 높이를 나타내어 보시오.

3 원기둥을 보고 물음에 답하시오. (원주율 : 3)

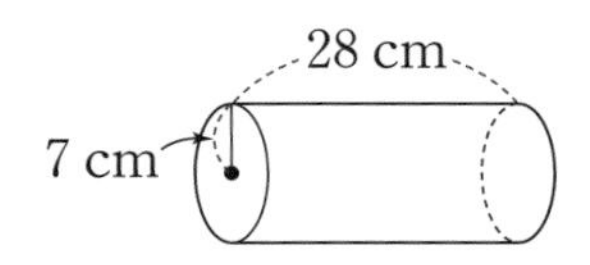

(1) 서로 평행이고 합동인 두 면을 찾아 색칠하시오.

(2) 원기둥의 높이는 몇 cm입니까?

(3) 원기둥을 옆에서 본 모양은 어떤 모양입니까?

(4) 원기둥의 한 밑면의 넓이는 몇 cm^2입니까?

4 오른쪽 원기둥의 전개도를 보고 물음에 답하시오.
(원주율 : $3\frac{1}{7}$)

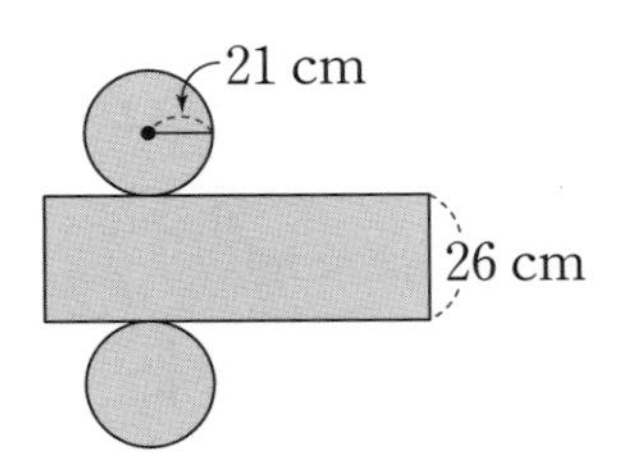

(1) 전개도에서 옆면의 가로는 몇 cm입니까?

(2) 전개도에서 옆면의 세로는 몇 cm입니까?

5 원기둥의 전개도를 찾아 기호를 쓰고 원기둥이 <u>아닌</u> 것은 그 이유를 설명하시오. 서술형

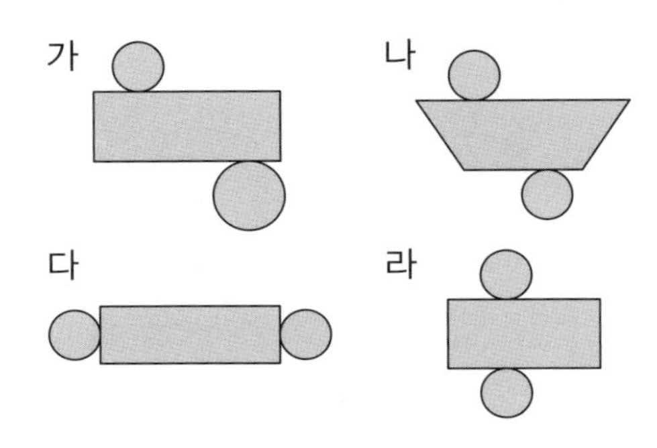

6 원기둥과 각기둥의 전개도에서 공통점을 설명한 것이 <u>아닌</u> 것을 모두 고르시오.

① 밑면의 모양은 원입니다.
② 옆면의 모양은 사각형입니다.
③ 두 밑면은 서로 평행하고 합동입니다.
④ 높이는 두 밑면에 수직인 선분의 길이입니다.
⑤ 옆면의 모양은 보는 방향에 따라 달라집니다.

7 오른쪽 그림과 같은 롤러에 페인트를 묻힌 후 벽에 3바퀴를 굴려서 칠했습니다. 물음에 답하시오. (원주율 : 3.1)

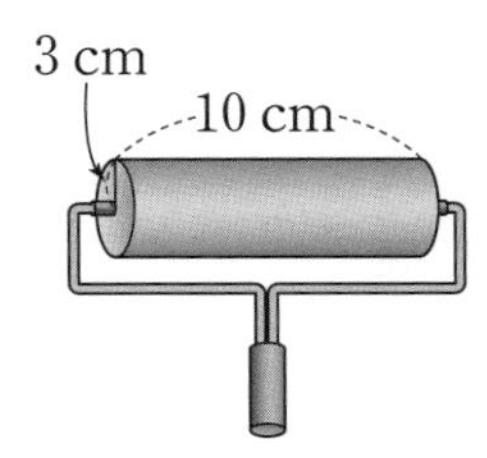

(1) 롤러의 밑면의 둘레는 몇 cm입니까?

(2) 페인트가 색칠된 벽면의 넓이는 몇 cm^2입니까?

개념 넓히기

1 원기둥의 전개도에서 원기둥의 높이를 나타내는 선분을 모두 쓰시오.

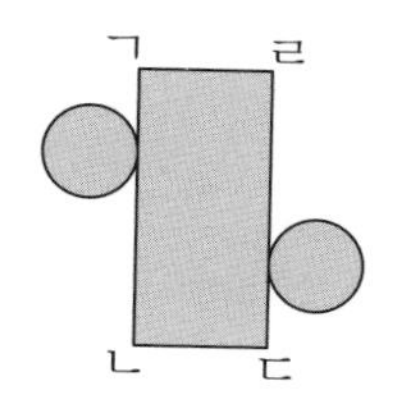

2 원기둥을 보고 원기둥의 전개도의 옆면의 가로, 옆면의 세로, 한 밑면의 넓이를 각각 구하시오.

(원주율 : 3)

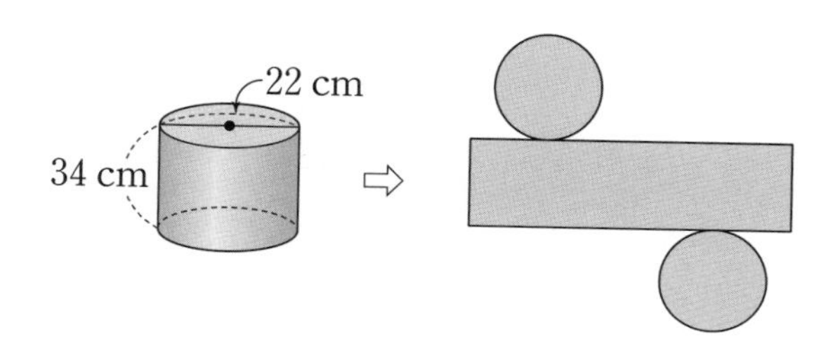

3 오른쪽 원기둥의 전개도에서 밑면의 둘레가 높이의 2배일 때, 옆면의 둘레를 구하시오.

(원주율 : 3.1)

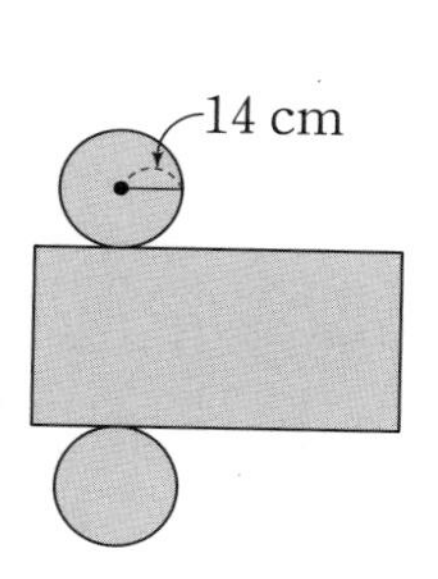

4 오른쪽 그림과 같이 원기둥을 잘라서 만든 똑같은 입체도형 2개를 이어 붙여 길이가 더 긴 원기둥을 만들었습니다. 물음에 답하시오.

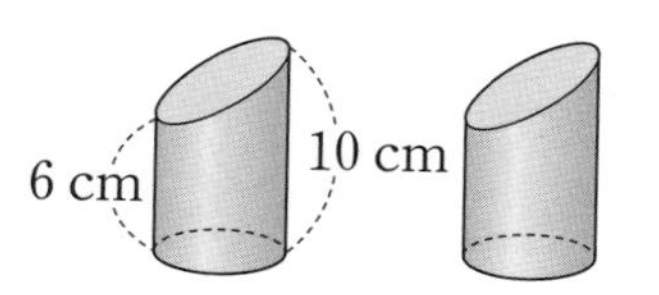

(1) 2개를 이어 붙여 만든 원기둥을 그려 보시오.

(2) 이어 붙여 만든 원기둥의 높이는 몇 cm입니까?

5 원기둥에 그림과 같이 구멍을 뚫어 2개의 입체도형을 만들었습니다. 물음에 답하시오.

(원주율 : 3.1)

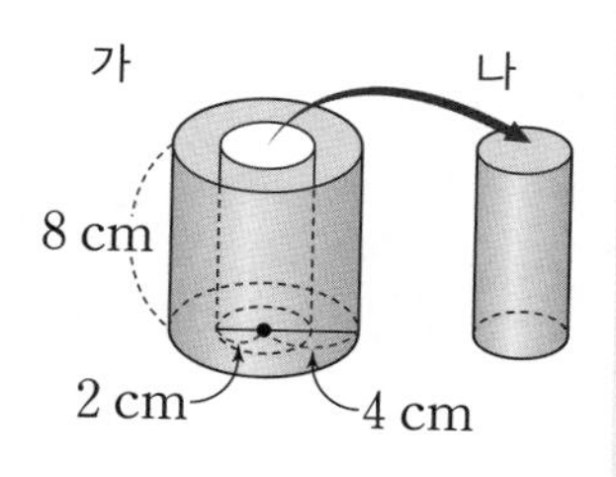

(1) 입체도형 **가**의 한 밑면의 넓이를 구하시오.

(2) 입체도형 **나**를 펼쳐 전개도를 그렸을 때 옆면의 가로와 세로를 각각 구하시오.

6 오른쪽 도형은 원기둥 2개를 쌓아 만든 것입니다. 이 도형을 앞에서 본 모양의 넓이를 구하시오.

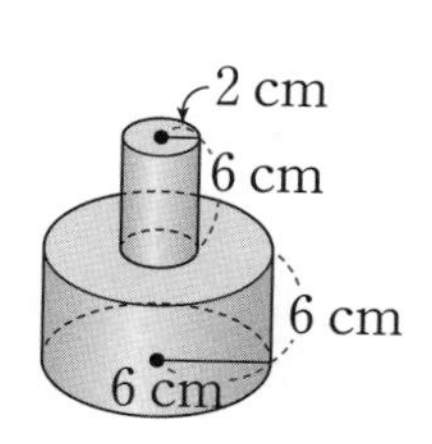

7 그림과 같이 점 ㄱ에서 원기둥의 겉면을 따라 점 ㄴ에 이르는 선을 그렸습니다. 이 선의 길이가 가장 짧게 되도록 전개도에 나타내어 보시오.

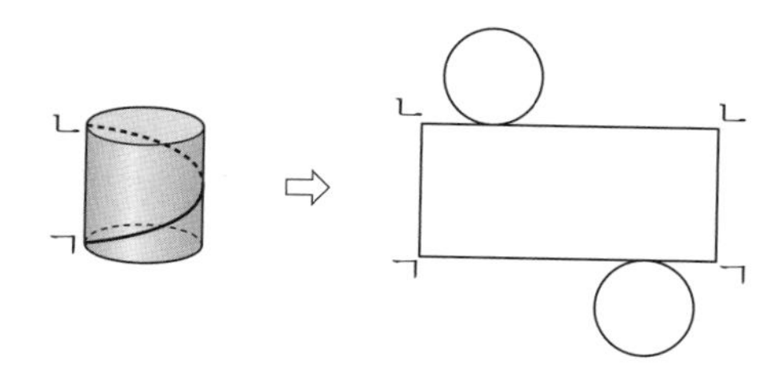

8 밑면의 둘레가 24 cm이고, 높이가 16 cm인 원기둥 모양의 롤러로 가로 3 m, 높이 2 m인 벽을 남는 부분이 없이 색칠하려고 합니다. 물음에 답하시오. (원주율 : 3)

(1) 롤러가 한 바퀴 지나간 부분의 넓이는 몇 cm^2입니까?

(2) 벽의 넓이는 몇 cm^2입니까?

(3) 벽을 모두 칠하려면 롤러를 적어도 몇 바퀴 굴려야 합니까?

개념활동 49 원기둥의 겉넓이와 부피

1 원기둥의 전개도를 완성하고 물음에 답하시오. (원주율 : 3.1)

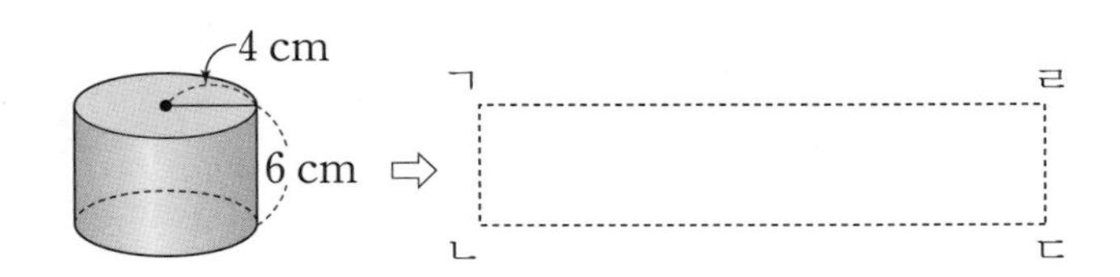

(1) 원기둥의 한 밑면의 넓이는 몇 cm^2입니까?

(2) 직사각형 ㄱㄴㄷㄹ의 가로는 원기둥의 무엇과 같습니까? 선분 ㄱㄹ의 길이를 구하시오.

(3) 원기둥의 옆면의 넓이는 직사각형 ㄱㄴㄷㄹ의 넓이와 같습니다. □ 안에 알맞은 수를 써넣으시오.

(옆면의 넓이)=(직사각형의 넓이)
=(밑면의 둘레)×(원기둥의 높이)
=(2×□×□)×□
=□×6=□ (cm^2)

(4) 원기둥의 겉넓이는 원기둥의 전개도의 넓이와 같습니다. □ 안에 알맞은 수를 써넣어 원기둥의 겉넓이를 구하시오.

(원기둥의 겉넓이)=(전개도의 넓이)
=(한 밑면의 넓이)×2 +(옆면의 넓이)
=□×2+□=□ (cm^2)

• (한 밑면의 넓이)
=(원의 넓이)
=(반지름)×(반지름)×(원주율)

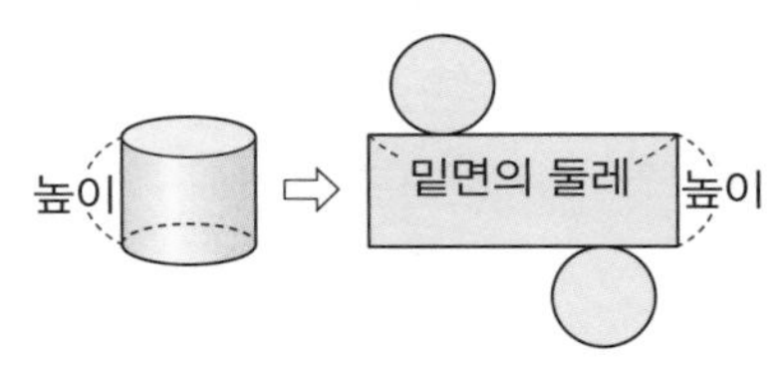

• (옆면의 넓이)
=(밑면의 둘레)×(원기둥의 높이)

• (원기둥의 겉넓이)
=(한 밑면의 넓이)×2
+(원기둥의 옆넓이)

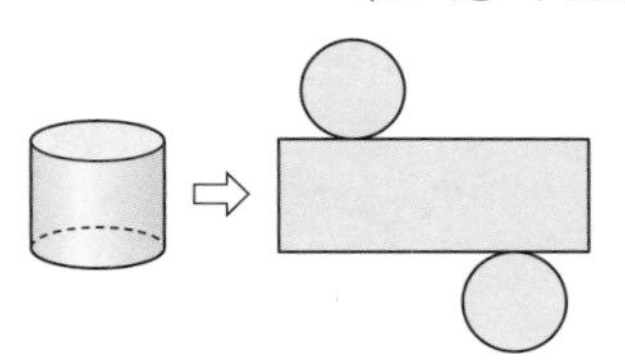

2 원기둥의 전개도를 보고 물음에 답하시오. (원주율 : 3)

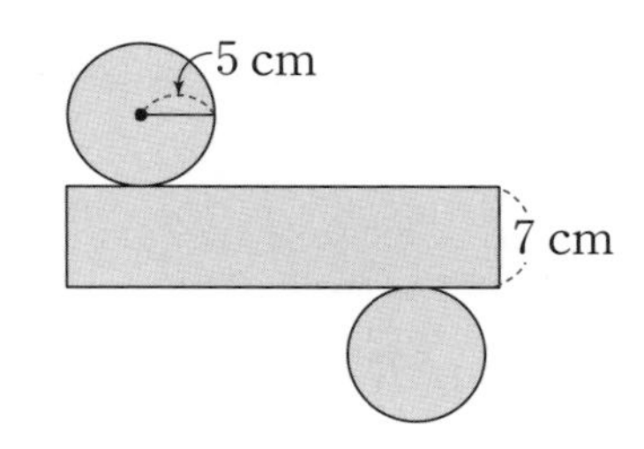

(1) 원기둥의 한 밑면의 넓이를 구하시오.

(2) 원기둥의 옆면의 넓이를 구하시오.

(3) 원기둥의 겉넓이를 구하시오.

3 오른쪽은 옆면의 넓이가 198.4 cm^2인 원기둥입니다. 밑면의 반지름을 구하시오. (원주율 : 3.1)

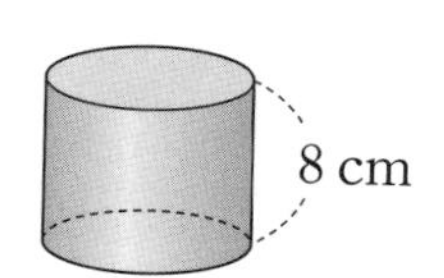

4 원의 넓이를 구할 때 원을 잘게 잘라 붙여 직사각형을 만들었습니다. 이와 같은 방법으로 원기둥의 부피를 구하려고 합니다. 물음에 답하시오.

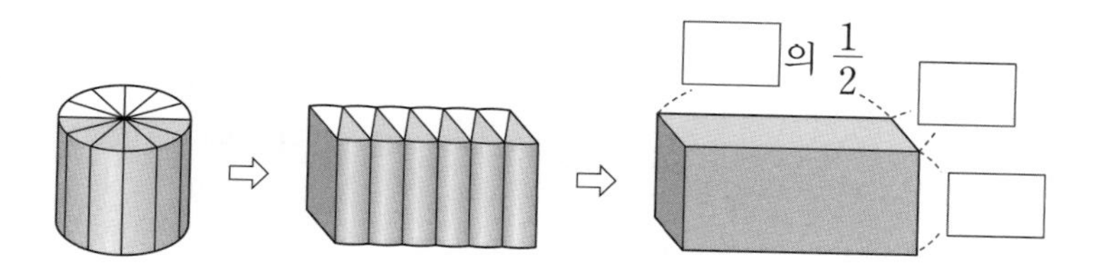

(1) 원기둥을 수직으로 여러 조각이 되게 자른 다음 엇갈리게 이어 붙이면 어떤 도형과 비슷한 모양이 됩니까?

(2) 직육면체의 한 밑면의 넓이는 원기둥의 무엇의 넓이와 같습니까?

(3) 직육면체의 높이는 원기둥의 무엇과 같습니까?

(4) 위의 그림에서 원기둥의 부피는 직육면체의 부피와 같습니다.
☐ 안에 알맞게 써넣으시오.

(원기둥의 부피)= (직육면체의 부피)=(가로)×(세로)×(높이)

=(☐의 $\frac{1}{2}$)×(☐)×(높이)

=2×(☐)×(원주율)×$\frac{1}{2}$×(☐)×(높이)

=(☐)×(☐)×(원주율)×(높이)

=(한 밑면의 ☐)×(높이)

5 원기둥의 부피를 구하시오. (원주율 : 3.14)

• (원기둥의 부피)
=(한 밑면의 넓이)×(높이)

(1)

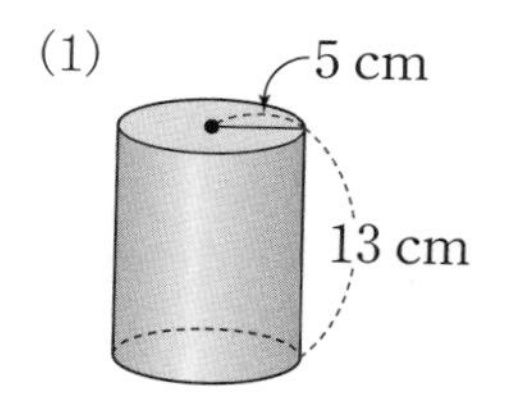

(2)

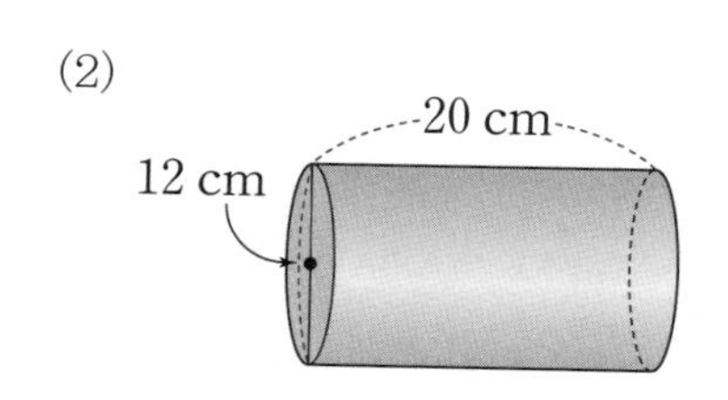

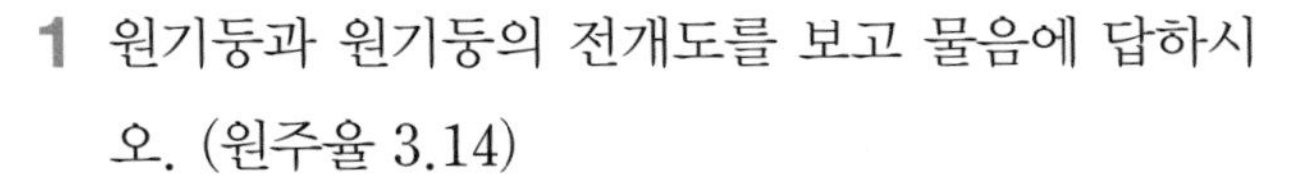

1 원기둥과 원기둥의 전개도를 보고 물음에 답하시오. (원주율 3.14)

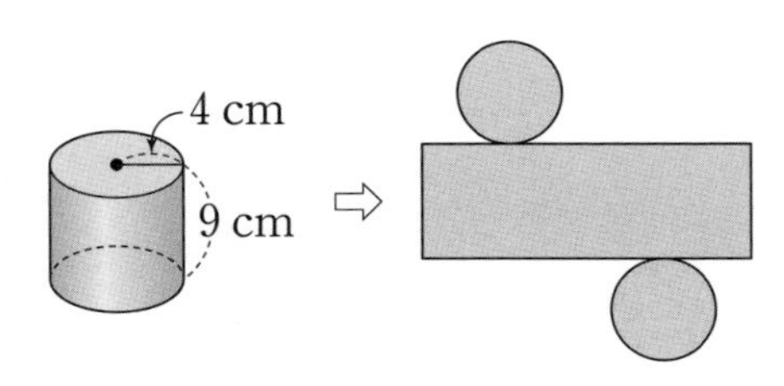

(1) 원기둥에서 밑면의 둘레는 몇 cm입니까?

(2) 원기둥의 한 밑면의 넓이는 몇 cm^2입니까?

(3) 원기둥의 겉넓이는 몇 cm^2입니까?

2 그림을 보고 물음에 답하시오. (원주율 : 3.1)

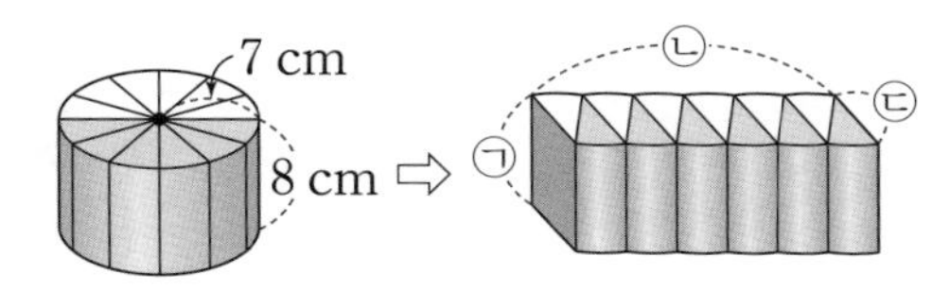

(1) ㉠, ㉡, ㉢의 길이를 각각 구하시오.

(2) 직육면체의 한 밑면의 넓이를 구하시오.

(3) 원기둥의 부피를 구하시오.

3 원기둥의 겉넓이와 부피를 각각 구하시오.

(원주율 : 3.1)

(1)

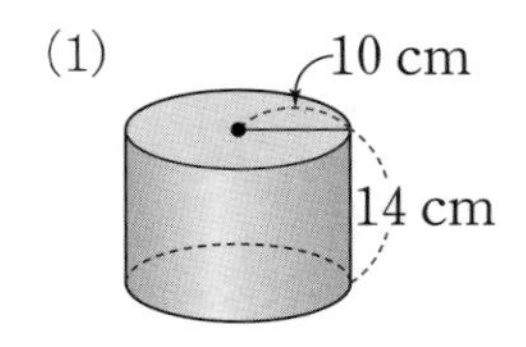

(2)

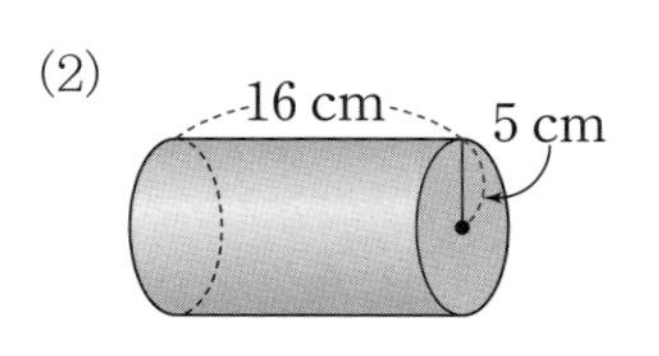

4 전개도가 다음과 같은 원기둥의 겉넓이와 부피를 각각 구하시오. (원주율 : $3\frac{1}{7}$)

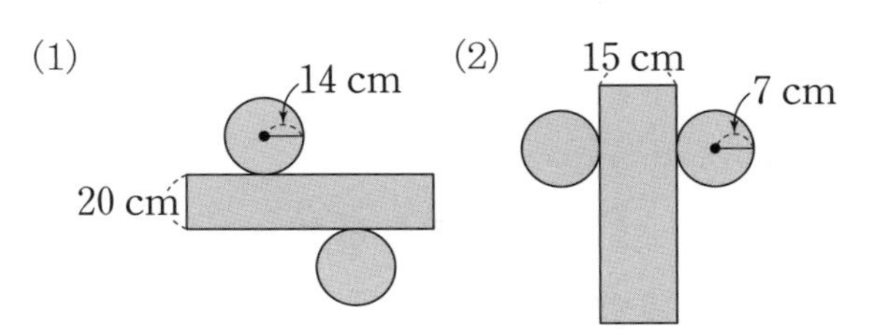

5 한 밑면의 원주가 66 cm이고, 높이가 8 cm인 원기둥이 있습니다. 이 원기둥의 겉넓이와 부피를 각각 구하시오. (원주율 : $3\frac{1}{7}$)

6 오른쪽 그림과 같은 원기둥의 옆면에 색종이를 붙이려고 합니다. 물음에 답하시오. (원주율 : 3.1)

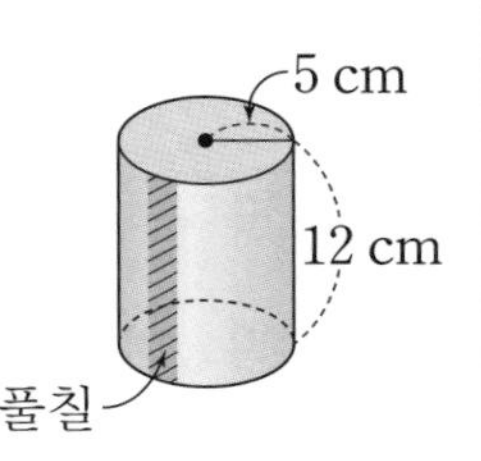

(1) 풀칠을 하기 위해 겹쳐지는 부분이 3 cm일 때, 이 색종이의 가로는 몇 cm입니까?

(2) 필요한 색종이의 넓이는 적어도 몇 cm^2입니까?

7 오른쪽 원기둥의 전개도에서 옆면의 넓이는 868 cm^2입니다. 이 전개도로 원기둥을 만들었습니다. 물음에 답하시오. (원주율 : 3.1)

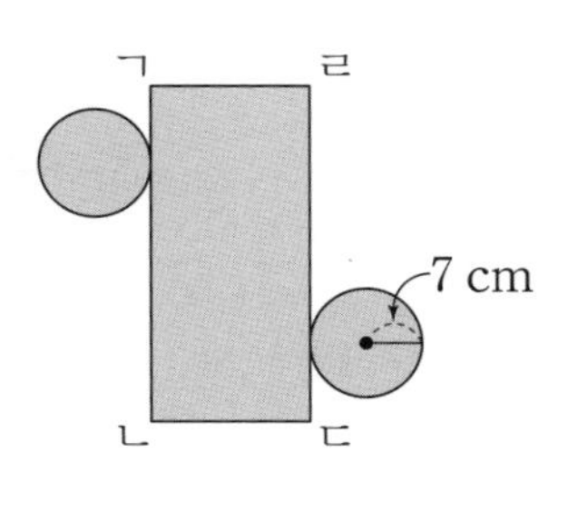

(1) 선분 ㄱㄴ의 길이를 구하시오.

(2) 원기둥의 높이를 구하시오.

(3) 원기둥의 겉넓이와 부피를 각각 구하시오.

개념 넓히기

1 겉넓이가 892.8 cm^2인 오른쪽 원기둥의 부피를 구하시오. (원주율 : 3.1)

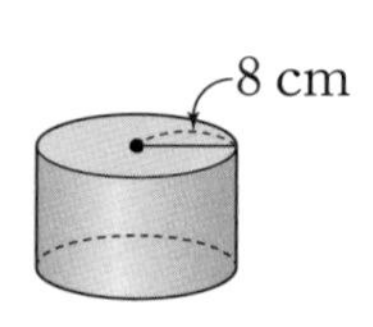

2 오른쪽 그림과 같은 원기둥 모양의 물통에 수도를 틀어 5분 동안 물을 받았더니 가득 찼습니다. 수도에서 1분 동안 나오는 물의 부피는 몇 cm^3입니까? (원주율 : 3.1)

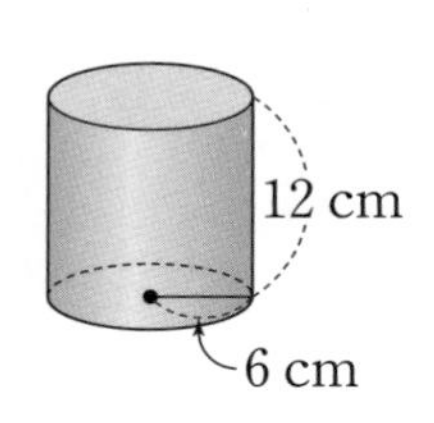

3 직육면체와 원기둥의 부피가 같을 때, 원기둥의 밑면의 반지름을 구하시오. (원주율 : 3)

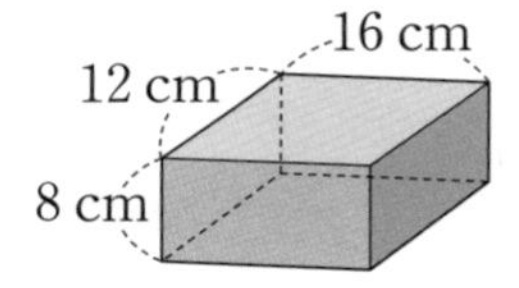

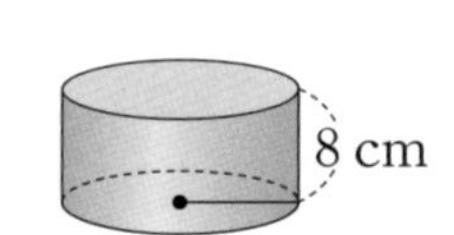

4 원기둥 나의 부피는 원기둥 가의 부피의 8배입니다. 원기둥 나의 높이를 구하시오. (원주율 : 3.1)

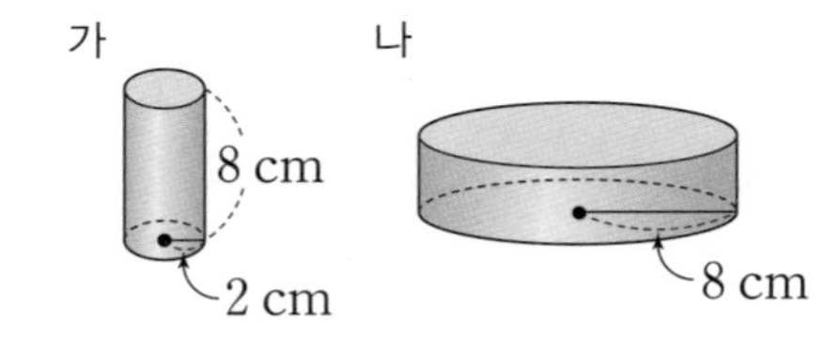

5 오른쪽의 전개도로 원기둥을 만들어 옆면으로 4바퀴 굴렸더니 원기둥이 지나간 부분의 넓이가 288 cm^2이었습니다. 이 원기둥의 높이는 몇 cm입니까? (원주율 : 3)

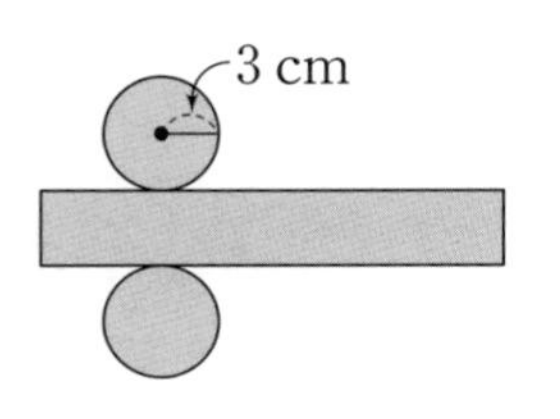

6 오른쪽 그림은 밑면의 반지름이 6 cm인 원기둥을 비스듬히 자른 도형입니다. 물음에 답하시오. (원주율 : 3.1)

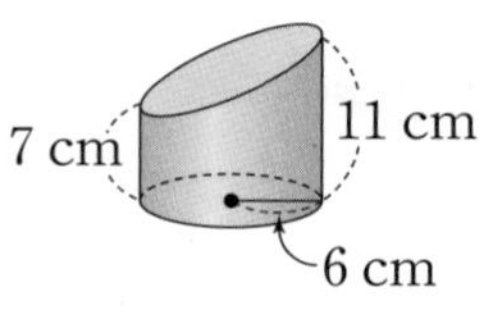

(1) 같은 도형 2개를 비스듬한 면끼리 맞붙여서 만든 도형의 겨냥도를 그려 보시오.

(2) 맞붙여서 만든 도형의 부피를 구하시오.

(3) 처음 도형의 부피를 구하시오.

7 오른쪽 그림은 부피가 496 cm^3인 원기둥의 전개도입니다. 이 전개도로 만든 원기둥의 겉넓이를 구하시오. (원주율 : 3.1)

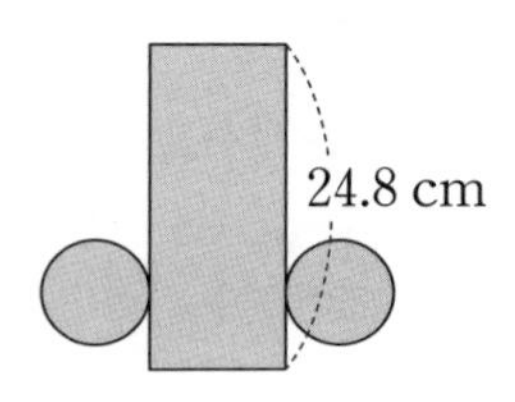

8 입체도형의 겉넓이와 부피를 각각 구하시오. (원주율 : 3)

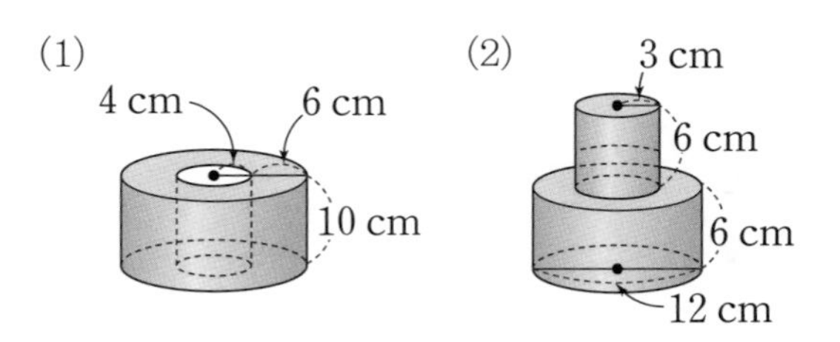

9 그림과 같은 직사각형 모양의 종이로 밑면의 지름이 5 cm이고 높이가 10 cm 원기둥의 전개도를 그려서 자르려고 합니다. 종이의 가로는 최소 몇 cm이어야 합니까? (원주율 : 3)

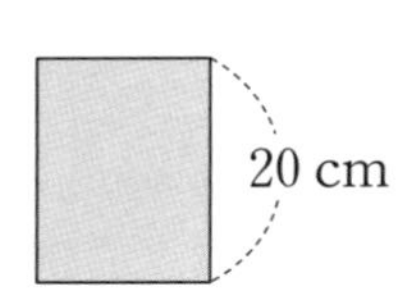

개념활동 50 원뿔과 구

1 입체도형을 보고 물음에 답하시오.

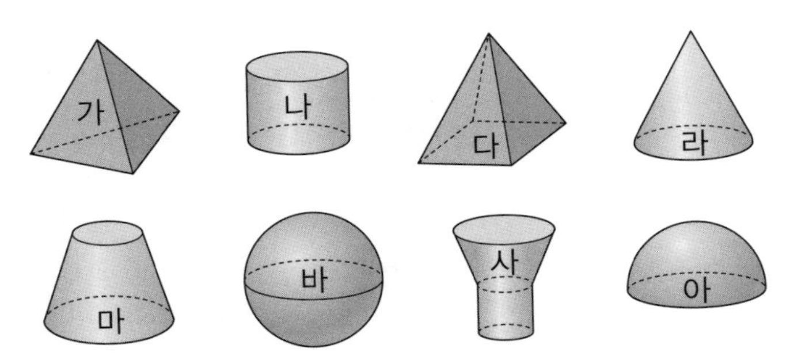

(1) 위에서 본 모양이 원인 입체도형을 찾아 기호를 쓰시오.

(2) 위에서 본 모양이 원인 입체도형 중에서 뿔 모양을 찾아 기호를 쓰시오.

(3) 위에서 본 모양이 원인 도형 중에서 공 모양을 찾아 기호를 쓰시오.

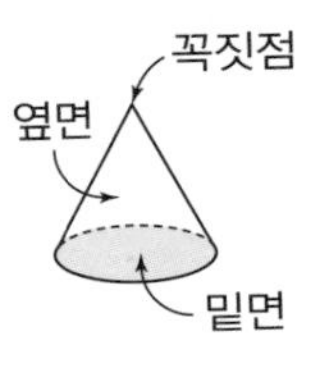

• 둥근 뿔 모양의 도형을 원뿔이라고 합니다. 원뿔에서 옆을 둘러싼 면을 옆면, 평평한 면을 밑면, 뾰족한 점을 꼭짓점이라고 합니다.

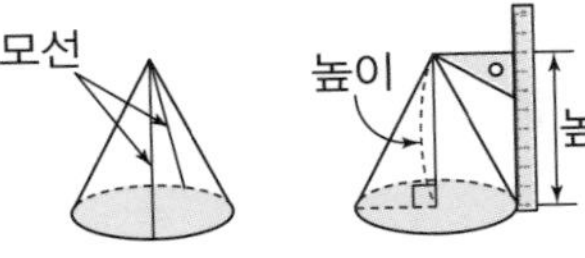

• 원뿔의 꼭짓점과 밑면인 원의 둘레의 한 점을 잇는 선분을 모선이라 하고, 원뿔의 꼭짓점에서 밑면에 수직인 선분의 길이를 높이라고 합니다.

원뿔에서 모선은 꼭짓점에서 원뿔의 밑면의 둘레에 어느 점을 이어도 되므로 무수히 많이 그릴 수 있습니다.

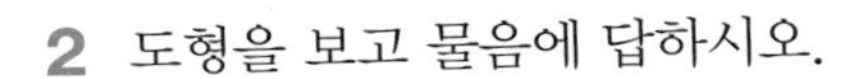

2 도형을 보고 물음에 답하시오.

가

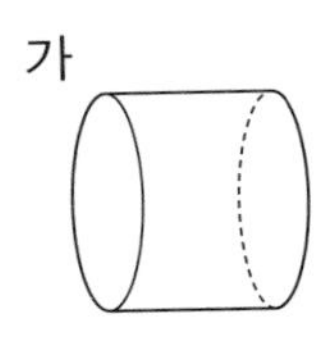

나

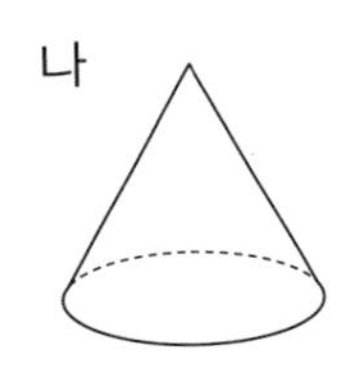

다

라

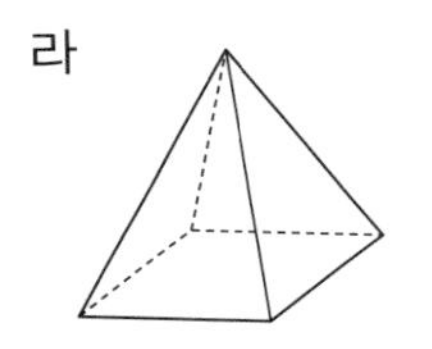

(1) 원뿔을 찾아 기호를 쓰시오.

(2) 원뿔에서 평평한 면이 있습니까? 원뿔의 밑면을 찾아 색칠하고 밑면은 몇 개인지 쓰시오.

(3) 원뿔을 옆에서 본 모양은 어떤 모양입니까?

(4) 원뿔의 꼭짓점과 밑면인 원의 둘레의 한 점을 이은 선분을 모선이라고 합니다. 원뿔에 모선을 그려 보시오.

(5) 원뿔의 꼭짓점에서 밑면에 수직인 선분의 길이를 높이라고 합니다. 원뿔에 높이를 나타내는 선분을 그려 보시오.

(6) 원뿔이 아닌 도형을 찾아 그 이유를 각각 설명하시오.

• 원뿔의 특징

① 위에서 보면 원 모양입니다.

② 옆에서 보면 삼각형 모양입니다.

③ 밑면이 1개입니다.

④ 꼭짓점이 1개 있습니다.

3 원뿔과 원뿔의 전개도입니다. 물음에 답하시오. (원주율 : 3.1)

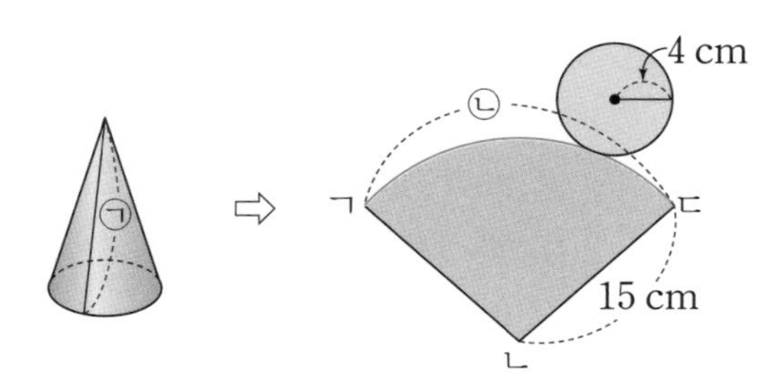

(1) 원뿔의 전개도에서 원뿔의 모선이 될 수 있는 선분을 모두 쓰시오.

(2) 선분 ㉠과 곡선 ㉡의 길이를 각각 구하시오.

• 원뿔의 전개도

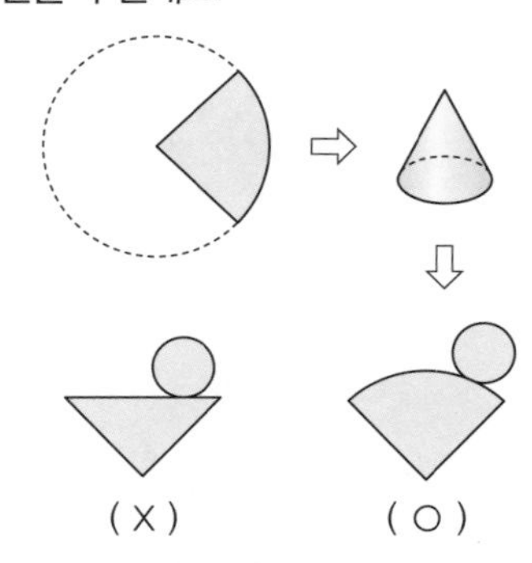

원뿔은 원의 일부분을 잘라서 만들 수 있으므로 전개도를 펼쳤을 때 옆면의 모양은 원의 일부분의 모양입니다. 따라서 삼각형이 될 수 없습니다.

4 오른쪽과 같이 원의 일부분을 잘라서 원뿔을 만들었습니다. 물음에 답하시오. (원주율 : 3.1)

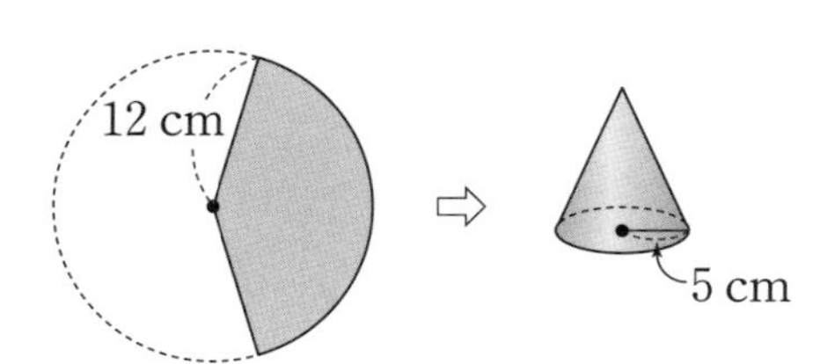

(1) 원뿔의 모선의 길이는 몇 cm입니까?

(2) 원뿔의 밑면의 넓이는 몇 cm^2입니까?

5 도형을 보고 물음에 답하시오.

가 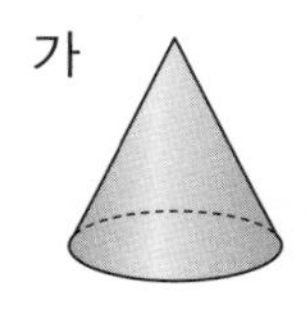 나 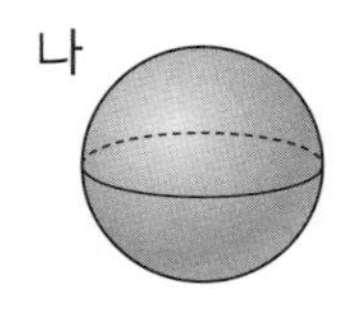 다 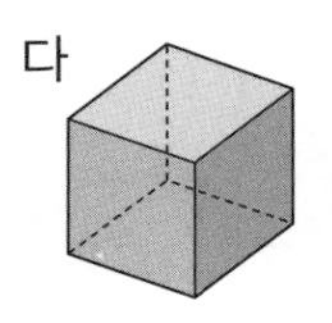 라 

(1) 위, 앞, 옆에서 본 모양이 같은 입체도형의 기호를 모두 쓰시오.

(2) 여러 방향에서 본 모양이 모두 원인 것의 기호를 쓰시오.

(3) 구의 가장 안쪽에 점을 찍어 보시오. 그 점을 무엇이라고 합니까?

(4) 구의 중심에서 구의 표면의 한 점을 잇는 선분을 그어 보시오. 그 선분을 무엇이라고 합니까?

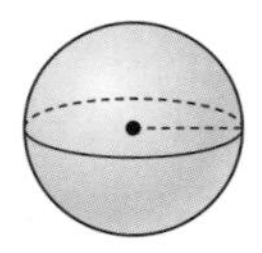

• 공 모양의 도형을 구라고 합니다. 구의 가장 안쪽에 있는 점을 중심이라 하고, 중심에서 구의 표면의 한 점을 잇는 선분을 반지름이라고 합니다.

6 오른쪽 구에서 반지름은 몇 cm입니까?

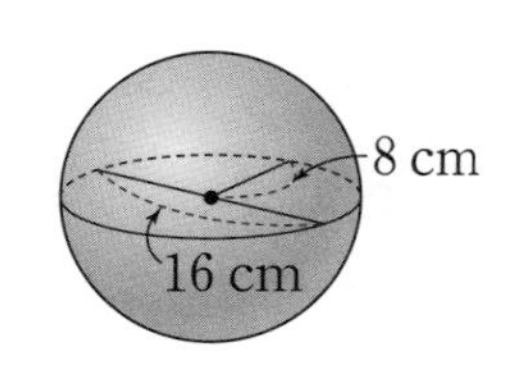

• 구의 특징

① 어떤 방향에서 보아도 원 모양입니다.

② 구의 중심은 위에서 본 원 모양의 중심과 일치합니다.

1 도형을 보고 물음에 답하시오.

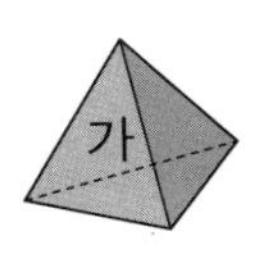

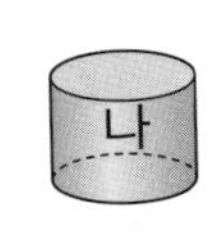

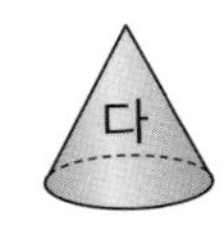

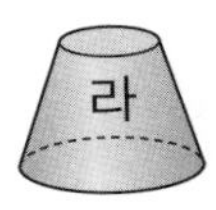

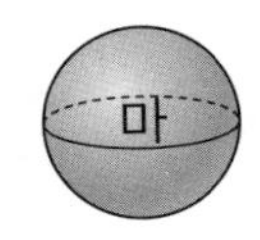

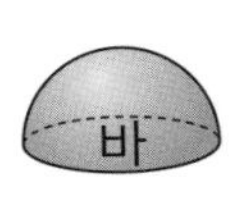

(1) 밑면은 1개이고, 옆면은 곡면인 뿔 모양은 어느 것입니까?

(2) 어느 방향에서 보아도 원 모양인 도형은 어느 것입니까?

(3) 도형 **나**, **라**가 원뿔이 아닌 이유를 설명하시오.

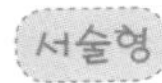

2 오른쪽 그림과 다음의 □ 안에 알맞은 말을 써넣으시오.

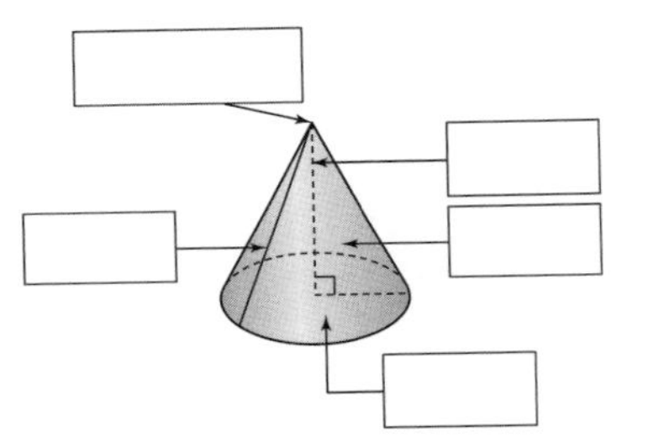

(1) 그림과 같이 둥근 뿔 모양의 입체도형을 □이라고 합니다.

(2) 원뿔의 뾰족한 점을 □이라고 합니다.

(3) 원뿔의 꼭짓점과 밑면인 원 둘레의 한 점을 이은 선분을 □이라고 합니다.

3 오른쪽 원뿔을 위에서 본 모양과 앞에서 본 모양을 그리고 그 모양의 넓이의 합을 구하시오. (원주율 : $3\frac{1}{7}$)

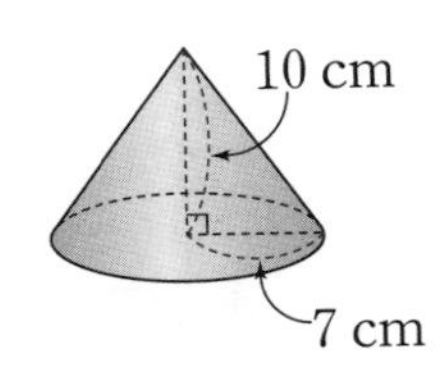

4 원뿔에 대한 설명으로 옳은 것을 모두 고르시오.

① 원뿔의 높이와 모선의 길이가 같습니다.
② 위에서 본 모양은 원 모양입니다.
③ 원뿔의 높이가 모선의 길이보다 짧습니다.
④ 옆에서 본 모양은 정삼각형입니다.
⑤ 원뿔의 모선은 2개입니다.

5 오른쪽 원뿔을 보고 물음에 답하시오.

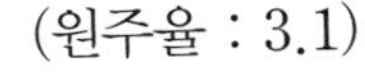
(원주율 : 3.1)

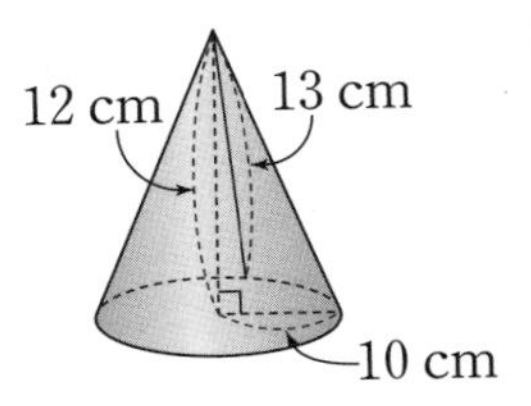

(1) 원뿔에서 높이는 몇 cm입니까?

(2) 모선의 길이는 몇 cm입니까?

(3) 밑면의 넓이는 몇 cm^2입니까?

6 오른쪽 원뿔의 전개도로 만든 원뿔의 밑면의 반지름을 구하시오. (원주율 : 3.1)

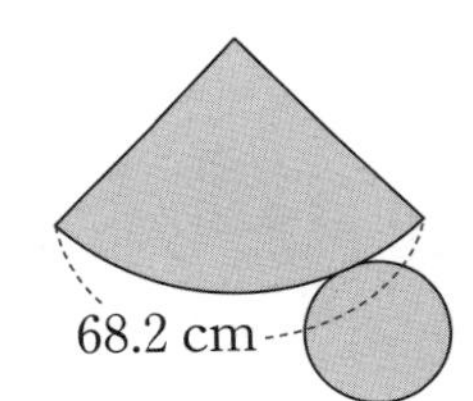

7 오른쪽 구의 지름을 나타내는 선분을 쓰시오.

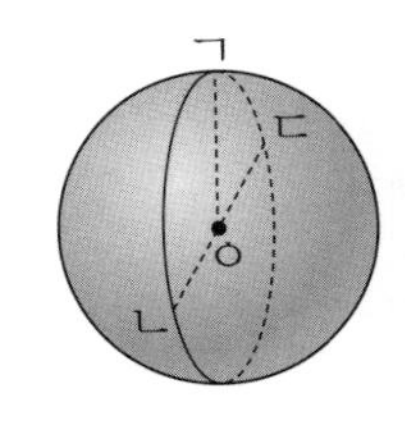

8 지름이 20 cm인 작은 농구공으로 운동을 하기 위해 농구대를 만들려고 합니다. 농구대 바스켓의 원 모양의 링을 철사로 만들 때, 철사의 길이는 적어도 몇 cm보다 길어야 합니까? (원주율 : 3.14)

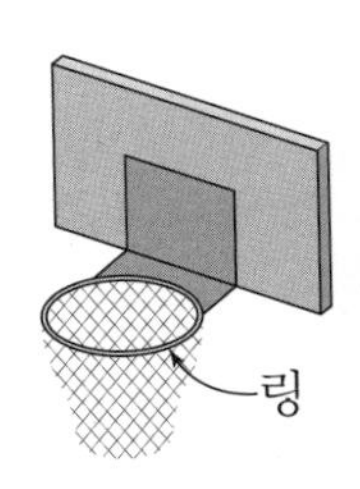

1 원기둥, 원뿔, 구에 대한 설명으로 옳지 <u>않은</u> 것을 모두 고르시오.

① 구의 중심에서 구의 표면의 한 점을 잇는 선분을 반지름이라고 합니다.

② 위, 앞, 옆에서 본 모양이 모두 합동인 입체도형은 구뿐입니다

③ 구의 반지름은 셀 수 없이 많습니다.

④ 위에서 본 모양은 원, 옆에서 본 모양은 직사각형인 것은 원기둥입니다.

⑤ 원뿔의 꼭짓점에서 원뿔의 밑면에 수직인 선분을 모선이라고 합니다.

2 원뿔에서 높이의 반인 지점에서 위쪽의 원뿔을 잘라내었습니다. 잘라내기 전의 전개도에서 작은 원뿔을 잘라낸 후의 전개도를 그려 보시오.

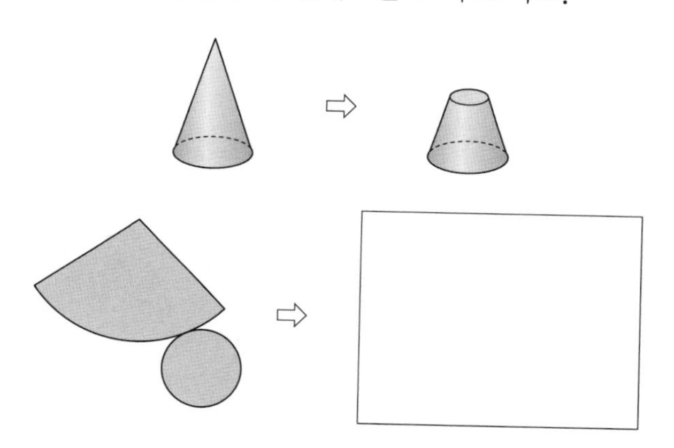

3 작은 원뿔의 밑면의 반지름은 3 cm, 높이는 4 cm이고, 큰 원뿔의 밑면의 반지름은 작은 원뿔의 밑면의 반지름의 2배입니다. 물음에 답하시오. (원주율 : 3.1) 서술형

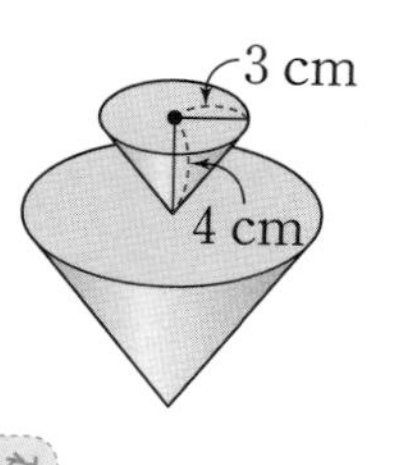

(1) 두 원뿔의 밑면의 둘레를 각각 구하고 원의 반지름과 둘레 사이의 관계를 설명하시오.

(2) 두 원뿔의 밑면의 넓이를 각각 구하고 원의 반지름과 넓이 사이의 관계를 설명하시오.

4 오른쪽과 같이 원의 일부분을 잘라 원뿔을 만들었습니다. 물음에 답하시오. (원주율 : 3)

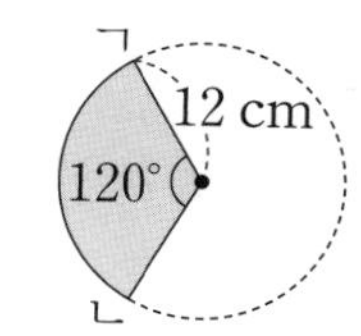

(1) 원주의 점 ㄱ에서 점 ㄴ까지의 길이는 몇 cm 입니까?

(2) 만든 원뿔의 밑면의 반지름을 구하시오.

(3) 원뿔의 밑면의 넓이를 구하시오

5 원뿔의 밑면의 한 점 ㄱ에서부터 실로 원뿔을 가장 짧게 감아서 다시 점 ㄱ에 오도록 하였습니다. 원뿔을 펼친 전개도가 다음과 같을 때 물음에 답하시오

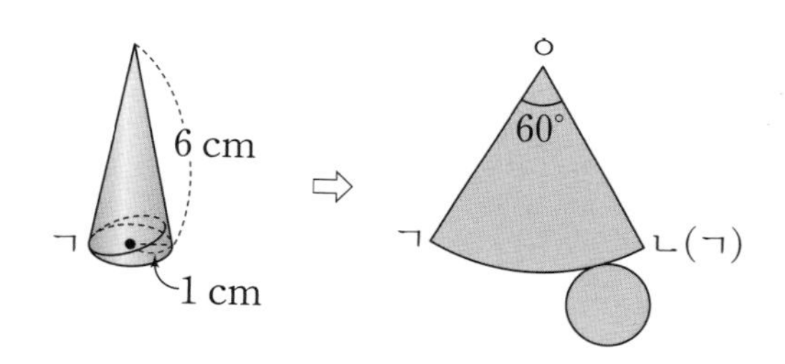

(1) 원뿔에서 점 ㄱ에서 출발하여 한 바퀴를 돌아 다시 점 ㄱ으로 도착했습니다. 전개도에 가장 짧은 거리를 그려 보시오.

(2) 전개도에서 삼각형 ㅇㄱㄴ은 정삼각형입니다. 이유를 설명하시오. 서술형

(3) 원뿔을 감은 가장 짧은 실의 길이를 구하시오.

개념활동 51 회전체

1 그림과 같이 직사각형 모양의 종이에 막대를 붙인 다음 한 바퀴를 돌려서 생긴 모양을 알아보려고 합니다. 물음에 답하시오.

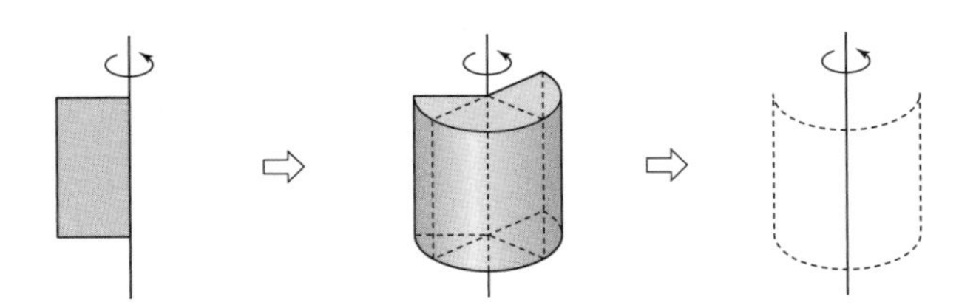

(1) 직사각형을 막대를 중심으로 한 바퀴 돌려서 만들어진 모양을 점선을 따라 완성하여 보시오.

(2) 돌려서 만들어진 도형을 위에서 본 모양은 어떤 모양입니까? 위아래의 면은 평행하고 합동입니까?

(3) 돌려서 만들어진 도형을 앞에서 본 모양은 어떤 모양입니까?

(4) 돌려서 만들어진 도형의 이름은 무엇입니까?

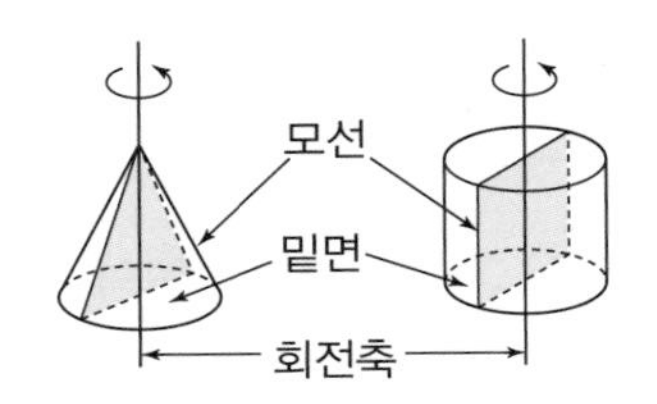

• 평면도형을 한 직선을 축으로 한 바퀴 돌려서 만들어지는 입체도형을 회전체라고 합니다.
• 회전시킬 때 축이 되는 직선을 회전축이라 하고, 회전체에서 옆면을 만드는 선분을 모선이라고 합니다. (중학교 과정)

2 회전축을 중심으로 한 바퀴 돌려서 만들어지는 회전체를 점선을 따라 그려 보시오.

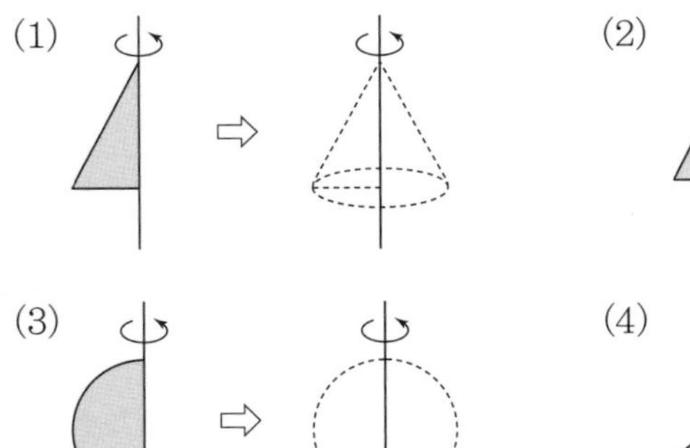

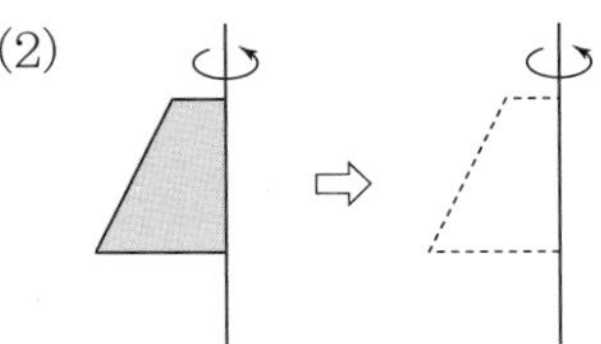

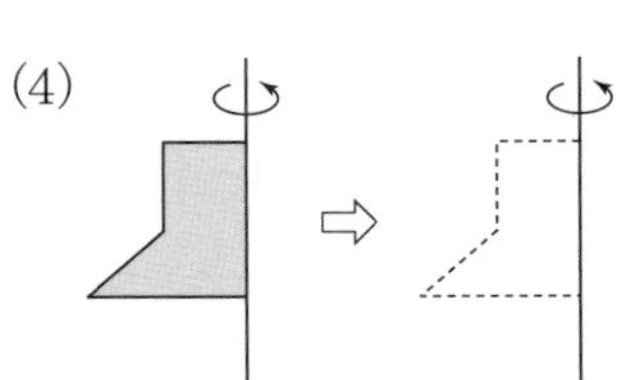

• 회전체의 겨냥도를 그리는 방법

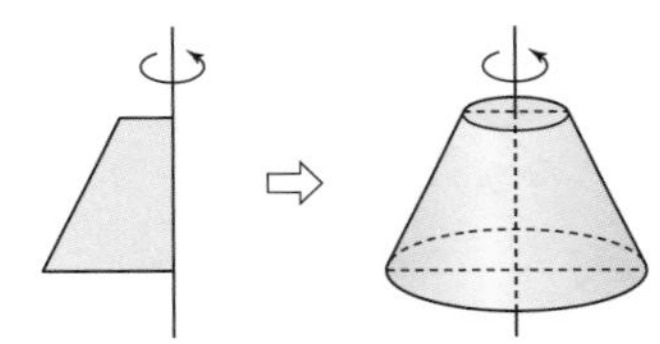

회전체의 겨냥도를 그릴 때 먼저 회전축을 중심으로 선대칭도형을 그리고, 원이 되는 부분을 그리면 좋습니다. 특히 보이는 것은 실선으로, 보이지 않는 것은 점선으로 그리는 것에 주의합니다.

3 오른쪽 컵 모양이 회전체가 아닌 이유를 설명하시오.

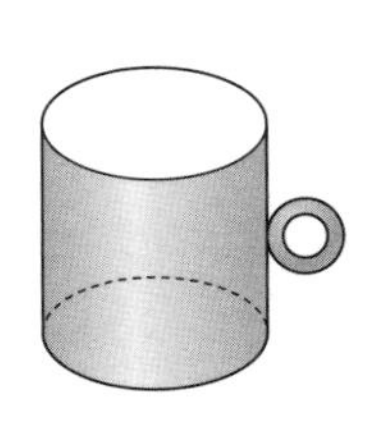

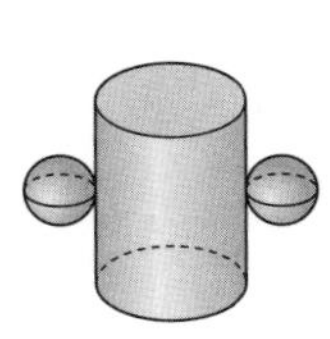

위 도형과 같이 회전축을 중심으로 선대칭도형 모양일 때 회전체라고 생각하는 경우가 많지만 회전축을 품는 평면으로 잘랐을 때의 모양이 자른 방향에 따라 다르므로 회전체가 아닙니다.

4 사각형 ㄱㄴㄷㄹ을 주어진 선분을 회전축으로 하여 한 바퀴 돌려서 생긴 회전체의 모양을 그리려고 합니다. 물음에 답하시오.

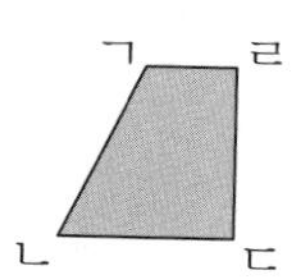

(1) 선분 ㄹㄷ을 회전축으로 하는 회전체를 그려 보시오.

(2) 선분 ㄴㄷ을 회전축으로 하는 회전체를 그려 보시오.

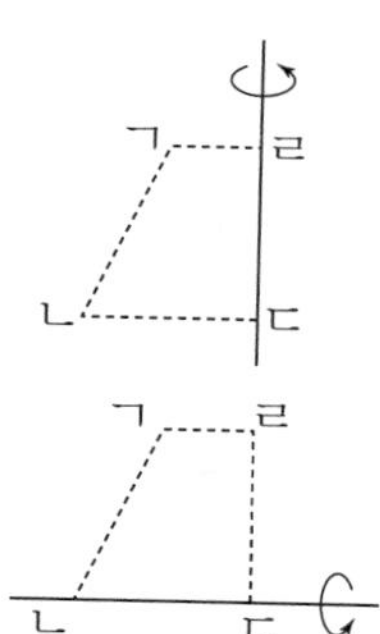

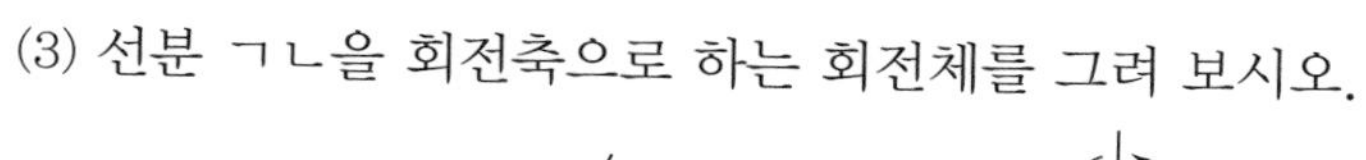

(3) 선분 ㄱㄴ을 회전축으로 하는 회전체를 그려 보시오.

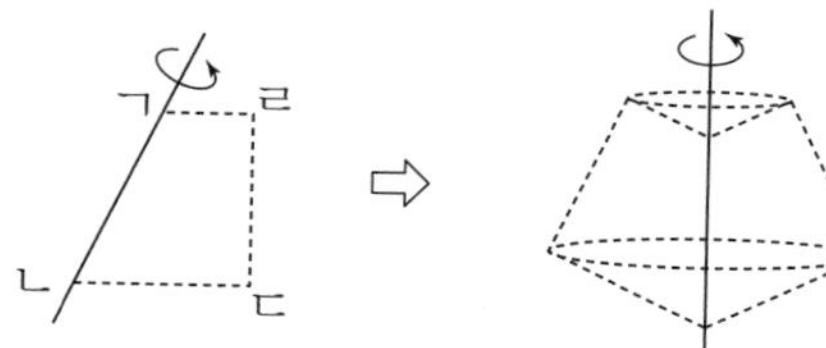

5 평면도형을 직선 가를 회전축으로 하여 한 바퀴 돌려서 생긴 회전체의 모양을 그려 보시오.

회전축이 비스듬한 직선의 겨냥도를 그릴 때에는 회전축을 세로로 하고 돌아갈 때 생기는 부분을 곡선으로 처리합니다.

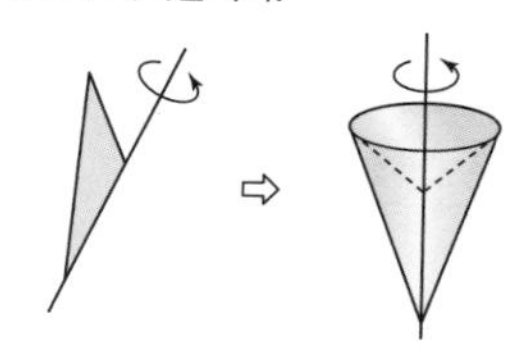

보이는 부분은 실선, 보이지 않는 부분은 점선으로 그려 잘린 부분을 나타냅니다.

6 도형을 돌려서 만든 회전체와 서로 관계있는 것을 찾아 선으로 이으시오.

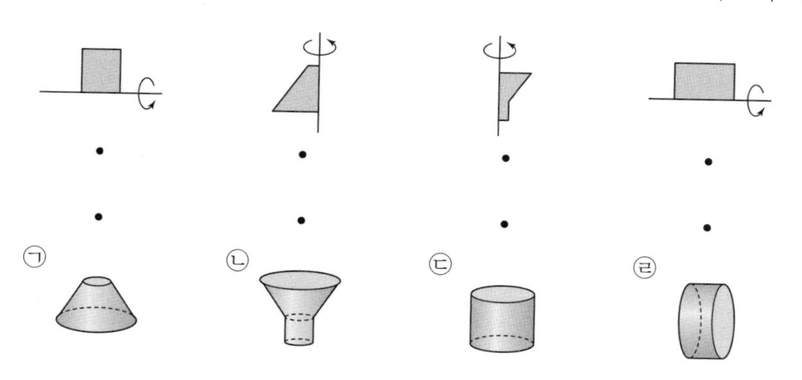

개념 익히기

1 회전체가 아닌 것을 찾아 기호를 쓰시오.

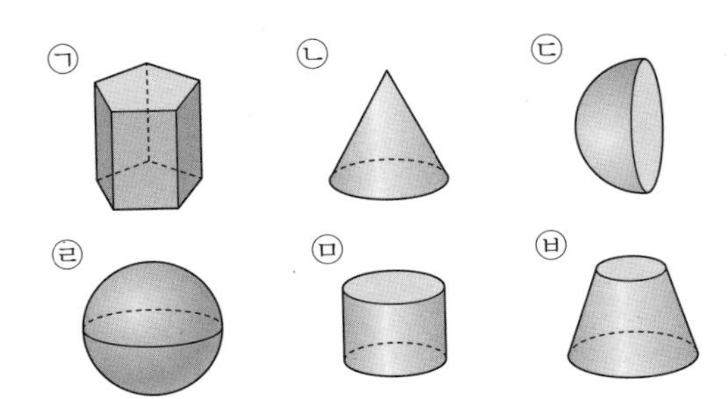

2 주어진 도형을 보고 물음에 답하시오.

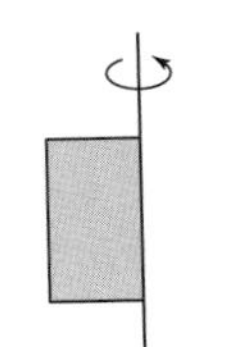
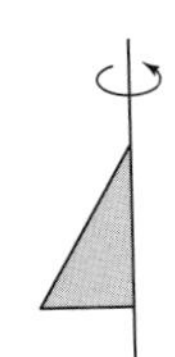
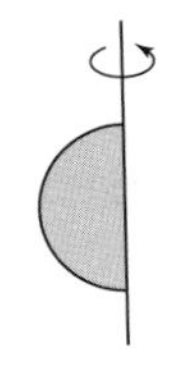

(1) 직사각형, 직각삼각형, 반원을 회전축을 중심으로 한 바퀴 돌려서 생기는 도형의 겨냥도를 각각 그려 보시오.

(2) 돌려서 생기는 회전체의 이름을 각각 쓰시오.

3 직각삼각형을 오른쪽 그림과 같이 한 바퀴 돌리려고 합니다. 물음에 답하시오.

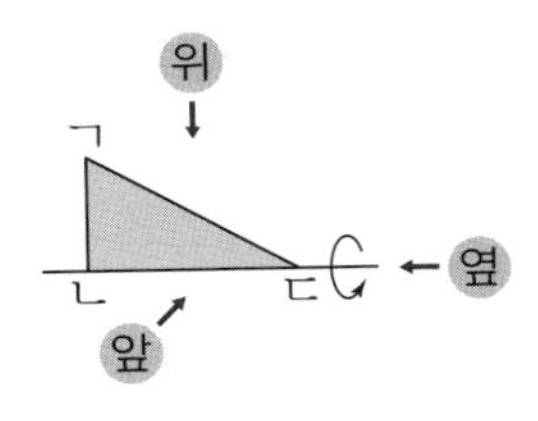

(1) 돌려서 생기는 도형의 겨냥도를 그리고 도형의 이름을 쓰시오.

(2) 회전체에서 모선이 되는 선분을 쓰시오.

(3) 회전체를 위, 앞에서 본 모양은 각각 어떤 모양입니까?

(4) 회전체를 오른쪽 옆에서 본 모양은 어떤 모양입니까?

4 오른쪽과 같이 사분원을 직선 가를 중심으로 돌려 만든 회전체의 모양을 그려 보시오.

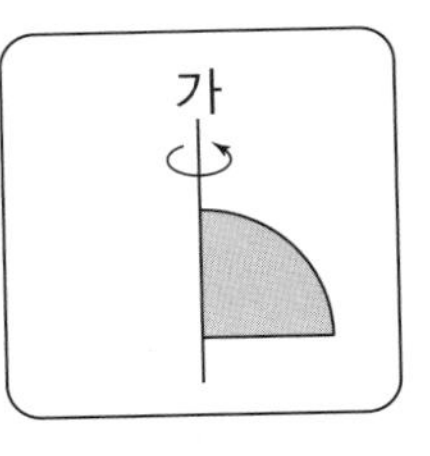

5 다음 중 오른쪽 그림의 평면도형을 직선 가를 축으로 하여 1바퀴 돌릴 때 생기는 입체도형은 어느 것입니까?

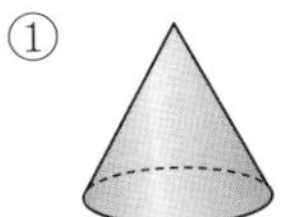
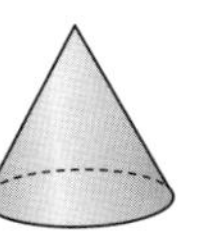
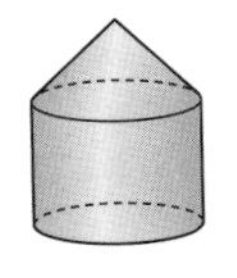
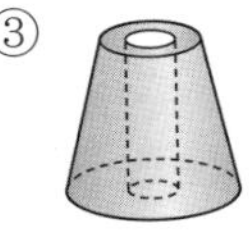
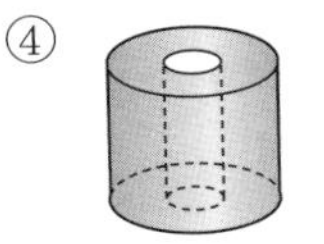

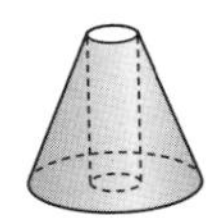

6 오른쪽 직사각형의 변 ㄴㄷ을 회전축으로 하여 돌려서 도형을 만들려고 합니다. 물음에 답하시오. (원주율 : 3)

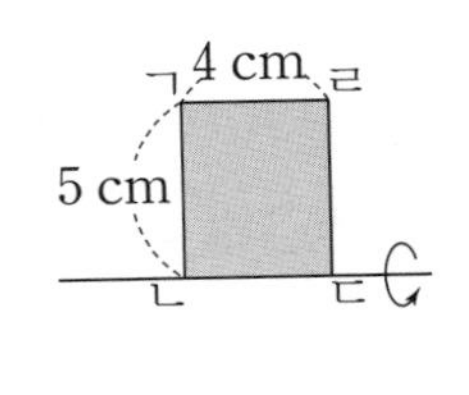

(1) 만든 입체도형의 겉넓이를 구하시오.

(2) 만든 입체도형의 부피를 구하시오.

7 오른쪽 도형을 보고 물음에 답하시오. (원주율 : 3)

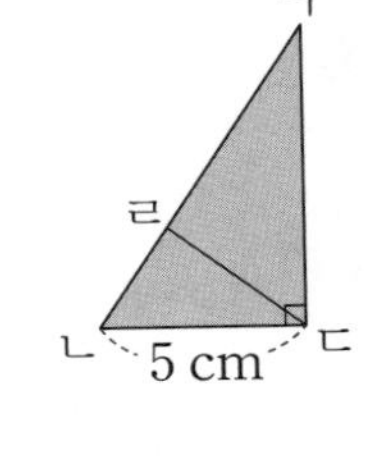

(1) 변 ㄱㄷ을 회전축으로 하여 만든 회전체의 밑면의 넓이를 구하시오.

(2) 변 ㄱㄴ을 회전축으로 하여 만든 회전체를 그려 보시오.

개념 넓히기

1 회전체가 아닌 것을 모두 찾아 기호를 쓰시오.

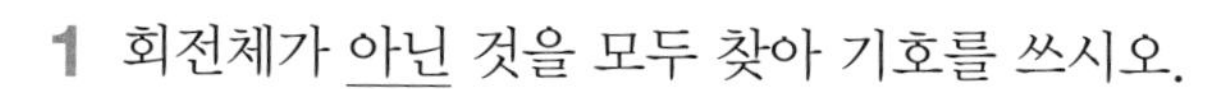

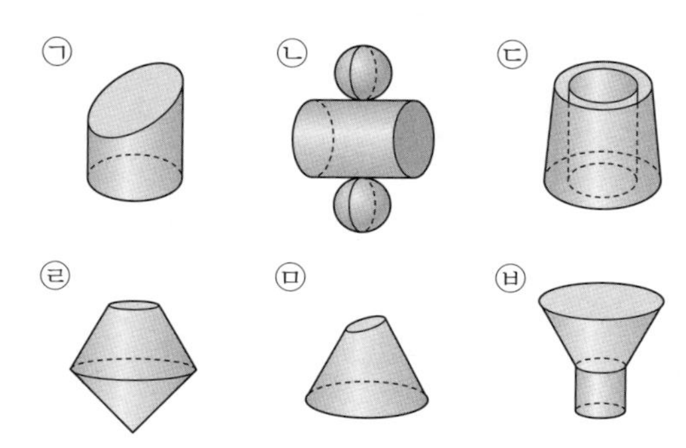

2 보기와 같이 평면도형을 직선 가를 회전축으로 하여 한 바퀴 돌릴 때 만들어지는 입체도형을 그려 보시오.

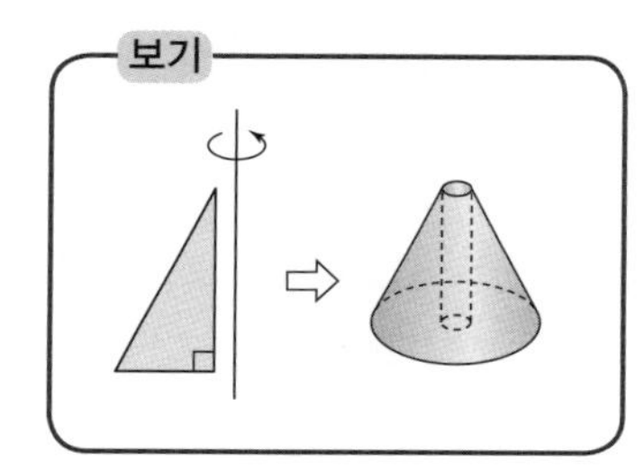

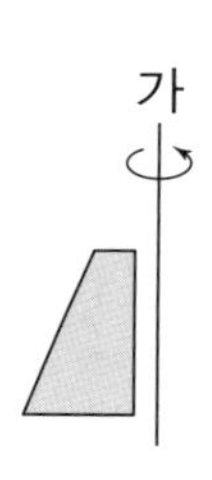

3 어떤 평면도형을 한 직선을 회전축으로 한 바퀴 돌려 만들어진 것입니다. 돌린 평면도형을 그려 보시오.

(1)

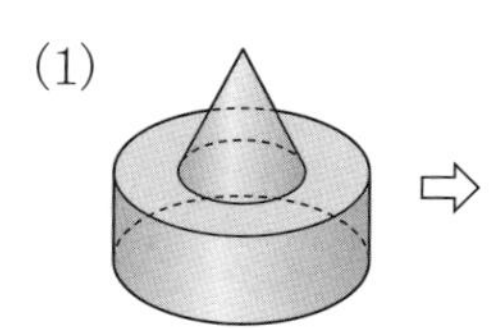

(2)

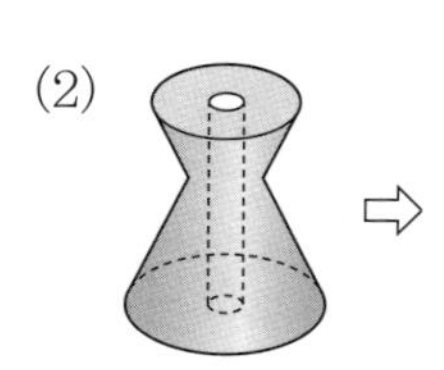

4 오른쪽 그림과 같은 도넛 모양의 입체도형은 어떤 평면도형을 한 바퀴 돌린 것인지 기호를 쓰시오.

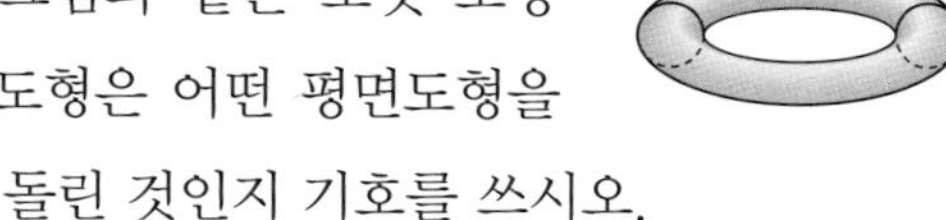

㉠

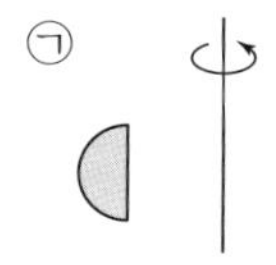

㉡

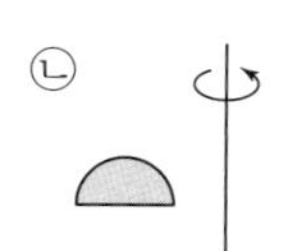

㉢

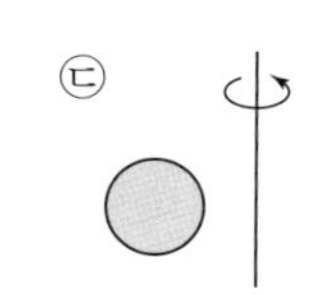

5 삼각형을 한 바퀴 돌려 나올 수 없는 입체도형은 어느 것입니까?

①

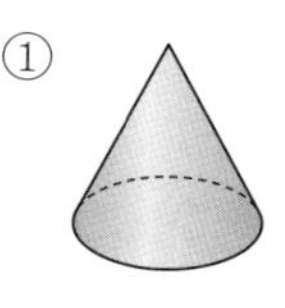

②

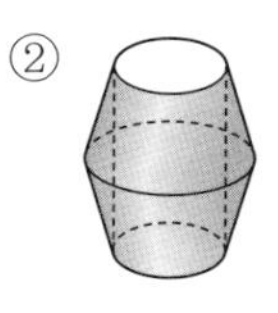

③

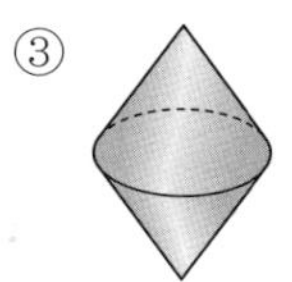

④

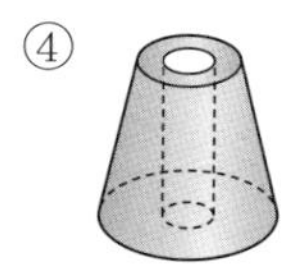

⑤

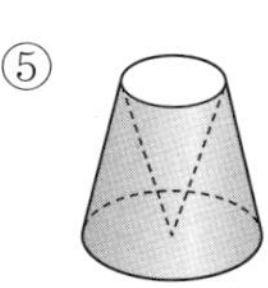

6 오른쪽과 같은 사다리꼴 모양을 회전축을 중심으로 하여 돌렸을 때 나오는 입체도형은 어느 것인지 기호를 쓰시오.

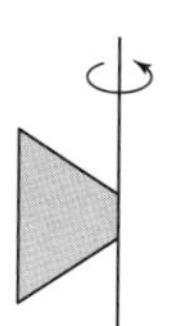

㉠

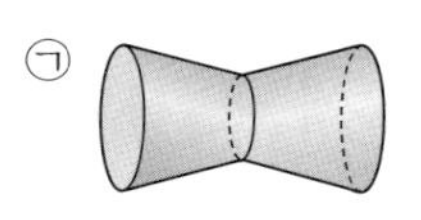

㉡

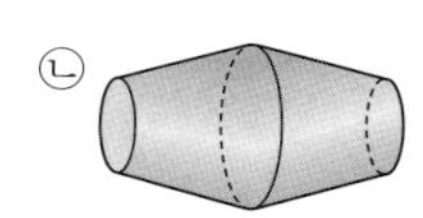

㉢

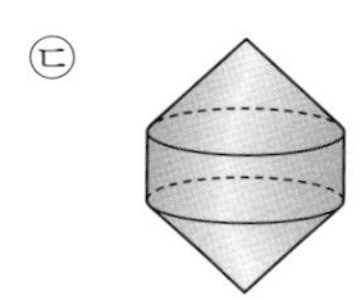

㉣

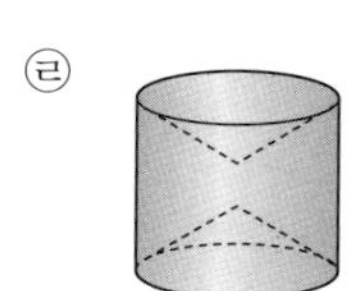

7 오른쪽 사각형 ㄱㄴㄷㄹ의 어느 한 변을 회전축으로 하여 한 바퀴 돌릴 때 생기는 회전체입니다. 각 회전체는 어느 변을 회전축으로 만든 것인지 쓰시오.

ㄱ ㄹ ㄴ ㄷ

(1)

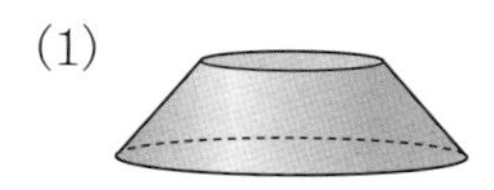

(2)

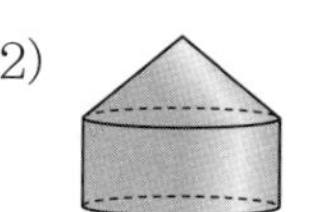

(3)

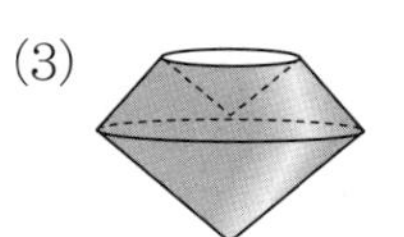

(4)

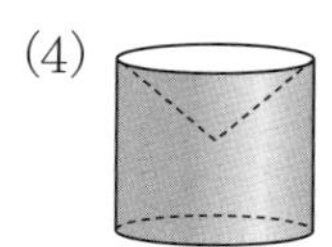

개념활동 52 입체도형의 단면

1 직사각형을 한 바퀴 돌려서 생기는 회전체를 보고 물음에 답하시오.

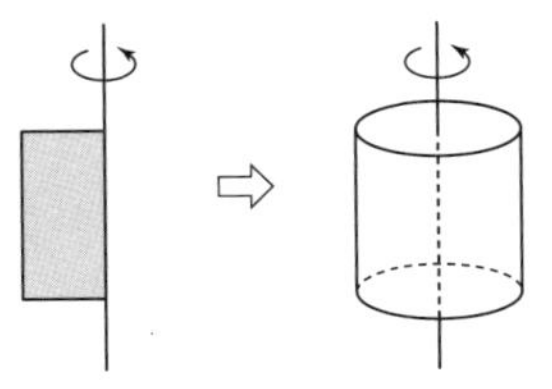

(1) 위의 회전체를 오른쪽과 같은 방법으로 회전축과 수직인 평면으로 잘랐습니다. 잘라서 생긴 단면은 각각 어떤 모양입니까?

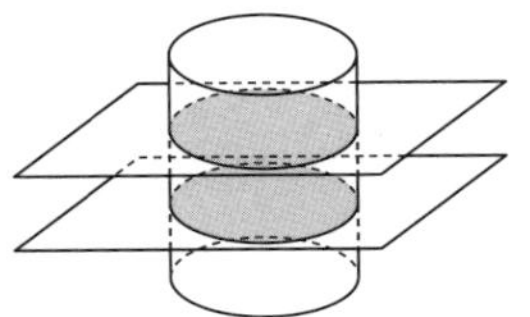

(2) 회전체를 그림과 같이 2가지 방법으로 회전축을 품은(포함하는) 평면으로 잘랐습니다. 잘라서 생긴 단면은 각각 어떤 모양입니까?

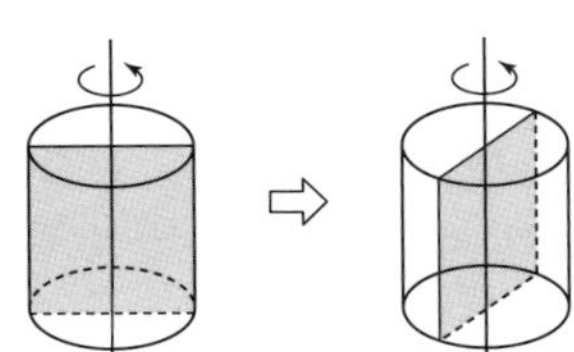

2 다음 입체도형을 보고 물음에 답하시오.

(1) 원뿔을 주어진 조건에 맞는 평면으로 자를 때 생기는 단면의 모양을 그려 보시오.

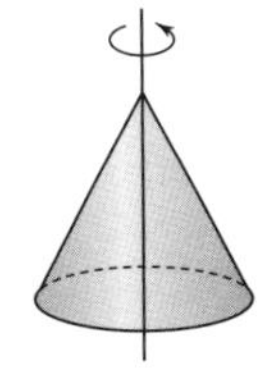

(2) 원뿔을 그림과 같은 평면으로 자를 때 생기는 단면의 모양을 각각 그려 보시오.

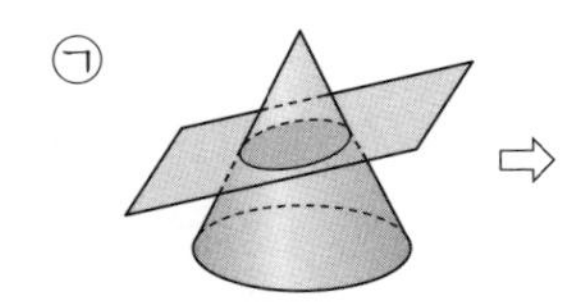

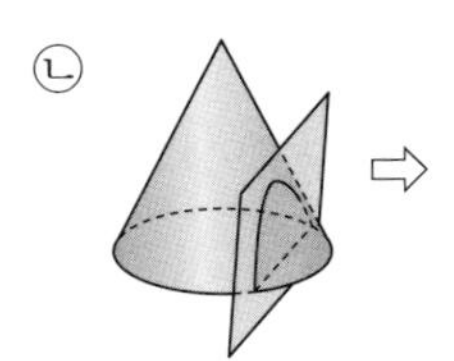

(3) 원기둥을 그림과 같은 평면으로 자를 때 생기는 단면의 모양을 각각 그려 보시오.

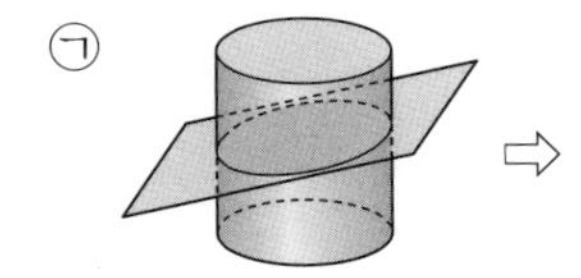

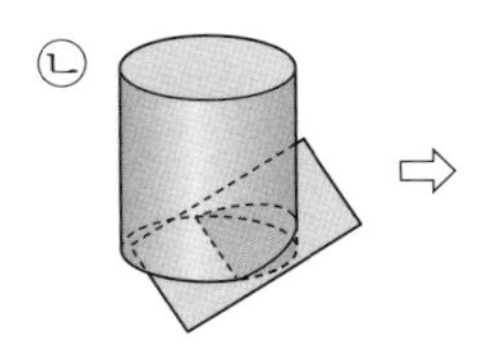

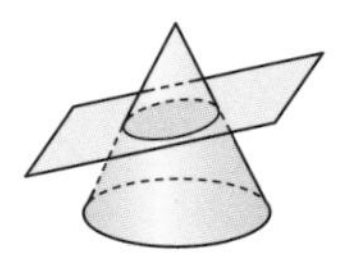

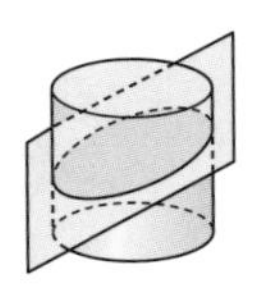

• 입체도형을 어떤 평면으로 잘랐을 때 생기는 면을 단면 (斷 : 자를 단, 面 : 면면)이라고 합니다.

• 회전체의 특징

① 회전축에 수직인 평면으로 자른 단면은 항상 원입니다.

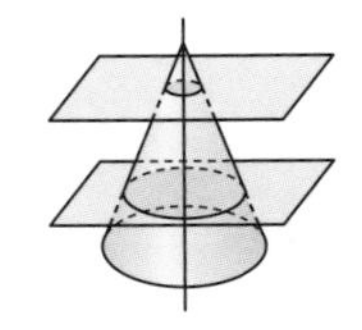

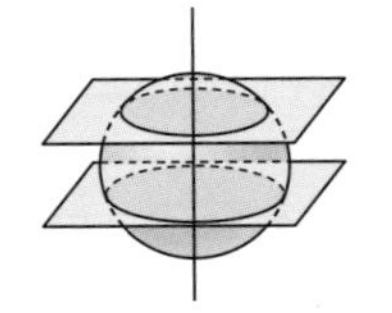

② 회전축을 품은 평면으로 자른 단면은 항상 합동이고 회전축을 대칭축으로 하는 선대칭도형입니다.

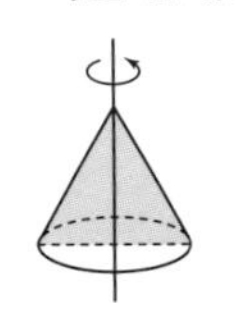

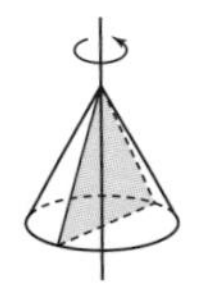

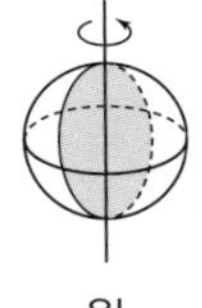

이등변삼각형 원

꿀팁

회전체를 한 평면으로 자를 때 생기는 단면의 모양 중에서 비스듬하게 놓인 면으로 잘랐을 때의 곡선에 주의해야 합니다.

3 정육면체를 한 평면으로 자를 때 생기는 단면의 모양을 알아보려고 합니다. 물음에 답하시오.

다각형을 한 평면으로 자를 때 생기는 단면의 모양은 자를 때 지나는 면의 개수와 관련이 있습니다.

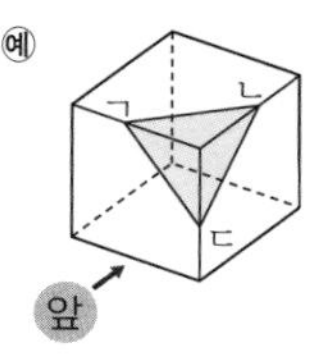

점 ㄱ, 점 ㄴ, 점 ㄷ이 모두 모서리의 중점이고, 선분 ㄱㄴ은 윗면, 선분 ㄱㄷ은 앞면, 선분 ㄴㄷ은 옆면의 3면을 지나고, 세 변의 길이가 같으므로 단면의 모양은 정삼각형입니다.

(1) 단면의 모양이 삼각형이 되려면 3개의 면을 지나야 합니다. 단면이 주어진 모양이 되도록 그려 보시오.

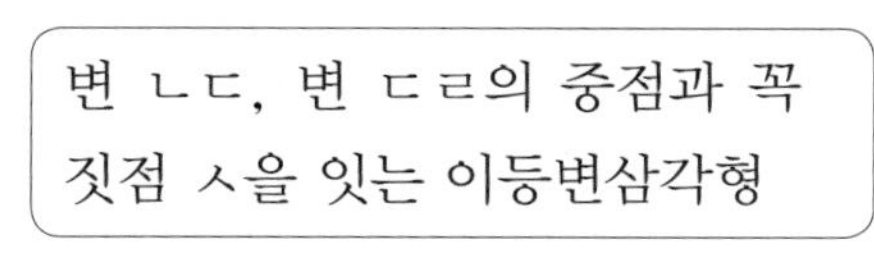

⇨

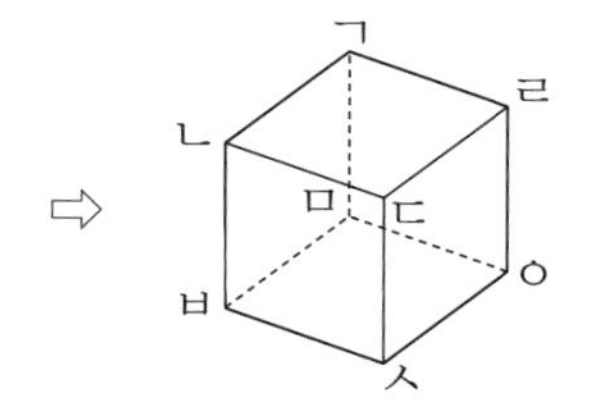

(2) 한 평면으로 정육면체를 자를 때 한 면을 두 번 지나도록 한 번에 자를 수 있습니까? 자를 때 지나가는 면과 단면의 모양과의 관계를 설명해 보시오.

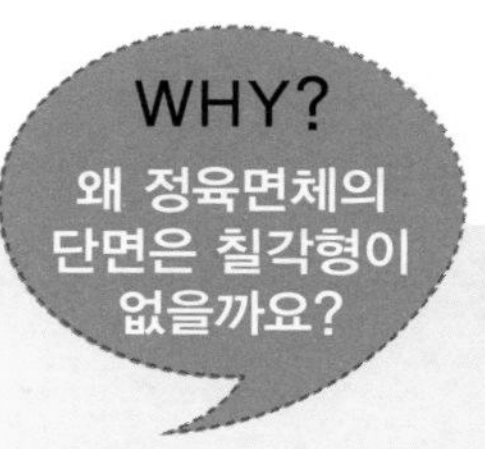

• 단면이 지나는 변의 개수는 입체도형의 면의 개수 이하입니다. 따라서 정육면체에서는 육각형까지만 그릴 수 있습니다.

(3) 단면의 모양이 사각형이 되려면 4개의 면을 지나야 합니다. 단면의 모양이 주어진 도형이 되도록 그려 보시오.

정사각형

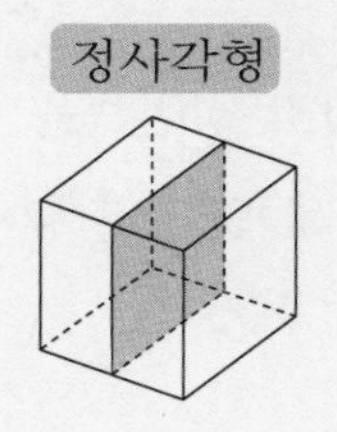

직사각형

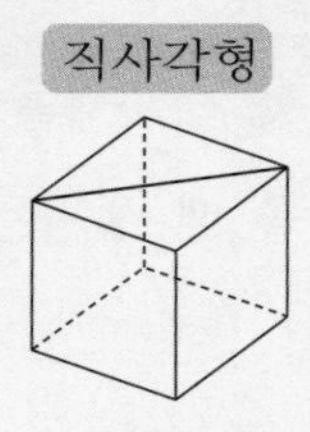

사다리꼴

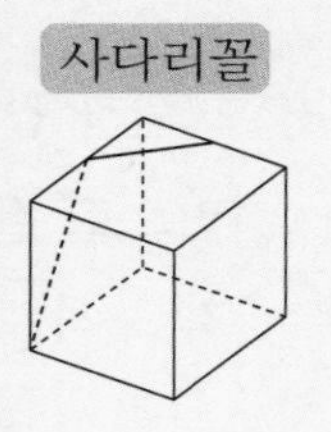

마름모

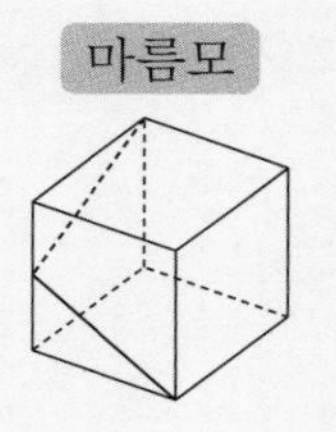

(4) 단면의 모양이 오각형, 육각형이 되려면 5개, 6개의 면을 지나야 합니다. 단면의 모양이 주어진 도형이 되도록 완성해 보시오.

오각형

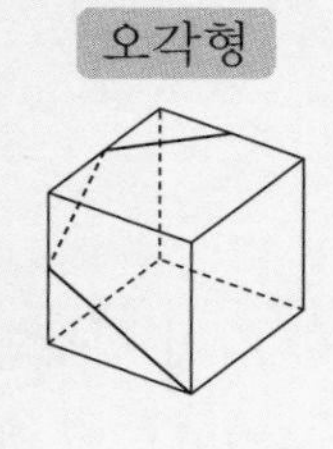

육각형

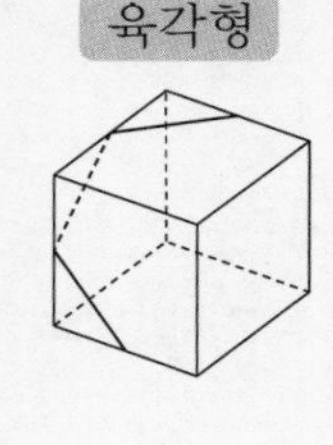

4 오각기둥을 한 평면으로 자를 때 생기는 단면의 모양이 주어진 도형이 되도록 그려 보시오.

단면의 모양의 변의 개수는 면의 개수보다 많을 수 없습니다.

삼각형

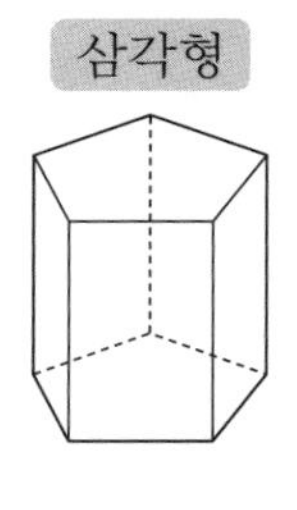

사각형

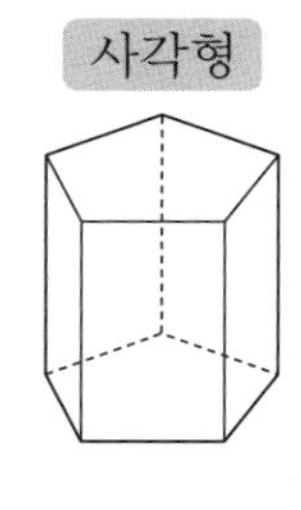

오각형

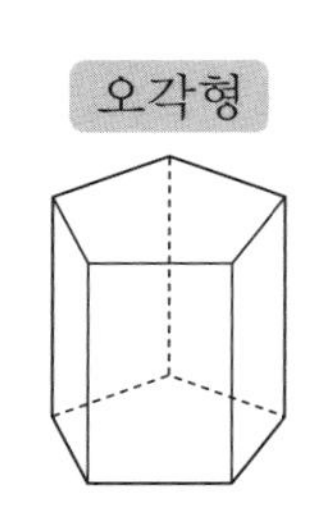

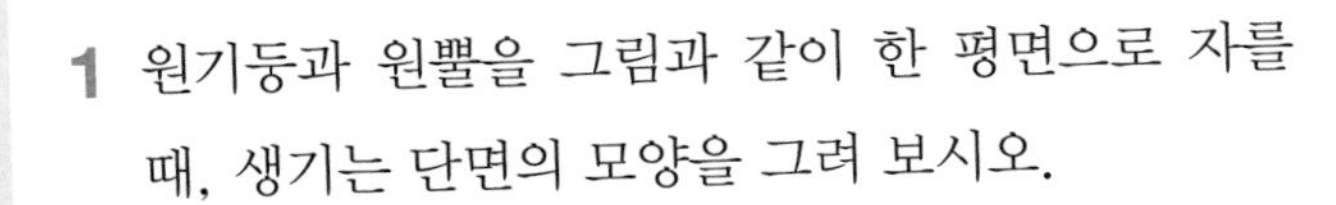

1 원기둥과 원뿔을 그림과 같이 한 평면으로 자를 때, 생기는 단면의 모양을 그려 보시오.

(1)

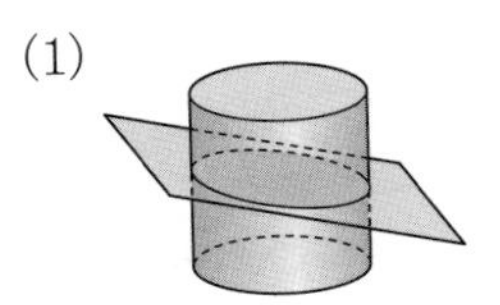  

(2)

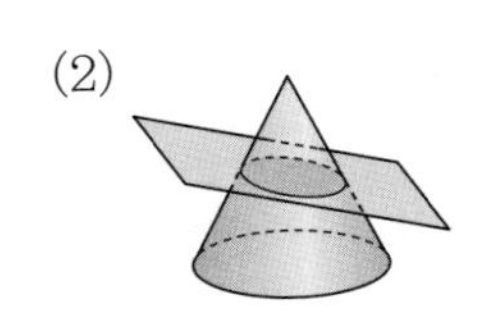  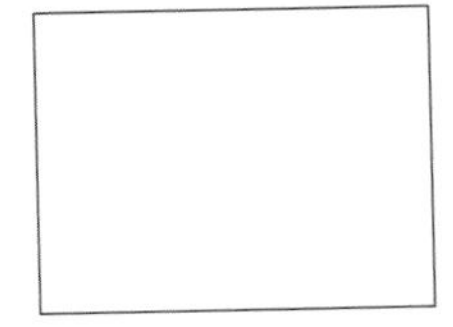

2 그림과 같이 여러 가지 회전체를 회전축에 수직인 평면으로 자를 때 생기는 단면을 보고 알 수 있는 사실은 무엇입니까?

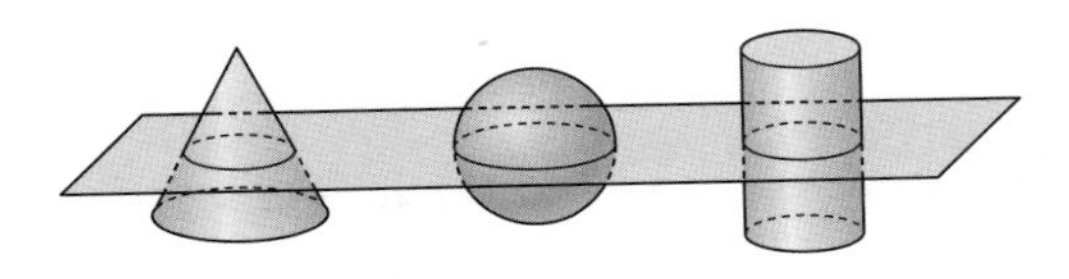

3 회전체를 보고 물음에 답하시오.

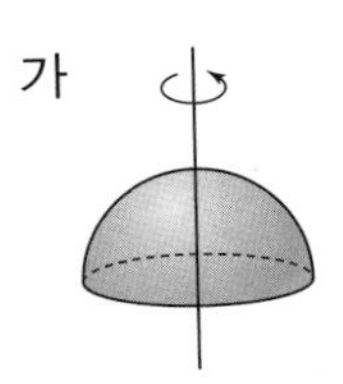

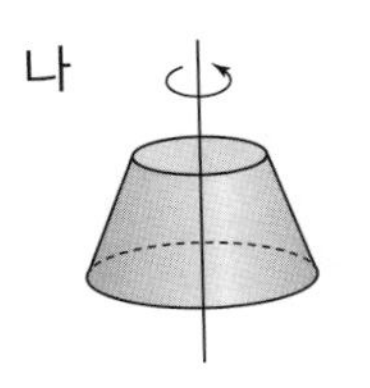

(1) 도형 **가**, **나**를 회전축을 품은 평면으로 자를 때의 모양을 각각 그려 보시오.

(2) 도형 **가**, **나**를 회전축에 수직인 평면으로 자를 때의 모양을 각각 그려 보시오.

4 어떤 회전체를 회전체에 수직인 평면으로 자른 단면과 회전축을 품은 평면으로 자른 단면을 차례로 나타낸 것입니다. 이 회전체의 이름을 쓰시오.

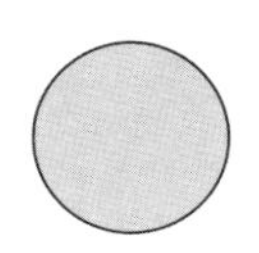 

5 회전체 중 회전축을 품은 평면으로 자르거나 회전축에 수직인 평면으로 자를 때 생기는 단면의 모양이 같은 것을 찾아 기호를 쓰시오.

㉠ 원뿔	㉡ 원기둥
㉢ 구	㉣ 반구

6 그림과 같은 세 회전체를 각각 회전축을 품은 평면으로 잘랐을 때 생기는 세 단면의 넓이를 각각 구하시오.

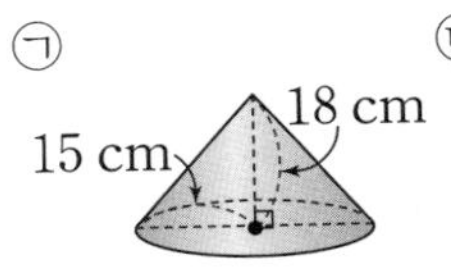

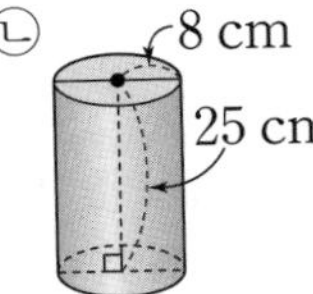

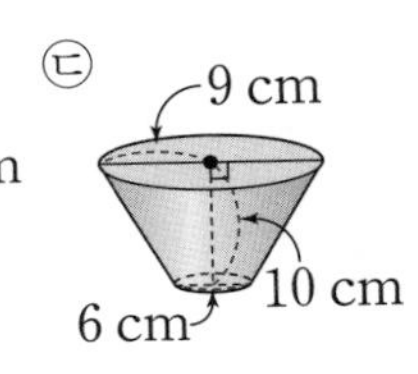

7 밑면의 모양은 한 각이 직각인 이등변 삼각형입니다. 삼각기둥을 한 평면으로 자를 때 생기는 단면의 모양이 다음과 같이 되도록 그려 보시오.

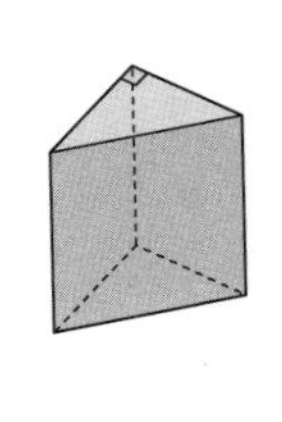

이등변 삼각형

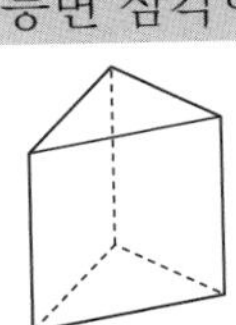

직사각형

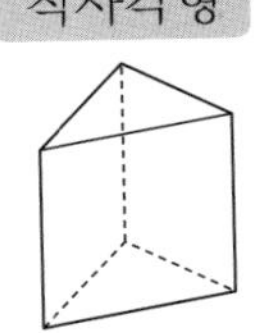

사다리꼴

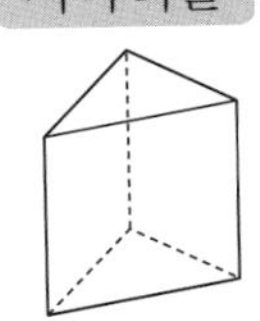

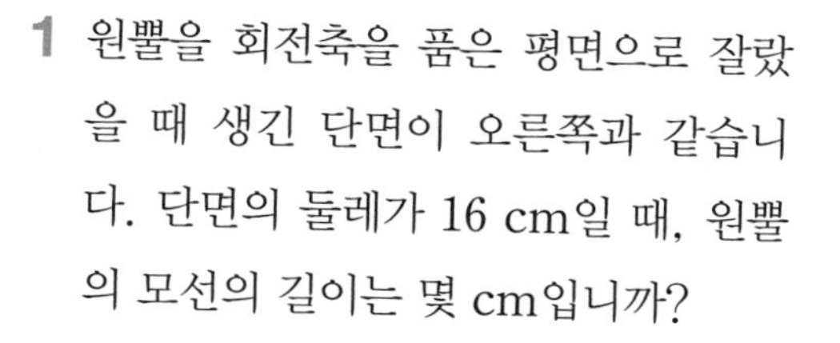

1 원뿔을 회전축을 품은 평면으로 잘랐을 때 생긴 단면이 오른쪽과 같습니다. 단면의 둘레가 16 cm일 때, 원뿔의 모선의 길이는 몇 cm입니까?

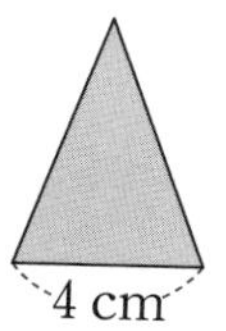

2 오른쪽 회전체를 회전축을 품은 평면으로 자를 때 생기는 단면의 넓이를 구하시오.

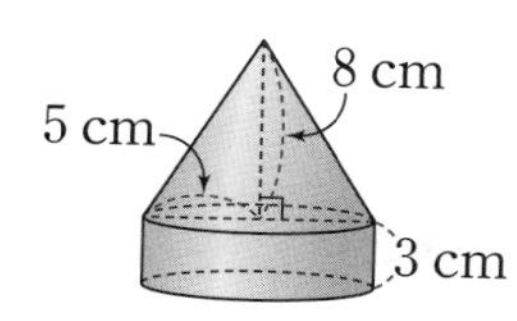

3 오른쪽 그림을 보고 물음에 답하시오. (원주율 : 3.1)

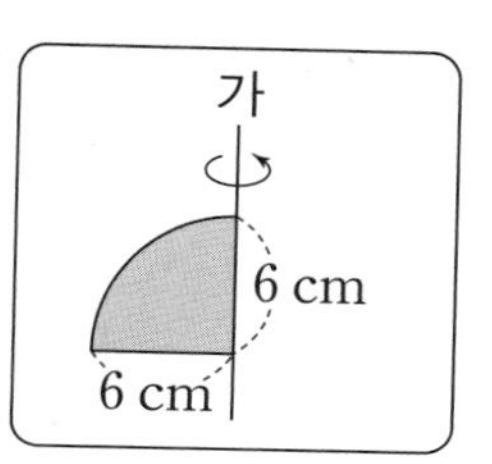

(1) 평면도형을 직선 가를 중심으로 한 바퀴 돌려서 얻은 회전체의 겨냥도를 그려 보시오.

(2) 회전체를 회전축을 품은 평면으로 잘라서 생긴 단면의 넓이를 구하시오.

4 원뿔을 그림과 같이 한 평면으로 잘랐을 때의 생기는 단면의 모양이 아닌 것을 고르시오.

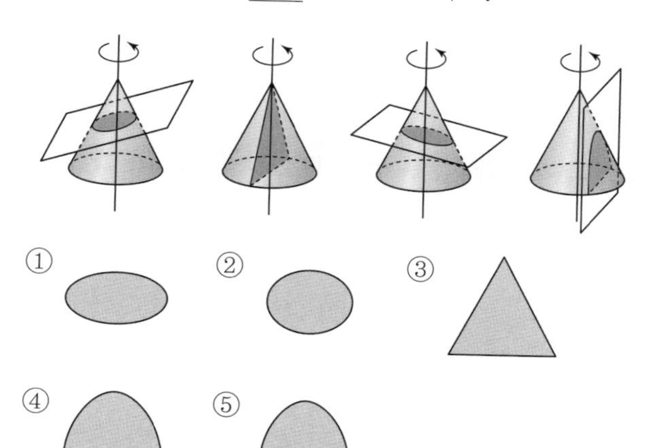

5 오른쪽 그림과 같이 직사각형을 회전축과 떨어뜨려 한 바퀴 돌려서 만든 회전체를 회전축에 수직인 평면과 회전축을 품은 평면으로 각각 자를 때 생기는 단면의 모양을 그려 보시오.

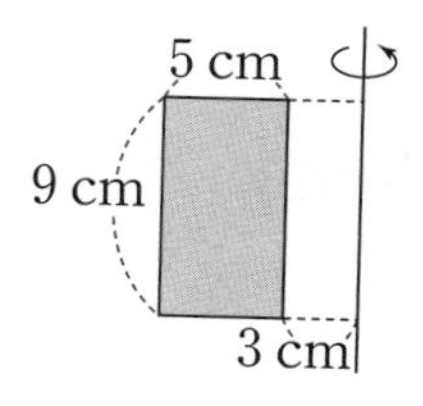

6 보기를 보고 입체도형에 대한 설명으로 옳은 것을 고르시오.

보기

㉠ 원뿔	㉡ 구	㉢ 오각기둥
㉣ 원기둥	㉤ 정육면체	㉥ 삼각기둥

① 회전체 중에서 회전축에 수직인 평면과 회전축을 품은 평면으로 자를 때의 단면의 모양이 모두 합동인 것은 ㉡뿐입니다.

② 회전축에 수직인 평면으로 자를 때의 단면의 모양이 원인 것은 ㉠, ㉡, ㉣입니다.

③ 단면의 모양이 삼각형이 나오는 것은 2개입니다.

④ 회전축에 수직인 평면으로 자를 때의 단면의 모양이 삼각형인 것은 ㉠과 ㉣입니다.

⑤ 밑면에 수직인 평면으로 자를 때의 단면의 모양이 직사각형인 것은 3개입니다.

7 정육면체를 한 평면으로 자를 때 생기는 단면이 주어진 모양이 되도록 정육면체에 그려 보시오.

이등변삼각형 | 오각형 | 마름모

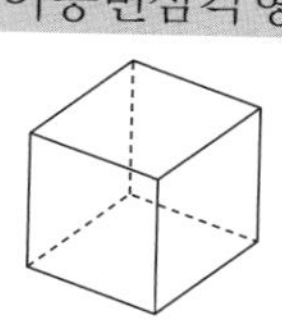

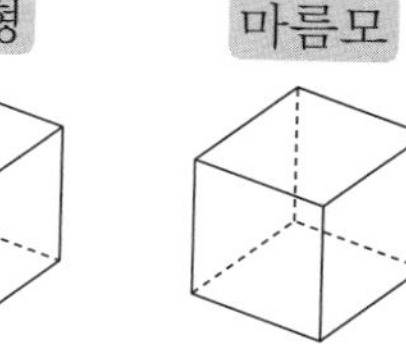

찾아보기

(숫자)

(ㄱ~ㄴ)

(ㄷ)

(ㅁ)

(ㅂ)

(ㅅ)

(ㅇ)

(ㅈ)

(ㅌ~ㅍ)

(ㅎ)

초등 도형
한권으로
총정리
정답/해설
에듀인사이트

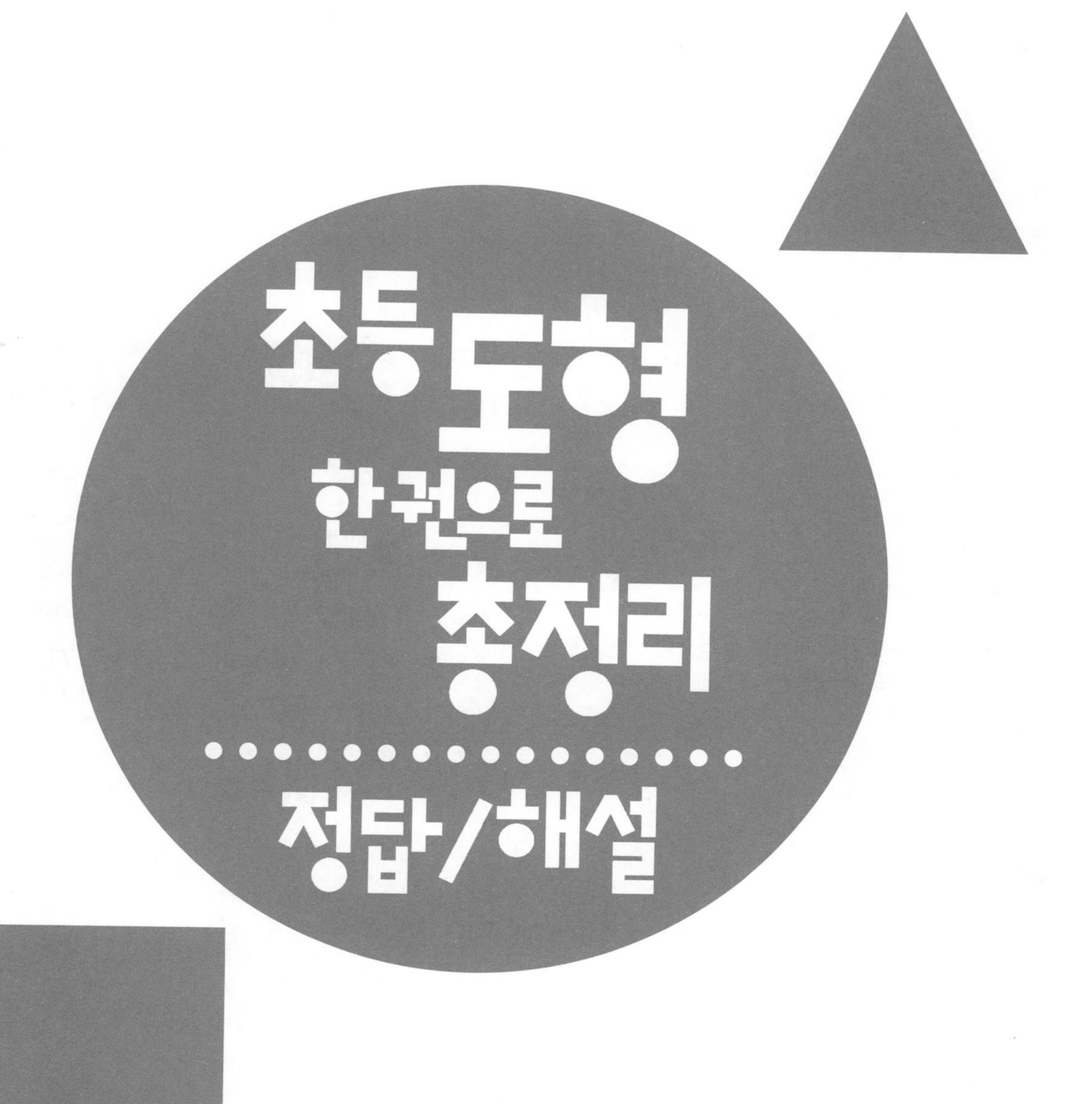

에듀 인사이트

01 선분, 반직선, 직선

개념 활동

1 답 예

2 답

3 답 ㄱ쪽 , 반직선 ㄴㄱ

ㄴ쪽 , 반직선 ㄱㄴ

4 답

개념 익히기

1 답

2 답 (1) 반직선 ㅁㅂ (2) 선분 ㄴㄷ 또는 선분 ㄷㄴ
(3) 직선 ㅈㅊ 또는 직선 ㅊㅈ (4) 반직선 ㅇㅅ

3 답

4 답 (1) 반직선 ㄱㄷ, 반직선 ㄱㄹ
(2) 반직선 ㄷㄴ
반직선은 시작점과 방향이 같아야 같은 반직선입니다.
(1) 반직선 ㄱㄴ은 점 ㄱ이 시작점이고 점 ㄴ 방향을 나타냅니다.

개념 넓히기

1 답 6개
가로에 있는 것 : 선분 ㄱㅂ , 선분 ㅁㄹ, 선분 ㄴㄷ
세로에 있는 것 : 선분 ㄱㄴ , 선분 ㅂㅁ, 선분 ㄹㄷ

2 답 반직선 ㄱㄴ, 반직선 ㄱㄷ, 반직선 ㄴㄷ, 반직선 ㄴㄱ,
반직선 ㄷㄴ, 반직선 ㄷㄱ
같은 반직선 : 반직선 ㄱㄴ과 반직선 ㄱㄷ
반직선 ㄷㄴ과 반직선 ㄷㄱ
시작점과 늘이는 방향이 같으면 같은 반직선입니다.

3 답 ②, ③, ④
② 두 점을 이은 선 중에서 길이가 가장 짧은 것은 선분입니다.
③ 반직선 ㄱㄴ과 반직선 ㄴㄱ은 시작점과 방향이 반대인 반직선입니다.
④ 시작하는 점과 늘이는 방향이 같은 반직선은 모두 같은 반직선입니다.

4 답 선분 3개, 반직선 6개, 직선 3개
선분 ㄱㄴ(선분 ㄴㄱ), 선분 ㄴㄷ(선분 ㄷㄴ),
선분 ㄱㄷ(선분 ㄷㄱ)
반직선 ㄱㄴ, 반직선 ㄴㄱ, 반직선 ㄱㄷ, 반직선 ㄷㄱ,
반직선 ㄴㄷ, 반직선 ㄷㄴ
직선 ㄱㄴ(직선 ㄴㄱ), 직선 ㄴㄷ(직선 ㄷㄴ),
직선 ㄱㄷ(직선 ㄷㄱ)

02 각, 직각, 직각삼각형

개념 활동

1 답

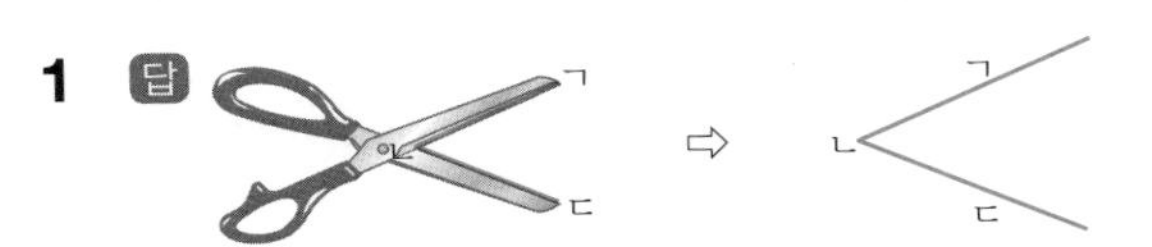

2 답 (1) 각 ㄱㄴㄷ(각 ㄷㄴㄱ) / 점 ㄴ / 변 ㄴㄱ, 변 ㄴㄷ
(2) 각 ㄹㅁㅂ(각 ㅂㅁㄹ) / 점 ㅁ / 변 ㅁㄹ, 변 ㅁㅂ

3 답 (1) (2)

각 ㄱㄴㄷ(각 ㄷㄴㄱ)

각 ㄱㄹㄷ(각 ㄷㄹㄱ),
각 ㄴㄷㄹ(각 ㄹㄷㄴ)

4 답 각 가
겹쳤을 때 각 가의 벌어진 정도가 더 큽니다.

5 답

6 답 (1) (2)

7 답

8 답 예

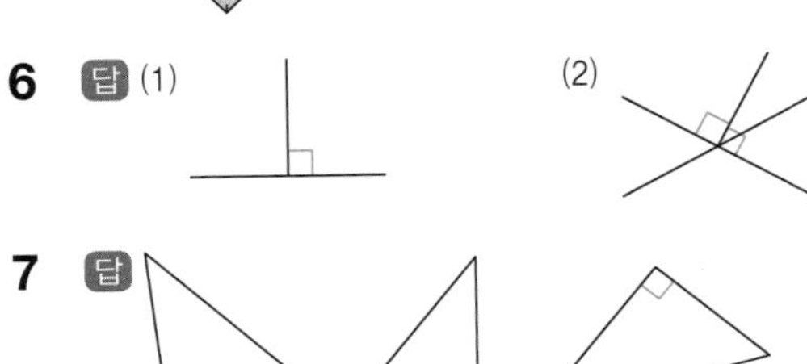

개념 익히기

1 답 (1) 두 선분이 한 점에서 만나지 않습니다.
(2) 한 개의 선이 굽은 선입니다.

2 답

각 ㄱㄴㄷ(각 ㄷㄴㄱ), 각 ㄴㄷㄹ(각 ㄹㄷㄴ)
도형에서는 선분과 선분이 만나는 부분이 각입니다.

3 답

왼쪽 각보다 적게 벌어진 각을 그립니다.

4 답 가, 다, 나

5 답 가, 라, 바
직각이 있는 삼각형을 찾습니다.

6 답 (1) 예 (2) 예

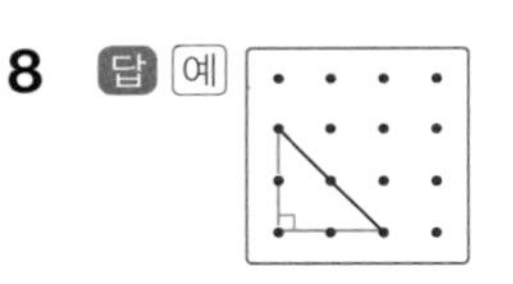

선분의 한 끝점에서 직각이 되도록 변을 그립니다.

7 답 (1) 1개 (2) 5개 (3) 1개 (4) 2개 (5) 2개

(1) 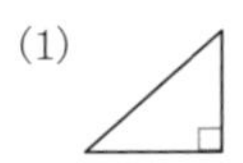 (2) 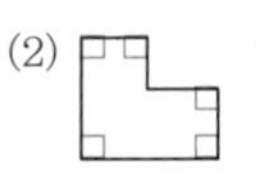 (3) 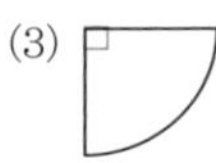

(4) 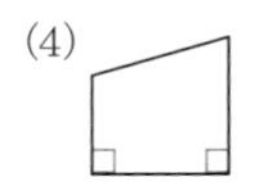 (5) 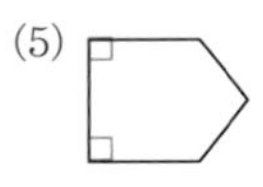

8 답 ②, ④

개념 넓히기

1 답 6개
한 칸짜리 각 3개, 두 칸짜리 각 2개, 세 칸짜리 각 1개입니다.

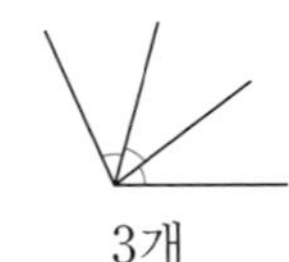
3개

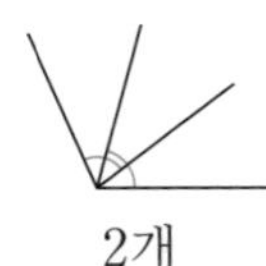
2개

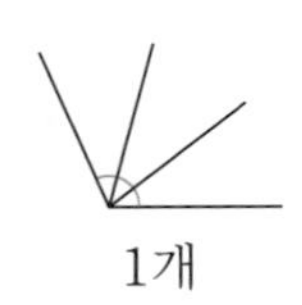
1개

2 답 (1)

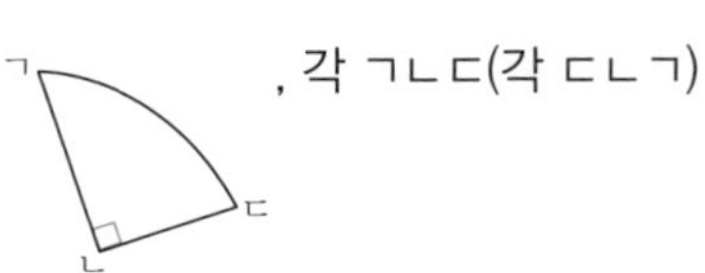

, 각 ㄱㄴㄷ(각 ㄷㄴㄱ)

(2)

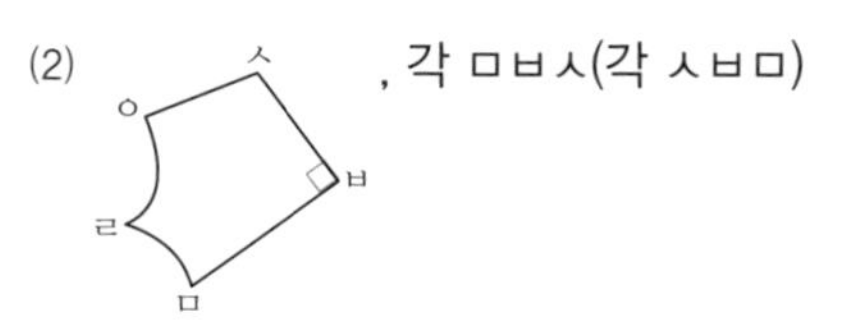

, 각 ㅁㅂㅅ(각 ㅅㅂㅁ)

3 답

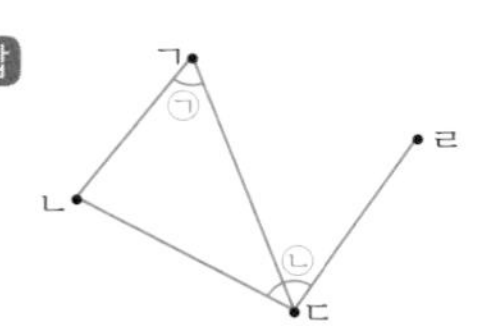

4 답

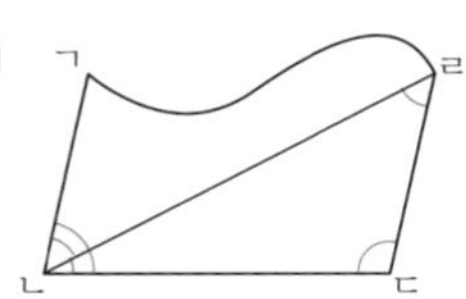

각 ㄱㄴㄹ(각 ㄹㄴㄱ), 각 ㄹㄴㄷ(각 ㄷㄴㄹ),
각 ㄱㄴㄷ(각 ㄷㄴㄱ), 각 ㄴㄷㄹ(각 ㄹㄷㄴ),
각 ㄴㄹㄷ(각 ㄷㄹㄴ)

5 답 ②
각 ㄱㄴㄷ이 직각인 삼각형입니다.

6 답 예

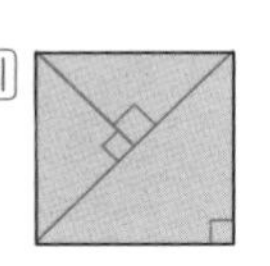

7 답 5개

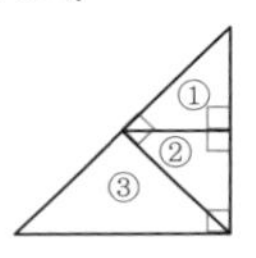

①, ②, ③, ①+②, ①+②+③

8 답 예

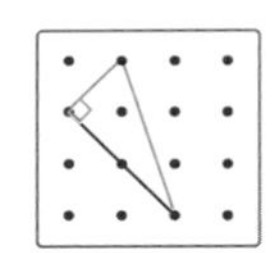

03 직사각형, 정사각형

개념 활동

1 답 예

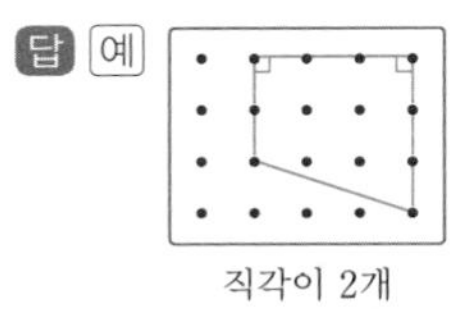
직각이 2개

직각이 4개

직각이 3개인 사각형을 그릴 수 없습니다.
이유 직각이 3개이면 나머지 한 각도 직각이 되므로 직각이 3개인 사각형을 그릴 수 없습니다.

2 답 (1) 나, 라, 마, 바 (2) 가로 : 4 cm, 세로 : 2 cm

(1) 네 각이 직각이면 직사각형이므로 네 각이 직각인 사각형을 찾습니다.

3 답 예

모눈을 반으로 가르는 선분 ㄱㄴ과 선분 ㄴㄷ은 서로 직각으로 만납니다.

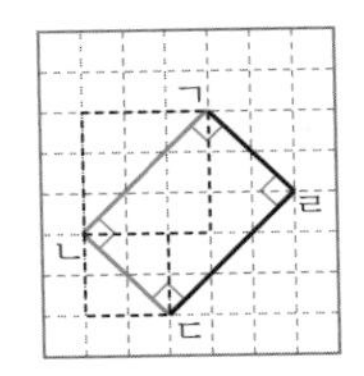

4 답 네 변의 길이가 같고 네 각이 모두 직각입니다.

이유 주어진 방법대로 종이를 접어 자르면 변 ㄱㄴ과 변 ㄱㄹ의 길이가 같으므로 네 변의 길이가 같고 네 각이 모두 직각인 정사각형입니다.

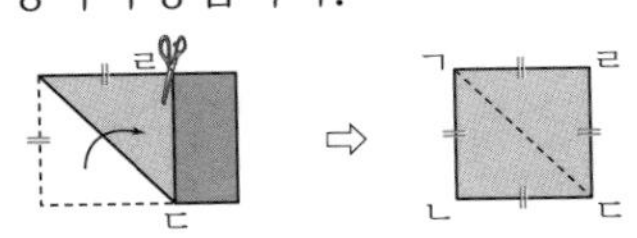

5 답

6 답 (1) 나, 다, 마, 바 (2) 가, 다, 마

(3) 나, 다, 마, 바 / 다, 마

(4) 직사각형을 정사각형이라고 할 수 없습니다.

정사각형을 직사각형이라고 할 수 있습니다.

이유 직사각형은 네 각이 모두 직각인 사각형이므로 네 변의 길이가 항상 같다고 할 수는 없습니다.

정사각형은 네 각이 모두 직각이고, 네 변의 길이가 같으므로 직사각형이라고 할 수 있습니다.

개념 익히기

1 답 (1) 네 변의 길이가 같습니다.

(2) 네 각이 모두 직각입니다.

(3) 나, 마, 사

(4) 마, 사

2 답 ⑤

직사각형은 네 각이 모두 직각인 사각형이고, 정사각형은 네 각이 모두 직각이고 네 변의 길이가 같은 사각형입니다.

3 답 사각형, 직사각형, 정사각형에 ○표

4 답 (1) (위에서부터) 5, 8 (2) 11

5 이유 네 각 중 두 각이 직각이 아니고 네 변의 길이가 같지 않습니다.

6 답 14 cm

정사각형은 네 변의 길이가 모두 같으므로

(한 변의 길이)=(네 변의 길이의 합)÷4

$=56\div4=14$(cm)

7 답 10 cm

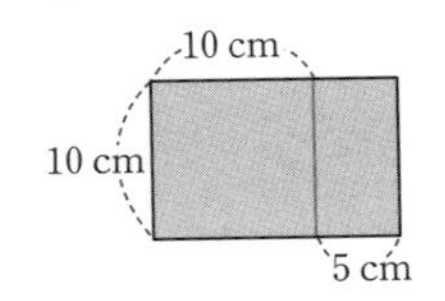

짧은 변을 한 변으로 하여 잘라야 합니다.

개념 넓히기

1 예 (1) 네 각이 모두 직각이고 네 변의 길이가 같은 사각형은 정사각형입니다.

(2) 같은 모양의 직각삼각형 2개로 직사각형을 만들 수 있습니다.

(3) 정사각형은 직사각형이라고 할 수 있습니다.

(4) 정사각형의 마주 보는 꼭짓점을 이어 선을 긋고 선을 따라 자르면 언제나 직각삼각형 4개가 만들어집니다.

2 답

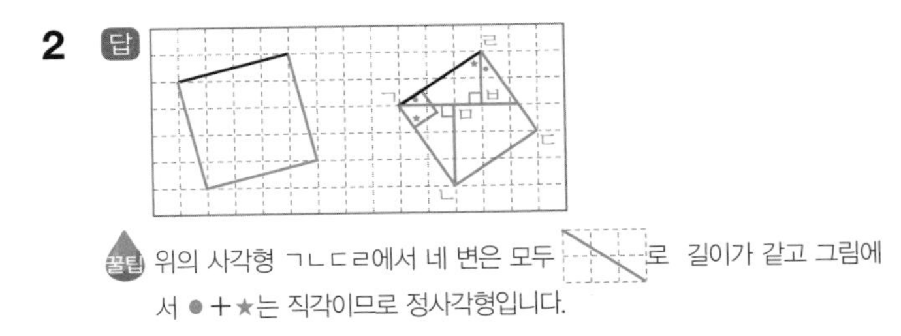

꿀팁 위의 사각형 ㄱㄴㄷㄹ에서 네 변은 모두 로 길이가 같고 그림에서 ●+★는 직각이므로 정사각형입니다.

3 답 20개

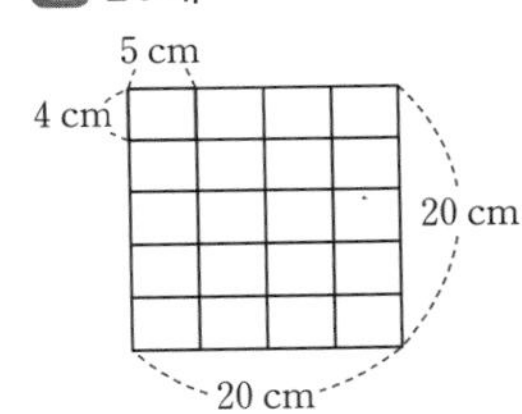

가로로 4개, 세로로 5개씩 나오므로 모두 $4\times5=20$(개)까지 만들 수 있습니다.

4 답 36 cm

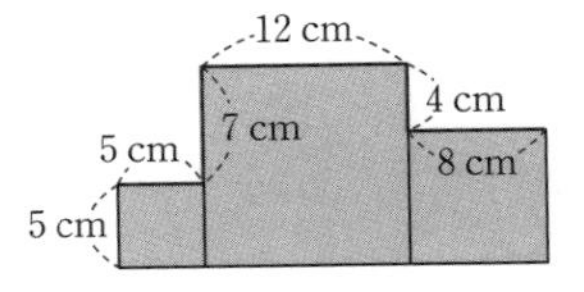

$5+7+12+4+8=36$(cm)

5 답 , 4개

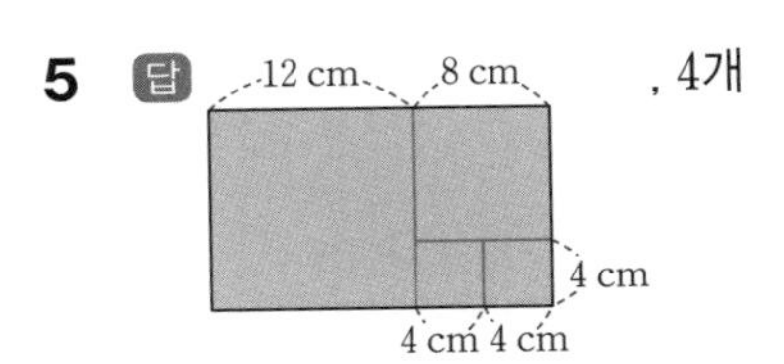

6 답 10 cm

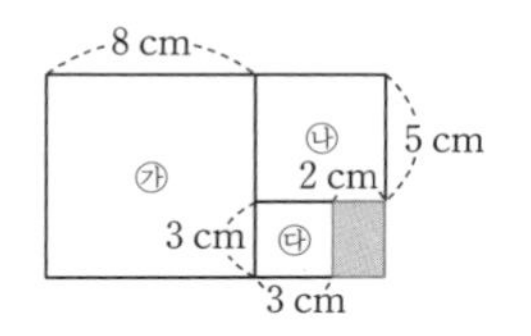

(네 변의 길이의 합)
$=2+3+2+3=10$(cm)

7 답 (1) 5개 (2) 9개

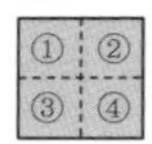

(1) ①, ②, ③, ④, ①+②+③+④
(2) ①, ②, ③, ④, ①+②, ③+④, ①+③, ②+④, ①+②+③+④

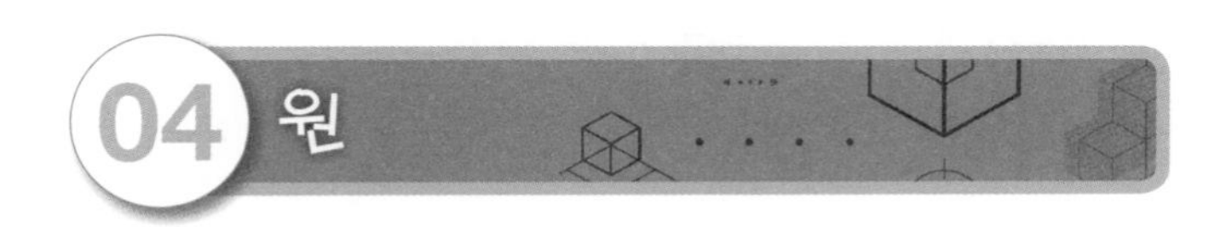

04 원

개념 활동

1 답 원

2 답 (1) 3, 1, 2, 4 (2) 선분 ㄷㅁ, 지납니다.
(3) 셀 수 없이 많이 그을 수 있습니다.
(4) 셀 수 없이 많이 그을 수 있습니다.

3 답

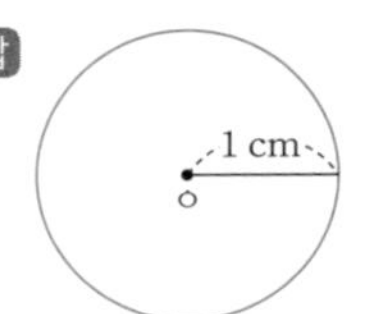

(1) 1 cm (2) 2 cm
(3) 예 한 원에서 지름은 반지름의 2배입니다.

4 답 (1)

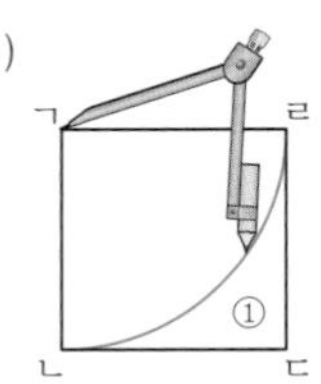

(2)

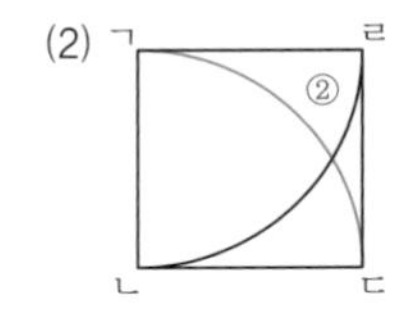

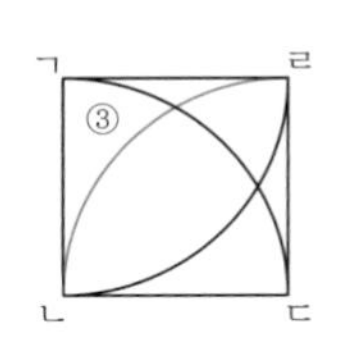

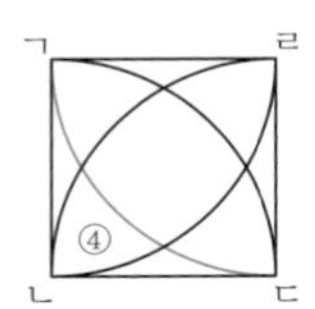

(3) 4개

5 답

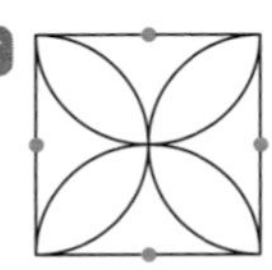

컴퍼스를 원의 중심에 꽂으므로 원의 중심이 되는 점을 찾습니다.

개념 익히기

1 답 ②, ④

2 답 8 cm
컴퍼스의 침과 연필 사이의 거리는 원의 반지름과 같습니다. 따라서 그 거리는 $16\div2=8$(cm)입니다.

3 답 선분 ㄱㄹ(선분 ㄹㄱ)

4 답 (1) 지름 : 10 cm, 반지름 : 5 cm
(2) 지름 : 12 cm, 반지름 : 6 cm
(1) (지름)=(반지름)×2=5×2=10(cm)
(2) (반지름)=(지름)÷2=12÷2=6(cm)

5 답 ④
① 지름 : 13 cm ② 지름 : 14 cm
③ 지름 : 12 cm ④ 지름 : 16 cm
⑤ 지름 : 15 cm

6 답 17 cm

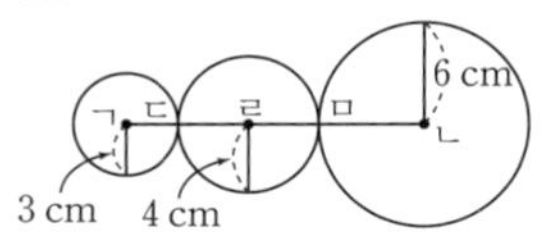

(선분 ㄱㄴ)=(선분 ㄱㄷ)+(선분 ㄷㅁ)+(선분 ㅁㄴ)
$=3+8+6=17$(cm)

7 답 8 cm
작은 원의 지름이 큰 원의 반지름과 같은 16 cm입니다. 따라서 작은 원의 반지름은 8 cm입니다.

8 답

, 5개

먼저 원의 지름이 되는 부분을 찾은 다음 원의 중심을 찾습니다.

개념 넓히기

1 답 5 cm
한 원에서 반지름은 길이가 같으므로
4+(반지름)+(반지름)=14입니다.
따라서 원의 반지름은 5 cm입니다.

2 답 (1)

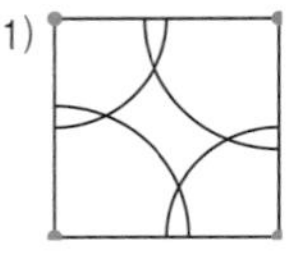

(2)

3 답 (1) 4개,

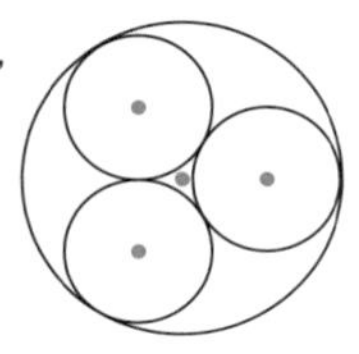

(2) 5개,

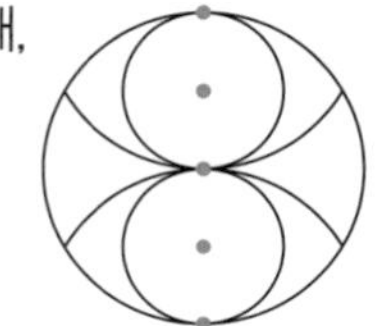

4 답 24 cm

삼각형 ㄱㄴㄷ에서 각 변의 길이는 지름과 같은 8 cm입니다.

5 답 ㉡

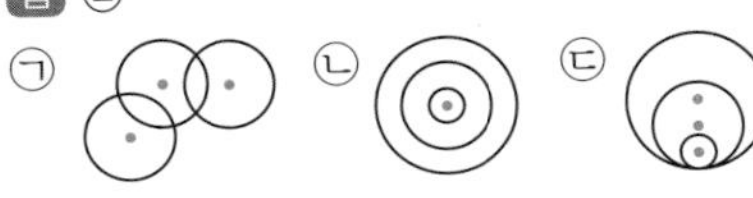

6 답 24 cm

(큰 원의 지름)=3+3+3+3+6+6=24(cm)

7 답 (1) 30 cm (2) 40 cm

(1) 선분 ㄱㄴ의 반지름의 수가 원의 수보다 1개 더 많습니다. 선분 ㄱㄴ은 반지름 6개와 같으므로 길이는 5×6=30(cm)입니다.

(2) 원을 7개 붙이면 선분 ㄱㄴ은 반지름 8개와 같으므로 5×8=40(cm)입니다.

8 답 25 cm

(변 ㄱㄷ)=9 cm, (변 ㄴㄷ)=5 cm

(변 ㄱㄴ)=9+5−3=11(cm)

⇨ 9+5+11=25(cm)

05 각도와 각의 분류

개념 활동

1 답

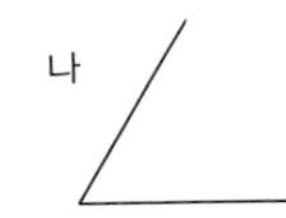

(1) 예 투명 종이를 이용하여 꼭짓점과 한 변을 겹치게 하고 각의 변이 더 많이 벌어지도록 다른 변을 그리면 됩니다.

(2) 알 수 없습니다.

2 답 (1) 180° (2) 270° (3) 360° (4) 540°

(1) 2직각은 직각의 2배입니다.

(2) 3직각은 직각의 3배입니다.

(3) 4직각은 직각의 4배입니다.

(4) 6직각은 직각의 6배입니다.

3 답 (1) 40° (2) 140°

4 답 (1) 65° (2) 100°

5 답 (1) 예 (2) 예

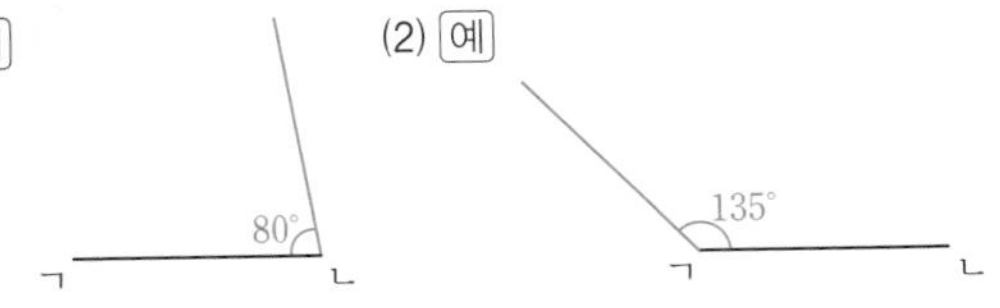

6 답 (1) 40°, 90°보다 작습니다.

(2) 120°, 90°보다 큽니다.

7 답 예각, 둔각, 직각

직각, 예각, 둔각

개념 익히기

1 답 ①

두 각을 꼭짓점과 한 변이 맞닿게 하여 겹쳐서 비교합니다.

2 답 ㉣, ㉡, ㉠, ㉢, ㉤

2직각=180°, 3직각=270°이므로 크기가 큰 것부터 차례로 쓰면 ㉣−㉡−㉠−㉢−㉤입니다.

3 답 ㉢, ㉠, ㉣, ㉡ 또는 ㉠, ㉢, ㉣, ㉡

4 답 (1) 55° (2) 135°

5 답 ㉠, ㉢ / ㉠ : 50°, ㉢ : 140°

6 답 ③, ⑤

③ 0°보다 크고 90°보다 작은 각을 예각이라고 합니다. 90°보다 작은 각에는 0°도 포함되므로 틀립니다.

⑤ 90°보다 크고 180°보다 작은 각을 둔각이라고 합니다.

7 답 (1) (2)

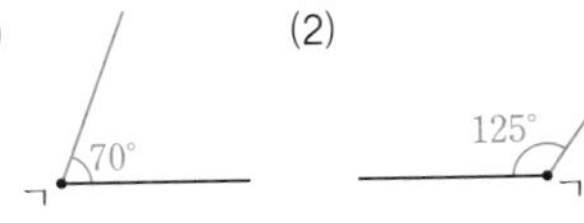

8 답 (30°) (45°) △114° 180°

90° △103° (82°) (57°)

개념 넓히기

1 답 ①

1°는 직각을 똑같이 90으로 나눈 하나이므로 직각의 $\frac{1}{90}$ 입니다.

2 답 (1) 50° (2) 135° (3) 130° (4) 85°

(4) (각 ㄴㅇㄹ)=(각 ㄱㅇㄹ)−(각 ㄱㅇㄴ)

=135°−50°=85°

3 답

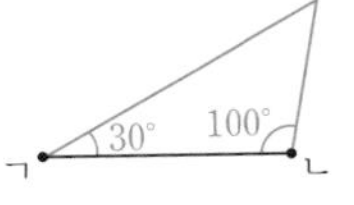

4 답 각 ㄷㅇㄱ : 36°, 각 ㄷㅇㄴ : 144°

(각 ㄷㅇㄱ)=●라 하면 (각 ㄷㅇㄴ)=4×●

(각 ㄷㅇㄱ)+(각 ㄷㅇㄴ)=5×●=180°

(각 ㄷㅇㄱ)=36°

(각 ㄷㅇㄴ)=36°×4=144°

5 답 예각 : 5개 둔각 : 3개

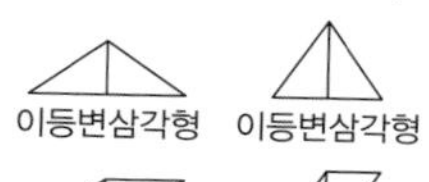

예각 : ①, ②, ③, ④, ①+② ⇨ 5개
직각 : ②+③
둔각 : ①+②+③, ②+③+④, ③+④ ⇨ 3개

6 답 5개

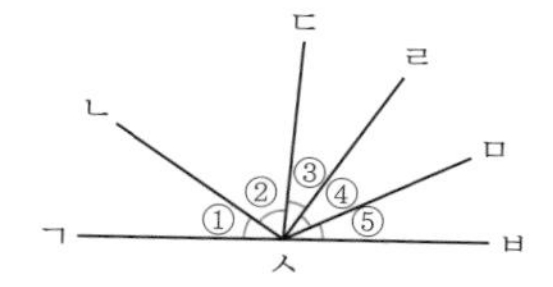

둔각 : ①+②, ①+②+③, ①+②+③+④,
②+③+④, ②+③+④+⑤ ⇨ 5개

7 답 (1) 둔각 (2) 예각 (3) 예각 (4) 둔각

(1) 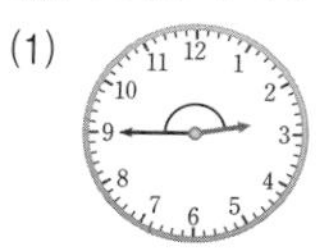 (3) 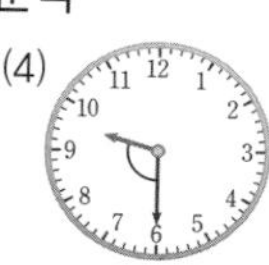 (4) 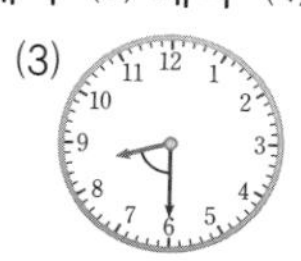

8 답 5시 45분
긴바늘이 1직각, 즉 90° 움직이면 15분 지난 것입니다.
7직각 ⇨ 7×15분=105분=1시간 45분
4시에서 1시간 45분 지난 시각은 5시 45분입니다.

06 각도의 합과 차

개념 활동

1 답 (1) 40°, 70°, 110°
(2) 70°, 40°, 30°

2 답 (1) 75°, 15°
(2) 예

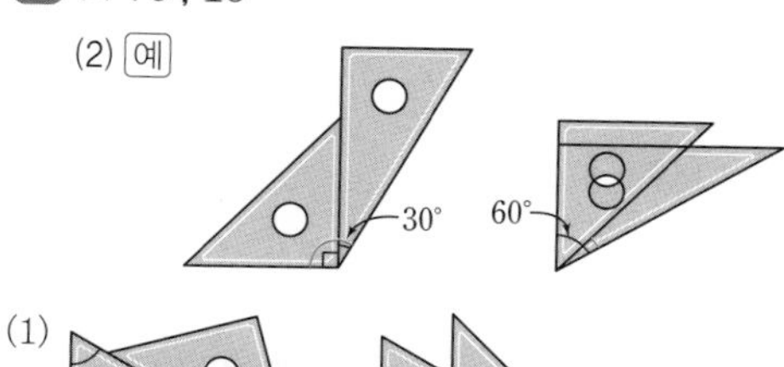

(1)
60°
45°
30°
45°
30°

30°+45°=75°, 45°−30°=15°
(2) 90°+30°=120°, 60°−45°=15°
이외에도 여러 가지 방법으로 만들 수 있습니다.

3 답 ㄴㅁㄹ, ㄴㅁㄷ

4 답 180°, ●, ㄴㅁㄷ, ㄴㅁㄹ

5 답 (1) 직선 ㄴㅁ과 직선 ㄷㅂ
(2) 각 ㅁㅇㅂ, 35°
(3) 직선 ㄴㅁ과 직선 ㄱㄹ
(4) 각 ㅁㅇㄱ, 125°
(4) 35°+90°=125°

개념 익히기

1 답 예 합 : 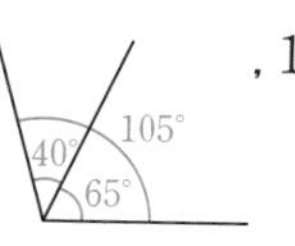

, 105° 차 : 25°, 40°, 65° , 25°

40°+65°=105°, 65°−40°=25°

2 답 (1) 75° (2) 63° (3) 62° (4) 114° (5) 170° (6) 120°

3 답 105°
(각 ㄷㄴㅁ)=180°−135°=45°
(각 ㄱㄴㄷ)=150°−45°=105°

4 답 (1) 35° (2) 150°
(1) 180°−(90°+55°)=35°
(2) 180°−30°=150°

5 답 (1) 75° (2) 120° (3) 15° (4) 105°
(1) 45°+30°=75° (2) 90°+30°=120°
(3) 45°−30°=15° (4) 45°+60°=105°

6 답 (1) 각 ㄹㅇㅁ (2) 각 ㅂㅇㄱ (3) 각 ㄹㅇㅂ (4) 각 ㅁㅇㄷ

7 답 90°

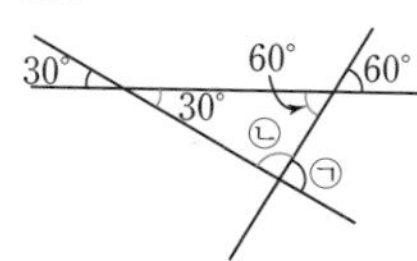

맞꼭지각은 크기가 같습니다. 삼각형에서 세 각이 30°, 60°, 90°인 직각 삼각자를 이용하면 ㉡=90°입니다.
㉠=180°−90°=90°

개념 넓히기

1 답 (1) 30° (2) 90° (3) 105° (4) 30°

2 답 (1) 270° (2) 310°
(1) □=360°−55°−35°=270°
(2) □=360°−50°=310°

3 답 (1) 30° (2) 90° (3) 120°
(1) (각 ㄹㅇㅁ)=90°−60°=30°
(3) (각 ㄴㅇㅂ)=(각 ㄴㅇㄱ)+90°
=30°+90°=120°

4 답 (1) 30° (2) 120°

(1) $180 \div 6 = 30°$ (2) $30° \times 4 = 120°$

5 답 70°

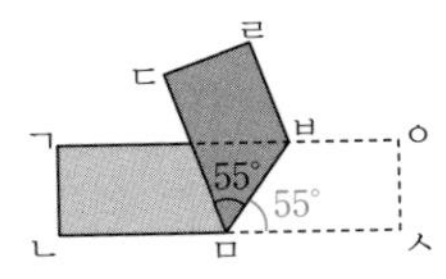

접혀진 부분의 각의 크기는 같으므로

(각 ㄷㅁㅂ)=(각 ㅂㅁㅅ)=55°

(각 ㄴㅁㄷ)=180°−(55°+55°)=70°

6 답 ㉠ : 50°, ㉡ : 70°

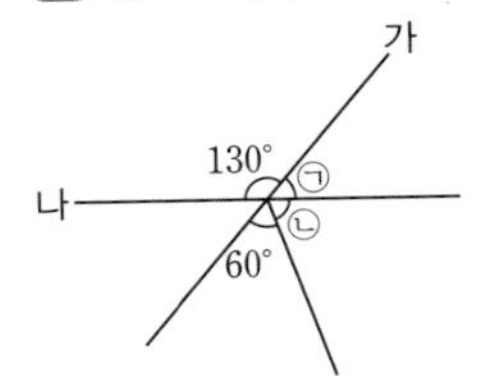

㉠=180°−130°=50°

㉡=180°−50°−60°=70°

7 답 ㉠ : 60°, ㉡ : 135°

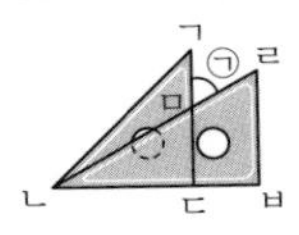
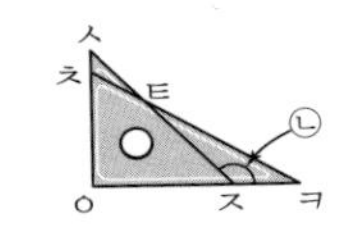

• (각 ㄴㄷㅁ)=90°, (각 ㄴㅁㄷ)=60°

㉠=(각 ㄴㅁㄷ)=60°

• (각 ㅅㅈㅇ)=45°

⇨ (각 ㅌㅈㅋ)=180°−45°=135°

07 수직과 수선

개념 활동

1 답

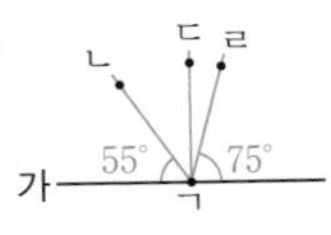

(1) 55°, 90°, 75° (2) 직선 ㄱㄷ

2 답 (1) 예 (2) 예

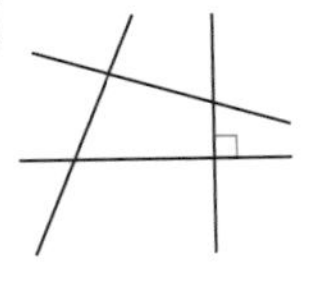
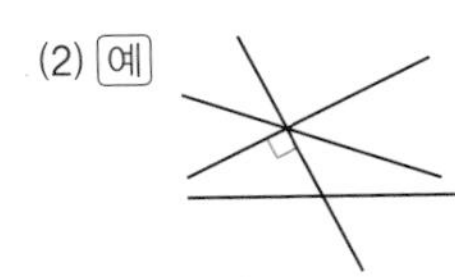

3 답 (1) 예 (2) 예

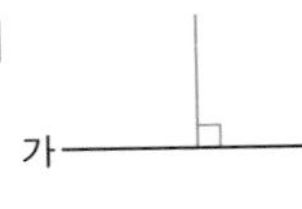

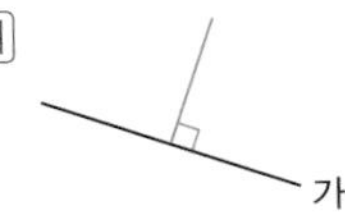

4 답 (1) (2)

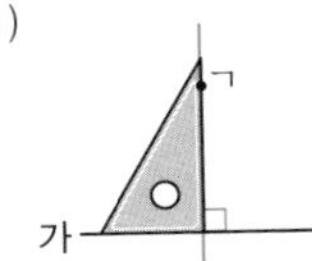
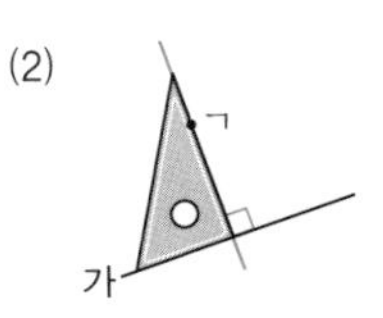

5 답 (1) (2)

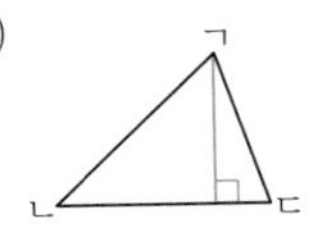

6 답 (1) 예 (2) 예

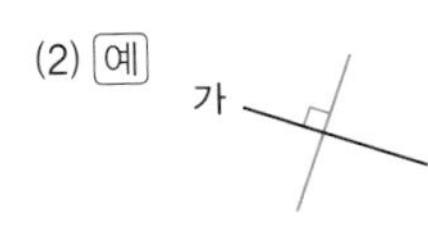

7 답 (1) (2)

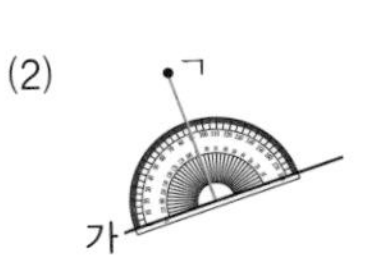

8 답 (1) (2)

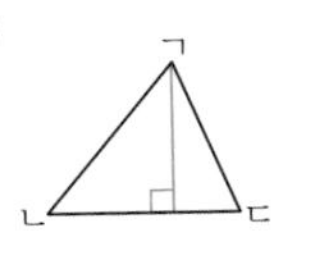
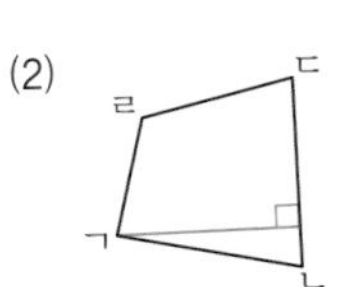

개념 익히기

1 답 ④

2 답 ④

3 답 (1) 직선 나, 직선 라 (2) 직선 마

4 답 2개

변 ㄱㄴ과 수직인 변은 변 ㄱㄹ, 변 ㄴㄷ입니다.

5 답 1개

6 답 (1) 2개

(2) 선분 ㄱㄴ, 선분 ㅅㄷ, 선분 ㅂㄹ

(1) 선분 ㄱㄷ, 선분ㅅㅁ(또는 선분 ㅅㅂ)

7 답

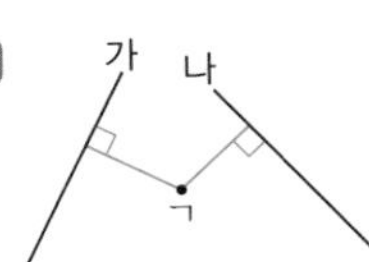

개념 넓히기

1 답 나, 다, 바

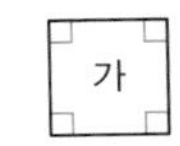

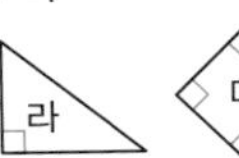

2 답 110°

㉠=90°−30°=60°, ㉡=90°−40°=50°

⇨ ㉠+㉡=60°+50°=110°

꿀팁 ㉠, ㉡은 30°, 40°의 맞꼭지각이 아님에 주의합니다.

3 답 150°

● 1개는 90°÷3=30°이므로

㉠=30°+90°+30°=150°

4 답 ㉠=25°, ㉡=65°

㉡−㉠=40° ⇨ ㉡=㉠+40°,

㉠+㉡=㉠+㉠+40°=90°,

㉠+㉠=50°, ㉠=25°

5 답 3개

선분 ㄴㅅ, 선분 ㄷㅂ, 선분 ㄹㅁ

6 답 4개

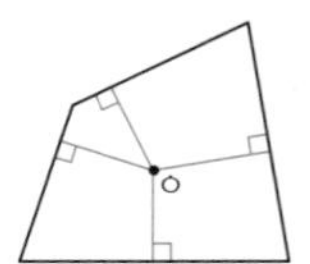

7 답

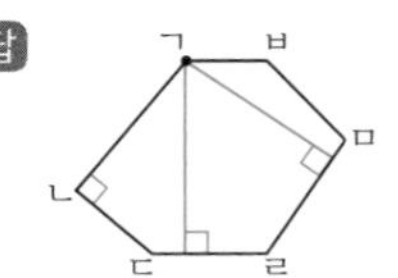

08 평행과 평행선

개념 활동

1 답 (1)

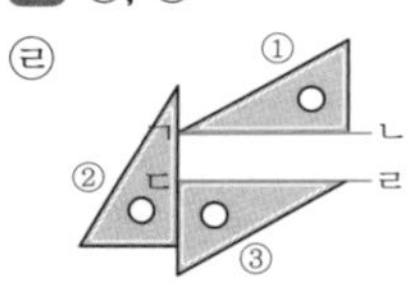

(2) 직선 다, 직선 마

(3) 만나지 않습니다.

(4) 직선 다, 직선 마

한 직선에 수직인 두 직선은 서로 평행하고, 이 두 직선을 평행선이라고 합니다.

2 답 직선 가와 직선 나, 직선 다와 직선 마

3 답 (1)

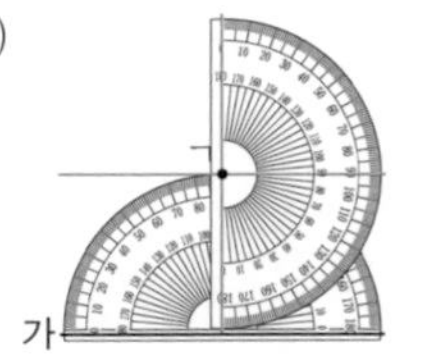

(2)

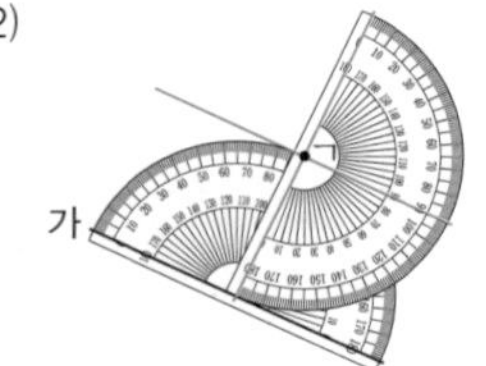

4 답 (1)

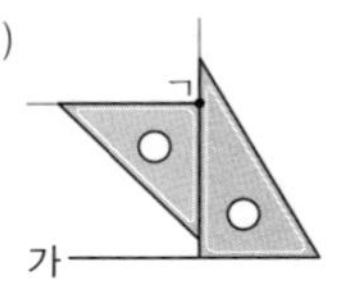

(2)

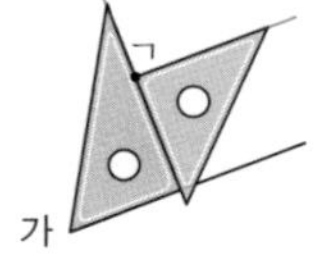

5 답 (1) 예

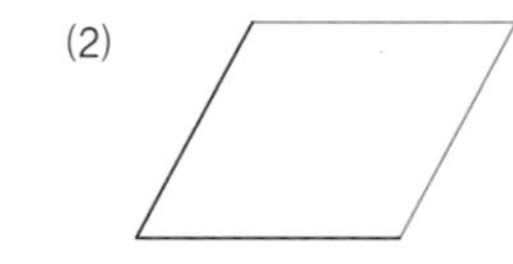

(2)

6 답 (1)

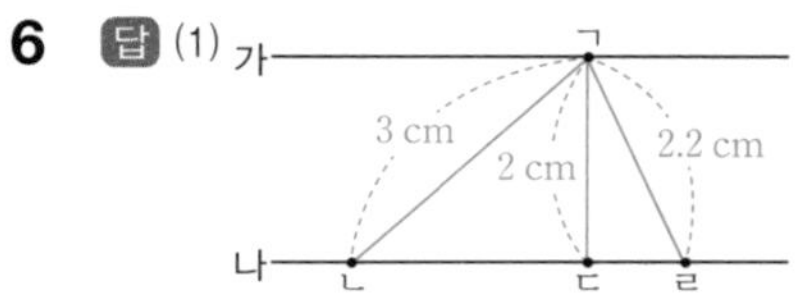

(2) 선분 ㄱㄷ (3) 2 cm

7 답 (1) 직선 다, 직선 마 (2) 직선 다와 직선 마

(3) 3 cm

개념 익히기

1 답 (1) 직선 다, 직선 마 (2) 직선 다와 직선 마

(2) 한 직선에 수직인 두 직선은 서로 평행합니다. 따라서 직선 가에 수직인 직선 다와 직선 마는 서로 평행합니다.

2 답 (1) 수직 (2) 평행 (3) 평행선

3 답 ㉡, ㉢

㉣

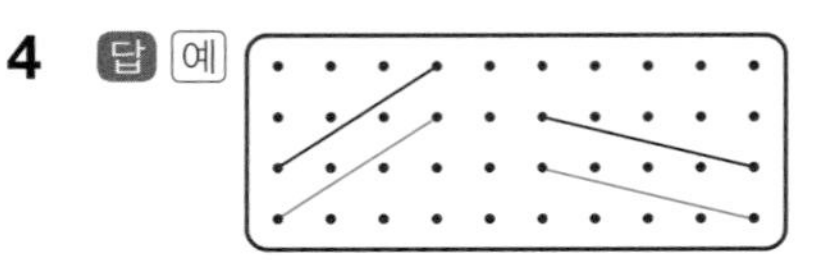

그림에서 선분 ㄱㄴ과 선분 ㄷㄹ이 평행할 수도 있지만 삼각자 ①의 변 ㄱㄴ이 삼각자 ③의 변 ㄷㄹ과 평행하게 놓여 있다는 것을 확실하게 알 수 없으므로 평행선을 그을 수 없습니다.

4 답 예

5 답 3쌍

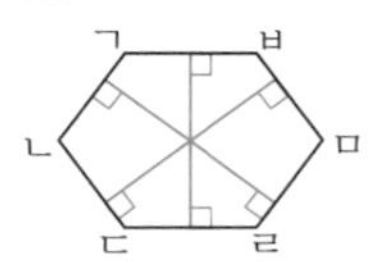

그림과 같이 마주 보는 두 변 사이에 수선을 그을 수 있으므로 변 ㄱㄴ과 변 ㄹㅁ, 변 ㄴㄷ과 변 ㅂㅁ, 변 ㄱㅂ과 변 ㄷㄹ 은 서로 평행합니다.

6 답 (1) 선분 ㄷㄹ (2) 3 cm

7 답 직선 다와 직선 마, 2 cm

개념 넓히기

1 답 직선 가와 직선 바, 직선 나와 직선 라

2 답

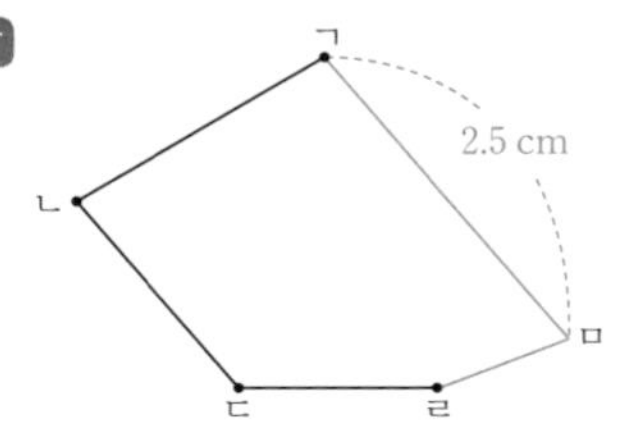

직선 나와 직선 다는 서로 수직입니다.

3 답

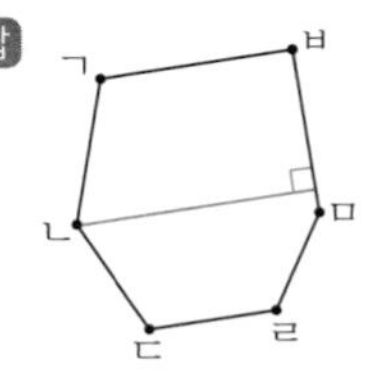

4 예 평행선의 한 직선에서 다른 직선에 수선을 그었을 때, 이 수선의 길이를 평행선 사이의 거리라고 합니다. 즉 두 평행선에 각각 수직인 선분의 거리입니다.

5 답

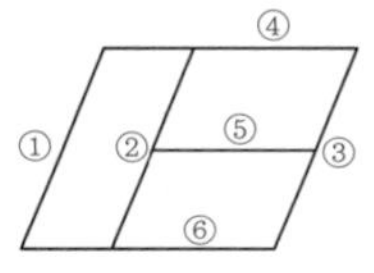

6 답 6쌍

그림의 각 선분에 그림과 같이 번호를 붙이고, 서로 평행한 선분을 찾으면

①과 ②, ①과 ③, ②와 ③, ④와 ⑤, ④와 ⑥, ⑤와 ⑥입니다. ⇨ 6쌍

7 답 ③, ④

① 한 직선에 평행한 직선은 셀 수 없이 많습니다.

② 한 직선에 평행한 두 직선은 서로 평행합니다.

⑤ 한 점을 지나고 한 직선과 평행한 직선은 1개입니다.

8 답 변 ㄴㄷ, 변 ㄹㅁ, 변 ㅂㅅ

09 평행선 사이의 각

개념 활동

1 답 (1) 각 ㅁ (2) 각 ㅁ

2 답 (1) 각 ㅇ (2) 각 ㅅ (3) 각 ㅇ (4) 각 ㅁ

3 답 (1) 각 ㉠ : 85°, 각 ㉢ : 100°, 같지 않습니다.

(2) 각 ㉡ : 95° 각 ㉣ : 80°, 같지 않습니다.

(3) 같지 않습니다.

4 답 (1) ㉤, ㉥, ㉦, ㉧ (2) ㉢, ㉡ (3) ㉧

5 답 (1) 65°(동위각) (2) 50°(엇각)

6 답 (1)~(2)

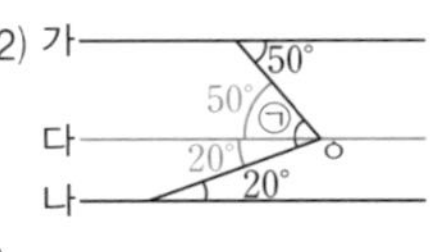

(3) 70°

(3) ㉠$=50°+20°=70°$

개념 익히기

1 답 (1) 55° (2) 60° (3) 100°, 100° (4) 120°, 120°

2 답

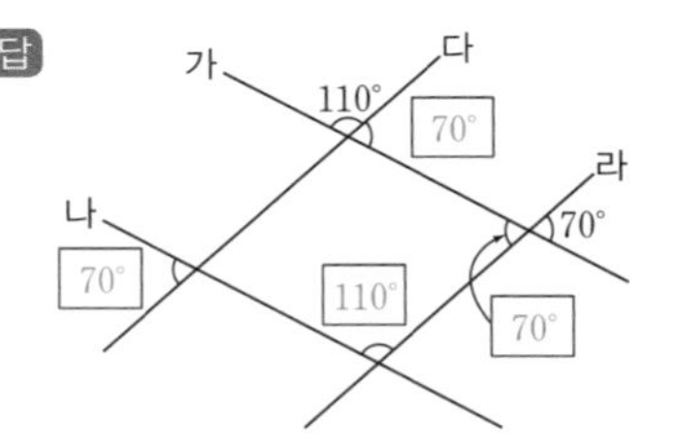

3 답 (1)

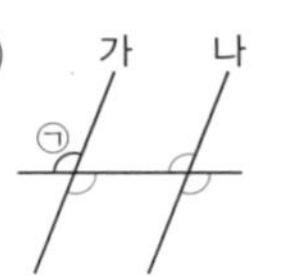

(2)

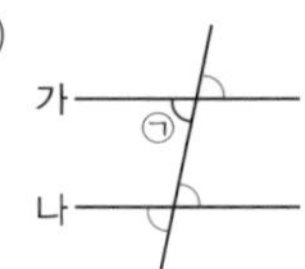

4 답 135°

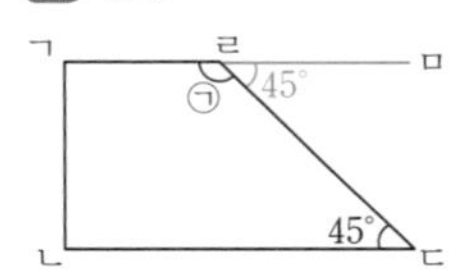

각 ㄴㄷㄹ과 각 ㅁㄹㄷ은 엇각이므로

(각 ㅁㄹㄷ)=(각 ㄴㄷㄹ)$=45°$

㉠$=180°-45°=135°$

5 답 (1) 70° (2) 130°

(1)

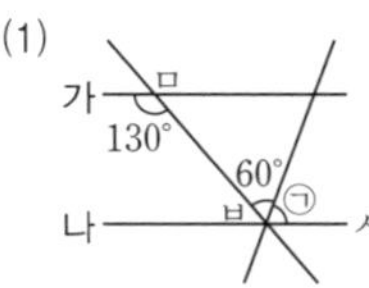

각 ㅁㅂㅅ은 130°의 엇각이므로

(각 ㅁㅂㅅ)$=130°$

㉠$=130°-60°=70°$

(2)

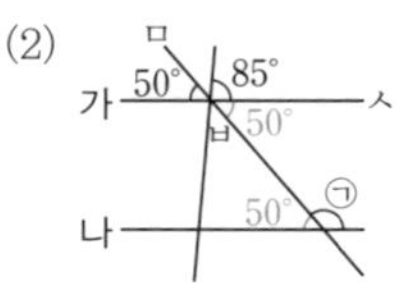

㉠$=180°-50°=130°$

6 답 (1) $95°$ (2) $110°$

(1) ㉠+㉡ $=45°+50°=95°$

(2) ㉠$=50°$, ㉡$=180°-120°=60°$

㉠+㉡$=50°+60°=110°$

7 답 $40°$

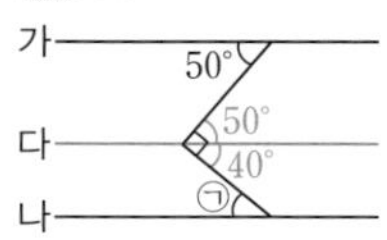

두 직선 가와 나에 평행한 직선 다를 그으면 엇각의 크기는 각각 같으므로 ㉠$=40°$

개념 넓히기

1 답 (1) (2)

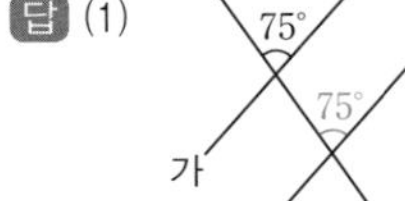

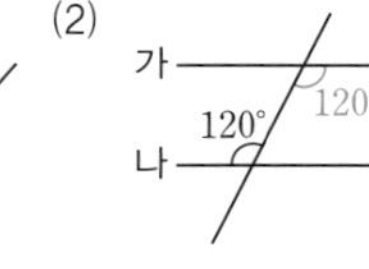

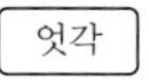

(3) (4)

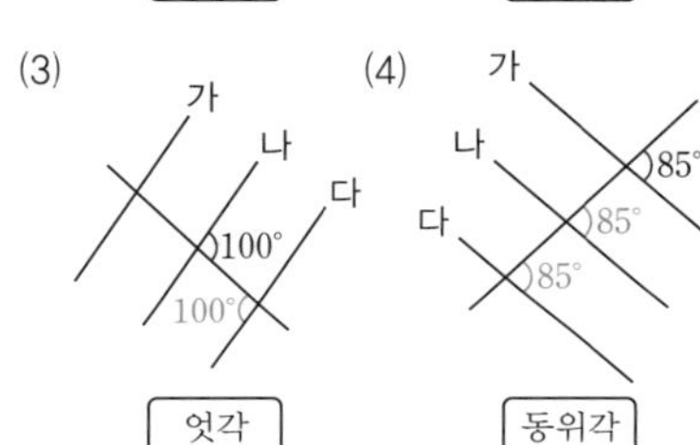

2 답

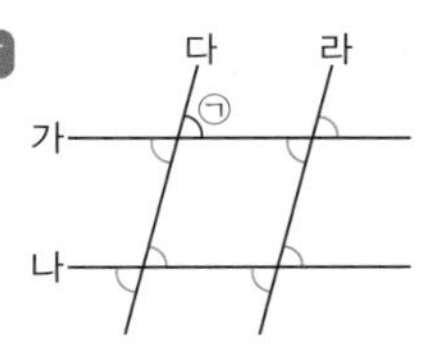

각 ㉠의 맞꼭지각, 동위각, 엇각을 찾아 표시합니다.

3 답 ㉠ : $50°$ ㉡ : $110°$

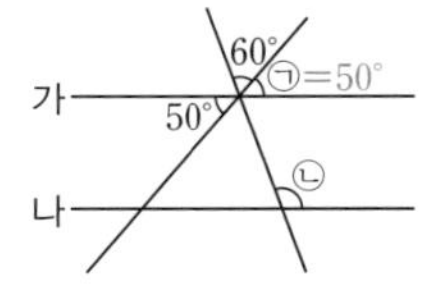

맞꼭지각은 크기가 같으므로 ㉠$=50°$입니다.

동위각은 크기가 같으므로 ㉡$=60°+50°=110°$입니다.

4 답 (1) $265°$ (2) $60°$

(1)

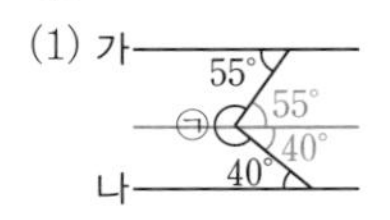

㉠$=360°-(55°+40°)=265°$

(2)

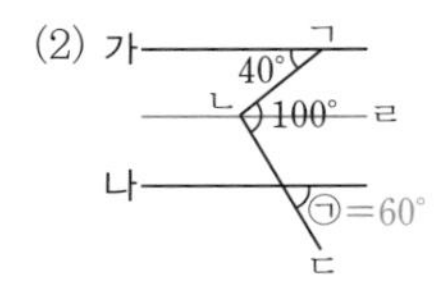

(각 ㄱㄴㄹ)$=40°$(엇각)

(각 ㄹㄴㄷ)$=100°-40°=60°$

⇨ ㉠$=60°$(동위각)

5 답 $70°$

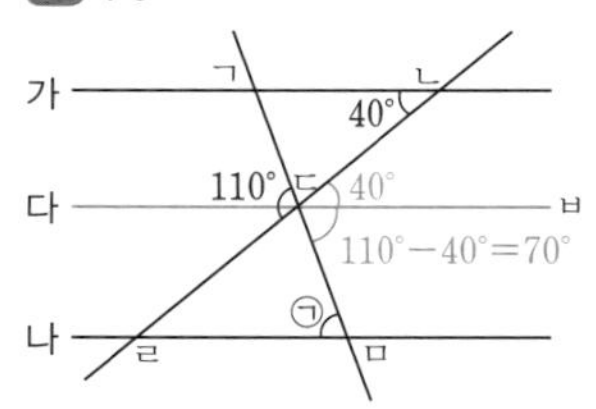

직선 가와 직선 나에 평행한 직선 다를 그으면

(각 ㄴㄷㅂ)=(각 ㄱㄴㄷ)$=40°$(엇각)

(각 ㄴㄷㅁ)=(각 ㄱㄷㄹ)$=110°$(맞꼭지각)

(각 ㅂㄷㅁ)$=110°-40°=70°$

㉠=(각 ㅂㄷㅁ)$=70°$(엇각)

6 답 ㉠ : $130°$, ㉡ : $60°$, ㉢ : $50°$

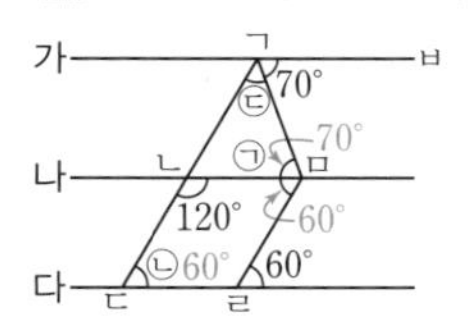

(각 ㄱㅁㄴ)$=70°$(엇각)

(각 ㄴㅁㄹ)$=60°$(엇각)

㉠$=70°+60°=130°$

㉡$=60°$(동위각)

(각 ㅂㄱㄴ)$=120°$(동위각)

㉢$=120°-70°=50°$

7 답 $65°$

동위각과 엇각을 찾아 각도를 쓰면 다음과 같습니다.

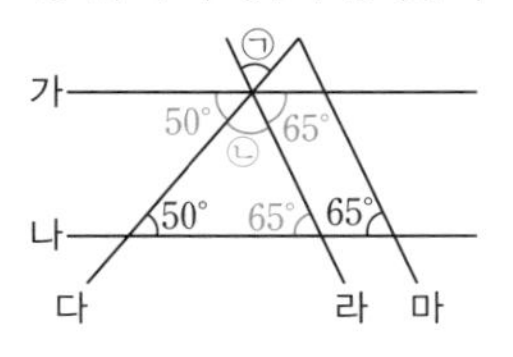

㉡$=180°-(50°+65°)=65°$

각 ㉠은 각 ㉡과 맞꼭지각이므로 ㉠$=65°$입니다.

10 다각형의 각의 크기의 합

개념 활동

1 답 (1) 직선이 됩니다. (2) $180°$

2 답 ㄱㄴㄷ, ㄱㄷㄴ, $180°$

3 답 (1) 메꾸어집니다. (2) $360°$

4 답

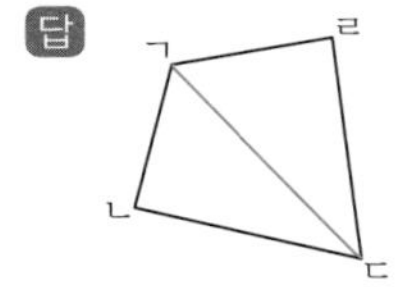

(1) 2개 (2) 180°, 180° (3) 360°

5 답 (1)

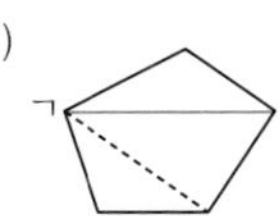

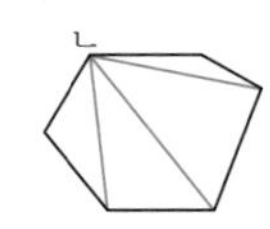

오각형 : 3개, 육각형 : 4개

(2) 4, 6, 720°, ★−2, ★−2

(3) 1440°

(3) (십각형의 모든 각의 크기의 합)

$=180°\times(10-2)=180°\times8=1440°$

개념 익히기

1 답 삼각형의 세 각을 모은 것이 일직선이 되므로 삼각형의 세 각의 크기의 합은 180°입니다.

2 답 민우

삼각형의 세 각의 크기의 합은 180°여야 합니다.

민우: $50°+50°+70°=170°$이므로 삼각형을 그릴 수 없습니다.

3 답 (1) 45° (2) 30° (3) 75° (4) 45° (5) 115° (6) 125°

삼각형의 세 각의 크기의 합이 180°, 사각형의 네 각의 크기의 합이 360°임을 이용하여 계산합니다.

(1) $\square=180°-90°-45°=45°$

(2) $\square=180°-90°-60°=30°$

(3) $\square=180°-65°-40°=75°$

(4) $\square=180°-110°-25°=45°$

(5) $\square=360°-75°-80°-90°=115°$

(6) $\square=360°-80°-70°-85°=125°$

4 답 (1) 105° (2) 110°

(1)

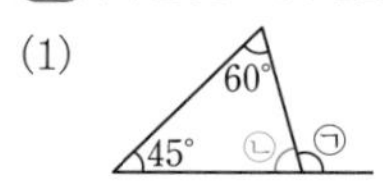

㉡$=180°-(60°+45°)=75°$

㉠$=180°-$㉡$=180°-75°=105°$

(2)

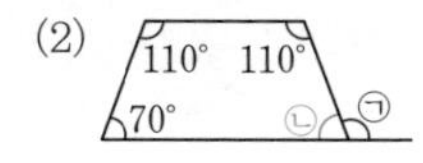

㉡$=360°-(110°+110°+70°)=70°$

㉠$=180°-$㉡$=180°-70°=110°$

5 답 (1) 70° (2) 130°

(1)

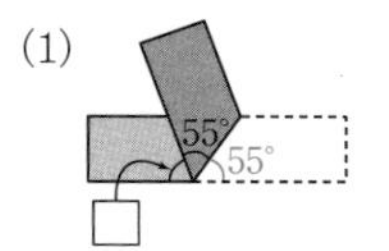

접혀진 부분의 각의 크기는 같으므로

$\square=180°-(55°+55°)=70°$

(2)

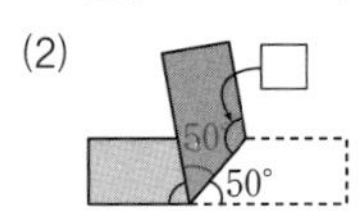

$\square=360°-(90°+90°+50°)=130°$

6 답 120°

$180°-90°-30°=60°$

$\square=180°-60°=120°$

7 답 (1) 900° (2) 1080°

(1) $180\times(7-2)=180°\times5=900°$

(2) $180°\times(8-2)=180°\times6=1080°$

개념 넓히기

1 답 160°

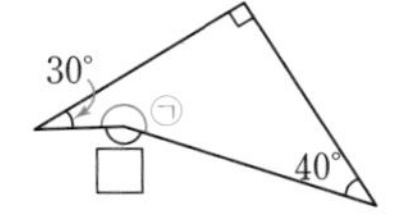

㉠$=360°-(30°+40°+90°)=200°$

$\square=360°-200°=160°$

2 답 140°

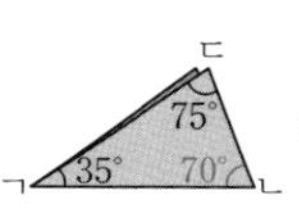

⇨

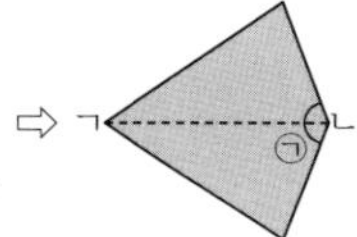

(각 ㄷㄴㄱ)$=180°-(35°+75°)=70°$

㉠$=70°\times2=140°$

3 답 (1) 60° (2) 85°

(1)

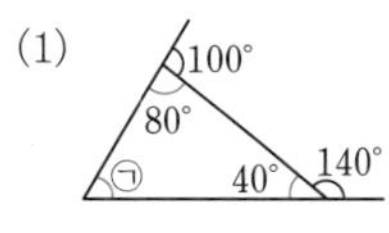

㉠$=180°-(80°+40°)=60°$

(2)

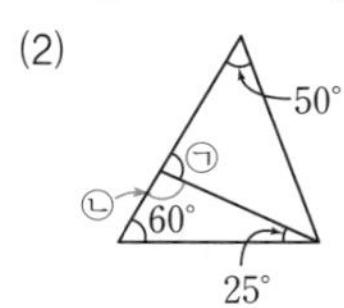

㉡$=180°-(60°+25°)=95°$

㉠$=180°-95°=85°$

4 답 130°

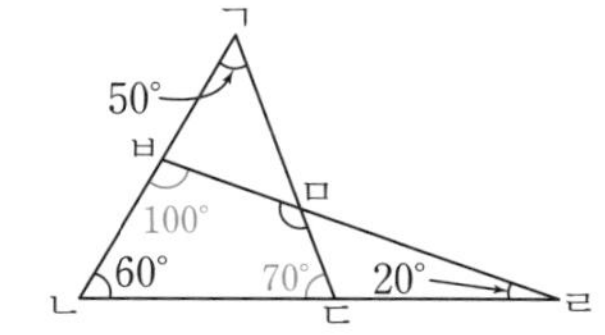

(각 ㄱㄷㄴ)$=180^\circ-(50^\circ+60^\circ)=70^\circ$
(각 ㄴㅂㄹ)$=180^\circ-(60^\circ+20^\circ)=100^\circ$
(각 ㅂㅁㄷ)$=360^\circ-(100^\circ+60^\circ+70^\circ)=130^\circ$

5 답 ㉡ : 20°, ㉢ : 60°
삼각형의 세 각의 크기의 합은 180°이므로
$100^\circ+$㉡$+$㉢$=100^\circ+$㉡$+3\times$㉡$=180^\circ$
$4\times$㉡$=80^\circ$, ㉡$=20^\circ$, ㉢$=$㉡$\times3=20^\circ\times3=60^\circ$

6 답 65°

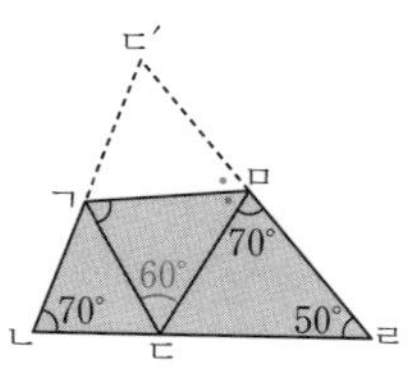

접기 전의 삼각형에서
(각 ㄱㄷ′ㅁ)$=180^\circ-(70^\circ+50^\circ)=60^\circ$
(각 ㄱㅁㄷ)$=(180^\circ-70^\circ)\div2=55^\circ$
(각 ㄷㄱㅁ)$=180^\circ-(60^\circ+55^\circ)=65^\circ$

7 답 (1) 540° (2) 1080°

(1)

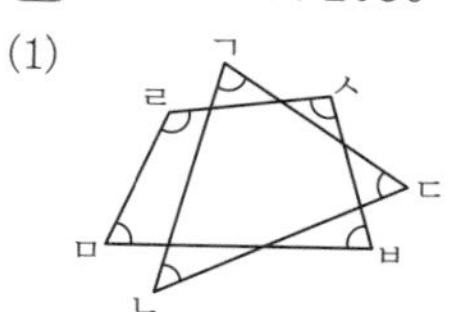

(모든 각의 크기의 합)
=(삼각형 ㄱㄴㄷ의 각의 크기의 합)
+(사각형 ㄹㅁㅂㅅ의 각의 크기의 합)
$=180^\circ+360^\circ=540^\circ$

(2)

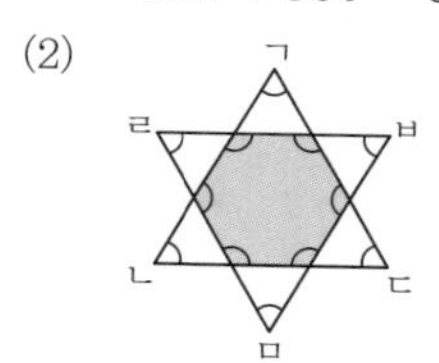

(모든 각의 합)
=(삼각형 ㄱㄴㄷ의 각의 크기의 합)
+(삼각형 ㄹㅁㅂ의 각의 크기의 합)
+(색칠한 육각형의 각의 크기의 합)
$=180^\circ+180^\circ+180^\circ\times(6-2)=1080^\circ$

8 답 (1) 115° (2) 45°

(1)

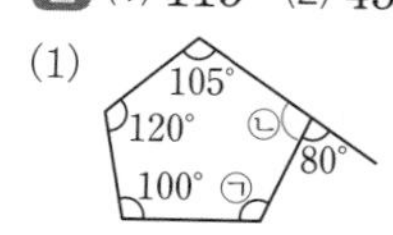

그림에서 ㉡$=180^\circ-80^\circ=100^\circ$
오각형의 모든 각의 합은 540°이므로
㉠$=540^\circ-(105^\circ+120^\circ+100^\circ+100^\circ)=115^\circ$

(2)

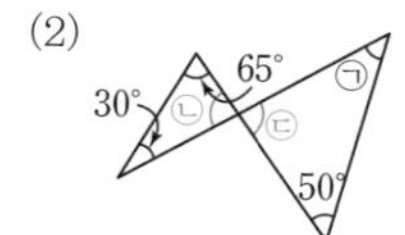

㉢$=$㉡$=180^\circ-(65^\circ+30^\circ)=85^\circ$
㉠$=180^\circ-(85^\circ+50^\circ)=45^\circ$
[다른 풀이] ㉡=㉢이므로
$65^\circ+30^\circ=$㉠$+50^\circ$ ⇨ ㉠$=45^\circ$

11 각의 크기에 따른 삼각형의 분류

개념 활동

1 답 가

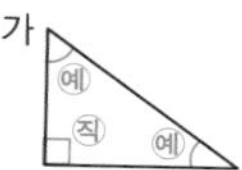

나

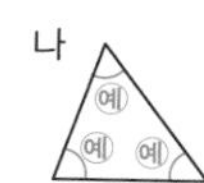

다

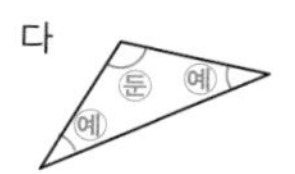

(1) 1개, 풀이 참조 (2) 1개, 풀이 참조 (3) 풀이 참조

(1) 이유 둔각은 90°보다 크고, 180°보다 작은 각이므로 둔각이 1개보다 많으면 삼각형의 세 각의 크기의 합이 180°보다 크게 됩니다.
(2) 이유 직각이 1개보다 많으면 삼각형의 합이 180°보다 크게 됩니다.
(3) 이유 삼각형 **가**는 예각이 2개이지만 직각이 1개 있으므로 직각삼각형이고, 삼각형 **다**는 예각이 2개이지만 둔각이 1개 있으므로 둔각삼각형입니다.

2 답 (1) 예

(2) 예

(3) 예

(1) 세 각이 모두 예각인 삼각형으로 변형합니다.
(2) 직각이 1개인 삼각형으로 변형합니다.
(3) 둔각이 1개인 삼각형으로 변형합니다.

3 답 (1) 둔각삼각형 (2) 둔각삼각형
(3) 직각삼각형 (4) 예각삼각형

개념 익히기

1 답 세 각, 한 각에 ○표

2 답 ㉠
점 ㉡, ㉢을 이으면 직각삼각형이 됩니다.
점 ㉣을 이으면 둔각삼각형이 됩니다.

3 답 직각삼각형, 예각삼각형, 둔각삼각형

4 답 ㉡, ㉣

개념 넓히기

1 답 ②, 예각삼각형, 둔각삼각형은 삼각형의 각의 크기에 따라 삼각형을 분류한 것입니다.

2 답 (1) 4개 (2) 3개 (3) 2개

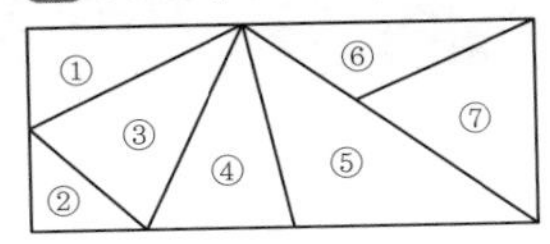

(1) 예각삼각형 : ③, ④, ⑦, ④+⑤
(2) 직각삼각형 : ①, ②, ⑥+⑦
(3) 둔각삼각형 : ⑤, ⑥

3 답 직각삼각형
삼각형의 세 각의 크기의 합은 180°이므로 나머지 한 각은 180°−(55°+35°)=90°입니다. 따라서 직각삼각형입니다.

4 

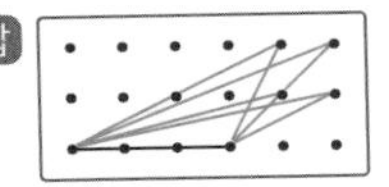

12 변의 길이에 따른 삼각형의 분류

개념 활동

1 답 (1) 나, 다, 라, 사 (2) 나, 라

2 답 (1) 이유 접혀 있던 것을 펼친 것이므로 변 ㄱㄴ과 변 ㄱㄷ의 길이가 같습니다.
(2) 각 ㄱㄷㄴ
(3) 이유 접었을 때 완전히 겹쳐지므로 각의 크기가 같습니다.

3 답 (1) 예

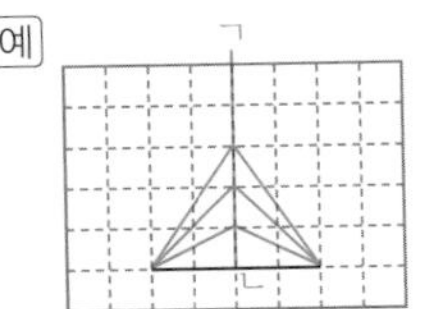

(2) 예

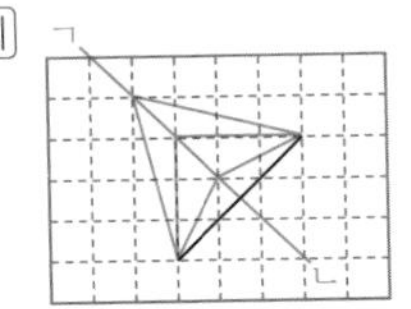

위의 그림과 같이 직선 ㄱㄴ 위의 한 점을 다른 꼭짓점으로 하여 삼각형을 그리면 모두 이등변삼각형입니다.

4 답

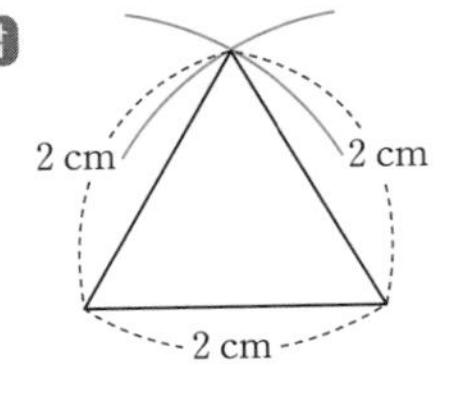

(1) 이유 예 세 변 모두 원의 반지름인 2 cm로 길이가 같습니다. 따라서 세 변의 길이가 같으므로 정삼각형입니다.
(2) 이등변삼각형입니다.
(3) ㄱㄷㄴ, ㄷㄱㄴ
(4) 60°

(2) 정삼각형은 세 변의 길이가 같으므로 이등변삼각형입니다.
(4) 정삼각형의 세 각의 크기는 같으므로
(한 각의 크기)=180°÷3=60°

5 답 (1) (위에서부터) 4, 50° (2) (위에서부터) 5, 60°, 5

개념 익히기

1 답 ②, ③, ④
① 세 변의 길이가 같은 삼각형은 정삼각형입니다. 정삼각형은 이등변삼각형이라고 할 수 있습니다.
⑤ 정삼각형은 세 각의 크기가 같습니다.

2 답 (1) 45° (2) 65°
(1) □=(180°−90°)÷2=45°
(2) □=(180°−50°)÷2=65°

3 답 (1) 8, 8 (2) 60°, 60°

4 답 변 ㄱㄴ : 14 cm, 변 ㄹㅁ : 12 cm
(변 ㄱㄴ)=(36−8)÷2=14(cm)
(변 ㄹㅁ)=36÷3=12(cm)

5 답 이유 예 그림에서 변 ㅁㄴ은 변 ㄴ을 접어서 생긴 자리이므로

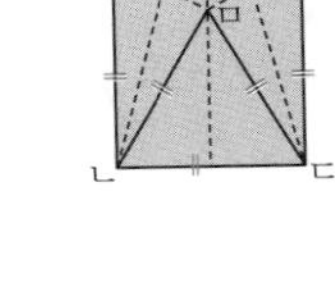

(변 ㅁㄴ)=(변 ㄱㄴ)
마찬가지로 생각하면
(변 ㅁㄷ)=(변 ㄹㄷ)
사각형 ㄱㄴㄷㄹ은 정사각형이므로
(변 ㅁㄴ)=(변 ㅁㄷ)=(변 ㄴㄷ)
따라서 삼각형 ㅁㄴㄷ은 정삼각형입니다.

6 답 예각삼각형
정삼각형의 모든 각의 크기는 60°이므로 세 각이 모두 예각입니다.

7 답 (1) 변 ㄱㄴ 또는 변 ㄷㄹ
(2) 변 ㄷㄹ 또는 변 ㄱㄴ
(3) 같습니다. (4) 직각이등변삼각형

개념 넓히기

1 답 ③
① 이등변삼각형에서 길이가 같은 두 변의 아래에 있는

각의 크기는 같지만 어떤 두 각의 크기가 같다고 할 수는 없습니다.

2 답 (1) ㉠, ㉡ (2) ㉠, ㉢, ㉣

(2) 정삼각형은 이등변삼각형이기도 합니다.

3 답 9 cm

(이등변삼각형의 세 변의 길이의 합)

$=7+10+10=27$(cm)

(정삼각형의 한 변의 길이)$=27\div3=9$(cm)

4 답 예

이외에도 여러 가지 방법이 있습니다.

5 답 ②

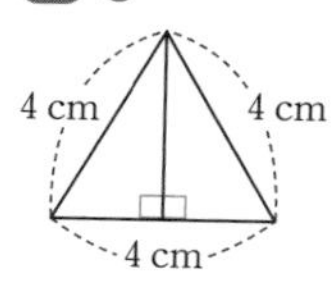

정삼각형
이등변삼각형
예각삼각형

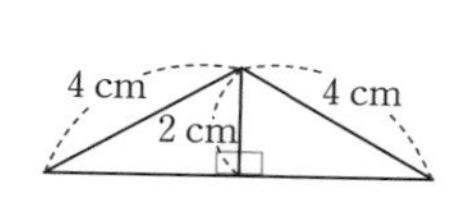

이등변삼각형
둔각삼각형

6 답 124°

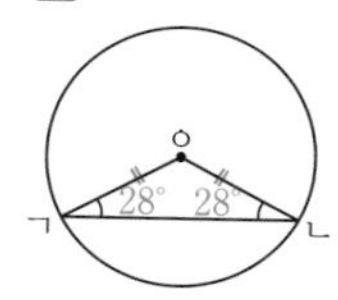

한 원에서 반지름의 길이는 같으므로

(변 ㄱㅇ)=(변 ㄴㅇ) ⇨ 이등변삼각형

(각 ㅇㄴㄱ)$=28°$

(각 ㄱㅇㄴ)$=180°-(28°+28°)=124°$

7 답 8 cm, 정삼각형, 이등변삼각형, 예각삼각형

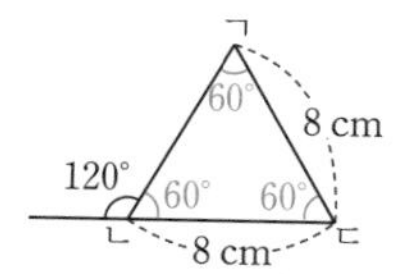

(각 ㄱㄴㄷ)$=180°-120°=60°$

삼각형 ㄷㄱㄴ은 이등변삼각형이므로

(각 ㄱㄴㄷ)=(각 ㄷㄱㄴ)$=60°$

(각 ㄱㄷㄴ)$=180°-(60°+60°)=60°$

따라서 삼각형 ㄱㄴㄷ은 정삼각형입니다.

8 답 5 cm

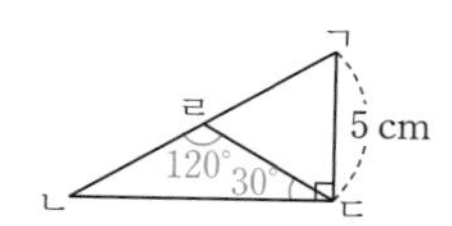

(각 ㄴㄹㄷ)$=180°-60°$(정삼각형 한 각의 크기)$=120°$

(각 ㄹㄷㄴ)$=90°-60°=30°$

(각 ㄹㄴㄷ)$=180°-(120°+30°)=30°$

따라서 삼각형 ㄹㄴㄷ은 이등변삼각형이므로

(변 ㄴㄹ)=(변 ㄹㄷ)$=5$ cm

13 도형의 개수 찾기

개념 활동

1 답 (1) 2, 1 (2) 2, 1, 6 (3) 10개

(3) $4+3+2+1=10$(개)

2 답 (1)

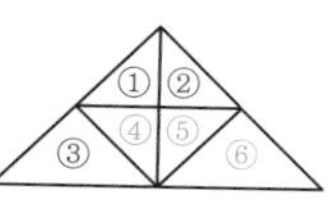

삼각형 1개	①, ②, ③, ④, ⑤, ⑥	6
삼각형 2개	①+②, ①+④, ④+⑤, ②+⑤	4
삼각형 3개	①+④+③, ②+⑤+⑥	2
삼각형 6개	①+②+③+④+⑤+⑥	1

(2) 13개 (3) 7개

(3)

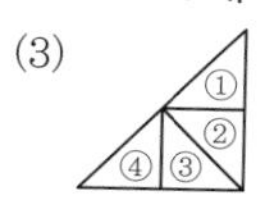

삼각형 1개 : ①, ②, ③, ④ ⇨ 4개

삼각형 2개 : ①+②, ③+④ ⇨ 2개

삼각형 4개 : ①+②+③+④ ⇨ 1개

3 답 (1)

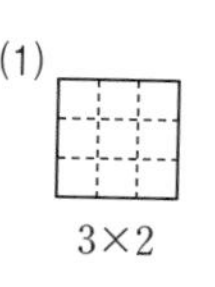

(2) 40개 (3) 30개

(2) (정사각형의 개수)$=5\times4+4\times3+3\times2+2\times1$

$=40$(개)

(3) 가로로 4줄, 세로로 4줄이므로

(정사각형의 개수)$=4\times4+3\times3+2\times2+1\times1$

$=30$(개)

4 답 (1)

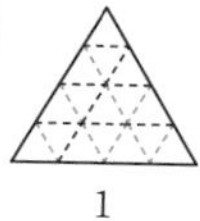

1+2+3 1

, 27개 (2) 48개

(1) (정삼각형의 개수)

$=(1+2+3+4)+(1+2+3)+(1+2)+1+(1+2+3)+1$

$=27$(개)

(2) (정삼각형의 개수)

$=(1+2+3+4+5)+(1+2+3+4)+(1+2+3)$

$+(1+2)+1+(1+2+3+4)+(1+2)$

=15+10+6+3+1+10+3=48(개)

개념 익히기

1 답 10개

4+3+2+1=10(개)

2 답 9개

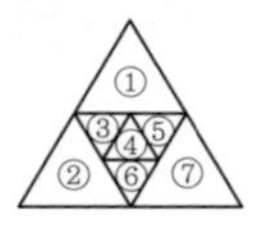

1칸짜리 : ①, ②, ③, ④, ⑤, ⑥, ⑦ ⇨ 7개

4칸짜리 : ③+④+⑤+⑥ ⇨ 1개

7칸짜리 : ①+②+③+④+⑤+⑥+⑦ ⇨ 1개

⇨ 7+1+1=9(개)

3 답 (1) 6개 (2) 5개

(1)

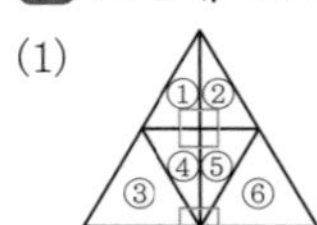

1칸짜리 : ①, ②, ④, ⑤ ⇨ 4개

3칸짜리 : ①+③+④, ②+⑤+⑥ ⇨ 2개

(2)

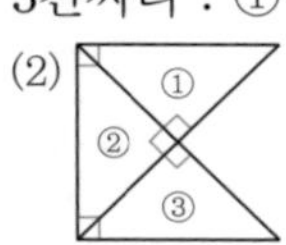

1개짜리 : ①, ②, ③ ⇨ 3개

2개짜리 : ①+②, ②+③ ⇨ 2개

4 답 4개

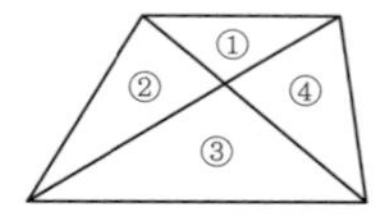

1칸짜리 : ①, ③ ⇨ 2개

2칸짜리 : ①+②, ①+④ ⇨ 2개

5 답 (1) 20개 (2) 50개

(1) 4×3+3×2+2×1=20(개)

(2) 6×4+5×3+4×2+3×1=50(개)

6 답 (1) 13개 (2) 8개

(1) (1+2+3)+(1+2)+1+(1+2)=13(개)

(2) 6+2=8(개)

7 답 (1)

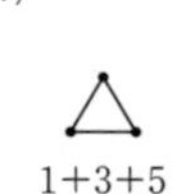

1+3+5 1+2

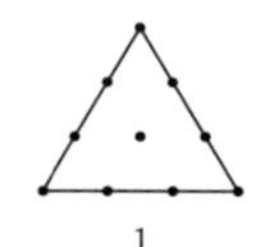

1

2

⇨ 4가지

(2) 15개

(2) ① ② ③ ④

1+3+5 1+2

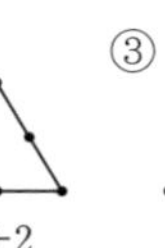

1

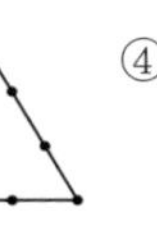

2

① : 9개, ② : 3개, ③ : 1개, ④ : 2개

⇨ 15개

개념 넓히기

1 답 12개

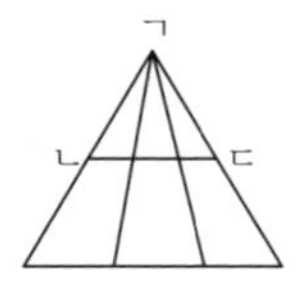

(삼각형 ㄱㄴㄷ에서 찾을 수 있는 삼각형)

=3+2+1=6(개)

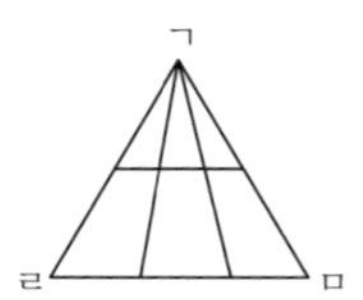

(삼각형 ㄱㄹㅁ에서 찾을 수 있는 삼각형)

=3+2+1=6(개)

⇨ 6+6=12(개)

2 답 5, 4, 3

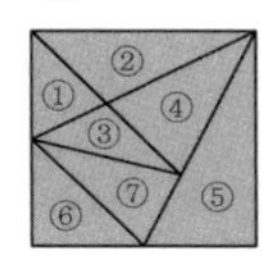

예각삼각형 : ①, ④, ⑦, ②+④, ④+③+⑦ ⇨ 5개

둔각삼각형 : ②, ③, ①+③, ③+④ ⇨ 4개

직각삼각형 : ⑤, ⑥, ①+② ⇨ 3개

3 답 12개

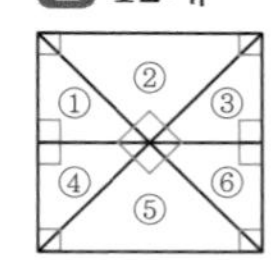

1칸짜리 : 6개

2칸짜리 : ①+④, ③+⑥ ⇨ 2개

3칸짜리 : ②+①+④, ③+⑥+⑤, ②+③+⑥, ①+④+⑤ ⇨ 4개

4 답 (1) 예

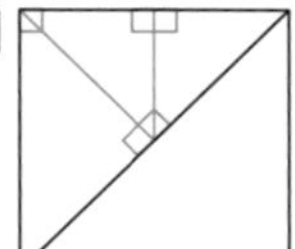

(2) 예

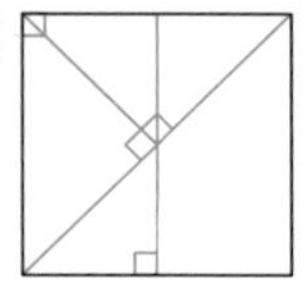

5 답 12개

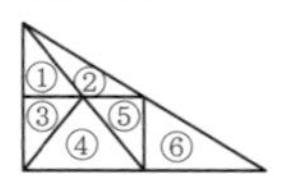

1칸짜리 : 6개
2칸짜리 : ①+②, ①+③, ②+⑤ ⇨ 3개
3칸짜리 : ①+③+④, ②+⑤+⑥ ⇨ 2개
6칸짜리 : 1개
⇨ 6+3+2+1=12(개)

6 답 예

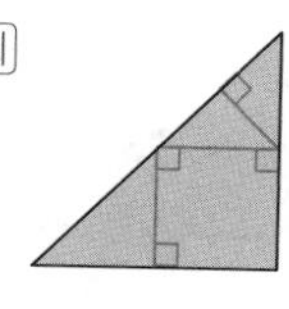

7 답 18개

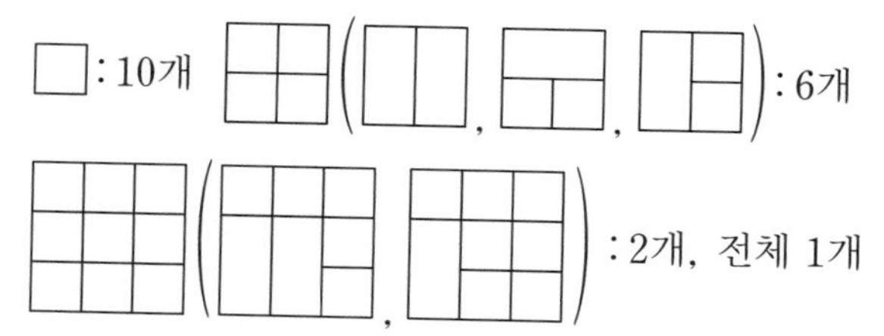

⇨ 18개

8 답 17개

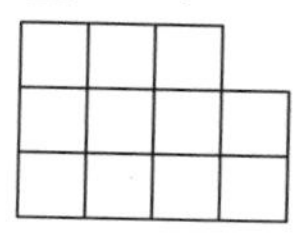

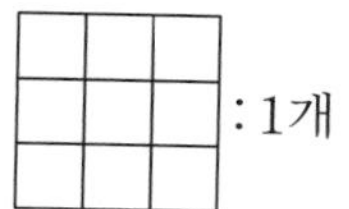

: 1개 ⇨ 17개

14 사다리꼴, 평행사변형

개념 활동

1 답 (1) 나, 다, 라, 마, 바, 아
(2) 가, 사 (3) 나, 라, 마, 바

2 답 (1) 예

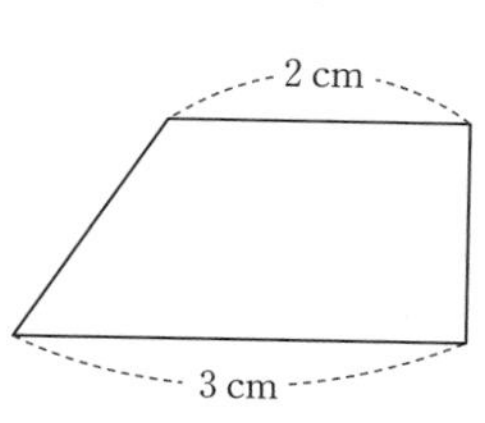

(2) 예

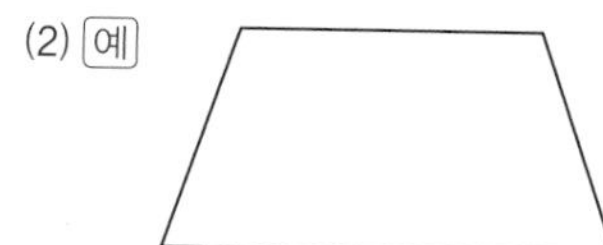

3 답

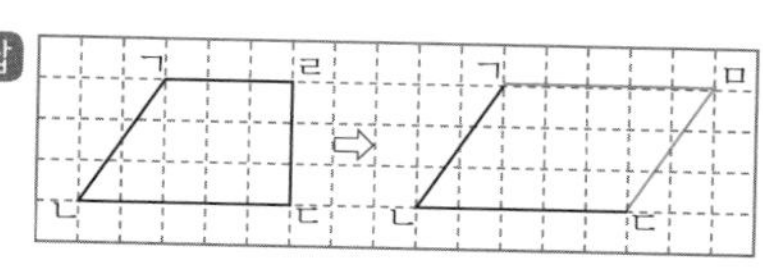

(1) 1쌍, 2쌍
(2) 할 수 없습니다.
이유 사각형 ㄱㄴㄷㄹ은 한 쌍의 변이 평행하므로 평행사변형이라고 할 수 없습니다.
(3) 이유 사각형 ㄱㄴㄷㅁ은 두 쌍의 변이 서로 평행하므로 사다리꼴이라고 할 수 있습니다.

4 답 (1) 이유 변 ㄱㄹ과 변 ㄴㄷ은 모눈 4칸으로 길이가 같고, 변 ㄱㄴ과 변 ㄹㄷ은 4칸짜리 정사각형을 반으로 나누는 길이(대각선)이므로 길이가 같습니다.
(2) 이유 각 ㄱㄴㄷ은 정사각형을 반으로 나누므로 45°이고, 각 ㄴㄱㄹ은 45°+90°=135°입니다. 따라서 마주 보는 각인 각 ㄱㄹㄷ, 각 ㄴㄷㄹ의 크기와 각각 같습니다.

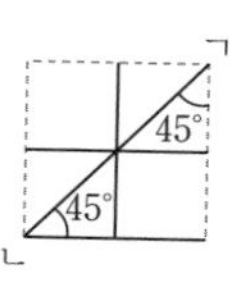

5 답 (1) ㄱㄴㄷ, ㄱㄹㄷ, ㄱㄹㄷ, ㄹㄷㄴ
(2) 180° (3) 180°

6 답 (1) 3 (2) (왼쪽에서부터) 100°, 80°

개념 익히기

1 답 변의 길이, 각의 크기(순서가 바뀌어도 됨), 180°

2 답 (1) ㄹㄷ, ㄴㄷ, ㄷㄹㄱ, ㄹㄷㄴ
(2) 변 ㄱㄴ과 변 ㄹㄷ, 변 ㅁㅇ과 변 ㅂㅅ

3 답 (1) 가, 나, 라, 바 (2) 나, 라

4 답 예

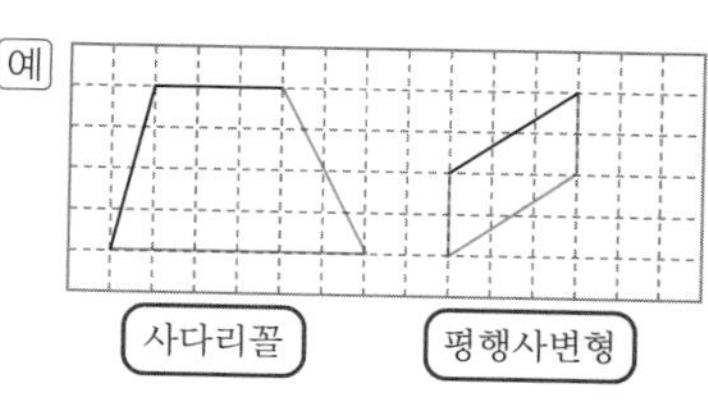

5 답 ⑤

6 답 (1) 116° (2) 100°
(1) 65°+㉠=180° ⇨ ㉠=180°−64°=116°
(2) 마주 보는 각의 크기가 같으므로 80°+㉠=180°
⇨ ㉠=180°−80°=100°

7 답 9
마주보는 변의 길이가 같으므로
12+□+12+□=42
□+□=18
□=9(cm)

개념 넓히기

1 답 ①, ②

2 답 (1)

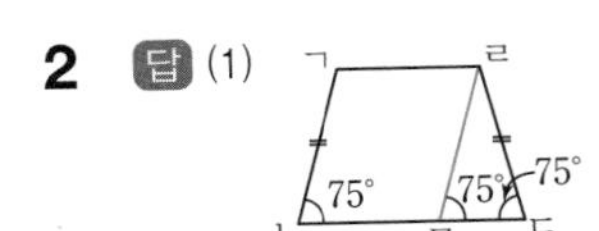

(2) 각 ㄱㄴㄷ (3) 이등변삼각형
(4) 75°

3 답 ②

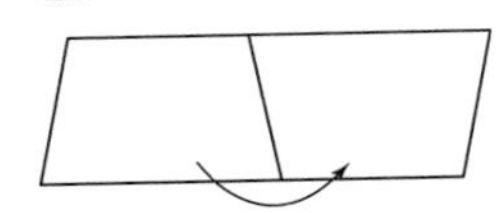

사다리꼴을 180° 돌려서 평행한 변끼리 일직선이 되도록 붙이면 평행사변형을 만들 수 있습니다.

4 답 50°
평행사변형에서 이웃하는 두 각의 크기의 합은 180°입니다.
180°−60°=120°
70°+□=120°, □=50°

5 답 5 cm
(변 ㅁㅂ)=(변 ㄴㄷ)=13 cm
(선분 ㄱㅁ)=18−13=5(cm)

6 답 45°

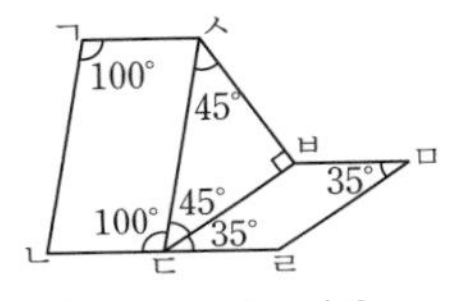

(각 ㄴㄷㅅ)=(각 ㅅㄱㄴ)=100°
(각 ㅂㄷㄹ)=(각 ㄹㅁㅂ)=35°
(각 ㅅㄷㅂ)=180°−100°−35°=45°
(각 ㄷㅅㅂ)=180°−45°−90°=45°

7 답 6개

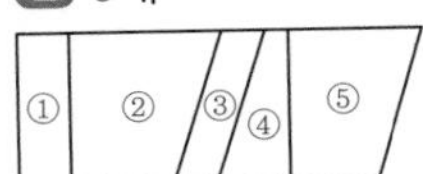

1칸짜리 : ①, ③ ⇨ 2개
2칸짜리 : ④+⑤ ⇨ 1개
3칸짜리 : ②+③+④, ③+④+⑤ ⇨ 2개
4칸짜리 : ①+②+③+④ ⇨ 1개
따라서 찾을 수 있는 평행사변형은 6개입니다.

꿀팁 직사각형도 평행사변형입니다.

8 답 ①, ②, ③

①

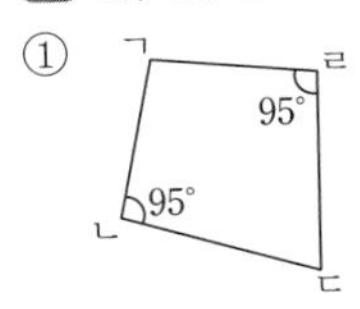

평행사변형에서 마주보는 각의 크기는 서로 같습니다. 하지만 왼쪽 그림과 같이 각 ㄱㄴㄷ과 각 ㄱㄹㄷ의 크기가 95°로 같아도 평행사변형이 아닐 수 있습니다.

② 평행사변형에서 마주보는 변의 길이는 서로 같습니다. 하지만 왼쪽 그림과 같이 변 ㄱㄴ과 변 ㄹㄷ의 길이가 같아도 평행사변형이 아닐 수 있습니다.

③

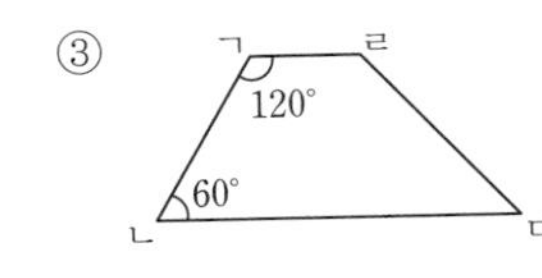

평행사변형에서 이웃한 각의 크기의 합은 180°입니다. 하지만 왼쪽 그림과 같이 이웃한 각 ㄴㄱㄹ과 각 ㄱㄴㄷ의 합이 180°이지만 평행사변형이 아닐 수 있습니다.

꿀팁 사각형 ㄱㄴㄷㄹ은 다른 조건이 없을 때에는 꼭짓점 ㄱ, ㄴ, ㄷ, ㄹ을 차례로 시계 반대 방향으로 읽은 것입니다.

15 마름모, 직사각형, 정사각형

개념 활동

1 답 (1) 나, 바 (2) 나, 라, 마 (3) 나

2 답
(1) 변 ㄹㄷ, 변 ㄱㄹ, 평행사변형입니다.
(2) 같습니다.
(3) 사다리꼴, 평행사변형에 ○표

3 답 (1) 4 (2) 50°

4 답
(1) 직각입니다.
(2) 두 쌍, 할 수 있습니다.
(3) 직각입니다, 할 수 있습니다.
(4) 같습니다, 할 수 있습니다.

5 답 (1) ㉠, ㉢, ㉣, ㉤ (2) ㉡, ㉢, ㉣, ㉤ (3) ㉠, ㉡, ㉢, ㉣, ㉤

6 답 (1) 12 (2) 14
(1) 직사각형은 마주 보는 변의 길이가 서로 같으므로
4+□+4+□=32, □+□=24, □=12(cm)
(2) 정사각형은 네 변의 길이가 같으므로
□×4=56, □=14(cm)

개념 익히기

1 답 (1) 가, 나, 라, 마, 바 (2) 가, 나, 마, 바 (3) 나, 라

2 답 (1) ○ (2) ○ (3) ○ (4) × (5) ×
(4) 마름모는 네 변의 길이가 모두 같습니다.
(5) 직사각형은 네 각이 모두 직각입니다.

3 답 (1) 7 (2) 55°

4 답 ③, ⑤

5 답 17 cm
길이가 다른 한 변을 □ cm라 하면
8+□+8+□=50, □+□=34
□=17(cm)

6 답 이유 예 마름모는 네 변의 길이가 모두 같은 사각형인데 평행사변형은 네 변의 길이가 다를 수 있습니다.

7 답 6 cm
(직사각형의 네 변의 길이의 합)=7+5+7+5=24(cm)
(마름모의 한 변)=24÷4=6(cm)

8 답 21 cm
모든 변의 길이가 3 cm이므로 바깥쪽 변의 길이의 합은 3×7=21(cm)

개념 넓히기

1 답 ㉠, ㉢

2 답 18 cm
짧은 변의 길이를 정사각형의 한 변의 길이로 해야 합니다.

3 답 5 cm

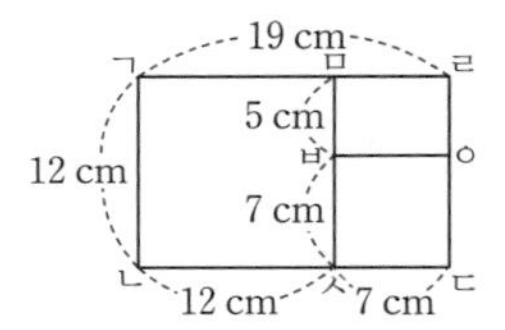

사각형 ㄱㄴㅅㅁ은 정사각형이므로
(변 ㄴㅅ)=12(cm)
(변 ㅅㄷ)=(변 ㅂㅅ)=19−12=7(cm)
⇨ (변 ㅁㅂ)=12−7=5(cm)

4 답 3번

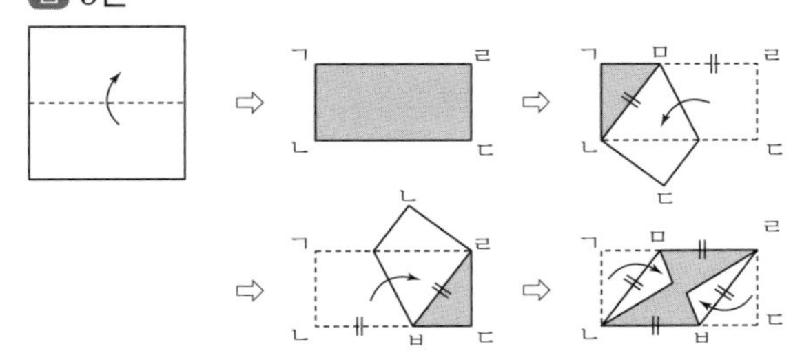

사각형 ㅁㄴㅂㄹ은 네 변의 길이가 같으므로 마름모입니다.

5 답 105°

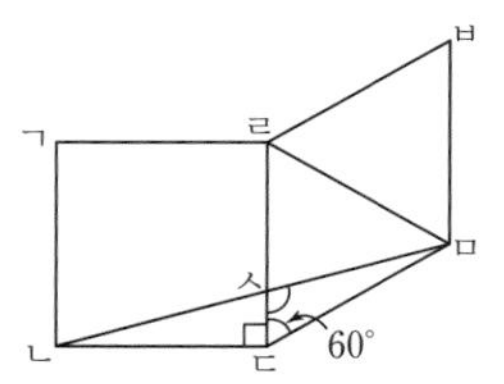

(각 ㄴㄷㄹ)=90°, (각 ㅅㄷㅁ)=60°이므로
(각 ㄴㄷㅁ)=90°+60°=150°
삼각형 ㄴㄷㅁ은 이등변삼각형이므로
(각 ㄷㅁㅅ)=(180°−150°)÷2=15°
삼각형 ㅅㄷㅁ에서
(각 ㅁㅅㄷ)=180°−(60°+15°)=105°

6 답 110°

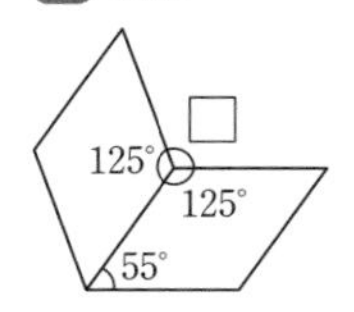

마름모에서 이웃한 두 각의 크기의 합은 180°이므로
180°−55°=125°
□=360°−(125°+125°)=110°

7 답 80°

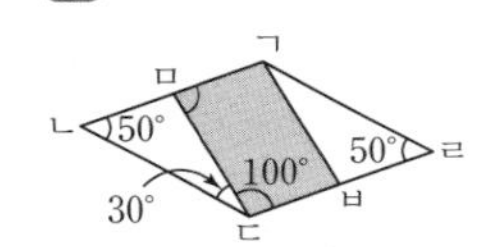

마름모에서 이웃한 두 각의 크기의 합은 180°이므로
(각 ㄴㄷㄹ)=180°−50°=130°
(각 ㄴㄷㅁ)=30°이므로
(각 ㅁㄷㅂ)=130°−30°=100°
⇨ (각 ㄱㅁㄷ)=180°−100°=80°

8 답

16 사각형 사이의 관계

개념 활동

1 답 (2) 평행사변형 : 나, 다, 라, 마, 바 (3) 직사각형 : 나, 다, 라
(4) 마름모 : 라, 바 (5) 정사각형 : 라

2 답 (2) (3) (4)

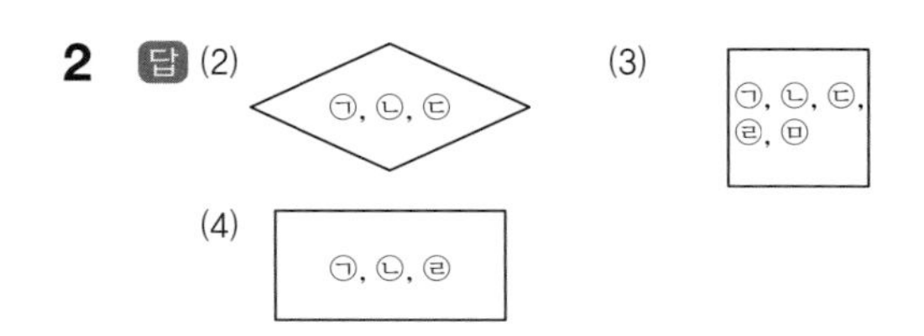

개념 익히기

1 답 (1) 가, 라, 마, 바 (2) 가, 마 (3) 가, 라 (4) 가

2 답 ㉠, ㉢, ㉤

3 답 (1) , 정사각형 (2) , 직사각형

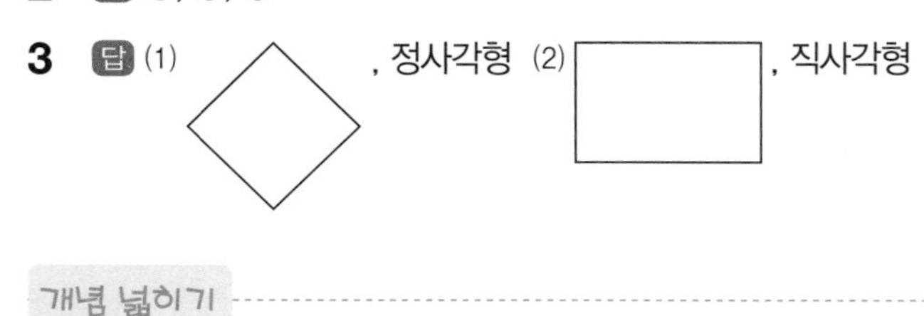

개념 넓히기

1 답 마름모, 정사각형

2 답 ㉣, ㉠

직사각형이면서 네 변의 길이가 모두 같으면 정사각형입니다.
마름모이면서 네 각이 모두 직각이면 정사각형입니다.

3 답 ①, ④, ⑤

② 마주 보는 각의 크기의 합이 180°인 평행사변형은 직사각형 또는 정사각형이 있습니다.
③ 이웃하는 두 변의 길이가 같은 평행사변형에는 마름모도 있습니다.

17 다각형, 정다각형

개념 활동

1 답 (1) 예 (2) 예

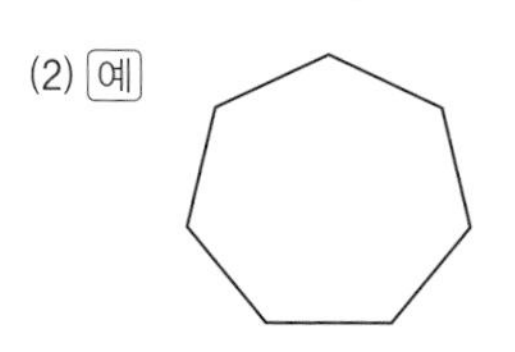

2 답 (1) 다, 라, 바

이유 다는 선분과 곡선으로 둘러싸여 있습니다.
라는 선분으로 완전히 둘러싸여 있지 않습니다.
바는 곡선으로 둘러싸여 있습니다.

(2) 변의 개수, 오각형, 육각형
(3) 모두 같습니다, 모두 같습니다.

3 답 (1) 삼각형 : 가, 사각형 : 라, 마, 바, 사, 오각형 : 나, 다, 육각형 : 아
(2) 가, 나

4 답 (1) 이유 변의 길이가 모두 같지 않습니다.
(2) 이유 각의 크기가 모두 같지 않습니다.
(3) 이유 변의 길이도 모두 같지 않고, 각의 크기도 모두 같지 않습니다.

5 답 (1) 6개 (2) 1080° (3) 135°

(2) (정팔각형의 모든 각의 크기의 합)
=(삼각형 6개의 각의 크기의 합)
$=180^\circ\times6=1080^\circ$

(3) $1080\div8=135^\circ$

6 답 (1) 3개 (2) 540° (3) 108°

(1)

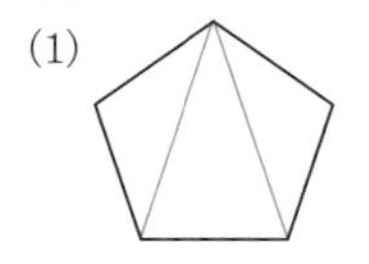

(2) $180^\circ\times3=540^\circ$
(3) $540^\circ\div5=108^\circ$

개념 익히기

1 답 (1) 바, 이유 선분과 곡선으로 둘러싸여 있습니다.
(2) 오각형, 정육각형
(3) 나, 사, 자
(4) 이유 변의 길이가 모두 같지 않습니다.

2 답

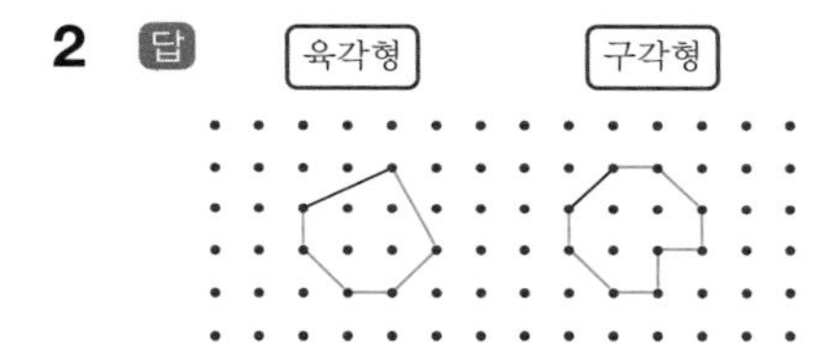

3 답 이유 예 곡선이 있고, 선분으로 완전히 둘러싸여 있지 않습니다.

4 답 (1) 오각형 (2) 정팔각형 (3) 정삼각형 (4) 직사각형

5 답 150°

(모든 각의 크기의 합)$=180^\circ\times(12-2)=1800^\circ$
(한 각의 크기)$=1800^\circ\div12=150^\circ$

6 답 ㉠ : 72, ㉡ : 144°

㉠$=8\times9=72$(cm)
㉡$=180^\circ\times8\div10=144^\circ$

7 답 정칠각형

(변의 수)$=56\div8=7$(개)이므로 정칠각형입니다.

개념 넓히기

1 답 이유 ① 선분으로 둘러싸인 도형으로 선분으로 빈틈없이 연결되어야 합니다.
② 직사각형은 변의 길이가 모두 같지 않으므로 정다

각형이 아닙니다.

④ 정다각형은 변의 길이가 모두 같고 각의 크기가 모두 같습니다.

2 답 (1) 예

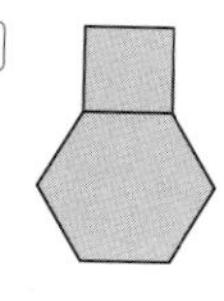

(2)

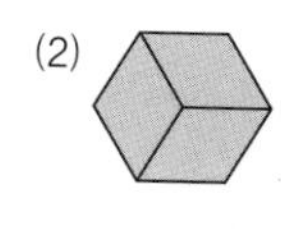
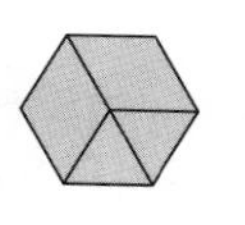
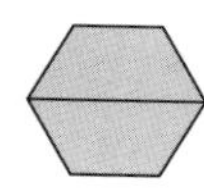
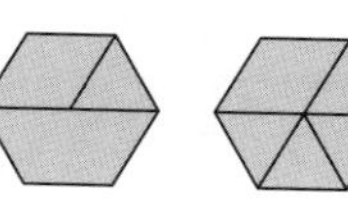
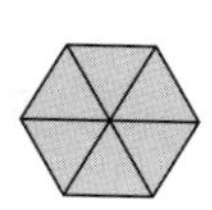

3 답 (1) 이유 변의 길이가 모두 같지 않고, 각의 크기도 모두 같지 않습니다.

(2) 이유 각의 크기는 모두 같지만 변의 길이가 모두 같지 않습니다.

4 답 (1) $1260°$ (2) $140°$ (3) $40°$

(1) $180° \times (9-2) = 1260°$

(2) $1260° \div 9 = 140°$

(3) ㉠$= 180° - 140° = 40°$

5 답 ㉠ : $108°$, ㉡ : $72°$

㉠$= 180° \times 3 \div 5 = 108°$

(각 ㄷㄹㅅ)$= 108°$

(각 ㅅㄹㅁ)$= 180° - 108° = 72°$

㉡$= 72°$

6 답 정십육각형

$180° \times (\square - 2) = 2520°$

$\square - 2 = 2520° \div 180° = 14$

$\square = 16$

⇨ 정십육각형

7 답 $105°$

(정육각형의 한 각의 크기)$= 120°$

(정팔각형의 한 각의 크기)$= 135°$

㉠$= 360° - (120° + 135°) = 105°$

18 대각선

개념 활동

1 답 (1)

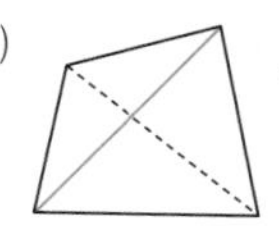

, 2개 (2)

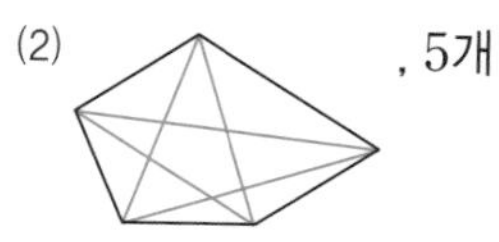

, 5개

(3) 3개 (4) 6, 2, 9 (5) ★, ★, 2

2 답 (1) 6개 (2) 9개 (3) 54개 (4) 27개

(3) $(9-3) \times 9 = 54$(개)

(4) $(9-3) \times 9 \div 2 = 27$(개)

3 답

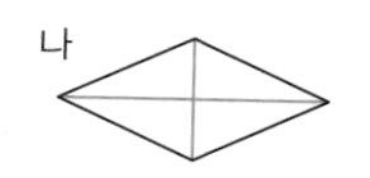

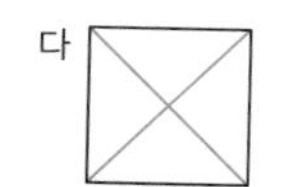

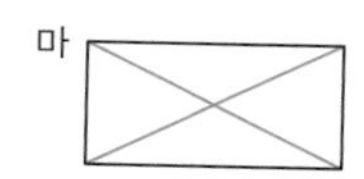

(1) 다, 마 (2) 나, 다 (3) 다

(4)

	사다리꼴	평행사변형	마름모	직사각형	정사각형
두 대각선의 길이가 같습니다.				○	○
두 대각선이 서로 수직으로 만납니다.			○		○
두 대각선이 서로를 이등분합니다.		○	○	○	○

4 답 (1) ㉡ (2) ㉠, ㉡ (3) ㉡, ㉢ (4) ㉠, ㉡, ㉢

개념 익히기

1 답 이웃하지 않은

2 답 선분 ㄱㄹ, 선분 ㅅㄹ

3 답 가 나 다 라 마 바

(1) 가, 라, 마 (2) 나, 다, 바 (3) 가, 나, 다, 마 (4) 가, 다

(1) 바는 평행하지 않은 두 변의 길이가 같은 사다리꼴로 대각선의 길이가 같습니다.

(3) 바는 한 대각선이 다른 대각선을 이등분하지 않습니다.

4 답 ㉢

삼각형은 모든 꼭짓점이 이웃하므로 대각선을 그을 수 없습니다.

5 답 (1) 22 cm (2) 10 cm

(1) $7 \times 2 + 4 \times 2 = 14 + 8 = 22$(cm)

(2) 직사각형은 두 대각선의 길이가 같으므로 $5 + 5 = 10$(cm)

6 답 (1) 마름모 (2) 8 cm (3) 4 cm

개념 넓히기

1 답 (1) ○ (2) × (3) ○ (4) × (5) ×

(1) (오각형의 대각선 수)$= (5-3) \times 5 \div 2 = 5$

2 답 (1) 한 대각선이 다른 대각선을 이등분합니다.
(2) 두 대각선의 길이가 같습니다.
한 대각선이 다른 대각선을 이등분합니다.
(3) 두 대각선이 서로 수직입니다.
한 대각선이 다른 대각선을 이등분합니다.
(4) 두 대각선의 길이가 같습니다.
두 대각선이 서로 수직입니다.
한 대각선이 다른 대각선을 이등분합니다.

3 답 (1) 다, 라 (2) 가, 다, 라, 마 (3) 가, 라 (4) 가, 라

4 답 9, 14, 35개
변의 수가 1씩 커질수록 대각선의 수가 2, 3, 4……로 커집니다. 따라서 육각형은 9개, 칠각형은 14개, 십각형은 $14+6+7+8=35$(개)입니다.
[다른 풀이]
(육각형의 대각선의 수)$=(6-3)\times6\div2=9$(개)
(칠각형의 대각선의 수)$=(7-3)\times7\div2=14$(개)
(십각형의 대각선의 수)$=(10-3)\times10\div2=35$(개)

5 답 (1) 108° (2) 이등변삼각형 (3) 36°
(3) (각 ㄴㄱㄷ)$=(180°-108°)\div2=36°$

6 답 ①, ③, ④
조건을 만족하는 도형은 정팔각형입니다.
① 대각선의 개수는 20개입니다.
③ 도형 안의 모든 각의 크기의 합은 1080°입니다.
④ 한 꼭짓점에서 5개의 대각선을 그을 수 있습니다.

19 여러 가지 도형에서의 각도

개념 활동

1 답 (1) 60°,

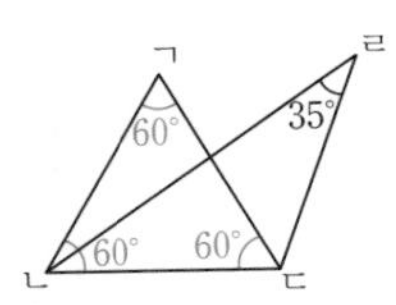

(2) 35°, 이등변삼각형에서 길이가 같은 두 변 아래에 있는 두 각의 크기는 같습니다.
(3) 110°, 50°
(3) (각 ㄴㄷㄹ)$=180°-(35°+35°)=110°$,
(각 ㄱㄷㄹ)$=110°-60°=50°$

2 답 (1) 예

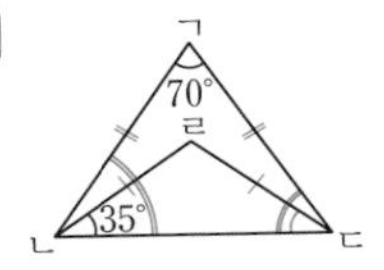

(2) 70°, 110° (3) 55°, 20°
(2) (각 ㄴㄹㄷ)$=180°-70°=110°$
(3) (각 ㄱㄴㄷ)$=(180°-70°)\div2=55°$
(각 ㄱㄴㄹ)$=55°-35°=20°$

3 답 (1)

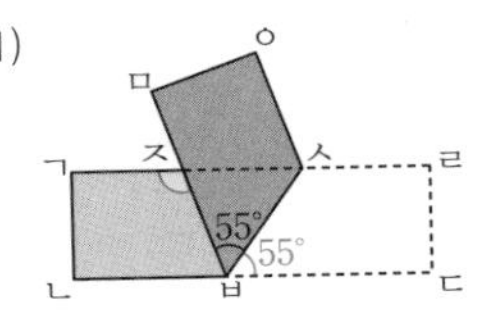

(2) 각 ㅅㅂㄷ, 55° (3) 70° (4) 110°
(3) (각 ㅁㅂㄴ)$=180°-(55°+55°)=70°$
(4) (각 ㄱㅈㅂ)$=360°-(90°+90°+70°)=110°$

4 답 (1)

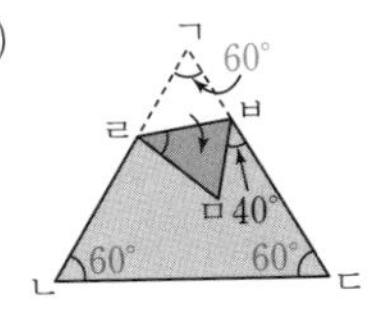

(2) 접혀서 생긴 각의 크기는 같습니다, 70°
(3) 60° (4) 50°
(2) (각 ㅁㅂㄹ)$=(180°-40°)\div2=70°$
(3) 정삼각형의 한 각이므로 60°입니다.
(4) $180°-(70°+60°)=50°$

5 답 (1) 예

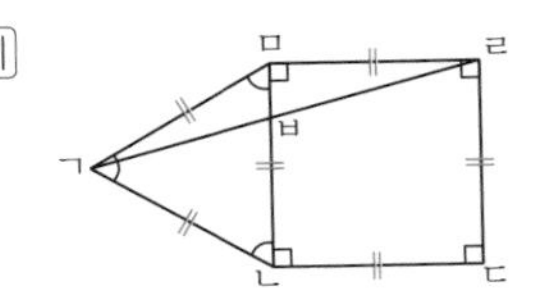

(2)

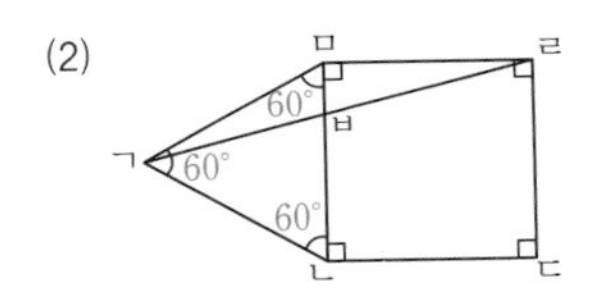

(3) 150°
(4) 이등변삼각형, 15°
(5) 105°
(3) $60°+90°=150°$
(4) (각 ㄱㅁㄹ)$=(180°-150°)\div2=15°$
(5) $180°-(15°+60°)=105°$

6 답 (1) 120°
(2) 이등변삼각형, 30°
(1) (정육각형의 한 각의 크기)$=(6-2)\times180°\div6$
$=120°$
(2) (각 ㄹㄷㅁ)$=(180°-120°)\div2=30°$

개념 익히기

1 답 (1) 50° (2) 45° (3) 40° (4) 65°

2 답 (1) 40° (2) 50°
(2) (각 ㄹㄱㄷ)$=80°$이므로

(각 ㄱㄹㄷ)=(180°−80°)÷2=50°

3 답 72°

(각 ㄱㄴㄷ)=(각 ㄱㄷㄴ)=(180°−36°)÷2=72°

(각 ㄱㄴㄹ)=(각 ㄹㄴㄷ)=72°÷2=36°

⇨ (각 ㄴㄹㄷ)=180−(72°+36°)=72°

4 답 (1) 80° (2) 130°

(1) ㉠=180°−50°−50°=80°

(2)

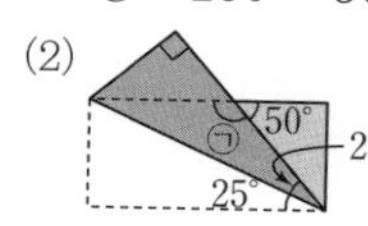

꿀팁 접힌 각도를 합하면 50°, 엇각이라는 것을 이용해 나머지 각을 구합니다.

㉠=180°−50°=130°

5 답 120°

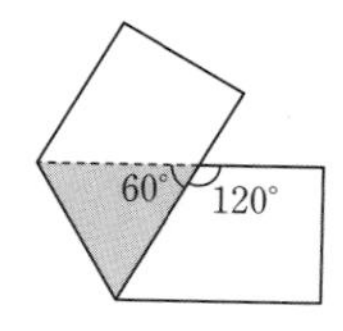

꿀팁 정삼각형의 세 각은 60°이고, 접힌 각의 크기는 같다는 것을 이용해 풉니다.

6 답 20°

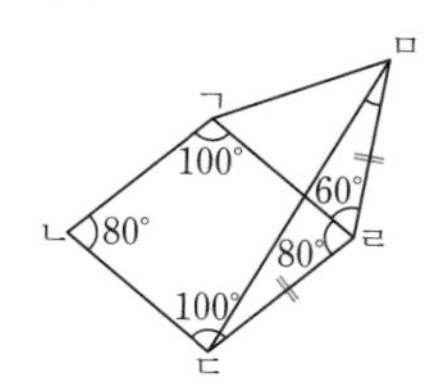

삼각형 ㄱㄹㅁ은 정삼각형이고 삼각형 ㄹㅁㄷ은 이등변삼각형이므로 (각 ㄷㅁㄹ)=(180°−140°)÷2=20°

7 답 ㉠ : 60°, ㉡ : 105°

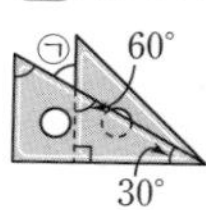

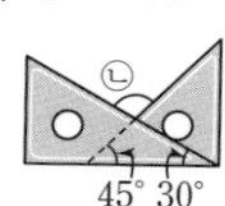

㉠=180°−90°−30°=60°(맞꼭지각)

㉡=180°−45°−30°=105°(맞꼭지각)

개념 넓히기

1 답 (1) 72° (2) 55°

(1)

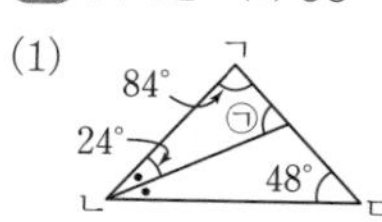

(각 ㄱㄴㄷ)=(180°−84°)÷2=48°

(각 •)=48°÷2=24°

㉠=180°−(84°+24°)=72°

(2)

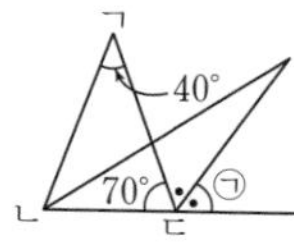

(각 ㄱㄷㄴ)=(180°−40°)÷2=70°

㉠=(180°−70°)÷2=55°

2 답 46°

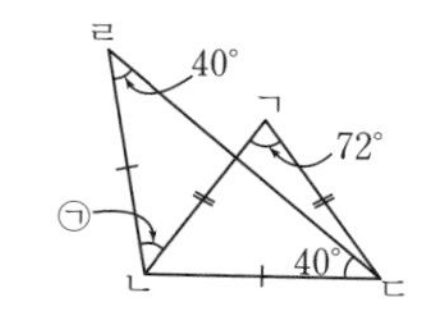

(각 ㄹㄴㄷ)=180°−(40°+40°)=100°

(각 ㄱㄴㄷ)=(180°−72°)÷2=54°

㉠=100°−54°=46°

3 답 30°

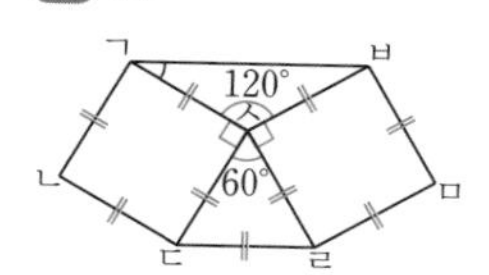

(각 ㄱㅅㅂ)=360°−(90°+90°+60°)=120°

(각 ㅅㄱㅂ)=(180°−120°)÷2=60°÷2=30°

4 답 (1) 65° (2) 20°

(1)

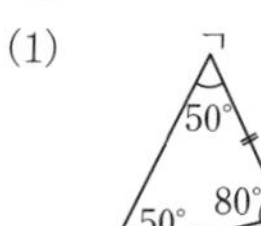

㉠=(180°−50°)÷2=65°

(2)

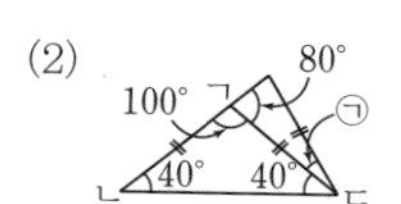

㉠=180°−(80°+80°)=20°

5 답 61°

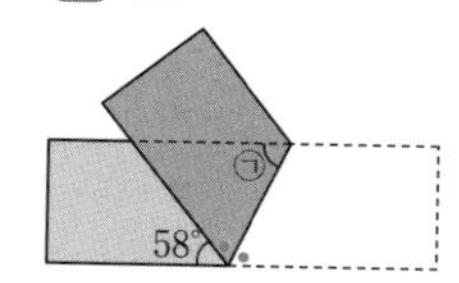

접혀진 각은 크기가 같으므로

(각 •)=(180°−58°)÷2=61°

각 ㉠은 (각 •)의 엇각이므로 크기는 61°입니다.

6 답 103°

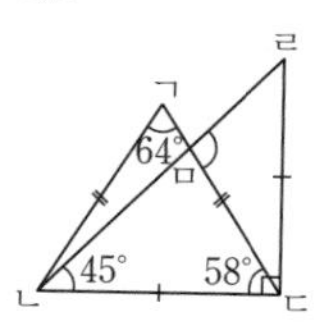

(각 ㄱㄷㄴ)=(180°−64°)÷2=58°

(각 ㅁㄷㄹ)=90°−58°=32°

삼각형 ㄹㄴㄷ은 직각이등변삼각형이므로

(각 ㄴㄹㄷ)=45°

(각 ㄹㅁㄷ)=180°−(32°+45°)=103°

7 답 (1) 55° (2) 125°

(1) (각 ㄱㅁㄴ)$=180°-(90°+20°)=70°$

(각 ㄱㅁㅂ)$=(180°-70°)\div2=55°$

(2) (각 ㅁㅂㅅ)$=360°-(90°+90°+55°)=125°$

8 답 (1) 40° (2) ㉡ : 70°, ㉢ : 110°

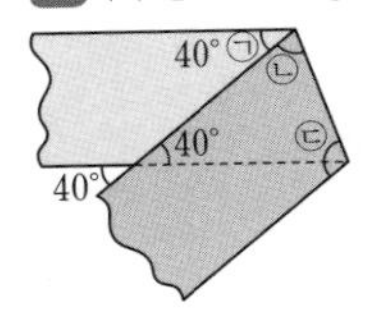

(1) ㉠$=40°$(동위각)

(2) ㉡$=(180°-40°)\div2=70°$

평행사변형의 이웃한 두 각의 크기의 합은 180°이므로

㉢$=180°-70°=110°$

20 도형 밀기, 뒤집기

개념 활동

1 답 (1), (2)

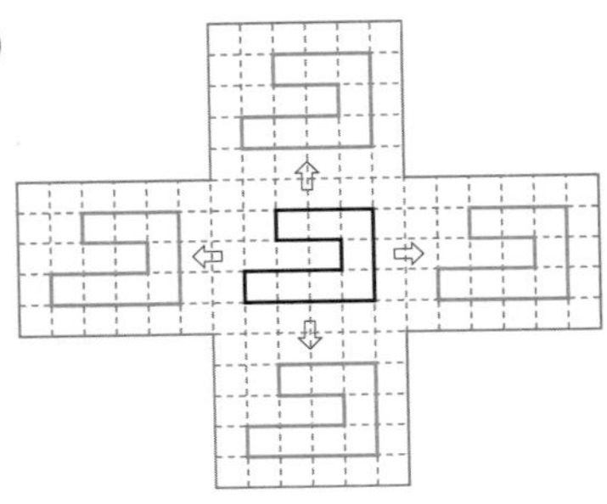

(3) 모양과 크기는 변하지 않습니다.

2 답 (1) 그림 참조, 예 처음 도형의 왼쪽 부분은 오른쪽으로, 오른쪽 부분은 왼쪽 부분으로 바뀝니다.

(2) 그림 참조, 예 처음 도형을 오른쪽과 왼쪽으로 뒤집은 도형은 서로 같습니다.

(3) 그림 참조, 예 처음 도형의 위쪽 부분은 아래쪽으로, 아래쪽 부분은 위쪽으로 바뀝니다.

(4) 그림 참조, 예 처음 도형을 위쪽과 아래쪽으로 뒤집은 도형은 서로 같습니다.

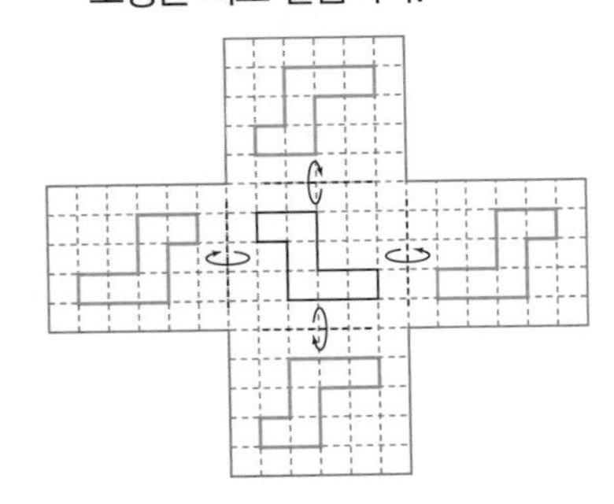

3 답 (1) 예 오른쪽으로 뒤집고, 오른쪽으로 1칸 밀어야 합니다.

(2) 예 위로 뒤집고, 아래로 1칸, 오른쪽으로 4칸 밀어야 합니다.

(3) 예 왼쪽으로 3칸, 아래로 1칸 밀어야 합니다.

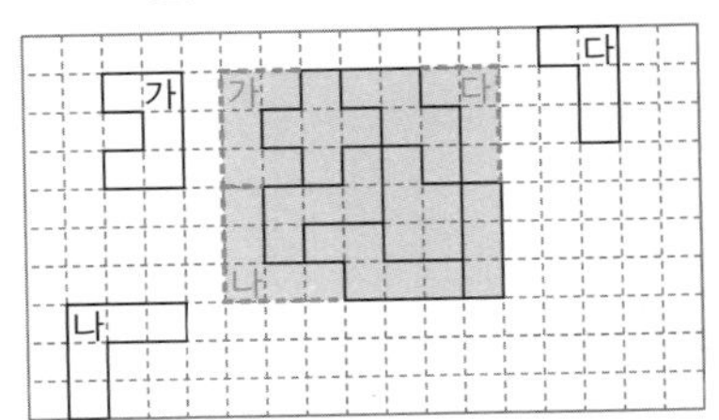

4 답 (1)

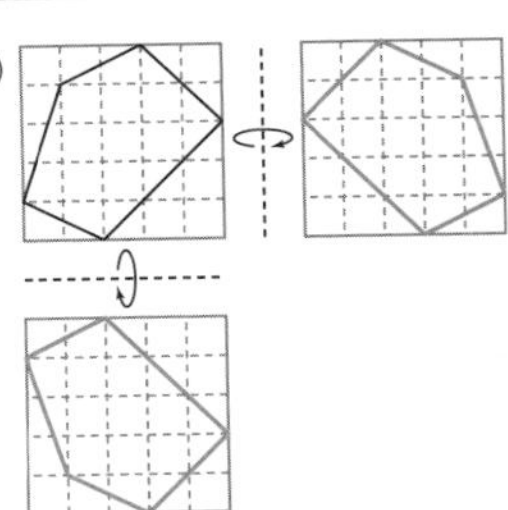

(2)

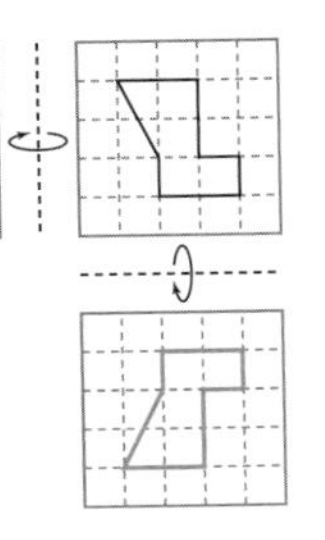

5 답

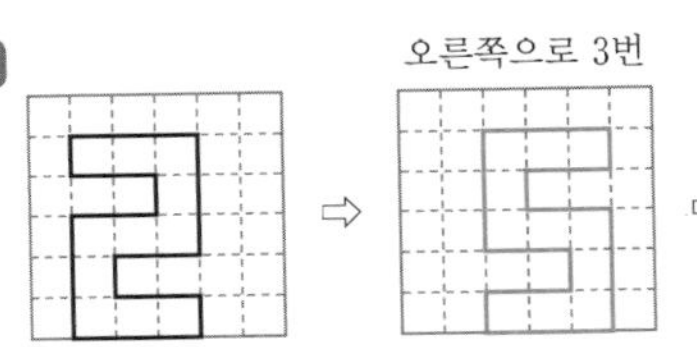

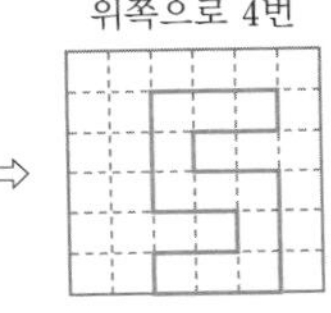

개념 익히기

1 답

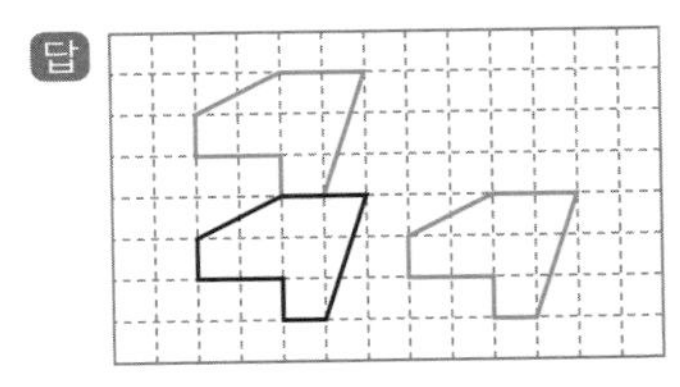

도형의 꼭짓점을 먼저 옮겨 보면 쉽게 알 수 있습니다.

2 답 예 • 가 조각을 아래쪽으로 1칸, 오른쪽으로 3칸 밀어야 합니다.

• 나 조각을 왼쪽으로 3칸, 아래쪽으로 1칸 밀어야 합니다.

• 다 조각은 왼쪽으로 3칸, 위쪽으로 1칸 밀어야 합니다.

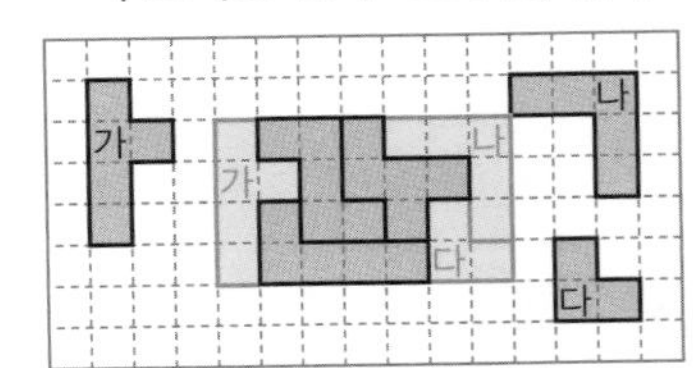

3 답 (1)

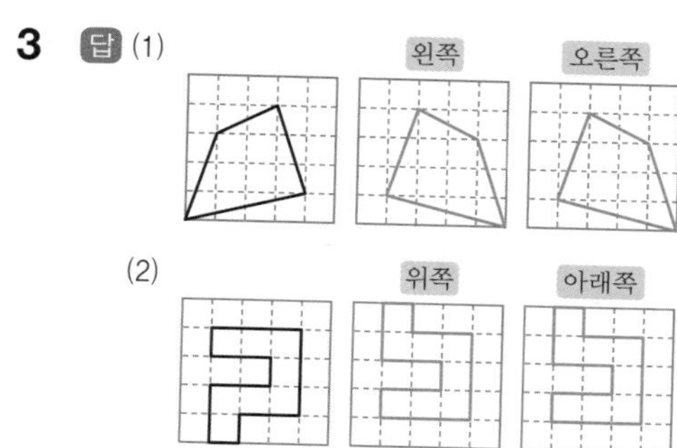

4 답

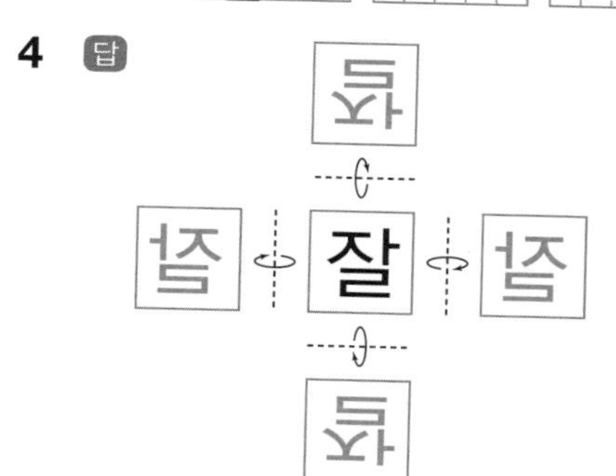

5 답

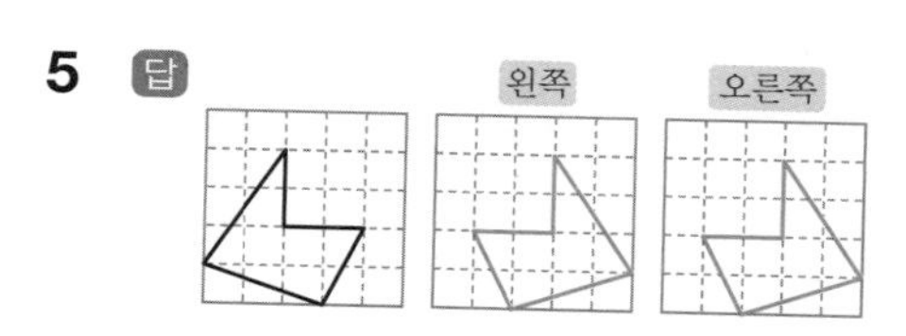

6 답 ㉡, ㉣

㉠ 용 용 ㉡ 문 뭄
㉢ 볼 볼 ㉣ 돌 콜

7 답 ㉠, ㉡

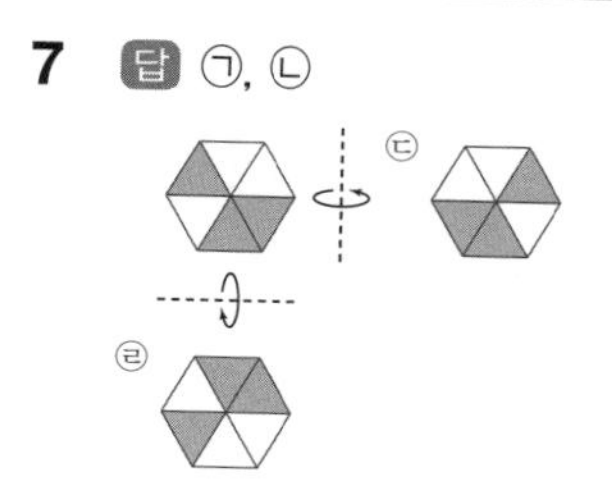

8 답 A, H, I, M, O

개념 넓히기

1 답

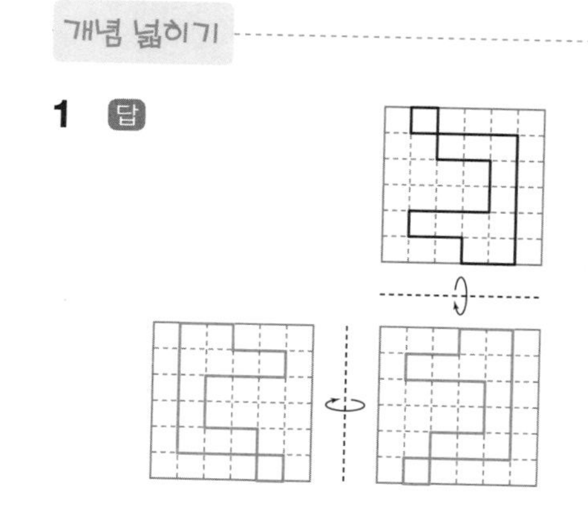

2 답

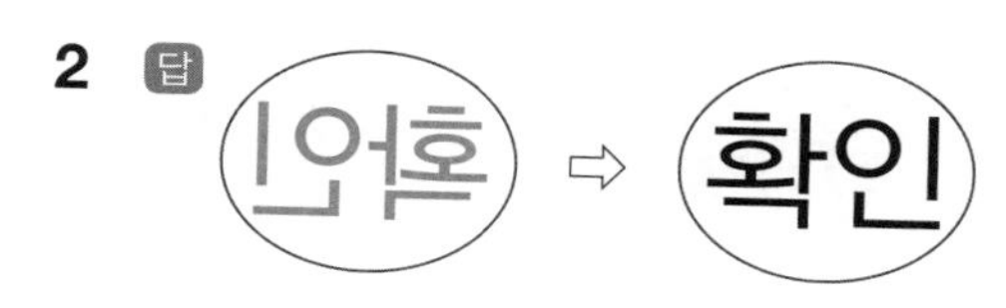

도장을 찍으면 옆으로 뒤집은 모양이 되므로 왼쪽 또는 오른쪽으로 뒤집은 것을 그립니다.

3 답

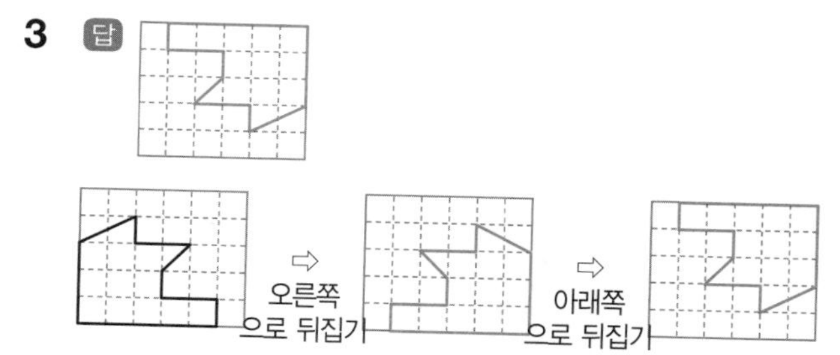

4 답 예 도형 가를 오른쪽으로 뒤집은 다음, 아래쪽으로 뒤집었습니다.

5 답

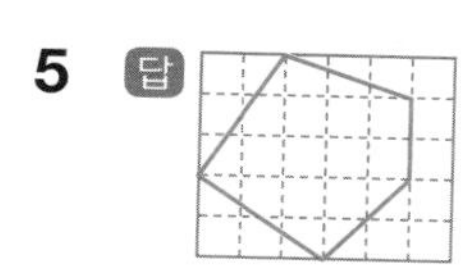

짝수 번 뒤집으면 모양의 변화가 없고, 홀수 번 뒤집은 것은 한 번 뒤집은 것과 같습니다. 따라서 처음 도형을 위쪽으로 4번 뒤집은 도형은 처음 도형과 같고, 오른쪽으로 3번 뒤집은 도형은 오른쪽으로 한 번 뒤집은 도형이 됩니다.

6 답

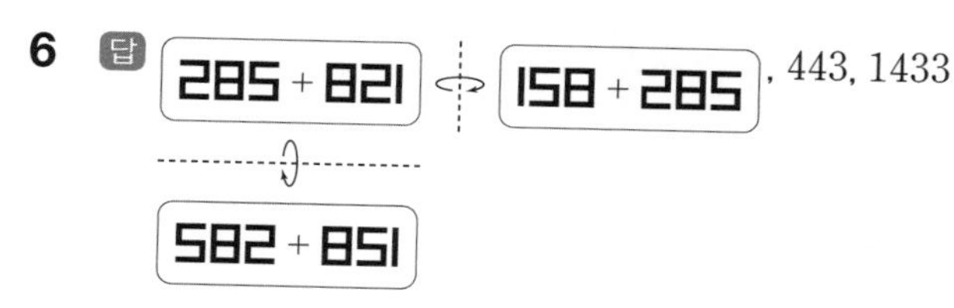

, 443, 1433

158+258=443, 582+851=1433

7 답

칼로 글씨나 그림을 오려 붙이는 것은 오른쪽 또는 왼쪽으로 뒤집는 것과 같습니다.

8 답 거울에 비친 모양 위쪽으로 뒤집은 모양

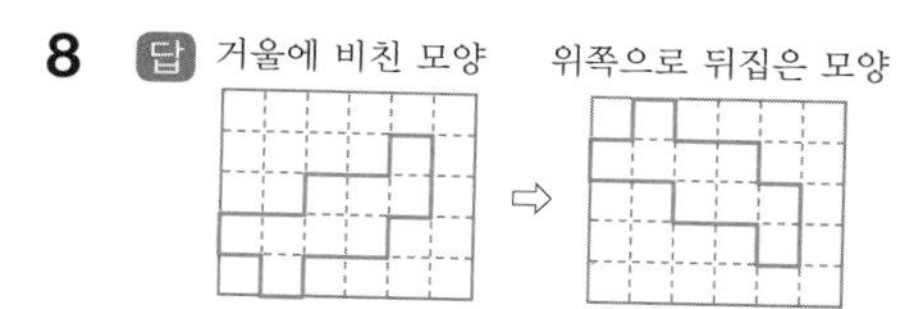

거울에 비친 도형은 왼쪽 또는 오른쪽으로 뒤집은 도형입니다.

21 도형 돌리기

개념 활동

1 답 (1)~(4)

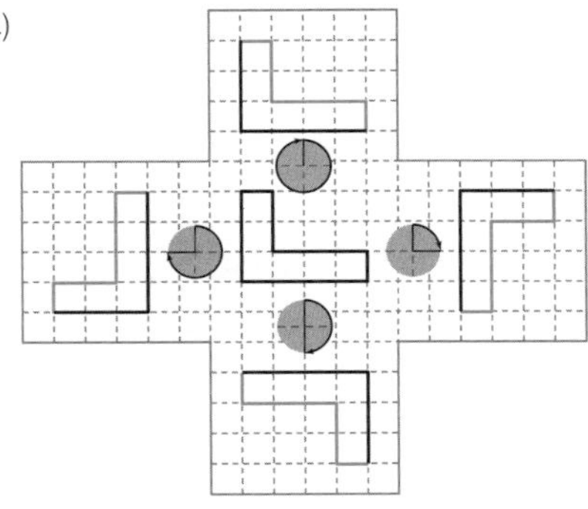

(1) 예 위쪽은 오른쪽, 오른쪽은 아래쪽으로 방향이 바뀝니다.
(2) 예 위쪽은 아래쪽, 아래쪽은 위쪽, 오른쪽은 왼쪽, 왼쪽은 오른쪽으로 모든 방향이 바뀝니다.
(3) 예 위쪽은 왼쪽, 오른쪽은 위쪽으로 바뀝니다.
(4) 처음 모양과 같아집니다.
(5)

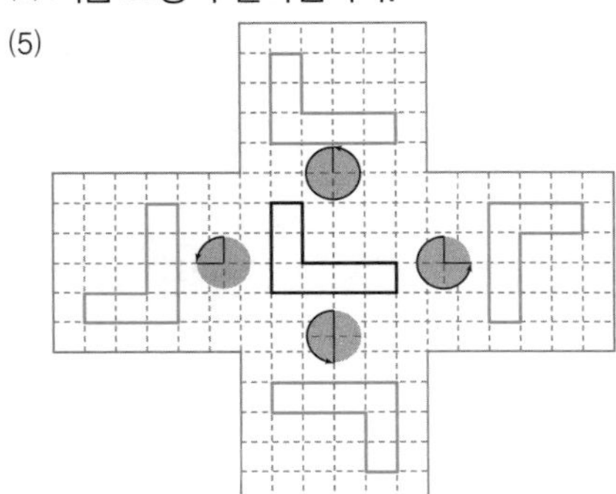

직각의 2배만큼 돌린 것은 방향과 관계없이 모양이 같고, 시계 반대 방향으로 직각의 3배만큼( ) 돌린 것은 시계 방향으로 직각만큼( ) 돌린 것과 모양이 같습니다.

(5) 시계 반대 방향으로 돌린 도형은 시계 방향으로 돌릴 때와 반대로 생각하면 됩니다.

2 답 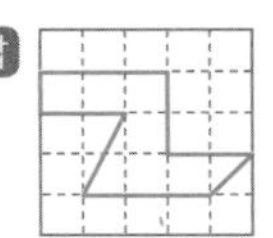 (1) 바뀝니다, 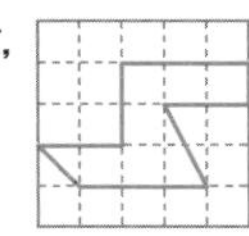

(2) 바뀝니다, 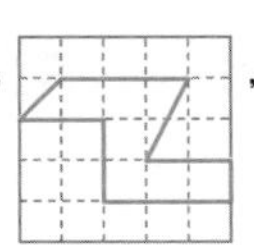, 다릅니다.

(3) 오른쪽(왼쪽)으로 뒤집은 다음 다시 위쪽(아래쪽)으로 뒤집은 것과 같습니다.

(3) 뒤집는 방법은 어느 것을 먼저 해도 관계가 없습니다.

3 답 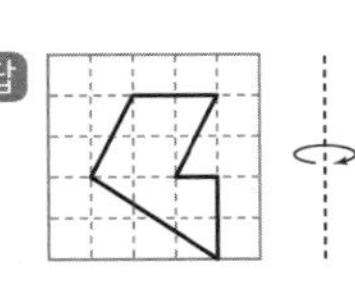 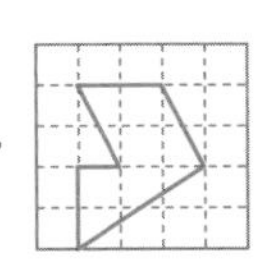 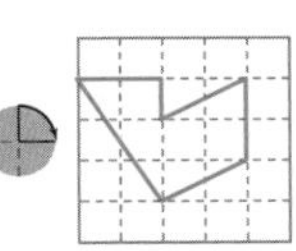

4 답 예 와 같이 직각만큼 돌린 다음 왼쪽으로 뒤집은 도형입니다.

개념 익히기

1 답

2 답 도형 나 : 예 도형 가를 와 같이 돌린 도형입니다.
도형 다 : 예 도형 가를 와 같이 돌린 도형입니다.

3 답 ㉢
㉠ , 와 같이 돌린 도형
㉡ 와 같이 돌린 도형
㉢ 오른쪽으로 뒤집은 도형

4 답 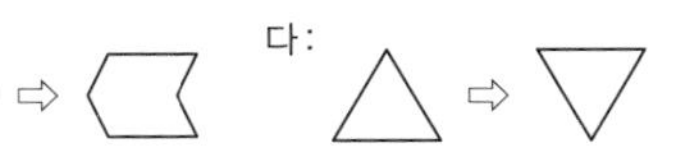

5 답 (1) ㉡, ㉤ (2) ㉠, ㉥

6 답 도형 가 : 예 그 자리에서 와 같이 돌리고 아래쪽으로 2칸 밀기를 합니다.
도형 나 : 그 자리에서 위쪽으로 뒤집고, 왼쪽으로 5칸, 아래쪽으로 2칸 밀기를 합니다.

7 답 나, 마, 바
와 같이 2번 돌리면 도형은 와 같이 1번 돌린 도형과 같습니다.

가: ⇨ 다: ⇨
라: ⇨

따라서 처음 도형과 같아지는 것은 나, 마, 바입니다.

8 답 문는놈

개념 넓히기

1 예 와 같이 돌린 뒤 오른쪽으로 뒤집었습니다.

2 답 ①, ④

① 도형을 오른쪽으로 뒤집은 도형과 왼쪽으로 뒤집은 도형은 같습니다.

④ 도형을 아래쪽(위쪽)으로 한 번, 왼쪽(오른쪽)으로 한 번 뒤집은 도형과 와 같이 돌린 도형은 같습니다.

3 답 516, 526

500보다 큰 세 자리 수를 만들어야 하므로 백의 자리에 놓을 수 있는 숫자는 5와 6입니다.

만든 세 자리 수를 와 같이 돌려서 600보다 큰 수가 되려면 일의 자리에 6을 놓아야 합니다. 따라서 만들 수 있는 세 자리 수는 516, 526입니다.

4 답 (1)

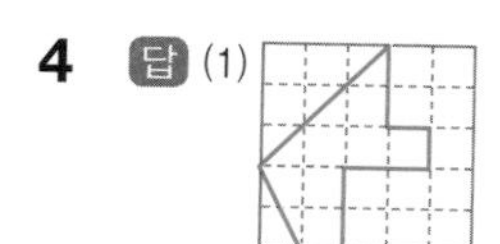

(2) 예 오른쪽(왼쪽)으로 뒤집은 뒤, 위쪽(아래쪽)으로 뒤집습니다.

5 답 ㉢

㉠ 왼쪽과 오른쪽이 다릅니다.

㉡ 위쪽, 오른쪽, 아래쪽, 왼쪽 모두 다릅니다.

㉣ 와 같이 돌린 도형은 와 같이 돌린 도형과 같습니다.

6 답

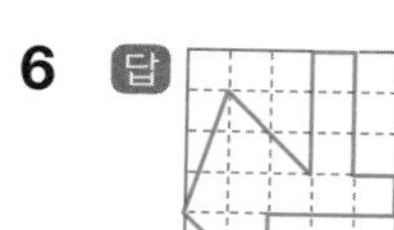

와 같이 4번 돌리면 처음 도형과 같아지므로 와 같이 15번 돌린 도형은 와 같이 돌린 것과 같습니다. 그런데 와 같이 돌리고 다시 와 같이 돌리면 처음 도형을 = 와 같이 돌린 도형이 됩니다.

꿀팁 와 같이 15번 돌린 모양에서 2번을 반대로 돌리면 와 같이 13번 돌린 도형이 됩니다. ⇨

7 답 예 위쪽으로 뒤집은 것과 같습니다.

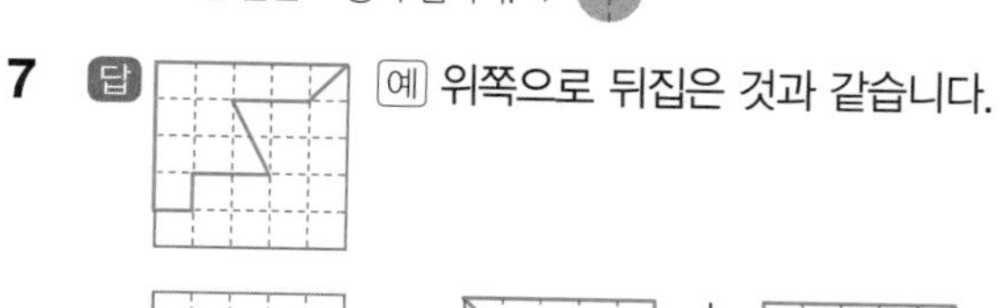

22 도형의 둘레

개념 활동

1 답 (1) 예 (2) 예

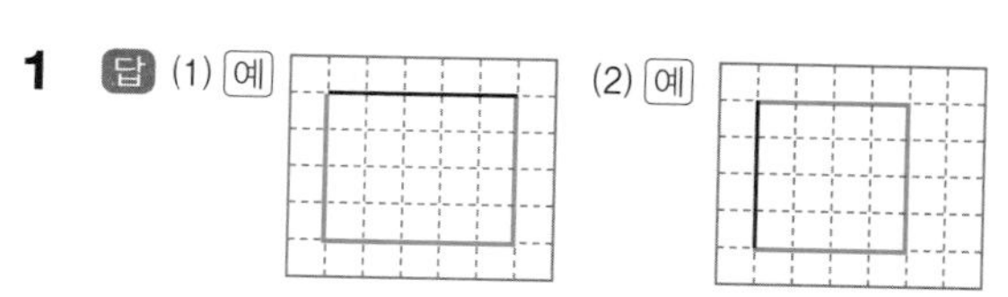

2 답 (1) 12, 8, 12, 8, 40 / 9, 9, 9, 9, 36

(2) 12, 8, 40

(3) 9, 36

3 답 (1) (2)

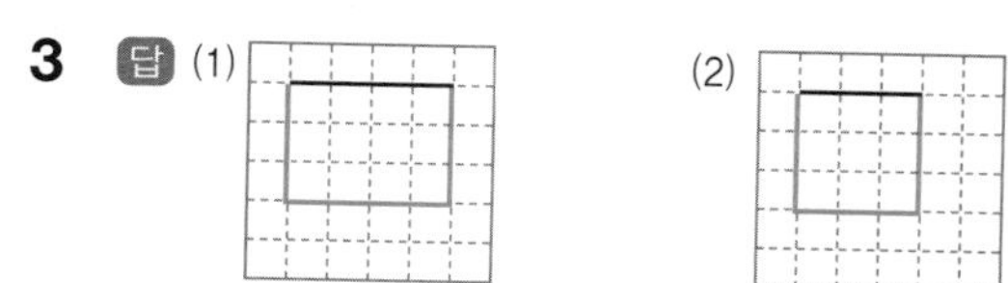

4 답 (1) , 18, 18

(2) , 4개 (3) 22, 4

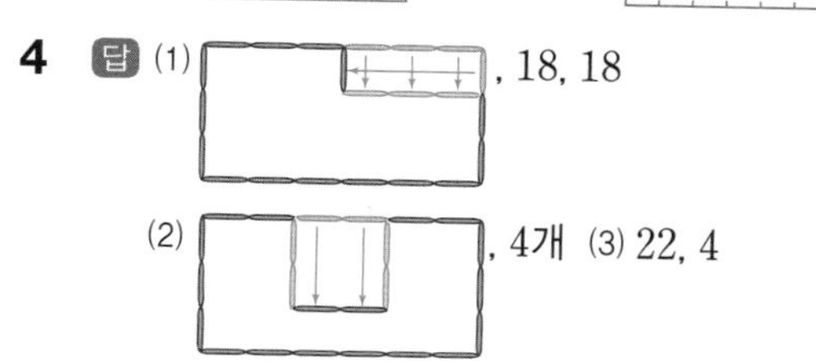

(3) 막대 4개만큼 더 길어졌으므로 둘레는 $18+4=22$입니다.

5 답 (1) 풀이 참조, 42 cm (2) 풀이 참조, 86 cm

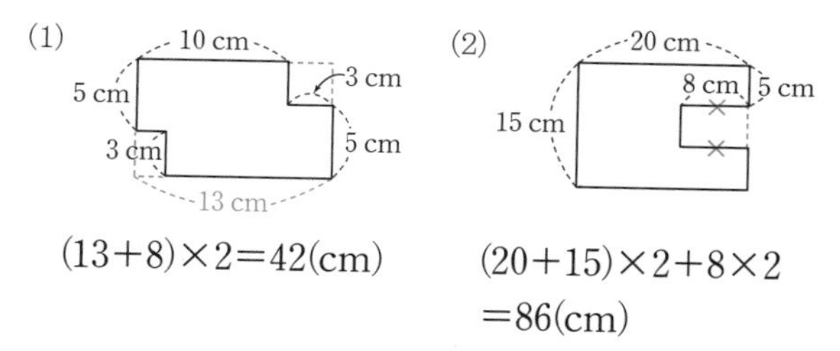

(1) $(13+8)\times2=42$(cm)

(2) $(20+15)\times2+8\times2$
$=86$(cm)

개념 익히기

1 답 (1) 6 cm (2) 8 cm

2 답 (1) 38 cm (2) 52 cm

(1) $(12+7)\times2=38$(cm)

(2) $13\times4=52$(cm)

3 답 (1) 28 cm (2) 28 cm

(1) 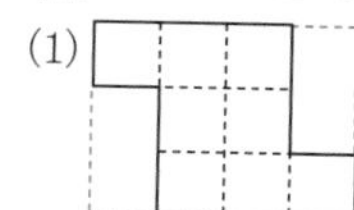 (2) 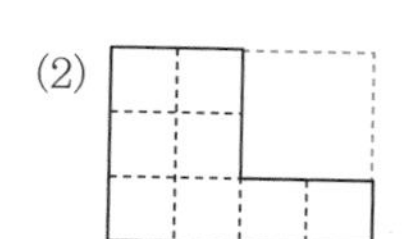

(1), (2)번의 가로 세로를 밀어서 만든 직사각형의 크기가 같으므로 둘레도 같습니다.

(변의 개수)$=(4+3)\times2=14$(개)

(둘레)$=14\times2=28$(cm)

4 답 9 cm
(정사각형의 한 변)$=36\div4=9$(cm)

5 답 7 cm
(직사각형의 둘레)$=(9+5)\times2=28$(cm)
정사각형의 둘레도 28 cm이므로 한 변은
$28\div4=7$(cm)

6 답 52 cm
큰 정사각형은 한 변이 8 cm,
작은 정사각형은 한 변이 5 cm입니다.

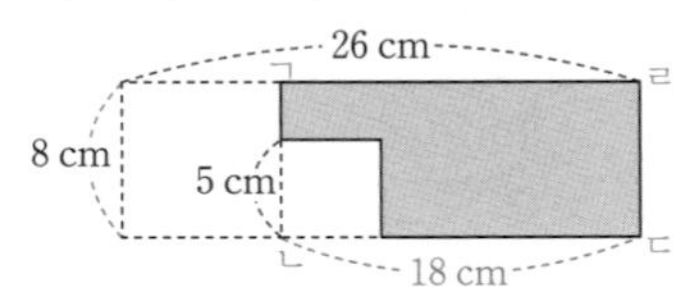

(색칠한 부분의 둘레)=(직사각형 ㄱㄴㄷㄹ의 둘레)
$=(18+8)\times2=52$(cm)

7 답 (1) 78 cm (2) 72 cm

(1)

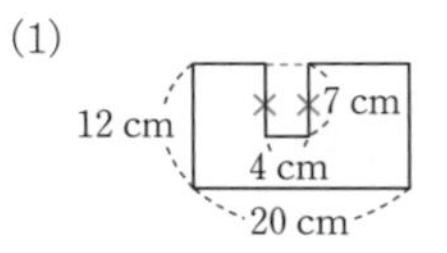

$(20+12)\times2+7\times2$
$=78$(cm)

(2)

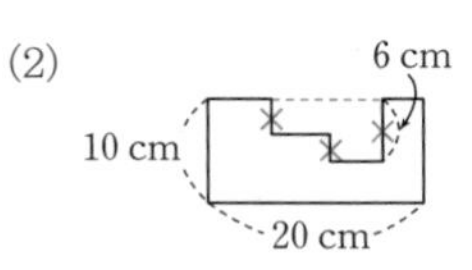

$(20+10)\times2+6\times2$
$=72$(cm)

8 답 48 cm

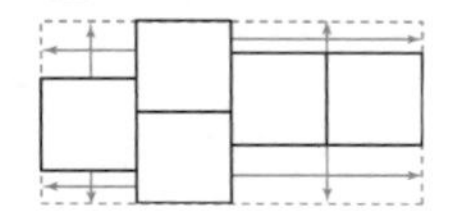

(변의 개수)$=(4+2)\times2=12$
⇨ 정사각형 한 변의 12배
(도형의 둘레)$=4\times12=48$(cm)

개념 넓히기

1 답 7 cm
직사각형의 가로를 □ cm라고 하면
$(□+5)\times2=24$, $□=7$(cm)

2 답 6 cm
(철사의 길이)$=8\times4=32$(cm)
세로를 □ cm라고 하면
$(10+□)\times2=32$, $□=6$(cm)

3 답 88 cm

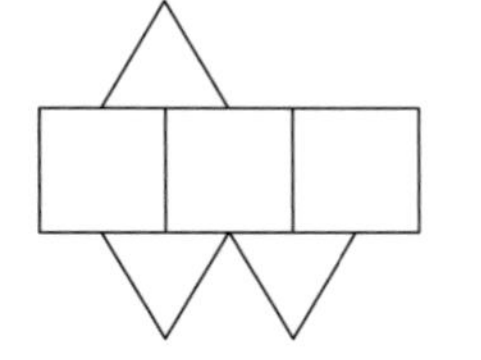

⇨

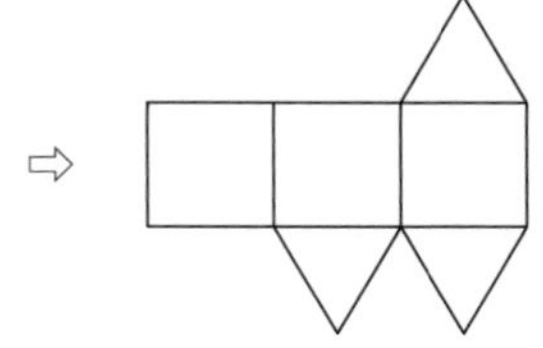

정삼각형과 정사각형이므로 모든 변의 길이는 같습니다. 정삼각형을 오른쪽 그림과 같이 이동하면
(도형의 둘레)$=11\times8=88$(cm)

4 답 (1) 예 (2) 32 cm

(2) (도형의 둘레)$=6\times4+8=32$(cm)

5 답 48 cm

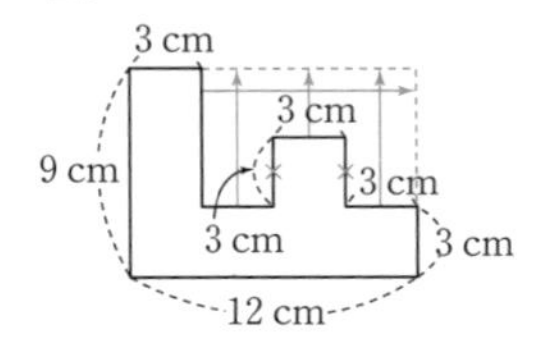

(둘레)$=(12+9)\times2+3\times2=48$(cm)

6 답 (1) 그림 참조 (2) 26 cm

(1) ①

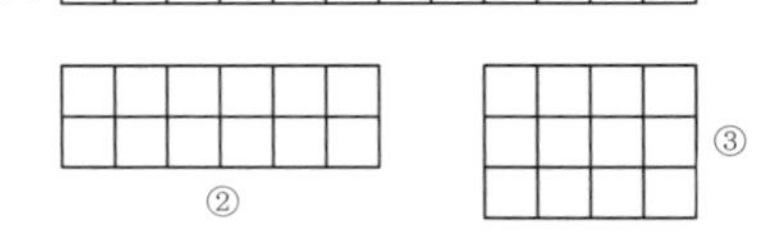

(2) $(12+1)\times2=26$(cm)

꿀팁 둘레가 가장 긴 경우는 맞닿은 변의 수가 가장 적어야 하므로 한 줄로 늘어놓은 ①의 경우입니다. 둘레가 가장 짧은 경우는 맞닿은 변이 가장 많은 ③의 경우입니다.

7 답 예

꿀팁 둘레의 길이가 14 cm이고, 직사각형 모양은 제외하므로 아래와 같은 직사각형을 변형하여 그리면 됩니다.

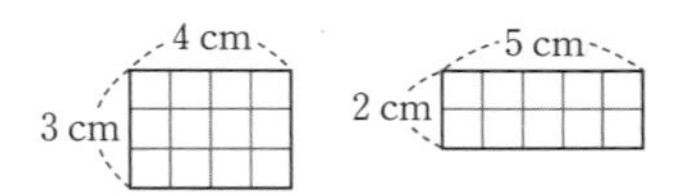

8 답 110 cm

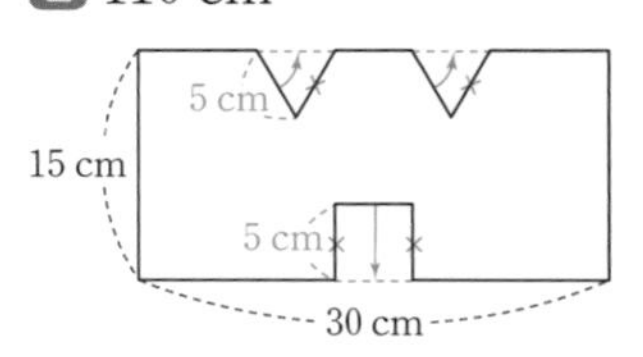

(둘레)$=(30+15)\times2+5\times4=110$(cm)

23 단위넓이를 사용한 넓이

개념 활동

1 답 (1) 나가 더 넓습니다. 얼마나 넓은지 알 수 없습니다.
(2) 알 수 없습니다. (3) 나 : 24배, 다 : 25배
(4) 나 : 8배, 다 : 예 $8\frac{1}{3}$배
(5) (3)의 단위넓이
이유 (3)번을 단위넓이로 하면 남는 부분이 없이 정확하게 잴 수 있고 (4)번을 단위넓이로 하면 정확하게 재기 어렵습니다.

(4) 나 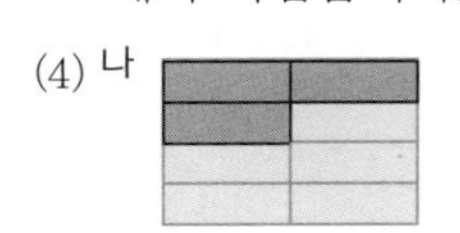 다 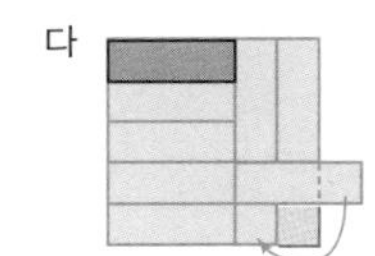

2 답 $3\ cm^2$ / 5, $5\ cm^2$

3 답 (1) $1.5\ cm^2$ (2) 가로 : 5칸, 세로 : 3칸, $7.5\ cm^2$
(2) 가로 5칸, 세로 3칸인 직사각형의 넓이는 $15\ cm^2$이므로 색칠한 부분의 넓이는 $15\div2=7.5(cm^2)$입니다.

4 답 (1) 10000개 (2) 100, 10000, 1

5 답 (1) 10000 (2) 2 (3) 400000 (4) 230000

개념 익히기

1 답 (1) 12배 (2) 6배

2 답 (1) $7.5\ cm^2$ (2) $6.5\ cm^2$

(1) 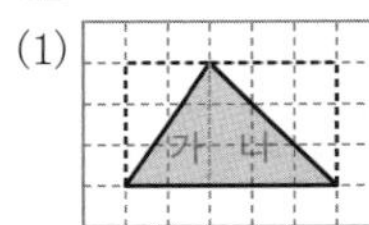

삼각형 가의 넓이는 6칸의 반이므로 $3\ cm^2$
삼각형 나의 넓이는 9칸의 반이므로 $4.5\ cm^2$
(색칠한 넓이)$=3+4.5=7.5(cm^2)$
(2) $2+4.5=6.5(cm^2)$

3 답 (1) 가 : $3\ cm^2$, 나 : $2\ cm^2$, 다 : $5\ cm^2$
(2) $10\ cm^2$ (3) $10\ cm^2$
(2) (가+나+다)$=3+2+5=10(cm^2)$
(3) 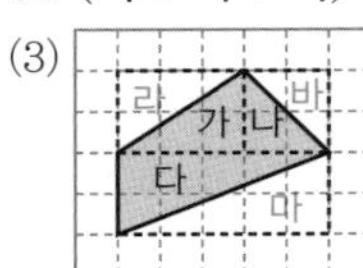

(가장 큰 사각형)$=5\times4=20$(칸) ⇨ $20\ cm^2$
(색칠 안 한 부분의 넓이)$=3+2+5=10(cm^2)$
(도형의 넓이)$=20-10=10(cm^2)$

4 답 다, 라
가 : $4\ cm^2$ 나 : $4\ cm^2$ 다 : $3\ cm^2$
라 : $5\ cm^2$ 마 : $4\ cm^2$ 바 : $4\ cm^2$

5 답 예 ($1\ cm^2$)

6 답 (1) 10000 (2) 30000 (3) 5 (4) 10

7 답 (1) $8\ cm^2$ (2) $12\ cm^2$
모눈 한 칸의 넓이는 $1\ cm^2$입니다.

(1) 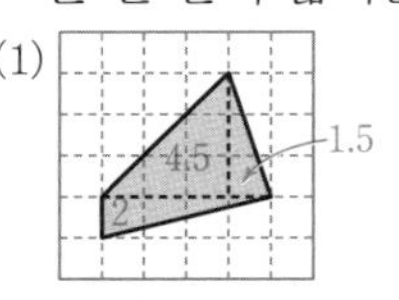

$2+4.5+1.5=8(cm^2)$

(2) 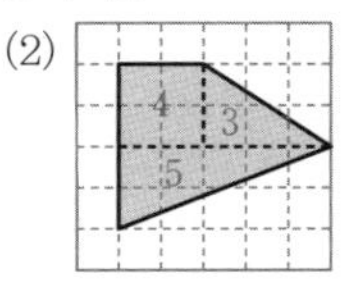

$4+3+5=12(cm^2)$

개념 넓히기

1 답 (1) $7.5\ cm^2$ (2) $9\ cm^2$

(1) 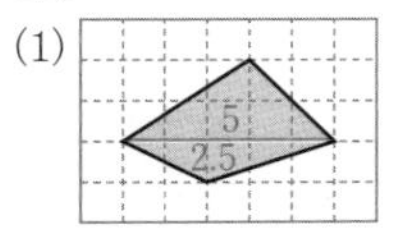

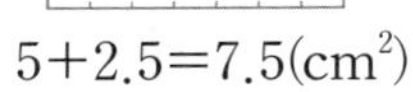
$5+2.5=7.5(cm^2)$

(2) 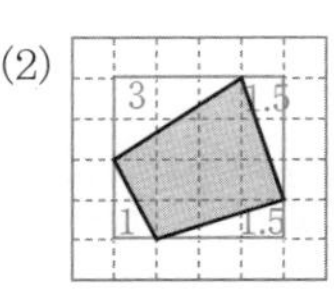

$4\times4-(3+1.5+1+1.5)$
$=9(cm^2)$

2 답 (1) $26\ cm^2$ (2) $18\ cm^2$

(1) 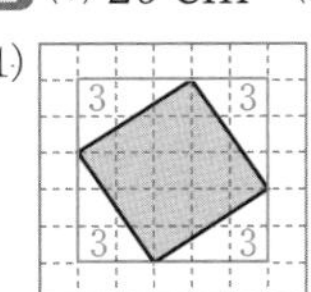

(모눈 개수)$=5\times5-3\times4=13$(개)
(색칠한 넓이)$=2\times13=26(cm^2)$

(2) 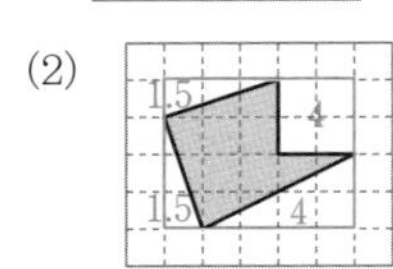

(모눈 개수)
$=5\times4-(1.5+1.5+4+4)=9$(개)
(색칠한 넓이)$=2\times9=18(cm^2)$

3 답 (1) $8\ cm^2$ (2) $8\ cm^2$ (3) $8\ cm^2$ (4) $8.5\ cm^2$

(1) 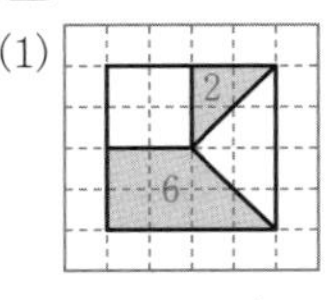

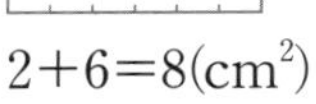
$2+6=8(cm^2)$

(2) 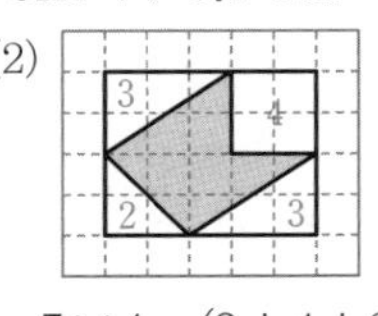

$5\times4-(3+4+2+3)$
$=8(cm^2)$

(3)

$2+2+4=8(cm^2)$

(4) 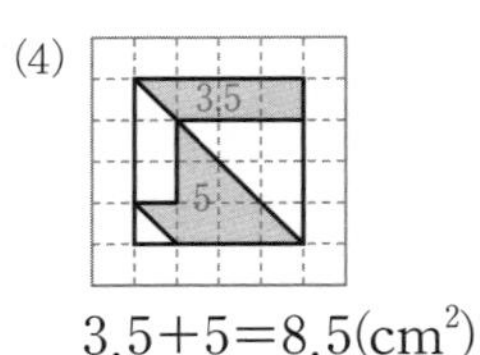

$3.5+5=8.5(cm^2)$

4 답 예

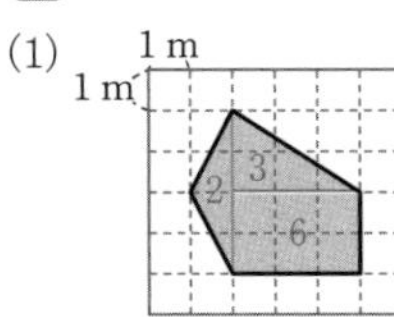

5 답 ①

① $900000\ cm^2$ ⑤ $9000\ cm^2$

6 답 (1) $110000\ cm^2$ (2) $90000\ cm^2$

(1)

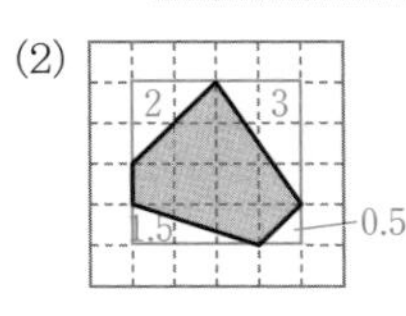

(도형의 넓이)$=2+3+6$
$=11(m^2)$
$=110000(cm^2)$

(2)

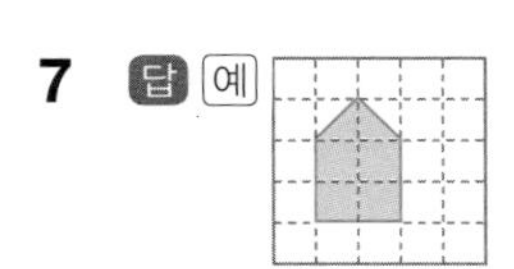

(도형의 넓이)
$=16-(2+3+1.5+0.5)$
$=9(m^2)$
$=90000(cm^2)$

7 답 예

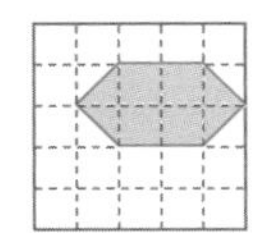

24 직사각형, 직각으로 이루어진 도형의 넓이

개념 활동

1 답 (1) 15개, $15\ cm^2$
(2) 가로 : 5개, 세로 : 3개
(3) 세로
(4) $5\times3=15(cm^2)$
(5) 가로 : 4개, 세로 : 4개
(6) 한 변, 4, 4, 16

2 답 (1) $40\ cm^2$ (2) $25\ cm^2$
(1) (넓이)$=8\times5=40(cm^2)$
(2) (넓이)$=5\times5=25(cm^2)$

3 답 (1)

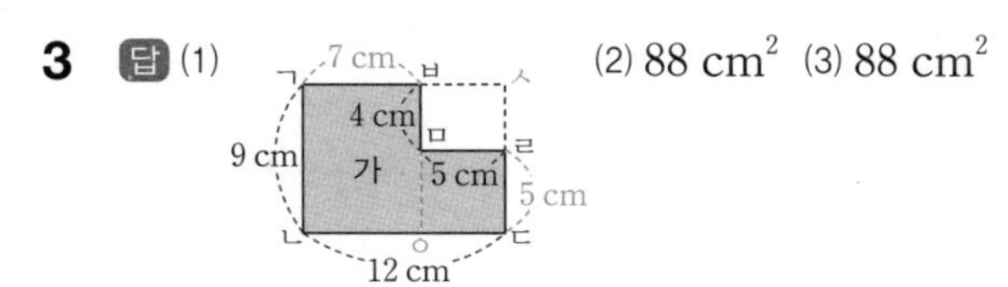

(2) $88\ cm^2$ (3) $88\ cm^2$

(2) (가의 넓이)=(사각형 ㄱㄴㅇㅂ의 넓이)
+(사각형 ㅁㅇㄷㄹ의 넓이)
$=7\times9+5\times5=88(cm^2)$

(3) (가의 넓이)=(사각형 ㄱㄴㄷㅅ의 넓이)
−(사각형 ㅂㅁㄹㅅ의 넓이)
$=12\times9-5\times4=88(cm^2)$

4 답 (1)

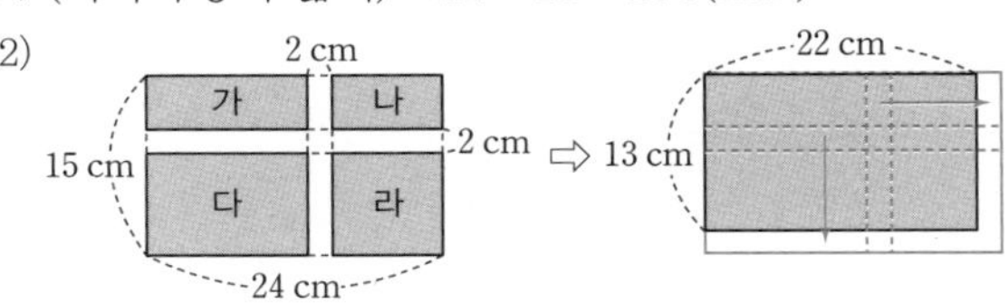

, $286\ cm^2$

(2) 풀이 참조, $286\ cm^2$

(1) (직사각형의 넓이)$=22\times13=286(cm^2)$

(2)

위의 그림과 같이 2 cm의 틈을 오른쪽과 아래로 이동하면 가, 나, 다, 라의 넓이의 합을 오른쪽 그림의 색칠한 부분과 넓이가 같게 되므로
(색칠한 부분의 넓이)$=22\times13=286(cm^2)$

개념 익히기

1 답 (1) 가로 (2) 한 변

2 답 (1) $45\ cm^2$ (2) $49\ cm^2$

3 답 (1) $19\ m^2$ (2) $80000\ cm^2$
(1) 380 cm=3.8 m
⇨ (넓이)$=5\times3.8=19(m^2)$
(2) 4m=400 cm
⇨ (넓이)$=200\times400=80000(cm^2)$

4 답 (1) $360\ cm^2$ (2) $360\ cm^2$

(1)

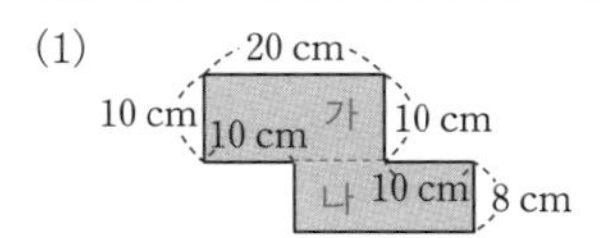

(가의 넓이)$=20\times10=200(cm^2)$
(나의 넓이)$=20\times8=160(cm^2)$
(넓이의 합)$=200+160=360(cm^2)$

(2)

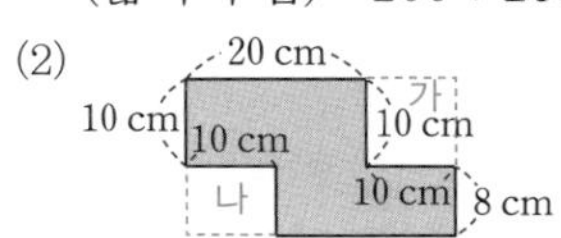

(전체 넓이)$=30\times18=540(cm^2)$
(가의 넓이)$=10\times10=100(cm^2)$
(나의 넓이)$=10\times8=80(cm^2)$
(넓이의 차)$=540-(100+80)=360(cm^2)$

5 답 (1) $78\ cm^2$ (2) $84\ cm^2$
(1) $14\times5+4\times2=78(cm^2)$
(2) $13\times8-(2\times4+4\times3)=104-20=84(cm^2)$

6 답 $9\ cm^2$
• (정사각형의 한 변)$=36\div4=9(cm)$
• (정사각형의 넓이)$=9\times9=81(cm^2)$

• (직사각형의 가로)$=36\div2-6=12$(cm)
• (직사각형의 넓이)$=12\times6=72$(cm^2)
• (넓이의 차)$=81-72=9$(cm^2)

7 답 36000 cm^2
넓이의 단위가 cm^2이므로 2 m=200 cm로 바꾸어 넓이를 구합니다.
(넓이)$=200\times180=36000$(cm^2)

8 답 150 m^2
(색칠한 넓이)$=(18-3)\times(13-3)=150$(m^2)

개념 넓히기

1 답 (1) 280000 cm^2 (2) 360000 cm^2 (3) 44 cm^2
(1) (색칠한 도형의 넓이)
$=4\times8-2\times2=28(m^2)=280000(cm^2)$
(2) (색칠한 도형의 넓이)
$=6\times10-2\times6\times2=36(m^2)=360000(cm^2)$
(3) 밀어서 만든 모양은 다음과 같습니다.

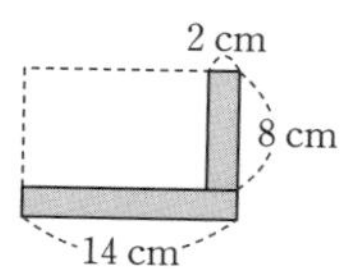

(색칠한 도형의 넓이)$=14\times2+2\times8=44$(cm^2)

2 답 281 cm^2

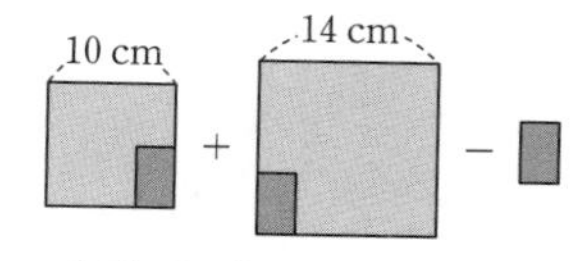

겹쳐져 있는 부분은 두 번 더해져 있으므로 두 정사각형의 넓이의 합에서 겹쳐져 있는 부분의 넓이를 뺍니다.
(도형의 넓이)$=10\times10+14\times14-3\times5=281$($cm^2$)

3 답 288 cm^2

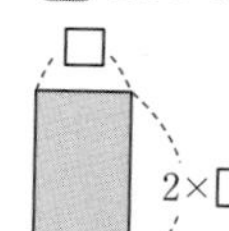

가로를 □ cm라고 하면 세로는 (2×□) cm이므로
(□+2×□)×2=72
3×□=36, □=12(cm) ⇨ (세로)$=12\times2=24$(cm)
(직사각형의 넓이)$=12\times24=288$(cm^2)

4 답 40 cm^2
가로를 □ cm라고 하면 세로는 (□+6) cm이므로
(□+□+6)×2=28, 2×□+6=14
□=4 ⇨ (가로)=4 cm, (세로)$=4+6=10$(cm)
(직사각형의 넓이)$=4\times10=40$(cm^2)

5 답 160 cm^2

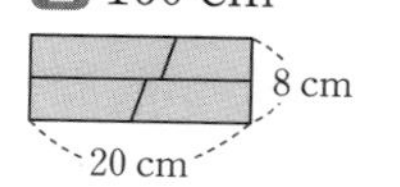

(색칠한 부분의 넓이)$=20\times8=160$(cm^2)

6 답 260 cm^2
겹쳐진 부분이 2곳이므로 정사각형 3개의 넓이의 합에서 겹쳐진 부분의 넓이의 2배를 빼면
(만든 직사각형의 넓이)
$=10\times10\times3-2\times10\times2=260$($cm^2$)

7 답 72장
(바닥의 넓이)$=3\times6=18(m^2)=180000(cm^2)$
(타일 한 장의 넓이)$=50\times50=2500$(cm^2)
(필요한 타일의 수)$=180000\div2500=72$(장)
[다른 풀이]

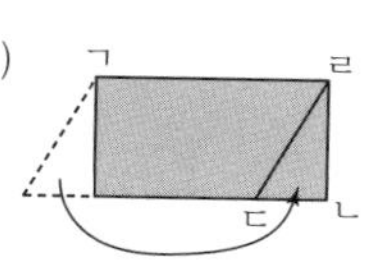

필요한 타일의 수
• 가로 : $300\div50=6$(장)
• 세로 : $600\div50=12$(장)
(필요한 타일의 수)$=6\times12=72$(장)

8 답 15 cm
㉠의 넓이와 ㉡의 넓이가 같으므로 ㉠의 넓이는 큰 직사각형 넓이의 반입니다.
직사각형 ㉠의 가로를 □ cm라고 하면
(직사각형 ㉠의 넓이)=□×8=20×12÷2=120
⇨ □=120÷8=15(cm)

25 평행사변형, 삼각형의 넓이

개념 활동

1 답 (1) ㄱ ㄹ ㄷ ㄴ (2) 직사각형, 같습니다.
(3) 밑변 : 선분 ㄱㄹ 또는 선분 ㄴㄷ, 높이 : 선분 ㄱㅁ
(4) 가로, 세로, 높이 (5) 120 cm^2
(5) (넓이)=(밑변)×(높이)$=15\times8=120$(cm^2)

2 답 예

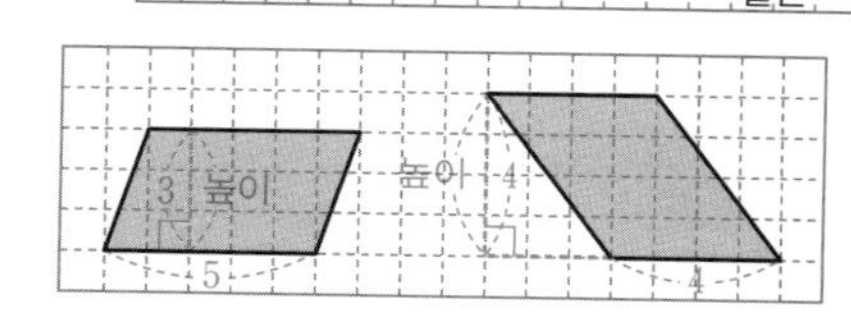

, 15, 16
$5\times3=15$ $4\times4=16$

3 답 예

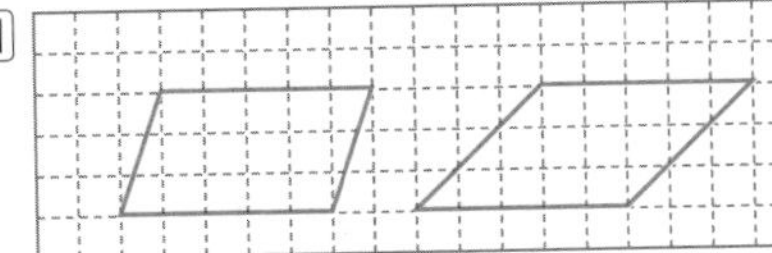

높이가 3이 되는 평행사변형을 여러 가지로 그릴 수 있습니다.

4 답 (1)

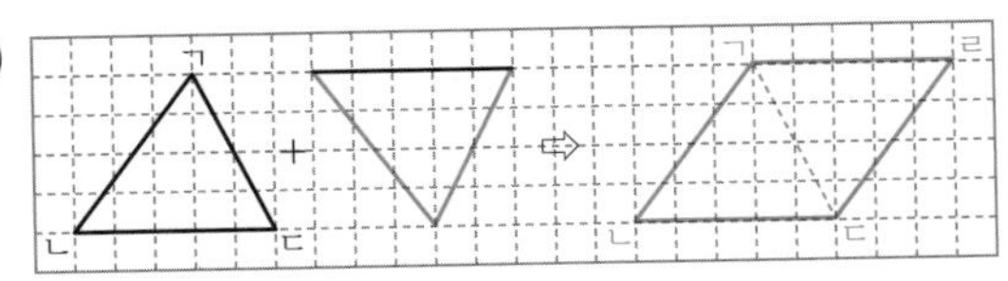

(2)

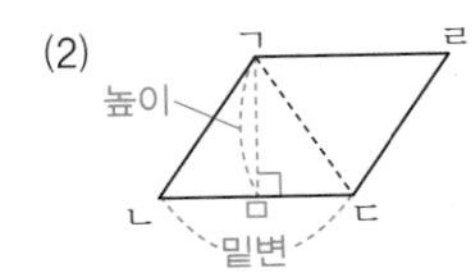

(3) 밑변, 높이, 2, 높이, 2

(4) $10\ cm^2$

(4) (삼각형 ㄱㄴㄷ)$=5\times4\div2=10(cm^2)$

5 답 (1)

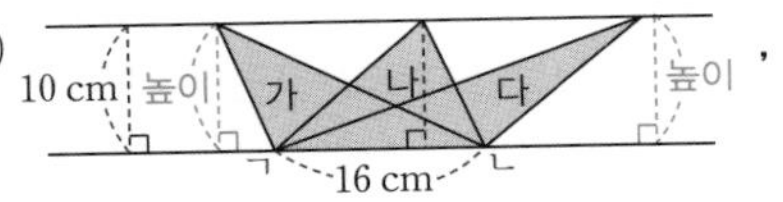

, 같습니다.

(2) 가 : 80, 나 : 80, 다 : 80

(3) 예 밑변과 높이가 같은 삼각형의 넓이는 모두 같습니다.

(2) $16\times10\div2=80(cm^2)$

꿀팁 높이가 같은 삼각형의 넓이는 밑변의 길이에 비례합니다.

개념 익히기

1 답 (1) 예

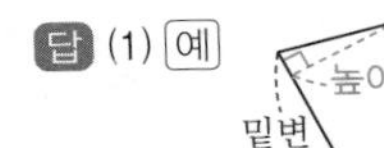

(2) 예

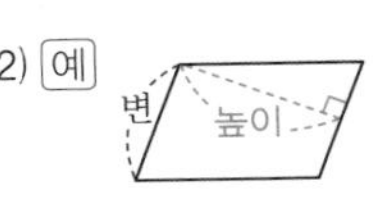

(3) 예

(4) 예

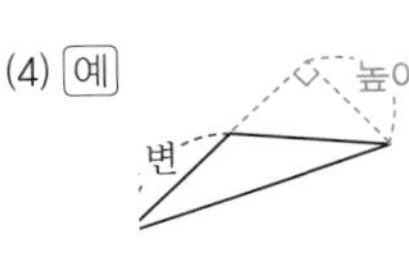

밑변에 수직인 선분을 그립니다.

2 답 라

가, 나, 다의 넓이는 모두 6이고, 라의 넓이는 4.5입니다.

3 답 (1) $32\ cm^2$ (2) $30\ cm^2$ (3) $30\ cm^2$ (4) $18\ cm^2$

(1) $8\times4=32(cm^2)$

(2) $6\times5=30(cm^2)$

(3) $10\times6\div2=30(cm^2)$

(4) $12\times3\div2=18(cm^2)$

4 답 평행사변형 : $640\ cm^2$, 삼각형 : $320\ cm^2$

(평행사변형의 넓이)$=32\times20=640(cm^2)$

(삼각형의 넓이)$=$(평행사변형의 넓이)$\div2$

$=640\div2=320(cm^2)$

5 답 16 cm

(삼각형의 넓이)$=$(밑변)$\times$(높이)$\div2$이므로

$5\times$(높이)$\div2=40$

$5\times$(높이)$=80$, (높이)$=80\div5=16(cm)$

6 답 $12\ cm^2$

삼각형 ㉠, ㉡, ㉢의 넓이의 합은 모두 같으므로 밑변의 길이를 모두 합하여 그린 삼각형의 넓이와 같습니다.

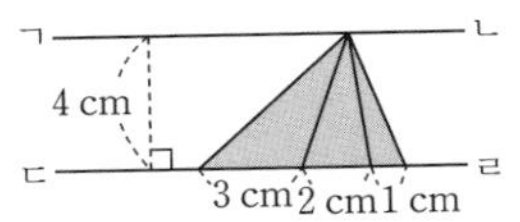

(㉠, ㉡, ㉢의 넓이의 합)

$=(3+2+1)\times4\div2=12(cm^2)$

7 답 (1) $48\ cm^2$ (2) 10 cm

(1) $8\times6=48(cm^2)$

(2) 평행사변형 ㄱㄴㄷㄹ의 밑변을 변 ㄷㄹ으로 하면 높이는 선분 ㄱㅁ이 되므로

(변 ㄷㄹ)$\times4.8=48$, (변 ㄷㄹ)$=10(cm)$

[다른 풀이] 삼각형 ㄱㄷㄹ의 넓이는 평행사변형 ㄱㄴㄷㄹ의 넓이의 $\frac{1}{2}$이므로 $24\ cm^2$입니다.

(삼각형 ㄱㄷㄹ)$=$(변 ㄷㄹ)$\times4.8\div2=24$

(변 ㄷㄹ)$=10$ cm

8 답 (1) $24\ cm^2$ (2) 8 cm

(1) (삼각형 ㄱㄴㄷ의 넓이)$=12\times4\div2=24(cm^2)$

(2) (삼각형 ㄱㄴㄷ의 넓이)$=$(변 ㄴㄷ)$\times6\div2=24$

(변 ㄴㄷ)$=8(cm)$

개념 넓히기

1 (1) 15 cm (2) $108\ cm^2$ (3) 12 cm

(1) (변 ㄴㄷ의 길이)$=48\div2-9=15(cm)$

(2) (평행사변형 ㄱㄴㄷㄹ의 넓이)

$=15\times7.2=108(cm^2)$

(3) (삼각형 ㄹㄴㄷ의 넓이)

$=$(평행사변형 ㄱㄴㄷㄹ의 넓이)$\div2$

$=108\div2=54(cm^2)$

⇨ (선분 ㄴㄹ)$\times$(변 ㄹㄷ)$\div2$

$=$(선분 ㄴㄹ)$\times9\div2=54$

(변 ㄴㄹ)$=12$ cm

2 답 (1) 6 (2) 15 (3) 18 (4) 14

(1) $9\times\square=54$, $\square=54\div9=6(cm)$

(2) $\square\times6=90$, $\square=90\div6=15(cm)$

(3) $\square\times4\div2=36$, $\square=36\times2\div4=18(cm)$

(4) $8\times\square\div2=56$, $\square=56\times2\div8=14$(cm)

3 답 22 cm, 12 cm²

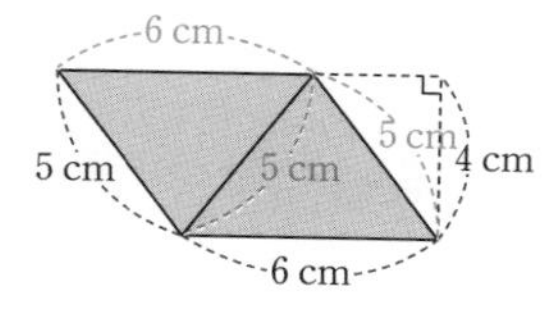

(평행사변형의 둘레)$=(5+6)\times2=22$(cm)
(이등변삼각형의 넓이)$=6\times4\div2=12$(cm²)

4 답 24 cm
(평행사변형의 넓이)$=24\times15=360$(cm²)
(삼각형의 넓이)$=30\times$(높이)$\div2=360$
(높이)$=360\times2\div30=24$(cm)

5 답 8 cm
선분 ㄱㄹ의 길이를 □ cm라고 하면 변 ㄴㄷ의 길이는 ($2\times\square$) cm입니다.
(삼각형의 넓이)$=2\times\square\times\square\div2=64$
$\square\times\square=64$이므로 $\square=8$(cm)

6 답 935 m²
색칠한 네 부분을 이어 붙여 새로운 평행사변형을 만들면
(밭 넓이)$=55\times17=935$(m²)

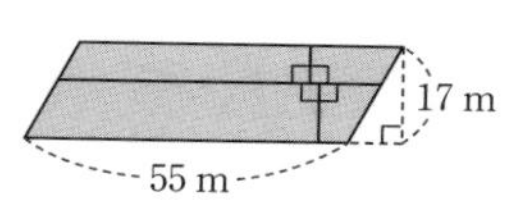

7 답 6 cm²
(삼각형 ㄴㄱㄷ의 넓이)
$=96\div2=48$(cm²)
평행사변형에서 선분 ㄱㅁ과 선분 ㅁㄷ의 길이가 같으므로
(삼각형 ㅁㄴㄷ의 넓이)$=48\div2=24$(cm²)
변 ㄴㅂ은 변 ㄴㄷ의 $\frac{1}{4}$이므로
(삼각형 ㅁㄴㄷ의 넓이)
$=4\times$(삼각형 ㅁㄴㅂ의 넓이)$=24$
(삼각형 ㅁㄴㅂ의 넓이)$=24\div4=6$(cm²)

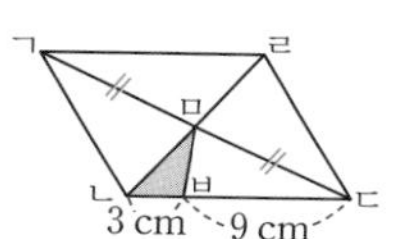

26 사다리꼴, 마름모의 넓이

개념 활동

1 답 (1)

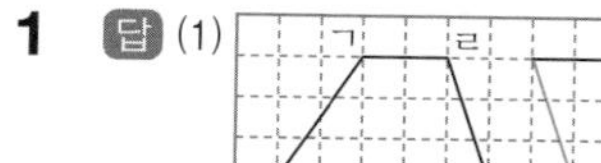
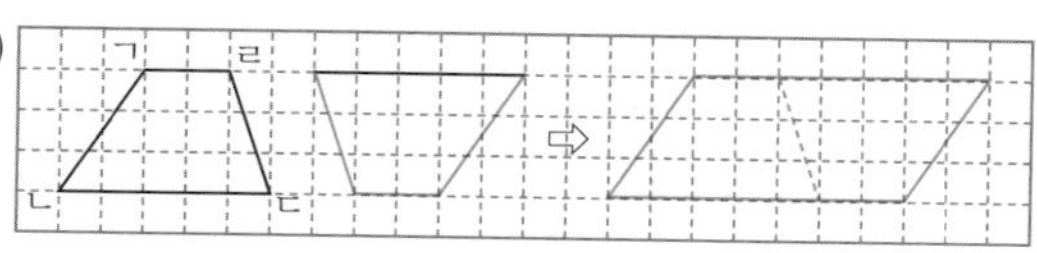

(2)

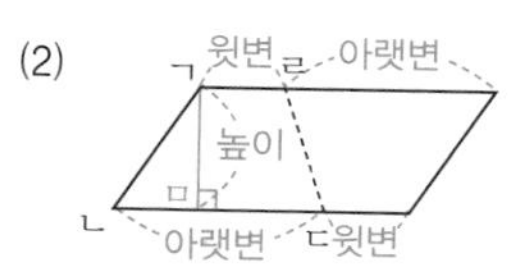

(3) 윗변, 아랫변, 높이, 2, 아랫변, 높이
(4) 10.5 cm²

(4) (사다리꼴 ㄱㄴㄷㄹ의 넓이)
$=(2+5)\times3\div2=10.5$(cm²)

2 답 (1) 120 cm² (2) 48 cm²
(1) $(18+12)\times8\div2=120$(cm²)
(2) $(6+10)\times6\div2=48$(cm²)

3 답 예

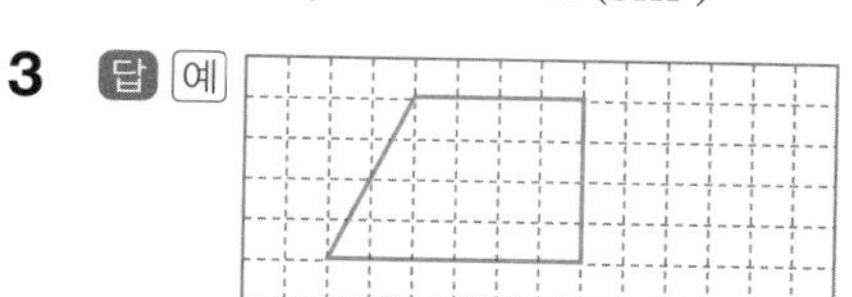

사다리꼴의 넓이가 20 cm²이므로 사다리꼴의 넓이의 2배는 40 cm²입니다.
$8\times5=40$, $10\times4=40$……과 같이 두 수의 곱이 40이 되는 경우를 찾습니다. 찾은 두 수를 밑변과 높이로 하는 평행사변형을 그린 다음 반으로 나누어 사다리꼴을 그립니다.
예 $10\times4\div2=(4+6)\times4\div2$
(사다리꼴의 넓이)$=(4+6)\times4\div2=20$(cm²)

꿀팁 큰 수를 윗변과 아랫변의 길이의 합으로 생각하여 두 수의 합으로 나타내어 보면 그리기 쉽습니다.

4 답 (1), (2), (3)

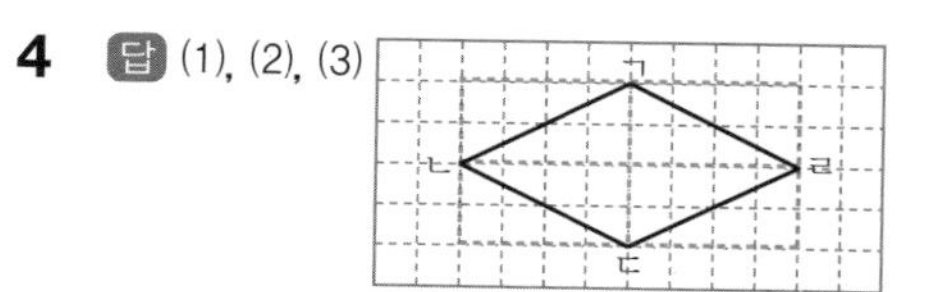

(4) 대각선, 2, 세로, 다른 대각선, 2
(5) 16 cm²

(5) $8\times4\div2=16$(cm²)

5 답 (1) 52 cm² (2) 120 cm²
(1) $8\times13\div2=52$(cm²)
(2) $20\times12\div2=120$(cm²)

6 답 예

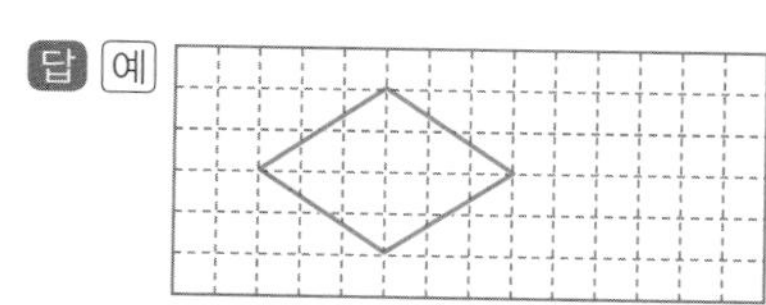

$12\times2=24$, $6\times4=24$……와 같이 곱이 24가 되는 두 수를 찾습니다. 찾은 그 수가 대각선의 길이가 되는 것을 찾습니다.

꿀팁 마름모의 넓이가 12 cm²이므로 마름모 넓이의 2배는 24 cm²입니다. 따라서 넓이가 24 cm²인 직사각형을 이용하여 마름모를 그립니다.

개념 익히기

1 답 (1) 24 cm (2) 21 cm

(1) $15+9=24$(cm)

(2) $9+12=21$(cm)

2 답 (1) 168 cm^2 (2) 72 cm^2 (3) 63 cm^2 (4) 60 cm^2

(1) $(18+10)\times12\div2=168$(cm^2)

(2) $(10+8)\times8\div2=72$(cm^2)

(3) $14\times9\div2=63$(cm^2)

(4) $10\times12\div2=60$(cm^2)

3 답 20 cm

(사다리꼴의 넓이)$=(10+14)\times10\div2=120$($cm^2$)

마름모의 다른 대각선의 길이를 □ cm라고 하면

$12\times$□$\div2=120$, $12\times$□$=240$, □$=20$(cm)

4 답 150 cm^2

(윗변)+(아랫변)$=50-(13+12)=25$(cm)

(사다리꼴의 넓이)$=25\times12\div2=150$(cm^2)

5 답 (1) $(12+20)\times$□$\div2=160$ (2) 10 cm

(2) $(12+20)\times$□$\div2=160$ ⇨ $32\times$□$=320$,

□$=10$(cm)

6 답 12 cm

선분 ㄱㄴ의 길이를 □ cm라 하면 사다리꼴의 넓이가 135 cm^2이므로

(□$+18)\times9\div2=135$, □$+18=30$, □$=12$(cm)

7 답 (1) 90 cm^2 (2) 85 cm^2

(1) $18\times10\div2=90$(cm^2)

(2) (사다리꼴)$=(12+17)\times10\div2=145$($cm^2$)

(마름모)$=12\times10\div2=60$(cm^2)

(도형의 넓이)$=145-60=85$(cm^2)

8 답 128 cm^2

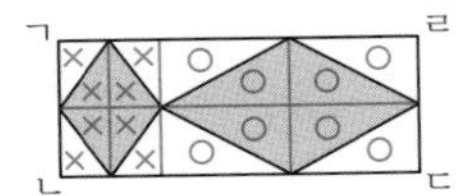

그림과 같이 선을 그어 넓이가 같은 곳을 표시해 보면 색칠한 두 마름모의 넓이는 직사각형의 넓이의 반입니다.

⇨ $256\div2=128$(cm^2)

개념 넓히기

1 답 (1) 13 (2) 9 (3) 8 (4) 14

(1) (□$+5)\times8\div2=72$

□$+5=18$, □$=13$(cm)

(2) $(10+14)\times$□$\div2=108$

$12\times$□$=108$, □$=9$(cm)

(3) $13\times$□$\div2=52$, $13\times$□$=104$, □$=8$(cm)

(4) □$\times12\div2=84$, $6\times$□$=84$, □$=14$(cm)

2 답 (1) 24 cm^2 (2) 6 cm (3) 69 cm^2

(1) (삼각형 ㄱㄷㄹ)$=10\times4.8\div2=24$(cm^2)

(2)

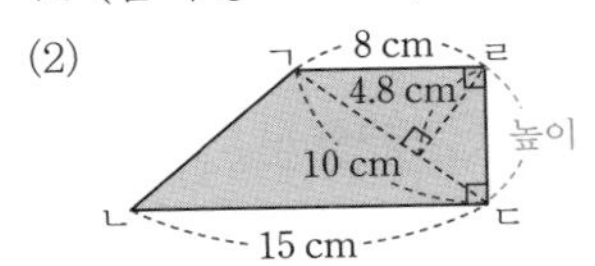

변 ㄱㄹ을 밑변으로 하는 삼각형 ㄱㄷㄹ의 넓이를 이용하면

(삼각형 ㄱㄷㄹ)$=8\times$(높이)$\div2=24$

(높이)$=6$(cm)

따라서 사다리꼴 ㄱㄴㄷㄹ의 높이도 6 cm입니다.

(3) (사다리꼴 ㄱㄴㄷㄹ)$=(8+15)\times6\div2=69$(cm^2)

3 답 128 cm^2

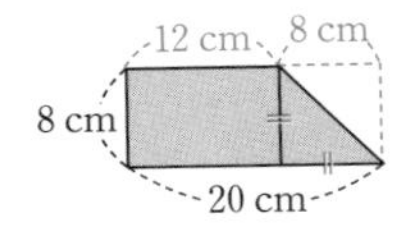

(사다리꼴)$=(12+20)\times8\div2$
$=128$(cm^2)

4 답 (1) 40 cm^2 (2) 80 cm^2 (3) 2 cm

(1) (삼각형 ㄱㄴㅁ)$=8\times10\div2=40$(cm^2)

(2) 삼각형 ㄱㄴㅁ과 사각형 ㄱㅁㄷㄹ의 넓이가 같으므로

(사다리꼴 ㄱㄴㄷㄹ)$=40\times2=80$(cm^2)

(3) 변 ㅁㄷ의 길이를 □ cm라고 하면

(사다리꼴 ㄱㄴㄷㄹ)$=(10+6)\times(8+$□$)\div2=80$

$8+$□$=10$, □$=2$(cm)

5 답 176 cm^2

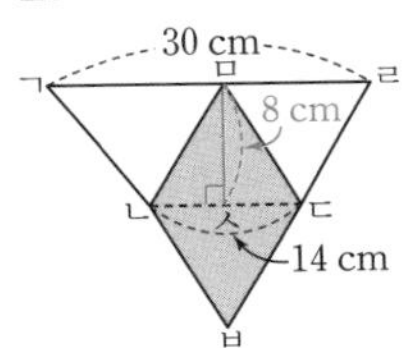

(마름모 ㅁㄴㅂㄷ의 넓이)

$=14\times$(선분 ㅁㅂ)$\div2=112$

(선분 ㅁㅂ)$=112\times2\div14=16$(cm)

(선분 ㅁㅅ)$=16\div2=8$(cm)

사다리꼴 ㄱㄴㄷㄹ의 높이도 8 cm이므로

(사다리꼴 ㄱㄴㄷㄹ의 넓이)

$=(30+14)\times8\div2=176$(cm^2)

6 답 175 cm^2

두 마름모의 넓이의 합에서 겹쳐진 부분의 넓이를 빼면

$20\times10\div2\times2-10\times5\div2=200-25=175$($cm^2$)

7 답 32 cm^2

(마름모 ㅁㄴㄷㄹ의 넓이)$=12\times$(선분 ㄴㄹ)$\div2=96$

(선분 ㄴㄹ)$=96\times2\div12=16$(cm)

(삼각형 ㄱㄴㄹ의 넓이)$=16\times10\div2=80$(cm^2)

(삼각형 ㅁㄴㄹ의 넓이)$=16\times6\div2=48$(cm^2)

(색칠한 부분의 넓이)$=80-48=32$(cm^2)

27 여러 가지 다각형의 넓이

개념 활동

1 답 (1) 풀이 참조 (2) 19.5 cm^2
(3) 풀이 참조 (4) 26 cm^2

(1) 가

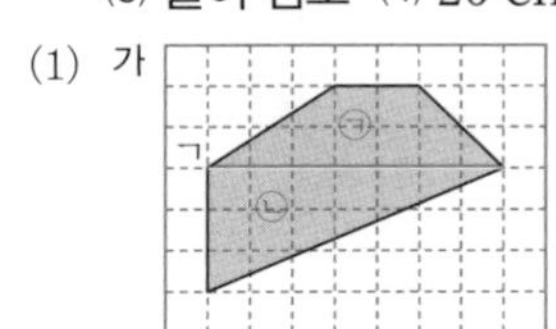

(2) (사다리꼴 ㉠의 넓이)$=(2+7)\times2\div2=9(cm^2)$
(삼각형 ㉡의 넓이)$=7\times3\div2=10.5(cm^2)$
(가의 넓이)$=9+10.5=19.5(cm^2)$

(3) 나

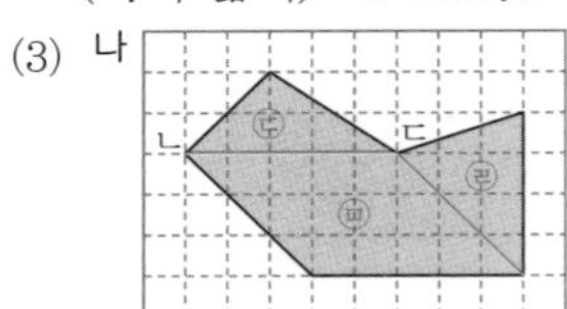

(4) (삼각형 ㉢의 넓이)$=5\times2\div2=5(cm^2)$
(삼각형 ㉣의 넓이)$=4\times3\div2=6(cm^2)$
(평행사변형 ㉤의 넓이)$=5\times3=15(cm^2)$
(나의 넓이)$=5+6+15=26(cm^2)$

2 답 (1) 풀이 참조, 134 cm^2
(2) 풀이 참조, 90 cm^2

(1) 예

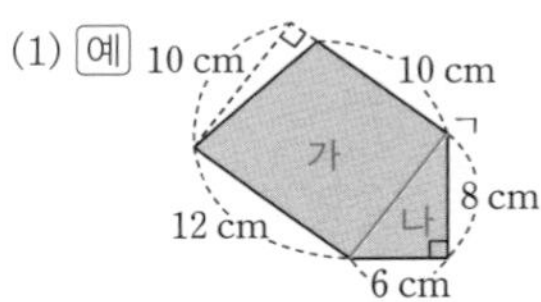

(가의 넓이)$=(10+12)\times10\div2=110(cm^2)$
(나의 넓이)$=6\times8\div2=24(cm^2)$
(도형의 넓이)$=110+24=134(cm^2)$

(2)

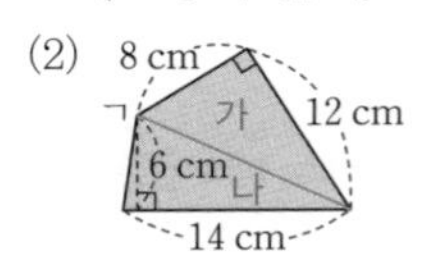

(가의 넓이)$=8\times12\div2=48(cm^2)$
(나의 넓이)$=14\times6\div2=42(cm^2)$
(도형의 넓이)$=48+42=90(cm^2)$

3 답 (1) 140 cm^2 (2) 30 cm^2 (3) 110 cm^2
(1) (사다리꼴 ㄱㄴㄷㄹ의 넓이)$=(8+20)\times10\div2$
$=140(cm^2)$
(2) (삼각형 ㄱㄴㅁ의 넓이)$=12\times5\div2=30(cm^2)$
(3) (색칠한 부분의 넓이)$=140-30=110(cm^2)$

4 답 (1) 28 cm^2 (2) 97 cm^2

(1)

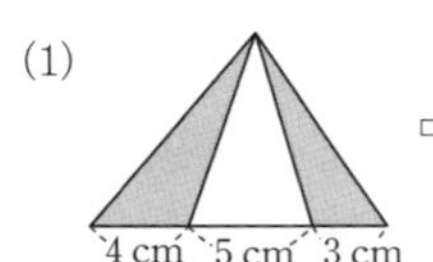

⇨

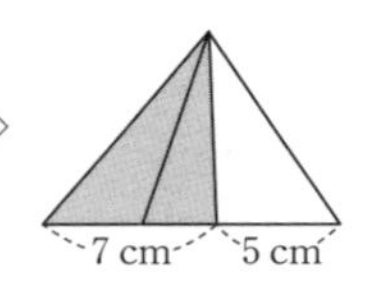

두 삼각형의 높이가 같으므로
(색칠한 부분의 넓이)$=(4+3)\times8\div2=28(cm^2)$
(2) (사다리꼴의 넓이)$=(11+14)\times10\div2=125(cm^2)$
(삼각형의 넓이)$=14\times4\div2=28(cm^2)$
(색칠한 넓이)$=125-28=97(cm^2)$

5 답 (1) 140 cm^2, 140 cm^2
(2) 예 평행사변형 ①과 직사각형 ②의 넓이의 합에서 삼각형 ③의 넓이를 빼어 구합니다.
(3) 40 cm^2 (4) 240 cm^2
(1) $10\times14=140(cm^2)$
(2) 평행사변형 ①과 직사각형 ②의 넓이의 합을 구하면 삼각형 ③의 넓이를 2번 더하게 되는 것이므로 ③의 넓이를 한 번 빼어 구합니다.
(3) $10\times8\div2=40(cm^2)$
(4) (색칠한 부분의 넓이)$=140+140-40=240(cm^2)$

6 답 (1) 189 cm^2 (2) 67.5 cm^2
(1) (평행사변형의 넓이)$=7\times(8+6)=98(cm^2)$
(사다리꼴의 넓이)$=(7+10)\times14\div2$
$=119(cm^2)$
(겹쳐진 부분의 넓이)$=7\times8\div2=28(cm^2)$
(도형의 넓이)$=98+119-28=189(cm^2)$
(2) (정사각형의 넓이)$=6\times6=36(cm^2)$
(겹쳐진 부분의 넓이)$=3\times3\div2=4.5(cm^2)$
(도형의 넓이)$=2\times36-4.5=67.5(cm^2)$

개념 익히기

1 답 (1) 81 cm^2 (2) 36 cm^2
(1) (삼각형의 넓이)+(사다리꼴의 넓이)
$=9\times4\div2+(12+9)\times6\div2$
$=18+63=81(cm^2)$

(2)

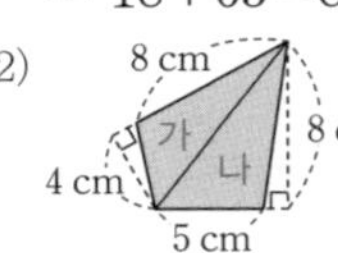

(가의 넓이)$=8\times4\div2=16(cm^2)$
(나의 넓이)$=5\times8\div2=20(cm^2)$
(도형의 넓이)$=16+20=36(cm^2)$

2 답 풀이 참조, 31 cm^2

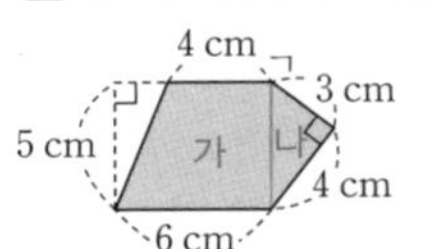

(가의 넓이)$=(4+6)\times5\div2$
$=25(cm^2)$
(나의 넓이)$=3\times4\div2=6(cm^2)$
(색칠한 넓이)$=25+6=31(cm^2)$

3 답 (1) 24 cm^2 (2) 42 cm^2 (3) 216 cm^2 (4) 60 cm^2
(1) $(3+3)\times8\div2=24(cm^2)$

(2) 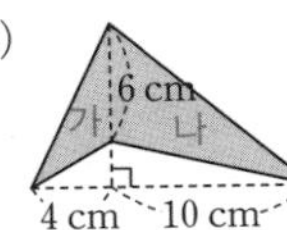

삼각형 가는 밑변이 6 cm, 높이가 4 cm이고, 삼각형 나는 밑변이 6 cm, 높이가 10 cm인 삼각형으로도 볼 수 있으므로

(색칠한 부분의 넓이)$=6\times4\div2+6\times10\div2$
$=12+30=42(cm^2)$

(3) 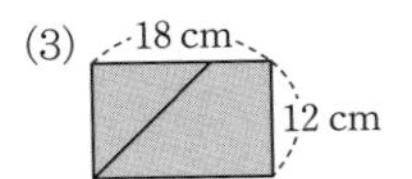

(색칠한 부분의 넓이)
$=18\times12=216(cm^2)$

(4) $10\times10-(5\times10\div2+5\times6\div2)$
$=100-(25+15)=60(cm^2)$

4 답 $64\ cm^2$

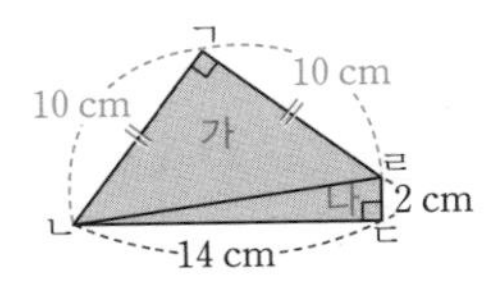

(도형의 넓이)=(가의 넓이)+(나의 넓이)
$=10\times10\div2+14\times2\div2$
$=50+14=64(cm^2)$

5 답 $81\ cm^2$

점 ㄱ에서 선분을 그으면 오른쪽과 같습니다.

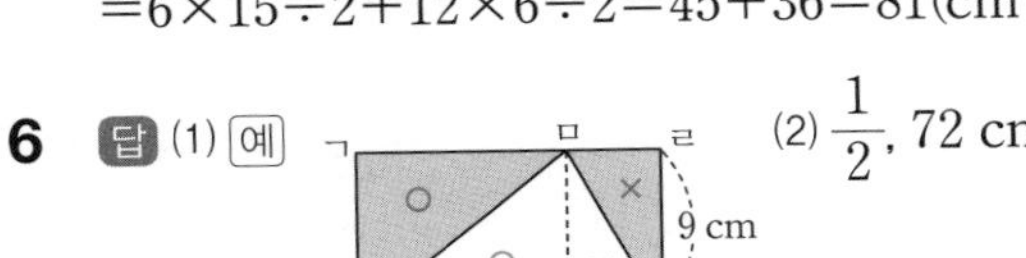

(색칠한 부분의 넓이)
=(가의 넓이)+(나의 넓이)
$=6\times15\div2+12\times6\div2=45+36=81(cm^2)$

6 답 (1) 예

(2) $\frac{1}{2}$, $72\ cm^2$

(2) 넓이가 같은 부분을 2곳으로 나눌 수 있으므로 색칠한 부분의 넓이는 직사각형 넓이의 반입니다.
$16\times9\div2=72(cm^2)$

7 답 (1) 이유 **두 삼각형 모두 밑변이 10 cm, 높이가 8 cm인 삼각형이므로 넓이가 같습니다.**
(2) $25\ cm^2$ (3) $30\ cm^2$

(1) (삼각형 ㄱㄴㄷ의 넓이)=(삼각형 ㄹㄴㄷ의 넓이)
$=10\times8\div2=40(cm^2)$

(2) (삼각형 ㅁㄴㄷ)$=10\times5\times\frac{1}{2}=25(cm^2)$

(3) (삼각형 ㄱㄴㅁ)$=40-25=15(cm^2)$
같은 넓이에서 삼각형 ㅁㄴㄷ의 넓이를 뺐으므로
(삼각형 ㄱㄴㅁ)=(삼각형 ㄹㄷㅁ)입니다.
(색칠한 넓이)$=15\times2=30(cm^2)$

개념 넓히기

1 답 (1) $82.5\ cm^2$ (2) $210\ cm^2$

(1) 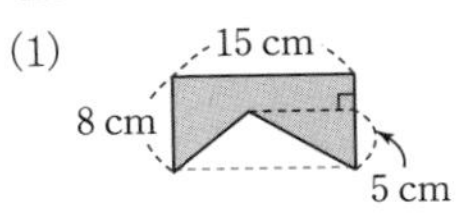

(색칠한 넓이)$=15\times8-15\times5\div2$
$=120-37.5=82.5(cm^2)$

(2) 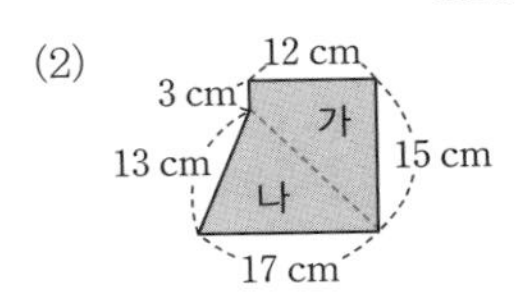

(가의 넓이)$=(3+15)\times12\div2=108(cm^2)$
(나의 넓이)$=17\times(15-3)\div2=102(cm^2)$
(색칠한 넓이)$=108+102=210(cm^2)$

2 답 (1) $50\ cm^2$ (2) $39\ cm^2$

(1) 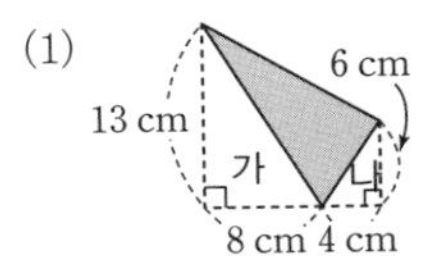

(사다리꼴)$=(13+6)\times12\div2=114(cm^2)$
(가의 넓이)$=13\times8\div2=52(cm^2)$
(나의 넓이)$=4\times6\div2=12(cm^2)$
(색칠한 부분의 넓이)$=114-(52+12)=50(cm^2)$

(2) 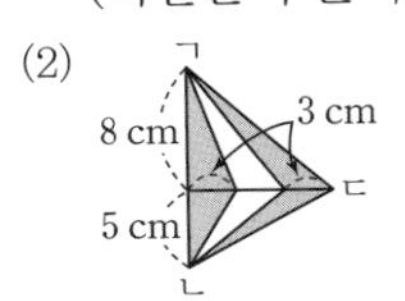

변 ㄱㄴ을 밑변으로 생각하면
(색칠한 부분의 넓이)
$=(8+5)\times3\div2\times2=39(cm^2)$

3 답 $126\ cm^2$

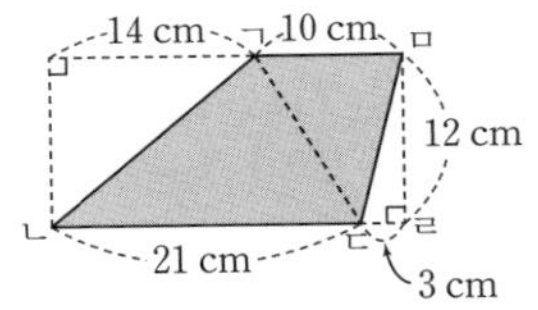

삼각형 ㄱㄷㅁ에서
$10\times$(선분 ㅁㄹ)$\div2=60$, (선분 ㅁㄹ)$=12(cm)$
(삼각형 ㄱㄴㄷ)$=(14+10-3)\times12\div2$
$=21\times12\div2=126(cm^2)$

4 답 12 cm

사각형 ㄱㄴㄷㅁ은 사다리꼴입니다.
(삼각형 ㄹㄴㄷ의 넓이)$=16\times6\div2=48(cm^2)$
(사다리꼴의 넓이)$=(8+16)\times$(변 ㄱㄴ)$\div2=48\times3$
$12\times$(변 ㄱㄴ)$=144$, (변 ㄱㄴ)$=12(cm)$

5 답 $80\ cm^2$

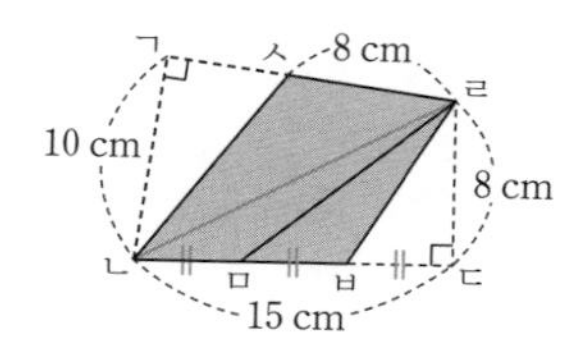

선분 ㄴㄹ을 그으면 색칠한 부분의 넓이는 삼각형 ㅅㄴㄹ과 삼각형 ㄹㄴㅂ의 넓이의 합입니다.
(삼각형 ㅅㄴㄹ의 넓이)$=8\times10\div2=40(\text{cm}^2)$
삼각형 ㄹㄴㅂ은 삼각형 ㄹㄴㄷ과 높이가 같고 밑변의 길이가 $\frac{2}{3}$이므로 넓이도 $\frac{2}{3}$입니다.
⇨ (삼각형 ㄹㄴㅂ의 넓이)$=(15\times8\div2)\times\frac{2}{3}=40(\text{cm}^2)$
따라서 색칠한 부분의 넓이는 $40+40=80(\text{cm}^2)$입니다.
[다른 풀이]
밑변 ㄴㅂ의 길이는 선분 ㄴㄷ의 $\frac{2}{3}$이므로
$15\times\frac{2}{3}=10(\text{cm})$입니다.
따라서 삼각형 ㄹㄴㅂ의 넓이는 $10\times8\div2=40(\text{cm}^2)$와 같이 구할 수도 있습니다.

6 답 $30\ \text{cm}^2$
(색칠한 부분의 넓이)
=(삼각형 ㄱㄴㅁ)−(삼각형 ㄱㄴㅂ)
$=16\times10\div2-10\times10\div2$
$=80-50=30(\text{cm}^2)$

7 답 $13\ \text{cm}^2$
(사각형ㄱㄴㅁㅅ의 넓이)
=(삼각형 ㄱㄴㄷ의 넓이)−(삼각형 ㅅㅁㄷ)
(사각형 ㄹㅅㄷㅂ)
=(삼각형 ㄹㅁㅂ의 넓이)−(삼각형 ㅅㅁㄷ)
⇨ (사각형 ㄱㄴㅁㅅ의 넓이)
=(사각형 ㄹㅅㄷㅂ의 넓이)$=40\div2=20(\text{cm}^2)$
(삼각형 ㅅㅁㄷ의 넓이)
$=11\times6\div2-20=33-20=13(\text{cm}^2)$

8 답 $27\ \text{cm}^2$

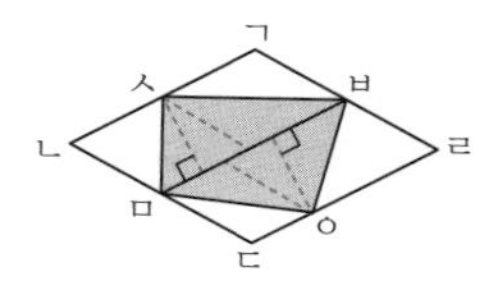

(삼각형 ㅅㅁㅂ)$=\frac{1}{2}\times$(평행사변형 ㄱㄴㅁㅂ)
(삼각형 ㅇㅂㅁ)$=\frac{1}{2}\times$(평행사변형 ㄷㄹㅂㅁ)
(색칠한 부분의 넓이)
=(삼각형 ㅅㅁㅂ)+(삼각형 ㅇㅂㅁ)
$=\frac{1}{2}\times$(마름모 ㄱㄴㄷㄹ)$=\frac{1}{2}\times54=27(\text{cm}^2)$

28 도형의 합동과 그 성질

개념 활동

1 답 가와 아, 나와 사

2 답 (1) 모두 합동은 아닙니다., 풀이 참조
(2) 2쌍
(1) 모양이 같은 쌍 : 가와 차, 나와 바, 라와 아, 마와 사
합동이 아닌 쌍 : 가와 차, 나와 바
이유 가와 차, 나와 바는 모양은 같은데 크기가 다르므로 포개었을 때 완전히 겹쳐지지 않아 합동이 아닙니다.
(2) 합동인 쌍 : 라와 아, 마와 사

3 답 예 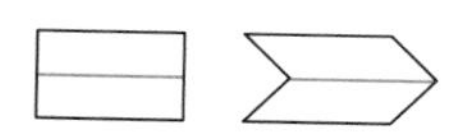

선에 의해 나누어진 두 모양은 서로 합동입니다.

4 답 (1) 합동입니다.
(2) (왼쪽에서부터) ㄹ, ㅂ, ㅁ / ㄹㅂ, ㅂㅁ, ㅁㄹ / ㄹㅂㅁ, ㅂㅁㄹ, ㅁㄹㅂ
(3) 같습니다. (4) 같습니다.
(1) 두 삼각형을 포개었을 때 완전히 겹쳐지므로 합동입니다.
(3) 두 삼각형을 포개었을 때 겹쳐지는 변으로 길이가 같습니다.
(4) 두 삼각형을 포개었을 때 겹쳐지는 각으로 크기가 같습니다.

5 답 (1) 점 ㅁ (2) 변 ㅂㅅ, 8 cm (3) 각 ㅁㅂㅅ, 75°

개념 익히기

1 답 대응점, 대응변, 대응각

2 답 나와 아, 마와 자
모양과 크기가 똑같은 도형을 찾으면 나와 아, 마와 자입니다.

3 답

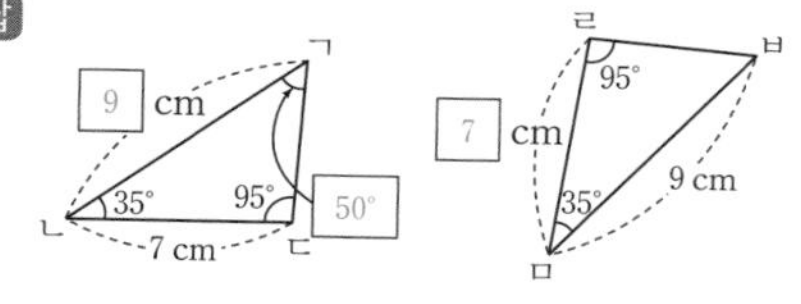

(각 ㄴㄱㄷ)$=180^\circ-(35^\circ+95^\circ)=50^\circ$

4 답 (1) 8 cm (2) 60°

(2) (각 ㄹㅁㅂ)=(각 ㄱㄴㄷ)

$=180°-(30°+90°)=60°$

5 답 (1) 각 ㄹㄴㄷ (2) 변 ㄱㄷ

삼각형 ㄹㄷㄴ을 왼쪽으로 뒤집어서 포개었을 때 겹쳐지는 각과 변을 찾습니다.

6 답 ④

④ 넓이가 같아도 합동이 아닐 수 있습니다.

다음 정사각형과 직사각형은 넓이는 모두 36 cm^2이지만 모양이 합동은 아닙니다.

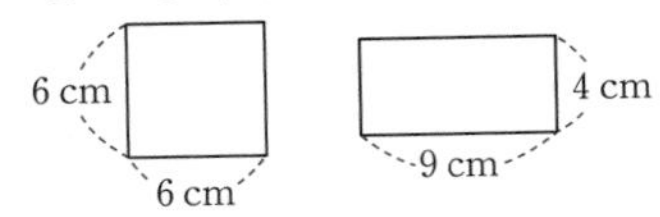

7 답 ④

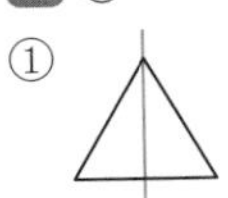
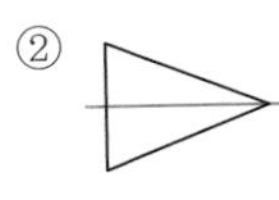
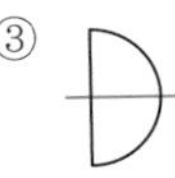
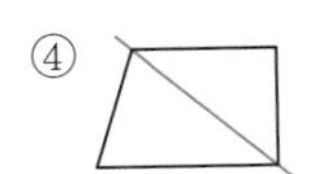
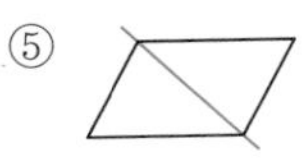

8 답 64 cm

변 ㄱㄴ의 대응변은 변 ㄹㅁ

변 ㄴㄷ의 대응변은 변 ㅁㄷ

변 ㄱㄷ의 대응변은 변 ㄹㄷ

이므로 오른쪽 그림과 같습니다.

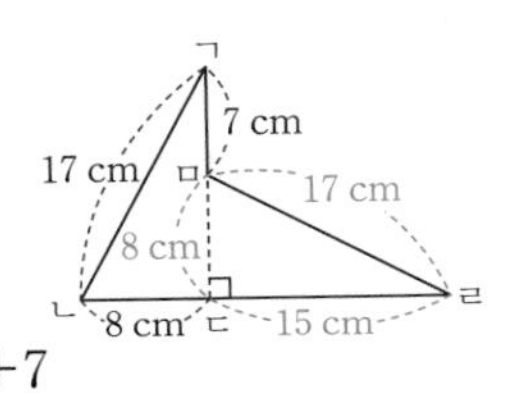

(도형의 둘레)=17+8+15+17+7

=64(cm)

개념 넓히기

1 답 예

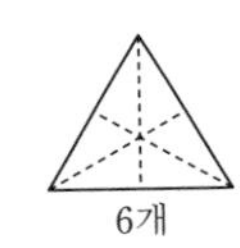
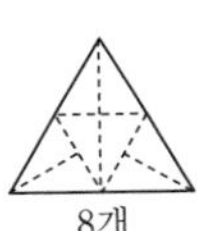
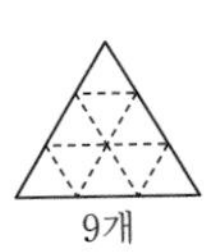
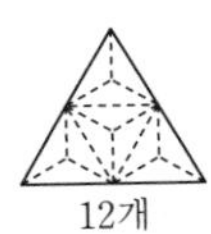

6개로 나눌 때는 3개로 나눈 것을 각각 2개로 나눕니다.

8개로 나눌 때는 4개로 나눈 것을 각각 2개로 나눕니다.

12개로 나눌 때는 4개로 나눈 것을 각각 3개로 나눕니다.

2 답 ①, ④

원과 정다각형은 모양이 같으므로 넓이가 같으면 합동입니다.

3 답 (1) 6 cm (2) 80° (3) 90°

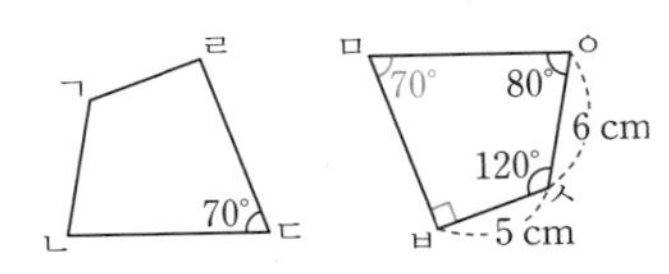

(1) 변 ㄱㄴ의 대응변은 변 ㅅㅇ이므로 6 cm입니다.

(2) 각 ㄱㄴㄷ의 대응각은 각 ㅅㅇㅁ이므로 80°입니다.

(3) 각 ㄱㄹㄷ의 대응각은 각 ㅅㅂㅁ이고 사각형의 네 각의 크기의 합은 360°이므로

(각 ㄱㄹㄷ)=360°−(70°+80°+120°)=90°입니다.

4 답 13 cm, 70°

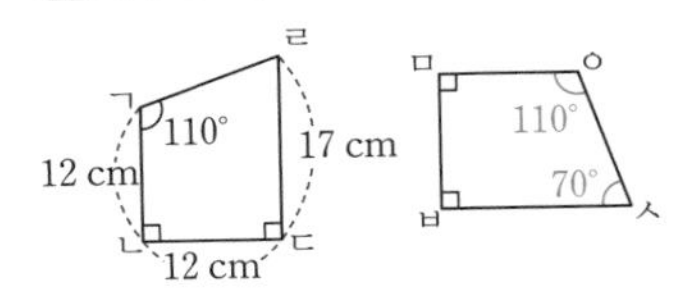

(변 ㄱㄹ)=54−(12+12+17)=13(cm)

사각형 ㅁㅂㅅㅇ에서

(각 ㅁㅇㅅ)+(각 ㅂㅅㅇ)=180°이므로

(각 ㅂㅅㅇ)=180°−110°=70°

5 답 ①, ③, ④

② 둘레가 같은 이등변삼각형의 모양이 다를 수 있습니다.

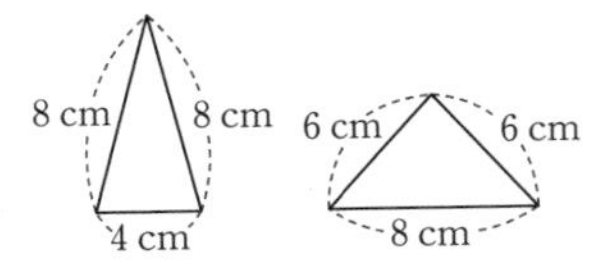

⑤ 네 각의 크기가 같은 평행사변형은 직사각형이므로 모양이 다를 수 있습니다.

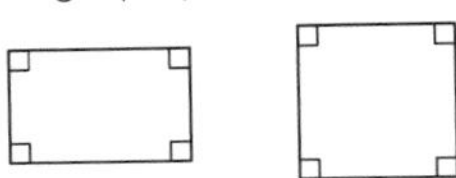

6 답 43.2 cm^2

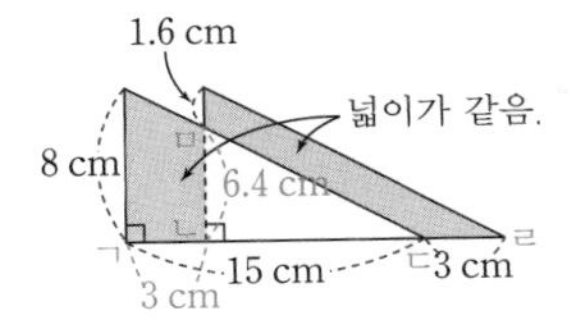

변 ㄱㄷ과 변 ㄴㄹ의 길이가 같으므로

(변 ㄴㄷ)=15−3=12(cm), (변 ㅁㄴ)=8−1.6=6.4(cm)

(삼각형 ㅁㄴㄷ)=12×6.4÷2=38.4(cm^2)

(색칠한 부분의 넓이)=(15×8÷2−38.4)×2

=43.2(cm^2)

7 답 (1) 23 cm (2) 90°

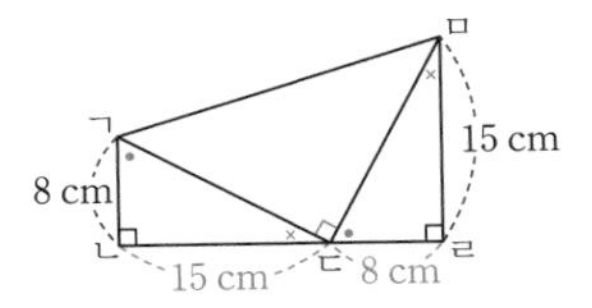

(1) 변 ㄴㄷ은 변 ㄹㅁ의 대응변이므로

(변 ㄴㄷ)=(변 ㄹㅁ)=15 cm,
변 ㄷㄹ은 변 ㄱㄴ의 대응변이므로
(변 ㄷㄹ)=(변 ㄱㄴ)=8 cm
(변 ㄴㄹ)=(변 ㄴㄷ)+(변 ㄹㅁ)
=15+8=23(cm)

(2) 삼각형 ㄱㄴㄷ에서 •+×=90°
(각 ㄱㄷㅁ)=180°−(•+×)=90°

8 답 (1) 130° (2) 85°

(1)
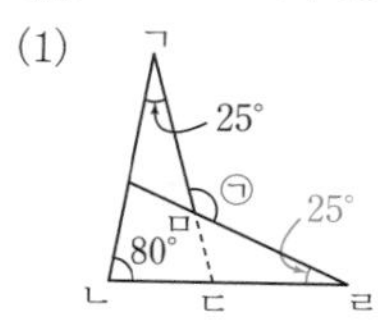

(각 ㄱㄷㄴ)=180°−(25°+80°)=75°
(각 ㅁㄷㄹ)=180°−75°=105°
(각 ㄷㅁㄹ)=180°−(105°+25°)
=50°

㉠=180°−50°=130°

(2)
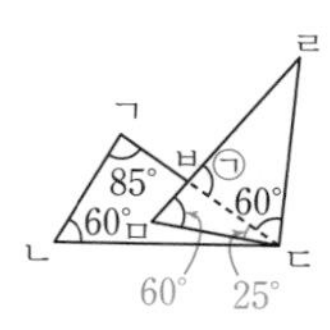

각 ㄹㅁㄷ의 대응각은 각 ㄷㄴㄱ이므로
(각 ㄹㅁㄷ)=60°
각 ㄹㄷㅁ의 대응각은 각 ㄷㄱㄴ이므로
(각 ㄹㄷㅁ)=85°
(각 ㅂㄷㅁ)=85°−60°=25°
(각 ㅁㅂㄷ)=180°−(25°+60°)=95°
㉠=180°−95°=85°

29 합동인 삼각형 그리기

개념 활동

1 답 (1) 그림 참조 (2) 그림 참조, 3 cm
(3) 그림 참조, 4 cm

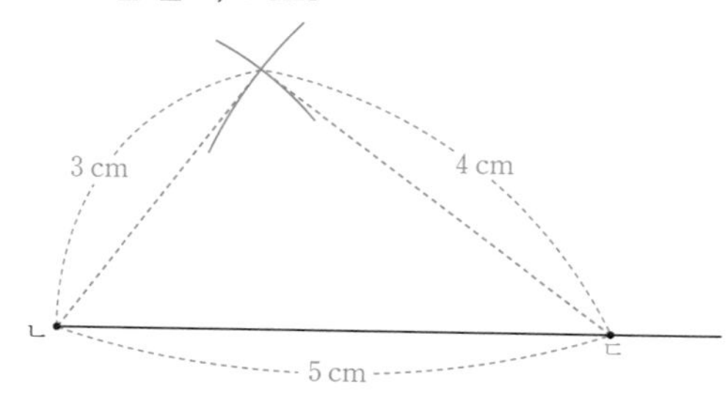

2 답 그림 수 없습니다., 풀이 참조
이유 삼각형의 가장 긴 변의 길이는 다른 두 변의 길이의 합보다 작아야 합니다.

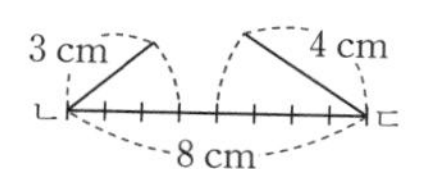

그림과 같이 점 ㄴ, 점 ㄷ을 원의 중심으로 하고 3 cm, 4 cm인 원을 그려 선을 그으면 두 선분은 서로 만나지 않으므로 삼각형을 그릴 수 없습니다.

3 답 (1)

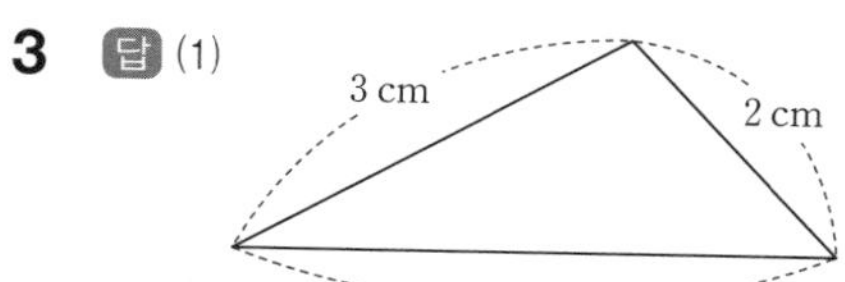

(2)

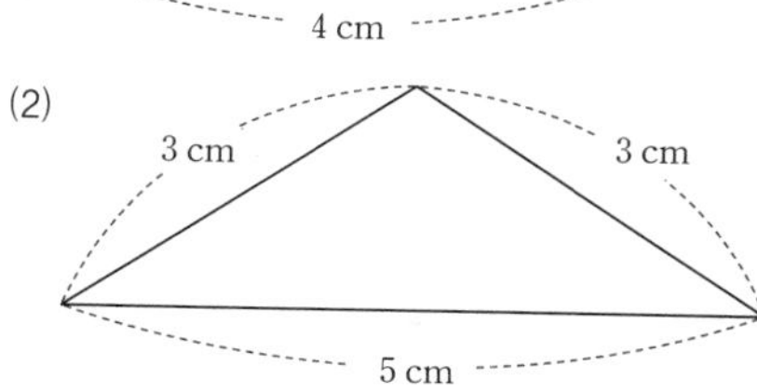

(1) 선분의 한 끝점을 중심으로 반지름이 3 cm인 원을 그리고, 다른 끝점을 중심으로 반지름이 2 cm인 원을 그립니다.
두 원이 만나는 점을 이어 삼각형을 완성합니다.

4 답

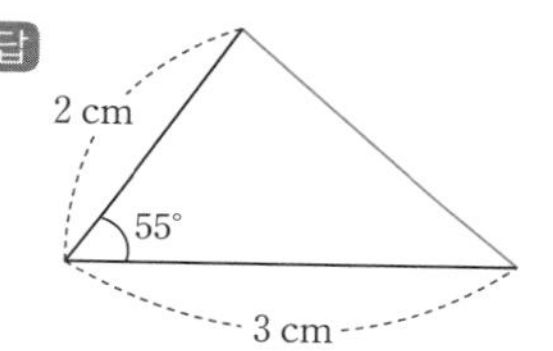

선분의 한 끝점을 각의 꼭짓점으로 하여 크기가 55°인 각을 그립니다.
그린 각의 변에 각의 꼭짓점에서 2 cm 거리인 곳에 점을 찍고 삼각형을 완성합니다.

5 답 (1), (2)

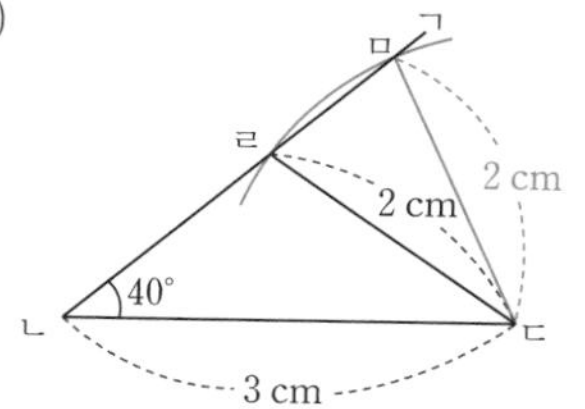

(3) 예 두 변과 한 각의 크기가 주어지면 삼각형이 한 가지로 그려지지 않으므로 두 변과 그 사이에 있는 각의 크기가 주어져야 합니다.

6 답

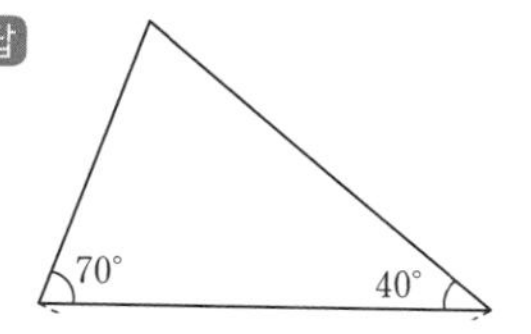

7 답 ㉢
㉢ 세 각의 크기만 주어진 경우 크기가 다른 여러 가지 삼각형을 그릴 수 있습니다.

개념 익히기

1 답 ㉠, ㉢

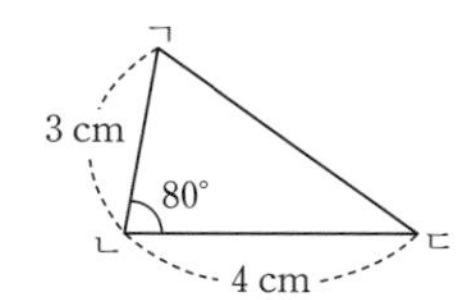

먼저 자로 길이가 4 cm인 선분 ㄴㄷ을 긋고, 점 ㄱ을 각의 꼭짓점으로 하고 각도가 80°인 각을 그린 다음 자로 점 ㄴ에서 3 cm가 되는 점 ㄱ을 찍습니다.
점 ㄱ과 점 ㄷ을 이어 삼각형을 완성합니다.

2 답 변의 길이, 그 사이에 있는 각의 크기, 한 변의 길이

3 답 ㉢-㉡-㉣-㉠(또는 ㉢-㉣-㉡-㉠)

4 답 ④
① 가장 긴 변이 나머지 두 변의 길이의 합과 같으므로 삼각형을 그릴 수 없습니다.
② 가장 긴 변이 나머지 두 변의 길이의 합보다 크므로 삼각형을 그릴 수 없습니다.
③ 삼각형의 세 각의 크기의 합이 180°이므로 한 각이 180°인 삼각형을 그릴 수 없습니다.
⑤ 양 끝 각이 각각 90°이므로 두 각의 크기의 합이 180°입니다. 따라서 삼각형을 그릴 수 없습니다.

5 답 ⑤
길이가 주어진 변 ㄱㄴ 또는 변 ㄷㄱ을 가장 먼저 그리고 두 번째로 각 ㄷㄱㄴ그립니다.

6 답 ③
삼각형의 세 각의 크기의 합이 180°임을 이용하여 나머지 한 각의 크기를 구한 다음 합동인 삼각형을 그립니다.

7 답 (1) 한 변의 길이와 양 끝 각의 크기
(2)

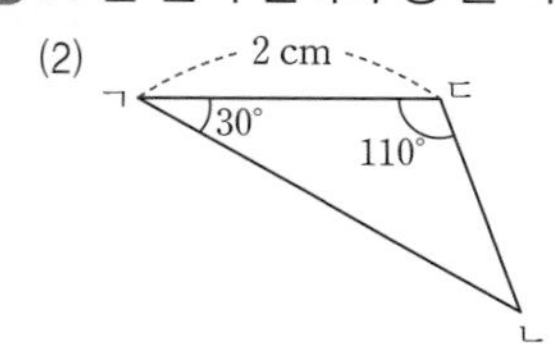

8 답 12 cm
조건에 맞게 삼각형을 그리면 오른쪽과 같습니다.
세 각이 모두 60°이므로 정삼각형입니다.
한 변의 길이는 6 cm이고, 정삼각형은 세 변의 길이가 모두 같으므로 다른 두 변의 길이도 각각 6 cm입니다.
따라서 다른 두 변의 길이의 합은 6+6=12(cm)입니다.

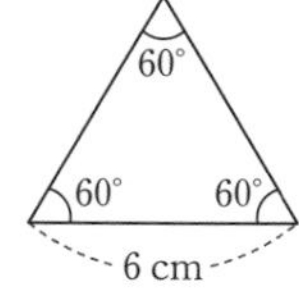

개념 넓히기

1 답 ㉡, ㉢
이유 ㉡ 세 각의 크기가 각각 같게 그리면 삼각형의 모양은 같지만 크기가 다를 수 있습니다.
㉢ 두 변과 그 변 사이에 있는 각의 크기가 아니면 다른 삼각형이 그려질 수 있습니다.

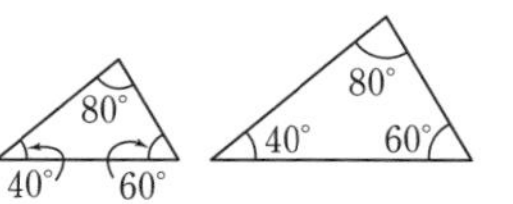

세 각의 크기는 모두 같지만 변의 길이가 다르므로 합동이 아닙니다.

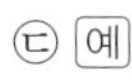

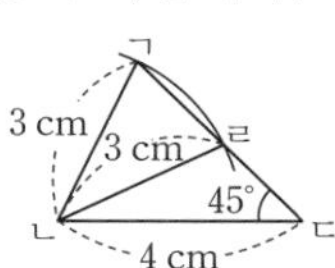

삼각형 ㄱㄴㄷ, 삼각형 ㄹㄴㄷ 모두 두 변이 3 cm, 4 cm이고 한 각이 45°인 삼각형입니다.

2 답 ㉠-㉢-㉣-㉡

3 답 4가지
변의 양 끝 각의 합이 180°보다 작으면 삼각형을 그릴 수 있습니다.
(45°, 120°), (45°, 70°), (45°, 80°), (70°, 80°)
⇨ 4가지

4 답 이유 4 cm인 변의 위치에 따라 두 가지 삼각형을 그릴 수 있습니다. 따라서 합동인 삼각형을 그릴 수 없습니다.

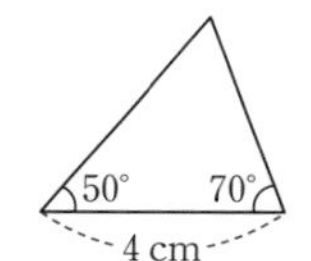

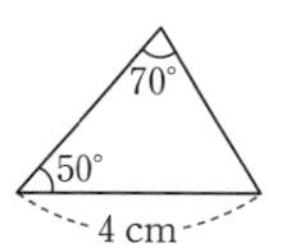

5 답 ㉢, ㉤
㉠ 한 변과 양 끝 각은 아니지만 삼각형의 세 각의 크기의 합을 이용하면 변 ㄴㄷ의 양 끝 각의 하나인 각 ㄱㄷㄴ의 크기를 알 수 있으므로 합동인 삼각형을 그릴 수 있습니다.

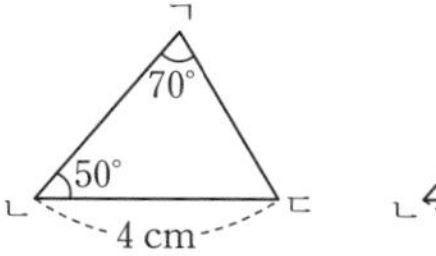

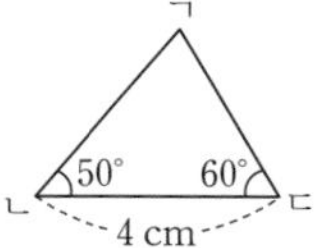

(각 ㄱㄷㄴ)=60°를 구할 수 있습니다.

6 답 ㉡
두 변 사이에 있는 각의 크기가 아닌 다른 각의 크기가 주어진 경우에 삼각형을 두 가지로 그릴 수 있는 것을 나타낸 그림입니다.

7 답

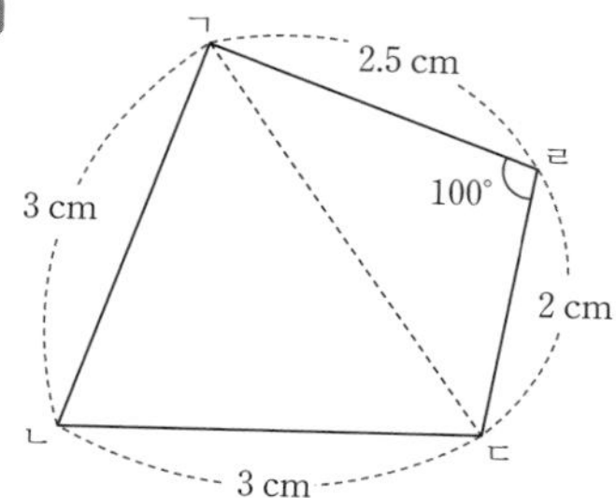

2 cm와 2.5 cm인 변 ㄷㄹ과 변 ㄹㄱ, 그 사이에 있는 각 100°를 사용하여 삼각형 ㄹㄱㄷ을 그립니다.
변 ㄱㄷ을 한 변으로 하고 나머지 두 변이 각각 3 cm가 되도록 변 ㄱㄴ과 변 ㄴㄷ을 그립니다.

30 선대칭도형과 점대칭도형

개념 활동

1 답 (1), (2)

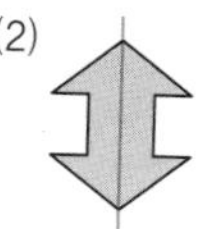

(3) 있습니다.

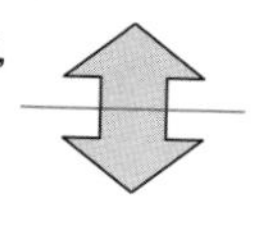

2 답 (1) 가, 나, 라, 마, 사, 아, 자, 카, 타

(2)

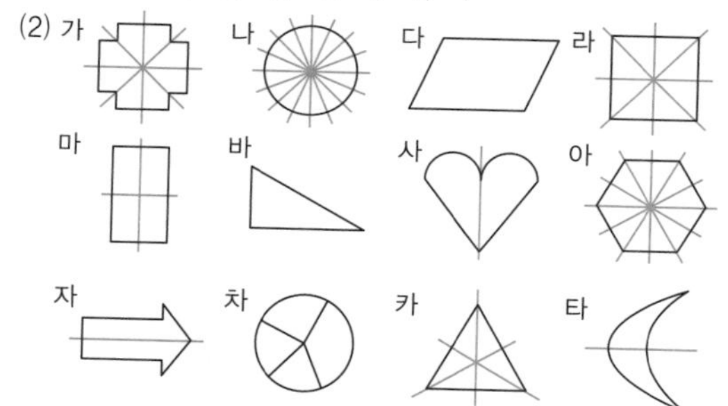

가 : 4개, 나 : 셀 수 없이 많습니다.
라 : 4개, 마 : 2개, 사 : 1개, 아 : 6개, 자 : 1개,
카 : 3개, 타 : 1개

(3) 예 정다각형의 대칭축의 개수는 변의 개수와 같습니다.

3 답 (1) 생략
(2) 완전히 겹쳐지지 않습니다. (3) 180°
(4) ㄱ ㄹ ㄴ ㅇ ㄷ ⇨ ㄷ ㄴ ㄹ ㄱ
(5) 점대칭도형입니다.

4 답

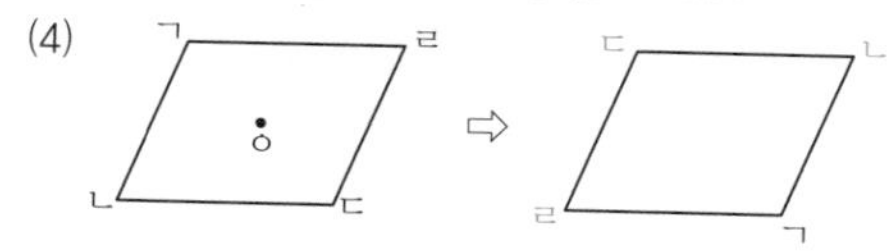

5 답 나, 라, 바, 사, 아
180° 돌린 모양을 그려 봅니다.

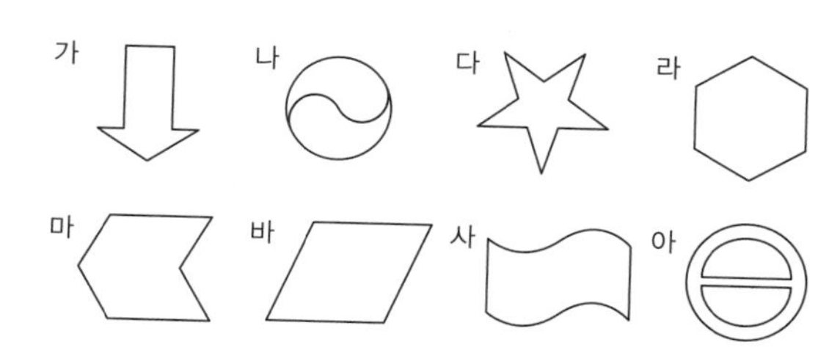

처음의 도형과 같은 도형을 찾으면 나, 라, 바, 사, 아입니다.

개념 익히기

1 답

2 (1) 다, 라, 마 (2) 바

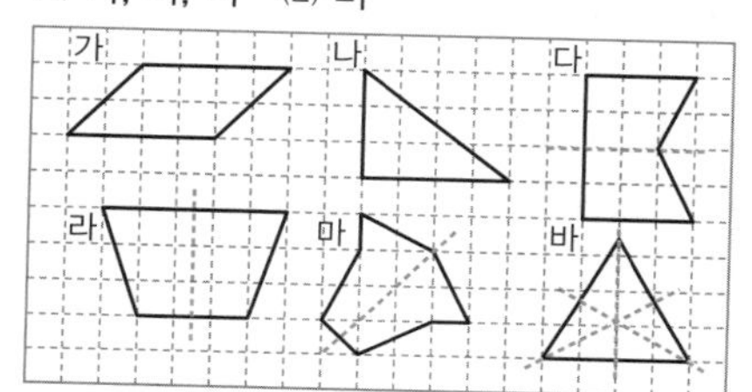

3 답

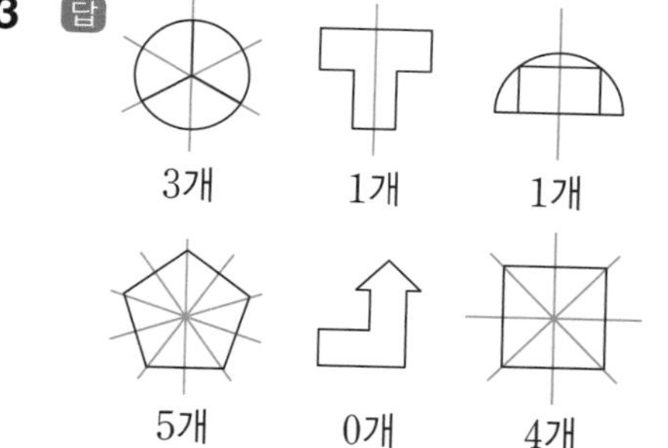

4 답

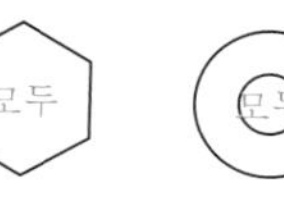

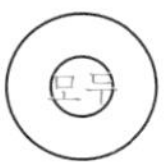

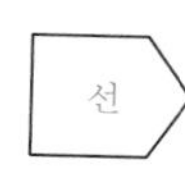

5 답 ④
[바르게 고치기] 도형을 어떤 점(대칭의 중심)을 중심으로 180° 돌렸을 때 처음 도형과 완전히 겹쳐지는 도형을 점대칭도형이라고 합니다.

6 답 (1) **A E O T V X**
(2) **N O S Z X**
(3) **O X**

개념 넓히기

1 답 (1) (2)

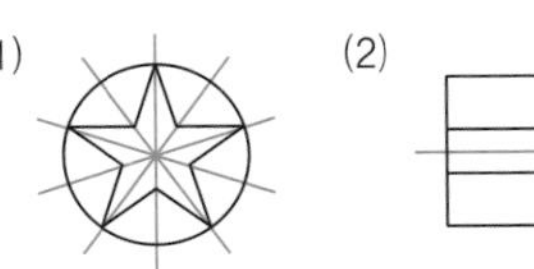

도형이 완전히 겹쳐질 수 있도록 접을 수 있는 선을 찾아 그려 봅니다.

2 답 ②, ③, ④

3 답 ㉡, ㉣, ㉤, ㉦, ㉧

4 답 예

5 답 (1) ㄱ ㄷ ㄹ ㅁ ㅂ
ㅇ ㅈ ㅋ ㅍ ㅎ

(2) ㄹ ㅁ ㅇ ㅍ

(3) 믐

(1) 대칭축을 그려 넣은 것이 선대칭도형입니다. 단, 글자 모양에 따라 답이 달라질 수 있습니다.

6 답 (1) 0 1 8

(2) 0 1 2 5 8

(3) 0 1 8

(4) 202, 212, 222, 252, 282, 505, 515, 525, 555, 585

31 선대칭도형의 성질

개념 활동

1 답 (1) 합동입니다.

(2)

대응점		대응변		대응각	
점 ㄱ	점 ㅅ	변 ㄱㅇ	변 ㅅㅇ	각 ㅇㄱㄴ	각 ㅇㅅㅂ
점 ㄴ	점 ㅂ	변 ㄱㄴ	변 ㅅㅂ	각 ㄱㄴㄷ	각 ㅅㅂㅁ
점 ㄷ	점 ㅁ	변 ㄴㄷ	변 ㅂㅁ	각 ㄴㄷㄹ	각 ㅂㅁㄹ
		변 ㄷㄹ	변 ㅁㄹ		

(3) 같습니다.

이유 선대칭도형은 대칭축을 중심으로 접으면 완전히 겹쳐지므로 대응변의 길이는 각각 같고, 대응각의 크기도 각각 같습니다.

2 답 (1)

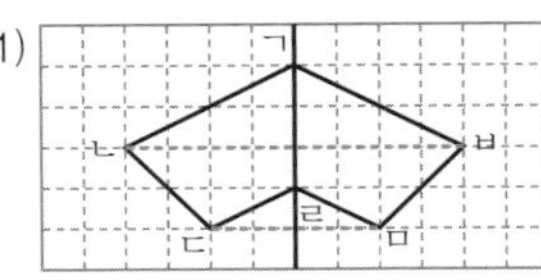

(2) 같습니다. (3) 같습니다.

(4) 90°, 90°

(2) 대응점과 대칭축 사이의 거리가 모두 4칸으로 같습니다.

(3) 대응점과 대칭축 사이의 거리가 모두 2칸으로 같습니다.

3 답 (1) (왼쪽부터) 7, 90° (2) 10, 30°

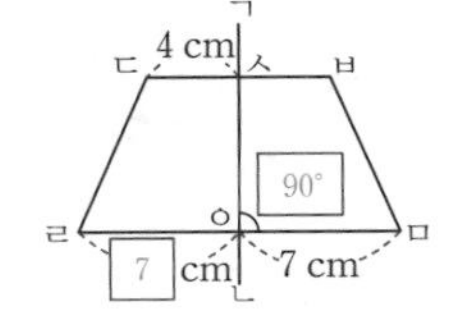

(1) 선대칭도형은 대응점과 대칭축 사이의 거리가 같고, 대응점을 이은 선분은 대칭축과 수직입니다.

(선분 ㄹㅇ)=(선분 ㅁㅇ)
=7 cm

(각 ㅅㅇㅁ)=90°

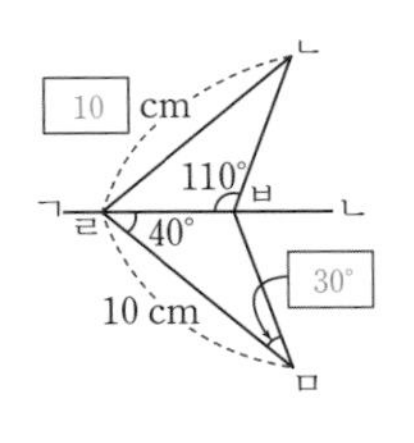

(2) (각 ㄹㅂㅁ)=(각 ㄹㅂㄷ)
=110°

삼각형의 세 각의 크기의 합은 180°이므로

(각 ㄹㅁㅂ)=180°−40°−110°
=30°

4 답 (1), (2), (3)

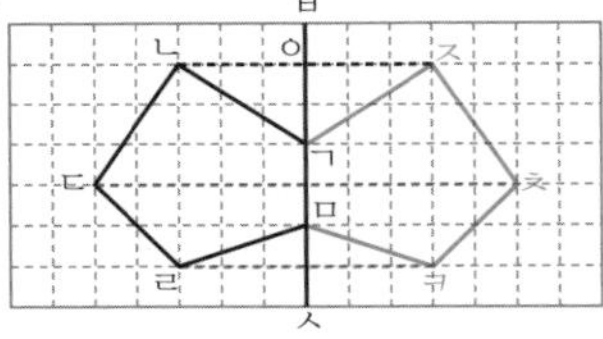

5 답 (1)

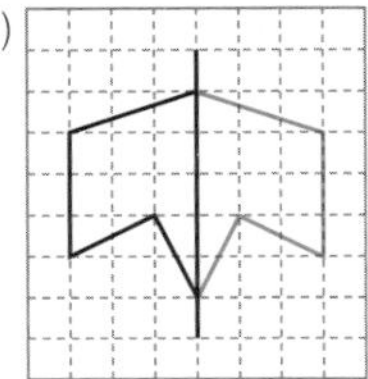

(2)

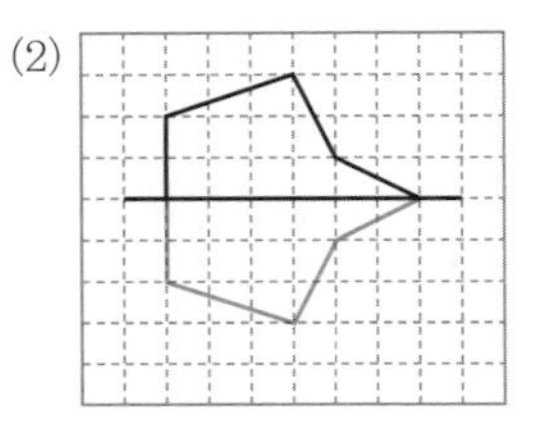

개념 익히기

1 답 (1) 점 ㅂ (2) 변 ㄴㄷ (3) 각 ㄱㅅㅂ

대칭축을 따라 접었을 때 겹쳐지는 점, 변, 각을 찾습니다.

2 답 (1) 8 cm (2) 각 ㄴㄱㅁ (3) 90° (4) 40°

(3) 선분 ㄴㄷ은 대칭축에 수직이므로
(각 ㄴㅂㅁ)=90°입니다.

(4) 각 ㄷㄹㅁ의 대응각은 각 ㄴㄱㅁ이므로 크기가 같습니다.

(각 ㄷㄹㅁ)=(각 ㄴㄱㅁ)

$=360^\circ-(100^\circ+90^\circ+130^\circ)=40^\circ$

3 답 120°

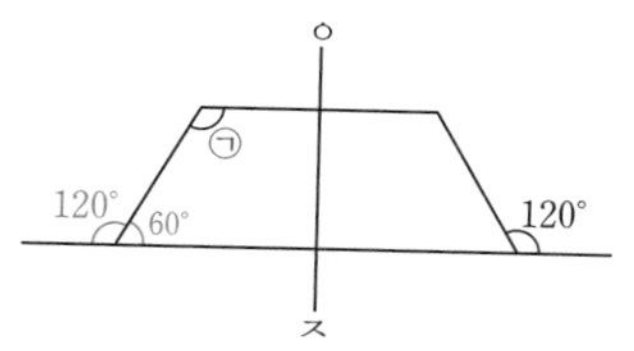

㉠$=360^\circ-90^\circ-90^\circ-60^\circ=120^\circ$

4 답 (1)

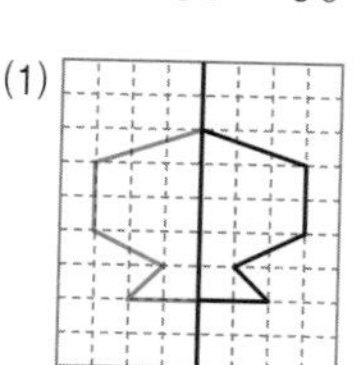

(2)

각 점에서 대칭축에 수직인 선분을 그은 다음 각 점과 대칭축 사이의 거리가 같도록 대응점을 찍어 선분으로 연결합니다.

5 답

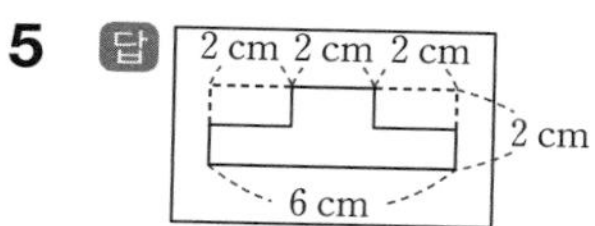

, 16 cm

(도형의 둘레)=(6+2)×2=16(cm)

6 답 (1)

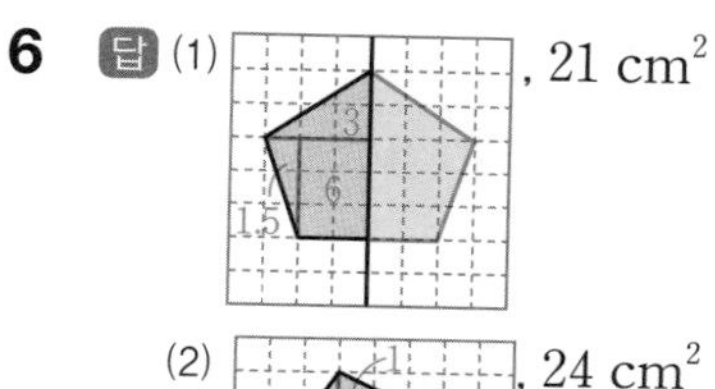

, 21 cm²

(2) , 24 cm²

(1) (선대칭도형의 넓이)=(3+6+1.5)×2

=21(cm²)

(2) (선대칭도형의 넓이)=(3+1+8)×2

=24(cm²)

7 답 풀이 참조, 5 cm, 13 cm

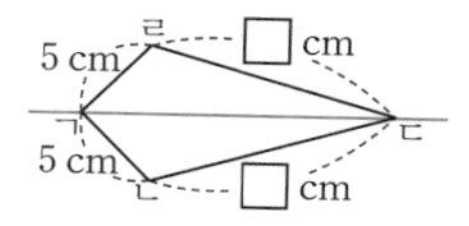

대응변의 길이는 같으므로

(변 ㄱㄴ)=(변 ㄱㄹ)=5 cm

(5+□)×2=36, 5+□=18, □=13(cm)

따라서 (변 ㄴㄷ)=13 cm입니다.

개념 넓히기

1 답 (1) 점 ㅅ (2) 각 ㄴㄱㅅ (3)

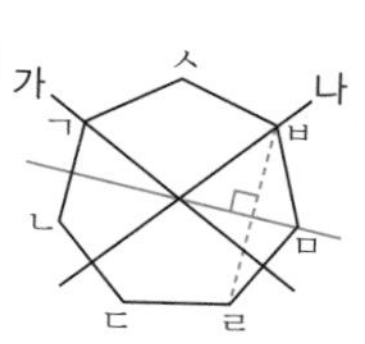

2 답 (1) 예 대응점을 이은 선분은 대칭축과 수직으로 만나고, 대칭축은 대응점을 이은 선분을 이등분합니다.

(2) 예

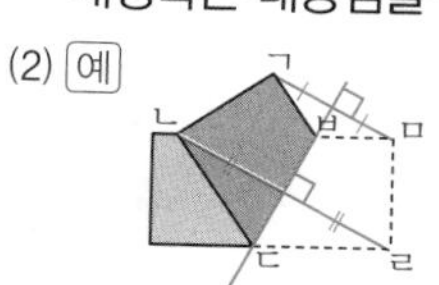

(3) 예

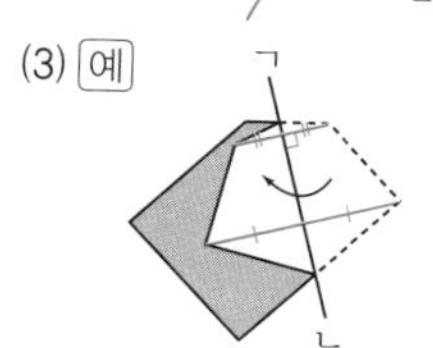

(3) 점 ㄷ과 점 ㄹ에서 선분 ㄱㄴ에 수직인 선분을 긋고, 대칭축으로부터의 거리가 같은 점 ㄷ′, 점 ㄹ′을 각각 찍은 다음 선으로 이어 접은 모양을 완성합니다.

3 답 (1)

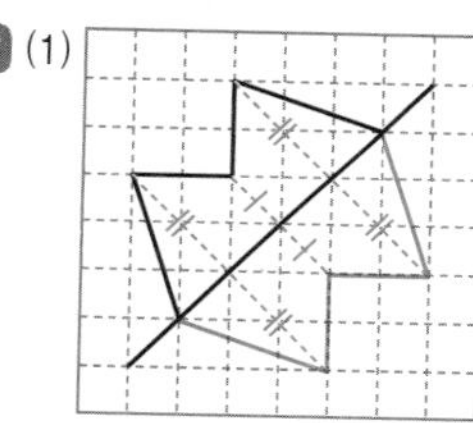

(2)

4 답 (1)

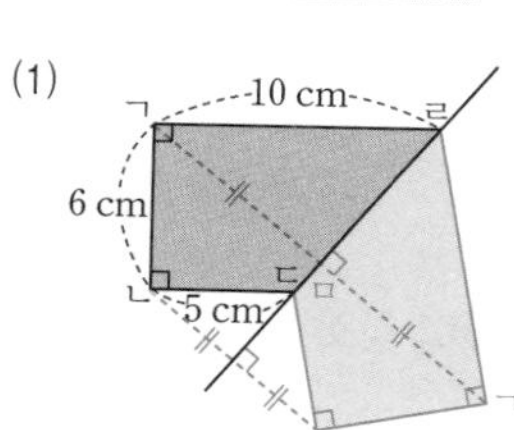

(2) 90 cm²

(1) 점 ㄱ에서 대칭축에 수직인 직선을 긋고, 선분 ㄱㅁ과 길이가 같은 선분 ㅁㄱ′이 되도록 점 ㄱ′을 찍습니다. 같은 방법으로 점 ㄴ의 대응점인 점 ㄴ′을 찍은 다음 대응점을 선으로 이어 선대칭도형을 완성합니다.

(2) 선대칭도형의 넓이는 사다리꼴 ㄱㄴㄷㄹ의 넓이의 2배이므로

(선대칭도형의 넓이)=(5+10)×6÷2×2=90(cm²)

5 답 (1)

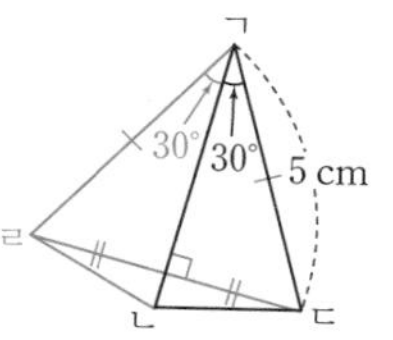

(2) 정삼각형 (3) 5 cm

(2) 선분 ㄱㄹ은 선분 ㄱㄷ의 대응변이므로 길이가 같으므로 삼각형 ㄱㄹㄷ은 이등변삼각형입니다. 각 ㄹㄱㄷ

이 60°이므로

(각 ㄱㄹㄷ)=(각 ㄱㄷㄹ)=(180°−60°)÷2=60°

입니다.

따라서 삼각형 ㄱㄹㄷ은 세 각이 모두 60°인 정삼각형입니다.

(3) 삼각형 ㄱㄹㄷ은 정삼각형이므로 세 변의 길이가 모두 같습니다.

⇨ (변 ㄷㄹ)=5 cm

32 점대칭도형의 성질

개념 활동

1 답 (1)

대응점		대응변		대응각	
점 ㄱ	점 ㄷ	변 ㄱㄴ	변 ㄷㄹ	각 ㄱㄴㄷ	각 ㄷㄹㄱ
점 ㄴ	점 ㄹ	변 ㄴㄷ	변 ㄹㄱ	각 ㄴㄷㄹ	각 ㄹㄱㄴ
점 ㄷ	점 ㄱ	변 ㄷㄹ	변 ㄱㄴ	각 ㄷㄹㄱ	각 ㄱㄴㄷ
점 ㄹ	점 ㄴ	변 ㄹㄱ	변 ㄴㄷ	각 ㄹㄱㄴ	각 ㄴㄷㄹ

(2) 변 ㄱㄴ – 변 ㄷㄹ, 변 ㄴㄷ – 변 ㄹㄱ, 같습니다.

(3) 각 ㄱㄴㄷ – 각 ㄷㄹㄱ, 각 ㄹㄱㄴ – 각 ㄴㄷㄹ 같습니다.

(4)

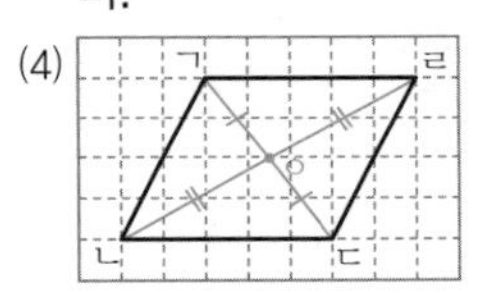

(5) 같습니다, 같습니다.

2 답 (1) 점 ㄹ, 풀이 참조 (2) 풀이 참조

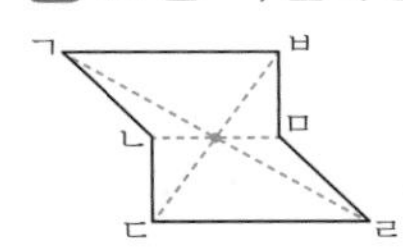

3 답 (1) 각각의 대응점에서 대칭의 중심까지의 거리는 같습니다.

(2), (3)

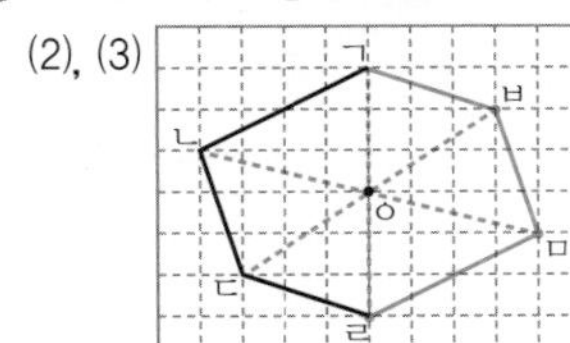

4 답 (1) (2)

5 답 (1), (2), (3)

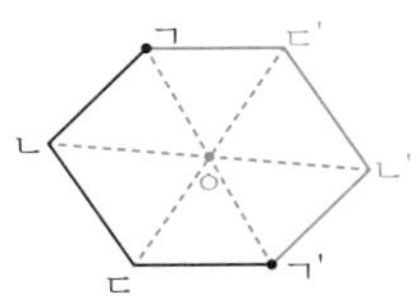

개념 익히기

1 답 (1)

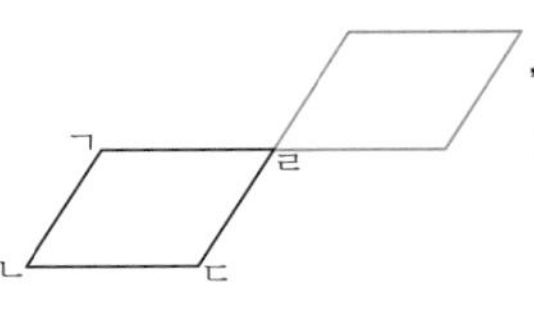

, 대칭의 중심이 아닙니다. 풀이 참조

(2)

(1) 이유 점 ㄹ을 중심으로 180° 돌리면 처음 도형과 일치하지 않으므로 점 ㄹ은 대칭의 중심이 아닙니다.

2 답 (1) 점 ㅁ (2) 변 ㅁㅂ (3) 각 ㅂㄱㄴ

3 답 (1)

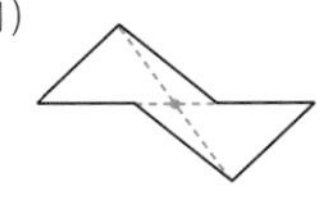

(2)

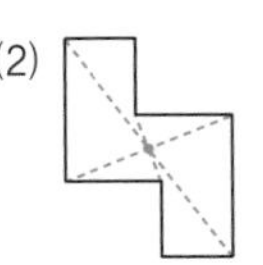

4 답 (1)

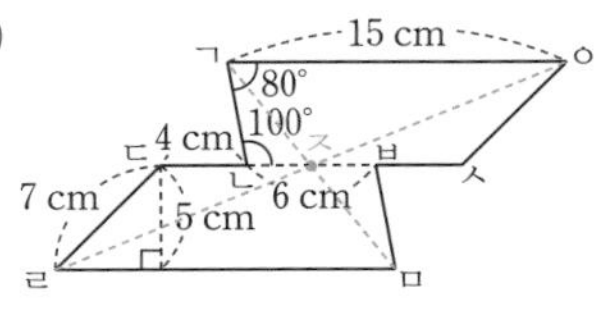

(2) 7 cm, 10 cm (3) 80° (4) 125 cm^2

(2) 변 ㅇㅅ의 대응변은 변 ㄹㄷ이므로

(변 ㅇㅅ)=(변 ㄹㄷ)=7 cm

변 ㅂㅅ의 대응변은 변 ㄴㄷ이므로

(선분 ㄴㅅ)=(선분 ㄴㅂ)+(변 ㅂㅅ)

=4+6=10(cm)

(3) 각 ㅂㅁㄹ은 각 ㄴㄱㅇ의 대응각이므로

(각 ㅂㅁㄹ)=(각 ㄴㄱㅇ)=80°

(4) (점대칭도형의 넓이)

=(사다리꼴 ㄱㄴㅅㅇ의 넓이)×2

=(15+10)×5÷2×2=125(cm^2)

5 답 (1)

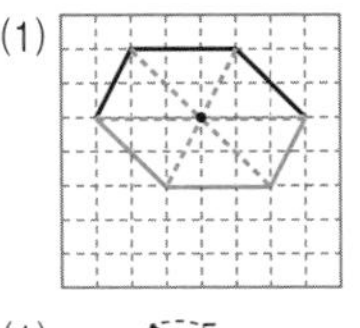

(2)

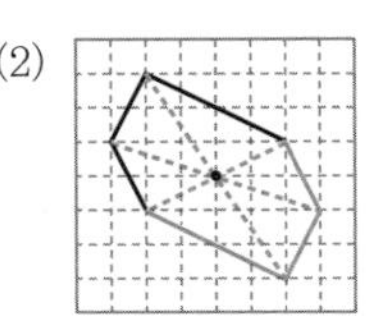

6 답 (1)

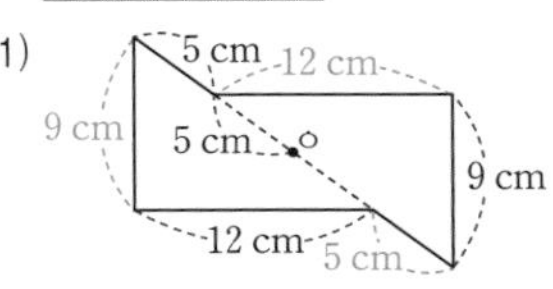

(2) 52 cm

(2) (점대칭도형의 둘레)=(9+5+12)×2=52(cm)

개념 넓히기

1 답 ①, ③, ⑤

② 점대칭도형에서 각 대응점은 대칭의 중심까지의 거리는 같고, 반대 방향입니다.

③ 대칭의 중심은 도형에 관계없이 1개입니다.

2 답 (1) 점 ㄱ (2) 변 ㅂㅅ (3) 각 ㅂㅅㅇ

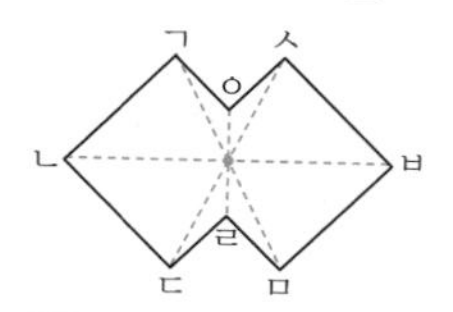

3 답 39 cm

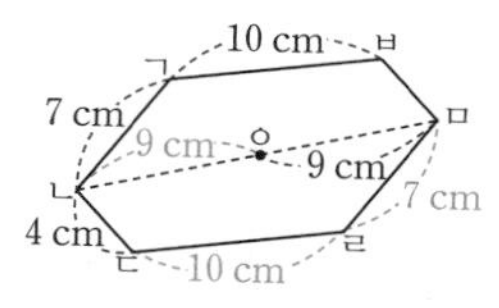

(사각형 ㄴㄷㄹㅁ의 둘레)$=4+10+7+9+9=39$(cm)

4 답 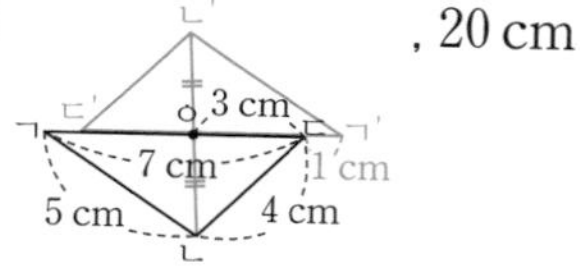, 26 cm^2

(점대칭도형의 넓이)=(사다리꼴 ㄱㄴㄷㄹ의 넓이)$\times 2$

$=(5+8)\times 2\div 2\times 2=26(cm^2)$

5 답 (1) , 20 cm

(2) , 52 cm

(1) (도형의 둘레)$=(5+4+1)\times 2=20$(cm)

(2) (도형의 둘레)$=(3+8+7+8)\times 2=52$(cm)

6 답 (1) 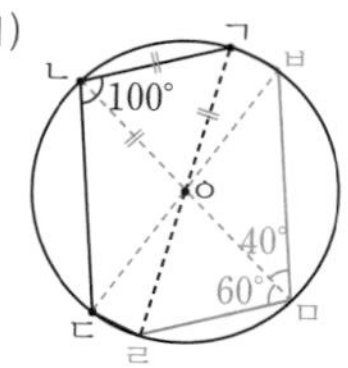 (2) 정삼각형 (3) 40°

(2) 한 원에서 반지름은 같으므로

(선분 ㄱㅇ)=(선분 ㄴㅇ)=(선분 ㄱㄴ)입니다.

따라서 삼각형 ㄱㄴㅇ은 세 변의 길이가 같으므로 정삼각형입니다.

(3) 삼각형 ㄱㄴㅇ은 정삼각형이므로

(각 ㅇㄴㄱ)=60°입니다.

(각 ㅇㅁㄹ)=(각 ㅇㄴㄱ)=60°이고

각 ㅂㅁㄹ의 대응각은 각 ㄷㄴㄱ이므로

(각 ㅂㅁㅇ)=(각 ㄷㄴㅇ)$=100°-60°=40°$

33 직육면체와 정육면체, 겨냥도

개념 활동

1 답 (1) 가 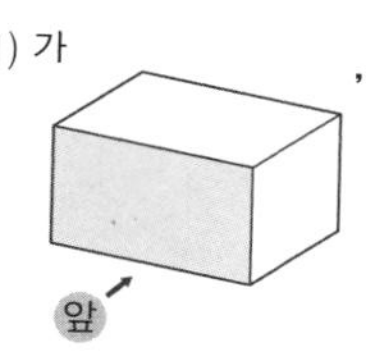, 선분으로 둘러싸여 있습니다., 직사각형

(2) 가 : 3개, 나 : 3개

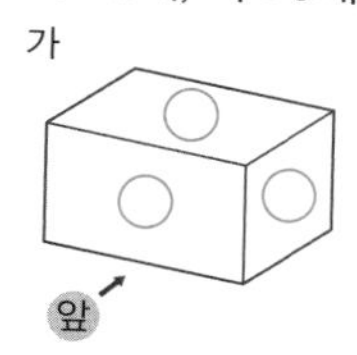

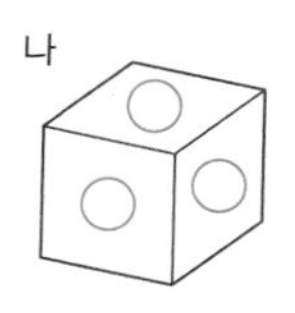

(3) 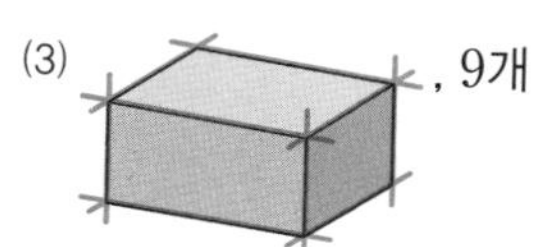, 9개

(4) 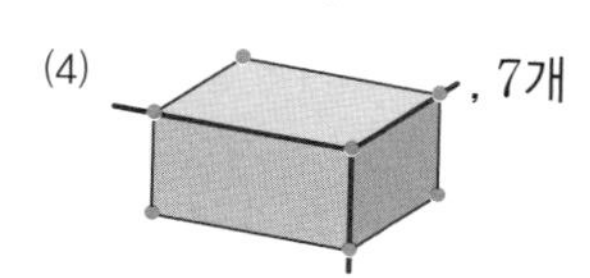, 7개

(5) 정사각형, 예 가 도형의 면은 직사각형이고 나 도형의 면은 정사각형입니다.

(1) 앞에서 본 모양

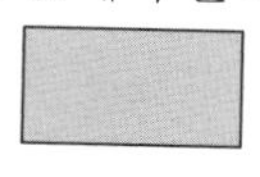

2 답

	직육면체	정육면체
면의 수	6	6
모서리의 수	12	12
꼭짓점의 수	8	8

직육면체와 정육면체의 면의 수, 모서리의 수, 꼭짓점의 수는 모두 같습니다.

3 답 (1), (2) 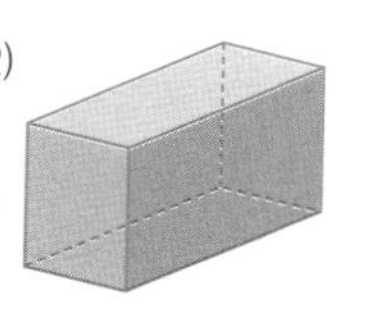 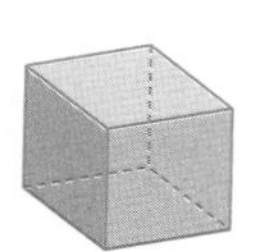

(1) 그림 참조, 9개, 9개

(2) 그림 참조, 3개, 3개

(1) 실선으로 된 모서리의 수를 세어 보면 보이는 모서리의 수를 알 수 있습니다.

(2) 점선으로 된 모서리의 수를 세어 보면 보이지 않는 모서리의 수를 알 수 있습니다.

4 답

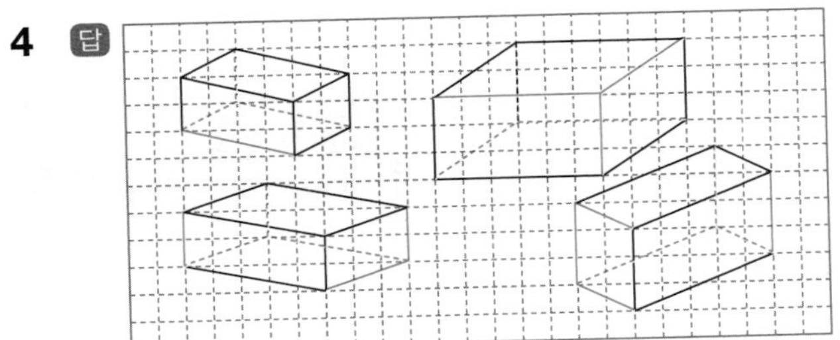

5 답 (1) (2)

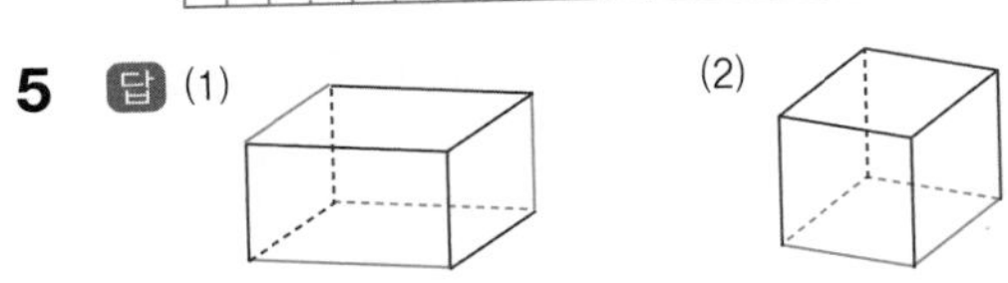

보이는 모서리는 실선으로, 보이지 않는 모서리는 점선으로 그려야 합니다.

개념 익히기

1 답

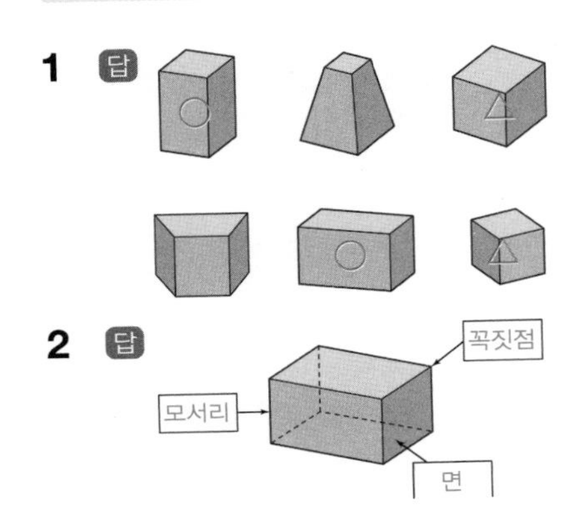

3 답 ④

④ 모든 모서리의 길이가 같은 것은 정육면체입니다.

4 답 (1) (위에서부터) 5, 4 (2) 6, 6

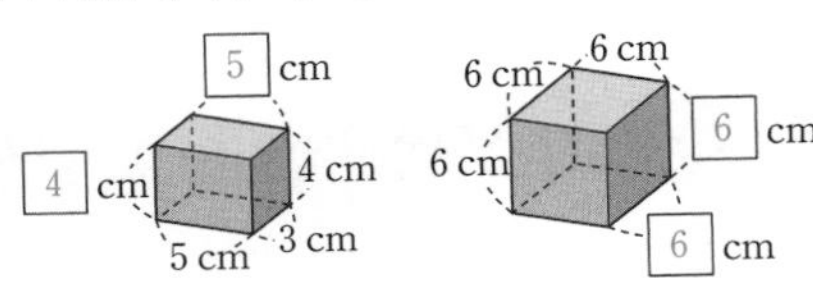

(1) 직육면체는 마주 보는 모서리끼리 길이가 같습니다.

(2) 정육면체는 모든 모서리의 길이가 같습니다.

5 답 ②

① 보이는 모서리만 실선으로 그립니다.

③ 마주 보는 면은 서로 평행하게 그립니다.

④ 마주 보는 모서리의 길이는 같게 그립니다.

⑤ 보이지 않는 모서리는 모두 3개입니다.

6 답 (1) 9개 (2) 3개 (3) 3개 (4) 3개

7 답 (1) 100 cm (2) 84 cm

(1) (모서리의 길이의 합)

$=(8+12+5)\times4=100$(cm)

(2) (모서리의 길이의 합)$=7\times12=84$(cm)

8 답

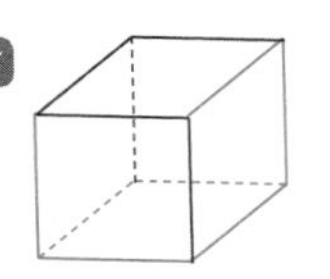

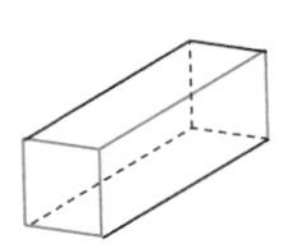

개념 넓히기

1 답 ①, ④

① 면과 면이 만나는 선을 모서리라고 합니다.

④ 직육면체는 위, 앞, 옆 어느 방향에서 보아도 직사각형입니다.

2 답 (1) 면 : 6개
모서리 : 12개
꼭짓점 : 8개

(2) 면 : 6개
모서리 : 12개
꼭짓점 : 8개

3 답 15 cm

길이가 같은 모서리가 4개씩 있으므로 모서리의 길이의 합은

$\{12+9+$(모서리 ㄹㅇ)$\}\times4=144$

$21+$(모서리 ㄹㅇ)$=36$, (모서리 ㄹㅇ)$=15$(cm)

4 답 38 cm

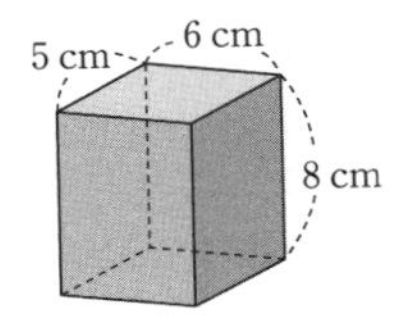

(보이는 모서리의 길이의 합)$=(5+6+8)\times3$

(보이지 않는 모서리의 길이의 합)$=(5+6+8)$

(길이의 차)$=(5+6+8)\times3-(5+6+8)$

$=(5+6+8)\times2=38$(cm)

5 답 (1) 예 (2) 72 cm

(2) (모든 모서리의 길이의 합)

$=(4+8+6)\times4$

$=72$(cm)

6 답 112 cm

15 cm인 곳이 2군데, 10 cm인 곳이 2군데이고 8 cm인 곳이 4군데입니다.

(전체 끈의 길이)

$=(15+10)\times2+8\times4+30=112$(cm)

7 답 (1) 예 (2) 7 cm

(2) 정육면체의 한 모서리를 □ cm라 하면

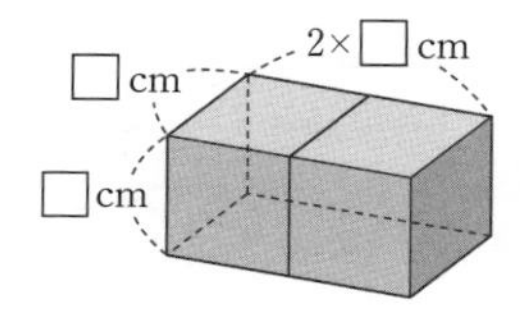

(직육면체의 모서리의 합)$=(2\times\square+\square+\square)\times4$
$=112$
$4\times\square=28$, $\square=7$(cm)
따라서 정육면체의 한 모서리는 7 cm입니다.

34 직육면체의 성질

개념 활동

1 답 (1)

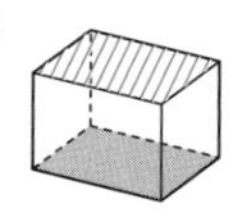
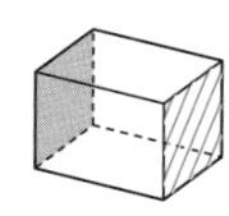
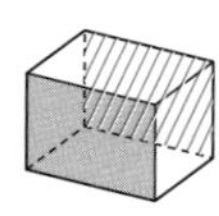

(2) 면 ㄴㅂㅅㄷ, 면 ㄷㅅㅇㄹ, 면 ㄱㅁㅇㄹ, 면 ㄴㅂㅁㄱ /
면 ㄴㅂㅅㄷ, 면 ㅁㅂㅅㅇ, 면 ㄱㅁㅇㄹ, 면 ㄱㄴㄷㄹ /
면 ㄴㅂㅁㄱ, 면 ㅁㅂㅅㅇ, 면 ㄷㅅㅇㄹ, 면 ㄱㄴㄷㄹ

2 답 (1) 3쌍 (2) 수직으로 만납니다. (3) 4개

3 답 (1) 평행한 면 : 면 ㄴㅂㅅㄷ
수직인 면 : 면 ㄱㄴㄷㄹ, 면 ㄴㅂㅅㄷ, 면 ㅁㅂㅅㅇ,
면 ㄱㅁㅇㄹ
(2) 평행한 면 : 면 ㄱㅁㅇㄹ
수직인 면 : 면 ㄱㄴㄷㄹ, 면 ㄱㅁㅂㄴ, 면 ㅁㅂㅅㅇ,
면 ㄷㅅㅇㄹ

개념 익히기

1 답 ㉠, ㉢, ㉣, ㉦, ㉧
㉡ 면과 면이 만나면 모서리가 생깁니다.
㉤ 정육면체의 모서리의 길이는 모두 같습니다.
㉥ 정육면체를 직육면체라고 할 수 있습니다.

2 답 (1) 면 ㄱㅁㅂㄴ
(2) 면 ㄱㄴㄷㄹ, 면 ㄱㅁㅂㄴ, 면 ㅁㅂㅅㅇ, 면 ㄷㅅㅇㄹ

3 답 (1) 36 cm
(2) 모서리 ㄱㄹ, 모서리 ㄴㄷ, 모서리 ㄱㅁ, 모서리 ㄴㅂ
(3)

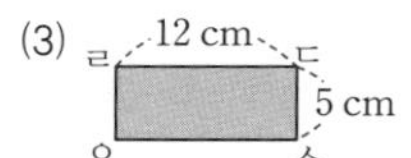

(1) 모서리 ㄱㄴ의 길이는 모서리 ㄹㄷ과 같으므로 12 cm입니다. 모서리 ㄱㄴ과 평행한 모서리는 3개이므로
(모서리의 길이의 합)$=12\times3=36$(cm)
[참고] 모서리 ㄹㅇ, 모서리 ㄷㅅ, 모서리 ㅁㅇ, 모서리 ㅂㅅ은 모서리 ㄱㄴ과 평행하지도 않고 만나지도 않는 모서리입니다.

개념 넓히기

1 답 14
3과 수직인 면에 있는 눈은 4를 제외한 모든 눈이므로
(수직인 면의 눈의 합)$=1+2+6+5=14$

2 답 68 cm
겨냥도를 그려 보면 오른쪽과 같고 옆면에 수직인 면은 색칠한 두 밑면이므로

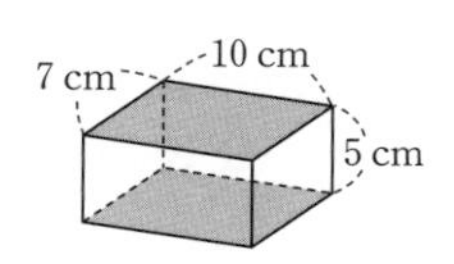

(두 면의 모서리의 합)
$=(7+10)\times2\times2=68$(cm)

3 답 50

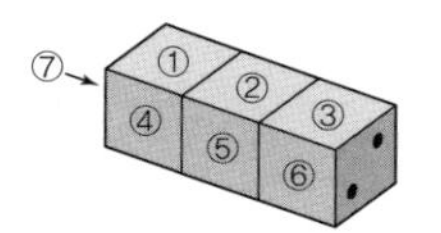

눈의 수에 관계없이 마주 보는 두 면의 눈의 수의 합이 7이므로 마주 보는 쌍의 개수를 세면 ①, ②, ③, ④, ⑤, ⑥의 6쌍입니다. 이때 ⑦번 면의 눈의 수가 6이 될 때 겉면의 눈의 수의 합이 가장 큽니다.
(가장 클 경우의 눈의 합)$=7\times6+6+2=50$

4 답 (1) 공부, 피아노, 수영, 축구, 게임, 농구
(2) 축구와 수영, 피아노와 농구, 게임과 공부

그림에서 축구와 수직인 면에 써 있는 것들은 게임, 농구, 공부, 피아노이므로 축구와 마주 보는 면은 수영입니다.
피아노와 수직인 면에 써 있는 것들은 수영, 게임, 축구, 공부이므로 피아노와 마주 보는 면은 농구입니다.
따라서 나머지 게임과 공부가 마주 보게 됩니다.

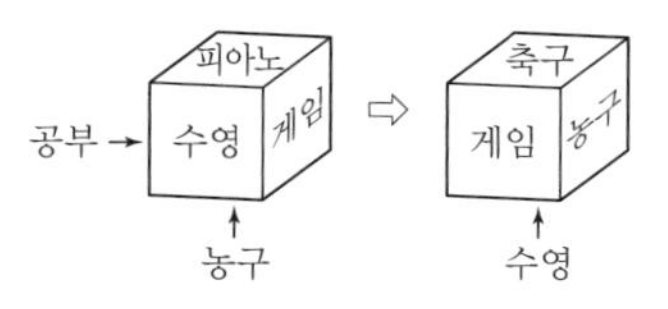

35 직육면체의 전개도

개념 활동

1 답 (1)

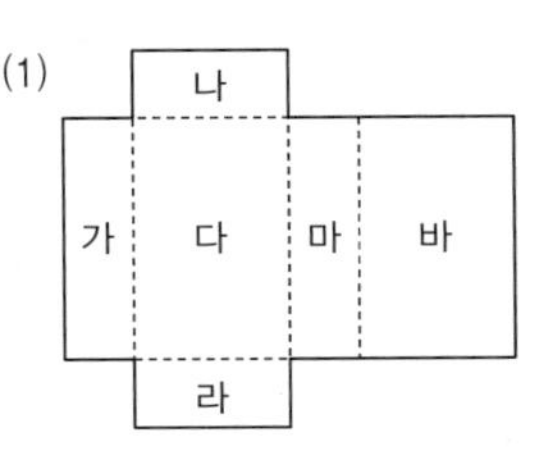

면 가ㅡ면 마, 면 나ㅡ면 라, 면 다ㅡ면 바

(2) 잘린 모서리 : 실선, 잘리지 않은 모서리 : 점선
(3) 면 가ㅡ면 마, 면 나ㅡ면 라, 면 다ㅡ면 바
(4) 면 가, 면 나, 면 라, 면 마

(4) 평행한 면 다를 제외한 면이 수직인 면이므로 면 가, 면 나, 면 라, 면 마입니다.

2 답 (1) 점 ㄷ, 점 ㅋ (2) 선분 ㅊㅈ, 선분 ㅂㅁ
(3) 면 ㄱㄴㅎㅍ
(4) 면 ㅌㅈㅊㅋ, 면 ㄱㄴㅍㅎ, 면 ㄴㅅㅇㅍ, 면 ㄹㅁㅂㅅ

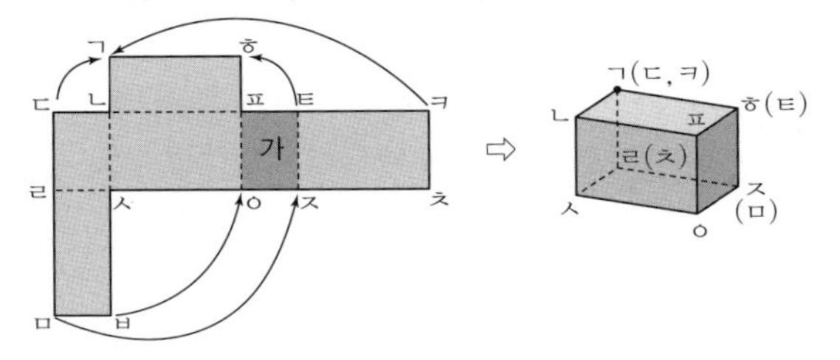

(1) 그림에서 점 ㄷ과 점 ㄱ이 만나고, 점 ㅌ과 점 ㅎ이 만나므로 선분 ㄱㅎ과 선분 ㅋㅌ이 맞닿게 됩니다. 따라서 점 ㄱ이 만나는 점을 점 ㄷ과 점 ㅋ입니다.
(2) 맞닿게 되는 선분을 전개도에서 찾으면 점 ㅁ은 점 ㅈ과 만나므로 점 ㅁ과 연결된 점 ㄹ은 점 ㅊ과 만납니다. 따라서 선분 ㄹㅁ은 선분 ㅊㅈ과 맞닿고, 선분 ㅂㅁ은 선분 ㅇㅈ과 맞닿습니다.
(4) 면 가와 평행한 면은 제외되므로 면 ㅌㅈㅊㅋ, 면 ㄱㄴㅍㅎ, 면 ㄴㅅㅇㅍ, 면 ㄹㅁㅂㅅ입니다.

3 답

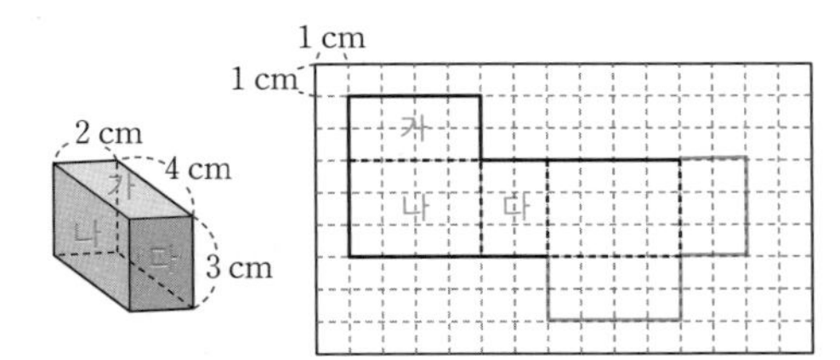

4 답 예

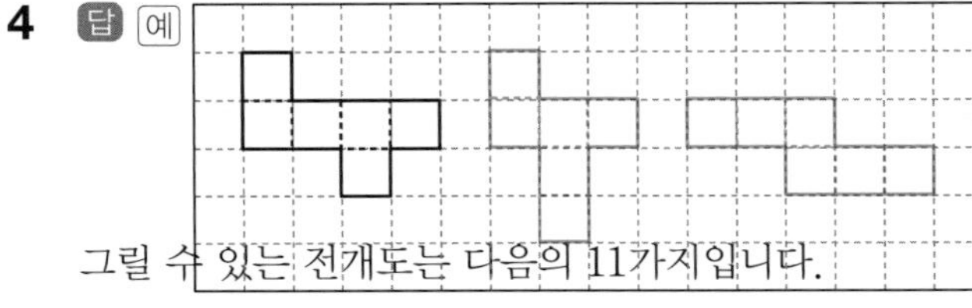

그릴 수 있는 전개도는 다음의 11가지입니다.

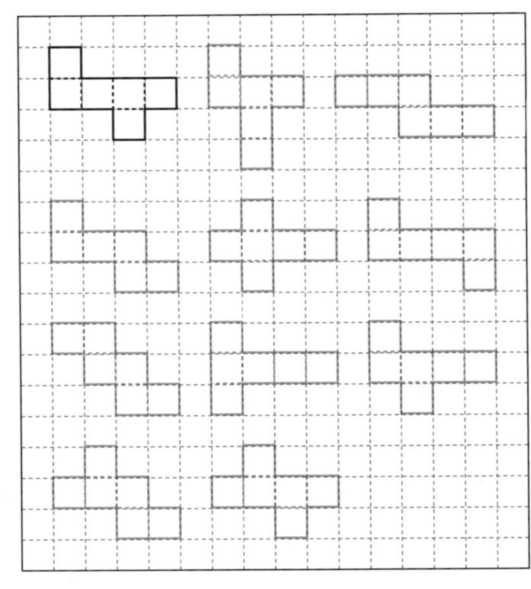

5 답 (1) 풀이 참조, (2) 풀이 참조, (3) 풀이 참조

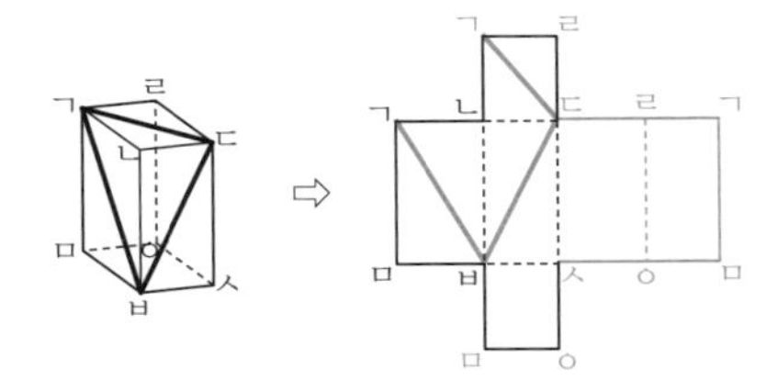

6 답 풀이 참조

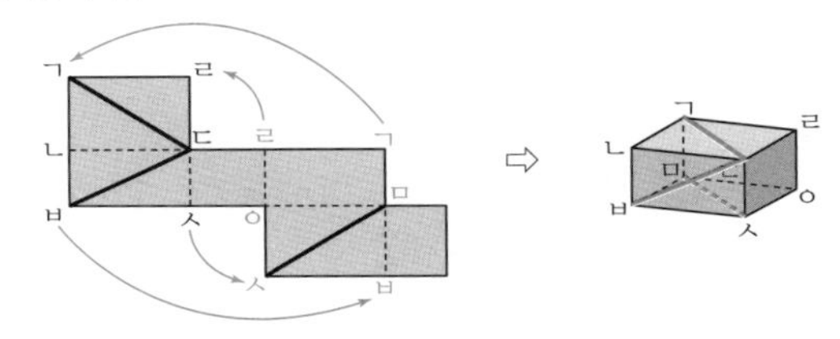

개념 익히기

1 답 ③, ⑤
③ 정육면체의 전개도는 모두 11가지입니다.
⑤ 직육면체에서 한 면과 수직인 면은 4개입니다.

2 답 (1) (왼쪽에서부터) 3, 4, 2
(2) 면 ㉠ㅡ 면㉥, 면 ㉡ㅡ면 ㉣, 면 ㉢ㅡ면 ㉤
(3) 면 ㉠, 면 ㉢, 면 ㉤, 면 ㉥
(4) 1개

3 답

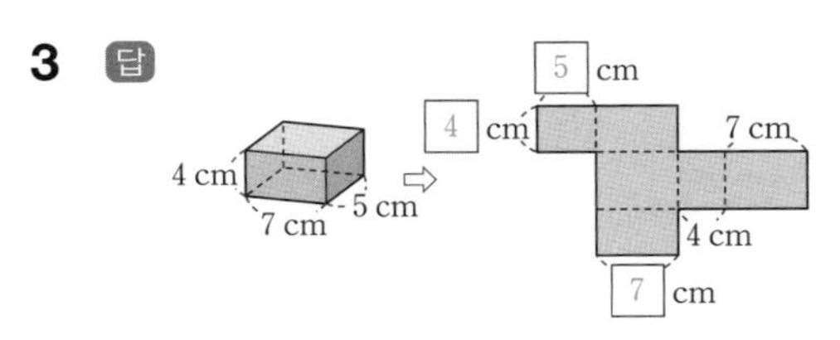

4 답 (1) 점 ㅊ (2) 선분 ㅊㅈ (3) 면 ㄱㄴㅍㅎ
(4) 면 ㄱㄴㅍㅎ, 면 ㄷㄹㅁㄴ, 면 ㅍㅂㅅㅌ, 면 ㅅㅇㅈㅊ

5 답 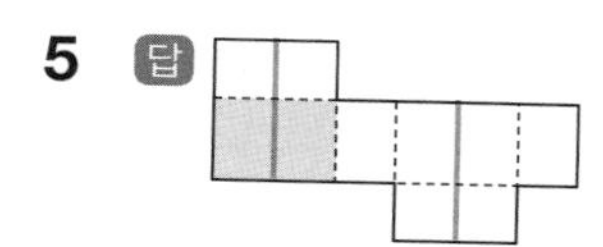

색칠한 면과 평행한 면을 찾은 다음 테이프가 지나간 자리를 찾습니다.

6 답 ㉥

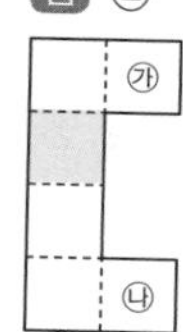

색칠한 면을 밑면으로 생각하여 접으면 면 ㉮와 ㉯가 겹치게 됩니다.

개념 넓히기

1 답 ㉠, ㉣, ㉤, ㉥
전개도를 접었을 때 서로 겹치는 면이 있거나 평행한 면이 합동이 아닌 경우에는 직육면체의 전개도가 아닙니다.

2 답 (1) 점 ㅊ (2) 선분 ㅊㅈ－7 cm, 선분 ㄱㄴ－3 cm

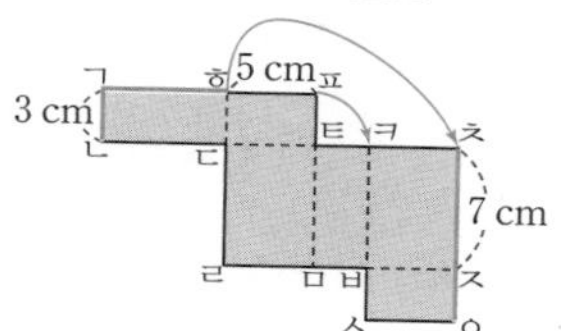

왼쪽의 전개도에서 점 ㅍ은 점 ㅋ과 만나고, 점 ㅎ은 점 ㅋ과 연결된 점 ㅊ과 만납니다.

선분 ㄱㅎ은 선분 ㅊㅈ, 선분 ㄱㄴ은 선분 ㅈㅇ과 만납니다.
(선분 ㄱㅎ)=(선분 ㅊㅈ)=7(cm),
(선분 ㄱㄴ)=(선분 ㅈㅇ)=3(cm)

3 답 예

전개도에서 실선인 부분이 잘려진 것임을 주의하면서 겨냥도에 표시합니다.

4 답 겨냥도

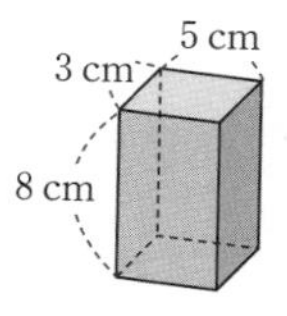

전개도
예

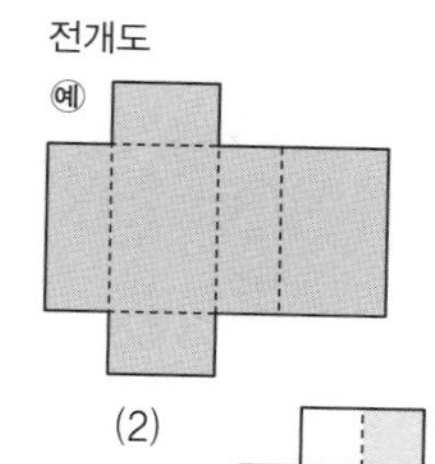

5 답 (1)

(2)

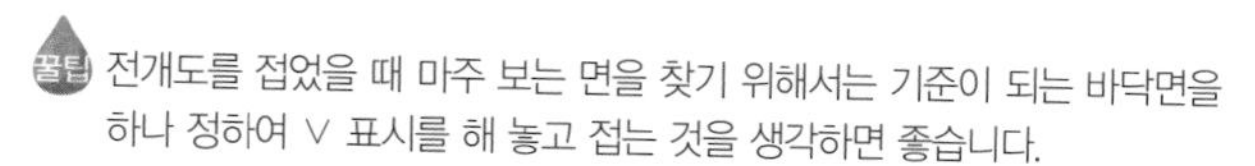

풀팁 전개도를 접었을 때 마주 보는 면을 찾기 위해서는 기준이 되는 바닥면을 하나 정하여 ∨ 표시를 해 놓고 접는 것을 생각하면 좋습니다.

6 답 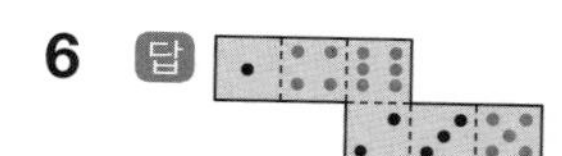

마주 보는 면을 쉽게 알려면 주어진 전개도의 부분을 잘라 90°만큼 돌린 모양을 그려놓고 찾으면 됩니다.

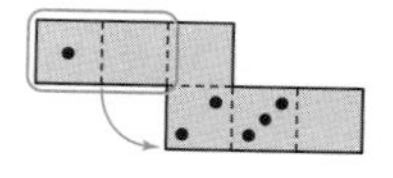

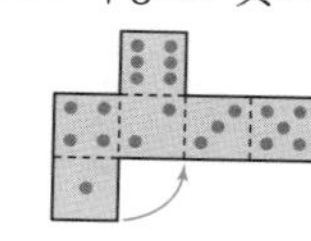

7 답 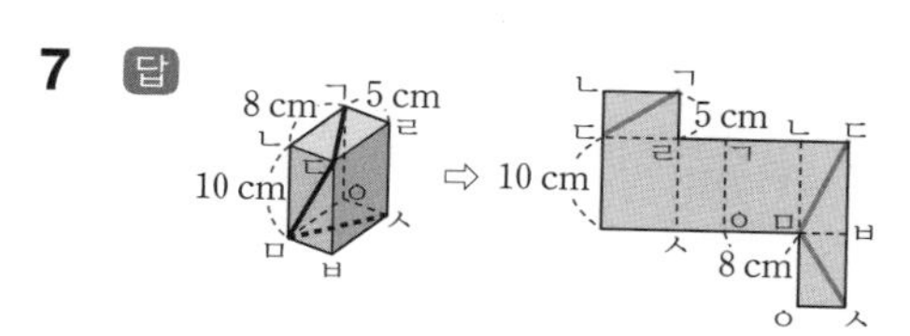

먼저 점 ㄴ을 찾아 점 ㄴ과 연결된 점 ㅁ을 쓰고, 같은 방법으로 ㅂ, ㅅ, ㅁ, ㅈ을 써넣은 다음 겨냥도에 나타낸 대로 선분 ㄱㄷ, 선분 ㄷㅁ, 선분 ㅁㅅ을 그립니다.

8 답 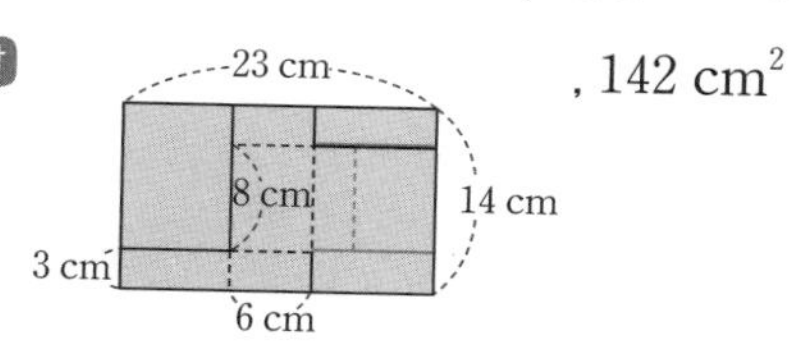 , 142 cm^2

전개도를 접었을 때 서로 맞닿는 변의 길이가 같고, 마주 보는 면의 크기가 같으므로 전개도를 완성하면 다음과 같고 색칠한 부분은 잘라내는 부분입니다.

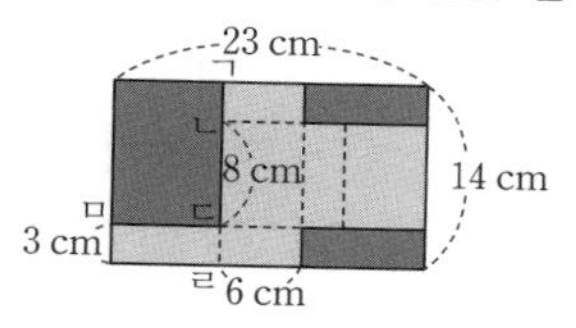

그런데 (변 ㅁㄷ)=(변 ㄴㄷ)=8 cm이고 변 ㄱㄴ과 변 ㄷㄹ은 길이가 같으므로
(변 ㄷㄹ)=(14−8)÷2=3(cm)
(잘라낸 넓이)=(색칠한 넓이)
=8×(14−3)+2×{(23−8−6)×3}
=142(cm^2)

36 각기둥

개념 활동

1 답 (1) 가 나 다 라

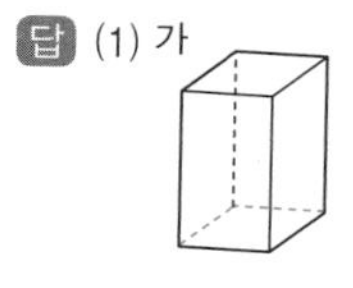
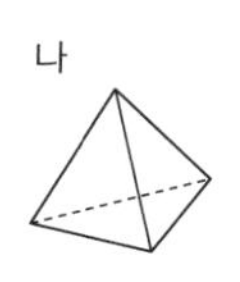
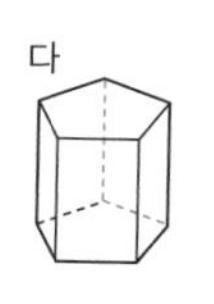

마 바 사 아

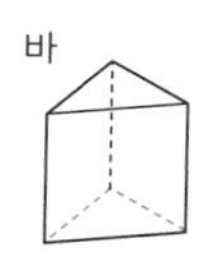

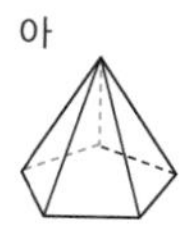

(2) 기둥 모양 : 가, 다, 라, 바
뿔 모양 : 나, 마, 사, 아
(3) 가, 다, 바

(3) 라는 원기둥으로 밑면이 다각형이 아닙니다.

2 답 (1) 가 나 라

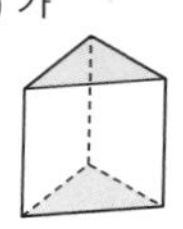
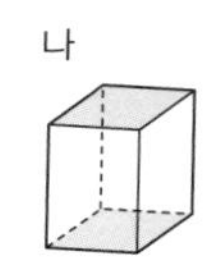
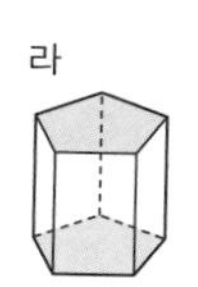

(2) 직사각형

(3) 다, 이유 두 밑면은 합동이지만 옆면이 직사각형이 아닙니다.

(4)

각기둥	가	나	라
밑면 모양	삼각형	사각형	오각형

(5)

각기둥	가	나	라
각기둥의 이름	삼각기둥	사각기둥	오각기둥

3 답 (1)

도형	밑면의 변의 수	면의 수	꼭짓점의 수	모서리의 수
삼각기둥	3	5	6	9
사각기둥	4	6	8	12
오각기둥	5	7	10	15

(2) 2, 이유 예 두 밑면의 수가 더해지기 때문입니다.
2, 이유 예 위아래의 두 밑면의 꼭짓점의 수이기 때문입니다.
3, 이유 예 위아래의 두 밑면과 옆면의 모서리 수의 합이기 때문입니다.

4 답 (1) 육각기둥 (2) 직사각형 (3) 8, 18, 12
(4) 모서리 ㄱㅅ, 모서리 ㄴㅇ, 모서리 ㄷㅈ, 모서리 ㄹㅊ, 모서리 ㅁㅋ, 모서리 ㅂㅌ
(5) 팔면체

개념 익히기

1 답 (1) ㉠, ㉡, ㉢, ㉣, ㉥, ㉧, ㉨ (2) ㉠, ㉡, ㉢, ㉥, ㉧
(3) ㉠, ㉡, ㉢, ㉥ (4) ㉠, ㉡, ㉢, ㉥
(5) ㉣ : 이유 위아래의 면이 다각형이 아니고 합동이 아닙니다.
㉧ : 이유 위아래의 면이 합동이지만 다각형이 아닙니다.
㉨ : 이유 위아래의 면이 다각형이지만 합동이 아닙니다.

2 답 (1), (2)

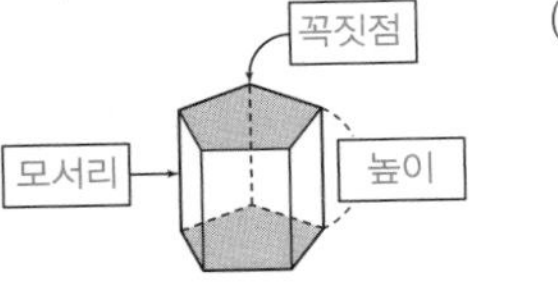

(3) 5개

(3) 옆면의 수는 밑면의 변의 수에 따라 정해집니다. 각기둥의 밑면이 오각형이므로 옆면은 5개입니다.

3 답 (1) 가 : 사각기둥, 나 : 오각기둥, 다 : 육각기둥
(2) 가 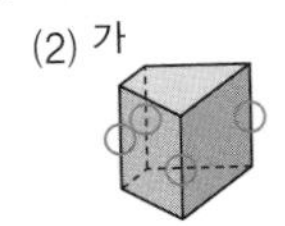 나 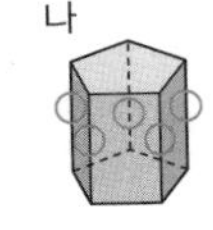 다 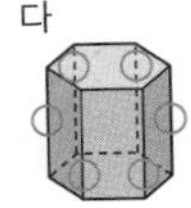

4 답 14, 9, 21
밑면이 칠각형인 각기둥이므로 칠각기둥입니다.
한 밑면의 변의 수가 7이므로
(꼭짓점의 수)$=7\times2=14$
(면의 수)$=7+2=9$
(모서리의 수)$=7\times3=21$

5 답 십각기둥
옆면이 직사각형이고 밑면에 수직인 입체도형은 각기둥입니다.
밑면이 십각형인 각기둥이므로 십각기둥입니다.

6 답 (1) 오각기둥 (2)

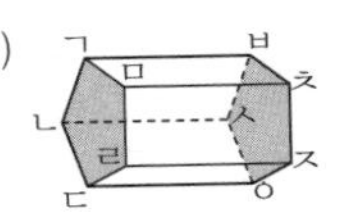

(3) 모서리 ㄱㅂ(또는 ㄴㅅ, ㄷㅇ, ㄹㅈ, ㅁㅊ)
(3) 각기둥에서 높이는 두 밑면에 수직인 모서리로 길이를 잴 수 있습니다.

개념 넓히기

1 답 (1) 면 ㄱㄴㅂㅁ, 면 ㄹㄷㅅㅇ
(2) 면 ㄱㄴㄷㄹ, 면 ㄴㅂㅅㄷ, 면 ㅁㅂㅅㅇ, 면 ㄱㅁㅇㄹ

2 답 육각기둥
각기둥의 옆면은 모두 직사각형이므로 주어진 면은 밑면입니다.
밑면이 변이 6개인 다각형이므로 육각형입니다. 밑면이 육각형인 각기둥은 육각기둥입니다.

3 답 (1) 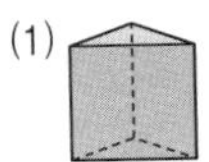 (2) 14, 21
(2) 가의 꼭짓점은 6개, 모서리는 9개
나의 꼭짓점은 8개, 모서리는 12개
(꼭짓점 수의 합)$=6+8=14$,
(모서리 수의 합)$=9+12=21$

4 답 90 cm

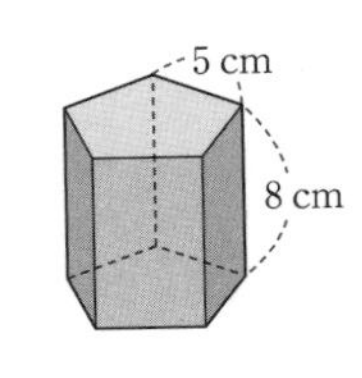

높이를 나타내는 모서리가 8 cm이므로 밑면은 5 cm인 모서리 5개로 이루어진 오각형입니다.
(모서리의 길이의 합)
$=5\times5\times2+8\times5=90$(cm)

5 답 (1) 육각기둥
(2) 이유 각기둥의 옆면은 직사각형이어야 하기 때문입니다.
(3) 예 모서리 ㄱㄹ
(2) 두 면을 밑면으로 하면 육각형은 옆면이 됩니다. 옆면은 직사각형이어야 하는데 육각형도 옆면이 되기

때문입니다.

(3) 모서리 ㄴㄷ, 모서리 ㅂㅅ, 모서리 ㅁㅇ도 답이 될 수 있습니다.

6 답 $640\ cm^2$

옆면은 가로 8 cm, 세로 10 cm인 직사각형 8개입니다.

(한 옆면의 넓이)$=8\times10=80(cm^2)$

(옆면의 넓이의 합)$=80\times8=640(cm^2)$

7 답 9, 14, 21

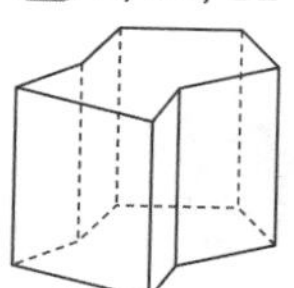

(면의 수)$=7+2=9$

(꼭짓점의 수)$=7\times2=14$

(모서리의 수)$=7\times3=21$

8 답 (1) 36 (2) 팔각기둥

(1) 면이 14개이므로

(한 밑면의 변의 수)$=14-2=12$

⇨ (모서리의 수)$=12\times3=36$

(2) 한 밑면이 □각형이라고 하면

(꼭짓점의 수)$=2\times□$

(모서리의 수)$=3\times□$

$2\times□+3\times□=40$, $□=8$

따라서 구하는 기둥은 팔각기둥입니다.

37 각뿔

개념 활동

1 답 (1) 다, 마 (2) 가, 나, 바, 사 (3) 가, 나, 바

2 답 (1) 예

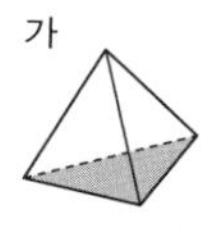

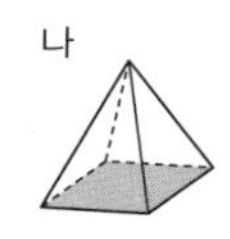

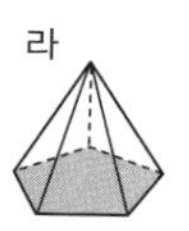

가 : 삼각형, 나 : 사각형, 라 : 오각형

(2) 1개 (3) 삼각형

(4) 가 : 삼각뿔, 나 : 사각뿔, 라 : 오각뿔

(5) 에 ○표

(1) 가는 다른 면이 밑면이 될 수도 있습니다.

3 답 (1)

도형	밑면의 변의 수	면의 수	꼭짓점의 수	모서리의 수
삼각뿔	3	4	4	6
사각뿔	4	5	5	8
오각뿔	5	6	6	10

(2) 1, 이유 예 밑면이 하나 추가되기 때문입니다.

1, 이유 예 밑면의 꼭짓점에 각뿔의 꼭짓점이 하나 추가되기 때문입니다.

2, 이유 예 밑면과 옆면의 모서리의 수의 합이기 때문입니다.

4 답 (1) 육각뿔 (2) 삼각형 (3) 7, 7, 12

(4) 가 : 선분 ㅇㅅ, 나 : 선분 ㅈㅋ

(5) 가 : 칠면체, 나 : 사면체

(1) 밑면의 모양이 육각형이므로 육각뿔입니다.

(3) (면의 수)$=6+1=7$, (꼭짓점의 수)$=6+1=7$

(모서리의 수)$=6\times2=12$

개념 익히기

1 답 (1) 다, 라 (2) 가, 마, 자

(3) 이유 사 : 밑면이 다각형이 아니기 때문입니다.

아 : 밑면이 한 개인 뿔 모양이 아니기 때문입니다.

2 답 ④

각뿔의 이름은 밑면의 모양에 따라 삼각뿔, 사각뿔, 오각뿔……로 정합니다.

3 답 (1) 면 ㄱㄴㄷ, 면 ㄱㄷㄹ, 면 ㄱㄴㄹ (2) 점 ㄱ (3) 8 cm

4 답 오각뿔

위에서 본 모양이 밑면의 모양이고, 옆에서 본 모양이 옆면의 모양입니다.

따라서 밑면이 오각형인 각뿔이므로 오각뿔입니다.

[참고] 각뿔의 옆면의 모양은 삼각형입니다.

5 답 7, 7, 12

육각형이므로 밑면이 육각형인 각뿔입니다. 따라서 육각뿔이고, 밑면의 변의 수가 6이므로

(꼭짓점의 수)$=6+1=7$

(면의 수)$=6+1=7$

(모서리의 수)$=6\times2=12$

6 답 (1) 사각뿔, 오각뿔, 육각뿔 (2) 삼각형 (3) 30

(3) 사각뿔의 모서리는 8개, 오각뿔의 모서리는 10개, 육각뿔의 모서리는 12개입니다.

➡ (모서리 수의 합)$=8+10+12=30$

7 답 6개

모서리의 수가 가장 적은 각뿔은 삼각뿔입니다.

삼각뿔의 밑면은 삼각형이므로 밑면의 변의 수는 3이고, 모서리는 6개입니다.

8 답 ⓒ [바르게 고치기] (면의 수)=(밑면의 변의 수)+1

개념 넓히기

1 답 밑면, 높이, 각뿔의 꼭짓점, 높이

2 답 ④, ⑤

④ 오각뿔 ⇨ 삼각형

⑤ 사각기둥 ⇨ 직사각형

모든 각뿔의 옆면은 삼각형이고, 모든 각기둥의 옆면은 직사각형입니다.

정육면체는 모든 면이 정사각형입니다.

3 답 66 cm

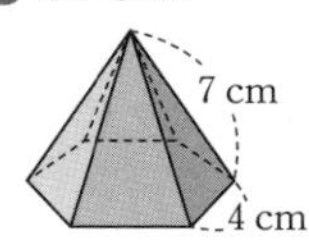

밑면은 한 변이 4 cm인 정육각형이고 옆면과 옆면의 만나는 모서리는 모두 7 cm입니다.

(밑면의 모서리의 합)$=4\times6=24$(cm)

(옆면의 모서리의 합)$=7\times6=42$(cm)

(모서리의 합)$=24+42=66$(cm)

4 답 칠각뿔

옆면이 모두 삼각형이고 한 점에 모이는 모양은 각뿔입니다.

각뿔의 밑면의 변의 수는 꼭짓점의 수보다 1 작습니다.

각뿔의 밑면의 변의 수를 □라고 하면

모서리의 수가 14이므로 □×2=14, □=7

따라서 밑면이 칠각형인 칠각뿔입니다.

5 답 26

밑면의 변의 수를 □라고 하면 면의 수가 14이므로

□+1=14, □=13입니다.

밑면이 십삼각형인 각뿔이므로 십삼각뿔입니다.

(십삼각뿔의 모서리의 수)$=13\times2=26$

6 답

	꼭짓점	면	모서리
★각기둥	★×2	★+2	★×3
★각뿔	★+1	★+1	★×2

7 답 20

각기둥의 한 밑면의 변의 수를 □라고 하면 □각기둥입니다.

십오각뿔의 모서리의 수는 $15\times2=30$이고 □각기둥의 모서리의 수는 3×□=30이므로 □=10입니다.

따라서 십각기둥이므로

(꼭짓점의 수)$=10\times2=20$입니다.

8 답 (1)

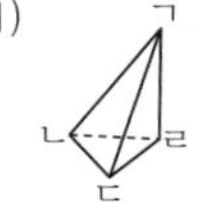

(2) 삼각뿔, 이유 밑면이 삼각형이고, 옆면이 모두 한 꼭짓점에 모이는 뿔 모양이기 때문입니다.

(3) 10 cm

9 답 팔각뿔

각기둥의 한 밑면의 변의 수를 □라고 하면 □각기둥입니다.

□각기둥의 꼭짓점의 수는 □×2, 면의 수는 □+2, 모서리의 수는 □×3이므로

□×2+□+2+□×3=50, 6×□=48, □=8

이므로 밑면이 팔각형인 팔각기둥입니다.

따라서 팔각기둥과 밑면의 모양이 같은 각뿔은 팔각뿔입니다.

38 각기둥과 각뿔의 전개도

개념 활동

1 답 예

2 답 (1), (2)

3 답 (1), (2)

(3) 면 ㄱㅁㅂㄴ, 면 ㄴㅂㅅㄷ, 면 ㄷㅅㅇㄹ, 면 ㄱㅁㅇㄹ

(4) 모서리 ㄱㅁ, 모서리 ㄴㅂ, 모서리 ㄷㅅ, 모서리 ㄹㅇ

4 답 (1) (2)

5 답 (1), (2), (3)

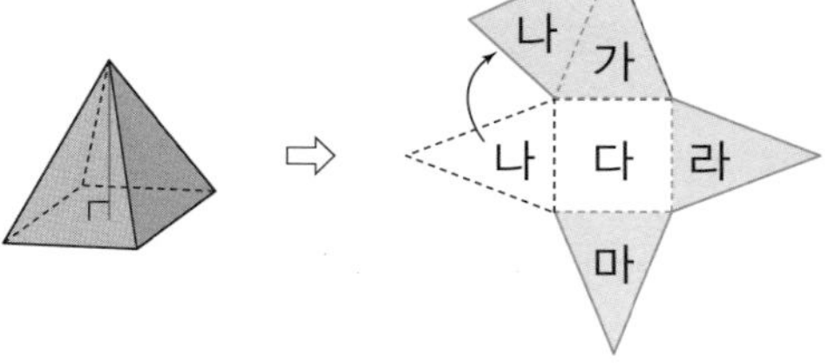

6 답

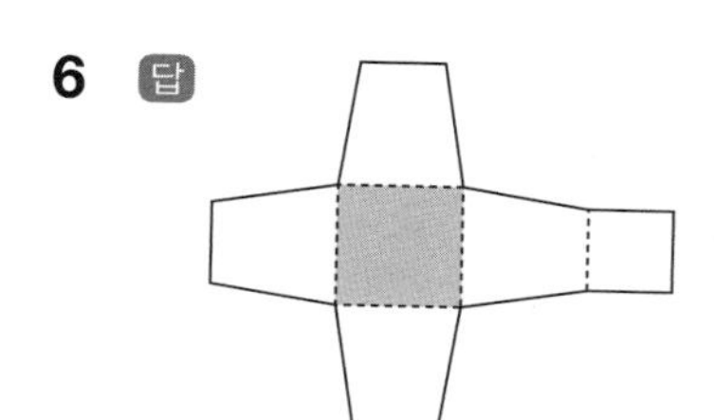

개념 익히기

1 답 사각기둥(직육면체)

2 답 (1) 점 ㄴ, 점 ㅂ (2) 선분 ㄷㄴ
(3) 삼각기둥, 9

(3) 삼각기둥은 한 밑면의 변의 수가 3이므로
(모서리의 수)=3×3=9입니다.

3 답 다, 이유 두 면이 겹쳐지기 때문입니다.
밑면이 없는 사각뿔 모양이 됩니다.

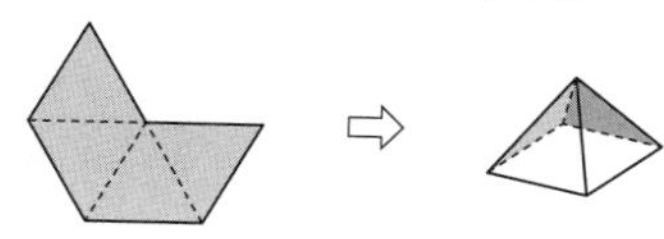

4 답

5 답 (1) 사각기둥
(2) 선분 ㄱㄴ(또는 ㅎㄷ, ㅋㅂ, ㅊㅅ, ㅈㅇ)
(3) 면 ㅍㅎㅋㅌ, 면 ㄷㄹㅁㅂ

6 답 (1) 예

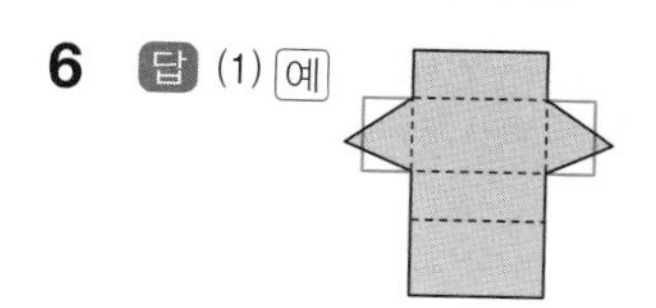

이유 옆면은 4개인데 밑면의 모양이 삼각형입니다.

(2)

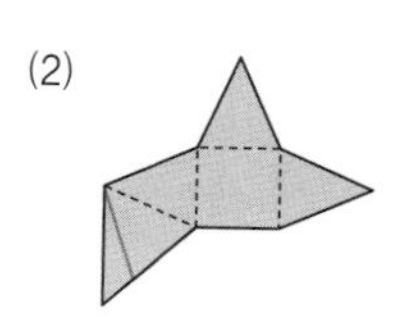

이유 전개도를 접었을 때 맞닿는 선끼리 길이가 같아야 하는데 길이가 다릅니다.

7 답 다

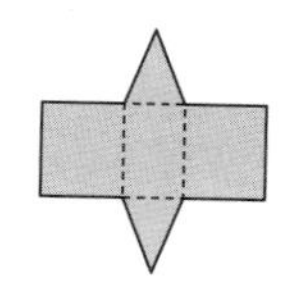

가, 나, 라는 밑면이 사각형이고 옆면이 삼각형인 사각뿔입니다. 다는 두 밑면이 삼각형이고 옆면이 직사각형인 삼각기둥입니다.

8 답 예

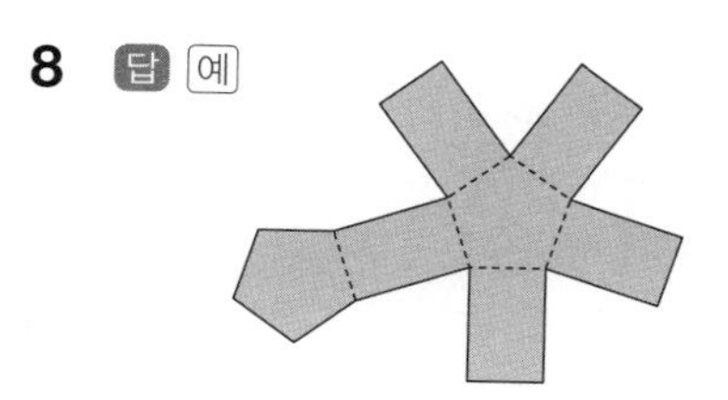

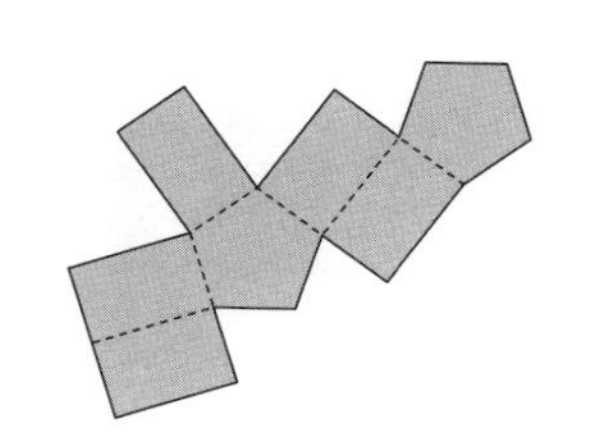

왼쪽과 같은 기본 전개도를 그린 다음 옆면을 이동하여 다른 모양의 전개도를 그립니다.

개념 넓히기

1 답

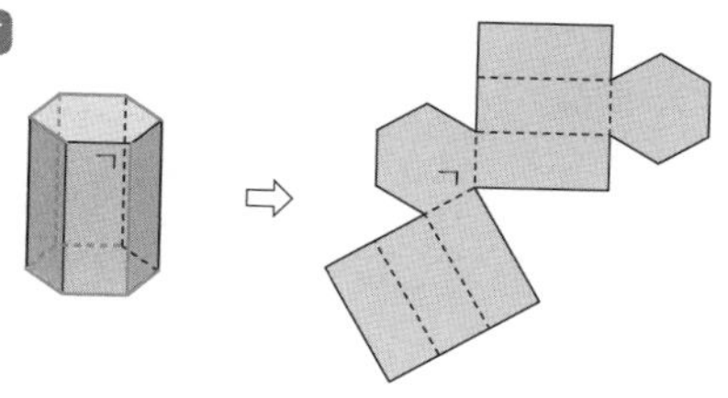

2 답 (1) 사각기둥
(2) 면 가와 면 바, 면 다와 면 마
(3) 면 나, 면 다, 면 라, 면 마

(2) 면 나와 면 라는 평행하지 않습니다.

3 답 (1)

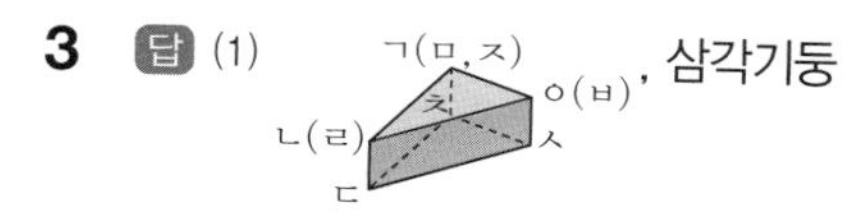

, 삼각기둥

(2) 점 ㄱ, 점 ㅈ / 선분 ㄱㄴ (3) 4 cm (4) 70 cm

(3) 두 밑면에 수직인 모서리는 모서리 ㄷㄹ으로 4 cm입니다.

(4) (전개도의 둘레)=8×2+4×6+15×2=70(cm)

4 답 (1), (2) 예

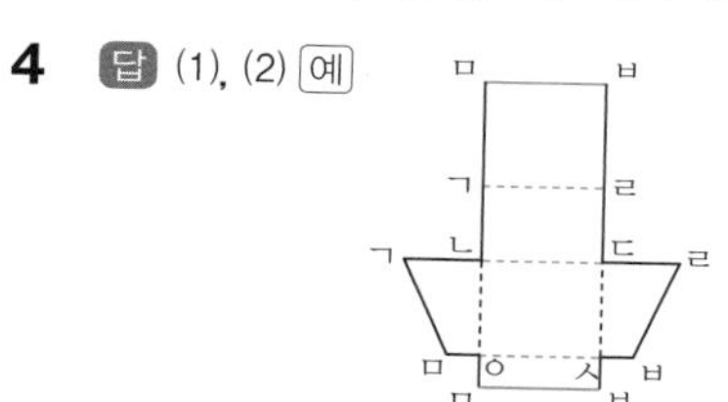

면 ㄱㅁㅇㄴ과 면 ㄷㅅㅂㄹ이 밑면인 사각기둥입니다.

5 답

6 답 (1) 예 (2) 예

위에서 본 모양이 밑면이 되고, 앞에서 본 모양이 옆면이 됩니다.

39 쌓기나무

개념 활동

1 답 (1) 1개, 2개, 3개

(2) 2개, 이유 바닥에 닿는 면을 보면 2개가 연결되어 있고 그림에서 2층으로 쌓여 있지 않다는 것을 알 수 있습니다.

(3) 나

(1) 보이지 않는 부분까지 생각하면 쌓기나무는 1개에서 3개까지 있을 수 있습니다.

2 답 (1)

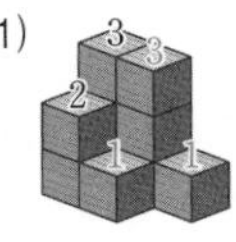

(2)

3	3	1
2	1	

, 10개

(3) 1층 : 5개, 2층 : 3개, 3층 : 2개 / 10개

(4) 10개 (5) 7개, 3개, 10개

(2) (쌓기나무의 수)$=3+3+1+2+1=10$(개)

(4) (쌓기나무의 수)$=8+2=10$(개)

(5) (쌓기나무의 수)$=7+3=10$(개)

3 답 (1)

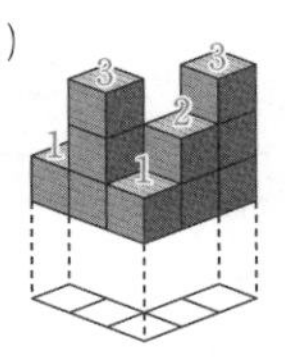

(전체 개수)
$=3+2+1+3+1$
$=10$(개)

(2)

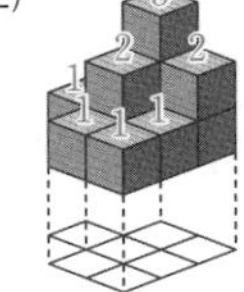

(전체 개수)
$=3+2+1+2+1+1+1$
$=11$(개)

(3)

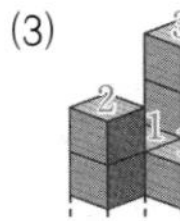

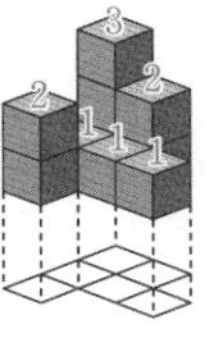

(전체 개수)
$=3+2+1+1+1+2$
$=10$(개)

(4)

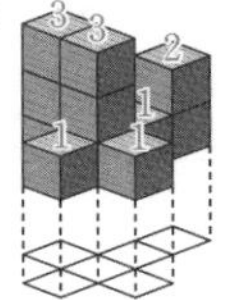

(전체 개수)
$=2+1+3+3+1+1$
$=11$(개)

4 답 (1) 11개 (2) 4개

(3)

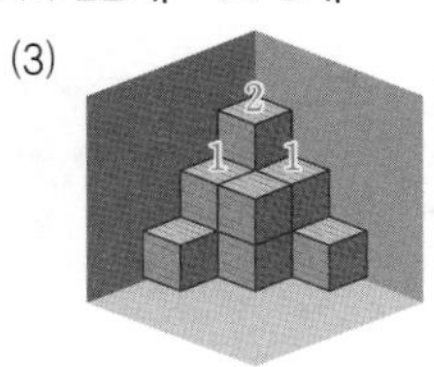

, 4개

(2) (보이는 것의 수)$=7$(개)
(보이지 않는 쌓기나무의 수)$=11-7=4$(개)

(3) 보이지 않는 쌓기나무의 수는 표시한 그림의 각 세로줄에 써 있는 수의 합이므로
(보이지 않는 쌓기나무의 수)$=4$(개)

개념 익히기

1 답 4, 2, 1, 2, 1

2 답 3층: 1 개, 2층: 4 개, 1층: 6 개, 11개

3 답 ②, ④, ⑤

4 답

1	1	3
2		1

5 답 (1) 10개 (2) 12개

6 답 (1) 8개 (2) 7개

(2) 모두 3층씩 쌓으면 15개가 되므로 쌓기나무는 7개가 더 필요합니다.

7 답 ②, ⑤, ⑥

②의 자리에 3개를 쌓아야 하는데 2개만 쌓았습니다.
⑤의 자리에 3개를 쌓아야 하는데 1개만 쌓았습니다.
⑥의 자리에 2개를 쌓아야 하는데 1개만 쌓았습니다.

개념 넓히기

1 답 (1)

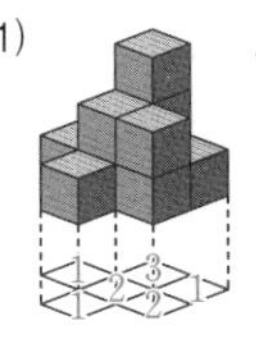

, 10개 (2)

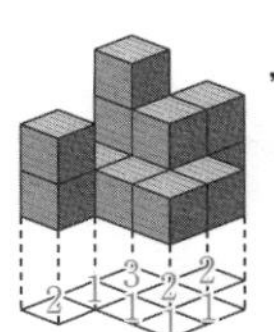

, 13개

2 답 4개

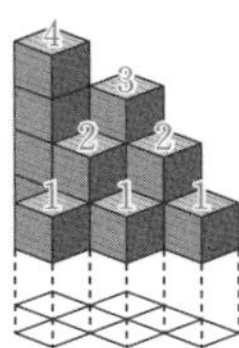

각 자리에 쌓아올린 쌓기나무의 수를 써 보면 왼쪽과 같습니다.
써 있는 숫자가 2와 같거나 2보다 크면 2층이 있는 것이므로 4개입니다.

3 답 (1) 15개 (2) 12개

(1)

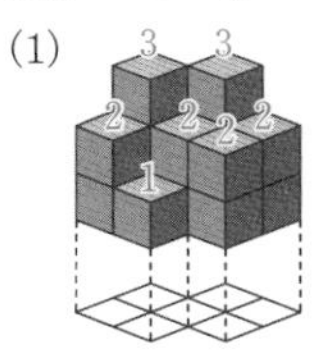

(전체 개수)
$=3\times2+2\times4+1$
$=15$(개)

(2)

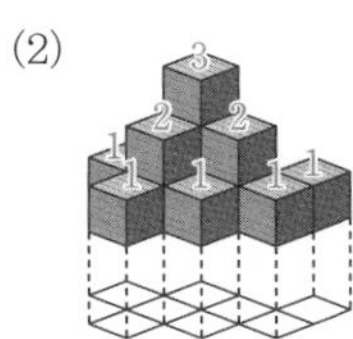

(전체 개수)
$=3+2\times2+5$
$=12$(개)

4 답 16개

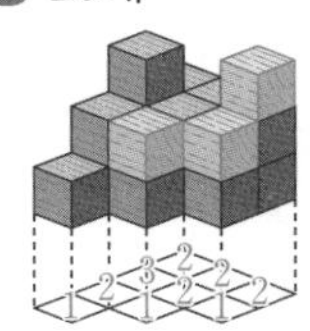

색칠된 것의 개수를 빼고 바닥에 닿는 면에 쌓기나무의 개수를 씁니다.
(남는 개수)$=3+2\times5+3=16$(개)

5 답 4개

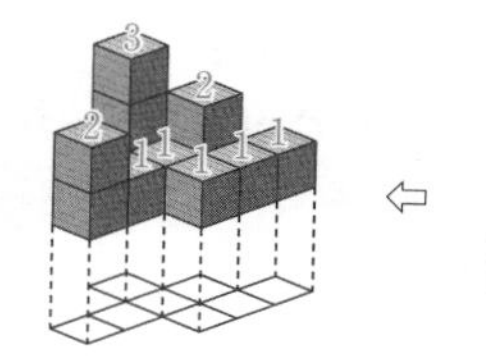

(개수)=12개 ⇦ (개수)=8개
따라서 쌓기나무를 4개 더 쌓아야 합니다.

6 답 8, 6, 4, 2
1층 : 칸 수와 같습니다. ⇨ 8개
2층 : 2, 3, 4가 쓰여진 칸 수를 세어 봅니다. ⇨ 6개
3층 : 3, 4가 쓰여진 칸수를 세어 봅니다. ⇨ 4개
4층 : 4가 쓰여진 칸수를 세어 봅니다. ⇨ 2개

7 답 17개

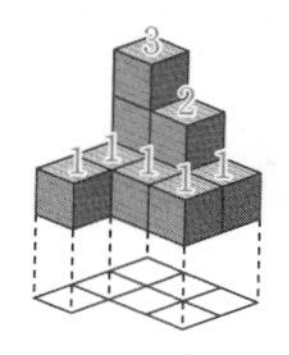
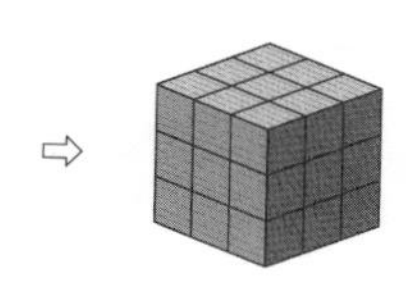

10개 $3 \times 3 \times 3 = 27$(개)
➡ 더 쌓아야 하는 쌓기나무는
$27 - 10 = 17$(개)입니다.

8 답 4개
보이지 않는 쌓기나무의 수는 오른쪽 그림의 각 세로줄에 써 있는 수의 합이므로
(보이지 않는 쌓기나무)=4개

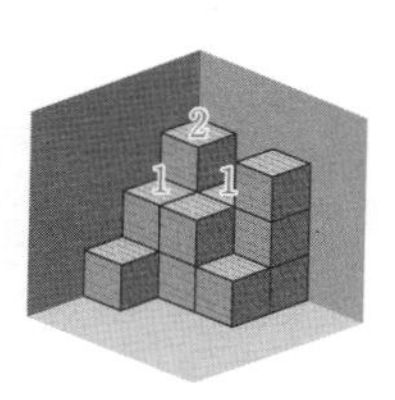

40 쌓기나무의 위, 앞, 옆에서 본 모양

개념 활동

1 답 (1)

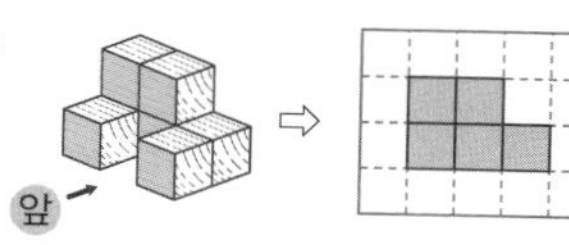

(2)

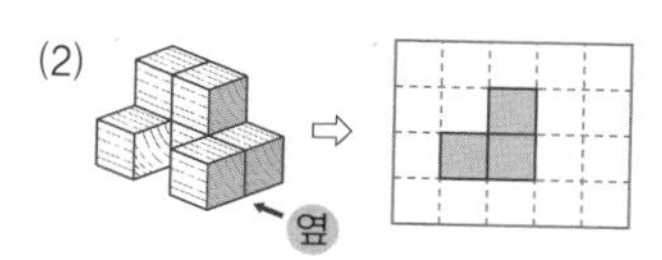

(3) 위에서 본 모양
(4) 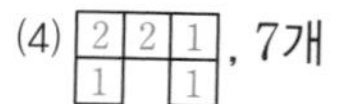, 7개

2 답

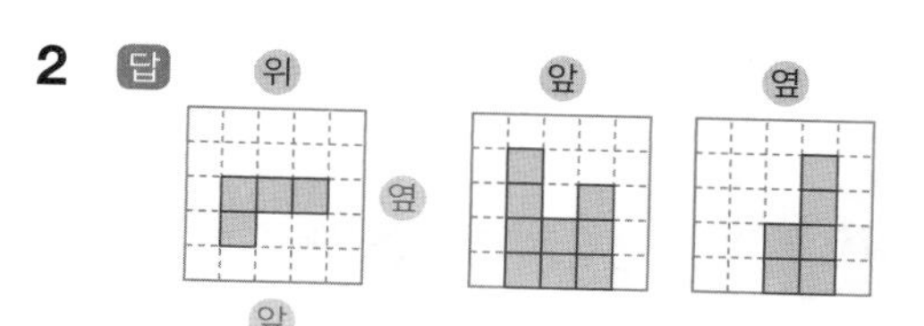

3 답

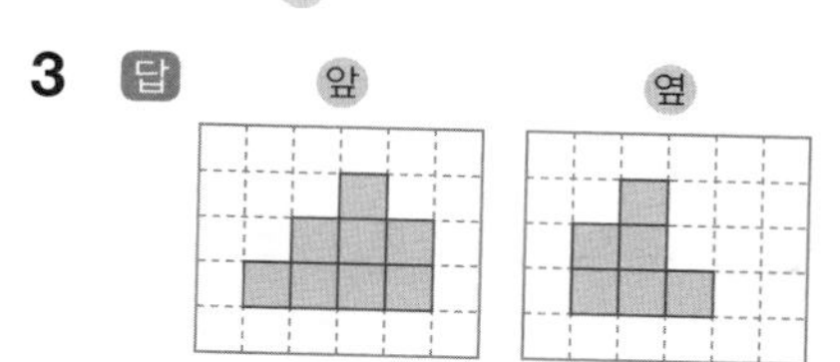

4 답 (1) (2) (3)

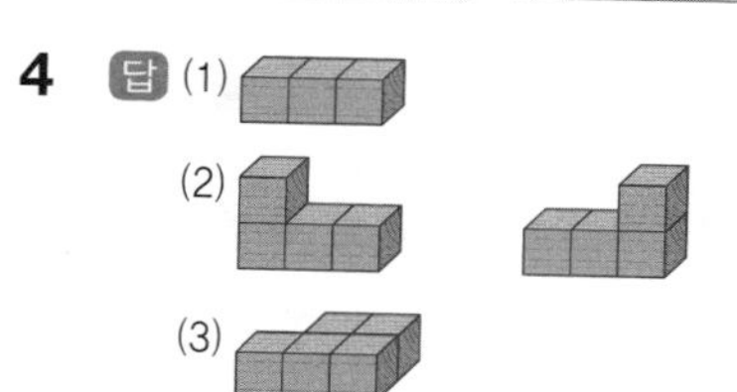

5 답 (1) ①번을 뺀 것 (2) ②번 앞에 1개

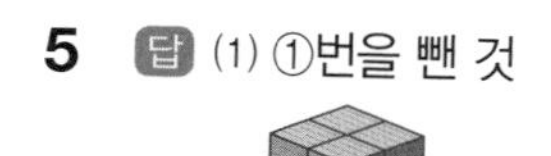

(3) ③번을 뺀 것 (4) ④번 위에 2개

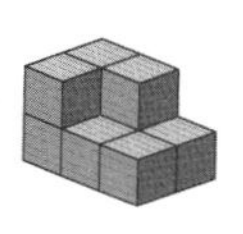

개념 익히기

1 답

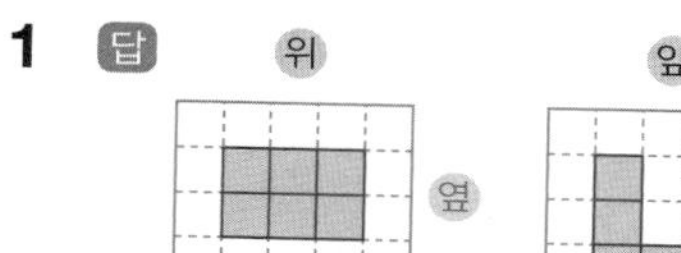
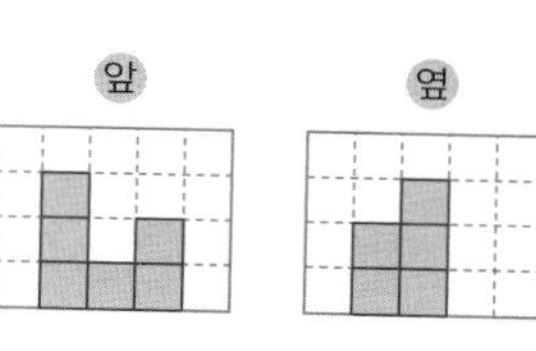

2 답

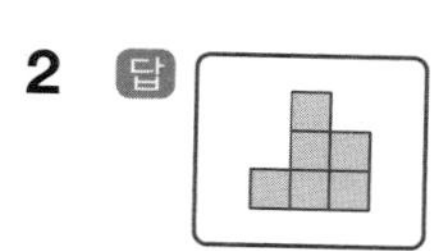

3 답 나
위와 옆에서 본 모양은 같고, 앞에서 본 모양을 보면 나입니다.

4 답

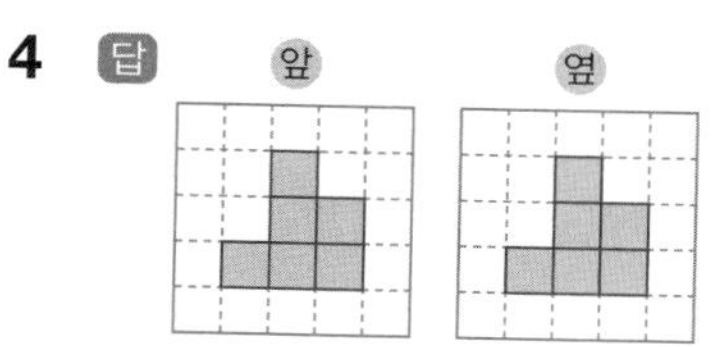

5 답

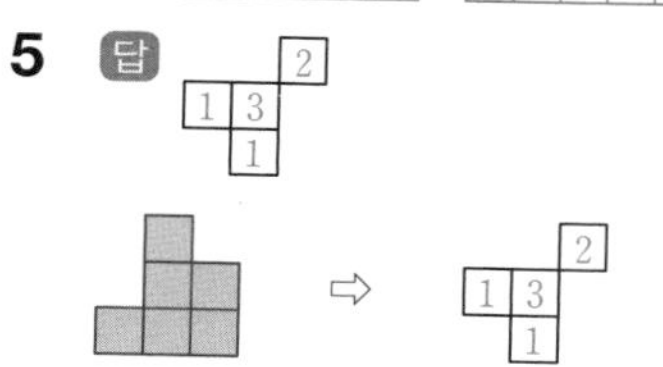

가를 앞과 옆에서 본 모양

6 답 (1)

(2)

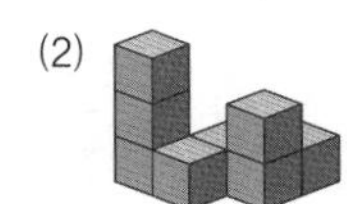

개념 넓히기

1 답 (위에서부터 차례로) 앞, 위, 옆

2 답

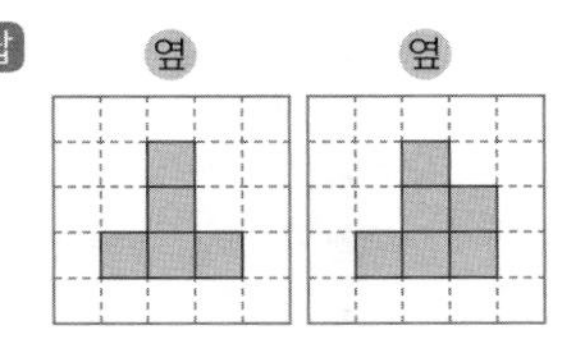

같은 모양이라도 바닥에 닿는 면의 ①번 자리에 2개까지 쌓여 있을 수 있는 가능성이 있습니다.

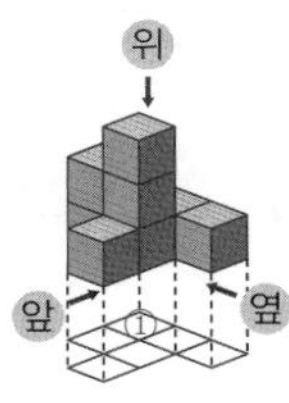

3 답 (1) 7개 (2)

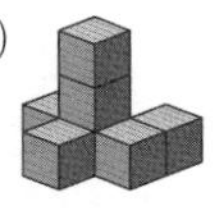

(1) 위에서 본 모양을 바닥에 닿는 면으로 하여 각 자리에 쌓아 올린 쌓기나무의 수를 써 보면 다음과 같습니다.

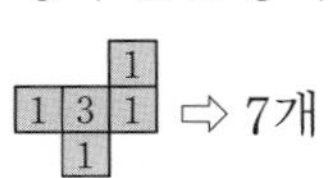

⇨ 7개

4 답 가

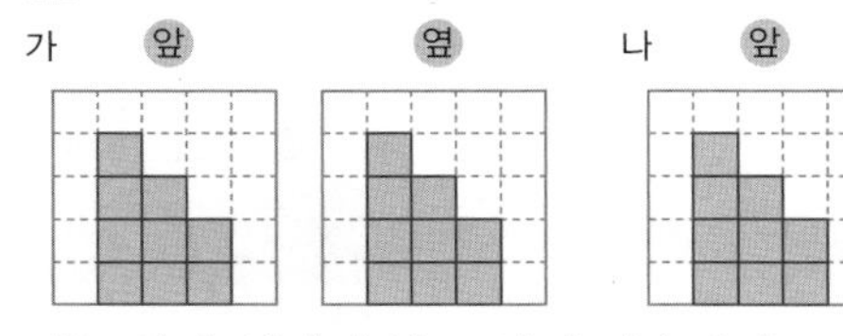

가는 앞과 옆에서 본 모양이 같습니다.

5 답 예

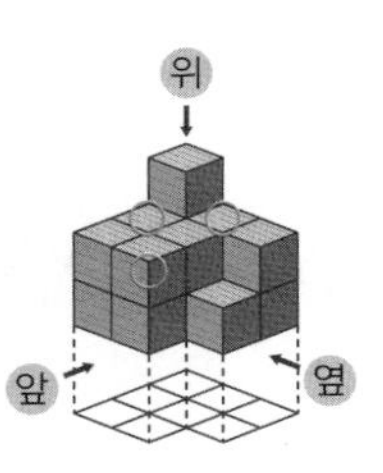

주어진 쌓기나무를 위에서 본 모양을 그리고 각 칸에 개수를 써넣으면 오른쪽과 같습니다.

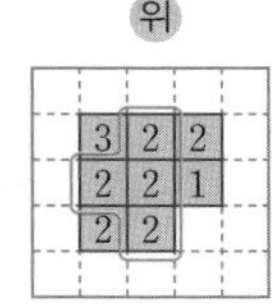

위에서 본 모양이 변하지 않으려면 바닥면에 있는 쌓기나무는 뺄 수 없고, 위의 그림에서 숫자를 줄여도 앞과 옆에서 본 모양이 변하지 않도록 쌓기나무를 빼려면 위의 그림에서 □ 안의 쌓기나무 중 2개를 뺄 수 있습니다.

6 답 3가지

앞에서 본 모양이고 전체 개수가 9개이므로 위에서 본 정가운데에 1과 2가 들어가는 경우를 나누어 생각해 봅니다.

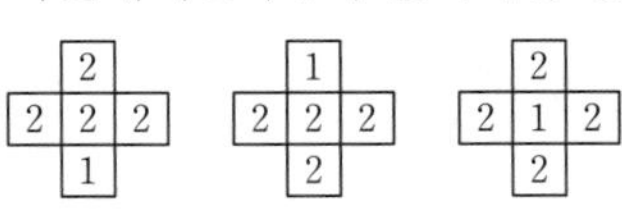

따라서 위와 같이 3가지 경우로 만들 수 있습니다.

7 답

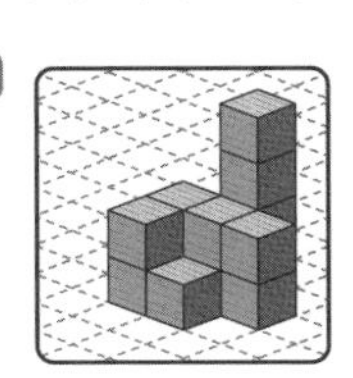

41 쌓기나무 전체의 모양

개념 활동

1 답 (1) 1층 (2)

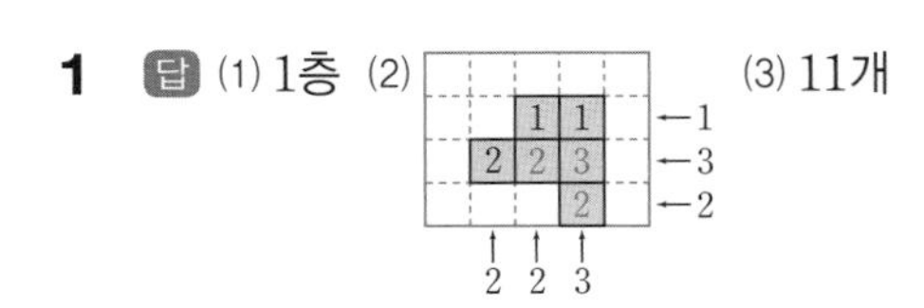

(3) 11개

(3) (전체 개수) $= 1+1+2\times3+3=11$(개)

2 답

1		
2	1	1
3		

, 8개, ㉣

위에서 본 모양이 주어진 것과 같은 것은 ㉠, ㉡(가능성이 있음), ㉣이므로 그중에서 앞에서 본 모양이 같은 것을 찾으면 ㉠과 ㉣입니다. ㉠과 ㉣ 중에서 다시 옆에서 본 모양이 같은 것은 ㉣입니다.

3 답 (1)

1	1		1
2	3	1	3
2	2	1	2
2	3	1	

앞 옆

(2) 13개

(3)

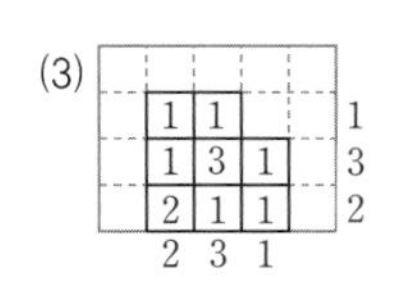

(4) 11개

(2) (가장 많은 개수)$=1\times4+2\times3+3=13$(개)

(4) (가장 적은 개수)$=1\times6+2+3=11$(개)

4 답 (1) 가장 많은 경우

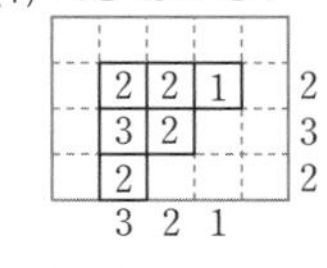

가장 적은 경우

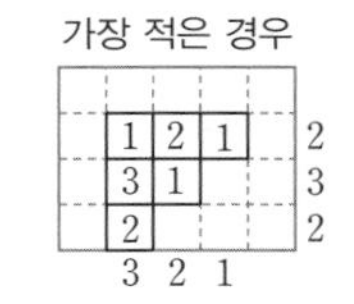

(2) 2개

(1) 먼저 앞에서 본 개수와 옆에서 본 개수가 만나는 위치에 숫자를 쓰고, 나머지를 1로 채웁니다.

(2) (가장 많은 개수)=2+2+1+3+2+2=12(개)
(가장 적은 개수)=1+2+1+3+1+2=10(개)
⇨ (차)=12−10=2(개)

개념 익히기

1 답 9개

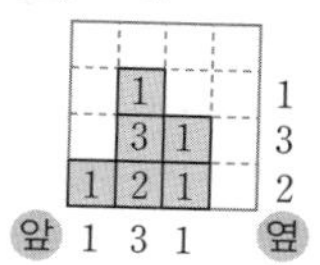

(전체 개수)=1+3+1+1+2+1=9(개)

2 답 (1)

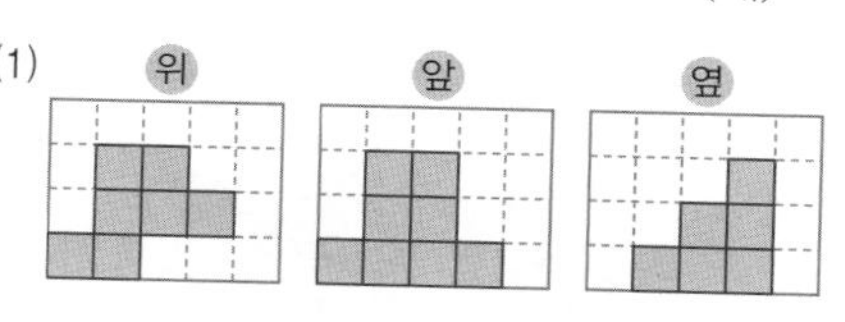

(2) ㉠

3 답 가, 9개

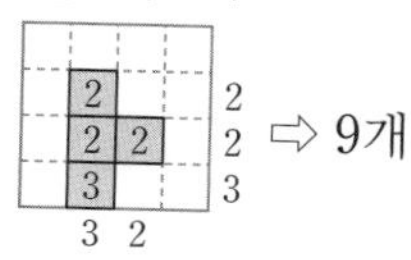

4 답 (1)

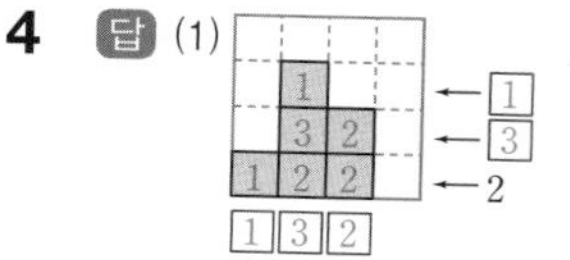

, 11개 (2)

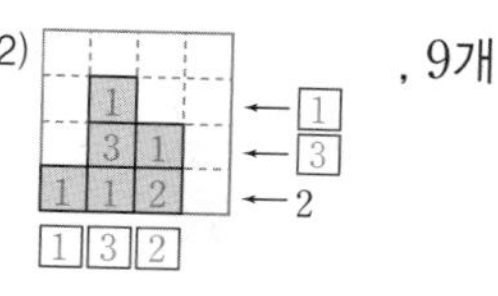

, 9개

5 답 (1) 14개, 12개 (2) 13개, 11개

(1)

(가장 많을 경우)=14개 (가장 적을 경우)=12개

(2)

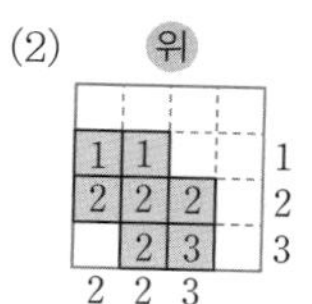

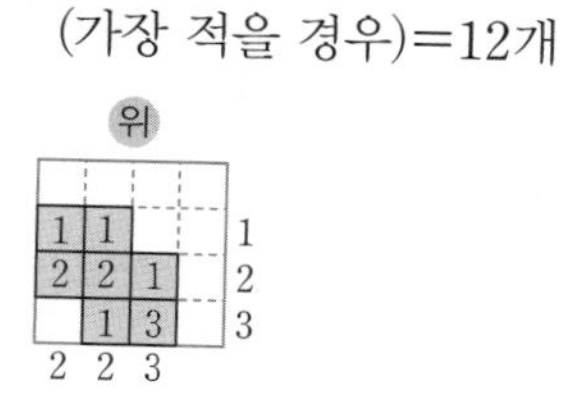

(가장 많을 경우)=13개 (가장 적을 경우)=11개

개념 넓히기

1 답 7개

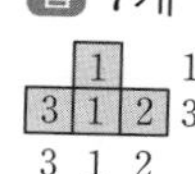

(전체 개수)=7개

2 답 풀이 참조

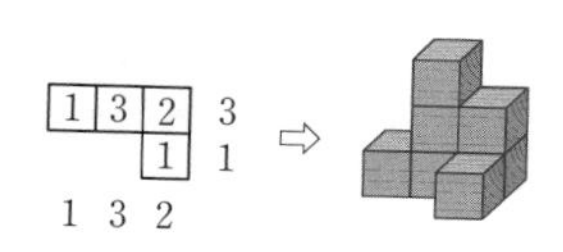

3 답 2개

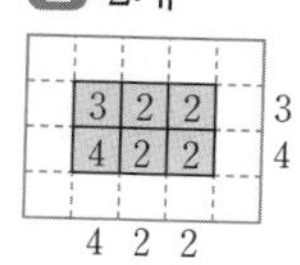

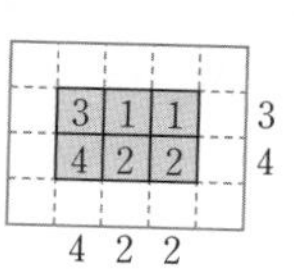

(가장 많을 경우)=15개 (가장 적을 경우)=13개
따라서 2개를 빼낼 수 있습니다.

4 답 13개, 9개

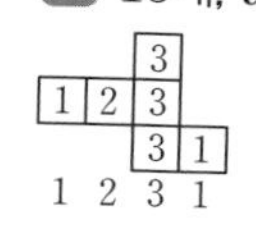

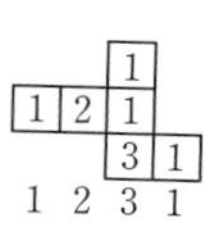

(가장 많을 경우)=13개 (가장 적을 경우)=9개

5 답 13개, 10개

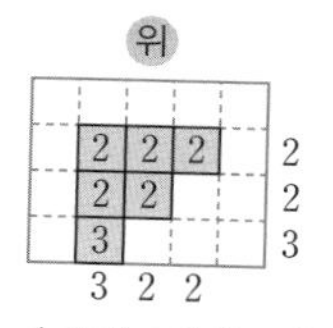

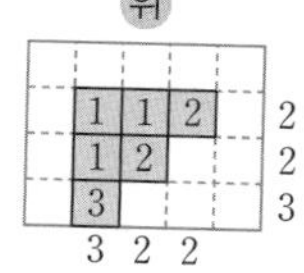

(가장 많을 경우)=13개 (가장 적을 경우)=10개

6 답 (1) , 16개

(2)

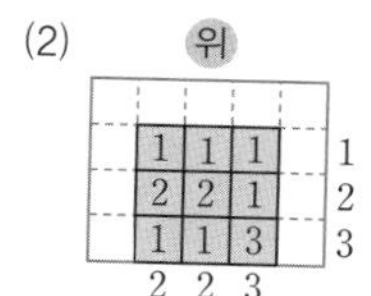

, 13개

(1) (가장 많을 경우)=1+1+1+2+2+2+2+2+3
=16(개)

(2) (가장 적을 경우)=1+1+1+2+2+1+1+1+3
=13(개)

7 답 1가지

쌓기나무 6개로 만들었고, 3층이므로 위에서 본 모양은 정사각형에서 한 칸은 3개가 쌓여진 모양입니다. 또한 앞과 옆에서 본 모양이 같아야 하므로 다음과 같은 1가지입니다.

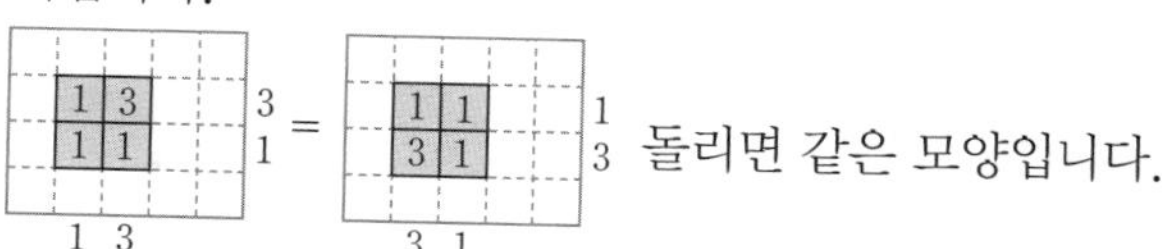

돌리면 같은 모양입니다.

8 답 27개, 15개

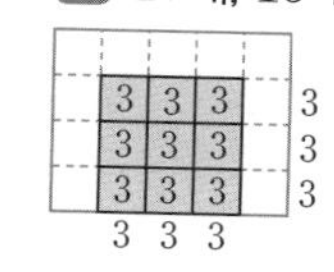

(가장 많을 경우)=27개 (가장 적을 경우)=15개

42 조건에 맞는 모양

개념 활동

1 답

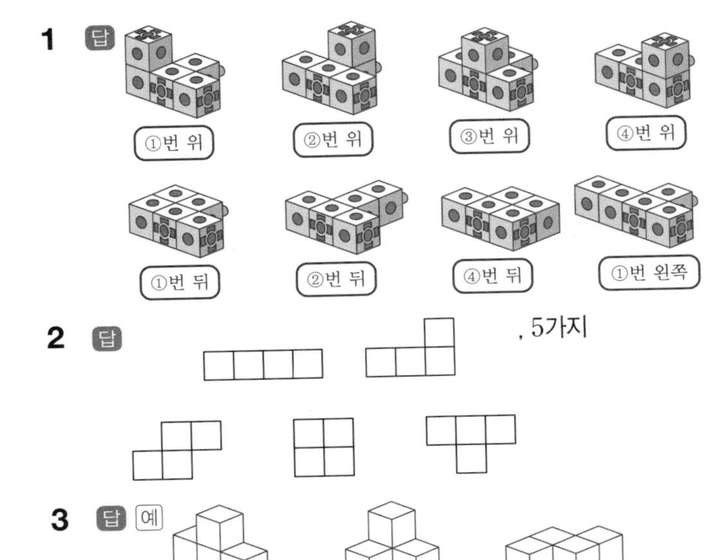

2 답 , 5가지

3 답 예

개념 익히기

1 답 ㉣

㉣ 연결큐브가 5개입니다.

2 답 (1)

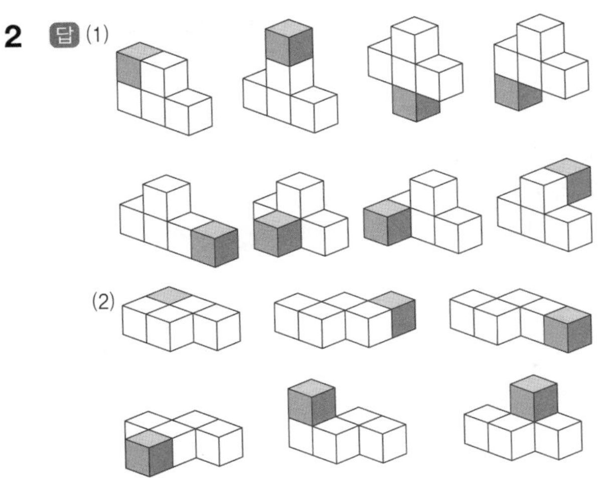

주어진 모양의 각 자리에 연결큐브에 쌓거나 이어 붙인 모양을 차례로 그려 봅니다.

3 답 ㉡, ㉣

㉡을 색칠한 면을 바닥면으로 세우고, ㉣을 앞쪽으로 90° 회전합니다.

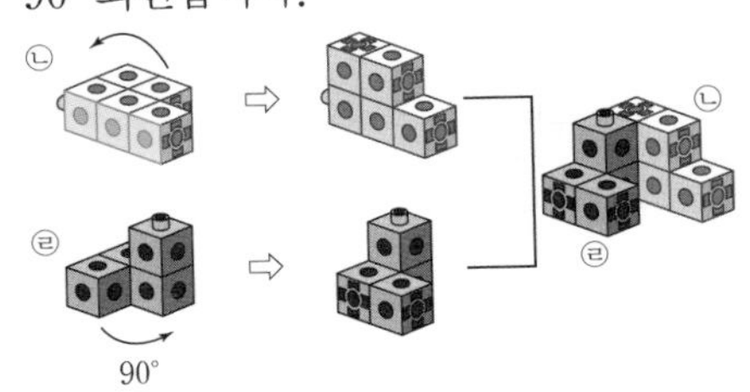

개념 넓히기

1 답 ㉥

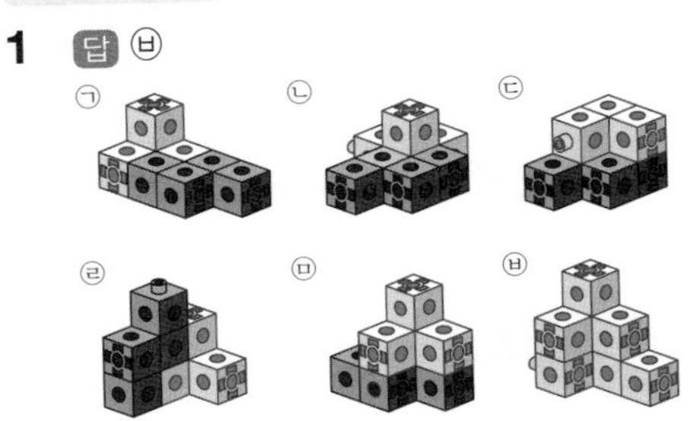

한 가지 모양을 먼저 찾은 다음 다른 모양을 찾습니다.

2 답

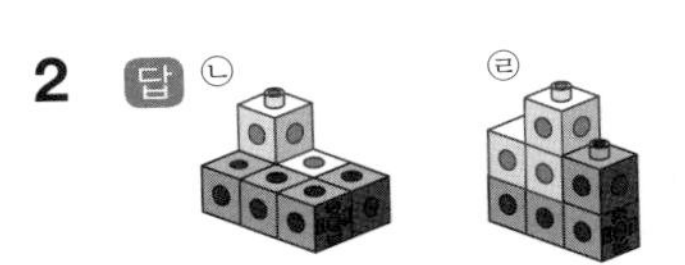

연결큐브 4개로 만들 수 있는 모양으로 묶어 보면서 같은 모양이 되는지 확인합니다.

3 답 예

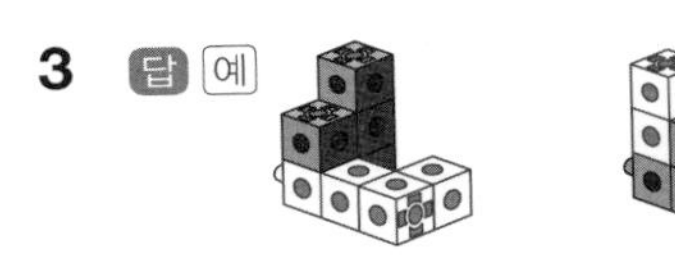

다른 모양으로 찾을 수도 있습니다. 이때 나머지 모양의 연결큐브가 연결되어 있어야 합니다.

43 직육면체의 겉넓이

개념 활동

1 답 (1) (면 ㄱㄴㄷㄹ)=70 cm^2, (면 ㅁㅂㅅㅇ)=70 cm^2,
(면 ㄴㅂㅁㄱ)=28 cm^2, (면 ㄷㅅㅇㄹ)=28 cm^2,
(면 ㄴㅂㅅㄷ)=40 cm^2, (면 ㄱㅁㅇㄹ)=40 cm^2,
; 276 cm^2

(2) 3쌍

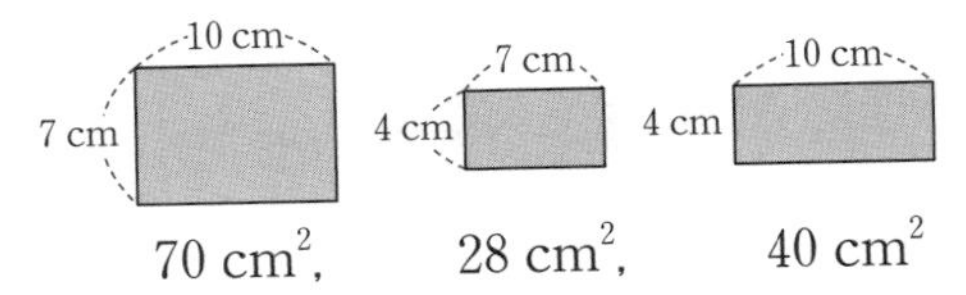

70 cm^2, 28 cm^2, 40 cm^2

(3) 7×4, 10×4, 276

(1) (여섯 면의 넓이의 합)
$=70+70+28+28+40+40=276(cm^2)$

(2) $10\times7=70(cm^2)$, $7\times4=28(cm^2)$
$10\times4=40(cm^2)$

2 답 (1) 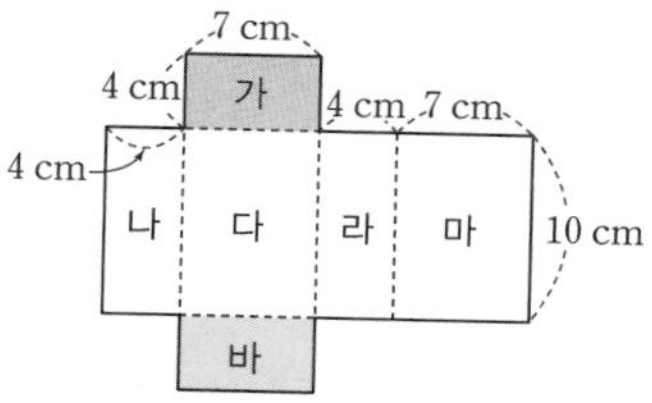

, $56\ cm^2$

(2) 면 나, 면 다, 면 라, 면 마, $220\ cm^2$ (3) $276\ cm^2$

(1) (두 밑면의 넓이의 합)$=7\times4\times2=56(cm^2)$

(2) (옆면의 넓이의 합)$=(4+7+4+7)\times10=220(cm^2)$

(3) (직육면체의 겉넓이)$=56+220=276(cm^2)$

3 답 (1) $208\ cm^2$ (2) $358\ cm^2$

(1) (겉넓이)$=(8\times4+4\times6+8\times6)\times2=208(cm^2)$

(2) (겉넓이)$=(12\times7+7\times5+12\times5)\times2=358(cm^2)$

4 답 (1) 모두 합동입니다. (2) 9, 9, 486

5 답 (1) $726\ cm^2$ (2) $384\ cm^2$

(1) (겉넓이)$=11\times11\times6=726(cm^2)$

(2) (겉넓이)$=8\times8\times6=384(cm^2)$

6 답 (1) $30\ cm^2$, $20\ cm^2$, $24\ cm^2$ (2) $148\ cm^2$

(1) $6\times5=30(cm^2)$, $5\times4=20(cm^2)$,
$6\times4=24(cm^2)$

(2) (겉넓이)$=(30+20+24)\times2=148(cm^2)$

개념 익히기

1 답 (1) $318\ cm^2$ (2) $1014\ cm^2$

(1) (겉넓이)$=(9\times6+6\times7+9\times7)\times2=318(cm^2)$

(2) (겉넓이)$=13\times13\times6=1014(cm^2)$

2 답 $608\ cm^2$

여러 가지 방법으로 구할 수 있습니다.
겉넓이는 전개도의 넓이와 같으므로
$(4\times12+16\times4+16\times12)\times2=608(cm^2)$

3 답 $208\ cm^2$

(겉넓이)$=(24+32+48)\times2=208(cm^2)$

4 답 $282\ cm^2$

(겉넓이)$=(7\times12+12\times3+7\times3)\times2=282(cm^2)$

5 답 $376\ cm^2$

(겉넓이)$=(8\times6+6\times10+8\times10)\times2=376(cm^2)$

6 답 7 cm

정육면체의 한 모서리를 □ cm라고 하면
$□\times□\times6=294$, $□\times□=49$, $□=7(cm)$

7 답 (1) 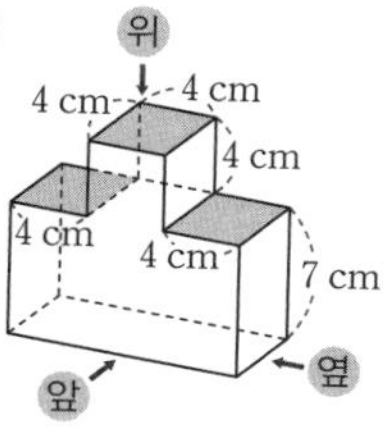

, $48\ cm^2$

(2) 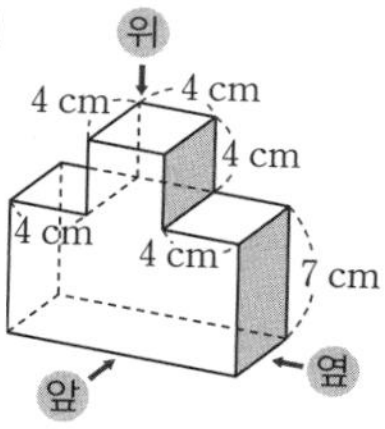

, $44\ cm^2$

(3) 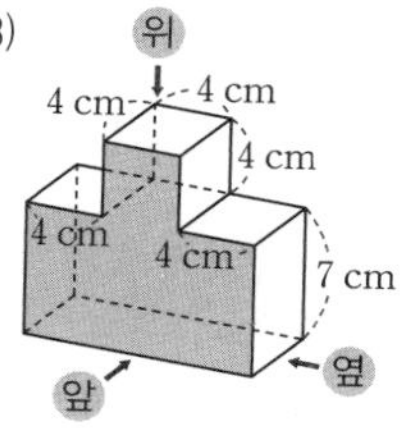

, $100\ cm^2$

(4) $384\ cm^2$

(1) (위에서 본 면의 넓이)$=12\times4=48(cm^2)$

(2) (옆에서 본 면의 넓이)$=4\times11=44(cm^2)$

(3) (앞에서 본 면의 넓이)$=12\times11-4\times4\times2$
$=100(cm^2)$

(4) (겉넓이)$=(48+44+100)\times2=384(cm^2)$

8 답 $1734\ cm^2$

(한 모서리)$=68\div4=17(cm)$
(겉넓이)$=17\times17\times6=1734(cm^2)$

9 답 10 cm

(직육면체의 겉넓이)
$=(15\times10+10\times6+15\times6)\times2=600(cm^2)$
정육면체의 한 모서리를 □ cm라고 하면
(정육면체의 겉넓이)$=□\times□\times6=600$
$□\times□=100$, $□=10(cm)$

개념 넓히기

1 답 $312\ cm^2$

주어진 입체도형을 위, 앞, 옆에서 본 모양의 넓이의 합을 2배 하면 겉넓이와 같으므로

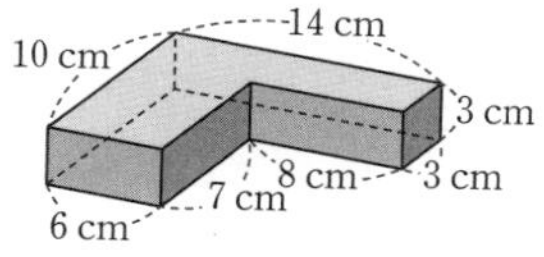

(위에서 본 모양의 넓이)$=14\times10-8\times7=84(cm^2)$
(앞에서 본 모양의 넓이)$=14\times3=42(cm^2)$

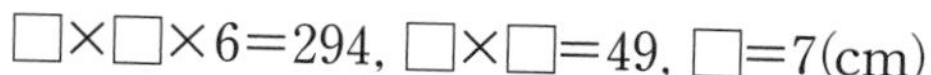

(옆에서 본 모양의 넓이)$=10\times3=30$(cm²)
(겉넓이)$=(84+42+30)\times2=312$(cm²)

2 답 126 cm²
(직육면체의 겉넓이)
=(한 밑면의 넓이)×2+(옆면의 넓이의 합)
=(한 밑면의 넓이)×2+(밑면의 둘레)×(높이)
$=18\times2+18\times5=126$(cm²)

3 답 232 cm²

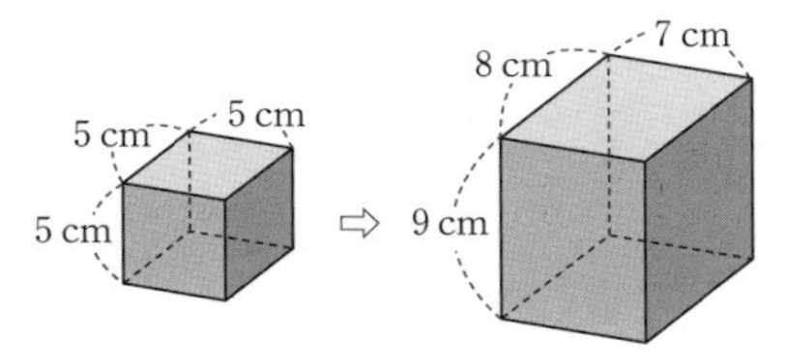

(정육면체의 겉넓이)$=5\times5\times6=150$(cm²)
(직육면체의 겉넓이)
$=(7\times8+8\times9+7\times9)\times2=382$(cm²)
(겉넓이의 차)$=382-150=232$(cm²)
겉넓이는 232 cm² 늘었습니다.

4 답 7 cm

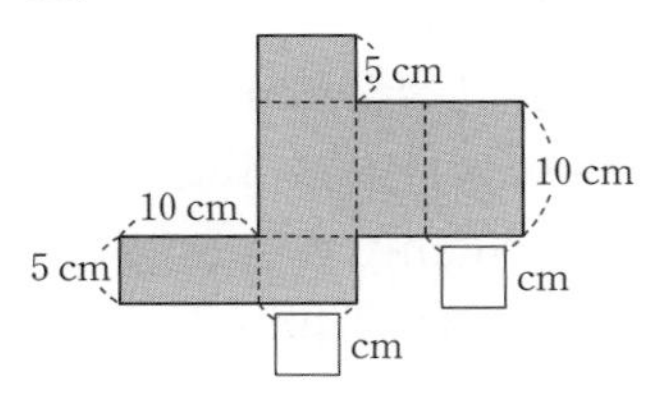

(겉넓이)=(10×5+□×10+□×5)×2=310
50+15×□=155, 15×□=105
□=7(cm)

5 답 294 cm²
한 모서리의 길이가 가장 짧은 것을 기준으로 정육면체를 만들 수 있으므로 가장 큰 정육면체의 한 모서리의 길이는 7 cm입니다.
(정육면체의 겉넓이)$=7\times7\times6=294$(cm²)

6 답 (1) 592 cm² (2) 96 cm²
(1) 다음 두 입체도형은 위, 앞, 옆에서 본 모양이 같으므로 겉넓이가 같습니다.

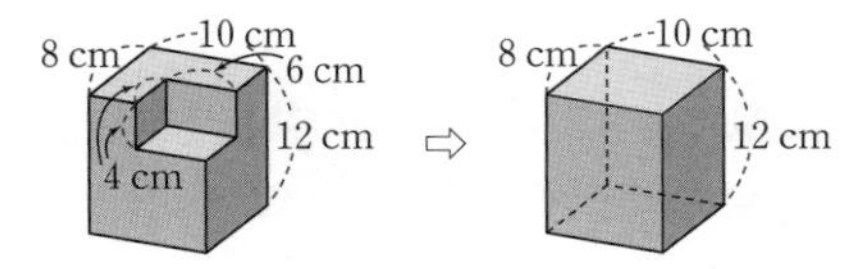

(겉넓이)$=(10\times8+10\times12+8\times12)\times2=592$(cm²)

(2)

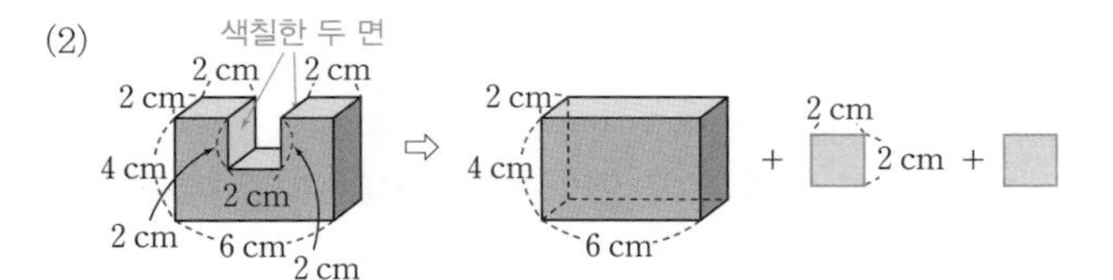

(겉넓이)$=(6\times2+2\times4+6\times4)\times2+2\times2\times2$
$=96$(cm²)

7 답 9배
(작은 정육면체의 겉넓이)$=2\times2\times6=24$(cm²)
(늘인 정육면체의 겉넓이)$=6\times6\times6=216$(cm²)
⇨ $216\div24=9$(배)

8 답 434 cm²

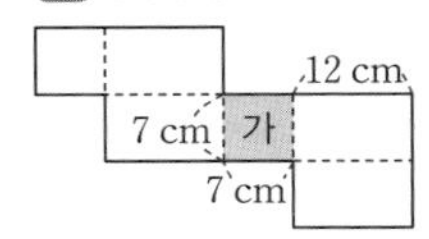

(겉넓이)$=49\times2+12\times7\times4=434$(cm²)

9 답 (1) 614 cm² (2) 280 cm² (3) 894 cm²
(1)

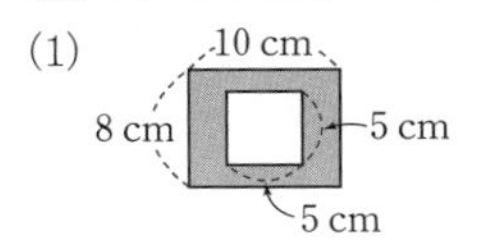

(한 밑면의 넓이)$=10\times8-5\times5=55$(cm²)

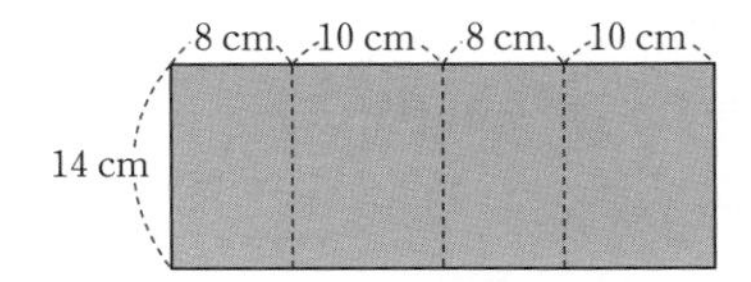

(바깥쪽 옆면의 넓이)$=(8+10+8+10)\times14$
$=504$(cm²)
(바깥쪽 겉넓이)$=55\times2+504=614$(cm²)

(2)

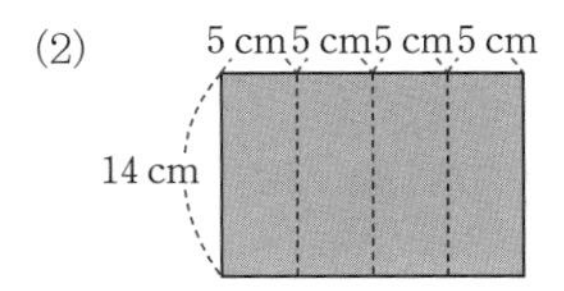

(안쪽 옆면의 넓이)$=20\times14=280$(cm²)
(3) (입체도형의 겉넓이)
=(바깥쪽 겉넓이)+(안쪽 옆면의 넓이)
$=614+280=894$(cm²)

44 직육면체의 부피

개념 활동

1 답 (1) 알 수 없습니다.
(2) 가 : 12, 나 : 15

(3) 가 : 3배, 나 : 2배
(4) 높이, 높이 (5) 36 cm³, 30 cm³

(6) 직육면체 가가 나보다 6 cm^3 더 큽니다.

(2) (가의 한 층의 개수)$=3\times4=12$(개)

(나의 한 층의 개수)$=5\times3=15$(개)

(5) (가의 부피)$=3\times4\times3=36(cm^3)$

(나의 부피)$=5\times3\times2=30(cm^3)$

2 답 (1) 480 cm^3 (2) 504 cm^3

(1) (부피)$=6\times10\times8=480(cm^3)$

(2) (부피)$=14\times6\times6=504(cm^3)$

3 답 (1) 3개, 3개 (2) 3층 (3) 높이, 한 모서리 (4) 27 cm^3 (5) 27배

(4) (부피)$=3\times3\times3=27(cm^3)$

4 답 (1) 216 cm^3 (2) 4 cm

(1) (부피)$=6\times6\times6=216(cm^3)$

(2) $6\times9\times$(높이)$=216$, (높이)$=4$(cm)

개념 익히기

1 답 1 cm^3, 1 세제곱센티미터

2 답 가

쌓기나무 한 개의 부피를 1이라 할 때

(가의 부피)$=3\times3\times3=27$

(나의 부피)$=2\times3\times4=24$

이므로 가의 부피가 더 큽니다.

3 답 (1) 264 cm^3 (2) 125 cm^3

(1) (부피)$=6\times11\times4=264(cm^3)$

(2) (부피)$=5\times5\times5=125(cm^3)$

4 답 (1) 158 cm^2, 120 cm^3 (2) 184 cm^2, 120 cm^3

(1) (겉넓이)$=(5\times8+5\times3+8\times3)\times2=158(cm^2)$

(부피)$=8\times5\times3=120(cm^3)$

(2) (겉넓이)$=(6\times2+6\times10+2\times10)\times2=184(cm^2)$

(부피)$=2\times6\times10=120(cm^3)$

5 답 1080 cm^3

(옆면의 넓이)=(밑면의 둘레)×(높이)

$=(12+18)\times2\times$(높이)$=300(cm^2)$

(높이)$=5$ cm

(부피)$=12\times18\times5=1080(cm^3)$

6 답 7680 cm^3

큰 직육면체의 부피에서 파여진 부분의 부피를 빼어 구합니다.

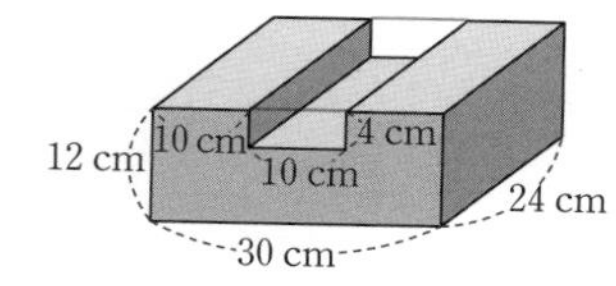

(부피)

$=30\times24\times12-10\times24\times4$

$=8640-960=7680(cm^3)$

7 답 10 cm

(직육면체의 부피)$=25\times10\times4=1000(cm^3)$

정육면체의 한 모서리를 □ cm라고 하면

(정육면체의 부피)$=□\times□\times□=1000$,

$□=10$(cm)

8 답 ㉠이 ㉡보다 192 cm^3이 더 커집니다.

㉠ 가로 : $16+4=20$(cm)

세로 : $4+4=8$(cm)

높이 : $8+4=12$(cm)

(부피)$=20\times8\times12=1920(cm^3)$

㉡ 한 모서리가 $8+4=12$(cm)이므로

(부피)$=12\times12\times12=1728(cm^3)$

㉠$-$㉡$=192(cm^3)$

개념 넓히기

1 답 512 cm^2, 624 cm^3

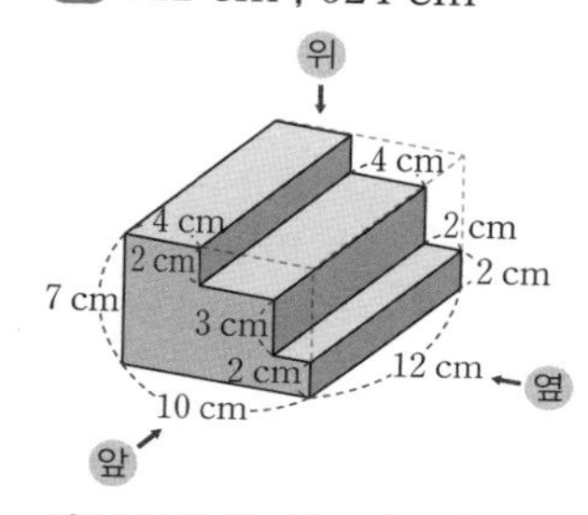

입체도형을 위, 앞, 옆에서 본 모양을 각각 그리면

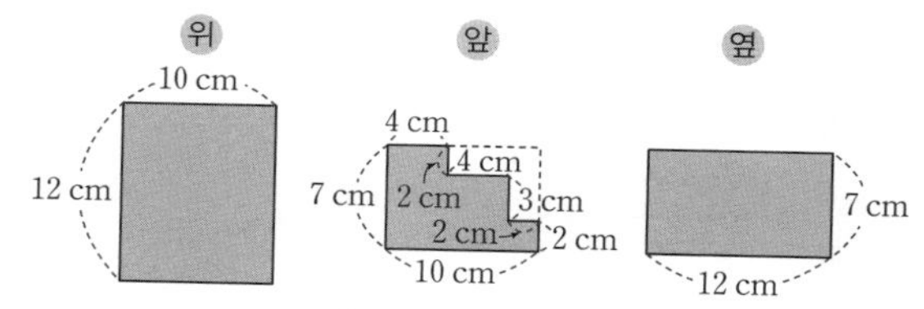

$10\times12=120(cm^2)$

$10\times7-(4\times2+2\times5)=52(cm^2)$

$12\times7=84(cm^2)$

(겉넓이)$=(120+52+84)\times2=512(cm^2)$

(부피)$=10\times12\times7-(4\times12\times2+2\times12\times5)$

$=624(cm^3)$

2 답 308 cm^2, 312 cm^3

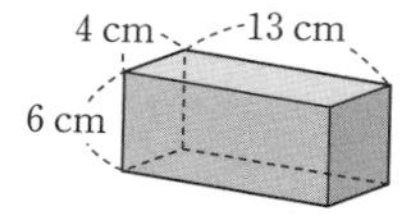

(겉넓이)$=(13\times4+4\times6+13\times6)\times2=308(cm^2)$

(부피)$=13\times4\times6=312(cm^3)$

3 답 7 cm

(부피)=(가로)×(세로)×(높이)

$=8\times5\times$(높이)$=280$

(높이)$=280\div40=7$(cm)

4 답 $140\ cm^3$

그림과 같이 모르는 모서리의 길이를 □ cm라고 하면

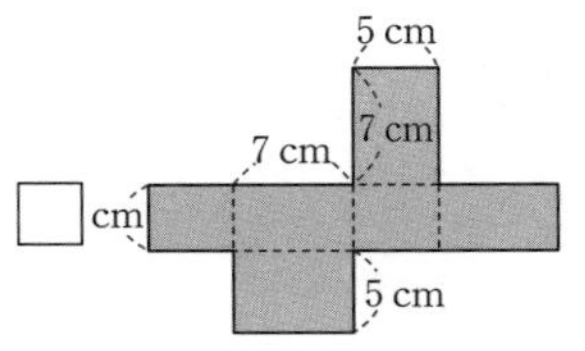

(겉넓이)=(7×5+5×□+7×□)×2=166,

35+12×□=83, □=4(cm)

(부피)=7×5×4=140(cm^3)

5 답 $294\ cm^2$

정육면체의 한 모서리를 □ cm라고 하면

(부피)=□×□×□=343

같은 수를 곱해서 일의 자리수가 3이 되는 것은

7×7=49, 7×9=63이므로

7×7×7=343

따라서 한 모서리는 7 cm입니다.

(겉넓이)=7×7×6=294(cm^2)

6 답 $960\ cm^3$

철판으로 물통의 겨냥도를 그리면

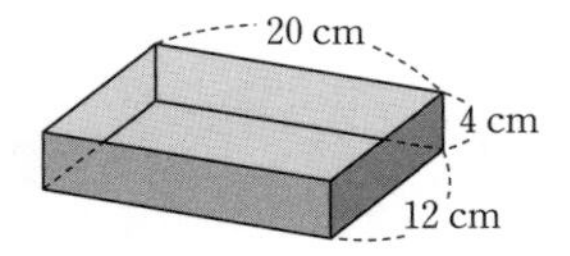

(물통의 부피)=20×12×4=960(cm^3)

7 답 2592개

밑면의 가로와 세로에 놓인 쌓기나무의 수는

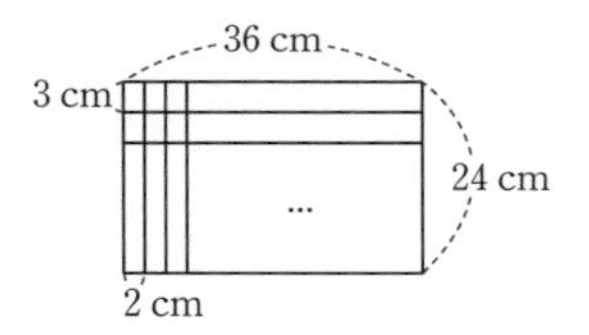

가로 : 36÷2=18(개)

세로 : 24÷3=8(개)

(밑면에 놓인 개수)=18×8=144(개)

높이가 1 cm인 쌓기나무이므로 18층이 됩니다.

(쌓기나무 수)=144×18=2592(개)

8 답 $1331\ cm^3$

정육면체의 모든 모서리는 길이가 같으므로 한 변의 길이가 같은 정사각형 6개로 나누면 됩니다. 따라서 33과 22를 모두 나누어 떨어지게 하면 되므로 한 변의 길이가 11 cm인 정사각형 6개로 나누면 됩니다.

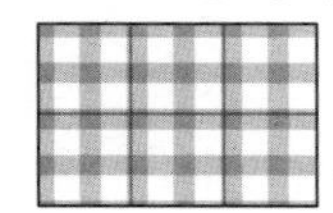

(포장한 상자의 부피)=11×11×11=1331(cm^3)

9 답 $288\ cm^3$

올라간 물의 부피가 돌의 부피이므로

(돌의 부피)=12×8×3=288(cm^3)

45 쌓기나무의 겉넓이와 부피

개념 활동

1 답 (1)

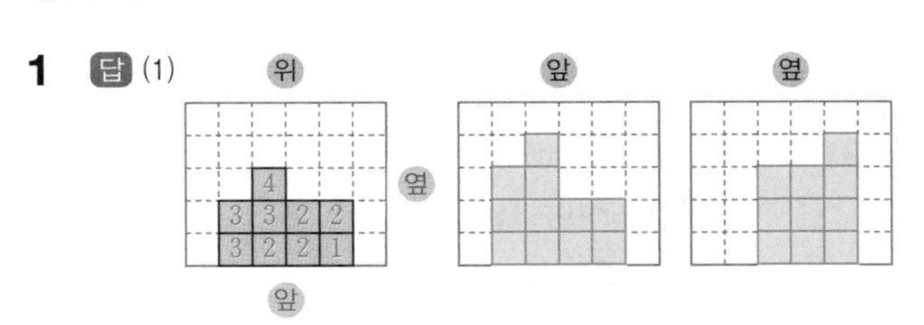

(2) $9\ cm^2$ (3) 2개씩 (4) $60\ cm^2$

(5) (1)의 그림 참조, 22개 (6) $22\ cm^3$

(4) (겉넓이)=(9+11+10)×2=60(cm^2)

(5) (쌓기나무 수)=4+3×3+2×4+1=22(개)

(6) 쌓기나무의 1개의 부피가 $1cm^3$이므로 22개의 부피는 $22\ cm^3$입니다.

2 답 겉넓이: $48\ cm^2$, 부피: $14\ cm^3$

쌓기나무를 위, 앞, 옆에서 본 도형을 그리고 쌓기나무의 개수를 써넣으면

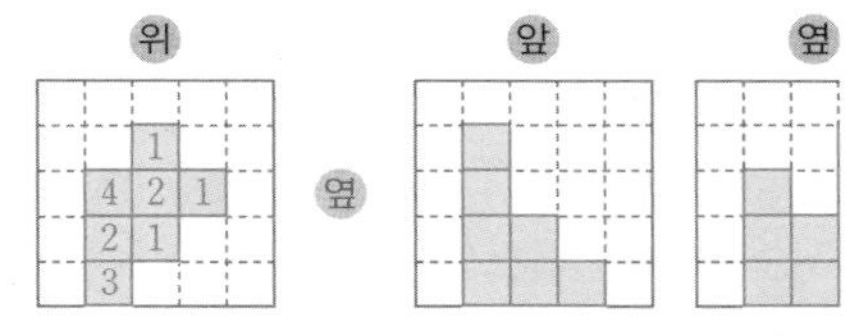

(겉넓이)=(7+7+10)×2=48(cm^2)

(부피)=4+3+2×2+1×3=14(개) ⇨ $14\ cm^3$

3 답 (1) ㉠: $50\ cm^2$ ㉡: $40\ cm^2$

㉢: , $38\ cm^2$ ㉣: , $32\ cm^2$

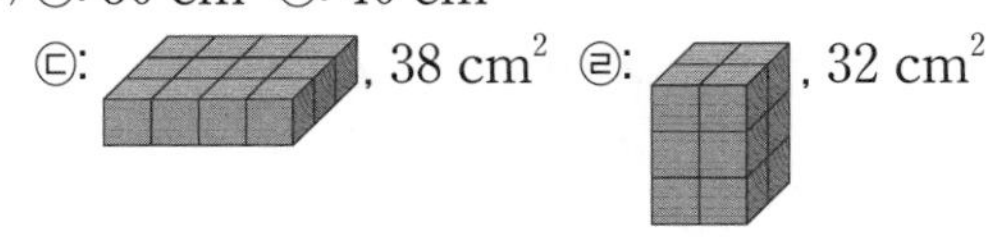

(2) 가장 넓은 것 : ㉠, 가장 좁은 것 : ㉣

(1) ㉠ 12×1

(㉠의 겉넓이)=(12+12+1)×2=50(cm^2)

㉡ 6×2

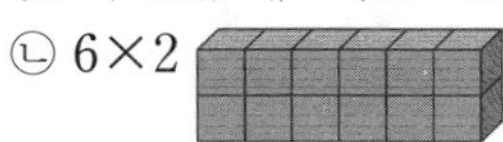

(㉡의 겉넓이)=(6+12+2)×2=40(cm^2)

㉢ 4×3

(㉢의 겉넓이)=(12+4+3)×2=38(cm^2)

㉣ 2×2×3

(㉣의 겉넓이)=(4+6+6)×2=32(cm^2)

4 답 (1) , $66\ cm^2$

(2) , $40\ cm^2$

(1) 가장 넓은 경우 : 16×1

(겉넓이)$=(16+16+1)\times2=66(cm^2)$

(2) 가장 좁은 경우 : $4\times2\times2$

(겉넓이)$=(8+8+4)\times2=40(cm^2)$

5 답 (1) 가 (2) $72\ cm^2$

(3) 나 (4) $54\ cm^2$

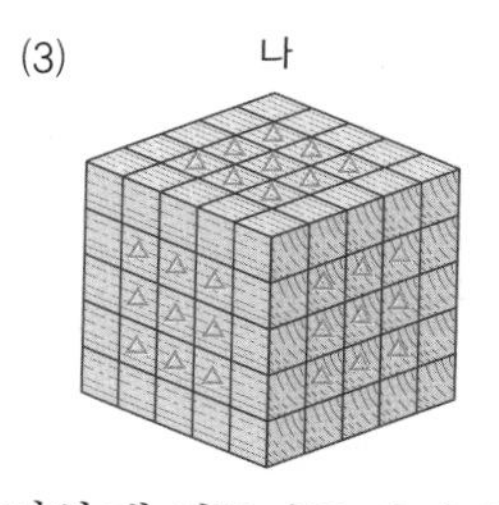

(1) 면의 네 귀퉁이를 제외하고 모서리마다 3개씩 있으므로

(두 면이 칠해진 개수)$=3\times12=36$(개)

(2) 쌓기나무 1개에서 색칠된 면의 넓이는 $2\ cm^2$이므로

(두 면이 칠해진 쌓기나무에서 색칠된 면의 겉넓이의 합)

$=2\times36=72(cm^2)$

(3) 여섯 개의 면마다 9개씩 있으므로

(한 면이 칠해진 개수)$=9\times6=54$(개)

(4) (한 면이 칠해진 쌓기나무에서 색칠된 면의 넓이의 합)

$=54\ cm^2$

개념 익히기

1 답 $38\ cm^2$, $11\ cm^3$

쌓기나무 모양을 위, 앞, 옆에서 본 모양을 그리면

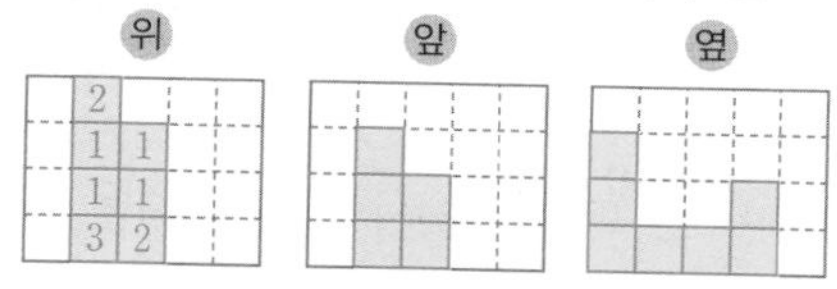

(겉넓이)$=(7+5+7)\times2=38(cm^2)$

(부피)$=3+2\times2+4=11(cm^3)$

[참고] 쌓기나무는 한 모서리가 1 cm인 정육면체이므로 부피는 $1\ cm^3$입니다.

2 답 (1) 위 앞 옆

(2) $38\ cm^2$ (3) 2개

(2) (겉넓이)$=(6+6+7)\times2=38(cm^2)$

(3) 위에서 본 모양을 그려 쌓기나무의 숫자를 써넣은 다음 겉넓이가 변하지 않도록 쌓기나무를 빼어 봅니다.

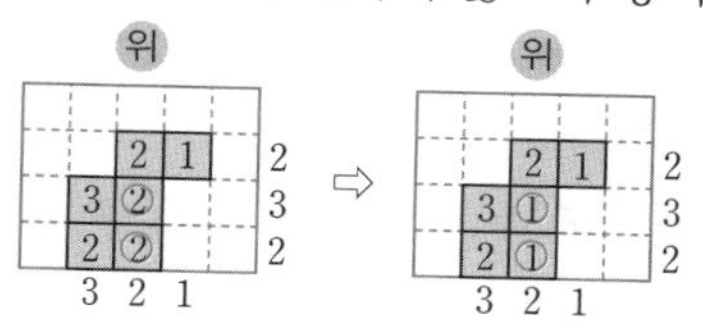

위의 그림과 같이 2개를 빼낼 수 있습니다.

3 답 $144\ cm^2$, $80\ cm^3$

위, 앞, 옆에서 본 모양을 그리면

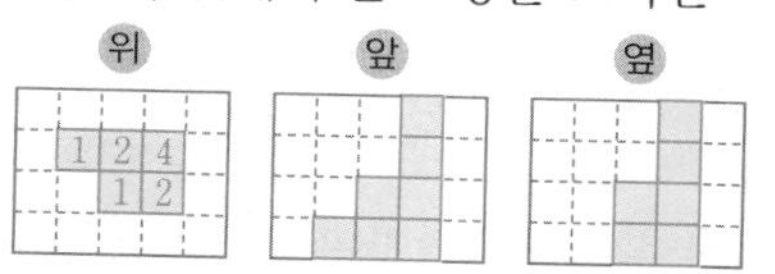

쌓기나무 1개의 부피가 $8\ cm^3$이므로

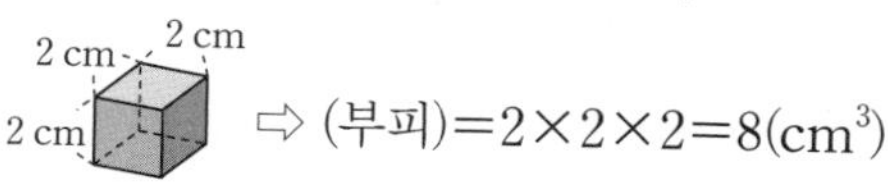

따라서 쌓기나무 한 개의 모서리는 2 cm이고 한 면의 넓이는 $4\ cm^2$입니다.

(겉넓이)$=(5+7+6)\times2\times4=144(cm^2)$

(부피)=(쌓기나무의 총 개수)×(쌓기나무 1개의 부피)

$=(4+2\times2+2)\times8=80(cm^3)$

4 답 $288\ cm^2$, $243\ cm^3$

위, 앞, 옆에서 본 모양을 그리면

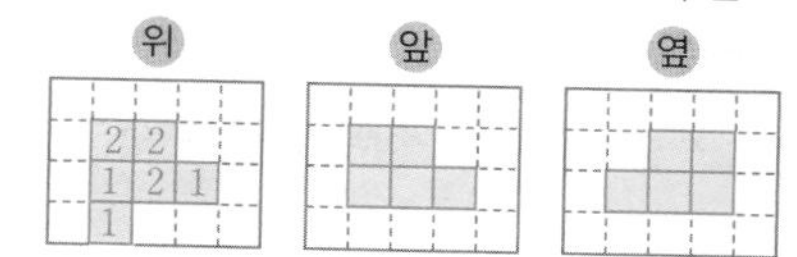

쌓기나무 한 면의 넓이는 $3\times3=9(cm^2)$

쌓기나무 한 개의 부피는 $3\times3\times3=27(cm^3)$

(겉넓이)$=(6+5+5)\times2\times9=288(cm^2)$

(부피)$=(2\times3+3)\times27=243(cm^3)$

5 답 가장 넓을 때 : $74\ cm^2$,

가장 좁을 때 : $42\ cm^2$

가장 넓을 때는 닿는 면이 가장 적도록 한 줄로 늘어놓아 이어 붙인 경우이므로

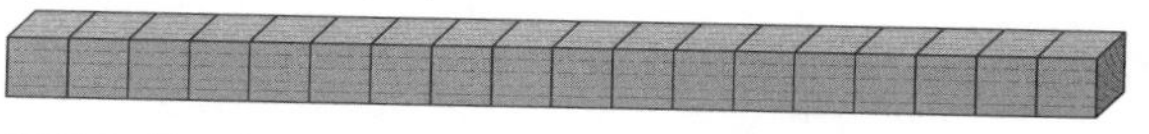

(겉넓이)$=(18+18+1)\times2=74(cm^2)$

가장 좁을 때는 닿는 면이 가장 많아야 하므로

$18=2\times9=2\times3\times3$

(겉넓이)$=(9+6+6)\times2=42(cm^2)$

6 답 (1) 24 cm^2 (2) 96 cm^2 (3) 96 cm^2 (4) 64 cm^3

(1) 세 면이 칠해진 경우는 정육면체의 귀퉁이에 있는 것이므로 8개입니다.
1개의 색칠된 면의 넓이는 3 cm^2이므로 세 면이 칠해진 쌓기나무의 넓이의 합은
$3\times8=24(cm^2)$입니다.

(2) 두 면이 칠해진 쌓기나무의 수는 모서리마 $(6-2)$개씩이므로 $(6-2)\times12=48$(개)입니다.
두 면이 칠해진 쌓기나무에서 색칠된 넓이의 합은
$2\times48=96(cm^2)$입니다.

(3) 한 면이 칠해진 쌓기나무 수는 여섯 개의 면마다 $(6-2)\times(6-2)=16$(개)씩 있으므로
한 면이 칠해진 쌓기나무에서 색칠된 넓이의 합은
$6\times16=96(cm^2)$입니다.

(4) 한 면도 칠해지지 않은 쌓기나무의 수는
$(6-2)\times(6-2)\times(6-2)=64$(개)이므로
한 면도 칠해지지 않은 쌓기나무 각각의 부피의 합은
$1\times64=64(cm^3)$입니다.

개념 넓히기

1 답 (1) 42 cm^2, 13 cm^3 (2) 36 cm^2, 9 cm^3

(1) 쌓기나무를 위, 앞, 옆에서 본 개수를 구하면
위 : 7개, 앞 : 8개, 옆 : 6개
(겉넓이)$=(7+8+6)\times2=42(cm^2)$

위

	2	2	
2	3	2	1
	1		

그림에서 쌓기나무의 개수를 구하면
$3+2\times4+2=13$(개)
⇨ (부피)$=13\ cm^3$

(2) 쌓기나무를 위, 앞, 옆에서 본 개수를 각각 구하면
위 : 6개, 앞 : 6개, 옆 : 6개
(겉넓이)$=(6+6+6)\times2=36(cm^2)$

위

3	1	1
1	2	
1		

그림에서 쌓기나무의 개수를 구하면
$3+2+4=9$(개)
⇨ (부피)$=9\ cm^3$

2 답 (1) 10 cm^3 (2) 11 cm^3

(1) 위, 앞, 옆에서 본 모양이 변하지 않으면서 부피가 가장 크게 되려면 쌓기나무의 개수가 가장 많을 때이므로

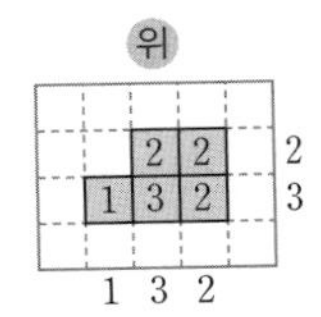

(부피)$=3+2\times3+1=10(cm^3)$

(2) 부피가 가장 크게 되려면 쌓기나무의 개수가 가장 많을 때이므로

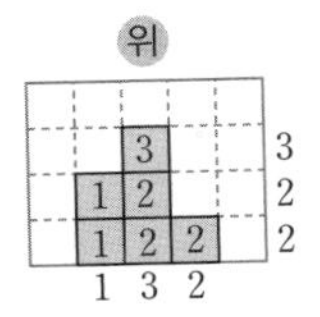

(부피)$=3+2\times3+2=11(cm^3)$

3 답 3 cm

전체 쌓기나무의 개수가 $5+1=6$(개)이므로
쌓기나무 1개의 부피를 □ cm^3라고 하면
$6\times□=162$, $□=27$
따라서 쌓기나무는 정육면체이고 $27=3\times3\times3$이므로
쌓기나무 1개의 한 모서리의 길이는 3 cm입니다.

4 답 16 cm^3

바닥면의 모양에서 가운데가 빠져있는 것을 생각하면서 쌓기나무의 개수를 바닥에 놓인 면의 모양에 써넣으면 오른쪽과 같습니다.

3	1	3
1	0	1
3	1	3

(부피)$=3\times4+4=16(cm^3)$

5 답 (1) 40 cm^2, 13 cm^3
(2) 11 cm^3, 2 cm^3가 줄어들었습니다.
(3) 40 cm^2, 변화가 없습니다.

(1) 쌓기나무를 위, 앞, 옆에서 본 모양을 그리면

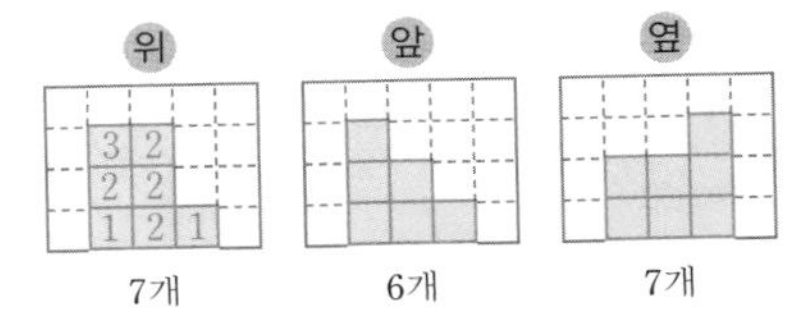

(겉넓이)$=(7+6+7)\times2=40(cm^2)$
(부피)$=3+2\times4+2=13(cm^3)$

(2) 쌓기나무 모양의 부피는 쌓기나무 1개의 부피의 몇 배인가로 구하므로 쌓기나무 2개가 빠지면 부피는 2 cm^3가 줄어듭니다.
(뺀 후의 부피)$=13-2=11(cm^3)$

(3) 2개의 쌓기나무를 빼도 위, 앞, 옆에서 본 모양은 변하지 않으므로 쌓기나무 모양의 겉넓이는 변함없습니다.
(뺀 후의 겉넓이)$=40\ cm^2$

6 답 46 cm^2, 16 cm^3

(처음 도형의 겉넓이)$=(9+6+6)\times2=42(cm^2)$

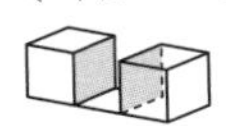

그런데 그림과 같이 가운데 쌓기나무가 없는 경우 색칠된 마주 보는 두 면의 넓이가 겉넓이에 추가됩니다.
따라서 그림에서 색칠된 4면의 넓이만큼 처음 겉넓이보다 커지므로
(뺀 후의 겉넓이)$=42+4=46(cm^2)$

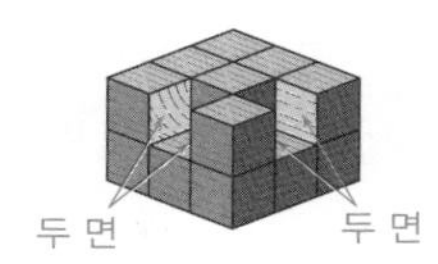

(처음 도형의 부피)$=3\times3\times2=18(\text{cm}^3)$
(빼낸 후의 부피)$=18-2=16(\text{cm}^3)$

7 답 (1) 32 cm^3 (2) 40 cm^3

(1) 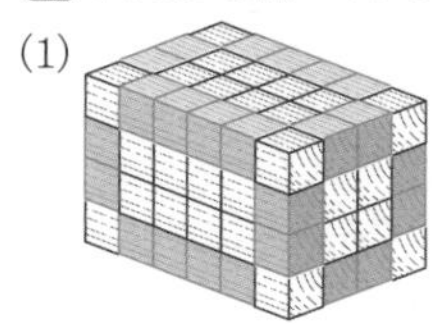
두 면이 칠해진 쌓기나무의 개수는 $4\times4+2\times8=32$(개)이므로 부피의 합은 32 cm^3입니다.

(2) 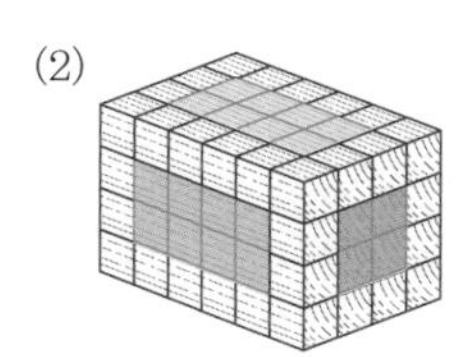
한 면이 칠해진 쌓기나무의 개수는 $4\times2=8$(개)인 면이 4개, $2\times2=4$(개)인 면이 2개이므로 $8\times4+4\times2=40$(개)입니다.

따라서 부피의 합은 40 cm^3입니다.

46 원의 둘레

개념 활동

1 답 (1) 생략
(2) 생략(실제로 잰 결과를 써넣으시오.)
(3) 예 약 3.1배
(4) 변함이 없습니다.

(3) 약 3배, 약 3.14배……도 답이 될 수 있습니다.

2 답 4, 30, 40, 4

3 답 (지름)=(원주)÷3.14
(원주)=(지름)×3.14

4 답 (1) 7 cm (2) 13 cm
(1) (지름)=(원주)$\div3.1=21.7\div3.1=7$(cm)
(2) (지름)$=40.3\div3.1=13$(cm)

5 답 (1) 18.84 cm (2) 31.4 cm
(1) $6\times3.14=18.84$(cm)
(2) $2\times5\times3.1=31.4$(cm)

6 답 (1) 18.84 cm (2) 18.84 cm (3) 18.84 cm
(4) 3가지 방법으로 구한 반원의 원주의 길이는 모두 같습니다. 따라서 지름의 합이 같으면 원주의 합도 같습니다.

(1) 반원 가의 지름은 $4\times3=12$(cm)이고, 선 가를 따라 점 ㄱ에서 점 ㄴ까지 가는 길이는 원주의 $\frac{1}{2}$이므로 $12\times3.14\times\frac{1}{2}=18.84$(cm)입니다.
(2) (1)과 같은 방법으로 생각하면 나의 첫 번째 반원의 지름은 $12-5=7$(cm)이므로 선 나를 따라 가는 길이는 $7\times3.14\times\frac{1}{2}+5\times3.14\times\frac{1}{2}=18.84$(cm)입니다.
(3) 선 다를 따라 점 ㄱ에서 점 ㄴ까지 가는 길이는 $4\times3.14\times\frac{1}{2}\times3=18.84$(cm)입니다.

7 답 (1) 49.6 cm
(2) 24.8 cm, 12.4 cm, 6.2 cm

(1) $16\times3.1=49.6$(cm)
(2) (원주의 $\frac{1}{2}$)$=49.6\div2=24.8$(cm)
(원주의 $\frac{1}{4}$)$=49.6\div4=12.4$(cm)
(원주의 $\frac{1}{8}$)$=49.6\div8=6.2$(cm)

개념 익히기

1 답 원주율, 원주율

2 답 (1) 6 cm (2) 14 cm
(지름)=(원주)÷(원주율)임을 이용하여 구합니다.
(1) (지름)$=37.2\div3.1=12$(cm)
(반지름)$=12\div2=6$(cm)
(2) (지름)$=86.8\div3.1=28$(cm)
(반지름)$=28\div2=14$(cm)

3 답 7 cm
원주가 43.4 cm이므로
(지름)$=43.4\div3.1=14$(cm)
(반지름)$=14\div2=7$(cm)

4 답 (1) 93 cm (2) 55.8 cm
(1) (원주)$=30\times3.1=93$(cm)
(2) (원주)$=2\times9\times3.1=55.8$(cm)

5 답 (1) 72 cm (2) 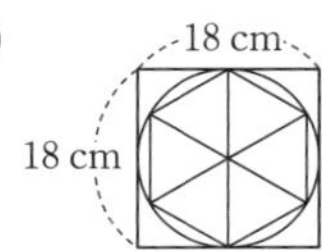

, 54 cm (3) 3, 4
(4) 예 원주율은 3보다 크고 4보다 작습니다.

(1) (정사각형의 둘레)$=18\times4=72$(cm)
(2) 18 cm, 18 cm, 9 cm
정육각형에서 마주보는 꼭짓점끼리 이어 만들어지는 삼각형은 정삼각형입니다.
(정육각형의 둘레)$=9\times6=54$(cm)
(4) 원주는 지름의 3배와 4배 사이에 있습니다. 즉, 원주율은 3보다 크고 4보다 작습니다.

6 답 ㉢

주어진 조건을 지름이나 반지름, 원주 등 한 가지로 맞추어 고친 다음 비교합니다.

주어진 조건을 지름으로 통일하면

㉠ 지름 : 8 cm

㉡ 지름 : 8.4 cm

㉢ (지름)$=27.9\div3.1=9$(cm)

㉣ (지름)$=13.33\div3.1=4.3$(cm)

따라서 ㉢이 가장 큰 원입니다.

7 답 45바퀴

동전을 한 바퀴 굴리면 원주만큼 나아가므로

(원주)$=2\times1.2\times3.1=7.44$(cm)

(굴린 바퀴 수)$=334.8\div7.44=45$(바퀴)

8 답 (1) 144 cm (2) 55 cm

(1) (큰 원의 둘레)$=2\times16\times3=96$(cm)

(작은 원의 둘레)$=16\times3=48$(cm)

(색칠한 부분의 둘레)$=96+48=144$(cm)

[다른 풀이] 큰 원의 지름은 작은 원의 2배이므로 둘레는 2배입니다.

(색칠한 부분의 둘레)=(작은 원의 둘레)$\times3$

$=144$(cm)

(2) 색칠한 부분의 곡선 부분은 중심을 이루는 각이 45°이므로 원주의 $\frac{1}{8}$입니다.

(색칠한 부분의 둘레)$=20\times2+2\times20\times3\div8$

$=40+15=55$(cm)

9 답 (1) 48 cm (2) 37.2 cm (3) 85.2 cm

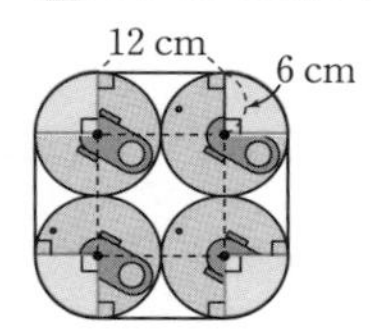

(1) (직선 부분의 길이의 합)$=12\times4=48$(cm)

(2) 네 귀퉁이의 색칠한 부분은 모두 사분원이므로

(곡선 부분의 길이의 합)=(원주)

$=2\times6\times3.1=37.2$(cm)

(3) (끈 전체의 길이)$=48+37.2=85.2$(cm)

10 답 74.4 cm

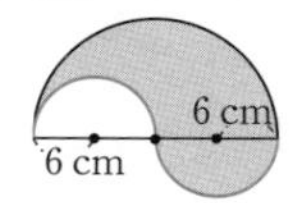

작은 반원의 지름의 합이 큰 원의 지름과 같으므로 색칠한 선의 길이의 합은 큰 원의 원주의 $\frac{1}{2}$과 같습니다. 따라서 색칠한 부분의 둘레는 큰 원의 원주와 같으므로

(원주)=(큰 원의 지름)×(원주율)

$=4\times6\times3.1=74.4$(cm)

개념 넓히기

1 답 ③, ⑤

③ 원의 크기와 관계없이 원주율은 일정합니다.

⑤ 원의 지름에 대한 원주의 비율입니다.

2 답 (1) ㉠ : 14 cm ㉡ : 10 cm (2) 32 cm

(1) 중심을 이루는 각이 60°이므로 ㉠, ㉡의 길이는 각 원의 원주의 $\frac{60°}{360°}=\frac{1}{6}$입니다.

(㉠의 길이)$=2\times(10+4)\times3\div6=14$(cm)

(㉡의 길이)$=2\times10\times3\div6=10$(cm)

(2) (색칠한 부분의 둘레)$=4\times2+14+10=32$(cm)

3 답 (1) 49.6 cm (2) 57.9 cm

(1) 색칠한 부분의 둘레를 이루는 각 원의 지름의 합은 가장 큰 원의 지름과 같으므로

(색칠한 부분의 둘레)=(가장 큰 원의 둘레)

$=16\times3.1=49.6$(cm)

(2) (색칠한 부분의 둘레)

=(정사각형의 둘레)$-3\times6+3\times$(작은 반원의 둘레)

$=12\times4-3\times6+3\times(6\times3.1\div2)$

$=48-18+27.9=57.9$(cm)

4 답 117 m

㉮가 30바퀴를 간 거리는 $60\times3\times30=5400$(cm),

㉯가 30바퀴를 간 거리는 $70\times3\times30=6300$(cm)

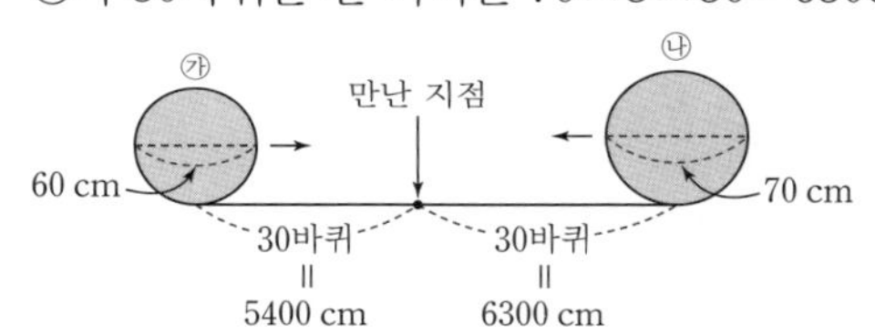

따라서 처음 두 사람이 떨어져 있던 거리는

$5400+6300=11700$(cm)$=117$(m)

5 답 83.7 cm

(큰 원의 지름)$=251.1\div3.1=81$(cm)

(작은 원의 지름)$=81\div3=27$(cm)

(작은 원의 둘레)$=27\times3.1=83.7$(cm)

[다른 풀이] 지름이 3배이면 원주도 3배이므로

(작은 원의 둘레)$=251.1\div3=83.7$(cm)

6 답 (1) 정삼각형 (2) 120° (3) 48 cm

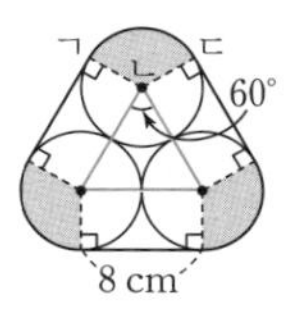

(1) 삼각형의 세 변의 길이는 원의 지름으로 모두 같으므로 정삼각형입니다.

(2) 정삼각형의 한 각의 크기는 60°이므로

(각 ㄱㄴㄷ)$=360°-(90°\times2+60°)=120°$

(3) (테이프의 직선 부분의 길이)
$=3\times$(원의 지름)$=3\times8=24$(cm)
(테이프의 곡선 부분의 길이)
$=$(원의 원주)$=8\times3=24$(cm)
(테이프 전체의 길이)$=24+24=48$(cm)

7 답 (1) 1번 : 150 m, 2번 : 156 m, 3번 : 162 m, 4번 : 168 m
(2) 18 m

(1) 곡선 부분은 반원이고, 한 트랙에는 곡선 구간이 두 번 있으므로 곡선 부분의 합은 원주와 같습니다.
(1번 레인)$=50\times3=150$(m)
(2번 레인)$=52\times3=156$(m)
(3번 레인)$=54\times3=162$(m)
(4번 레인)$=56\times3=168$(m)

(2) 4번 레인은 1번 레인보다 $168-150=18$(m) 더 길게 되므로 18m 앞에서 출발해야 합니다.

47 원의 넓이

개념 활동

1 답 (1) 400 cm^2 (2) 200 cm^2
(3) 200, 400 (4) 약 300 cm^2

(1) (정사각형의 넓이)$=20\times20=400$(cm^2)
(2) (마름모의 넓이)$=20\times20\div2=200$(cm^2)
(4) 200 cm^{2}와 400 cm^2 사이의 값으로 어림할 수 있습니다.

2 답 (1) 직사각형
(2)

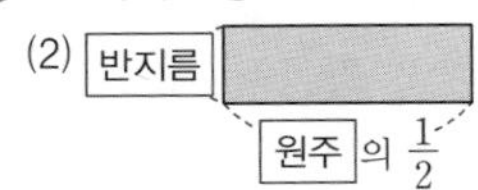

원주, 반지름, 반지름, 반지름, 원주율
(3) 310 cm^2

(3) (원의 넓이)$=10\times10\times3.1=310$(cm^2)

3 답 (1) 77.5 cm^2 (2) 251.1 cm^2

(1) $5\times5\times3.1=77.5$(cm^2)
(2) $9\times9\times3.1=251.1$(cm^2)

4 답 (1) 21.5 cm^2 (2) 43 cm^2

(1) (가의 넓이)
$=$(정사각형의 넓이)$-$(사분원의 넓이)
$=10\times10-10\times10\times3.14\times\frac{1}{4}=21.5$(cm^2)
(2) (색칠한 부분의 넓이)$=21.5\times2=43$(cm^2)

5 답 (1) 나 (2)

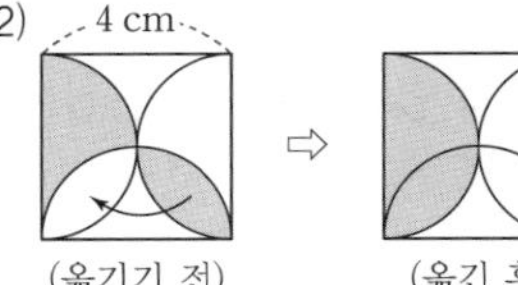

(3) 6.2 cm^2

(3) (색칠한 부분의 넓이)
$=$(반원의 넓이)
$=2\times2\times3.1\times\frac{1}{2}=6.2$(cm^2)

6 답 (1) 16 cm^2 (2) 49 cm^2

(1) (색칠한 부분의 넓이)
$=8\times8-4\times4\times3=16$(cm^2)
(2)

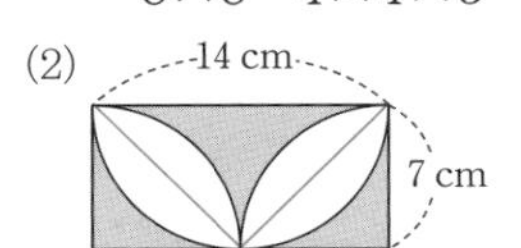

(색칠한 부분의 넓이)
$=(7\times7-7\times7\times3\times\frac{1}{4})\times4=49$(cm^2)

개념 익히기

1 답 (1) 113.04 cm^2 (2) 379.94 cm^2

(1) $6\times6\times3.14=113.04$(cm^2)
(2) $11\times11\times3.14=379.94$(cm^2)

2 답 60, 88

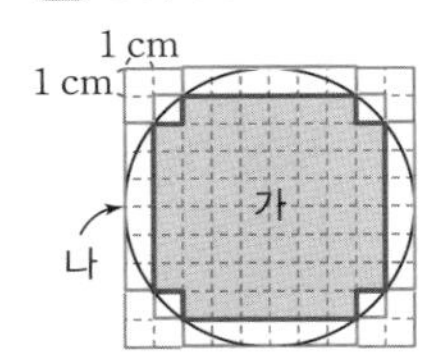

(원 안의 가의 넓이)$=8\times8-4=60$(cm^2)
(원 밖의 나의 넓이)$=10\times10-12=88$(cm^2)
60 cm^2 < 원의 넓이 < 88 cm^2

3 답 (1) 67.5 cm^2 (2) 32 cm^2

(1) (색칠한 부분의 넓이)
$=(9\times9\times3-6\times6\times3)\times\frac{1}{2}=67.5$(cm^2)
(2)

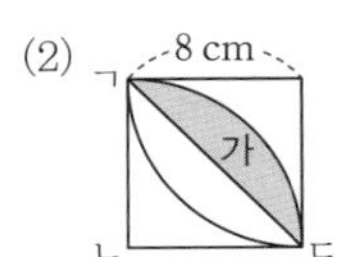

(가의 넓이)
$=$(사분원의 넓이)$-$(삼각형 ㄱㄴㄷ의 넓이)
$=8\times8\times3\times\frac{1}{4}-8\times8\times\frac{1}{2}=16$(cm^2)
(색칠한 부분의 넓이)$=2\times16=32$(cm^2)

4 답 ㉠, ㉡, ㉣, ㉢

넓이를 모두 구하지 않고 반지름의 길이만 비교해도 됩니다.

㉠ 반지름 6 cm

㉡ 반지름 5.5 cm

㉢ (지름)$=16.12\div3.1=5.2$(cm)

(반지름)$=5.2\div2=2.6$(cm)

㉣ 반지름을 □ cm라고 하면

$\square\times\square\times3.1=77.5$, $\square\times\square=25$, $\square=5$(cm)

⇨ ㉠>㉡>㉣>㉢

5 답 7 cm

반지름을 □ cm라고 하면

$\square\times\square\times3=147$, $\square=7$(cm)

6 답 154 cm^2

오려낼 수 있는 가장 큰 원은 지름이 14 cm이므로

(원의 넓이)$=7\times7\times\frac{22}{7}=154$($cm^2$)

7 답 523.9 cm^2

(작은 원의 지름)$=40.3\div3.1=13$(cm)

(큰 원의 넓이)$=13\times13\times3.1=523.9$($cm^2$)

8 답 (1), (2) 그림 참조 (3) 19.8 cm^2

(1), (2) 예

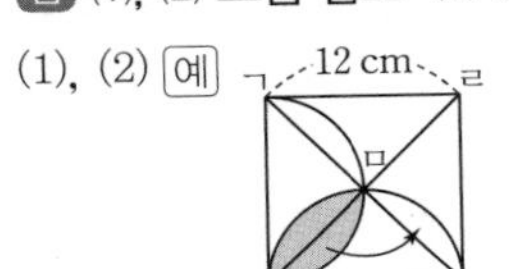

⇨

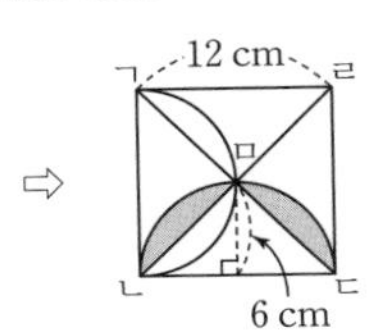

(3) 옮긴 후의 그림에서

(색칠한 부분의 넓이)

=(반원의 넓이)−(삼각형 ㅁㄴㄷ의 넓이)

$=6\times6\times3.1\times\frac{1}{2}-12\times6\times\frac{1}{2}$

$=55.8-36=19.8$(cm^2)

9 답 100 cm^2

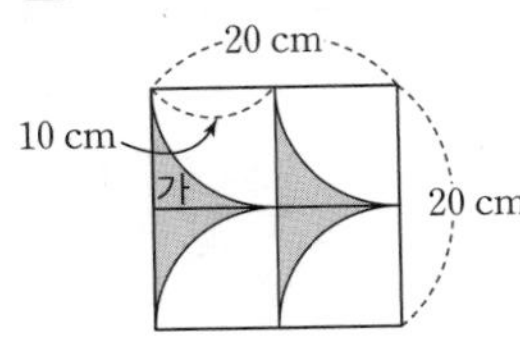

(가의 넓이)$=10\times10-10\times10\times3\times\frac{1}{4}=25$($cm^2$)

(색칠한 부분의 넓이)$=25\times4=100$(cm^2)

개념 넓히기

1 답 (1) 588 cm^2 (2) 144 cm^2

(1) (큰 원의 반지름)$=(14+28)\div2=21$(cm)

(색칠한 부분의 넓이)

$=21\times21\times3-(7\times7\times3+14\times14\times3)$

$=1323-735=588$(cm^2)

(2) (색칠한 부분의 넓이)

$=(16\times16\times3-8\times8\times3)\times\frac{1}{4}=144$($cm^2$)

2 답 (1) 45° (2) 6.2 cm^2

(1) 이등변삼각형이므로

(각 ㄱㄴㄷ)=(각 ㄴㄱㄷ)$=(180°-90°)\div2=45°$

(2) (색칠한 부분의 넓이)$=4\times4\times3.1\times\frac{1}{8}$

$=6.2$(cm^2)

3 답 616 cm^2

지름이 2배이면 반지름도 2배이므로 큰 원의 반지름은 14 cm입니다.

(큰 원의 넓이)$=14\times\overset{2}{\cancel{14}}\times\frac{22}{\underset{1}{\cancel{7}}}=616$($cm^2$)

4 답 ㉠ : 6.75 cm^2, ㉡ : 18.75 cm^2

㉠ 원주가 9 cm이므로

(반지름)$=9\div3\div2=1.5$(cm)

(넓이)$=1.5\times1.5\times3=6.75$($cm^2$)

㉡ 원주가 15 cm이므로

(반지름)$=15\div3\div2=2.5$(cm)

(넓이)$=2.5\times2.5\times3=18.75$($cm^2$)

5 답 (1) 49 cm^2 (2) 144 cm^2

(1)

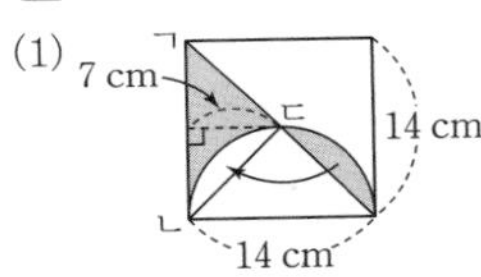

색칠한 부분의 넓이는 삼각형 ㄱㄴㄷ의 넓이와 같으므로

$14\times7\times\frac{1}{2}=49$($cm^2$)

(2)

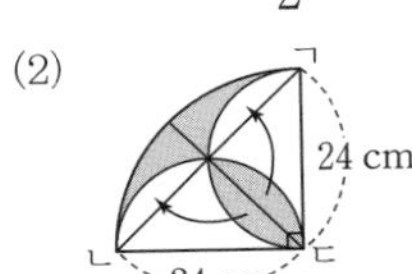

색칠한 부분의 넓이는 큰 사분원의 넓이에서 삼각형 ㄱㄴㄷ의 넓이를 뺀 것과 같으므로

$24\times\overset{6}{\cancel{24}}\times3\times\frac{1}{\underset{1}{\cancel{4}}}-24\times\overset{12}{\cancel{24}}\times\frac{1}{\underset{1}{\cancel{2}}}=144$($cm^2$)

6 답 (1) 가장 큰 원의 원주의 $\frac{1}{2}$

(2) 62 cm (3) 186 cm^2

(2) 색칠한 부분의 둘레는 가장 큰 원의 원주와 같으므로

(가장 큰 원의 지름)$=12+8=20$(cm)

(색칠한 부분의 둘레)$=20\times3.1=62$(cm)

(3) (색칠한 부분의 넓이)

=(가장 큰 반원의 넓이)+(중간 크기의 반원의 넓이)

−(가장 작은 반원의 넓이)

$=10\times10\times3.1\times\frac{1}{2}+6\times6\times3.1\times\frac{1}{2}$
$\quad-4\times4\times3.1\times\frac{1}{2}$
$=155+55.8-24.8=186(\text{cm}^2)$

7 답 64 cm^2

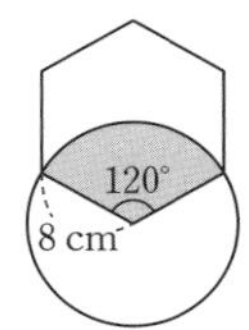

정육각형의 한 각의 크기는 120°이므로 색칠한 부분의 넓이는 원의 넓이의 $\frac{1}{3}$입니다. 따라서

(색칠한 부분의 넓이)$=8\times8\times\overset{1}{\cancel{3}}\times\frac{1}{\underset{1}{\cancel{3}}}=64(\text{cm}^2)$

8 답 33.75 cm^2

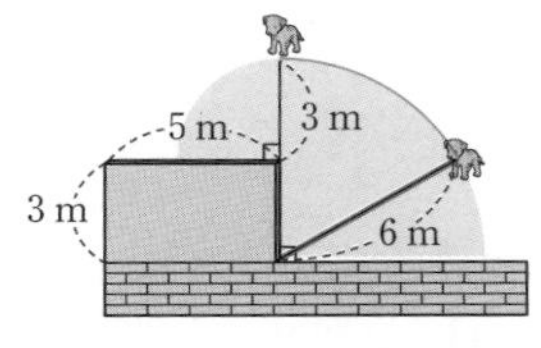

강아지가 움직일 수 있는 범위는 위의 그림과 같으므로

(구하는 넓이)$=\overset{3}{\cancel{6}}\times\overset{3}{\cancel{6}}\times3\times\frac{1}{\underset{1}{\cancel{\underset{2}{\cancel{4}}}}}+3\times3\times3\times\frac{1}{4}$

$=27+\frac{27}{4}=33.75(\text{cm}^2)$

9 답 (1) 그림 참조 (2) 108 cm^2 (3) 9 cm

(1)

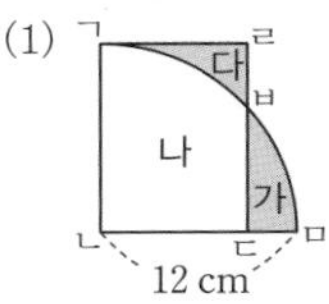

사분원과 직사각형의 넓이가 같으므로 나 부분을 뺀 부분의 넓이 가와 다는 서로 같습니다.

(2) (사분원의 넓이)$=12\times\overset{3}{\cancel{12}}\times3\times\frac{1}{\underset{1}{\cancel{4}}}=108(\text{cm}^2)$

(3) (직사각형의 넓이)=(변 ㄴㄷ)$\times12=108$
⇨ (변 ㄴㄷ)$=9(\text{cm})$

48 원기둥과 원기둥의 전개도

개념 활동

1 답 (1) 예 밑면이 평행하고 서로 합동인 도형이고, 옆에서 보면 직사각형 모양입니다. / 가, 라, 사, 아
(2) 라, 아 / 가, 사
(3) 이유 나 : 예 두 밑면이 평행하지 않고 합동이 아니기 때문입니다.
다 : 예 밑면이 한 개인 뿔 모양이기 때문입니다.

2 답 (1) 가

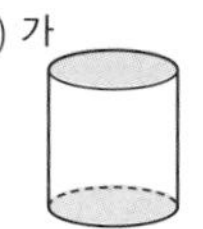

(2) 원 (3) 수직으로 만납니다.
(4) 직사각형 (5) 높이
(6) 이유 나 : 예 두 밑면이 평행하지 않고, 합동이 아닙니다.
다 : 예 두 밑면이 평행하지만 합동이 아닙니다.
라 : 예 두 밑면이 평행하고 합동이지만 밑면의 모양이 원이 아닙니다.
마 : 예 두 밑면이 평행하고 합동이지만 옆에서 보면 직사각형이 아닙니다.

3 답 (1) 가 : 6 cm, 나 : 10 cm (2) 가 : 80.6 cm, 나 : 24.8 cm
(1) 나 : 원기둥을 눕혀 놓은 형태이므로 두 밑면은 반지름이 4 cm인 원이고, 밑면에 수직인 선분의 길이가 높이이므로 나의 높이는 10 cm입니다.
(2) (가의 밑면의 둘레)=(밑면의 원주)
=(지름)×3.1
$=2\times13\times3.1=80.6(\text{cm})$
(나의 밑면의 둘레)=(밑면의 원주)
=(지름)×3.1
$=2\times4\times3.1=24.8(\text{cm})$

4 답

ㄱ ㄹ ㄴ ㄷ

(1) 밑면 : 원, 옆면 : 직사각형
(2) 선분 ㄱㄹ, 선분 ㄴㄷ
(3) 선분 ㄱㄴ, 선분 ㄹㄷ

5 답 (1)

ㄱ ㄹ ㄴ ㄷ

, 31 cm

(2) 31 cm, 6 cm (3) 직사각형 (4) 372 cm^2
(1) (밑면의 둘레)=(밑면의 원주)
$=10\times3.1=31(\text{cm})$
(3) 옆면이 지나간 자리이므로 직사각형 모양입니다.
(4) 그림과 같이 밑면인 원이 두 바퀴 굴렀을 때 원이 지나간 자리는 굴러간 거리가 가로이고, 원기둥의 높이가 세로인 직사각형이 됩니다.

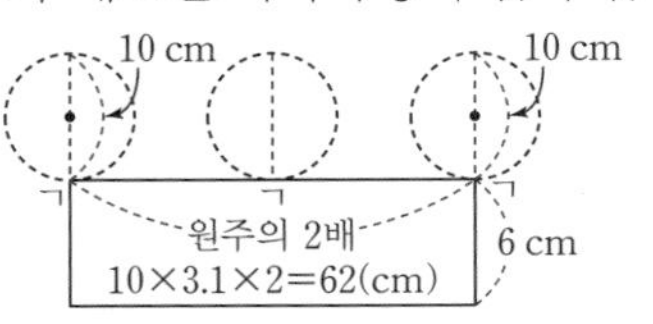

(굴려서 생긴 도형의 넓이)
$=10\times3.1\times2\times6=372(\text{cm}^2)$

개념 익히기

1 답 밑면, 옆면, 높이

2 답 (1) 예 두 밑면이 평행하고, 서로 합동인 원이며 옆에서 보면 직사각형 모양입니다.

(2) 다, 마 (3)

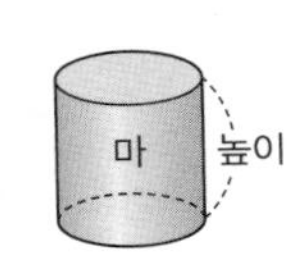

3 답 (1)

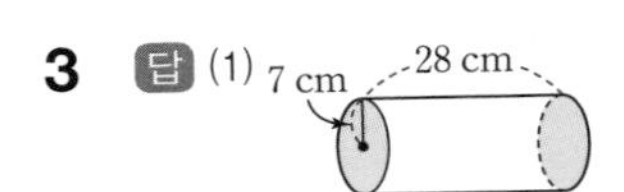

(2) 28 cm (3) 직사각형 (4) 147 cm^2

(4) (한 밑면의 넓이)$=7\times7\times3=147(cm^2)$

4 답 (1) 132 cm (2) 26 cm

(1) (옆면의 가로)$=2\times21\times3\frac{1}{7}$

$=2\times\overset{3}{\cancel{21}}\times\frac{22}{\underset{1}{\cancel{7}}}=132(cm)$

5 답 라

이유 가 : 예 두 밑면이 합동인 원이 아닙니다.

나 : 예 전개도에서 옆면이 직사각형이 아닙니다.

다 : 예 옆면의 세로에 밑면이 붙어 있어서 원기둥 모양이 아닙니다.

6 답 ①, ⑤

⑤ 옆에서 볼 때의 모양은 직사각형입니다.

7 답 (1) 18.6 cm (2) 558 cm^2

(1) (밑면의 둘레)$=2\times3\times3.1=18.6(cm)$

(2)

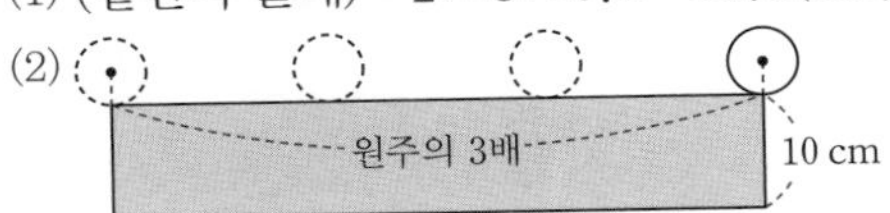

(색칠된 벽면의 넓이)$=(2\times3\times3.1\times3)\times10$

$=558(cm^2)$

개념 넓히기

1 답 선분 ㄱㄹ, 선분 ㄴㄷ

2 답 66 cm, 34 cm, 363 cm^2

(옆면의 가로)$=22\times3=66(cm)$

(옆면의 세로)$=34(cm)$

(한 밑면의 넓이)$=11\times11\times3=363(cm^2)$

3 답 260.4 cm

(밑면의 둘레)$=2\times14\times3.1=86.8(cm)$

(높이)$=86.8\div2=43.4(cm)$

(옆면의 둘레)$=\{$(밑면의 둘레)$+$(높이)$\}\times2$

$=(86.8+43.4)\times2=260.4(cm)$

4 답 (1) 10 cm, 6 cm, 6 cm (2) 16 cm

5 답 (1) 37.2 cm^2 (2) 12.4 cm, 8 cm

(1)

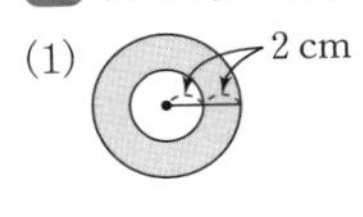

(한 밑면의 넓이)

$=4\times4\times3.1-2\times2\times3.1$

$=37.2(cm^2)$

(2)

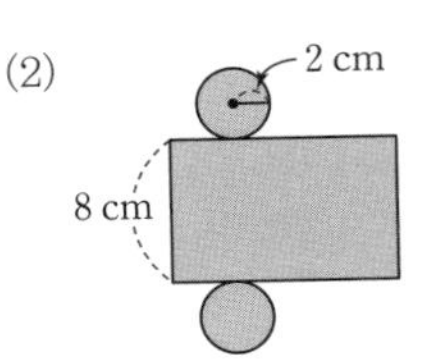

(옆면의 가로)

$=2\times2\times3.1=12.4(cm)$

(옆면의 세로)

$=8(cm)$

6 답 96 cm^2

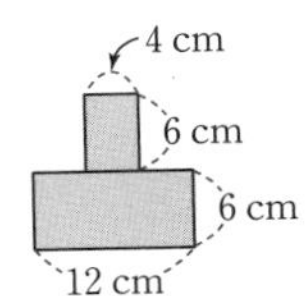

(앞에서 본 모양의 넓이)

$=12\times6+4\times6=96(cm^2)$

7 답 ㄴ ㄴ ㄱ ㄱ

두 점을 잇는 선분이 가장 짧은 선이므로 가장 짧게 되려면 점 ㄱ과 점 ㄴ을 선분으로 이어야 합니다.

8 답 (1) 384 cm^2 (2) 60000 cm^2 (3) 157바퀴

(1)

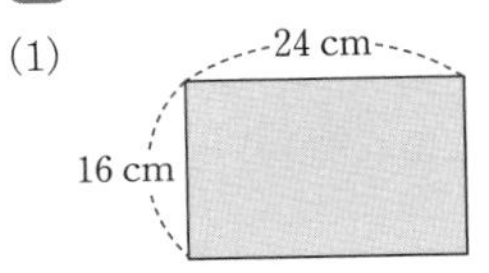

롤러를 한 바퀴 굴렸을 때의 넓이는

$24\times16=384(cm^2)$

(2) (벽의 넓이)$=300\times200=60000(cm^2)$

(3) $60000\div384=156.25$

적어도 157바퀴 굴려야 합니다.

49 원기둥의 겉넓이와 부피

개념 활동

1 답

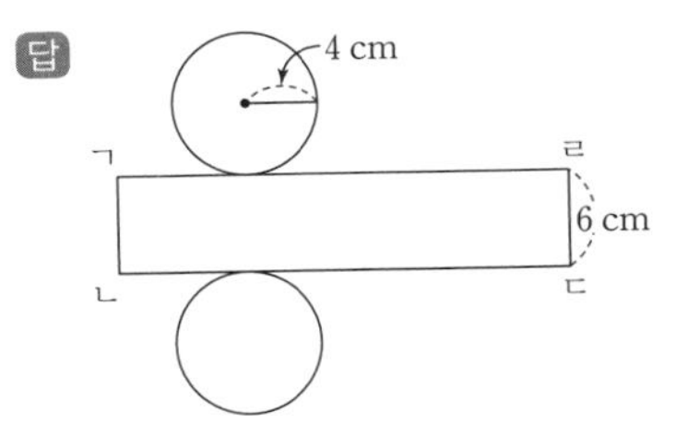

(1) $49.6\ cm^2$ (2) 밑면의 둘레, 24.8 cm
(3) 4, 3.1, 6, 24.8, 148.8 (4) 49.6, 148.8, 248

(1) (한 밑면의 넓이)=(원의 넓이)
$=4\times4\times3.1=49.6(cm^2)$

(2) 직사각형 ㄱㄴㄷㄹ의 가로는 원기둥의 밑면의 둘레와 같습니다.
(선분 ㄱㄹ)$=2\times4\times3.1=24.8(cm)$

2 답 (1) $75\ cm^2$ (2) $210\ cm^2$ (3) $360\ cm^2$

(1) (한 밑면의 넓이)$=5\times5\times3=75(cm^2)$

(2) (옆면의 가로)=(밑면의 둘레)
$=2\times5\times3=30(cm)$
(옆면의 넓이)$=30\times7=210(cm^2)$

(3) (겉넓이)$=75\times2+210=360(cm^2)$

3 답 4 cm

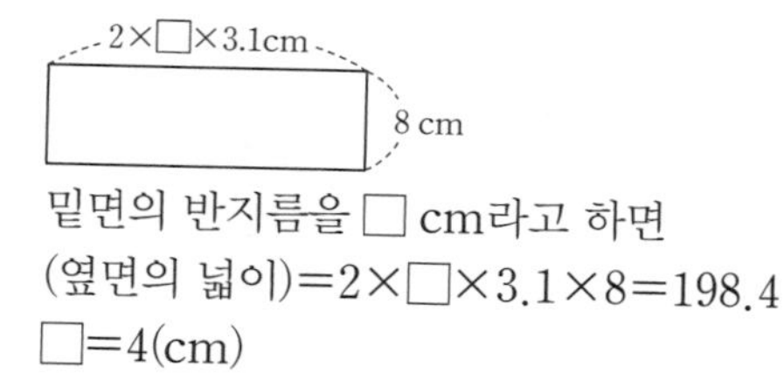

밑면의 반지름을 □ cm라고 하면
(옆면의 넓이)=2×□×3.1×8=198.4
□=4(cm)

4 답 (1) 직육면체 (2) 한 밑면의 넓이 (3) 높이

(4) 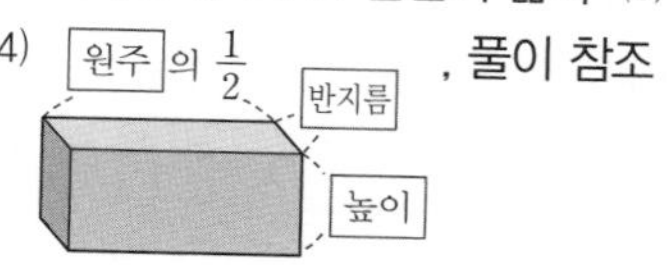

, 풀이 참조

(4) (원기둥의 부피)=(직육면체의 부피)
=(가로)×(세로)×(높이)
=(원주 의 $\frac{1}{2}$)×(반지름)×(높이)
=2×(반지름)×(원주율)×$\frac{1}{2}$×(반지름)×(높이)
=(반지름)×(반지름)×(원주율)×(높이)
=(한 밑면의 넓이)×(높이)

5 답 (1) $1020.5\ cm^3$ (2) $2260.8\ cm^3$

(1) (부피)$=5\times5\times3.14\times13=1020.5(cm^3)$

(2) (부피)$=6\times6\times3.14\times20=2260.8(cm^3)$

개념 익히기

1 답 (1) 25.12 cm (2) $50.24\ cm^2$ (3) $326.56\ cm^2$

(1) (밑면의 둘레)$=2\times4\times3.14=25.12(cm)$

(2) (한 밑면의 넓이)$=4\times4\times3.14=50.24(cm^2)$

(3) (겉넓이)$=50.24\times2+25.12\times9=326.56(cm^2)$

2 답 (1) 8 cm, 21.7 cm, 7 cm (2) $151.9\ cm^2$
(3) $1215.2\ cm^3$

(1) ㉠은 원기둥의 높이이므로 8 cm,
㉡은 원주의 $\frac{1}{2}$이므로 $2\times7\times3.1\times\frac{1}{2}=21.7(cm)$,
㉢은 밑면의 반지름이므로 7 cm입니다.

(2) 직육면체의 한 밑면의 넓이는 원기둥의 밑면의 넓이와 같으므로
$7\times7\times3.1=151.9(cm^2)$

(3) (원기둥의 부피)$=151.9\times8=1215.2(cm^3)$

3 답 (1) $1488\ cm^2$, $4340\ cm^3$
(2) $651\ cm^2$, $1240\ cm^3$

(1) (한 밑면의 넓이)$=10\times10\times3.1=310(cm^2)$
(옆면의 넓이)=(옆면의 가로)×(높이)
$=2\times10\times3.1\times14=868(cm^2)$
(겉넓이)$=310\times2+868=1488(cm^2)$
(부피)$=310\times14=4340(cm^3)$

(2) (한 밑면의 넓이)$=5\times5\times3.1=77.5(cm^2)$
(옆면의 넓이)=(옆면의 가로)×(높이)
$=2\times5\times3.1\times16=496(cm^2)$
(겉넓이)$=77.5\times2+496=651(cm^2)$
(부피)$=77.5\times16=1240(cm^3)$

4 답 (1) $2992\ cm^2$, $12320\ cm^3$
(2) $968\ cm^2$, $2310\ cm^3$

(1) (한 밑면의 넓이)$=14\times\overset{2}{\cancel{14}}\times\frac{22}{\underset{1}{\cancel{7}}}=616(cm^2)$
(옆면의 넓이)=(옆면의 가로)×(높이)
$=2\times\overset{2}{\cancel{14}}\times\frac{22}{\underset{1}{\cancel{7}}}\times20=1760(cm^2)$
(겉넓이)$=616\times2+1760=2992(cm^2)$
(부피)$=616\times20=12320(cm^3)$

(2) (한 밑면의 넓이)$=7\times\overset{1}{\cancel{7}}\times\frac{22}{\underset{1}{\cancel{7}}}=154(cm^2)$
(옆면의 넓이)=(옆면의 가로)×(높이)
$=2\times\overset{1}{\cancel{7}}\times\frac{22}{\underset{1}{\cancel{7}}}\times15=660(cm^2)$
(겉넓이)$=154\times2+660=968(cm^2)$
(부피)$=154\times15=2310(cm^3)$

5 답 $1221\ cm^2$, $2772\ cm^3$

밑면의 반지름을 □ cm라고 하면
$2\times\square\times\frac{22}{7}=66$
$\square=\overset{3}{\cancel{66}}\times\frac{7}{\underset{2}{\cancel{44}}}=\frac{21}{2}(cm)$
(한 밑면의 넓이)$=\frac{21}{2}\times\frac{\overset{3}{\cancel{21}}}{\underset{1}{\cancel{2}}}\times\frac{\overset{11}{\cancel{22}}}{\underset{1}{\cancel{7}}}=\frac{693}{2}(cm^2)$

(옆면의 넓이)$=2\times\frac{\overset{3}{\cancel{21}}}{\underset{1}{\cancel{2}}}\times\frac{\overset{11}{\cancel{22}}}{\underset{1}{\cancel{7}}}\times8=528(\text{cm}^2)$

(겉넓이)$=\frac{693}{2}\times2+528=1221(\text{cm}^2)$

(부피)$=\frac{693}{\underset{1}{\cancel{2}}}\times\overset{4}{\cancel{8}}=2772(\text{cm}^3)$

6 답 (1) 34 cm (2) 408 cm^2

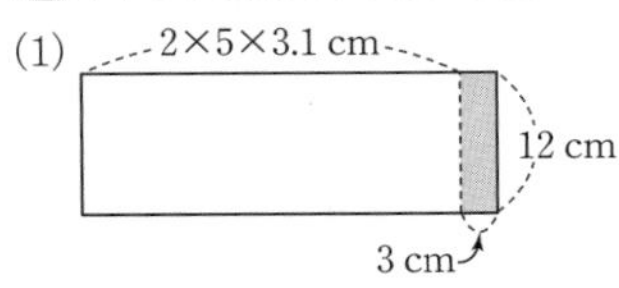

(색종이의 가로)$=2\times5\times3.1+3=34(\text{cm})$

(2) (색종이의 넓이)$=34\times12=408(\text{cm}^2)$

7 답 (1) 43.4 cm (2) 20 cm
(3) 1171.8 cm^2, 3038 cm^3

(1) (선분 ㄱㄴ)$=2\times7\times3.1=43.4(\text{cm})$

(2) (옆면의 넓이)
=(선분 ㄱㄴ의 길이)×(원기둥의 높이)
$=43.4\times$(높이)$=868(\text{cm}^2)$
(높이)$=868\div43.4=20(\text{cm})$

(3) (한 밑면의 넓이)$=7\times7\times3.1=151.9(\text{cm}^2)$
(겉넓이)$=151.9\times2+868=1171.8(\text{cm}^2)$
(부피)$=151.9\times20=3038(\text{cm}^3)$

개념 넓히기

1 답 1984 cm^3

(한 밑면의 넓이)$=8\times8\times3.1=198.4(\text{cm}^2)$
높이를 □ cm라고 하면
(겉넓이)$=198.4\times2+(2\times8\times3.1\times\square)$
$=396.8+49.6\times\square=892.8$
$49.6\times\square=496$, $\square=10(\text{cm})$
(원기둥의 부피)$=198.4\times10=1984(\text{cm}^3)$

2 답 267.84 cm^3

(5분 동안 나온 물의 부피)
$=6\times6\times3.1\times12=1339.2(\text{cm}^2)$
(1분 동안 나온 물의 부피)
$=1339.2\div5=267.84(\text{cm}^3)$

3 답 8 cm

(직육면체의 부피)$=16\times12\times8=1536(\text{cm}^3)$
원기둥의 밑면의 반지름은 □ cm라고 하면
(원기둥의 부피)$=\square\times\square\times3\times8=1536$
$\square\times\square=64$, $\square=8(\text{cm})$

4 답 4 cm

(원기둥 가의 부피)$=2\times2\times3.1\times8=99.2(\text{cm}^3)$
(원기둥 나의 부피)$=8\times99.2=793.6(\text{cm}^3)$
원기둥 나의 높이를 □ cm라고 하면
(원기둥 나의 부피)$=8\times8\times3.1\times\square=793.6$
$198.4\times\square=793.6$, $\square=4(\text{cm})$

5 답 4 cm

1바퀴를 굴렸을 때의 넓이는 원기둥의 옆면의 넓이입니다.
(옆면의 가로)=(밑면의 둘레)
$=2\times3\times3=18(\text{cm})$
원기둥의 높이, 즉 옆면의 세로를 □ cm라고 하면
(옆면의 넓이)$=18\times\square$
원기둥이 4바퀴를 구르면서 지나간 부분의 넓이가 288 cm^2이므로 1바퀴를 구르면서 지나간 부분의 넓이는 $288\div4=72(\text{cm}^2)$입니다.
$18\times\square=72$, $\square=4(\text{cm})$
따라서 원기둥의 높이는 4 cm입니다.

6 답 (1) (그림) (2) 2008.8 cm^3 (3) 1004.4 cm^3

(2) (높이)$=7+11=18(\text{cm})$
(밑면의 넓이)$=6\times6\times3.1=111.6(\text{cm}^2)$
(부피)$=111.6\times18=2008.8(\text{cm}^3)$

(3) (처음 도형의 부피)$=2008.8\div2=1004.4(\text{cm}^3)$

[다른 풀이]

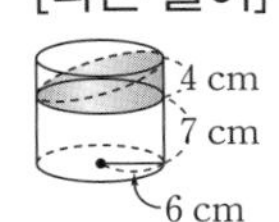

색칠한 부분의 부피는 높이가 4 cm인 원기둥의 부피의 $\frac{1}{2}$이므로
(색칠한 부분의 부피)$=6\times6\times3.1\times4\div2=223.2(\text{cm}^3)$
(처음 도형의 부피)$=6\times6\times3.1\times7+223.2$
$=781.2+223.2=1004.4(\text{cm}^3)$

7 답 347.2 cm^2

밑면의 반지름을 □ cm라고 하면
$2\times\square\times3.1=24.8$, $\square=4(\text{cm})$
(한 밑면의 넓이)$=4\times4\times3.1=49.6(\text{cm}^2)$
(부피)$=49.6\times$(높이)$=496$ ⇨ (높이)$=10(\text{cm})$
(옆면의 넓이)$=24.8\times10=248(\text{cm}^2)$
(겉넓이)$=49.6\times2+248=347.2(\text{cm}^2)$

8 답 (1) 1344 cm^2, 2520 cm^3
(2) 540 cm^2, 810 cm^3

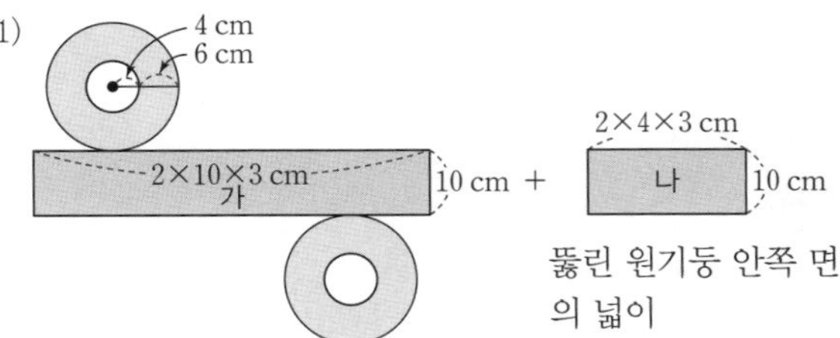

겉넓이는 가와 나의 넓이의 합과 같습니다.

(가의 한 밑면의 넓이)$=10\times10\times3-4\times4\times3$
$=252(cm^2)$

(가의 옆면의 넓이)$=2\times10\times3\times10=600(cm^2)$

(가의 넓이)$=252\times2+600=1104(cm^2)$

(나의 넓이)$=2\times4\times3\times10=240(cm^2)$

(겉넓이)$=1104+240=1344(cm^2)$

(부피)$=252\times10=2520(cm^3)$

(2)

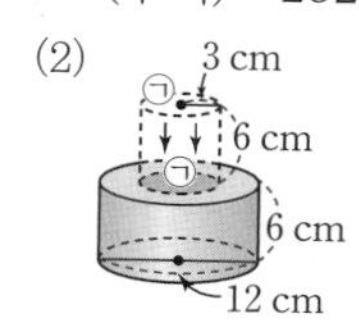

주어진 도형의 겉넓이는 그림과 같이 작은 원기둥의 밑면 ㉠을 이동시키면 큰 원기둥의 겉넓이에 작은 원기둥의 옆면의 넓이를 더하여 구할 수 있습니다.

(큰 원기둥의 한 밑면의 넓이)$=6\times6\times3=108(cm^2)$

(큰 원기둥의 옆면의 넓이)$=12\times3\times6=216(cm^2)$

(큰 원기둥의 겉넓이)$=108\times2+216=432(cm^2)$

(작은 원기둥의 옆면의 넓이)$=2\times3\times3\times6$
$=108(cm^2)$

(겉넓이)$=432+108=540(cm^2)$

(부피)$=6\times6\times3\times6+3\times3\times3\times6=810(cm^3)$

9 답 15 cm

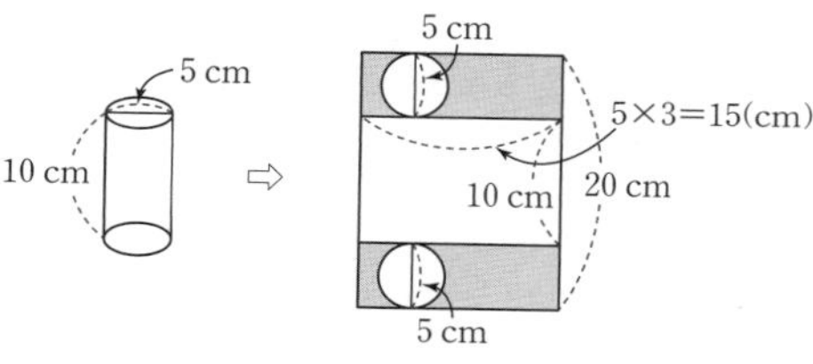

밑면의 지름이 5 cm이므로 옆면의 밑면의 둘레는 $5\times3=15(cm)$입니다.

따라서 가로는 적어도 15 cm가 되어야 합니다.

50 원뿔과 구

개념 활동

1 답 (1) 나, 라, 마, 바, 사, 아 (2) 라 (3) 바

2 답 (1) 나

(2) 있습니다. 그림 참조, 1개

(3) 삼각형 (4) 그림 참조 (5) 그림 참조

(6) 가, 다, 라

이유 가 : 예 밑면이 2개이고 뾰족한 꼭짓점이 없으며 옆에서 보면 직사각형입니다.

다 : 예 밑면이 2개이고 뾰족한 꼭짓점이 없으며 옆에서 보면 사다리꼴입니다.

라 : 예 밑면의 모양이 원이 아니고 다각형입니다.

(2), (4), (5)

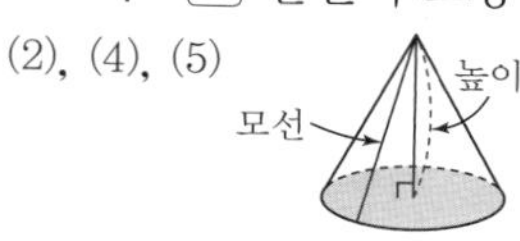

3 답 (1) 선분 ㄱㄴ, 선분 ㄷㄴ (2) 15 cm, 24.8 cm

(2) 선분 ㉠의 길이는 전개도에서 선분 ㄴㄷ의 길이와 같으므로 15 cm입니다.
선분 ㉡은 밑면의 원주와 길이가 같으므로 $2\times4\times3.1=24.8(cm)$입니다.

4 답 (1) 12 cm (2) 77.5 cm^2

(2) (밑면의 넓이)$=5\times5\times3.1=77.5(cm^2)$

5 답 (1) 나, 다 (2) 나

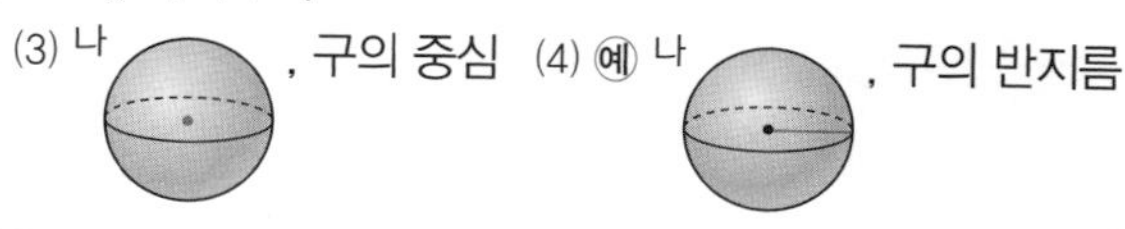

6 답 8 cm

개념 익히기

1 답 (1) 다 (2) 마

(3) 이유 나 : 예 밑면이 2개이고, 뾰족한 꼭짓점이 없으며 옆에서 보면 직사각형입니다.
라 : 예 밑면이 2개이고 뾰족한 꼭짓점이 없으며 옆에서 보면 사다리꼴입니다.

2 답

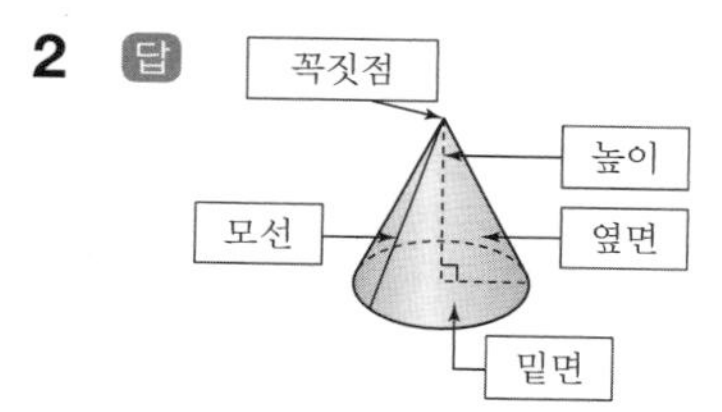

(1) 원뿔 (2) 꼭짓점 (3) 모선

3 답 위에서 본 모양 앞에서 본 모양

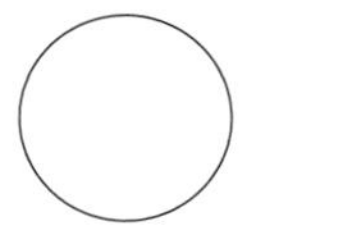

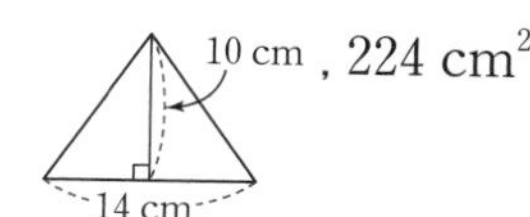

, 224 cm^2

(원의 넓이)$=7\times7\times3\frac{1}{7}=154(cm^2)$

(삼각형의 넓이)$=14\times10\div2=70(cm^2)$

⇨ (넓이의 합)$=154+70=224(cm^2)$

4 답 ②, ③

① 원뿔의 모선의 길이가 원뿔의 높이보다 길이가 깁니다.

④ 옆에서 본 모양이 정삼각형이 아닐 경우도 있으므로 삼각형이라고 해야 합니다.

⑤ 원뿔의 모선은 무수히 많습니다.

5 답 (1) 12 cm (2) 13 cm (3) 310 cm^2

(3) (밑면의 넓이)$=10\times10\times3.1=310(\text{cm}^2)$

6 답 11 cm

밑면의 둘레가 68.2 cm이므로 밑면의 반지름을 □ cm라고 하면

$2\times\square\times3.1=68.2$, $\square=11(\text{cm})$

7 답 선분 ㄴㄷ

8 답 62.8 cm보다 길어야 합니다.

농구공의 지름이 20 cm이므로 링을 만들려고 하는 철사의 길이는 지름이 20 cm인 원의 원주보다 길어야 합니다.

(지름 20 cm인 원의 원주)$=2\times10\times3.14=62.8(\text{cm})$

적어도 62.8 cm보다 길어야 합니다.

개념 넓히기

1 답 ②, ⑤

② 위, 앞, 옆에서 본 모양이 모두 합동인 도형은 정육면체도 있습니다.

⑤ 원뿔의 꼭짓점에서 밑면인 원의 둘레의 한 점을 잇는 선분을 모선이라고 합니다.

2 답 예

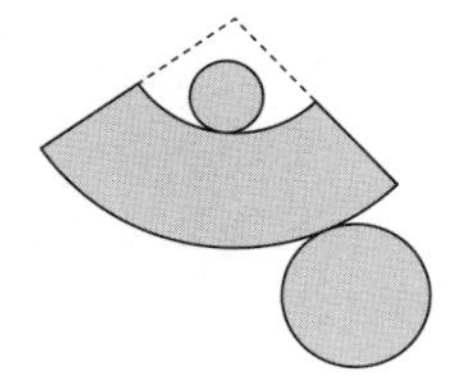

3 답 (1) 18.6 cm, 37.2 cm

예 작은 밑면인 원의 반지름이 2배 늘어나면 큰 밑면인 원의 둘레도 2배 늘어납니다.

(2) 27.9 cm^2, 111.6 cm^2

예 작은 밑면인 원의 반지름이 2배 늘어나면 큰 밑면인 원의 넓이는 4배 늘어납니다.

(1) (작은 밑면의 둘레)$=2\times3\times3.1=18.6(\text{cm})$

큰 밑면의 반지름은 작은 밑면의 반지름의 2배이므로

(큰 밑면의 둘레)$=2\times6\times3.1=37.2(\text{cm})$

따라서 작은 밑면인 원의 반지름이 2배 늘어나면 큰 밑면인 원의 둘레도 2배 늘어남을 알 수 있습니다.

(2) (작은 밑면의 넓이)$=3\times3\times3.1=27.9(\text{cm}^2)$

(큰 밑면의 넓이)$=6\times6\times3.1=111.6(\text{cm}^2)$

따라서 작은 밑면인 원의 반지름이 2배 늘어나면 큰 밑면인 원의 넓이는 4배 늘어남을 알 수 있습니다.

4 답 (1) 24 cm (2) 4 cm (3) 48 cm^2

(1) 원의 일부분인 가는 전체 원의 $\frac{1}{3}$이므로 ㄱ에서 ㄴ까지의 길이는 원주의 $\frac{1}{3}$이 됩니다.

따라서 점 ㄱ에서 점 ㄴ까지의 길이는 원주의 $\frac{1}{3}$인

$12\times2\times3\div3=24(\text{cm})$입니다.

(2)

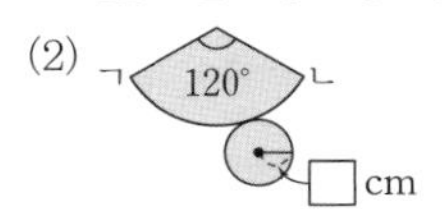

원뿔의 밑면의 둘레와 색칠한 선의 길이는 같으므로 밑면의 반지름을 □ cm라고 하면

$2\times\square\times3=24$, $\square=4(\text{cm})$

(3) 원뿔의 밑면의 반지름이 4 cm이므로

(밑면의 넓이)$=4\times4\times3=48(\text{cm}^2)$

5 답 (1)

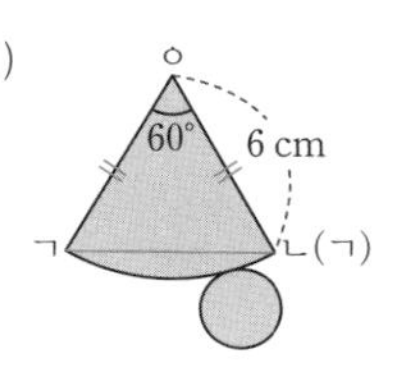

(2) 이유 (각 ㅇㄱㄴ)=(각 ㅇㄴㄱ)=60°이므로 삼각형 ㅇㄱㄴ은 세 각의 크기가 모두 같은 정삼각형입니다.

(3) 6 cm

(2) 위의 그림에서 선분 ㅇㄱ, 선분 ㅇㄴ은 반지름이므로 길이가 같아서 삼각형 ㅇㄱㄴ은 이등변삼각형입니다.

(각 ㅇㄱㄴ)=(각 ㅇㄴㄱ)$=(180°-60°)\div2=60°$이고 삼각형 ㅇㄱㄴ은 세 각의 크기가 모두 같으므로 정삼각형입니다.

(3) 원뿔을 감은 가장 짧은 실의 길이는 선분 ㄱㄴ의 길이입니다. 삼각형 ㅇㄱㄴ은 정삼각형이므로 선분 ㄱㄴ의 길이는 6 cm입니다.

51 회전체

개념 활동

1 답 (1)

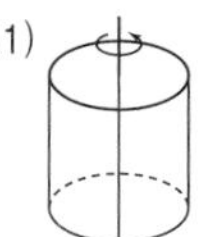

(2) 원, 평행하고 합동입니다.

(3) 직사각형

(4) 원기둥

2 답 (1)

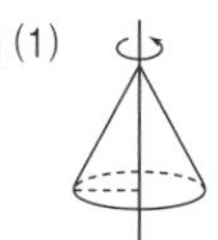

(2)

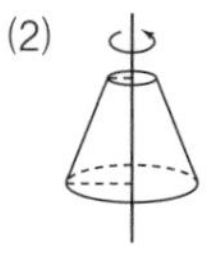

(3)

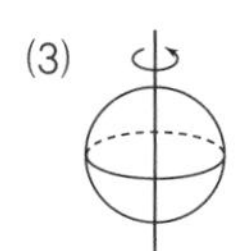

(4)

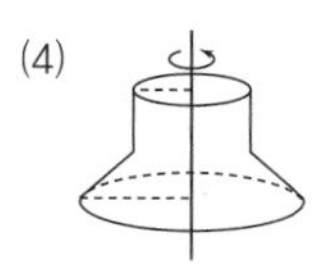

3 답 [이유] [예] 회전축을 중심으로 선대칭도형이 되지 않습니다.

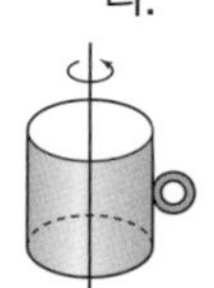

회전체가 아닙니다.

4 답 (1) 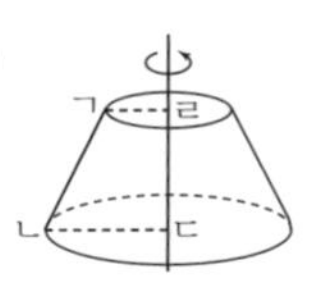 (2) 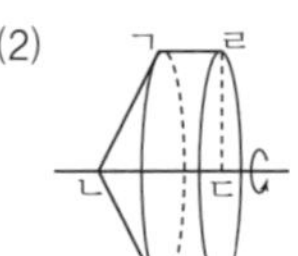 (3) 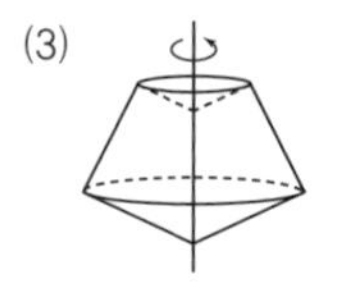

5 답 (1) [예] 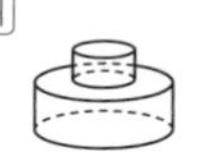 (2) [예] 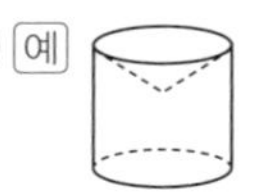

6 답

㉠ ㉡ ㉢ ㉣

개념 익히기

1 답 ㉠

2 답 (1) 직사각형, 직각삼각형, 반원

(2) 직사각형 - 원기둥
직각삼각형 - 원뿔
반원 - 구

3 답 (1) 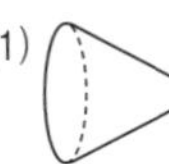, 원뿔 (2) 선분 ㄱㄷ
(3) 위 - 삼각형, 앞 - 삼각형 (4) 원

4 답 

5 답 ⑤

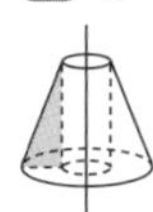

회전축에서 떨어진 삼각형을 돌린 것이므로 가운데 뚫린 모양이 됩니다.

6 답 (1) $270\ \text{cm}^2$ (2) $300\ \text{cm}^3$

(1) 회전체의 겨냥도를 그리면

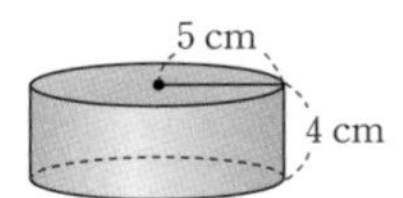

(한 밑면의 넓이)$=5\times5\times3=75(\text{cm}^2)$
(옆면의 넓이)$=2\times5\times3\times4=120(\text{cm}^2)$
(겉넓이)$=75\times2+120=270(\text{cm}^2)$

(2) (부피)$=5\times5\times3\times4=300(\text{cm}^3)$

7 답 (1) $75\ \text{cm}^2$ (2)

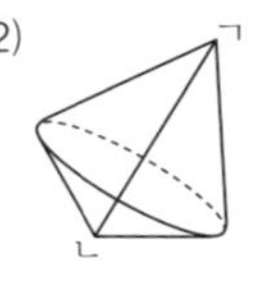 ⇨ 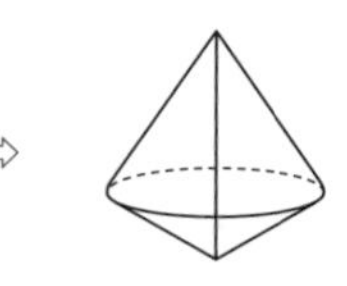

(1) 변 ㄱㄷ을 회전축으로 하여 만든 회전체를 그리면 오른쪽과 같습니다.
(밑면의 넓이)$=5\times5\times3=75(\text{cm}^2)$

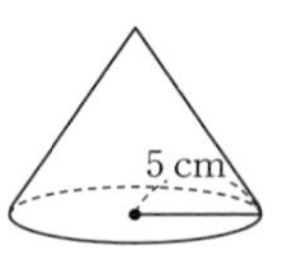

개념 넓히기

1 답 ㉠, ㉡, ㉤
회전체인지 아닌지를 구별할 때는 먼저 회전축을 그어 보고 회전축을 둘러싼 모양이 모두 같은 것을 고릅니다.(회전축을 품는 평면으로 잘랐을 때의 모양이 다를 수 있습니다.)

2 답

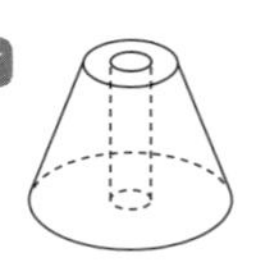

가운데 구멍이 뚫린 모양입니다.

3 답 (1) [예] 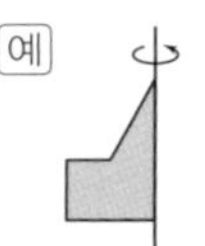 (2) [예] 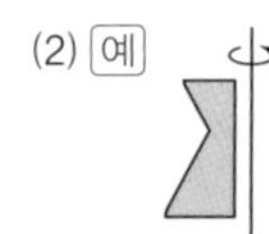

4 답 ㉢

5 답 ④

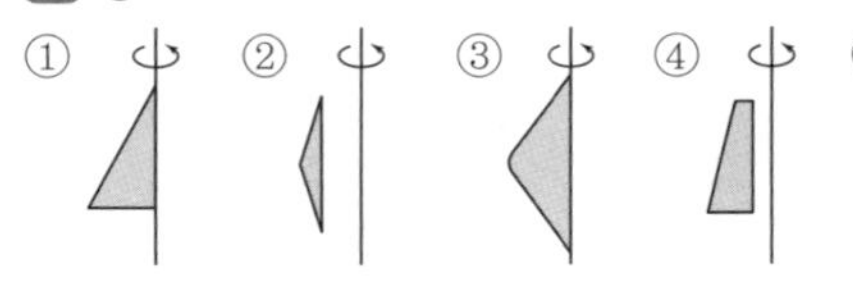

6 답 ㉣

7 답 (1) 변 ㄱㄴ (2) 변 ㄴㄷ (3) 변 ㄹㄷ (4) 변 ㄹㄱ
회전축을 그어 보고 회전축을 포함하는 변을 찾습니다.

52 입체도형의 단면

개념 활동

1 답 (1) 원 (2) 직사각형

2 답 (1) [예] ,

(2) ㉠ [예] ㉡ [예]

(3) ㉠ 예 ㉡ 예
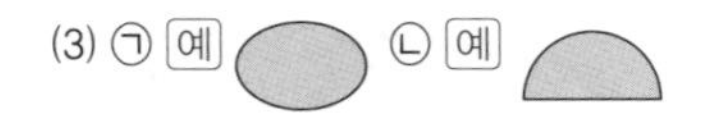

3 답 (1)
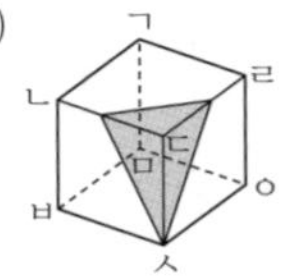

(2) 자를 수 없습니다.

예 지나는 면의 개수가 잘라서 생긴 단면의 변의 개수와 같습니다.

(3) 정사각형 직사각형 사다리꼴 마름모

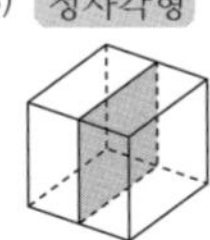
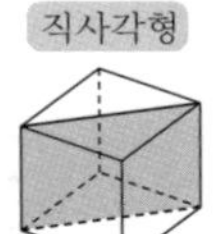
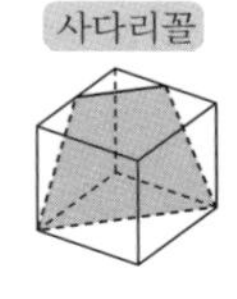
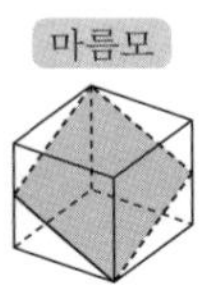

(4) 오각형 육각형

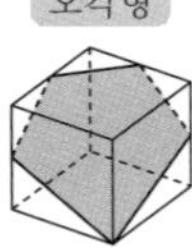
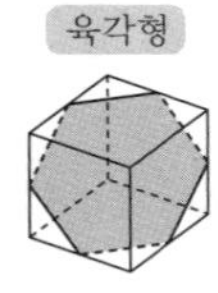

(2) 한 평면으로 입체도형을 자를 때, 한 면을 두 번 지나도록 자를 수 없으므로 지나는 면의 개수가 잘라서 생긴 단면의 변의 개수와 같습니다.

4 답 예 삼각형 사각형 오각형

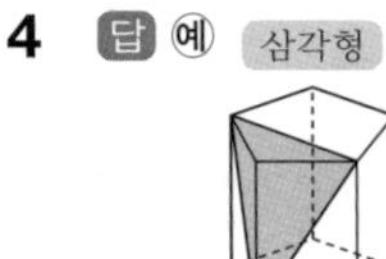
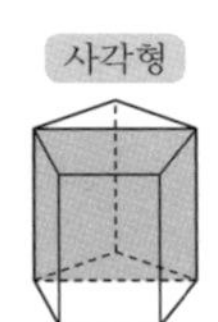
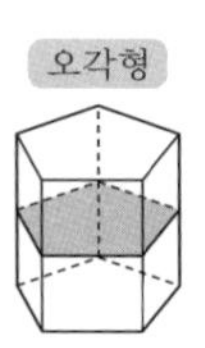

개념 익히기

1 답 (1) 예 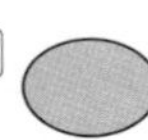 (2) 예 

2 답 예 회전체를 회전축에 수직인 평면으로 자른 단면은 항상 원입니다.

3 답 (1) 가 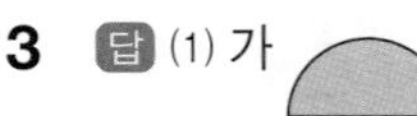 나 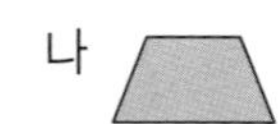

(2) 가 예 나 예
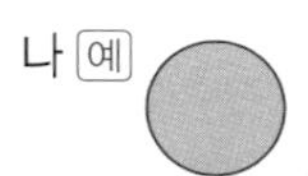

4 답 원기둥

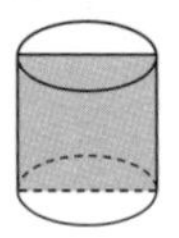

5 답 ㉢

6 답 ㉠ $270\ cm^2$ ㉡ $400\ cm^2$ ㉢ $120\ cm^2$

㉠ 18 cm, 30 cm

(넓이)$=30\times18\div2=270(cm^2)$

㉡ 16 cm, 25 cm

(넓이)$=16\times25=400(cm^2)$

㉢ 18 cm, 10 cm, 6 cm

(넓이)$=(18+6)\times10\div2=120(cm^2)$

7 답 예 이등변 삼각형 직사각형 사다리꼴

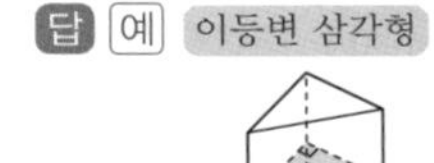
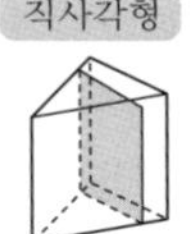
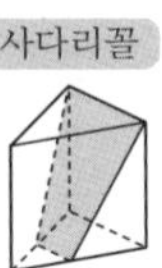

개념 넓히기

1 답 6 cm

원뿔을 회전축을 포함하는 평면으로 잘라 생긴 단면은 이등변삼각형이므로 모선의 길이를 □ cm라고 하면

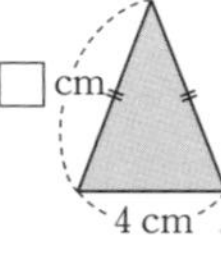

⇨ □+□+4=16, □=6(cm)

따라서 모선의 길이는 6 cm입니다.

2 답 $70\ cm^2$

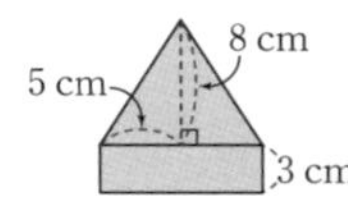

(넓이)$=10\times8\div2+10\times3=70(cm^2)$

3 답 (1)
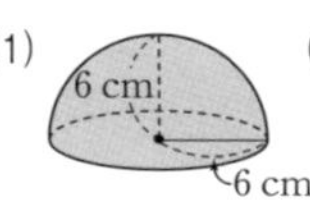

(2) $55.8\ cm^2$

(2)
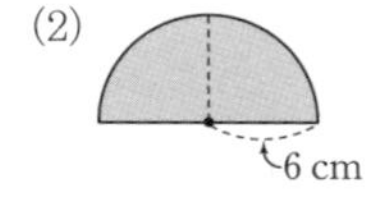

(넓이)$=6\times6\times3.1\div2=55.8(cm^2)$

4 답 ⑤

5 답

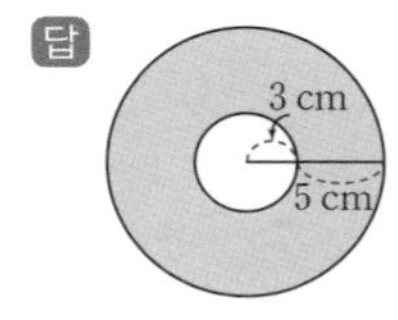

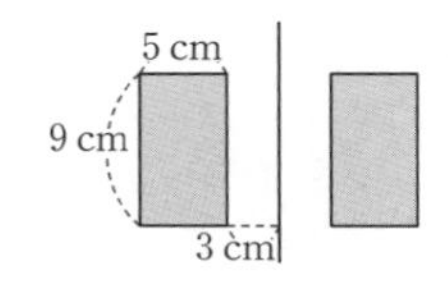

6 답 ①, ②

③ 자르는 방법에 따라 ㉠, ㉢, ㉤, ㉥은 삼각형이 나올 수 있습니다.

⑤ 단면이 직사각형이 되는 경우

㉢ 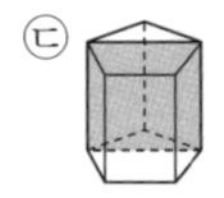 ㉣ 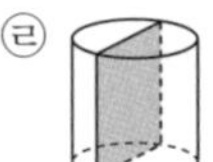 ㉤ 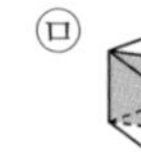 ㉥ 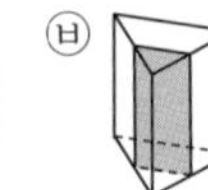

7 답 예 이등변삼각형 오각형 마름모

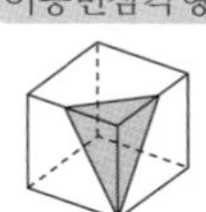
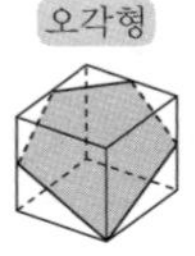
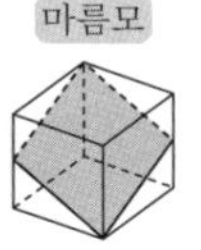

http://edu.insightbook.co.kr